EUROPA LEHRMITTEL

Bibliothek des technischen Wissens

Dietmar Schmid Hans Kaufmann Alexander Pflug

Steuern und Regeln für Maschinenbau und Mechatronik

17., überarbeitete und erweiterte Auflage

Bearbeitet von Lehrern und Ingenieuren (s. Rückseite)

VERLAG EUROPA-LEHRMITTEL • Nourney, Vollmer GmbH & Co. KG
Düsselberger Straße 23 • 42781 Haan-Gruiten

Europa-Nr.: 10021

Die Verfasser des Buches

Schmid, Dietmar	Dr.-Ing., Professor	Essingen
Kaufmann, Hans	Dipl.-Ing. (FH), Studiendirektor	Aalen
Pflug, Alexander	Dipl.-Ing., Studienrat	Schwäbisch Gmünd

Lektorat und Leitung des Arbeitskreises

Prof. Dr.-Ing. Dietmar Schmid, Essingen

Bildbearbeitung

Zeichenbüro des Verlags Europa-Lehrmittel, Ostfildern
Grafische Produktionen Jürgen Neumann, 97222 Rimpar

17. Auflage 2023

Druck 5 4 3 2 1

Alle Drucke derselben Auflage sind parallel einsetzbar, da sie bis auf die Korrektur von Druckfehlern identisch sind.

ISBN 978-3-7585-1411-1

Satz: Grafische Produktionen Jürgen Neumann, 97222 Rimpar

Umschlag: braunwerbeagentur, 42477 Radevormwald

Umschlagfotos: Prof. Schmid und Autorenkreis

Druck: LD Medienhaus GmbH & Co. KG, 44149 Dortmund

Vorwort zur 17. Auflage

Steuern und Regeln für Maschinenbau und Mechatronik führt die Bausteine der Mechanik, der Pneumatik, der Hydraulik, der Elektrotechnik, der Elektronik und der Kommunikations- und Computertechnik zu einem aktuellen Wissensgebiet zusammen, nämlich dem der Mechatronik.

Die **17. Auflage** wurde erweitert und in allen Kapiteln mit Blick auf **Industrie 4.0** aktualisiert.

Die neu gefassten Kapitel dieser Auflage sind:

- **Kapitel 4: Sensoren und Sensorsysteme.** Dieses Kapitel erweitert den bisherigen Abschnitt „Sensoren" um die komplexen Sensorsysteme der Sonar-, Radar- und Röntgentechnik, sowie um die Sensormikrosysteme der MEMS-Technologie.
- **Kapitel 11: Materialflussautomatisierung.** Der Materialfluss ist das am meisten ins Auge fallende Kennzeichen der **Industrie 4.0.**, wenn Produkte sich nämlich, wie von Geisterhand gesteuert, selbsttätig und zielgerichtet von einer Station zur anderen bewegen. Dem wird mit den Verfahren des Materialförderns, des Speicherns, Magazinierens, Sortierens und Verkettens Rechnung getragen.
- **Kapitel 12: Montageautomatisierung.** Dieses Kapitel umfasst jetzt alle gängigen Fügeverfahren, die in der **Fertigungsautomatisierung** genutzt werden. Es schließt mit einem Fallbeispiel aus der Automobilbranche, einer typischen Anwendung der **Industrie 4.0**.

Das **praxisbezogene Lehrbuch** richtet sich an alle, die sich in der **Steuerungs-** und **Regelungstechnik** in Verbindung mit moderner **Informations-** und **Kommunikationstechnik** ausbilden und weiterbilden wollen. Es ist geeignet sowohl für **Auszubildende** zur Vertiefung ihres Wissens als auch für die **Meister- und Technikerausbildung**, für den Unterricht im **Technischen Gymnasium** und im **Berufskolleg**, aber auch als praktische Ergänzung für **Studierende** an **Hochschulen**. Ebenso wird das Buch in der **beruflichen Praxis**, für alle, die sich mit Steuerungs- und Überwachungsaufgaben sowie mit Qualitätsmanagement befassen, eine wertvolle Hilfe sein.

Das Buch ist gegliedert in die Lehr- und Lernbereiche:

- **Steuern, Regeln, Leiten**
- **Mechanische Steuerungen und Getriebe**
- **Elektrische und elektronische Steuerungen**
- **Sensoren und Sensorsysteme**
- **Pneumatik**
- **Hydraulik**
- **Regelungstechnik**
- **Speicherprogrammierte Steuerungen (SPS)**
- **Elektrische Antriebe**
- **Computergesteuerte Maschinen**
- **Materialflussautomatisierung**
- **Montageautomatisierung**
- **Qualitätsmanagement**
- **Instandhaltung und Energieeffizienz**
- **Geschäftsprozesse**
- **Arbeitsgestaltung und Arbeitsschutz**
- **Informations- und Kommunikationstechnik**
- **Aufgaben und Übungen.**

Die einzelnen Kapitel des Buches sind weitgehend in sich abgeschlossen und können auch in anderer Reihenfolge erarbeitet bzw. unterrichtet werden. Damit ergibt sich für den Unterricht ein großer Spielraum bei der Stoffauswahl und in der inhaltlichen Schwerpunktsetzung.

In der **EUROPATHEK** (siehe vordere Umschlaginnenseite) stehen digitale Zusatzmaterialien zur Verfügung: Neben den Lösungen zu den Aufgaben enthalten die Zusatzmaterialien wichtige Gesetzestexte und ein Repetitorium mit Wiederholungsfragen zur abschnittsweisen Lernkontrolle.

Wenn Sie mithelfen möchten, dieses Buch für die kommenden Auflagen zu verbessern, schreiben Sie uns unter lektorat@europa-lehrmittel.de. Ihre Hinweise und Verbesserungsvorschläge nehmen wir gern auf.

Frühjahr 2023 Dietmar Schmid

Inhaltsverzeichnis

1 Einführung

Damit Maschinen und Anlagen selbsttätig, also automatisch, arbeiten können, werden sie mit Steuerungs-, Regelungs- und Leittechniken ausgerüstet. Diese Einrichtungen sind mechanische, elektrische, pneumatische und hydraulische Antriebe und Steuerungselemente. Mit Computern steuert man komplexe Fertigungseinrichtungen und Produktionsanlagen. Mikroprozessoren und Mikrocomputer und Industrie-PC sind heute häufig Bestandteil auch kleinster Steuerungsbaugruppen. Die Begriffe der Leittechnik, Steuerungstechnik und Regelungstechnik sind in DIN IEC 60050-351 „Internationales Elektrotechnisches Wörterbuch – Teil 351: Leittechnik" festgelegt (Gesamtumfang 194 Seiten).

1.1 Steuern, Steuerung

Das Steuern ist ein Vorgang, bei dem eine Anlage oder ein Gerät durch Steuersignale beeinflusst wird. Kennzeichnend für das Steuern ist der **offene Wirkungsweg** der Signale.

Die Steuersignale wirken von dem Steuergerät auf die Anlage oder Maschine ohne ein fortlaufendes Erfassen und Korrigieren des Steuerungsvorgangs **(Bild 1)**. Bei einer Vorschubsteuerung wird der Maschinentisch über einen Antrieb bewegt. **Stellsignal** ist die Motorspannung U_M für den Vorschubmotor. Dieser bildet zusammen mit dem Maschinentisch die **Steuerstrecke**. **Steuergröße** ist der Vorschubweg *s*, den der Maschinentisch zurücklegt.

Der Begriff Steuerung wird auch für die Gesamtanlage verwendet, in der der Vorgang des Steuerns stattfindet. Im Wirkungsplan wird das Zusammenwirken der einzelnen Steuerungsbaugruppen mit **Blocksymbolen** und **Wirkungslinien** dargestellt. Die Wirkungsrichtung kennzeichnet man mit Pfeilen.

1.1.1 Analoge, binäre und digitale Steuerungen

Nach der Art der Signaldarstellung unterscheidet man analoge Steuerungen, binäre Steuerungen und digitale Steuerungen.

Bei **analogen Steuerungen** steuert man überwiegend mit stetig wirkenden Signalen, die ein analoges Abbild der Steuergröße sind.

Beispiel. Der Bewegungszyklus eines Maschinentisches soll über eine Kurvenscheibe gesteuert werden **(Bild 2)**. Die zu steuernde Größe ist der Weg *s* des Maschinentisches. Er wird unter Berücksichtigung des Getriebes auf den entsprechenden Radius der Kurvenscheibe umgerechnet. Der Radius der Kurvenscheibe ist analog zur Steuergröße, dem Weg *s*. Wird die Kurvenscheibe gedreht, bewegt sich der Maschinentisch zyklisch vorwärts und rückwärts.

Die wichtigsten Bauelemente analoger Steuerungen sind **Kurvenscheiben, Getriebe, Ventile, Motoren, analoge Sensoren** und **Operationsverstärker**.

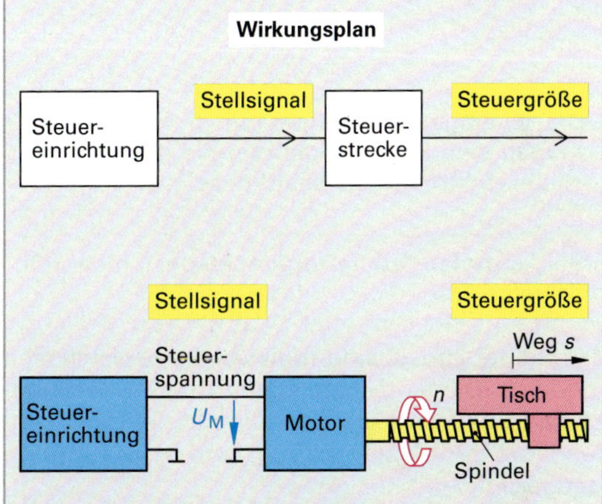

Bild 1: Prinzip einer Steuerung am Beispiel einer Vorschubeinrichtung

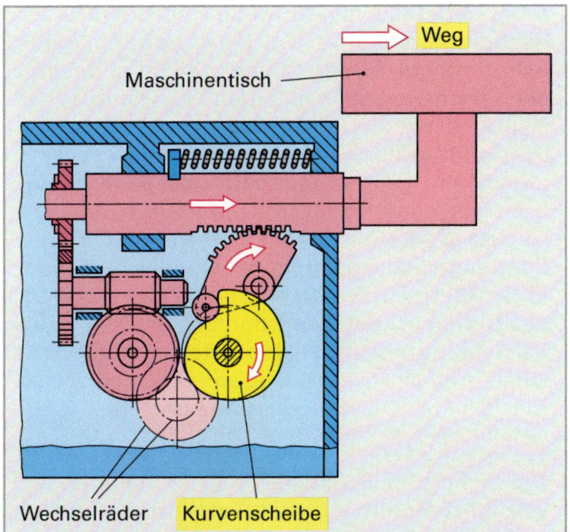

Bild 2: Analoge Steuerung eines Maschinentisches

Bei binären Steuerungen steuert man mit binären, d.h. zweiwertigen Signalen.

Binäre Signale werden durch zwei verschiedene Werte oder Zustände dargestellt, z.B. durch EIN und AUS, durch SCHWARZ und WEISS oder STROMLEITEND und STROMNICHTLEITEND oder einfach durch 0 und 1. Die meisten Steuerungen arbeiten mit Schaltsignalen und sind somit binäre Steuerungen.

Beispiel. Der Vorschubtisch einer Schleifmaschine soll ständig hin- und herfahren **(Bild 1)**. Über einen Umschalter kann durch eine positive Motorspannung der Tisch nach rechts gesteuert werden. Trifft der am Tisch befestigte Nocken 2 auf den Umschalter, wird der Tisch über die negative Motorspannung nach links bewegt, bis der Nocken 1 wieder auf die Gegenbewegung umschaltet.

Die wichtigsten Bauelemente binärer Steuerungen sind **Relais, Schaltventile, Dioden** und binäre **elektronische Schaltkreise**.

Bei **digitalen Steuerungen** steuert man mit Zahlen.

Die Steuersignale sind meist binär verschlüsselt (codiert). Die einfachste Codierung ist der **Zählcode**. Dabei werden entsprechend der darzustellenden Zahl Impulse erzeugt und beim Empfänger gezählt.

Beispiel. Ein Vorschubtisch soll um einen durch Zahlen bestimmbaren Weg zyklisch vor und zurück bewegt werden. Die digitale Steuerung erzeugt abgezählt und abwechselnd Impulse zur Rechtsdrehung und zur Linksdrehung eines Schrittmotors **(Bild 2)**. Die Impulszahl und damit der Verfahrweg kann an einem Vorwahlschalter eingestellt werden **(Bild 3)**. Mit jedem Impuls wird der Schrittmotor genau um einen Winkelschritt (Inkrement) gedreht und damit der Maschinentisch um einen Wegschritt weiterbewegt. Ein solcher Wegschritt ist die kleinste ausführbare Bewegung und entspricht dem niederwertigsten Ziffernschritt am Vorwahlschalter. Je nach Wahl des Getriebes, des Schrittmotors und der Spindelsteigung entspricht ein solcher Wegschritt z.B. 0,1 mm. Im Unterschied zur analogen Steuerung sind Stell- und Steuergröße unstetig.

Die wichtigsten Bausteine digitaler Steuerungen sind Mikrocontroller, programmierbare Schaltkreise (FPGAs[1], **Bild 4**), digitale Sensorsysteme und digitale Netze.

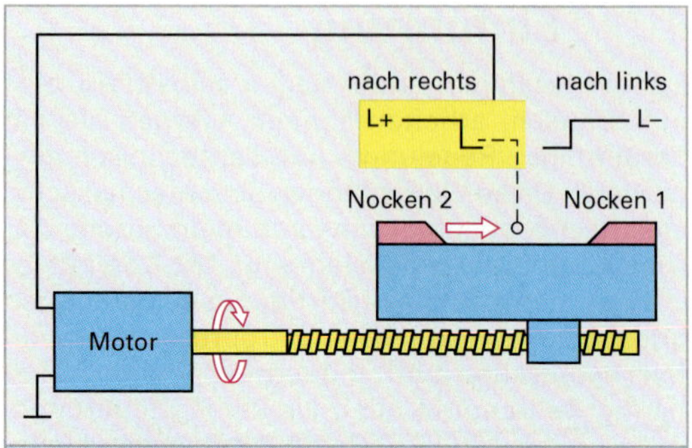

Bild 1: Binäre Steuerung eines Vorschubantriebs (Pendeln)

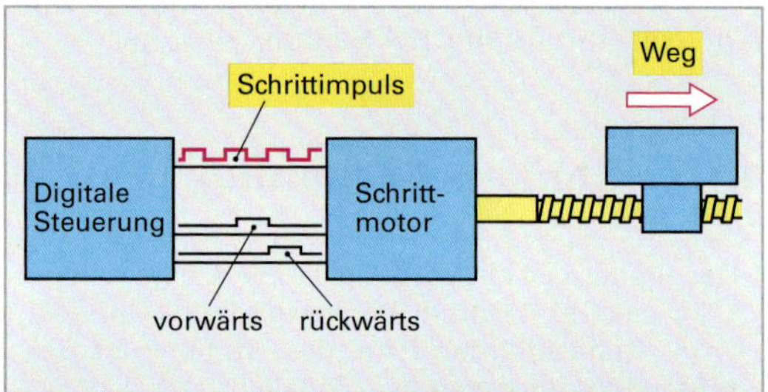

Bild 2: Digitale Vorschubsteuerung mit Schrittmotor

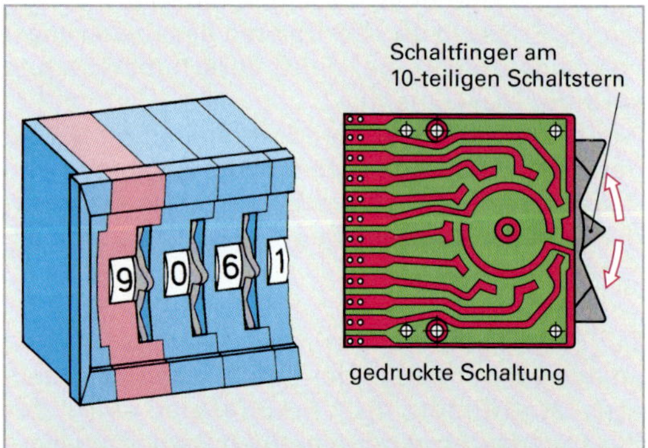

Bild 3: Elektromechanischer Vorwahlschalter

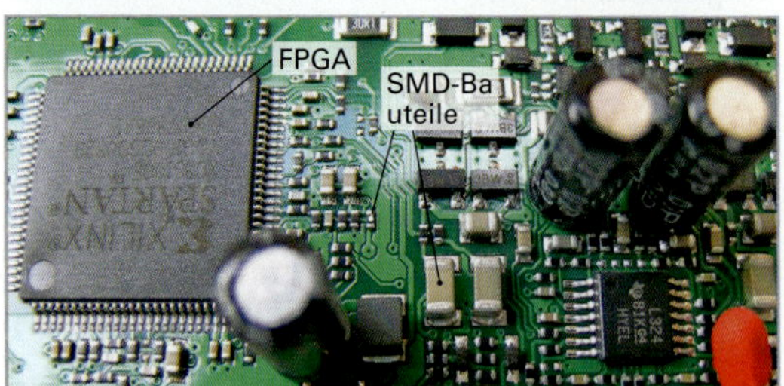

Bild 4: Digitalbaugruppe mit FPGA

[1] FPGA, Kunstwort für *Field Programmable Gate Array* = programmierbare logische Schaltung

1.1.2 Verknüpfungssteuerungen und Ablaufsteuerungen

Nach Art der Signalverarbeitung unterscheidet man Verknüpfungssteuerungen (kombinatorische Steuerungen) und Ablaufsteuerungen (sequenzielle Steuerungen).

> Bei **Verknüpfungssteuerungen** entsteht die Steuergröße durch Verknüpfung (Kombination) mehrerer Signale.

Z. B. darf eine Drehmaschine nur anlaufen, wenn die Schutztüre geschlossen ist UND das Werkstück im Spannfutter gespannt ist **(Bild 1)**.

Verknüpfungssteuerungen sind binäre Steuerungen. Man entwickelt sie mithilfe der **Schaltalgebra**. Die Darstellung erfolgt durch schaltalgebraische Gleichungen, Kontaktpläne, Funktionstabellen und Funktionspläne.

> Bei **Ablaufsteuerungen** werden die Steuerungsvorgänge schrittweise ausgelöst. Das Weiterschalten von einem Schritt zum nächsten erfolgt entweder zeitabhängig oder prozessabhängig.

Bei **zeitabhängigen Ablaufsteuerungen** steuern Taktgeber, Zeitschaltuhren oder Zeitrelais den Ablauf. Ein einfaches Beispiel für eine zeitabhängige Ablaufsteuerung ist die Steuerung für den automatischen Anlauf von Drehstrommotoren über eine Stern-Dreieck-Anlassschaltung. Zunächst wird der Motor in Sternschaltung hochgefahren und nach Ablauf der geschätzten Hochlaufzeit zuzüglich einer Zeitreserve in Dreieckschaltung umgesteuert. Danach ist der Motor betriebsbereit **(Bild 2)**. Dargestellt werden Ablaufsteuerungen in Form von Funktionsplänen.

Bei **prozessabhängigen Ablaufsteuerungen** wird das Weiterschalten von einem Schritt zum nächsten durch den Prozess selbst ausgelöst. Im Falle einer Anlassschaltung für Drehstrommotoren benötigt man einen Sensor für den Betriebszustand „Leerlaufdrehzahl erreicht". Ist die Leerlaufdrehzahl erreicht, wird automatisch auf Dreieckschaltung umgeschaltet **(Bild 3)**. Ablaufsteuerungen stellt man mit Funktionsplänen bzw. Programmablaufplänen (GRAFCET, EN 60848) oder aber mit Zustandsdiagrammen (VDI 3260) dar, wenn das Weiterschalten von einem Weg abhängt.

Prozessabhängige Ablaufsteuerungen sind grundsätzlich zeitabhängigen Ablaufsteuerungen vorzuziehen, da bei Störungen der Ablauf unterbrochen wird oder funktionsgerecht langsamer weiterläuft.

Bei z. B. unerwartet stark belastetem Drehstrommotor wird erst dann in die Dreieckschaltung umgeschaltet, wenn eine hinreichend hohe Drehzahl erreicht ist.

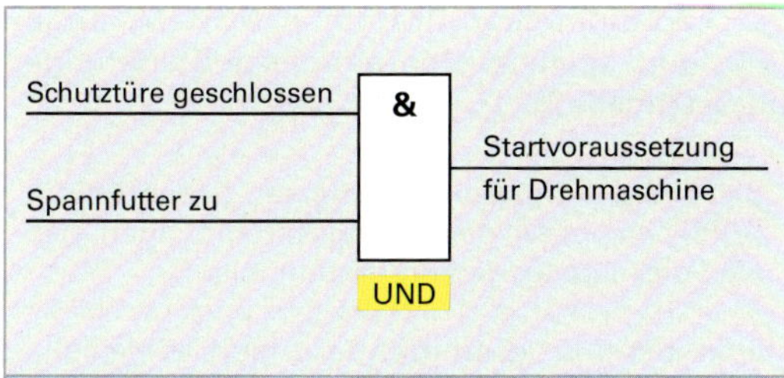

Bild 1: Beispiel einer Verknüpfungssteuerung

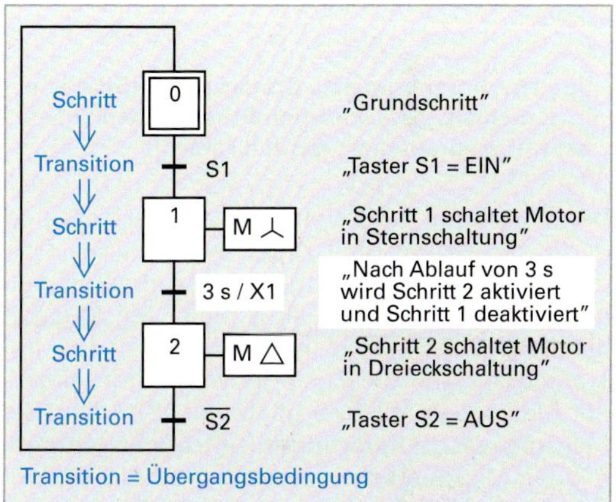

Bild 2: Funktionsplan einer zeitabhängigen Anlassschaltung

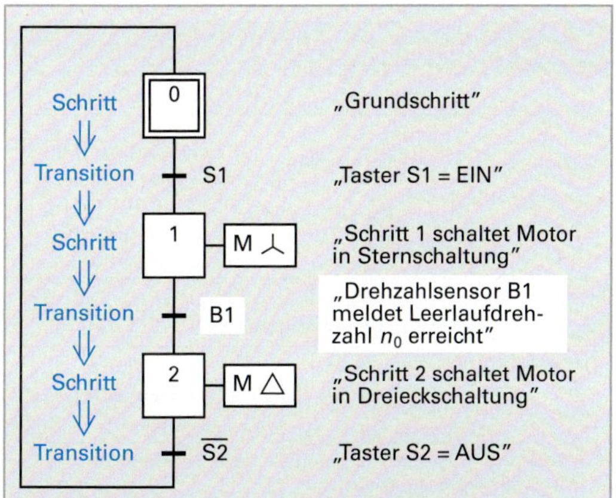

Bild 3: Funktionsplan einer prozessabhängigen Schaltung

1.1.3 Verbindungsprogrammierte Steuerungen und speicherprogrammierte Steuerungen

Steuerungen werden auch nach der Art der Programmverwirklichung eingeteilt. Man unterscheidet verbindungsprogrammierte Steuerungen (VPS) und speicherprogrammierte Steuerungen (SPS) **(Tabelle 1)**.

> Bei **verbindungsprogrammierten Steuerungen (VPS)** bestimmen die Leitungsverbindungen, z. B. die Verdrahtung, den Programmablauf.

Wenn keine Programmänderungen vorgesehen sind, nennt man diese Steuerungen **festprogrammiert**, sonst **umprogrammierbar**. Das Umprogrammieren kann z. B. durch den Tausch von Programmsteckern (mit anderer Verdrahtung) erfolgen.

> **Speicherprogrammierte Steuerungen (SPS)** enthalten einen elektronischen Programmspeicher, der frei programmiert werden kann.

Das Programm kann über einen PC erstellt und in die Steuerung übertragen werden. Die Programme sind austauschbar und können schnell geändert werden. SPS sind meist bei Maschinensteuerungen eingesetzt. Es werden z. B. bei Transferstraßen die Zustellbewegungen einzelner Maschinen mit SPS gesteuert. SPS sind als Mehrprozessorsteuerungen mit hochleistungsfähigen Mikroprozessoren aufgebaut. Über digitale Netze können SPS zusammengeschlossen werden und Daten austauschen. Über Kommunikationsschnittstellen können SPS aus der Ferne, z. B. über das Internet, beobachtet und mit neuer Software ausgestattet werden.

Tabelle 1: Programmverwirklichung

Art		Beispiel
Verbindungsprogrammiert VPS	festprogrammiert	Relaissteuerung
	umprogrammierbar	Programmsteuerung mit Steckerfeld
Speicherprogrammiert SPS	austauschprogrammierbar	SPS mit EPROM[1]
	freiprogrammierbar	SPS mit EEPROM[2] oder RAM[3]

[1] EPROM von Erasable Programmable Read Only Memory = löschbarer Nur-Lese-Speicher
[2] EEPROM von Electrically EPROM = elektrisch löschbarer Nur-Lese-Speicher
[3] RAM von Random Access Memory = Speicher mit wahlfreiem Zugriff

1.2 Regeln, Regelung

> Das Regeln bzw. die Regelung ist ein Vorgang, bei dem die zu regelnde Größe **(Regelgröße)** fortlaufend erfasst und so beeinflusst wird, dass sie sich der gewünschten Größe **(Führungsgröße)** angleicht.

Man unterscheidet **Festwertregelungen** und **Folgeregelungen**.

Beispiel für eine Festwertregelung. In einem Härteofen soll die Temperatur auf einem gleichbleibenden Wert **(Festwert)** gehalten werden **(Bild 1)**. Dieser Wert ist die Führungsgröße. Die Temperatur ist die Regelgröße. Zur Regelung kann ein Dehnstab verwendet werden, der sich je nach Höhe der Ofentemperatur verlängert oder verkürzt. Dieser Dehnstab ist über eine Stellschraube mit dem Schieber fest verbunden. Mit der Stellschraube kann die Stellung des Schiebers in Bezug auf den Dehnstab verändert werden. Wird der Härteofen angefahren, verlängert sich der Dehnstab mit steigender Temperatur und der Schieber drosselt die Brenngaszufuhr. Sinkt die Ofentemperatur, verkürzt sich der Dehnstab und der Schieber öffnet die Brenngaszufuhr, damit die Ofentemperatur wieder steigt.

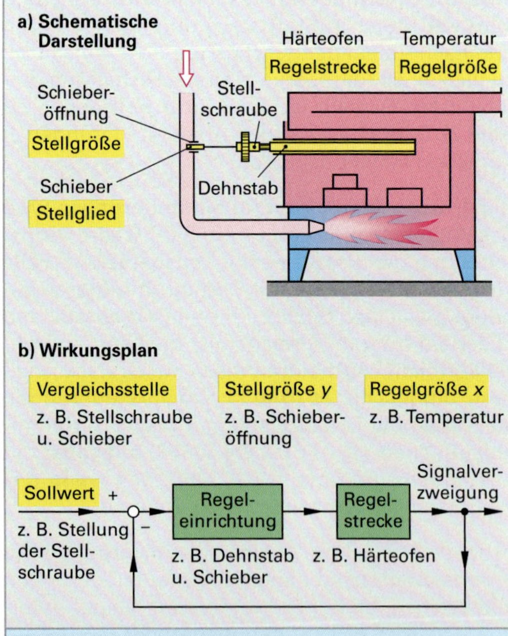

Bild 1: Historische Regelung eines Härteofens

Die Ofentemperatur, die durch diese Einrichtung konstant gehalten wird, ist die **Regelgröße**. Der Ofen selbst wird als **Regelstrecke** bezeichnet. Die Schieberöffnung, mit der die Brenngasmenge beeinflusst wird, nennt man wie bei der Steuerung **Stellgröße**.

Der Dehnstab gibt durch seine Länge die vorhandene Ofentemperatur, den Istwert der Regelgröße, an, während über die Stellschraube die gewünschte Temperatur, der Sollwert der Regelgröße, eingestellt werden kann. Bei einer Differenz des Istwertes zum Sollwert, der **Regeldifferenz**, z.B. bei einer Temperaturabsenkung öffnet der Schieber die Zuleitung und der Ofen wird beheizt, um den Sollwert wieder zu erreichen. Die Ofentemperatur sinkt immer, wenn die Ofentür zur Neubeschickung oder Entnahme der Werkstücke geöffnet wird. Die dadurch auftretende Abkühlung bezeichnet man als **Störgröße**.

Die Aufgabe der Regelung ist es, eine Größe, z.B. die Temperatur, konstant zu halten. Regelungen dieser Art nennt man **Festwertregelungen**.

Beispiel für eine Folgeregelung. Zum Härten von Stahl soll die Temperatur im Härteofen langsam bis auf etwa 700 °C erhöht und dann schnell auf Härtetemperatur gebracht werden. Die Ofentemperatur soll einem bestimmten Temperaturprofil folgen. Dabei wird die Führungsgröße für die Temperatur z.B. mit einer sich gleichmäßig drehenden, auf der Achse Dehnstab-Schieber beweglichen Kurvenscheibe vorgegeben **(Bild 1)**. Schieber und Dehnstab sind mit Rollen versehen, die in der Nut der Kurvenscheibe abrollen. Durch die Form der Kurvenscheibe (Führungsgröße) wird der Werteverlauf der Härtetemperatur (Regelgröße) gesteuert.

In der gezeichneten Stellung der Kurvenscheibe (maximale Härtetemperatur) ist der Schieber (Stellglied) ganz geöffnet und die Brenngaszufuhr entsprechend erhöht. Die Temperatur (Regelgröße) steigt an. Mit zunehmender Temperatur dehnt sich der Dehnstab und schließt den Schieber wieder so weit, dass die gewünschte Härtetemperatur nicht überschritten wird. Ein solches Ausregeln des jeweiligen Temperaturbereichs geschieht bei jeder Kurvenscheibenstellung.

Regelungen unterscheidet man auch nach der Art der Signalverarbeitung: Erfolgt die Signalverarbeitung in der Regeleinrichtung überwiegend durch analoge Signale, spricht man von **analoger Regelung**, bei überwiegend binären Signalen von **binärer Regelung** und bei überwiegend digitaler Signalverarbeitung von **digitaler Regelung**.

1.3 Leiten, Leitung

Den Steuer- und Regeleinrichtungen sind bei komplexen Anlagen, z.B. bei Kraftwerken, Transferstraßen und Verkehrsanlagen, **Leiteinrichtungen** bzw. **Leitwarten** übergeordnet.

Das **Leiten** ist die Gesamtheit aller Maßnahmen, die bewirken, dass der gewünschte Prozessverlauf erreicht wird. Dabei ist meist auch eine Mitwirkung des Menschen vorgesehen.

Neben dem Messen, Steuern und Regeln sind die wichtigsten Leitaufgaben: Überwachen, Schützen vor Gefahren, Auswerten, Anzeigen, Melden, Aufzeichnen, Eingreifen, Datenerfassen, Dateneingeben, Datenverarbeiten, Datenübertragen und Datenausgeben. Leiteinrichtungen sind Computer, Betriebsdatenerfassungsgeräte und die Datennetze zur Verbindung der Leiteinrichtung mit den dezentralen Steuerungs-, Regelungs- und Messeinrichtungen einer Anlage.

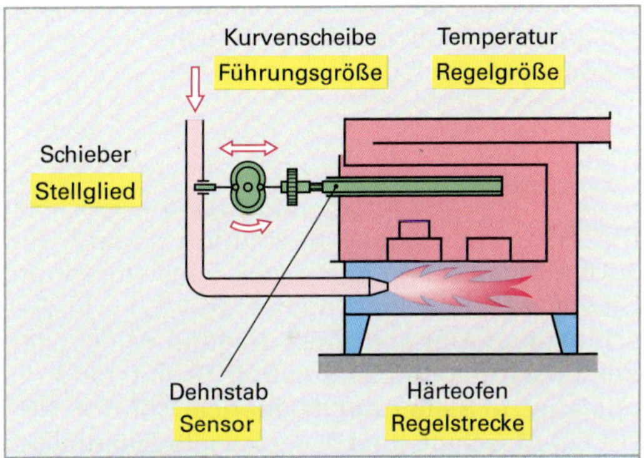

Bild 1: Historische Folgeregelung der Härtetemperatur

Bild 2: Leitwarte für Getriebeprüfstand

1.4 Entwicklungsphasen industrieller Technik

Erste industrielle Revolution

Die erste industrielle Revolution begann **um 1800** mit der Mechanisierung der Produktion mit Dampfkraft **(Bild 1)**. Die Muskelkraft der Menschen und Tiere sowie in Teilen die Wasserkraft wurden durch Dampfmaschinen ersetzt. Zum Ende des 18. Jahrhunderts kamen als Antriebsaggregate Elektromotoren und Verbrennungsmotoren hinzu. Es entwickelten sich aus den bisherigen Manufakturen die Fabriken. Man begann *serienidentische Teile* herzustellen.

Zweite industrielle Revolution

Mit der zweiten industriellen Revolution kam die Massenproduktion, und zwar vor allem mithilfe von elektrisch angetriebenen Maschinen. So wurden mit Beginn des **20. Jahrhunderts** neben Waffen auch Kraftfahrzeuge und Haushaltsgeräte in größeren Mengen produziert **(Bild 2)**.

Dritte industrielle Revolution

Die dritte industrielle Revolution begann **um 1970** mit der Verwendung von Transistoren und Dioden zur digitalen Datenverarbeitung in Maschinensteuerungen. Man begann Maschinen numerisch (digital) zu steuern. Es entstand die numerische Steuerung (Numerical Control, NC). Die **NC-Maschine (Bild 3)** verdrängte Zug um Zug handgesteuerte und mechanisch automatisierte Maschinen. Der wirkliche Durchbruch kam mit der Entwicklung der integrierten Schaltkreise und Mikroprozessoren und deren Integration in Maschinensteuerungen und in Produkte, z. B. als Mikrorechner und als speicherprogrammierte Steuerungen (SPS).

Eingeführt sind seither die **CAx-Systeme**:

- **CAD**-Systeme (Design) für das Zeichnen und Konstruieren **(Bild 4)**,
- **CAM**-Systeme (Manufacturing) für den Herstellungsprozess,
- **CAQ**-Systeme (Quality-Assurance) für die Qualitätsprüfung und
- **CIM** (Computerintegrierte Fertigung) für die Gesamtheit der Produktionskette.

Bild 1: Dampfhammer (1839) von James Nasmyth[1]

Bild 2: Der 10000. Opel läuft vom Band (1931)

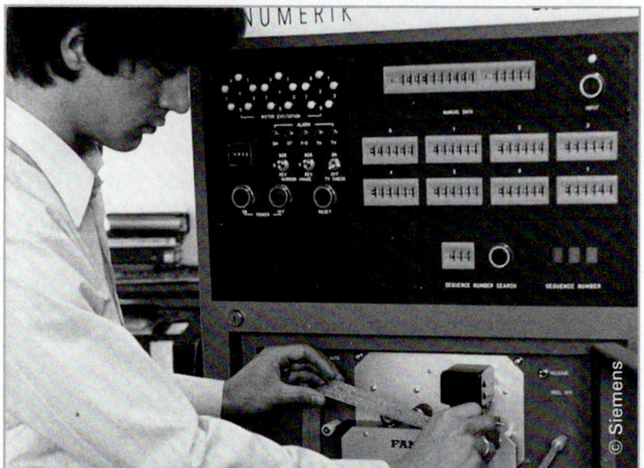

Bild 3: NC-Steuerung mit Lochstreifeneingabe (1970)

Bild 4: 2D-CAD-System (1998)

[1] *James Nasmyth*, 1808 bis 1890, war schottischer Kunstmaler und Ingenieur. Er gilt als Erfinder des Dampfhammers und der Dampframme.

Vierte industrielle Revolution

Die vierte industrielle Revolution, etwa seit dem **Jahr 2000,** wird geprägt durch die Allgegenwart des **Internets**.

Das Internet[1] wurde ab 1980 als Plattform zum Datenaustausch unter den Großrechnern der Universitäten und Forschungsinstitute eingeführt. Inzwischen ist das Internet bei jedermann angekommen und lebensbestimmend geworden. Es dient nicht mehr nur zur bloßen Übermittlung von Information, sondern wurde maßgeblicher Bestandteil zur Steuerung und Regelung von Vorgängen aller Art.

Mithilfe des Internets werden
- Bankgeschäfte abgewickelt,
- Steuererklärungen gemacht,
- telefoniert,
- Waren geordert und zum Kunden gelenkt,
- Produktionsprozesse angestoßen, gesteuert und überwacht.

Ein großflächiger und ein länger anhaltender Ausfall des Internets wäre eine große, lebensbedrohende Katastrophe.

Die Integration internetfähiger bzw. kommunikationsfähiger Elektronik in die Dinge des Alltags, z. B. in Mobiltelefone, in Kameras, in Fahrzeuge und in Maschinen und Anlagen ermöglicht eine allumfassende Information und das Ingangsetzen selbsttätig entfernt ablaufender Prozesse. Die Vernetzung von physikalisch-technischen Systemen mit virtuellen, nämlich programmierten Prozessen wird zum „Internet der Dinge und Dienste" (Internet of Things, IoT) und kennzeichnet die vierte industrielle Revolution.

Der digitale Zwilling

Der digitale Zwilling, engl. digital twin **(Bild 1)** ist ein digitales mathematisches Modell als Abbild eines realen Gebildes, z. B. eines Roboters aus der realen Welt mit dessen Eigenschaften. Das digitale Modell beschreibt nicht nur die äußere Gestalt oder die Einzelbauteile bezüglich Geometrie und Werkstoff, sondern auch das Betriebsverhalten, z. B. Beschleunigungen, Bremszeiten, Kräfte, also das Produkt in sehr realistischer und umfassender Weise (siehe auch S. 306). Durch Algorithmen[2] z. B. zu Verschleiß, zu Alterung u. v. m. stellt der digitale Zwilling das reale Produkt während seiner Lebensphase dar. Der digitale Zwilling wird anhand von realen Sensordaten und Betriebszeiten laufend aktualisiert und die beschreibenden Algorithmen werden selbstlernend weiterentwickelt.

Fünfte industrielle Revolution

Noch ist man mitten drin in der Entwicklung der 4. Industriellen Revolution und schon ist die 5. industrielle Revolution angesagt. Sie ersetzt nicht 4. Industrielle Revolution, sondern erweitert sie zu einer *nachhaltigen*, *menschenzentrierten* und *widerstandsfähigen* Industrie[3].

Menschenzentriert bedeutet das gemeinsame Arbeiten von Menschen mit Maschinen, z. B. mit Robotern **(Bild 2)**.

Nachhaltigkeit bedeutet sparsamer Umgang mit Energie und Rohstoffen.

Widerstandsfähigkeit (Resilienz) bedeutet, dass Waren und Energie sicher verfügbar sind. Die Schwachstellen durch globale Abhängigkeiten haben nun die Corona-Pandemie und der Ukrainekrieg deutlich werden lassen.

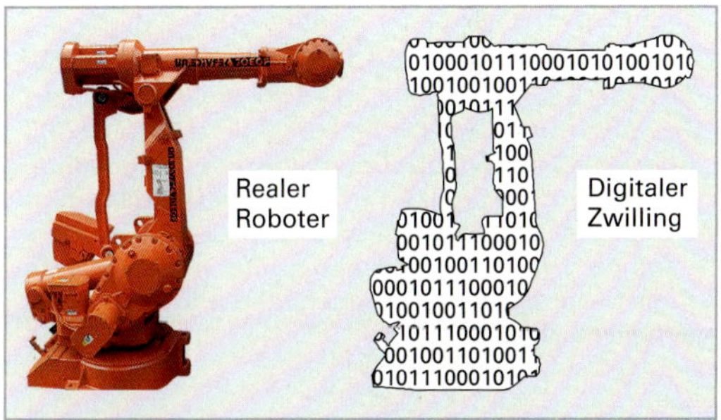

Bild 1: Digitaler Zwilling (Digital Twin)

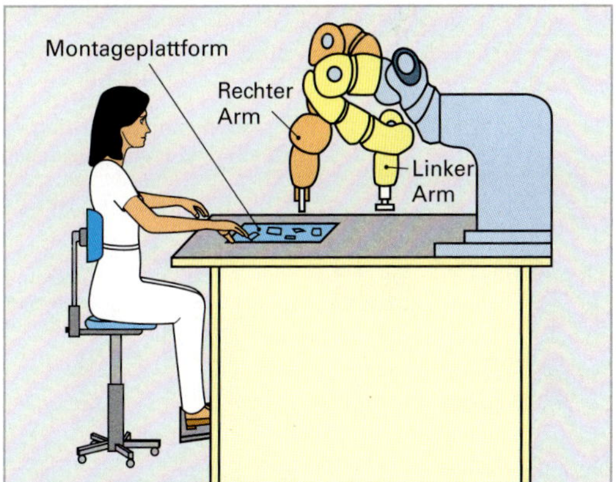

Bild 2: Mensch und Roboter arbeiten zusammen

[1] Internet von engl. internetwork = Zwischennetzwerk von miteinander verbundenen Netzen

[2] Algorithmus = Handlungsanweisung z. B. in Form eines Computerprogramms

[3] European Commission, Directorate-General for Research and Innovation, **Industry 5.0**: human-centric, sustainable and resilient, Publications Office, 2021

1.5 Industrie 4.0

Industrie 4.0 ist ein Zukunftsprojekt der deutschen Bundesregierung, mit dem die informationstechnische Vernetzung, insbesondere der Produktionstechnik, vorangetrieben werden soll.

Bundesministerium für Bildung und Forschung (BMBF) (Zitat):

Das Zukunftsprojekt Industrie 4.0 zielt darauf ab, die deutsche Industrie in die Lage zu versetzen, für die Zukunft der Produktion gerüstet zu sein. Industrieproduktion wird gekennzeichnet sein durch starke Individualisierung der Produkte unter den Bedingungen einer hoch flexibilisierten (Großserien-) Produktion, die weitgehende Integration von Kunden und Geschäftspartnern in Geschäfts- und Wertschöpfungsprozesse und die Verkopplung von Produktion und hochwertigen Dienstleistungen.

Die Wirtschaft steht an der Schwelle zur vierten industriellen Revolution. Durch das Internet getrieben, wachsen reale und virtuelle Welt immer weiter zu einem Internet der Dinge zusammen.

Die Kennzeichen der zukünftigen Form der Industrieproduktion sind die starke Individualisierung der Produkte unter den Bedingungen einer hoch flexibilisierten (Großserien-) Produktion, die weitgehende Integration von Kunden und Geschäftspartnern in Geschäfts- und Wertschöpfungsprozesse und die Verkopplung von Produktion und hochwertigen Dienstleistungen, die in sogenannten hybriden Produkten mündet.

Ziel von Industrie 4.0 sind intelligente (smarte[1]) Fabriken. Diese zeichnen sich aus durch:
- Wandlungsfähigkeit,
- Ressourceneffizienz,
- Ergonomie und
- Kundenorientierung.

Die heute übliche Produktionsplanung und -steuerung mit der Vorgabe von Arbeitsschritten könnte abgelöst werden, indem z. B. die Werkstücke die Abläufe selbst organisieren. Rohlinge, Fabrikate und Produkte werden **smart**[1]. Sie kommunizieren untereinander und mit übergeordneten Organisationseinheiten **(Bild 1)**.

Die Produkte sind mit speicherfähigen RFIDs[2] versehen oder tragen zumindest eingeprägte Codes **(Bild 2)** zur Kennung. Die Produktionsmittel und Logistikkomponenten sind als „embedded[3] systems" smart konzipiert und kommunikationsfähig.

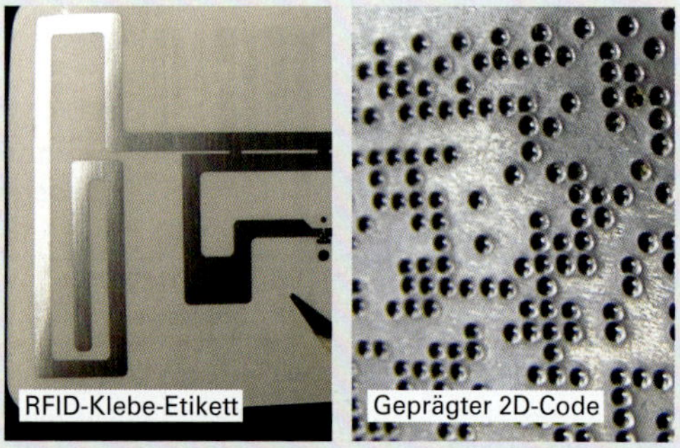

Bild 2: Produktkennung

[1] engl. smart = geschickt
[2] RFID von engl. radio-frequency identification = drahtlose Identifizierung mithilfe elektromagnetischer Wellen
[3] engl. embedded = eingebettet

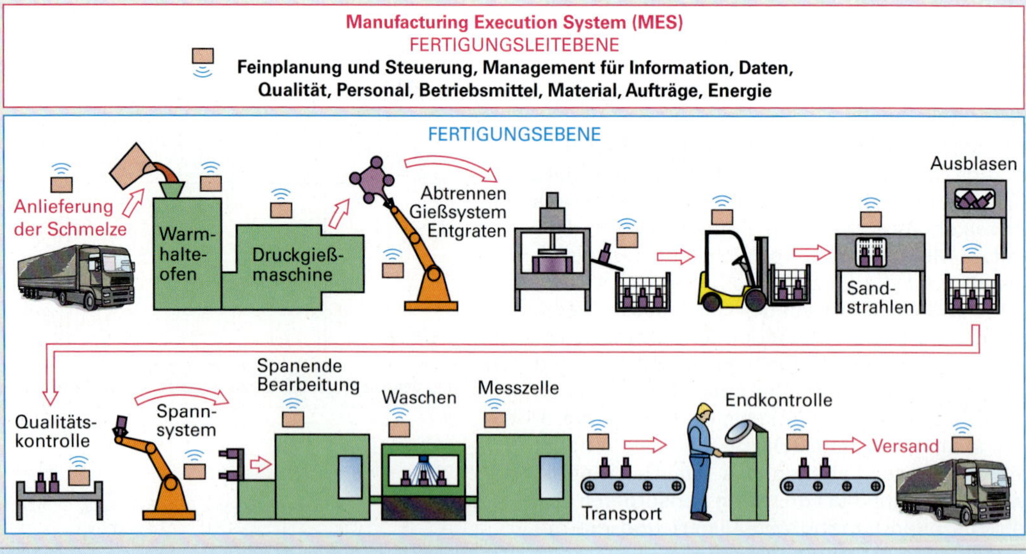

Bild 1: Industrie 4.0 mit Beispiel Gießereibetrieb

1.6 Cyber-Physische Systeme (CPS)

Eine zunehmende Bedeutung haben **Cyber-Physical-Systems**[1] **(CPS)**. Sie ermöglichen durch eine angehängte Kommunikationstechnik die Vernetzung von eingebetteten Systemen untereinander und mit dem Internet. Dabei wird die frühere hierarchische und lokal konzentrierte Struktur aufgelöst **(Bild 1)**.

CPS sind die technologische Grundlage für Industrie 4.0. Die besondere Eigenschaft ist, dass CPS als *smart,* d.h. geschickt und intelligent, empfunden werden. So leiten sich daraus unmittelbar Produktnamen ab, wie z.B. *Smartphone* oder *Smart-TV* für internetfähige Mobiltelefone bzw. Fernsehgeräte.

Die Entwicklungen der Cyber-Physischen Systeme beschränken sich nicht nur auf Einzelprodukte, sondern gelten auch für Großsysteme wie z.B. **Smart Factory**[2].
Dies ist eine Fabrik, deren Produktions- und Geschäftsprozesse durch Informations- und Kommunikationstechnik (IKT) vernetzt sind **(Bild 2)**.

Beim Thema *Smart Factory* liegen die Schwerpunkte auf intelligenten Produktionssystemen und -verfahren sowie auf der Realisierung verteilter und vernetzter Produktionsstätten. Unter der Überschrift *Smart Production* werden unter anderem die unternehmensübergreifende Produktionslogistik und die Mensch-Maschine-Interaktion in industriellen Anwendungen durch *Immersion*[3] **(Bild 3)** noch stärker in den Blick genommen.

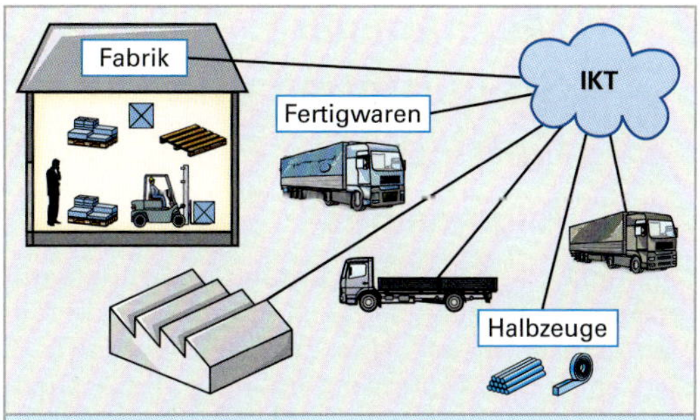

Bild 2: Smart Factory

Bild 3: Immersion in eine virtuelle 3D-Umgebung

[1] cyber, altgriechische Vorsilbe für Steuerung... (des Seemanns) – ursprünglich die Steuerkunst des Seefahrers. Davon abgeleitet ist die Wissenschaft der Kybernetik = Regelungstechnik, Steuerungstechnik und Sensortechnik, heute meist in Verbindung mit Mikrocomputern, Mikroschaltkreisen und Mikromechanik.
[2] smart factory = intelligente (kluge) Fabrik
[3] engl. immersion = das Eintauchen

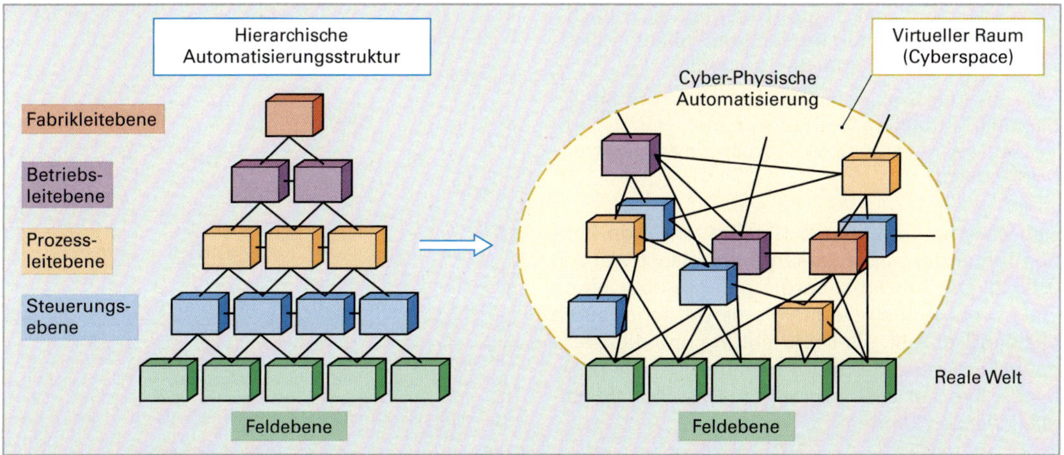

Bild 1: CPS in der Automatisierung

2 Mechanische Steuerungen und Getriebe

2.1 Allgemeines

Mechanische Steuereinrichtungen können mit großen Stellgeschwindigkeiten genaue Verstellwege fahren. Durch Nockenwellen werden z. B. die Ventile von Motoren gesteuert. Rundschalttische werden mithilfe von Malteserkreuzgetrieben positioniert oder Roboterarme werden über Reduziergetriebe bewegt. Mechanische Steuerelemente sind genau, wirken direkt ohne Verzögerung und haben eine hohe Lebensdauer. Sie sind aber nur mit großem Aufwand herzustellen.

Mechanische Steuerungen[1] bestehen aus Getrieben, Kurvenscheiben, Hebeln, Kupplungen und anderen mechanischen Bauteilen **(Bild 1)**.

Beispiel. Ein Elektromotor treibt z. B. die Antriebswelle an, die über eine Kupplung mit dem Zahnradpaar der Abtriebswelle verbunden werden kann. Die Kupplung ist das Stellglied der Steuerung und erhält die Steuersignale über einen Hebel von der Kurventrommel. Die Kurventrommel sitzt auf einer Steuerwelle, die über ein Untersetzungsgetriebe ebenfalls vom Elektromotor angetrieben wird. Die Signalgabe für die Betätigung der Kupplung wird durch die Form der Kurventrommel bestimmt.

Führt die sich drehende Kurvennut in der sich drehenden Kurventrommel nach rechts, wird die Kupplung durch den Hebel geschlossen und die Abtriebswelle eingeschaltet (Start). Führt die Nut nach links, wird die Kupplung geöffnet und die Antriebswelle bleibt stehen (Stopp). Die Signalfolge für Start und Stopp wiederholt sich nach jeder Steuerwellenumdrehung und bildet in diesem Fall das Programm der Steuerung.

Die gesamte **Steuereinrichtung** besteht aus Steuerwelle, Kupplung, Kurventrommel, Hebel und Feder, während die Abtriebswelle die **Steuerstrecke** darstellt.

Die Merkmale mechanischer Steuerungen können folgendermaßen zusammengefasst werden **(Bild 2)**: Die Antriebsenergie gelangt über einen Elektromotor in ein verstellbares Getriebe, durch das die Drehzahl, die Drehrichtung und die Drehdauer (Start-Stopp) über mechanische, pneumatische, hydraulische oder elektrische Signale verstellt werden können.

Bei Stufengetrieben erfolgt die Signalgabe über Kupplungen, bei stufenlos verstellbaren Getrieben über besondere Stelleinrichtungen. An der Abtriebswelle des verstellbaren Getriebes steht eine gesteuerte Rotationsenergie zur Verfügung. Muss die Drehbewegung jedoch in eine geradlinige Bewegung umgewandelt werden, wie z. B. beim Vorschub des Werkzeugschlittens einer Drehmaschine, kann dies mit einem Zahnrad-Zahnstangengetriebe geschehen.

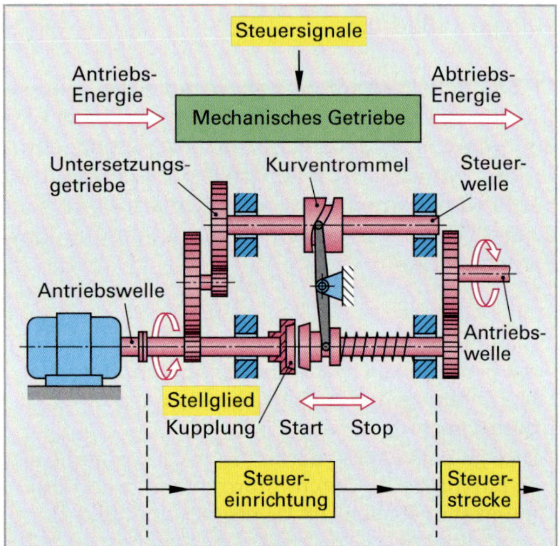

Bild 1: Beispiel einer mechanischen Steuerung

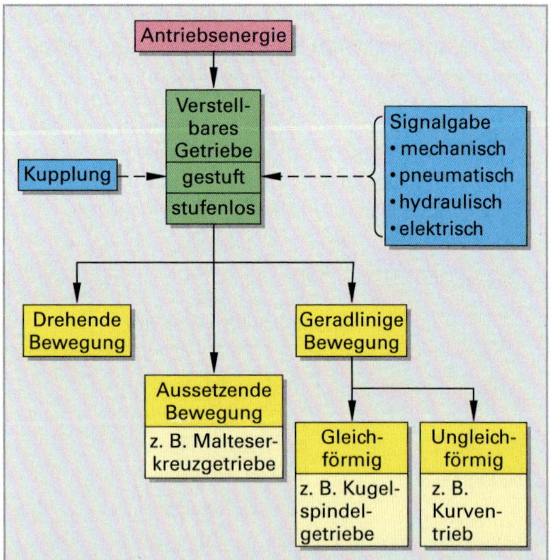

Bild 2: Aufbau mechanischer Steuerungen

[1] Mechanische Steuerungen sind „aus der Mode" gekommen. Dies gilt vor allem für Steuerungen bei Maschinen und Geräten. Es gibt aber bei vielen Aufgaben, insbesondere, wenn gleichzeitig Bewegungen zu steuern sind, mechanische Lösungen, die wegen der Einfachheit, Robustheit, Zuverlässigkeit und Schnelligkeit elektronisch nicht oder nur sehr teuer erreichbar sind. Beispiele sind: die Ventilsteuerungen durch Nocken und die Lenkungen an Kraftfahrzeugen. Für beides gibt es grundsätzlich auch elektronische Varianten.

2.2 Getriebe

Die Eingangsleistung an der Antriebswelle des Getriebes ist in vielen Fällen gleich der Maximalleistung des Motors und damit konstant. Bei konstanter Leistung steht das Drehmoment M am Getriebeausgang in umgekehrtem Verhältnis zur erzeugten Drehzahl n: $M \sim 1/n$ **(Bild 1)**. Die Kennlinie ist eine Hyperbel. Bei den schlupffreien, stufenlos verstellbaren Getrieben ist die Kennlinie ein geschlossener Kurvenzug, bei Stufengetrieben werden entsprechend der Zahl der Drehzahlstufen nur einige Punkte der Hyperbel belegt.

Mit verstellbaren mechanischen Getrieben werden die Drehrichtung, Drehzahlen und Drehmomente gesteuert. Bei hohen Drehzahlen ist das Drehmoment klein, bei niedrigen Drehzahlen groß.

Im Unterschied hierzu ist bei elektrischen Servoantrieben (mit elektrisch stufenlos stellbarer Drehzahl) das Dauerdrehmoment durch den Nennstrom begrenzt. D.h. der Servoantrieb liefert im Unterschied zum Getriebe bei Verkleinerung der Drehzahl keine Erhöhung des Drehmoments.

2.2.1 Schaltgetriebe

Schaltgetriebe benötigt man zur Drehzahlanpassung oder Drehmomentanpassung, wenn von Seiten des Motors dies nicht abgedeckt werden kann, z.B. beim Kraftfahrzeug. Schieberadgetriebe **(Bild 2)** sind die einfachsten schaltbaren Zahnradgetriebe. Hier werden auf einer Schaltwelle Schieberäder so verschoben, dass unterschiedliche Zahnradpaarungen mit den auf einer Vorgelegewelle platzierten Zahnrädern ermöglicht werden.

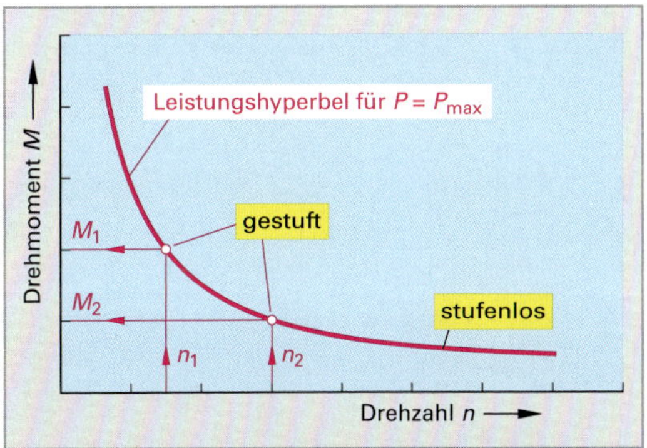

Bild 1: Abhängigkeit von Drehzahl und Drehmoment bei konstanter Antriebsleistung

Anwendungen für Schieberadgetriebe sind z.B. Drehmaschinen.

Schaltmuffengetriebe (Bild 3) sind in ihrem Aufbau den Schieberadgetrieben sehr ähnlich. Allerdings sind hier alle Zahnradpaare stets im Eingriff und laufen permanent mit. Hierzu werden die Gangräder der Schaltwelle drehbar gelagert und nur das geschaltete Gangrad zur momentanen Kraftübertragung wird formschlüssig über eine Schaltmuffe mit der Schaltwelle verbunden. Schaltmuffengetriebe findet man z.B. bei Kraftfahrzeugen.

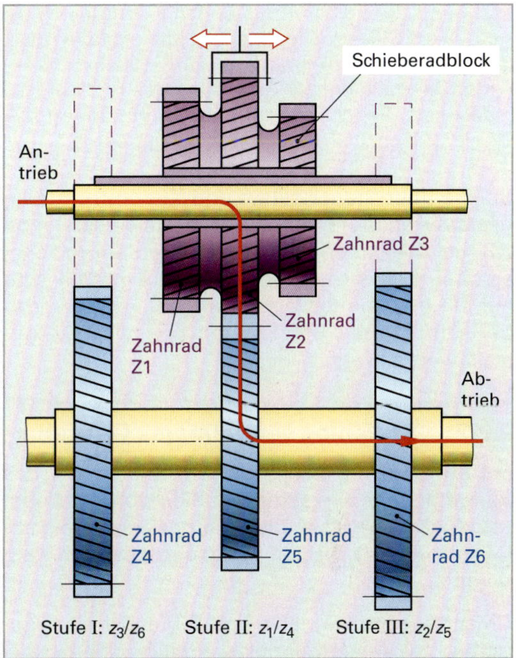

Bild 2: Schiebradgetriebe (Schema)

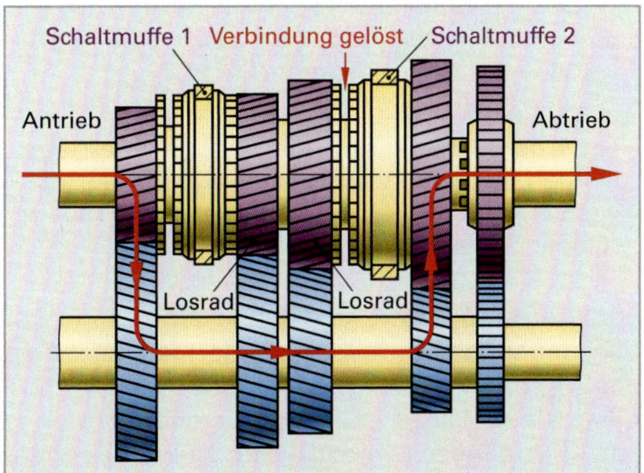

Bild 3: Schaltmuffengetriebe

Stufenrädergetriebe

Bei dem mechanisch gesteuerten Stufenrädergetriebe können zwei Drehzahlen und beide Drehrichtungen gesteuert werden **(Bild 1)**. Ein Elektromotor treibt die untere Welle an. Für den Schnellgang der Arbeitsspindel wird die Kupplung K_2 geschlossen.

Für den Langsamgang wird die obere Welle, die wegen der Zahnraduntersetzung eine langsamere Drehzahl als die untere Welle ausführt, durch die Kupplung K_1 und die beiden Kettentriebe mit den Schalen K_4 und K_3 verbunden. Der Schaltzeitpunkt für die mechanische Signalgabe zur Betätigung der beiden Kupplungen K_1 und K_2 wird durch die Steuerwellendrehzahl und die Form der rechten Kurventrommel bestimmt. Die linke Kurventrommel dient zur Steuerung des Richtungswechsels. Beim Linkslauf wird die Kupplung K_4 geschlossen, beim Rechtslauf die Kupplung K_3.

Solche über Steuerwellen und Kurventrommeln gesteuerten Stufenrädergetriebe verwendet man z. B. bei Drehautomaten zum Antrieb der Arbeitsspindel. Die Formen der Kurventrommeln sind auf ein bestimmtes Werkstück abgestimmt, das bei sehr großen Stückzahlen preiswert hergestellt werden kann.

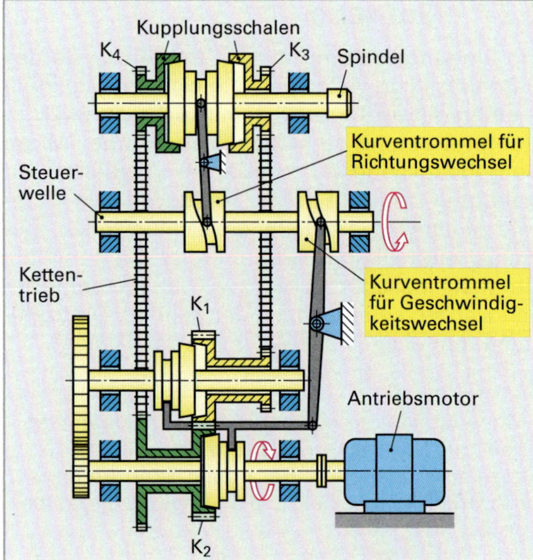

Kupplungen im Eingriff für		
	Rechtslauf	Linkslauf
schnell	K_3 UND K_2	K_4 UND K_2
langsam	K_3 UND K_1	K_4 UND K_1

Bild 1: Drehzahl- und Drehrichtungssteuerung eines Stufenrädergetriebes

2.2.2 Stufenlos verstellbares Getriebe

Bei stufenlosen Getrieben verändert man das Verhältnis der wirksamen Radien von Antriebsrad zu Abtriebsrad. In **Bild 2** ist das dargestellt am Beispiel eines Umschlingungsgetriebes mit Keilriemen.

Umschlingungsgetriebe sind Stufenscheibengetriebe, bei denen mindestens eine Scheibe aus zwei kegelförmigen Teilen besteht. Diese kegelförmigen Teile lassen sich axial auf ihrer Welle verschieben, wodurch die Laufradien für die Keilriemen oder Stahlketten verstellt werden. So lassen sich die Abtriebsdrehzahl und das Drehmoment des Getriebes steuern (Bild 2).

Für trocken laufende Umschlingungsgetriebe werden meist Breitkeilriemen als Zugmittel verwendet. Mit ihnen erreicht man einen besonders ruhigen, beinahe schlupffreien Lauf.

Für große Zugkräfte und wenn eine lange Lebensdauer des Getriebes gefordert ist, setzt man als Zugmittel Stahlketten ein. Bei Stahlketten, die in einem Ölbad laufen, unterscheidet man je nach Kettengeschwindigkeit und zu übertragender Leistung **Lamellenketten, Rollenketten** und **Wiegedruckstück-Ketten**.

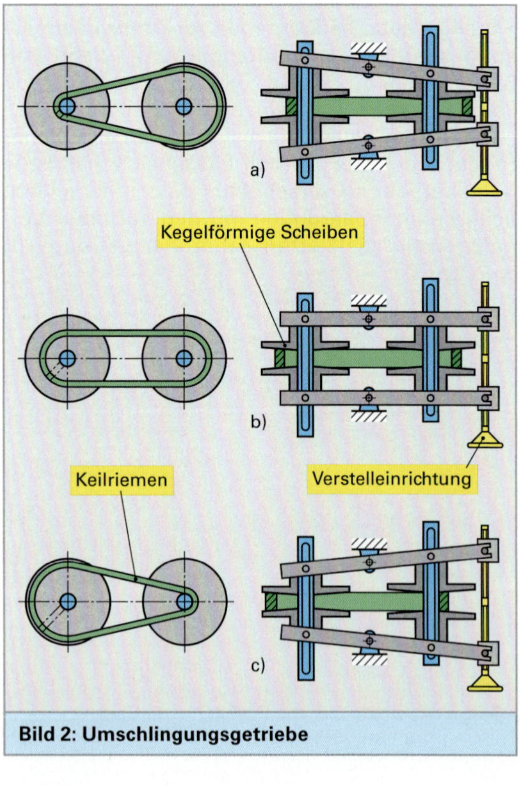

Bild 2: Umschlingungsgetriebe

2.2.3 Reduziergetriebe als Drehmomentwandler

Getriebe dienen häufig als Drehmomentwandler. So kann man eingangsseitig mit kleinem Antriebsdrehmoment M_1 (und hoher Drehzahl n_1) ein großes Abtriebsdrehmoment M_2 (bei kleiner Drehzahl n_2) erzeugen. Es gilt:

$$\frac{M_2}{M_1} = \frac{n_1}{n_2}$$ Die Getriebeübersetzung i ist kleiner 1.

Getriebe mit hoher Untersetzung sind *Planetenradgetriebe, Harmonic-Drive-Getriebe* und *Zykloidgetriebe*. Die Drehmomentwandlung nützt man z.B. bei Robotern zur Armbewegung, bei Jalousieantrieben und bei Stellantrieben in der Verfahrenstechnik.

Planetengetriebe sind Umlaufrädergetriebe, bei denen die Planetenzahnräder auf Kreisbahnen im Getriebegehäuse umlaufen. Sie umkreisen dabei ein zentrales Rad, das Sonnenrad **(Bild 1)**. So bezeichnet man sie auch als Planetengetriebe. Die Anzahl der Planetenräder liegt meist zwischen drei und fünf **(Bild 2)**. Die Vorteile der Planetengetriebe sind: Geringer Platzbedarf, die koaxiale Lage von Eintrieb und Abtrieb, die hohen Übersetzungsverhältnisse (bis 12 ins Langsame) und die kleinen Schwungmassen.

Das **Harmonic-Drive-Getriebe** (Bild 2) besteht aus einer ovalen Antriebsscheibe, die, über Kugeln geführt, eine flexible außenverzahnte Hülse (Flex Spline) in einen innenverzahnten feststehenden Ring presst **(Bild 3)**. Durch die ovale Form der Antriebsscheibe (Wave Generator) berührt die flexible außenverzahnte Hülse den feststehenden innenverzahnten Ring nur an 2 gegenüberliegenden Punkten **(Bild 4)**. Die Zähnezahl der außenverzahnten Hülse ist z.B. um 2 Zähne kleiner als die Zähnezahl des innenverzahnten Außenrings. Beträgt die Zähnezahl der außenverzahnten Hülse z.B. 200 und die des innenverzahnten Außenrings 202, dann wird beim Abwälzen der Hülse auf dem Ring bei einer Umdrehung der ovalen Antriebsscheibe die Hülse um 2 Zähne, also um 1/100 einer Umdrehung, gedreht. Das Übersetzungsverhältnis beträgt also $i = 0{,}01$. Harmonic-Drive-Getriebe sind sehr einfach aufgebaut, sind leicht, haben einen guten Wirkungsgrad (besser als 80 %), sind spielfrei und beanspruchen nur einen sehr kleinen Einbauraum.

Beim Zykloidgetriebe (Bild 4) wälzt sich die exzentrisch gelagerte, innere Wellenscheibe über eine Rollenunterstützung auf der Innenseite der äußeren Wellenscheibe ab. Die innere Scheibe führt bei der Drehbewegung eine *zykloidische* Pendelbewegung aus. Da die innere Scheibe einen geringeren wirksamen Radius hat, entsteht eine Relativdrehzahl hoher Untersetzung zwischen $i = 1:9$ bis $1:71$ bei *einstufigen* Getrieben. *Zweistufige* Getriebe ermöglichen Übersetzungsverhältnisse von $1:9 \times 9$ bis $1:71 \times 71$. Die Zykloidgetriebe zeichnen sich durch besonders hohe Belastbarkeit, Drehsteifigkeit, geringes Spiel und einen sehr hohen Wirkungsgrad (besser als 95 %) aus.

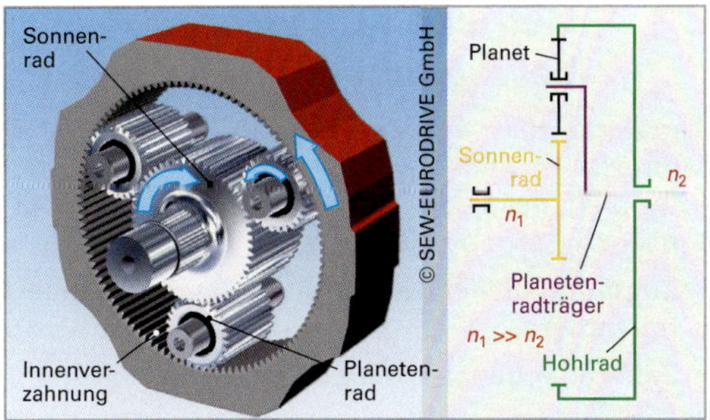

Bild 1: Planetengetriebe

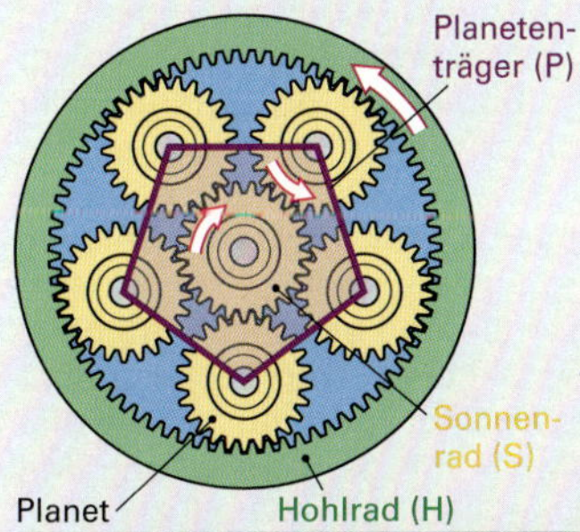

Standübersetzung

$$i_{12} = \frac{n_S - n_P}{n_H - n_P}$$

$$i_{12} = \frac{z_H}{z_S}$$

z_H Zähnezahl Hohlrad (negativ)

z_S Zähnezahl Sonnenrad

Antrieb/Abtrieb	P/S	S/P	H/P	P/H	S/H	H/S
Fixierung	H	H	S	S	P	P
Übersetzung i	$\frac{1}{1-i_{12}}$	$1-i_{12}$	$1-\frac{1}{i_{12}}$	$\frac{i_{12}}{i_{12}-1}$	i_{12}	$-\frac{1}{i_{12}}$
$z_{Hohlrad}$ ist eine negative Zählzahl!						

Bild 2: Planetengetriebe mit fünf Planetenrädern

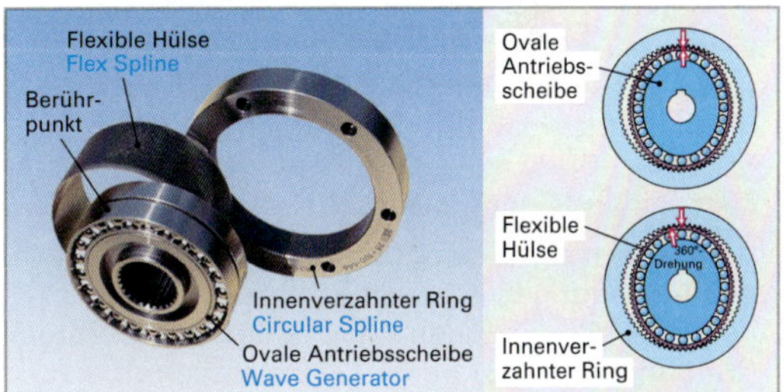

Bild 3: Harmonic-Drive-Getriebe

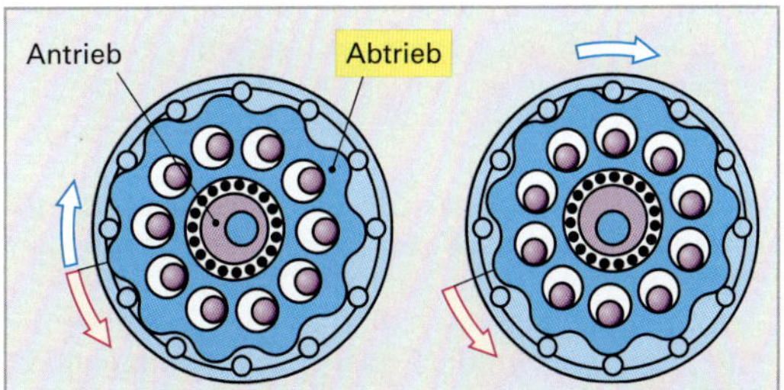

Bild 4: Zykloidgetriebe

2.3 Getriebe für Linearbewegungen

Zur Umsetzung von Drehbewegungen in translatorische Arbeitsbewegungen verwendet man prinzipiell dieselben Techniken wie bei den rotatorischen Getrieben **(Bild 1)**:

- Zugmittel (Seile, Bänder, Zahnriemen), gepaart mit Rädern,
- Zahnräder gepaart mit Zahnstangen,
- Schraubengewinde (-spindeln) gepaart mit Schraubenmuttern,

Lineare Zugmittelgetriebe. Neben Seilzügen und Ketten kommen bei Maschinen und Anlagen vor allem Zahnriemen **(Bild 2)**, zur Anwendung. Der Zahnriemen umschlingt, über Leitrollen geführt, das Antriebsritzel zu etwa 300°. Auf diese Weise können in Verbindung mit Führungsschienen fast beliebig lange Lineareinheiten gebaut werden. Hohe Steifigkeiten und entsprechend hohe Messgenauigkeiten bei einer Wegmessung über das Antriebsritzel erreicht man mit „Breitzahnriemen" mit innerer Stahllitzenverstärkung. Mit Flachriemen, Bändern bzw. Gurten realisiert man vielfach Förderantriebe, z. B. die Doppelgurtförderer bei Montagesystemen.

Zahnstange-Ritzel-Trieb. Mit Zahnstange und Ritzel können sehr steif bauende und durch fortlaufendes Aneinandersetzen der Zahnstangen beliebig lange Getriebestrecken (Zahnradbahn) hergestellt werden. Wir finden solche Getriebe **(Bild 3)** z. B. als Präzisionsgetriebe bei Werkzeugmaschinen. Hier werden Schrägverzahnungen, vergleichbar mit den schrägverzahnten Getrieben, verwendet. Sie ermöglichen eine geräuscharme gleichförmige Vorschubbewegung. Etwaiges Spiel vermeidet ein doppeltes und gegeneinander federelastisch verspanntes Ritzel.

Gewindetrieb. Bewegungsschrauben für Linearbewegungen sind als Spindeln mit Trapezgewinde bei einfachen Maschinen und Gerätekomponenten, z. B. bei Schraubstöcken und zur Handverstellung an einfachen Werkzeugmaschinen üblich. Beim Kugelgewindetrieb liegt eine Wälzlagerung der Gewindemutter vor. Bei einer Relativbewegung zwischen Spindel und Spindelmutter rollen die Kugeln im Gewindegang. Am Ende der Mutter werden sie über ein Umlenkstück um einen Gewindegang oder über einen Rückkanal an den Gewindeanfang der Kugelmutter zurückgeführt **(Bild 4)**. Die Gewindeoberflächen sind entsprechend wie die Laufflächen bei Kugellagern gehärtet und geschliffen oder feingewalzt. Die Spindelsteigungen sind meist größer als 5 mm. So erreichen die Kugeln einen hinreichend großen Durchmesser, um die Flächenpressung in zulässigen Grenzen zu halten.

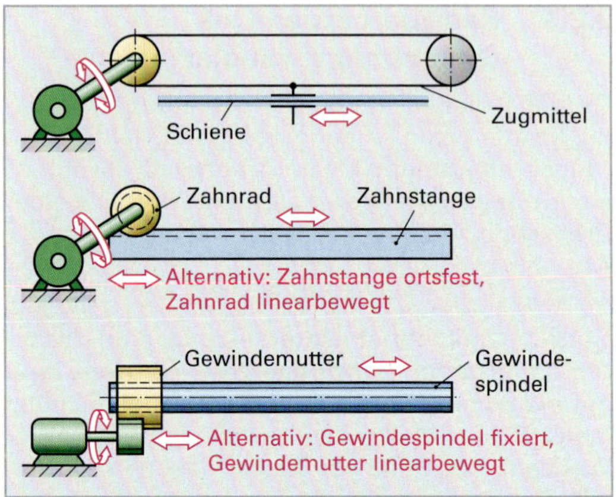

Bild 1: Getriebe für Linearbewegungen

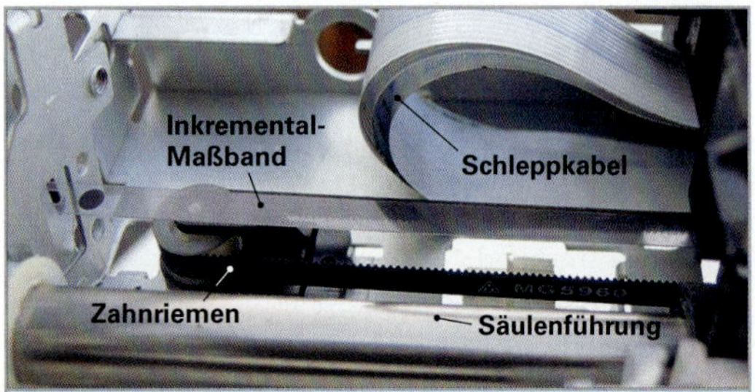

Bild 2: Zahnriementrieb

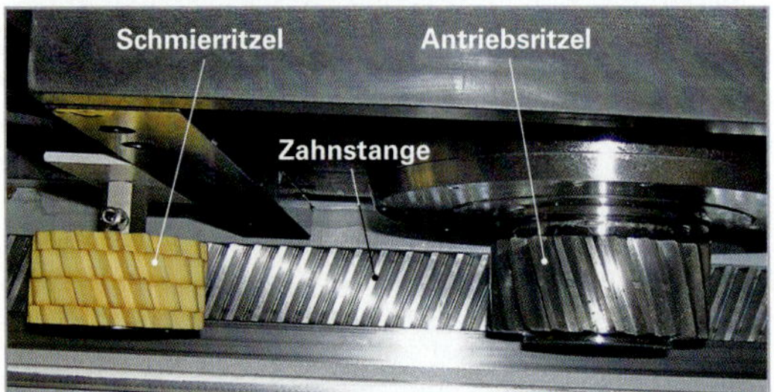

Bild 3: Zahnstangentrieb

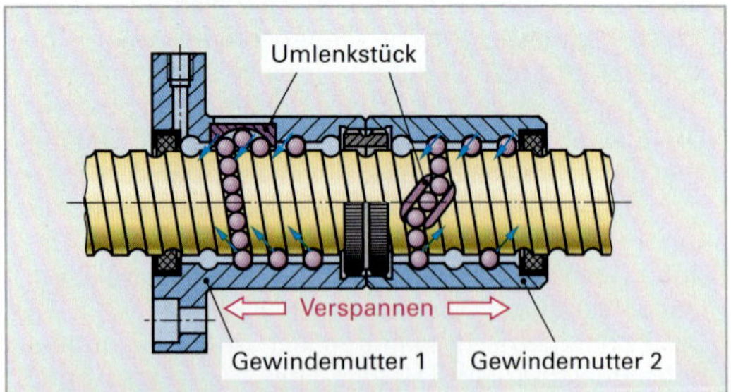

Bild 4: Kugelgewindetrieb

2.4 Ungleichförmiger Antrieb

Zu den ungleichförmig übersetzenden Getrieben gehören die Kurbel- und Kurvengetriebe.

Kurbelgetriebe bestehen aus einer Kurbel, die angetrieben wird, einer Schwinge und einer Koppel.

Die Kurbel, die am Maschinentisch befestigt ist, treibt die Koppel und damit die Schwinge an. Das einfachste Kurbelgetriebe ist die **Kurbelschwinge (Bild 1)**. Ist ein Gelenk als Schubkurbel ausgebildet, heißt das Getriebe **Kurbelschleife** oder **Schubkurbel**. Bei zwei Schubgelenken wird es **Kreuzschubkurbel** genannt. Schubkurbelgetriebe werden zur Umwandlung von Dreh- in Längsbewegungen verwendet, wie z. B. bei Senkrecht- oder Waagrechtstoßmaschinen und bei Pressen. Beim Verbrennungsmotor wird die geradlinige Kolbenbewegung in eine Drehbewegung umgewandelt.

Beispiele: Kurbelpressen und Exzenterpressen
Bei den Kurbelpressen wird der Stößelweg durch eine Kurbel mit einem Pleuel erzeugt **(Bild 2)**. Bei kontinuierlicher Drehung der Kurbel entsteht eine rhythmisch periodische Stößelbewegung. Der Verlauf des Stoßhubs in Abhängigkeit vom Kurbelwinkel ist beim einfachen Schubkurbelgetriebe exakt sinusförmig, ebenso bei einem Antrieb mit Exzenterwelle.

Bei **mehrgelenkigen Kurbelgetrieben oder bei Kniehebelantrieben** sind die Wegverläufe und Geschwindigkeitsverläufe des Stößels stark abweichend von der Sinusform und können den Prozesserfordernissen hinsichtlich Weg-, Kraft- und Geschwindigkeitsverlauf besser angepasst werden. Der Pleuel treibt beim Kniehebelgetriebe zunächst einen Kniehebel an. Dieser wiederum leitet die Bewegung wiederum in den Stößel ein. Das Kniehebelsystem schwenkt dabei lediglich zwischen einem eingeschränkten Winkelbereich hin und her **(Bild 3)**.

Beispiele für Kurvengetriebe
Kurvengetriebe verwendet man bei ungleichförmigen Bewegungen, die bei Zustell- und Vorschubbewegungen an Werkzeugmaschinen auftreten können.

Bestehen die Getriebe aus einem sich drehenden Kurventräger und einem geradlinig geführten Abtriebsteil, spricht man von einem **Schubkurvengetriebe**. Bei einem Kurventräger mit nachfolgendem drehbarem Hebel nennt man das Getriebe eine **Kurvenschwinge**.

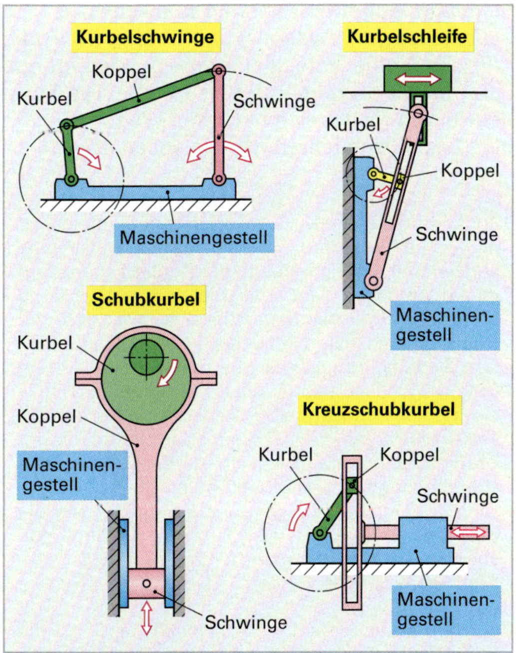

Bild 1: Kurbelgetriebe

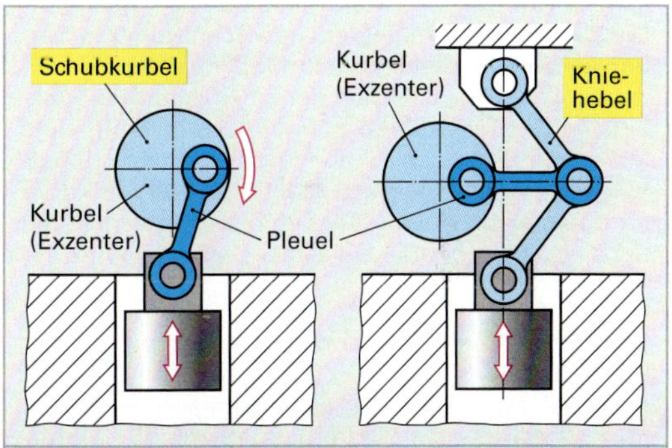

Bild 2: Pressantrieb mit Kurbel

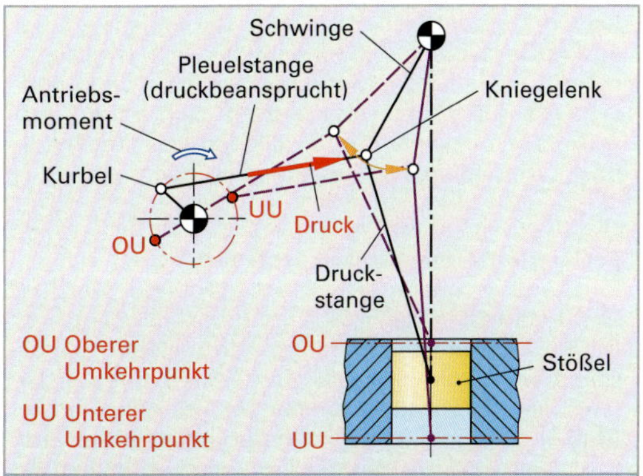

Bild 3: Kniematik des Kniehebelantriebs

Schubkurvengetriebe können streckenweise eine gleichförmige Bewegung ausführen, wenn die Kurvenscheibe eine gleichmäßig ansteigende Form erhält (Archimedische[1] Spirale). Die Form der Kurven richtet sich nach den Wegen, die mit dem Getriebe gefahren werden sollen **(Bild 1)**.

Zur Ermittlung der Kurvenform für einen gleichförmigen Hub wird der Grundkreis der Kurvenscheibe abgewickelt. Für den Anfang der Hubbewegung legt man den Winkel 0° am Kreis und an der Abwicklung fest. Dann trägt man den Winkel ein, bei dem der Hub seinen höchsten Punkt erreichen soll, z. B. 240°. Den Zwischenraum zwischen den beiden Winkeln 0° und 240° teilt man in beliebig viele gleiche Teile ein, z. B. in vier. Auf der Kurvenscheibe werden die Teilungsstrahlen, von 0° beginnend, entgegen der Drehrichtung der Kurvenscheibe, in gleichen Abständen eingezeichnet. Denkt man sich die Kurvenscheibe festgehalten, während der Stößel um die Scheibe herumgeführt wird, kann der jeweilige Hub aus der Abwicklung auf den Grundkreis der Kurvenscheibe übertragen werden.

Für den ersten Strahl durch den Winkel 0° ist die Hubhöhe Null. Für den zweiten Strahl wird der entsprechende Wert der Hubhöhe aus der Abwicklung entnommen und vom Hilfskreis aus angetragen. Das gleiche wird auch für die Strahlen 3 und 4 gemacht. Die auf den Strahlen gefundenen Schnittpunkte werden anschließend mit dem Kurvenlineal verbunden. Man erhält so die Linie, auf der die Rollenmittelpunkte liegen. Mit dem Zirkel können jetzt beliebig viele Rollenkreise gezeichnet werden. Die innere Umhüllungslinie der Rollenkreise stellt die gesuchte Kurve für den gleichförmigen Anstieg des Stößels dar, die dann als äußere Kurvenscheibe ausgeführt wird.

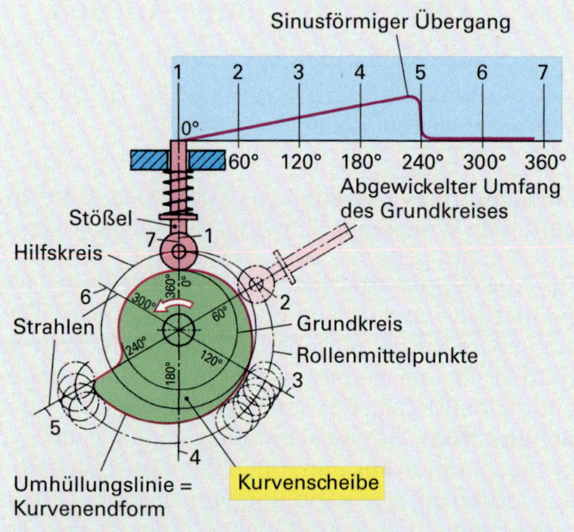

Bild 1: Schubkurvengetriebe

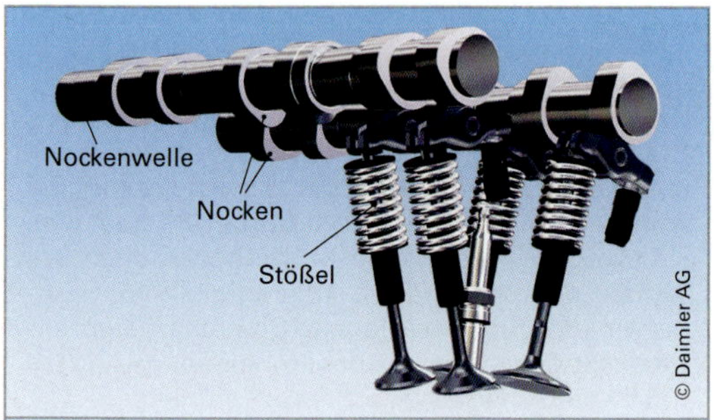

Bild 2: Ventilsteuerung mit Nocken beim KFZ

Nockensteuerung der Ventile bei Hubkolbenmotoren

Nach wie vor werden bei den Verbrennungsmotoren im Kraftfahrzeug die Ventile synchron zur Motordrehung direkt mechanisch gesteuert **(Bild 2)**. Auf der Nockenwelle sitzen die Nocken, gegeneinander verdreht zur Steuerung der Ventile und zwar so, dass die exzentrischen Nocken, die Einlassventile und Auslassventile sich im richtigen Takt, winkelgenau zur Drehung der Motorkurbelwelle, öffnen und schließen. Die Nockenwelle dreht sich beim Viertaktmotor mit halber Kurbelwellendrehzahl und wird über Zahnriemen oder Kette angetrieben.

Drehautomat, mechanisch gesteuert

Mechanisch gesteuerte Drehautomaten werden über Kurvenscheiben als Programmgeber gesteuert. Die Kurvenscheiben befinden sich meist auf einer Steuerwelle, die sich während des Fertigungsablaufs eines Werkstücks einmal um ihre Achse dreht **(Bild 3)**. Die wichtigste Aufgabe erfüllt dabei die Spindelstockkurve, mit der die Vorschubbewegungen in Richtung der Drehachse ausgeführt werden.

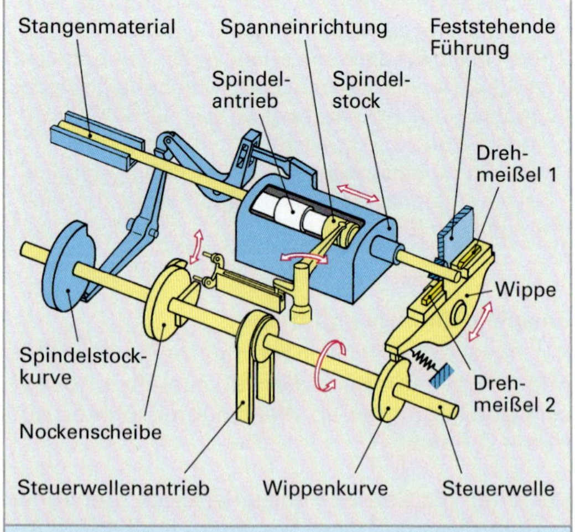

Bild 3: Mechanische Steuerung einer Drehmaschine

[1] *Archimedes*, Mechaniker und Mathematiker des Altertums, gest. 212 v. Chr. bei der Eroberung von Syrakus durch die Römer.

3 Elektrische und elektronische Steuerungen

Elektrische Steuerungen bestehen aus elektrischen **Steuereinrichtungen** und elektrisch betätigten **Stellgliedern**. Die einfachste elektrische Steuereinrichtung ist ein Schalter, mit dem z. B. ein Elektromotor als Stellglied für den Vorschubantrieb einer Werkzeugmaschine ein- und ausgeschaltet wird. Zu einer Steuereinrichtung gehören noch **Sicherheits- und Anzeigegeräte**, wie z. B. Temperaturwächter und Signallampen. Geschieht das Steuern durch Schalten elektrischer Kontakte, spricht man von **Kontaktsteuerungen**, sonst von **kontaktlosen Steuerungen** oder **elektronischen Steuerungen**.

3.1 Elektrische Kontaktsteuerungen

3.1.1 Bauelemente und Betriebsmittel

Die wichtigsten Bauelemente elektrischer Kontaktsteuerungen sind: Schaltgeräte, Steckvorrichtungen, Leitungsverbindungen und Anzeigegeräte **(Bild 1)**. **Schaltpläne** dienen der übersichtlichen Darstellung einer elektrischen Steuerung. In ihnen wird die Funktion der Bauelemente durch genormte Sinnbilder, die man **Schaltzeichen** nennt, wiedergegeben. Die Schaltzeichen geben grundsätzlich den Zustand des unbetätigten Schaltgerätes an. **Schaltkontakte** werden z. B. von Hand, durch Nocken oder durch Fernbedienung betätigt. Die Fernbedienung erfolgt meist durch elektromagnetische Kraft, wie beim Relais, Schütz und Schrittschaltwerk.

Bei den Schaltkontakten gibt es **Schließer**, die bei Betätigung des Schalters einen Stromkreis schließen, und **Öffner**, die einen Stromkreis unterbrechen.

Nach Art der Schalterbetätigung unterscheidet man **Tastschalter, Stellschalter** und **Schlossschalter**.

Tastschalter

Druckknopftastschalter, kurz **Taster** genannt, wie z. B. ein Klingelknopf, wirken nur während der Dauer ihrer Betätigung. Die Kontaktgabe oder Unterbrechung erfolgt über bewegliche Schaltstücke, die z. B. von Hand betätigt werden **(Bild 2)**. Taster enthalten oft mehrere Kontakte, z. B. 3 Schließer und 3 Öffner. Eine Feder, die bei Betätigung gespannt wird, bringt die Schaltstücke in ihre Ausgangslage, wenn die Betätigung aufhört. Die Taster dienen oft gleichzeitig als Leuchtmelder (Signal-Lampe). Tastschalter mit großer, roter, pilzförmiger Kappe auf gelbem Untergrund verwendet man als **NOT-AUS-Taster**.

Bild 1: Schalter

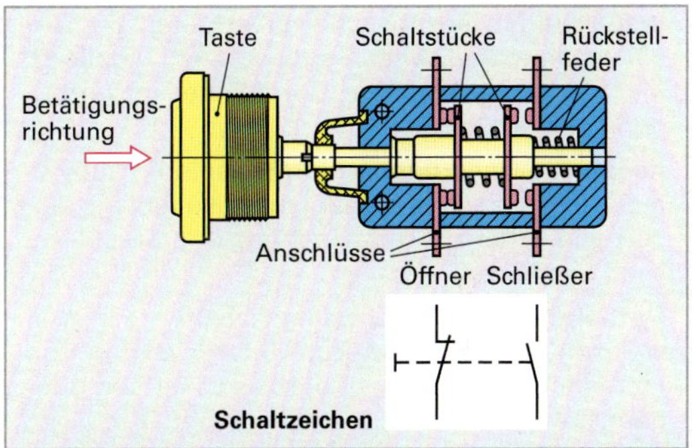

Bild 2: Druckknopftastschalter (Taster)

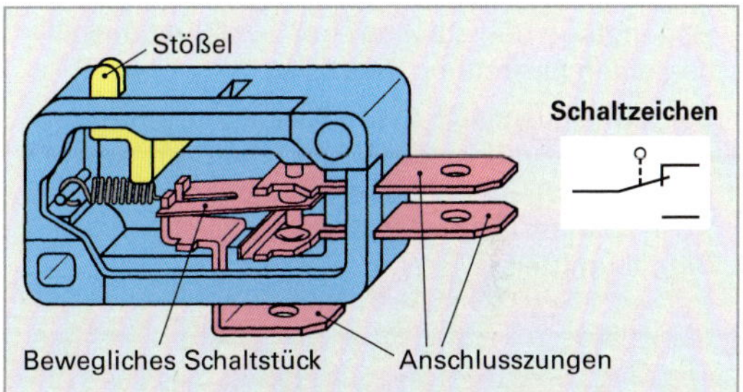

Bild 3: Positionsschalter (Grenztaster)

NOT-AUS-Taster sind immer Tastschalter mit Öffner, da man Notsituationen immer durch Ausschalten, also durch Unterbrechen des Stromkreises, begegnen muss.

Mit **Positionsschaltern (Grenztastern)**, die über Nocken betätigt werden, wird das Erreichen von Grenz- und Endlagen beweglicher Maschinenteile, z. B. von Werkzeugmaschinenschlitten, signalisiert. Die Positionsschalter sind mit Sprungschaltern (Mikroschalter) ausgestattet, damit man auch bei sehr langsamer Betätigung eine plötzliche Kontaktgabe oder Kontaktunterbrechung erhält **(Bild 3)**.

Die Betätigung erfolgt entweder direkt über einen Stößel aus gehärtetem Stahl oder über einen Rollenhebel **(Bild 1)**. Durch den Hebel vergrößert man den Betätigungsweg, verringert aber die Betätigungskraft. Die Wegdifferenz zwischen Schaltpunkt und Rückschaltpunkt bezeichnet man als **Schaltdifferenz**.

Berührungslose Näherungsschalter

Anstelle von Grenztastern werden häufig berührungslose Näherungsschalter verwendet **(Bild 2)**.

Induktive Näherungsschalter schalten bei Annäherung metallischer Gegenstände **(Tabelle 1)**. Man verwendet sie wie Grenztaster in Verbindung mit Nocken.

Kapazitive Näherungsschalter reagieren auf viele Stoffe, insbesondere auf Flüssigkeiten. Sie eignen sich daher zur Überwachung und Steuerung von Füllständen.

Optoelektronische Näherungsschalter reagieren auf reflektiertes Licht. Zur Unterdrückung von Fremdlicht wird meist gepulstes Laserlicht oder gepulste Infrarotstrahlung verwendet.

Näherungsschalter auf Ultraschallbasis ermitteln aus der Laufzeit für das Echo von Schallimpulsen die Entfernung zum nächstgelegenen Gegenstand und schalten bei Erreichen des eingestellten Entfernungsbereichs.

Die Signalausgänge A und $\overline{A}$ sind antivalent (gegenwärtig) und ermöglichen sowohl das EINschalten (Schließerfunktion) als auch das AUSschalten (Öffnerfunktion) eines elektrischen Betriebsmittels, z. B. eines Relais.

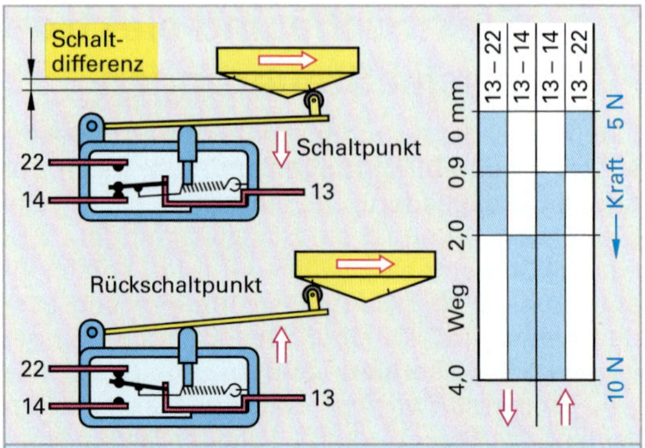

Bild 1: Schaltvorgang bei einem Positionsschalter mit Rollenhebel

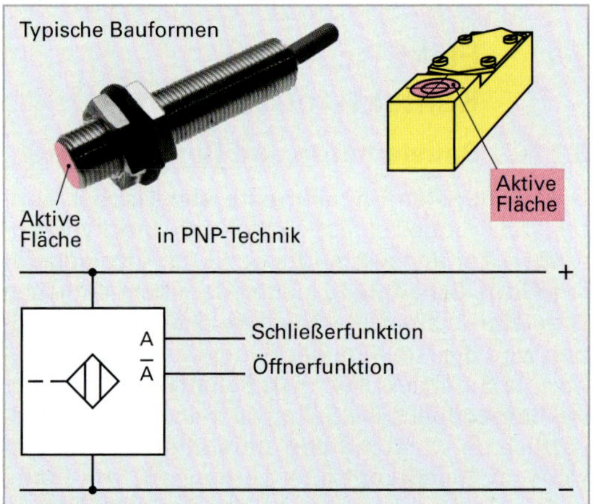

Bild 2: Berührungsloser Näherungsschalter

Tabelle 1: Berührungslose Näherungsschalter

Art	Schaltzeichen	Funktionsprinzip	Kenngrößen
induktiv	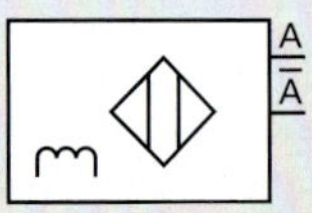	Durch Annäherung von metallischen Gegenständen werden in diesen Wirbelströme induziert und dadurch ein Schwingkreis stark gedämpft.	Schaltabstand: etwa halber Spulendurchmesser, 1 mm ... 150 mm
kapazitiv	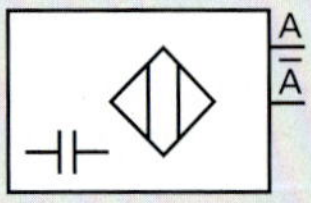	Durch Annäherung von Flüssigkeiten oder Gegenständen aus Glas, Kunststoff, Holz oder Metallen verändert sich die Kapazität eines Schwingkreises und damit dessen Spannung.	Schaltabstand: stark abhängig vom Werkstoff des Gegenstandes, etwa 20 mm ... 40 mm
opto-elektronisch	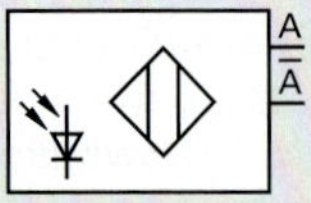	Über die Fotodiode werden Infrarotstrahlungsimpulse gesendet. Bei Annäherung eines Gegenstandes bewirkt die reflektierende Strahlung das Schalten.	Schaltabstand: mit Reflektor etwa 2 m, ohne Reflektor stark abhängig von Oberflächenbeschaffenheit
mit Ultraschall	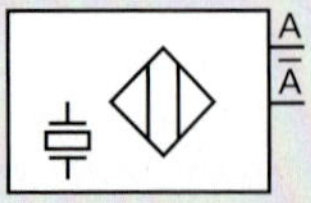	Die Laufzeit reflektierter Ultraschallimpulse wird ausgewertet. Erzeugt wird der Ultraschall mit Piezoquarz.	Schaltbereich: etwa 60 mm ... 6000 mm, einstellbar auf etwa 10 mm

Schütze und Relais

Schütze haben eine ähnliche Kontaktanordnung wie Taster. Die Betätigung erfolgt jedoch elektromagnetisch. Bei Erregung der Schützspule wird ein Anker angezogen und schließt die Kontakte **(Bild 1)**. Die Schützspule wird entweder durch Wechselstrom (Wechselstromschütz) oder durch Gleichstrom (Gleichstromschütz) erregt. Schütze haben Schaltleistungen von 1 kW bis 500 kW. Man verwendet sie zum Schalten von Betriebsmitteln großer Leistung, vor allem zum Schalten von Motoren, Kupplungen, Bremsen und elektrischen Heizanlagen.

Bei den Kontakten unterscheidet man Hauptkontakte, z.B. zum Einschalten von Motoren, und Steuerkontakte zum Schalten von Steuer- und Kontrolleinrichtungen **(Bild 2)**.

Schütze, die nur Hilfskontakte haben, nennt man Hilfsschütze. Die Kennzeichnung erfolgt mit einem Buchstabensymbol und einer Zählnummer **(Bild 3)**.

Das **Relais** erfüllt bei elektrischen Steuerungen die gleichen Aufgaben wie das Hilfsschütz und dient als fernbetätigter Tastschalter. Aufbau, Größe und Schaltleistung unterscheiden es vom Schütz.

Kontaktgabe und Kontaktunterbrechung erfolgen stets über **Kontaktfedern** (Blattfedern) **(Bild 4)**. Bei diesem Relais wird der Anker, der auf einer Schneidkante gelagert ist, durch das Magnetfeld der Relaisspule angezogen. Dabei werden über kleine Stifte die Kontaktfedern betätigt. Die Ansprechzeit, das ist die Zeit zwischen dem Einschalten der Relaisspule und der Kontaktgabe, liegt bei ca. 1 ms bis 10 ms. Sie ist wesentlich kleiner als beim Schütz. Die Schaltleistung reicht je nach Baugröße von einigen mW bis ca. 1 kW.

Relais eignen sich als sogenannte **Kartenrelais** direkt zur Montage auf elektronischen Leiterplatten. Man verwendet sie häufig in Verbindung mit elektronischen Baugruppen.

Im Unterschied zu elektronischen Schaltern kann man mit Relais Stromkreise potenzialfrei schalten, d.h. die Kontakte können in Stromkreisen mit unterschiedlichem Potenzial angeschlossen sein.

Relais mit **Schutzgaskontakten** haben eine besonders hohe Lebensdauer. Hier sind die Kontaktzungen paarweise in Glasröhrchen (in Vakuum oder Edelgas) eingeschmolzen **(Bild 5)**. Das Glasröhrchen steckt in einer zylindrischen Magnetspule. Sobald diese vom Strom durchflossen wird, werden die Kontaktfedern magnetisiert, ziehen sich gegenseitig an und schließen damit den Kontakt.

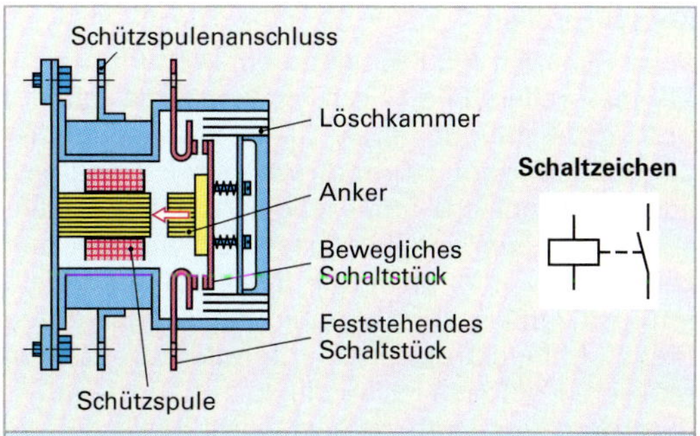

Bild 1: Schütz

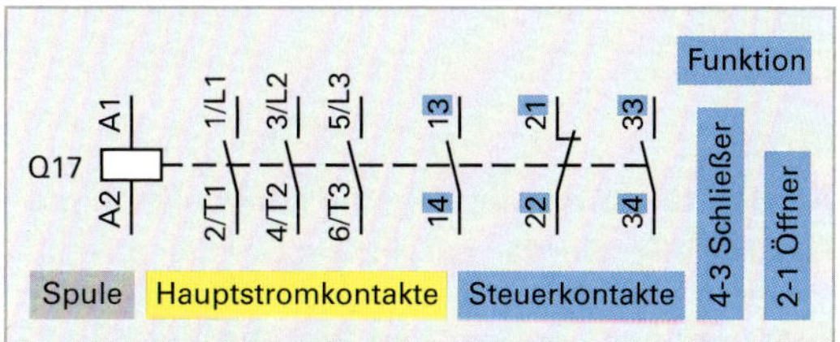

Bild 2: Schaltzeichen für ein Schütz mit Haupt- und Steuerkontakten

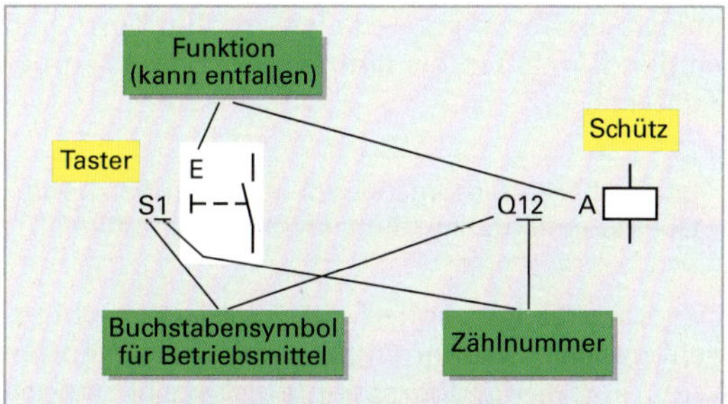

Bild 3: Kennzeichnung von Betriebsmitteln

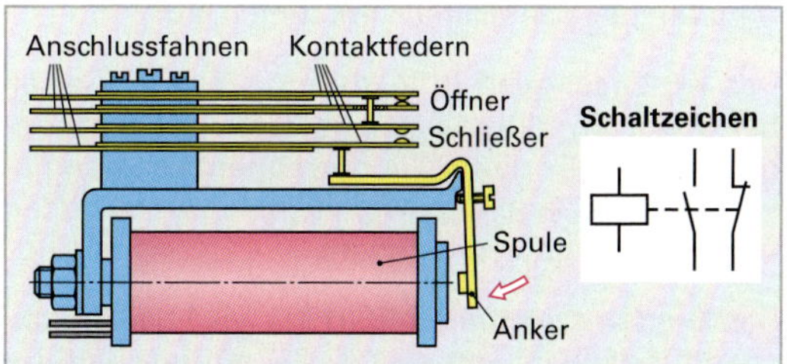

Bild 4: Relais

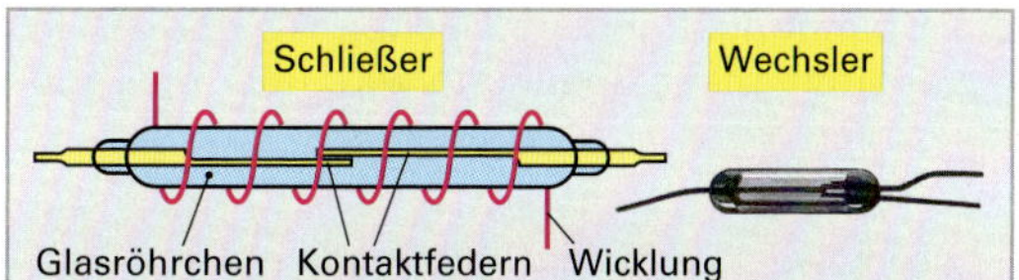

Bild 5: Relais mit Schutzgaskontakt (Foto, etwa natürliche Größe)

Kontaktprellen

Beim Schalten mit Kontakten entsteht immer ein Kontaktprellen **(Bild 1)**, d. h. für kurze Zeit schließt und öffnet der Schalter. Diese Eigenschaft ist dann besonders störend, wenn mit Schaltern auch elektronische Steuerungen, z. B. Impulszähler durch Steuersignale angesteuert werden. Hier könnte der Zähler nicht nur die gewollten Schaltimpulse zählen, sondern auch alle ungewollten Preller. Mit elektronischen Entprellerschaltungen müssen in solchen Fällen die kurzzeitigen Signalunterbrechungen überbrückt werden.

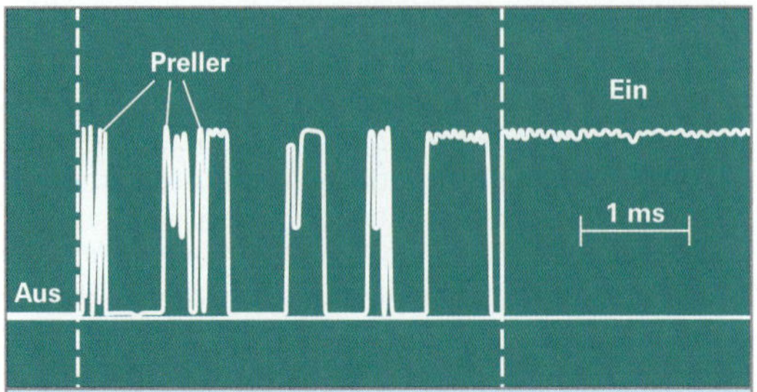

Bild 1: Kontaktprellen

> Schalter erzeugen beim Schaltvorgang ein Kontaktprellen.

Abschaltüberspannungen und Funkenlöschung

Löschglieder werden parallel zur Schützspule und anderen induktiven Lasten geschaltet, um Überspannungen von mehreren tausend Volt **(Bild 2)** und Störungen in elektronischen Stromkreisen zu vermeiden. Durch die Überspannungen entstehen Funken und diese verursachen elektromagnetische Störungen und eine erhöhte Korrosion an den Kontakten bis hin zum Abschmelzen der Kontakte.

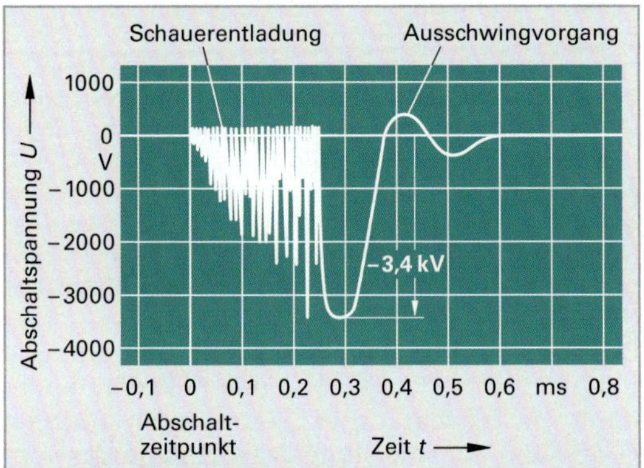

Bild 2: Abschaltüberspannung an einer Schützspule ohne Löschglied

> Beim Abschalten von Induktivitäten können hohe Überspannungen mit Funkenbildung entstehen.

Das **Varistor-Löschglied[1] (Bild 3a)** hat im vorgesehenen Nennspannungsbereich einen hohen Widerstand, im Überspannungsbereich jedoch einen sehr kleinen Widerstand und schließt somit hohe Überspannungen, die vor allem beim Abschalten der Schützspule entstehen, kurz.

Das **RC-Löschglied (Bild 3b)** eignet sich speziell bei Schützen, die mit Wechselspannung betrieben werden. Es dämpft hochfrequente Störsignale, z. B. auch Nadelimpulse, die beim Ausschalten von Induktivitäten entstehen.

Das **Dioden-Löschglied (Bild 3c)** wird bei Gleichspannungsrelais eingesetzt. Bei eingeschalteter Relaisspule (A1 an positiver Spannung) sperrt die Diode. Beim Abschalten der Schützspule entsteht ein Spannungsimpuls zwischen A2 und A1 (an A2 positiv). Diese Spannung wird über die Diode kurzgeschlossen.

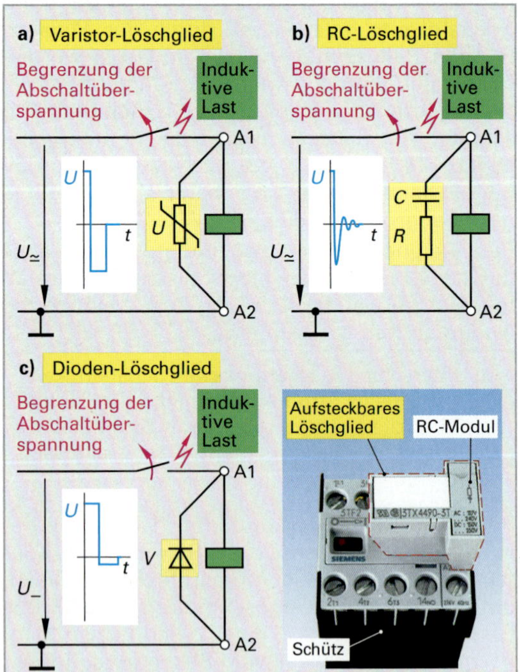

Bild 3: Abschaltüberspannungsbegrenzung mit Löschgliedern

> Löschglieder vermeiden Störungen.

[1] Varistor, VDR (VDR, von Voltage Dependent Resistor = spannungsabhängiger Widerstand)

Zeitrelais

Eine Verzögerung zwischen dem Einschalten des Relais und dem Schalten der Kontaktfedern ist bei Steuerungen oft erwünscht, ebenso eine Verzögerung zwischen dem Abschalten des Relais und dem Abfallen der Kontaktfedern.

Relais mit diesen Eigenschaften nennt man **Relais mit Anzugverzögerung** bzw. **Relais mit Abfallverzögerung (Bild 1)**.

Die Verzögerungszeiten sind am Relais von wenigen Millisekunden bis zu einigen Sekunden einstellbar. Man erzielt diese Schaltverzögerung durch elektrische Schaltungen, in denen z.B. ein Kondensator allmählich aufgeladen oder entladen wird oder über ein elektrisches Uhrwerk. **Elektronische Zeitrelais** arbeiten mit einem Taktgeber und einem elektronischen Zähler. Solche elektronischen Zeitrelais sind über digitale Vorwahlschalter mit Ziffernanzeige einfach und exakt einzustellen.

Stellschalter

Stellschalter haben eine Raste **(Bild 2)**. Sie verharren in der zuletzt geschalteten Stellung. Bei **Drehschaltern (Bild 3)** gibt es häufig Schalter mit zwei mittleren Schaltstellungen als Stellschalter und den äußeren Schaltstellungen als Tastschalter.

In Schaltstellung 2 wird z.B. eine Vorschubbewegung vorwärts und in Schaltstellung 3 eine Vorschubbewegung rückwärts eingeschaltet, während mit den Schaltstellungen 1 und 4 der jeweilige Eilgang ausgelöst wird.

Hauptschalter

Jede Maschine und Anlage in der Industrie muss mit einem Lasttrennschalter ausgestattet sein **(Bild 4)**. Dieser muss die gesamte Maschine oder Anlage vom Stromversorgungsnetz trennen, z.B. damit Reinigungsarbeiten ohne Gefahr vorgenommen werden können.

Der Lasttrennschalter ist üblicherweise handbetätigt und hat eine „AUS"-Stellung und eine „EIN"-Stellung. AUS wird mit „O" gekennzeichnet (Out) und EIN mit „I" (In).

Die AUS-Stellung ist abschließbar. Die stromführenden Anschlussklemmen müssen gegen Berührung abgedeckt sein und der *Schaltzustand* muss sichtbar sein oder *zwangsläufig* angezeigt werden.

Stellschalter verharren in der jeweiligen Schaltstellung, bis diese verändert wird.

Elektrische Maschinen und Anlagen müssen im Gefahrenfall so schnell wie möglich stillgesetzt werden können, damit Personen und Maschinen vor Gefahren bewahrt werden.

Tabelle 1: Betätigungsarten

von Hand allgemein	⊢----	Fußantrieb	⌐----
Drücken	E----	abnehmbarer Antrieb	()----
Ziehen	]----	Nockenantrieb	O----
Drehen	F----	Kraftantrieb allgemein	□----
Kippen	T----		

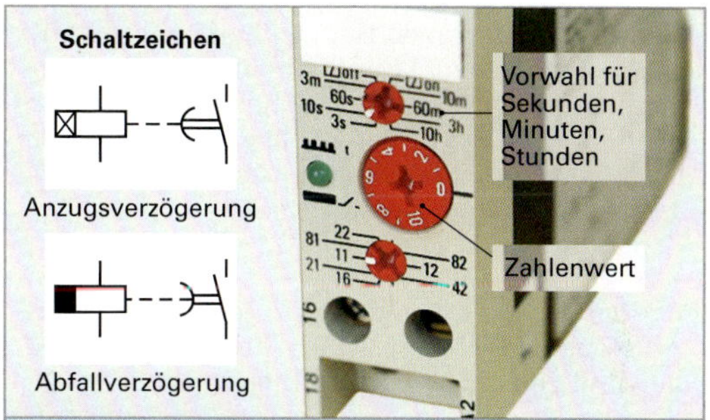

Bild 1: Zeitrelais

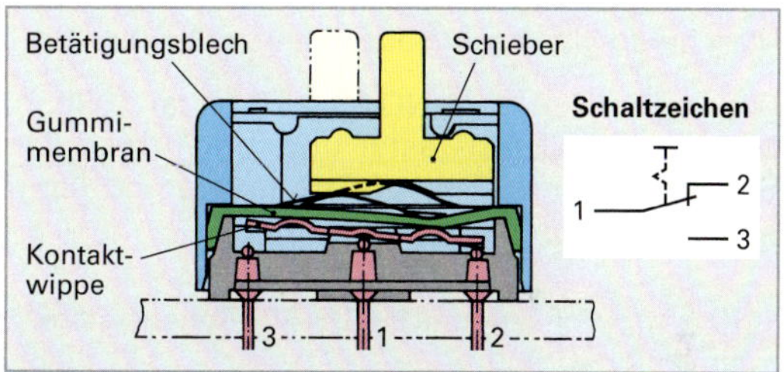

Bild 2: Stellschalter (handbetätigt)

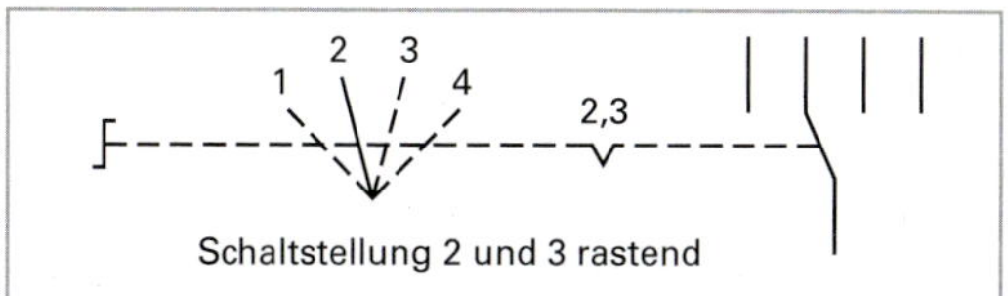

Bild 3: Drehschalter mit vier Schaltstellungen

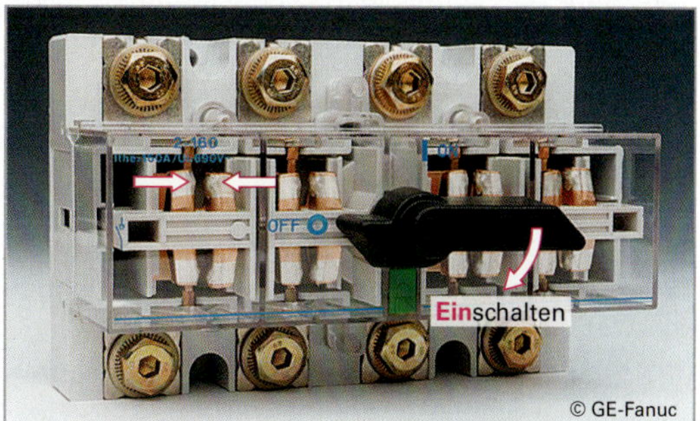

Bild 4: Lasttrennschalter

Falls es erforderlich ist, müssen Rücklaufbewegungen unter Strom oder Öffnungs- und Schließbewegungen aber noch ausgeführt werden.

NOT-AUS-Schalter und NOT-HALT-Schalter

Der NOT-AUS-Schalter ist meist handbetätigt. Er kann auch Hauptschalter sein und unterbricht die Gefahr verursachenden Stromkreise. Die Handhabe des NOT-AUS-Schalters ist auffällig rot gekennzeichnet und die Fläche darunter ist gelb **(Bild 1)**.

Der Drehknebel eines Hauptschalters ist häufig an der Schaltschranktüre montiert und über eine Kupplungsstange mit dem Schaltergehäuse verbunden. Ein Öffnen der Schaltschranktüre und Lösen der Kupplung ist in diesen Fällen nur bei ausgeschaltetem Leistungsschalter möglich.

Bei Betätigung muss der NOT-AUS-Schalter im AUS-Zustand verharren. Er darf nur von Hand oder mit einem Schlüssel entriegelt werden.

NOT-AUS-Schalter können als Drehschalter oder Knebelschalter **(Bild 1)** bei einfachen Anlagen und Maschinen gleichzeitig auch Hauptschalter sein.

Oft verwendet man NOT-HALT-*Taster* **(Bild 2)**. Mit dem NOT-HALT-Taster unterbricht man den Strompfad im NOT-HALT-Stromkreis und sorgt für einen sicheren Bewegungsstopp.

NOT-AUS-Schalter und NOT-HALT-Taster sind rot auf gelbem Grund.

Seilzug-Notschalter mit NOT-AUS/NOT-HALT

Seilzug-Notschalter **(Bild 3)** werden eingesetzt, wenn ein NOT-AUS-Befehl/NOT-HALT-Befehl von jedem Punkt einer Maschine möglich sein muss. Durch Zug an der vorgespannten Reißleine wird ein NOT-Befehl geschaltet. Bei vorgespanntem Drahtseil sind die Öffnerkontakte geschlossen und die Schließerkontakte geöffnet. Bei Zug des Seils oder bei Seilriss werden die Öffnerkontakte geöffnet und die Schließerkontakte geschlossen und in diesem Zustand verriegelt. Das Entriegeln ist nur in vorgespannter Stellung möglich.

Schlossschalter

Schlossschalter dienen dem Schutz von elektrischen Geräten und Anlagen, z.B. als *Motorschutzschalter* **(Bild 4)** oder als *Leitungsschutzschalter* (LS-Schalter).

Wie Stellschalter verharren sie in der Schaltstellung, in die sie gebracht werden. Zum Ausschalten ist eine wesentlich kleinere Betätigungskraft erforderlich als zum Einschalten; denn beim Einschalten wird eine Rückholfeder gespannt und die Schaltstellung über eine Sperrklinke (Schaltschloss) gehalten **(Bild 1, Seite 29)**.

Das Auslösen der Klinke kann durch leichten Druck auf die AUS-Taste von Hand oder selbsttätig durch eine Auslöseeinrichtung erfolgen.

Schlossschalter können mit sehr kleiner Kraft auslösen.

Bild 1: Hauptschalter (Beispiele)

Bild 2: NOT-HALT-Taster

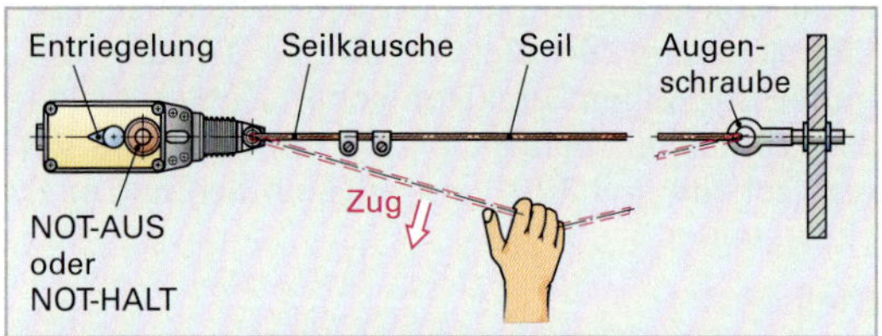

Bild 3: Seilzug-Notschalter

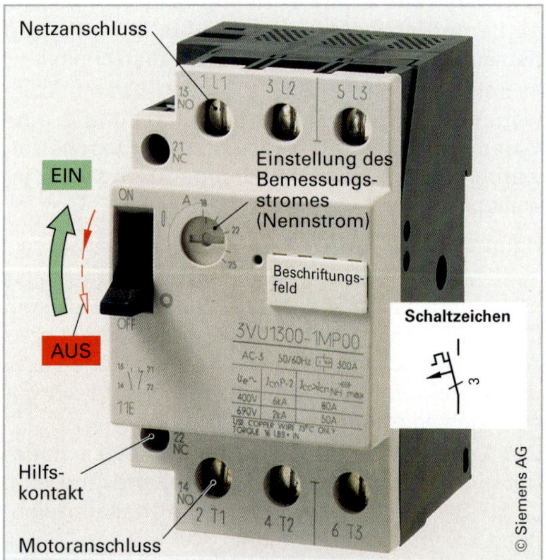

Bild 4: Motorschutzschalter

Die häufigsten Auslöseeinrichtungen sind *thermische Auslöser, elektromagnetische Überstromauslöser* und *Unterspannungsauslöser.*

Beim **thermischen Auslöser** erwärmt sich bei überhöhtem Stromfluss ein Bimetallstreifen und biegt sich so weit durch, dass er die Sperrklinke auslöst **(Bild 1)**. Thermische Auslöser schützen bei Motorschutzschaltern den Motor gegen längere Überlastung. Bei überhöhtem Strom wird das Bimetall erwärmt und löst den Schalter aus. Ein kurzzeitig überhöhter Strom, wie er z. B. beim Einschalten eines Motors auftritt, bleibt ohne Wirkung.Die thermischen Auslöser werden auf den Motornennstrom eingestellt. Die Auslösezeit verkürzt sich mit zunehmender Überlast **(Bild 2)**.

Der thermische Auslöser dient dem Überlastschutz.

Elektromagnetische Überstromauslöser dienen vor allem zum schnellen Ausschalten bei Kurzschluss **(Bild 1)**. Bei etwa fünffach überhöhtem Strom wird durch das Magnetfeld der Spule die Sperrklinke ausgelöst.

Der elektromagnetische Auslöser dient dem Kurzschlussschutz.

Elektromagnetische Unterspannungsauslöser dienen der Überwachung von Spannungseinbrüchen bei elektrischen Netzen. Unterschreitet die Netzspannung den Spannungsnennwert um 30 % bis 50 %, dann löst der Unterspannungsauslöser aus und schaltet ab, da bei zu geringer Netzspannung ein sicheres Arbeiten elektrischer und elektronischer Steuerungen nicht mehr gewährleistet ist.

Der Unterspannungsauslöser verhindert einen Betrieb bei zu kleiner Netzspannung.

Elektronische Motorstarter (Bild 3) sind Kompaktgeräte zum Schalten von Drehstrommotoren mit parametrierbaren Anlaufkennlinien (z. B. Sanftanlauf) und Schalten von Betriebszyklen u. v. m.

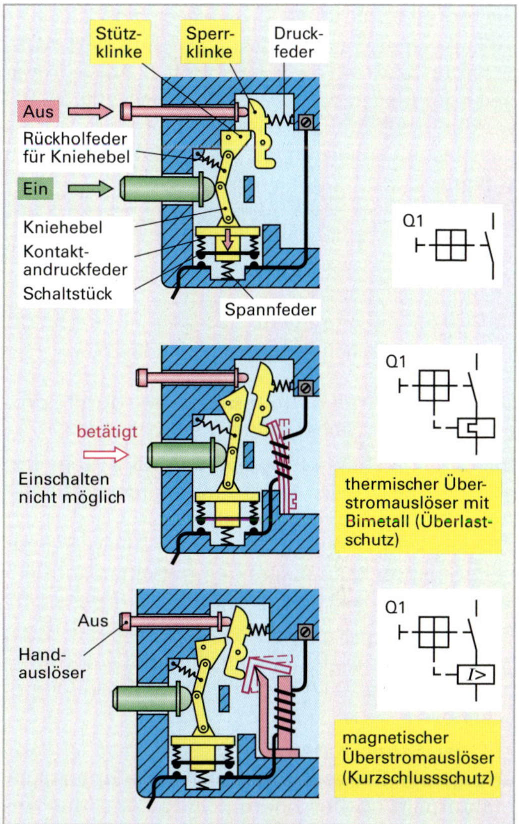

Bild 1: Schlossschalter (Historische Ausführung)

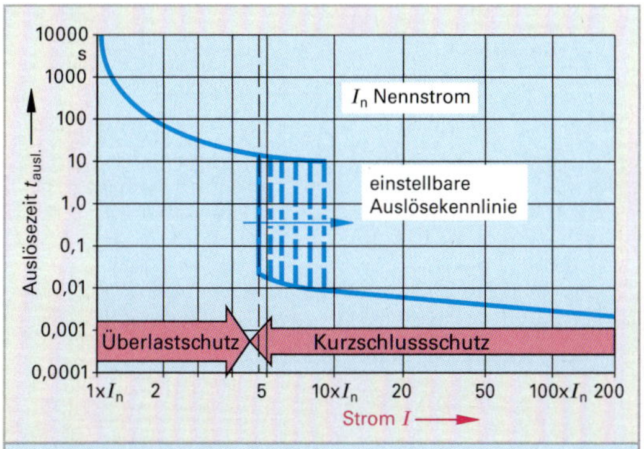

Bild 2: Auslösekennlinien

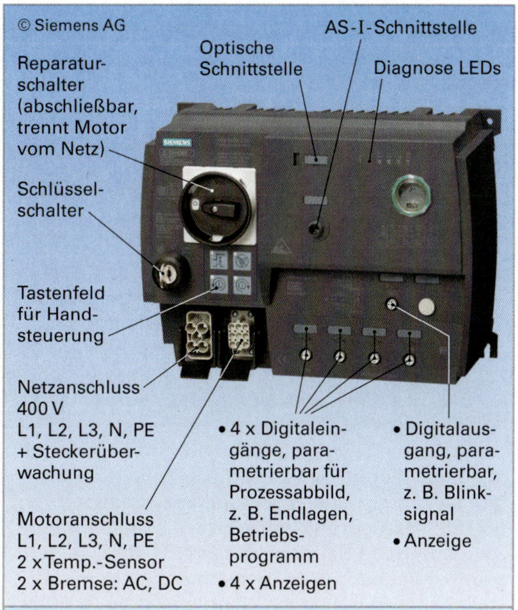

Bild 3: Elektronischer Motorstarter

Sicherheitsfunktionen

Im Falle einer Gefahr müssen mit dem NOT-AUS-Schalter bzw. mit dem NOT-Halt-Schalter Anlagen oder Maschinen bzw. Teile davon stillgesetzt werden bzw. in einen Zustand gebracht werden, dass keine Gefährdungen mehr davon ausgehen können.

Man unterscheidet dabei drei Stopp-Kategorien:
- Stopp-Kategorie 0,
- Stopp-Kategorie 1,
- Stopp-Kategorie 2 und

weitere Sicherheitsfunktionen **(Tabelle 1)**.

Die Sicherheitsfunktionen werden durch programmierbare Sicherheitsmodule realisiert.

Bei der einfachsten **Stopp-Kategorie 0** (Safe Torque Off, STO) wird die Energieversorgung der Antriebe sicher abgeschaltet. Dadurch liefert der Antrieb kein Drehmoment mehr. Diese Sicherheitsfunktion kann auch noch mit einer Kontaktschaltung realisiert werden **(Bild 1)**.

Bei der **Stopp-Kategorie 1** (Safe Stop 1, SS1) werden die Antriebe, gesteuert durch ein Bremsmoment, stillgesetzt und erst bei Stillstand abgeschaltet.

Mit der **Stopp-Kategorie 2** (Safe Stop 2, SS2) erfolgt ein Stillsetzen der Antriebe unter Aufrechterhaltung der Energiezufuhr und der Antriebsregelung. Dies ist z. B. bei Roboterarmen erforderlich, dass diese wohl stillstehen, aber nicht antriebslos „zusammenklappen". Weitere Sicherheitsfunktionen ermöglichen die sichere Überwachung des Stillsetzvorgangs, z. B. das Stillsetzen unter Beachtung von Verzögerungsmomenten (SAM), das Überwachen von Geschwindigkeiten (SSM) und das Überwachen von Stillstandspositionen (SOS). Diese Sicherheitsfunktionen erfordern meist zusätzliche Sensoren.

NOT-AUS-Schaltung mit Schützsicherheitseinrichtung (Safe Stop 0). Diese NOT-AUS-Schaltung besteht aus 3 Hilfsschützen, die sich *gegenseitig überwachen* **(Bild 1)**. Bei unbetätigtem NOT-AUS-Taster zieht das Schütz K1 an und meldet über eine LED „Bereit". Bei Betätigung von „EIN" ziehen das Schütz K2 und in dessen Folge auch K3 an und halten sich selbst. Das Schütz K1 fällt verzögert ab. Erst jetzt ist der Freigabestromkreis geschlossen. Die LED „EIN" leuchtet und die LED „Bereit" erlischt. Diese Schaltung funktioniert aufgrund des verzögerten Abfallens von K1. Die Verzögerung wird durch die Freilaufdiode erreicht. Nach Betätigung des NOT-AUS-Tasters kann ohne zuvorige Entriegelung kein Wiedereinschalten erfolgen, auch wenn eines der Schütze „kleben" geblieben ist.

Tabelle 1: Sicherheitsfunktionen

Sicherheits-funktion	Kurzbe-zeichnung	Beschreibung
Safe Torque Off	STO	Sicheres Abschalten nach **Stopp-Kategorie 0**[1]
Safe Stop 1	SS1	Sicheres Abschalten nach **Stopp-Kategorie 1**[2]
Safe Stop 2	SS2	Sicheres Abschalten nach **Stopp-Kategorie 2**[3]
Safe Brake Control	SBC	Sichere Ansteuerung der Bremsen
Safe Operating Stop	SOS	Sichere Überwachung der Stillstandsposition
Safely-Limited Speed	SLS	Sichere Überwachung der Maximal-geschwindigkeit
Safe Speed Monitor	SSM	Sichere Überwachung der Geschwindigkeit
Safe Acceleration Monitor	SAM	Sichere Überwachung der Beschleunigung
Safe Brake Ramp	SBR	Sicheres Abbremsen nach einer Bremsrampenfunktion

[1] Stillsetzen durch Ausschalten der Energiezufuhr für die Antriebe
[2] Gesteuertes Stillsetzen, wobei die Energiezufuhr zu den Maschinenantrieben erst bei Stillstand abgeschaltet wird.
[3] Gesteuertes Stillsetzen, bei dem die Energiezufuhr zu den Maschinenantrieben erhalten bleibt (nicht bei NOT-AUS).

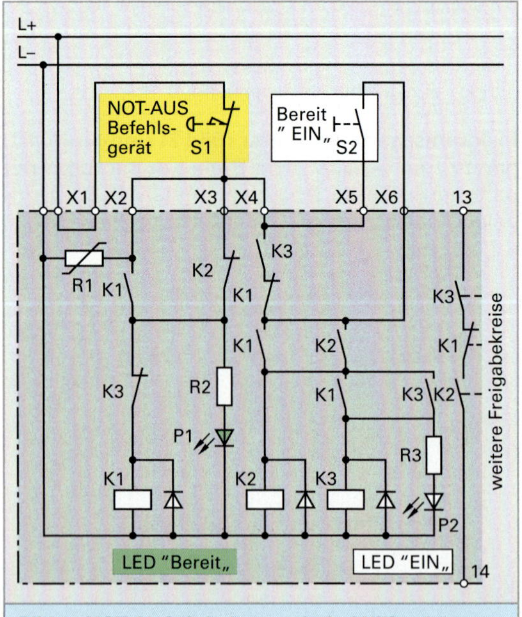

Bild 1: NOT-AUS-Schaltung mit drei Hilfsschützen

Fehlerstrom-Schutzschalter (FI-Schalter, RCD[1])

Der FI-Schalter **(Bild 1)** schaltet eine Anlage aus, wenn ein Teil des Stromes nicht über die Zuleitung zurückfließt. Das ist der Fall, wenn man stromführende Teile berührt oder wenn bei fehlerhafter Isolierung ein Teil des Stromes über das Gehäuse und den Schutzleiter oder über das Erdreich abfließt.

Der FI-Schalter beinhaltet einen hochempfindlichen *Summenstromwandler* **(Bild 2)**. Dieser spricht an, wenn die Summe der Ströme ungleich Null ist und zwar bereits bei Stromsummen von wenigen Milliampere. Die Funktionstüchtigkeit des FI-Schutzschalters überprüft man durch testweises Umleiten eines kleinen Stromes außerhalb des Stromwandlers mit der *Taste T*. Allgemein müssen elektrische Betriebsmittel so isoliert sein, dass keinerlei Gefährdungen weder für Menschen noch für Sachen oder Tiere entstehen. Bei Beschädigung der Isolationen können jedoch Fehlerzustände entstehen. Löst ein FI-Schalter aus, so wird wie in **Bild 3** dargestellt verfahren.

Man unterscheidet:
- **Körperschluss**, d.h. es fließt Strom über den Körper mit der Folge eines Unfalles.
- **Kurzschluss**, d.h. es fließt Strom von einem Leiter zu einem anderen oder zum Schutzleiter, auch mit der Folge eines Lichtbogens. Dabei kann bei gleichzeitigem Berühren des an den Schutzleiter angeschlossenen Geräts auch ein Körperschluss auftreten.
- **Erdschluss**, d.h. es fließt Strom zum Erdboden oder zu geerdeten Bauteilen.

FI-Schutzschalter schalten bei Körperschluss, Kurzschluss und Erdschluss die elektrischen Verbraucher spannungsfrei und schützen damit *vor Gefahren*.

Brandschutzschalter

Der Brandschutzschalter (AFDD[2]), häufig kombiniert mit einem Leitungsschutz- und FI-Schutzschalter **(Bild 1, Seite 32)**, erkennt Fehlerlichtbögen in einem elektrischen Stromkreis und schaltet diesen ab. AFDDs mindern dadurch die Brandrisiken.

Elektrisch gezündete Brände kommen häufig vor. Bereits 70 W (230 V, 300 mA) reichen für eine Brandentstehung aus. Die Gefahrenstellen sind Leitungen und elektrische Verbraucher, z.B. durch eine angebrochene bzw. sonstwie mechanisch beschädigte Ader. Die Folgen sind: Die Isolierung wird heiß, sie verkohlt und es entstehen Fehlerlichtbögen **(Bild 1, Seite 32)**. Diese können seriell in Leitungsrichtung auftreten, aber auch parallel zum Neutralleiter.

[1] RCD von engl. Residual Current Device = Reststrom-Schaltung
[2] AFDD von engl. Arc Fault Detection Device = Fehlerlichtbogenerkennungsschalter

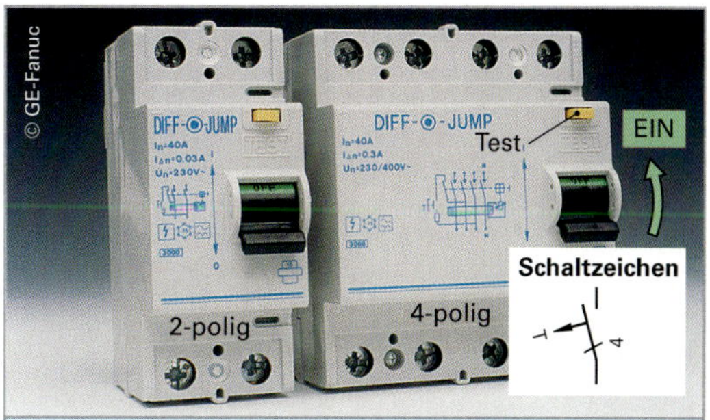

Bild 1: Zweipoliger und vierpoliger Fehlerstromschutzschalter

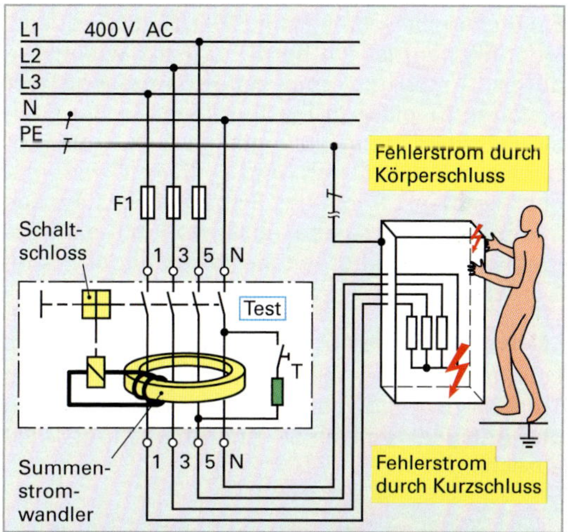

Bild 2: Aufbau und Anschluss eines FI-Schutzschalters bei Dreiphasen-Wechselstrom

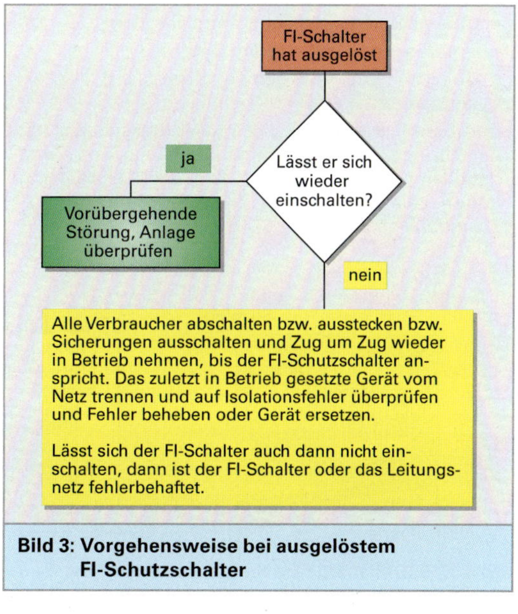

Bild 3: Vorgehensweise bei ausgelöstem FI-Schutzschalter

Die Fehlerlichtbögen erzeugen ein hochfrequentes „Funksignal". Dies kann man detektieren. Das besondere Problem dabei ist, dass solche Lichtbögen auch bei Schaltern entstehen, z. B. beim Schalten induktiver Last und bei den Stromwendern kommutierender Elektromotoren (Handbohrmaschine). Der AFDD enthält einen Signalprozessor mit umfangreicher Firmware, um die Signalmuster von Fehlerlichtbögen von den anderen hochfrequenten Signalen (Schaltfunken) unterscheiden zu können. Die Elektronik ist äußerst komplex und umfasst ferner Sensoren, Oszillatoren, AD-Umsetzer und Elektronik zum Monitoring und Schalten.

RFID-Sicherheitsschalter

Ein Sicherheitsschalter mit RFID (Radiofrequenzidentifikation) ist ein berührungslos wirkender, durch Codierung manipulationsgeschützter Schalter. Er dient in Fertigungslinien der Stellungsüberwachung beweglicher Schutzeinrichtungen, z. B. von Türen **(Bild 2)**. Beim Öffnen der überwachten Tür löst das Sicherheitssystem aus und öffnet die Freigabekreise, wodurch die Leistungsschütze sicherheitsgerichtet abgeschaltet werden.

Leistungsschalter mit elektronischer Auslösung

Leistungsschalter **(Bild 3)** verwendet man als Trenneinrichtung zum Schalten von Maschinen und Anlagen. Sie können eine Anlage unter Last ausschalten.

Leistungsschalter ermöglichen:
- Überlastschutz,
- Kurzschluss-Schutz,
- Erdschluss-Schutz mit Fehlerstromauslösung,
- Überwachung auf unsymmetrische Last,
- Unterspannungsauslösung und
- Überwachung von Temperaturen, z. B. Motortemperatur.

Darüber hinaus gibt es diese Leistungsschalter mit der Anzeige von Leiterströmen, Leistung, cos φ und mit allen Auslösefunktionen. Zur Fernüberwachung haben Leistungsschalter auch *Kommunikationsschnittstellen*, z. B. RS 485, AS-I-Bus, PROFIBUS-DP.

Moderne Leistungsschalter enthalten alle üblichen Schutzfunktionen und melden über Datennetze aktuelle Zustände.

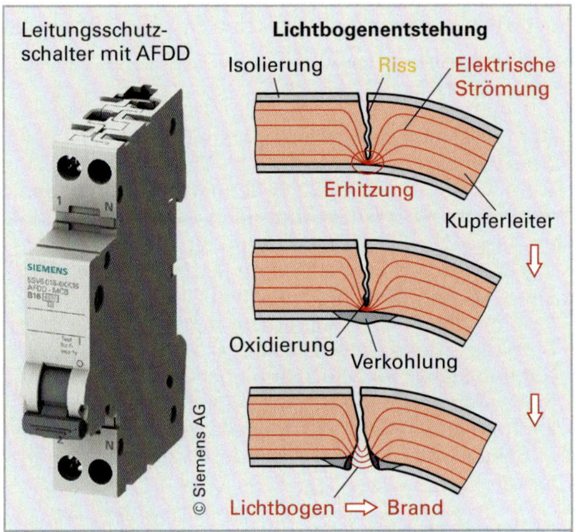

Bild 2: Brandschutzschalter und Lichtbogenentstehung

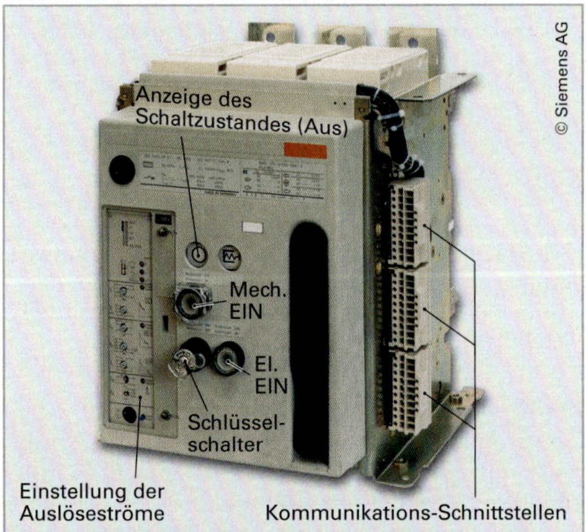

Bild 3: Leistungsschalter

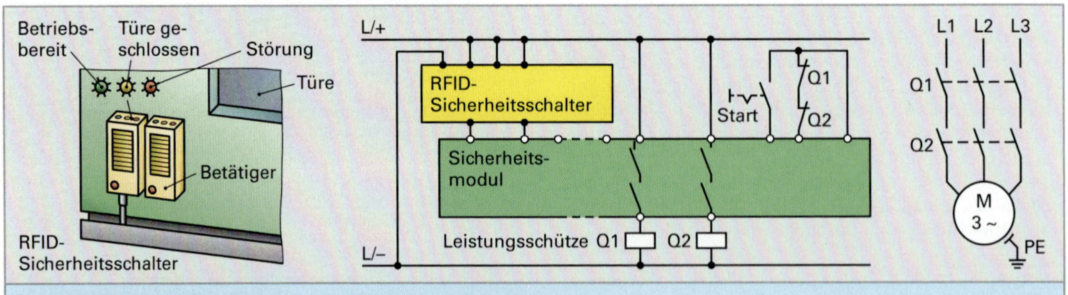

Bild 1: RFID-Sicherheitsschalter und Schaltungsbeispiel

Leitungen und Kabel

In den **Tabellen 1-3** sind die wichtigsten Leitungsarten und Kabel zusammengestellt.

Tabelle 1: Harmonisierte Leitungen, Bezeichnungsschlüssel und Beispiele

Beispiel: H 0 5 R N – F 3 G 1,5 ROT = Harmonisierte Leitung, bis 750 V, Leiter PVC-isoliert, Mantel Kautschuk (Gummi), 3 x 1,5 mm², feindrähtig, mit Schutzleiter, rot

H □ □ □ □ □ – □ Aderzahl, Querschnitt, Farbe, G: Schutzleiter gr-ge

Harmonisierte Leitung

Bemessungsspp.
- 01: 100 V
- 03: 300 V
- 05: 300 V/500 V
- 07: 450 V/750 V
- 08: 700 V/1000 V

Aderisolierung / Mantelisolierung:
- B: Ethylen-Propylen-Kautschuk
- G: Ethylen-Vinylacetat-Copolymer
- M: Mineralisch
- N: Chloropren-Kautschuk, N4 wärmebeständig
- R: Natur- oder synthetischer Kautschuk
- T: Textilgewebe, T2 Textil, flammwidrig
- V: PVC, V5 PVC-ölbeständig
- Z: Thermoplast
- J: Glasfasergeflecht
- Q: Polyurethan

Zusatz

Leiterart:
- D: Für Schweißleitungen feindrähtig; E: Feinstdrähtig
- F: Feindrähtig; H: Feinstdrähtig
- K: Feindrähtig; feste Verlegung
- R: Mehrdrähtig, U: Eindrähtig, Y: Flachdrähtig (Lahnlitze)

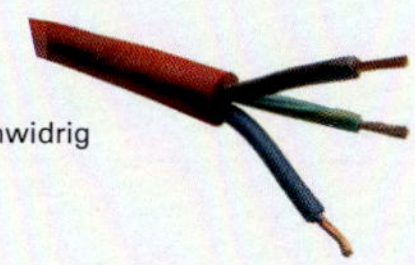

Beispiel	Beschreibung
	**H03VV-F** 3G0,75 SW: Anschluss- und Steuerleitung für Haus- und Handgeräte, Gummi, Litzenleiterklasse 5/flexibel, 3 x 0,5 mm², Einsatz im Gebäudeinneren, flammwidrig
	**H05RR-F** 3G 1,0 SW: Anschluss- und Steuerleitung für Haus- und Handgeräte, Gummi, Litzenleiterklasse 5/flexibel, 3 x 1 mm², Einsatz im Gebäudeinneren, flammwidrig, schwarz
	**H07RN-F** 5G2,5 SW, Anschluss- und Steuerleitung, Gummi schwer, 450/750 V, für Industrie u. Landwirtschaft, Klasse 5/flexibel – 25 °C bis + 60 °C, 5 x 2,5 mm², ölbeständig, flammwidrig, schwarz.
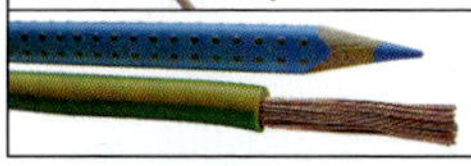	**H07V-K** 1 x 10 GR/GE: Anschluss- und Steuerleitung, PVC, 450/750 V, Verdrahtung Maschinen und Schaltschränke, flammwidrig, Klasse 5, feindrähtig, 1 x 10 mm², fest verlegt, grün-gelb

Tabelle 2: Nichtharmonisierte Leitungen (Beispiele aus dem Bereich Fertigungstechnik)

Beispiel	Beschreibung
 © U. I. LAPP	**U.I. LAPP ÖLFLEX® SERVO 700 CY** – geschirmte Servoleitung (analoge und inkrementale Drehgeber für Servoantriebe) mit Steuerpaaren für Bremse und Temperaturfühler, feste Verlegung oder gelegentlich bewegt. Adern und Paare gemeinsam verseilt, verzinntes Kupferabschirmgeflecht (* = mit Beilauflitze), Mantel aus PVC, grau.
 © U. I. LAPP	**U.I. LAPP ÖLFLEX® SERVO FD 781 CY** – kapazitätsarme und geschirmte Servoleitung in Energieführungsketten, z. B. zwischen Frequenzumrichter und Motor. Feinstdrähtig, Aderisolation: Polypropylen (PP), in kurzen Schlaglängen verseilt, Vliesbewicklung, Kupfergeflecht, verzinnt, Mantel aus PVC, orange.
 © U. I. LAPP	**U.I. LAPP ÖLFLEX® HEAT 1565 MC** – Glasseide-Anschlussleitung für Verwendung z. B. im Hochofenbereich bis + 400 °C (kurzzeitig bis + 1565 °C). Feindrähtige Litze aus vernickeltem Kupfer, MICA-Tape-Bandierung (Glimmer) und imprägniertes Glasseidegeflecht, Adern gemeinsam verseilt, Mantel: MICA-Tape-Bandierung, imprägniertes Glasseidegeflecht, rot.

Tabelle 3: Leitungen zur Kommunikationstechnik

Art	Aufbau	Bemerkungen, Kennzeichnungen
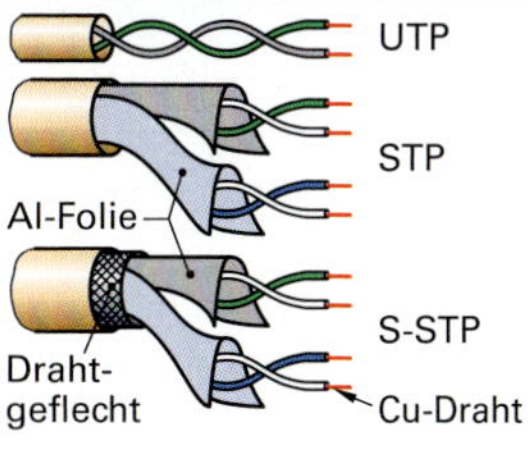	Die Leitung besteht meist aus zwei oder mehreren verdrillten Doppeladern. Diese sind entweder ungeschirmt (UTP von Unshielded Twisted Pair = ungeschirmtes verdrilltes Paar), wie Telefonleitungen, oder paarweise mit einer Aluminiumfolie geschirmt (STP von Shielded Twisted Pair = geschirmtes verdrilltes Paar) oder paarweise geschirmt mit zusätzlichem Gesamtschirm (S-STP von Screened STP = geschirmte STP).	Für Punkt-zu-Punkt-Verbindungen, z. B. vom Switch zu den Teilnehmern, für Halbduplex-Datenübertragung. Bezeichnungen (Beispiele): 10 BASE-T, für 10 Mbit/s 100 BASE-T, für 100 Mbit/s 1000 BASE-T, für 1000 Mbit/s 10 GBASE-T, für 10 Gbit/s Leitungslängen: ≤ 22 m bis ≥ 100 m
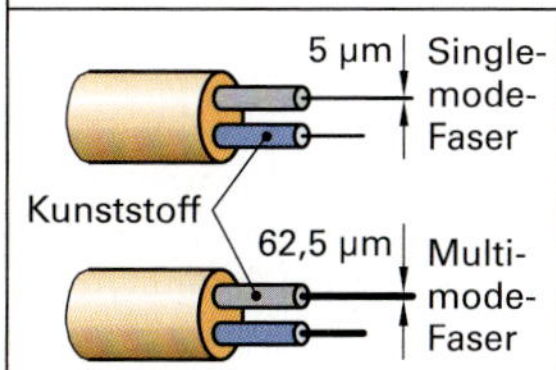	Es gibt Singlemode-Fasern (von single mode = einfache Erscheinungsform) und Multimode-Fasern (von multi mode = mehrfache Erscheinungsformen). Bei der dünneren Singlemode-Faser wird Infrarotstrahlung oder Licht ohne Reflexion am Fasermantel übertragen. Bei der Multimode-Faser gibt es Vielfachreflexionen.	Für Punkt-zu-Punkt-Verbindungen, für Halbduplexübertragung je Faser, z. B. für Verbindungen von Switch zu Switch. Bezeichnungen (Beispiele): 100 BASE-F4, für 100 Mbit/s 1000 BASE-FX, für 1000 Mbit/s 10 GBASE-ER, für 10 Gbit/s Leitungslängen: bis 40 km

Tabelle 1: Schaltzeichen nach IEC[1], ANSI[2], BS[3], DIN[4] (Auswahl)

Schaltzeichen	Beschreibung	
	Schließer	voreilender Schließer
	Öffner	voreilender Öffner
	Wechsler	Wechsler ohne Unterbrechung
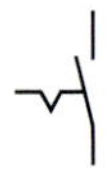	Schließer, öffnet nicht selbsttätig	
	Schließer schließt verzögert	Öffner schließt verzögert bei Rückfall
	Leistungsschalter	
	Motorschutzschalter (3-polig) mit thermischer und magnetischer Auslösung	
	Trennschalter (Leerschalter)	
	Sicherung (allgemein)	
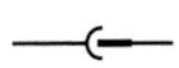	Buchse (female socket)	Stecker (male socket)
	Kupplung gelöst	gekuppelt
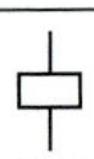 Form 1	Elektromechanischer Antrieb Relaisspule, Schützspule	
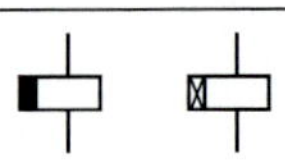	El. Antrieb rückfallverzögert	El. Antrieb ansprechverzögert
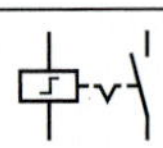	Fortschaltrelais, Stromstoßrelais	
	Lampe, allgemein, Leuchtmelder allgemein	
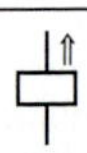	Elektromechanischer Antrieb, in erregtem Zustand	

Schaltzeichen	Beschreibung	
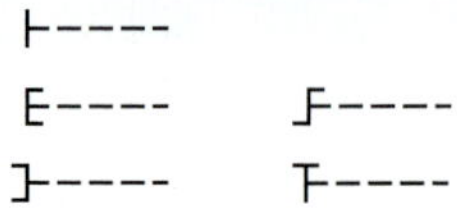	Handantrieb (allgemein) • Drücken • Ziehen	• Drehen • Kippen
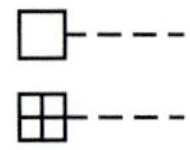	Kaftantrieb allgemein Schaltschloss mit mech. Freigabe	
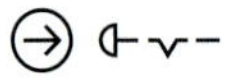	Antrieb für NOT-AUS-Schalter	
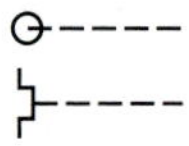	Betätigung durch Rolle durch thermischen Antrieb	
	Kennzeichen für zwangsläufige Betätigung	
	Antrieb für Stromstoßrelais	
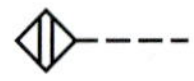	Näherungsbetätigung	
	Sperre nicht verklinkt	Sperre, in beiden Richtungen
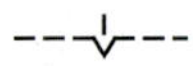	Raste, eingerastet	
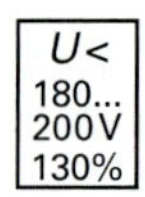	Unterspannungsrelais: • Ansprechbereich 180 V bis 200 V • Rückfall bei 130 %	
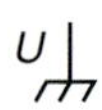	Fehlerspannung gegen Körper	
	Fehlerstrom gegen Erde	
	Überspannungsableiter	
	Halbleiterdiode, allgemein	
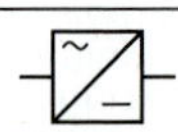	Gleichrichter	
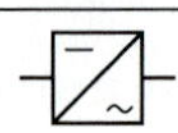	Wechselrichter	
	Hupe, Horn	Wecker, Klingel
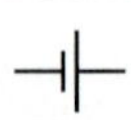	Primärzelle, Primärelement, Akkumulator	

[1] International Electronical Commission, [2] American National Standards Institute, [3] British Standard, [4] Deutsches Institut für Normung e. V.

Kennzeichnung der Betriebsmittel

In technischen Beschreibungen, insbesondere z. B. in Schaltplänen ist eine Kennzeichnung (Referenzkennzeichnung) der Betriebsmittel (Objekte) erforderlich.

Zur Strukturierung technischer Systeme gilt die Referenzkennzeichnung nach DIN EN 81346 und man unterscheidet zwischen:

- **Funktionsaspekt** (was soll das Objekt machen?) mit Vorzeichen: **=** (Gleichheitszeichen),
- **Produktaspekt** (aus welchen Mitteln besteht das Objekt?) mit Vorzeichen: – (Minuszeichen),
- **Ortsaspekt** (in welcher örtlichen Beziehung steht das Objekt?) mit Vorzeichen: **+** (Pluszeichen) und ggf. Zusatzaspekte, z. B. Kostenaspekt mit Vorzeichen: **#** (Nummernzeichen).

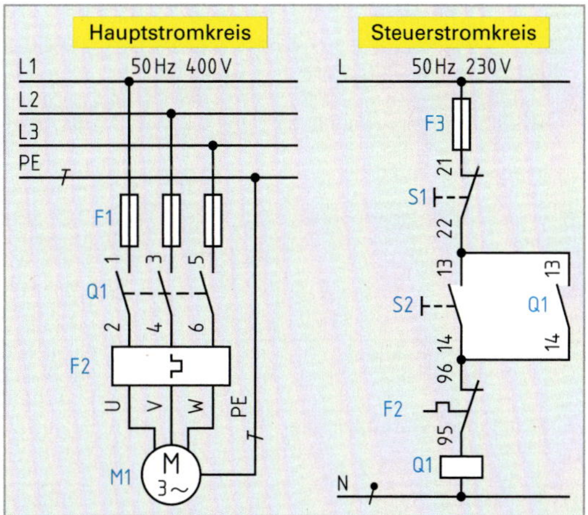

Bild 1: Motorsteuerung

Die Kennzeichnung der Objekte erfolgt mit *einem* Kennbuchstaben oder mit *zwei* Kennbuchstaben. In nur elektrischen Schaltplänen ist die Darstellung mit *einem* Kennbuchstaben *ohne* Vorzeichen üblich (Hauptklassenkennzeichnung, **Bild 1**).

Zur weiteren Strukturierung, meist angewendet in Anlagen mit sowohl elektrischen als auch mit fluidtechnischen und anderen Komponenten **(Beispiel, Tabelle 1)** wird ein zweiter Kennbuchstabe zur Unterklassenkennzeichnung verwendet. Jede Unterklasse, siehe **Tabelle 1, Seite 36**, charakterisiert das Objekt nach seiner Zugehörigkeit zu einem technischen Gebiet. Die Gruppierung ist:

- Unterklassen A – E gelten für Objekte mit elektrischer Energie;
- Unterklassen F – K, (ohne I) gelten für Objekte der Information- und Signalverarbeitung;
- Unterklassen L – Y, (ohne O) gelten für Objekte der Verfahrenstechnik, des Maschinenbaus und des Bauwesen;
- Unterklasse Z gilt für Objekte mit kombinierten Aufgaben.

Tabelle 1: Beispiel für Referenzkennzeichnung

Aspekt	Hauptklasse	Unterklasse	Zähl-Nr.	Beispiele
–	S	F	1	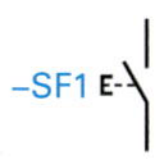
Produkt	Handbetätigter Signalgeber	Elektrisches Signal	Nr. 1	
–	K	F	1	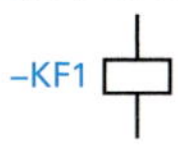
Produkt	Signalverarbeitung	Elektrisches Signal	Nr. 1	
–	M	B	1	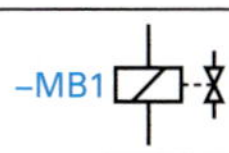
Produkt	Antrieb	Mag. Wirk.	Nr. 1	
–	M	M	1	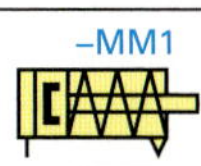
Produkt	Antrieb	Fluidsignal	Nr. 1	
–	Q	M	1	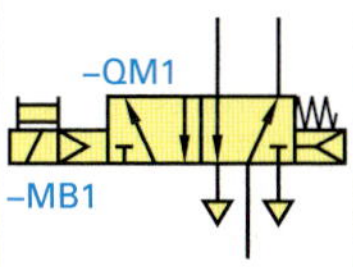
–	M	B	1	
Produkt	Handbetätigter Signalgeber	Elektrisches Signal	Nr. 1	
	Antrieb	Mag. Wirk.	Nr. 1	
–	A	Z	1	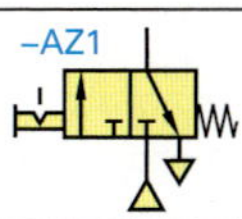
Produkt	Mehrzwecke	Masch. bezogen	Nr. 1	

Schaltungsbeispiel, vgl. Aufgabe 12, Seite 451:

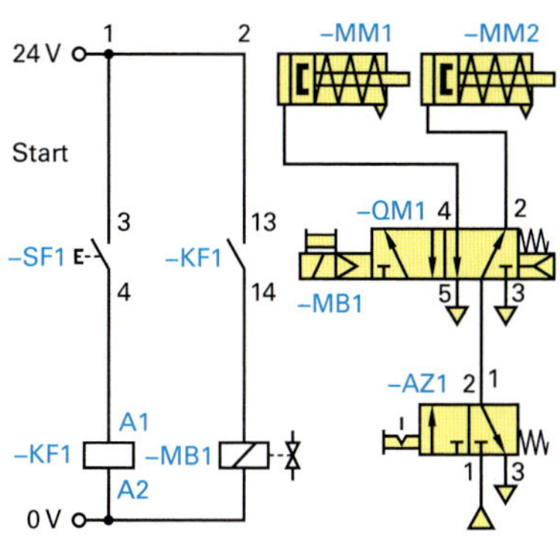

Tabelle 1: Klassen von Objekten nach vorgesehenem Zweck oder vorgesehener Aufgabe vgl. DIN EN 81346

Kennbuchstabe und Zweck	Beispiele	Unterklassen*	Beispiele
A Mehrere Zwecke aus Klassen B bis X (Kennzeichnung ist vom Anwender wählbar) Maschinensteuerung	A1	**AA bis AE** elektrisch, energiebezogen **AF bis AK** informationsbezogen, signalbezogen **AL bis AY** prozess-/maschinenbezogen **Z** kombinierter Bezug	**AA** Energieversorgung **AK** SPS **AV** Bearbeitungszentrum **AZ** Wartungseinheit
B Erfassen/Messen/Überwachen Näherungsschalter	B1	**C** Elektrischer Strom **G** Abstand, Ausdehnung, Lage **P** Druck, Vakuum **S** Geschwindigkeit, Frequenz **T** Temperatur **W** Gewicht, Masse	**BC** Stromwandler **BG** Näherungsschalter **BP** Drucksensor **BS** Tachogenerator **BT** Temperatursensor **BW** Kraftsensor
C Energie-/Informations-/Materialspeicher	C1	**A** Elektrisch Ladung speichern **F** Informationsspeicher **M** Speichern von Stoffen	**CA** Kondensator **CF** CD-ROM **CM** Druckspeicher
E Strahlungs-/Wärmeenergie-Erzeuger Heizstrahler	E1	**A** Beleuchtung **B** Wärme durch elektrische Energie **M** Wärme durch chem. Umwandlung	**EA** LED-Strahler **EB** Heizstab **EM** Verbrennungsofen
F Schutzeinrichtungen Sicherung	F1	**A** Schutz gegen Überspannung **B** Schutz gegen Fehlerströme **C** Schutz gegen Überströme **L** Schutz gegen zu hohen Druck	**FA** Überspannungsableiter **FB** Fehlerstromschutzschalter **FC** Leitungsschutzschalter **FL** Druckbegrenzungsventil
G Erzeugen eines Energie-/Material-/Signalflusses Drehstromgenerator	G1	**A** El. Energie durch mech. Energie **B** El. Energie durch chem. Energie **L** Stetiger Fluss fester Stoffe **M** Unstetiger Fluss fester Stoffe **P** Stetiger stofflicher Fluss **Q** Stetiger gasförmiger Fluss **Z** Kombinierte Aufgaben	**GA** el. Generator **GB** Lithium-Ionen-Akku **GL** Vibrationsförderer **GM** Hebezeug **GP** Pumpe **GQ** Gebläse **GZ** Späne-Entsorgungs-Anlage
H Erzeugen einer neuen Art von Stoffen oder Produkten Mischer	H1	**L** Durch Zusammensetzen **Q** Durch Filtern **W** Durch Mischen	**HL** 3D-Drucker **HQ** Kühlschmiermittel-Filter **HW** Mischer
K Signal-/Informationsverarbeitung, Ausnahme schützende Signale (F) Relais	K1	**F** Verarbeitung elektrischer Signale **H** Verarbeitung fluidtechnischer Signale **J** Verarbeitung mechanischer Signale **K** Verarbeitung unterschiedlicher Signale	**KF** Relais **KH** Ventilblock **KJ** mechanische Verriegelung **KK** elektrisches Vorsteuerventil
M Antriebe Drehstrommotor	M1	**A** Durch elektromagnetische Wirkung **B** Durch magnetische Wirkung **L** Durch mechanische Kraft **M** Durch fluidische Kraft **S** Durch Kraft chemischer Umwandlung	**MA** Elektromotor **MB** Ventilspule **ML** Nockenrad **MM** Hydraulik-Zylinder **MS** Verbrennungsmotor
P Informationsanzeigen Leuchtmelder	P1	**F** Visuelle Anzeige von Einzelzuständen **G** Visuelle Anzeige von Einzelvariablen **H** Visuelle Bild- oder Textdarstellung	**PF** Leuchtmelder **PG** Spannungsmessgerät **PH** Bildschirm
Q Schalten/Steuern eines Energie- oder Materialflusses (in Steuerungen S oder K) Schütz	Q1	**A** Schalten/Variieren von elektr. Kreisen **B** Trennen von elektrischen Kreisen **M** Schalten eines umschlossenen Flusses **N** Ändern eines umschlossenen Flusses	**QA** Leistungsschütz **QB** Hauptschalter **QM** 5/3-Wegeventil **QN** Druckregelventil
R Begrenzen/Stabilisieren von Bewegungen oder Flüssen Widerstand, Diode	R1 R2	**A** Begrenzen elektrischer Größen **N** Begrenzen eines fließfähigen Mediums **P** Abschirmen und Dämmen von Schall **R** Abschirmen mech. Einwirkungen **T** Abschirmen und Dämmen von Licht	**RA** Widerstand, Diode **RN** Drosselventil **RP** Schallschutztüre **RR** Stoßdämpfer **RT** Blende
S Handbetätigte Signalgeber Tastschalter (Taster)	S1	**F** Für elektrisches Signal **G** Für elektromagn. oder optisches Signal **J** Für fluidtechnisches Signal	**SF** Schalter **SG** RFID **SJ** Handbetätigtes Druckventil
T Umwandeln/Umformen unter Beibehaltung des Mediums Transformator	T1	**A** Beibehaltung der Energieform **B** Änderung der Energieform **F** Beibehaltung der Information **L** Drehzahl oder Drehmoment **M** Spanabheben **Q** Urformen oder Umformen	**TA** Transformator **TB** Umrichter **TF** Verstärker, Repeater **TL** Getriebe **TM** Drehmaschine **TQ** Druckgießmaschine
U Lagern/Tragen/Halten von Objekten Stabisolator	U1	**B** Von elektrischen Leitungen **L** Von Maschinen **Q** In der Fertigung/Montage	**UB** Kabelkanal **UL** Maschinenfundament **UQ** Robotergreifer
V Behandeln von Stoffen Sprühdüse	V1	**M** Verpacken **N** Oberflächen	**VM** Palettierer **VN** Poliermaschine
W Leiten/Transportieren Elektrischer Leiter	W1	**B** Leiten elektrischer Energie **N** Leiten von flüssigen Stoffen	**WB** Kabel **WN** Schlauch
X Verbinden/Zusammenfügen Steckverbinder	X1	**D** $\leq$ 1000 V AC oder $\leq$ 1500 V DC **P** Mechanische Verbindung, schaltend	**XD** Stecker **XP** Schaltkupplung

* Eine Unterklassifizierung (Kennzeichnung mit zwei Buchstaben) ist nur vorzusehen, wenn dies zur Detaillierung erforderlich ist.

Darstellung und Schaltpläne

Man unterscheidet Stromlaufpläne in zusammenhängender Darstellung und in aufgelöster Darstellung sowie Übersichtsschaltpläne.

> Elektrische Kontaktsteuerungen werden in Schaltplänen im nichtgeschalteten Zustand dargestellt.

Stromlaufplan in zusammenhängender Darstellung. Die Stromlaufpläne in zusammenhängender Darstellung geben die Schaltung in allen Einzelheiten vollständig wieder **(Bild 1)**.

> Mit dem Stellschalter S1 wird durch das Relais K1 über das Schütz Q1 der Motor M1 an das Drehstromnetz mit den Leitungen L1, L2, L3 angeschlossen. Die Signallampe P1 des Stellschalters leuchtet stets, wenn der Motor still steht, und erlischt, wenn der Motor eingeschaltet ist. Diese Signalumkehr erreicht man über einen Öffnerkontakt des Relais K1.

Stromlaufpläne in zusammenhängender Darstellung zeichnet man nur noch bei sehr einfachen Steuerungen, da sie bei umfangreichen Steuerungen zu unübersichtlich werden.

Stromlaufplan in aufgelöster Darstellung. Beim Stromlaufplan in aufgelöster Darstellung erhält jedes elektrische Betriebsmittel (Gerät) einen senkrecht gezeichneten Stromweg **(Bild 2)**. Die Stromwege sind fortlaufend nummeriert. Die Kontakte der Schütze und Relais werden nur abhängig von ihrer Schaltfunktion in die Stromwege eingezeichnet. Im Stromlaufplan in aufgelöster Darstellung berücksichtigt man also nicht die gerätemäßige Zusammengehörigkeit von z. B. Relaisspule und Relaiskontakt.

Die Stromwege zeichnet man von oben nach unten und nebeneinander.

> Die Kontakte werden mit den gleichen Kennbuchstaben wie die zugehörige Relaisspule bezeichnet. Die Kontakte K1 gehören zu der Relaisspule K1.

Die Kennbuchstaben der elektrischen Betriebsmittel sind nach EN 81346-2 **(Tabelle 1, Seite 36)** genormt. Sie werden mit einer nachstehenden fortlaufenden Zahl gekennzeichnet.

Übersichtsschaltplan. Der Übersichtsschaltplan ist ein Anschlussplan und Übersichtsplan **(Bild 3)**. Man ersieht aus ihm, wie die einzelnen Geräte oder Gerätegruppen miteinander verdrahtet sind. Anzahl und Querschnitte der Leitungsadern werden hier angegeben.

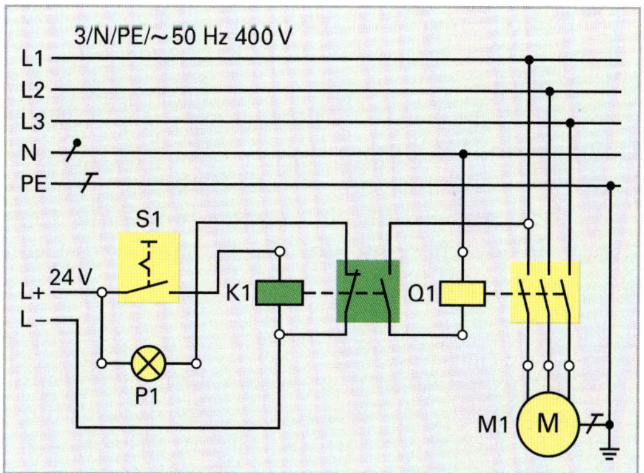

Bild 1: Stromlaufplan in zusammenhängender Darstellung für eine Motorsteuerung

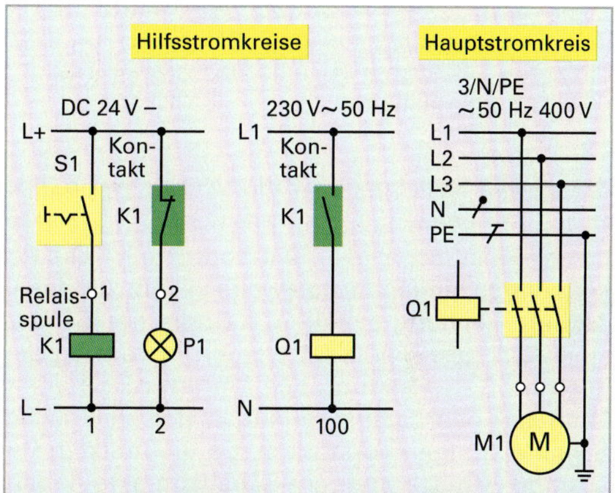

Bild 2: Stromlaufplan in aufgelöster Darstellung der Motorsteuerung

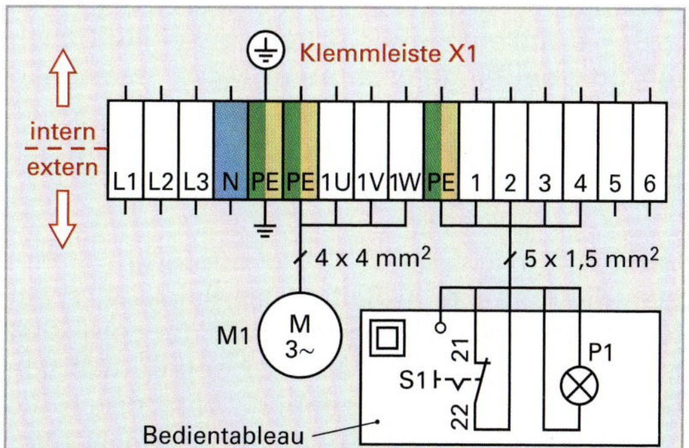

Bild 3: Übersichtsschaltplan der Motorsteuerung

3.1.2 Grundschaltungen

In elektrischen Kontaktsteuerungen werden mit einem Relais oder Schütz Schaltsignale bzw. Schaltzustände übertragen, verstärkt, vervielfacht, umgekehrt, verknüpft oder gespeichert.

Übertragen. Mit einem Relais oder Schütz kann man Schaltsignale von einem Stromkreis zu einem anderen Stromkreis **übertragen**, ohne dass dabei die Stromkreise elektrisch miteinander verbunden sind **(Bild 1)**.

Um an den Bedienungselementen, z.B. dem Taster S1, nur eine gefahrlose Kleinspannung von 24 V zu haben, wird das Schütz Q1, das für 230 V Betriebsspannung ausgelegt ist, über einen Kontakt des Relais K1 und nicht direkt durch S1 geschaltet. Der Gleichstromkreis L+, L– und der Wechselstromkreis L1, N sind somit elektrisch voneinander getrennt. Etwaige Störimpulse auf den Leitungen L1, N werden durch diese Trennung weitgehend von dem Stromnetz L+, L–, mit dem z.B. auch elektronische Geräte versorgt werden, abgehalten.

Verstärken, Vervielfachen, Umkehren. Das Relais K1 benötigt zum Schalten nur eine geringe elektrische Leistung (Bild 1). Die Kontakte K1 des Relais können hingegen eine vielfach (z.B. 100-fach) größere Leistung schalten, z.B. die der Schützspule Q1. Das Schütz Q1 wiederum vermag die noch größere Leistung des Motors zu schalten. Mit Relais oder Schütz kann man also elektrische Schaltleistungen **verstärken**. Da die meisten Relais und Schütze mehrere Schaltkontakte haben, kann man mit diesen Kontakten in mehreren Stromwegen oder Stromkreisen schalten, also auch **vervielfachen**. Mit dem Schalter S1 können Geräte nur eingeschaltet werden (Bild 1). Die Signallampe P1 soll jedoch bei stillstehendem Motor (z.B. bei stillstehender Arbeitsmaschine) leuchten und bei eingeschaltetem Motor erlöschen. Diese Signalumkehr erreicht man durch einen Öffner des Relais K1. Das Relais dient so auch zur **Signalumkehr**.

Verknüpfen. Für die **UND-Verknüpfung** schaltet man die Kontakte in Reihe. Das Relais K1 schaltet nur unter der Bedingung, dass der Stellschalter S1 UND der Stellschalter S2 betätigt werden (Bild 2). Dieser Zusammenhang wird durch die Schaltfunktion beschrieben. Für diese UND-Verknüpfung schreibt man K1 = S1 ∧ S2. Dabei ist „∧" das Zeichen für „UND".

Für die **ODER-Verknüpfung** schaltet man die Kontakte parallel. Das Relais K3 schaltet, wenn die Relais mit den Kontakten K1 ODER K2 schalten **(Bild 3)**. Die zugehörige Schaltfunktion lautet: K3 = K1 ∨ K2. Dabei ist „∨" das Zeichen für „ODER".

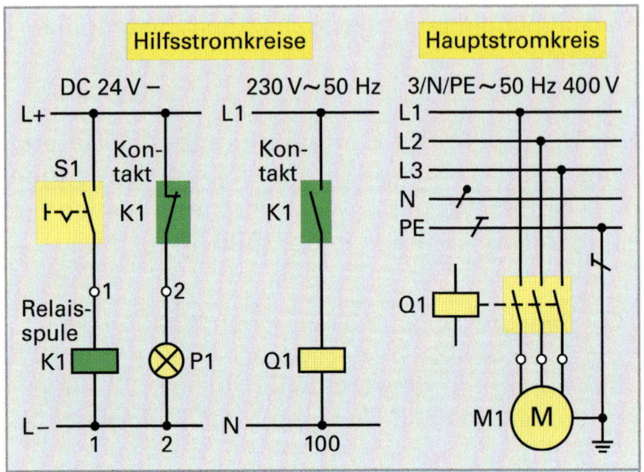

Bild 1: Schützschaltung für Motorsteuerung

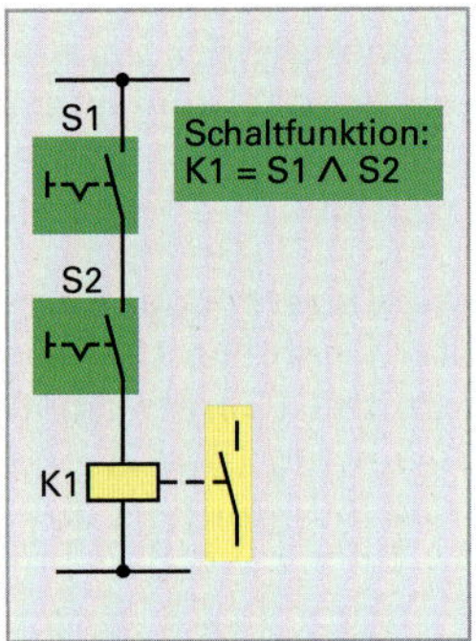

Bild 2: UND-Verknüpfung

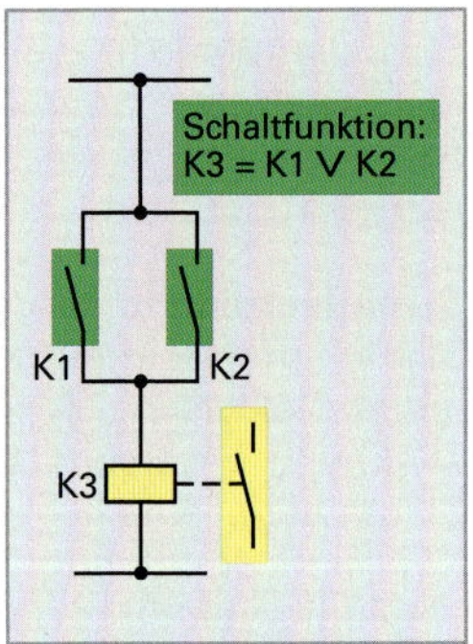

Bild 3: ODER-Verknüpfung

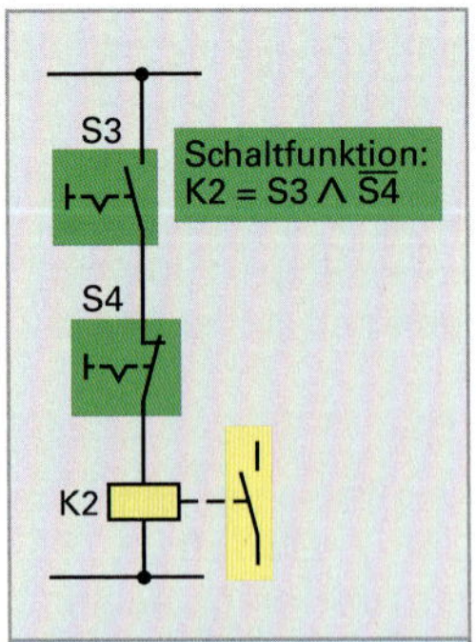

Bild 4: UND-Verknüpfung mit einer NICHT-Funktion

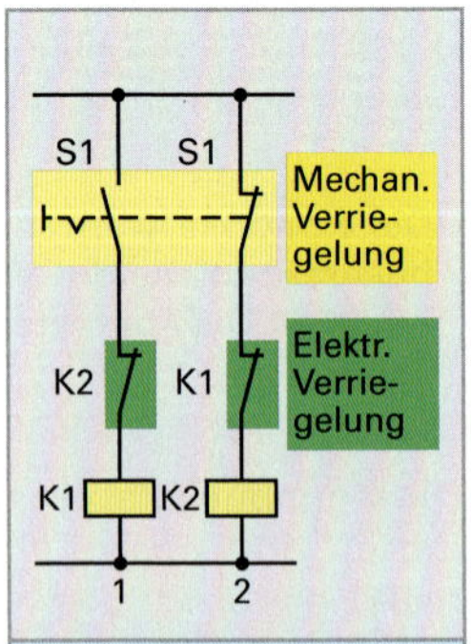

Bild 5: Verriegelung

Die **NICHT-Funktion** (Negation, Umkehrung) erhält man durch Öffner-Kontakte **(Bild 4, Seite 38)**. In der Schaltfunktion wird für die NICHT-Funktion ein Querstrich über die Kontaktbenennung geschrieben:

($K2 = \overline{S3} \wedge \overline{S4}$).

Häufig hat man die Schaltbedingung, dass entweder ein Relais K1 oder ein Relais K2 geschaltet wird, niemals jedoch beide gleichzeitig; z. B. K1 für Motorlinkslauf und K2 für Motorrechtslauf, dass also die beiden Relais gegenseitig verriegelt sind **(Bild 5, Seite 38)**.

Verriegelung. Die Verriegelung (Antivalenz-Verknüpfung) erzielt man mechanisch dadurch, dass ein Stellschalter mit einem Schließerkontakt S1 für den *einen* Stromweg und mit einem Öffnerkontakt für den *anderen* Stromweg verwendet wird. Wenn der Schließer offen ist, dann ist der Öffner geschlossen und umgekehrt. Außer dieser **mechanischen Verriegelung** wird meist die Schaltung noch **elektrisch verriegelt** durch einen Öffner K2 im Stromweg des Relais K1 und einen Öffner K1 im Stromweg des Relais K2. Ist das Relais K1 erregt, wird in jedem Fall der Stromweg für das Relais K2 unterbrochen und umgekehrt.

Speichern von Schaltzuständen. Ein Schaltzustand kann durch einen Selbsthaltekontakt gespeichert (gehalten) werden **(Bild 1)**. Bei der **Selbsthalteschaltung** liegt im Stromkreis des Relais K1 ein Schließer K1, also ein Kontakt desselben Relais. Wird der EIN-Taster S1 kurzzeitig betätigt, dann wird das Relais K1 erregt und der Schließer K1 schließt den zu S1 parallelen Stromweg. Dadurch bleibt das Relais erregt, auch wenn S1 wieder in seine Ausgangslage zurückgeht. Der Einschaltimpuls durch den Taster S1 wird also gespeichert. Durch eine kurzzeitige Unterbrechung des Stromwegs mit dem AUS-Taster S2 oder S3 wird das Relais K1 stromlos. Die Speicherung wird gelöscht. Der AUS-Taster S2 vor dem Selbsthaltezweig schaltet das Relais K1 auf jeden Fall ab, auch wenn der EIN-Taster S1 betätigt wird.

> Mit einem AUS-Taster vor dem Selbsthaltezweig wird die Speicherschaltung vorrangig gelöscht.

Mit dem AUS-Taster S3 im Selbsthaltezweig wird bei Betätigung die Selbsthalteschaltung unterbrochen. Das Relais K1 bleibt jedoch erregt, wenn ebenfalls der EIN-Taster S1 betätigt wird.

> Mit einem AUS-Taster im Selbsthaltezweig wird vorrangig gespeichert.

Elektrische Geräte, die mit Tastern und nicht mit Stellschaltern ein- und ausgeschaltet werden, schaltet man meist über Speicherschaltungen. Soll ein Gerät von mehreren, örtlich auseinanderliegenden Schalttafeln eingeschaltet werden können und/oder von mehreren Schaltstellen, z. B. durch NOT-AUS-Taster ausgeschaltet werden können, so schaltet man die EIN-Taster (Schließer) alle parallel und die AUS-Taster (Öffner) alle in Reihe **(Bild 2)**.

Bild 3 zeigt eine Eingangsschaltung für eine Maschinensteuerung mit Überstromschutz, Kurzschlussschutz und Unterspannungsauslöser. Der Schutzschalter Q1 hat für den Unterspannungsauslöser voreilende Kontakte. So bekommt dieser vorab Spannung und ermöglicht das Einschalten des Hauptstromkreises. Die NOT-AUS-Taster liegen im Stromkreis des Unterspannungsauslösers. Bei Erdschlüssen im Steuerstromkreis unterbrechen die Sicherungen F1 und der Unterspannungsauslöser löst aus.

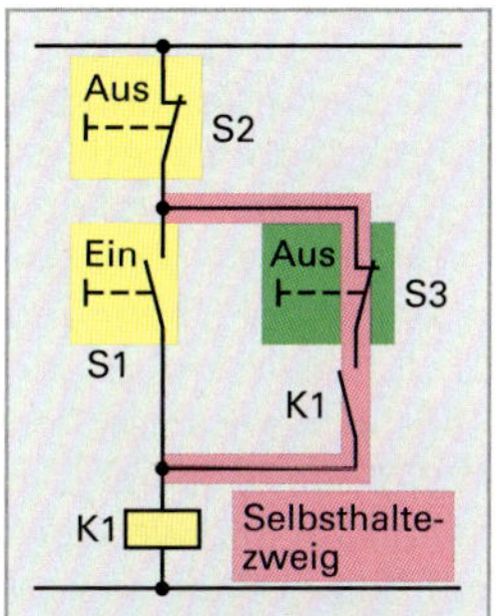

Bild 1: Speichern durch einen Selbsthaltekontakt

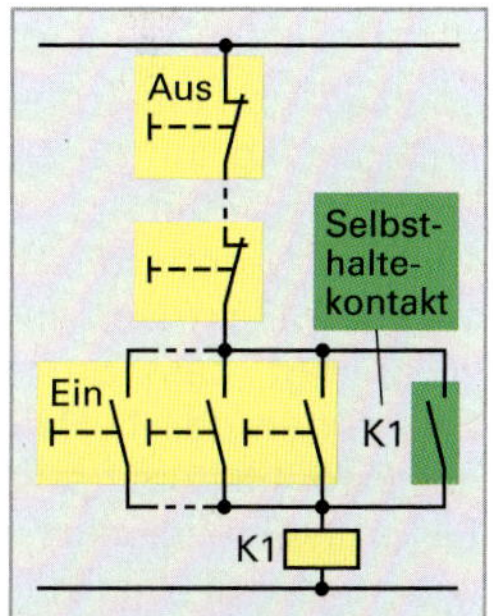

Bild 2: Speicherschaltung mit mehreren Tastern

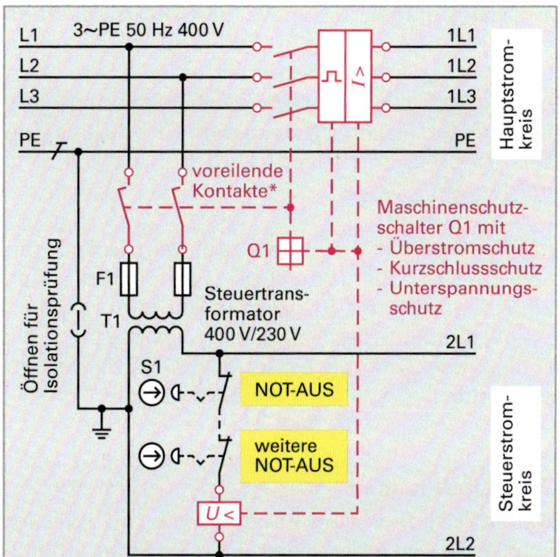

* voreilend, damit Unterspannungsauslöser das Einschalten ermöglicht

Bild 3: Maschinensteuerung mit Steuerstromkreis

3.2 Elektronische Bauelemente

Die wichtigsten Bauelemente in elektronischen Schaltungen sind die Halbleiterbauelemente, wie Dioden, Transistoren, Thyristoren und integrierte Schaltkreise (IC).

Die Grundwerkstoffe elektronischer Halbleiterbauelemente sind *Silicium* und ⊠ in kristalliner Form. Beide Stoffe sind chemisch vierwertig und weisen in reinem Zustand eine nur geringe Leitfähigkeit auf. Durch genau dosierte Verunreinigung mit dreiwertigen Elementen (P-Dotierung), z. B. mit Indium, oder fünfwertigen Elementen (N-Dotierung), z. B. Antimon, werden die Halbleitergrundwerkstoffe Silicium oder Germanium gut leitend.

Der physikalische Leitungsmechanismus beruht bei N-Dotierung auf einem Überschuss an leicht beweglichen Elektronen im Kristallgitter und bei P-Dotierung auf einem Mangel (Fehlstellen) an Elektronen. Fügt man einen P-dotierten Halbleiter an einen N-dotierten Halbleiter, dann ist diese Anordnung elektrisch leitend, wenn die Spannung so anliegt, dass durch sie die überschüssigen Elektronen des N-Halbleiters in die Fehlstellen des P-Halbleiters getrieben werden **(Bild 1a)**. Die Elektronen füllen die Fehlstellen auf und wandern auf die rechte Elektrode (Plus-Pol) zu. Man spricht von einem PN-Übergang in Durchlassrichtung.

Polt man nun die Spannung um, sodass der Minus-Pol am P-Halbleiter liegt und der Plus-Pol am N-Halbleiter, dann werden die Elektronen zur linken Elektrode getrieben **(Bild 1b)**. Aus dem Gebiet des P-Halbleiters, das einen Elektronenmangel aufweist, können keine Elektronen nachfließen, und es kommt zu keinem Stromfluss. Dieser PN-Übergang sperrt (wird in Sperrrichtung betrieben).

Ein PN-Übergang ermöglicht einen Stromdurchlass in einer Richtung (gute Leitfähigkeit) und ein Absperren des Stromes in der anderen Richtung (schlechte Leitfähigkeit). Auf dieser Rückschlagventilwirkung basieren die Halbleiterbauelemente.

Halbleiterdioden

Halbleiterdioden sind Bauelemente mit zwei Anschlüssen und meist einem PN-Übergang **(Bild 2)**. Die Diode lässt in Pfeilrichtung Strom durch und sperrt ähnlich einem Rückschlagventil den Strom in entgegengesetzter Richtung.

Überschreitet man die maximale Sperrspannung U_Z, wird die Diode zerstört. Es gibt jedoch Z-Dioden (Zener-Dioden), die speziell in *Sperrrichtung* mit der Spannung U_Z betrieben werden. Eine Z-Diode liefert im Arbeitsbereich eine vom Strom I unabhängige Spannung U_Z. Diese Eigenschaft wird ausgenützt, um Spannungsquellen darzustellen, die unabhängig von der Strombelastung sind. Wird z. B. eine Z-Diode mit U_Z = 12 V in Sperrrichtung an eine veränderliche Spannungsquelle mit Spannungen zwischen 12 V und 15 V angeschlossen, ist der Spannungsabfall an der Z-Diode stets 12 V, also konstant.

Dioden werden zur **Gleichrichtung** von Wechselströmen, zur **Betragsbildung, Entkopplung** und **Verknüpfung** elektrischer Signale eingesetzt.

Bei **Gleichrichterschaltungen** unterscheidet man die *Einweggleichrichtung* und die *Zweiweggleichrichtung*. Die Diode in **Bild 1a, Seite 41**, ist nur stromdurchlässig, solange die angelegte Wechselspannung positiv ist. Wird die Wechselspannung negativ, fließt kein Strom. Der Mittelwert dieses Stromes ist ein positiver Gleichstrom.

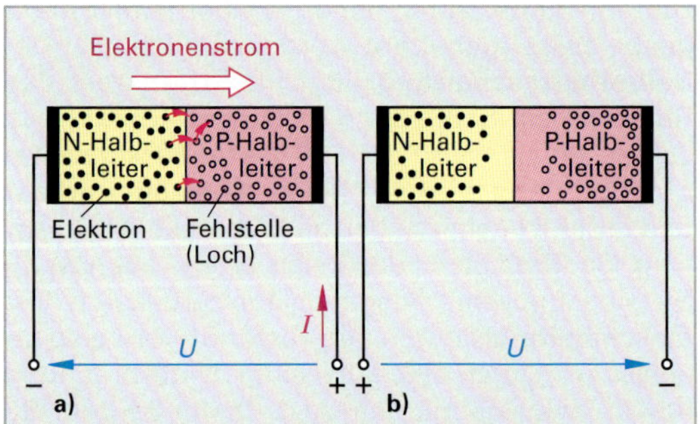

Bild 1: PN-Übergang bei einem Halbleiter

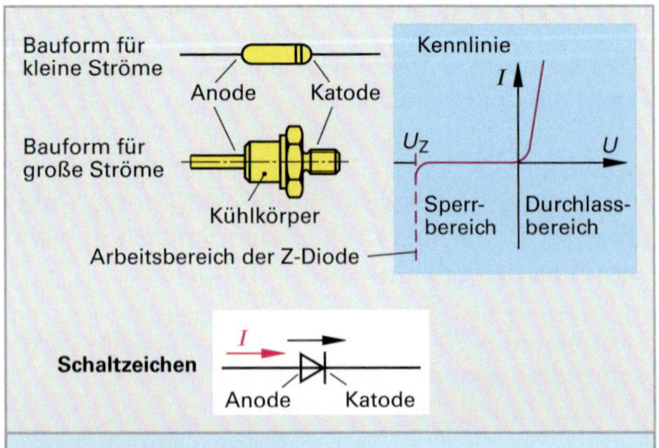

Bild 2: Halbleiterdioden

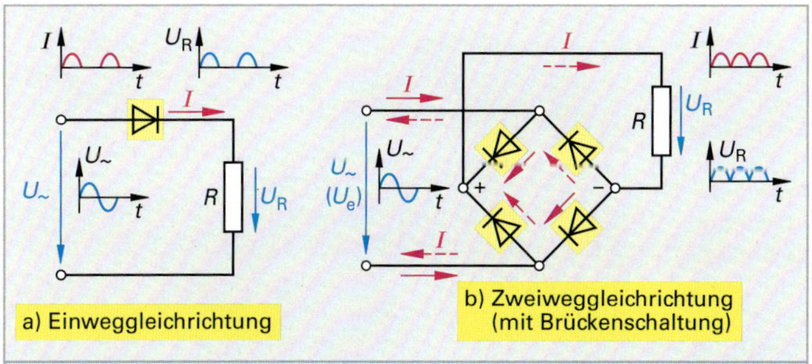

Bild 1: Gleichrichterschaltungen

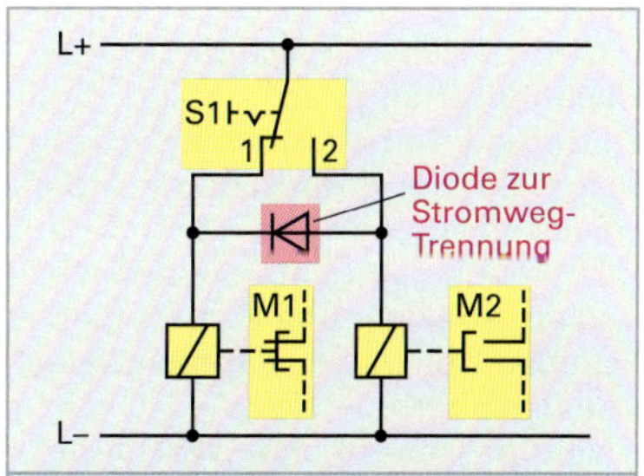

Bild 2: Kupplungssteuerung mit Entkopplungsdiode

Durch die Brückenschaltung mit vier Dioden wird erreicht, dass durch den Verbraucherwiderstand R der Strom I stets in der gleichen Richtung fließt, sowohl wenn die Wechselspannung positiv ist (Stromweg ——>), als auch wenn die Wechselspannung negativ ist (Stromweg --->) **(Bild 1b)**.

Zur **Betragsbildung** elektrischer Signale ist diese Schaltung ebenfalls geeignet. Die Spannung am Widerstand R entspricht dem Betrag der Eingangsspannung U_e, ($U_R = |U_e|$); d.h. sie ist stets positiv, hat aber den gleichen Betrag wie die Eingangsspannung.

Mit Dioden kann man elektrische Geräte vom Stromweg trennen **(entkoppeln)** und elektrische Signale **verknüpfen**.

Beispiel: Für eine Kupplungssteuerung soll z.B. mit dem Schalter S1 in Schaltstellung 1 die Kupplung M1 geschaltet werden und in Schaltstellung 2 die beiden Kupplungen M1 UND M2 **(Bild 2)**.

Damit in Schaltstellung 1 kein Strom zur Kupplung M2 fließt, wird die Kupplung M2 von der Kupplung M1 durch eine Diode entkoppelt. In Schaltstellung 2 hingegen fließt Strom zur Kupplung M2 UND M1, da nun die Diode in Durchlassrichtung betrieben wird.

Transistoren

Transistoren bestehen aus drei Halbleiterschichten mit der Dotierungsfolge P, N, P **(PNP-Transistor)** oder N, P, N **(NPN-Transistor)**. An jede Schicht ist eine Elektrode angeschlossen **(Tabelle 1)**.

Die Elektroden der beiden äußeren Schichten heißen Emitter (E) und Kollektor (C). Die mittlere Elektrode nennt man Basis (B) **(Bild 3)**. Mit der Basiselektrode kann der Strom, der vom Emitter zum Kollektor fließt (beim PNP-Transistor) bzw. vom Kollektor zum Emitter fließt (beim NPN-Transistor), gesteuert werden.

Tabelle 1: Transistoren

Aufbau und Schaltzeichen	Strom-Steuerkennlinie
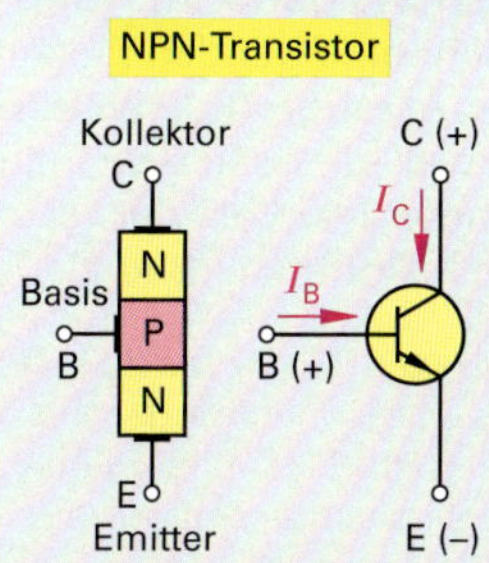	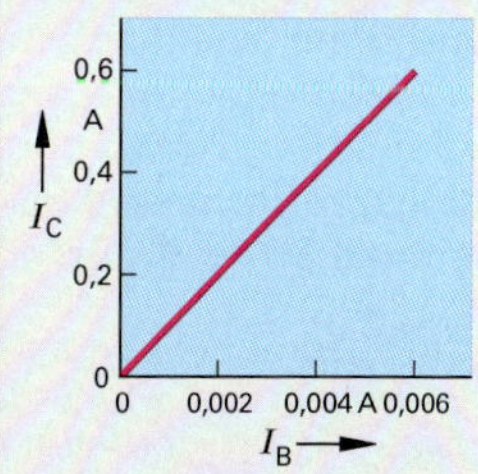 Stromverstärkung z.B. 100
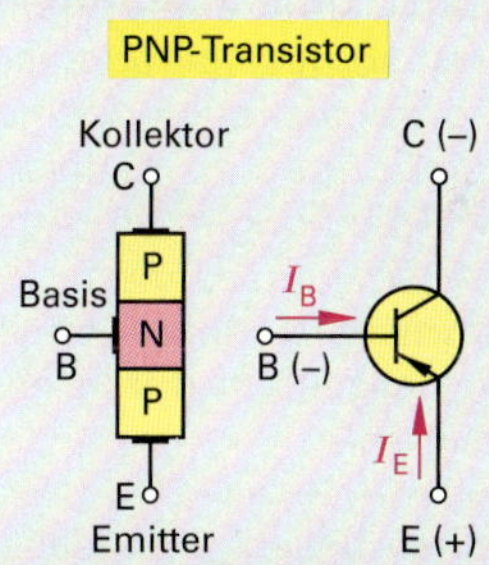	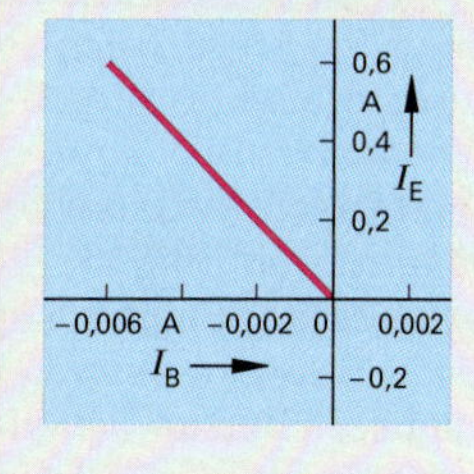 Stromverstärkung z.B. 100

Bild 3: PNP-Transistor im Glasgehäuse um 1960 (etwa 1,5-fach vergrößert)

Wird zwischen Basis und Emitter keine Steuerspannung angelegt, ist die Emitter-Kollektor-Strecke stromundurchlässig, da immer ein PN-Übergang in Sperrrichtung arbeitet. Durch den Basisstrom wird die Sperrwirkung dieses PN-Übergangs aufgehoben, sodass ein Strom zwischen Kollektor und Emitter fließen kann. Da der Steuerstrom I_B z.B. 100-fach kleiner ist als der gesteuerte Strom I_C (bzw. $-I_C$), kann man mit Transistoren auf einfache Weise elektronische Verstärker mit kleiner elektrischer Eingangsleistung und großer elektrischer Ausgangsleistung bauen.

Leistungstransistor, IGBT

Der IGBT (Insulated Gate Bipolar Transistor, = Bipolartransistor mit isolierter Steuerelektrode) ist ein Leistungstransistor **(Bild 1)**, der vorwiegend im Schaltbetrieb verwendet wird. Meist wird Gleichspannung in schnellfolgenden Pulsen unterschiedlicher Länge erzeugt (Pulsweitenmodulation, PWM) und zwar so, dass die Spannungszeitfläche und bei induktiver Last der resultierende Strom Sinusform bekommen **(Bild 2)**.

Die Pulsfrequenz liegt meist bei 16 kHz bis 20 kHz und ist so außerhalb des menschlichen Hörbereichs[1]. Es ist der übliche Halbleiter in der Leistungselektronik, z.B. bei elektrischen Antrieben.

Beim **Operationsverstärker** sind auf engem Raum mehrere Transistoren so geschaltet, dass sowohl kleine Gleichströme als auch kleine Wechselströme bzw. Spannungen zu vielfach verstärkten Strömen bzw. Spannungen am Ausgang führen **(Bild 3)**. Die Ausgangsspannung U_2 ist stets der Eingangsspannung U_1 entgegengesetzt (Spannungsumkehr, dargestellt durch ein Minuszeichen im Schaltzeichen).

Operationsverstärker können beliebige Signalspannungen verstärken.

Der **Thyristor** ist ein steuerbarer Halbleitergleichrichter mit mehreren P- und N-Zonen **(Bild 4)**. Im ungesteuerten Fall sperrt der Thyristor den Strom in beiden Richtungen. Durch einen Stromimpuls (Steuerimpuls) an der Steuerelektrode wird der Thyristor stromleitend, wenn eine positive Spannung zwischen Anode und Katode anliegt. Solange ein Strom von der Anode zur Katode fließt, bleibt der Thyristor auch leitend. Wird der Strom jedoch zu Null, sperrt der Thyristor und bleibt gesperrt, bis er erneut durch einen Steuerimpuls „gezündet" wird. Mit Thyristoren kann man z.B. steuerbare Gleichstromquellen (Gleichstromverstärker für Antriebe) aufbauen.

Bild 1: IGBT mit NTC-Temperatursensor

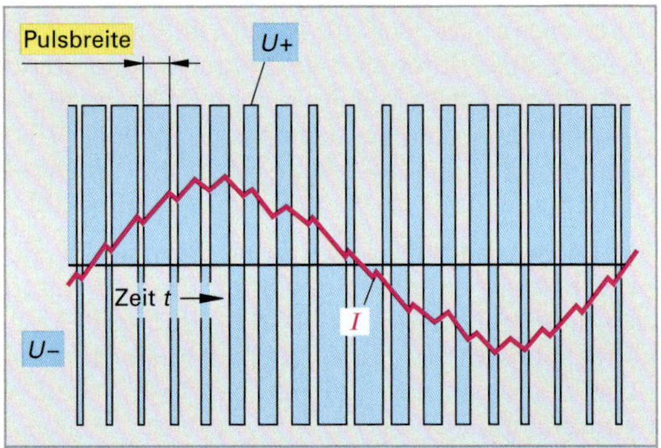

Bild 2: Pulsweitenmodulation

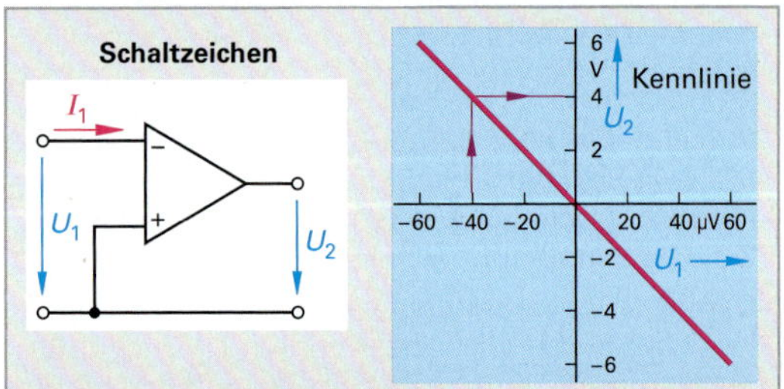

Bild 3: Operationsverstärker

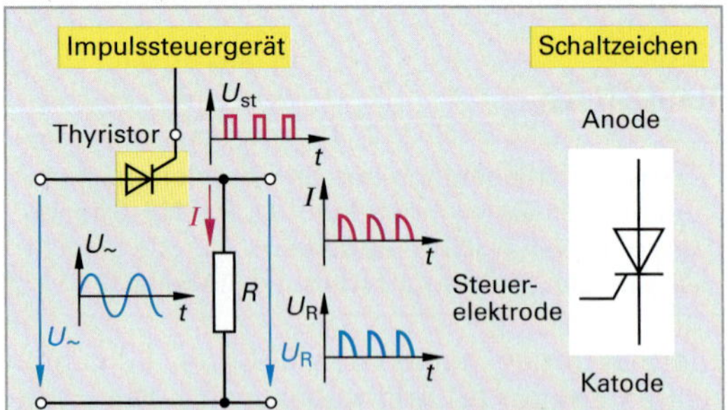

Bild 4: Stromverlauf beim gesteuerten Thyristor

[1] Elektrischen Strom kann man ja nicht direkt hören. Ein wechselnder Strom erzeugt aber stets wechselnde Magnetfelder um den Stromleiter und diese verursachen wechselnde Kräfte in den stromführenden Leitern, was wiederum zu wechselnden Leiterbewegungen bzw. Schwingbewegungen führt. Und man kann dies u. U. als hohen Pfeifton hören.

Schaltet man einen zweiten Thyristor in entgegengesetzter Richtung parallel (Antiparallelschaltung), erhält man bei Betrieb des einen Thyristors einen steuerbaren Gleichstrom in der einen Richtung, bei Betrieb des anderen Thyristors einen Gleichstrom in entgegengesetzter Richtung **(Bild 1)**. Mit diesem in zwei Richtungen stellbaren Strom wird z.B. die Steuerung eines Gleichstrommotors im gesamten Drehzahlbereich links- und rechtsdrehend ermöglicht. Meist sind diese Thyristorverstärker für das Drehstromnetz ausgelegt. Sie enthalten dann in der Antiparallelschaltung entsprechend den 3 Wechselspannungen 3 · 2 = 6 Thyristoren.

Integrierte Schaltkreise (IC). Integrierte Schaltkreise (Integrated Circuit, engl. = Integrierter Schaltkreis) enthalten auf einem kleinen Siliciumplättchen eine Vielzahl von PN-Übergängen. Auf diese Weise werden mehrere Dioden, Transistoren, aber auch Widerstände und Kondensatoren, auf sehr kleinem Raum zu vollständigen Schaltungen zusammengefasst.

Die integrierten Schaltkreise sind in verschieden großen Gehäusen, meist in Dual-In-Line-Gehäusen, mit 14 oder 16 Anschlüssen untergebracht. Besonders wenig Platz benötigen Schaltkreise der SMD-Technik (engl. Surface Mounted Device = oberflächenmontierter Schaltkreis) **(Bild 2)**.

Integrierte Schaltkreise können vollständige Verstärkerschaltungen, z.B. Operationsverstärker, digitale Rechenbausteine, digitale Speicher und digitale Steuerungsbausteine enthalten.

Fotoelektronische Halbleiterbauelemente. Durch Lichteinwirkung wird die Leitfähigkeit der Halbleiterwerkstoffe stark verbessert; dadurch verändern sich die elektrischen Eigenschaften der Halbleiterbauelemente.

Die **Fotodiode** wird in Sperrrichtung betrieben **(Bild 3)**. Der Sperrstrom I ändert sich bei Beleuchtung von wenigen µA bis zu einigen 100 µA.

Das **Fotoelement** entspricht im Aufbau einer Diode. Bei Beleuchtung entsteht zwischen dem N-Halbleiter und dem P-Halbleiter bei Germaniumelementen eine Spannung bis 0,3 V und bei Siliciumelementen eine Spannung bis 0,7 V. Das Fotoelement wird also durch Lichteinwirkung zu einer Spannungsquelle.

Beim **Fotowiderstand** ändert sich der Widerstand in dem weiten Bereich zwischen einigen MΩ und wenigen Ω.

Fototransistor und **Fotothyristor** werden bei Beleuchtung stromleitend. Anstelle eines Stromimpulses an einer Steuerelektrode wird mit Licht geschaltet. Verwendung finden fotoelektronische Halbleiterelemente z.B. bei Lichtschranken.

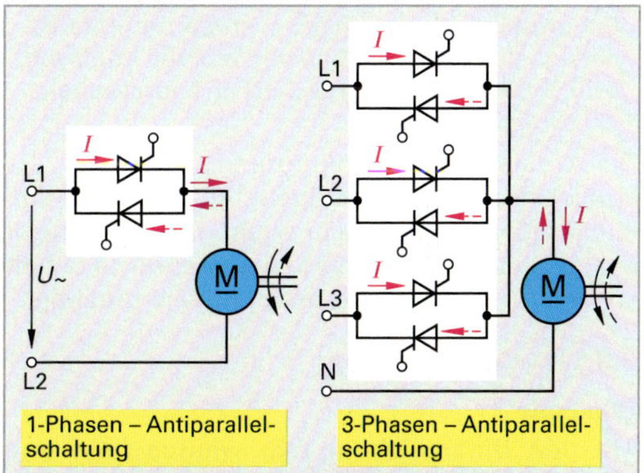

Bild 1: Antiparallelschaltung von Thyristoren

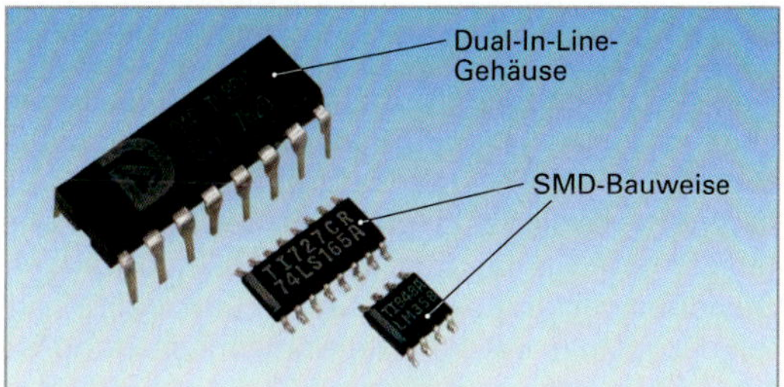

Bild 2: Bauformen integrierter Schaltkreise

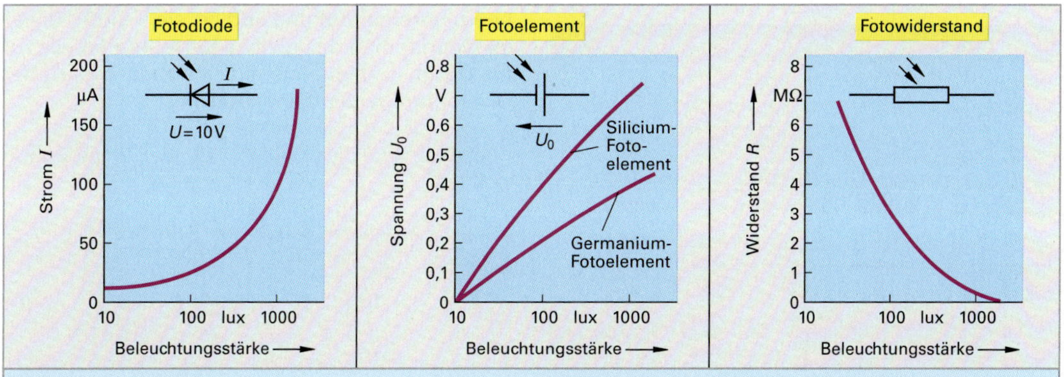

Bild 3: Fotohalbleiter

3.3 Binäre und digitale Steuerungen

Elektronische Steuerungen sind meist binäre oder digitale Steuerungen.

> Bei **binären Steuerungen** werden zweiwertige Steuersignale, also Schaltsignale, miteinander verknüpft, gespeichert und als Schaltsignale wieder ausgegeben.

Die Art der Signalverknüpfung wird durch die Schaltalgebra beschrieben.

> Bei **digitalen Steuerungen** werden mehrere Binärsignale oder eine Serie von binären Impulsen als Zahlen codiert, gespeichert und verarbeitet.

Die Art der Zahlenverknüpfung wird durch die arithmetischen Rechenregeln, wie z. B. Addition und Multiplikation, beschrieben. Die Bausteine digitaler Steuerungen sind meist integrierte Schaltkreise (IC), Mikroprozessoren und Mikrorechner.

3.3.1 Codierungen

Dualcode

Mit den Binärzeichen, z. B. weißes Feld und schwarzes Feld oder 0 und 1, können auch andere Zeichen, z. B. Buchstaben (Alphazeichen), Ziffern (numerische Zeichen) und Sonderzeichen (z. B. Punkt, Komma), verschlüsselt (codiert) werden.

Der in Rechenanlagen meist verwendete Binärcode für Zahlen ist der **Dualcode, BCN** (Kunstwort für engl. Binary Coded Natural = Natürlicher Binärcode = Dualcode) **(Tabelle 1)**. Bei den Dualzahlen können wie bei den Dezimalzahlen durch die Stellenbewertung beliebig große und kleine Zahlen dargestellt werden. Die Stellenbewertung ist für Ziffern links vom Komma $2^0 = 1$; $2^1 = 2$; $2^2 = 4$; ... und rechts vom Komma $2^{-1} = 0{,}5$; $2^{-2} = 0{,}25$; $2^{-3} = 0{,}125$; ...

Tabelle 1: Ganzzahlige vierstellige Dualzahlen

Dez. zahl	Dualzahl	Dez. zahl	Dualzahl
00	0 0 0 0	08	1 0 0 0
01	0 0 0 1	09	1 0 0 1
02	0 0 1 0	10	1 0 1 0
03	0 0 1 1	11	1 0 1 1
04	0 1 0 0	12	1 1 0 0
05	0 1 0 1	13	1 1 0 1
06	0 1 1 0	14	1 1 1 0
07	0 1 1 1	15	1 1 1 1
Stellenwert	8 4 2 1		8 4 2 1

Beispiel: Bestimmen Sie die zur Dualzahl 101,011 gleichwertige Dezimalzahl.

Lösung:

$101{,}011 \triangleq 1 \cdot 2^2 + 0 \cdot 2^1 + 1 \cdot 2^0 + 0 \cdot 2^{-1} + 1 \cdot 2^{-2} + 1 \cdot 2^{-3} = 5{,}375$

Das Rechnen mit Dualzahlen ist dem Rechnen mit Dezimalzahlen sehr ähnlich **(Tabelle 2)**.

Tabelle 2: Grundregeln für das Rechnen mit Dualzahlen

0 + 0 = 0	0 – 0 = 0	0 · 0 = 0	0 : 1 = 0
1 + 0 = 1	1 – 0 = 1	1 · 0 = 0	1 : 1 = 1
0 + 1 = 1	0 – 1 = –1	0 · 1 = 0	
1 + 1 = 0 plus Übertrag 1	1 – 1 = 0	1 · 1 = 1	

Man **addiert** oder **subtrahiert** wie beim Rechnen mit Dezimalzahlen stellenweise und bildet einen Übertrag für die nächst höhere Stelle, wenn die Summe in einer Stelle größer als 1 wird, bzw. man leiht bei der Subtraktion eine 1 aus der nächst höheren Stelle, wenn der Subtrahend zu groß ist.

Beispiel: Berechnen Sie 6 + 5 und 11 – 5 mit Dualzahlen.

Lösung:

```
           110                      1011
        +  101                    -  101
Übertrag  1              Übertrag  1
          ---------                -------
          1011 ≙ 11                0110 ≙ 6
```

Bei der Addition addiert man stellenweise von rechts nach links: 1 + 0 = 1; 0 + 1 = 1; 1 + 1 = 0 + Übertrag 1 in die 4. Stelle. Bei der Subtraktion subtrahiert man stellenweise von rechts nach links: 1 – 1 = 0; 1 – 0 = 1; 0 – 1 geht nicht, also leiht man aus der nächst höheren Stelle eine 1. Man rechnet 10 – 1 = 1 (da 1 + 1 = 10 ist).

Zum **Multiplizieren** schreibt man wie bei Dezimalzahlen die einzelnen Teilprodukte stellenverschoben untereinander und addiert sie. Für die **Division** wendet man das gleiche Verfahren an wie für die Dezimalzahlen, indem man fragt, wie oft der Divisor im Dividend enthalten ist.

Beispiel: Berechnen Sie 2 · 11 und 6 : 4 mit Dualzahlen.

Lösung:

```
10 · 1011            110 : 100 = 1,1
---------            100
10                   ---
 00                   100
  10                  100
   10                 ---
---------            ≙ 1 · 2^0 + 1 · 2–1 = 1,5
10110
```

$\triangleq 1 \cdot 2^4 + 0 \cdot 2^3 + 1 \cdot 2^2 + 1 \cdot 2^1 + 0 \cdot 2^0 = \mathbf{22}$

BCD-Codes

Mit den BCD-Codes werden die Ziffern 0 bis 9 binär verschlüsselt, z. B. entspricht Ziffer 7 im **8-4-2-1-Code** der Binärzahl 0111, im **5-2-1-1-Code** der Binärzahl 1011 und im **2-aus-5-Code** der Binärzahl 10001 **(Tabelle 1)**.

Mit 4 Binärstellen können 16 Zeichen, z. B. 16 Ziffern, verschlüsselt werden, mit 3 Binärstellen jedoch nur $2^3 = 8$ Ziffern. Zur Verschlüsselung der 10 Dezimalziffern von 0...9 sind daher mindestens 4 Binärstellen (1 Tetrade, griech. tetra = 4) erforderlich. Oft werden die Dezimalziffern mit mehr als 4 Binärstellen (Bits) verschlüsselt, wie z. B. beim 1-aus-10-Code. Hier entspricht eine 1 in der nullten Stelle der Null, in der 1. Stelle der 1, in der 2. Stelle der 2 usw. Tabelle 1 zeigt die gebräuchlichsten BCD-Codes.

BCD-Codes mit mehr als 4 Bits für eine Dekade sind besonders zur Codesicherung gegen Ablesefehler und gegen Fehler bei der Signalübertragung geeignet. Beim 2-aus-5-Code müssen immer für jede Ziffer zwei 1-Bits und drei 0-Bits vorhanden sein.

Codes, die mehr Bits zur Verschlüsselung haben als notwendig sind, bezeichnet man als **redundant** (weitschweifig). Diese Redundanz verwendet man zur **Fehlererkennung** oder bei hoher **Redundanz** auch zur selbsttätigen **Fehlerkorrektur**.

Barcodes

Barcodes (Strichcodes, engl. bar = Stab) sind aneinandergereihte Striche mit gleicher oder unterschiedlicher Breite, mit gleichen oder unterschiedlich breiten Lücken. Die Information verbirgt sich in der Strichanzahl, der Strichbreite oder der Lückenbreite. Es gibt viele sehr unterschiedliche Codierungen. Basis der Codierungen sind häufig Elemente der BCD-Codes, z. B. der EAN-Code **(Bild 1)**.

2D-Codes

2D-Codes sind flächige Codemuster. Hier gibt es ebenfalls eine große Zahl von Varianten, welche, die einer Norm folgen, aber auch viele, die anwenderspezifisch sind. Sehr bekannt ist der genormte QR-Code **(Bild 2)**.

Bild 2: 2D-Codes

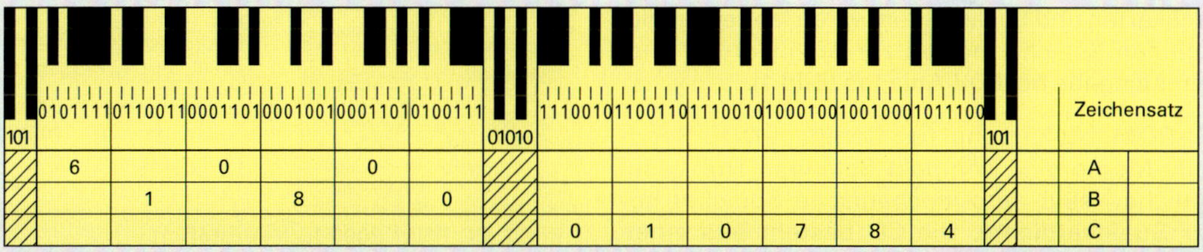

Bild 1: Entschlüsselung des EAN-Codes (Beispiel)

Tabelle 1: BCD-Codes

Dezimalziffer	8-4-2-1-Code	2-4-2-1-Code	5-2-1-1-Code	Exzess-3-Code	Einschrittiger BCD-Code	2-aus-5-Code
0	0000	0000	0000	0011	0001	11000
1	0001	0001	0001	0100	0011	00011
2	0010	0010	0011	0101	0010	00101
3	0011	0011	0101	0110	0110	00110
4	0100	0100	0111	0111	0100	01001
5	0101	1011	1000	1000	1100	01010
6	0110	1100	1001	1001	1110	01100
7	0111	1101	1011	1010	1010	10001
8	1000	1110	1101	1011	1011	10010
9	1001	1111	1111	1100	1001	10100
Stellenwert	8 4 2 1	2 4 2 1	5 2 1 1	keine	keine	7 4 2 1 0

Dezimalziffer	1-aus-10-Code
0	0000000001
1	0000000010
2	0000000100
3	0000001000
4	0000010000
5	0000100000
6	0001000000
7	0010000000
8	0100000000
9	1000000000
Stellenwert	9 8 7 6 5 4 3 2 1 0

3.3.2 Digitale Speicher

Bei digitalen Speichern unterscheidet man zwischen *Lesespeichern* bzw. *Festwertspeichern* **(ROM** Abk. für Read Only Memory = Nur-Lese-Speicher) und *Schreib-Lese-Speichern*. Bei den Lesespeichern können die einmal gespeicherten Daten nur gelesen werden, bei den Schreib-Lese-Speichern dagegen können die geschriebenen Daten im Speicher gelöscht und durch andere Daten ersetzt werden. *Mechanische* und *optische* Speicher sind meist nur Lesespeicher, *elektrische* und *magnetische* Speicher jedoch Schreib-Lese-Speicher.

Die **Speicherkapazität** eines Datenspeichers ist gleich der Zahl der speicherbaren Binärzeichen, also gleich der Zahl der speicherbaren Bits. Die *Einheit* der Speicherkapazität ist das *Bit* mit dem *Kurzzeichen bit*. Ein Speicher für z. B. $2^{10} = 1024$ Binärstellen (Bits) hat die *Speicherkapazität* 1024 bit = 1 Kbit. Da man zur Datenspeicherung von alphanumerischen Zeichen (Buchstaben, Ziffern und Sonderzeichen) meist 8 Bits verwendet, fasst man diese 8 Bits zu einem **Byte** zusammen. Größere Speichereinheiten sind KB (Kilo-Byte), MB (Mega-Byte), GB (Giga-Byte) und TB (Tera-Byte).

3.3.2.1 Mechanische Speicher

Bei den mechanischen Speichern, z. B. bei einem Papier mit bestimmtem Lochmuster, dient die Form eines festen Körpers der Datenspeicherung. Lochkarten und Lochstreifen waren lange Zeit die digitalen Speichermedien zur Archivierung und Dateneingabe bei EDV-Anlagen **(Bild 1)**.

CD-ROM (Abkürzung für **C**ompact-**D**isc-**R**ead-**O**nly-**M**emory = Kompakt-Scheiben-Nur-Lese-Speicher) sind *opto-mechanische Speicher* hoher Speicherdichte. Die CD besteht aus einer Kunststoffscheibe, in die mit einem Laserstrahl in einer spiralförmigen Spur Markierungen von etwa 1 µm Breite eingebrannt werden **(Bild 2)**. Diese Markierungen werden bei rotierender Scheibe ebenfalls über einen Laser abgetastet. Die Speicherkapazität einer 5 ¼"-Scheibe beträgt meist 700 MB.

DVD (Abk. für Digital Versatile Disc = digitale vielseitig verwendbare Scheibe) ist ähnlich wie die CD aufgebaut und kann meist auch mit denselben Geräten gelesen und gebrannt (codiert) werden. Die DVD hat aber dichter liegende Spuren und kleinere Strukturen für die Pits und Lands. So erreicht man mit einer einseitig beschriebenen DVD eine Speicherkapazität von 4,3 GB. Die zweischichtige und beidseitig beschriebene DVD hat 9,4 GB Speichervermögen.

Bei **Codeprägungen** werden mit einem Prägedrucker, ähnlich einem Nadeldrucker, in metallische Werkstücke Bauteilkennzeichnungen eingedruckt, z. B. im einem 2D-Code **(Bild 3)** oder auch in Klarschrift. Diese mechanischen Kennzeichnungen sind außerordentlich robust und können mit einer Kamera auch im rauen Werkstattbetrieb automatisiert gelesen werden.

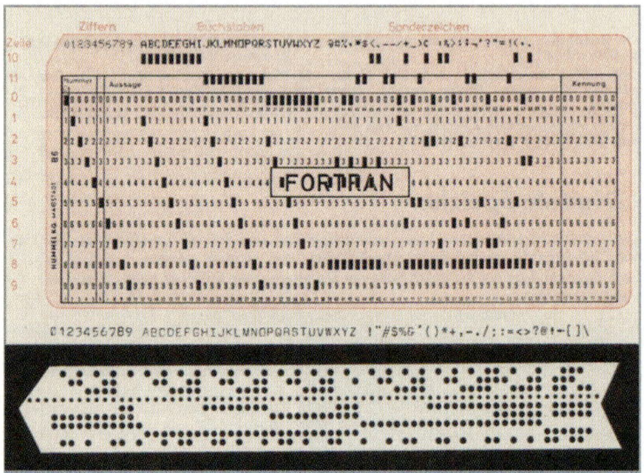

Bild 1: Lochkarte und Lochstreifen

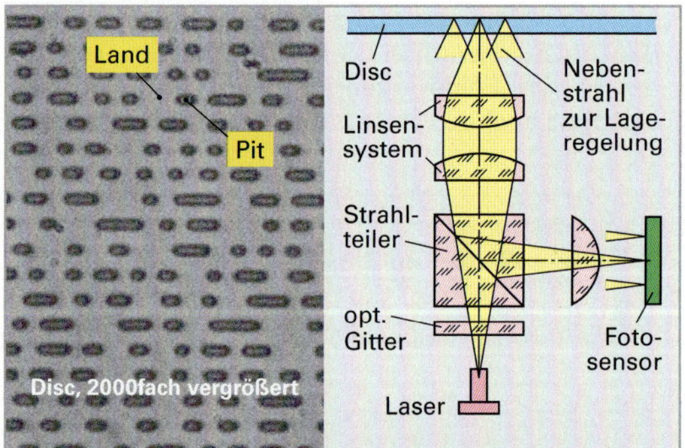

Bild 2: CD-ROM, 2000-fach vergrößert

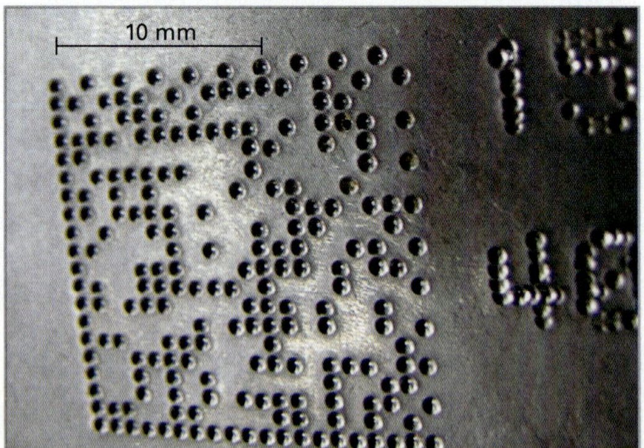

Bild 3: Geprägter 2D-Code auf einem Motorblock

3.3.2.2 Magnetische Speicher

Der Arbeitsspeicher der klassischen EDV-Anlage war bis um das Jahr 1970 der **Kernspeicher**. Er bestand für jedes zu speichernde Bit aus einem kleinen magnetisierbaren Ringkern (ca. 0,3 mm Ø) und war durchzogen von zwei „Schreibdrähten", einem „Lesedraht" und oft einem „Blockierdraht" **(Bild 1)**. Diese Speicher waren sehr teuer und benötigten relativ viel Platz. Der Vorteil: Bei Stromausfall war kein Speicherverlust.

Bei den **magnetomotorischen Speichern** wird eine magnetisierbare Schicht unter einem Schreib-Lese-Kopf vorbeibewegt. Je nach Art des Magnetschichtträgers unterscheidet man zwischen **Magnetbandspeichern, Magnetplattenspeichern** (HDD), Abk. für Hard Disk Drive **(Bild 2)**.

Die Datenspeicherung erfolgt durch Magnetisieren der Magnetschicht mit dem Schreib-/Lesekopf. Die Magnetschicht kann man sich aus kleinen Elementarmagneten bestehend vorstellen. Die Speicherdichte hat in der Vergangenheit stark zugenommen **(Bild 3)**. So wurden die Geräte immer kleiner bei wachsender Speicherkapazität. Die Daten sind stets zu Blöcken zusammengefasst. Soll z. B. bei einem Magnetbandspeicher nur der am Spulenende geschriebene Datenblock gelesen werden, muss das ganze Band durchgespult werden. Die dafür notwendige Zeit nennt man **Zugriffszeit**.

Im privaten Bereich nutzt man externe Festplatten zur Speichererweiterung und zur Datensicherung. Der Anschluss erfolgt meist mit USB-Stecker. Diese Festplattenspeicher sind klein und handlich. Man kann sie einfach anschließen und nach erfolgter Datensicherung räumlich entfernt und abgesichert auch aufbewahren.

Netzwerkbasierende Festplatten ermöglichen eine bequeme ortsferne Datensicherung. Eine Alternative dazu ist die Online-Datensicherung, z. B. bei dem Internet-Serviceprovider. Die Kapazität der Festplattenspeicher hat sich kontinuierlich erhöht und beträgt nun mehr als 6 Terabyte.

Die Festplattengrößen werden in Zoll angegeben, z. B. 3,5", 2,5" und 1,8".

Diese Größen entsprechen etwa dem Festplatten-Durchmesser.

Meist üblich sind für externe Festplatten 3,5"-Laufwerke.

2,5-Zoll-Festplatten sind sehr klein und leise und beziehen meist die Energie über den USB-Anschluss. 3,5-Zoll-Festplatten sind etwas lauter, haben eigenen Stromnetzanschluss und bieten Speicherkapazitäten bis über 6 Terabyte (TB).

Die Datenübertragungsgeschwindigkeiten sind ebenfalls höher als bei der 2,5"-Platte.

Magnetisch-optische Speicher (MO-Speicher) sind wiederbeschreibbare Discspeicher. Beim Schreiben wird die Magnetschicht der MO-CD durch einen Magnetschreibkopf lokal eng begrenzt magnetisiert, d. h. beschrieben und zwar nur an den Stellen, wo zuvor mit einem Laserstrahl die Schicht erhitzt wurde. Gelesen wird mit einem Laserstrahl und zwar verändert die lokale Magnetisierung die Polarisationsebene des Laserstrahls. Die MO-Disc ist sehr robust und bietet große Datensicherheit.

Bild 1: Historischer Kernspeicher (Ausschnitt)

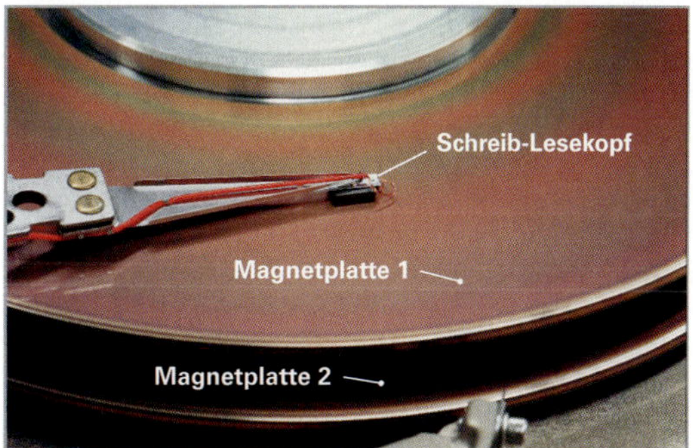

Bild 2: Magnetplattenspeicher (HDD)

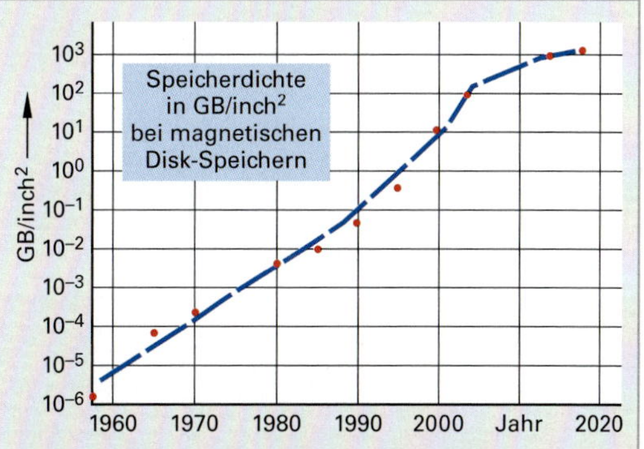

Bild 3: Entwicklung der Speicherdichte

3.3.2.3 Elektronische Speicher

Die Entwicklung der elektronischen Speicher kennzeichnet den Fortschritt der Elektronik schlechthin. Zu Anfang der Computerzeit verwendete man Relais in Selbsthalteschaltungen. Diese wurden um 1950 durch Röhren-Flipflops abgelöst **(Bild 1)**. Man erreichte dadurch höhere Rechengeschwindigkeiten. Schließlich kamen einzelne Transistoren **(Bild 2)** zur Anwendung und ab etwa 1970 gab es Integrierte Schaltkreise (IC). Die Menge der Halbleiterfunktionen pro Chip verdoppelt sich von da an etwa alle zwei Jahre (Moore's law[1]) und erreicht derzeit um 10^{12} Funktionselemente **(Bild 3)**. Die Strukturen der Schaltungen sind entsprechend klein geworden und liegen nun im Nanometerbereich (Bild 3).

Bild 1: Historischer 1-Bit-Röhrenspeicher, um 1956

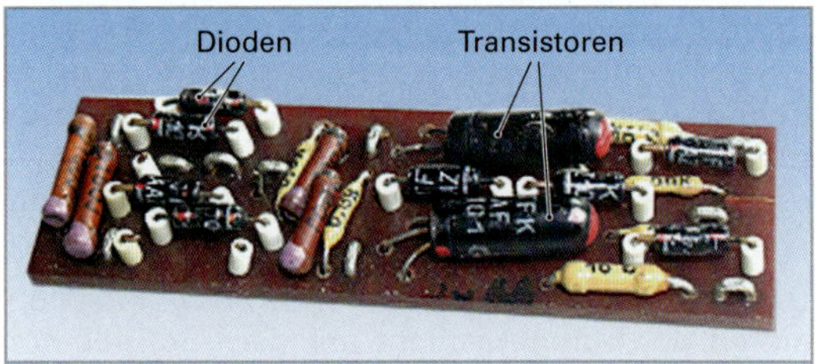

Bild 2: Historischer 1-Bit-Transistorspeicher (Flipflop), um 1960

Zur Entwicklung der Programmsteuerungen

Bei sehr einfachen Programmsteuerungen von Werkzeugmaschinen hat man um 1960 Dioden zur Programmspeicherung eingesetzt. Man verwendete den **Diodenmatrixspeicher** zusammen mit einem elektromechanischen oder elektronischen Schrittschaltwerk **(Bild 4)**.

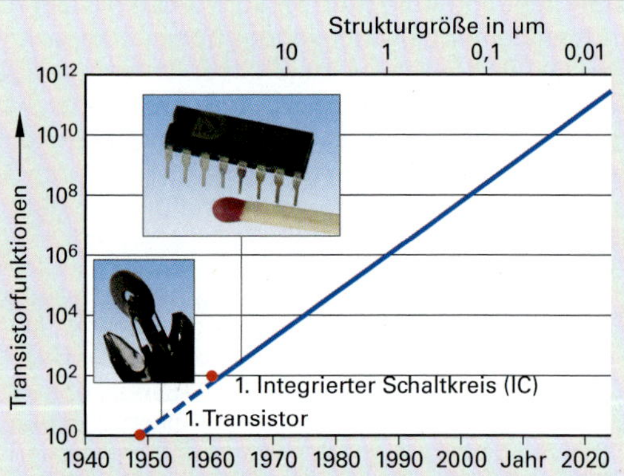

Bild 3: Entwicklung der Integrationsdichte

Anwendung und Funktion des Diodenmatrixspeichers. Mit jedem Programmschritt wird fortschreitend durch das Schrittschaltwerk[2] eine positive Spannung an eine senkrechte Spaltenleitung angeschlossen. Überall dort, wo die senkrechten Spaltenleitungen mit den waagerechten Zeilenleitungen durch Dioden verbunden sind, entsteht ein Signaldurchgang. Auf diese Weise können beliebige Signalkombinationen erzeugt werden, z. B. im Programmschritt 1: „Vorschub vor" mit „Eilgang", im Programmschritt 2: „Vorschub vor", Hauptspindel „EIN", „Kühlwasser EIN" usw. Das Weiterschalten von einem Programmschritt zum nächsten erfolgt zeitabhängig (Zeitplansteuerung) oder wegabhängig, durch Nockenschaltwerke ausgelöst (Wegplansteuerung), oder durch Handbetätigung.

Durch die Dioden (anstelle einer direkten Leitungsverbindung) wird eine Trennung (Entkopplung) zwischen den einzelnen Spaltenleitungen erreicht, sodass nur diejenigen Diodenverbindungen stromdurchlässig sind, deren Spaltenleitung gerade an das Schrittschaltwerk angeschlossen ist. Für unveränderliche Steuerprogramme werden die Dioden fest eingelötet.

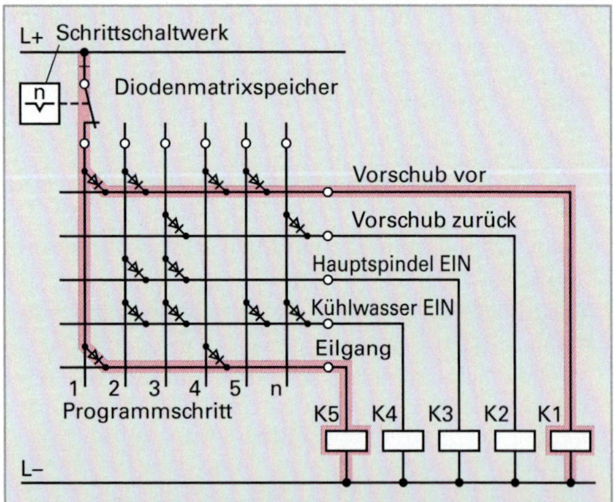

Bild 4: Diodenmatrixspeicher zur Steuerung einer Werkzeugmaschine, um 1965

[1] *Gordon Moore*, Mitbegründer der Firma INTEL, formulierte 1975, dass sich die Anzahl der Schaltkreiskomponenten auf einem integrierten Schaltkreis alle zwei Jahre verdoppelt. Bei einer logarithmisch aufgetragenen Komponentenanzahl über der Zeit ergibt sich dann eine Gerade.

[2] siehe Seite 58

Bei den elektronischen Speichern unterscheidet man zwischen Schreib-Lese-Speichern (RAM[1]) und Festwertspeichern ROM[2]). Die **RAM-Speicher** können wahlfrei auf einzelne Bits zugreifen und diese in schneller Folge setzen und rücksetzen. Sie dienen als Arbeitsspeicher in Steuerungen und Computern. Es sind flüchtige Speicher d.h. sie verlieren ihre Information bei Stromausfall.

RAMs sind flüchtige Schreib-Lese-Speicher.

Man unterscheidet statische RAM = SRAM und dynamische RAM = DRAM. SRAM entsprechen den Flipflops (vgl. Bild 1 bis Bild 3, Seite 48). Bei DRAM-Speichern wird die Information nur sehr kurzzeitig gespeichert und muss zum Erhalt laufend wieder aufgefrischt werden (Refreshzyklus).

Die **Festwertspeicher (ROM)** sind wie der Diodenmatrixspeicher (Bild 4, Seite 48) aufgebaut. Zur Programmierung wird z.B. durch einen überhöhten Spannungsimpuls ein NP-Übergang im Transistor-Matrixfeld kurzgeschlossen, sodass aus der nicht leitenden Transistor-Strecke eine leitende Dioden-Strecke wird **(Bild 1)**. Die Programmierung dieser Speicher kann nicht mehr rückgängig gemacht werden. Die ROMs und PROMs werden als integrierte Schaltkreise hergestellt und gehören zu den Basiselementen digitaler Steuerungen und Computer.

Die ersten PROMS, z.B. bei den ersten SPS, waren Fädelspeicher mit weichmagnetischen Ringkernen **(Bild 2)**. Der Speicherinhalt wurde durch die Verdrahtung (Fädelung) festgelegt. Die Ringkerne dienten nur als Übertrager für einzelne Bitpositionen in einer Matrix.

ROMs und PROMs sind Nur-Lese-Speicher.

EPROM. Es gab auch Festwertspeicher (EPROM, Erasable Programmable Read Only Memory, engl. = löschbarer programmierbarer Nur-Lese-Speicher), deren Speicherinhalt beliebig oft mit UV-Licht gelöscht werden konnte, z.B. angewendet bei SPS in der Zeit um 1995 **(Bild 3)**.

EEPROMS (Electrically Erasable PROM = elektrisch löschbares PROM) sind Chips, die mit Spannungssignalen programmiert und gelöscht werden können.

Flash-EEPROM (Blitz-EEPROM) speichern Information in Form von elektrischen Ladungen und nutzen unterschiedliche elektrische Leitfähigkeiten bei verschiedenen Ladungszuständen. Sie werden z.B. in den **USB-Memorysticks** verwendet **(Bild 4)**. Flash-Speicher haben keine bewegten Teile, sind robust und stehen so im Wettbewerb zu den Festplattenspeichern. Sie speichern enorme Datenmengen auf einem Chip, z.B. 1 TB (1 Terabyte = 1.048.576 Megabyte = 1.048.576 000 000 Byte). Die Schreib-Lese-Geschwindigkeiten erreichen beim USB-3.0-Stick über 5 GB/s. Gespeicherte Daten sollen sich bis zu zehn Jahre erhalten. Die Zahl der Schreibzyklen ist begrenzt. Etwa 105 Zyklen werden garantiert.

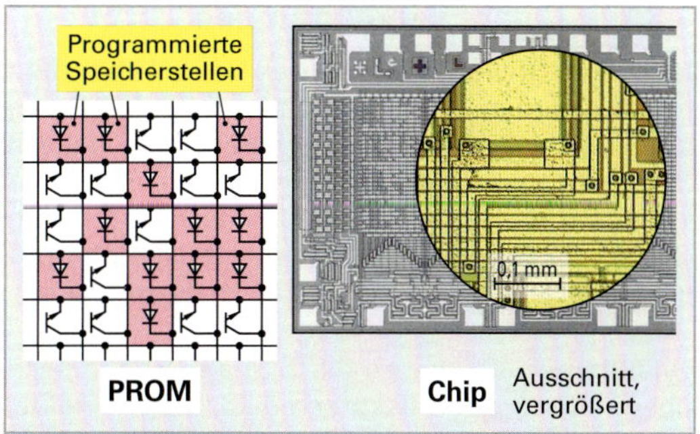

Bild 1: Historischer Fädelspeicher, um 1960

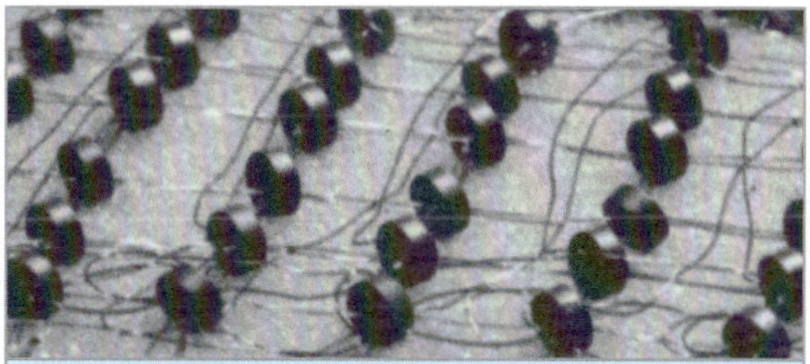

Bild 2: PROM (Prinzip)

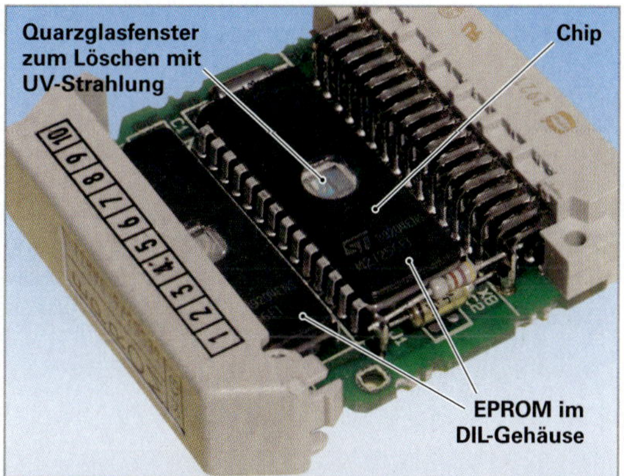

Bild 3: Historisches EPROM für eine SPS, um 1995

Bild 4: Flash-EEPROM (USB-Stick), 32 GB

[1] RAM, von engl. Random Access Memory = Speicher mit wahlfreiem Zugriff. Bei den ersten Computern verwendete man als RAM noch Elektronenröhren, z.B. bei dem Rechner „Zuse Z22" (Bild 1, Seite 48).

[2] ROM, Abk. für Read Only Memory = Nur-Lese-Speicher

3.3.3 Binäre Verknüpfungen

In binären Steuerungen werden Bauteile benötigt, mit denen man binäre Signale verknüpfen (schalten) kann, z. B. Signale von Näherungsschaltern. Binäre Steuerungen mit sehr vielen Signalverknüpfungen sind meist elektronische Steuerungen mit binären Schaltkreisen oder speicherprogrammierte Steuerungen mit Mikroprozessoren.

Unabhängig davon, ob die Signale mechanisch, pneumatisch oder elektrisch sind, unterscheidet man bei der Verknüpfung die UND-Verknüpfung (UND-Funktion), die ODER-Verknüpfung (ODER-Funktion) und die NEGATION (Verneinung). Dargestellt werden diese Verknüpfungen in Form von Gleichungen (Schaltfunktionen) mithilfe der Schaltalgebra und durch Signal-Schaltpläne.

Das **UND-Glied** liefert an seinem Ausgang ein 1-Signal, wenn an dem einen Eingang UND an dem anderen Eingang ein 1-Signal, z. B. ein Schaltsignal, eine Spannung, ein Druck usw. anliegt **(Tabelle 1)**.

In der Funktionstabelle sind alle möglichen Schaltzustände für die Eingangssignale *a*, *b* erfasst und der zugehörige Funktionswert für das Ausgangssignal *x* angegeben. Führen die Eingänge *a*, *b*, je ein 0-Signal, so liefert der Ausgang *x* ebenfalls ein 0-Signal. Liegt an dem Eingang *a* ein 0-Signal und an dem Eingang *b* ein 1-Signal an, so führt der Ausgang *x* ebenfalls ein 0-Signal. Führt umgekehrt der Eingang *a* ein 1-Signal und der Eingang *b* ein 0-Signal, so ist das Ausgangssignal ein 0-Signal. Nur wenn die Eingangssignale *a* UND *b* ein 1-Signal sind, dann ist auch das Ausgangssignal *x* ein 1-Signal.

In der Schaltalgebra (auch Boole'sche Algebra genannt) wird dieser Funktionszusammenhang durch die Schaltfunktion $x = a \wedge b$ (sprich: *x* gleich *a* und *b*) ausgedrückt.

Elektrisch verwirklicht man die UND-Verknüpfung durch in Reihe geschaltete Kontakte. Nur wenn der Kontakt *a* UND der Kontakt *b* geschlossen sind, erhält das Relais Strom und schaltet den Kontakt *x* (Tabelle 1).

Bei **elektronischen Schaltungen** gibt es viele Ausführungsformen, je nach Art der verwendeten Halbleiterbauelemente. Es fließt z. B. durch den Widerstand *R* nur dann ein Strom (bzw. liegt an *R* eine Spannung an), wenn an den Basisanschlüssen der zwei Transistoren *a* UND *b* eine Steuerspannung anliegt (Tabelle 1).

Eine **mechanisch** wirkende UND-Verknüpfung kann man z. B. mit zwei Kniehebeln verwirklichen (Tabelle 1). Nur wenn der Stellknopf *a* UND der Stellknopf *b* gedrückt sind, reicht der Kniehebelweg aus, um den Bolzen *x* nach rechts herauszudrücken (1-Signal).

Pneumatisch kann man die UND-Verknüpfung durch hintereinandergeschaltete Wegeventile, die z. B. durch Druckbeaufschlagung und Rückstellfeder betätigt werden, verwirklichen (Tabelle 1). Beide Ventile haben Sperr-Ruhestellung. Erst wenn beide Steueranschlüsse betätigt sind, führt Anschluss *x* Druck. Als UND-Glied wird jedoch meist das Zweidruckventil verwendet (Tabelle 1).

Tabelle 1: UND-Verknüpfung

Schaltzeichen

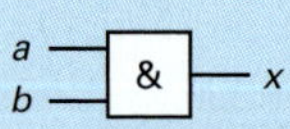

Funktionstabelle

a	*b*	*x*
0	0	0
0	1	0
1	0	0
1	1	1

Schreibweise:
$x = a \wedge b$

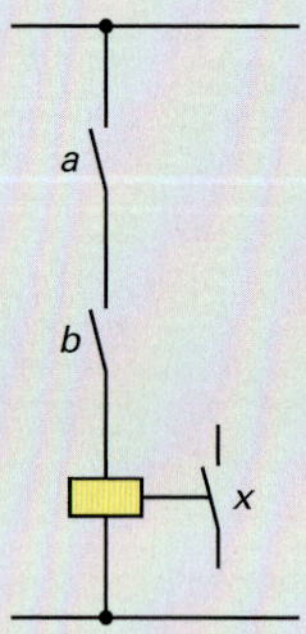

elektrisch (mit Relais)

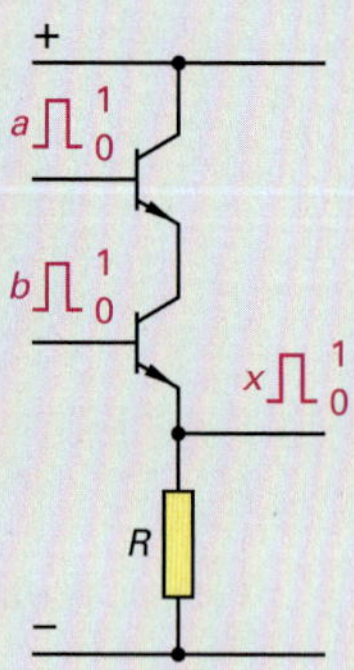

elektronisch (mit Transistoren)

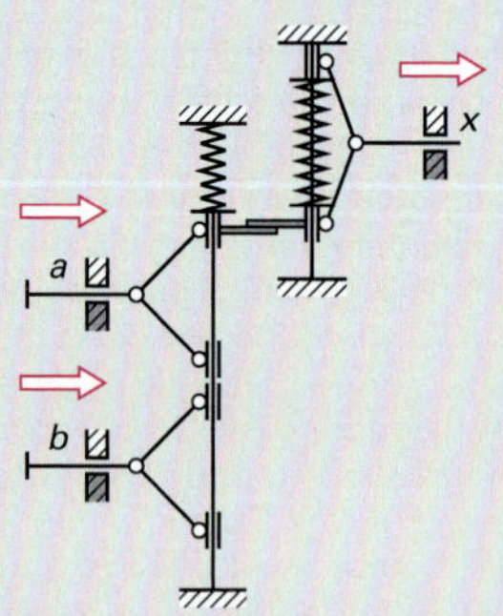

mechanisch

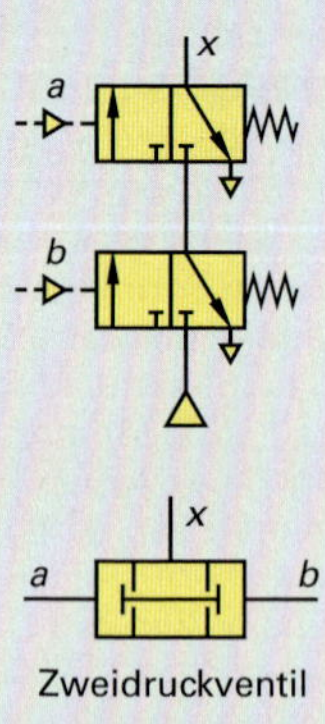

Zweidruckventil

pneumatisch

Das **ODER-Glied** liefert am Ausgang stets ein 1-Signal, wenn an einem ODER an dem anderen ODER an beiden Eingängen ein 1-Signal anliegt. Nur wenn alle Eingänge ein 0-Signal führen, liegt auch am Ausgang ein 0-Signal an **(Tabelle 1)**.

Der Zusammenhang zwischen den Eingangssignalen und dem Ausgangssignal wird durch die Funktionstabelle oder auch durch die Schaltfunktion $x = a \vee b$ (sprich: *x* gleich *a* oder *b*) dargestellt.

Das **NEGATIONS-Glied** bewirkt eine Signalumkehr. Aus einem 1-Signal am Eingang wird ein 0-Signal am Ausgang, und aus einem 0-Signal am Eingang wird ein 1-Signal am Ausgang (siehe Funktionstabelle in **Tabelle 2**). Die Schaltfunktion heißt $x = \bar{a}$ (sprich: *x* gleich nicht *a*).

Elektrisch verwirklicht man die ODER-Verknüpfung durch parallel geschaltete Kontakte. Schaltet man den Kontakt *a* ODER *b* (oder beide), so schaltet das Relais den Kontakt *x*.

Bei der **elektronischen Schaltung** sind die Signaleingänge die Basisanschlüsse der parallel geschalteten Transistoren. Steht an einem ODER an beiden Basisanschlüssen eine positive Spannung an, so schaltet der eine oder beide Transistoren, und am Widerstand *R* entsteht ein Spannungsabfall. Der Ausgang führt dann ebenfalls ein positives Spannungssignal *x*.

Bei der **mechanischen** ODER-Verknüpfung können wahlweise der Stellknopf *a* ODER *b* oder beide betätigt werden, um den Bolzen *x* nach rechts zu drücken (1-Signal).

Pneumatisch erzielt man eine ODER-Verknüpfung mit zwei Wegeventilen. Bei Betätigung von *a* ODER *b* erhält der Anschluss *x* Druck. Auch mit einem Wechselventil lässt sich eine ODER-Verknüpfung herstellen.

Tabelle 1: ODER-Verknüpfung

Schaltzeichen

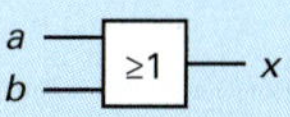

Funktionstabelle

a	b	x
0	0	0
0	1	1
1	0	1
1	1	1

Schreibweise: $x = a \vee b$

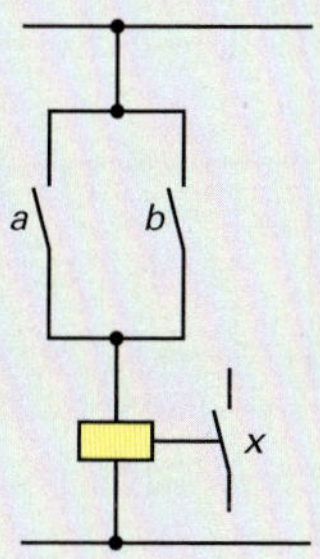

elektisch (mit Relais)

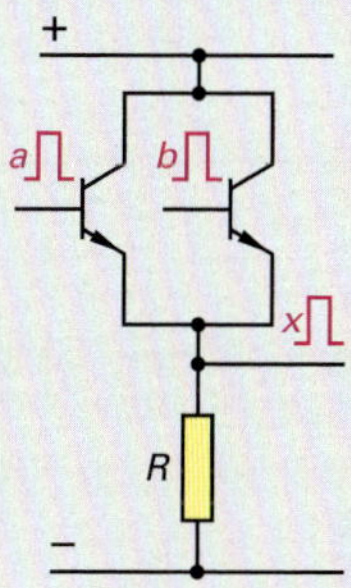

elektronisch (mit Transistoren)

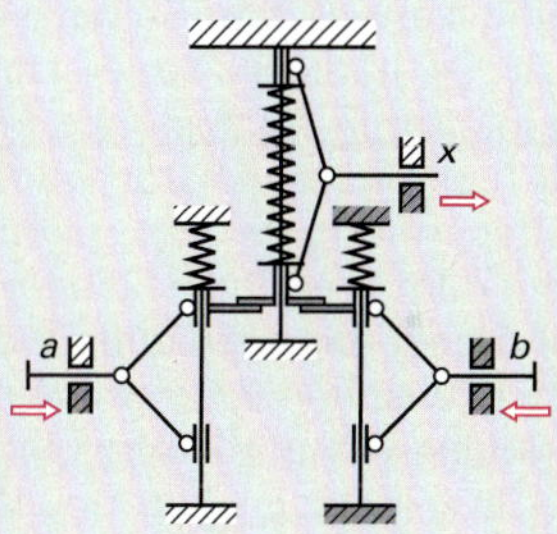

mechanisch

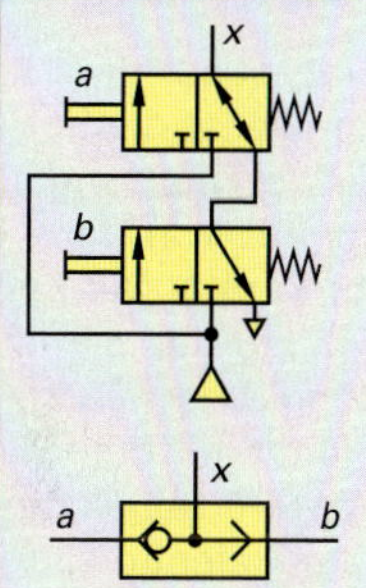

Wechselventil

pneumatisch

Tabelle 2: NEGATION

Schaltzeichen

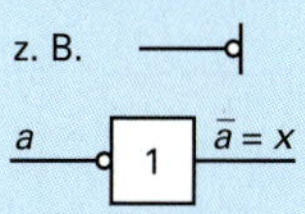

Funktionstabelle

a	x
0	1
1	0

Schreibweise: $x = \bar{a}$
Sprechweise: *x* gleich nicht *a*

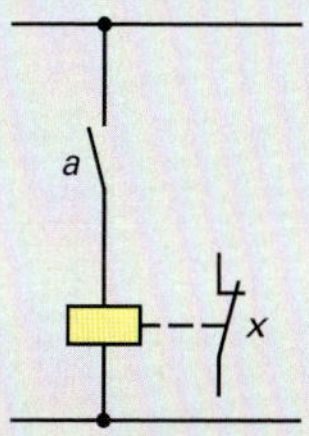

elektrisch (mit Relais)

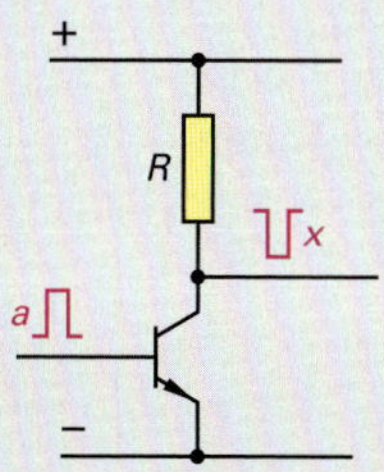

elektronisch (mit Transistoren)

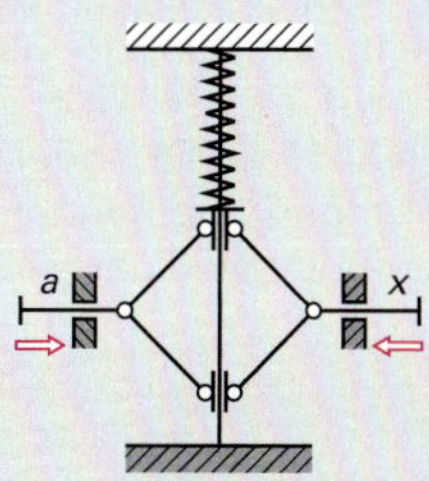

mechanisch

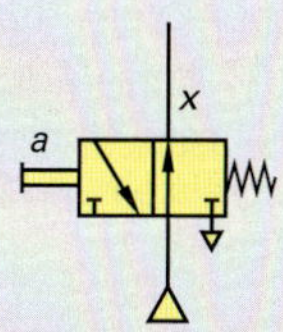

pneumatisch

Elektrisch verwirklicht man eine Signalumkehr mit einem Relais, das einen Öffner-Kontakt hat. Schaltet man das Relais ein, dann schaltet der Relaiskontakt aus; schaltet man das Relais aus, dann schaltet der Relaiskontakt ein.

Bei der **elektronischen Schaltung** führt der Transistor Strom, wenn an seinem Basisanschluss eine positive Spannung (1-Signal) anliegt (Tabelle 2, Seite 51). Dadurch entsteht am Widerstand *R* ein Spannungsabfall, und der Ausgang führt eine Spannung von etwa 0 V, also 0-Signal. Liegt an der Basis keine Spannung (0-Signal), leitet der Transistor nicht, und am Ausgang *x* liegt eine Spannung an, also ein 1-Signal.

Das **mechanische** NEGATIONS-Glied kehrt die Verstellrichtung des Bolzens um. Drückt man den Stellknopf *a* nach rechts (1-Signal), dann geht der Bolzen *x* nach links (0-Signal), und zieht man den Stellknopf *a* nach links, geht der Bolzen nach rechts.

Bei **pneumatischen Schaltungen** kann man für die Negation ein Wegeventil mit Durchfluss-Ruhestellung verwenden.

Eine besonders häufig verwendete Schaltkreisfamilie ist die Serie SN 74. In dieser Serie erfolgt die Verknüpfung mit mehreren Transistoren. Man spricht von der **TTL**-Technik (**T**ransistor-**T**ransistor-**L**ogik). Die Schaltspannung beträgt nominal 5 V. Für das Signal mit dem Wert 0 darf die Spannung zwischen 0 V und 0,4 V betragen und für das Signal mit dem Wert 1 zwischen 2,4 V und 5,5 V. Weitere Schaltkreisfamilien sind: I^2L (engl. Integrated Injection Logic), ECL (engl. Emitter-Coupled Logic) und eine Vielzahl von MOS-Schaltkreisfamilien (MOS von engl. Metal-Oxide-Semiconductor = Metalloxid-Halbleiter).

Zusammenfassung mehrerer Verknüpfungen

Die UND-Verknüpfung und die ODER-Verknüpfung können auf mehrere Eingänge erweitert werden oder mit einer NEGATION versehen werden (NAND, NOT AND, engl. = NICHT UND; NOR, NOT OR, engl. = NICHT ODER) oder es können mehrere Verknüpfungen, ineinander verschachtelt, als ein Verknüpfungsglied dargestellt werden **(Tabelle 1)**.

Binäre elektronische Schaltkreise enthalten meist auf einem Chip mehrere Verknüpfungsbausteine, z. B. vier NAND-Verknüpfungen.

Beispiele:
Stellen Sie für die nachfolgenden Aufgaben die Schaltfunktionen auf und zeichnen Sie den Signalschaltplan.

Aufgabe 1:
Der Spindelmotor *x* soll eingeschaltet werden, wenn die Signaltaste *a* gedrückt wird (1-Signal) und die Schmierpumpe *b* läuft (1-Signal) und der Werkzeugspannmotor *c* nicht läuft (0-Signal).

Lösung: Schaltfunktion: $x = a \land b \land \overline{c}$

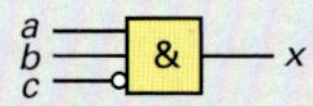

Aufgabe 2:
Die Warnlampe *x* soll leuchten (1-Signal), wenn der Öldruckschalter *a* schaltet (1-Signal) oder der Drehzahlwächter *b* des Spindelmotors schaltet (1-Signal) oder der Werkzeugspannmotor *c* eingeschaltet ist (1-Signal) und dabei gleichzeitig die Bremskupplung *d* nicht geschaltet ist (0-Signal).

Lösung: Schaltfunktion: $x = a \lor b \lor (c \land \overline{d})$

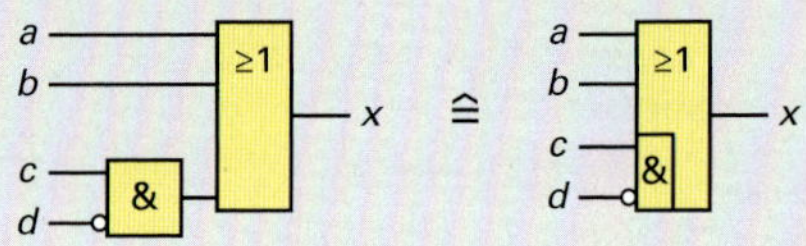

Tabelle 1: Signalschaltbilder (Beispiele)

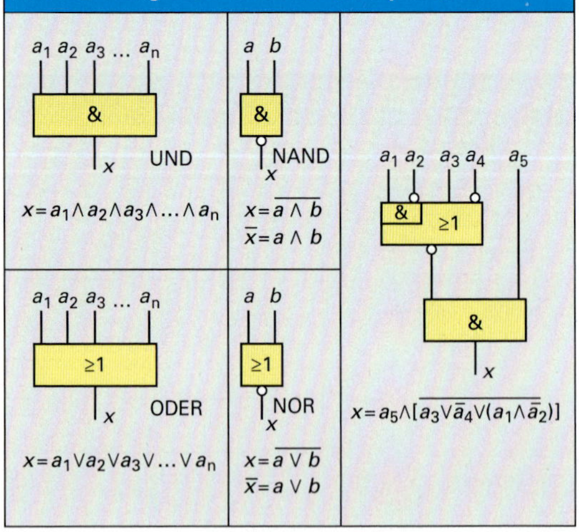

3.3.4 Schaltalgebra

Die Schaltalgebra (*Boole'sche*[1] Algebra) ist eine mathematische Beschreibung für die Beziehungen zwischen binären Variablen. Es gibt eine Vielzahl von Regeln, die man sich am besten mithilfe von Schaltkontakten und dem möglichen Stromfluss klar macht **(Tabelle 1)**.

Die wichtigsten Gesetze **(Tabelle 2)** sind:

- Kommutativgesetze,
- Assoziativgesetze,
- Distributivgesetze,
- Verneinungsgesetze (*De Morgan'sches*[2] Theorem).

Beispiel 1:

Überführen Sie die Schaltfunktion $x = (a \wedge b) \vee (c \wedge d)$ in eine Schaltfunktion, die nur NAND-Terme enthält!

Lösung:

$\overline{x} = \overline{(a \wedge b) \vee (c \wedge d)} = \overline{(a \wedge b)} \wedge \overline{(c \wedge d)}$

$x = \overline{\overline{x}} = \overline{\overline{(a \wedge b)} \wedge \overline{(c \wedge d)}}$ **(Bild 1)**

Beispiel 2:

Überführen Sie die Schaltfunktion $x = (a \wedge \overline{b}) \vee c$ in NAND-Terme!

Lösung:

$\overline{x} = \overline{(a \wedge \overline{b}) \vee c} = \overline{(a \wedge \overline{b})} \wedge \overline{c}$

$x = \overline{\overline{x}} = \overline{\overline{(a \wedge \overline{b})} \wedge \overline{c}}$ **(Bild 2)**

Die Negation einer Variablen erhält man mit der NAND-Verknüpfung:

$\overline{b} = \overline{b \wedge b}, \overline{c} = \overline{c \wedge c}$

Beispiel 3:

Überführen Sie die Schaltfunktion $x = (a \wedge b) \vee (c \wedge d)$ in eine Schaltfunktion, die nur NOR-Terme enthält!

Lösung:

$\overline{x} = \overline{(a \wedge b) \vee (c \wedge d)} = \overline{(a \wedge b)} \wedge \overline{(c \wedge d)} = (\overline{a} \vee \overline{b}) \wedge (\overline{c} \vee \overline{d})$

$\overline{\overline{x}} = x = \overline{(\overline{a} \vee \overline{b}) \wedge (\overline{c} \vee \overline{d})} = \overline{(\overline{a} \vee \overline{b})} \vee \overline{(\overline{c} \vee \overline{d})}$

$x = \overline{\overline{\overline{(\overline{a} \vee \overline{b})} \vee \overline{(\overline{c} \vee \overline{d})}}}$

Durch Negation von $\overline{x}$ erhält man x. Die Negation der Variablen erhält man durch eine NOR-Verknüpfung mit 0 **(Bild 3)**.

Tabelle 1: Regeln der Schaltalgebra

$0 \wedge a = 0$	$1 \wedge a = a$	$a \wedge a = a$	$a \wedge \overline{a} = 0$

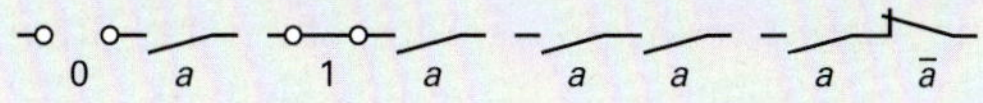

$0 \vee a = a$	$1 \vee a = 1$	$a \vee a = a$	$a \vee \overline{a} = 1$

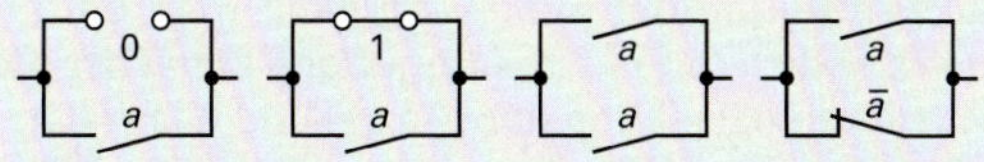

Tabelle 2: Gesetze der Schaltalgebra mit Beispielen

Kommutativgesetz: $a \wedge b = b \wedge a$; $a \vee b = b \vee a$	Innerhalb eines UND-Terms bzw. eines ODER-Terms dürfen die Variablen vertauscht werden.
Assoziativgesetz: $a \wedge b \wedge c = (a \wedge b) \wedge c$; $a \vee b \vee c = (a \vee b) \vee c$	Die Variablen einer Funktion dürfen durch Klammern zusammengefasst werden.
Distributivgesetz: $a \wedge (b \vee c) = (a \wedge b) \vee (a \wedge c)$; $a \vee (b \wedge c) = (a \vee b) \wedge (a \vee c)$	Verknüpfung mit Klammerausdrücken führt zu neuen Klammerausdrücken.
De Morgan'sches Theorem: $\overline{a \wedge b} = \overline{a} \vee \overline{b}$; $\overline{a \vee b} = \overline{a} \wedge \overline{b}$	Die Verneinung eines Terms ist gleich der Verneinung der Variablen, wenn die ODER-Verknüpfung durch die UND-Verknüpfung und umgekehrt getauscht wird.

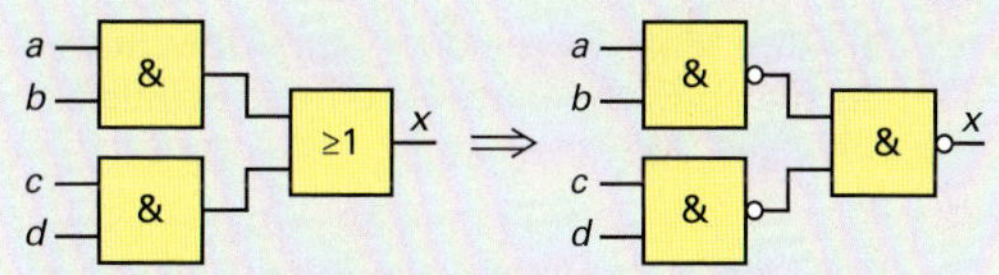

Bild 1: Lösung zu Beispiel 1

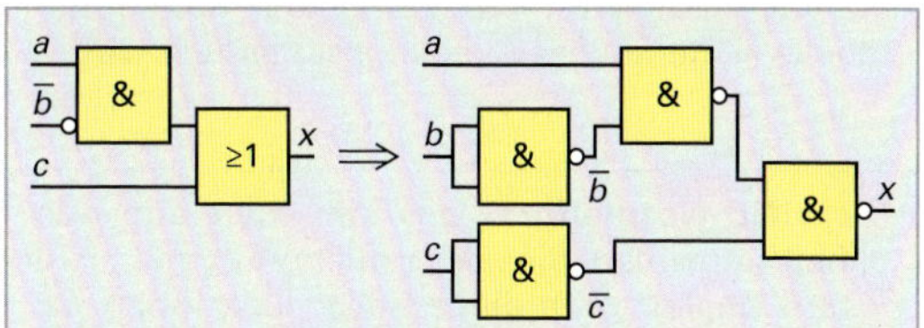

Bild 2: Lösung zu Beispiel 2

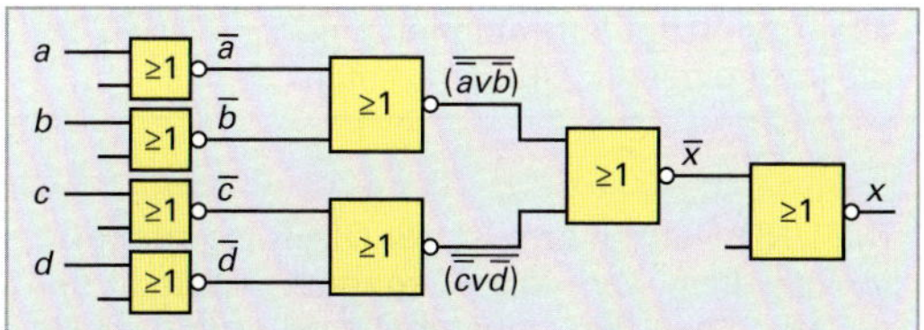

Bild 3: Lösung zu Beispiel 3

[1] *George Boole* engl. Mathematiker 1815 bis 1864
[2] *De Morgan* engl. Mathematiker 1806 bis 1871

3.3.5 Kombinatorische Steuerungen

Eine Steuerung, deren Steuersignale nur von der Kombination ihrer Eingangssignale abhängen, nennt man eine kombinatorische Steuerung. Die zugehörige Schaltung kann mit UND-, ODER- und NICHT-Gliedern aufgebaut werden. Zur Ermittlung der Schaltung stellt man bei unübersichtlichen Schaltbedingungen zunächst die vollständige Funktionstabelle auf und bildet dann entweder die **ODER-Normalform** oder die **UND-Normalform**. Da jede Eingangsvariable die Werte 1 und 0 annehmen kann, verfügt eine Schaltung mit n-Eingangsvariablen, entsprechend der möglichen Dualzahlen, über 2^n Kombinationen.

Die **vollständige Funktionstabelle** enthält alle Kombinationen der Eingangsvariablen und die dazugehörenden Ausgangsvariablen.

Beispiel: Eine Schmiedemaschine muss von 3, mindestens jedoch von 2 Personen bedient werden. Es sind 3 gleiche Bedienungsplätze mit den Schlüsselschaltern *a*, *b* und *c* eingerichtet. Damit die Maschine durch das Signal $x = 1$ eingeschaltet werden kann, müssen mindestens 2 oder 3 Schlüsselschalter geschaltet sein. Stellen Sie die vollständige Funktionstabelle auf.

Lösung: Die 3 Eingangsvariablen *c, b, a,* von denen jede den Zustand 1 oder 0 annehmen kann, liefern $2^3 = 8$ Kombinationsmöglichkeiten **(Bild 1)**. Man erkennt, dass es genau 4 Schaltfunktionen gibt, die die oben genannte Forderung erfüllen.

Die **ODER-Normalform** gibt alle Schaltfunktionen wieder, die die gestellte Aufgabe lösen können. Sie enthält die UND-Verknüpfungen aller Eingangsvariablen für alle Zeilen der Funktionstabelle, in denen das Ausgangssignal zu 1 wird.

Die **UND-Normalform** gewinnt man aus den Schaltfunktionen, die die gestellte Aufgabe nicht lösen. Negiert man diese Schaltfunktionen, so erhält man eine neue Schaltfunktion, die nun eine Lösung der Aufgabe darstellt. Durch diese Negation erhält man die UND-Verknüpfungen aller überhaupt auftretenden Eingangsvariablen, die untereinander ODER-verknüpft sind.

Die UND-Normalform ist der ODER-Normalform vorzuziehen, wenn die Ausgangsvariable in der vollständigen Funktionstabelle seltener 0 ist als 1. Sie enthält dann weniger Verknüpfungen.

	c	*b*	*a*	*x*
0	0	0	0	0
1	0	0	1	0
2	0	1	0	0
3	0	1	1	1
4	1	0	0	0
5	1	0	1	1
6	1	1	0	1
7	1	1	1	1

zur Bildung der UND-Normalform

zur Bildung der ODER-Normalform

Bild 1: Vollständige Funktionstabelle mit 3 Variablen

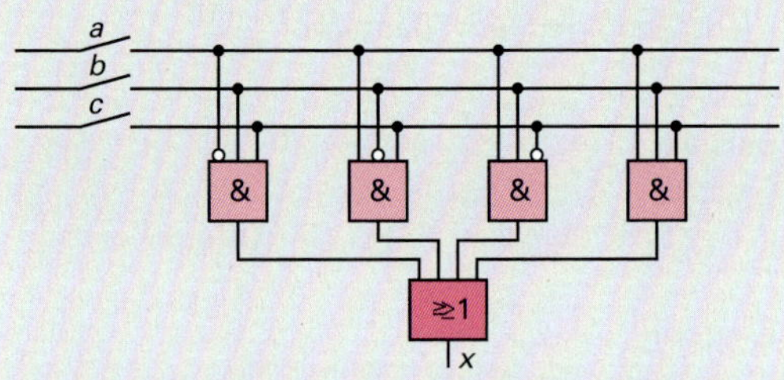

Bild 2: Funktionsplan für eine ODER-Normalform mit 3 Variablen

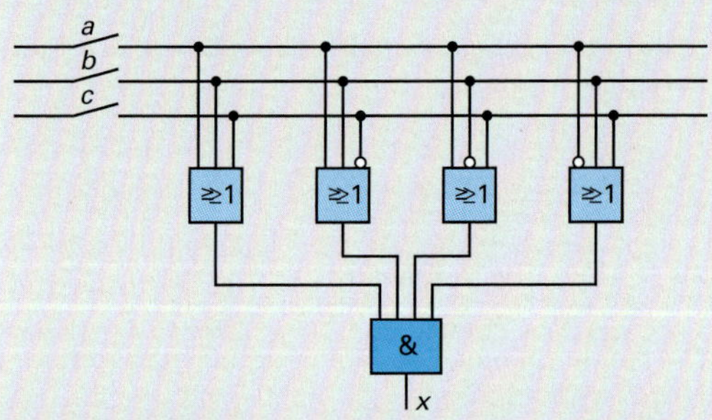

Bild 3: Funktionsplan für eine UND-Normalform mit 3 Variablen

Beispiel: Stellen Sie die ODER-Normalform für die Funktionstabelle (Bild 1) auf und zeichnen Sie den Funktionsplan.

Lösung **(Bild 2)**:

$$x = (\bar{c} \wedge b \wedge a) \vee (c \wedge \bar{b} \wedge a) \vee (c \wedge b \wedge \bar{a}) \vee (c \wedge b \wedge a)$$

Beispiel: Stellen Sie die UND-Normalform für die Funktionstabelle (Bild 1) auf.

Lösung **(Bild 3)**:

$$x = (\bar{c} \wedge \bar{b} \wedge \bar{a}) \vee (\bar{c} \wedge \bar{b} \wedge a) \vee (\bar{c} \wedge b \wedge \bar{a}) \vee (c \wedge \bar{b} \wedge \bar{a})$$

negiert:

$$\bar{\bar{x}} = x = \overline{(\bar{c} \wedge \bar{b} \wedge \bar{a}) \vee (\bar{c} \wedge \bar{b} \wedge a) \vee (\bar{c} \wedge b \wedge \bar{a}) \vee (c \wedge \bar{b} \wedge \bar{a})}$$

$$(c \vee b \vee a) \wedge (c \vee b \vee \bar{a}) \wedge (c \vee \bar{b} \vee a) \wedge (\bar{c} \vee b \vee a)$$

Vereinfachen der Schaltfunktionen

Mithilfe der Rechenregeln der Schaltalgebra können die Schaltfunktionen umgewandelt und vereinfacht werden. Da die Anwendung der Rechenregeln jedoch sehr aufwendig sein kann, verwendet man zur Vereinfachung der Schaltfunktionen eine grafische Darstellung, das **Karnaugh-Diagramm**[1].

Das Karnaugh-Diagramm für 2, 3 und 4 Variablen hat $2^2 = 4$, $2^3 = 8$ bzw. $2^4 = 16$ Felder, z. B. bei den 3 Eingangsvariablen *a*, *b* und *c* 8 Felder **(Bild 1)**. Den Eingangsvariablen wird jeweils 1 Streifen zugeordnet. Da sich diese Streifen überkreuzen, kommen in den n-Feldern alle Kombinationen der Eingangsvariablen vor. Man schreibt nun, ausgehend von der vollständigen Funktionstabelle, in diejenigen Felder, die die Schaltbedingungen erfüllen, eine 1 ein. Benachbarte Felder mit 1 können durch UND-Verknüpfungen zu 2er-, 4er- oder 8er-Blöcken zusammengefasst werden. Man fasst möglichst viele Felder zusammen, sucht also in 2er-, 4er- oder 8er-Blöcken zusammenhängende 1-Gebiete. Die Vereinfachung besteht nun darin, dass alle Eingangsvariablen verschwinden, die sich innerhalb eines Blockes ändern. Es bleiben nur die Variablen erhalten, die allen Feldern eines Blockes gemeinsam sind. Anstelle der 1-Gebiete kann man zur Bildung der UND-Normalform auch 0-Gebiete suchen und die Schaltfunktion negiert anschreiben.

Mit dem Karnaugh-Diagramm können schaltalgebraische Gleichungen vereinfacht werden.

2 Variable

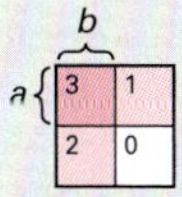

b	*a*	Feld-Nr.
0	0	0
0	1	1
1	0	2
1	1	3

3 Variable

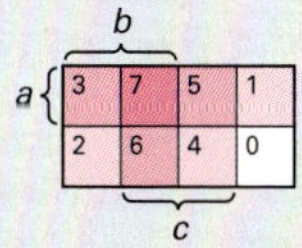

c	*b*	*a*	Feld-Nr.
0	0	0	0
0	0	1	1
0	1	0	2
0	1	1	3
1	0	0	4
1	0	1	5
1	1	0	6
1	1	1	7

4 Variable

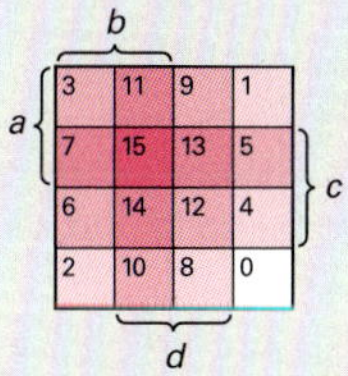

d	*c*	*b*	*a*	Feld-Nr.
0	0	0	0	0
0	0	0	1	1
0	0	1	0	2
0	0	1	1	3
0	1	0	0	4
0	1	0	1	5
0	1	1	0	6
0	1	1	1	7

d	*c*	*b*	*a*	Feld-Nr.
1	0	0	0	8
1	0	0	1	9
1	0	1	0	10
1	0	1	1	11
1	1	0	0	12
1	1	0	1	13
1	1	1	0	14
1	1	1	1	15

Bild 1: Karnaugh-Diagramm für 2, 3 und 4 Variablen

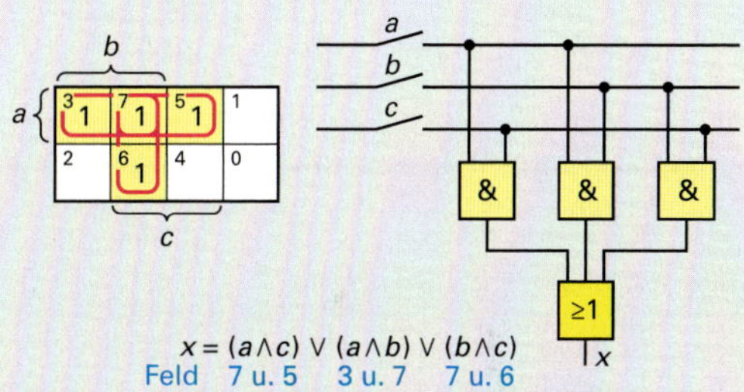

Bild 2: Karnaugh-Diagramm und Funktionsplan

Beispiel 1:
Stellen Sie das Karnaugh-Diagramm für die Funktionstabelle aus Bild 1, Seite 54, auf.

Lösung:
Es kommen 3 Eingangsvariablen vor. Das Karnaugh-Diagramm hat $2^3 = 8$ Felder **(Bild 2)**. Die Felder, in denen sich 2 oder 3 Streifen überkreuzen, markiert man mit 1, da in der Aufgabenstellung mindestens 2 der 3 Schalter *a*, *b*, *c* eingeschaltet sein sollen. Entsprechend der Funktionstabelle sind dies die Felder 3, 5, 6, 7.

Aus dem Karnaugh-Diagramm kann man nun die 2er-Blöcke der 1-Felder mit der Gleichung

$x = (a \wedge c) \vee (a \wedge b) \vee (b \wedge c)$ erfassen.

Damit erhält man gegenüber Bild 2, Seite 54, einen vereinfachten, jedoch gleichwertigen Funktionsplan. Anstelle der vier Terme mit je drei Variablen sind nur noch 3 Terme mit je zwei Variablen erforderlich.

[1] *Edward W. Veitch* (1924 bis 2013) und *Maurice Karnaugh* (*1924), amerik. Mathematiker, entwickelten Anfang der 50er Jahre des 20. Jahrhunderts diese Methode zur Vereinfachung von Schaltfunktionen. Zu Beginn der digitalen Schaltungstechnik bedeutete eine Funktionsvereinfachung vor allem auch eine Bauteilreduzierung und damit eine Kosteneinsparung. Inzwischen werden Schaltfunktionen meist mit SPS bzw. Computern verarbeitet und da bewirken Funktionsvereinfachungen nur eine geringe Einsparung an Speicherkapazität. Das Vereinfachen verschlechtert dagegen das Erkennen der ursprünglichen Schaltaufgabe und vermindert so die Übersichtlichkeit eines Programms.

Beispiel 2:

Bei einem **Einlegeapparat** für Stanzteile gibt es eine Wendeeinrichtung, die mit dem Signal $w = 1$ geschaltet wird,ww und eine Dreheinrichtung, die mit dem Signal $d = 1$ geschaltet wird. Beide Einrichtungen können auch gleichzeitig geschaltet werden. Die über ein Magazin herangeführten Stanzteile sollen stets in der Lage 1 einer Presse zugeführt werden **(Bild 1)**. Falls die Stanzteile in den Lagen 2, 3 oder 4 ankommen, sollen sie automatisch gewendet oder gedreht werden, sodass sie in die richtige Lage 1 kommen. Zu diesem Zweck werden die Stanzteile von drei berührungslosen Signalgebern *a*, *b* und *c* abgetastet, die ein 0-Signal liefern, wenn sie einem Einschnitt gegenüberstehen und sonst ein 1-Signal geben.

Die Schaltung für die Dreh- und Wendeeinrichtung mit den Ausgangssignalen *w* und *d* und den Eingangssignalen *a*, *b* und *c* soll entwickelt werden. Ergänzend ist eine Schaltung zu entwerfen, die mit dem Signal *s* die Anlage stoppt, falls mit den Signalgebern *a*, *b* und *c* ein Werkstück erfasst wird, das eine Signalkombination aufweist, die nicht den 4 Lagen zugeordnet werden kann.

a) Stellen Sie die vollständige Funktionstabelle auf, und schreiben Sie zu den jeweiligen Signalkombinationen *a*, *b* und *c* die zugehörigen Lagen sowie die erforderlichen Schaltsignale *w*, *d* und *s*.

b) Vereinfachen Sie mithilfe von Karnaugh-Diagrammen die Schaltfunktionen *w*, *d* und *s*.

c) Zeichnen Sie den Funktionsplan für die Steuerung der Dreheinrichtung und der Wendeeinrichtung und für das Stoppsignal.

Lösung: **Bild 2**

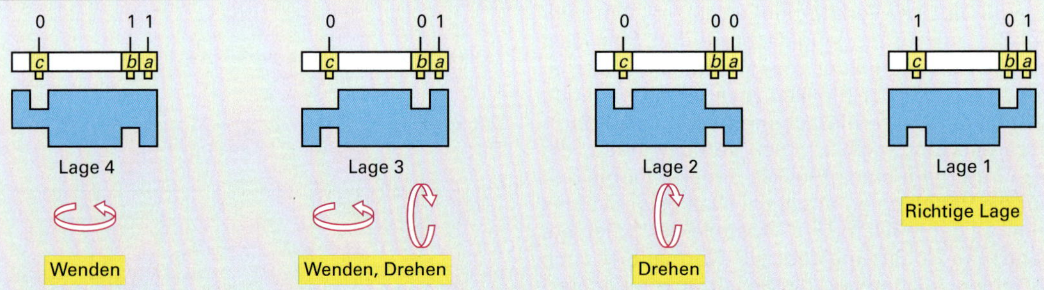

Bild 1: Abtastung der Stanzteile

Zu a): Funktionstabelle

c	*b*	*a*	*w*	*d*	*s*	Bemerkung
0	0	0	0	1	0	Lage 2
0	0	1	1	1	0	Lage 3
0	1	0	0	0	1	Stopp
0	1	1	1	0	0	Lage 4
1	0	0	0	0	1	Stopp
1	0	1	0	0	0	Lage 1
1	1	0	0	0	1	Stopp
1	1	1	0	0	1	Stopp

Zu b): Karnaugh-Diagramm

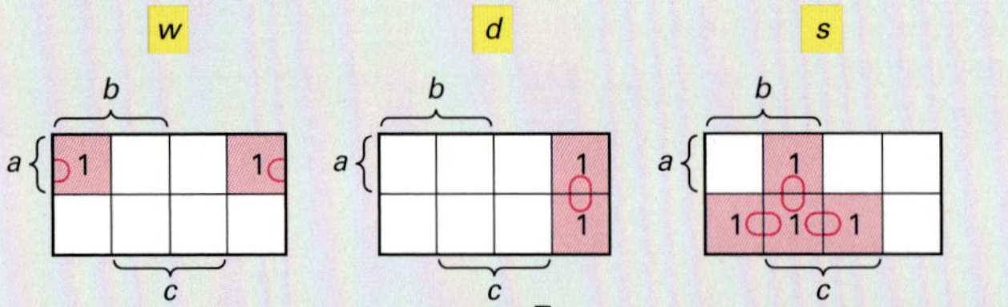

$w = a \wedge \overline{c}$ $d = \overline{c} \wedge \overline{b}$ $s = (b \wedge c) \vee (c \wedge \overline{a}) \vee (b \wedge \overline{a})$

Zu c): Funktionsplan

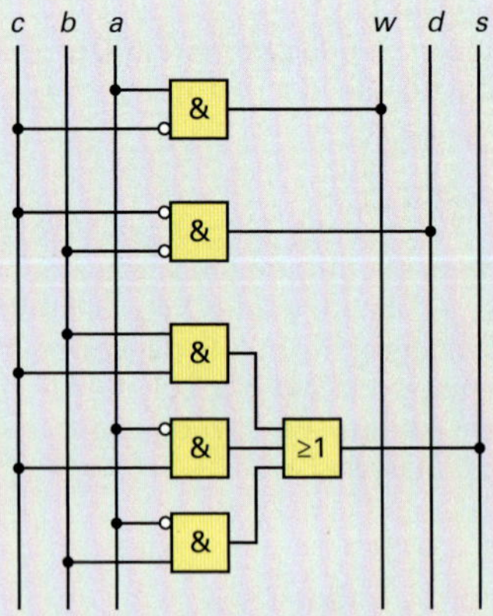

Bild 2: Lösung zu Beispiel 2

3.3.6 Ablaufsteuerungen

Charakteristisch für Ablaufsteuerungen ist eine Schrittfolge. Dabei muss der aktuelle Schritt in der Steuerung gespeichert sein. Elektromechanisch löst man das mit einem Schrittschaltwerk, einem Nockenschaltwerk oder einer Schaltuhr. In der elektronischen Lösung verwendet man Kippglieder (Flipflops) und Zähler und in der üblichen heutigen Steuerungstechnik sind dies SPS, Mikroprozessoren oder Computer.

Ablaufsteuerungen werden entwickelt und dargestellt mit Wegdiagrammen nach VDI 3260 oder mit Funktionsplänen nach EN 60848 bzw. nach IEC 61131-3. Für diese Darstellungsarten gibt es in Verbindung mit einem PC Editiersoftware, die eine schnelle Programmentwicklung ermöglicht **(Bild 1)**.

Ablaufsteuerungen stellt man mithilfe von Wegdiagrammen und Zustandsdiagrammen oder mit Funktionsplänen dar.

Unabhängig von der Darstellungsart ist beim Entwurf einer Ablaufsteuerung zuerst der zu steuernde Vorgang (Prozess) genau zu analysieren, also systematisch zu untersuchen bzw. zu klären. Dabei wird meist eine Gliederung in vier Ebenen vorgenommen:

- **Betriebsartenebene** (z. B. Einrichtebetrieb, Automatikbetrieb, Grundstellung),
- **Ablaufebene** (Schritt 1 ... Schritt *n*),
- **Ausgabeebene** (Aktionen),
- **Meldeebene** (Anzeigen, Diagnosen).

Sodann wird der zu steuernde Prozess:
- untergliedert in einzelne Teilfunktionen,
- die Teilfunktionen werden textlich beschrieben,
- die Sicherheitsanforderungen und Notlaufeigenschaften werden definiert,
- die Anzeige- und Bedienelemente werden beschrieben,
- die Gerätekonfiguration wird festgelegt,
- das Steuerungsprogramm wird erstellt,
- das Steuerungsprogramm wird, falls möglich, im PC durch Simulation getestet und gegebenenfalls korrigiert,
- das Steuerungsprogramm wird in die Gerätekonfiguration übertragen oder als Schaltung realisiert,
- die Steuerung wird funktionell noch ohne den Prozess getestet, indem man die Schaltsignale, die vom Prozess kommen, von Hand auslöst,
- die Steuerung wird mit dem Prozess getestet.

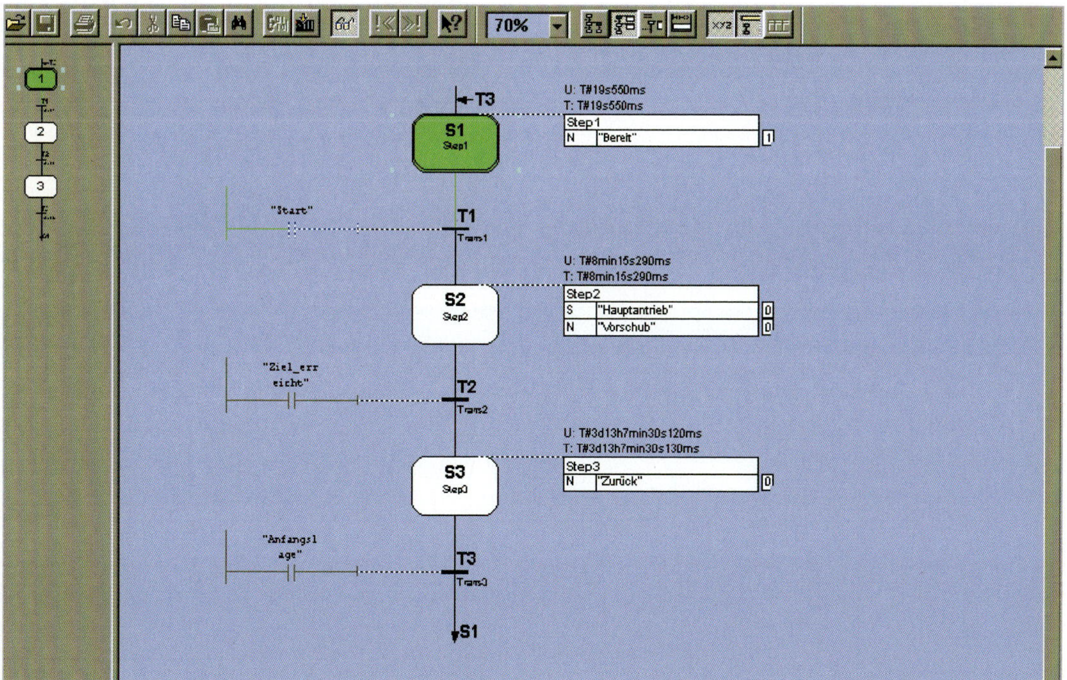

Bild 1: Editieren und Testen einer Steuerung mit PC

3.3.6.1 Elektromechanische Ablaufsteuerungen

Bei einfachen Haushaltsgeräten, z. B. Waschmaschinen, gibt es noch elektromechanische Schrittsteuerungen. Der Steuerungsablauf wird durch die Schaltstellungsfolge bestimmt. Die Betriebsmittel hierfür sind Nockenschaltwerke, die sich zeitabhängig oder prozessabhängig drehen **(Bild 1)** und Schaltsignale auslösen und elektromechanische Schrittschaltwerke **(Bild 2)**, die durch einen Schaltimpuls weitergeschaltet werden.

3.3.6.2 Ablaufsteuerungen mit Kippgliedern (Flipflops)

Das **RS-Kippglied** (RS-Flipflop) wird durch ein 1-Signal am Setzeingang S „gesetzt", d. h. in den Schaltzustand EIN gebracht **(Tabelle 1)**. Durch ein 1-Signal am **R**ücksetzeingang R wird das Kippglied zurückgesetzt, d. h. in den Schaltzustand AUS gebracht. Das Kippglied behält den jeweiligen Schaltzustand bei, auch wenn die Signale von den Eingängen weggenommen werden. Der Schaltzustand des Kippgliedes kann am Ausgang Q abgegriffen werden. Meist ist noch ein negierter Ausgang $\overline{Q}$ vorhanden, der ein zu Q gerade umgekehrtes Signal führt.

Beim **mechanischen** Kippglied wird der Kipphebel mit einer Druckfeder stets in eine eindeutige Stellung gebracht (Tabelle 1). Durch Eindrücken der Taste S wird das Kippglied gesetzt und mit der Taste R zurückgesetzt. Die Tasten S und R dürfen nicht gleichzeitig betätigt werden. Ein typisches Beispiel ist der Kippschalter.

Pneumatisch kann man das RS-Kippglied durch ein 4/2-Wege-Impulsventil verwirklichen. Durch einen kurzen Druckimpuls bei Steueranschluss R wird das Ventil in die Ausgangsstellung b gebracht. Belüftet man den Steueranschluss S, schaltet das Ventil in die Schaltstellung a; das Kippglied ist gesetzt.

Die **elektrische Kippschaltung** besteht aus 2 Relais mit Selbsthaltekontakt (Tabelle 1). Im Selbsthaltezweig liegt noch ein Öffner des jeweils anderen Relais. Wird durch den Tastschalter S das Relais K1 gesetzt, dann wird die Selbsthaltung von Relais K2 unterbrochen. Wird umgekehrt der Tastschalter R betätigt, wird das Relaiskippglied zurückgesetzt (K2 schaltet) und die Selbsthaltung für K1 unterbrochen.

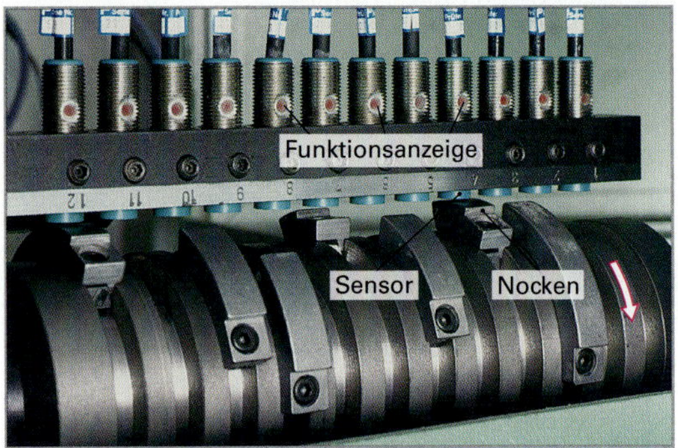

Bild 1: Nockenschaltwerk

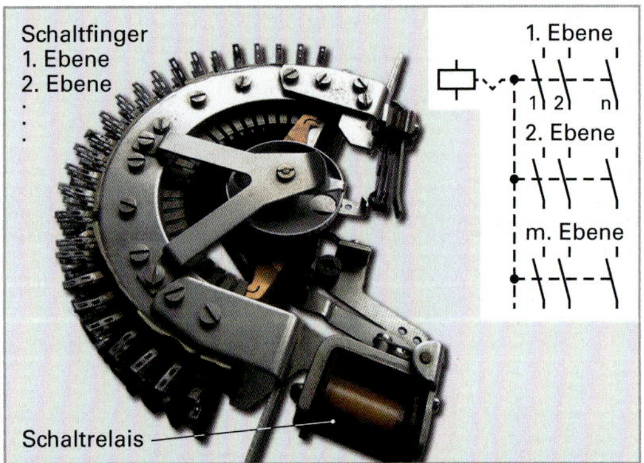

Bild 2: Elektromechanisches Schrittschaltwerk

Tabelle 1: RS-Kippglieder

Schaltzeichen	mechanisch	pneumatisch	elektrisch	elektronisch
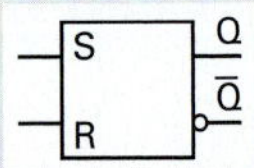 Funktionstabelle (siehe unten)	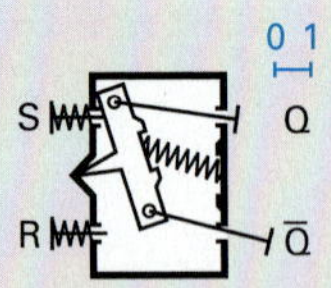	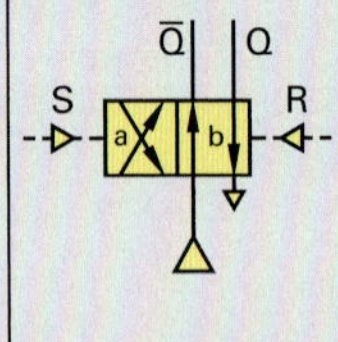 4/2-Wegeventil	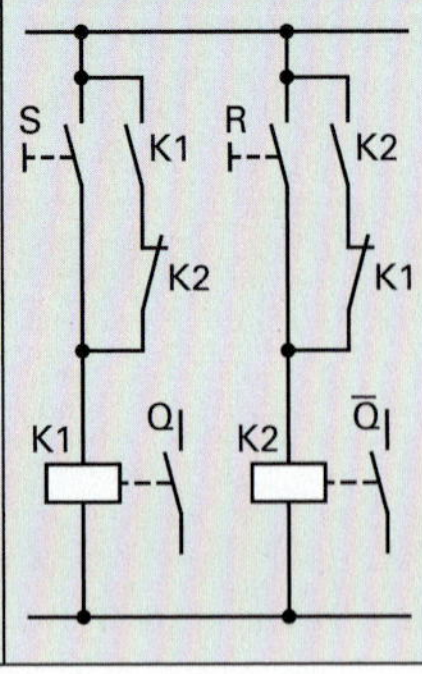	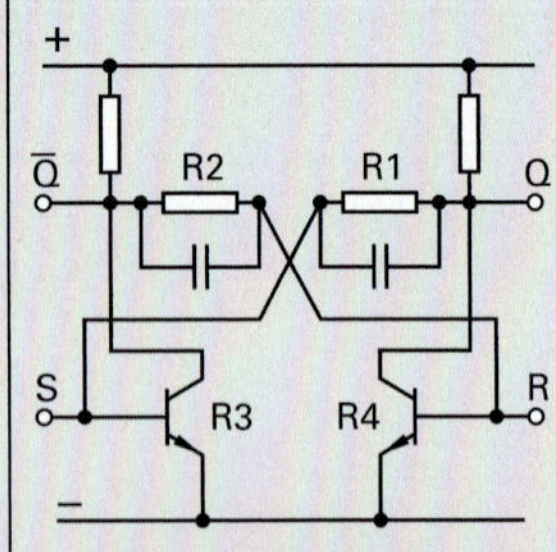 Kippglied mit NPN-Transistoren

Funktionstabelle

S	R	Q	$\overline{Q}$
0	0	*	*
0	1	0	1
1	0	1	0
1	1	•	•

* wie vorhergehender Zustand
• unbestimmt

Elektronische Kippschaltungen (Flipflop) sind meist als integrierte Schaltkreise ausgeführt, sodass sich der Anwender mit dem inneren Schaltungsaufbau nicht befassen muss. Über die Eingänge S und R werden 2 Transistoren geschaltet. Ist durch ein positives Spannungssignal (1-Signal) am S-Eingang der Transistor R3 stromleitend, führt der Ausgang $\overline{Q}$ ein 0-Signal. Dann liegt jedoch durch den Widerstand R1 auch am Steuereingang des Transistors R4 ein 0-Signal an, sodass dieser Transistor nicht stromleitend ist und am Ausgang Q eine positive Spannung (1-Signal) entsteht. Über den Widerstand R2 wird dem Steuereingang des Transistors R3 eine positive Spannung zugeführt, sodass R3 leitend bleibt. Liegen die Signale für S und R gerade umgekehrt an, dann kehren sich auch die Schaltzustände (leitend oder nicht leitend) der beiden Transistoren um.

Das **taktgesteuerte Flipflop (Tabelle 1)** übernimmt mit dem Eintreffen der Taktflanke den Wert des J-Eingangs oder des K-Eingangs, wenn dieser den Wert 1 hat. (Ein nichtangeschlossener Eingang wird meist wie 1 bewertet). Liegen an beiden Eingängen Signale mit dem Wert 1 an, dann wechselt der Zustand am Ausgang Q mit jedem Taktsignal **(Bild 1)**.

Bei dem **mechanischen** Ausführungsbeispiel greift in der gezeichneten Hebelstellung die obere Blattfeder bei Betätigung in die Kipphebelkerbe und kippt den Hebel um, während die untere Blattfeder in die Hebelvertiefung eingreift und wirkungslos bleibt. Bei gekipptem Hebel wirken bei erneuter Betätigung die untere und obere Blattfeder in umgekehrter Weise. Häufig gibt es einen solchen Mechanismus bei Kugelschreibern.

Die **pneumatische** Schaltung (Ventile 1...5) dieses Kippgliedes wird in der Wechselsteuerung angewandt. Wird Signalglied 1 kurz betätigt, schaltet Ventil 3 in Stellung a, die Kolbenstange des Zylinders fährt aus. Aus der Arbeitsleitung B erfolgt über das Wechselventil 5 das Umschalten des Wegeventils 2 in Stellung b. Ein nochmaliges kurzes Betätigen von Signalglied 1 schaltet das Ventil 3 wieder in die Stellung b, und von der Arbeitsleitung A wird über das Wechselventil 4 das Ventil 2 in die Stellung a zurückgebracht. Die Kolbenstange des Zylinders fährt ein.

Eine **elektrische** Kippschaltung erhält man mit einem Fortschaltrelais mit 2 Schaltstellungen. Mit jedem Stromimpuls wechseln die Schaltkontakte ihre Stellung.

Bei der **elektronischen** Schaltung werden die beiden Transistoren über einen Kondensator angesteuert. Das bedeutet, dass nur Spannungsimpulse wirksam sind. Positive Spannungsimpulse (Signale von 0 → 1) gelangen über die Dioden zu den Transistoren. Der nicht leitende Transistor wird dadurch leitend und bringt verzögert den im Augenblick leitenden Transistor in den nicht leitenden Zustand.

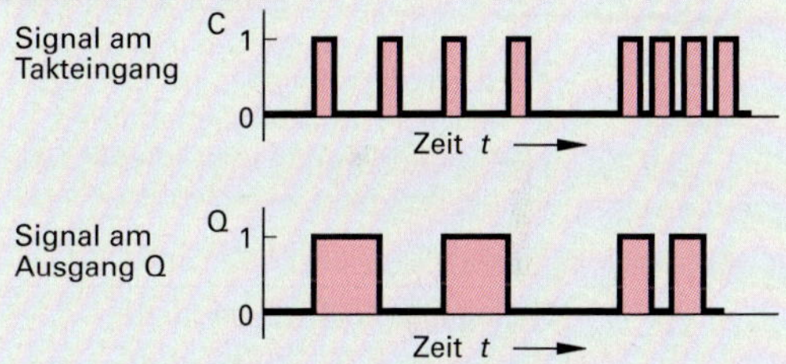

Bild 1: Eingangssignal und Ausgangssignal beim Kippglied mit Takteingang

Tabelle 1: RS-Kippglieder

Schaltzeichen	mechanisch	pneumatisch	elektrisch	elektronisch
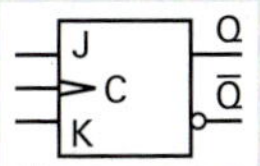	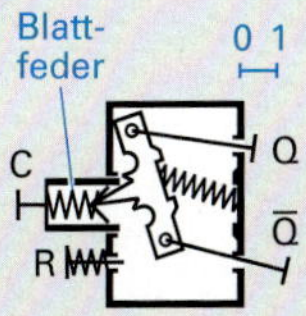	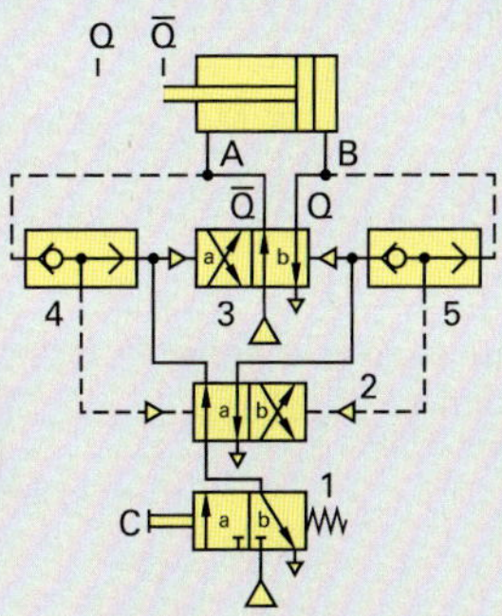 Wechselsteuerung	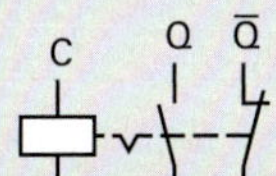	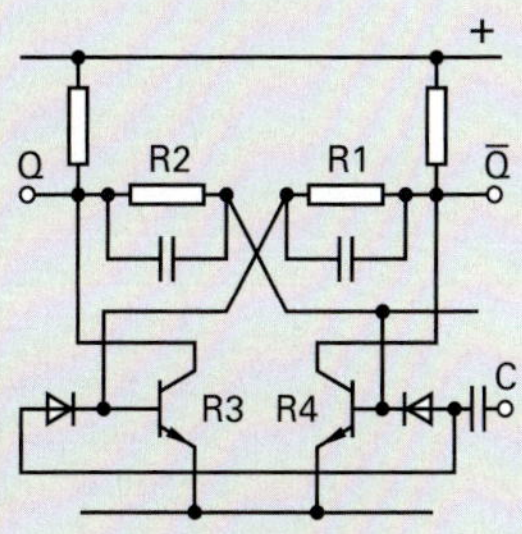 Kippglied mit NPN-Transistoren

Funktionstabelle

J	K	C	Q	$\overline{Q}$
0	0	0→1	*	*
0	1	0→1	0	1
1	0	0→1	1	0
1	1	0→1	•	•

* keine Änderung
• negiert zum vorhergehenden Zustand

Tabelle 1: Schaltzeichen für Kippglieder (Flipflops)

Schaltzeichen für statische Eingänge		Schaltzeichen für dynamische Eingänge	
	*statischer Eingang für die Eingangssignale 1 und 0.*	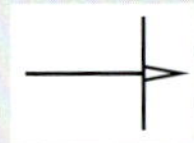	*dynamischer Eingang, bei dem die Änderung des Eingangssignals von 0 → 1 wirksam ist.*
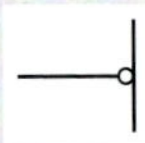	*statischer Eingang mit NEGATION.*	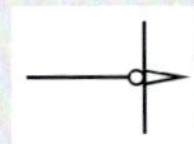	*dynamischer Eingang, bei dem nur eine Änderung des Eingangssignals von 1 → 0 wirksam ist.*

Kennzeichnung der Eingänge	
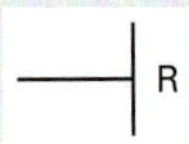	**R-Eingang** (Rücksetzeingang) *Wenn das Signal am R-Eingang den Wert 1 annimmt, erzwingt es am Ausgang Q den Wert 0. Die Rückkehr des Eingangssignals zum Wert 0 bewirkt keine Zustandsänderung.*
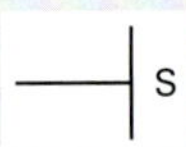	**S-Eingang** (Setzeingang) *Wenn das Signal am S-Eingang den Wert 1 annimmt, erzwingt es am Ausgang Q den Wert 1. Die Rückkehr des Eingangssignals zum Wert 0 bewirkt keine Zustandsänderung.*
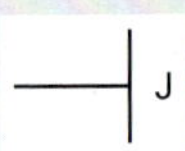	**J-Eingang** (Setzeingang) *Setzeingang wie der S-Eingang, jedoch mit dem Unterschied, dass das Ausgangssignal den komplementären Zustand annimmt, wenn sowohl J als auch K den Wert 1 annehmen.*
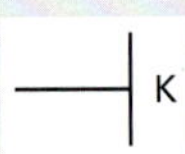	**K-Eingang** (Rücksetzeingang) *Rücksetzeingang wie der R-Eingang, jedoch mit dem Unterschied, dass das Ausgangssignal den komplementären Zustand annimmt, wenn sowohl J als auch K den Wert 1 annehmen.*
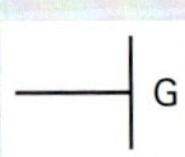	**G-Eingang** *Nur dann, wenn das Eingangssignal am G-Eingang den Wert 1 hat, sind die Signale an den mit G indizierten Eingängen wirksam.*
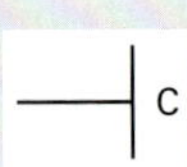	**C-Eingang** *Nur dann, wenn das Eingangssignal am C-Eingang den Wert 1 hat, sind die übrigen Eingänge wirksam.*

Beispiele	
RS-Kippglied 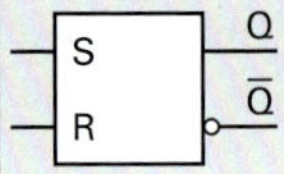	*Wenn die Eingangssignale an S und R verschiedene Werte haben, sind die Ausgangssignale ebenfalls verschieden. Wenn die Eingangssignale danach beide den Wert 0 haben, bleiben die Ausgangssignale im vorigen Zustand. Sind **beide** Eingangssignale 1, so sind **beide** Ausgangssignale 1, aber bei Rückkehr der Eingangssignale zum Wert 0 sind die Ausgangssignale unbestimmt.*
JK-Kippglied 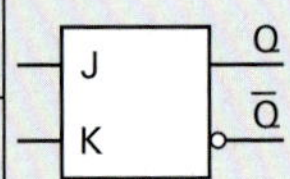	*Ausgangssignale wie beim RS-Kippglied, jedoch sind die Ausgangssignale stets verschieden, auch wenn gleichzeitig am J- und K-Eingang ein 1-Signal anliegt. In diesem Fall ändern die Ausgänge ihren Wert gegenüber dem vorigen Zustand. Die Rückkehr der Eingangssignale zum Wert 0 bewirkt keine Zustandsänderung.*
Taktgesteuertes JK-Flipflop 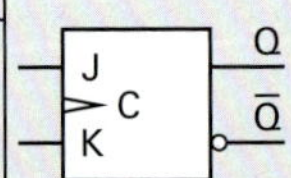	*Das taktgesteuerte JK-Flipflop übernimmt mit dem Eintreffen der Taktflanke an C den Wert des J-Eingangs, wenn dieser den Wert 1 hat. Liegen an beiden Eingängen Signale mit dem Wert 1 an, dann wechselt der Zustand am Ausgang Q mit jedem Taktsignal. Nicht angeschlossene Eingänge werden meist mit 1 bewertet.*
RS-Kippglied 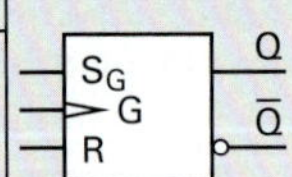	*mit vorbereitetem S-Eingang Ausgangssignale wie beim RS-Kippglied. Signale am SG-Eingang sind nur wirksam, wenn am G-Eingang das Signal von 0 → 1 geht.*
JK-Master*-Slave-Kippglied** 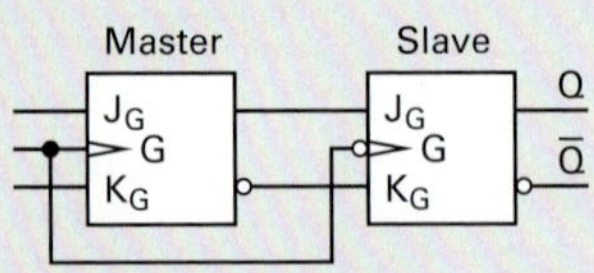 * *Master (engl.) = Meister* ** *Slave (engl.) = Sklave*	*Das Master-Kippglied übernimmt bei jedem Signalwechsel von 0 → 1 die Setz- bzw. Rücksetzsignale. Das Slave-Kippglied erhält die Setz- und Rücksetzsignale vom Master-Kippglied beim Signalwechsel an G von 1 → 0.*

Vielfach werden die Kippglieder nicht durch die statischen Binärsignale 0 und 1 angesteuert, sondern durch einen Signalwechsel von 0 → 1 oder von 1 → 0 **(Tabelle 1, Seite 60)**. Diese Art der Ansteuerung heißt dynamisch. Neben R-, S- und T-Eingängen gibt es weitere Steuereingänge. Sie können sowohl statisch als auch dynamisch sein.

Bei den Kippgliedern gibt es eine Vielzahl von Funktionsvarianten. Beim Master-Slave-Flipflop wird mit der positiven Taktflanke (Signalwechsel 0 → 1) die Signalinformation über die Eingänge J und K in das Master-Flipflop übernommen. Das Slave-Flipflop wird wegen des negierten G-Eingangs zunächst weder gesetzt noch rückgesetzt. Erst mit der folgenden negativen Taktflanke wird die Information des Master-Flipflops in das Slave-Flipflop übertragen. Man bezeichnet dieses Flipflop auch als Auffang-Flipflop.

Asynchroner Dualzähler

Für den asynchronen Dualzähler benötigt man ebenso viele T-Kippglieder wie der Zähler Binärstellen (Bits) hat. Mit jedem Zählimpuls, beim Wechsel von 1 → 0 am Eingang C, kippt der Ausgang Q_0 in die entgegengesetzte Stellung **(Bild 1)**. Am Ausgang Q_0 entsteht daher ein Impulszug mit genau halb sovielen Impulsen wie am Eingang C. Den Ausgang Q_1 schaltet man nun auf den C-Eingang des nächsten Kippgliedes. Dieses halbiert die Impulszahl wieder. Der Signalzustand an den Ausgängen Q_0...Q_3 bildet so die Ausgangssignale eines 4-stelligen Dualzählers. Die Stellenwertigkeit verdoppelt sich von Kippglied zu Kippglied. Über ein 1-Signal an den K-Eingängen kann der Zähler auf Null gestellt werden.

Asynchrone 8-4-2-1-Zähldekade

Ein BCD-Zähler mit dem 8-4-2-1-Code hat den gleichen Grundaufbau wie ein Dualzähler mit 4 Bits **(Bild 2)**. Es muss nur dafür gesorgt werden, dass nach der Ziffer 9 wieder die Ziffer 0 entsteht und nicht die Bit-Kombination für die Zahl 10. Dies wird durch Rücksetzen aller Kippglieder erreicht, wenn kurzzeitig die Bit-Kombination 1010 ≙ 10 ansteht. Das Rücksetzsignal wird über eine UND-Verknüpfung der Signale Q_0, Q_1, Q_2 und Q_3 gebildet.

Der Nachteil asynchroner Zähler liegt in dem asynchronen Umschalten der Kippglieder. Nachfolgende Kippglieder werden von den vorhergehenden geschaltet. Dabei entsteht eine Durchlaufzeit, während der der Zählerstand nicht richtig ist. Je mehr Kippglieder zu einem asynchronen Zähler gehören, desto länger ist die Durchlaufzeit.

3.3.6.3 Zähler

Ablaufsteuerungen werden häufig mit Zählern ausgeführt. Jeder Steuerungszustand wird durch eine Zahl gekennzeichnet. Die Zahlenfolge entspricht dem Ablauf der Steuerungsvorgänge. Elektronische und pneumatische Zähler baut man mit bistabilen Kippgliedern auf.

Man unterscheidet Synchronzähler (synchron, griech. = gleichlaufend, gleichzeitig) und Asynchronzähler (asynchron, griech. = ungleichlaufend, nicht gleichzeitig).

Beim Synchronzähler werden alle Kippstufen gleichzeitig über ein Taktsignal (am G-Eingang oder C-Eingang) geschaltet, während beim Asynchronzähler das jeweils nachfolgende Kippglied vom vorhergehenden geschaltet wird. Zähler aller Art gibt es als IC.

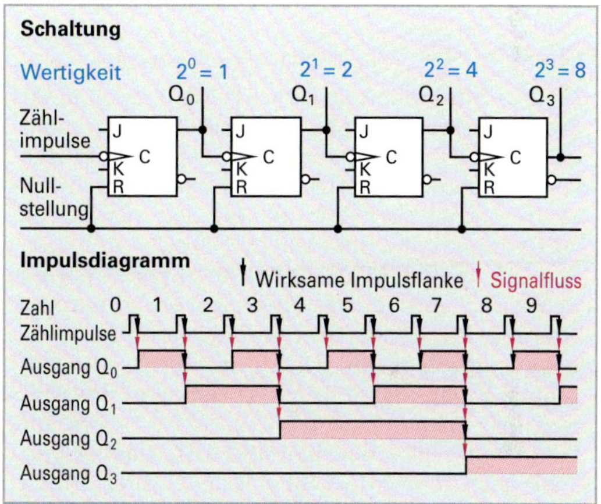

Bild 1: Asynchrone Dualzähler

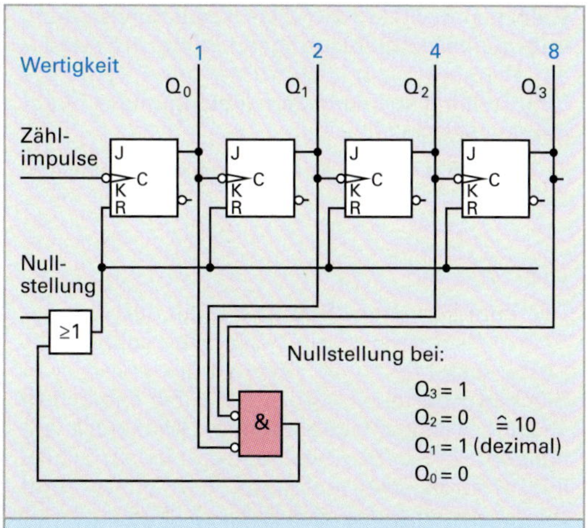

Bild 2: Asynchrone 8-4-2-1-Zähldekade

Übungen zu Ablaufsteuerungen mit Kippgliedern

Der Entwurf einer Steuerung setzt die genaue Kenntnis der einzelnen Steuerfunktionen in ihrem zeitlichen Ablauf voraus, sowie die Kenntnis der Bedingungen für die Auslösung dieser Steuerfunktionen. Zur Beschreibung des Steuerungsablaufs und der Auslösebedingungen wählt man meist eine grafische Darstellung, z. B. den Funktionsplan oder das Zustandsdiagramm.

Im Funktionsplan zeichnet man für jeden Schritt im zeitlichen Ablauf je einen quadratischen Block mit fortlaufender Nummerierung und Benennung der Schritte. Zu jedem Schrittblock werden über eine Bezugslinie die Bedingungen angeschrieben, welche zum Übergang von einem Schritt zum nächsten führen. Diese Bedingungen nennt man Weiterschaltbedingungen oder Transitionen.

Ablaufsteuerungen werden schrittweise abgearbeitet; der nächste Schritt wird ausgeführt, wenn die Weiterschaltbedingungen erfüllt sind.

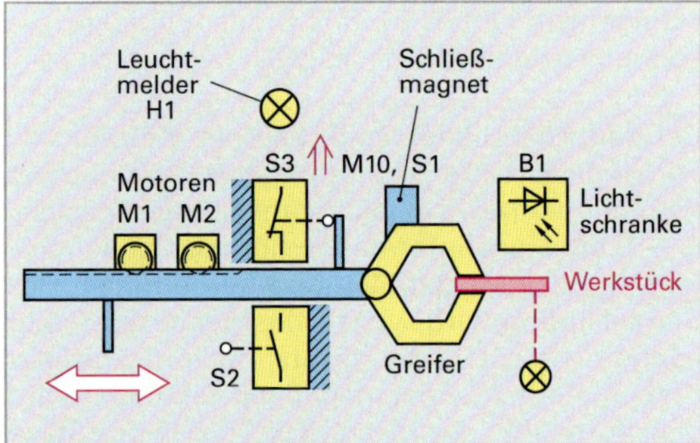

Bild 1: Zuführeinrichtung

Übung 1:

Die Zuführeinrichtung soll ein Werkstück einer Presse zuführen, sobald dieses bereitgestellt ist **(Bild 1)**. Das Vorhandensein des Werkstücks wird durch die Unterbrechung der Lichtschranke B1 signalisiert (B1 = 0). Ist das Werkstück vorhanden, soll zunächst der Greifer mit dem Schließmagnet M10 schließen (M10 = 1). Das Schließen wird durch einen berührungslosen Grenztaster S1 im Greifer überwacht (S1 = 1, Greifer geschlossen). Nachdem der Greifer geschlossen ist, soll er durch Einschalten des Motors M1 ausgefahren werden (M1 = 1), bis der Grenztaster S2 anspricht (S2 = 1). Nach Erreichen des Grenztasters S2 soll der Greifer öffnen (M1 = 0) und das Werkstück freigeben. Danach wird durch Einschalten des Eilgangmotors M2 (M2 = 1) zurückgefahren bis zur Betätigung des Grenztasters S3 (S3 = 1). Dies ist die Ruhestellung und gleichzeitig Ausgangsstellung, bis wieder ein Werkstück zur Zuführung bereitliegt. Die Ruhestellung soll durch den Leuchtmelder P1 angezeigt werden (P1 = 1).

Zeichnen Sie den Funktionsplan für die einzelnen Schritte.

Lösung:

Der Funktionsplan **(Bild 2)** enthält für die vier Schritte: „Ruhestellung", „Greifer schließen", „Arm ausfahren" und „Arm zurückfahren" vier Blöcke mit den Nummern 0, 1, 2, 3. Für den Schritt 1 ist die Weiterschaltbedingung: „Werkstück vorhanden", $B_1 = 0$. Die Befehle, die in jedem Schritt auszuführen sind, zeichnet man eingerahmt rechts neben jeden Schrittblock. Für Schritt 1 also „Schließmagnet Ein", M10 = 1.

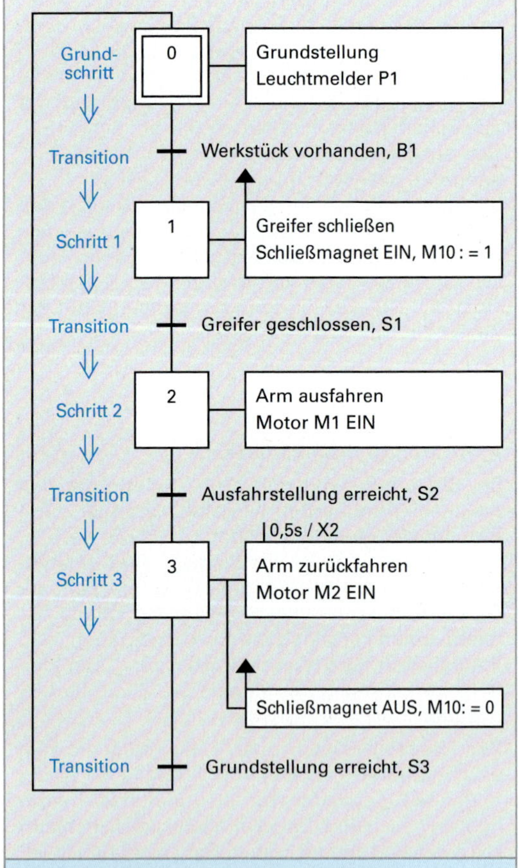

Bild 2: Funktionsplan zur Steuerung der Zuführeinrichtung

Der Schließmagnet soll aber noch im folgenden Schritt geschaltet sein, der Befehl also gespeichert bleiben, bis er widerrufen wird. Dies kennzeichnet man durch ein „S" vor dem Befehl. Ist der Greifmagnet geschlossen, dann spricht der Grenztaster S1 an. Dies ist die Weiterschaltbedingung zu dem Schritt 2. Hier soll der Greifarm ausfahren, der Motor M1 also eingeschaltet werden. Dieser Befehl gilt nur während des Schrittes 2. Er ist also nichtspeichernd (N).

Mit dem Signal S2 = 1 ist die Ausfahrstellung erreicht, der Greifer soll öffnen und geöffnet bleiben. Gleichzeitig wird der Befehl für das Zurückfahren des Greifarms mit dem Eilgangsmotor M2 ausgegeben. Die Ruhestellung und gleichzeitig die Ausgangsstellung erreicht man mit dem Öffnen des Grenztasters S3 (S3 = 0).

Vom Funktionsplan zur Steuerschaltung

In der Steuerung muss nun jeder Schritt der Ablaufkette in einem Zustandsspeicher binär gespeichert werden. Als Speicher verwendet man meist Kippglieder, z. B. RS-Flipflops, oder Relais mit Selbsthaltekontakt bzw. Halbleiterschalter mit Selbsthaltung. Verwendet man Flipflops mit invertiertem Rücksetzeingang, dann werden durch die Signalunterbrechung, aber auch bei Drahtbruch, die Flipflops rückgesetzt.

Jeder Schritt einer Ablaufkette wird im Zustandsspeicher gespeichert.

Übung 2:

Entwerfen Sie eine Steuerschaltung für die Zuführeinrichtung von Beispiel 1 unter Verwendung einer Zustandscodierung mit dem Zählcode.

Lösung:

In der Grundstellung (Schritt 0) sind alle Flipflops rückgesetzt **(Bild 1)**. Der Schritt 1 wird durch B1 = 0 der Lichtschranke B1 eingeleitet. Wir können also das Flipflop D1 mit dem Signal $\overline{B1}$ setzen. Der Schritt 2 wird mit dem Signal S1 = 1 eingeleitet. Wir setzen damit das Flipflop D2. Mit dem Signal S2 = 1 wird das Flipflop D3 gesetzt (Schritt 3). Die Ruhestellung wird mit dem Öffnen des Grenztasters S3 erreicht. Mit S3 = 0 werden alle Flipflops rückgesetzt. Die Befehlssignale erhält man durch Verknüpfen der Flipflopausgänge.

Leuchtmelder P1: $P1 = \overline{q_1} \wedge \overline{q_2} \wedge \overline{q_3} = \overline{q_1} \vee \overline{q_2} \vee \overline{q_3}$ (Schritt 0)

Schließmagnet M10: $M10 = q_1 \wedge \overline{q_3}$ (Schritt 1 und Schritt 2)

Motor M1: $m_1 = q_2 \wedge q_3$ (Schritt 2)

Motor M2: $m_2 = \overline{q_3}$ (Schritt 3)

Die vier Schritte 0 bis 3 der Zuführeinrichtung aus dem Beispiel 1 werden codiert gespeichert. Die Zahl der Binärspeicher richtet sich nach dem verwendeten Code **(Tabelle 1)**. Beim Dualcode benötigt man die kleinste Zahl von Binärspeichern. Der Aufwand für die Steuerschaltung zum Setzen und Rücksetzen der Schrittspeicher ist hier jedoch größer als bei einer Codierung mit dem Zählcode oder dem 1-aus-*n*-Code.

Die Zustandsspeicherung im 1-aus-*n*-Code ist am übersichtlichsten. Sie führt zur Taktstufensteuerung.

Tabelle 1: Zustandscodierung

Code	Flipflop-Ausgang	Schritt 0	Schritt 1	Schritt 2	Schritt 3
Dualcode	Q1	0	1	0	1
	Q2	0	0	1	1
Zählcode	Q2	0	0	1	1
	Q3	0	0	0	1
	Q1	1	0	0	0
1-aus-4-Code	Q1	1	0	0	0
	Q2	0	1	0	0
	Q3	0	0	1	0
	Q4	0	0	0	1

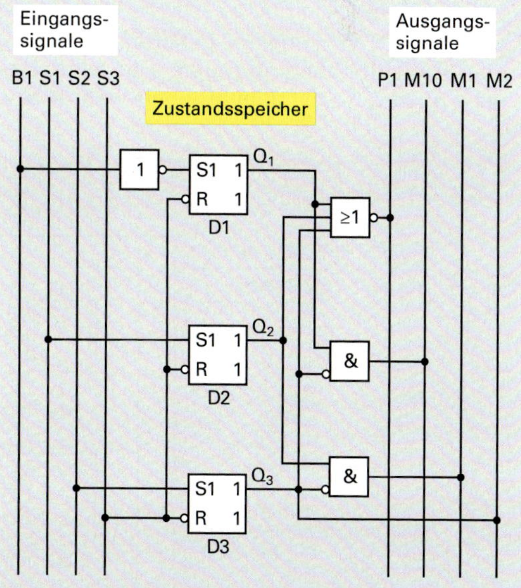

Bild 1: Steuerschaltung für die Zuführeinrichtung (Zählcode)

3.4 GRAFCET

GRAFCET ist in EN 60848 genormt. Der Begriff kommt aus dem Französischen **GRA**phe Fonctionnel de **C**ommande **E**tape **T**ransition. GRAFCET ist eine grafische Entwurfssprache für die funktionale Beschreibung der Ablaufvorgänge einer Steuerung. Die Ablaufvorgänge sind dabei durch boolesche Eingangsvariablen und Ausgangsvariablen, also Schaltsignale, und durch die innere Gesetzmäßigkeit der Steuerung definiert **(Bild 1)**. GRAFCET ermöglicht auch die Erweiterung auf nicht-boolesche Variablen, z.B. auf Zahlen, also digitalen Variablen.

Beispiel: Ein Lüftermotor soll nach Erreichen der Prozess-Betriebstemperatur für die wählbare Zeitdauer von 3 s bis 20 s eingeschaltet sein.

Lösung: **Bild 1**

Als einen GRAFCET benennt man auch den entstehenden Ablaufplan oder Teile eines Ablaufplans **(Bild 2)**. Ein GRAFCET besteht aus GRAFCET-Elementen. Die GRAFCET-Elemente werden gegliedert nach:

- Struktur und
- Wirkungsteil.

Die GRAFCET-Struktur

Zur GRAFCET-Struktur gehören:

- die Schritte, dargestellt durch Quadrate,
- die Transitionen, dargestellt durch einen Querstrich in der Wirkverbindung,
- die Wirkverbindungen, dargestellt durch eine Linie, welche die Schritte und die Transitionen verbindet **(Bild 2)**.

Zum GRAFECT-Wirkungsteil gehören:

- Die Transitionsbedingungen. Das sind logische Ausdrücke mit dem Ergebnis wahr (1 bzw. TRUE) oder nicht-wahr (0 bzw. FALSE). Dargestellt werden die Transitionsbedingungen textlich oder durch boolesche Ausdrücke (Bild 2).
- Die Aktionen. Das sind Zuweisungen oder Zuordnungen zu Ausgangsvariablen mit der Anzeige, was durch den betreffenden aktiven Schritt geschehen soll. Dargestellt werden die Aktionen textlich oder durch boolesche Ausdrücke in Rechtecken, angefügt an einen Schritt.

Einzelne GRAFCETs können als verbundene und globalisierte GRAFCETs zusammengefasst werden, sodass sich bei großen Steuerungen übersichtliche Pläne ergeben.

„Anmerkungen und Erläuterungen" in einem GRAFCET werden in Anführungszeichen geschrieben.

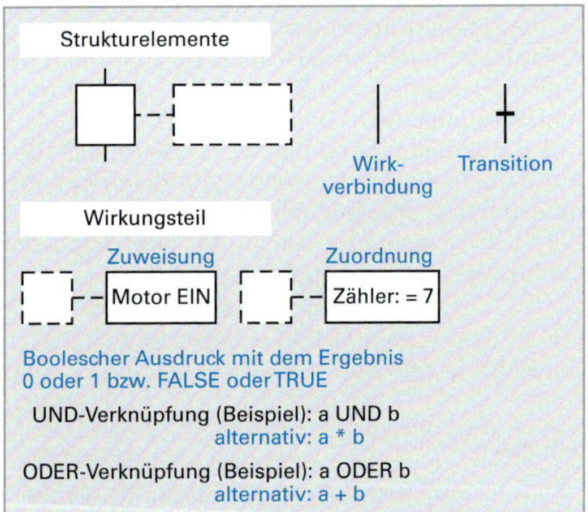

Bild 2: Strukturelemente und Wirkungsteil

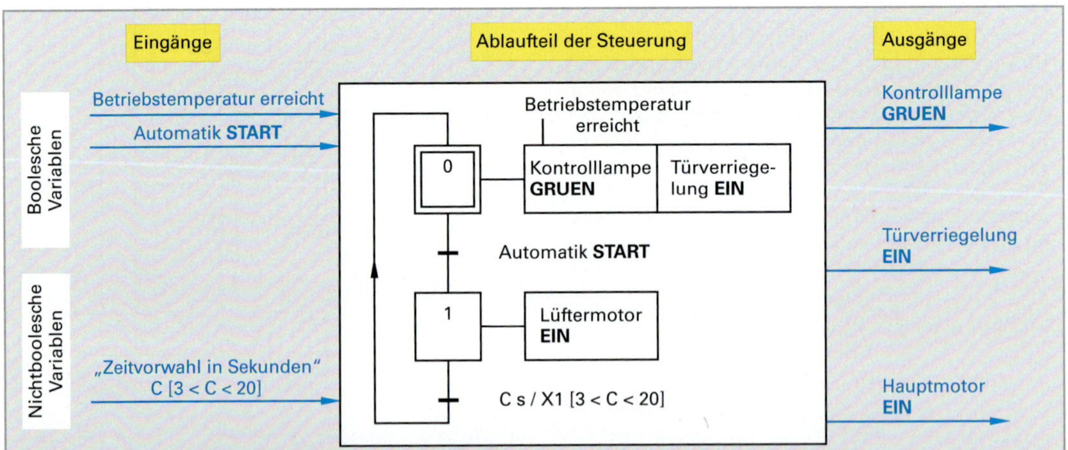

Bild 1: Darstellung einer Ablaufsteuerung (Beispiel)

3.4.1 Schritte

Schritte werden durch Quadrate dargestellt. Der Anfangsschritt hat einen Doppelrahmen. Schritte werden mit Nummern, z.B. 7 **(Bild 1)** gekennzeichnet. Ein Schritt ist entweder aktiv oder inaktiv. Die Schrittvariable heißt X mit abgehängter Schrittnummer.

Beispiel: Für Schritt 7 ist die Schrittvariable X7. Im Falle des aktiven Schritts 7 ist X7=1. Beim inaktiven Schritt 7 ist X7=0.

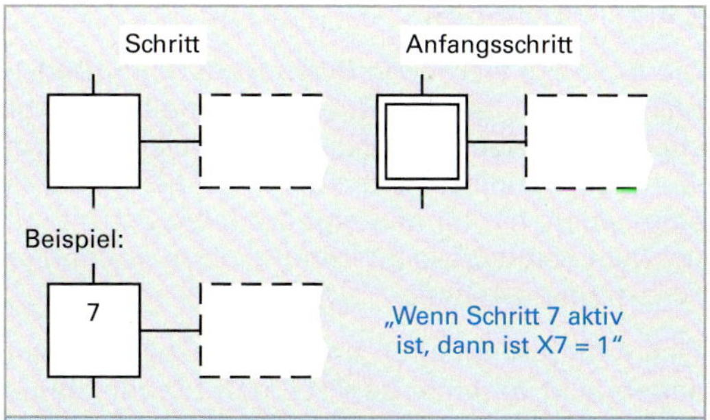

Bild 1: Der Schritt mit Beispiel

Ein *einschließender Schritt* enthält auch andere Schritte, evtl. auch weitere *einschließende Schritte*. Der einschließende Schritt kann durch ein Teil-GRAFCET näher dargestellt werden. Dabei ist in der oberen Rahmenlinie der Schrittname und in der unteren Rahmenlinie die Schrittkennung angegeben **(Bild 2)**.

In den Teil-GRAFCETs werden durch Kennzeichnung mit einem Stern diejenigen Schritte markiert, welche aktiv sind.

Beispiel: Der einschließende Schritt 8 schließt mit G2 die Schritte 17, 18, 19 ein, sowie mit G1 die Schritte 21, 22, 23. Wird Schritt 8 aktiv (X8=1), dann werden auch die Schritte 19 und 22 aktiv, da diese mit einem Stern gekennzeichnet sind. Wird Schritt 8 deaktiviert, da die folgende Transaktion erfüllt ist, dann werden auch die Schritte 19 und 22 deaktiviert.

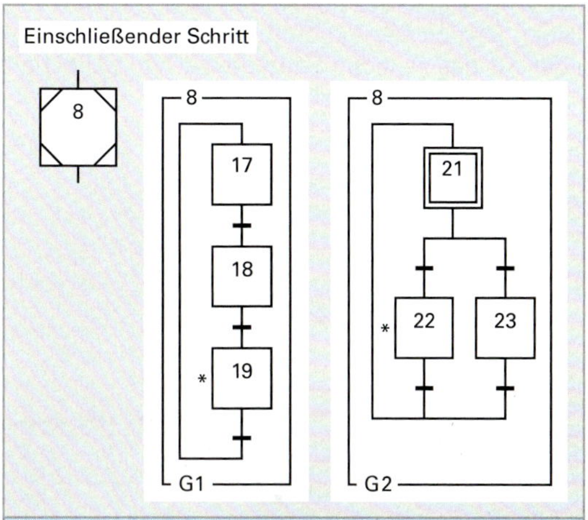

Bild 2: Einschließender Schritt

Ein Makroschritt enthält ein oder mehrere Teil-GRAFCETs. Sind diese Teil-GRAFCETs durchlaufen, so ist der Makroschritt durchlaufen und die ihm folgende Transition zur Weiterschaltung freigegeben.

Makroschritte ermöglichen eine übersichtliche Strukturierung von komplexen Steuerungsabläufen und geben den Entwicklern die Möglichkeit Teilaufgaben gleichzeitig von unterschiedlichen Personen mit unterschiedlichen Systemen zu erstellen.

Beispiel: Der Makroschritt M7 mit dem Eingangsschritt E7 und den Teilschritten 7.1, 7.2, 7.3 ist zur Freigabe Transition „Abpumpen" erfüllt, wenn der Schritt S7 aktiv ist **(Bild 3)**.

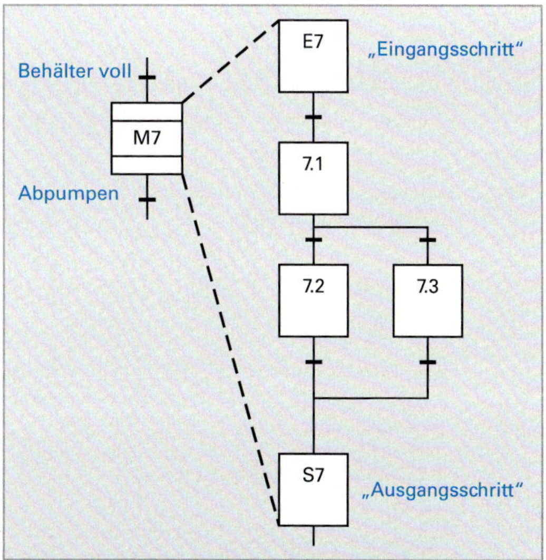

Bild 3: Makroschritt (Beispiel)

Mit Makroschritten fasst man Teilfunktionen zusammen und verbessert die Übersichtlichkeit eines GRAFECT.

3.4.2 Aktionen

Die Aktionen werden in Rechteckrahmen **(Bild 1)** rechts neben den Schritten dargestellt in textlicher Form oder in boolescher Zuweisungsform eindeutig definiert und sind, soweit nicht anders angegeben, nur für den zugeordneten Schritt gültig. Man nennt diese Zuordnungsform *kontinuierlich wirkende* Aktion.

Eine Aktion kann durch zusätzliche Bedingungen, angebracht an einer senkrechten Eingangslinie von Bedingungen abhängig gemacht werden. Diese Bedingungen werden durch textliche oder boolesche Ausdrücke beschrieben **(Bild 2)**. Eine solche Bedingung kann auch eine Zeitvorgabe für die Wirkungsdauer der Aktion bzw. für den zeitlichen Beginn der Aktion (Einschaltverzögerung) oder für das zeitliche Ende der Aktion (Abschaltverzögerung) sein **(Bild 3)**.

Ist der gesamte Schritt zeitabhängig, so können diese Zeitangaben auch in der Transitionsbedingung angegeben werden. Dies vereinfacht den GRAFCET.

Aktionen die über mehrere Schritte hinweg gültig sein sollen, werden durch ein Aktionssymbol (Pfeil nach oben am linken Rechteckrand) und eine Zuweisung dargestellt **(Bild 4)**. Die Aktivierung beginnt mit dem Aktivwerden des Schrittes. Soll die Aktivierung mit einem Ereignis zusätzlich verknüpft sein, so wird das am oberen Symbolrand beschrieben und mit einem Dreiecksfähnchen markiert **(Bild 5)**.

Vereinfachend kann eine gespeicherte Aktion, welche bei Schrittauslösung erfolgen soll, auch an die Transitionsbedingung angehängt werden **(Bild 6)**.

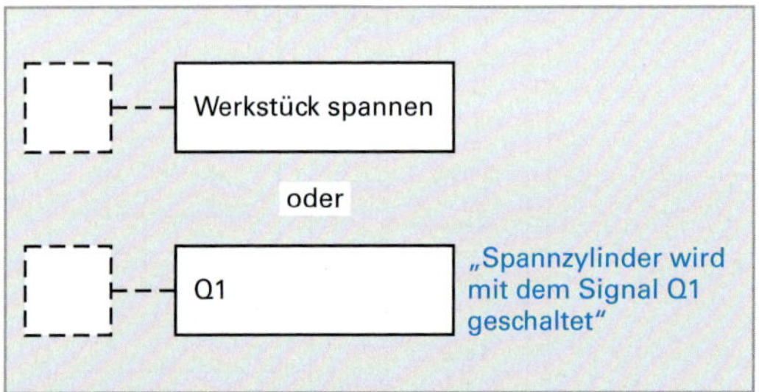

Bild 1: Aktion, kontinuierlich wirkend

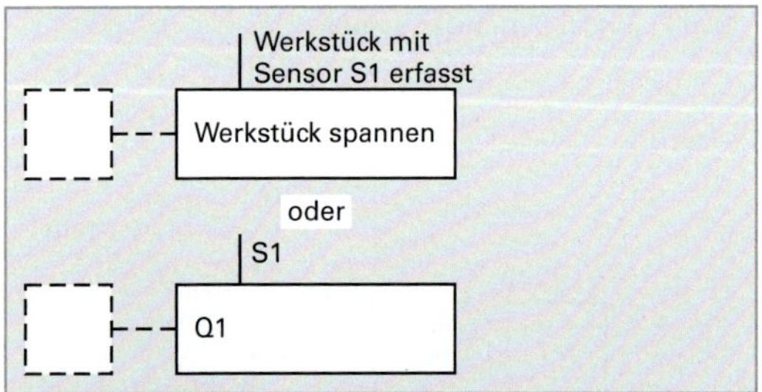

Bild 2: Aktion, kontinuierlich wirkend und von Bedingungen abhängig

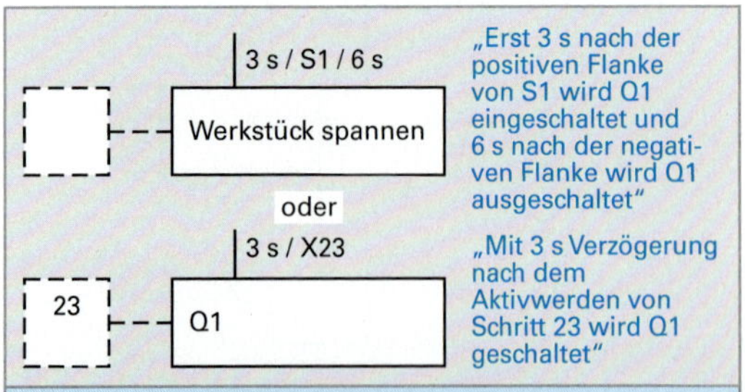

Bild 3: Zeitgesteuerte Aktion

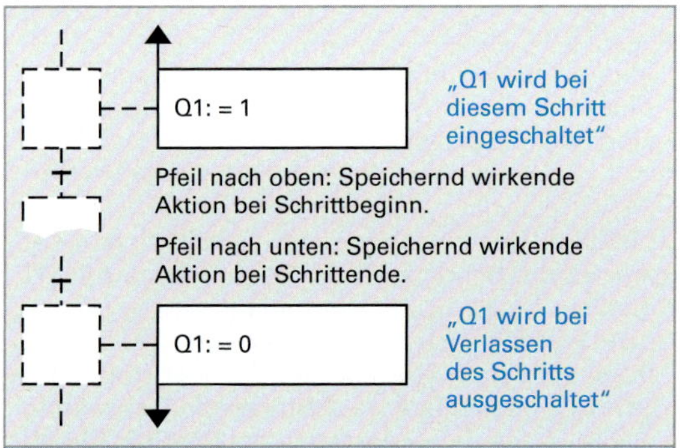

Bild 4: Speichernd wirkende Aktion

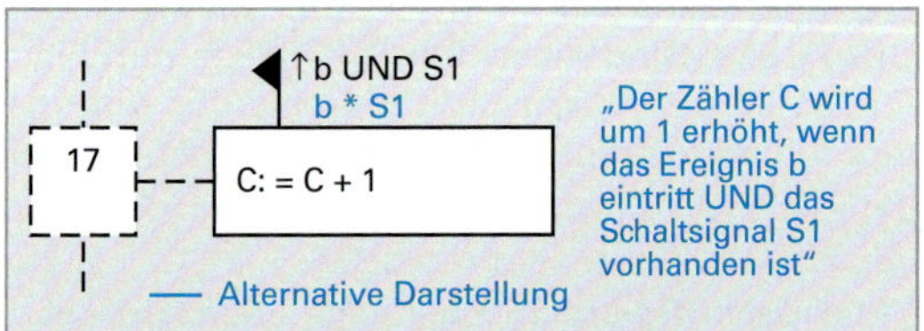

Bild 5: Aktion bei Eintritt eines Ereignisses

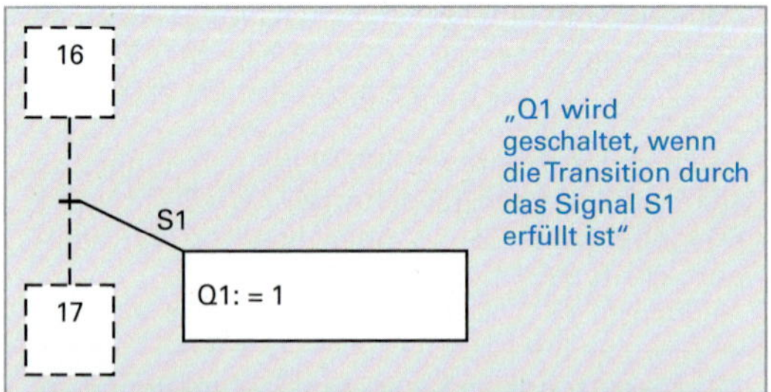

Bild 6: Vereinfachende Darstellung für eine Aktion bei Schrittauslösung

3.4.3 Transitionen und Ablaufstrukturen

Die Transition, d. h. der Übergang von einem Schritt zum nächsten, wird dargestellt durch eine Verbindungslinie mit Querstrich **(Bild 1)**. Die Wirkungsrichtung ist von oben nach unten. Ist die Transitionsbedingung erfüllt also im Wert gleich 1 und ist die Transition freigegeben, d. h. ist der Vorgängerschritt 7 *(n-1)* aktiv, dann wird der Folgeschritt 8 *(n)* aktiv und der Schritt 7 *(n-1)* wird deaktiviert. Die Transition wird auf der rechten Seite der Wirkungslinie entweder textuell (a) beschrieben oder mit einem booleschen Ausdruck (b). Linksseitig kann ein Transitionsname eingetragen sein, z. B. auch eine Nummer (25).

Die *dynamische Transitionsbedingung* berücksichtigt Signalwechsel. Bei einem Signalwechsel von 0 nach 1 wird einer Signalvariablen oder dem ganzen booleschen Ausdruck ein senkrechter Pfeil nach oben vorangestellt. Bei Auslösung durch eine fallende Signalflanke wird ein Pfeil nach unten verwendet.

Die *zeitabhängige Trransitionsbedingung* ermöglicht eine einfache Zeitsteuerung des nachfolgenden Schrittes, in dem dieser erst nach Ablauf der angegebenen Zeit t1 bei Signalwechsel von a eingeschaltet und nach der Zeit t2 ausgeschaltet wird.

Beispiel: Ein Sensor mit dem Signal a **(Bild 2)** meldet durch Signalwechsel von 0 auf 1, dass ein Werkstück zum Schweißen bereit ist. Mit der Zeitangabe 0,5 s wird eine Wartezeit (t1) programmiert (das Gasventil M1 öffnet). Nach einer Gesamtwartezeit von 1 s (t2) wird der Schweißvorgang freigegeben.

Die zeitabhängige Transition wir häufig von dem Schrittwechsel selbst abhängig gemacht, wenn z. B. ein Schritt nur für eine bestimmte Zeitdauer aktiv bleiben soll **(Bild 3)**.

Beispiel: Realisierung einer Abfallverzögerung von 3,5 s im Schritt 7. Die Transitionsbedingung zwischen den Schritten 7 uns 8 heißt 3,5 s/X7. Wenn Schritt 7 aktiv geworden ist wird 3,5 s später Schritt 8 gesetzt (X8 = 1). So wird, da keine weiteren Bedingungen angeführt sind, nach Ablauf von 3,5 s der Schritt 8 aktiv geschaltet und der Schritt 7 deaktiviert. Somit war der Schritt 7 3,5 s lang aktiv.

Ablaufkette

Die lineare Ablaufkette **(Bild 4)** ist in Teil-GRAFCETs die häufigste Struktur. Jedem Schritt folgt eine Transition. Die Ablaufkette ist aktiv, wenn ein Schritt aktiv ist.

Eine geschlossene Ablaufkette hat einen Anfangsschritt und stellt eine vollständige Steuerung dar. In Ablaufketten können Schritte übersprungen werden und es sind auch Rückführungen möglich.

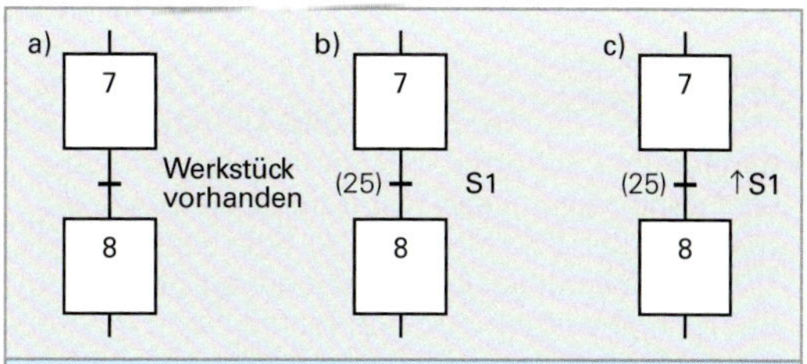

Bild 1: Transition

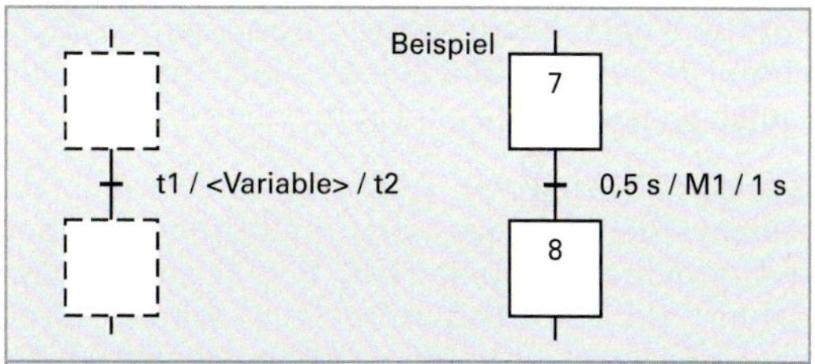

Bild 2: Zeitgesteuerte Transition

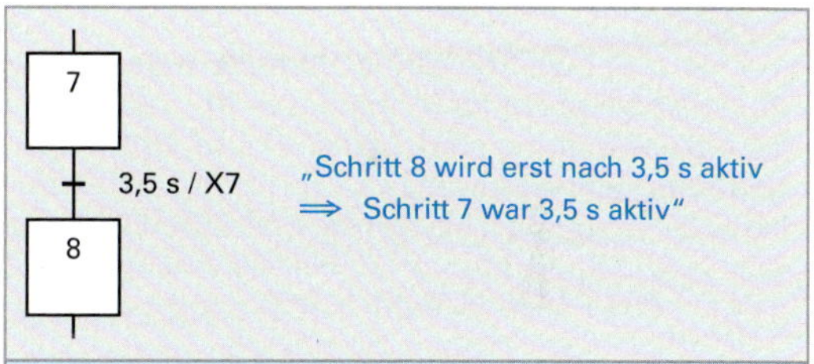

Bild 3: Abfallverzögerung

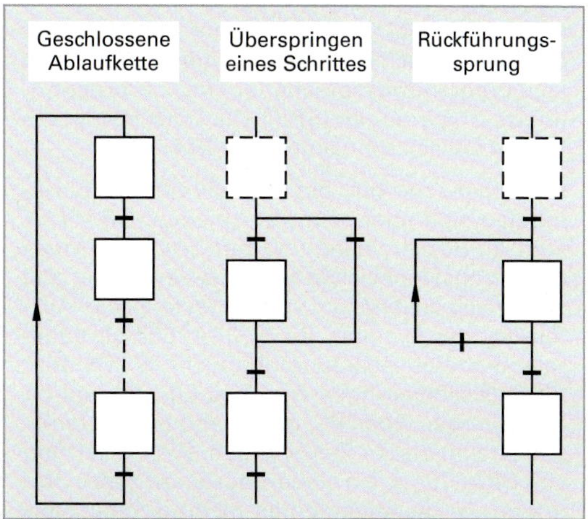

Bild 4: Ablaufketten

Ablaufauswahl (Verzweigung). Bei der Verzweigung **(Bild 1)** kann der Ablauf in der einen Ablaufkette oder in der anderen Ablaufkette oder in beiden erfolgen. Alle Ablaufketten sind freigegeben. Die erste Transition nach der Verzögerung bestimmt die Auswahl.

Beispiel:
Nach dem Programmstart **(Bild 1)** und den vorbereitenden Schritten, z.B. *Zellentüre schließen*, wird abgefragt, ob das Tastersignal *Automatikbetrieb* (a) oder *Schrittbetrieb* (b) oder *Einrichtebetrieb* (c) gewählt ist. Entsprechend der gewählten Betriebsart werden nun unterschiedliche Ablaufketten durchlaufen.

Parallele Ablaufketten. Bei dieser Ablaufform wird mit dem waagerechten Doppelstrich (Synchronisiersymbol, **Bild 2**) jede Ablaufkette durchlaufen. In jeder Kette sind aktive Schritte.

Synchronisieren von Ablaufketten. Parallelabläufe werden über das Synchronisierungssymbol (waagrechter Doppelstrich, Bild 2) zusammengeführt. Die Transition in Schritt 47 wird erst freigegeben, wenn die vorangehenden Schritte (hier: 15, 26, 33) aktiv sind.

Beispiel:
Vor dem Schweißen eines Bauteils muss eine Bauteilspannprozedur (Ablaufkette 10, ... 15), eine Schutzgasspülprozedur (Abkaufkette 20, ... 26) und eine Schweißdrahtzuführprozedur (Ablaufkette 30, ... 33) durchlaufen werden (Bild 2). Der Schritt 47 *Schweißen* wartet, bis alle vorangegangenen Ketten beendet sind.

Anmerkung zum Zusammenhang: GRAFCET (IEC 60848 und SFC (IEC 61131-3)

SFC (Sequential Function Chart = Ablauf-Funktionsplan) ist nach IEC 61113-3 genormt[1] und bildet eine Programmiersprache für speicherprogrammierte Steuerungen (SPS). Die Darstellung des SFC ist optisch sehr ähnlich zu GRAFCET.

Die Eigenschaften bei den Systembeschreibungen sind aber sehr verschieden: GRAFCET wird zur Beschreibung und zum Festlegen eines steuerungstechnischen Systems verwendet und zwar völlig unabhängig von der technischen Ausführung des Systems. So ist GRAFCET als generelle Systembeschreibung sowohl verwendbar für Relaissteuerungen wie auch für SPS und für Steuerungen über PC sowie andere Systeme, z.B. pneumatische Steuerungen. Die Umsetzung von GRAFCET in ein steuerungsspezifisches Programm ist im Allgemeinen nicht automatisiert möglich.

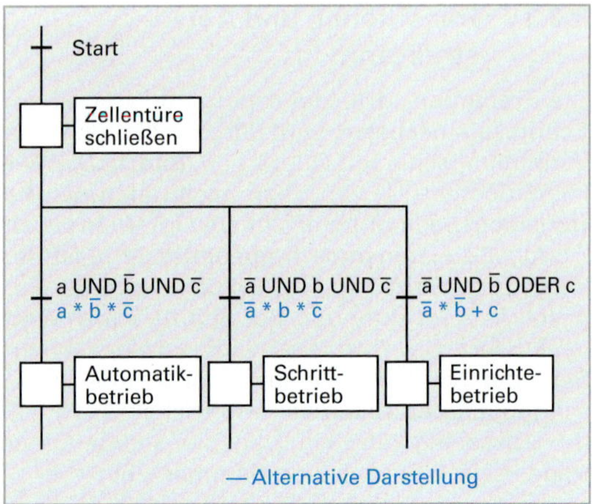

Bild 1: Verzweigung

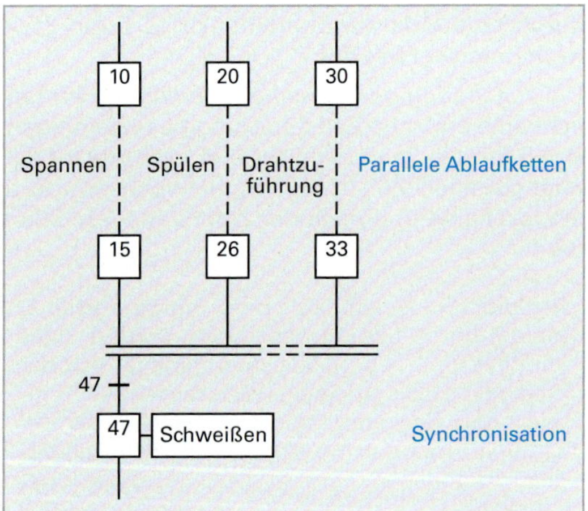

Bild 2: Parallele Ablaufkette und Synchronisation

Beispiele zu GRAFCET siehe Seiten 69, 225, 433, 434, 454 ff.

[1] **Anmerkung:**
DIN EN 60848:2011-06, *GRAFCET, Spezifikationssprache für Funktionspläne der Ablaufsteuerung (IEC 3/1034/CD:2011).*
Diese Norm definiert eine grafische Entwurfssprache für die funktionale Beschreibung des Verhaltens des Ablaufteils eines Steuerungssystems. Die Entwurfssprache wird GRAFCET genannt.

Änderungsvermerk: Gegenüber DIN EN 60848: 2002-12 wurden folgende Änderungen vorgenommen: a) Die Terminologie wurde an den aktuellen Stand der Normung angepasst. b) Zur hierarchischen und strukturierten Beschreibung wurden neue Konzepte aufgenommen. c) Zur grundlegenden Definition einer realen Entwurfssprache wurden formale Aspekte und Verhaltensregeln ergänzt.

3.4.4 Beispiel zu GRAFCET

Ablaufsteuerung für eine Bohrmaschine

Mit dem Schalter S1 soll der Bohrvorgang gestartet werden, vorausgesetzt, der Maschinentisch befindet sich in einer Endlage S2 = 1 **(Bild 1)**. Im Schritt 1 werden der Hauptantriebsmotor M1 und der Vorschubmotor mit Motorrechtslauf eingeschaltet. Der Hauptantriebsmotor soll bis zum Zyklusende eingeschaltet bleiben. Ist der Zielpunkt durch Grenztaster S3 erfasst, wird der Maschinentisch durch Motorlinkslauf in die Anfangslage zurückgebracht (Schritt 2). Die Anfangslage ist mit der Betätigung von Grenztaster S2 erreicht. Sie wird mit dem Leuchtmelder P1 angezeigt.

Die Schütze Q10 und Q11 steuern den Vorschubmotor in Rechtslauf für die Vorwärtsrichtung und in Linkslauf für die Rückwärtsrichtung. Der Hauptantrieb wird über das Motorschütz Q12 geschaltet.

Programmverwirklichung mit einer Schützsteuerung

Zunächst zeichnet man für jeden Schritt ein Hilfsschütz oder Relais mit Selbsthaltezweig **(Bild 2)**. Mit dem Taster S2 schaltet das Schütz K1. Es wird durch K2 gelöscht. Mit S1 schaltet K2. Mit dem Erreichen der Zielposition wird durch S3 der Schritt 1 erreicht und das Schütz K3 geschaltet. Es wird beim Erreichen der Anfangslage zurückgesetzt. Für den Fall einer Stromunterbrechung kann mithilfe des Tastschalters S4 der Maschinenschlitten von Hand zurückgefahren werden, bis die Anfangslage erreicht ist.

Nachdem der Steuerstromkreis entworfen ist, zeichnet man den Hauptstromkreis mit den Schützen Q10 bis Q12. Q10 schaltet im Schritt 1, Q11 im Schritt 2, Q12 im Schritt 1 als auch im Schritt 2. Beim Zurückfahren von Hand über S4 soll der Hauptantrieb jedoch nicht laufen. So wird noch ein Öffnerkontakt von S4 in den Strompfad von Q12 gelegt.

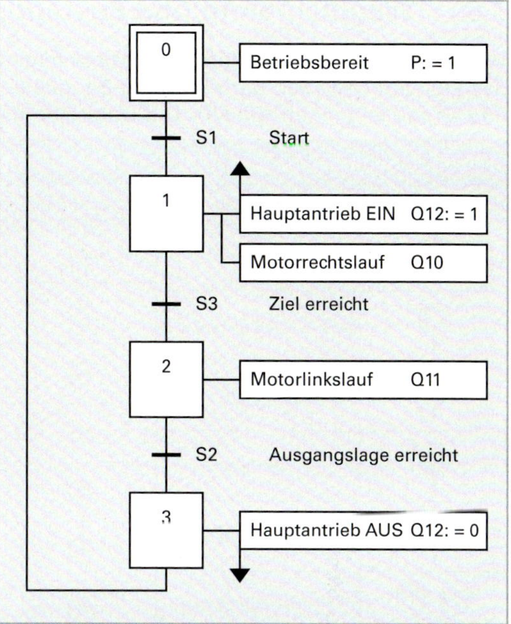

Bild 1: Funktionsplan für die Steuerung einer Bohrmaschine

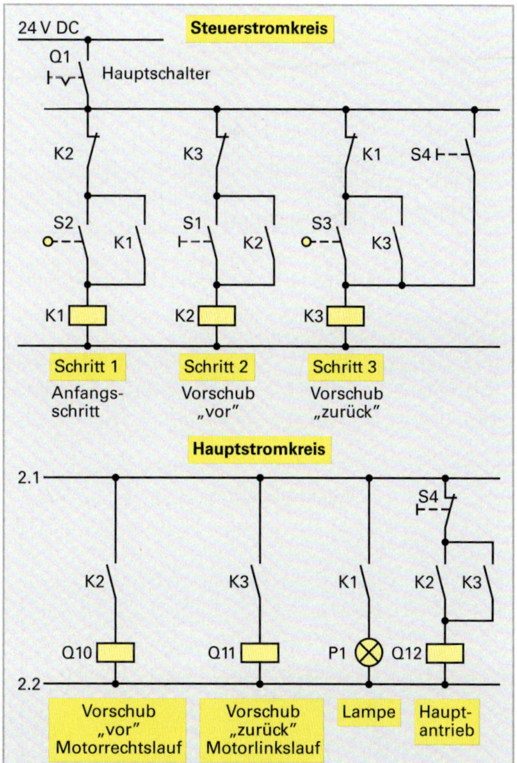

Bild 2: Programmverwirklichung mit einer Schützsteuerung

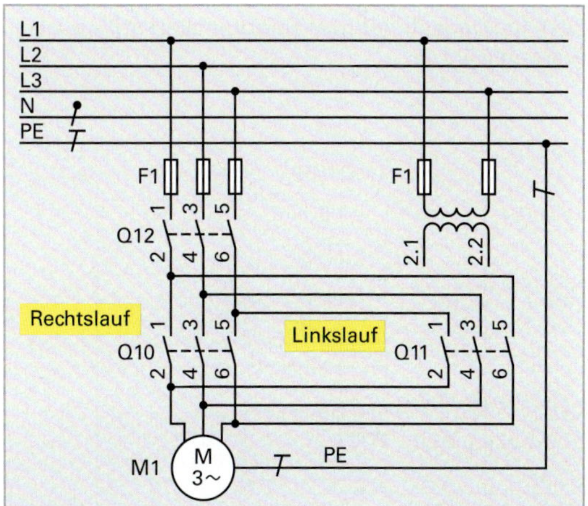

Bild 3: Hauptstromkreis

3.5 Wegdiagramm und Zustandsdiagramm

Wegdiagramme und Zustandsdiagramme zeigen das Zusammenwirken der einzelnen Bauglieder und Arbeitseinheiten **(Bild 1)**. Die Darstellungsmittel sind Symbole für die Signalglieder, für die Signalverknüpfungen und für die Bewegungen **(Tabelle 1)**.

Tabelle 1: Symbole für Weg- und Zustandsdiagramme (nach VDI 3260)

Bildzeichen	Erklärung	Bildzeichen	Erklärung	Bildzeichen	Erklärung
	EIN	t 1s	Zeitglied		geradlinige Bewegung
	AUS		Leuchte		Schwenkbewegung
	EIN-AUS		Blinkleuchte		Drehbewegung
	TIPPEN		Summer		nicht geradlinige Bewegung
	AUTOMATIK EIN		Elektrische Vorgänge		Wegbegrenzung allgemein (Pfeil am Wegende)
	ZWEI-HAND-EIN		Pneumatische Vorgänge		Wegbegrenzung über Signalglied, wenn dieses durch die Bewegung betätigt wird
E A	UMSCHALTER		Hydraulische Vorgänge		
1 2 3 4 5	WAHLSCHALTER		Mechanische Vorgänge		Wegbegrenzung durch einstellbaren Festanschlag
	Signalglied mech. betätigt		Signalverzweigung		Arbeitsbewegungen
P 5 bar	Signalglied durch Druck (5 bar) betätigt)		ODER-Verknüpfung		Leerbewegungen
			UND-Verknüpfung		

Beispiel: Ablaufsteuerung für eine Bohrmaschine

Über den Schalter S1 soll der Bohrvorgang ausgelöst werden. Zunächst ist der Hauptantrieb M1 einzuschalten. Der Vorschubmotor M2 soll durch Rechtslauf dann den Maschinenschlitten vorbewegen, bis der Grenztaster S3 anspricht. Durch Linkslauf soll der Maschinenschlitten in die Ausgangsstellung zurückfahren, bis der Grenztaster S2 anspricht. Danach soll der Hauptantrieb stillgesetzt werden **(Bild 1)**.

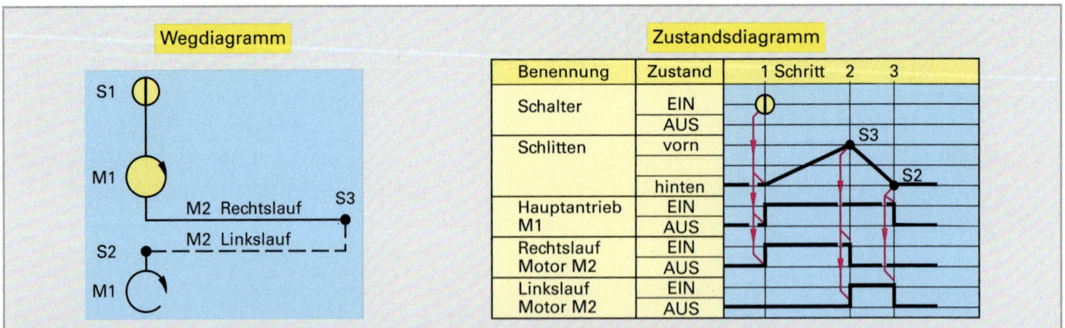

Bild 1: Wegdiagramm und Zustandsdiagramm für die Steuerung einer Bohrmaschine

3.6 Gefährdungen und Schutzmaßnahmen

3.6.1 Berührungsschutz

Grundsätzlich sind alle stromführenden Teile so abzuschirmen, dass ein direktes Berühren ausgeschlossen ist. Eine Ausnahme ist, wenn eine Schutzkleinspannung bis *maximal* 25 V AC oder 60 V DC vorliegt. In *explosionsgefährdeten* Räumen sind alle stromführenden Teile vor direktem Berühren zu schützen. Bereits kleine Ströme von etwa 10 Milliampere (10 mA) können bei ungünstigem Stromfluss, z. B. Stromfluss durch den Herzmuskel tödlich sein. Der Stromfluss bei Berührung spannungsführender Teile hängt vom Widerstand des Körpers und von der Berührstelle mit dem Körper ab. Der Körperwiderstand des Menschen ist stark schwankend, ebenso der Übergangswiderstand. Er hängt davon ab, ob man z. B. feuchte Hände hat und schwitzt. Besonders gefährlich ist die Handhabung elektrischer Geräte in Nassräumen **(Bild 1)**. Lebensgefährlich mit häufig tödlichem Ausgang ist die *verbotene* Benutzung von elektrischen Geräten in der Badewanne **(Bild 2)**.

Die Benutzung von elektrischen Geräten mit Netzanschluss ist in der Badewanne lebensgefährlich und verboten.

Für elektrische Geräte gibt es eine **internationale Schutzartkennzeichnung** (IP von International Protection = internationale Schutzart, **(Bild 3)**.

Eine häufige Schutzart ist *IP 65* (staubdicht verschlossen (6) und gegen Strahlwasser geschützt (5)).

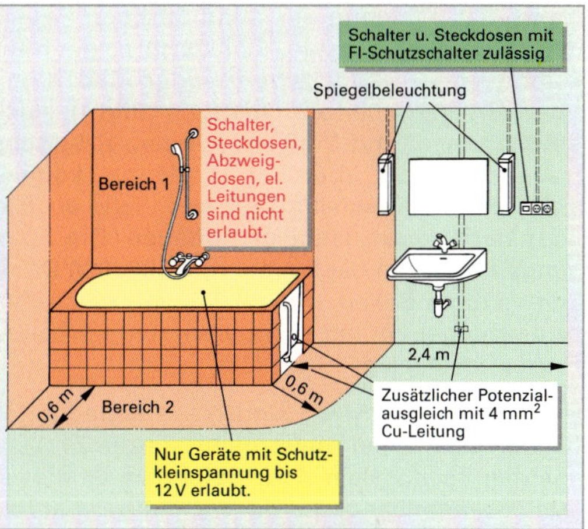

Bild 1: Schutzmaßnahmen in Nassräumen

Bild 2: Lebensgefährliche Situation

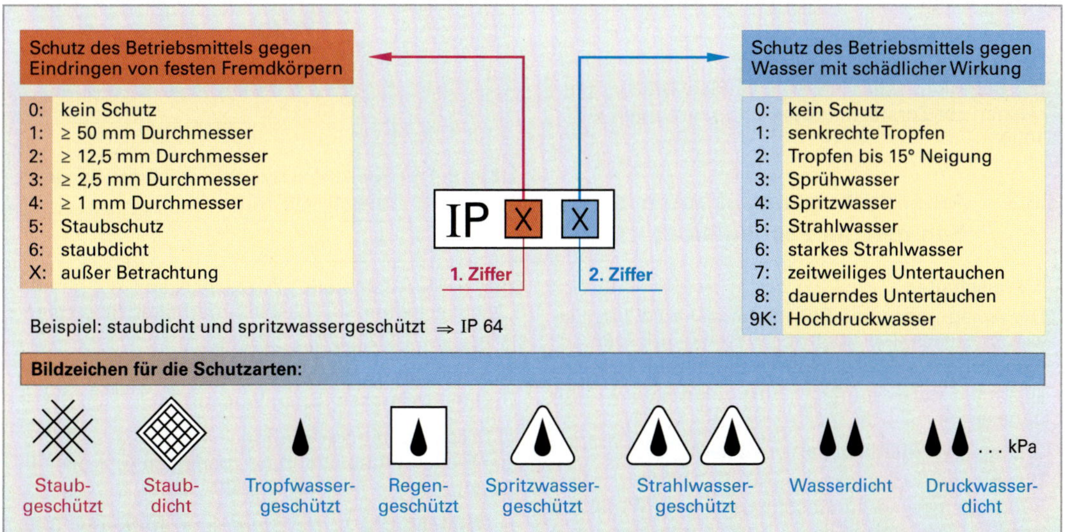

Bild 3: Schutzarten, IP-Code

3.6.2 Elektrostatische Entladungen (ESD)

Beim Begehen isolierender Bodenbeläge und wenn man Kleidung aus synthetischen Fasern (Nylon, Perlon, Elastan, Polyacryl u. Ä.) trägt, kommt es zu *Ladungstrennungen* und damit zu *elektrostatischen Aufladungen* **(Bild 1)**. Auch bei Maschinen mit Stofftrennungen, z. B. wenn Transportbänder über Rollen gleiten, können sich isoliert aufgestellte Teile oder Teile aus Isoliermaterial elektrostatisch aufladen. Die Spannungen betragen häufig mehrere 10000 V. Dabei gibt es dann *Entladungen* (ESD, von electrostatic discharge), oft mit sichtbarem und hörbarem Funkenüberschlag.

Unmittelbar gefährlich sind diese Entladungen für den Menschen meist nicht, da die Entladeenergien relativ klein sind. Gefährlich ist dies allerdings mittelbar und zwar, wenn die *Entladung in explosiver Atmosphäre* stattfindet, z. B. in einem stauberfüllten Raum (Staubexplosion) oder in einem Raum mit Benzindämpfen.

Elektrostatische Entladungen können in explosionsgefährdeten Räumen zu Explosionen führen.

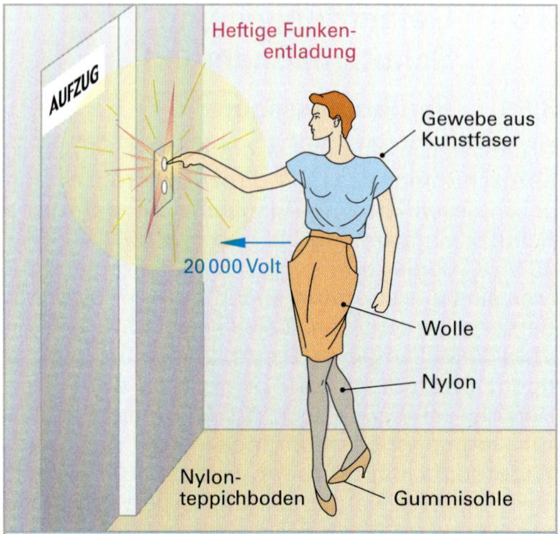

Bild 1: Elektrostatische Aufladung und Entladungsfunken

Bei Arbeiten an *elektronischen Baugruppen*, z. B. bei Reparaturarbeiten, beim Tausch von Speichermodulen, ist Vorsicht am Platz. Hier kann durch die elektrostatische Aufladung der beschäftigten Person an den elektronischen Bauteilen Schaden entstehen. Elektronikarbeitsplätze sind daher mit besonderen Schutzmaßnahmen auszustatten **(Bild 2)** und es ist ESD-Schutzkleidung zu tragen.

Besonders gefährdet sind elektronische Bauteile mit unipolaren Halbleitern (FET-Halbleiter). Hier reichen zur Zerstörung bereits Spannungen von 100 V.

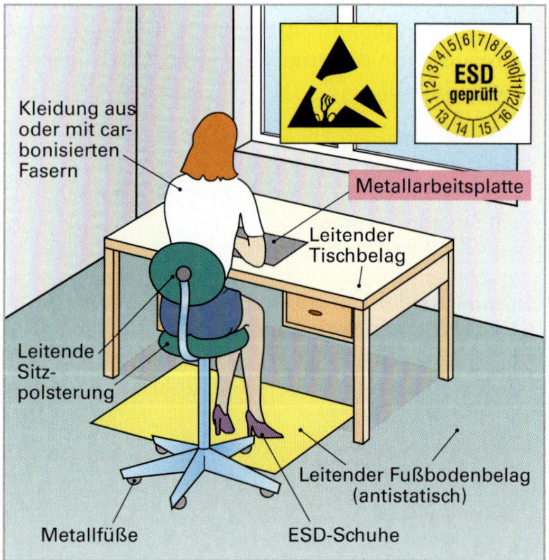

Bild 2: Elektronik-Montageplatz mit Schutz gegen elektrostatische Aufladung

3.6.3 Arbeitsschutzmaßnahmen im Rahmen der Fachaufsicht

1. Freischalten

Die Anlage oder das Betriebsmittel wird über einen Hauptschalter oder durch Herausnehmen der Sicherungen von elektrischen Spannungen freigeschaltet. Die Trennung der Strompfade muss sichtbar sein.

2. Gegen Wiedereinschalten sichern

Das Sichern erfolgt bei Hauptschaltern durch Einhängen eines Vorhängeschlosses und Mitnahme des Schlüssels. Bei Sicherungen durch Mitnahme der Sicherungen und Abdeckung oder Verkleben der Sicherungsstelle. Zusätzlich soll ein Schild „Nicht schalten" auf die Elektroarbeiten hinweisen.

3. Spannungsfreiheit feststellen

Dies erfolgt direkt an der Arbeitsstelle mit einem Spannungsmesser/Spannungsprüfer.

4. Erden und Kurzschließen

Bei Freileitungen oder bei Arbeiten an Anlagen mit Spannungen > 1000 V AC/1500 V DC.

5. Benachbarte unter Spannung stehende Teile abdecken oder abschranken.

3.6.4 Erdung und Potenzialausgleich

Zum Potenzialausgleich durch **Erdung** erhalten sämtliche elektrische und elektronische Komponenten dasselbe Potenzial, nämlich das Erdpotenzial. Dazu werden alle metallischen Teile gutleitend miteinander verbunden. Durch Erden mit der **Schutzerde PE** wird im **niederfrequenten Bereich** der Potenzialausgleich erzielt. Durch **Funktionserdung FE** erreicht man die **hochfrequente Erdung**.

Die **Schutzerdung** dient im Falle eines Körperschlusses dem Schutz von Menschen und Tieren vor einem elektrischen Schlag. Die **Funktionserdung** sichert die störungsfreie Funktion elektrischer Anlagen und verbessert die elektromagnetische Verträglichkeit (EMV).

Schutzerdung PE

Die Gehäuse aller elektrischen und mechanischen Antriebskomponenten (Transformator, Steuerungen, Umrichter, Motoren, Getriebe, Arbeitsmaschinen, Verrohrung sind an das **Erdungssystem (Schutzerde PE)** anzuschließen **(Bild 1, schwarze Linien)**. Innerhalb der Steuerungen wird PE an das Chassis (Masse) angeschlossen.

Funktionserdung FE

Im hochfrequenten Bereich erfolgt der **Potenzialausgleich über die Schirme** der Steuerleitungen, Sensorleitungen und Motorleitungen **(Bild 1, orange Linien)**.

Für sonstige Komponenten, z.B. Getriebe und Arbeitsmaschinen oder bei schlechten Hochfrequenz-Eigenschaften der Schirme werden feindrähtige Kupferseile **(Bild 2 links)** oder geflochtene verzinnte Kupferbänder **(Bild 2 rechts)** verlegt, siehe **Bild 1, rote Linien.**

Alle Potenzialausgleichsleitungen müssen eine niedere Induktivität haben. Das erreicht man durch große Leiterquerschnitte, kurze Leiterlängen, Feindrähtigkeit und Verflechtung.

Für sonstige Komponenten, z.B. Getriebe und Arbeitsmaschinen oder bei schlechten Hochfrequenz-Eigenschaften der Schirme, werden feindrähtig geflochtene Kupferseile oder Kupferbänder verlegt **(Bild 1, rote Linien)**.

Hochfrequente Ströme fließen bevorzugt auf der Leiteroberfläche (Skineffekt). Daher ist die Feindrähtigkeit wichtig. Bei geflochtenen Kupferbändern ist die Induktivität wesentlich geringer als bei massiven Rundleitern gleichen Querschnitts.

Potenzialausgleich

Ein Pozentialausgleich dient der Störspannungsminderung. Er muss impedanzarm, d.h. mit geringem induktivem Widerstand und niederohmig ausgeführt sein.

Potenzialausgleichsschienen dienen als Massereferenzpunkt. An sie werden alle Masseleitungen und Abschirmungen **sternförmig zusammengeführt**. Dies ist insbesondere bei gemischten digitalen und analogen Signalen wichtig. Hierbei müssen, um Erdschleifen zu vermeiden, vor dem Massereferenzpunkt Masseleitungen voneinander getrennt geführt werden. Bei manchen Elektronikkomponenten ist die Gerätemasse nicht identisch mit dem Erdpotenzial und darf nicht mit dem Massereferenzpunkt verbunden werden.

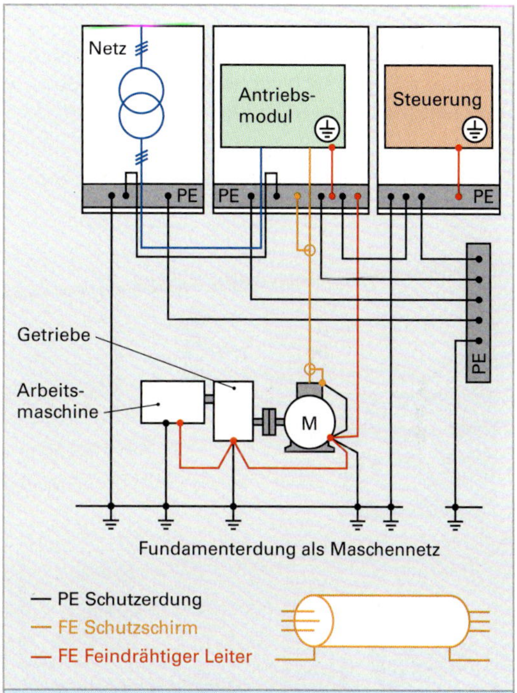

Bild 1: Erdung und Potenzialausgleich

Bild 2: Leiter zum Potenzialausgleich

3.6.5 Elektromagnetische Verträglichkeit (EMV)

Elektrische Einrichtungen sind elektromagnetisch verträglich, wenn diese ihre Umgebung elektromagnetisch in nicht unzulässiger Weise beeinflussen und wenn sie durch zulässige elektromagnetische Umgebungseinflüsse störungsfrei arbeiten.

Alle elektrischen Geräte nehmen aufgrund fließender Ströme und vorhandener Spannungen Einfluss auf ihre Umgebung. Ströme bewirken magnetische Felder und Spannungen verursachen elektrische Felder. Wechseln magnetische Felder mit elektrischen Feldern durch Energieaustausch, entstehen elektromagnetische Wellen.

Funkentladungen bewirken auch elektromagnetische Wellen und können darüber hinaus mechanische, thermische und chemische Reaktionen herbeiführen. Schließlich können elektrische Ströme über Leitungsnetze Störungen verursachen.

EMV erreicht man durch Vermeiden von Störquellen und durch Schutz vor Störungen.

Vermeidung von Störungen

Besonders starke Störquellen sind:

- alle elektrischen Geräte mit Funkenbildung, z. B. Schalter, Schütze, Motoren mit Kollektoren,
- natürliche und künstliche Blitze sowie elektrostatische Entladungen,
- Sendeanlagen, Radaranlagen
- Mikrowellenerzeuger,
- Hochspannungsleitungen,
- elektronisch getaktete Steller **(Bild 1)**.

Durch **Funkenentstörmaßnahmen** vermeidet man die Funkenbildung. Dies geschieht z. B. mit Dioden, RC-Gliedern und VDR-Widerständen (Seite 26). **Elektrostatische Aufladungen** und damit auch Entladungen vermeidet man durch Verwendung leitender Materialien und deren bewusste Erdung. Die **Ausbreitung von magnetischen Feldern** vermindert man durch Abschirmung mit magnetisch gut leitenden Metallen, z. B. Eisen, Stahl, MUMETALL. Kabel verlegt man in Stahlrohre oder ummantelt sie mit Stahldrahtgeflecht. Schaltanlagen bringt man in Stahlschränken unter. **Leitungen werden verdrillt.** Damit erhält man gegensinnig wirkende Felder, die sich (fast) auslöschen.

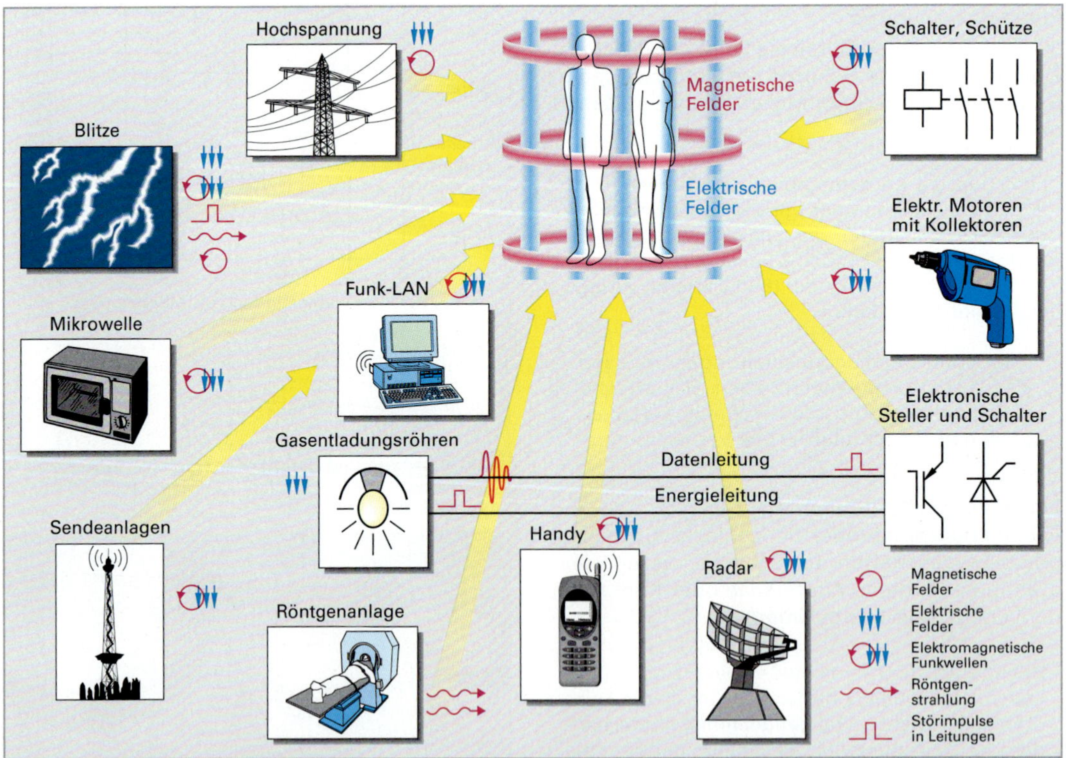

Bild 1: Störquellen und Störsenke

Maßnahmen

EMV (Elektromagnetische Verträglichkeit) bedeutet, dass elektrische Anlagen störungsfrei arbeiten, dabei auch andere Anlagen nicht stören und nicht durch andere Anlagen gestört werden.

Man unterscheidet **galvanische, kapazitive, induktive und elektromagnetische Störeinkopplungen (Bild 1)**.

Die **galvanische Kopplung** entsteht, wenn mehrere Stromkreise einen Leiter gemeinsam nutzen, wie z. B. eine gemeinsame Masseleitung. Der Strom I_1, z. B. einer Antriebsbaugruppe **(Bild 2)** erzeugt an der Impedanz Z des gemeinsamen Leiters einen Spannungsabfall ΔU_1 an einer Schnittstellenbaugruppe.

Maßnahmen: Die Länge gemeinsam genutzter Leiter geringhalten, Verwenden großer Leiterquerschnitte damit der Spannungsabfall klein bleibt und Verwenden eines eigenen Hin- und Rückleiters für jeden Stromkreis.

Die **kapazitive Kopplung** tritt zwischen isolierten Leitern auf. Die Leiter selbst wirken auch als Kondensatoren (parasitäre Kapazitäten, **Bild 3**). Das Bild zeigt wie der Störstrom I_S an der Impedanz Z_i eine Störspannung erzeugt.

Maßnahmen: Abstand zwischen den Leitungen so groß wie möglich wählen, parallele Leitungsführung vermeiden, geschirmte Signalleitungen verwenden.

Induktive Kopplung (Bild 4) entsteht zwischen den Stromkreisen bei Stromänderungen insbesondere bei gepulsten Strömen mit hoher Stromanstiegsgeschwindigkeit di/dt und beim Abschalten von Induktivitäten (Motorwicklungen sind Induktivitäten!).

Maßnahmen: Möglichst großen Abstand zwischen den Leiterschleifen wählen, Fläche der Leiterschleifen so gering wie möglich halten, für Signalleitung verdrillte Leitungen verwenden, Schirme bei Signalleitungen beidseitig auf Masse legen.

Elektromagnetische Kopplung oder Strahlungskopplung erfolgt über elektrische Funken, z. B. schaltende Schütze und Schweißgeräte. Die Störfelder sind hochfrequent.

Maßnahmen: Schützende Wirkung erreicht man durch metallische Schaltschränke und durch Verwenden geschirmter Leitungen mit feindrähtig gut leitenden Schirmen.

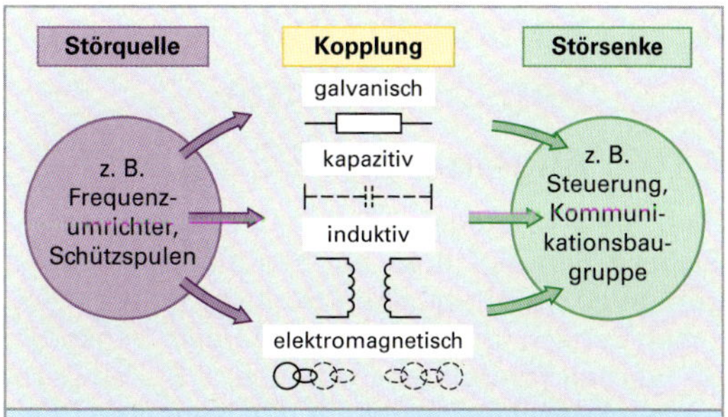

Bild 1: Darstellung der möglichen Koppelstrecken zwischen Störquellen und Störsenken

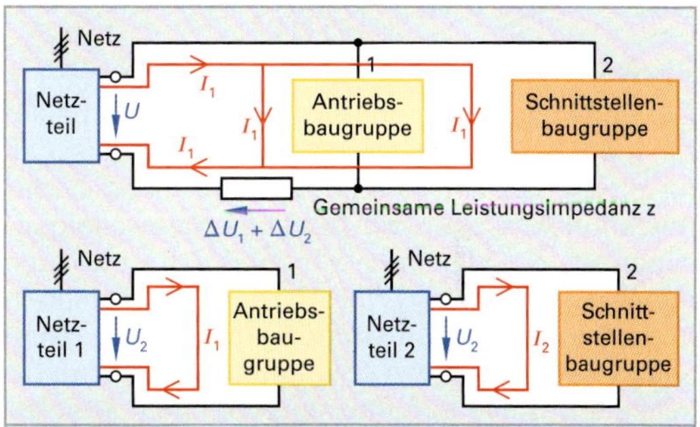

Bild 2: Galvanische Kopplung zweier Stromkreise über die Impedanz eines gemeinsam genutzten Leiters

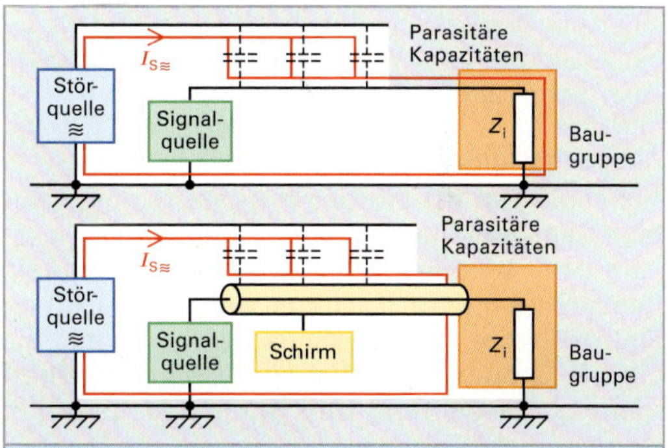

Bild 3: Kapazitive Kopplung eines Störstromes in eine Signalleitung

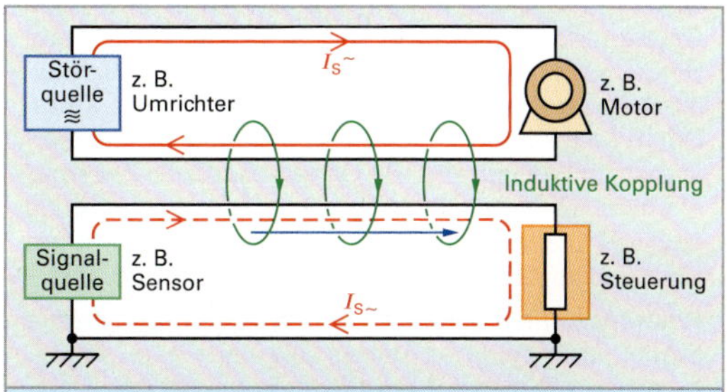

Bild 4: Induktive Kopplung einer Störspannung in einen Signalstromkreis

4 Sensoren und Sensorsysteme

4.1 Allgemeines

Zum Steuern, Regeln, Leiten, Überwachen und Sichern benötigt man bei Produktionsanlagen aber auch im öffentlichen Bereich, im medizinischen Bereich und im privaten Bereich Sensoren. So werden Produktionsprozesse, z. B. Temperaturen in Maschinen, mithilfe von Sensoren überwacht. Verkehrsampeln werden über Sensoren gesteuert, Herzfrequenzen erfasst oder Herdplatten vor Überhitzung geschützt.

Bauweisen

Die Bauweisen sind sehr unterschiedlich, basieren jedoch meist auf elementaren physikalischen Effekten z. B. für Kräfte, Verlagerungen oder nutzen elektrische oder optische Materialeigenschaften. Ziel der Sensortechnik ist stets auch die *Miniaturisierung*. Waren früher Messanlagen in großen Abmessungen nötig, so werden heute selbst sehr komplexe Systeme, wie z. B. mehrachsige Beschleunigungssensoren inkl. Auswerteelektronik, als Mikrochips (MEMS, von Micro-Electro-Mechanical Systems) geliefert **(Bild 1)**. Der strukturelle Aufbau eines Sensors ist meist gegliedert in ein Basismodul mit Ausnutzung eines physikalischen oder chemischen Effekts, einer Auswerte- und Verstärkungselektronik sowie einer Schnittstellenelektronik **(Bild 2)**.

Ausgangssignale

Abhängig von der Art der Ausgangssignale teilt man Sensoren auch in *analoge* Sensoren, in *binäre* bzw. *schaltende* Sensoren und in digitale Sensoren ein **(Bild 3)**. Einmal angeschlossen an digitale Netze sind die Sensorsignale stets als digitale Größen verfügbar zur weltweiten Übertragung, Auswertung und Speicherung (Archivierung).

Eigenschaften elementarer Sensoren

Nichtlinearität. Abhängig von der zu erfassenden Größe, z. B. Temperatur, erwartet man meist ein Sensorsignal, das dieser Eigenschaft proportional ist und als Messgröße verwendet werden kann. Durch Kalibrieren erfolgt die Zuordnung von Sensorsignal zur Messgröße. Bei einem Cu-CuNi-Thermoelement wächst z. B. die Thermospannung um etwa 0,05 mV/K, allerdings nur in der Nähe der Raumtemperatur. Die Kennlinie ist also nichtlinear **(Bild 4a)**.

Hysterese. Viele Sensoren haben bei zunehmendem Signal einen anderen Verlauf als bei einem abnehmenden, z. B. Sensoren mit der Nutzung der Werkstoffmagnetisierung. Das Sensorsignal ist nicht mehr eindeutig. Man spricht von Hysterese **(Bild 4b)**.

Drift. Häufig verändern sich physikalische Effekte aufgrund von Temperaturänderungen, so verändert sich z. B. das elektrische Leitvermögen. Da sich die Temperaturen meist langsam verändern, sind auch die Einflüsse eher allmählich. Man spricht von *Drift* und unterscheidet die **Nullpunktdrift (Bild 4c)** und die **Verstärkungsdrift (Bild 4d)**.

Bild 1: Kapazitiver Beschleunigungssensor in MEMS-Technologie

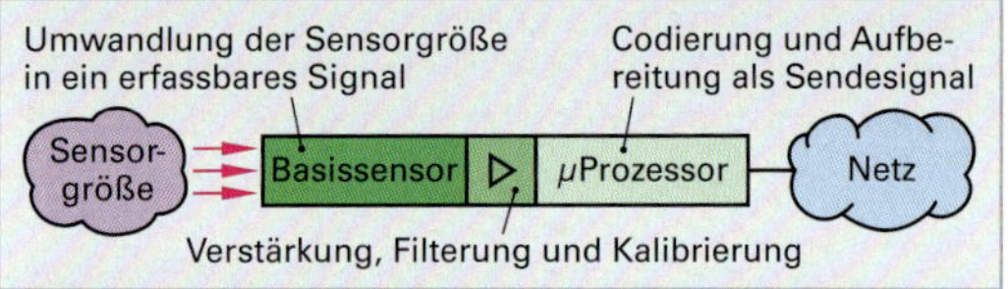

Bild 2: Aufbau eines Sensors

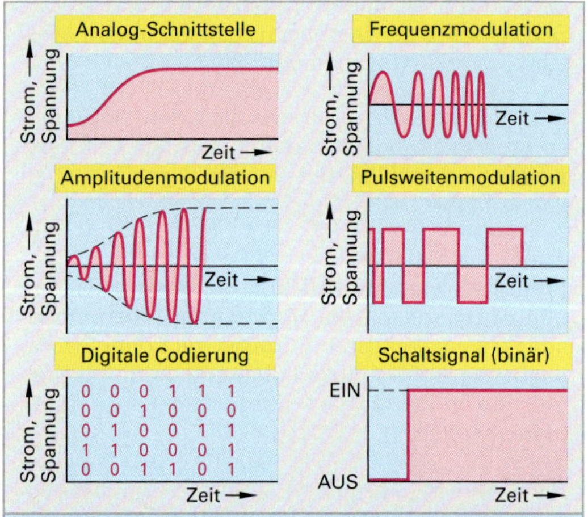

Bild 3: Einteilung nach Art der Ausgangssignale

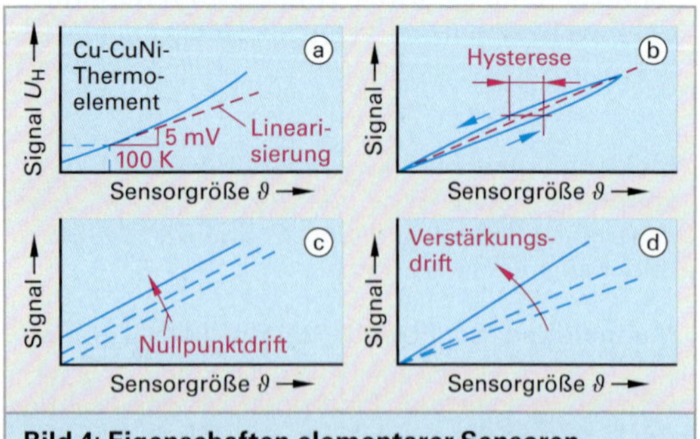

Bild 4: Eigenschaften elementarer Sensoren

4.2 Analoge Sensoren

Mit analogen Sensoren werden mechanische Größen, z.B. Weglängen oder elektrische Größen, z.B. Leistungen, in elektrische Spannungssignale oder Stromsignale umgewandelt.

Durch Kalibrieren können Sensoren auch als **Messwertgeber** verwendet werden.

Unter Kalibrieren versteht man nach DIN 1319 Bl. 1 das Feststellen des Zusammenhangs zwischen Messgröße und Anzeige. Die Signale von Messwertgebern können also in physikalischen Einheiten, z.B. bei Wegmessgebern in mm, angezeigt werden.

4.2.1 Wege, Winkel, Abstände und geometrische Strukturen

Potenziometrische Sensoren mit Schleifer

Durch Verschieben des Schleifers bei einem Schiebepotenziometer oder durch Verdrehen bei einem Drehpotenziometer verändert sich der Potenziometerwiderstand (**Bild 1** und **Bild 2**). Betreibt man das Potenziometer als Spannungsteiler, erhält man ein Spannungssignal U_x, das analog zur Schleiferstellung x und damit zum Weg bzw. Drehwinkel ist **(Bild 3)**. Wird das Potenziometer unbelastet oder nur wenig belastet ($R_L >> R$), z.B. durch Anschluss an ein Digitalvoltmeter oder an einen Messverstärker, dann ist das abgegebene Spannungssignal proportional zum Verschiebeweg bzw. zum Drehwinkel. Bei Belastung ist der Zusammenhang zwischen Weg und Sensorsignal nicht linear.

Messpotenziometer haben eine Widerstandsschicht aus leitendem Kunststoff. Diese ist sehr abriebfest und ermöglicht ca. 108 Schleiferspiele. Die Schleifer sind Edelmetall-Mehrfingerschleifer und mit Elastomer schwingungsgedämpft. Die typische Auflösung ist besser als 0,1 % und die Linearität besser als 1 %. Die Nennwertlängen reichen bei Linearpotenziometern von 10 mm bis 2 m. Messdrehpotenziometer sind meist durchdrehbar mit einem Messbereich von 0° bis 360°.

Linearpotenziometer verwendet man z.B. als Messtaster und zur Wegmessung bei Maschinentischen. Drehpotenziometer verwendet man zur Drehwinkelmessung, z.B. zum Erfassen der Gelenkwinkel bei einem Industrieroboter.

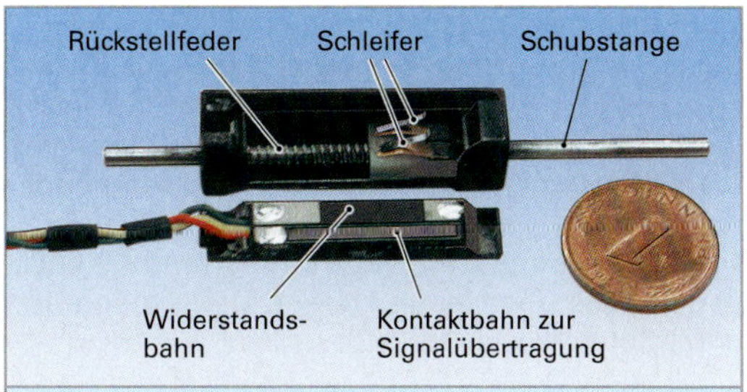

Bild 1: Schiebepotenziometer

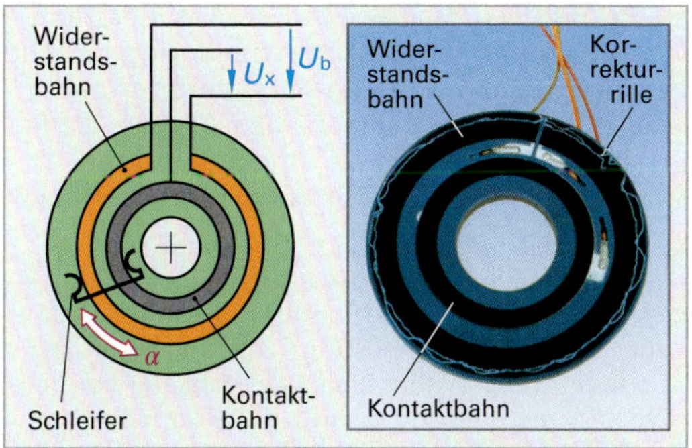

Bild 2: Drehpotenziometer

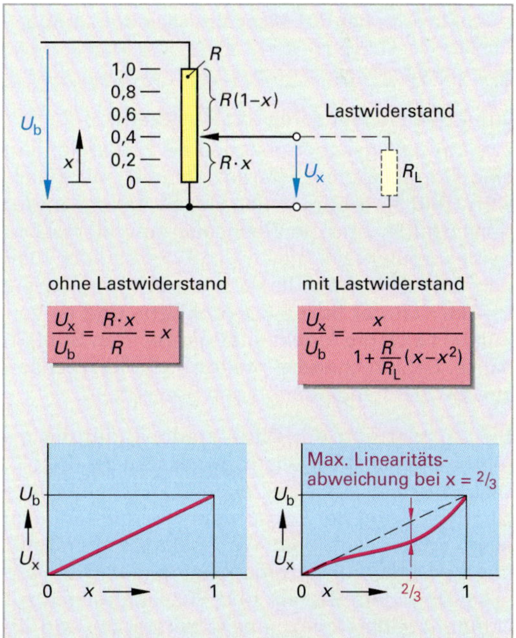

Bild 3: Potenziometer als Spannungsteiler

Schleifringlose potenziometrische Sensoren

Schleifringlose Potenziometer haben als Widerstandselement ein Differenzialfeldplattenelement **(Bild 1)**. Feldplatten sind sehr kleine Halbleiterelemente, deren Widerstand sich mit zunehmender magnetischer Durchflutung erhöht. Bei Weg- und Drehwinkelsensoren verwendet man 2 Feldplatten, die über einen kleinen Dauermagneten durchflutet werden **(Bild 2)**.

Durch Annähern eines Steuermagneten erhöht sich die magnetische Durchflutung bei der Feldplatte R_1, während sich die Durchflutung bei der Feldplatte R_2 verringert. Dadurch erhält R_1 einen großen Widerstand und R_2 einen kleinen Widerstand (Bild 2). Entsprechend dem Widerstandsverhältnis ändert sich das Sensorsignal. Die berührungslose Widerstandsveränderung ermöglicht einen verschleißfreien Aufbau. Lediglich Lagerreibungskräfte sind vorhanden. Der Linearitätsfehler beträgt im linearen Bereich ca. 2 %.

Feldplatten-Drehpotenziometer verwendet man zur Schwingungsmessung, zum Erfassen der Lage bei Tänzerwalzen, als Drehwinkelgeber bei Nachformsteuerungen und bei Bremspedalen und Fahrpedalen von Elektrofahrzeugen.

Feldplatten-Linearpotenziometer werden zum Erfassen kleiner Weglängen und Verlagerungen, z. B. an Robotergreifern sowie als Geber für Nullpunktpositionen bei Maschinenschlitten eingesetzt.

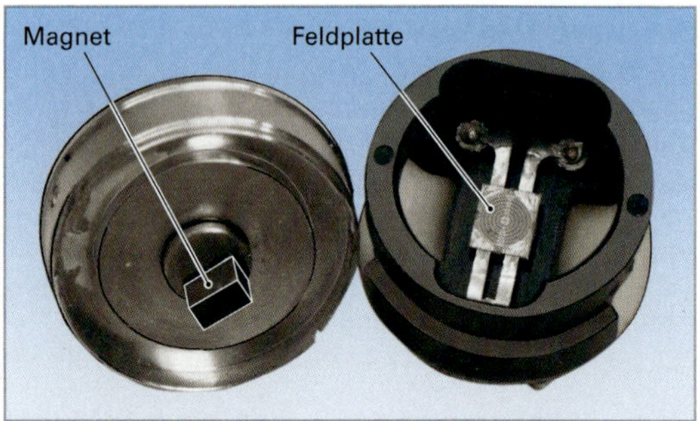

Bild 1: Feldplattenpotenziometer

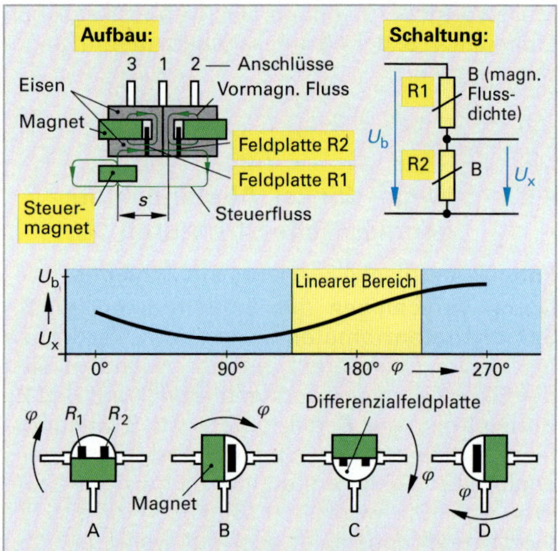

Bild 2: Aufbau, Schaltung und Kennlinie eines Feldplatten-Drehwinkelsensors

Induktive Wegsensoren mit Ferritkern

Induktive Wegsensoren haben als Fühlerelement eine Doppelspule (Differenzialspule) mit Eisenkern **(Bild 3)**. Befindet sich der Eisenkern in der Sensormitte, sind die Wechselstromwiderstände beider Spulenteile gleich groß. Verschiebt man den Eisenkern nach links, dann erhöht sich die Induktivität der linken Spulenhälfte, und es vermindert sich die Induktivität der rechten Spulenhälfte. Entsprechend verhalten sich die Wechselstromwiderstände der beiden Spulenteile.

Die Auswertung der Widerstandsänderung erfolgt mit einer Wechselstrommessbrücke (Bild 3). Diese besteht aus einer Widerstandshalbbrücke (zur Ergänzung der Sensorspulenwiderstände zu einer Vollbrücke), dem Wechselstromgenerator (meist 5 kHz) zur Stromspeisung der Brückenschaltung, dem Betrag- und Phasenabgleich zur Nullpunkteinstellung, einem Verstärker und einem Demodulator für eine phasenrichtige Gleichrichtung.

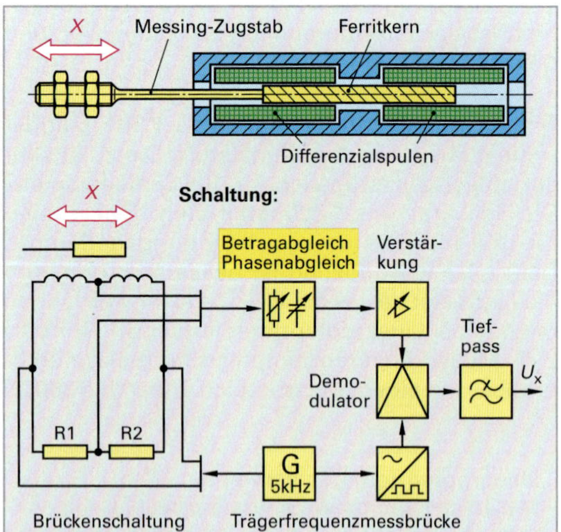

Bild 3: Induktiver Wegsensor und Auswerteschaltung

Durch Verschieben des Eisenkerns wird die Brückenschaltung verstimmt. Es entsteht eine Brückenquerspannung $U_{x\sim}$. Um die Verschieberichtung aus der Spannung $U_{x\sim}$ zu ermitteln, ist die phasenrichtige Gleichrichtung erforderlich. Hierzu wird elektronisch jede zweite Halbschwingung umgepolt **(Bild 1)**.

Induktive Wegsensoren gibt es mit Zugstab oder als Taster für Weglängen von 1 mm bis etwa 1 m. Beim Taster sorgt eine Schraubenfeder für die Tasterauslenkung. Die Auflösung des Messsignals liegt bei etwa 0,1 %, d.h. mit einem Wegtaster mit 10 mm Nennweglänge können Wegverschiebungen von 10 µm noch erfasst werden. Die Linearität ist etwa 1 %, d.h. die Messgenauigkeit bei 10 mm Nennweglänge beträgt etwa 100 µm.

Induktive Wegsensoren verwendet man als Taster zur Dickenmessung von Werkstücken, als Weggeber bei kleinen Maschinentischen, in Greifern von Robotern zum Erfassen der Greiferbewegung und zum Erfassen von Schwingungen, z.B. bei Prüfständen.

Berührungslose induktive Wegsensoren

Die Funktion dieser Sensoren beruht auf der Induktivitätsänderung einer Spule bei Annäherung an einen ferromagnetischen Gegenstand, wie z.B. Stahl **(Bild 2)**. Eine zweite Spule mit justierbarem Stahlplättchen im Innern des Sensors ermöglicht die Auswertung über eine Wechselstrommessbrücke. Der Zusammenhang zwischen Sensorsignal und Weglänge ist nur bei sehr kleinen Veränderungen linear und hängt von den ferromagnetischen Eigenschaften und der Form des angenäherten Gegenstandes ab. Dieser Zusammenhang muss experimentell ermittelt werden. Man nennt diesen Vorgang Kalibrieren. Die Messlängen liegen bei ca. 1 mm.

Berührungslose induktive Sensoren verwendet man bei Wegmessungen von bewegten Gegenständen, z.B. von Verlagerungen von Drehmaschinenspindeln (bei Belastung) oder zum Erfassen von Schweißfugen und Blechkanten beim Schweißen mit Robotern.

Der **FLDT-Sensor** (FLDT von engl. Fast Linear Displacement Transducer = schneller linearer Wegaufnehmer) besteht aus einer einlagigen Zylinderspule mit einem Ferritmantel, eingebaut in eine Edelstahlhülse **(Bild 1, Seite 80)**. In die Spule taucht ein bewegliches Aluminiumrohr von etwa 1 mm Wandstärke ein. Die Spule wird über eine Konstantstromquelle mit einem Wechselstrom von etwa 100 kHz betrieben. Das erzeugte hochfrequente Magnetfeld ruft in der oberen Schicht des Aluminiums Wirbelströme hervor, die wegen der Lenz'schen Regel[1] das Magnetfeld im Bereich des Aluminiumrohres aufheben. Somit ergibt sich die Spuleninduktivität nur aus dem Teil der Spule, in dem das Magnetfeld vorhanden ist. Eine Verlagerung des Aluminiumkerns bewirkt daher eine Änderung des induktiven Widerstandes.

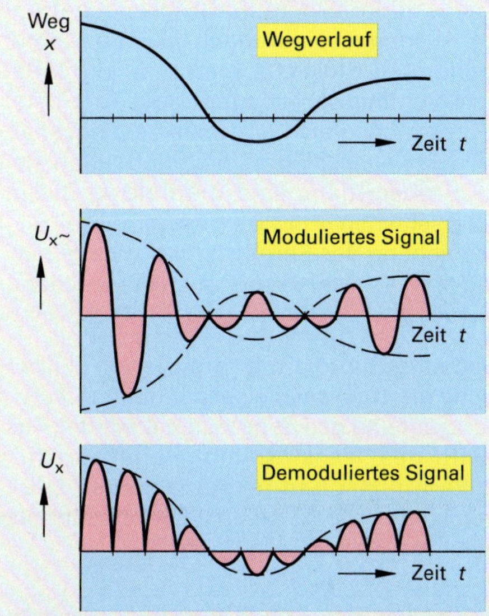

Bild 1: Demodulation durch phasenrichtige Gleichrichtung

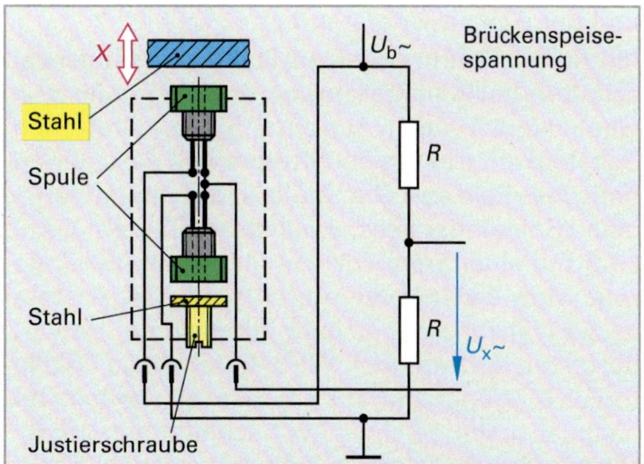

Bild 2: Berührungsloser induktiver Wegsensor

[1] Lenz'sche Regel: Der durch Induktion hervorgerufene Strom ist stets so gerichtet, dass er seine Ursache zu hemmen versucht. *Heinrich Friedrich Emil Lenz*, russ. Physiker (1804 bis 1865)

Sensoren mit Veränderung der induktiven Kopplung

Der **LVDT-Sensor** (von engl. Linear Variable Differential Transformer = linearer veränderbarer Differenzialtransformator) ist ein Differenzialtransformator. Dieser hat einen beweglichen, ferromagnetischen Kern und zwei Ausgangsspulen **(Bild 2)**. Das Messprinzip beruht auf einer Veränderung der magnetischen Kopplung zwischen der Eingangsspule und den Ausgangsspulen.

Bei einer einfachen Auswerteschaltung **(Bild 3)** wird mit je einer Zweipuls-Brückenschaltung jede der Ausgangsspannungen gleichgerichtet. Die zugehörigen Gleichströme I_{21}, I_{22} durchfließen den Strommesser einander gegengerichtet, sodass dieser bei gleich großen Ausgangsspannungen nicht ausschlägt. Verschiebt man den Kern nach oben, dann sind die beiden Gleichströme verschieden groß. Der Strommesser zeigt die Verschiebung des Kerns an, und zwar je nach Richtung der Verschiebung mit verschiedener Stromrichtung.

LVDT-Sensoren gibt es mit integrierter Elektronik, welche die Wechselspeisespannung mit etwa 20 kHz erzeugt und das Sensorsignal auf der Ausgangsseite des Transformators phasenrichtig demoduliert, filtert und verstärkt. Diese LVDT-Sensoren können direkt an eine Gleichspannung angeschlossen werden.

LVDT-Sensoren haben meist eine integrierte Elektronik und können mit Gleichspannung betrieben werden.

Sensoren mit Veränderung der Dämpfung und des Scheinwiderstandes

Induktive berührungslose Näherungssensoren schalten bei Annäherung an einen metallischen Gegenstand **(Bild 4)**. Aus einer Spule mit offenem Schalenkern tritt ein hochfrequentes elektromagnetisches Feld aus. Die Spule ist der induktive Teil eines Schwingkreises, welcher von einem Oszillator mit einer Frequenz von mehreren kHz angeregt wird. Gelangt ein metallischer Gegenstand in die Nahzone der Schwingkreisspule, so wird durch die auftretenden Wirbelströme die Oszillatorschwingung sehr stark gedämpft, sodass der nachgeschaltete Schwellwertschalter anspricht. Hierzu wird die Oszillatorschwingung hochohmig einem Demodulator zugeleitet und mit einem elektronischen Schwellwertschalter als *Grenzwertglied* auf Signalunterschreitung überwacht. Über eine Logikschaltung erhält man antivalente (gegenwärtige) Signale, z. B. mit H-Pegel und L-Pegel.

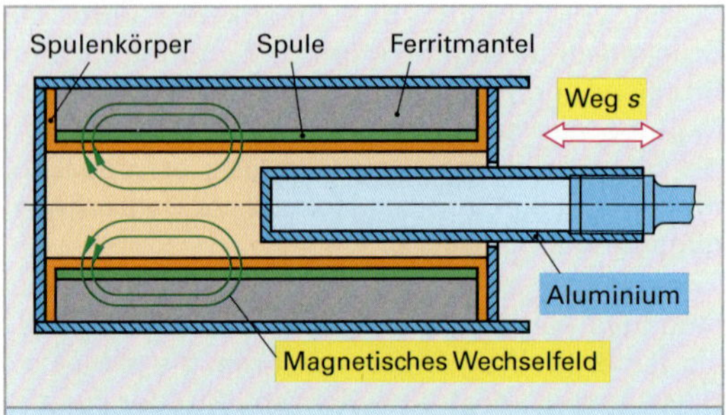

Bild 1: FLDT-Sensor

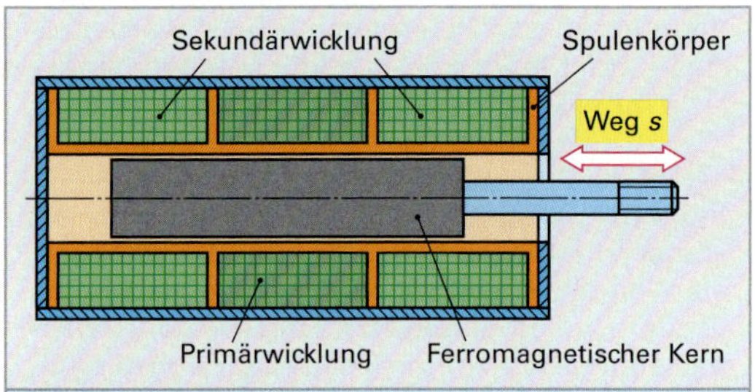

Bild 2: LVDT-Sensor

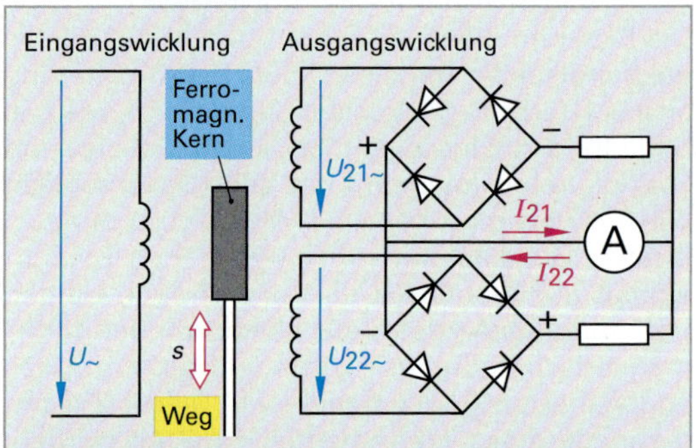

Bild 3: Differenzialtransformator mit einfacher Auswerteschaltung

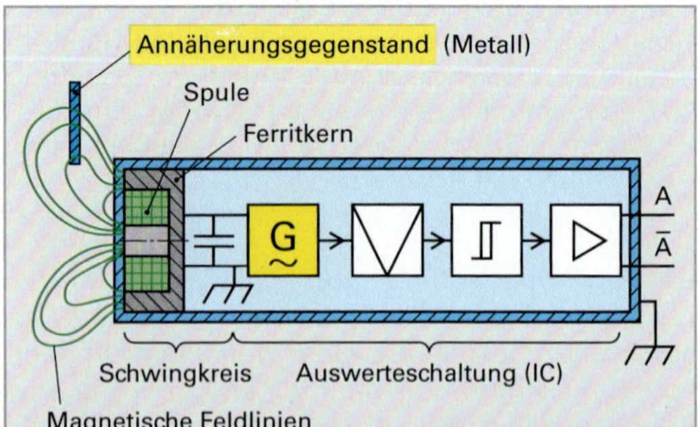

Bild 4: Induktiver Näherungssensor

Kapazitative Weg- und Abstandssensoren

Kapazitative Weg- und Abstandssensoren basieren auf dem Effekt abnehmender Kapazität bei zunehmendem Elektrodenabstand oder abnehmender Elektrodenfläche. Beim Sensor in **Bild 1** wird um die Messelektrode eine Schirmelektrode mit gleichem Spannungspotenzial angeordnet. So erhält man ein homogenes elektrisches Messfeld. Damit können auch kleine Kapazitätsänderungen mit fast linearer Abhängigkeit erfasst werden.

Zur Wegerfassung, auch längerer Wege bis 2 m, verwendet man Rohr-Sensoren **(Bild 2)**. Schiebt man den Kolben, der isoliert gelagert ist, in das Rohr, verändert sich die Kapazität des Sensors. Mit einer Wechselstrommessbrücke wird die sich ändernde Kapazität in ein Messsignal umgewandelt.
Beim Laserschneiden wird der Abstand zwischen isolierter Kupferschneiddüse und metallischem Werkstück durch Kapazitätsmessung ermittelt **(Bild 3)**. Damit kann durch eine Abstandsregelung das Laserschneidwerkzeug der Werkstückoberfläche folgen.

Ultraschall-Laufzeitsensoren

Aus der Schalllaufzeit zwischen gesendetem Schallpuls und empfangenem Schallpuls können Wege und Abstände ermittelt werden. Zumeist sind der Schallsender und der Schallempfänger am selben Ort und es wird der reflektierte Schall ausgewertet **(Bild 4)**.

Die Ultraschallwellen werden meist mithilfe eines Piezokristalls **(Bild 4)** erzeugt. Der Piezokristall wandelt auch ankommende Schallwellen wieder in elektrische Schwingungen um. Für Sensoren zur Abstandsmessung in Luft **(Bild 4)** verwendet man Ultraschall mit Frequenzen von etwa 200 kHz bis 400 kHz.
Beim Körperschall-Wegsensor **(Bild 5)** wird die Laufzeit des Körperschalls in einem Massivdraht, geschützt durch ein druckdichtes Metallrohr, ausgewertet.

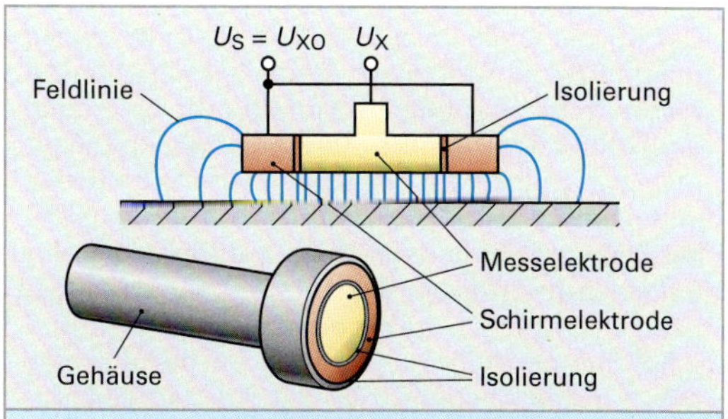

Bild 1: Kapazitiver Abstandssensor

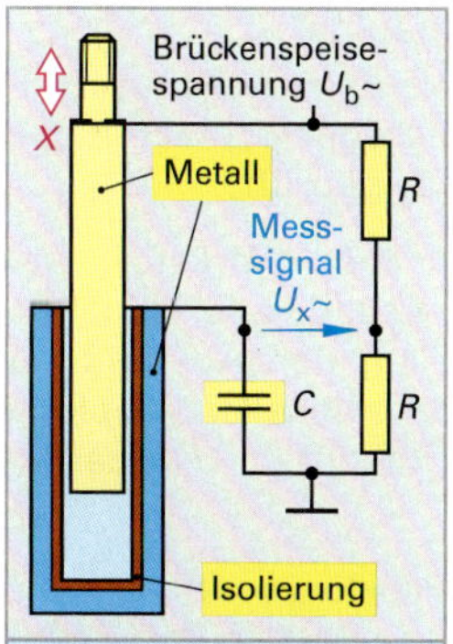

Bild 2: Kapazitiver Wegsensor

Bild 3: Abstandsmessung beim Laserschneiden

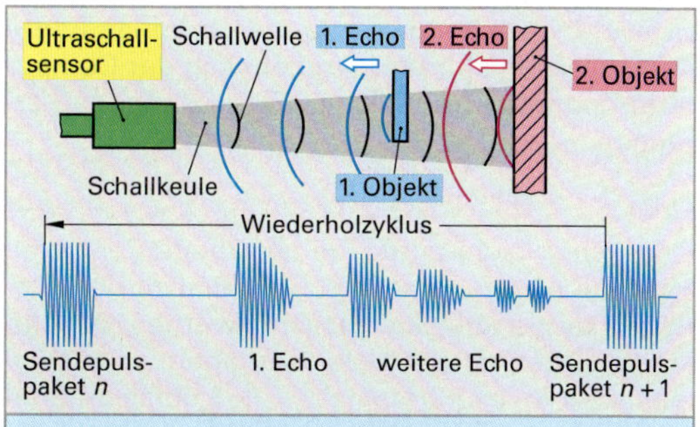

Bild 4: Ultraschall-Abstandsmessung

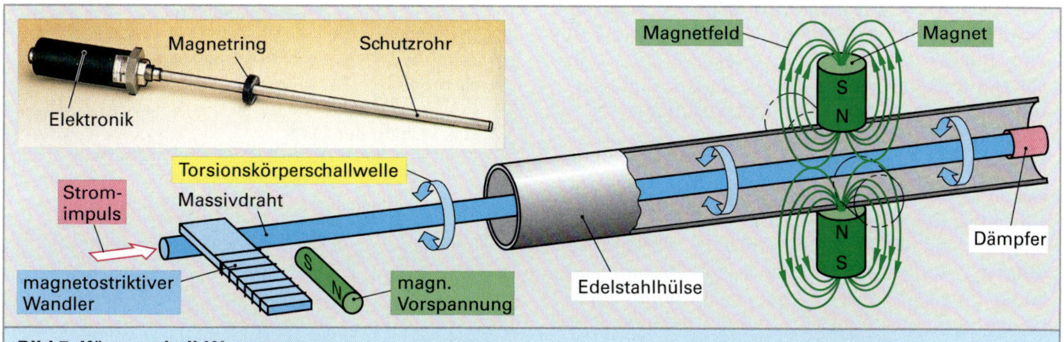

Bild 5: Körperschall-Wegsensor

Der Körperschall wird hier durch Stromimpulse magnetostriktiv erzeugt. Beim verschiebbaren Magnetring entsteht im Metalldraht ein radial gerichteter Kraftimpuls (Torsionsimpuls). Dieser pflanzt sich als eine Torsions-Körperschallwelle in beide Richtungen im Draht fort. Auf der Seite der Elektronik befindet sich ein magnetostriktiver Sensor zum Erfassen des Torsionsimpulses. Die Laufzeit zwischen gesendetem Strompuls und empfangenem Torsionsimpuls ist ein direktes Maß für den Abstand bzw. die Position des Magnetringes.

Ultraschallprüfung (Sonographie)

In der **Werkstoffprüfung** werden mit Ultraschallwellen bis 50 MHz Bauteile oder Schweißnähte auf Materialfehler bzw. Risse geprüft.

An Stoffgrenzen, z.B. zwischen Werkstoff und Riss(hohlraum), wird der Schall reflektiert. Die Schalllaufzeit ist ein Maß für den Abstand zur Stoffgrenze **(Bild 1)**. Die Körperschalleinkopplung (Übertragung) zwischen Prüfkopf und Körper erfolgt über ein Gel.

In der **medizinischen Sonardiagnostik** erfasst man mit Ultraschallwellen im Bereich von 3 MHz bis 12 MHz Gewebestrukturen, häufig zur Krebsdiagnose **(Bild 2)**. Man erhält fotographische Darstellungen: Je dunkler die Bildbereiche sind, umso größer ist der Flüssigkeitsanteil. Durch Ortsverändern der Sonarsonde kann man ganze Körperpartien abprüfen und ähnlich der Computertomographie räumliche 3D-Darstellungen erzeugen.

Lidar

Lidar (engl. Light detection and ranging) ist eine optische Abstandsmesstechnik ähnlich dem Radar. Es können Objekte gescannt werden. Der Lidarsensor sendet dazu elektromagnetische Wellenpakete im sichtbaren oder im nichtsichtbaren Wellenbereich aus.

Die Wellenpakete werden zum Scannen horizontal und vertikal über Spiegel abgelenkt und von den angepeilten Objekten reflektiert. Aus den Lichtlaufzeiten **(Bild 3)** werden punktuell Entfernungen berechnet und dem Objekt zugeordnet.

Aufgrund der hohen Lichtgeschwindigkeit (ca. 300000 km/s = $0{,}3 \times 10^{12}$ mm/s) ist die Lichtlaufzeit für 1 mm = 1 s/0,3 10^{12} = 3,3 10^{-12} s = 3,3 ps) sehr kurz. Für Hin- und Rücklauf verdoppelt sich die Lichtlaufzeit. Um Objekte, z.B. Werkstücke **(Bild 4)**, millimetergenau erfassen zu können sind Laufzeitmessungen im Pikosekundenbereich (ps) notwendig. Vorteilhaft ist, dass in kurzer Zeit viele Messungen gemacht werden können.

Lidarsensoren im Kfz haben Reichweiten bis zu 250 m und werden beim Bremsassistenten oder bei der Abstandsregelung genutzt.

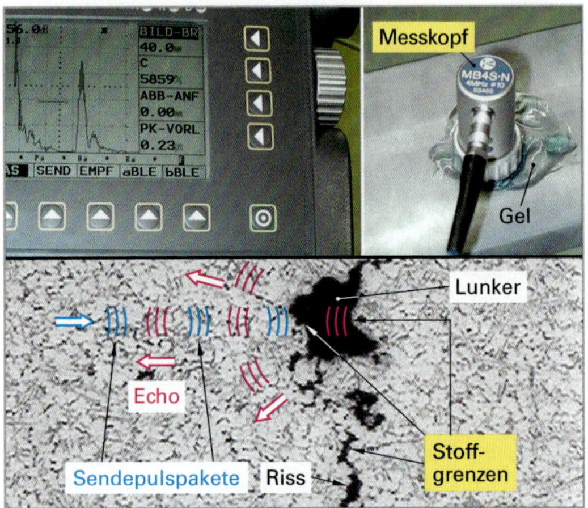

Bild 1: Materialprüfung mit Ultraschall

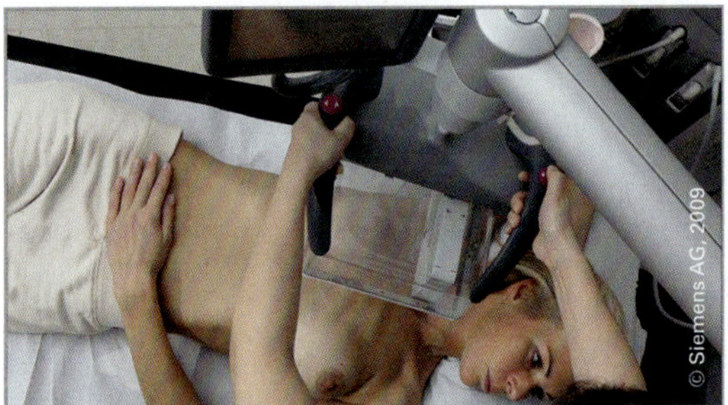

Bild 2: Ultraschall-3D-Mammographie

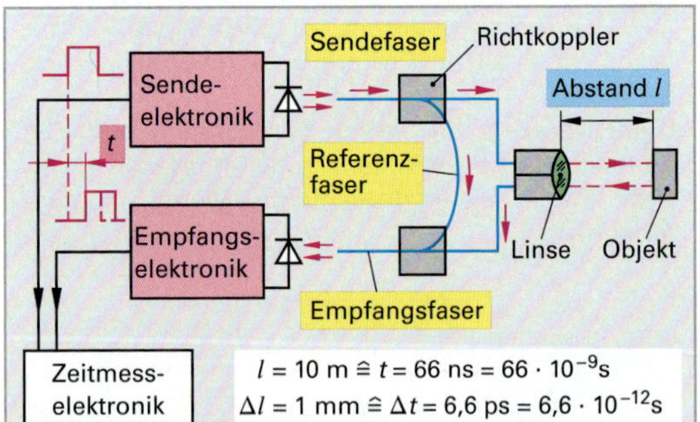

Bild 3: Prinzip des Lidar

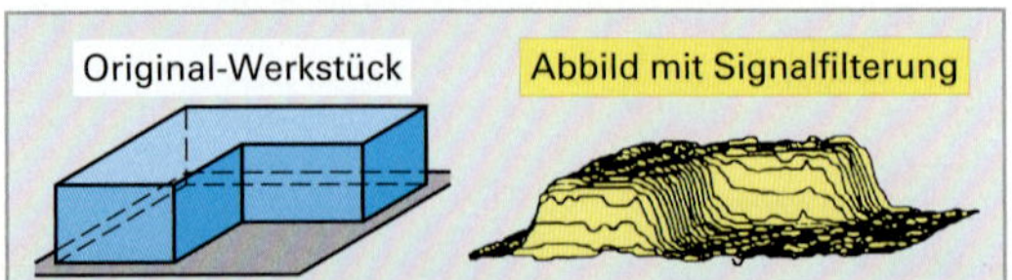

Bild 4: Scannen mit Lidar

Radarsensoren

Mit Radarsensoren **(Bild 1)** kann man Abstände und Geschwindigkeiten messen. Die Frequenzbänder liegen im Bereich von 2,4 GHz bis 246 GHz. Typische Anwendungen sind: Assistenzsysteme im Kfz-Bereich (76 GHz bis 77 GHz), Füllstandmessung, Alarmanlagen (Einbruchmeldesysteme), Zugangskontrolle und Raumüberwachung.

Mit Radarwellen kann man, ähnlich wie mit Lichtwellen bei den Lidar-Sensoren, Radarpulspakete aussenden und die Laufzeit des zugehörigen reflektierten Impulspakets (Echosignal) messen. Radarwellen breiten sich wie Lichtwellen mit der Lichtgeschwindigkeit *c* aus.

Meist arbeitet man mit einem frequenzmodulierten Dauerstrichsignal. Die Radarfrequenz wird nach einer linearen Rampe für die Zeit T_s (Rampenzeit) um den Frequenzhub f_h erhöht. Je größer die Objektentfernung *R* ist, umso größer ist die Laufzeit der Radarwelle Δt (für Hin- und Rücklauf = doppelte Entfernung) und umso größer ist die Differenzfrequenz f_d **(Bild 1)**. Aus Δt und f_d berechnet sich die doppelte Entfernung zu: $2R = \Delta t \cdot c = c \cdot f_d \cdot T_s / f_h$.

Optische Sensoren

Optische Basissensoren sind **Fotodioden**, **Fotoelemente** und **Fototransistoren**. Ihre Anwendung ist vielfältig, z.B. in schaltenden und in messenden Lichtschranken, in Dämmerungssensoren, in Rauchmeldern oder in Farbsensoren.

Die **Fotodiode (Bild 2a)** wird in Sperrrichtung betrieben. Der Sperrstrom *I* ändert sich bei Beleuchtung von wenigen µA bis zu einigen 100 µA.

Das **Fotoelement (Bild 2b)** entspricht im Aufbau einer Diode. Bei Beleuchtung entsteht zwischen dem N-Halbleiter und dem P-Halbleiter eine Spannung bis 0,3 V bei Ge-Ementen und bis 0,7 V bei Si-Elementen. Das Fotoelement wird also durch Lichteinwirkung zu einer Spannungsquelle. Beim **Fotowiderstand (Bild 2c)** ändert sich der Widerstand in dem weiten Bereich zwischen einigen MΩ und wenigen Ω. **Fototransistor und Fotothyristor** werden bei Beleuchtung stromleitend.

Die **optischen Strahlungsquellen** sind meist **LEDs** mit monochromem Licht oder mit Infrarotstrahlung sowie **Halbleiterlaser** mit rotem Licht und mit Infrarotstrahlung sowie **Yb:YAG-Laser** mit infraroter, grüner und ultravioletter Strahlung **(Bild 3)**.

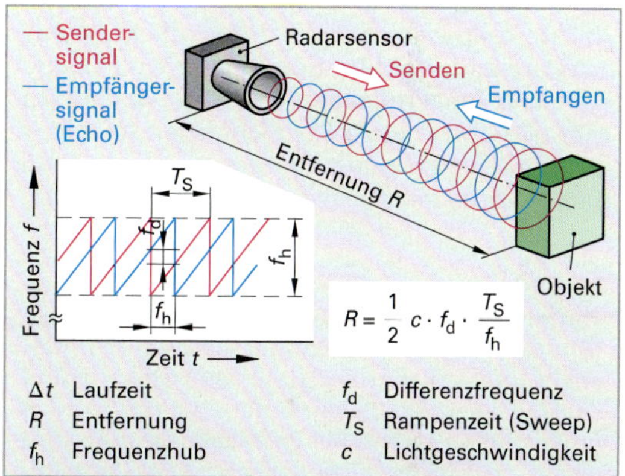

Bild 1: Radarsensor

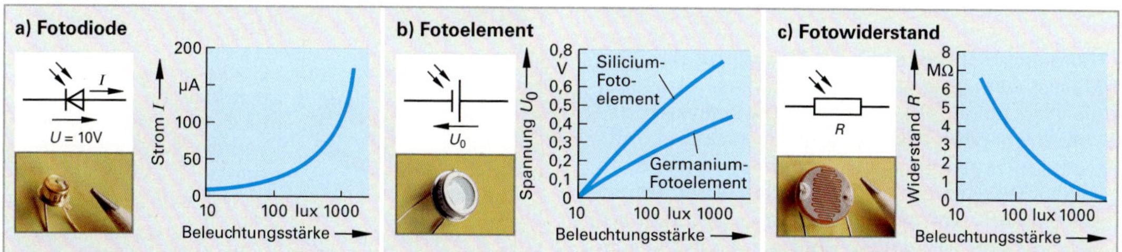

Bild 2: Fotosensoren

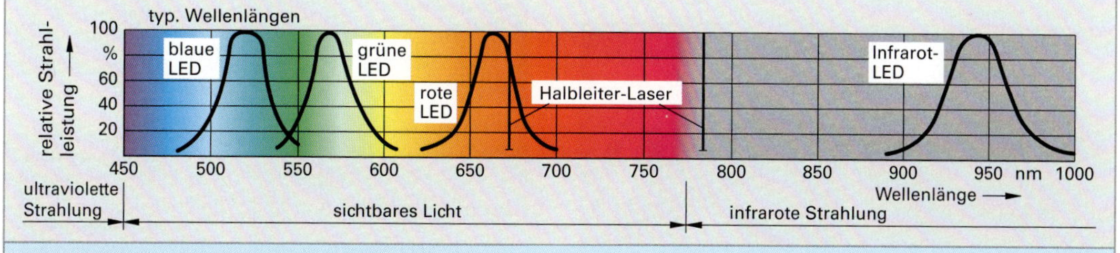

Bild 3: Wellenlängen optischer Strahlquellen

Lichtschranken

Lichtschranken erfassen in einem Durchgangsbereich eines Lichtstrahls Objekte. Die Anwendung nutzt man z. B. im Supermarkt zum Erkennen von Waren auf einem Transportband. Mit **Lichtvorhängen** können Gefahrenbereiche, z. B. Roboterzellen, abgesichert werden **(Bild 1)**. Durch Umlenkspiegel können auch weitläufige Umzäunungen ausgeführt werden.

Man unterscheidet Lichtschranken mit Sender und Empfänger in *zwei* Bauteilen und in *einem* Bauteil **(Tabelle 1)**. Dabei unterscheidet man Reflexions-Lichtschranken mithilfe eines Reflektors und solche, die auf diffus reflektierendes Licht reagieren. Der Reflektor ist ein Kunststoffteil mit vielen kleinen Tripelprismen. Dadurch entfällt eine genaue Justage. Der reflektierte Strahl ist stets parallel zum einfallenden Strahl.

Objekte können auch durch diffus reflektierendes Licht erkannt werden. Spiegelnde Oberflächen (multifunktional reflektierende Oberflächen) sind nicht geeignet, da sie das Licht irgendwohin reflektieren, also nicht unbedingt zum Empfänger. Ähnlich verhalten sich glänzende Oberflächen.

Mit **Polarisationsfiltern** können Reflexionen von glänzenden Oberflächen verringert werden **(Bild 2)**. Bei glatten nichtmetallischen Oberflächen, wie z. B. bei Kunststoffen, Gläsern und Lackierungen, wird Licht unter anderem Winkel polarisiert reflektiert. Mit Polarisationsfiltern wird dieses polarisierte Licht gesperrt. Die Glanzstellen verschwinden.

Reflexlichtschranke zur Werkzeugprüfung. Das Messsystem **(Bild 4)** sendet einen Laserstrahl auf die Werkzeugspitze. Die Elektronik analysiert das vom drehenden Werkzeug diffus rückstreuende Licht. Bei regelmäßig ankommenden Reflexionen ist das Werkzeug nicht gebrochen. Zum Schutz der Sensorik werden Schutzklappen (Shutter) sowie Sperrluft verwendet. Bohrer auch mit kleinstem Durchmesser können erkannt werden.

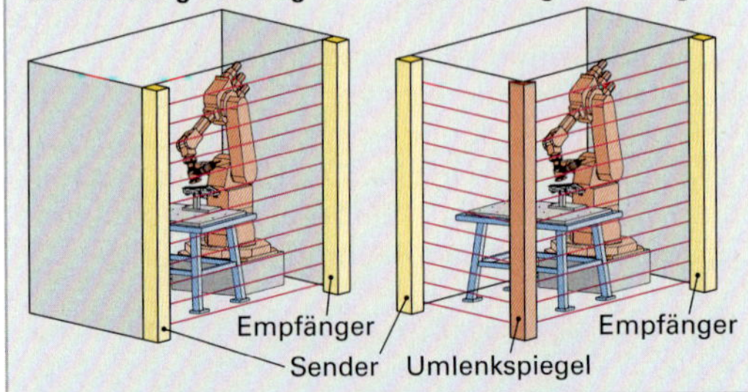

Bild 1: Abschrankung mit Lichtvorhang

Tabelle 1: Lichtschrankenarten

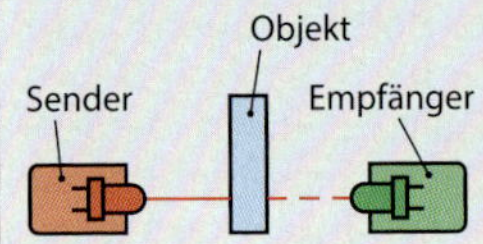	Lichtschranke, Sender und Empfänger sind getrennt voneinander. Der Lichtstrahl wird durch das Objekt, das dazwischen ist, unterbrochen.
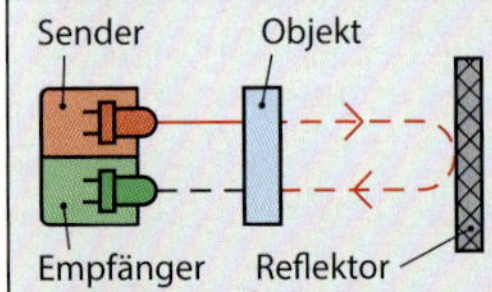	Sender und Empfänger sind im selben Gehäuse. Der Lichtstrahl wird durch einen Tripelreflektor reflektiert, wenn kein Objekt dazwischen ist.
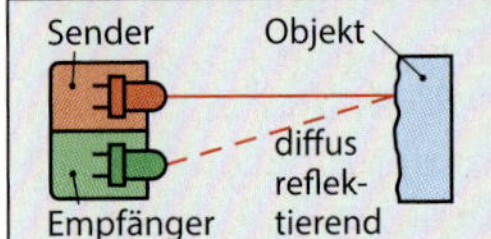	Sender und Empfänger sind im selben Gehäuse, der Lichtstrahl wird vom Objekt diffus reflektiert.
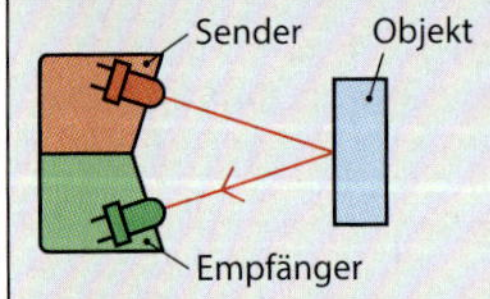	Sender und Empfänger sind in einem Gehäuse auf bestimmtem Winkel verbaut. Erkannt werden Objekte in definiertem Abstand.
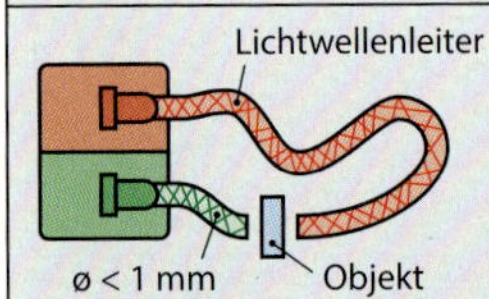	Lichtleiter werden zur Miniaturisierung eingesetzt für Zugänge bei beengten Raumverhältnissen. Sie sind unidirektional oder bidirektional.

Als Lichtsender werden meist LEDs verwendet (Rot, Grün, Blau, Weiß).

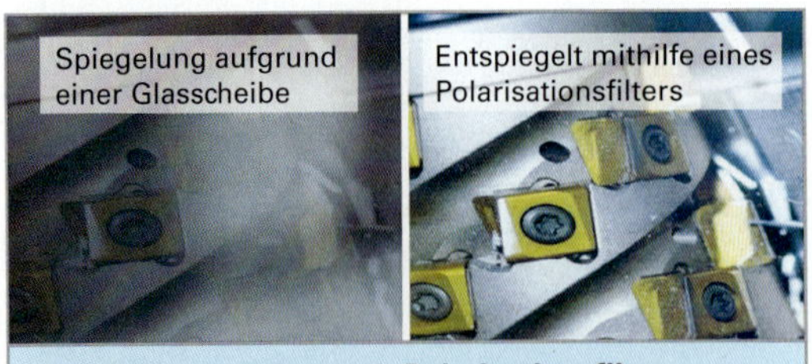

Bild 2: Entspiegelung mit Polarisationsfilter

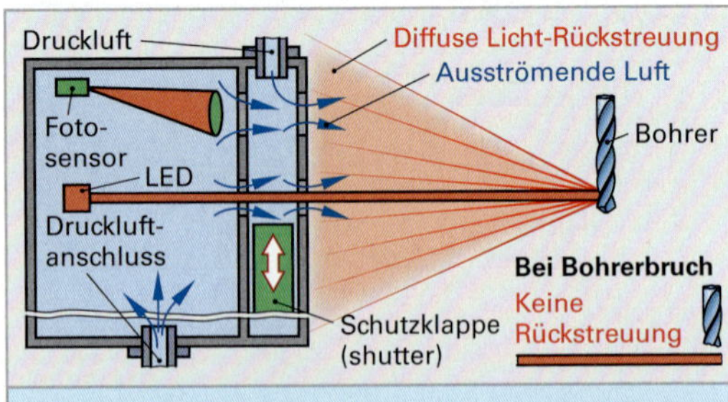

Bild 3: Reflexlichtschranke zur Werkzeugprüfung

Messende Lichtschranken

Lichtschranken mit mikrometerfeinem Lichtstrahl ermöglichen in Verbindung mit Längenmesssystemen das genaue Erfassen von Längen und Dicken. Genutzt wird dieses Prinzip z. B. bei Werkzeugmaschinen zur automatischen *Werkzeuglängenkorrektur* und *Werkzeugradiuskorrektur* **(Bild 1)**.

Hier fährt jeweils vor Arbeitsbeginn die Werkzeugmaschine mit der Werkzeugschneide die Lichtschranke an und ermittelt durch optisches Antasten in Z-Richtung die aktuelle Werkzeuglänge und durch optisches Antasten in x-Richtung bei rotierendem Werkzeug den aktuellen Fräserradius und gegebenenfalls einen „Schlag" im Werkzeug.

Laser-Mikrometer-Lichtschranken verwendet man zur mikrometergenauen Messung der Abschattung von Objekten, z. B. zum kontinuierlichen Messen von durchlaufendem Band- oder Drahtmaterial.

Es gibt hierzu unterschiedliche Messverfahren **(Bild 2a, b, c)**: Gemeinsam der drei Verfahren ist das Erfassen der Objektabschattung auf einer hochauflösenden CCD-Zeile. Zur genauen Objektabschattung wird eine Lichtlinie mit parallel ausgerichtetem Licht erzeugt. Durch Zählen der nicht beleuchteten Pixel im CCD-Element erhält man die Länge der Abschattung und damit die Messobjektdicke. Durch Interpolation der CCD-Zeilensignale erreicht man Messgenauigkeiten von etwa 2 µm. Die Zahl der Abtastungen beträgt z. B. 1200 pro Sekunde.

Im Verfahren a) erzeugt man eine wandernde Laserlinie mithilfe eines Polygonspiegelrads, welches im Mittelpunkt eines Parabolspiegels (-Segments) steht.

Im Verfahren b) wird mit Planspiegeln gearbeitet. Hierbei fächert der Laserstrahl auf und wird mithilfe einer Kondensoroptik als wandernde Lichtlinie auf das Messobjekt und die CCD-Zeile projiziert.

Im Verfahren c) wird das Licht eines sehr starken Lasers, meist ein Greenlaser, strahlenförmig aufgeweitet, sodann über eine Kondensoroptik als Lichtstreifen auf das Messobjekt und die CCD-Zeile projiziert.

Farberkennung

Zur Objekterkennung nach Farben nützt man das Absorptionsverhalten **(Bild 4)** gefärbter Objekte aus. Ein rotes Objekt absorbiert alle Lichtfarben außer der, des roten Lichts. Ein Reflexionssensor mit rot strahlender LED erkennt einen solchen Gegenstand. Durch Kombination von einer blau strahlenden LED, einer grün strahlenden LED und einer rot strahlenden LED können alle Farben erzeugt werden, auch diejenige, die erkannt werden soll. Wird diese nun vom zu prüfenden Gegenstand reflektiert, so hat dieser Gegenstand gerade diese Farbe.

Anwendung. Man kann Objekte auf bestimmte Farben abprüfen, z. B. die Adern von Kabeln, um diese automatisch an die Steckerpins anzuklemmen. Die Farbanalyse kann auch zur Vermeidung von Glanzstellen genutzt werden.

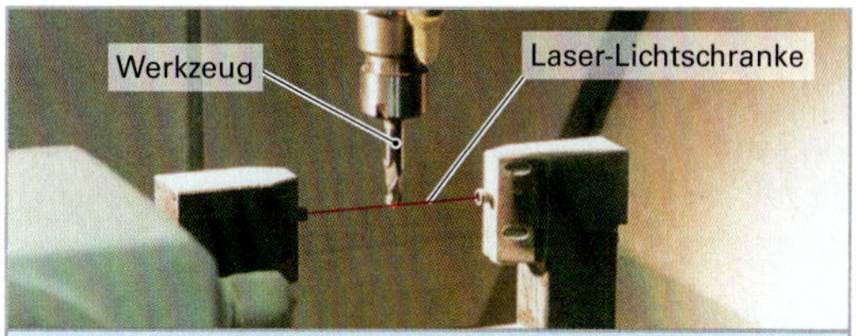

Bild 1: Messende Lichtschranke

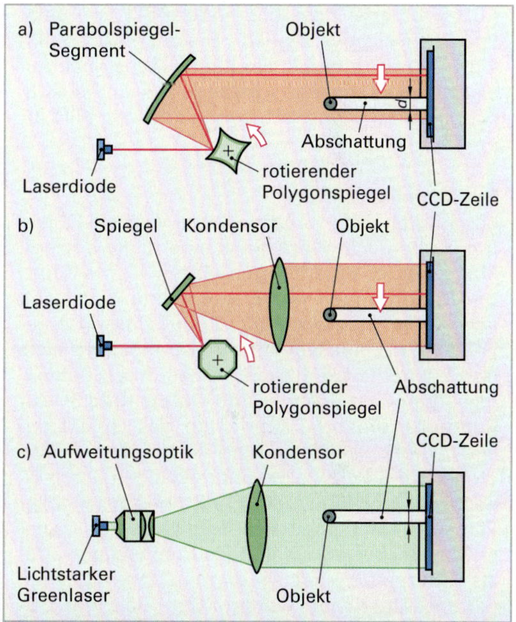

Bild 2: Laser-Mikrometer-Lichtschranken

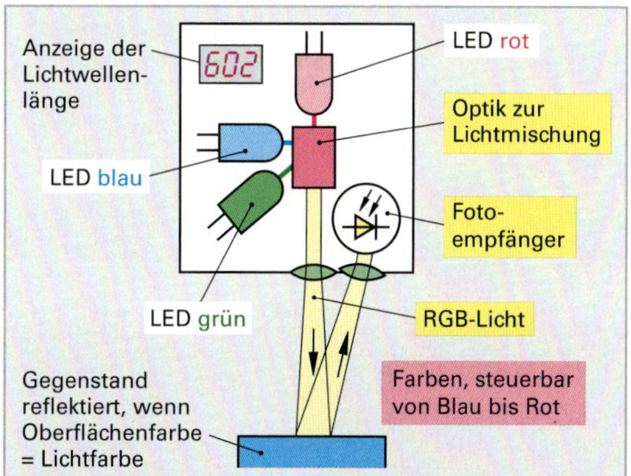

Bild 3: Lichttaster zur Farberkennung

Optische Geometrieerfassung

Entfernungsmessung durch Triangulation. Sind in einem Dreieck mit zwei Punkten A und B und der Basis *c* die Winkel, z. B. α und β bekannt, so ist das Dreieck vollständig bestimmt und man kann durch *Triangulation* (trigonometrische Rechnung) die Entfernung des dritten Punktes C von den Punkten A also $\overline{AC}$ bestimmen **(Bild 1)**. Das Verfahren ist seit Langem in der Landvermessung eingeführt. In der Automatisierungstechnik wird es zur Abstandsbestimmung und zum Scannen räumlicher Gebilde genutzt.

Abstandssensoren nach dem Triangulationsprinzip erfassen über eine Optik das rückstreuende Licht vom Objekt, optisch fokussiert auf eine CCD-Zeile oder Positionsdiode (PSD, von engl. Position Sensitive Device). Diese liefert abhängig vom Auftreffpunkt ein Spannungssignal. Auf diese Weise kann man Abstände z. B. zu Werkstücken berührungslos sehr genau erfassen **(Bild 2)**.

Streifenlichtscanner

Bei Streifenlichtscannern wird ein auf ein Objekt projizierter Lichtpunkt längs einer Linie bewegt. Man erzeugt einen sogenannten Lichtschnitt. Die Entfernungen der Einzelpunkte des *Lichtschnitts* werden ermittelt. Zum Erfassen einer Volumenstruktur werden mehrere Lichtschnitte in schneller Folge aufgenommen durch Relativbewegung von Scanner und Objekt **(Bild 3)**. Zur Rundum-Aufnahme kann man das Objekt auf einen Drehteller stellen und dieses schrittweise drehen **(Bild 4)**. Viele Scanner erzeugen durch Eigenbewegung ihrer Lichtschnittoptik in schneller Folge ein Lichtschnittfeld **(Bild 5)**. Die gescannte Oberfläche kann digital als Punktewolke oder als Gitternetz dargestellt werden und mit einem Farbfoto überlagert werden. So erhält man 3D-Objektdarstellungen, z. B. von Personen.

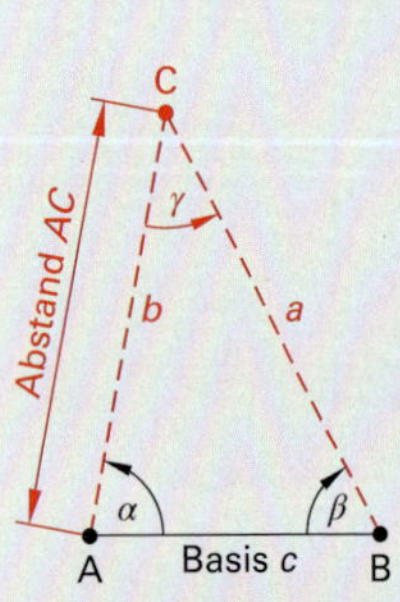

Berechnung des Abstandes $\overline{AC}$:
Nach dem Sinussatz für ebene Dreiecke gilt:

$$\frac{b}{\sin\beta} = \frac{c}{\sin\gamma} \Rightarrow b = \frac{c\sin\beta}{\sin\gamma}$$

Mit $\gamma = 180° - (\alpha + \beta)$ ist:

$$b = \frac{c\sin\beta}{\sin(180° - (\alpha + \beta))}$$

Beispiel: $c = 30$ mm, $\alpha = 80°$, $\beta = 60°$

$$\overline{AC} = b = \frac{30\text{ mm}\cdot\sin 60°}{\sin 40°} = 40{,}418\text{ mm}$$

Bild 1: Triangulation

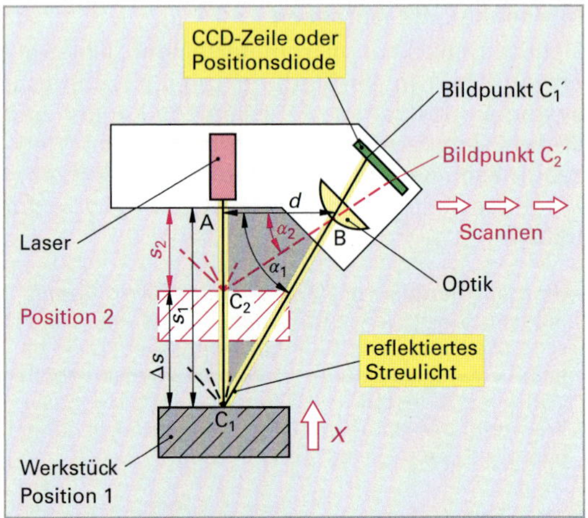

Bild 2: Abstandssensor

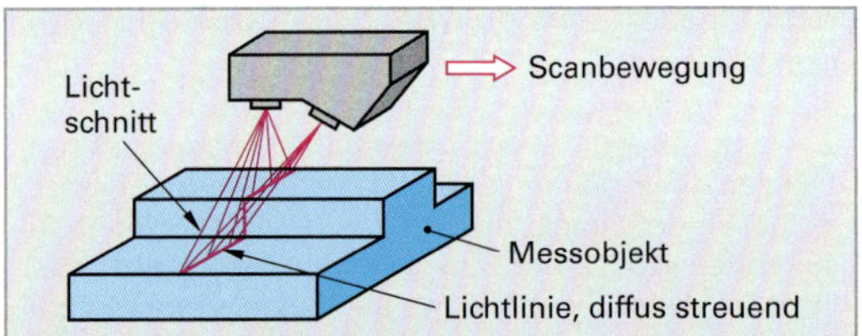

Bild 3: Scannen mit Lichtschnitt

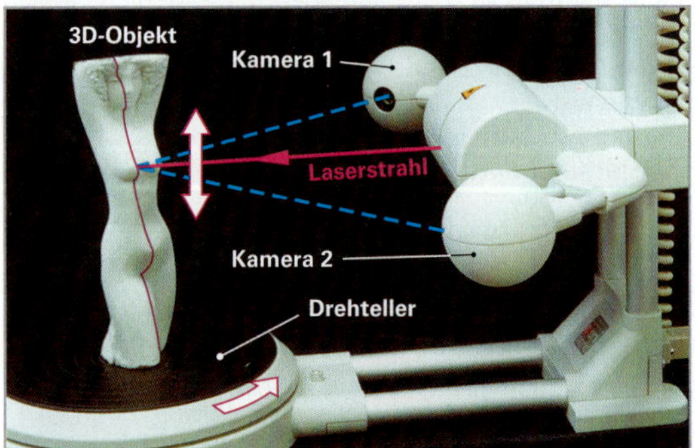

Bild 4: Laserscannen mit linearer Laserpunktbewegung und Objektrotation

Bild 5: Laserscannen mit Lichtschnittfeld

Röntgen-Computertomographie (CT)

Die Röntgen-Computertomographie[1] ist eine Technologie zur 3D-Datenermittlung von Körpern. Voraussetzung ist, dass diese Körper für Röntgenstrahlung durchstrahlbar sind. Problematisch bzw. ausgeschlossen sind somit dickwandige Vollform-Metallkörper z. B. aus Eisen. Gut geeignet sind Körper aus Leichtmetallen, z. B. Aluminium, Magnesium, aus Kunststoff, Keramik und aus biologischen Substanzen. Man kann sowohl die inneren Strukturen als auch die äußere Geometrie erfassen.

Man unterscheidet:

- die **industrielle CT** zur Mess- und Prüftechnik mit statischem Detektor **(Bild 1)**. Diese hat eine besonders genaue Aufnahmetechnik. Die Objekte, z. B. Werkstücke, können ganz nah an die Röntgenstrahlquelle herangefahren werden.
- die **medizinische CT** mit rotierendem Detektor **(Bild 2)** zur Rundumaufnahme der liegenden Untersuchungsperson. Diese wird schrittweise in die „CT-Röhre" eingefahren.

Bei der Computer-Tomographie (CT) wird der gesamte Röntgenstrahlfächer genutzt, der das Messobjekt durchdringt und auf den Detektor trifft. Der Detektor misst die Abschwächung der Röntgenstrahlung und es entsteht ein Röntgenbild als Durchstrahlungs-Projektion. Während der Messung wird das Objekt (Bild 1) rundum gedreht und es werden dabei Projektionsbilder (keine Schnittbilder!) in mehreren hundert Winkelpositionen aufgenommen und daraus wird die Volumenstruktur rekonstruiert. Für jedes Volumenelement (Voxel) wird der Absorptionsgrad ermittelt. Diese Computerrekonstruktion beschreibt nun das Objekt in rechtwinkligen Koordinaten vollständig. Zur Analyse können Ansichten in beliebigen Schnittrichtungen erzeugt werden, z. B. auch Schnitte für den 3D-Drucker. Auf diese Weise können z. B. archäologische Funde **(Bild 3)** als Replikate (Kopien) hergestellt werden. Ferner können diese 3D-Volumenmodelle in virtuellen Umgebungen (VE, Virtual Environments) mit 3D-Brille allseitig betrachtet werden.

[1] *Röntgen, Wilhelm Conrad,* dt. Physiker (1845 bis 1923), Entdecker der Röntgenstrahlen (X-Rays); CT von Computer-Tomographie = Computer-Schicht-Zeichnungen

Röntgenstrahlung (X-Rays) sind elektromagnetische Wellen mit Quantenenergien > 100 eV und Wellenlängen < 10 nm. Röntgenstrahlung entsteht durch Beschießen von Metall-Atomen, z. B. Molybdän oder Kupfer, mit hochbeschleunigten Elektronen in einer Vakuum-Röntgenröhre **(Bild 4)**. Dabei werden Elektronen aus einer inneren Atomhülle herausgeschlagen und nachrückende Elektronen einer äußeren Schale emittieren Röntgenquanten.

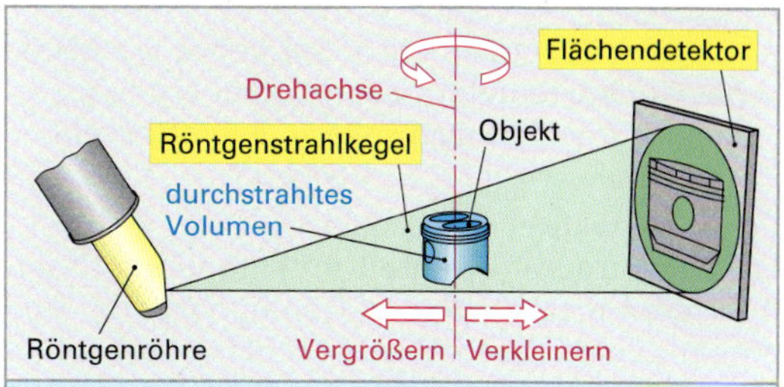

Bild 1: Industrielle CT für Mess- und Prüfaufgaben

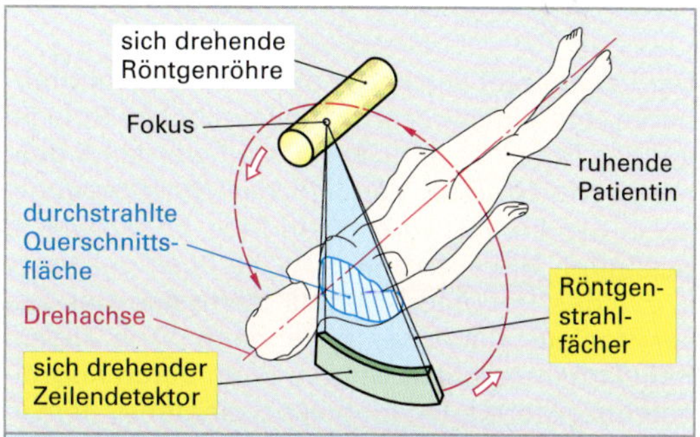

Bild 2: Medizinische CT zur Diagnose

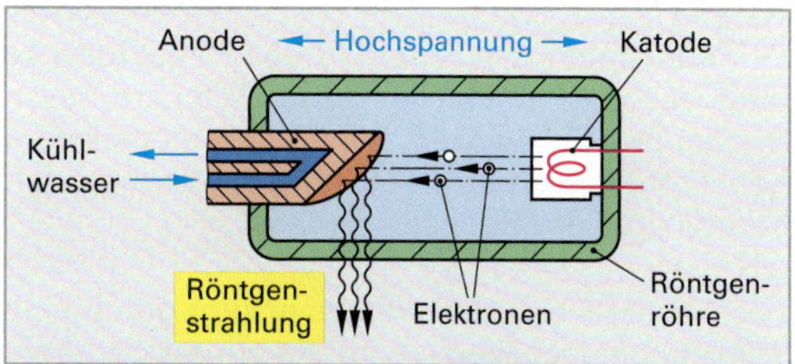

Bild 4: Aufbau der Röntgenstrahlröhre

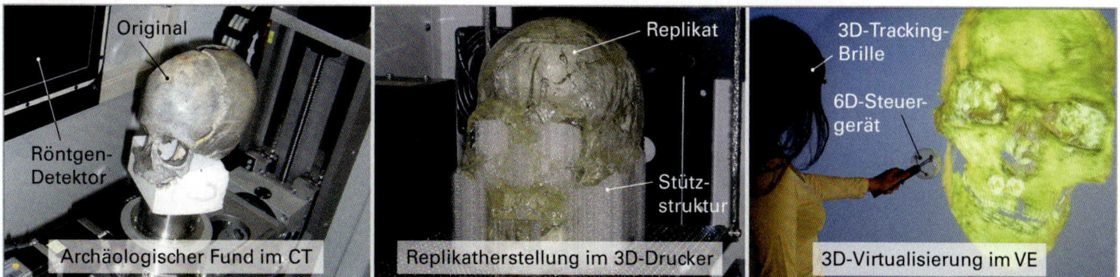

Bild 3: CT-Anwendung in der Archäologie

Lasertracker

Laser-Trackingsysteme[1] **(Bild 1)** sind Koordinatenmessgeräte, die

- optisch und damit berührungslos arbeiten,
- mobil sind, d. h. auch zu großvolumigen Bauteilen gebracht werden können, wie z. B. zu Flugzeugen,
- eine hohe Genauigkeit haben (besser als 1/100 mm pro Meter Objektgröße, **Tabelle 1**),
- mit einer Zusatzkamera außer den *x*, *y*, *z*-Messpositionsparametern auch Orientierungsparameter (Orientierungswinkel α, β, γ) erfassen.

Funktionsweise:

Der Lasertracker ermittelt mithilfe eines Laser-Interferometers (laufende Genaumessung) und einem Laufzeitlaser-Abstandsmesser (Absolute Distance Meter, ADM) den Abstand *D* zwischen seinem Aufstellungsort und einem speziellen, am Messort befestigten Reflektor **(Bild 2)**.

Der Laserstrahl wird über einen horizontal drehbaren und einen vertikal schwenkbaren Spiegel auf den Reflektor gerichtet. Damit werden 3 geometrische Größen, nämlich der *Horizontalwinkel* α, der *Vertikalwinkel* β und die *Entfernung D* bestimmt. Hieraus kann man die Positionswerte x, y, z des Reflektorspiegels bezüglich des Laser-Tracker-Standortes berechnen. Aus diesen Reflektorkoordinaten werden dann durch Koordinatentransformation (Kugelkoordinatensystem in kartesisches Koordinatensystem) die Werkstückpositionswerte bestimmt.

Verändert man den Standort des Reflektors, so folgt der Laserstrahl des Laser-Trackers durch Drehen und Schwenken des Ablenkspiegels dem Reflektor. Es werden so laufend die veränderten Koordinaten des Reflektors erfasst.

Das Nachstellen des Spiegels erfolgt durch eine Winkelregelung. Hierzu wird der zurückkommende Laserstrahl auf eine positions-sensitive Diode (PSD) gelenkt **(Bild 3)**. Kommt der zurückkommende Laserstrahl nicht mittig an, so wird bei $\Delta x = Ux$ an der PSD der Spiegel gedreht und bei $\Delta y = Uy$ an der PSD der Spiegel geschwenkt. Über hochgenaue Winkelmesssysteme ermittelt man die aktuellen Spiegelwinkel α und β.

> Lasertracker sind genaue Koordinatenmesssysteme für großvolumige Bauteile und Maschinen.

[1] engl. to track = folgen

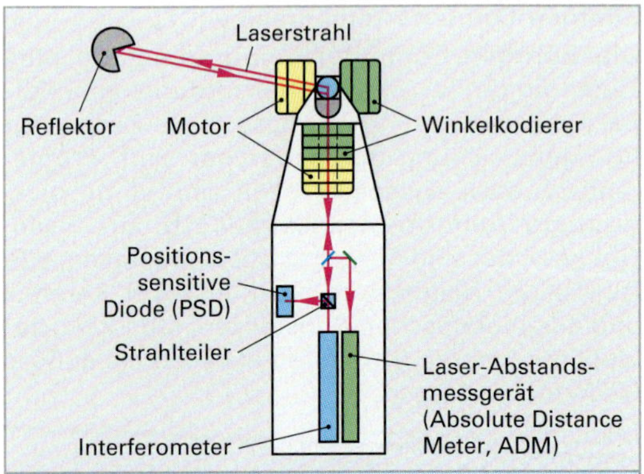

Bild 1: Lasertracker

Tabelle 1: Typische Kenngrößen

Messvolumen		**Auflösung**	
Messbereich:	0 bis 40 mm	Entfernung:	ca. 1 µm
Messwinkel, horizontal:	± 235°	Winkel:	ca. 0,14′
Messwinkel, vertikal:	± 45°	**Genauigkeit**	
		ruhende Objekte:	ca. 25 µm
		bewegte Objekte:	ca. 40 µm
Tracking		**Laserspezifikation**	
Messpunkte:	bis 3000 $\frac{\text{Punkte}}{\text{s}}$	Interferometer:	$\lambda = 633$ nm, 0,3 mW, CW
Folgegeschwindigkeit:	bis 6000 $\frac{\text{mm}}{\text{s}}$	ADM:	$\lambda = 780$ nm, 0,5 mW, 2s
Folgebeschleunigung:	bis 20 $\frac{\text{mm}}{\text{s}^2}$		

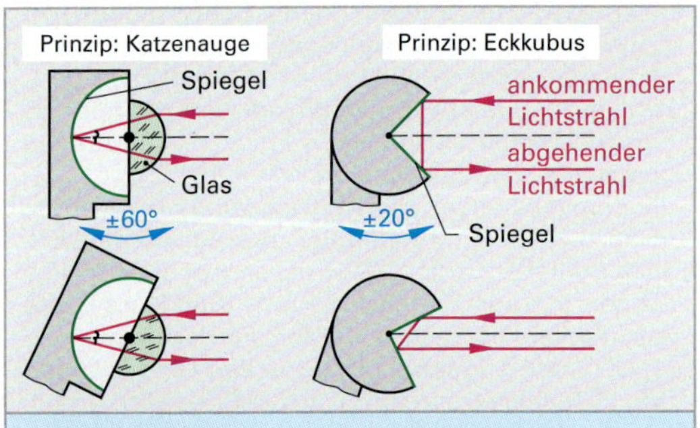

Bild 2: Reflektoren

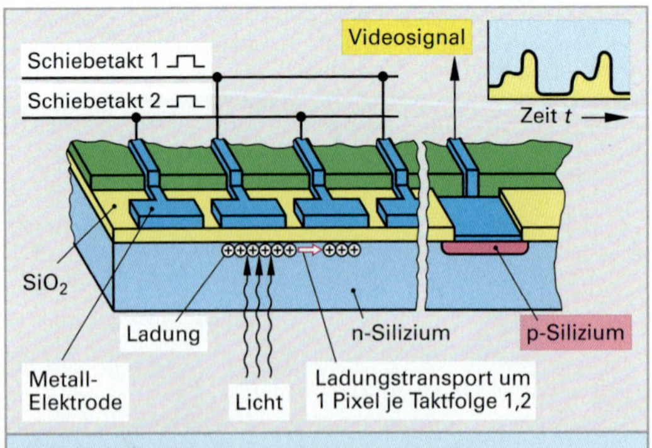

Bild 3: PSD (Positions-sensitive Diode)

4.2.2 Dehnungen, Kräfte, Drehmomente und Drücke

Dehnungsmessstreifen

Dehnungsmessungen, z. B. an Maschinen, Brückenträgern und Stahlkonstruktionen, werden mit Dehnungsmessstreifen (DMS) oder Reckdrähten vorgenommen **(Bild 1)**. Sie haben den Zweck, das Bauteil bei ruhender (statischer) Belastung zu überprüfen oder den Einfluss bei wechselnder (dynamischer) Belastung zu erfassen. Die Längenänderungen (Dehnungen) sind dabei sehr klein, meist nur 0,1 µm...10 µm.

Die Wirkung der Dehnungsmessstreifen beruht auf der Widerstandserhöhung eines Leiters, wenn dieser durch Dehnung verlängert und dadurch im Querschnitt verkleinert wird. Dehnungsmessstreifen werden meist als *Folien-Dehnungsmessstreifen* hergestellt. Dabei wird wie bei der Herstellung gedruckter Schaltungen ein metallisches Messgitter in einem galvanischen Verfahren auf eine Trägerfolie aufgetragen. Um kleine Baulängen von wenigen Millimetern zu erhalten, sind die Leitungswege mäanderförmig[1] aufgebracht und zwar in Längsrichtung sehr dünn und in den Umkehrschleifen, also in Querrichtung, breit. Durch die Mäanderform erreicht man eine große wirksame Leiterlänge. Die Widerstandsänderung ist bei Dehnungen in Längsrichtung entsprechend hoch und bei etwaigen Querdehnungen sehr gering.

Durch Dehnung erhöht sich der Widerstand der Dehnungsmessstreifen.

Die Dehnungsmessstreifen werden auf das Messobjekt so aufgeklebt, dass die Messgitterlängsrichtung der Richtung entspricht, in welcher man Dehnungen bzw. mechanische Spannungen erfassen will. Zur gleichzeitigen Messung in mehreren Richtungen gibt es spezielle Dehnungsmessstreifen, z. B. bei Messgittern, welche unter 120° zueinander oder unter 45° zur Streifenlängsrichtung ausgerichtet sind **(Bild 2)**.

Als Widerstandswerkstoff verwendet man meist Konstanten (60 % Cu, 40 % Ni) oder eine Chrom-Nickel-Legierung (80 % Cr, 20 % Ni). Der Leiter des Halbleiterdehnungsmessstreifens besteht aus einem etwa 15 mm dicken Siliciumstreifen.

Die Bemessungswiderstände der Dehnungsmessstreifen sind 120 Ω, 350 Ω und 60 Ω. Die Widerstandsänderung bei Dehnung wird durch den k-Faktor angegeben. Er beträgt bei Konstantan und Chrom-Nickel 2,0, bei Silicium etwa 150.

Die Widerstandsänderung wird mit einer Brückenschaltung ausgewertet. Man unterscheidet die Vollbrückenschaltung mit vier DMS, die Halbbrückenschaltung mit zwei DMS und die Viertelbrückenschaltung mit einem aktiven DMS **(Tabelle 1, Seite 90)**.

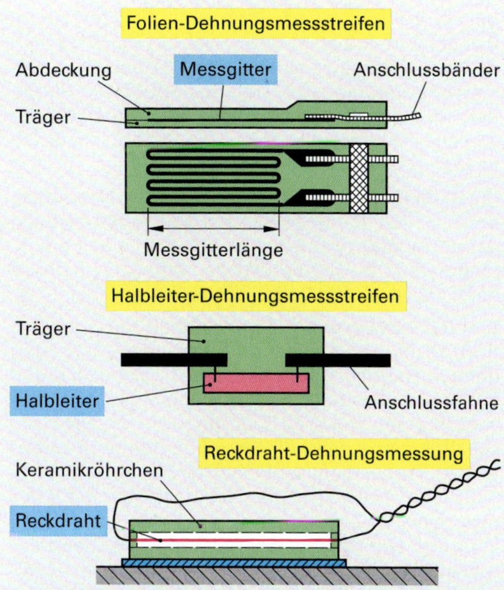

Bild 1: Sensoren zur Dehnungsmessung

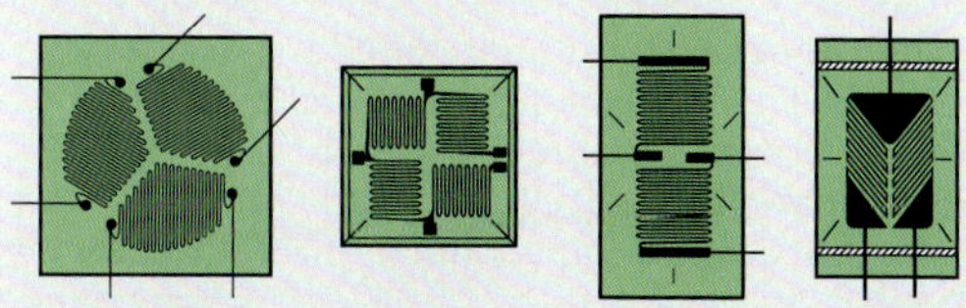

Bild 2: Ausführungsformen von Dehnungsmessstreifen

$$\varepsilon = \frac{\Delta l}{l} \qquad \frac{\Delta R}{R} = k \cdot \varepsilon$$

ΔR	Widerstandsänderung
R	Nennwiderstand
k	Faktor
Δl	Längenänderung
l	Nennlänge des Dehnungsmessstreifens
ε	Dehnung

Beispiel:
Wie groß ist die Widerstandsänderung eines DMS von 600 Ω aus Chrom-Nickel bei einer Dehnung von 1 µm/m?

Lösung:

$$\frac{\Delta R}{R} = k \cdot \varepsilon$$

$$\Rightarrow \Delta R = R \cdot k \cdot \varepsilon = 600\,\Omega \cdot 2 \cdot 10^{-6} = \mathbf{1{,}2\,m\Omega}$$

[1] Mäander (nach dem Fluss in Kleinasien) = geschlängelter Flusslauf

Bei der **Vollbrückenschaltung** sind die DMS so am Bauelement befestigt, dass zwei DMS sich dehnen und zwei DMS gestaucht werden, z. B. bei der Ermittlung des Drehmoments an einer Welle. Die Hauptdehnungen und Stauchungen liegen unter 45° zur Wellenachse. Es sollte stets eine Vollbrückenschaltung angestrebt werden.

Die **Halbbrückenschaltung** enthält einen Dehnungsmessstreifen, der gedehnt wird, und einen zweiten, der gestaucht wird, z. B. zum Erfassen eines Biegemoments. Die Halbbrückenschaltung ist halb so empfindlich wie die Vollbrückenschaltung.

Die **Viertelbrückenschaltung** enthält nur einen aktiven DMS, welcher der zu erfassenden Dehnung unterworfen ist. Damit sich die Brückenschaltung durch Temperaturveränderung nicht verstimmt, wird in einen weiteren Brückenzweig ein DMS geschaltet, ohne dass dieser einer Dehnung unterworfen ist. Er dient lediglich der Temperaturkompensation. Ändert sich nämlich der Widerstand des aktiven DMS nicht aufgrund einer Dehnung, sondern aufgrund einer Temperaturveränderung, dann ändert sich der Widerstand des Kompensations-DMS in gleicher Weise und kompensiert somit den Temperatureinfluss.

Die Brückenschaltungen können sowohl mit Wechselstrom als auch mit Gleichstrom betrieben werden. Entsprechend wird die Brückenquerspannung mit Wechselstromverstärkern oder mit Gleichstromverstärkern verstärkt.

Bei einer Brückenspeisung mit Wechselstrom ist die Brückenquerspannung eine Wechselspannung. Die Amplitude dieser Wechselspannung entspricht der Stärke der Dehnung. Man spricht von Trägerfrequenzmodulation. Die Frequenz der Wechselstromquelle ist meist 5 kHz. Die Frequenz, mit der die Dehnung wechseln darf, z. B. bei Schwingungsmessungen, sollte dann 500 Hz nicht überschreiten. Für Schwingungsmessungen bis 5 kHz verwendet man Wechselstrom-Brückenschaltungen mit 50 kHz Trägerfrequenz oder aber Gleichstrom-Brückenschaltungen. Trägerfrequenz-Messbrücken höherer Frequenz werden nicht verwendet, da diese sehr empfindlich auf geringste Induktivitätsschwankungen, z. B. hervorgerufen durch Schwingungen der Zuleitungen, reagieren.

Drehmomentmesswellen mit DMS

Bei Drehmomentmesswellen wird das Drehmoment als Torsionsmoment erfasst **(Bild 1)**. Über Schleifringübertrager oder berührungslos über induktive Übertrager (Transformatorprinzip) werden die Versorgungsspannung der DMS-Brückenschaltung und das Sensorsignal übertragen.

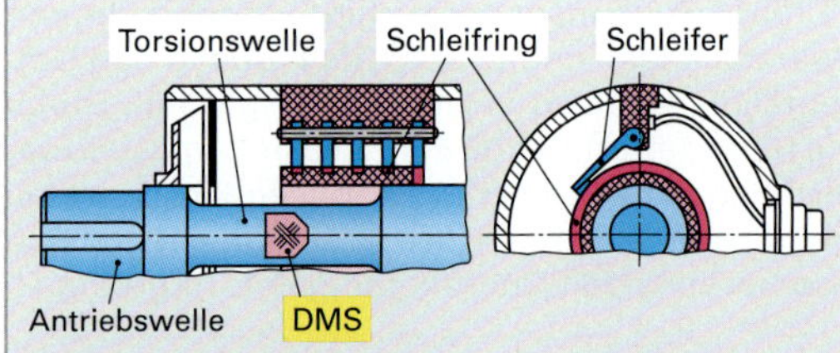

Bild 1: Drehmomentsensor

Tabelle 1: Brückenschaltungen für Dehnungsmessstreifen

Vollbrückenschaltung	Halbbrückenschaltung	Viertelbrückenschaltung
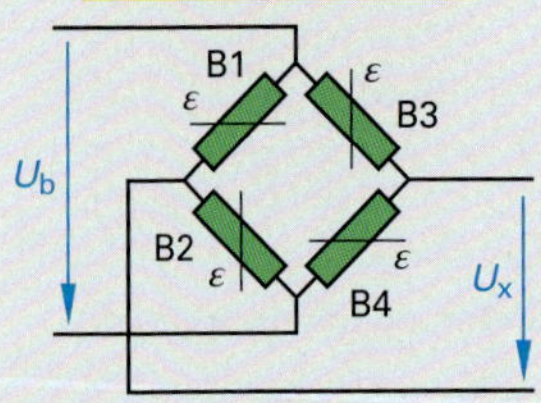	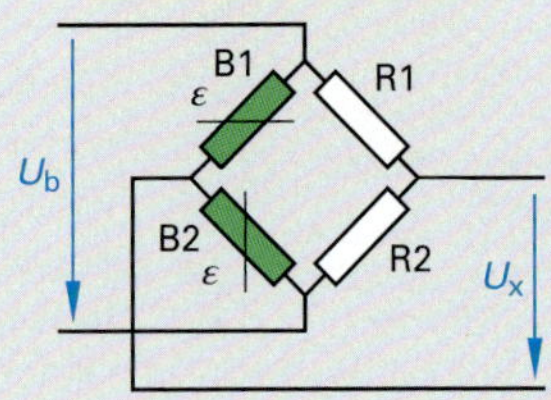	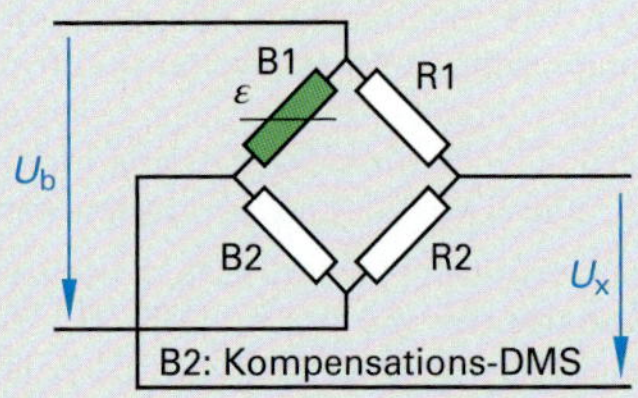
$U_x = c \cdot \varepsilon \cdot U_B$	$U_x = \frac{1}{2} \cdot k \cdot \varepsilon \cdot U_B$	$U_x = \frac{1}{4} \cdot k \cdot \varepsilon \cdot U_B$
Beispiel: Torsionsmomentmessung	Beispiel: Biegemomentmessung	k = k-Faktor $\varepsilon = \frac{\Delta l}{l}$ Beispiel:
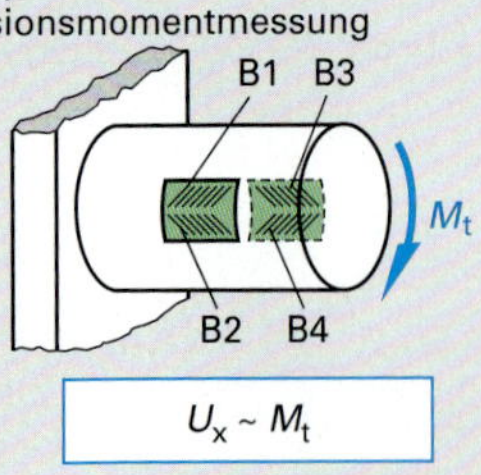	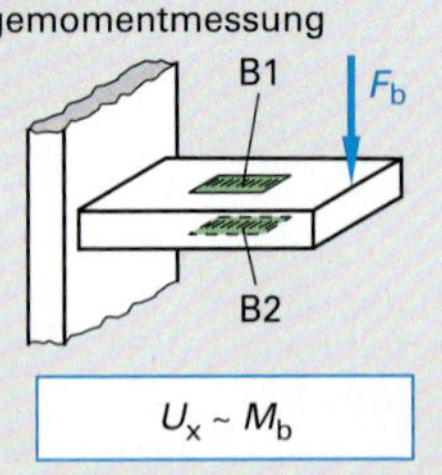	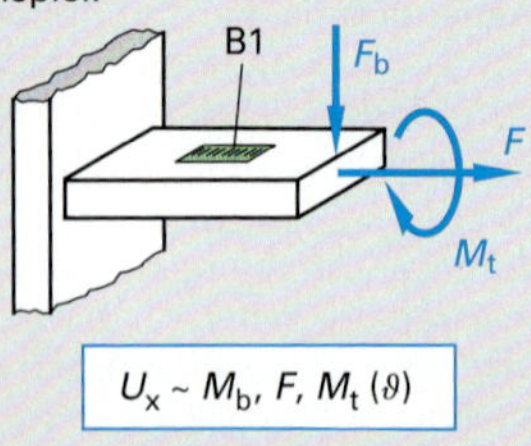
$U_x \sim M_t$	$U_x \sim M_b$	$U_x \sim M_b, F, M_t\ (\vartheta)$

Kraftsensoren und Wägezellen mit DMS

Über die Dehnung bzw. Stauchung eines Dehnkörpers werden mit Kraftmessdosen Kräfte gemessen **(Bild 1)**. Kraftmessdosen gibt es im Nennbereich zwischen wenigen Newton und mehreren Mega-Newton.

Eingesetzt werden solche Kraftmessdosen zur Messung von Kräften an Pressen oder als Wägezellen bei großen Behältern, wo sie in die Behälterstützen eingebaut werden.

Kraftsensoren mit Piezokristall[1]

Quarzkristalle und Blei-Zirkonat-Titankristalle erzeugen bei Krafteinwirkung auf ihrer Oberfläche eine geringe elektrische Ladung **(Bild 2)**. Schichtet man mehrere Kristallplättchen aufeinander, erhält man eine Ladungsaddition und eine Sensorspannung. Mithilfe hochwertiger Verstärker, sogenannten Ladungsverstärkern, wird die Sensorspannung in ein belastbares Sensorsignal umgewandelt.

Piezo-Kraftsensoren werden zur Überwachung zulässiger Belastungen in Maschinen eingebaut, z. B. in die Hauptspindellager bei Drehmaschinen. Zur Ermittlung von Zerspanungskräften verwendet man eine 3D-Messplattform. Sie enthält für die 3 Messachsen X-, Y- und Z-Piezo-Kraftsensoren.

4.2.3 Beschleunigungen und Geschwindigkeiten

Beschleunigungssensoren haben als Sensorelement meist einen Piezokristall. Durch die Beschleunigung einer auf den Piezokristall aufgeklebten Masse wird eine Beschleunigungskraft erzeugt, die der Beschleunigung proportional ist (Kraft = Masse × Beschleunigung) **(Bild 3)**.

Beschleunigungssensoren verwendet man zum Erfassen von Beschleunigungen, speziell zum Erfassen von Schwingbeschleunigungen. Aus den Schwingbeschleunigungen kann man z. B. die Resonanzfrequenz schwingender Maschinenteile und die kritischen Drehzahlen ermitteln.

In Verbindung mit einem Integrierer liefert der Beschleunigungssensor ein **Geschwindigkeitssignal** und in Verbindung mit zwei in Reihe geschalteten Integrierern ein Wegsignal. Die Methode der Integration nützt man häufig, wenn wegen fehlenden Einbauraums oder fehlender Abstützung an einem Bezugspunkt Geschwindigkeitssensoren oder Wegsensoren nicht verwendbar sind.

Durch Integration von Beschleunigungssignalen erhält man **Geschwindigkeitssignale** und durch deren Integration **Wegsignale**.

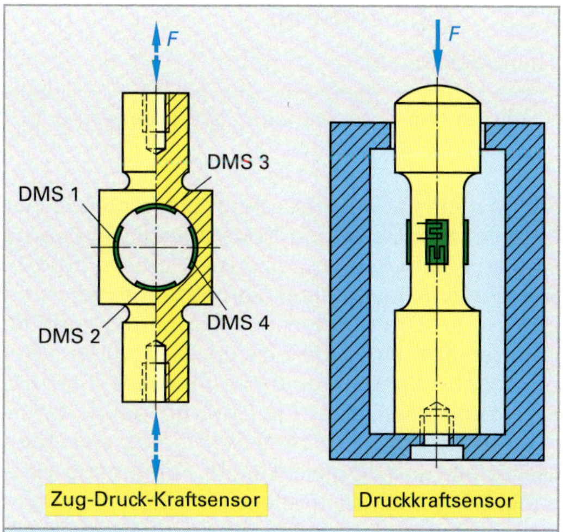

Bild 1: Kraftsensoren

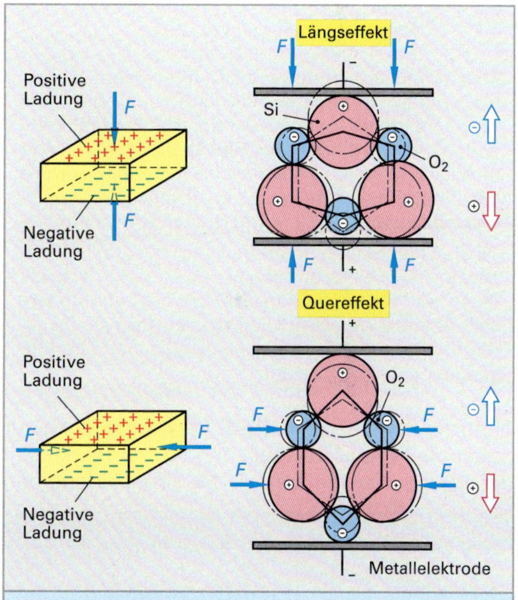

Bild 2: Piezoeffekt bei Quarz

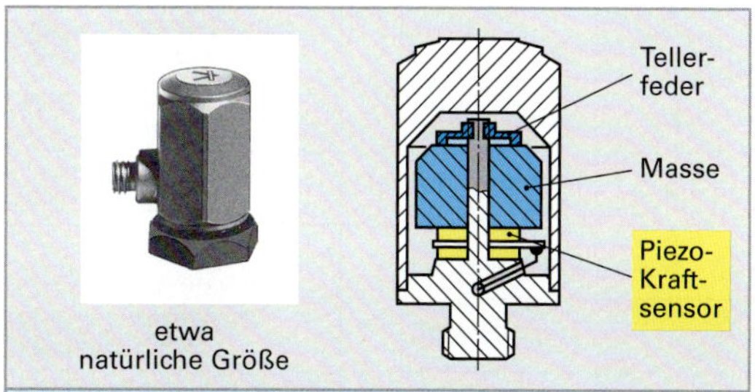

Bild 3: Piezo-Beschleunigungssensor

[1] von griech. piezein = drücken

4.2.4 Temperaturen

Thermoelemente

Thermoelemente wandeln Wärmeenergie in elektrische Spannungen um.

Sie bestehen aus zwei Drähten unterschiedlicher Metalle, z.B. Eisen und Konstantan. Die Drähte sind an einem Ende miteinander verlötet **(Bild 1)**. Besteht zwischen dieser Verbindungsstelle und den freien Drahtenden ein Temperaturgefälle, dann stellt man an den freien Drahtenden eine elektrische Spannung, die sogenannte *Thermospannung*, fest. Über die Thermospannung ermittelt man die Temperaturdifferenz zwischen Messstelle und Vergleichsstelle. Für genaue Messungen legt man die Vergleichsstelle in eine Dose mit schmelzendem Eis (0 °C, Eispunktreferenz). Meist wird jedoch eine Warmpunktreferenz von 50 °C, mit Widerstandsthermometer geregelt, verwendet.

Mantelthermoelemente sind mit einem korrosionsfesten dünnen Stahlmantel umgeben und können dadurch unter schwierigsten Umweltbedingungen eingesetzt werden **(Bild 2)**. Die Manteldurchmesser sind häufig kleiner als 0,5 mm. Zur Kontrolle der inneren Messstelle überprüft man die Mantelthermoelemente mithilfe von Röntgenaufnahmen.

Da die Thermospannung sehr klein ist, wird die Temperatur über elektronische Messverstärker erfasst. Diese sind für die häufigsten Thermoelementpaare kalibriert und berücksichtigen in der Anzeige die geringfügige, nichtlineare Kennlinie zwischen Thermospannung und Temperatur.

Thermoelemente **(Tabelle 1)** verwendet man zur genauen Temperaturmessung z.B. in Reaktoren der chemischen Industrie, in Motorenprüfständen und in der Gießereitechnik an Druckgießmaschinen. Zur Messung von Oberflächentemperaturen erfasst man mit Thermoelementen die Wärmestrahlung heißer Oberflächen, z.B. flüssiger und glühender Metalle, von Gläsern und keramischen Werkstoffen. Messgeräte, mit denen man berührungslos die Temperatur über die Wärmestrahlung erfasst, nennt man Pyrometer.

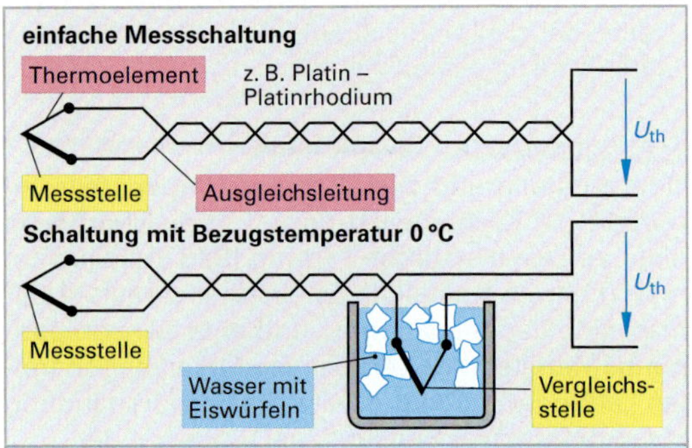

Bild 1: Thermoelement

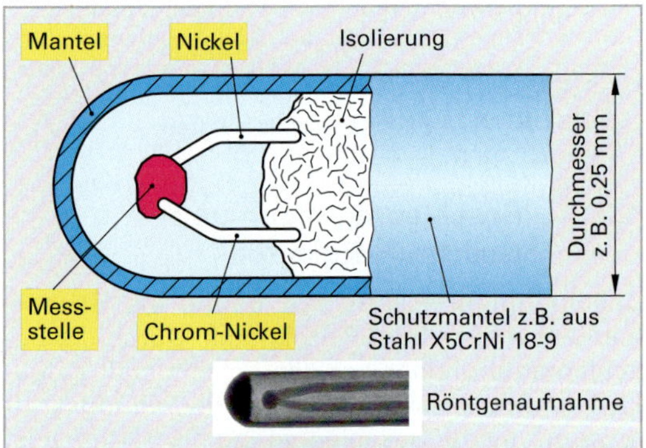

Bild 2: Mantelthermoelement

Tabelle 1: Thermoelemente

Typ/IEC-Farbcode	Werkstoff	Temperaturbereich in °C (Skala −273 / 0 / 500 / 1000 / 1500 / 2000)
K	Ni–CrNi	–180 bis +1300
J	Fe–CuNi	–180 bis +800
N	NiCrSi–NiSi	–270 bis +1300
R	Pt13Rh–Pt	–50 bis +1700
S	Pt10Rh–Pt	–50 bis +1750
B	Pt30Rh–Pt6Rh	0 bis +1820
T	Cu–CuNi	–250 bis +400
E	NiCr–CuNi	–40 bis +900

Widerstandsthermometer

Unter dem Einfluss der Temperatur verändert sich der Widerstand der Metalle und Halbleiter. Durch Messen des Widerstandes wird die zu erfassende Temperatur bestimmt. Metallthermometer haben meist eine Messwicklung aus *Platindraht* oder *Nickeldraht* **(Bild 1)**.

Platinwiderstandsthermometer haben einen Bemessungswiderstand von 100 Ω (PT 100) oder von 1000 Ω (PT 1000) bei 0 °C und ermöglichen sehr genaue Messungen in einem Temperaturbereich zwischen – 220 °C und 1000 °C. Im Messbereich zwischen 0 °C und 200 °C ist die Messunsicherheit besser als 0,01 K.

Bei den Nickel-Metallthermometern reicht der Messbereich von – 60 °C bis + 200 °C.

Die Widerstandsmessung erfolgt meist in einer Dreileiter- oder Vierleiter- Brückenschaltung **(Tabelle 1)**. Die Dreileiter-Brückenschaltung ist unempfindlich gegen temperaturbedingte Widerstandsänderungen in der Zuleitung, da ein Leiter im oberen Brückenzweig liegt und der andere im unteren Brückenzweig. Das Messergebnis wird durch die Gleichtaktwirkung nicht beeinflusst. Der dritte Leiter ist unkritisch, da hier kaum Strom fließt.

Heißleiter (NTC-Sensoren)

Heißleiter (NTC, von Negative Temperature Coefficient) bestehen aus polykristalliner Metalloxidkeramik und haben einen negativen Temperaturkoeffizienten, d. h. ihr Widerstand nimmt mit zunehmender Temperatur ab **(Bild 2)**. Mit 2 % bis 6 % Widerstandsänderung ist der Temperaturkoeffizient ca. 10 mal größer als bei Metallen.

Bauweise und Anwendung. NTC-Widerstände gibt es als sehr kleine Bauelemente mit unterschiedlichen Gehäuseformen, auch mit Metallgehäusen. Man verwendet sie z. B. in Motorwicklungen zum Motorschutz.

Kaltleiter (PTC-Sensoren)

Kaltleiter (PTC, von Positive Temperature Coefficient) bestehen aus dotiertem Bariumtitanat, ein Keramikwerkstoff. Ihr Widerstand ändert sich bei der „Schalttemperatur" fast sprunghaft. Die Schalttemperatur liegt je nach Zusammensetzung des Keramikwerkstoffs zwischen –30 °C und 340 °C.

Bauweise und Anwendung. Kaltleiter gibt es ebenfalls in sehr unterschiedlichen Gehäuseformen. Man verwendet Leistungskaltleiter z. B. bei Heizelementen. Bei Kälte fließt ein großer Strom und der PTC schaltet fast ganz ab, wenn die Solltemperatur erreicht ist. Kaltleiter kleiner Leistung liefern Messsignale, z. B. zur Füllstandsmessung von Flüssigkeiten. Die Flüssigkeit kühlt gegenüber Umgebungsluft den Sensor stark ab.

Halbleitertemperatursensoren

Halbleitertemperatursensoren haben einen integrierten Verstärker und liefern proportional zur Temperatur einen eingeprägten Strom, z. B. 1 µA/K, d. h. 298,2 µA für 0 °C = 298,2 K. Der Messbereich liegt etwa zwischen –60 °C und +150 °C, die Messunsicherheit bei 1 %.

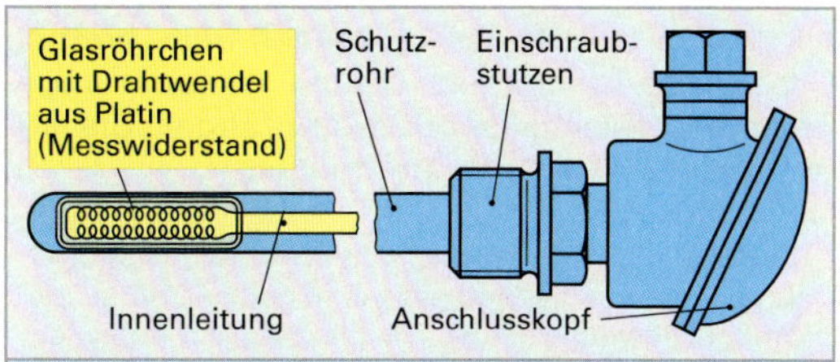

Bild 1: Metallthermometer Pt 100

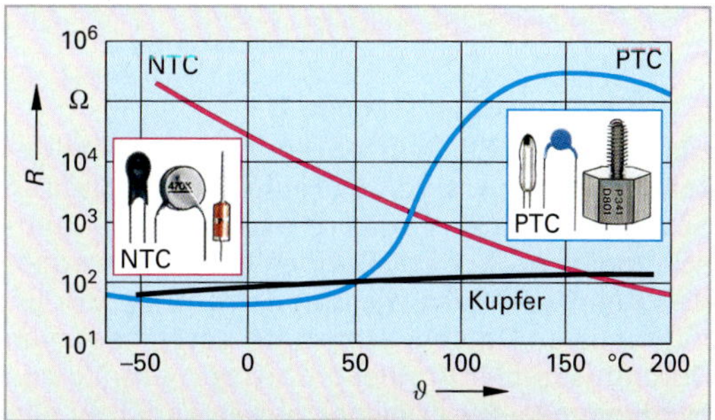

Bild 2: NTC-Sensoren und PTC-Sensoren

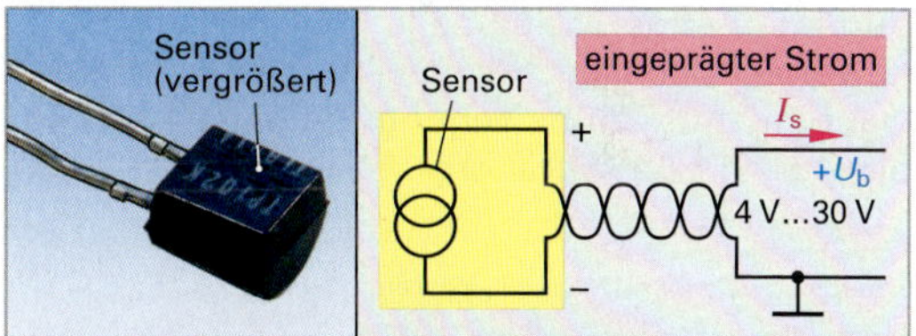

Bild 3: Halbleitertemperatursensor

Tabelle 1: Schaltungsarten zur Temperaturmessung

Zweileiterschaltung	Dreileiterschaltung	Vierleiterschaltung
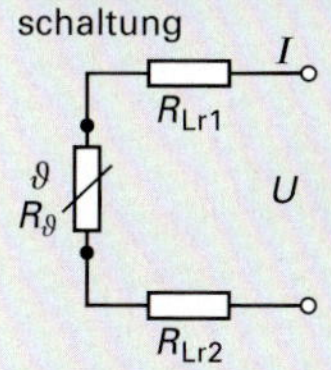	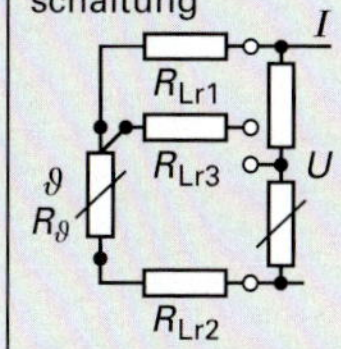	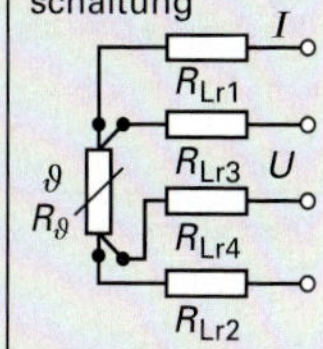
Die Messspannung *U* ist abhängig vom Spannungsabfall in den stromführ-enden Leitungen Ltg 1 und Ltg 2. Dieser ist abhängig von der Leitertemperatur.	Die Messspannung *U* wird unabhängig von den Leitungswiderständen RLtg 1 und RLtg 2, sofern diese sich gleich unter Temperatureinfluss ändern.	Die Messspannung *U* ist unabhängig von temperaturbedingten Widerstandsänderungen in den Leitungen.

4.2.5 Sensoren für Strömungen

Anemometer[1] zur Windmessung

Man unterscheidet Schalen-Anemometer und Ultraschall-Anemometer **(Tabelle 1)**. Die Schalen-Anemometer haben meist drei im Wind sich drehende Halbkugelschalen oder Spitzhutschalen. Der Wind treibt auf der offenen Seite stärker an als dass er auf der geschlossenen Seite bremst. Ultraschall-Anemometer haben stationär angebrachte Ultraschallsender/-empfänger, die abwechselnd senden und empfangen.

Die Schallgeschwindigkeit ist in Windrichtung höher als gegen den Wind und das umso mehr, je höher die Windgeschwindigkeit ist. Die elektronisch erfassten Schalllaufzeiten für Schallimpulse verhalten sich gerade umgekehrt zur Windgeschwindigkeit. Der Einfluss von Luftfeuchte und Temperatur wird bei der Differenzbildung kompensiert.

Durchflussmessung (Tabelle 2)

Die meisten Messverfahren für die **Fließgeschwindigkeit *v*** sind indirekte Messverfahren ①...④. Multipliziert man diese mit der Querschnittsfläche *A* des fließenden Fluid, dann ergibt dies den **Durchfluss (Volumenstrom) q_V**. Zur Ermittlung von **Durchflussmengen** verwendet man Durchflusszähler ⑤. Diese transportieren kleine Fluidvolumen. Die Transportgeschwindigkeit entspricht dem Durchfluss q_V. Eine Besonderheit sind die Coriolis-Durchflussmesser ⑥, da sie die durchfließende Fluidmasse (Massenstrom) q_m bewerten. Corioliskräfte erzeugt man durch Überlagerung der Fließbewegung mit einer Schwingbewegung bzw. Vibration.

[1] griech. anemos = Wind
[2] *Gaspard G. Coriolis* (1792 bis 1843) franz. Physiker

Tabelle 1: Anemometer (Windmesser)

Die Drehgeschwindigkeit wird mit einem optischen oder magnetischen Inkrementalsensor in ein elektrisches Signal umgesetzt. Der Messbereich reicht von 0,3 m/s bis 75 m/s.	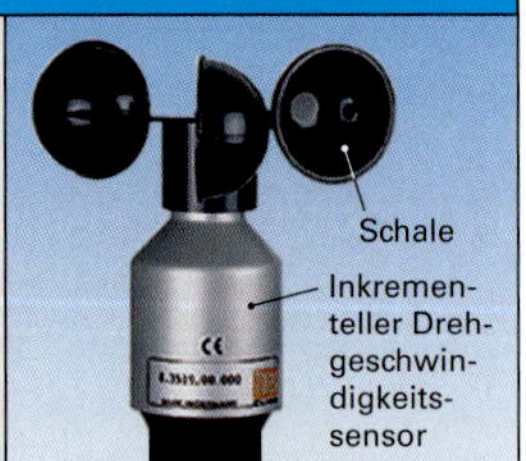
Die Elektronik errechnet aus den Schalllaufzeiten zyklisch, z.B. 200 mal/s, Windgeschwindigkeit und Windrichtung. Der Messbereich reicht z.B. von 0,01 m/s bis 74 m/s für die Windgeschwindigkeit und für die Windrichtung 360° bei einer Auflösung von ±2°.	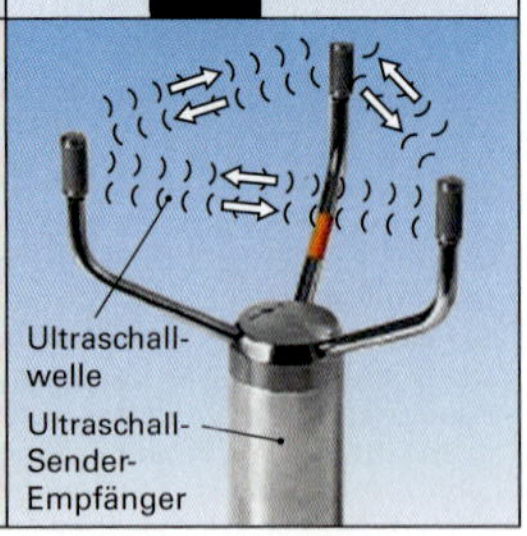

Tabelle 2: Verfahren zur Durchflussmessung

① **Schwebekörper-Verfahren**. Das Fluid durchströmt von unten ein senkrechtes Glasrohr mit einem darin befindlichen Schwebekörper. Dieser wird umso höher angehoben, je größer die Fließgeschwindigkeit und damit der Fluid-Durchfluss sind.	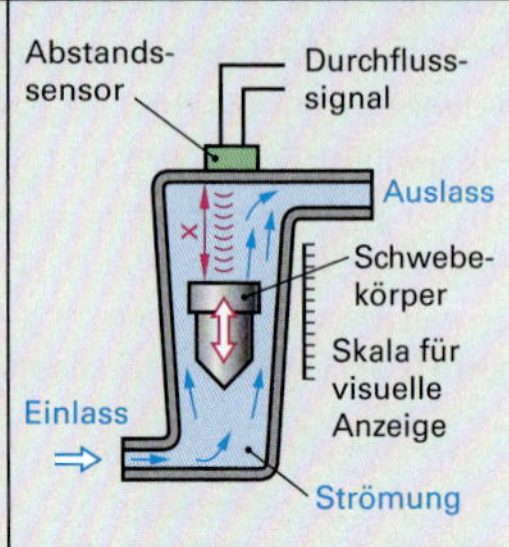
② **Verfahren mit Druckmessung**. Der Druck in einer strömenden Flüssigkeit vermindert sich an einer Rohrengstelle. Aus dem Druckabfall Δ*p* ermittelt man die Strömungsgeschwindigkeit *v*. Diese ist dem Durchfluss q_V proportional.	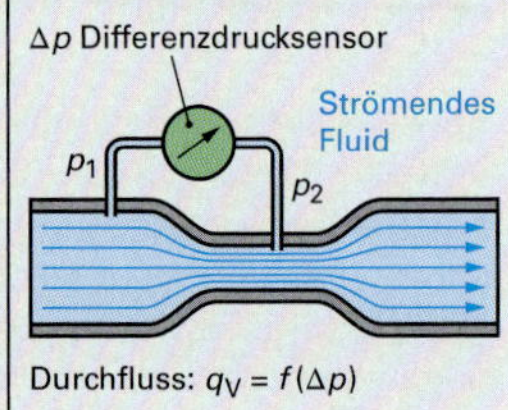
③ **Verfahren mit Ultraschall**. Man erfasst die Schalllaufzeit in und gegen die Strömungsrichtung. Die Laufzeitdifferenz ist proportional zum Durchfluss.	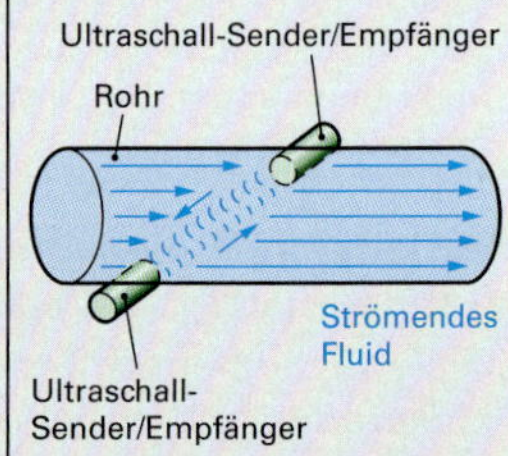
④ **Magnetisch-induktive Messung**. Ladungsträger (Ionen) eines Fluids werden durch ein Magnetfeld seitlich abgelenkt. Es entsteht lateral zur Strömung eine Spannung. Spannung und Volumenstrom sind proportional.	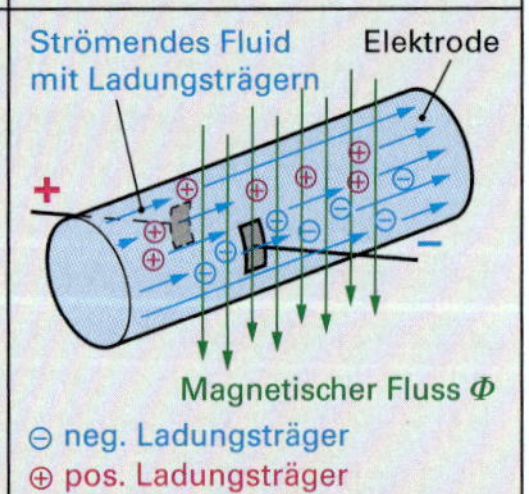
⑤ **Der Ovalradzähler** hat zwei ineinandergreifende Ovalräder, die ein sichelförmiges Volumen transportieren. Die Drehzahl ist ein Maß für den Durchfluss.	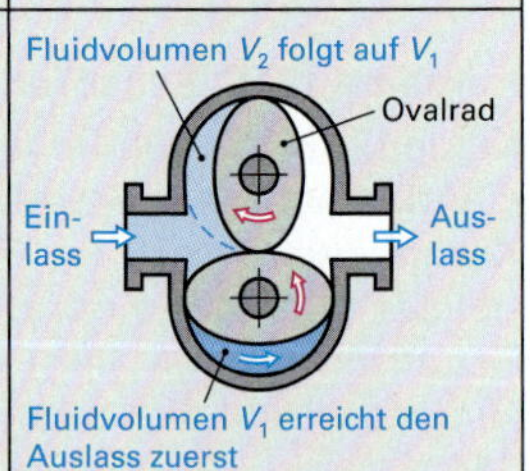
⑥ **Der Coriolis-Masse-Durchflussmesser** erfasst die Corioliskraft einer bewegten Masse. Je größer die Corioliskraft ist, umso höher ist das Produkt aus Fließgeschwindigkeit, Fluidvolumen und Fluiddichte (siehe auch S. 101).	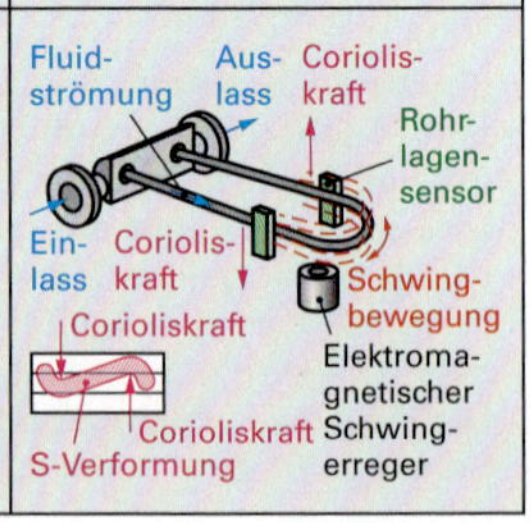

4.3 Digitale Sensoren

Digitale Sensoren sind Sensoren zum zahlenmäßigen Erfassen von Messgrößen, z. B. von Wegstrecken, von Zeitspannen oder von Energien. Häufig werden aber auch analoge Sensorsignale digitalisiert, mithilfe von Mikroprozessoren aufbereitet und zu speziellen Anwendungen eingesetzt, z. B. Bildsensoren, mit denen man Werkstoffoberflächen automatisch beurteilen kann.

4.3.1 Inkrementale Sensoren

Inkrementale[1] Wegsensoren sind Strichmaßstäbe. Das Abtasten der Striche erfolgt berührungslos durch Licht oder magnetisch.

Beim **Durchlichtverfahren** verwendet man einen Strichmaßstab aus Glas mit lichtundurchlässigen Strichen und lichtdurchlässigen Lücken von z. B. 4 μm Breite **(Bild 1)**. Die Abtasteinrichtung besteht aus einer Lichtquelle, einer Abtastplatte und einer elektronischen Auswerteschaltung. Die Abtastplatte ist wie der Maßstab mit lichtundurchlässigen Strichen und lichtdurchlässigen Lücken versehen.

Stehen sich die Maßstabslücken und die Lücken der Abtastplatte genau gegenüber, kann Licht von der Lichtquelle zu den lichtempfindlichen Fotodioden gelangen und elektronisch ausgewertet werden. Ist der Maßstab gegen die Abtastplatte um eine Strichbreite versetzt, gelangt kaum Licht zu den Fotodioden.

Verschiebt man den Glasmaßstab gegenüber der Abtastplatte, dann wechselt die Lichtstärke des durchgelassenen Lichtes periodisch mit dem Strichabstand **(Bild 2)**. Um die Bewegungsrichtung des Maßstabs erkennen zu können, wird die Abtastplatte zweigeteilt: Die Striche auf der einen Hälfte der Abtastplatte sind um eine halbe Strichstärke (¼ Periode) gegenüber der anderen Hälfte versetzt. Nun wechselt die Lichtstärke hinter der 2. Hälfte der Abtastplatte um ¼ Periode versetzt gegenüber der ersten. Wird nun der Maßstab nach rechts verschoben, erreicht die Lichtintensität hinter der ersten Abtastplattenhälfte zuerst das Maximum, dann folgt, ¼ Periode versetzt, das Maximum der Lichtintensität hinter der 2. Hälfte. Bei einer Maßstabbewegung nach links kommt umgekehrt das Lichtmaximum der 2. Abtastplattenhälfte zuerst.

Es entstehen eine Sinusspannung und eine Cosinusspannung. Diese beiden Spannungen können eindeutig ausgewertet werden. Es können insbesondere auch Zwischenwerte, z. B. 1024 Zwischenwerte berechnet werden. Man bezeichnet dies als Interpolation. Dadurch erreicht man Maßstabsauflösungen im Bereich von Nanometern.

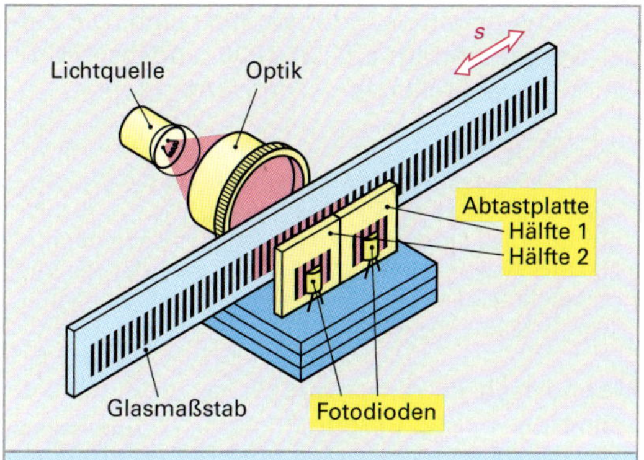

Bild 1: Inkrementaler Wegsensor

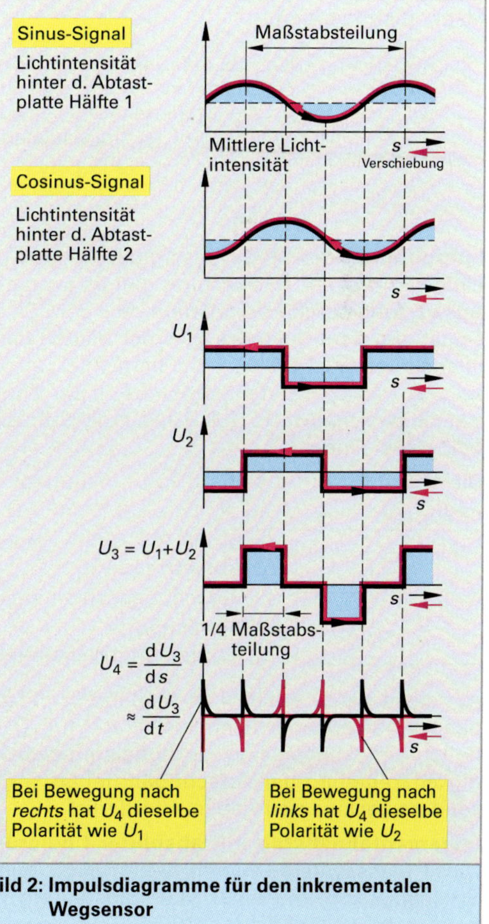

Bild 2: Impulsdiagramme für den inkrementalen Wegsensor

[1] lat. incrementum = Zuwachs

Optisch-inkrementale Winkelgeber. Für die Winkelmessung gibt es inkrementale Winkelgeber **(Bild 1)**.

Hier sind die Striche am Rand einer Scheibe aufgetragen. Die Strichabtastung erfolgt über eine Abtastplatte mit 2 Strichmustern, die um ¼ Skalenteilung gegeneinander versetzt sind. Die Zahl der Striche beträgt z. B. 250 000, sodass 1/1000000 Umdrehung direkt gemessen werden kann.

Winkelgeber verwendet man auch zusammen mit einer Präzisions-Kugelgewindespindel für die Längenmessung. Bei einer Spindelsteigung von $P = 10$ mm erreicht man bereits mit einem Drehwinkelgeber mit 250 Strichen am Umfang, also 1000 elektrischen Impulsen für eine Umdrehung, eine Wegauflösung von 10 mm/1000 = 10 µm.

Magnetisch-inkrementale Weg- und Winkelsensoren. Bei den magnetischen Wegsensoren bzw. Winkelsensoren wird auf eine magnetisierbare Metallschicht ein magnetisches Wechselfeld **(Bild 2)** mit einer Polteilung von etwa 0,2 mm aufgezeichnet, ähnlich der Tonaufzeichnung bei Magnetbandgeräten.

Zur Abtastung werden zwei Ableseköpfe verwendet, die um eine viertel Polteilung ($\lambda/4$) versetzt sind und so zwei phasenverschobene, sinusähnliche Signale liefern. Mit Hall-Sonden tastet man die magnetischen *Streufeldlinien* ab. Die Zahl der Inkremente ist vom Durchmesser des Magnetrades abhängig und beträgt z. B. 2048 Sinusperioden je Umdrehung.

Interpolation der Maßstabssignale. Neben der einfachen Art der Auswertung gibt es auch eine Auswertung durch *Interpolation*. Aus dem Sinussignal und dem Cosinussignal der beiden Lichtintensitäten wird ein Winkel α berechnet ($\tan \alpha = \sin \alpha : \cos \alpha \Rightarrow \alpha = \arctan (\sin \alpha : \cos \alpha)$). Der Winkel α stellt Zwischenwerte, z. B. 1000, innerhalb einer Maßstabsteilung dar.

Die Abtastzeit zur Abtastung von 1 Inkrement beträgt:

$$T_A = \frac{1}{f_A}$$

$$f_A = v \cdot A$$

T_A Abtastzeit
f_A Abtastfrequenz
v Vorschubgeschwindigkeit
A Auflösung (Inkremente/Wegeinheit)

Auf diese Weise erhält man Maßstabsauflösungen von 100 nm oder 10 nm bis hin zu 1 nm. Diese hohen Auflösungen sind zur digitalen Geschwindigkeitsregelung bei Vorschubantrieben, insbesondere bei Linearantrieben erforderlich.

Inkrementalmaßstab mit absoluter Codierung. Diese Messsysteme haben neben einer feinen Strichspur, z. B. mit einer Maßstabsteilung von 8 µm, eine weitere Spur entweder mit einer Abstandscodierung **(Bild 3)** oder mit serieller Codierung **(Bild 4)**. Letztere wird in breiterem Bereich gelesen, ähnlich wie die Zentimeterangaben bei einem üblichen Meterstab.

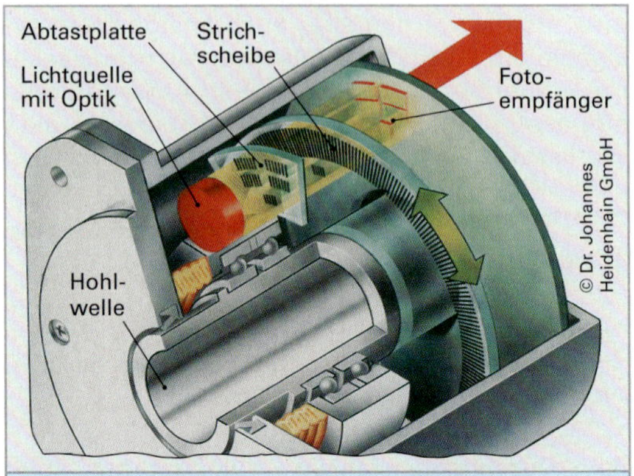

Bild 1: Inkrementaler optischer Winkelgeber

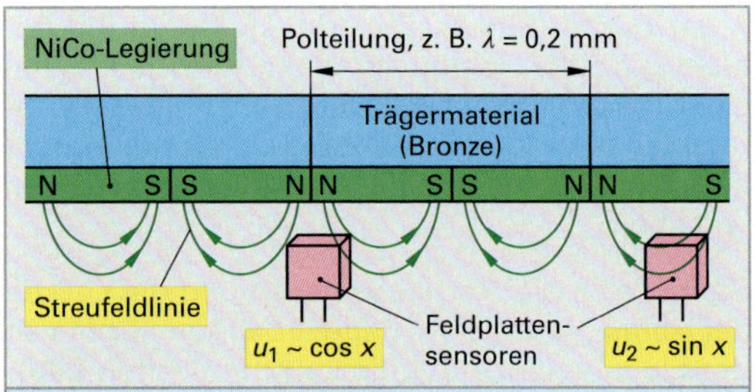

Bild 2: Magnetischer Inkrementalsensor

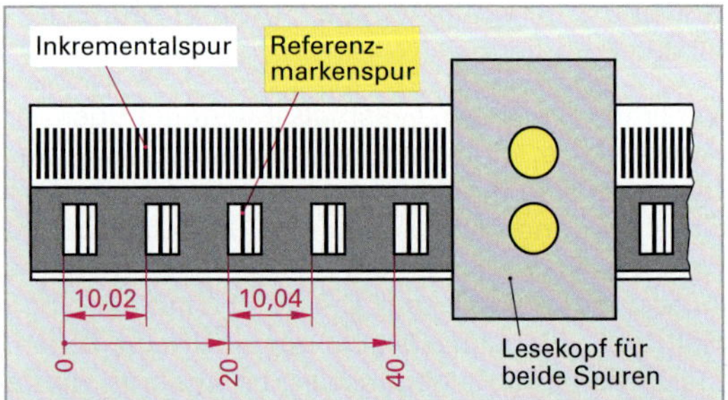

Bild 3: Abstandscodierte Referenzmarken (Beispiel)

Bild 4: Serielle Codierung

[1] von lat. interpolatio = umgestalten, math.: Errechnen von Zwischenwerten

4.3.2 Codemaßstäbe und Winkelcodierer

Mit Zahlen versehene Maßstäbe eignen sich nicht als Weggeber, da Zahlen nur mit sehr großem Aufwand automatisch gelesen werden können und sich nicht in kleinen Abständen anordnen lassen.

> Maßstäbe mit binärer Codierung können mit absoluter Maßangabe abgelesen werden.

Sie sind durch ein Muster, z. B. schwarzer und weißer oder lichtdurchlässiger und lichtundurchlässiger Stellen, so gekennzeichnet, dass jede Position auf dem Maßstab eindeutig dem Wert einer Zahl zugeordnet werden kann.

Häufig erfolgt eine **Dual-Codierung** so, dass in der 0. Code-Spur lichtdurchlässige und lichtundurchlässige Striche gleicher Breite wie beim Inkrementalgeber angeordnet sind **(Bild 1)**. In der 1. Spur sind die Strichbreiten gerade doppelt so breit wie in der 0. Spur. Mit jeder weiteren Spur verdoppelt sich die Strichbreite.

Fehlervermeidung beim Abtasten. Beim Abtasten der Codemaßstäbe können an der Übergangsstelle von einem lichtdurchlässigen Feld zu einem lichtundurchlässigen Feld Fehler entstehen, wenn die Strichkanten in den einzelnen Spuren von Maßstab und Abtastplatte nicht genau fluchten und die Fotodioden unterschiedlich lichtempfindlich sind. Fehler beim Ablesen wiegen umso schwerer, je höher die Stellenbewertung der betreffenden Spur ist.

> Mit einer V-Abtastung können Codemaßstäbe im Dualcode sicher und eindeutig abgetastet werden **(Bild 2)**.

Wird in einer Spur ein dunkles Feld erkannt, so wird zum Ablesen der folgenden Spur die linke Fotodiode aktiviert, im anderen Fall die rechte Fotodiode. Es gibt Maßstäbe mit Codes, bei denen sich von einer Position zur anderen nur eine Spur ändert und zwar so, dass sich der Ablesewert beim Übergang über die Strichkante nur um einen Ziffernschritt ändert. Diese Codes, wie z. B. der Gray-Code[1], heißen einschrittig (Bild 3). Beim Gray-Code benötigt man zum sicheren Abtasten keine V-Abtastung, da der abgelesene Wert höchstens um eine Position unsicher ist. Der Gray-Code hat keine Stellenbewertung. Zur weiteren Signalverarbeitung müssen die Abtastsignale erst in einen anderen Code umgewandelt werden.

Bild 4 zeigt einen Codemaßstab mit 17 Bits (Spuren). Die feinsten Spuren liegen innen. Deren Muster kann mit bloßem Auge nicht mehr erkannt werden.

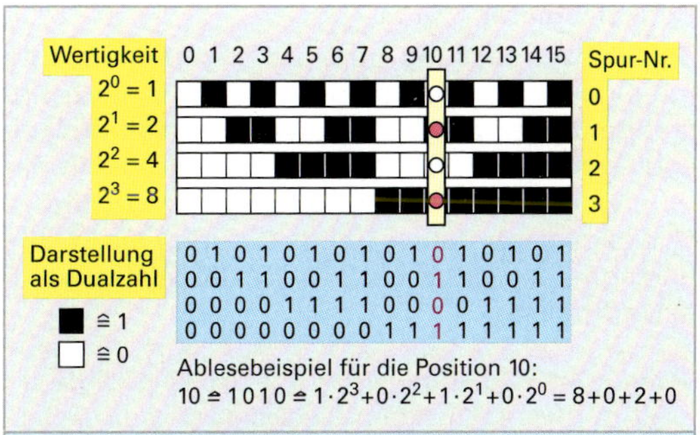

Bild 1: Codemaßstab für Dual-Code

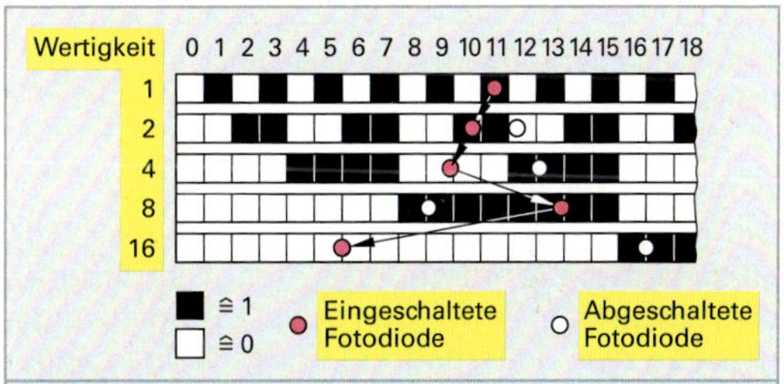

Bild 2: V-Abtastung

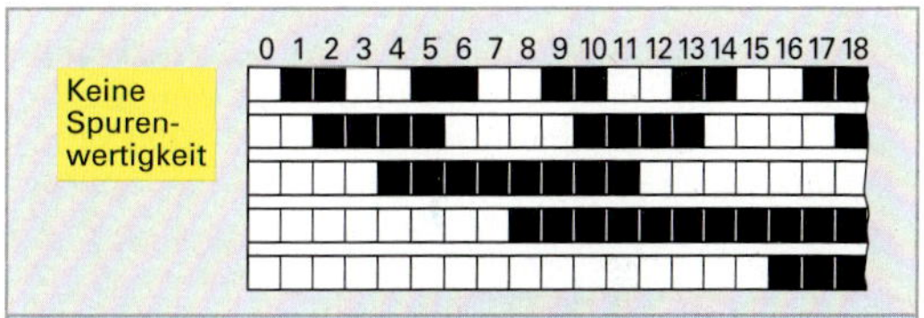

Bild 3: Codemaßstab mit Gray-Code

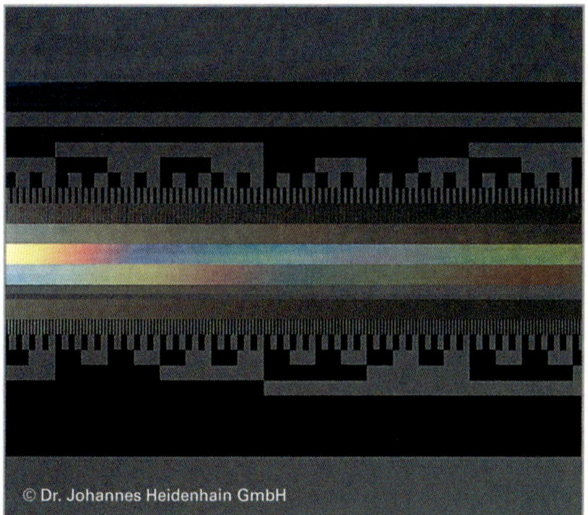

Bild 4: Codemaßstab

[1] *Frank Gray*, amerik. Wissenschaftler (1887 bis 1969)

Winkelcodierer

Zur Winkelmessung oder zur Längenmessung mit einer Schraubenspindel oder mit einer Zahnstange und einem Ritzel verwendet man Winkelcodierer. Bei den Winkelcodierern sind die Codemuster auf einer Scheibe aufgetragen **(Bild 1)**. Winkelcodierer haben 10 Bits (Spuren) bis 17 Bits und somit $2^{10} = 1024$ bis $2^{17} = 131\,072$ Winkelwerte je Umdrehung.

Damit man Zuleitungen zu den Winkelcodierern mit nur wenigen Adern bekommt und nicht für jede Spur einen Leiter benötigt, befindet sich häufig im Winkelcodierergehäuse eine Sendeeinrichtung zur seriellen Signalübertragung **(Bild 2)**.

Winkelcodierer übertragen die codierten Winkelwerte auch seriell.

Multiturn-Winkelcodierer

Um mit Winkelcodierern auch Winkel über 360°, also mehrere Umdrehungen (engl. multiturn), messen zu können, werden durch Untersetzungsgetriebe zwei oder mehrere Codescheiben angetrieben **(Bild 3)**.

Die erste Codescheibe trägt z. B. einen 3-Tetraden-BCD-Code für 1000 Winkelwerte. Über ein Untersetzungsgetriebe 1 : 100 wird eine zweite Codescheibe mit 2-Tetraden-BCD-Code angetrieben. So sind 100 Umdrehungen mit je 1000 Winkelwerten, also insgesamt 100 000 Positionswerte eindeutig codiert.

Winkelcodierer erfassen über ein Codemuster Winkelwerte absolut.

4.3.3 Drehmelder (Resolver)

Der Drehmelder hat als Winkelgeber im Stator eine Zweiphasenwicklung und im Rotor eine Einphasenwicklung **(Bild 4)**.

Speist man die eine Statorwicklung mit einer Sinusspannung und die andere mit einer Cosinusspannung, so erhält man im Rotor transformatorisch übertragen eine Sinusspannung mit einer Phasenverschiebung α_x, welche identisch mit dem Rotordrehwinkel α_x ist. Diese Phasenverschiebung wird nun hochauflösend digital als Winkelgröße ausgewertet.

Man kann auch umgekehrt am Rotor eine Wechselspannung einspeisen und erhält am zweiphasigen Stator die Signalspannungen U_A und U_B, deren Amplituden sich mit dem Drehwinkel α sinusförmig bzw. cosinusförmig verändern. Der Drehwinkel berechnet sich dann zu: $\alpha = \arctan(U_A/U_B)$.

Bild 1: Winkelcodierer (Ausschnitt)

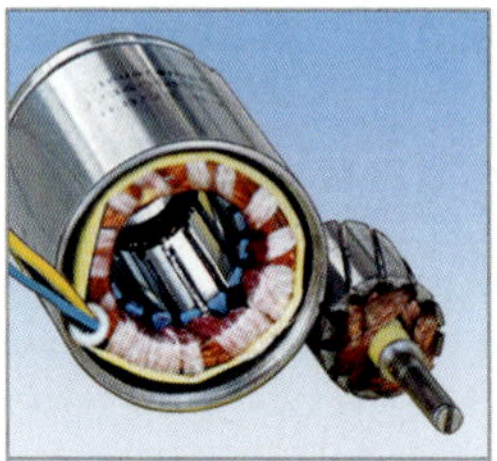

Bild 5: Drehmelder (Stator, Rotor)

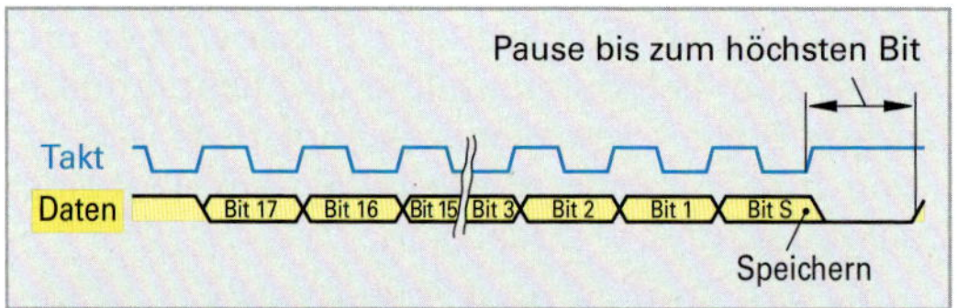

Bild 2: Ansteuerzyklus zur Datenübertragung

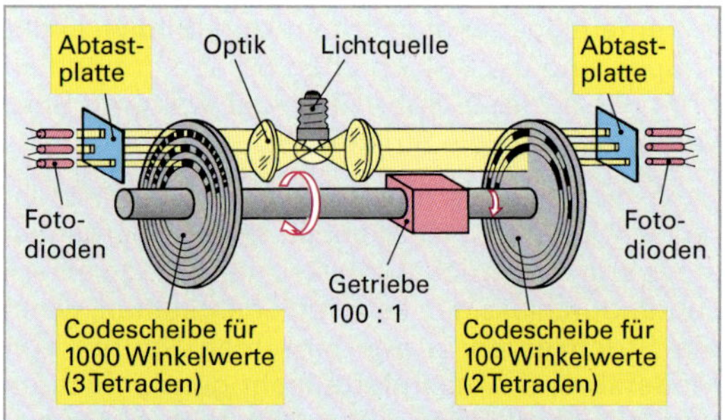

Bild 3: Winkelcodierer zur Messung von 100 Umdrehungen zu je 1000 Winkelwerten

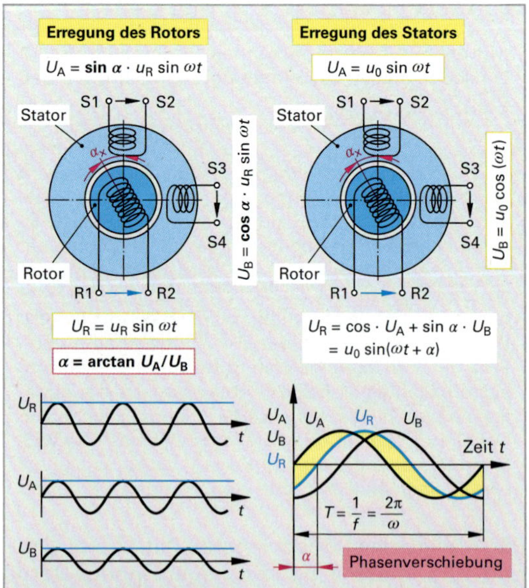

Bild 4: Drehmelder

4.4 Sensorsysteme der Sicherheitstechnik

Mit Sensoren werden Personen, Maschinen, Fahrzeuge und Gebäude vor Gefahren, Missbrauch und Schäden geschützt. Es sind meist sehr komplexe Sensorsysteme mit Basissensoren zur Erfassung der Zielgröße, einer analogen oder digitalen Auswerteelektronik zur Filterung der Signalgröße und zur Bildung des Alarmsignals bzw. Schaltsignals sowie einer Einheit zur Alarmierung **(Bild 1)**.

Sensoren der Sicherheitstechnik alarmieren
- optisch,
- akustisch,
- über Funk,
- greifen ein.

Bewegungsmelder

Bewegungsmelder nutzen Infrarotstrahlung oder Radarsignale oder Ultraschallsignale oder Laserstrahlung oder verwerten Kamerabilder, z. T. werden auch mehrere Verfahren gebündelt.

Der meistgenutzte **PIR-Bewegungsmelder** (PIR, von passive infrared) **(Bild 2)** besteht aus zwei benachbarten PIR-Sensorelementen, z.B. in einem TO-5-Gehäuse zusammen mit einer FET-Verstärkerstufe. Infrarotstrahlung wird durch eine Streifenoptik mit Fresnel[1]-Linsen auf die PIR-Sensorelemente projiziert. Durch die Streifenoptik wird der Erfassungsbereich in Streifen ABABAB... aufgefächert. Schreitet eine Person quer durch den Erfassungsbereich, so werden die beiden gegeneinandergeschalteten PIR-Sensorelemente durch die Wärme der Person bestrahlt und es entsteht im zeitlichen Wechsel ein positives und negatives Sensorsignal U_{out}. Die Gegeneinanderschaltung unterdrückt Störungen, z.B. durch Vibration oder Temperaturänderungen.

Glasbruchsensor

Glasbruchsensoren geben Alarm bei zerberstenden Glasscheiben, z.B. bei Einbruchversuchen. Gibt der Sensor ein Signal, so wird Alarm ausgelöst **(Bild 3)**.

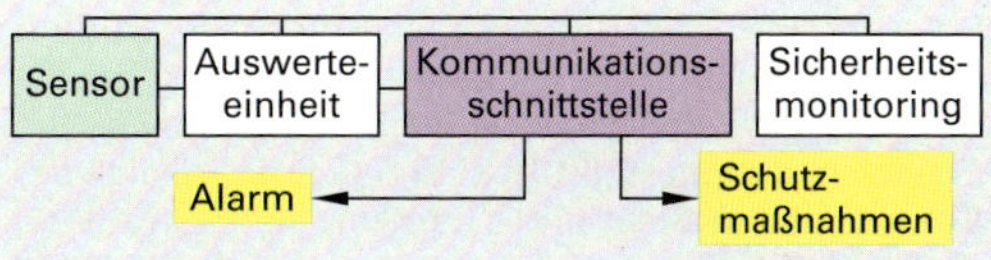

Bild 1: Aufbau von Sicherheitssensoren

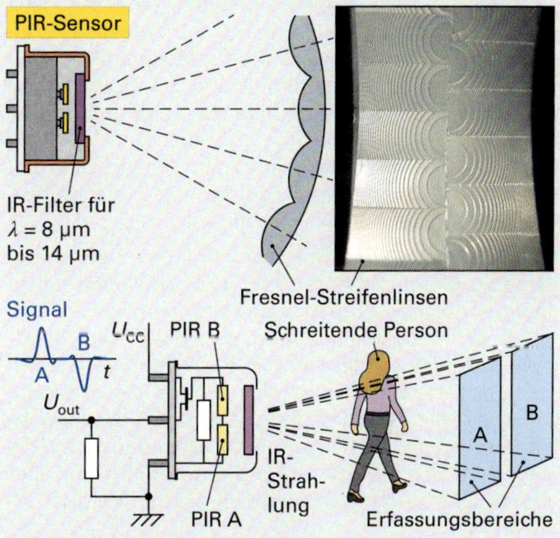

Bild 2: PIR-Bewegungsmelder

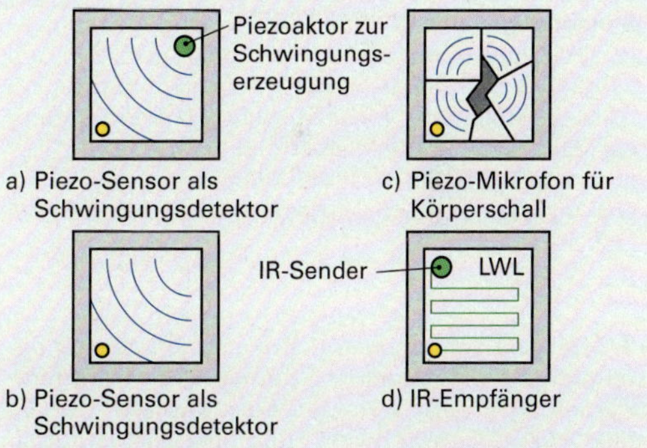

Bild 3: Glasbruchsensor

Man unterscheidet Glasbruchsensoren auf Basis von:

a) Ultraschall-Sender-Empfänger. Ein kontinuierlich sendender Ultraschallsender, z.B. mit Piezo-Aktor, bringt die Glasscheibe in Schwingungen. Wird die Glasscheibe berührt oder zerstört, so ändert sich die Schwingungsform und wird von einem oder mehreren aufgeklebten Körperschallempfängern erfasst. Ein Alarm wird ausgelöst.

b) Schwingungsdetektor. Ein Beschleunigungssensor, z.B. als Piezosensor oder als MEMS-Element, erfasst Schwingungen der bestehenden Glasscheibe.

c) Piezo-Mikrofone. Sie klebt man auf die Glasscheibe und man erfasst den Körperschall, ausgelöst durch die berstende Glasscheibe.

d) Lichtwellenleiter (LWL). Es wird modulierte Infrarotstrahlung oder Licht eingespeist und am anderen Ende der LWL-Faser optoelektronisch erfasst. Durch Bruch oder Manipulation der Scheibe verändert sich die ankommende Lichtwelle, z.B. durch Dämpfung oder Unterbrechung.

[1] Die Fresnel-Linse ist benannt nach dem französischen Physiker *Augustin Jean Fresnel* (1788 bis 1827). Die Linse ist im Querschnitt stufig und ermöglicht eine dünne, flache Bauweise.

Rauchmelder. Optische Rauchmelder verwendet man häufig als Brandmelder. Ausgenutzt wird die Infrarot-Streulichtstrahlung in einer mattschwarzen Streulichtkammer **(Bild 1)**. Sind Rauch-Partikel in der Kammer, so streuen diese Partikel die IR-Strahlung (*Tyndall*[1]-Effekt) auch in Richtung einer IR-empfindlichen Empfänger-Fotodiode.

Regensensor. Der Regensensor **(Bild 2)** nutzt die unterschiedliche Lichtreflexion von Glas zu Luft bzw. von Glas zu Wasser (Regen) aus. Bei Wasser-Luft an der Sensoroberfläche wird die schräg einfallende IR-LED-Strahlung total reflektiert und gelangt voll zum Fotosensor. Sobald die Sensoroberseite mit Wasser bzw. einzelnen Regentropfen benetzt wird, wird die Totalreflexion aufgehoben und der Fotosensor erhält weniger IR-Strahlung. Die integrierte Heizung vermeidet eine Kondenswasserbildung.

Feuchtesensor – Hygrometer. Feuchtesensoren basieren z. B. auf der Anreicherung von Wasserdampf in einer porösen dünnen nichtleitenden Schicht und einer Widerstandsmessung zwischen zwei Elektroden **(Bild 3)**. Isoliert unter der feuchtesensitiven Schicht befindet sich ein Heizmäander. Dieser erhöht vor dem Messzyklus die Temperatur, sodass die sensitive Schicht sicher trocken ist. Danach nimmt die sensitive Schicht die Umgebungsfeuchte an. Der elektrische Widerstand wird als Feuchtesignal erfasst.

Alkoholsensor. Der Sensor **(Bild 4)** dient zur Feststellung von Blutalkohol, insbesondere für Fahrer von Kraftfahrzeugen auf der Grundlage der Atemluft. Die Sensorik basiert auf einer temperierten gassensitiven Halbleiterschicht aus Galliumoxid (Ga_2O_3), und vergleicht ein Testgas, das in einem Nebenstrom am Gassensorelement vorbeistreicht. Der Widerstand des Elements ist stark alkoholabhängig. Die Alkoholsensitivität **(Bild 4)** ist das Widerstandsverhältnis von R_a/R_e (R_a bei Luft mit Alkohol im Blut und R_e bei Luft ohne Alkohol).

Videoüberwachung. Mit Videokamera, insbesondere mit netzwerkfähiger PTZ-Kamera (Pan-Tilt-Zoom-Kamera = Schwenk-Neige-Zoom-Kamera, **Bild 5**). Eine PTZ-Kamera schwenkt und neigt sich automatisch und stellt ein Objekt vergrößert oder verkleinert dar. Für die nächtliche Überwachung gibt es PTZ-Thermokameras.

[1] *John Tyndall*, irischer Physiker (1820 bis 1893)

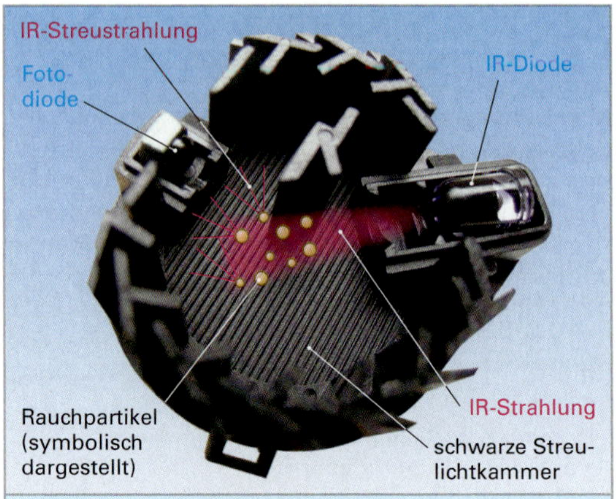

Bild 1: Rauchmelder

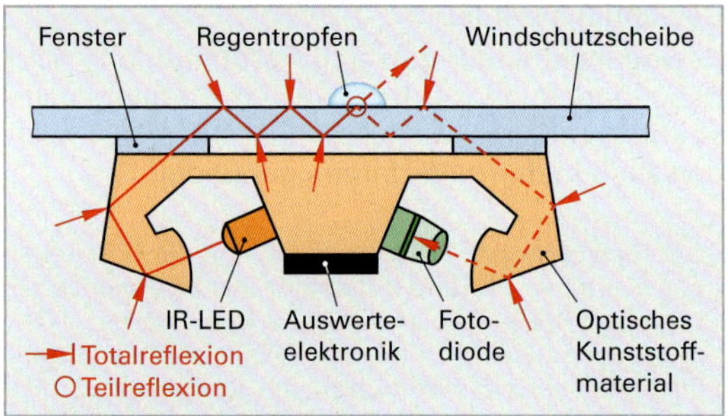

Bild 2: Regensensor

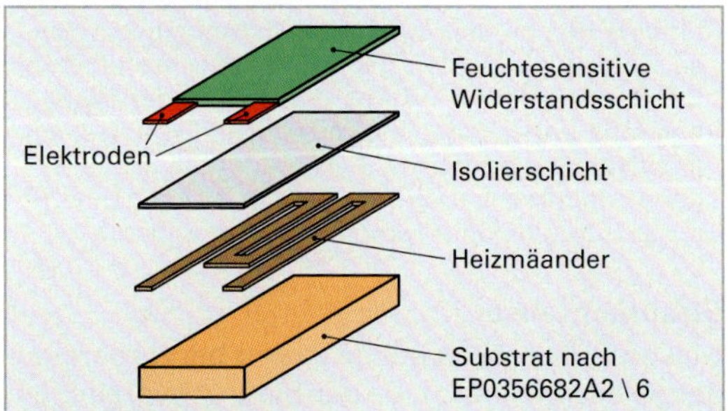

Bild 3: Feuchtesensor

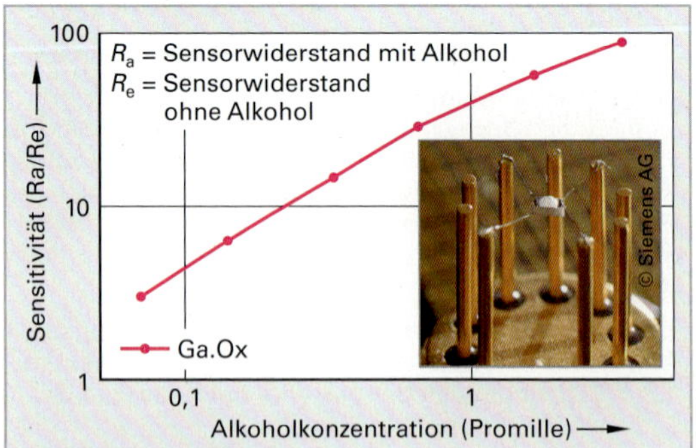

Bild 4: Alkoholsensor

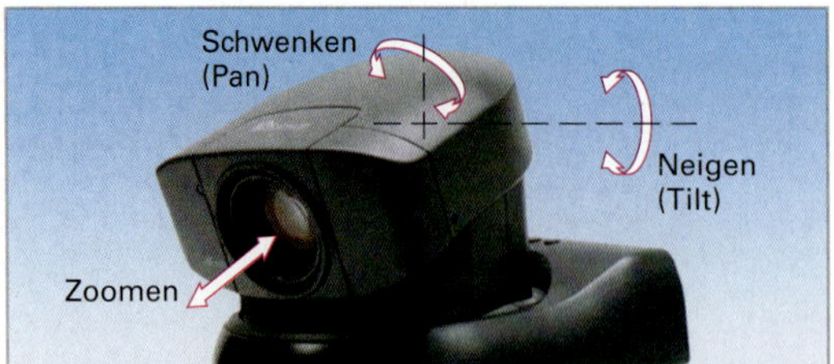

Bild 5: PTZ-Kamera

MEMS-Drehratensensor

MEMS (Micro-Electro-Mechanical Systems) sind mikromechanische Systeme, aufgebaut ähnlich wie integrierte Schaltkreise **(Bild 1)** auf Basis eines polykristallinen Siliziumplättchens. Sie werden in großen Stückzahlen[1] hergestellt.

Verwendung findet der MEMS-**Drehratensensor bzw.** als **Gyroskop** mit Anordnungen für eine, zwei oder drei Raumachsen, z. B. in ESP®-Systemen (Elektronisches Stabilitäts-Programm, Bosch) zur Stabilisierung von Fahrzeugen, sowie in beweglichen Geräten aller Art, z. B. von Drohnen, Fotoapparaten und auch zur Hand-Arm-Gestik-Steuerung. Die Hauptbestandteile des Drehratensensors sind federelastisch bewegliche Massen (seismische[3] Massen), elektrostatische Abstandssensoren und elektrostatische Antriebselemente.

Drehratensensoren basieren auf dem physikalischen Prinzip des Drehimpulserhaltungssatzes. Typisch gilt dieser beim rotierenden Kreisel. Dieser behält seine Orientierung im Raum bei, auch wenn sein Standort geschwenkt wird **(Bild 2)**.

MEMS-Drehratensensoren sind so strukturiert, dass eine **drehschwingende** seismische Masse entsteht. Sie ist mit dem Gehäuse (Basiskoordinatensystem) durch elastische Stege (Federn) verbunden **(Bild 3)**. Dreht sich das Gehäuse bzw. das Basiskoordinatensystem um die X-Achse, so neigt sich, durch Corioliskräfte[4] bedingt, die drehschwingende, seismische Masse um die Y-Achse. Kapazitiv erfasst wird dies durch die Abstandsänderungen $\pm \Delta z$.

Die Massen haben kammförmige Ausprägungen und lagern in kammförmiger Substratumgebung. Dadurch entstehen kapazitive Antriebe zur Schwingerzeugung und kapazitive Abstandssensoren zur Schwingamplituden-Regelung und zur Corioliskraftbestimmung.

Die seismischen Massen, die elastischen Federn und die kapazitiven Antriebe entstehen durch Ätzen der Silizium-Funktionsschicht. Diese ist nur etwa 20 µm dick. Der geringe Abstand der beweglichen Oberflächen zur umgebenden Substratbasis-Struktur bewirkt ein signalbildendes und/oder krafterzeugendes elektrisches Feld. Die gesamte Mikromechanik wird mit einer Siliziumkappe abgedeckt. Damit erreicht man eine Unabhängigkeit von atmosphärischen Einflüssen. Die Drehraten-Messbereiche liegen zwischen 125 Grad/s [dps, degree per second] und 2000 Grad/s.

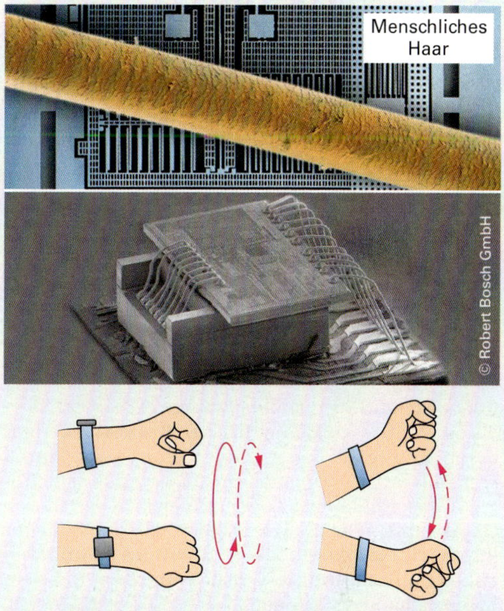

Bild 1: MEMS-Chip und beispielhafte Anwendung als Drehratensensor für eine Arm-Hand-Gestik-Steuerung

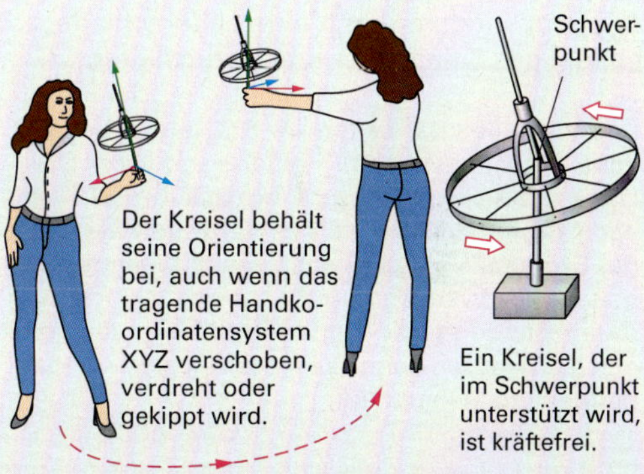

Bild 2: Konstanz der Raumorientierung beim Kreisel

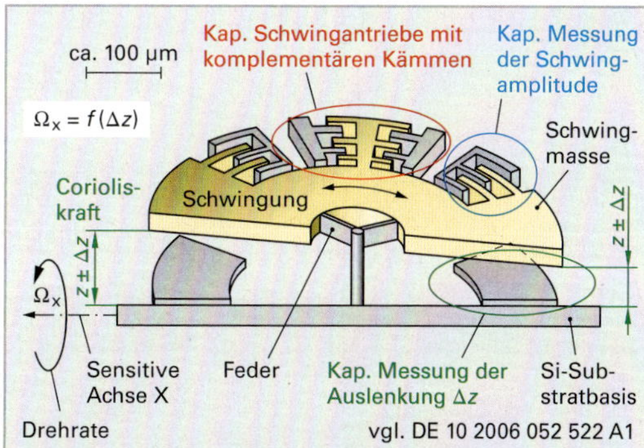

Bild 3: Einachsiger Drehratensensor

---

[1] Die Firma Robert Bosch GmbH hat in der Zeit von 1995 bis 2015 mehr als 5 Milliarden MEMS produziert.

[2] Gyros, von griech. gíros = Kreis, Drehung. Der Begriff steht für Kreiselinstrumente.

[3] griech. seismos = Erschütterung

[4] Der Coriolis-Effekt ist benannt nach *Gaspard Gustave de Coriolis*, franz. Physiker, 1792 bis 1843

4.5 Störungen in Sensorleitungen

Galvanische Störbeeinflussungen entstehen durch gemeinsame Stromwege eines Messstromkreises mit anderen Stromkreisen, z. B. anderen Messstromkreisen, Steuerstromkreisen oder Leistungsstromkreisen.

Durch gemeinsame Bezugsleiter entstehen durch den Leitungswiderstand und durch den Übergangswiderstand in den Anschlüssen Spannungsfälle, die sich dem Messsignal überlagern.

Galvanische Störbeeinflussungen verhindert man durch Vermeiden gemeinsamer Bezugsleiter und durch Potenzialtrennung der Stromkreise durch Transformatoren für jeden Stromkreis oder elektromechanisch über Relais oder optoelektronisch durch Optokoppler. Die Schutzpotenzialausgleichsleiter PB (von Protective Bonding) führt man sternförmig auf einen Bezugspunkt. Dieser wird meist mit dem Schutzleiter PE verbunden.

Induktive Einstreuungen entstehen durch induktive Kopplung zweier Stromkreise oder durch andere elektromagnetische Felder. Die induktive Kopplung entsteht durch eine Leiterschleife, z. B. gebildet aus Signalleiter und Bezugsleiter.

Das **Verdrillen** der Leiter der **Störquelle** bewirkt, dass die magnetischen Felder nach jeder Dralllänge die Richtung ändern, sodass ihre Wirkung nach außen schwach ist. Das **Verdrillen** der Leiter der **Störsenke** bewirkt, dass ein einfallendes magnetisches Wechselfeld Spannungen induziert, deren Richtung nach jeder Dralllänge verschieden ist. Dadurch heben sich die induzierten Spannungen weitgehend auf.

Magnetische Störungen können durch magnetische Leiter aus **ferromagnetischem Werkstoff** oder durch **Wirbelstromschirme**, z. B. aus Aluminiumfolie oder aus Kupferdrahtgeflecht, abgeschirmt werden. Stahlblechgehäuse und das Verlegen der Leitungen in Stahlrohren oder in Kabeln mit **Stahlgeflechtummantelung** ermöglichen eine Abschirmung der von der Störquelle erzeugten elektromagnetischen Felder und eine Abschirmung gegen elektromagnetische Felder, die in die Leitung der Störsenke eintreten wollen.

Beispiel:
Bei einer Leitung der Länge l = 2 m beträgt die längebezogene Induktivität $\Delta L/\Delta l$ = 1 µH/m. Es wird ein Strom von I = 500 mA mit einer Stromanstiegszeit von t = 1 µs geschaltet. Welche induzierte Spannung entsteht?

Lösung:

Leitungsinduktivität: $L = \frac{\Delta L}{\Delta l} \cdot l = \frac{1\,\mu H}{m} \cdot 2\,m = 2\,\mu H$

Stromänderung des Schaltsignals: $\frac{\Delta I}{\Delta t} = \frac{500\,mA}{1\,\mu s}$

induzierte Spannung: $u_i = L \cdot \frac{\Delta I}{\Delta t} = 1\,V$

Kapazitive Einstreuungen entstehen durch ungewollte Kapazitäten zwischen Leitern von verschiedenen Stromkreisen, z. B. durch die Leitungskapazität parallel verlaufender Leitungen zweier verschiedener Stromkreise. Störquellen wirken umso stärker, je steiler der Spannungsanstieg $\Delta u/\Delta t$ in den störenden Stromkreisen ist und je hochohmiger der gestörte Stromkreis ist.

Zur Verringerung kapazitiver Einstreuungen sind gemeinsame Kabelkanäle mit anderen Leitungen zu vermeiden. Kapazitive und elektromagnetische Einstreuungen werden durch Schirme aus möglichst gut leitendem Werkstoff, z. B. versilbertem Kupfergeflecht, vermindert. Messleitungen sollen in möglichst weitem Abstand von anderen Leitungen und nicht parallel zu diesen verlegt werden.

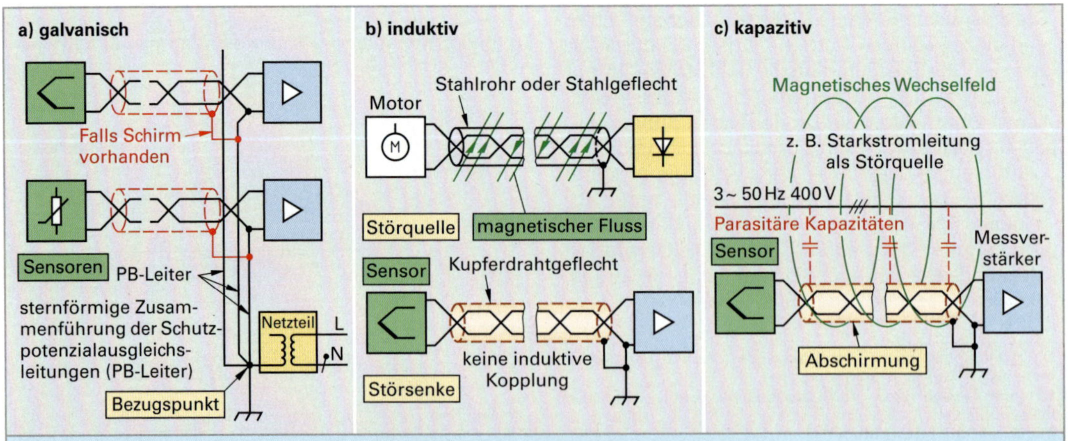

Bild 1: Störungen durch galvanische, induktive und kapazitive Beeinflussungen

5 Pneumatik

Pneumatik[1] (Drucklufttechnik) ist die technische Anwendung der Druckluft. Dabei wird meist der Überdruck, manchmal auch der Unterdruck genutzt. **Pneumatische Steuerungen** bestehen aus dem Steuerteil und dem Energieteil **(Bild 1)**.

Im Steuerteil werden Signale aufgenommen und verarbeitet. Im **Energieteil** werden nach einer Signalverstärkung mit Stellgliedern (Ventilen) Antriebsglieder (Zylinder, Motoren, pneumatische Muskel, **Bild 2**) gesteuert und Kräfte und Bewegungen erzeugt.

Anwendungsbereiche der Pneumatik sind:

- Linearantriebe zum Zuführen, Spannen, Verschieben und Auswerfen,
- rotierende Antriebe (Druckluftmotoren) zum Schrauben, Bohren und Schleifen,
- oszillierende Antriebe zum Meißeln, Schneiden, Pressen, Stanzen und Nieten,
- Düsen zum Aussortieren von Bauteilen und Ausblasen von Werkstücken zum Entfernen von Schmutz und Spänen,
- in der Oberflächentechnik das Sandstrahlen und Farbspritzen,
- Führungsbahnen bei Messmaschinen,
- in der Längenprüftechnik eingesetzte pneumatische Mess- und Prüfgeräte,
- in der Fördertechnik die Schüttgutförderung.

Beim Einsatz von pneumatischen Steuerungen muss die Kompressibilität der Luft berücksichtigt werden. In den meisten Anwendungen ist dieser Einfluss gut beherrschbar. Oft ist diese federnde Eigenschaft auch erwünscht.

[1] griech. pneuma = Luft, Hauch, Atem

Die wichtigsten Eigenschaften sind:

- Druckluft kann in Leitungen transportiert und in Behältern gespeichert werden.
- Fahrbare Kompressoren ermöglichen den ortsunabhängigen Einsatz der Druckenergie.
- Druckluft ist fast unempfindlich gegen Temperaturschwankungen und kann in explosions- und feuergefährdeten Räumen eingesetzt werden.
- Die Kolbengeschwindigkeiten der Pneumatikzylinder erreichen Werte bis 3 m/s.
- Bei Motoren sind Drehzahlen bis 30 000/min, bei Kleinturbinen bis 450 000/min möglich.
- Werkzeuge und Vorrichtungen sind bis zum Stillstand belastbar, überlastsicher und haben ein hohes Anfahrmoment.
- Pneumatikgeräte haben ein geringes Leistungsgewicht, sind robust und leicht zu reparieren.
- Kompressoren und Abluftgeräusche erfordern einen hohen Lärmschutzaufwand.
- Leckverluste erhöhen die Energiekosten.
- Große Kolbenkräfte sind nicht erreichbar, da der Arbeitsdruck meist unter 10 bar liegt.
- Die Bewegungen sind lastabhängig.
- Kleine und konstante Kolbengeschwindigkeiten bzw. Motordrehzahlen sind nicht möglich.

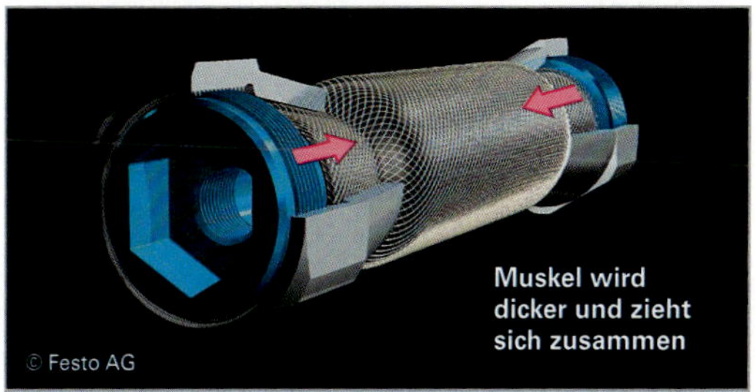

Bild 2: Pneumatischer Muskel

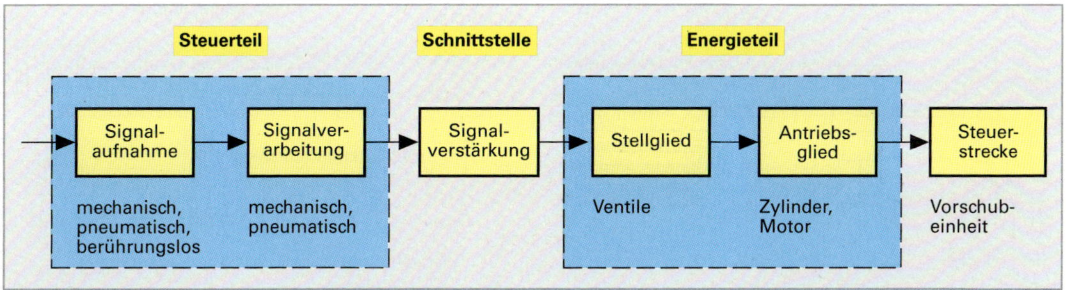

Bild 1: Blockschaltbild einer pneumatischen Schaltung

5.1 Aufbau einer Pneumatikanlage

Eine Pneumatikanlage besteht aus der Druckerzeugeranlage, der Aufbereitungseinheit und der Steuerung **(Bild 1)**.

In der **Druckerzeugeranlage** saugt der Verdichter aus der Atmosphäre Luft an und verdichtet sie. Die durch die Kompression erwärmte Luft wird im Nachkühler abgekühlt. Anfallendes Kondenswasser wird durch die Kondensatabscheider abgeleitet. Die Druckluft strömt weiter in den Druckluftbehälter und über das Rohrleitungsnetz zur Steuerung. Bevor die Druckluft das Hauptventil der Steuerung passiert, wird sie in der **Aufbereitungseinheit** gefiltert, auf konstanten Arbeitsdruck geregelt und oft zur Schmierung der Pneumatikgeräte mit Ölnebel angereichert.

Mit einer **Steuerung** wird z. B. ein Werkstück von einem einfach wirkenden Pneumatikzylinder gespannt und anschließend von einem doppelt wirkenden Zylinder gebogen.

Die Schaltzeichen (Symbole) des Schaltplans (sinnbildliche Darstellung in Bild 1) sind in **DIN ISO 1219** genormt (siehe auch **Tabelle 1, Seite 105**).

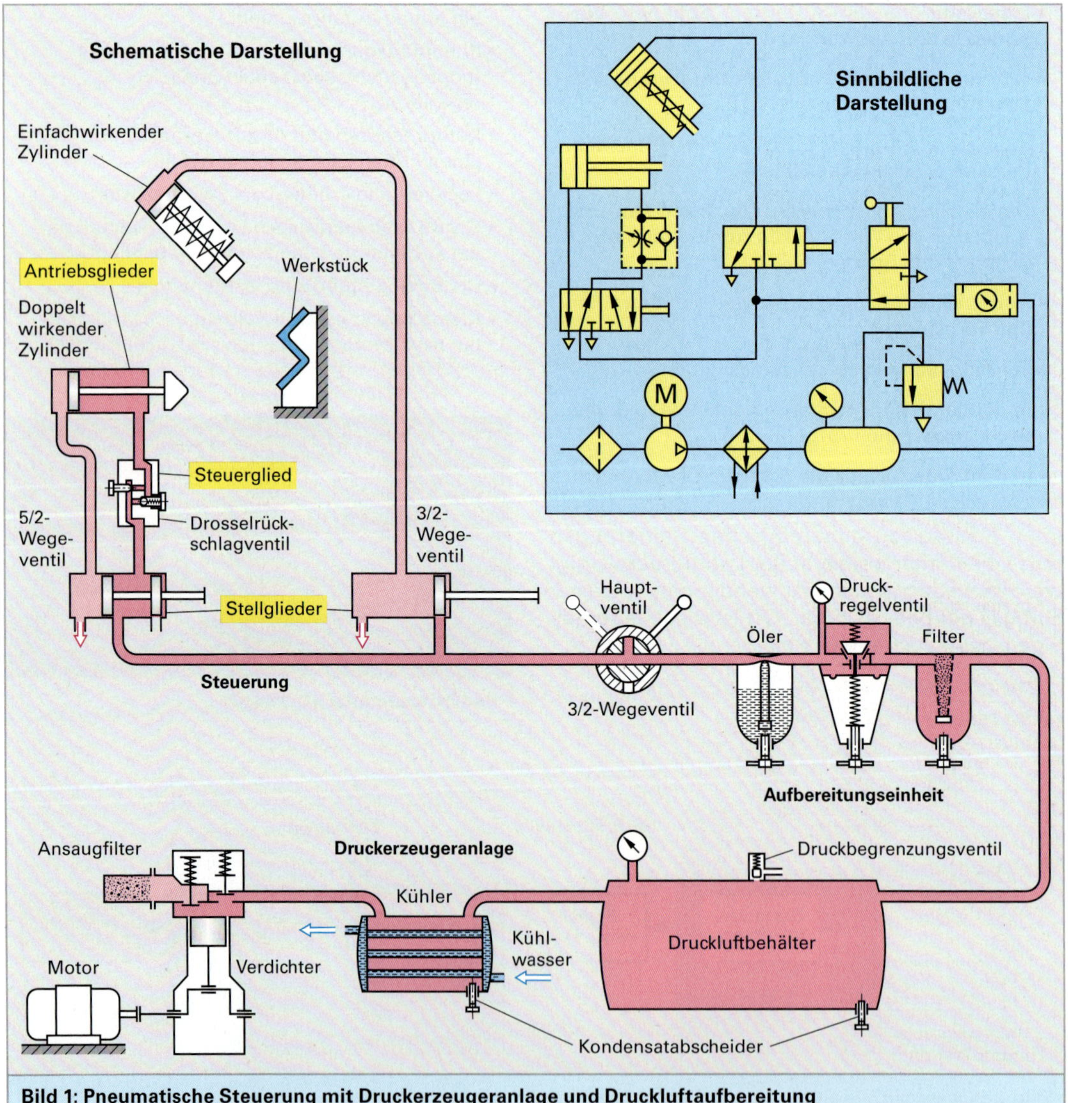

Bild 1: Pneumatische Steuerung mit Druckerzeugeranlage und Druckluftaufbereitung

Tabelle 1: Energieerzeugung, Energieübertragung, Aufbereitung (Symbole nach DIN 1219)

Benennung	Erklärung	Symbol
Funktionszeichen		
Dreieck	Strömungsrichtung: hydraulisch pneumatisch	
Pfeil	Wege und Strömungsrichtungen in Ventilen Drehbarkeit	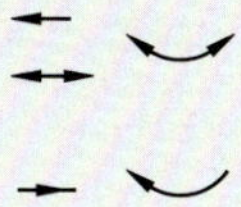
Schrägpfeil (wird durch das ganze Symbol gezogen)	Kennzeichen der Verstellbarkeit	
dünn strichpunktiert umgrenztes Feld	Umrandung mehrerer zu einem Block oder einer Baugruppe vereinigter Teile	
Energieerzeugung und Energieübertragung		
Verdichter	Gerät zur Förderung oder Verdichtung von gasförmigen Medien	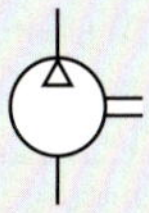
Druckquelle	Anschluss an hydraulische oder pneumatische Energiequelle	
Elektromotor		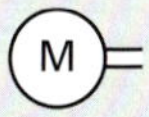
Wärmekraftmaschine		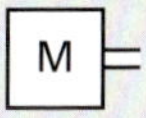
rotierende Welle	Drehbewegung in 1 Richtung in 2 Richtungen	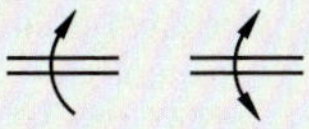
Arbeitsleitung, Rücklauf- und Speiseleitung	Leitung zur Energieübertragung	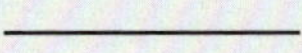
Steuerleitung	zur Übertragung der Steuerenergie	
Abfluss- oder Leckleitung	zum Abfluss von Leckflüssigkeiten oder zur Entlüftung	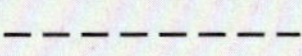
elektrische Leitung		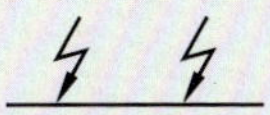
biegsame Leitung		
Leitungsverbindung	feste Verbindung: geschweißt, gelötet, geschraubt	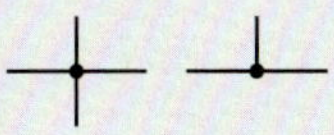
Leitungskreuzung	Leitungen sind nicht miteinander verbunden	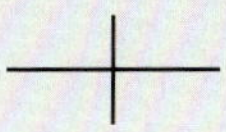

Benennung	Erklärung	Symbol
Auslass ohne Anschlussvorrichtung		
Auslass mit Gewinde für einen Anschluss		
Geräuschdämpfer		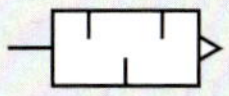
Manometer		
Druckluftspeicher		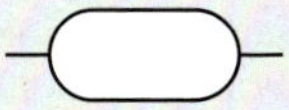
Aufbereitung		
Filter	zum Abscheiden von Schmutzteilchen	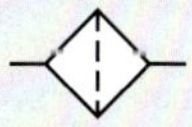
Wasserabscheider	zum Sammeln und Abscheiden von Kondenswasser aus einer Druckluftanlage; handbetätigt	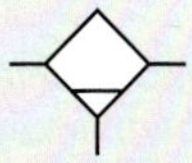
	automatisch entwässernd	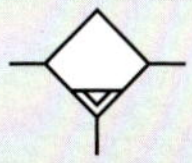
	Kombination von Filter und Wasserabscheider	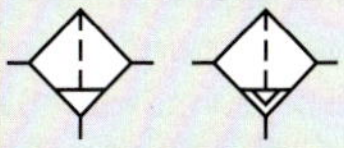
Lufttrockner	in ihm wird die Luft z. B. mittels Chemikalien getrocknet	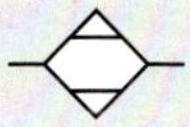
Öler	reichert durchströmende Luft zur Schmierung angeschlossener Geräte mit Öl an	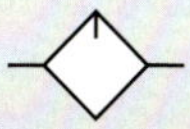
Aufbereitungseinheit	Geräteeinheit aus Filter, Druckregelventil und Öler	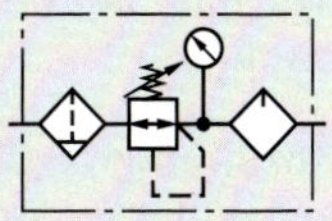
	vereinfachte Darstellung	
Kühler	zum Kühlen der Hydroflüssigkeit oder Luft ohne Darstellung der Leitungen für die Kühlflüssigkeit	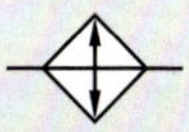
	mit Darstellung der Leitung für die Kühlfüssigkeit	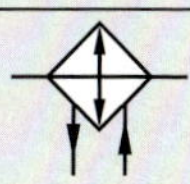

5.2 Drucklufterzeugung

5.2.1 Verdichter (Kompressoren)

Verdichter komprimieren die aus der Atmosphäre angesaugte Luft auf den gewünschten Betriebsdruck. Ansaugfilter scheiden Staub und andere Festkörper aus der Luft aus. Nach der Art der Verdichtung unterscheidet man Verdränger-Verdichter und Strömungsverdichter **(Tabelle 1)**. Verdränger-Verdichter arbeiten oszillierend oder rotierend.

> Bei Verdichtern der **Verdränger-Bauart** schließt der Verdichtungsraum nach dem Ansaugen der Luft vollstandig. Unter Krafteinwirkung wird das Volumen verkleinert und die Luft komprimiert.
>
> **Strömungsverdichter** bestehen aus mit Schaufeln versehenen Laufrädern, die das zu verdichtende Gas beschleunigen. Feststehende Leitkonturen wandeln Geschwindigkeitsenergie in Druckenergie um.

Hubkolbenverdichter werden einstufig bei Betriebsdrücken bis 10 bar und Liefermengen bis 120 m^3/h eingesetzt. Zweistufige Hubkolbenverdichter können bei Betriebsdrücken bis 35 bar und Liefermengen bis 10 m^3/min verwendet werden. Bei dem üblichen Arbeitsdruck von 7...10 bar, auf den die meisten Steuerungen ausgelegt sind, verwendet man zweistufige Hubkolbenverdichter mit Zwischenkühlung. Bei der Zwischenkühlung wird die in der Niederdruckstufe durch die Verdichtung erwärmte Luft möglichst wieder auf die Ansaugtemperatur abgekühlt, bevor sie der Hochdruckstufe zugeführt wird.

Rotierende Verdrängerverdichter sind mit einer oder zwei Wellen ausgeführt. Diese Verdichter arbeiten geräuscharm und fördern die Luft kontinuierlich. Sie können Betriebsdrücke bis etwa 20 bar und Liefermengen bis zu 150 m^3/min bereitstellen.

Strömungsverdichter liefern einen gleichmäßigen Volumenstrom bis etwa 3000 m^3/min. Sie sind jedoch empfindlich bei Belastungsänderungen. Betriebsdrücke bis 10 bar sind möglich.

> Strömungsverdichter sind bei **großen Fördermengen** und **kleinen Förderdrücken** zu bevorzugen, Verdrängerverdichter sind bei kleinen **Fördermengen** und **großen Förderdrücken** zu bevorzugen.

Ölfreie Druckluft können Strömungsverdichter, Schrauben- und Rootsverdichter erzeugen.

Tabelle 1: Verdichterbauarten

1.1 Verdrängerverdichter, oszillierend		
Tauchkolbenverdichter		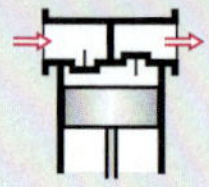
Kreuzkopfverdichter		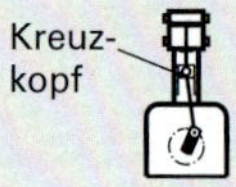
Membranverdichter	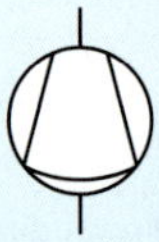	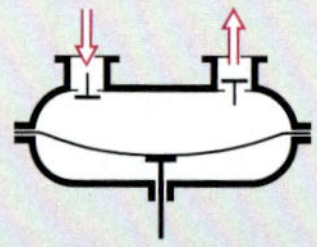
1.2 Verdrängerverdichter, rotierend		
Vielzellenrotationsverdichter	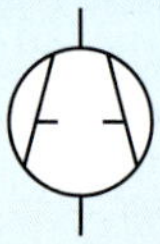	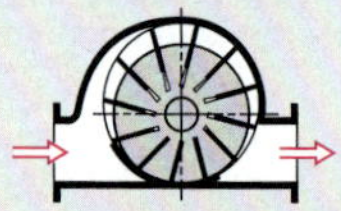
Schraubenverdichter		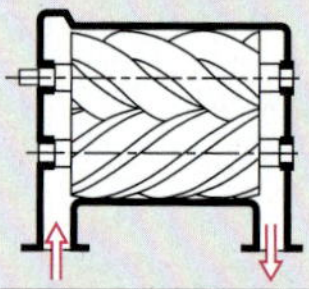
Drehzahnverdichter		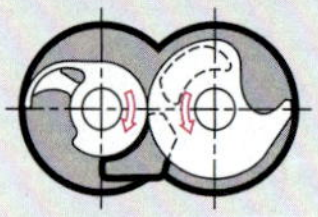
Rootsverdichter (Drehkolbenverdichter)		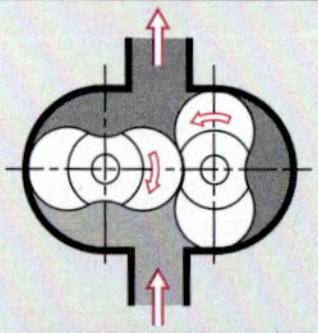
2. Strömungsverdichter (Turboverdichter)		
Axialturboverdichter	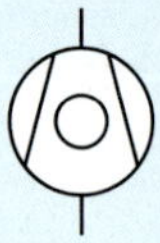	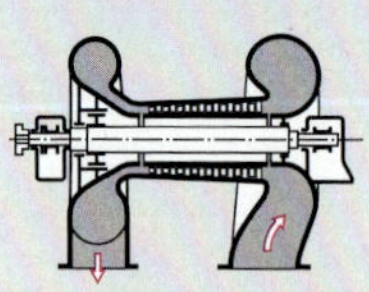
Radialturboverdichter	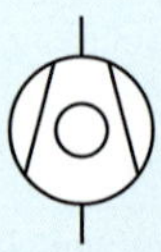	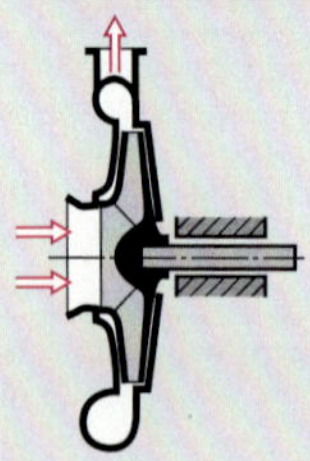

In pneumatischen Anlagen werden vorwiegend Kolbenverdichter, Schraubenverdichter und Turboverdichter eingesetzt **(Bild 1)**.

Sowohl aus wirtschaftlicher als auch aus ökologischer Sicht muss der Energieeinsatz bei der Erzeugung der Druckluft so gering wie möglich gehalten werden **(Bild 2)**. Daher ist besonders auf eine energieeffiziente Auslegung einer Druckluftanlage zu achten. Die größten Energiesparpotenziale ergeben sich durch die Verminderung der Leckageverluste, eine gezielte Gesamtanlagenauslegung, die Wärmerückgewinnung für die Nutzung in anderen Anwendungen und den Einsatz drehzahlvariabler Antriebe.

Bei der **Regelung von Kompressoren** unterscheidet man zwischen internen und Drucklufterzeugung übergeordneten Regelungen. Die **interne Regelung** wird bei einzelnen Kompressoren angewendet. Bei kleinen und mittleren Kompressoren ist eine Zweipunktregelung, der **Aussetzbetrieb**, üblich. Bei Erreichen des Höchstdrucks im Luftbehälter wird dabei der Elektromotor abgestellt. Nach Absinken des Drucks auf den Wiedereinschaltdruck, etwa 20 % unter Höchstdruck, wird der Kompressor wieder in Betrieb gesetzt. Eine kleine Schaltdifferenz führt zu erhöhtem Verschleiß von Kompressor und Regelung Motor. Größere Kompressoren arbeiten wegen der großen Schwungmomente meist im **Leerlaufbetrieb**, d.h. der Kompressor wird auf Nullförderung geschaltet, wenn der Höchstdruck erreicht ist. Die gängigste Möglichkeit bei modernen Kompressoren, **Drehzahländerungen** herbeizuführen, sind entweder Drehzahländerung über Frequenzumrichtung oder über Gleichstrommodulation. Die Motoren werden bei Erreichen der unteren Druckgrenze gestartet und fahren dann entlang einer Kennlinie auf eine Drehzahl, die durch das Verhältnis Ist-Druck zu Regeldruck gekennzeichnet wird **(Bild 3)**.

Für Druckluftsysteme mit hohem, stark schwankendem Verbrauch ist es ungünstig, einen einzelnen Großkompressor zu installieren. In diesen Fällen verwendet man ein Kompressorverbundsystem **(Bild 4)**, das auch aus verschiedenen Kompressoren bestehen kann. **Übergeordnete Regelungssysteme** nutzen die Möglichkeit, beliebig viele Anlagen über ein Druckband zu regeln. Dabei ist die kleinste Regeldifferenz 0,2 bar **(Bild 5)**. Der Vorteil dieser Regelung ist eine Reduzierung des maximalen Drucks im Druckluftsystem, somit Verringerung der primären Energiekosten.

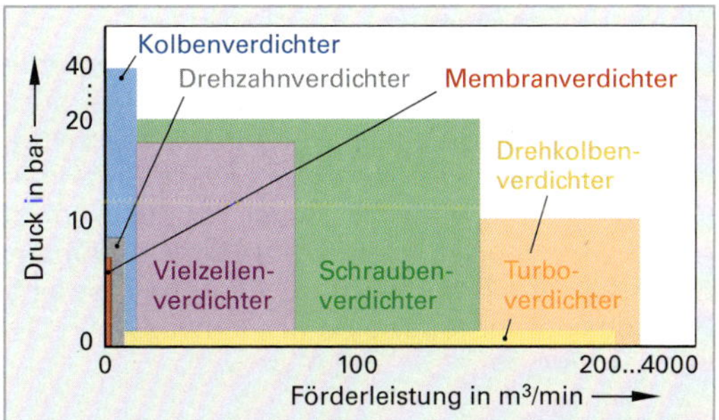

Bild 1: Leistungspotenziale von Verdichterbauarten

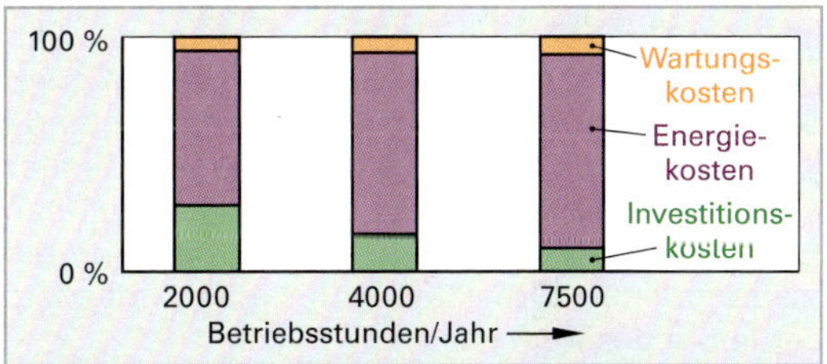

Bild 2: Kostenfaktoren bei der Drucklufterzeugung

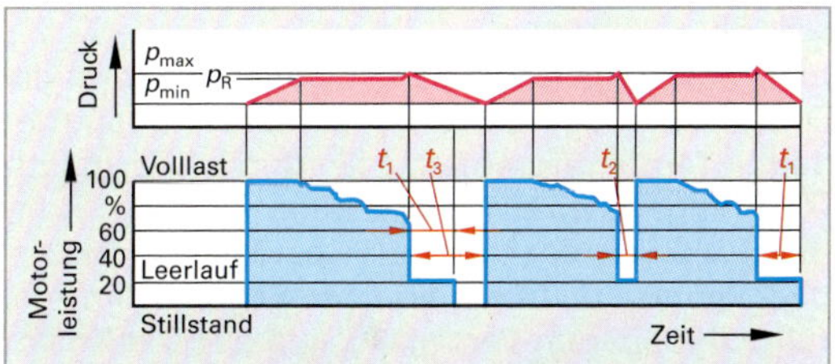

Bild 3: Spitzenlastkompressor mit kontinuierlicher Regelung

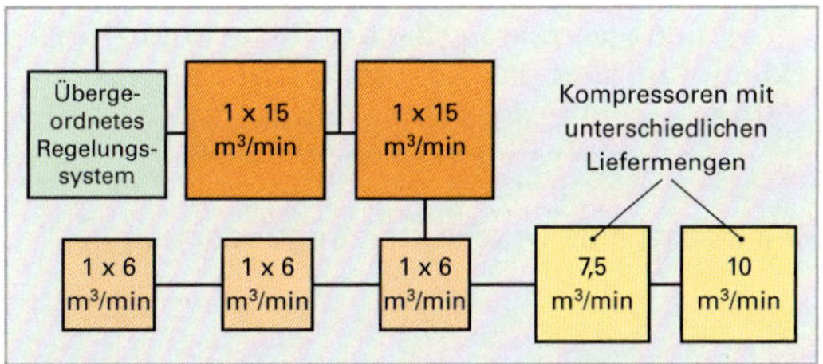

Bild 4: Aufteilung der Drucklufterzeugung

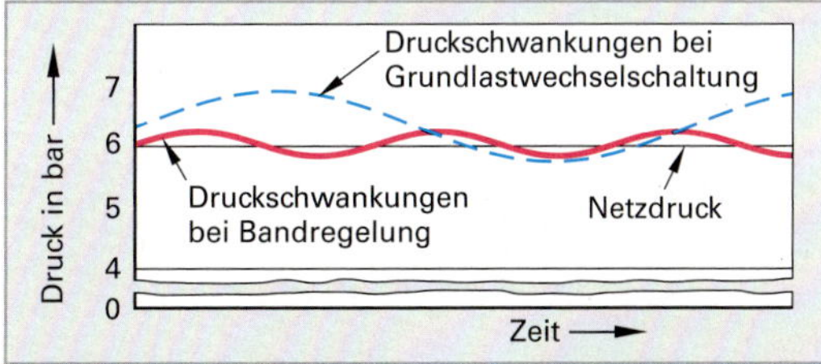

Bild 5: Druckbandregelung

Wärmerückgewinnung

Da beim Verdichten der Luft die Antriebsenergie des Verdichters nicht nur in Druckenergie, sondern auch in Wärmeenergie umgewandelt wird, ist ein Abführen dieser großen Wärmemengen erforderlich. Die wirtschaftlichste Art der Wärmerückgewinnung ist Ausnutzung der Verdichterwärme für die Raumheizung. Alternativ ist eine Heizungswasser- oder eine Brauchwassererwärmung sinnvoll.

Kondensatableitung

Im Verdichter und in den Kühlern wird die Sättigung der Druckluft mit Wasserdampf weit überschritten **(Bild 1)**. Das dabei anfallende Kondenswasser muss über Kondensatableiter ausgeschieden werden. Für die nachgeschalteten Geräte besteht große Korrosionsgefahr, da die weitergeleitete Druckluft immer noch mit Wasserdampf gesättigt ist.

Drucklufttrockner

Im Druckluftspeicher und in den Leitungen ist die Druckluft zu 100% mit Wasserdampf gesättigt. Jeder Temperaturabfall, z.B. durch Wärmeabstrahlung, bewirkt Kondensatentstehung. Kondenswasser in der Druckluft wäscht bei Werkzeugen, Ventilen und Zylindern den Schmierfilm aus, führt zu höherem Verschleiß und bewirkt Korrosion. Daher müssen Drucknetze mit Lufttrocknern ausgerüstet werden.

Trocknungsverfahren sind das Kälte- **(Bild 2)**, das Membran- und das Adsorptionstrocknungsverfahren.

Bild 3 zeigt eine Drucklufterzeugungsanlage.

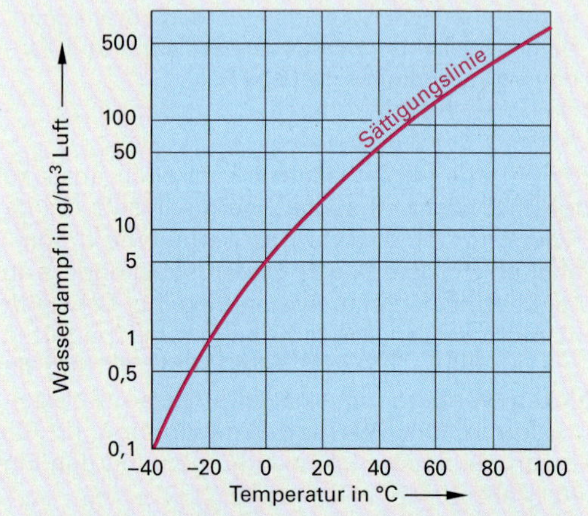

Bild 1: Wasserdampfgehalt der Luft in Abhängigkeit von der Temperatur

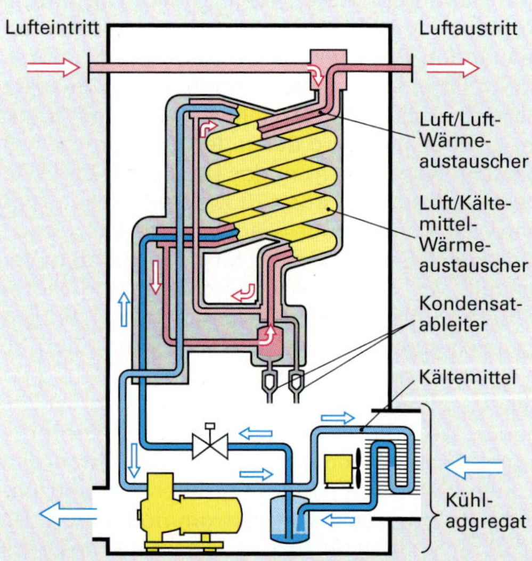

Bild 2: Kälteverfahren

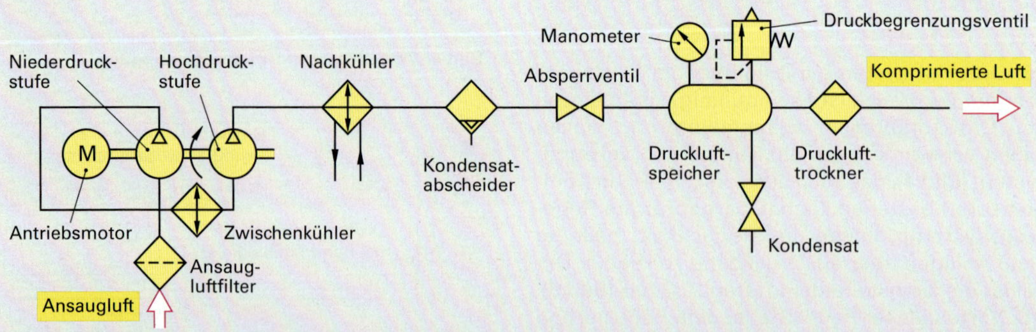

Bild 3: Drucklufterzeugung (sinnbildliche Darstellung)

5.2.2 Druckluftnetze

Über ein Rohrleitungsnetz strömt die Druckluft vom Druckluftspeicher zum Verbraucher. Als Rohrleitungen verwendet man vorwiegend nahtlos gezogene Stahl-, Kupfer- oder PVC-Rohre. Die Hauptverteilerleitungen werden in der Regel als Ringleitungen verlegt. Die richtige Dimensionierung der Rohrleitungen eines Netzes ist auch aus wirtschaftlicher Sicht von großer Bedeutung, da Druckverluste durch Höherverdichtung wieder ausgeglichen werden müssen. Der Druckverlust in einem Rohrleitungsnetz sollte daher kleiner als 0,1 bar sein.

Der Druckverlust in einem Druckluftnetz ist hauptsächlich von dem Rohrinnendurchmesser, der Leitungslänge und den Querschnittsänderungen abhängig **(Bild 1)**.

Der erforderliche Rohrinnendurchmesser kann mit einer Näherungsformel berechnet werden.

Bei der Wartung von Druckluftnetzen ist das Aufspüren von **Leckagen** von besonderer Bedeutung, da sie 20 % bis 40 % des verbrauchten Volumens ausmachen können. Durch ein Loch von nur 1 mm Durchmesser strömen 1,2 l/s Luft bei einem Druck von 6 bar. Dadurch entstehen pro Jahr Kosten von etwa 110 € bei 6000 Betriebsstunden. Bei einem Lochdurchmesser von 3 mm entweichen 11,1 l/s und die jährlichen Kosten betragen etwa 1 100 €. Die aus Leckagen strömende Luft erzeugt Ultraschall, der mithilfe eines Detektors **(Bild 2)** geortet wird. Die Leckagemenge wird in dBµV gemessen. Wegen des Kondensats sind die Abzweigungen von Versorgungsleitungen **(Bild 3)** grundsätzlich von der Oberseite, Abzweigungen Kondensat von der Unterseite der Rohre abzuführen. Beim Verlegen erhalten die Hauptleitungen **(Bild 4)** in Strömungsrichtung ein Gefälle von etwa 1 %, damit anfallendes Kondensat an den tiefsten Stellen gesammelt und ausgeschieden werden kann.

Rechnerische Ermittlung des Leistungsdurchmessers:

$$d \approx \sqrt[5]{\frac{1{,}6 \cdot 10^3 \cdot Q^{1{,}85} \cdot L}{10^{10} \cdot \Delta p \cdot p_{max}}}$$

d	Innendurchmesser der Rohrleitung in m
Q	Gesamtvolumenstrom in m³/s
L	Strömungstechnische Länge in m
Δp	angestrebter Druckabfall in bar
p_{max}	Kompressorausschaltdruck in bar_{abs}

Beispiel:

$Q = 2\ m^3/min = 0{,}033\ m^3/s$

$L = 200$ m

$\Delta p = 0{,}1$ bar

$p_{max} = 8\ bar_{abs}$

$$d \approx \sqrt[5]{\frac{1{,}6 \cdot 10^3 \cdot 0{,}033^{1{,}85} \cdot 200}{10^{10} \cdot 0{,}1 \cdot 8}}$$

$d \approx 0{,}037$ m = 37 mm

Gewählte Nennweite: DN40

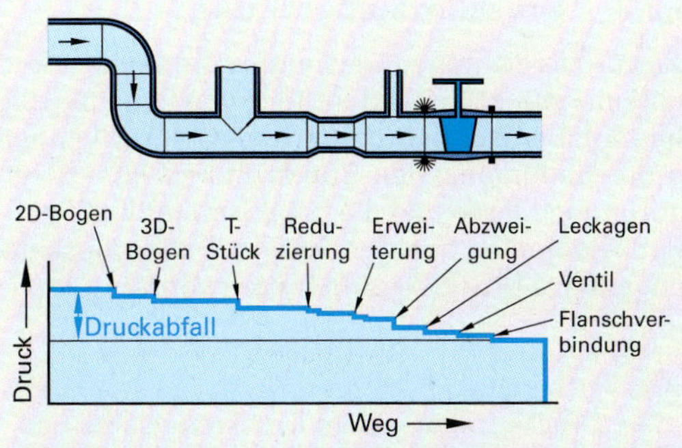

Bild 1: Druckabfall in einer Rohrleitung

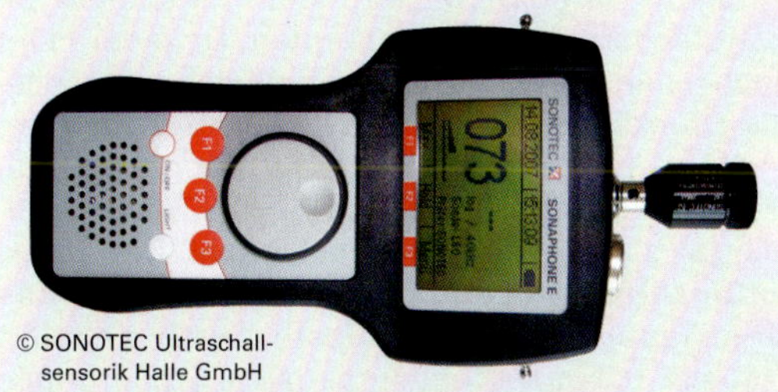

Bild 2: Leckagedetektor

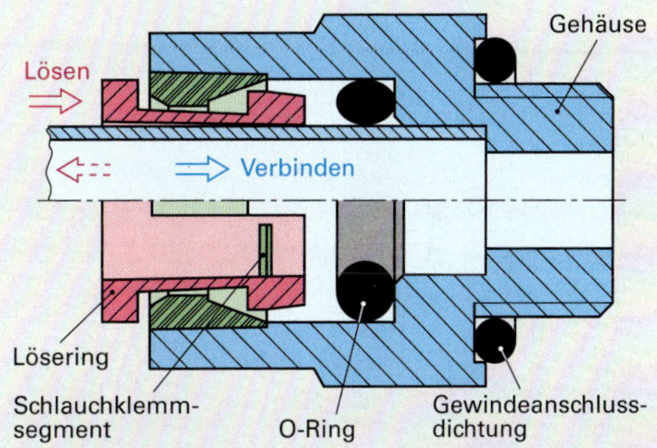

Bild 3: Steckverschraubung

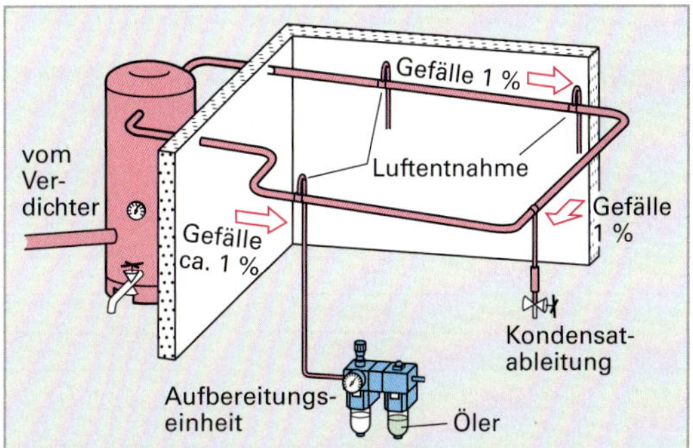

Bild 4: Leitungsführung von Hauptleitungen

5.2.3 Druckluftaufbereitung

Die von Verdichtern angesaugte Atmosphäre enthält unerwünschte Bestandteile wie Feuchtigkeit, Schmutzpartikel und Öl-Aerosole. Diese können in der pneumatischen Steuerung zu Funktionsstörungen führen und die Lebensdauer von Pneumatikelementen beeinträchtigen. Daher muss die eingesetzte Druckluft aufbereitet werden.

Die Aufbereitungseinheit besteht meist aus einem Druckluftfilter, einem Druckregelventil und einem Drucklufttöler **(Bild 1)**.

Verschmutzungen fördern den Verschleiß an Gleitflächen und Dichtelementen. Da jeder Filter auch einen Durchflusswiderstand darstellt, sollte die Druckluft aus wirtschaftlichen Gründen immer nur so sauber wie nötig sein. Für die Qualität der Druckluft ist seit 2010 DIN ISO 8573 verbindlich für die Automatisierungstechnik. Die Druckluftqualität wird durch die Filterfeinheit, den Drucktaupunkt und den Restölgehalt definiert **(Tabelle 1)**. Für servopneumatische Steuerungen sind für Feststoffe die Klasse 6 und für Wasser- und Ölgehalt die Klasse 4 gefordert.

In den **Druckluftfilter** strömt die Luft seitlich ein und verwirbelt. Grobe Verunreinigungen wie Rostteilchen, Wasser- oder Öltropfen, werden durch die Einwirkung der Fliehkraft an die Behälterwand und die Prallplatte geschleudert und können durch das Ablassventil am Behälterboden ausgelassen werden. Im Filtereinsatz bleiben entsprechend der Porengröße die restlichen Verunreinigungen zurück.

Das **Druckregelventil** hat die Aufgabe, den Verbraucher mit konstantem Arbeitsdruck zu versorgen. Die Regelung erfolgt über den größeren Ventilteller, dessen eine Seite vom Arbeitsdruck beaufschlagt wird. Auf die andere Seite wirkt eine einstellbare Federkraft. Sinkt der Arbeitsdruck unter den eingestellten Wert, drückt die Feder den oberen Ventilteller nach unten und senkt über den Stift den kleinen Ventilteller. Durch den geöffneten Ringspalt strömt so lange Druckluft, bis der Arbeitsdruck wieder erreicht ist.

Druckluftöler versorgen die Luft mit Schmiermittel. Sie arbeiten nach dem Venturiprinzip. Durch eine Verkleinerung des Leitungsquerschnittes wird an der Engstelle die Geschwindigkeit des Luftstroms erhöht, wobei in der Strömung ein Unterdruck entsteht. Dieser Effekt wird genutzt, um Öl aus dem Behälter in ein Steigrohr zu saugen, aus dem es in die Strömung tropft und dabei vernebelt. Mit einer Drossel als Dosiereinrichtung lässt sich die Anzahl der Öltropfen, die in den Luftstrom fallen, einstellen. Aus Gründen des Umweltschutzes sollte jedoch versucht werden, ohne zusätzliche Schmierung auszukommen.

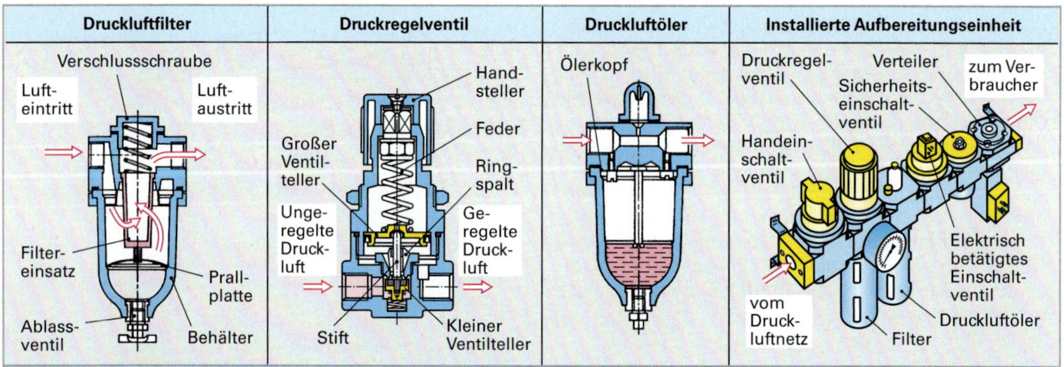

Bild 1: Druckluftaufbereitung

Tabelle 1: Einteilung der Güteklassen nach DIN ISO 8573-1

Klasse	Feststoffpartikel				Wasser		Öl
	Maximale Anzahl Partikel pro m³ 0,1 – 0,5 µm / 0,5 – 1 µm / 1 – 5 µm			Massekonzentration in mg/m³	Drucktaupunkt Dampf in °C	Flüssigkeit in g/m³	Gesamtanteil Öl (flüssig, Aerosol und Nebel) in mg/m³
1	≤ 20000	≤ 400	≤ 10	–	≤ – 70	–	0,01
2	≤ 400000	≤ 6000	≤ 100	–	≤ – 40	–	0,1
3	–	≤ 90000	≤ 1000	–	≤ – 20	–	1
4	–	–	≤ 10000	–	≤ + 3	–	5
5	–	–	≤ 100000	–	≤ + 7	–	–
6	–	–	–	≤ 5	≤ + 10	–	–
7	-	–	–	5 – 10		≤ 0,5	–

5.3 Antriebsglieder

Pneumatische Antriebsglieder wandeln pneumatische Energie (Druckenergie) in mechanische Energie (Bewegungsenergie) um. Man unterscheidet drehend arbeitende Antriebe ohne begrenzten Schwenkbereich **(Druckluftmotoren)** und mit begrenztem Schwenkbereich **(Schwenkmotoren, Drehzylinder)**, außerdem geradlinig arbeitende Antriebe **(Druckluftzylinder)**. Die genormten Symbole sind in **Tabelle 1, Seite 105**, erfasst.

5.3.1 Druckluftmotoren

Druckluftmotoren werden wegen des geringen Leistungsgewichts und der leichten Handhabung als Antriebe der verschiedensten Werkzeuge und Hebezeuge eingesetzt.

Leistung, Drehzahl und Drehmoment sind durch Absenken des Arbeitsdruckes und Drosseln der Luftmenge stufenlos verstellbar.

Die Motoren haben ein hohes Anfahrmoment, sind überlastsicher, explosionssicher, robust, wartungs- und reparaturfreundlich. Die Drehrichtung ist einfach und schnell umsteuerbar. Die Drehzahlen sind aber sehr lastabhängig. Am häufigsten werden Kolben-, Lamellen- und Turbinenmotoren verwendet.

Kolbenmotoren werden als Axial- oder Radialkolbenmotoren gebaut. Für den Antrieb von Werkzeugen wurden sie weitgehend vom Lamellenmotor verdrängt. Bedeutung haben sie noch als Antriebe für Hebezeuge, Winden und Krananlagen.

Der **Axialkolbenmotor** hat 4 oder 5 in Achsrichtung angebrachte Zylinder, die über eine Taumelscheibe die Kolbenbewegungen in eine Drehbewegung umwandeln **(Bild 1)**. Die Drehrichtung ist umsteuerbar. Ein Steuerschieber sorgt dafür, dass immer 2 Kolben unter Druck stehen und so ein ausgeglichenes Schwungmoment für Laufruhe und Drehzahlkonstanz sorgt. Die Abtriebsdrehzahlen reichen bis 6000/min. Niedrigere Drehzahlen werden durch Planetengetriebe stufig und durch zusätzliche Luftdrosselung stufenlos erreicht.

Beim **Radialkolbenmotor** sind 4 bis 6 Zylinder sternförmig angeordnet und treiben über Pleuelstangen die Kurbelwelle an **(Bild 2)**. Ein Steuerschieber dreht sich mit der Kurbelwelle mit und verteilt in der richtigen Folge die Druckluft, sodass immer 2 Kolben den Krafthub ausführen. Radialkolbenmotoren drehen langsamer als Axialkolbenmotoren, bringen aber höhere Leistungen (bis ca. 10 kW). Sie sind sehr laut. Ihr Einsatz ist rückläufig.

Der **Lamellenmotor** ist Werkzeugantrieb für Bohrer, Gewindeschneider, Schleifer und Schrauber. Bei automatischen Bohr- und Gewindeschneideeinheiten sorgt er für die Drehbewegung, während eine pneumatisch-hydraulische Vorschubeinheit z. B. die lineare Vorschubbewegung ausführt.

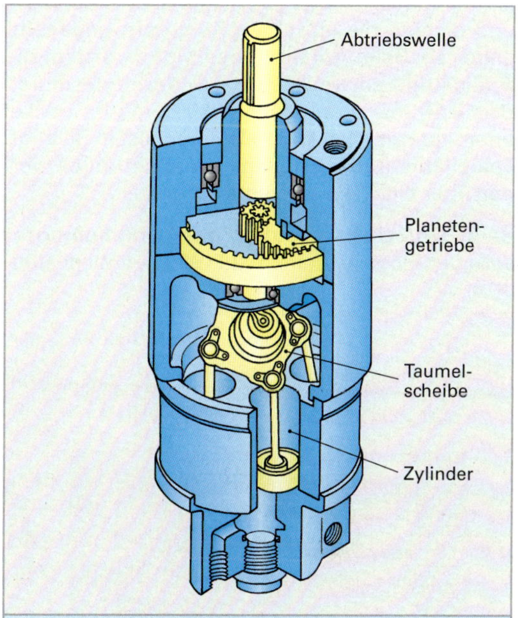

Bild 1: Axialkolbenmotor

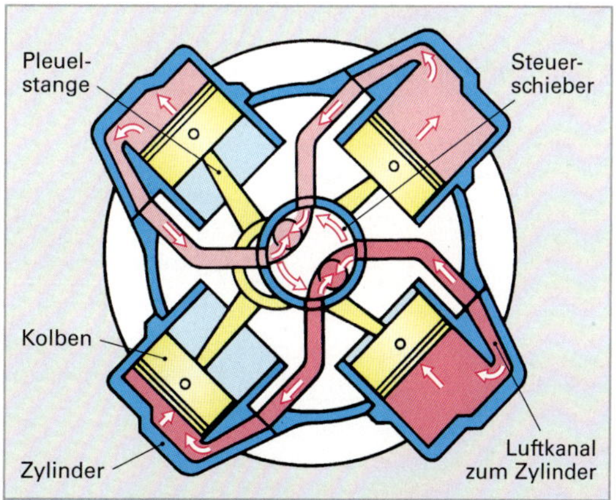

Bild 2: Radialkolbenmotor

Lamellenmotoren bestehen aus dem Zylinder, dem Rotor und den beiden Rotordeckeln **(Bild 1)**. Der Rotor hat radiale Längsschlitze zur Aufnahme von Kunststofflamellen. Durch die exzentrische Anordnung des Rotors zur Zylinderachse entsteht ein sichelförmiger Arbeitsraum, der von den Lamellen in mehrere Druckluftkammern unterteilt wird. Durch die Sichelform werden die Lamellen, die eine Druckkammer begrenzen, verschieden tief in die Schlitze gedrückt. So entstehen verschieden große Lamellenflächen, wobei die größere Fläche in Drehrichtung liegt. Auf ihr erzeugt der Druck eine Umfangskraft, die den Rotor antreibt. Wegen der Fliehkraft schleifen die Lamellen bei der Drehbewegung an der Zylinderwand und dichten die einzelnen Kammern gegeneinander ab. Beim Anfahren des Motors erfolgt die Abdichtung entweder durch Federn oder durch Druckluft, die durch eine Ausfräsung im Deckel unter die Lamellen in den Rotorschlitzen gelangt. **Lamellenmotoren für beide Drehrichtungen** werden über ein 4/2-Wegeventil umgesteuert.

Beim **Druckluftschrauber mit Lamellenmotor** wird der Motor mit einem 2/2-Wegeventil gesteuert **(Bild 2)**. Die Drehzahl wird über ein Planetengetriebe untersetzt. Eine Rutschkupplung begrenzt das Drehmoment. Die Schaltkupplung ist eine Klauenkupplung.

> Lamellenmotoren erreichen Drehzahlen von 30000/min und werden meist durch ein Planetengetriebe untersetzt. Ein Fliehkraftregler, der den Lufteinlass schließt, kann die Drehzahl begrenzen.

Im **Turbinenmotor** treibt die Druckluft über Luftdüsen ein Turbinenrad an. Es gibt Axial-, Radial-, Tangential- und Freistrahlturbinen. Wegen ihres sehr geringen Leistungsgewichtes und ihrer sehr hohen Drehzahlen (350000/min bis 400000/min), werden Turbinenmotoren nur zum Antrieb von sehr hochtourigen Spezialwerkzeugen verwendet. Bei Kleinschleifmaschinen (z.B. Werkzeugschleifern) mit Lamellenmotorantrieb liegen die Drehzahlen zwischen 17000/min und 30000/min; sind sie mit Turbinenmotorantrieb ausgerüstet, werden Drehzahlen über 75000/min erreicht.

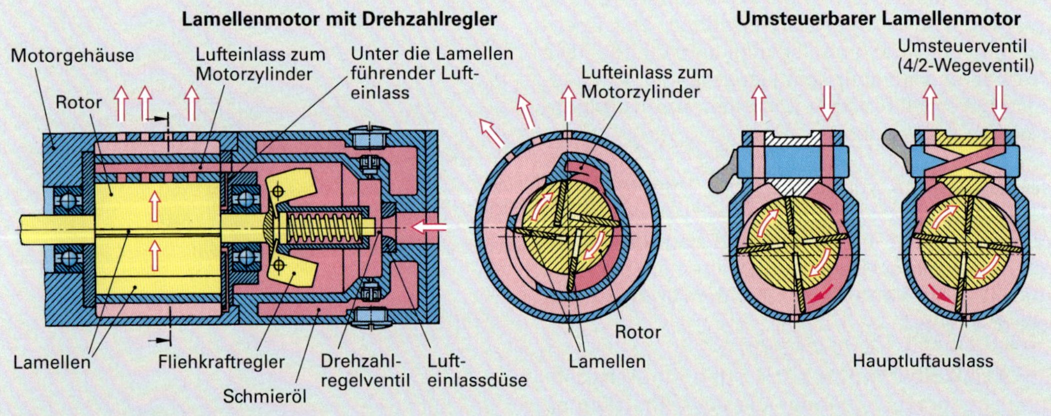

Bild 1: Druckluftlamellenmotoren

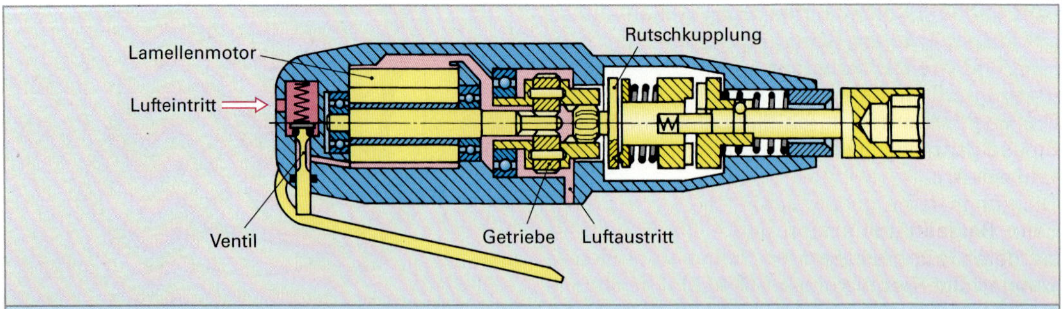

Bild 2: Druckluftschrauber mit Lamellenmotor

5.3.2 Pneumatischer Muskel

Der **pneumatische Muskel (Bild 2, Seite 103)** ist ein Zugaktuator, der dem biologischen Muskel nachempfunden ist. Er besteht aus einem Kontraktionsschlauch und den passenden Anbindungsstücken[1]. Der Kontraktionsschlauch ist aufgebaut aus einem druckdichten Gummischlauch und einer Umspinnung aus hochfesten Fasern **(Bild 1)**. Die Fasern bilden ein Rautenmuster in Form einer dreidimensionalen Gitterstruktur. Durch Anlegen eines Innendrucks dehnt sich der Schlauch in Umfangsrichtung aus, daraus entsteht eine Zugkraft und eine Kontraktionsbewegung in Längsrichtung des Muskels. Die nutzbare Zugkraft hat ihr Maximum zu Beginn der Kontraktion und fällt nahezu linear mit dem Hub ab. Mit dem pneumatischen Muskel können nutzbare Arbeitshübe von bis zu 25 % der Nennlänge des Muskels erreicht werden.

Bei Änderung einer äußeren Kraft verhält sich der Muskel wie eine Zugfeder.

Pneumatische Muskeln arbeiten Stick-slip-frei und zeichnen sich aus durch hohe Arbeitshubfrequenzen bis 100 Hz, Beschleunigungswerte bis 100 m/s^2 und Geschwindigkeiten bis 3 m/s.

Beispiel: Palettengreifer (Bild 2)
In einem Lager sollen Paletten auf ein Rollenband gehoben werden. Mit einem Greifer, der durch einen pneumatischen Muskel geschlossen und mit einer Druckfeder wieder geöffnet wird, werden die Paletten positioniert. Das geringe Gewicht des pneumatischen Muskels von maximal etwa 1000 Gramm ermöglicht es, die Bewegungsgeschwindigkeit des Greifers zu erhöhen und damit die Zykluszeit zu verkürzen. Der Betrieb ist auch in rauer und schmutziger Umgebung möglich, da keine empfindlichen Führungen am pneumatischen Muskel vorhanden sind.

5.3.3 Balgantrieb

Balgantriebe (Bild 3) wirken durch Be- und Entlüften als Antriebselement. Mit zunehmendem Hub wird die erzeugte Kraft abhängig von der Einschnürung des Balgs geringer. Werden Balgzylinder mit einem permanenten Druck beaufschlagt, wirken sie als Dämpfungselement.

Ein Balgantrieb besteht aus zwei Metallplatten und einem einrollierten Gummibalg. Es gibt keine Dichtungselemente und mechanisch bewegten Teile. Balgantriebe sind einfachwirkende Antriebe, deren Rückstellung durch äußere Krafteinwirkung erfolgt. Der maximale Hub des Antriebs beträgt etwa 200 mm und die maximale Kraft etwa 35 kN.

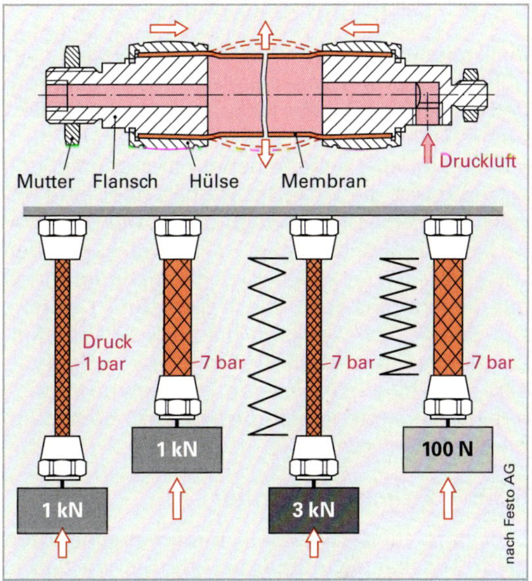

Bild 1: Pneumatischer Muskel

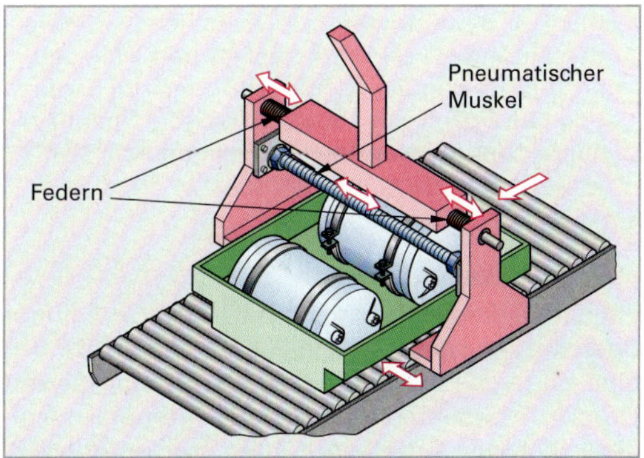

Bild 2: Palettengreifer

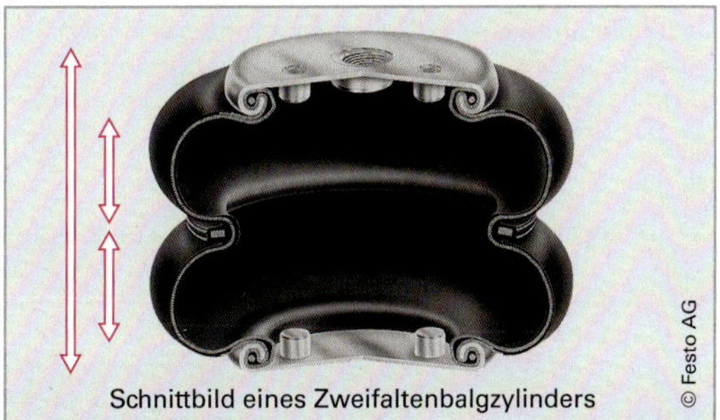

Bild 3: Balgantrieb

[1] vgl. Patentschrift EPO 123558A3 (japanische Patentschrift von 1983)

5.3.4 Dreh- und Schwenkantriebe

Bei Drehantrieben wird die lineare Bewegung des Kolbens über ein spielausgleichendes Zahnradgetriebe in eine Drehbewegung umgesetzt **(Bild 1 oben)**. Dabei werden pneumatisch zwei Zahnstangen parallel gegeneinander angetrieben und setzen damit die Linearbewegung über eine Ritzelwelle in eine Drehbewegung um. Der Drehwinkel kann bis 360° betragen. Bei Schwenkantrieben wird die Kraft über einen Schwenkflügel direkt auf die Antriebswelle übertragen **(Bild 1 unten)**. Der Schwenkwinkel kann bis etwa 270° stufenlos eingestellt werden. Durch einen Freilaufvorsatz kann eine oszillierende Schwenkbewegung in eine getaktete, gleichförmige Drehbewegung umgeformt werden.

5.3.5 Druckluftzylinder

Druckluftzylinder wandeln pneumatische Energie in mechanische Energie um. Sie werden in einfach wirkende und doppelt wirkende Zylinder unterteilt.

Die mechanische Energie wird zur Erzeugung geradliniger Bewegungen, wie Verschieben, Heben oder Zuführen von Werkstücken und Werkzeugen (bei Bewegungszylindern) oder zur Erzeugung von Spann- und Stoßkräften (bei Spannzylindern oder Auswerferzylindern) genutzt.

5.3.5.1 Standardzylinder

Einfach wirkende Zylinder

Einfach wirkende Zylinder sind Membranzylinder oder Kolbenzylinder **(Bild 2** und **Bild 3)**. Da nur eine Seite des Kolbens oder der Membrane mit Druckluft beaufschlagt wird, können sie nur in einer Richtung Arbeit verrichten und werden z. B. zum Spannen, Zuführen, Auswerfen oder Pressen eingesetzt.

Beim **Membranzylinder** verformen die Druckkräfte eine Membrane (Bild 2). Der Verformungsweg ergibt den Hub der Kolbenstange. Die Rückstellbewegung erfolgt durch Entspannen der Membrane, durch äußere Kräfte oder durch eine Rückstellfeder. Die Hublänge beträgt bis zu 40 mm, bzw. bei Rollmembranen bis etwa 80 mm. Membranzylinder sind fast wartungsfrei und werden z. B. in Spannvorrichtungen, zum Prägen oder Nieten eingesetzt.

Wird die Bodenseite des **Kolbenzylinders** mit Druck beaufschlagt, fährt die Kolbenstange aus. Die Rückführung des Kolbens kann durch äußere Kraft oder durch eine Rückstellfeder erfolgen. Der Hub wird durch äußeren Anschlag, die Länge des Zylinderrohres oder durch Distanzbüchsen bestimmt. Die Baulänge der Rückstellfeder begrenzt den Hub auf ca. 100 mm.

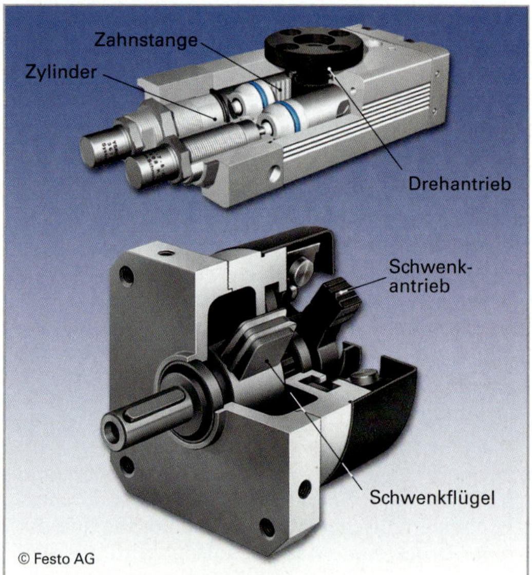

Bild 1: Drehantrieb und Schwenkantrieb

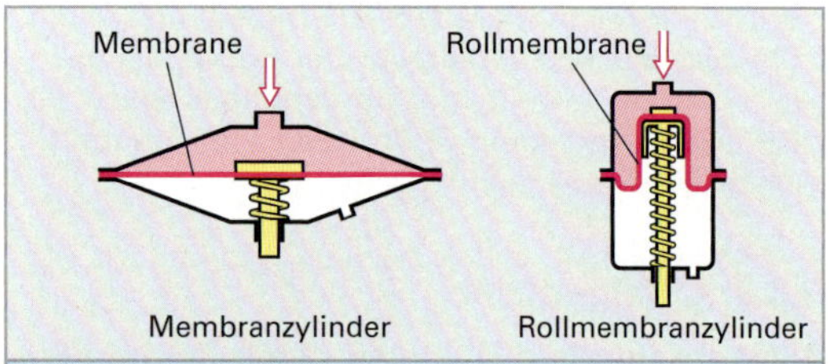

Bild 2: Membranzylinder

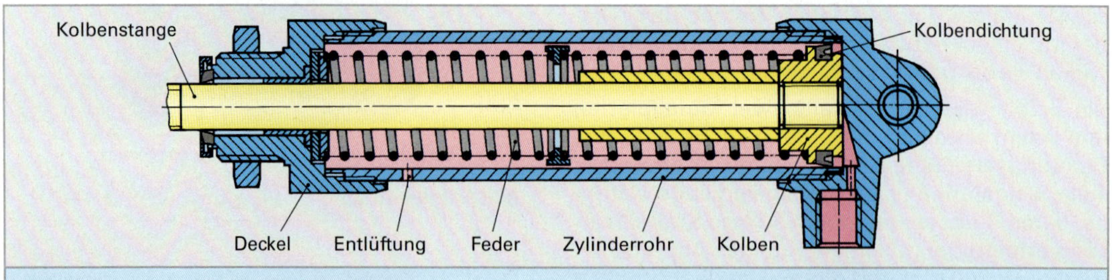

Bild 3: Einfach wirkender Kolbenzylinder

Doppelt wirkende Zylinder

Eine gleichbleibende Rückstellkraft erhält man, wenn man die Kolbenstangenseite eines doppelt wirkenden Zylinders mit reduziertem Druck, z. B. p_e = 0,5 bar, versorgt **(Bild 1)**. Ein Druckregelventil, eingebaut zwischen Zylinder und Druckquelle, sorgt für den konstanten Rückstelldruck.

Beim doppelt wirkenden Zylinder werden beide Kolbenseiten wechselseitig mit Druckluft beaufschlagt **(Bild 2)**. In beiden Richtungen ist ein Arbeitshub möglich.

Gegenüber einfach wirkenden Zylindern bieten sie einige Vorteile: die Hublänge reicht bis zu 2 m, der Vorlauf der Kolbenstange wird nicht von der Feder beeinflusst und der Rücklauf ist schnell und gleichmäßig. Außerdem können die Kolbengeschwindigkeiten in beiden Richtungen eingestellt werden. Die Hubbegrenzung erfolgt meist durch Anschlag des Kolbens im Zylinder. Schäden durch harte Anschläge, die beim Abbremsen großer Massen aus hohen Geschwindigkeiten entstehen, können z. B. durch eine **nicht einstellbare Dämpfung** (Puffer) vermindert werden **(Bild 3)**.

Einstellbare Dämpfungen ermöglichen ein sanftes Anfahren der Endlagen.

Kurz vor Hubende taucht der Dämpfungszapfen an der Kolbenstange in die Bohrung am Zylinderboden (oder Deckel) ein und verhindert das schnelle Ausströmen der restlichen Luftmenge aus dem ringförmigen Raum zwischen Kolben und Boden (Bild 2). Diese Luftmenge wird durch den Kolben verdichtet und bremst ihn kurz vor dem Hubende ab. Damit die Endlage erreicht werden kann, wird das Luftpolster über eine Drosselbohrung und ein Drosselrückschlagventil langsam entlüftet. Zum Anfahren in Gegenrichtung hat die Druckluft freien Durchgang durch das Drosselrückschlagventil, wodurch die Kolbenfläche sofort beaufschlagt wird.

Zylinder mit zweiseitiger Kolbenstange können durch die doppelte Lagerung der Kolbenstange größere Querkräfte aufnehmen. Bei Platzmangel oder Verschmutzungsgefahr können Signalglieder von der der Arbeitsseite gegenüberliegenden Kolbenstange betätigt werden. Die Symbole pneumatischer Antriebsglieder sind in **Tabelle 1, Seite 116**, dargestellt.

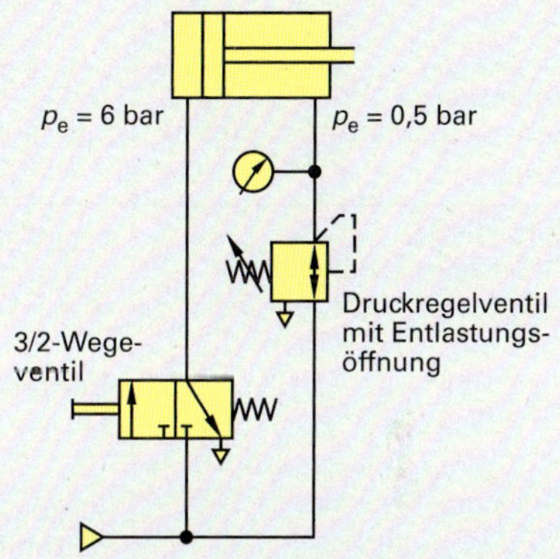

Bild 1: Rückführung der Kolbenstange durch reduzierten Gegendruck

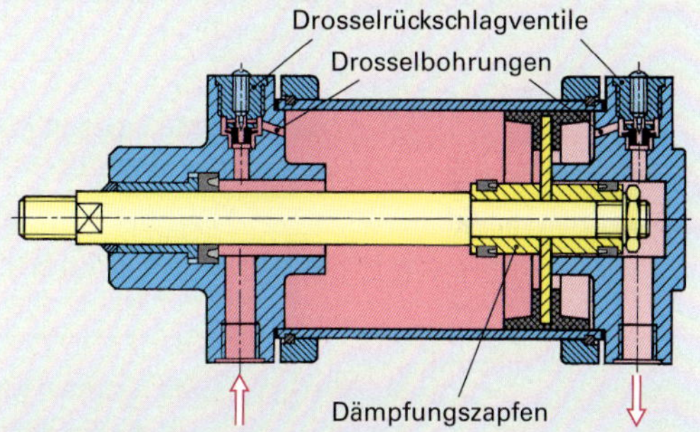

Bild 2: Doppelt wirkender Zylinder mit doppelter, einstellbarer Dämpfung

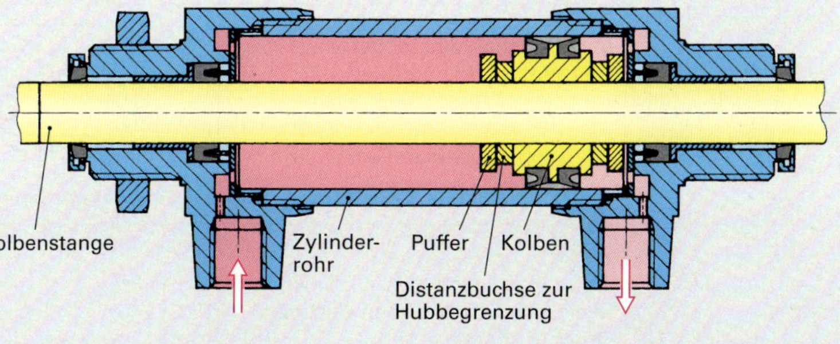

Bild 3: Zylinder mit zweiseitiger Kolbenstange und nicht einstellbarer Dämpfung

Tabelle 1: Symbole pneumatischer Antriebsglieder nach DIN ISO 1219

Benennung	Erklärung	Symbol	
Druckluftmotoren Motoren ohne begrenzten Schwenkbereich	Mit 1 Strömungsrichtung	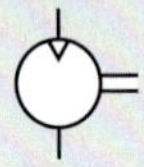	
	Mit 2 Strömungsrichtungen	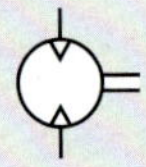	
Schwenkmotoren (Motoren mit begrenztem Schwenkbereich)	Z. B. Drehzylinder	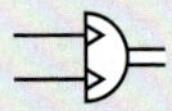	
Druckluftzylinder Einfach wirkende Zylinder	Die Druckluft bewegt den Kolben nur in 1 Richtung.	ausführlich	vereinfacht
	Rückbewegung durch äußere Kraft	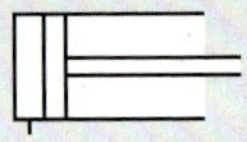	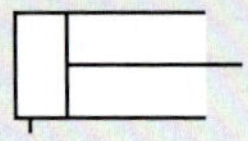
	Rückbewegung durch Rückstellfeder	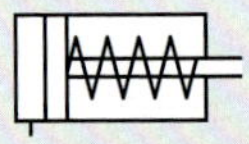	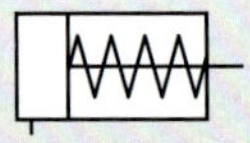
Doppelt wirkende Zylinder	Die Druckluft bewegt den Kolben in beide Richtungen.		
	Mit einfacher Kolbenstange	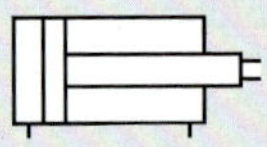	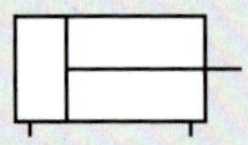
	Mit zweiseitiger Kolbenstange	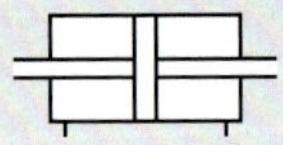	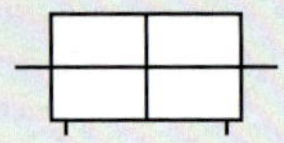
Differenzialzylinder	Durch verstärkte Kolbenstange ist der Luftverbrauch beim Einfahren der Kolbenstange geringer.	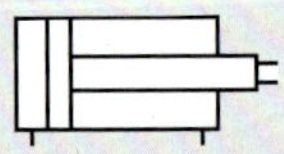	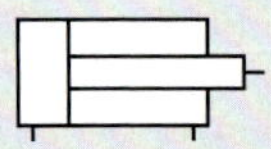
Zylinder mit Dämpfung	Mit nicht einstellbarer Dämpfung auf der Bodenseite	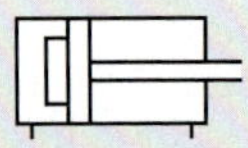	
	Mit doppelter, nicht einstellbarer Dämpfung	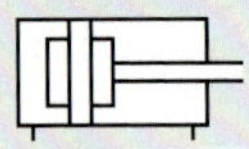	
	Mit einfacher, einstellbarer Dämpfung	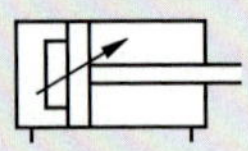	
	Mit doppelter, einstellbarer Dämpfung	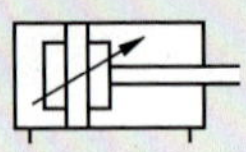	
Druckübersetzer	Ein pneumatischer Druck X wird in einen höheren pneumatischen Druck Y umgewandelt.	ausführlich 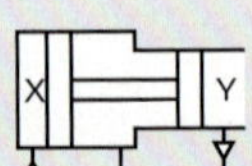	vereinfacht 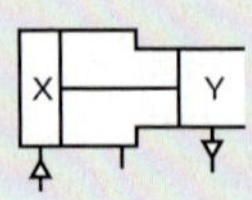

5.3.5.2 Sonderbauarten

Mehrstellungszylinder erhält man z. B. durch Aneinanderflanschen der Bodenseiten von zwei doppelt wirkenden Zylindern. Bei gleichen Hüben der beiden Zylinder können 3, bei unterschiedlichen Hüben 4 feste Stellungen angefahren werden **(Bild 1)**.

Tandemzylinder verwendet man, wenn große Kräfte bei kleinem Einbaudurchmesser aufgebracht werden müssen. Sie bestehen aus zwei hintereinander angeordneten Zylindern, deren Kolbenkräfte auf eine gemeinsame Kolbenstange wirken.

Bei **verdrehgesicherten Zylindern** können Drehmomentbelastungen von der Kolbenstange aufgenommen werden. Durch eine Flachkolbenkonstruktion können Drehmomente bis etwa 2 Nm aufgenommen werden.

Beim **Zylinder ohne Kolbenstange** (pneumatische Linearantriebe) ist das Zylinderrohr über die gesamte Hublänge geschlitzt. Die Kraftabnahme erfolgt über einen Kolbenbügel, der mit dem Kolben fest verbunden und durch den aufgeschlitzten Zylindermantel hindurchgeführt ist (formschlüssige Bewegungsübertragung). Die Abdichtung entlang des Spaltes wird von einem dünnen Stahlband bewirkt, das die Innenseite der Öffnung in ihrer gesamten Länge bedeckt. Zwischen den Kolbendichtungen wird das Stahlband abgebogen und unter einen Bügel geführt. Das Eindringen von Schmutz verhindert ein zweites Stahlband, das die Außenseite des Spaltes abdeckt. Beide Stahlbänder werden von Dauermagneten, die entlang des Spaltes angeordnet sind, festgehalten. Mit dem Zylinder erreicht man Hublängen bis 5 m. Der Kolbenbügel kann hohe Biegemomente und Querkräfte aufnehmen.

Bei anderen Konstruktionen von kolbenstangenlosen Zylindern geschieht die Bewegungsübertragung durch die magnetische Kupplung auf den beweglichen Außenläufer (kraftschlüssige Bewegungsübertragung). Dadurch fährt keine Kolbenstange aus. Der Zylinderraum ist zum Außenläufer hermetisch abgedichtet, da keine mechanische Verbindung besteht.

Bei **Zylindern für berührungsloses Abtasten der Endlage** befindet sich z. B. auf den Zylinderkolben ein Dauermagnet, dessen Magnetfeld Näherungsendschalter betätigt. Näherungsendschalter sind z. B. Reed-Schalter, die bei Annäherung des Magneten geschlossen werden und ein elektrisches Schaltsignal abgeben.

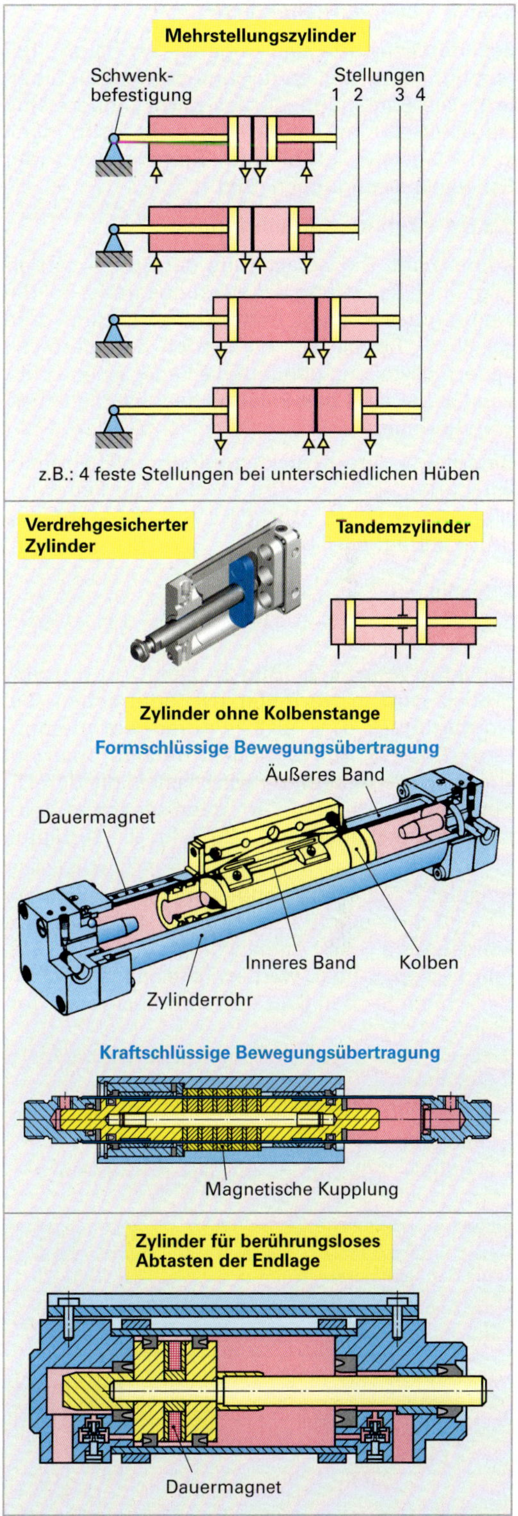

Bild 1: Zylindersonderbauarten

5.3.5.3 Zylinderkennwerte

Zylinderkennwerte sind Angaben zur Bauart, Befestigungsart, Kolbendurchmesser, Hub **(Tabelle 1)**. Die Befestigungen des Kernzylinders sind als Baukasten aufgebaut. Starre Befestigungen sind Flansche, Fußplatten, Seitenwinkel oder Schwenkbefestigungen **(Bild 1)**.

5.3.5.4 Zylinderberechnungen

Kolbenkraft. Die Berechnung der Spannkraft erfolgt ohne Beachtung des Wirkungsgrads. Bei Bewegung des Kolbens beträgt der Wirkungsgrad ca. 85 %. Bei einfach wirkenden Zylindern mit Federrückstellung benötigt die Feder einen Druck von 0,5 bar bis 1 bar. Entsprechend ist die Druckkraft geringer.

Beispiel 1: Werkstück spannen mit einfachwirkendem Zylinder, D = 20 mm. Die Feder benötigt einen Druck von 0,6 bar. Der Versorgungsdruck beträgt p = 6 bar.

Spannkraft: $F = (p_1 - 0{,}6\ \text{bar}) \cdot A$
$= (6 - 0{,}6)\ \text{bar} \cdot 10\ \text{N/bar}\ 3{,}14 = 169\ \text{N}$

Druckluftverbrauch (Bild 2). Der Druckluftverbrauch wird in Normliter [Nl] angegeben (bei Normlufdruck p_n = 1013 hPa und Normtemperatur T_n = 273 °K). Vereinfacht rechnet man mit p = 1 bar. Die Temperatur wird nicht in die Berechnung aufgenommen. Zum geometrischen Volumen kommen noch 10 %...20 % für die Toträume dazu.

Beispiel 2: Mit einem doppelt wirkenden Zylinder (D = 20 mm, d = 10 mm, Hub s = 100 mm, Wirkungsgrad η = 0,8, Ausfahrdruck p_1= 5 bar, Einfahrdruck p_2 = 1 bar) werden Teile ausgeschoben. Berechnen Sie den Druckluftverbrauch ohne Toträume.

Ausfahren:
$Q = 3{,}14\ \text{cm}^2 \cdot 10\ \text{cm} \cdot (5 + 1)/1 = 189\ \text{cm}^3$
Einfahren:
$Q = (3{,}14 - 0{,}79)\ \text{cm}^2 \cdot 10\ \text{cm} \cdot (1 + 1)/1 = 27\ \text{cm}^3$

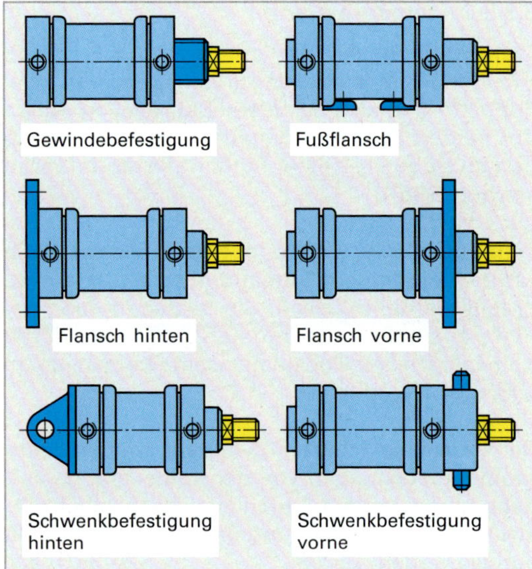

Bild 1: Zylinder-Befestigungsarten

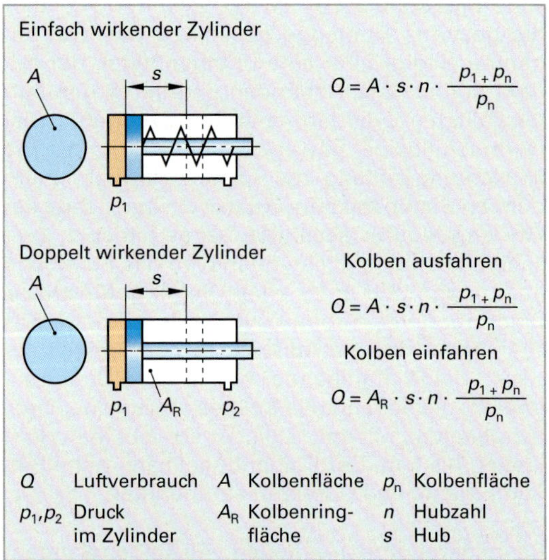

Bild 2: Druckluftverbrauch

Tabelle 1: Zylinderkennwerte

Zylinderdurchmesser in mm		12	16	20	25	32	40	50	63	80	100	125	160	200
Kolbenstangendurchmesser in mm		6	8	8	10	12	16	20	20	25	25	32	40	40
Anschlussgewinde		M5	M5	G⅛	G⅛	G⅛	G¼	G¼	G⅜	G⅜	G½	G½	G¾	G¾
Druckkraft bei p_1 = 6 bar in N	einfach wirk. Zyl.	50	96	151	241	375	644	968	1560	2530	4010	–	–	–
	doppelt wirk. Zyl.	58	106	164	259	422	665	1040	1650	2660	4150	6480	10600	16600
Zugkraft bei p_1 = 6 bar in N	doppelt wirk. Zyl.	54	79	137	216	364	560	870	1480	2400	3890	6060	9960	15900
Hublänge in mm	einfach wirk. Zyl.	10, 25, 50					25, 50, 80, 100					–		
	doppelt wirk. Zyl.	bis 160	bis 200	bis 320	10, 25, 50, 80, 100, 160, 200, 250, 320, 400, 500									

5.3.5.5 Vakuumtechnik

Die Vakuumtechnik nutzt den überall vorhandenen Luftdruck. So kann bei einer Fläche von 1 cm^2 eine max. Kraft von 10 N ausgeübt werden.

Bild 1 zeigt das historische Experiment von *Otto von Guericke* im Jahr 1656, als er die Kraft des Luftdrucks mit zwei gegeneinander abgedichteten und luftleer gepumpten Halbkugeln demonstrierte. Vor jede der Halbkugel wurden nacheinander acht Pferde gespannt, die sie auseinanderreißen sollten, was aber nicht gelang. Als man in die Halbkugeln wieder Luft einströmen ließ, fielen sie auseinander.

Bild 1: Versuch Magdeburger Halbkugeln von 1656 (Ausschnitt)

Die **Vakuumtechnik** wird sehr vielseitig eingesetzt, so z. B. in der Blechverarbeitung, Glasverarbeitung, Handhabung von Werkstücken **(Bild 2)**. Ein weiterer Bereich ist das Saugen bei Reinigungsarbeiten.

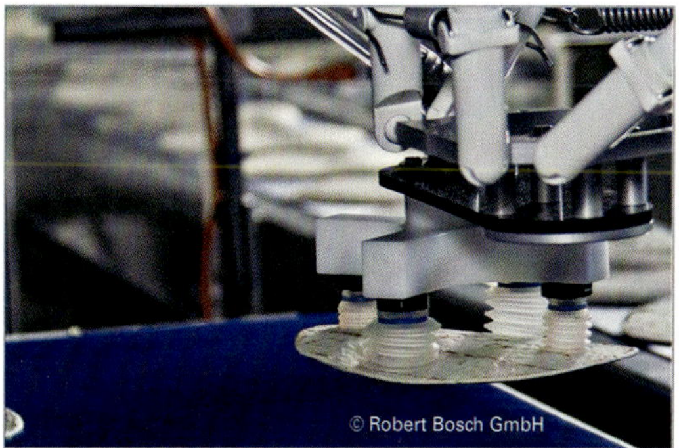

Bild 2: Saugeinheiten zur Teileentnahme am Förderband

Erzeugen von Vakuum

a) Vakuum-Ejektoren. Bei den Ejektoren[1] strömt die Luft durch eine Venturi-Düse. Die Luft wird hierbei bis zur fünffachen Schallgeschwindigkeit beschleunigt. Der entstehende Unterdruck wird an die Saugeinheit angeschlossen. In **Tabelle 1** werden typische Sauger und deren Kennwerte dargestellt.

Beispiel: Steuerung eines Saugers (Tabelle 2)
Der Ejektor wird mit einem Wegeventil angesteuert. Der Druckschalter –MB1 wirkt als Zweipunktregler. Mit dieser Regelung wird nur gesaugt, wenn zu wenig Unterdruck vorhanden ist.

b) Gasfördernde Vakuumpumpen. Dies sind in der Regel Verdränger-Pumpen. Sie werden eingesetzt, wenn großes Unterdruckvolumen benötigt wird.

[1] lat. eiaculare = auswerfen

Tabelle 1: Saugkraft bei runden Saugern

Sauge	Standard	Extratief	Faltenbalg
Sauger Ø	Standard	Extratief	Faltenbalg
20 mm	16,3 N	17 N	8,2 N
40 mm	69,6 N	67,6 N	42,4 N
50 mm	105,8 N	103,6 N	63,4 N

Tabelle 2: Energiesparende Steuerung eines Saugers

Elektrischer Schaltplan

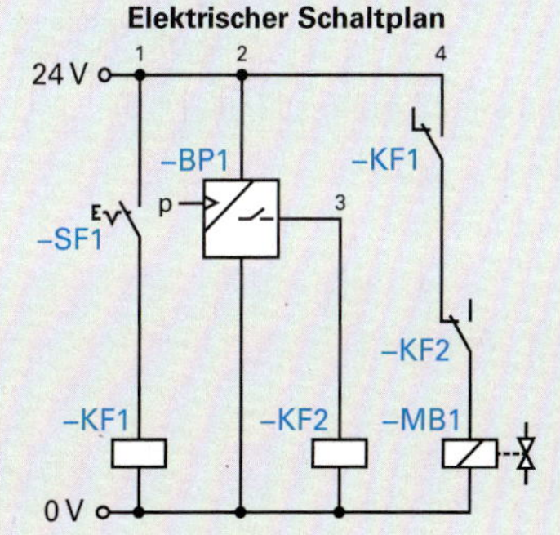

Pneumatischer Schaltplan

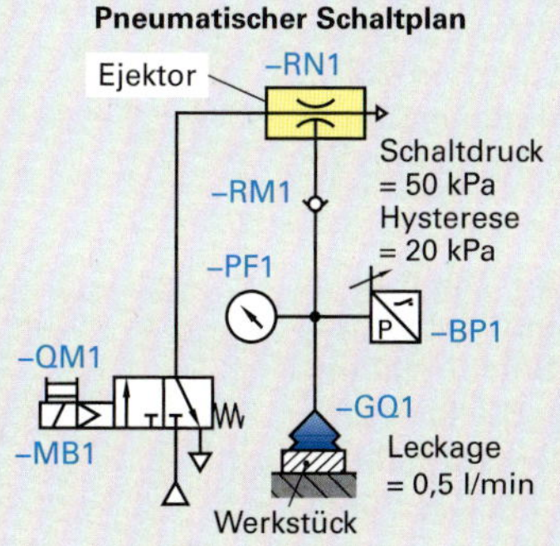

Zeit-Druck-Diagramm

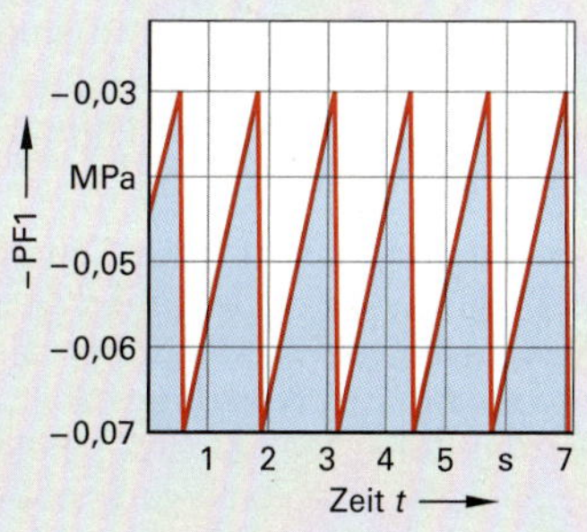

5.4 Ventile und Grundsteuerungen

Ventile steuern Start, Stopp, Richtung sowie Druck und Durchflussmenge des Druckmittels.

5.4.1 Darstellung der Ventile

Ventile mit mehreren festgelegten Schaltstellungen können z. B. die Stellungen **nicht betätigt** und ⊠ einnehmen. Diese Schaltstellungen werden durch aneinandergereihte Blöcke (Felder) dargestellt, wobei die Anzahl der Felder gleich der Anzahl der möglichen Schaltstellungen ist **(Tabelle 1)**.

Ausgangsstellung wird die Schaltstellung genannt, die ein Ventil nach Einschalten des Netzdruckes in der Steuerung einnimmt und mit der das vorgesehene Schaltprogramm beginnt.

Ruhestellung oder **Nullstellung** heißt bei Ventilen mit Federrückstellung die Schaltstellung, die das Ventil einnimmt, wenn es nicht betätigt ist. In den Schaltplänen werden die Leitungen an das Feld Ausgangs- bzw. Ruhestellung angeschlossen.

Durchflussstellung wird die Schaltstellung genannt, bei der das Druckmittel das Ventil zum Verbraucher hin durchströmt (Tabelle 1).

Sperrstellung ist die Schaltstellung, bei der das Druckmittel abgesperrt wird.

Schaltstellungen (Felder) können mit a, b und o bezeichnet werden. Innerhalb der Felder werden die Leitungen durch Linien und die Durchflussrichtung durch Pfeile dargestellt. Absperrungen zeichnet man durch Querstriche an den Leitungen. Leitungsverbindungen werden an der Verbindungsstelle als dicker Punkt gezeichnet.

Anschlüsse müssen in der einen Schaltstellung an genau die gleiche Stelle gesetzt werden wie in den anderen Stellungen. Wird nun ein Ventil geschaltet, verschiebt man in Gedanken den Felderblock so weit waagerecht, bis sich die Leitungen mit den Anschlüssen des Feldes decken, dessen Stellung bei der Betätigung eingenommen wird. Aus den Linien innerhalb dieses Feldes ist dann die Funktion dieser gedachten Schaltstellung zu ersehen (Tabelle 1).

Ventile ohne festgelegte Schaltstellungen nehmen während des Betriebes Zwischenstellungen zwischen zwei Endstellungen ein. Solche Ventile werden durch **1 Feld** dargestellt. Bei Stellungsänderung denkt man sich das Feld bei feststehenden Leitungen so weit verschoben, bis das Ventil z. B. auf Durchfluss geschaltet ist (Tabelle 1).

Tabelle 1: Darstellung der Ventile

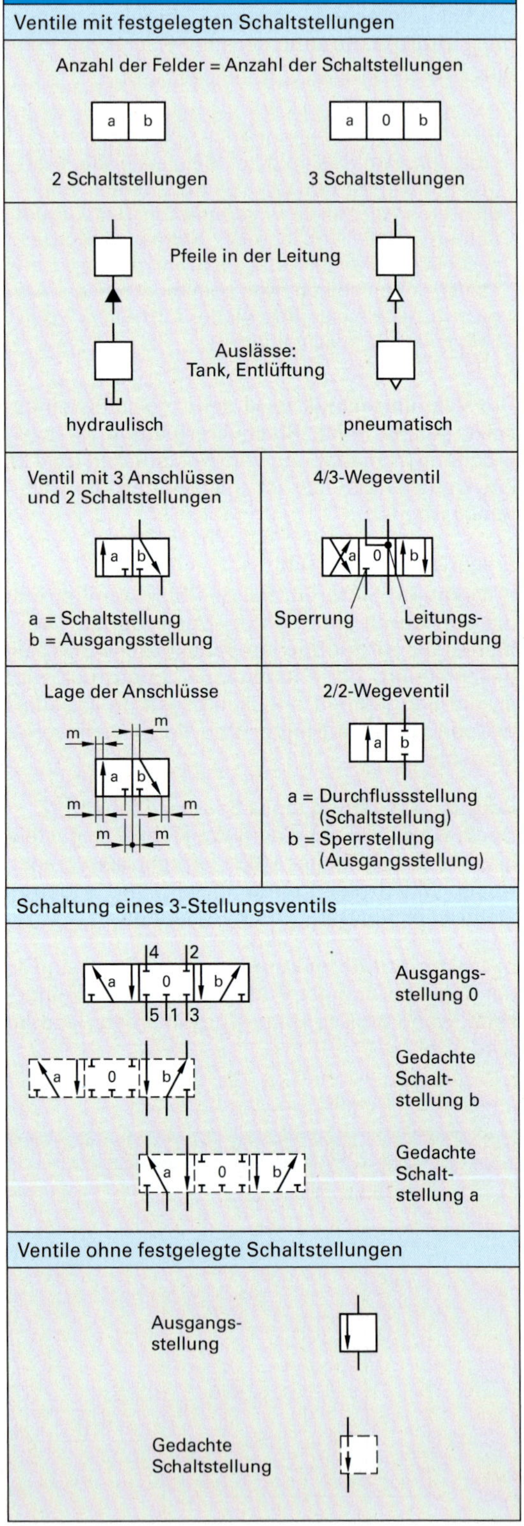

Anschlüsse an Geräten werden mit Ziffern benannt, früher auch mit Buchstaben **(Tabelle 1)**. Der Druckanschluss erhält die Ziffer 1. Arbeitsanschlüsse bekommen die geraden Ziffern 2, 4 oder 6. Die Entlüftungen werden mit den ungeraden Ziffern 3, 5 oder 7 benannt. Steueranschlüsse erhalten zweistellige Ziffern, wie z. B. 12 oder 14 bei Wegeventilen, wenn bei Aktivierung der Betätigung der Anschluss 1 mit dem Anschluss 2 oder 4 verbunden wird. Die Ziffern 10 und 11 bezeichnen die Druckanschlüsse, z. B. bei einem Zweidruckventil.

Die **Betätigung der Ventile** kann durch Muskelkraft, mechanisch, elektrisch, durch Druckenergie oder durch kombinierte Betätigung erfolgen.

Die **Betätigungsarten** sind genormt und werden außerhalb der Ventile rechtwinklig zu den Anschlüssen an das Ventilfeld gezeichnet **(Tabelle 2)**.

Tabelle 1: Benennung der Anschlüsse pneumatischer und hydraulischer Geräte

Art	aktuell mit Ziffern	veraltet mit Buchstaben
Zufluss, Druckanschluss	1	P
Arbeitsanschlüsse	2, 4, 5	A, B, C
Abfluss, Entlüftung	3, 5, 7	R, S, T
Steueranschlüsse	10, 11, 12, 14	X, Y, Z

Tabelle 2: Betätigungsarten von pneumatischen und hydraulischen Geräten nach DIN ISO 1219

Muskelkraftbetätigungen

allgemein | durch Knopf | durch Hebel | durch Pedal

Mechanische Betätigungen

durch Stößel oder Taster | durch Feder | durch Tastrolle | durch Tastrolle mit Leerrücklauf

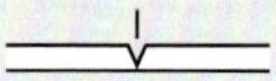

Raste, wird hinzugefügt zur Aufrechterhaltung einer bestimmten Schaltstellung

Elektrische Betätigungen

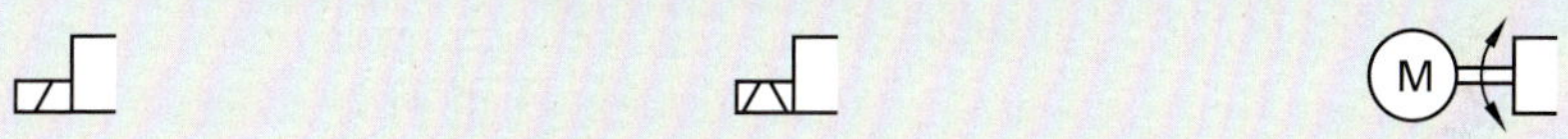

durch Elektromagnet mit 1 Wicklung | durch Elektromagnet mit 2 Wicklungen, die gegeneinander wirken | durch Elektromotor

Druckbetätigungen

direkt wirkende Betätigungen

hydraulisch pneumatisch

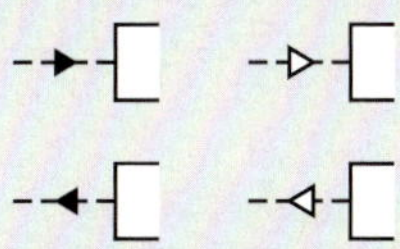

durch Druckbeaufschlagung

durch Druckentlastung

indirekt wirkende Betätigungen, vorgesteuert

hydraulisch pneumatisch

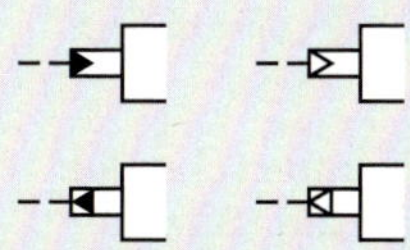

durch Druckbeaufschlagung des Hauptsteuerventils über das Vorsteuerventil

durch Druckentlastung des Hauptsteuerventils über das Vorsteuerventil

Kombinierte Betätigungen

hydraulisch pneumatisch

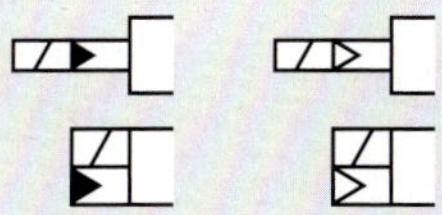

durch Elektromagnet und Vorsteuerventil

durch Elektromagnet oder Vorsteuerventil

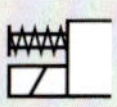

durch Elektromagnet oder Handbetätigung mit Rückstellfeder

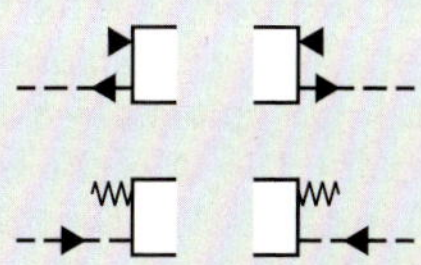

Druckzentrierung

Federzentrierung

5.4.2 Einteilung der Ventile

Ventile werden nach ihrer Funktion in Wegeventile, Stromventile, Sperrventile und Druckventile eingeteilt.

5.4.2.1 Wegeventile

> Wegeventile beeinflussen den Weg, und zwar Start, Stopp und Durchflussrichtung des Druckmittels.

Wegeventile sind durch die Anzahl der Anschlüsse, die Anzahl der Schaltstellungen und die jeweiligen Durchflusswege bestimmt. Bei der Kurzbezeichnung wird die Anzahl der Anschlüsse der Anzahl der Schaltstellungen vorangestellt, z. B. ist ein **3/2-Wegeventil (Bild 1)** ein Wegeventil mit 3 Anschlüssen und 2 Schaltstellungen (gesprochen: drei-Strich-zwei Wegeventil). Mit 3/2-Wegeventilen können einfach wirkende Zylinder gesteuert werden **(Bild 2)**. Entsprechend der Steuerungsaufgabe können 3/2-Wegeventile mit Durchfluss-Ruhestellung (Schließerfunktion) oder Sperr-Ruhestellung (Öffnerfunktion) eingesetzt werden.

> **5/2-, 4/3-** und **5/3-Wegeventile** werden zur Steuerung von doppelt wirkenden Zylindern eingesetzt **(Bild 3)**.

4/2-Wegeventile werden wegen ihrer konstruktiven Nachteile in der Praxis nur noch selten eingesetzt.

Bei 5/2- und 5/3-Wegeventilen hat jeder der beiden Arbeitsanschlüsse eine eigene Entlüftung. Mit 4/3- und 5/3-Wegeventilen können doppelt wirkende Zylinder innerhalb ihres Hubbereichs angehalten werden. Die Ventile nehmen dann federzentriert ihre Ruhestellung ein. Bei einem Ventil mit Schwimm-Ruhestellung kann der Zylinder z. B. für Einrichtearbeiten von Hand verschoben werden.

Nach dem Konstruktionsprinzip unterscheidet man **Sitzventile** und **Schieberventile**. Sitzventile haben einen dicht abschließenden Ventilkörper. Sie sind jedoch oft nur mit erhöhtem Kraftaufwand zu betätigen, da der Systemdruck den Ventilkörper belastet. Kolbenschieberventile sind leicht zu betätigen, da sie druckentlastet sind. Aufgrund des Bewegungsspiels des Kolbenschiebers sind sie nicht dicht. Die **Vorteile beider Bauarten** vereinigt z. B. ein 5/2-Wegeventil mit Schwebetellersitz **(Bild 4)**. Der Schieber hat einen kurzen Schaltweg und alle Strömungskanäle sind gegeneinander vollständig abgedichtet.

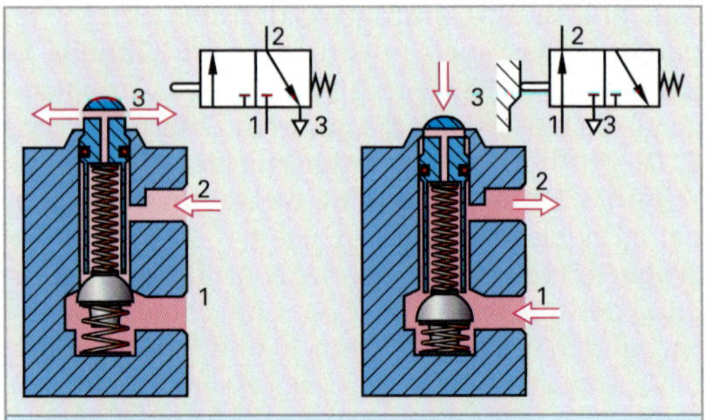

Bild 1: 3/2-Wegeventil, Kugelsitzprinzip

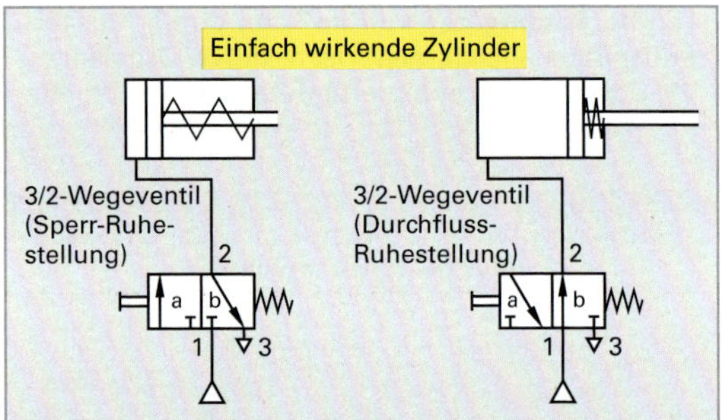

Bild 2: Steuerung einfach wirkender Zylinder

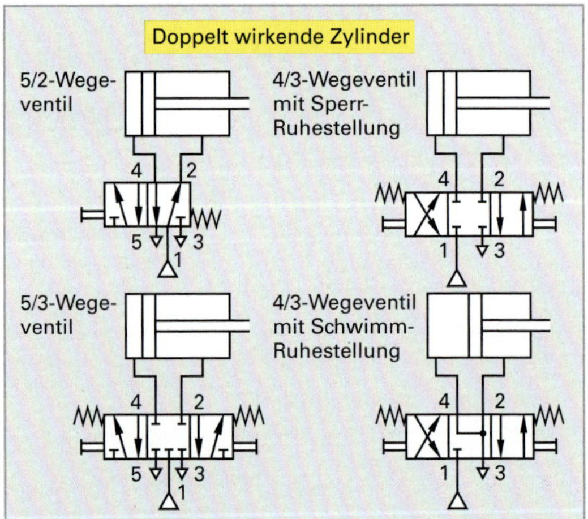

Bild 3: Steuerung doppelt wirkender Zylinder

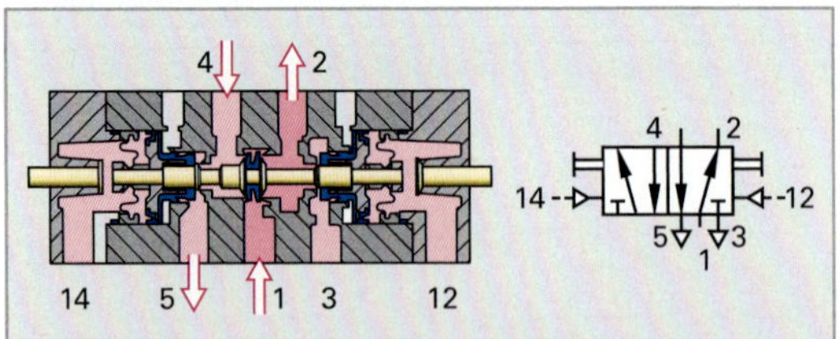

Bild 4: 5/2-Wegeventil mit Schwebetellersitz

Das Schalten von Wegeventilen erfordert oft große Kräfte. Dafür können Elektromagnete mit einer dafür erforderlichen Leistung eigesetzt werden. Da diese jedoch eine große Wärmemenge entwickeln, werden in der Regel **vorgesteuerte Ventile** eingesetzt **(Bild 1)**. Die Betätigungskraft wird dann von der Druckluft aufgebracht und es kann ein Elektromagnet mit geringer Leistung und Baugröße eingesetzt werden.

Das Verzögerungsventil besteht aus einem pneumatisch betätigten 3/2-Wegeventil, einem Drosselrückschlagventil und einem kleinen Luftspeicher. Das 3/2-Wegeventil kann vom Typ Sperr-Ruhestellung oder Durchfluss-Ruhestellung sein. Hat sich der notwendige Druck über den Steueranschluss 12 im Speicher aufgebaut, schaltet das 3/2-Wegeventil Durchfluss von 1 nach 2 **(Bild 2)**.

Wegeventile mit Federrückstellung verhalten sich monostabil, d. h. sie nehmen ihre bauartbedingte Ruhestellung ein, wenn sie nicht angesteuert werden **(Bild 3)**. **Impulsventile** können beidseitig durch Druckbeaufschlagung betätigt werden. Sie verhalten sich **bistabil**. Wurde ein Impulsventil betätigt, hält es die eingenommene Schaltstellung so lange, bis es von einem Gegenimpuls wieder umgesteuert wird.

Impulsventile sind **Signalspeicher**.

Bei **Wegplansteuerungen** erfolgt die Bewegungsabfolge aufgrund einer Abfrage des von der Kolbenstange zurückgelegten Weges. Bei **Zeitplansteuerungen** wird die Bewegungsabfolge von der an einem Verzögerungsventil eingestellten Zeit beeinflusst **(Bild 4)**.

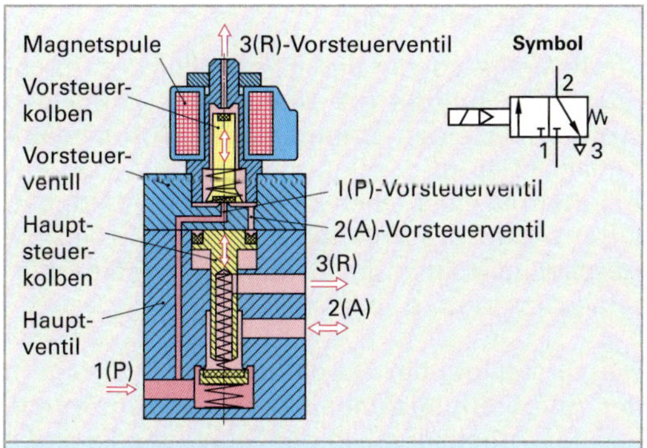

Bild 1: Vorgesteuertes 3/2-Wegeventil

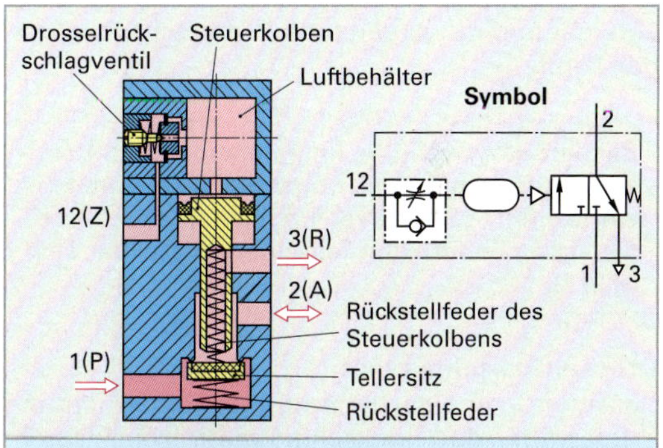

Bild 2: Verzögerungsventil

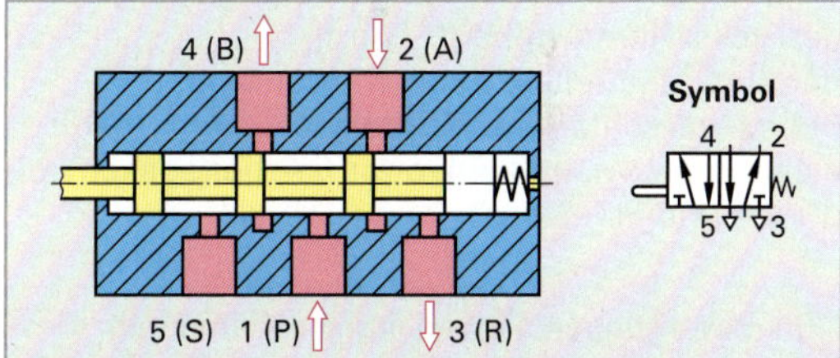

Bild 3: 5/2-Wegeventil, federrückgestellt

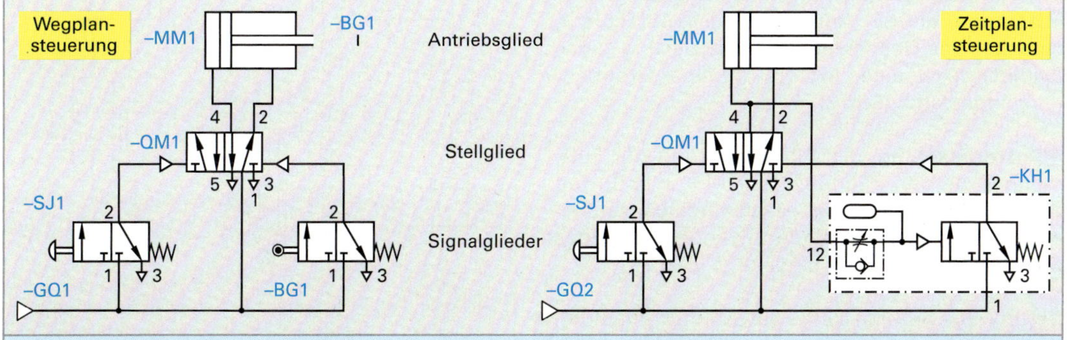

Bild 4: Steuerung mit Impulsventilen

5.4.2.2 Stromventile

Stromventile steuern durch Verstellen des Durchflussquerschnittes die **Menge des Druckluftstroms**, der einen Zylinder oder Motor beaufschlagt (Zuluftdrosselung) oder die Menge des Abluftstroms, der einen Zylinder oder Motor entlüftet **(Abluftdrosselung)**. Dadurch werden die Geschwindigkeiten des Zylinders bzw. die Drehzahlen des Motors eingestellt.

Die Verstellung der Durchflussmenge erfolgt in der Aufbereitungseinheit am Druckregelventil, das den Arbeitsdruck in der Steuerung konstant hält. Durch Verkleinerung seines Durchflussquerschnittes verhindert das Druckregelventil, dass ein Staudruck vor der Engstelle des Stromventils entsteht und der Arbeitsdruck überschritten werden kann.

Bei den Stromventilen unterscheidet man **Drosselventile** (mit langer Engstelle) und **Blendenventile** (mit sehr kurzer Engstelle). Der Durchflussquerschnitt kann fest oder verstellbar sein **(Bild 1)**.

Drosselrückschlagventile drosseln die Durchflussmenge in einer Richtung; in Gegenrichtung erfolgt über das Rückschlagventil freier Durchfluss. Zur Geschwindigkeitssteuerung werden sie in die Arbeitsleitungen der Zylinder geschaltet. Sie werden auch mit Nockenbetätigung und Federrückstellung gebaut. Durch Kurvenschienen betätigt, können sie dann während des Zylinderhubes verschiedene Kolbengeschwindigkeiten einnehmen, wie z. B. Eilvorlauf, Arbeitsgeschwindigkeit und Eilrücklauf.

Die Bewegungen bleiben stark lastabhängig.

Geschwindigkeitssteuerungen

Zuluftdrosselung, d. h. die Steuerung der Druckluftmenge, die ein Antriebsglied beaufschlagt, wird bei der Geschwindigkeitssteuerung eines Zylinders bzw. eines Motors mit einer Drehrichtung angewandt **(Bild 2)**.

Abluftdrosselung, d. h. die Steuerung der Luftmenge, die den Zylinder oder Motor entlüftet, wird in der Regel bei der Geschwindigkeitssteuerung des doppelt wirkenden Zylinders bzw. des umsteuerbaren Motors eingesetzt (Bild 2).

Bei 5-Wegeventilen kann die Abluftdrosselung durch Einschrauben von verstellbaren Drosseln in die Auslassöffnungen erreicht werden.

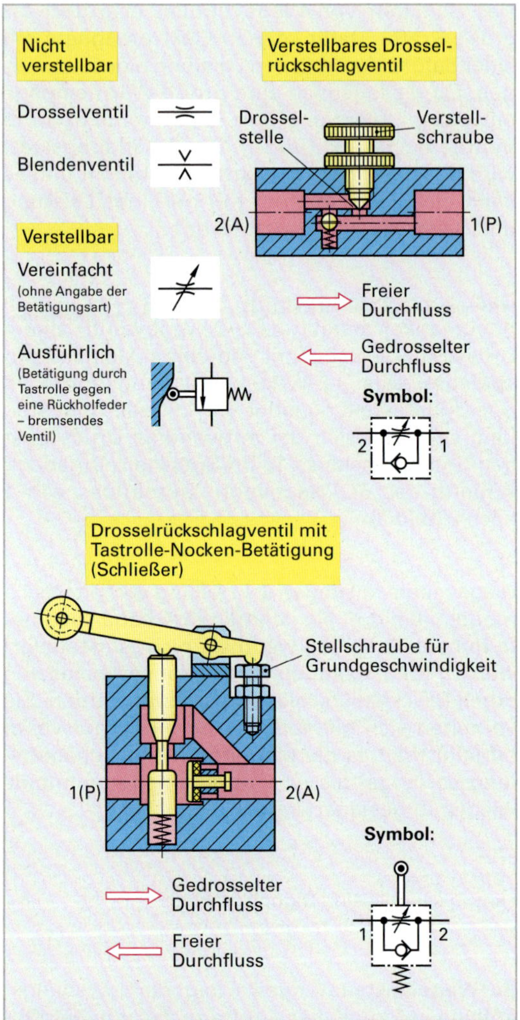

Bild 1: Stromventile

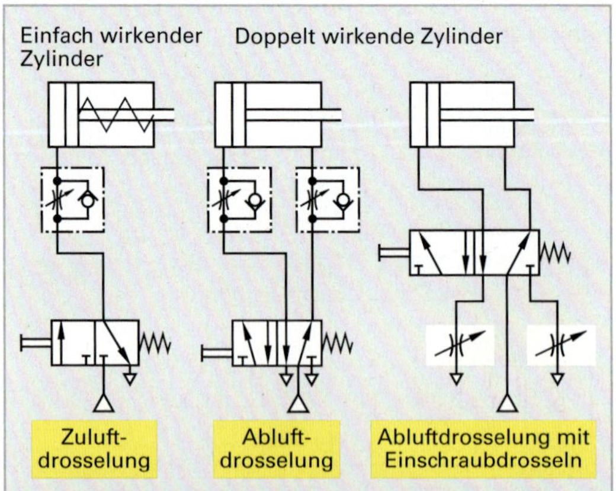

Bild 2: Geschwindigkeitssteuerungen

5.4.2.3 Sperrventile

Sperrventile sperren den Durchfluss des Druckmittels in einer Richtung und geben ihn in entgegengesetzter Richtung frei. Zu ihnen gehören das Rückschlagventil, das Schnellentlüftungsventil, das Wechselventil und das Zweidruckventil.

Rückschlagventile haben als Sperrelemente Kugeln, Kegel, Platten oder Membranen **(Bild 1)**. Das Absperren kann nur durch die Druckkraft oder mit zusätzlicher Federunterstützung erfolgen. Sie werden z. B. als Sicherheitsventile bei Spannzylindern vor das Stellglied in die Druckleitung eingesetzt, um bei plötzlichem Druckabfall zu verhindern, dass sich der Spanndruck abbaut (Bild 1).

Schnellentlüftungsventile erhöhen durch schnelles Entlüften die Kolbengeschwindigkeit von Zylindern. Da sie direkt an den Zylinder montiert werden, verhindern sie die Drosselung der Abluft durch den Strömungswiderstand in der Arbeitsleitung und im Stellglied **(Bild 2)**. Bei Druckbeaufschlagung wird die Entlüftungsbohrung geschlossen, und die Druckluft hat freien Durchgang zum Zylinder. Wird über das Stellglied die Arbeitsleitung entlüftet, fällt beim Druckanschluss 1 des Schnellentlüftungsventils der Druck ab. Das Dichtelement schließt den Anschluss und öffnet die Entlüftungsbohrung 3; die Abluft kann direkt ins Freie gelangen.

Das **Wechselventil** hat 2 Steueranschlüsse 10 (X) und 11 (Y) und einen Arbeitsanschluss 2 (A). Es verbindet den druckbeaufschlagten Steueranschluss mit dem Arbeitsanschluss, der den höheren Druck führt.

Das Wechselventil erfüllt die Logik einer **ODER-Funktion** und wird in der Digitaltechnik als ODER-Glied eingesetzt **(Bild 3)**.

Soll z. B. ein Zylinder von 2 Kommandostellen aus gesteuert werden, verhindert das Wechselventil, dass die beaufschlagte Steuerleitung über das parallel geschaltete Signalglied entlüftet wird (Bild 3).

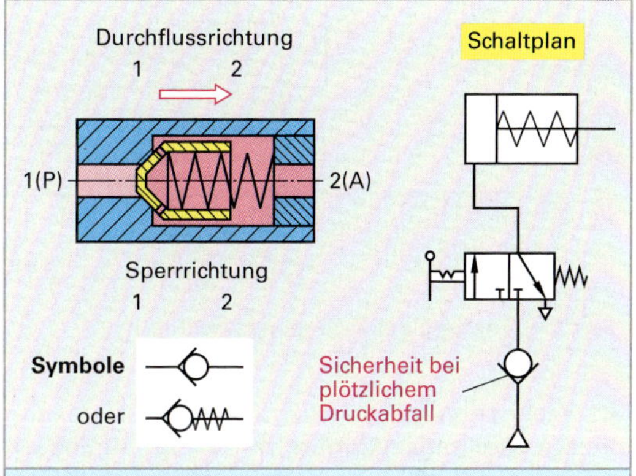

Bild 1: Rückschlagventil

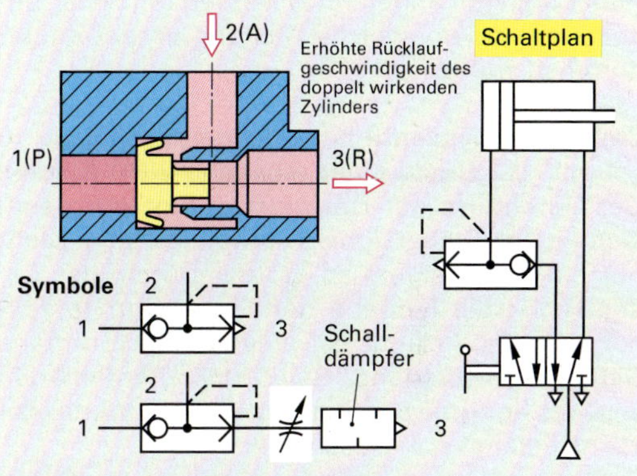

Bild 2: Schnellentlüftungsventil

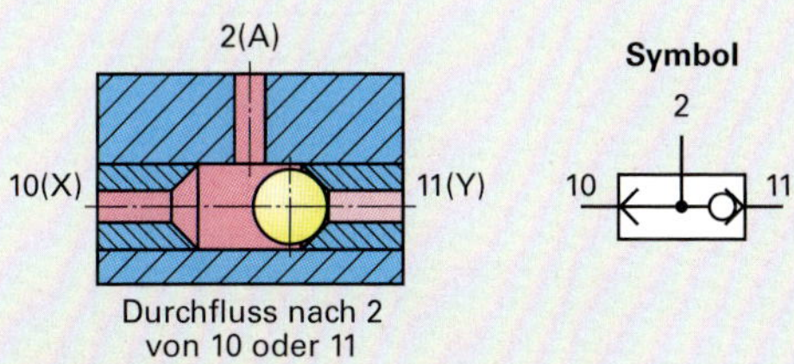

Funktionstabelle		
X	Y	A
0	0	0
0	1	1
1	0	1
1	1	1

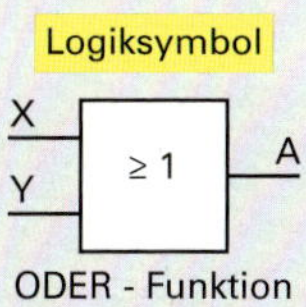

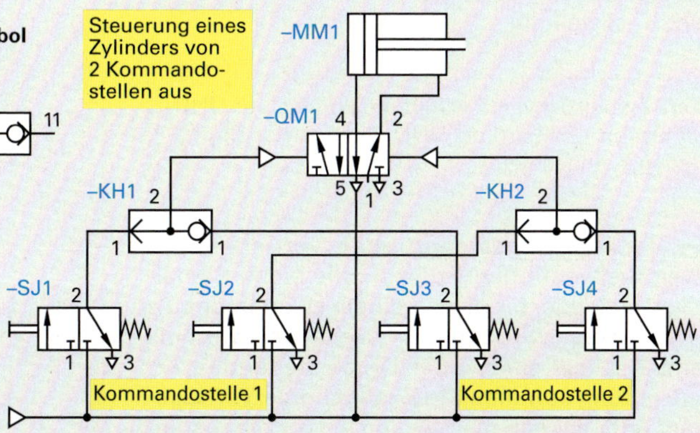

Bild 3: Wechselventil

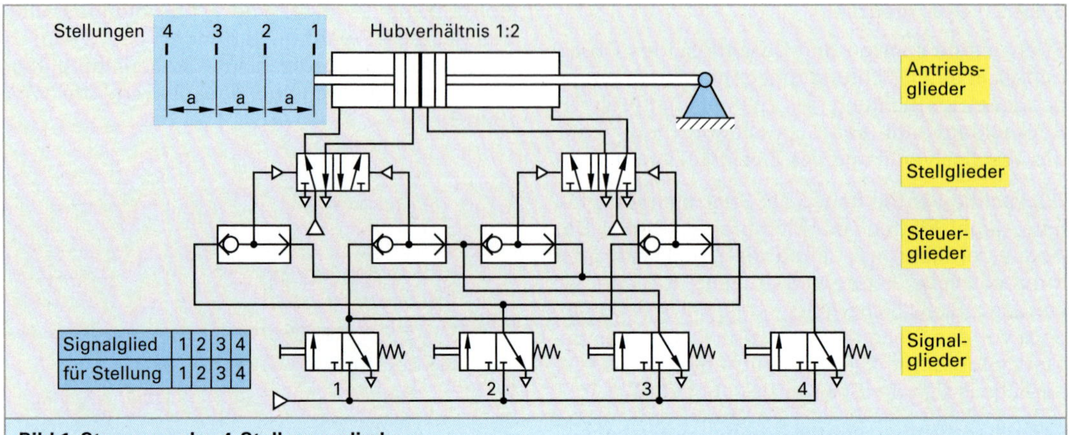

Signalglied	1	2	3	4
für Stellung	1	2	3	4

Bild 1: Steuerung des 4-Stellungszylinders

Mit Wechselventilen wird z. B. die Steuerung eines 4-Stellungszylinders mit 4 Signalgliedern verwirklicht **(Bild 1)**. Verhalten sich die Hübe der aneinandergeflanschten doppelt wirkenden Zylinder wie 1:2, können 4 Stellungen mit gleichen Hubabständen angefahren werden und zwar unabhängig davon, welche Stellung vorher eingenommen wurde.

Das **Zweidruckventil** hat 2 Steueranschlüsse 10 (X) und 11 (Y) und einen Ausgang 2 (A) **(Bild 2)**. Der Durchfluss der Druckluft erfolgt nur dann, wenn beide Steuersignale vorhanden sind. Steht nur ein Steuersignal an, ist der Durchfluss gesperrt. Ist die Eingabe der Steuersignale zeitlich versetzt, gelangt das zuletzt angekommene Signal zum Ausgang. Bei Druckunterschieden schließt der größere Steuerdruck das Ventil, der kleine gelangt zum Ausgang 2.

Seiner Funktion nach entspricht das Zweidruckventil zwei in Reihe geschalteten, durch Druckbeaufschlagung betätigten 3/2-Wegeventilen mit Federrückstellung.

Das Zweidruckventil erfüllt die Logik einer **UND-Funktion** und wird als UND-Glied in der Digitaltechnik eingesetzt.

Bei **Verriegelungssteuerungen** verriegelt das Zweidruckventil den Druckimpuls eines Signalglieds so lange, bis es von einem zweiten Impuls beaufschlagt wird. Dieser zweite Druckimpuls kann z. B. aus einer unter Druck stehenden Arbeitsleitung kommen **(druckabhängige Verriegelung)** oder er kann die Stellung einer Kolbenstange abfragen **(wegabhängige Verriegelung)**. Auch eine Werkstückabfrage kann erfolgen **(Bild 3)**.

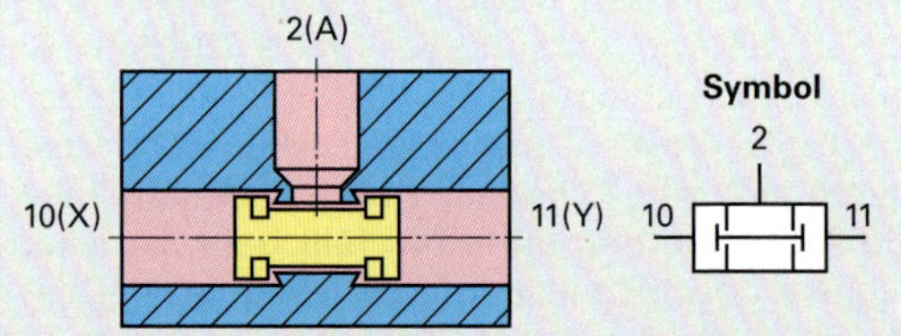

Funktionstabelle

X	Y	A
0	0	0
0	1	0
1	0	0
1	1	1

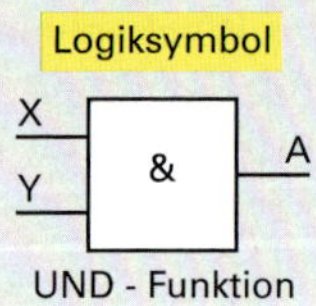

Bild 2: Zweidruckventil

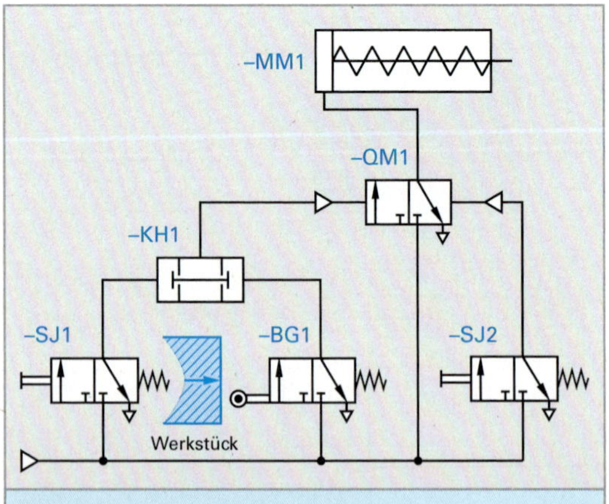

Bild 3: Verriegelungssteuerung

Wird in der **Zweihandsicherheitssteuerung** nur ein Signalglied betätigt, sperrt das Zweidruckventil den Durchfluss **(Bild 1)**. Werden beide Signalglieder gleichzeitig betätigt, öffnet das Zweidruckventil, der Steuerimpuls 12 schaltet bzw. stabilisiert das 3/2-Wegeventil -QM1 in Schaltstellung a, das Stellglied schaltet um, und die Kolbenstange fährt aus. Das Signal auf dem Steueranschluss 14 des Wegeventils kommt erst verzögert an und kann nicht mehr umschalten, da der Steuerimpuls 12 vorher anstand. Werden nun die beiden Signalglieder nacheinander mit einer Zeitdifferenz betätigt, die größer ist als die für das Signal 14 an der Drossel eingestellte Verzögerung, schaltet Ventil -QM1 in Stellung b und sperrt den Steuerstrom zum Stellglied. Der Zylinder fährt also nur aus, wenn beide Signalglieder innerhalb der erlaubten Zeitdifferenz gleichzeitig betätigt werden.

Zweihandsicherheitssteuerungen unterliegen besonderen Sicherheitsvorschriften. Hierfür gibt es geprüfte Sicherheitsventile.

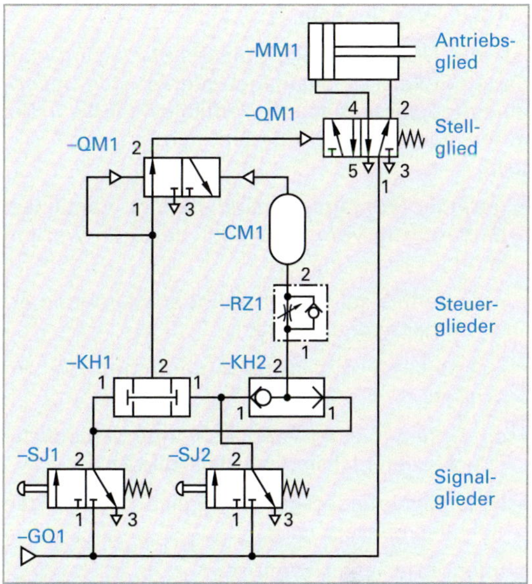

Bild 1: Zweihandsicherheitssteuerung

5.4.2.4 Druckventile und Absperrventile

Das **Druckregelventil** hält bei sich änderndem, aber höherem Eingangsdruck den Arbeitsdruck **konstant**. Es wird in der Aufbereitungseinheit als Druckregler verwendet **(Bild 2)**.

Symbol	Benennung	
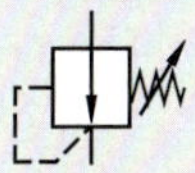	ohne Entlastungsöffnung	Druckregelventil
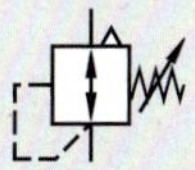	mit Entlastungsöffnung	
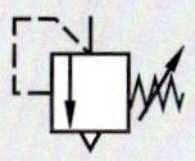	Druckbegrenzungsventil	
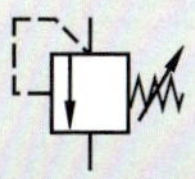	Folgeventil	

Bild 2: Druckventile

Mit dem Druckregelventil kann auch die Kolbenkraft eines Zylinders verändert werden **(Bild 3)**. Ist das Absperrventil –SJ1 geöffnet, wird über Ventil –SJ2 die Deckelseite des Zylinders beaufschlagt. Gleichzeitig wird das Impulsventil –QM2 geschaltet und entlüftet die Bodenseite des Zylinders. Wird –SJ2 betätigt, entlüftet es die Deckelseite des Zylinders und nimmt den Schaltimpuls von Ventil –QM2; das Ventil –QM2 geht in Ruhestellung und die Kolbenstange kann ausfahren. Die Zylinderkraft kann durch Verstellen des Druckregelventils –QM1 verändert werden.

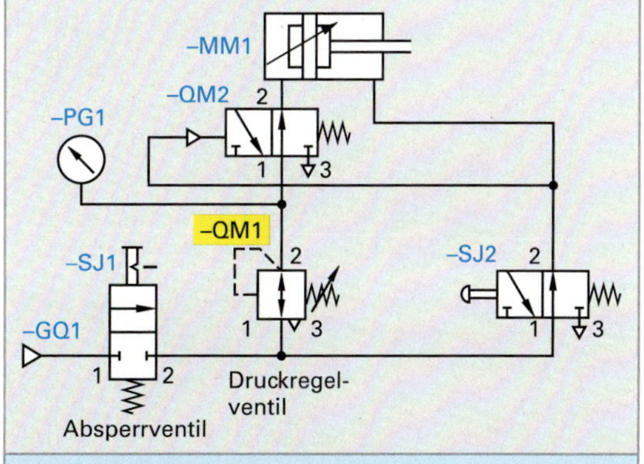

Bild 3: Einstellen der Kolbenkraft

Druckbegrenzungsventile werden als Sicherheitsventile eingesetzt. Steigt der Druck am Eingang über den eingestellten Wert, bläst das Ventil ins Freie ab.

Folgeventile schalten bei Erreichen des eingestellten Druckes weitere Verbraucher der Steuerung zu; z. B. wird ein Vorschubzylinder erst dann zugeschaltet, wenn sich in der Spannvorrichtung der Spanndruck aufgebaut hat.

Absperrventile sind Ventile, die den Durchfluss des Druckmittels freigeben oder absperren. In Steuerungen werden sie eingebaut, wo beim Absperren nicht entlüftet werden muss **(Bild 3)**.

5.4.2.5 Ventilinseln

Für die Übernahme komplexer Steuerungsaufgaben in Fertigungsanlagen eignen sich besonders modular aufgebaute Ventilinseln **(Bild 1)**. Bei deren Verwendung ergeben sich folgende Vorteile:

- geringer Montageaufwand, da eine Ventilinsel einbaufertig vom Hersteller bezogen werden kann;
- eine Ventilinsel ist mit geringem Aufwand erweiterbar oder umrüstbar;
- Bestückung mit unterschiedlichen Ventilgrößen;
- es können in einer Ventilinsel unterschiedliche Druckzonen realisiert werden **(Bild 2)**;
- Hutschienenmontage ist möglich, z. B. für den Schaltschrankeinbau;
- Integrierte Fehlerdiagnose.

Ventilinseln können zentral, dezentral oder als Hybridvariante installiert werden. Bei zentraler Installation werden mehrere Antriebe komplett von einer großen Ventilinsel gesteuert **(Bild 3)**.

Alternativ können einzelne Funktionen dezentral an eine kleine Ventilinsel mit sehr kurzen Schläuchen angeschlossen werden.

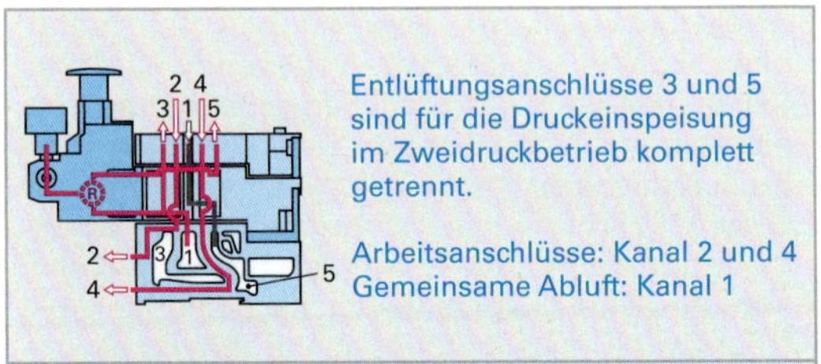

Bild 2: Druckzonen in einer Ventilinsel

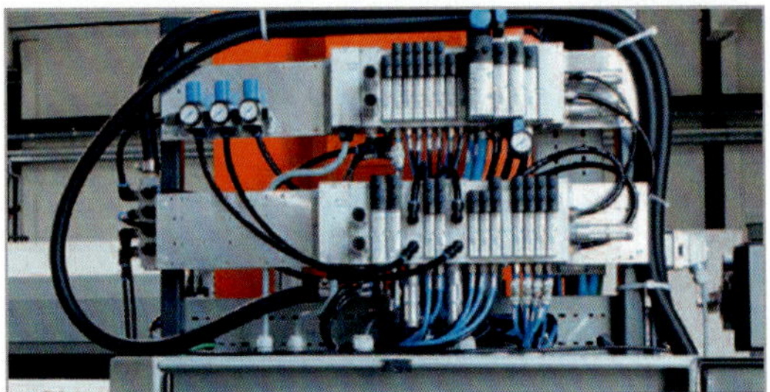

Bild 3: Ventilinsel bei zentraler Installation

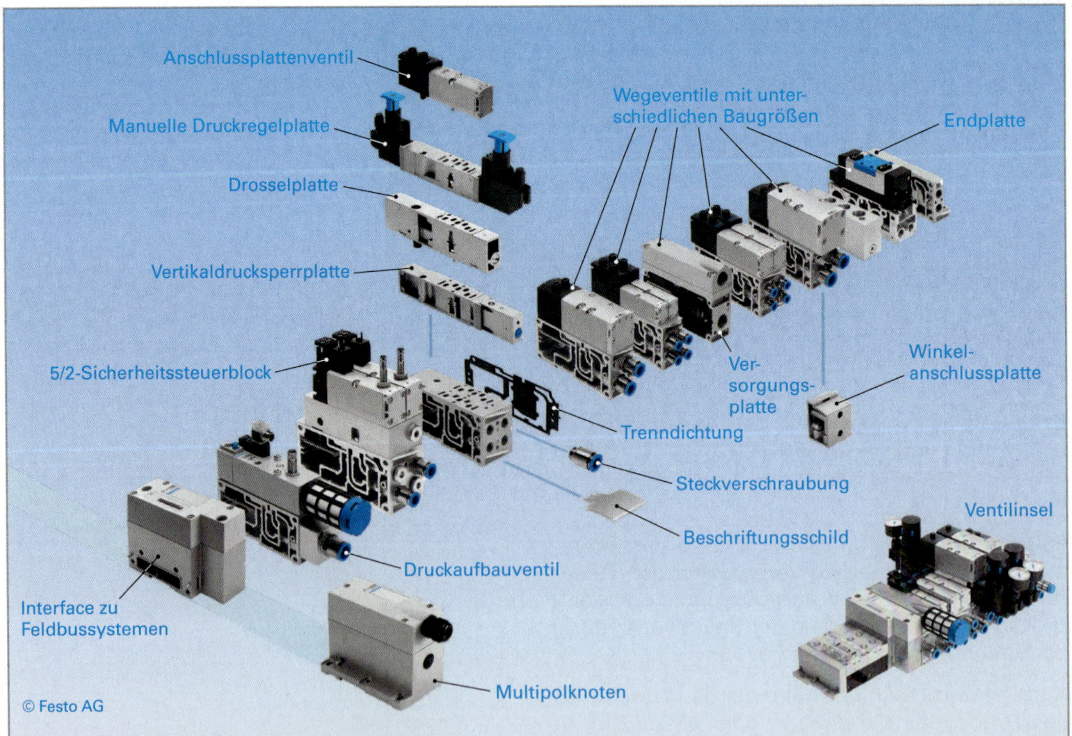

Bild 1: Modularer Aufbau einer Ventilinsel

5.5 Grafische Darstellung

5.5.1 Aufbau eines Schaltplans

In einem Schaltplan werden die Bauteile ohne Berücksichtigung ihrer realen Anordnung dargestellt. Die Bauteile werden senkrecht oder waagrecht angeordnet. Die Leitungen werden möglichst kreuzungsfrei gezeichnet.

Der Grundaufbau des Schaltplanes erfolgt in der Reihenfolge des Energieflusses. Unten ist die Energieversorgung, dann folgt die Signalebene oder die Eingabeebene, dann die Logik. Weiter folgen dann die Stellglieder und die Energiesteuerung. Oben sind die Aktoren.

Bild 1 zeigt eine energieeffiziente pneumatische Steuerung mit zwei Zylindern. Der Zuführzylinder schiebt ein Teil von einem Förderband und der Einschiebezylinder bringt dieses auf Arbeitsposition. Es treten keine negativen Kräfte an den Kolben auf. Die Ausfahrgeschwindigkeiten der Kolben werden mit Drosselrückschlagventilen verlangsamt. Für das Einfahren der Kolben ist nur ein geringer Druck erforderlich, deshalb werden die Druckregelventile auf ca. 1 bar eingestellt.

Der Vorgang wird nur gestartet, wenn –SJ1 und –SJ2 kurz betätigt sind.

Grundsätzliches Vorgehen:

- Alle Zylinder werden nach rechts ausfahrend und in Grundstellung gezeichnet.
- Alle Bauteile werden in der aktuellen Stellung gezeichnet.
- –BG1 wird in der Umschaltstellung gezeichnet, weil der Kolben von –MM1 eingefahren ist.
- Es wird im drucklosen Zustand gezeichnet.
- Die Nummerierung der Bauteile erfolgt von unten nach oben und von links nach rechts.
- Jeder Aktor hat einen eigenen Schaltkreis.
- Die Benennung der Anschlüsse (1, 2, 12, 14) kann man weglassen.

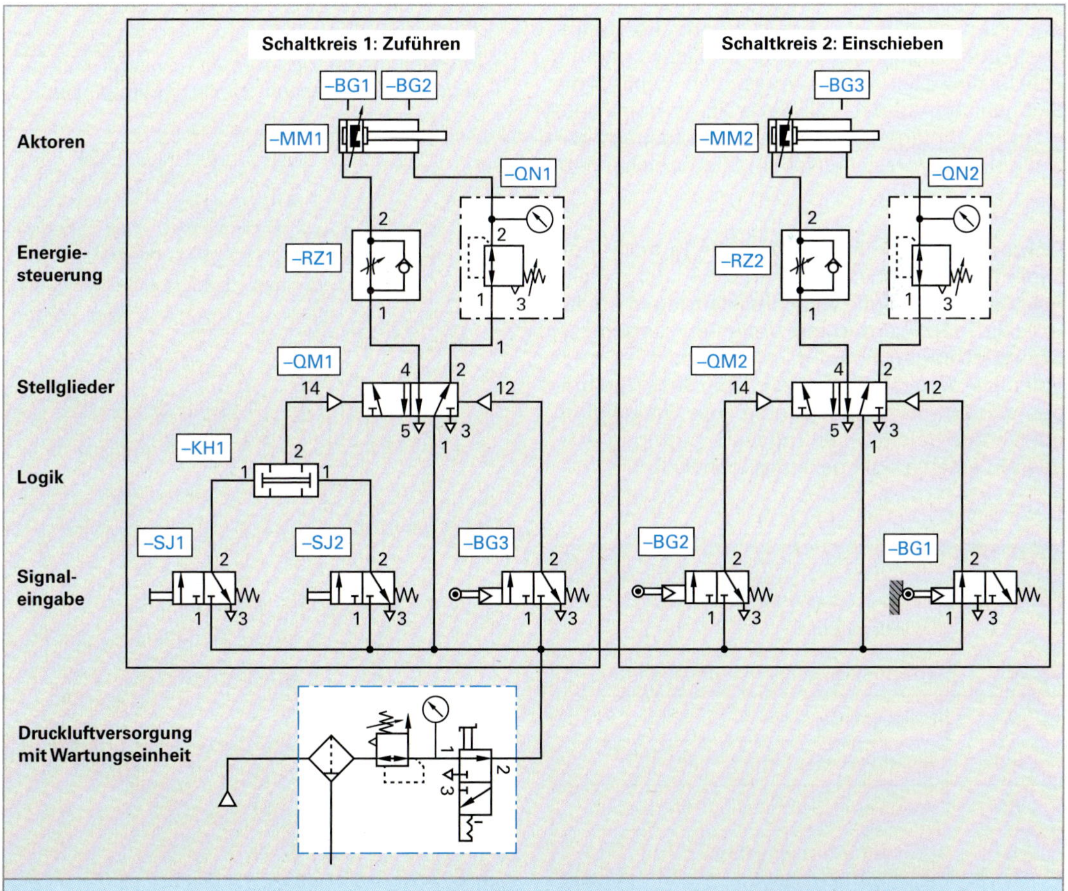

Bild 1: Schaltplan einer pneumatischen Steuerung für „Zuführen“ und „Einschieben“ eines Werkstücks

Im **Lageplan (Bild 1)** wird die räumliche Anordnung der Antriebsglieder schematisch dargestellt. Im **Schaltplan** werden die Bauglieder, z. B. Ventile und Zylinder, in der Ausgangsstellung gezeichnet. Sind Ventile mit Ruhestellung in der Ausgangsstellung betätigt, z. B. durch den Nocken einer Kolbenstange, werden die Leitungen an die Schaltstellung herangezogen. Die Schaltpläne werden in einzelne Schaltkreise aufgeteilt. Ein **Schaltkreis** umfasst die Bauglieder zur Steuerung eines Antriebsgliedes. Die einzelnen Bauglieder eines Schaltkreises sind entsprechend dem Signalfluss von unten nach oben angeordnet. Mehrere Schaltkreise werden in der Reihenfolge des Steuerungsablaufs von links nach rechts nebeneinander angeordnet. Die Schaltstellung der Zylinder und Ventile ergibt sich nach dem Einschalten der Anlage, aber vor dem Auslösen des Startsignals.

Jedes Bauteil wird mit einem Referenzkennzeichen benannt **(Bild 2)**. Dieses besteht aus einem Vorzeichen, zwei Buchstaben und einer Dezimalzahl. Der erste Buchstabe benennt die Hauptklasse, der 2. Buchstabe die Unterklasse und die Zahl ist eine Zähl-Nr. Das Vorzeichen steht für die Sichtweise (Aspekt), vgl. Seite 35. In den Pneumatikschaltplänen wird der Produktaspekt verwendet. Das Vorzeichen ist ein Minuszeichen (–).

Leitungen werden in Schaltplänen je nach ihrer Funktion mit unterschiedlichen Linien dargestellt. **Arbeitsleitungen** und **Anschlussleitungen** an das Druckluftnetz werden mit Volllinien dargestellt. **Steuerleitungen** können mit Strichlinien oder Volllinien dargestellt werden. Über diese Leitungen werden die Steuersignale zum Umschalten der Ventile geleitet. Leitungsverbindungen werden mit einem Punkt gekennzeichnet.

Tabelle 1: Kennbuchstaben in Pneumatikschaltplänen (Auswahl)

GQ	Druckluftquelle
MM	Pneumatikzylinder, Pneumatikmotor
MA	Elektromotor
SJ	Handbetätigtes Ventil
QM	Wegeventil, Schnellentlüftungsventil
RZ	Drosselrückschlagventil
AZ	Wartungseinheit

Bauglieder der Steuerkette (VDI 3260)

- **Signalglieder**, wie elektrische, hydraulische und pneumatische Grenztaster, Zeitrelais und Druckschalter, sind im Sinne der Wirkrichtung des Signal- und Energieflusses die ersten Bauglieder eines Schaltkreises. Werden die Signalglieder, wie z. B. bei Wegplansteuerungen, von der Zylinderkolbenstange über einen Steuernocken betätigt, wird im Schaltplan die Betätigungsstelle durch einen Markierungsstrich und die Bauteilnummer gekennzeichnet (Bild 1). Wird ein Signalglied nur in einer Richtung betätigt, z. B. über Leerrücklaufrolle, wird die Betätigungsrichtung durch einen Pfeil am Markierungsstrich angegeben.
- **Steuerglieder**, wie Wegeventile, Sperrventile und Stromventile, verknüpfen die einzelnen Signale und verändern dann den Zustand der Stellglieder.
- **Stellglieder**, wie Wegeventile, Leistungsschütze und Kupplungen, verändern den Zustand der Antriebsglieder. Sie schalten den Motor ein und aus oder lassen die Zylinderkolbenstange ein- und ausfahren.
- **Antriebsglieder**, Motoren und Zylinder, treiben Baueinheiten (Maschinen, Vorrichtungen) an.

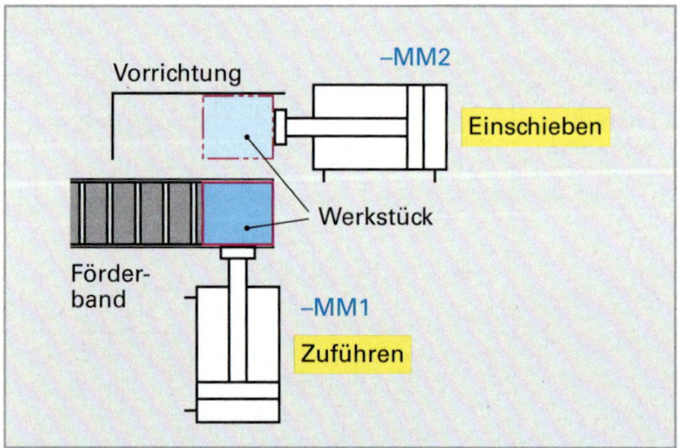

Bild 1: Lageplan

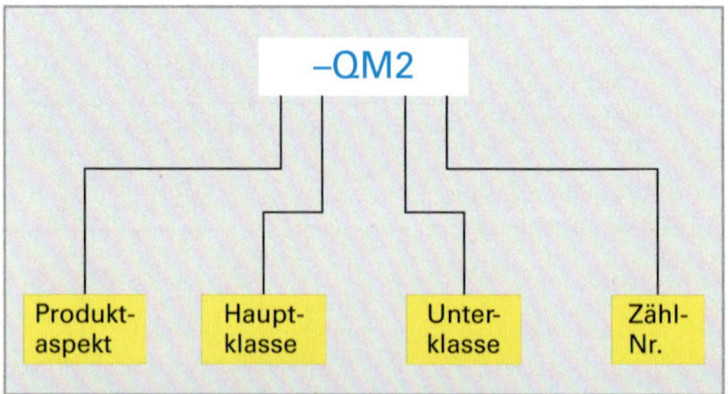

Bild 2: Kennzeichnung der Bauteile

5.5.2 Funktionsdiagramme

Die Funktionsfolgen, d.h. der Bewegungsablauf und das Zusammenspiel der Bauglieder einer Maschine bzw. Fertigungsanlage, werden in **Funktionsdiagrammen** grafisch dargestellt. Die Diagramme sollen die Planung, Konstruktion und Erstellung der Steuerung erleichtern; außerdem sind sie ein wichtiges Hilfsmittel für die Fehlersuche bei Störungen.

> Funktionsdiagramme werden für die Darstellung der Funktionsfolgen sowohl von mechanischen als auch von pneumatischen, hydraulischen, elektrischen und elektronischen Steuerungen sowie für Kombinationen dieser Steuerungsarten angewendet.

Bei Funktionsdiagrammen unterscheidet man **Wegdiagramme** und **Zustandsdiagramme**.

Darstellungsmittel

Um den Arbeitsablauf grafisch darstellen zu können, wurden in der **VDI-Richtlinie 3260** Symbole für Darstellungsmittel festgelegt und zwar für Wege und Bewegungen, Funktionslinien, Weg- und Bewegungsbegrenzungen, Signalglieder, Signallinien und Signalverknüpfungen **(Tabelle 1)**.

Arbeitswege und **Arbeitsbewegungen**, wie z.B. Arbeitshübe, Vorschübe, Spannbewegungen oder Schwenkbewegungen zur Änderung der Werkstücklage oder Einschalten des Motors (Drehbewegung) oder Kurven (Kopierbewegung), werden als breite Volllinien dargestellt.

Die entsprechenden **Leerwege** bzw. **Leerbewegungen**, wie z.B. Eilgang, Rückhub, Entspannen, werden als **breite Strichlinien** gezeichnet. Bei **Wegbegrenzungen** und **Bewegungsbegrenzungen** erhalten die Wegelinien am Wegende einen **Pfeil** oder zusätzlich einen **Punkt**, einen Querstrich oder zwei **Querstriche**.

Signalglieder können muskelkraft-, mechanisch oder druckbetätigt sein. Die Signalweitergabe wird durch eine Signallinie dargestellt.

Signallinien und **Signalverknüpfungen** zeigen die Abhängigkeit der Bauglieder untereinander an. Sie beginnen am Signalglied bzw. Signalausgang und enden an der Stelle, wo abhängig vom Signal eine Zustandsänderung eingeleitet wird. Sie werden als **schmale Volllinien mit Pfeil** (Signalrichtung) gezeichnet. In der Nähe des Signalausgangs können ein Funktionszeichen (z.B. für pneumatische Steuerungsvorgänge) oder die Kurzbezeichnung des Signalglieds (Gerätenummer) ergänzt werden.

Tabelle 1: Symbole der Darstellungsmittel für Funktionsdiagramme (VDI 3260)

Arbeitswege und **Arbeitsbewegungen**			
	geradlinige Bewegung		
	Schwenkbewegung		
	Drehbewegung EIN		
	Weg in 2 Koordinaten (Kurve)		
Leerwege und **Leerbewegungen**			
	geradlinige Bewegung		
	Schwenkbewegung		
Weg- und **Bewegungsbegrenzungen**			
	allgemein (Pfeil)		
	Schwenkbewegung		
	Drehbewegung HALT (3/4-Kreis)		
	durch Signalglied (Punkt)		
	durch Festanschlag (Pfeil und Querstrich)		
	durch Wegmesssteuerungen (Pfeil und 2 Querstriche)		
Signalglieder (muskelkraftbetätigt)			
	EIN		ZWEIHAND-EINRÜCKUNG
	AUS	E A 2 3 4 1 5	WAHL-SCHALTER
	EIN / AUS		
	TIPPEN		
	AUTOMATIK		GEFAHREN-ABSCHALTUNG
Signalglieder (mechanisch bzw. druckbetätigt)			
	GRENZTASTER IN ENDLAGE BETÄTIGT	t 2s	ZEITGLIED
	GRENZTASTER ÜBER LÄNGERE WEGSTRECKE BETÄTIGT	p 6bar	DRUCK-SCHALTER
Signallinien und **Signalverknüpfungen**			
	Signallinien		UND-Bedingungen
	Signal-verzweigung	$\overline{S3}$	NICHT-Bedingungen
	ODER-Bedingung		Signal zu/von anderer Maschine

5.5.2.1 Wegdiagramm

Mit dem **Wegdiagramm** werden einfache Bewegungsvorgänge einzelner Arbeitsglieder grafisch dargestellt, wie z. B. die Bewegung eines Werkzeugschlittens, eines Pressenstößels oder eines Zylinders **(Bild 1)**. Leerwege (z. B. Eilgang) und Arbeitswege werden mit unterschiedlichen Linien gezeichnet.

> Das Wegdiagramm wird für Maschinenangebote oder als Programmierhilfe verwendet.

Mit zusätzlichen Symbolen für Signalglieder, Steuerglieder oder Dreh- und Schwenkbewegungen von Motoren, kann das Diagramm erweitert werden **(Bild 2)**.

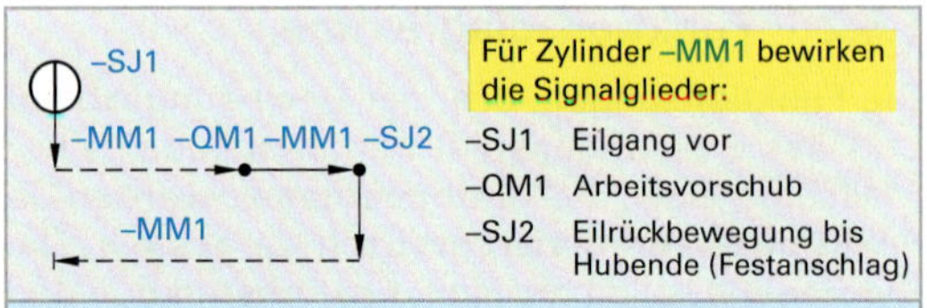

Bild 1: Wegdiagramm

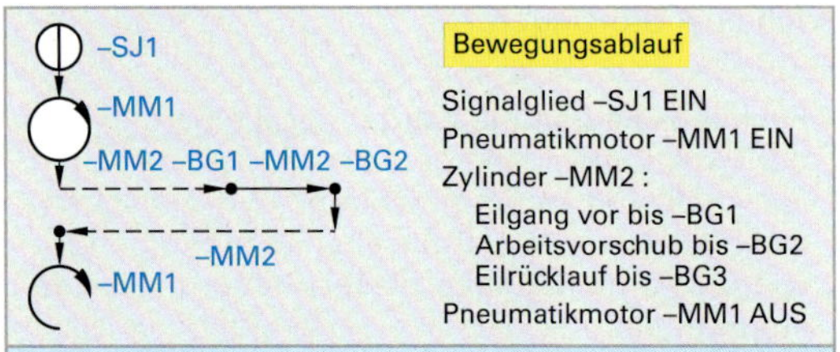

Bild 2: Erweitertes Wegdiagramm

5.5.2.2 Zustandsdiagramm

> Das **Zustandsdiagramm** beschreibt in zwei Koordinaten die Funktionsfolgen (den Arbeitsablauf) eines oder mehrerer Arbeitsglieder und ihre steuerungstechnische Verknüpfung.

In der senkrechten Koordinate wird der **Zustand**, z. B. Weg, Druck, Winkel oder Drehzahl, aufgetragen, in der waagerechten Koordinate werden die **Arbeitsschritte** und/oder der **zeitliche Ablauf** dargestellt. Als Zustand eines Baugliedes wird seine Lage (Zylinder ausgefahren oder Zylinder eingefahren), seine Bewegung (Motor im Rechtslauf bzw. Linkslauf) oder seine Schaltstellung (Wegeventil in Schaltstellung a, b oder 0) bezeichnet.

Ist die Energie zugeschaltet und sind die **Startvoraussetzungen** geschaffen, ist die Arbeitseinheit in der Ausgangsstellung und der Arbeitsablauf kann gestartet werden.

Der Arbeitsablauf wird in **Schritte** unterteilt. Jede Zustandsänderung, wie das Schalten eines Ventils oder Motors, oder der Übergang von Eilbewegung in Arbeitsbewegung eines Zylinders, leitet einen neuen Schritt ein und beendet einen vorausgegangenen **(Bilder 3, 4 und 5)**. Die Schritte werden durchnummeriert und beginnen mit dem Schritt 1 und enden mit dem letzten Schritt. Ein Arbeitstakt umfasst also alle Schritte einer Arbeitsmaschine, die z. B. zum Bearbeiten eines Werkstückes erforderlich sind.

Die **Schrittangabe** kann durch die **Zeitangabe** ergänzt werden. Kurze Zeiten, wie Schaltzeiten von Wegeventilen, werden im Allgemeinen nicht dargestellt.

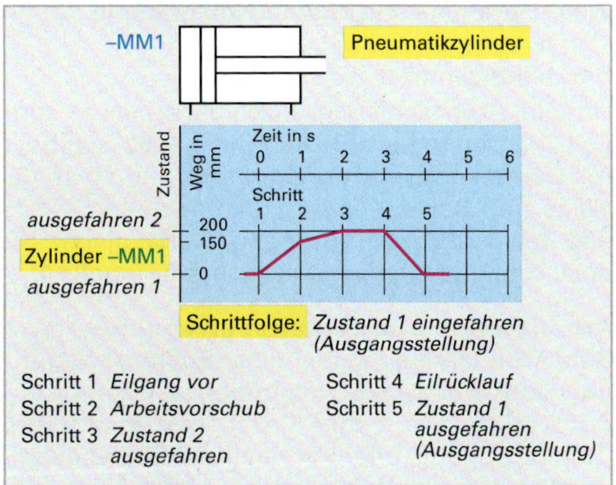

Bild 3: Zylinderbewegung im Zustandsdiagramm

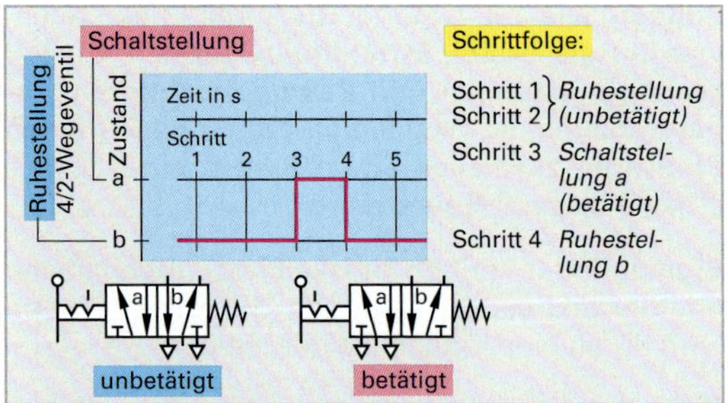

Bild 4: 2-Stellungsventil im Zustandsdiagramm

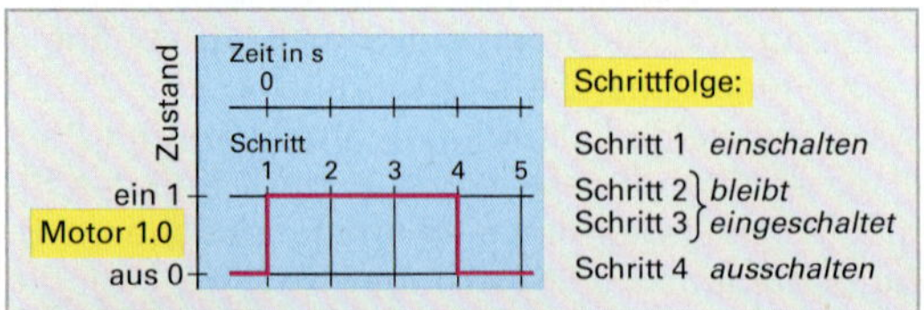

Bild 5: Motor im Zustandsdiagramm

Der Zustand der Bauglieder wird durch Funktionslinien grafisch dargestellt.

Schmale Volllinien entsprechen dem Zustand der **Ausgangsstellung** (Motor ausgeschaltet, Zylinder in Ausgangsstellung bzw. eingefahren oder Ventile in Ruhestellung bzw. unbetätigt).

Sind **Geräte aktiv** bzw. betätigt (Motor eingeschaltet, Zylinder fährt aus oder ein oder ist ausgefahren, Ventil betätigt), werden die Funktionslinien als **breite Volllinien** gezeichnet (Bilder 3, 4 und 5, Seite 132).

Signallinien, die die Funktionslinien verbinden, geben die steuerungstechnische Verknüpfung der Bauglieder an **(Bild 1)**.

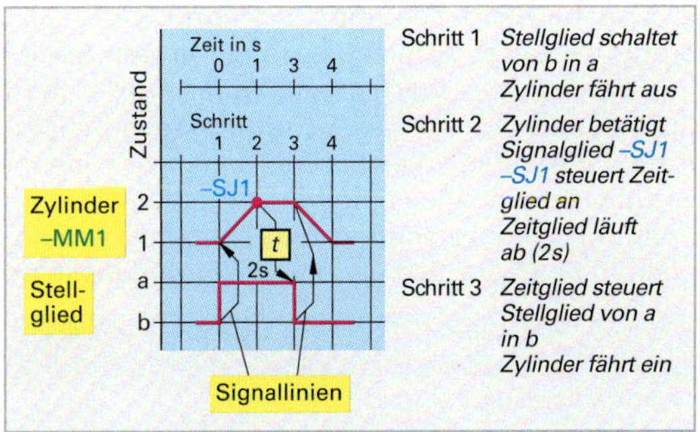

Bild 1: Verknüpfung der Bauglieder

Aufgabe:
Ein doppelt wirkender Zylinder -MM1 führt eine Werkstückaufnahme, in die von Hand das Werkstück eingelegt wird, einem Prägezylinder -MM2 zu und spannt. Der Prägezylinder prägt eine Teilenummer in das Werkstück und fährt in die Ausgangsstellung zurück. Danach erfolgt die Rückfahrt des Zylinders -MM1.

Lösung:
Der **Lageplan** zeigt die Einbaulage der Antriebsglieder in der Vorrichtung. Im **vereinfachten Zustandsdiagramm** ist der Bewegungsablauf der beiden Zylinder dargestellt **(Bild 2)**.

Im ausführlicheren **Zustandsdiagramm** werden neben den Zylinderbewegungen auch deren Verknüpfungen mit den Signal- und Stellgliedern gezeigt **(Bild 3)**. Im **Schaltplan** der Steuerung ermöglicht das Wegeventil -QM1, ohne Signalglieder mit Leerrücklaufrollen-Betätigung auszukommen **(Bild 4)**.

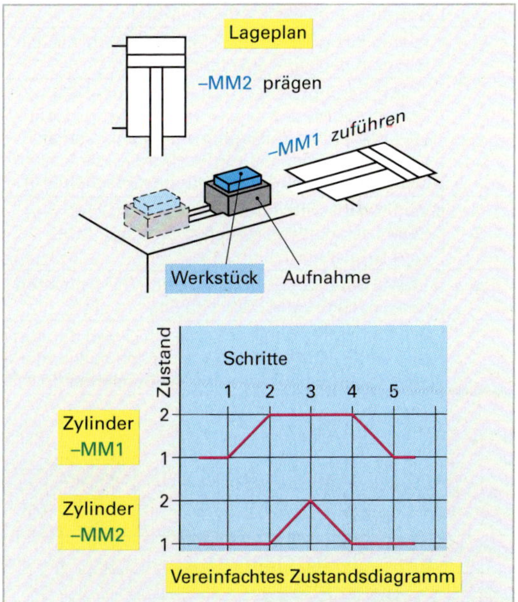

Bild 2: Lageplan und vereinfachtes Zustandsdiagramm der Prägevorrichtung

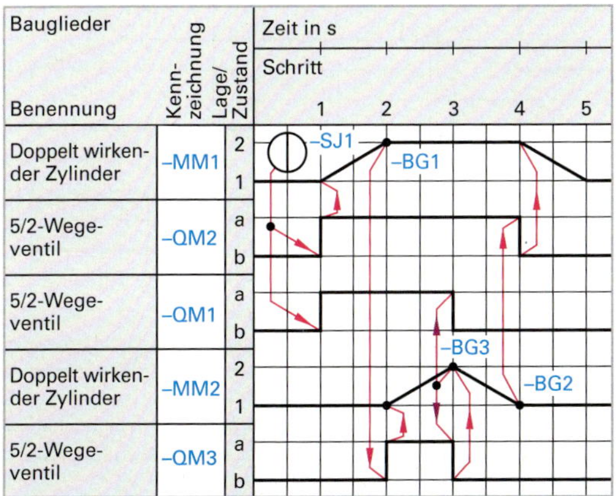

Bild 3: Zustandsdiagramm der Prägevorrichtung

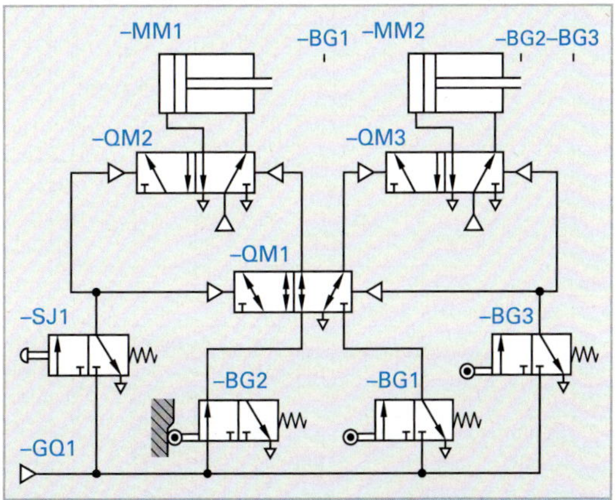

Bild 4: Schaltplan der Prägevorrichtung

Das **ausführliche Zustandsdiagramm** wird meist auf Formblätter gezeichnet. In der ersten Spalte des Formblattes werden die Zeilen fortlaufend nummeriert, um mit den Schrittangaben im Rasterfeld Einzelheiten leichter auffinden zu können. Die nächsten Spalten enthalten Angaben über Benennung, Kennzeichnung und Zustand der Bauglieder. Im Rasterfeld werden die Funktionslinien der Bauglieder in ihrer Abhängigkeit zueinander (Signalverknüpfungen) dargestellt.

Tabelle 1: Arbeitsablauf der Bohrvorrichtung

Schritt	Vorgang
X0	Ausgangslage
X1	Hauptventil -SJ1 EIN
X2	Ventil -BG2 muss betätigt sein (Kontrolle der Ausgangslage von Zylinder -MM2)
1	Ventil -SJ2 wird betätigt; Stellglied -QM1 schaltet von b nach a; -MM1 fährt aus
2	-MM1 betätigt Sensor -B1 und Ventil -BG1; Bohrmotor M1 läuft an; -QM3 wird umgeschaltet, -MM2 fährt im Eilgang aus; Nach einer an Ventil -KH1 eingestellten Zeit wird Anschluss 14 des Ventils -QM3 entlüftet (Signalabschaltung)
3	Ventil -BG4 wird durch Zylinder -MM2 betätigt; -QM4 schaltet von b nach a; Zylinder -MM2 wird langsamer
4	-MM2 betätigt -BG5; -QM3 und -QM4 schalten von a nach b; -MM2 fährt im Eilgang ein
5	Zylinder -MM2 betätigt Ventil -BG3 und Sensor -B2; Ventil -QM1 schaltet von a nach b; Zylinder -MM1 fährt ein; Bohrmotor -MA1 schaltet ab.

Beispiel: Anhand der Steuerung einer Bohrvorrichtung, deren Schaltplan in **Bild 1** dargestellt ist, wird der Aufbau des Zustandsdiagrammes **Bild 2** erklärt **(Tabelle 1)**:

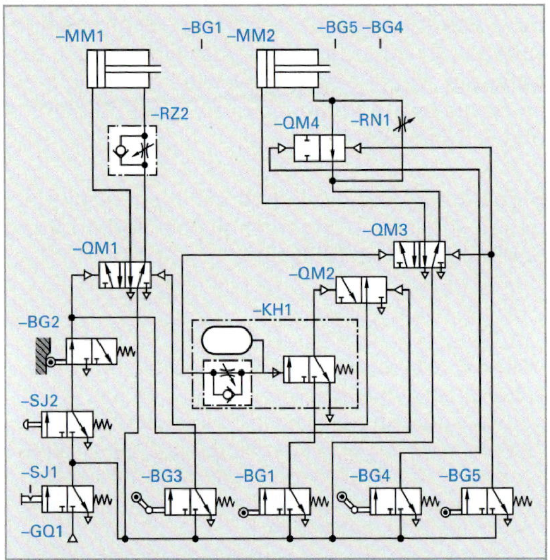

Bild 1: Schaltplan der Bohrvorrichtung

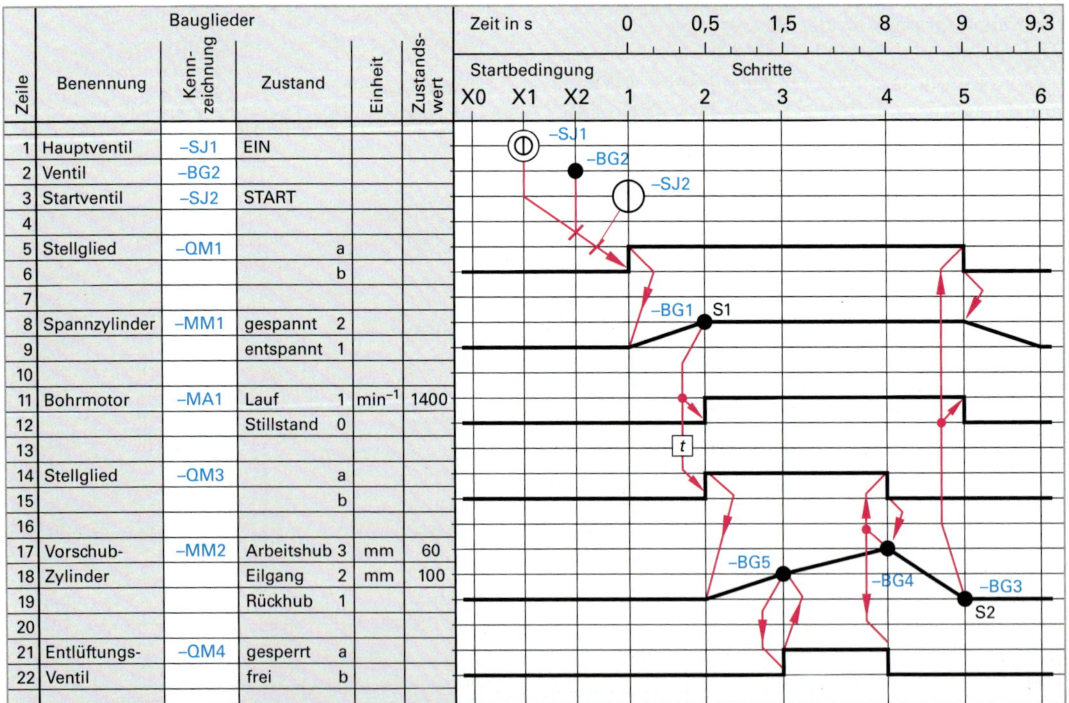

Bild 2: Funktionsdiagramm (Zustandsdiagramm) der Bohrvorrichtung

5.6 Proportionaltechnik

In der Pneumatik werden Wegeventile und Druckventile mit Proportionalventiltechnik eingesetzt.

Die wesentlichen Vorteile gegenüber der konventionellen Ventiltechnik sind:

- geringerer Aufwand an Geräten, Zubehör, Montage,
- geringere Investitionskosten,
- geringerer Platzbedarf,
- zeitlich stufenlos einstellbare Sollwerte für Drücke und Volumenstrom,
- fernverstellbare Sollwerte **(Bild 1)**.

Zur Ansteuerung der Pneumatikventile können die gleichen Magnetsysteme und elektronischen Steuerkarten wie für Hydraulikventile verwendet werden.

5.6.1 Proportional-Druckregelventile

Zur Beeinflussung kleiner Luftmengen werden direkt gesteuerte Proportional-Druckregelventile eingesetzt. Bei großen Luftmengen verwendet man vorgesteuerte Proportional-Druckregelventile. Dabei dient ein direkt gesteuertes Proportional-Druckregelventil als Vorsteuerventil. Zur Verminderung der Hysterese auf Werte <0,5% werden auch geregelte Proportional-Druckregelventile verwendet **(Bild 2)**.

Beispiel:
Druckluftbremse an einer Längsteilanlage für Bleche. Von einer Abwickelhaspel wird 1500 mm breites und 0,8 mm dickes Blech von einem Coil abgezogen. Das Blechband wird dabei mit einer Schneidgeschwindigkeit von max. 250 m/min von einer Kreismesserschere in Längsstreifen mit min. 20 mm Breite geschnitten. Die geschnittenen Streifen werden im Streifentransportwagen geklemmt und zum Klemmschlitz am Haspeldorn der Aufwickelhaspel transportiert.

Auf dem Streifentransportwagen befindet sich unter anderem eine hydraulisch einschwenkbare Bremsrolle. Die Bremswirkung an der Bremsrolle erfolgt mithilfe einer wassergekühlten, druckluftbetätigten Bremse in Abhängigkeit von dem durch ein Pneumatik-Proportional-Druckregelventil eingespeisten Druck **(Bild 3)**. Der jeweilige Sollwert für das Proportional-Druckregelventil wird, abhängig vom Fertigungsprogramm, am Bedienpult der Anlage über Potenziometer ferngesteuert. Die Bremsrolle hat die Aufgabe, bei dünnen Bändern eine straffe Wicklung der Spaltbänder zu erzielen.

Die Vorteile gegenüber einer konventionellen Drucksteuerung sind die Fernbedienbarkeit sowie eine feinfühlige Einstellung, wodurch eine gleichmäßige Bremswirkung erreicht wird.

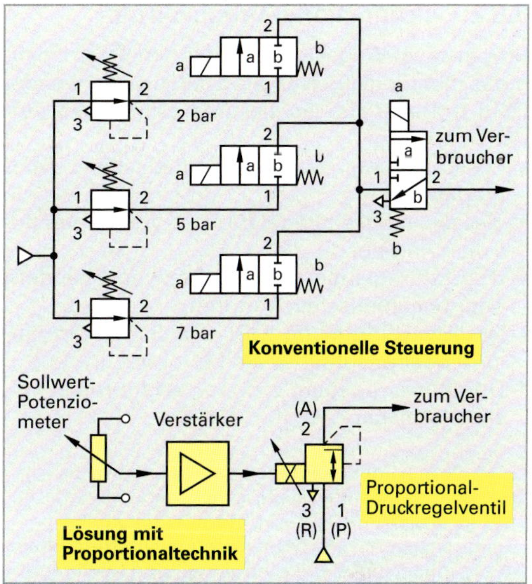

Bild 1: Druckeinstellung von drei definierten Arbeitsdrücken

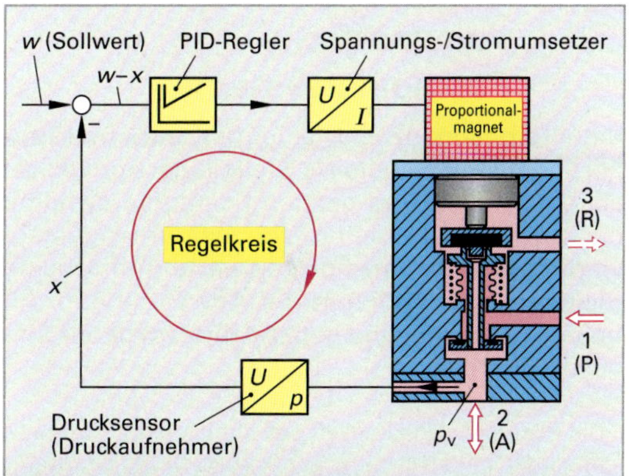

Bild 2: Proportional-Druckregelventile mit integrierter Druckregelung

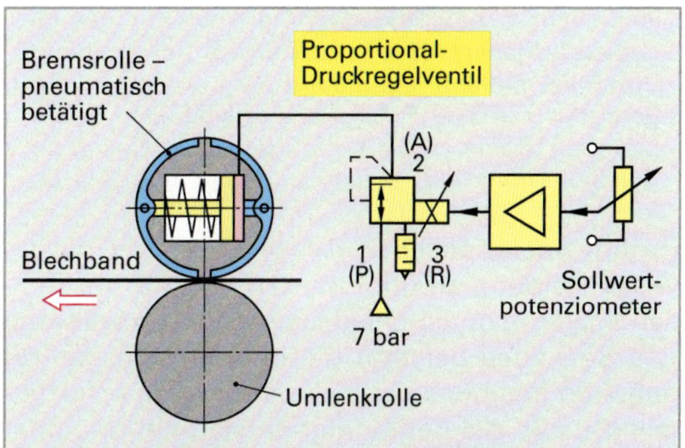

Bild 3: Druckluftbremse an Längsteilanlage für Bleche

5.6.2 Proportional-Wegeventile

Proportional-Wegeventile werden meist in pneumatischen Regelkreisen als Stellglied verwendet **(Bild 1)**. Dabei können sie unterschiedliche Aufgaben erfüllen:

- Positionierung z. B. von pneumatischen Linearantrieben,
- Geschwindigkeitsregelung z. B. von pneumatischen Antrieben,
- Drehzahlregelung z. B. von Schwenkzylindern oder pneumatischen Motoren,
- Drehwinkelregelung z. B. von Schwenkzylindern oder pneumatischen Motoren,
- Durchflussregelung z. B. in verfahrenstechnischen Anlagen.

Das Proportionalmagnetsystem wandelt das ankommende analoge elektrische Eingangsventil in einen proportionalen Weg des Ventilkolbens um. Dadurch werden die Öffnungsquerschnitte an den Ausgängen des Ventils entsprechend verändert. Das stromgeregelte Proportionalmagnetsystem hat gegenüber dem gesteuerten eine deutlich geringere Hysterese (< 0,5 %) **(Bild 2)**.

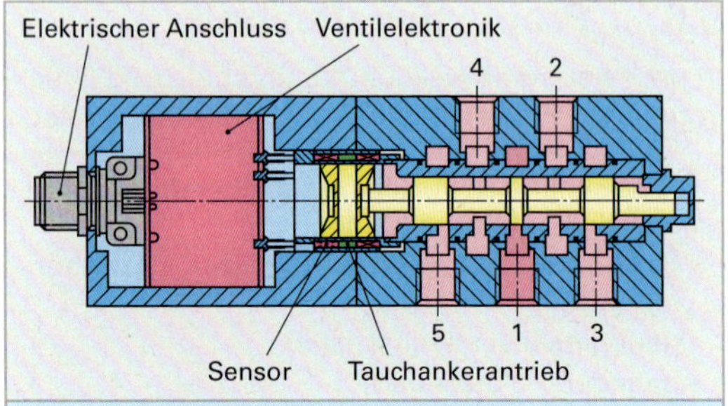

Bild 1: 5/3-Wege-Proportionalventil

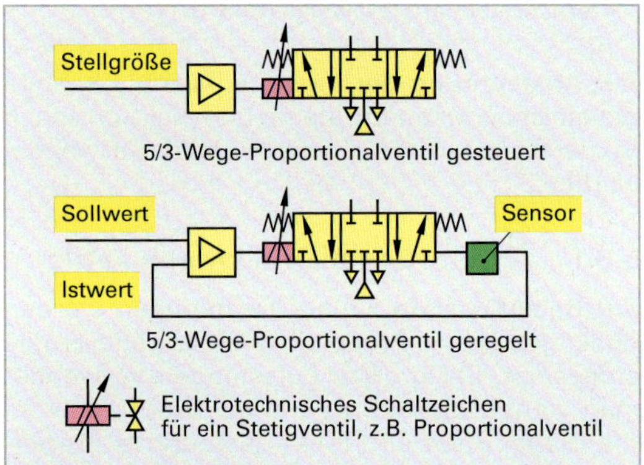

Bild 2: Schaltzeichen

5.7 Pneumatische Positioniersysteme

Mithilfe pneumatischer Linearantriebe und Proportional-Wegeventile als Stellglieder können reaktionsschnelle und genaue Positioniersysteme nach dem Baukastenprinzip zusammengestellt werden **(Bild 3)**. Es sind preiswerte und robuste Systeme, die bevorzugt bei Anwendungen mit hohen Taktzahlen und hoher Arbeitsdynamik eingesetzt werden.

Die Positioniergenauigkeit beträgt bis ± 0,1 mm bei maximal 3 m/s Verfahrgeschwindigkeit. Es ist möglich, die Linearantriebe z. B. zu 3-Achssystemen zu kombinieren, um beliebige Raumpunkte anzufahren. Jede Achse wird über einen Achscontroller angesteuert. Ein Linearantrieb kann bis zu 2000 mm Hublänge haben. Die Zylinderkammern werden über die beiden Luftanschlüsse mit Druckluft beaufschlagt. Durch Permanentmagnete auf dem Kolben und im Schlitten wird der Schlitten kraftschlüssig mitgenommen. Daher ist die Verfahrgeschwindigkeit begrenzt, da sonst die magnetische Kupplung abreißt.

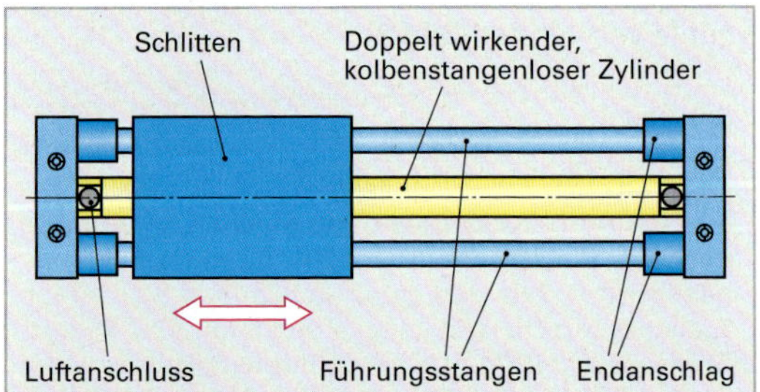

Bild 3: Pneumatische Achse

Da bei pneumatischen Achsen immer eine gewisse Reibung zu überwinden ist und die Achsen auch mit unterschiedlichen Massen während des Betriebes belastet werden können, ist zur genauen Positionierung eine Regelung erforderlich **(Bild 4)**. Als Regler eignen sich bei pneumatischen Achsen auch Zustandsregler. Diese verbessern zusätzlich das Geschwindigkeits- und Beschleunigungsverhalten.

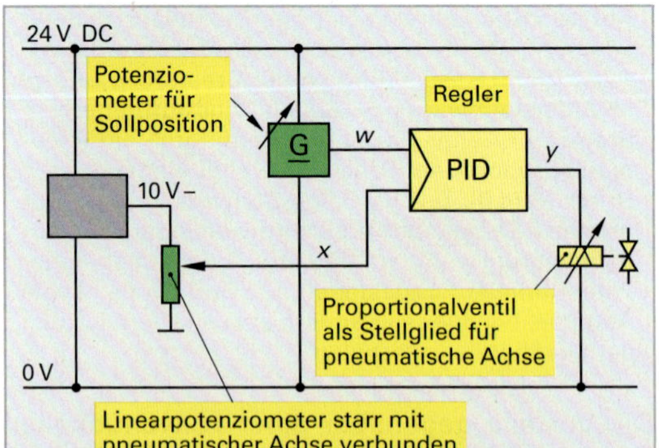

Bild 4: Regelung einer pneumatischen Achse

Beispiel:
Bei einer Klebeeinheit erfolgt die Klebung von Werkstücken in zwei Druckstufen. Dabei hat die **Druckstufe 1** einen Druck von 3,5 bar und die **Druckstufe 2** von 5 bar. Die Ansteuerung der Stufen erfolgt mit einem Proportional-Druckregelventil.

Der Versorgungsdruck für das Proportional-Druckregelventil muss im Bereich von 7 bis 8 bar sein. Die Ansteuerung von 0 V bis 10 V ergibt einen Druck von 0 bar bis 6 bar. Die Druckstufe 1 soll inklusive Kolbenausfahren 10 s und die Druckstufe 2 soll 15 s dauern.

Bild 1 zeigt den Pneumatikplan. Weil keine ziehenden Kräfte auf den Kolben kommen, nutzt man die Zuluft-Drosselung. Der Klebedruck wird vom Proportional-Druckregelventil vorgegeben. Das Einfahren erfolgt ebenfalls zuluftgedrosselt. Wenn der Kolben –BG0 erreicht hat, wird die weitere Luftzufuhr abgeschaltet. Somit wird energieeffizientes Schalten erreicht.

Die Steuerung erfolgt mit **EasyPort** und der Software FluidSIM **(Bild 2)**. Als virtuelle Steuerung wird GRAFCET verwendet. Über den digitalen Ausgang wird die Sollwertkarte angesteuert. Dort wird die Steuerspannung eingetragen. Steuerspannung = Solldruck · 10/6. Also für 3,5 bar = 5,9 und für 5 bar = 8,5. Die Steuerspannung wird dann über den Analogausgang an das Proportionalventil gegeben. In **Bild 3** wird das lineare GRAFCET-Programm dargestellt. In Schritt 2 und Schritt 3 werden das 3/2-Wegeventil und das Proportional-Druckregelventil angesteuert. Das **Bild 4** zeigt den Verlauf der Ausgabe der Steuerspannung (V) und den Druck (bar) am Zylinder –BP0.

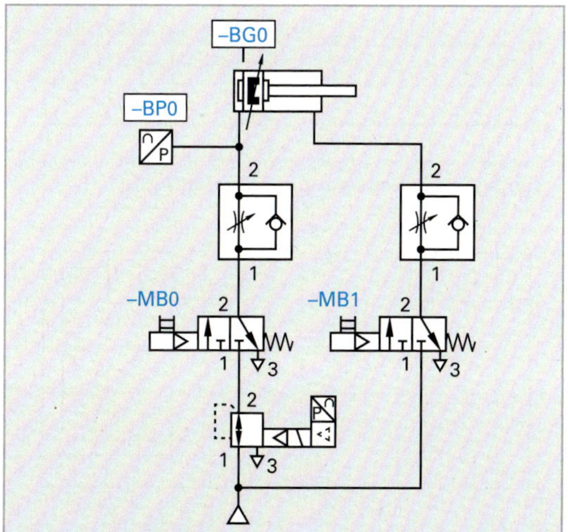

Bild 1: Pneumatikplan

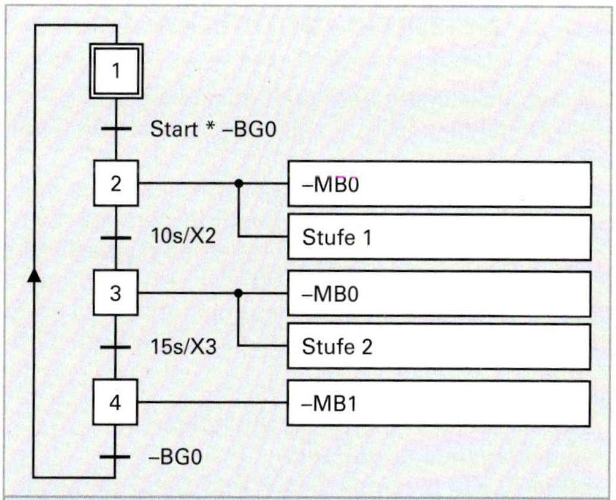

Bild 3: GRAFCET-Programm

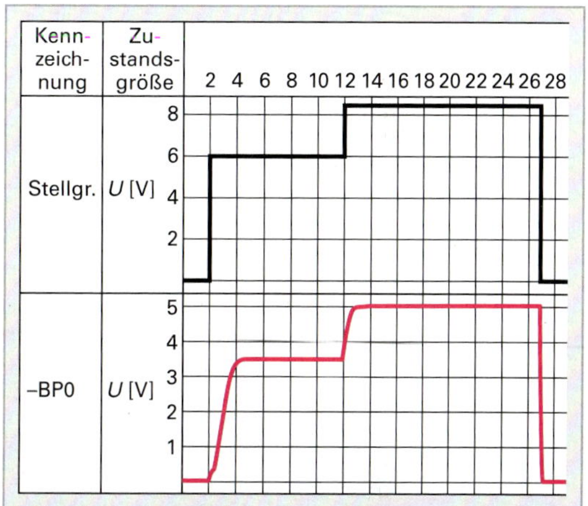

Bild 4: Zeitdiagramm für Steuerspannung und Kolbendruck

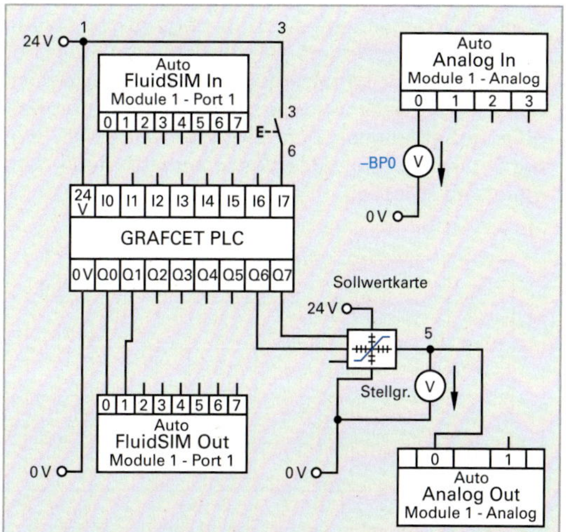

Bild 2: Programmstruktur

5.8 Beispiele für pneumatische Steuerungen

Werkstücke energieeffizient ausschieben
Der Schaltplan **(Bild 1)** zeigt das Ausschieben von Werkstücken, z. B. von einem Transportband. Da ein 5/3-Wegeventil verwendet wird, kann der Ausschiebevorgang an jeder Position gestoppt werden. Bei der Zuluftdrosselung ist Energieeffizienz gegeben, weil immer nur so viel Luft verbraucht wird wie für die Kolbenbewegung notwendig ist. In den Endstellungen des Kolbens erfolgt keine Luftzufuhr.

Physikalische Verhältnisse am Kolben bei verschiedenen Situationen
Bilder 2 bis 5 zeigen Druck-Zeit-Diagramme der Kolbenbewegung.

- Schwarze Linie: Schaltzustand des 5/3-Wegeventils,
- Blaue Linie: Druck vor dem Kolben,
- Grüne Linie: Druck nach dem Kolben.

1) Abluftdrosselung, Kolben ohne Kraft (Bild 2)
Obwohl sich der Kolben ohne Kraft bewegt, liegt am Kolben der volle Versorgungsdruck an. Der Kolben federt auch bei geringster Kraftänderung.

2) Abluftdrosselung: Teil ausschieben (Bild 3)
Nach dem Schalten des Ventils muss auf der Kolbenstangenseite der Druck, welcher gedrosselt ist, abgebaut werden. Erst bei Kräftegleichgewicht am Kolben fährt dieser an. Im Diagramm sind dies ca. 6 s. Zum Ausfahren und Einfahren ist jeweils der volle Versorgungsdruck notwendig.

3) Zuluftdrosselung: Kolben ohne Kraft (Bild 4)
Hier wird nur so viel Druckluft verbraucht, wie direkt zu der Kolbenbewegung erforderlich ist.

4) Zuluftdrosselung: Teil wird ausgeschoben (Bild 5)
Nach dem Schalten des Ventils beginnt der Kolben sofort sich zu bewegen. In Grundstellung muss nur sehr wenig Luft komprimiert werden. Es baut sich nur so viel Druck auf wie zur Bewegung des Kolbens notwendig ist. Zum Einfahren wird sehr wenig Druck benötigt. Das Ventil schaltet nach dem Einfahren sofort ab.

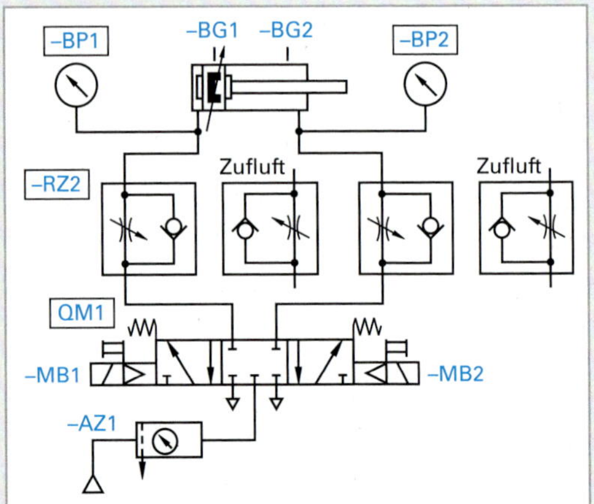

Bild 1: Ausschieben (Abluftdrosselung)

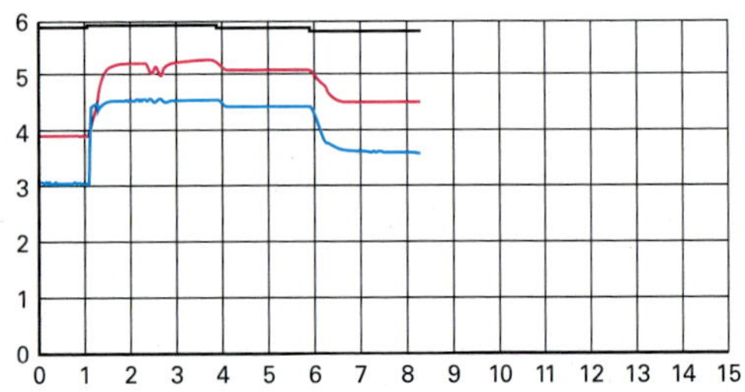

Bild 2: Abluftdrosselung ohne Kolbenkraft

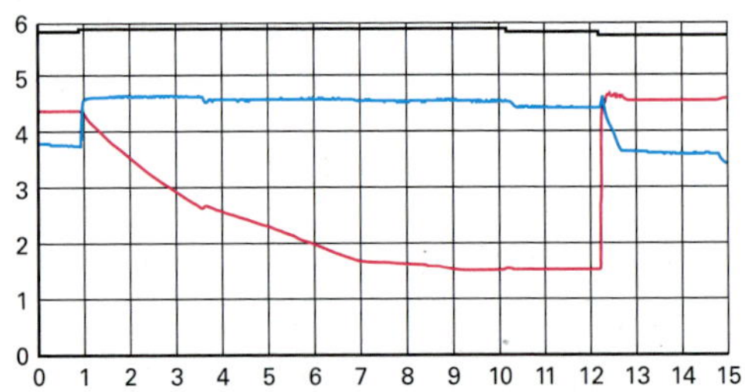

Bild 3: Abluftdrosselung mit Ausfahrkraft

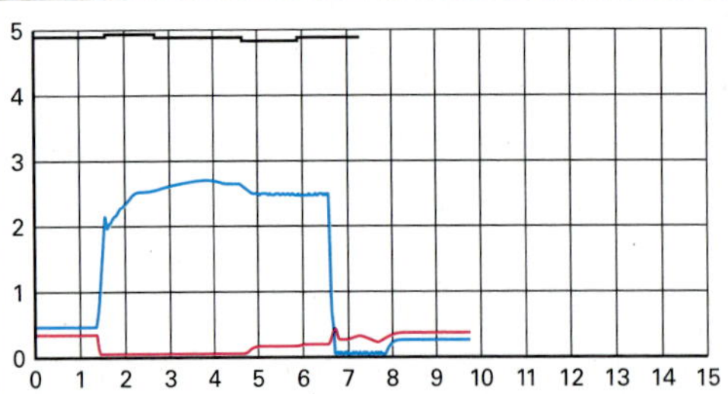

Bild 5: Zuluftdrosselung mit Ausfahrkraft

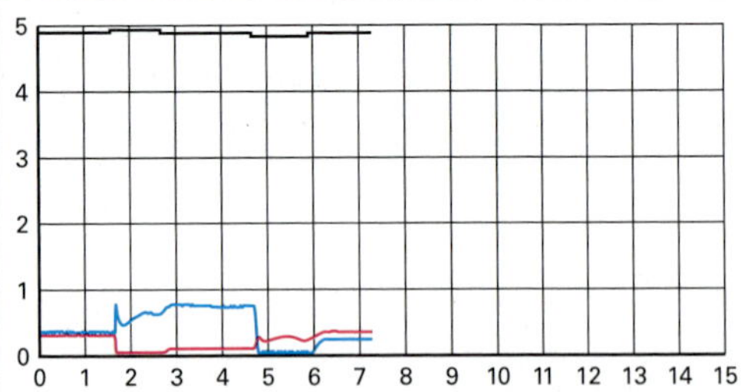

Bild 4: Zuluftdrosselung ohne Ausfahrkraft

Werkstücke spannen

a) Mit Impulsventil (Bild 1)

Die Schaltung muss sicher und energieeffizient sein. Der Spannvorgang wird über die Zuluftdrossel –RZ1 vorgenommen. So trifft der Kolben langsam auf das Werkstück. Ist der Spanndruck erreicht, dann wird die Bearbeitung freigeschaltet. Das Einfahren des Kolbens erfolgt über das Druckregelventil –QN1, z. B. eingestellt auf 1 bar. Die Ansteuerung erfolgt über das 5/2-Impulsventil –QM2. Damit ist sichergestellt, dass bei Ausfall der elektrischen Energie die Werkstückspannung erhalten bleibt. Das System „Rückschlagventil –RM1 und Speicher –QM1“ sorgt dafür, dass bei Ausfall der Druckluft die Werkstückspannung erhalten bleibt und in diesem Fall der Kolben wieder eingefahren werden kann.

Für Energieeffizienz:

- Zylinderlänge nur so lange wie nötig
- Kurze Leitungen ab dem Wegeventil –QM2
- Einfahrdruck nur so groß wie nötig (–QN1)

b) Mit entsperrbarem Rückschlagventil

Die Schaltung **(Bild 2)** ermöglicht zwei verschiedene Spanndrücke. Die Unterscheidung wird mit einem induktiven Sensor durchgeführt. Die Ansteuerung des Kolbens erfolgt über zwei 3/2-Wegeventile. Der Spanndruck wird mit dem entsperrbaren Rückschlagventil gehalten. Energieeffizienz ist gegeben, weil beim Einfahren des Kolbens nur so viel Druckluft einströmt, bis der Kolben in Grundstellung ist. **Bild 3** zeigt die Beschaltung des PLC und **Bild 4** zeigt das Programm in GRAFCET.

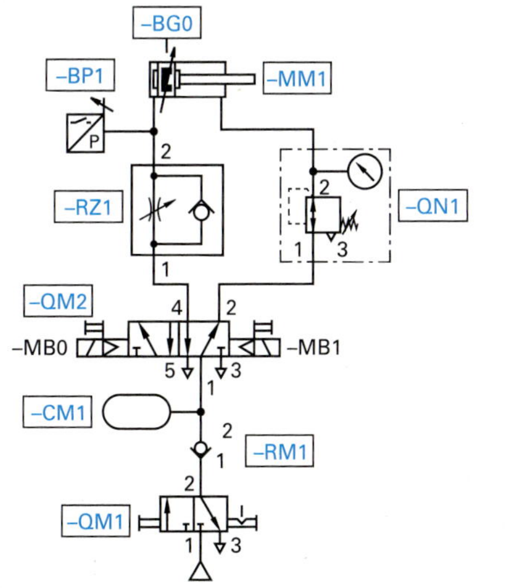

Bild 1: Sicher spannen mit Impulsventil

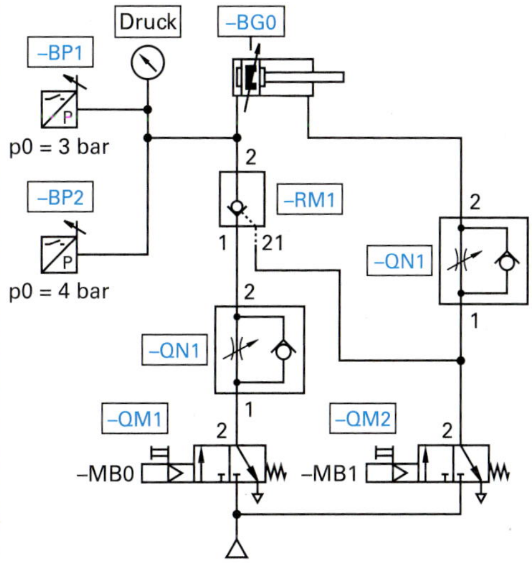

Bild 2: Sicher spannen mit entsperrbarem Rückschlagventil

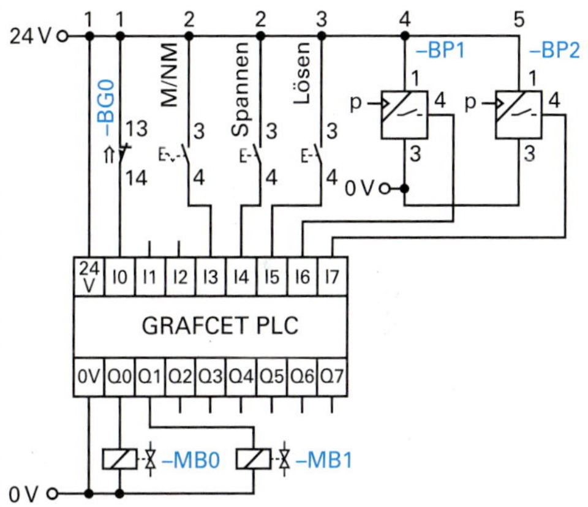

Bild 3: Beschaltung der Steuerung

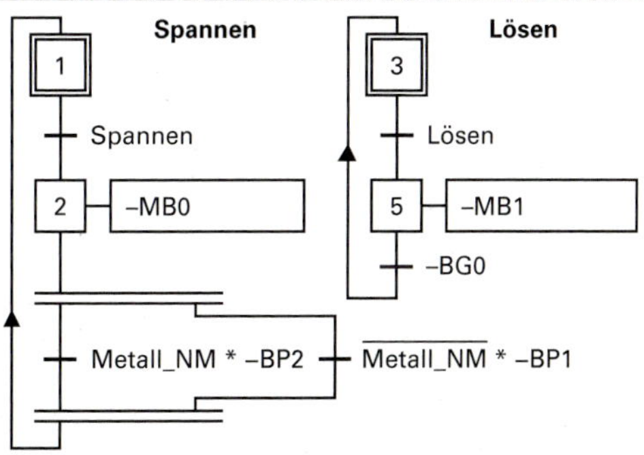

Bild 4: Programm in GRAFCET

Werkstücke heben

Werkstücke werden energieeffizient und sicher angehoben oder abgesenkt. **Bild 1** zeigt den Aufbau der Schaltung.

Nach der Druckluftversorgung über –QM1 sorgt ein Rückschlagventil –RZ1 dafür, dass im Störungsfalle keine Luft zurückströmt. Der Drucksensor –BP3 misst den Systemdruck. Bei Erreichen von 5 bar wird dies durch die Lampe –PF7 angezeigt. Der Druckspeicher sorgt dafür, dass im Störungsfalle der Kolben in Grundstellung gefahren werden kann. Das 5/3-Wegeventil –QM2 übernimmt die Steuerung des Kolbens. Das Doppel-Drossel-Rückschlagventil –RZ3 wirkt als Zuluftdrossel beim Hochfahren und als Abluftdrossel beim Absenken. Beim Hochfahren ist kein Gegendruck vorhanden, weil die Luft über das Rückschlagventil –RZ2 abströmt. Es ist nur derjenige Druck vorhanden, welcher durch das zu hebende Teil verursacht wird. Das Absenken erfolgt über das Druckregelventil –QN1. Dieses wird auf ca. 1 bar eingestellt. Somit wird eine energieeffiziente Schaltung erreicht.

Ablauf: Bild 1, rechts zeigt die Anschlussbelegung der Steuerung. Dargestellt ist FluidSIM® mit GRAFCET. Nach Betätigen des Starttasters –SF7_Start wird der Kolben hochgefahren, nach drei Sekunden wieder zurückgefahren. In **Bild 2** ist dies im Teilgraph „Ablauf" dargestellt. Mit dem Stopp-Schalter (Öffner) –SF6_Stop wird der Kolben angehalten, siehe Teilgraph „Kolben Halt". Damit der Kolben in Grundstellung gefahren werden kann, ist der Teilgraph „Grundstellung" notwendig. Im Teilgraph „Meldelampe" erfolgt das Anzeigen des Systemdrucks. Die Anlage kann nach der allgemeinen Darstellung im GRAFCET mit einer SPS programmiert werden.

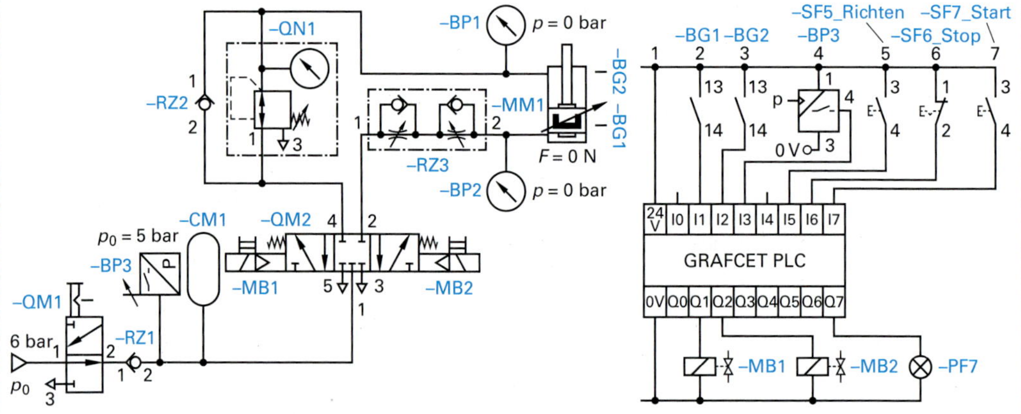

Bild 1: Pneumatikplan und Belegungsplan

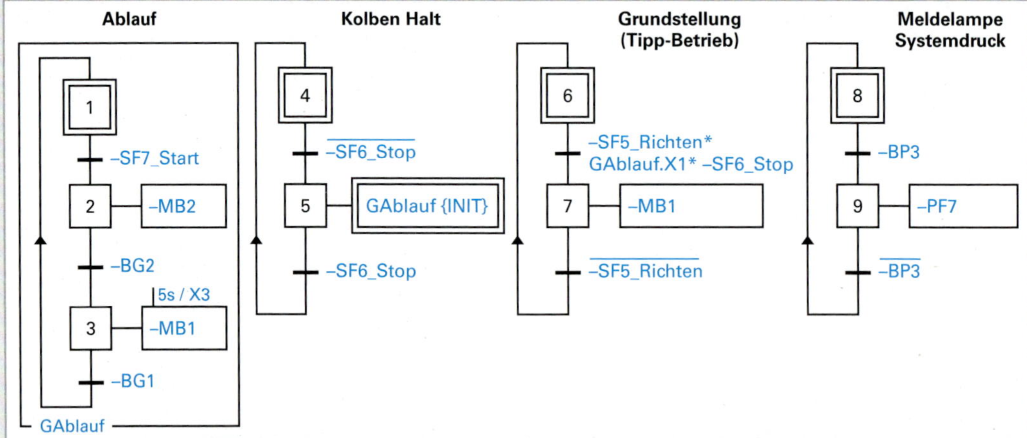

Bild 2: Programme in GRAFCET

5.9 Elektropneumatische Steuerungen

Von elektropneumatischen Steuerungen werden Maschinen und Vorrichtungen pneumatisch angetrieben und elektrisch gesteuert.

Der **elektrische Steuerteil** nimmt über Signalglieder (Taster, Schalter, Sensoren) Signale auf. Steuerglieder (Relais, Schütze, SPS) verarbeiten (verknüpfen, verzögern, verstärken) die Signale und geben Schaltsignale an elektromagnetisch betätigte pneumatische Wegeventile aus **(Bild 1)**. Im **pneumatischen Energieteil** steuern Stellglieder (elektromagnetisch betätigte 3/2-, 4/2- oder 5/2-Wegeventile) Zylinder und Motoren, die Baueinheiten (Maschinen, Vorrichtungen) antreiben.

Werden im Steuerteil Bauelemente **elektrischer Kontaktsteuerungen**, wie Schalter, Relais und Schütze verwendet, so erzeugt man die elektrischen Signale durch Schließen und Öffnen von Schaltkontakten. Beim Einsatz von **speicherprogrammierbaren Steuerungen** werden die elektrischen Signale elektronisch, also kontaktlos, erzeugt. Der Energieteil wird als **Pneumatikschaltplan** ausgeführt.

Bei der Darstellung elektropneumatischer Steuerungen wird der pneumatische Energieteil vom elektrischen Steuerteil getrennt gezeichnet.

Den elektrischen Steuerteil zeichnet man als Stromlaufplan, der den Signalablauf der Steuerung beschreibt **(Bild 2)**.

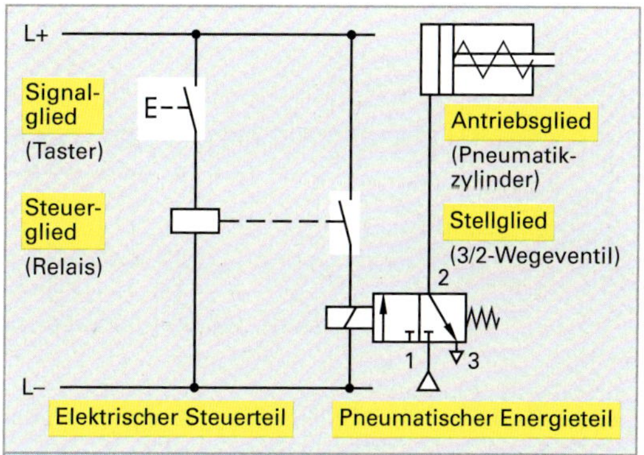

Bild 1: Elektropneumatische Steuerung (schematisch)

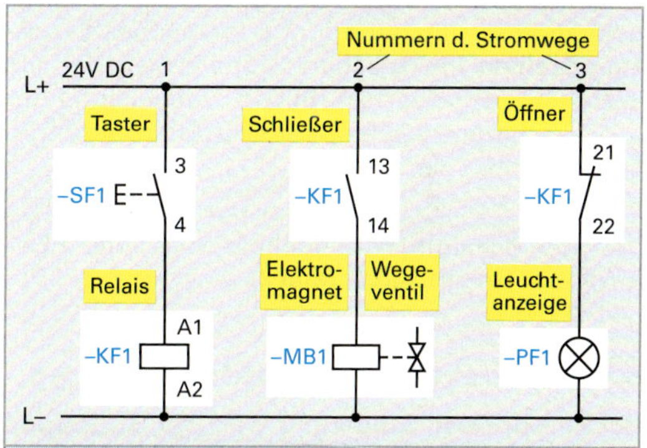

Bild 2: Stromlaufplan

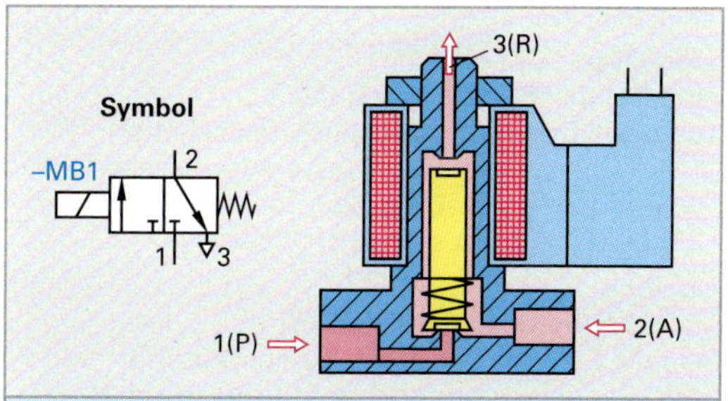

Bild 3: Durch Elektromagnet direkt betätigtes 3/2-Wegeventil

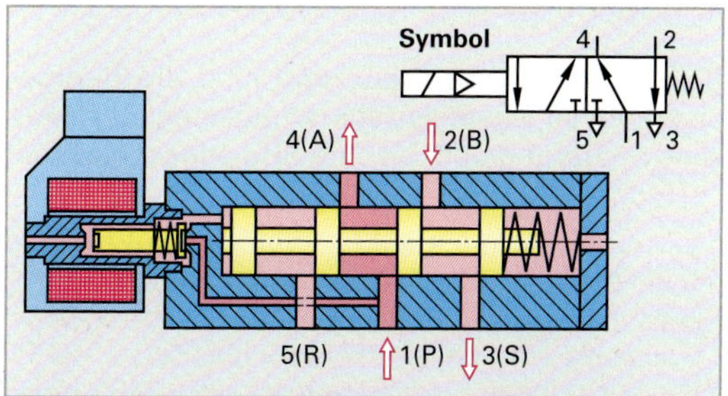

Bild 4: Einseitig durch Elektromagnet und Vorsteuerwegeventil betätigtes 5/2-Wegeventil

5.9.1 Elektropneumatische Betriebsmittel

Elektropneumatische Betriebsmittel verbinden z. B. den elektrischen Steuerteil mit dem pneumatischen Energieteil; es sind pneumatische Wegeventile, die elektromagnetisch betätigt werden **(Bild 3** und **Bild 4)**. Wandeln sie pneumatische Signale in elektrische Signale um, sind es pneumatisch-elektrische (PE-) Signalwandler oder Druckschalter.

Elektromagnetventile. Elektromagnetventile sind der Funktion nach 2/2-, 3/2-, 4/2-, 5/2- oder 5/3-Wegeventile. Ihre Betätigung erfolgt entweder direkt mit einem Elektromagneten und Federrückstellung (Bild 3) oder beidseitig elektromagnetisch; meist sind sie durch Elektromagnet und Vorsteuer-Wegeventil betätigte Wegeventile (Bild 4 und **Bild 1, Seite 142**).

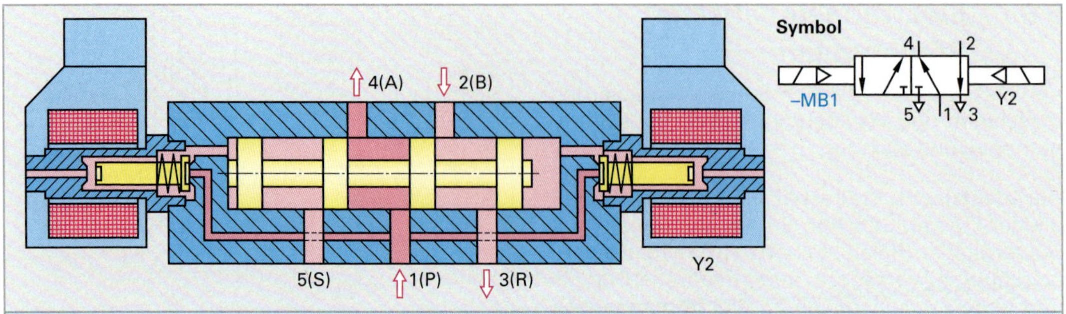

Bild 1: Beidseitig durch Elektromagnet und Vorsteuer-Wegeventil betätigtes 5/2-Wegeventil

PE-Wandler. Bei pneumatisch-elektrischen Signalwandlern schaltet ein pneumatisches Drucksignal einen elektrischen Signalgeber, der als Wechsler ausgeführt ist **(Bild 2)**. Dabei kann über große Membranflächen die Druck-Betätigungskraft verstärkt werden.

Ist der Schaltdruck einstellbar, heißt der PE-Wandler **Druckschalter (Bild 2)**.

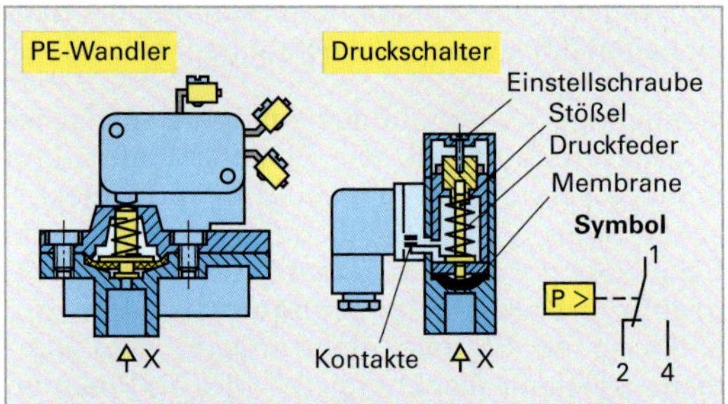

Bild 2: PE-Wandler, Druckschalter

5.9.2 Direkte und indirekte Steuerung

Bei der **direkten Steuerung** wird der Strompfad des Ventils unmittelbar über die handbetätigten Schalter gesteuert.

Aufgabe.
Die Kolbenstange eines einfach wirkenden Zylinders soll beim Betätigen eines Tastschalters –SF1 ausfahren und, wenn der Taster losgelassen wird, wieder einfahren. Der Pneumatikschaltplan und der Stromlaufplan sind zu erstellen.

Lösung:
Im **Pneumatikschaltplan** wird der Zylinder von einem 3/2-Wegeventil elektrisch betätigt –MB1 mit Federrückstellung gesteuert **(Bild 3)**. Im **Stromlaufplan** wird, solange der Taster –SF1 gedrückt ist, der Stromkreis für die Spule –MB1 geschlossen.

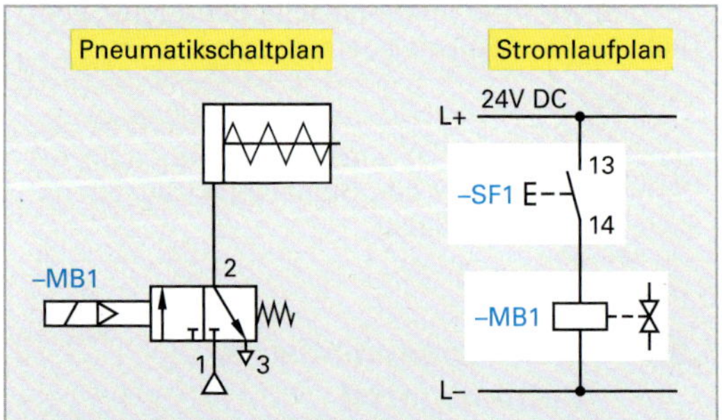

Bild 3: Direkte Steuerung eines Zylinders

Bei der **indirekten Steuerung** sind die Bedienelemente an eine Relaissteuerung, eine elektronische Steuerung oder an eine SPS angeschlossen.

Bei der indirekten Steuerung wird im Stromweg 1 durch Drücken des Tasters –SF1 der Stromkreis des Relais –KF1 geschlossen. Im Stromweg 2 schließt der Schließerkontakt des Relais –KF1 den Stromkreis für die Magnetspule –MB1 und das Magnetventil wird betätigt (Stromlaufplan 1, **Bild 4**).

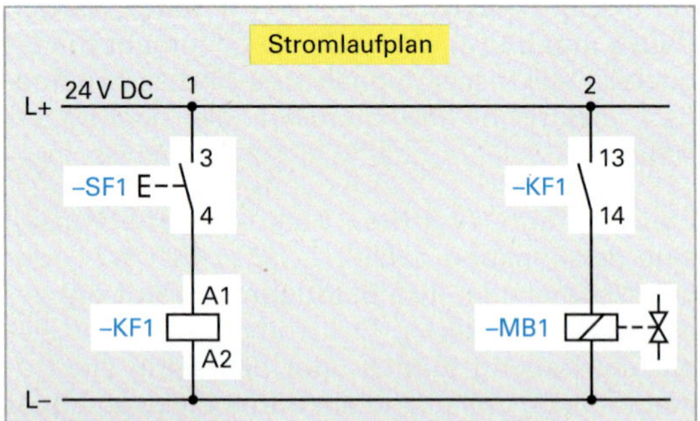

Bild 4: Indirekte Steuerung eines Zylinders

Soll der Zylinder so lange ausgefahren bleiben, bis ein zweites Schaltsignal ihn wieder zurückstellt, kann z. B. anstelle des Tasters –SF1 ein Stellschalter –SF0 eingebaut werden, der beim ersten Betätigen den Stromkreis schließt und beim zweiten Betätigen öffnet (Stromlaufplan 2, Bild 4, Seite 142).

5.9.3 Selbsthalteschaltung

> Mit der Selbsthalteschaltung kann ein kurzzeitig wirkendes Tastersignal, das die Ausfahrbewegung eines Zylinders steuert, so lange gespeichert werden, bis es durch ein Ausschaltsignal wieder aufgehoben wird **(Bild 1)**.

Dabei wird mit dem EIN-Taster –SF1 der Stromkreis des Relais –KF1 geschlossen. Ein Schließerkontakt des Relais –KF1, der parallel zu –SF1 geschaltet ist, hält den Spulenstrom des Relais so lange aufrecht, bis über den AUS-Taster –SF2 diese Selbsthaltung aufgehoben wird und der Zylinder wieder einfährt.

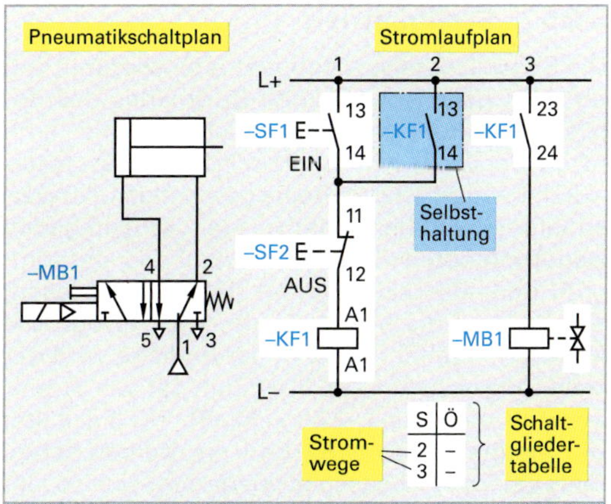

Bild 1: Selbsthalteschaltung

5.9.4 Darstellung

Schaltgliedertabelle der Relaiskontakte

Alle belegten Kontakte eines Relais können in einer Schaltgliedertabelle, die im Stromlaufplan unter den Stromweg der jeweiligen Relaisspule gezeichnet wird, eingetragen werden.

> Die Schaltgliedertabelle gibt Auskunft, in welchem Stromweg ein Kontakt des Relais zu finden ist **(Bild 2)**.

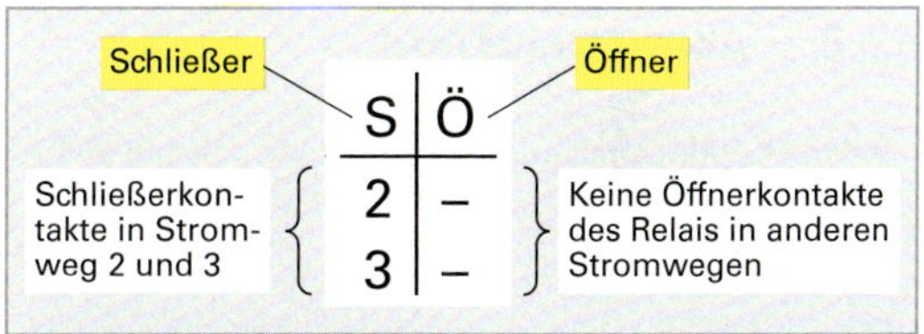

Bild 2: Schaltgliedertabelle

Kontaktplan

Aufgabe. Werkstücke sollen mit einem doppelt wirkenden Zylinder aus einem **Fallmagazin** einer Spannvorrichtung zugeführt werden. Durch kurzes Betätigen des Tasters –SF1 fährt die Kolbenstange des Zylinders aus. In der Endlage betätigt sie den Grenztaster –SF2 und fährt wieder ein. Der Pneumatikschaltplan und der Stromlaufplan zeigen die Steuerung des Fallmagazins **(Bild 3)**.

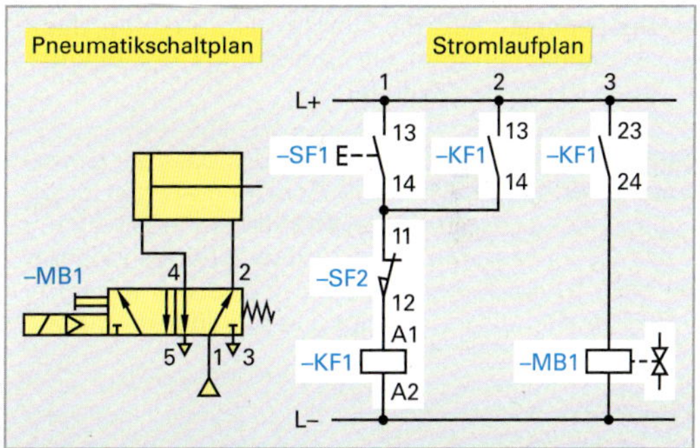

Bild 3: Fallmagazin

> Eine elektrische Kontaktsteuerung kann auch mit einem Kontaktplan dargestellt werden, bei dem die Stromwege waagerecht gezeichnet sind **(Bild 4)**.

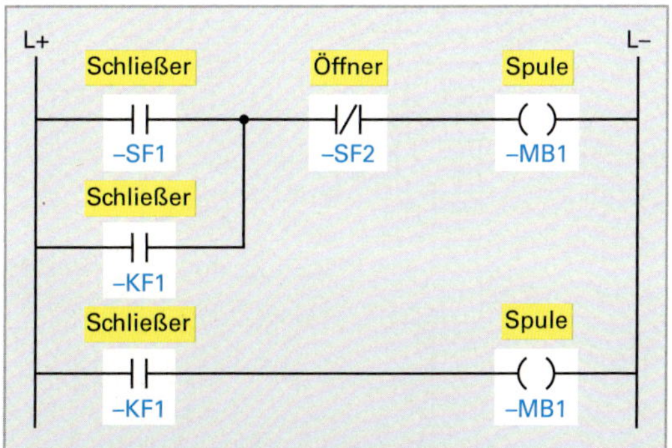

Bild 4: Kontaktplan (Fallmagazin)

Die elektrischen Kontakte werden durch entgegengesetzte eckige Klammern (Schließer) bzw. durch einen zusätzlichen Schrägstrich zwischen den Klammern (Öffner) dargestellt. Die Schaltzeichen für Spulen sind runde Klammern. Die eckigen und runden Klammern und der Schrägstrich sind Bestandteile des Zeichensatzes einer Schreibmaschine; daher können Kontaktpläne auf einem Bildschirm erstellt und von einem Drucker ausgegeben werden.

5.9.5 Stetigantrieb

Die Steuerung eines Stetigantriebs wird mit Taster –SF1 gestartet, der den Stromkreis des Relais –KF1 (mit Selbsthaltung) schließt **(Bild 1)**. Im Stromweg 3 ist –KF1 mit dem Näherungsschalter – BG1 (Reedschalter) in Reihe geschaltet (UND-Verknüpfung). –BG1 ist in der Ausgangsstellung vom Dauermagneten des Zylinderkolbens betätigt. –KF1 und –BG1 schalten das Relais –KF2, das im Stromweg 7 die Magnetspule –MB1 erregt. Die Kolbenstange fährt aus. In der Endlage wird der Näherungsschalter –BG2 betätigt, der den Stromkreis für das Relais –KF3 schließt. –KF3 schaltet die Magnetspule –MB2 und die Kolbenstange fährt ein. Das Arbeitsspiel wiederholt sich so lange, bis der AUS-Taster gedrückt wird und der Zylinder in der Ausgangsstellung stehen bleibt.

5.9.6 Ablaufsteuerung

Beispiel: Hebevorrichtung. Werkstücke, die auf einer Rollenbahn ankommen, sollen von Zylinder –MM1 auf die Höhe einer zweiten Rollenbahn angehoben werden **(Bild 2)**. Zylinder –MM2 führt die Werkstücke der zweiten Rollenbahn zu. Zylinder –MM2 darf erst zurückfahren, wenn Zylinder –MM1 wieder eingefahren ist.

Der Lageplan zeigt die räumliche Anordnung, das Zustandsdiagramm die Schrittfolge der Bewegung der beiden Zylinder.

Im Zustandsdiagramm erkennt man, dass der Grenztaster –BG3 eine Startvoraussetzung für den Zylinder –MM1 ist. Grenztaster –BG2 leitet die Bewegung des Zylinders –MM2 ein, –BG4 schaltet Zylinder – MM1 in die Ausgangsstellung und Grenztaster – BG1 bewirkt die Rückstellung des Zylinders –MM2.

Aus dem Zustandsdiagramm erkennt man außerdem, dass weder die Grenztaster –BG3 und –BG4 noch –BG2 und –BG1 jeweils gleichzeitig Schaltsignale geben, die sich an den Wegeventilen gegenüberstehen und abgeschaltet werden müssten. Das war auch nicht zu erwarten, da die Zylinder in der gleichen Reihenfolge wieder zurückgestellt werden, wie sie ausgefahren sind.

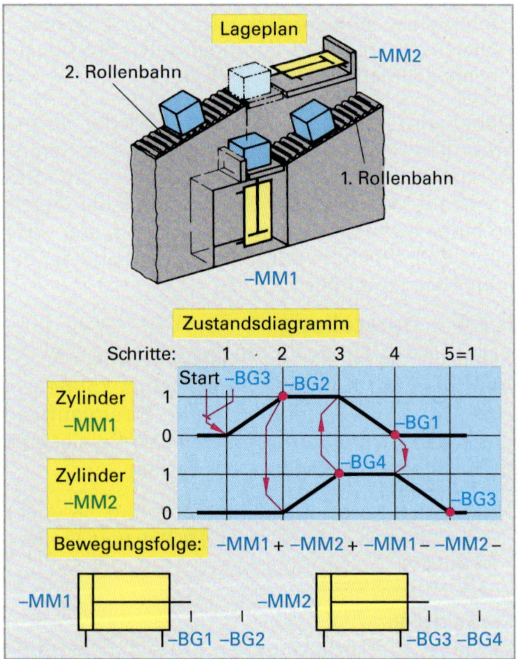

Bild 2: Lageplan und Zustandsdiagramm der Hebevorrichtung

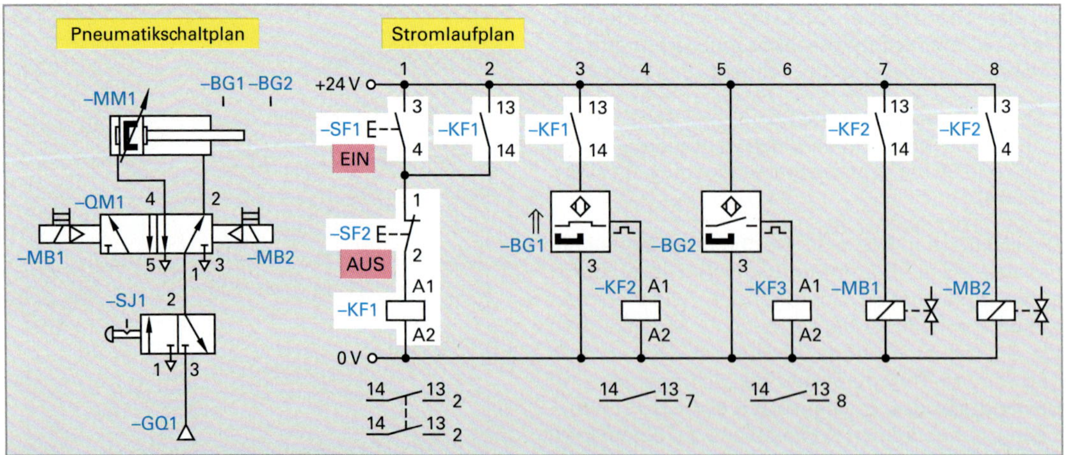

Bild 1: Pneumatischer und elektrischer Schaltplan des Stetigantriebs

Entsprechend dem Lageplan **(Bild 2, Seite 144)** wird der energieeffiziente Pneumatikschaltplan **(Bild 1)** erstellt.

Hubzylinder –MM1: Die Ansteuerung erfolgt über ein 5/2-Impulsventil. Das Heben wird über zwei gegenläufige Drosselrückschlagventile ausgeführt. Das Absenken erfolgt über ein Druckregelventil (ca. 1 bar).

Ausschiebezylinder –MM2: Durch Verwendung eines 5/3-Wegeventils und der Zuluftdrosselung wird erreicht, dass nur so viel Druckluft verbraucht wird, wie zur Bewegung des Kolbens erforderlich ist.

Druckluftversorgung: Mit dem 3/2-Wegeventil –QM0 wird mit einem Hauptschalter die Druckluftversorgung eingeschaltet. Mit dem Rückschlagventil –RM0 wird erreicht, dass bei Ausfall der Druckluftversorgung der Hubzylinder nicht abfällt. **Bild 2** zeigt den Ablauf der Steuerung mit GRAFCET. Der Stromlaufplan **(Bild 3)** ist so ausgestattet, dass ein Schritt nur gesetzt wird, wenn der vorherige gesetzt ist. Der Folgeschritt setzt den vorherigen zurück. Mit einem Hauptschalter wird die Anlage mit Druckluft versorgt. Die Meldelampe –PF1 zeigt dies an.

Der Vorgang kann mit einem Starttaster gestartet werden. Der Start erfolgt auch mit einem optischen Sensor, wenn ein neues Teil auf der Rollenbahn ankommt.

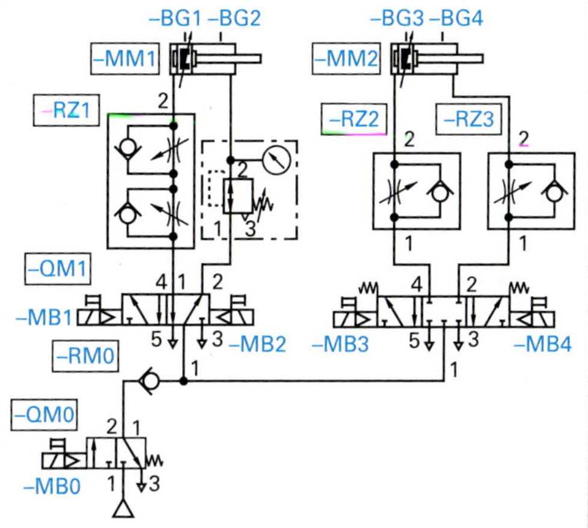

Bild 1: Pneumatikplan der Hebevorrichtung

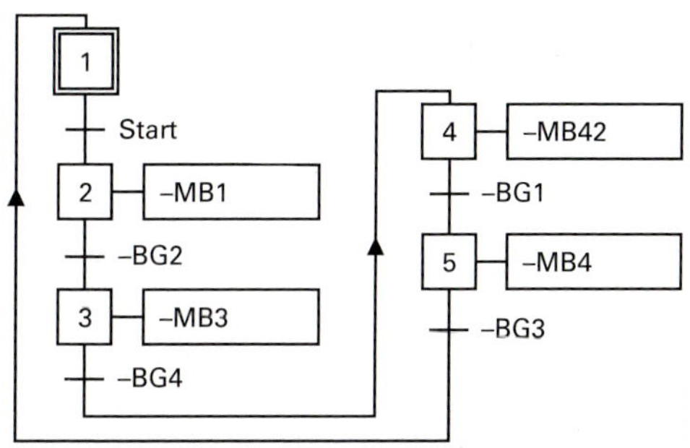

Bild 2: Prinzip des Ablaufs in GRAFCET

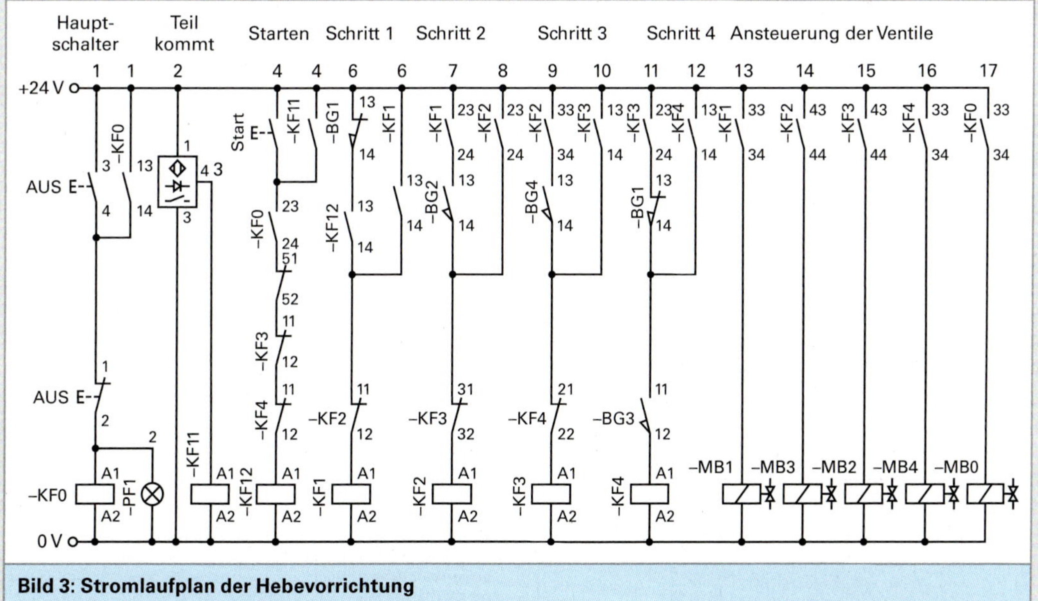

Bild 3: Stromlaufplan der Hebevorrichtung

6 Hydraulik

6.1 Allgemeines

Hydraulik[1] bewegt Maschinen. Hydraulik wird z.B. in Zerspanungsmaschinen, im Pressenbau, in Baumaschinen, in Landmaschinen, in Windrädern und im Flugzeugbau eingesetzt.

Wichtige Eigenschaften der Hydraulik sind:

- hohe Leistungsdichte,
- schnelle, feinfühlige und stufenlose Bewegungen,
- Übertragung große Kräfte und Energie,
- überlastsicher durch Druckbegrenzung.

6.2 Physikalische Eigenschaften

6.2.1 Hydrostatik

Wird eine Flüssigkeit mit einer Kolbenkraft beaufschlagt, entsteht ein Druck **(Bild 1)**. Dieser Druck ist innerhalb des eingeschlossenen Raumes gleich groß.

$$p = \frac{F}{A}$$

p Druck
F Kraft
A Kolbenfläche

Die Einheit des Drucks ist das *Bar*, bar (1 bar = 10 N/cm^2) oder das *Megapascal*, (1 MP = 10 bar).

Der **Bodendruck (Bild 2)** von Flüssigkeiten berechnet sich aus:

$$p_{Boden} = \varrho \cdot g \cdot h$$

ϱ Dichte
g Erdbeschleunigung
h Höhe

Der Bodendruck berechnet sich nur aus der Höhe und der Flüssigkeitssäule und der Dichte der Flüssigkeit (Pascal'sches Paradoxon[2]). In **Bild 3** wird der Versuch aufgezeigt, welcher schon von *Leonardo da Vinci* durchgeführt wurde. Je höher die Flüssigkeitssäule ist, desto weiter geht der Strahl, also desto größer ist der Druck.

Verteilung des Druckes (Bild 4). Wird eine ruhende Flüssigkeit unter Druck gesetzt, dann herrscht an jeder Stelle derselbe Druck. Es ergeben sich folgende Verhältnisse:

$$p = \frac{F_1}{A_1} = \frac{F_2}{A_2} \quad \text{oder} \quad \frac{F_1}{F_2} = \frac{A_1}{A_2}$$

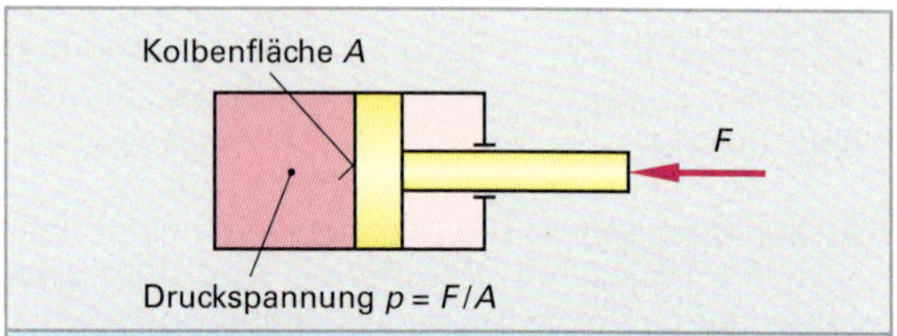

Bild 1: Hydrostatischer Druck in einem Zylinder

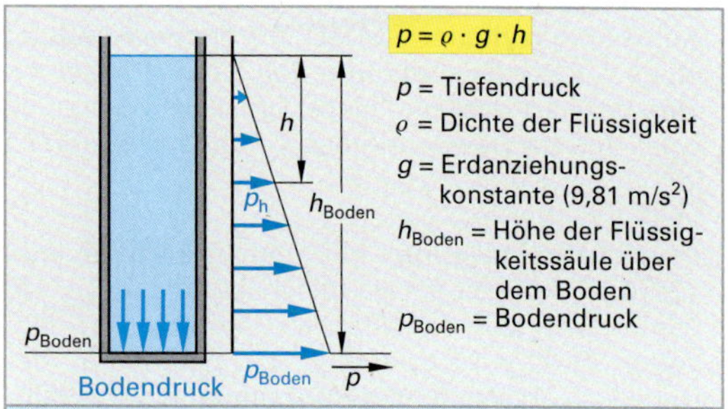

Bild 2: Tiefendruck und Bodendruck

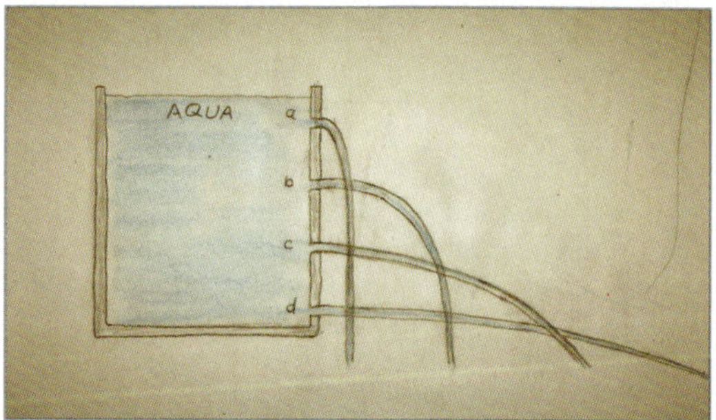

Bild 3: Versuch zum Tiefendruck nach *Leonardo da Vinci*

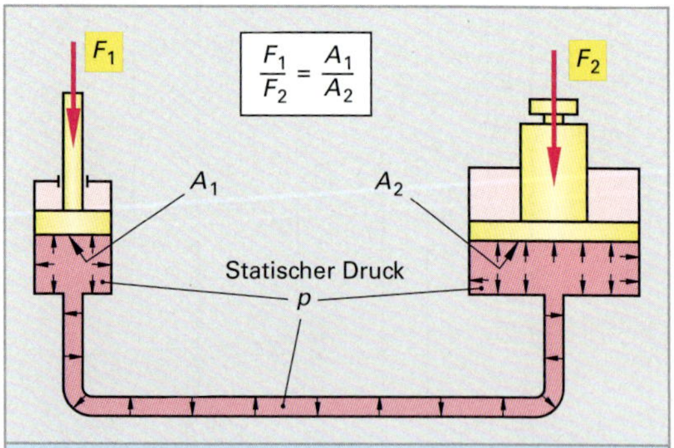

Bild 4: Druckausbreitung in eingeschlossenen Flüssigkeiten

[1] Hydraulik von griech. hydor = Wasser und aulos = Rohr
[2] Ein Paradoxon, Mehrzahl Paradoxa, ist ein scheinbarer oder unerwarteter Widerspruch; von griech. para = gegen und doxa = Meinung. *Blaise Pascal* (1623 bis 1662), Naturwissenschaftler, Mathematiker und Philosoph.

Druckübersetzung. In der Anwendung hat die Druckübersetzung eine hohe Bedeutung, so z.B. zur Erzeugung der Schließkraft bei Spritzgießmaschinen, bei Pressen zur Erzeugung der Endkraft, beim Innenhochdruckumformen, bei Berstprüfanlagen für Schläuche und Rohre. Druckübersetzer werden auch bei Medienwechsel, z.B. *Pneumatik – Hydraulik*, eingesetzt.

Druckübersetzer beruhen auf dem Prinzip, dass der Kolben unterschiedliche Flächen aufweist. Mit diesen Kolben kann man die Drücke vergrößern oder verkleinern.

In einem statischen System ist der Druck an jeder Stelle gleich groß. Es gilt:

$$p_1 = \frac{F_1}{A_1}$$

$$p_2 = \frac{F_2}{A_2}$$

p_1, p_2 Druck im System 1 bzw. 2
F_1, F_2 Kraft im System 1 bzw. 2
A_1, A_2 Kolbenfläche im System 1 bzw. 2

Bei gleicher Kraft **(Bild 1)** sind die Drücke im umgekehrten Verhältnis zu den Kolbenflächen. Es gilt:

$F_1 = p_1 \cdot A_1$ und $F_2 = p_2 \cdot A_2$ mit $F_1 = F_2 \Rightarrow$

$$p_2 = \frac{A_1}{A_2} \cdot p_1$$

p_2 Druck, ausgangsseitig
A_2 Kolbenfläche, ausgangsseitig
p_1 Druck, eingangsseitig
A_1 Kolbenfläche, eingangsseitig

Beispiel: Wagenheber
Mit einem hydraulischen Wagenheber soll die Kraft von $F_2 = 65$ kN aufgebracht werden **(Bild 2)**. Mit welcher Fußkraft F_f muss der Fußhebel des Wagenhebers beaufschlagt werden? Es werden keine Reibungsverluste berücksichtigt.

Lösung:
Hydraulik:

$$\frac{F_1}{F_2} = \frac{A_1}{A_2}; \frac{A_1}{A_2} = \frac{1}{144}; \quad F_1 = \frac{1}{144} \cdot F_2; \quad \mathbf{F_1 = 451{,}4\ N}$$

Hebelübersetzung:

$$F_f = \frac{1}{5} \cdot F_1; \quad \mathbf{F_f = 90{,}3\ N}$$

Übung: Druckübersetzung
Der Druckübersetzer in **Bild 3** hat ein Übersetzungsverhältnis von 1:4. Am Anschluss A wird so viel Öl zufließen, bis der Arbeitskolben in Position ist. Am Anschluss B wird dann der Druckübersetzer beaufschlagt. Er wird mit einem Primärdruck (an B) von 100 bar betrieben.

Welche Kraft kann der Arbeitskolben aufbringen, wenn er einen Kolbendurchmesser von $D = 100$ mm hat?

Lösung:

$$p_{sek} = 4 \cdot p_{prim} = 100 \text{ bar} \cdot 4 = 400 \text{ bar}$$

$$F = p \cdot A = 400 \frac{\text{N}}{\text{cm}^2} \cdot 78{,}5 \text{ cm}^2 = \mathbf{314\ kN}$$

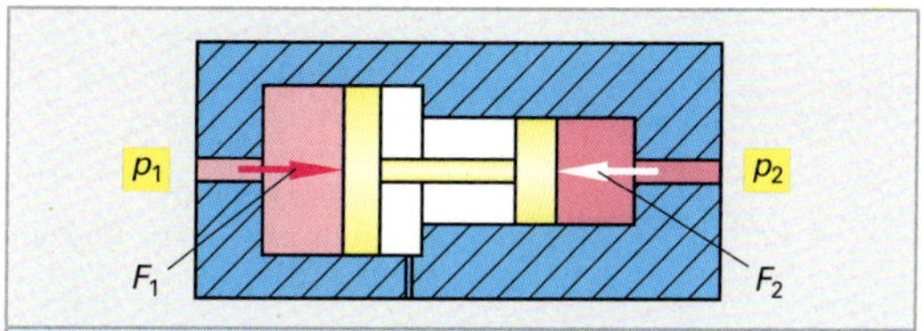

Bild 1: Prinzip der Druckübersetzung

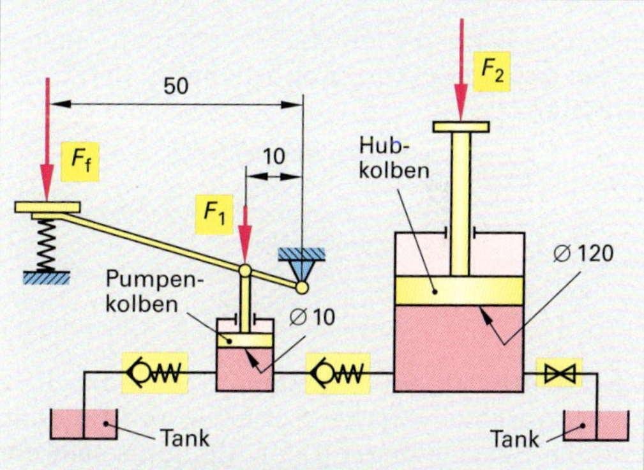

Bild 2: Hydraulischer Wagenheber

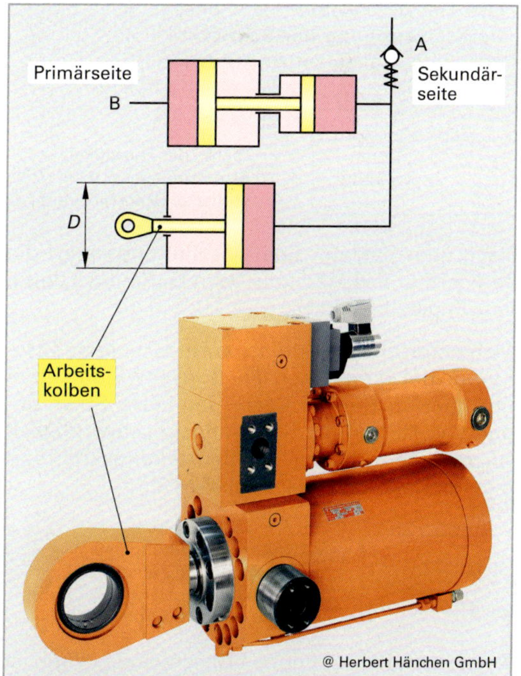

Bild 3: Druckübersetzer mit Arbeitskolben

6.2.2 Hydrodynamik

Flüssigkeiten strömen nur, wenn eine Druckdifferenz vorhanden ist. In einem geschlossenen System ist der Volumenstrom konstant.

$$Q = \frac{\Delta V}{\Delta t} = A \cdot \frac{\Delta l}{\Delta t}$$

$$Q = A \cdot v$$

Q Volumenstrom
ΔV Volumenelement
Δt Zeitabschnitt
A Querschnittsfläche
Δl Länge des Volumenelements
v Strömungsgeschwindigkeit

Die Flüssigkeit muss dort schneller fließen, wo der Querschnitt *A* kleiner ist **(Bild 1)**.

Die Geschwindigkeiten des Volumenstroms verhalten sich umgekehrt proportional zu den Querschnitten.

$Q_1 = v_1 \cdot A_1, \quad Q_2 = v_2 \cdot A_2$ mit $Q_1 = Q_2$

$$\frac{v_1}{v_2} = \frac{A_2}{A_1}$$

v_1 Strömungsgeschwindigkeit im Querschnitt 1
v_2 Strömungsgeschwindigkeit im Querschnitt 2
A_1 Querschnitt 1 A_2 Querschnitt 2

Verkleinert sich der Querschnitt, wird die Strömungsgeschwindigkeit größer. Durch Reibung und die Beschleunigung des Mediums fällt der Druck in den Engstellen ab.

Das Gesetz von *Bernoulli*[1] besagt, dass unter Vernachlässigung der Schwerkraft die Summe aus dem statischen und dynamischen Druck konstant ist.

$$\frac{1}{2}\varrho\, v^2 + p = \text{konst.}$$

ϱ Dichte der Flüssigkeit
v Strömungsgeschwindigkeit
p statische Druckdifferenz

Nach dem Satz der Energieerhaltung steigt die Temperatur des Mediums beim Durchfluss durch eine Engstelle (Bild 1).

Man unterscheidet laminare und turbulente Strömung. Bei langsamen Fließgeschwindigkeiten und glatten Rohren liegen laminare Strömungen vor. Nimmt die Strömungsgeschwindigkeit zu, wird sie turbulent. Als Beurteilungskriterium dient die Reynoldsche[2] Zahl **(Bild 2)**:

$$Re = \frac{v_m \cdot d}{\nu}$$

Re Reynoldsche Zahl
v_m mittlere Strömungsgeschw.
ν kinematische Zähigkeit
d Umströmungslänge (Bei Rohren ist d der Rohrdurchmesser)

Kavitation. Bei sehr hohen Geschwindigkeiten ist der Druckniedergang so groß, dass die Flüssigkeit aufreißt. Es bilden sich kleine Dampfblasen.

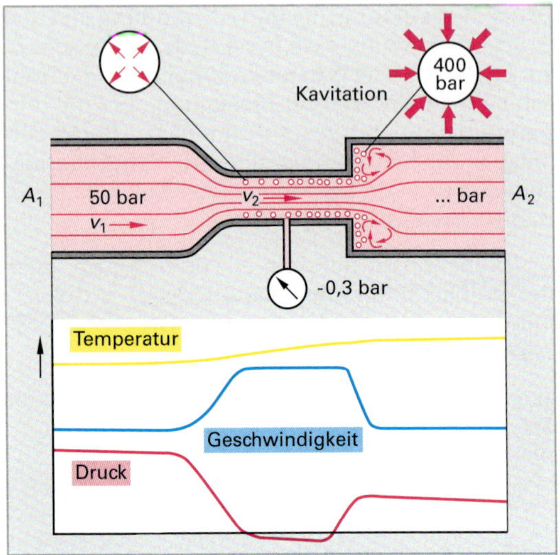

Bild 1: Volumenstrom bei einer Engstelle

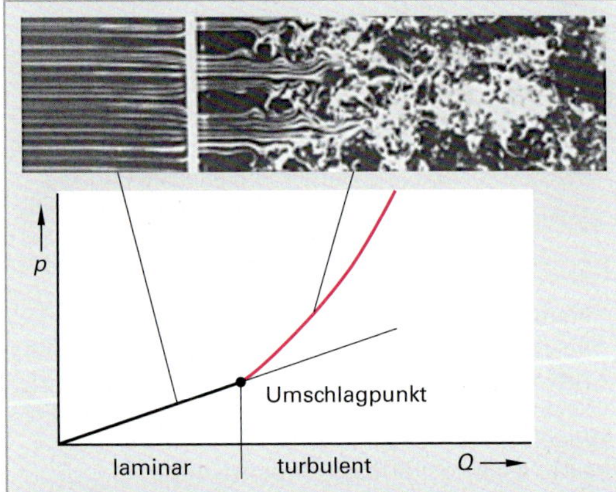

Bild 2: Laminare und turbulente Strömung

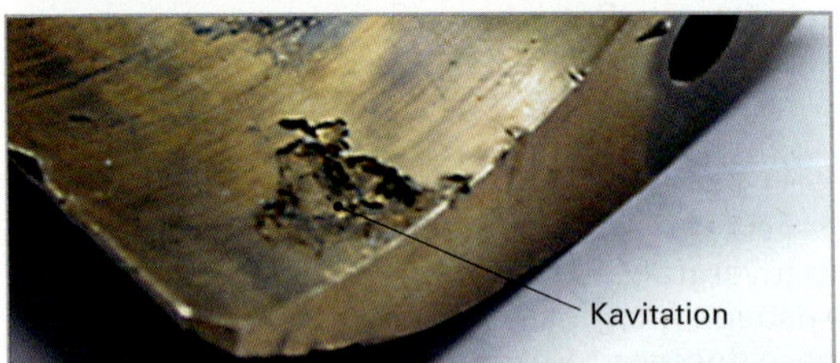

Bild 3: Kavitation an einer Innenzahnradpumpe

Diese wachsen schnell an, bis sie instabil werden und zusammenstürzen. Dies ruft an den angrenzenden Wänden eine Zerstörung (Kavitation[3]) hervor **(Bild 3)**.

[1] *Bernoulli, Daniel* (1700 bis 1782), Physiker, Prof. in Petersburg und Basel
[2] *Reynolds, Osborne* (1842-1912), engl. Physiker, stellte 1883 das nach ihm benannte hydrodynamische Ähnlichkeitsgesetz auf.
[3] Kavitation = Aushöhlung von lat. cavus = hohl

6.3 Hydraulikflüssigkeiten

Hydraulikflüssigkeiten haben die Aufgabe, die hydraulische Energie zu übertragen.

Anforderungen an Hydrauliköle:

- Schmieren der beweglichen Teile im Ölkreislauf, Reibungsverminderung
- Korrosionsschutz
- Wärmeabfuhr aus den Arbeitsaggregaten
- Schutz vor Ablagerungen und Verklebungen
- Hohe Alterungsbeständigkeit
- Verträglichkeit mit Dichtungen
- Optimales Luftabscheidevermögen

In den meisten Fällen werden Mineralöle verwendet.

- **HL-Hydrauliköle** enthalten Additive zur Erhöhung der Alterungsbeständigkeit und des Korrosionsschutzes.
- **HV-Hydrauliköle** besitzen zusätzlich Wirkstoffe zur Verbesserung des Viskositäts-Temperatur-Verhaltens. Sie sind besonders bei Einsätzen mit stark wechselnden Temperaturen (Mobilhydraulik) geeignet.

Daneben gibt es schwer entflammbare Öle (HF-Hydrauliköle) sowie synthetische Hydrauliköle für spezielle Einsatzbereiche.

Viskosität

Eine wichtige Eigenschaft ist die Zähflüssigkeit (Viskosität). Sie ist ein Maß für die innere Reibung. Von ihr hängt die Dynamik und der Wirkungsgrad des Hydrauliksystems ab. Das Diagramm **(Bild 1)** zeigt den Zusammenhang zwischen Viskosität, Temperatur und Druck eines typischen Hydrauliköls. Mit zunehmender Temperatur nimmt die Viskosität ab, mit zunehmendem Druck zu.

Damit Hydraulikanlagen gleichbleibende Eigenschaften im Betriebsverlauf behalten, ist häufig eine Regelung auf konstante Öltemperatur notwendig und macht so Kühlaggregate erforderlich.

Volumenverhalten

Bei einem Temperaturanstieg kommt es zur Volumenvergrößerung des Öls. Bei 10 °C Temperaturanstieg nimmt das Volumen um ca. 0,65 % zu. In geschlossenen Systemen können Druckerhöhungen entstehen. Bei Druckanstieg verringert sich das Volumen des Öls. In **Bild 2** wird dies gezeigt. Diese Eigenschaft kann zu federndem Verhalten und somit zu Schwingungen von Hydrauliksystemen führen.

Beispiel (Bild 3):
Ein Ölvolumen von $V = 100$ l wird mit einem Druck von 100 bar beaufschlagt und von 10 °C auf 20 °C erwärmt.

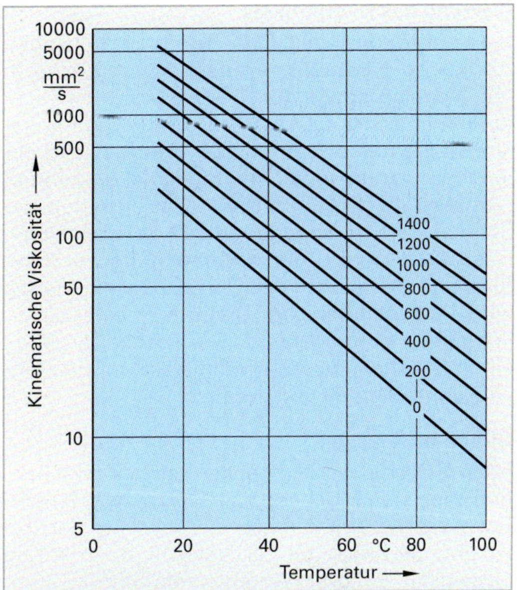

Bild 1: Viskositäts-Temperatur-Druckverhalten

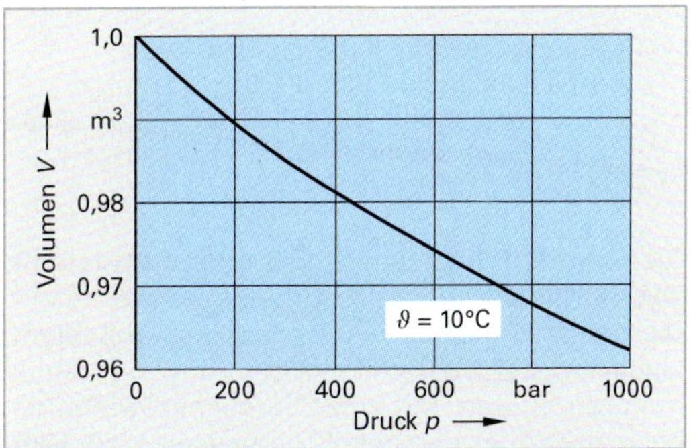

Bild 2: Volumen-Druck-Kurve eines Hydrauliköls

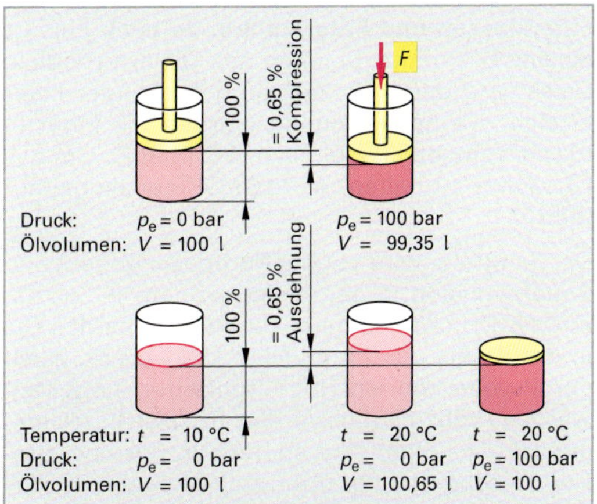

Bild 3: Druck- und Temperatureinfluss auf die Hydraulikflüssigkeit

Wartung des Hydrauliköls

Verschmutzung des Öls. Durch metallischen Abrieb an Hydraulikpumpen, Hydraulikmotoren, Ventilen sowie durch Abrieb an den Dichtungen und Schmutzreste aus der Fertigung gelangen Fremdstoffe in das Öl. Um den Grad der Verschmutzung eines Hydrauliköls zu definieren, wird die Größe und die Konzentration der Schmutzpartikel angegeben. Mit Partikelzählgeräten **(Bild 1)** wird die Untersuchung durchgeführt und die Reinheit des Öls festgestellt. Hierbei wird ein kontinuierlicher Ölstrom an einer Laserlichtquelle vorbeigeleitet. Die Partikel ergeben einen Schatten, dieser wird in elektronische Signale umgewandelt und gezählt.

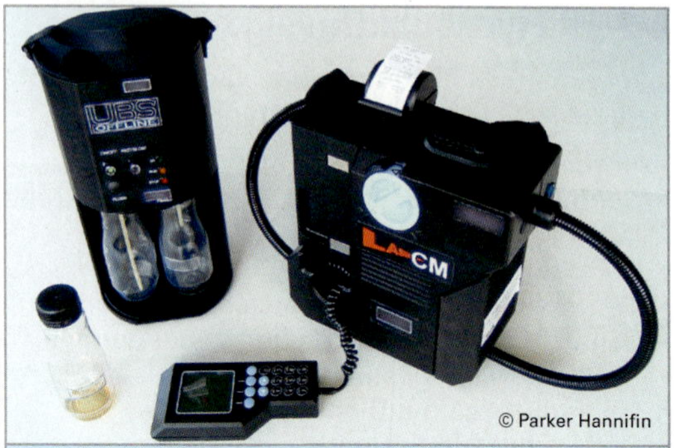

Bild 1: Geräte zur Partikelzählung

Ölreinheitsklassen

Nach ISO 4406 werden bei der Reinheit zwei bzw. drei Werte angegeben: z.B. 14/11 bzw. 17/14/11. Bei zwei Werten gilt der 1. Wert für Partikel > 5 µm, der zweite für Partikel > 15 µm in 100 ml Flüssigkeit. Bei drei Werten ist die Stufung 2 µm – 5 µm – 15 µm. Die Werte sind in **Tabelle 1** dargestellt.

Tabelle 1: Ölreinheitsklassen (ISO 4406)

Partikel			Partikel		
von	bis	Code	von	bis	Code
500	1000	10	32000	64000	16
1000	2000	11	64000	130000	17
2000	4000	12	130000	25000	18
4000	8000	13	250000	500000	19
8000	16000	14	500000	1000000	20
16000	32000	15	1000000	2000000	21

> **Beispiel:** Feststellung der Reinheitsklasse (Anzahl der Partikel in 100 ml Öl):
> 82000 Partikel > 2 µm, 10500 Partikel > 5 µm, 1200 Partikel > 15 µm, entspricht nach Tabelle der Reinheitsklasse 17/14/11.

Die Schmierfähigkeit des Öls nimmt im laufenden Betrieb ab, sodass erhöhte Reibung entsteht. Dies kann zu Schäden im hydraulischen System, vor allem bei Hydraulikpumpen und Hydraulikmotoren, führen. Mit einer Versuchseinrichtung, bei welcher der Verschleiß gemessen wird, kann die Schmierfähigkeit festgestellt werden (Test nach DIN 51374-1).

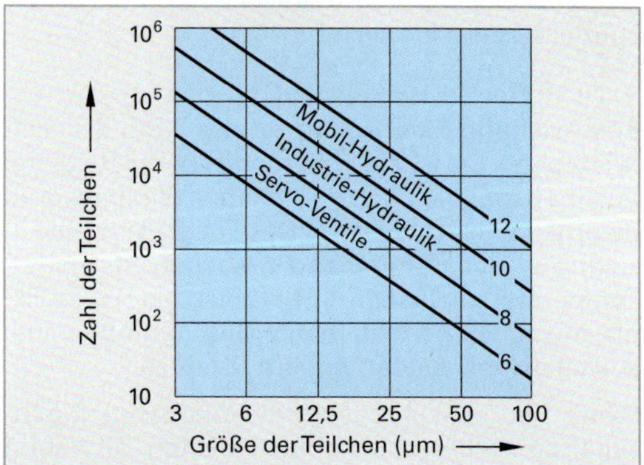

Bild 2: Filterklassen

Filterklassen und Filtereinbau. Je nach Einsatz ist eine bestimmte Reinheit des Öls erforderlich. Diese wird durch Verwendung passender Filter erreicht. Je nach Reinheit werden die Filter in Klassen eingeteilt, z.B. nach ISO **(Bild 2)**. Um das Öl sauber zu halten, werden Ölfilter eingebaut **(Bild 3)**.

Der Saugfilter wird vor der Pumpe eingebaut. Saugfilter sind in der Regel gröbere Filter, damit der Druckabfall beim Durchströmen des Öls in der Saugleitung möglichst klein bleibt. Nach der Pumpe können Hochdruckfilter eingebaut werden. Sehr häufig werden Rücklauffilter eingebaut. Alle Filter sind so gebaut, dass bei großer Verschmutzung, über eine Umgehung, das Öl ohne Filterung passieren kann. In diesem Fall wird häufig über einen elektrischen Kontakt angezeigt, dass der Filter getauscht werden muss.

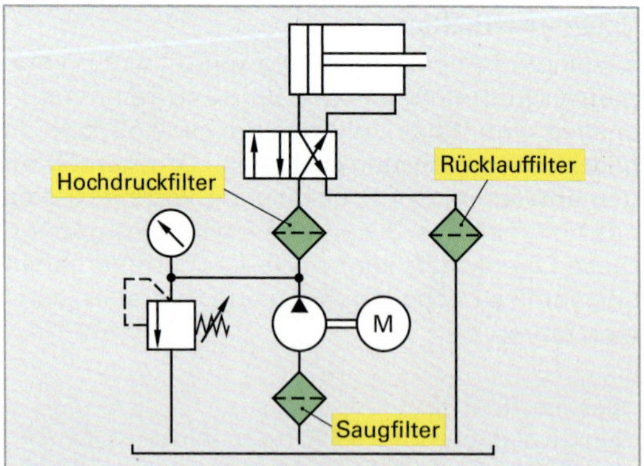

Bild 3: Filter im hydraulischen Kreislauf

6.4 Aufbau hydraulischer Steuerungen

Grundlage jeder Hydraulikanlage ist der hydraulische Kreislauf **(Bild 1)**. Er beginnt mit dem Ansaugen des Hydrauliköls aus dem Tank, es folgt die Volumenstromerzeugung mit einer Pumpe. Wenn dem Volumenstrom ein Widerstand entgegengesetzt wird, entsteht Druck. Wenn der Druck zu groß wird, dann wird der Volumenstrom über ein **Druckbegrenzungsventil** in den Tank abgeleitet. Wenn dies nicht der Fall ist, strömt das Öl über Ventile zum Aktor (Zylinder oder Motor). Nach Verrichtung der Arbeitsaufgabe strömt das Öl wieder in den Tank zurück.

Bild 2 zeigt den Kreislauf mit einem Druckdiagramm am Beispiel einer *Primärsteuerung*. Alle im Kreislauf befindlichen Bauelemente stellen Widerstände dar, welche bei fließendem Öl die Druckenergie in Wärmeenergie bzw. in mechanische Energie (Zylinder oder Motor) umsetzen, sodass das Öl drucklos in den Tank zurückfließt. Die Bauelemente haben ein ähnliches Verhalten wie die Widerstände in der Elektrotechnik. Der Hauptteil der Energie steht als kinetische Energie oder potenzielle Energie für die Arbeitsaufgabe zur Verfügung.

Die **Wegeventile** übernehmen die Umsteuerung des hydraulischen Volumenstroms. Das Schalten erfolgt mechanisch oder elektrisch.

Die **Stromventile** sind im Prinzip *Engstellen*, welche einen Teil der hydraulischen Energie in Wärme umwandeln. Sie werden zur Geschwindigkeitssteuerung eingesetzt.

In **Zylindern** oder **Hydraulikmotoren** wird die hydraulische Energie in mechanische Energie umgewandelt.

Der Rücklauf-**Ölfilter** reinigt das Öl, bevor es drucklos in den Tank zurückfließt.

Hydraulikstation

Es werden oft die Hydraulikstationen **(Bild 3)** als komplette standardisierte Einheiten angeboten, sodass diese Einheiten einfach an eine Maschine angebaut werden können. Ein Elektromotor wird über eine Kupplung mit der Hydraulikpumpe verbunden. Das Öl wird über eine möglichst kurze Saugleitung angesaugt.

Um wenig Unterdruck in der Saugleitung zu erhalten, hat diese einen großen Durchmesser. Sie muss dicht sein, damit keine Luft mit angesaugt wird. Das Schwallblech im Tank soll das Öl beruhigen, sodass es möglichst wenig Luft aufnimmt. Der Luftfilter in der Einfüllanlage muss die Luft staubfrei halten, denn bei jedem Ausfahren des Kolbens wird dem Kolbenvolumen entsprechend Luft in den Tank nachströmen.

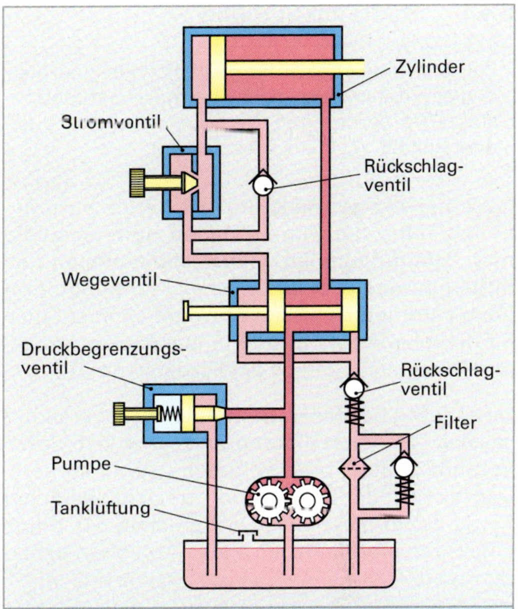

Bild 1: Prinzip einer Primärsteuerung

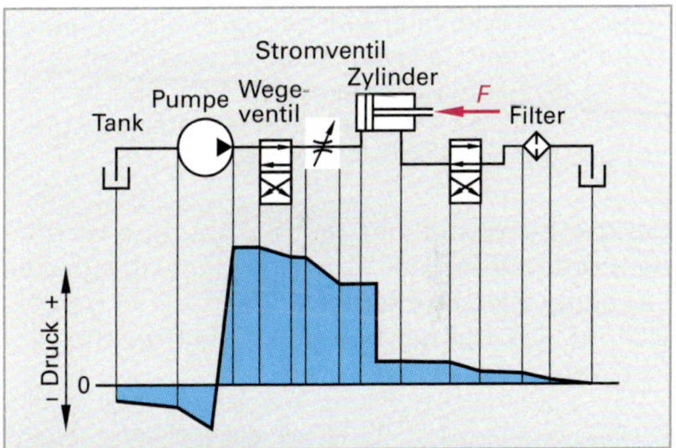

Bild 2: Druckverlauf bei einer Primärsteuerung

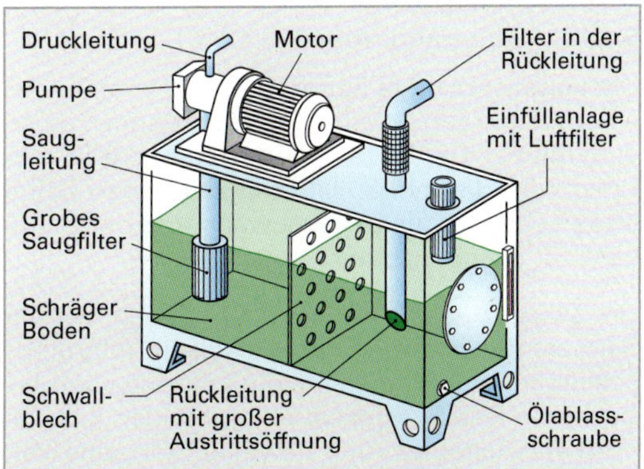

Bild 3: Aufbau einer Hydraulikstation

6.4.1 Hydraulikpumpen

Pumpen übertragen die mechanische Energie in die Hydraulikflüssigkeit. Dies geschieht durch ständiges Verdrängen der Druckflüssigkeit aus der Saugleitung in die Druckleitung.

Nach der Art der Bauteile, welche die Verdrängungsräume der Pumpe bilden, unterscheidet man **Zahnradpumpen, Flügelzellenpumpen** und **Kolbenpumpen**. Das bei einer Pumpenumdrehung verdrängte Flüssigkeitsvolumen nennt man **Fördervolumen V**. Mit der Pumpendrehzahl multipliziert, entsteht daraus der **Förderstrom Q**.

Dieser kann bei **Konstantpumpen** nicht verändert werden. Bei **Verstellpumpen** lässt er sich durch Verändern des Fördervolumens stetig steuern. Der Druck in der Druckleitung entsteht, wenn der Förderstrom durch einen Widerstand, z. B. durch eine Rohrverengung, am freien Abfließen gehindert wird.

Die Abhängigkeit des Förderstroms zeigt die Pumpenkennlinie **(Bild 1)**. Diese wird bei konstanter Drehzahl aufgenommen, wobei die Pumpe gegen den Widerstand eines Druckbegrenzungsventils in den Tank fördert. Mit zunehmendem Druck erreicht die Pumpe schließlich die Grenze der Belastbarkeit, die Leckverluste steigen stark an und der Förderstrom sinkt ab.

Bei der Auswahl einer Hydraulikpumpe werden der Förderstrom, der zulässige Höchstdruck, die Lärmentwicklung und der Wirkungsgrad berücksichtigt. Die von der Pumpe an die Druckflüssigkeit abgegebene Leistung ist:

$$P_{ab} = p \cdot Q \cdot \eta$$

P_{ab} abgegebene Leistung
p Druck
Q Förderstrom
η Wirkungsgrad

6.4.1.1 Zahnradpumpen

Die außenverzahnte Zahnradpumpe besteht aus einem Zahnradpaar, von dem eines angetrieben wird **(Bild 2)**. Durch die Drehbewegung der Zahnräder wird die Hydraulikflüssigkeit in den Zahnlücken entlang der Gehäusewand von der Saugseite zur Druckseite verdrängt.

Die Zähne, die sich im Eingriff befinden, verhindern ein Rückströmen der Flüssigkeit. Allerdings schließen dabei die Zähne die Lücken schon ab, bevor die Restflüssigkeit völlig aus den Zahnlücken entwichen ist, und bewirken dort eine Verdichtung, die einen harten, geräuschvollen Lauf verursacht.

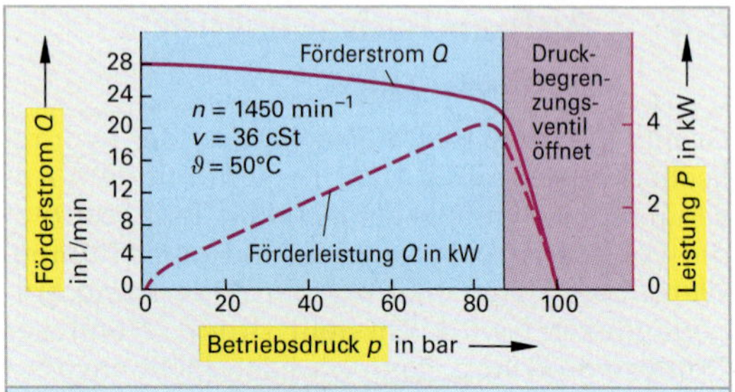

Bild 1: Pumpenkennlinie

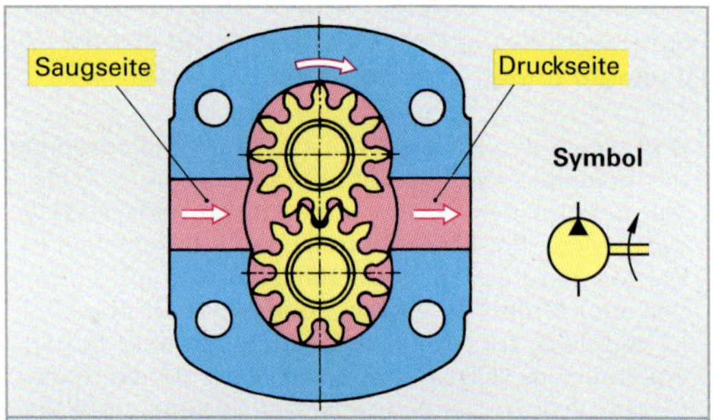

Bild 2: Außenverzahnte Zahnradpumpe

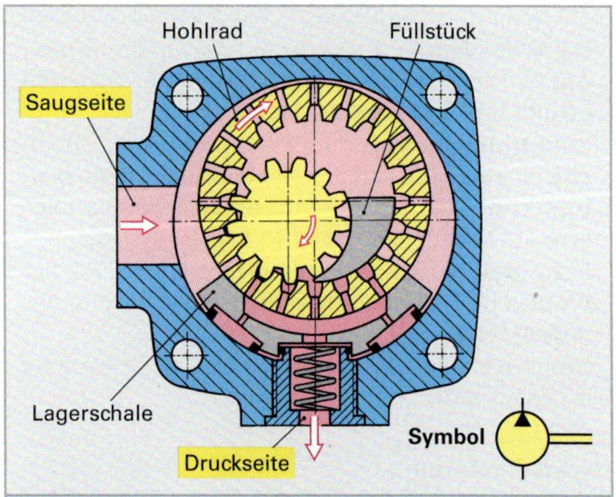

Bild 3: Innenverzahnte Zahnradpumpe

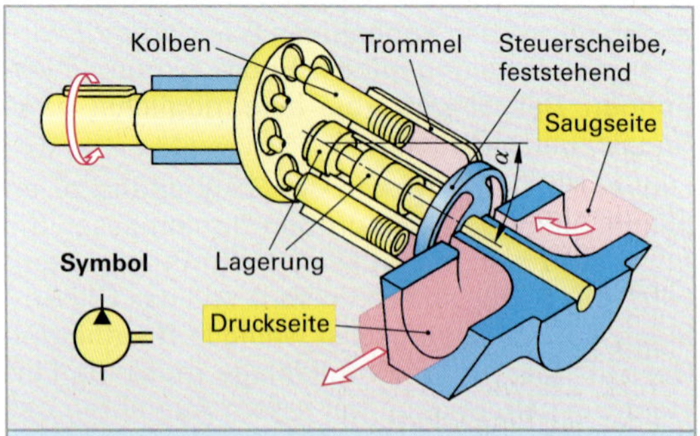

Bild 4: Axialkolbenpumpe mit Schrägachse

Bei der **innenverzahnten Zahnradpumpe** treibt ein Ritzel ein an den Zahnlücken durchbohrtes Hohlrad an **(Bild 3, Seite 152)**. Das Hohlrad wird durch ein Füllstück und eine Lagerschale gehalten. Die Druckflüssigkeit strömt durch die Zahnlücken zwischen Füllstück und Ritzel bzw. Füllstück und Hohlrad von der Saugseite zur Druckseite. Wegen der großen Eingriffslänge der Zahnräder und wegen des flankenspielfreien Laufs ist die Geräuschentwicklung der Pumpe gering.

6.4.1.2 Kolbenpumpen

Axialkolbenpumpen gibt es als Schrägachsenpumpe **(Bild 4, Seite 152)** und als Schrägscheibenpumpe **(Bild 1)**. Die Kolben stützen sich in Kugelpfannenlagern axial ab und nehmen die Trommel radial mit.

Eigenschaften von Axialkolbenpumpen:
- selbstansaugend und leicht anfahrbar,
- schmutzunempfindlich,
- für wechselnde Druckbelastung geeignet,
- neigen beim Beschleunigen und Verzögern zu Schwingungen,
- lassen sich nicht schnell verstellen.

Bei der **innenabgestützten Radialkolbenpumpe** bestimmt eine Exzenterwelle den Bewegungsablauf der Kolben **(Bild 2)**. Die Steuerung des Saug- und Drucköls über selbsttätige Rückschlagventile (Außenbeaufschlagung) hat den Vorteil, dass die Pumpe aus getrennt wirkenden Einzelpumpen zusammengesetzt werden kann. Dadurch lässt sich durch Zu- und Abschalten der Pumpenelemente der Förderstrom stufenweise verstellen. Die Anordnung der Kolben erfolgt in Sternform oder in Reihe **(Bild 3)** oder auch kombiniert.

6.4.1.3 Flügelzellenpumpe

Bei der **verstellbaren Flügelzellenpumpe** kann das Fördervolumen verändert werden **(Bild 4)**. Die Flügel gleiten auf der Innenseite eines Kreisringes, der exzentrisch verschoben werden kann. Im gleichen Verhältnis mit der Verschiebung des Kreisrings ändert sich auch der Förderstrom.

Der Druck wir selbsttätig geregelt: Zunächst drückt die Feder den Ring in eine exzentrische Lage. Die Pumpe fördert den größtmöglichen Förderstrom und füllt die angeschlossene Anlage mit Hydrauliköl, bis sich ein Druck aufbaut. Dieser steigende Druck presst den Ring gegen die Feder und beseitigt die Exzentrizität. Der Förderstrom wird null (Nullhubpumpe). Sinkt der Arbeitsdruck, z.B. weil ein Zylinder ausfährt, drückt die Feder den Ring wieder in eine exzentrische Lage und der Förderstrom setzt erneut ein.

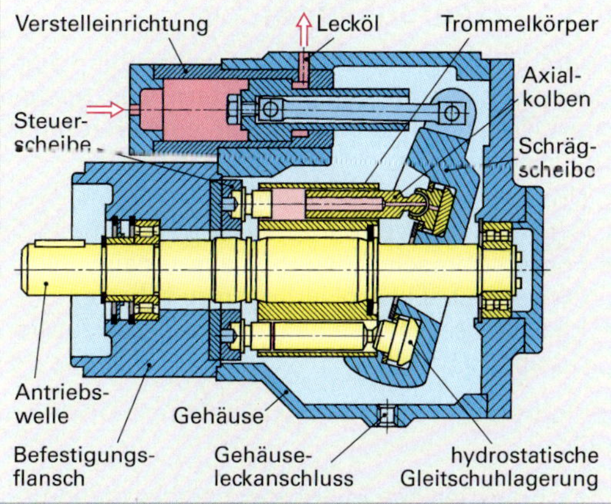

Bild 1: Axialkolbenpumpe mit Schrägscheibe

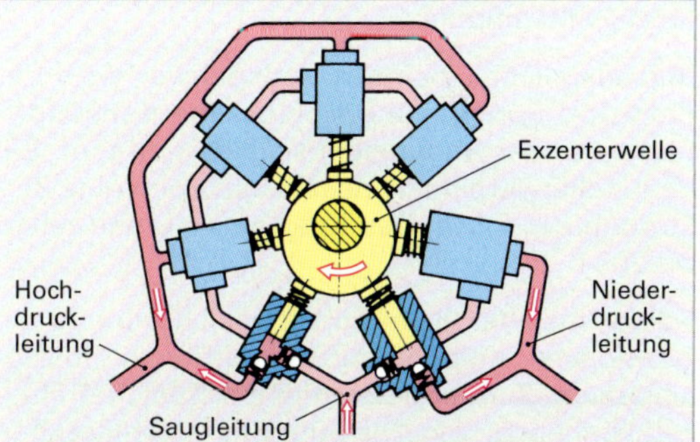

Bild 2: Innenabgestützte Radialkolbenpumpe

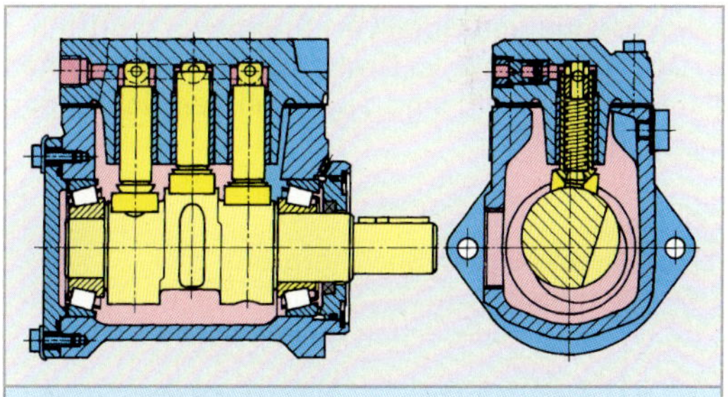

Bild 3: Reihenbauweise einer Radialkolbenpumpe

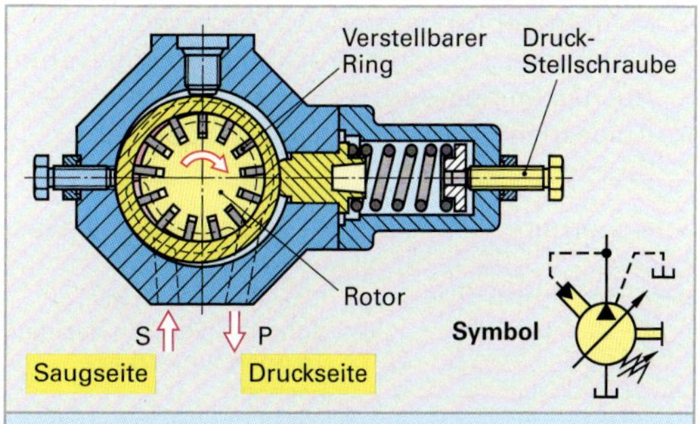

Bild 4: Verstellbare Flügelzellenpumpe

6.5 Hydraulikspeicher

Hydraulikenergie wird in der Regel mithilfe eines Gasspeichers mit komprimiertem Gas gespeichert. Die wichtigsten Aufgaben eines Hydraulikspeichers sind:

- Druckenergie zu speichern,
- Schwingungen zu dämpfen,
- Förderstromschwankungen auszugleichen,
- Ölreserve bei Leckölverlusten zu schaffen,
- Energiereserve für eine Notbetätigung zur Verfügung zu halten.

Es gibt unterschiedliche Speicherbauweisen **(Bild 1)**.

Membranspeicher. Membranspeicher dienen zur Speicherung kleiner Volumen zwischen 0,1 l bis 4 l und besitzen eine zur Gasseite offene, halbkugelförmige Membrane.

Blasenspeicher. Beim Blasenspeicher wird der Stickstoff durch eine geschlossene Kunststoffblase von der Hydraulikflüssigkeit getrennt. Ein Ventilteller verhindert beim Ausfließen eine Zerstörung der Blase. Das Speichervolumen reicht bis 200 l.

Kolbenspeicher. Beim Kolbenspeicher trennt ein beweglicher Kolben den Gasraum vom Flüssigkeitsraum. Zur Vergrößerung der Speicherfähigkeit können an den Gasraum Stickstoff-Flaschen angeschlossen werden.

Hydraulikspeicher unterliegen den am Aufstellungsort gültigen Unfallverhütungsvorschriften. In Deutschland gilt: Ist Druck [bar] x Nennvolumen [Liter] > 200, dann sind Sicherheitseinrichtungen vorzusehen.

Beispiel:
Max. Druck 150 bar, Speichergröße 2,8 l
Wert = 150 x 2,8 = 420.
Es sind Sicherheitseinrichtungen notwendig.

Bild 2 zeigt eine Schaltung für eine Spannvorrichtung mit Sicherheitseinrichtung:

1. Manometer für permanente Anzeige,
2. Baumustergeprüftes Druckbegrenzungsventil,
3. Absperreinrichtung,
4. Ablasshahn zum Entlasten des Speicherdruckes.

Speicherberechnung. Es gilt das allgemeine Gasgesetz:

$$\frac{p_0 \cdot V_0}{T_0} = \frac{p_1 \cdot V_1}{T_1}$$

p_0, p_1 Druck, vorher – nachher
V_0, V_1 Volumen, vorher – nachher
T_0, T_1 Temperatur, vorher – nachher

Der ungünstige Fall, dass die Volumenänderung so schnell vonstatten geht, dass kein Wärmeaustausch stattfindet (adiabatische[1] Zustandsänderung), wird häufig als Berechnungsgrundlage verwendet.

Bild 3 zeigt die drei Zustände eines Speichers:
leer: Druck p_0 und Volumen V_0 (Nennvolumen)
vorgefüllt: Druck p_1 und Volumen V_1
max. gefüllt: Druck p_2 und Volumen V_2

Für die überschlägige Berechnung kann man verwenden: Vorfülldruck p_0 etwa $0{,}9 \cdot p_1$; Speichergröße etwa 2 · benötigtes Ölvolumen

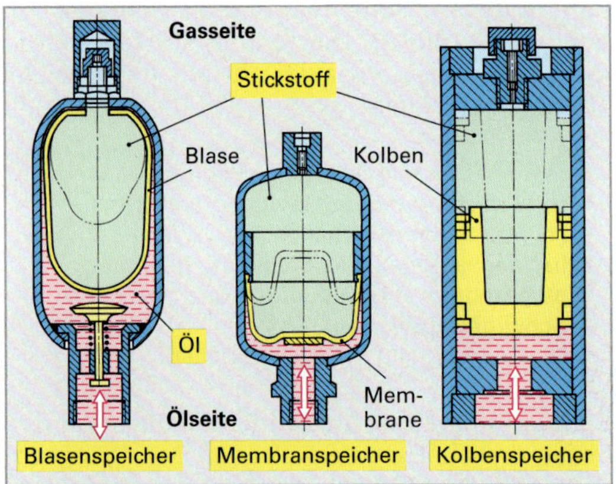

Bild 1: Hydraulikspeicher

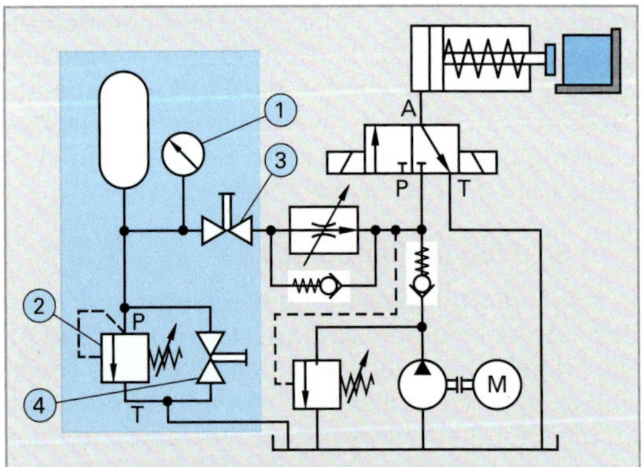

Bild 2: Beschaltung eines Speichers

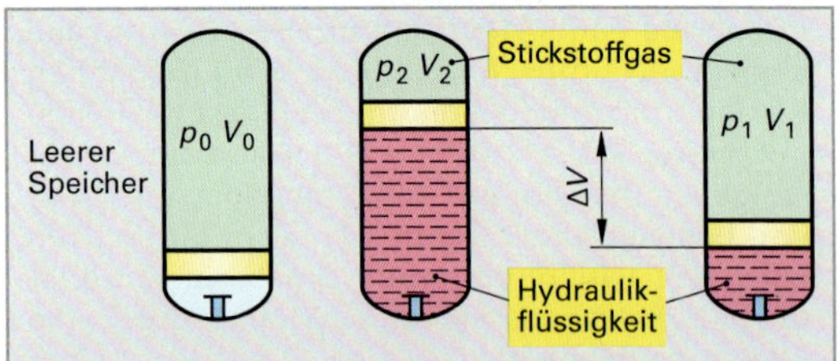

Bild 3: Speichergröße V_0 und Nutzvolumen ΔV

[1] adiabatisch = nicht hindurchtretend, von griech. diabainein = hindurchtreten

Bild 1 zeigt eine Blasenspeichereinheit, bestehend aus Blasenspeicher, angebautem Sicherheitsblock mit Absperrventil und Entlastungsventil. Diese Einheit kann so direkt an Maschinen angebaut werden.

Beispiel 1: Berechnung eines Speichers
Für eine Eilgangsteuerung ist ein Druck von mindestens 60 bar notwendig. Für einen Arbeitsgang werden 1,5 l Öl aus dem Speicher benötigt.

1. **Überschlägige Berechnung der Speichergröße**
   Nennvolumen = 2 · 1,5 l = 3,0 l
   Es wird ein Standardspeicher mit Nennvolumen 4 l gewählt.
2. **Vorfülldruck**
   Vorfülldruck = 0,9 · Mindestdruck
   Vorfülldruck = 0,9 · 60 bar = 54 bar
3. **Maximaler Druck**
   Aus dem Nomogramm **(Bild 2)** kann der maximale Druck abgelesen werden. Verfolgen Sie hierzu die Linien 1, 2, 3, 4, 5 im Nomogramm.
   Abgelesen max. Druck p_2 = 140 bar.

Ergebnis: Das System muss zu Beginn des Arbeitsgangs p_2 = 140 bar haben, um nach der Entnahme von 1 l Öl noch p_2 = 60 bar zu besitzen.

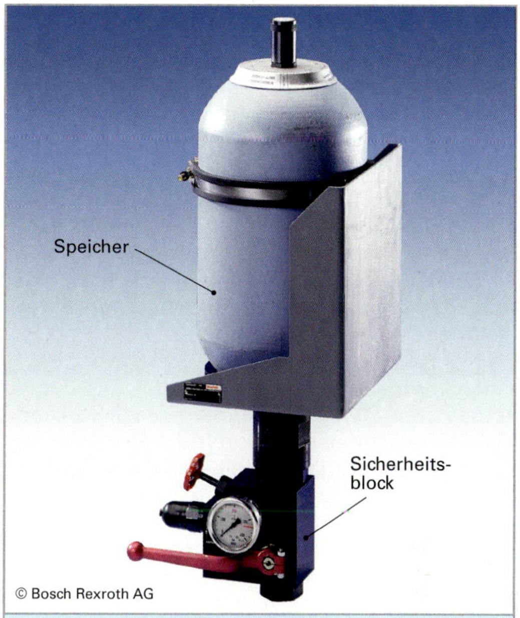

Bild 1: Blasenspeicher

Übung:
Berechnen Sie den maximalen Druck, wenn für **Beispiel 1** ein Speicher mit dem Nennvolumen 10 l verwendet werden würde. Begründen Sie die Auswirkung des größeren Speichers. Bewerten Sie das Ergebnis.

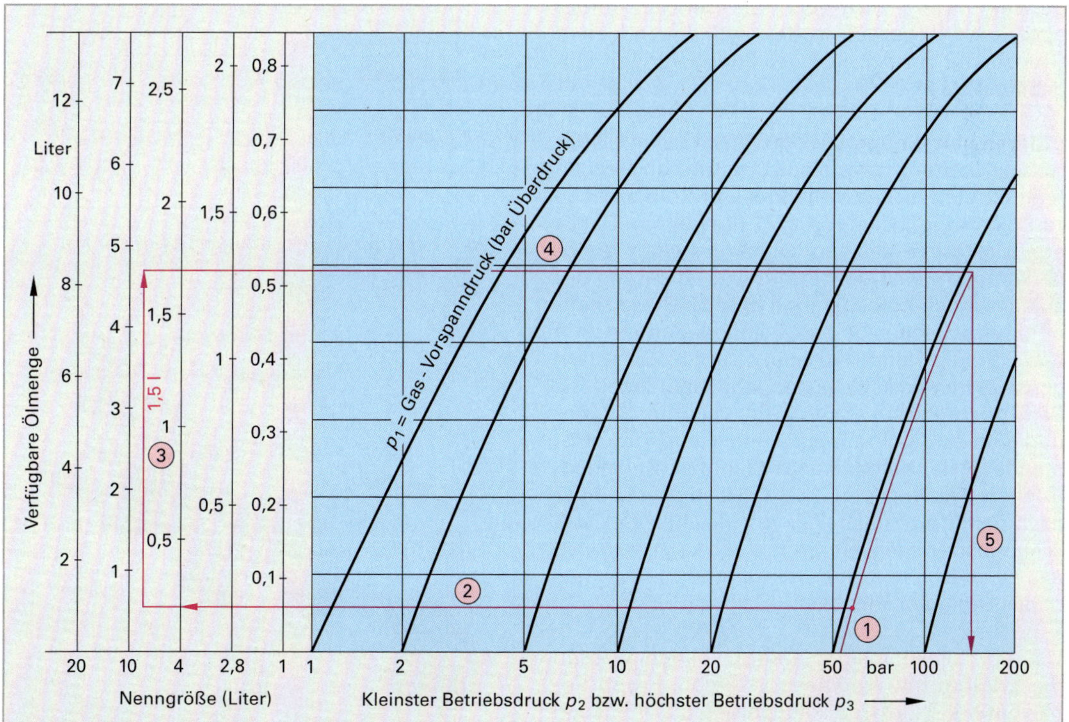

Bild 2: Druck-Volumen-Kennlinie (Adiabate)

6.6 Antriebselemente

Zu den Antriebselementen gehören Zylinder und Hydraulikmotoren. Diese setzen die hydraulische Energie in mechanische Energie um.

6.6.1 Hydraulikzylinder

Bild 1 zeigt mehrere Bauarten von Zylindern. Am häufigsten wird der doppelt wirkende Zylinder eingesetzt. Diese Zylinder werden mit einseitiger oder mit doppeltseitiger Kolbenstange hergestellt.

Einfach wirkende Hydraulikzylinder. Der *Tauchkolben* oder *Plunger* genannte einfach wirkende Zylinder wird einseitig durch die Druckflüssigkeit beaufschlagt und durch einen äußere Kraft, z. B. durch das Eigengewicht, zurückgestellt. Um die Steifigkeit der Kolbenstange zu erhöhen, ist ihr Querschnitt über die gesamte Stangenlänge gleich dem von der Druckflüssigkeit beaufschlagten Kolbenquerschnitt. Vorteilhaft sind der einfache Aufbau und die gute Abdichtung, da nur eine Seite mit Flüssigkeit beaufschlagt ist.

Doppelt wirkende Hydraulikzylinder. Diese werden mit einseitiger Kolbenstange oder mit zweiseitiger Kolbenstange ausgeführt. Die einseitige Ausführung wird auch Differenzialzylinder genannt. Oft werden in den Zylinder induktive Grenztaster zur Anzeige der Endpositionen eingebaut **(Bild 2)**.

Differenzialzylinder. Für den Einsatz einer Differenzialschaltung bzw. einer Umströmungsschaltung ist ein Flächenverhältnis von Kolbenfläche zu Kolbenringfläche von 2 : 1 notwendig. Damit ergibt sich bei gleichem Druck in beiden Zylinderkammern eine größere Kraft in Richtung der ausfahrenden Kolbenstange **(Bild 3)**. Diese Kraftdifferenz zwischen beiden Zylinderkammern wird dazu benutzt, das Hydrauliköl der Kolbenstangenseite im Kurzschluss der gegenüberliegenden Seite zuzuführen. Dadurch fließt in diese Zylinderkammer das Pumpenöl und das zurückströmende Öl der Kolbenstangenkammer. Bei einem Flächenverhältnis von 2 : 1 fährt so der Zylinder nach rechts und nach links mit gleichgroßer Vorschubgeschwindigkeit. Gedanklich kann man sich das Öl zwischen Kolbenstange und Zylinder als reines Umlauföl vorstellen.

Um den Kolben positionieren zu können, werden die Zylinder mit Wegmesssystemen, Proportionalventil und Elektronik ausgerüstet. Somit kann die Einheit direkt an eine SPS angeschlossen werden **(Bild 4)**.

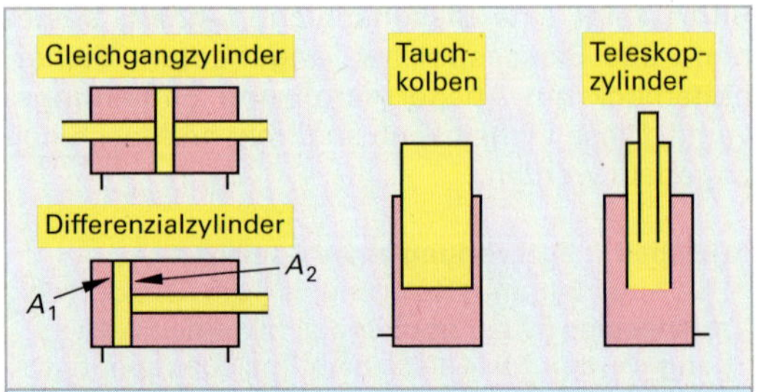

Bild 1: Zylinderarten

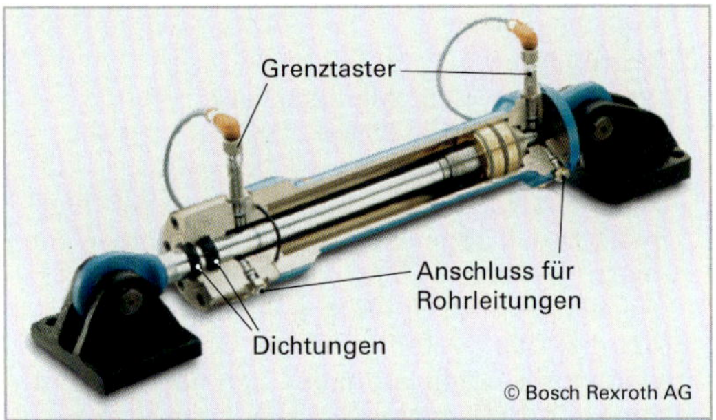

Bild 2: Doppelt wirkender Zylinder

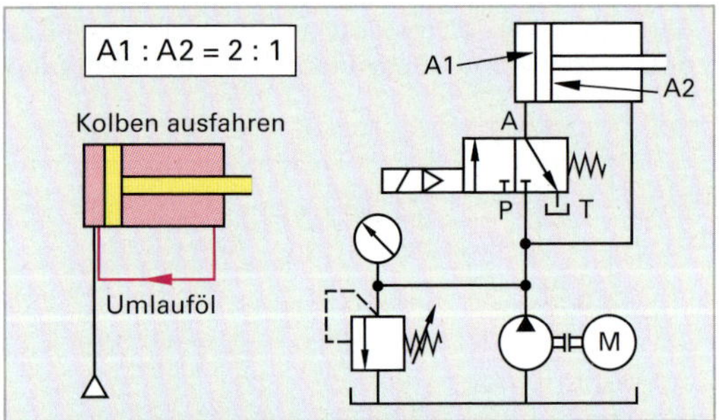

Bild 3: Umströmungsschaltung mit Differenzialzylinder

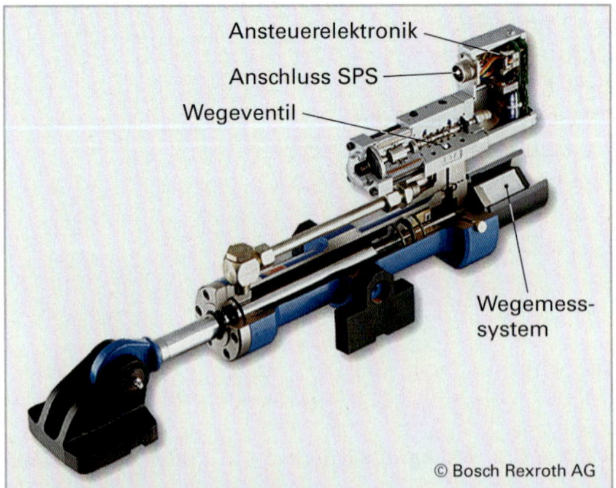

Bild 4: Positionierzylinder

6.6.2 Hydraulikmotoren

Vom Energiefluss aus betrachtet sind Hydraulikmotoren die Umkehrung der Pumpen. Sie wandeln die hydraulische Energie in mechanische Energie um.

Die Leistung des Motors berechnet sich aus:

$$P_{ab} = \frac{\Delta P \cdot Q \cdot \eta_{ges}}{600}$$

P_{ab} Abtriebsleistung des Motors in kW
ΔP Druckdifferenz in bar
Q = Volumenstrom in l/min
η_{es} = Gesamtwirkungsgrad

Beispiel:
In einem hydraulischen System steht ein Volumenstrom von $Q = 20$ l/min bei einem max. Druck von p = 120 bar. Der Gesamtwirkungsgrad des Motors ist $\eta_{ges} = 0{,}85$. Welche max. Leistung kann der Motor abgeben?

Lösung:

$$P_{ab} = \frac{120 \cdot 20 \cdot 0{,}85}{600} = \mathbf{3{,}4\ kW}$$

Schwenkmotoren. Schwenkmotoren werden für Drehbewegungen in einem Bereich von 50° bis 360° eingesetzt. Sie können trotz ihrer kompakten Bauart große Drehmomente übertragen. Man unterscheidet Flügelzellen-, Drehkolben- und Schubkolben-Schwenkmotoren **(Bild 1).** Schwenkmotoren werden zum Schließen und Öffnen von Ventilen, für Transportbewegungen und für Spannvorgänge eingesetzt.

Schnellläufer. Bei **Flügelzellenmotoren (Bild 2)** mit vier Druckkammern, die sich paarweise gegenüberliegen, kann der Schluckstrom stufenweise zugeführt werden. Mit dem angebauten Wegeventil werden die Kammern 1 oder die etwas größeren Kammern 2 oder alle Kammern gemeinsam zugeschaltet. Auf diese Weise lässt sich das Motordrehmoment stufenweise der Belastung anpassen. Vorteilhaft wirken sich bei den Flügelzellenmotoren der gleichförmige, geräuscharme Lauf, die hohe Lebensdauer, das kleine Bauvolumen und der niedrige Preis aus. Von Nachteil sind die niedrige Drehzahl, die notwendige feine Filterung des Öls und die obere Druckgrenze, die bei 200 bar liegt.

Langsamläufer. Langsam laufende Hydraulikmotoren werden wegen der günstigen Drehmomentkennlinie bei niedrigen Drehzahlen (unter 150 min^{-1}) den mechanischen und elektrischen Antrieben vorgezogen. Das Drehmoment des Hydromotors hat bereits im Stillstand die maximale Größe und bleibt über den gesamten Drehzahlbereich nahezu konstant **(Bild 3).**

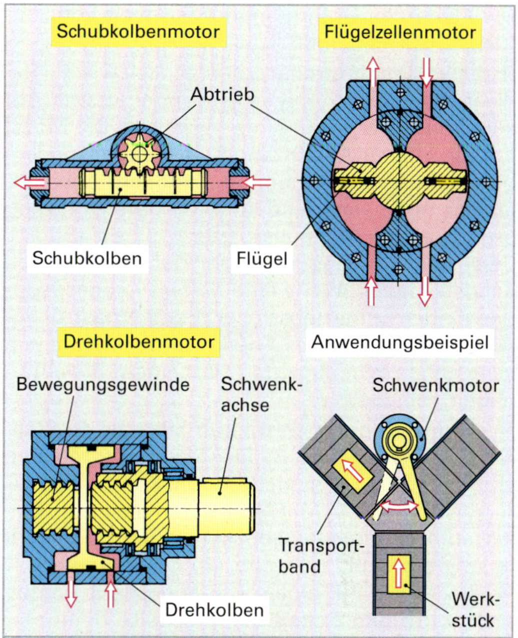

Bild 1: Schwenkmotoren

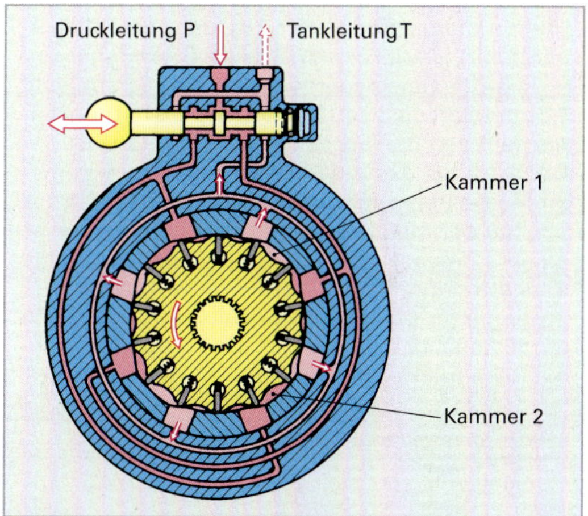

Bild 2: Verstellbarer Flügelzellenmotor

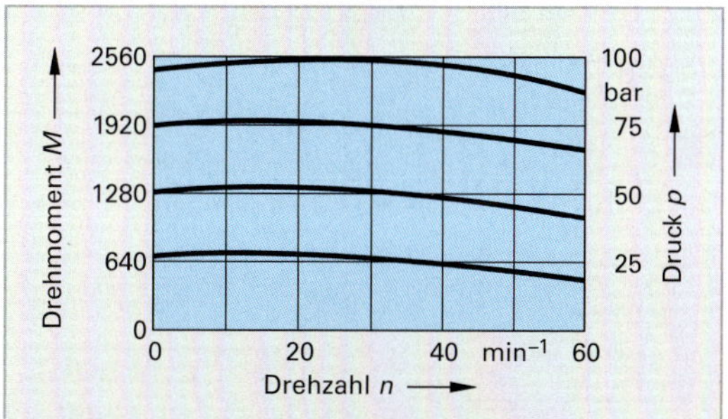

Bild 3: Kennlinien eines Hydraulikmotors

Die Höhe des Drehmoments ist auch vom Betriebsdruck abhängig.

Radialkolbenmotoren werden ähnlich wie die Radialkolbenpumpen mit äußerer oder innerer Abstützung der Hydraulikkolben gebaut. Die Motoren mit innerer Abstützung haben ein besonders niedriges Trägheitsmoment, sind sehr hoch belastbar und haben eine höhere obere Drehzahlgrenze als außenabgestützte Motoren **(Bild 1)**. Diese besitzen dagegen wegen der hydrostatisch ausgeglichenen Welle eine höhere Lebensdauer und sind sehr betriebssicher. Beide Konstruktionen haben ein großes Anfahrmoment bei einem sehr hohen Wirkungsgrad und einem gleichförmigen, ruhigen Lauf.

Hydromotoren mit Getrieben sind bei Großserien preiswerter als Radialkolbenmotoren und können wegen der vielfältigen Kombinationsmöglichkeiten von Motor und Getriebe vielen Einsatzanforderungen angepasst werden. Dies trifft besonders dann zu, wenn ein schnelllaufender Verstellmotor mit einem Stufengetriebe kombiniert wird. **Bild 2** zeigt einen Axialkolbenmotor mit Planetenradgetriebe.

Energieeffiziente Schaltung eines Hydromotors
Hydromotoren **(Bild 3)**, Pos 1.4, für lastunabhängige Drehfrequenz können über ein Stromregelventil, Pos. 1.1, angesteuert werden. Das Stromventil 1.3 simuliert die Last. Der Druck p2 ist proportional der Last. Bei dieser *direkten Montage* ist der Druck p1 und damit der Energieverbrauch immer im Maximum, unabhängig von der Last (Druck p2). Bei der *Montage im Bypass* ist der Druck p1 an der Pumpe proportional zum Druck p2 (rechte Bildhälfte). Somit ist der Energieverbrauch proportional zur Last. Ist das Schaltventil, Pos 1.2, in Mittelstellung, dann fördert die Pumpe (im rechten Bild) drucklos in den Tank.

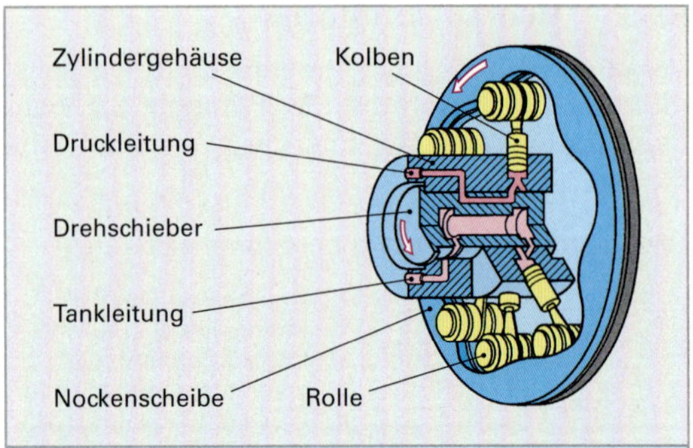

Bild 1: Hydraulikmotor mit äußerer Abstützung

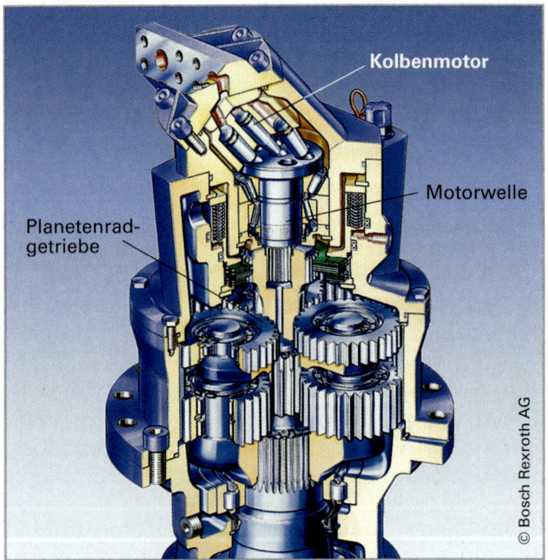

Bild 2: Axialkolbenmotor mit Getriebe

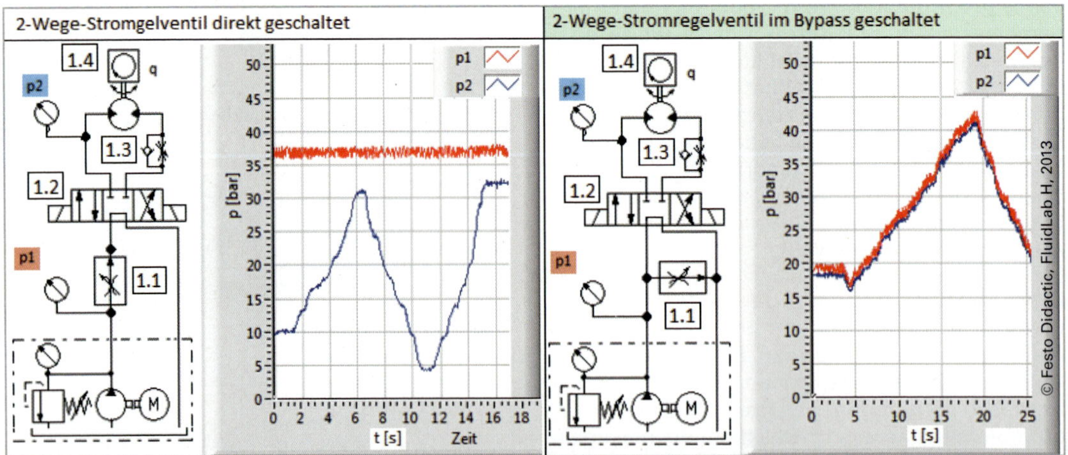

Bild 3: Hydraulikmotor, Schaltung (Versuchsdurchführung mit FluidLab®-H

6.7 Hydraulikventile

6.7.1 Allgemeines

Durch die Steuerung von Richtung, Größe und Druck des Volumenstroms beeinflussen Ventile den Weg, die Geschwindigkeit und die Kraft des Zylinders oder Motors.

Nach der Bauart unterscheidet man Sitzventile und Kolbenschieberventile.

Sitzventile haben eine kreisrunde Sitzfläche und als Ventilkörper einen Ventilteller, eine Kugel oder einen Ventilkegel **(Bild 1)**.

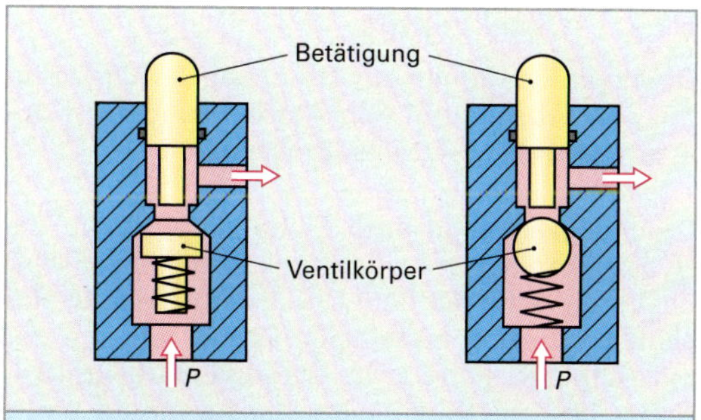

Bild 1: Sitzventile

Eigenschaften der Sitzventile:

- sie schließen dicht und haben sehr kleine Leckverluste,
- sie sind auch für HF-Flüssigkeiten (Wasserhydraulik) geeignet, da sie nicht durch Gleitreibung beansprucht werden,
- sie sind unempfindlich gegen Verunreinigungen,
- sie benötigen große Schließkräfte.

Kolbenschieberventile schließen und öffnen Anschlüsse mit der zylinderförmigen Mantelfläche des Ventilkolbens, der über die Bohrungen oder Umfangsnuten im Ventilgehäuse verschoben wird **(Bild 2)**. Die Kanten des Ventilkolbens, die die Anschlussbohrungen überfahren, werden **Steuerkanten** genannt.

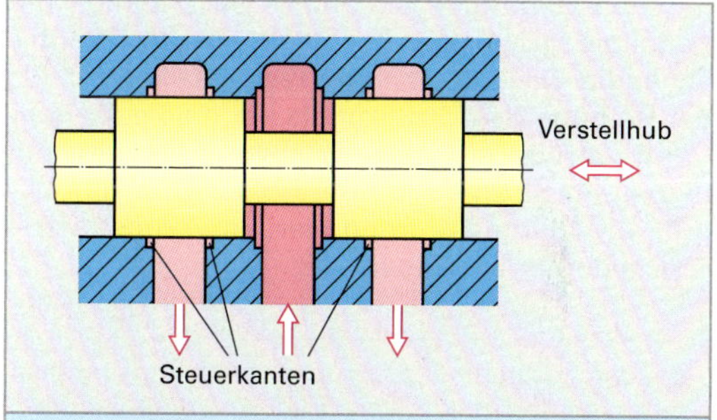

Bild 2: Kolbenschieberventil

Eigenschaften der Kolbenventile:

- sie sind an den Stirnflächen des Ventilkolbens druckfrei und lassen sich daher mit geringer Kraft schalten,
- sie können mit einfachen konstruktiven Mitteln, z.B. durch Einbau eines anderen Kolbens, neue Ventilfunktionen erhalten,
- sie sind wegen des Bewegungsspiels an der Mantelfläche leckölanfällig,
- sie entwickeln bei hohen Strömungsgeschwindigkeiten an den Kanten Impulskräfte, die sie instabil machen können.

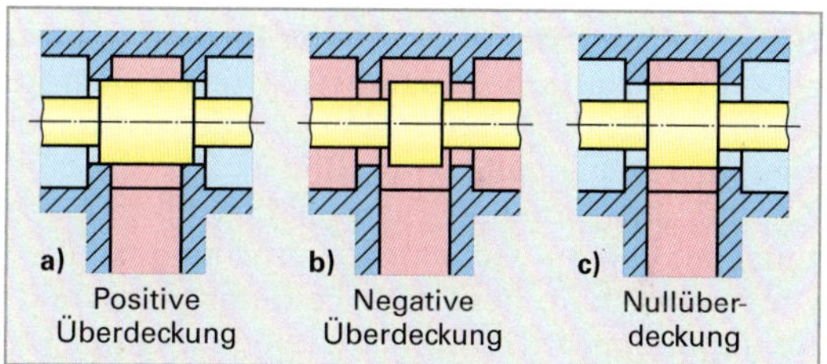

Bild 3: Kolbenüberdeckungen

Überdeckungen an Steuerkolben (Bild 3)

Bei positiver Überdeckung (a) wird der Durchfluss beim Schalten kurze Zeit unterbrochen. Es führt zu einem harten Umschalten mit Drucksteigerungen beim Schalten. Bei negativer Überdeckung (b) sind kurzzeitig alle Leitungen miteinander verbunden, sodass ein weiches Umschalten möglich ist. Ventile mit negativer Überdeckung werden z.B. bei Werkzeugmaschinen mit Pendelbewegungen verwendet. Die Nullüberdeckung (c) wird nur bei Servoventilen angewendet.

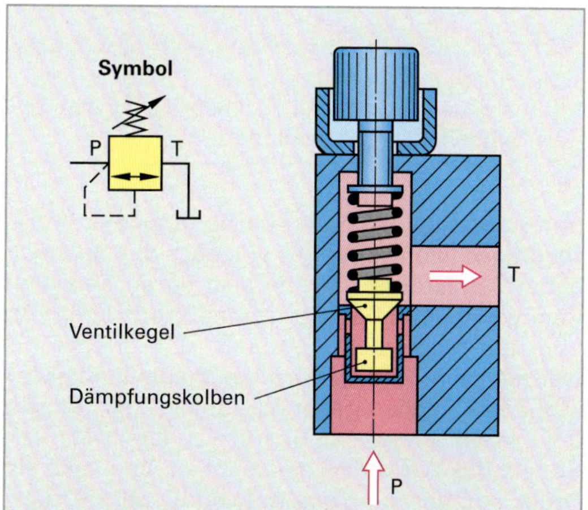

Bild 4: Druckbegrenzungsventil

6.7.2 Druckventile

Druckventile dienen zur Druckbegrenzung, zum Zu- und Abschalten von Aktoren und zur Konstanthaltung des Arbeitsdruckes.

Druckbegrenzungsventil. Es hat die Aufgabe, die Hydraulikanlage vor Überdruck zu schützen. Wird die Ventilfläche mit dem Druck der Anlage beaufschlagt, dann entsteht eine Druckkraft, die der einstellbaren Federkraft entgegenwirkt **(Bild 4, Seite 159)**. In **Bild 1** wird die Kennlinie eines Druckbegrenzungsventils dargestellt. Der sich tatsächlich einstellende Druck ist von durchströmenden Ölmengen abhängig. Die Steilheit der Kennlinie ist von der Federkennlinie des Ventils abhängig. Die entstehende Hysterese kommt von der Reibung des Ventilkegels. Ist die Feder ganz offen, verhält sich das Druckbegrenzungsventil wie ein Stromventil. Bei hohen Drücken und großen Volumenströmen werden vorgesteuerte Druckventile verwendet.

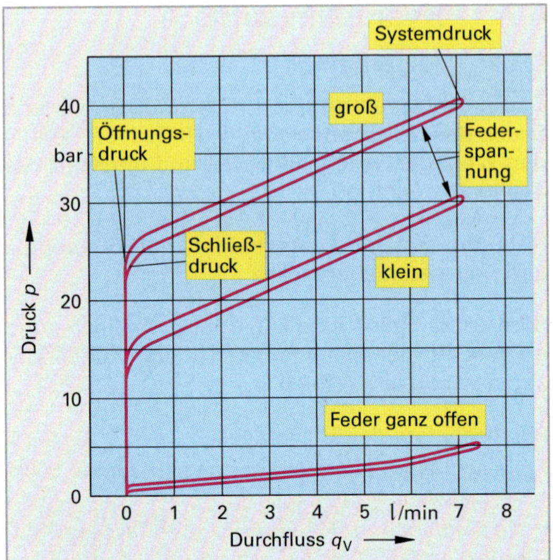

Bild 1: Druckdiagramm eines Druckbegrenzungsventils

Bei der Auswahl eines Druckbegrenzungsventils muss auf den maximalen Druck und die maximale Durchflussmenge geachtet werden.

Gegenhaltung. Bei wechselnder Belastung kann es zum ruckartigen Ausfahren eines Zylinders kommen. Dies verhindert ein Druckbegrenzungsventil als Gegenhalteventil **(Bild 2)**. Die aus dem Zylinder abströmende Hydraulikflüssigkeit muss zunächst den am Gegenhalteventil eingestellten Druck erreichen, bevor der Leitungsquerschnitt freigegeben wird. Durch die eingespannte Ölsäule zwischen Pumpe und Druckventil werden Belastungsschwankungen des Zylinders vermieden.

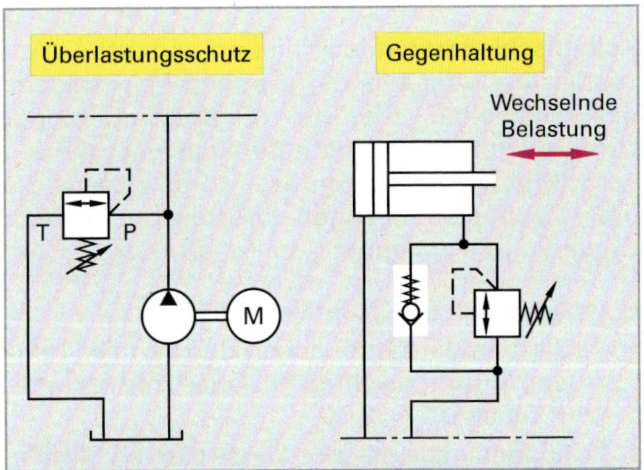

Bild 2: Überlastungsschutz und Gegenhaltung

Das ruckartige Ausfahren eines Zylinders bzw. Kolbens wird durch ein Druckbegrenzungsventil als Gegenhalteventil gemindert.

Vorspannung. Bei der Bearbeitung auf Werkzeugmaschinen kommt es vor, dass das Spannen eines Werkstücks und die sich daran anschließende Vorschubbewegung des Werkzeugs nur über ein Wegeventil gesteuert und ausgeführt werden kann **(Bild 3)**. Wird das Wegeventil –MB1 in die linke Schaltstellung gebracht, gibt es den Volumenstrom für den Spannzylinder –MM1 frei. Sobald das Werkstück gespannt ist, baut sich ein Druck auf, der das Vorspannventil –MB2 (Druckbegrenzungsventil) öffnet und den Vorschub ermöglicht.

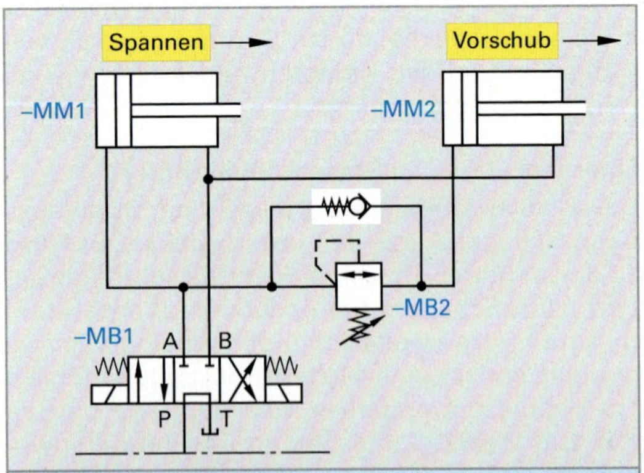

Bild 3: Vorspannung

Vorgesteuertes Druckbegrenzungsventil

Für große Volumenströme oder hohe Anforderungen an die Genauigkeit des einstellbaren Drucks eignet sich das direkt wirkende Druckbegrenzungsventil nicht mehr, da die Ventilfeder zu groß ausfallen würde. Deshalb verwendet man in diesen Fällen vorgesteuerte Ventile, die aus einem kleinen Kegelsitzventil zur Drucksteuerung und einem großen Hauptventil zu Förderstromsteuerung zusammengesetzt sind **(Bild 1)**.

Am Kegelsitzventil wird der zulässige Höchstdruck eingestellt. Erreicht der Anlagedruck diesen Hauptdruck, fließt über das Kegelsitzventil die Hydraulikflüssigkeit in den Tank. Dabei muss sie durch eine Drossel fließen, die im Kolben des Hauptventils eingebaut ist. Durch den Durchflusswiderstand der Drossel entsteht zwischen Oberseite und Unterseite des Hauptkolbens ein Druckunterschied, der das Hauptventil gegen die Federkraft öffnet. Der Volumenstrom wird durch Druckentlastung in den Tank geleitet. Schließt sich das Vorsteuerventil wieder, wird auch das Hauptsteuerventil geschlossen, da die Druckdifferenz an der Drossel des Kolbens nur bei Durchfluss vorhanden ist. Druckventile werden in unterschiedlichen Bauformen hergestellt **(Bild 3)**.

Mit vorgesteuerten Druckventilen können große Volumenströme und Drücke gesteuert werden.

Folgeventile

In ähnlicher Weise wie das Druckbegrenzungsventil können auch andere Druckventile mit einer Vorsteuerung ausgerüstet sein. Beim Folgeventil erfolgt die Betätigung des Kegelsitzventils über eine von außen herangeführte Steuerleitung X **(Bild 2)**. Das vom Vorsteuerventil abströmende Öl wird über eine externe Leitung drucklos in den Tank geleitet.

Mit dem **Folgeventil zur Zuschaltung** können z. B. zwei getrennte Hydraulikkreise aufeinander abgestimmt werden **(Bild 4)**. So darf z. B. der Vorschubzylinder eines Bohrwerkzeugs erst ausfahren, wenn der Spannzylinder das Werkstück gespannt hat.
Mit dem **Folgeventil zur Abschaltung** kann von Eilganggeschwindigkeit auf Vorschubgeschwindigkeit umgeschaltet werden (Bild 1). Für den Eilgang benötigt die Hydraulikanlage einen großen Volumenstrom bei niedrigem Druck, für den Vorschub einen kleinen Volumenstrom bei hohem Druck. Aus wirtschaftlichen Gründen trennt man die beiden Förderströme, indem man eine Hochdruck- und eine Eilgangpumpe einsetzt.
Die Eilgangpumpe wird über ein Folgeventil abgeschaltet, sobald der Widerstand am Werkzeug der Vorschubeinheit durch die beginnende Bearbeitung ansteigt und einen Druckanstieg in der Pumpenleitung verursacht. Dieser Druck schaltet das Folgeventil auf Durchfluss und die Eilgangpumpe fördert drucklos in den Tank.

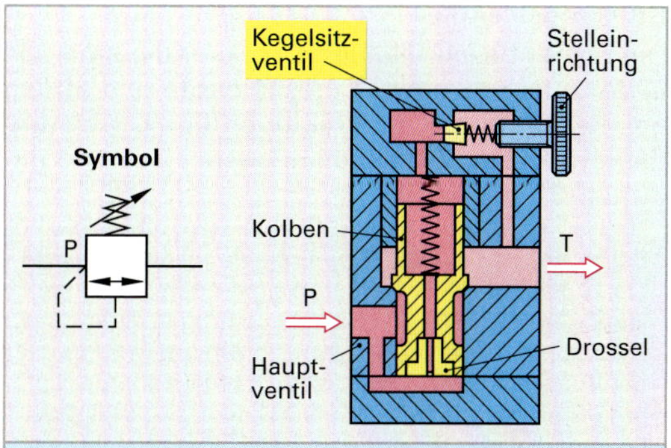

Bild 1: Vorgesteuertes Druckbegrenzungsventil

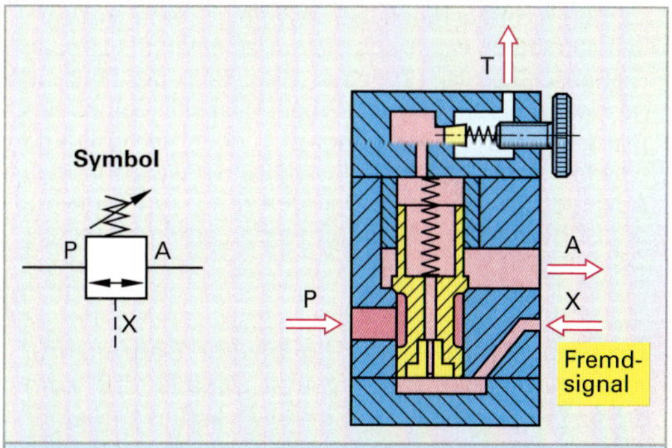

Bild 2: Fremdgesteuertes Druckventil (Folgeventil)

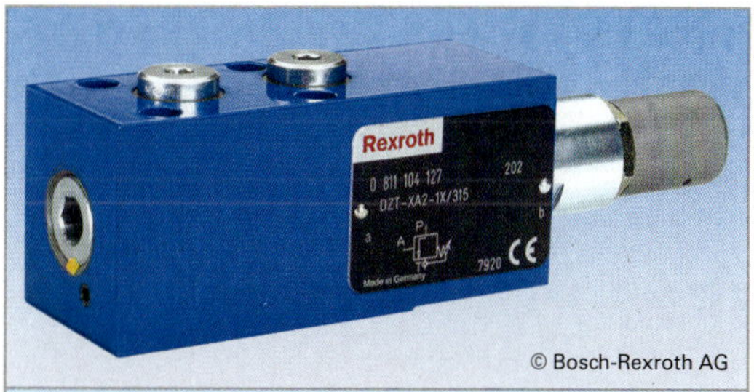

Bild 3: Druckbegrenzungsventil (Vorsteuerventil)

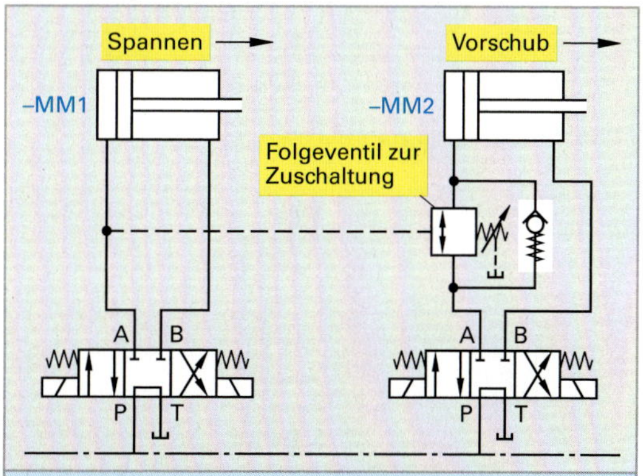

Bild 4: Folgeventil zur Zuschaltung

Druckregelventile

Die bisher beschriebenen Druckventile sind alle in der Ausgangsstellung geschlossen und öffnen bei Betätigung. Druckregelventile (Druckminderventile) sind im unbeeinflussten Zustand geöffnet.

Beim **Druckregelventil ohne Entlastungsöffnung** wird der Arbeitsdruck der Leitung B hinter dem Ventil konstant gehalten **(Bild 2)**. Über die Leitung A strömt das Hydrauliköl in das Druckregelventil ein und wird durch den Ringspalt gedrosselt. Dadurch entsteht in der Leitung B ein kleinerer Druck als in Leitung A. Steigt der Druck in Leitung B, wird der Ventilkolben angehoben. Der Ringspalt verkleinert sich und der Druck in der Leitung B sinkt wieder ab. Im umgekehrten Fall vergrößert sich der Ringspalt und gleicht den Druckverlust aus. Durch eine Kraft, die auf einen an die Leitung B angeschlossenen Zylinder wirkt, kann der Druck in der Leitung B so stark ansteigen, dass der Kolben des Druckregelventils den Ringspalt völlig schließt und eine Entlastung nicht mehr möglich ist. Diese in vielen Anwendungsfällen notwendige Entlastung kann mit dem **Druckregelventil mit Entlastungsöffnung** erzielt werden **(Bild 3)**.

Druckregelventile werden oft zur Begrenzung einer Anpresskraft eingesetzt. Dies ist z. B. zum Schutz eines dünnwandigen Werkstücks in einer Spannvorrichtung notwendig.

Druckschalter setzen hydraulische Druckwerte in elektrische Signale um. Sie werden auch zur Anzeige des Drucks verwendet.

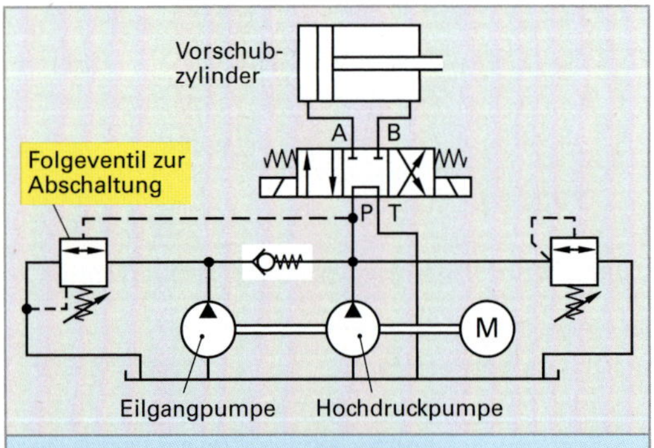

Bild 1: Folgeventil zur Abschaltung

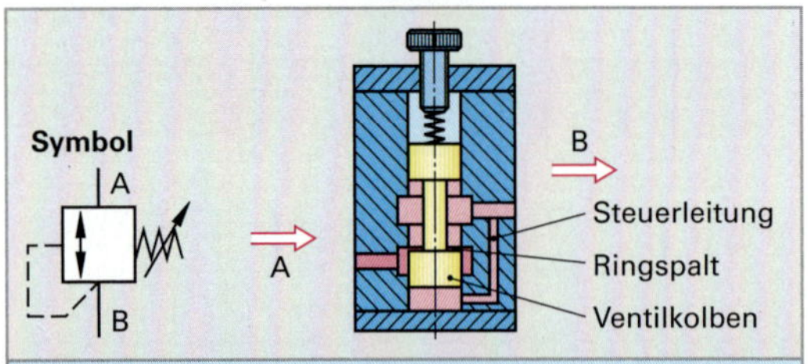

Bild 2: Druckregelventil ohne Entlastungsöffnung

Beispiel:
Spannen mit Druckregelventil und Druckschalter
Mit dem Zylinder –MM2 wird ein Teil gespannt, p_2 = 5 MPa **(Bild 4)**. Das Impulsventil –QM2 steuert den Zylinder an. Auch bei Ausfall des Steuerstroms bleibt die Schaltstellung erhalten. Der Spanndruck wird am Druckregelventil eingestellt. Er wird kleiner als der am DBV an der Pumpe eingestellte Druck. Der Speicher wird also z. B. 10 bar über dem eingestellten Druck am Druckregelventil gefüllt. Der Druckschalter steuert das Magnetventil –QM1. Für –PG1 < 5,5 MPa schaltet –QM1 auf 1-Signal, für –PG1 > 5,9 MPa schaltet –QM1 auf 0-Signal. Mithilfe des Speichers werden etwaige Leckagen und Setzerscheinungen ausgeglichen. Aufgrund des Druckvorrats von min. 0,5 MPa ist ein sicheres Spannen gewährleistet.

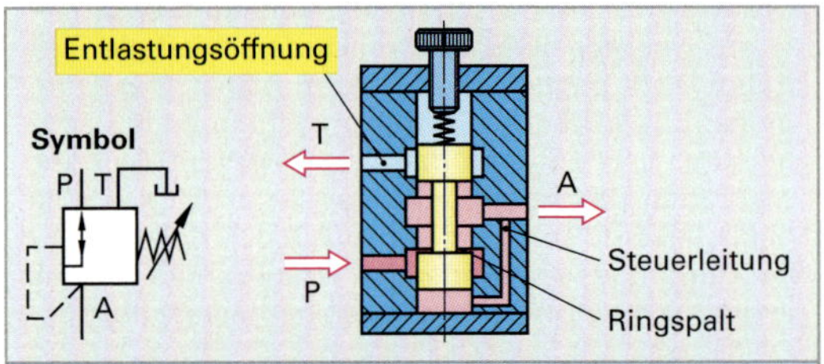

Bild 3: Druckregelventil mit Entlastungsöffnung

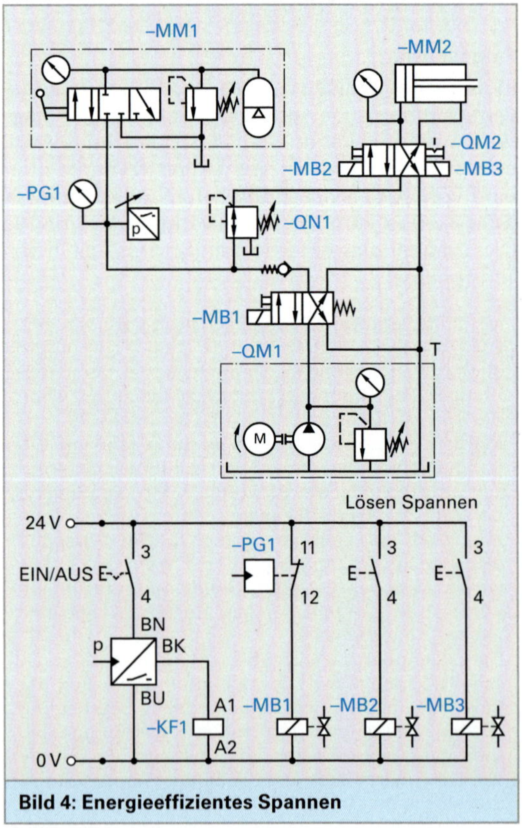

Bild 4: Energieeffizientes Spannen

6.7.3 Wegeventile

Mit Wegeventilen werden die Richtungen des Volumenstroms, d.h. die Fahrrichtung des Zylinders, und durch Start-Stoppsignale die Weglänge des Arbeitshubs gesteuert.

In den meisten Fällen verwendet man Kolbenschieberventile, die einfach gebaut sind. Sie ermöglichen eine große Ventilvielfalt, da in das gleiche Gehäuse verschiedene Kolbenformen für unterschiedliche Aufgaben eingesetzt werden können **(Bild 1)**.

So erhält ein 4/3-Wegeventil durch den Einbau verschiedener Kolben andere Funktionen. Im ersten Fall sind die Arbeitsanschlüsse in der Ruhestellung geschlossen, während sie im zweiten Fall mit der Tankleitung verbunden sind. Die Betätigung der Wegeventile kann mechanisch, pneumatisch, hydraulisch oder elektromagnetisch erfolgen. Für eine Notbetätigung lassen sich die meisten Ventile von Hand schalten.

Bei Volumenströmen über 50 l/min werden Wegeventile vorgesteuert **(Bild 2)**. Das Vorsteuerventil, auch Pilotventil genannt, erzeugt die hydraulische Stellkraft, mit der die großen Strömungskräfte an den Steuerkanten des Hauptventils beim Schalten überwunden werden.

Bei 5-Wegeventilen wird im Unterschied zu den 4-Wegeventilen die rückströmende Hydraulikflüssigkeit über zwei getrennte Anschlüsse R und T in den Tank geleitet **(Bild 3)**. Diese Trennung ist vorteilhaft, weil sich dadurch bei einigen hydraulischen Steuerungen Schaltungsvereinfachungen ergeben **(Tabelle 1, Seite 164)**.

Ventilkennlinie

Rohrkrümmer, Abzweigungen, Verengungen oder andere Drosselstellen der Hydraulikanlage setzen wie Ventile dem Volumenstrom Q einen Widerstand entgegen **(Bild 4)**. Dabei erfolgt ein Druckabbau Δp, gemessen als Differenz der Drücke vor und hinter dem Ventil. Der entstehende Leistungsverlust erwärmt die Hydraulikflüssigkeit und errechnet sich aus:

$$P_{\text{Verlust}} = \Delta p \cdot Q$$

P_{Verlust}	Verlustleistung
Δp	Druckdifferenz
Q	Volumenstrom

Aus der Q-Δp-Kennlinie des Wegeventils kann der Druckverlust bei vorgegebener Nenngröße NG und bekanntem Volumenstrom Q entnommen werden **(Bild 4)**.

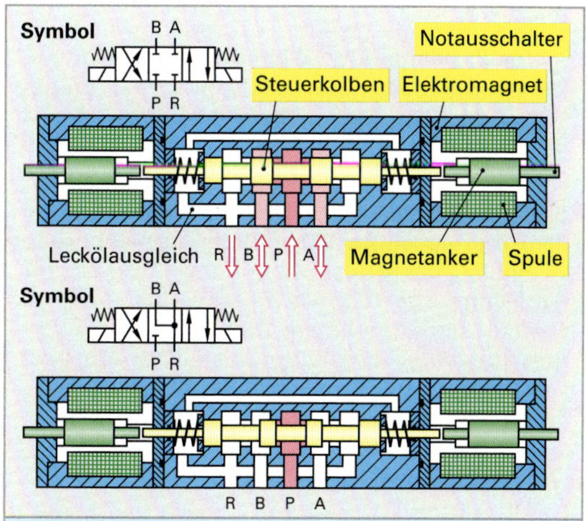

Bild 1: Wegeventile

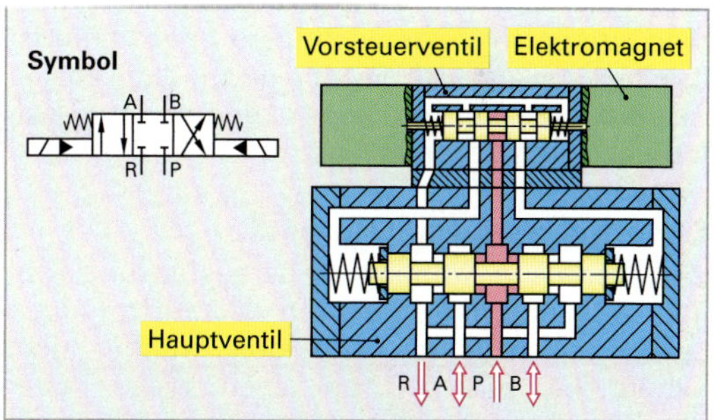

Bild 2: Vorgesteuertes Wegeventil

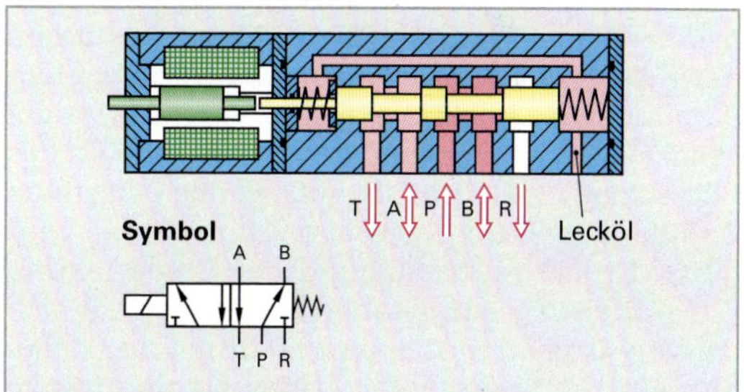

Bild 3: 5/2-Wegeventil

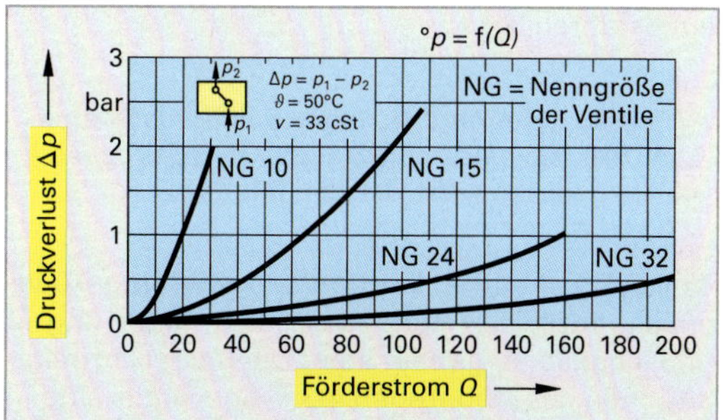

Bild 4: Ventilkennlinie

Beispiel: Für die größte Geschwindigkeit eines Hydraulikzylinders wird ein Volumenstrom von 100 l/min benötigt. Zur Auswahl stehen Wegeventile der Nenngrößen 15 und 24. Wie groß ist der Druckverlust, der durch das ausgewählte Wegeventil verursacht wird?

Lösung: Aus dem **Bild 4, Seite 163**, kann man bei dem Volumenstrom 100 l/min für die Nenngröße 24 einen Druckverlust Δp_1 von etwa 0,35 bar, für die Nenngröße 15 einen Druckverlust Δp_1 von etwa 2,1 bar entnehmen. Das Ventil NG 15 verursacht, verglichen mit dem Ventil NG 24, einen sechsmal so großen Energieverlust.

6.7.4 Sperrventile

Sperrventile werden durch den Volumenstrom verstellt. Sie benötigen keine Steuersignale und haben die Aufgabe, den Durchfluss in einer Richtung zu sperren. Das wichtigste Sperrventil ist das **Rückschlagventil**. Es ist ein sehr dicht schließendes Sitzventil mit einem kugel- oder kegelförmigen Dichtkörper.

Entsperrbares Rückschlagventil

Wegeventile in Kolbenschieberausführung können in Sperrstellung wegen der auftretenden Leckölverluste einen belasteten Zylinder nicht halten. Dies kann z. B. bei einem Wagenheber dazu führen, dass er langsam absinkt. Mit einem **entsperrbaren Rückschlagventil**, das in die Arbeitsleitung des Zylinders eingebaut wird, kann dies verhindert werden **(Bild 1)**. Beim Ausfahren des Zylinders fließt der Volumenstrom ungehindert durch das Rückschlagventil. Wird das Wegeventil in die Mittelstellung geschaltet, schließt das Rückschlagventil dicht ab und hält den belasteten Zylinder in seiner Lage. Beim Zurückfahren wird durch Druckbeaufschlagung der Steuerleitung Z die Sperrung aufgehoben. Dabei bewegt sich der Ventilkolben nach links und öffnet das kleine Sitzventil im Sperrkörper. Dadurch kommt es zu einem Druckausgleich vor und hinter dem Sperrkörper, der sich jetzt mit geringem Kraftaufwand zurückfahren lässt.

Mithilfe zweier entsperrbarer Rückschlagventile kann z. B. ein belasteter Zylinder in jeder beliebigen Lage festgesetzt werden **(Bild 2)**.

Rückschlagventile können als **Zwillingsrückschlagventile** mit gegenseitiger Entsperrung in ein Gehäuse eingebaut sein. Die beiden Arbeitsleitungen des steuernden 4/3-Wegeventils sind in der Sperrstellung mit dem Tank verbunden. Damit lassen sich die Sperrkörper sicher schließen.

Tabelle 1: 5/2-Wegeventile

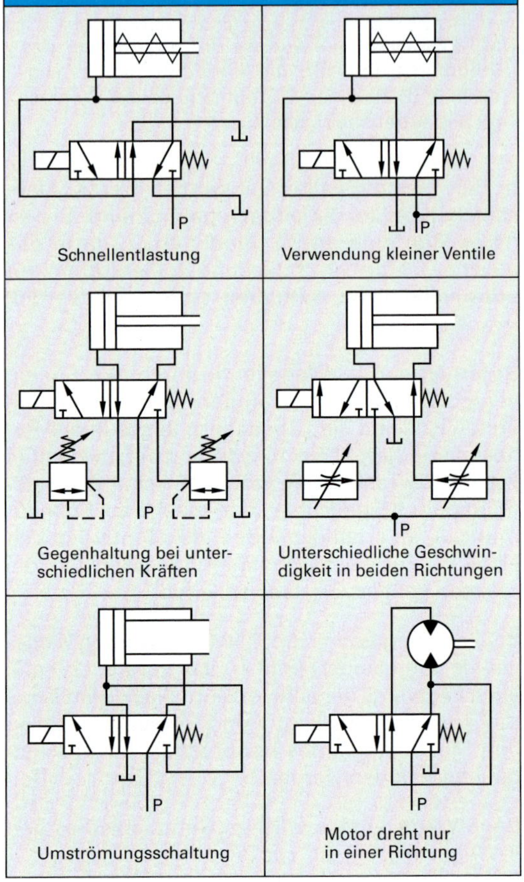

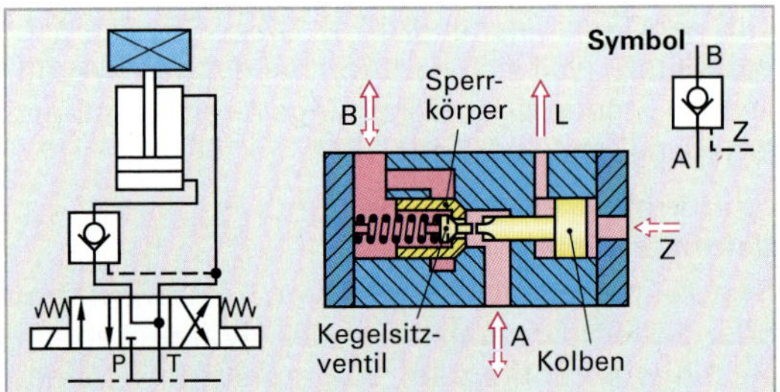

Bild 1: Entsperrbares Rückschlagventil

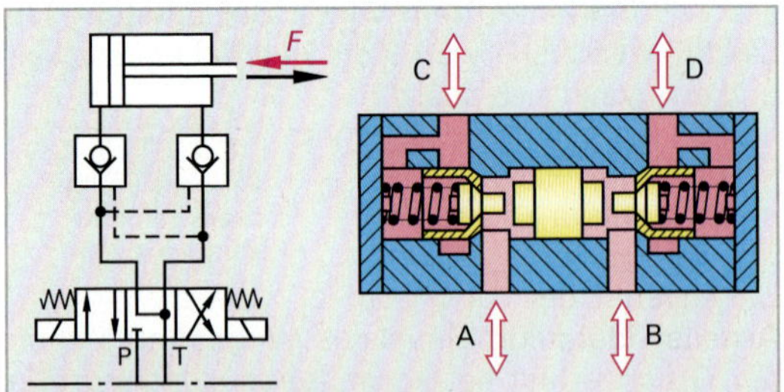

Bild 2: Zwillingsrückschlagventil

6.7.5 Stromventile

Der Volumenstrom der Druckflüssigkeit kann durch eine Querschnittsverengung verkleinert werden. Die Geschwindigkeit der Aktoren verlangsamt sich. Von der Bauart unterscheiden wir:

Drosselventile und Blendenventile (Bild 1). Blendenventile sind weniger viskositätsabhängig als Drosselventile. **Bild 2** zeigt eine technische Ausführung eines Blendenventils. Beim Durchfluss durch die Ventile bildet sich zwischen Eintritt und Austritt eine Druckdifferenz:

$$\Delta p = p_1 - p_2$$

Δp Druckdifferenz
p_1 Druck eingangsseitig
p_2 Druck ausgangsseitig

Der durch die Verengung fließende Volumenstrom ist:

$$q_v = \alpha \cdot A_0 \cdot \sqrt{\frac{2\Delta p}{\varrho}}$$

α Durchflusskennzahl (0,6 ... 0,9)
A_0 Drosselfläche
ϱ Dichte des Mediums
q Volumenstrom

In **Bild 3** werden Durchflusskurven eines Stromventils gezeigt. Jede Kurve stellt einen anderen Durchflussquerschnitt dar. Je kleiner der Querschnitt, desto steiler ist die Kurve, bzw. desto größer ist der Durchflusswiderstand. Mit zunehmender Durchflussmenge nimmt der Widerstand zu. In der Praxis bedeutet dies, das bei unterschiedlicher Belastung des Aktors unterschiedliche Strömungsgeschwindigkeiten entstehen.

Stromregelventile

Mit Stromregelventilen kann man die Geschwindigkeiten der Aktoren lastunabhängig regeln. Das Ventil besitzt hierzu eine Druckwaage, welche die Druckdifferenz Δp an der einstellbaren Blende konstant hält. Die Druckwaage besteht aus Steuerkolben und Feder. Im Zulauf des Ventils herrscht der Druck p_1, der durch die Steuerkante des federbelasteten Steuerkolbens auf p_2 herabgesetzt wird.

Stromventile werden dann eingesetzt, wenn der Volumenstrom mit zunehmendem Arbeitswiderstand abnehmen soll **(Bild 4 links)**. Mit einem Stromregelventil bleibt, im Unterschied zum Stromventil, der Volumenstrom unabhängig vom Arbeitswiderstand **(Bild 4 rechts)**.

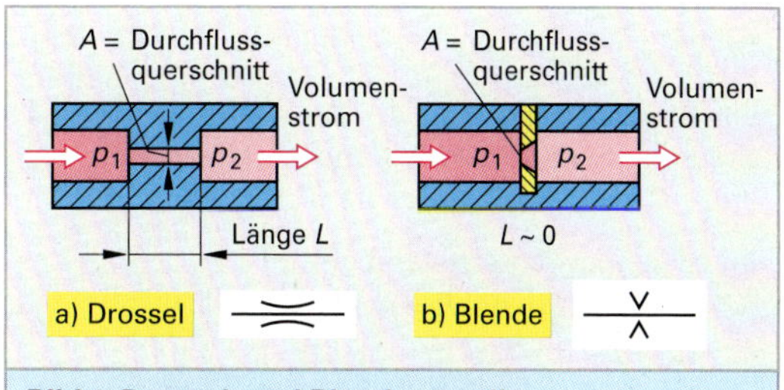

Bild 1: Drossel- und Blendenventil

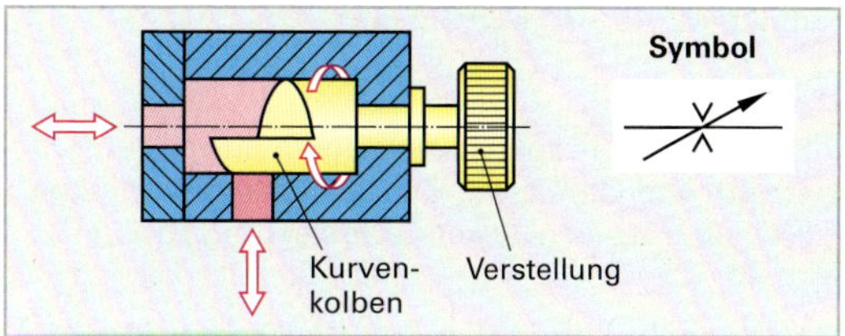

Bild 2: Einstellbares Blendenventil

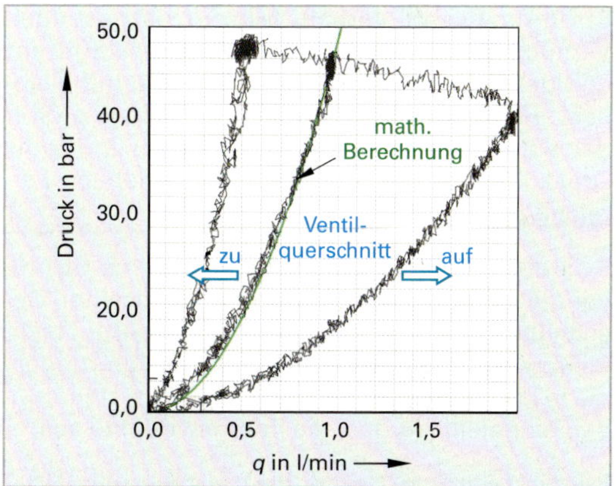

Bild 3: Kennlinien eines Stromventils[1]

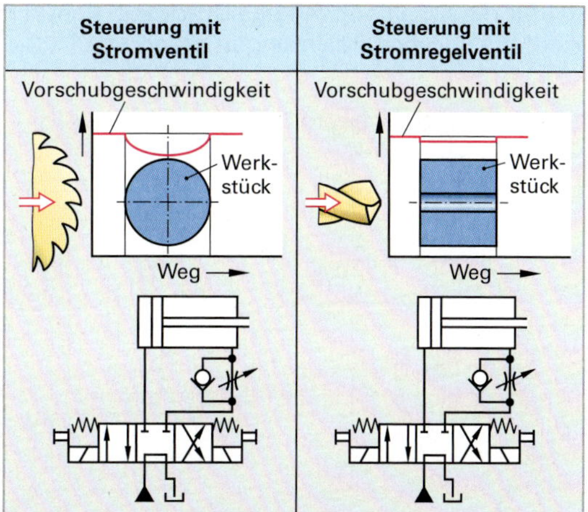

Bild 4: Beispiele für Vorschubsteuerung

[1] Die Kennlinien wurden mit Festo EasyPort und mit FluidLab H® erstellt.

An der einstellbaren Blende bildet sich die Druckdifferenz $\Delta p = p_2 - p_3$, die konstant gehalten werden muss **(Bild 1)**. An den Stirnflächen des Steuerkolbens wirken folgende Kräfte:
links: $F_1 = p_3 \cdot A + F_f$, rechts: $F_2 = p_2 \cdot A$

Im Gleichgewichtszustand gilt:
$F_1 = F_2$ oder $p_3 + A + F_f = p_2 \cdot A$ oder
$F_f = (p_2 - p_3) \cdot A$ oder $F_f = \Delta p \cdot A$

Für eine weiche Feder und einen kleinen Federweg von ca. 4 mm ist die Federkraft F_f nahezu konstant: $\Delta p = F_f / A$ = konstant.

Der am Stromregelventil eingestellte Volumenstrom und damit die Zylindergeschwindigkeit bleiben trotz schwankender Belastung konstant.

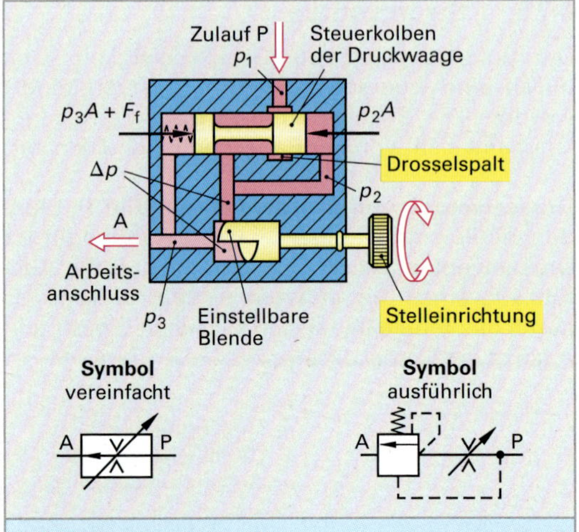

Bild 1: Stromregelventil

Das Regelverhalten tritt erst nach einer Mindestdruckdifferenz von ca. 5 bar bis 10 bar ein **(Bild 2)**. Im Versuch kann ermittelt werden, wie sich das Stromregelventil verhält. Mit der dargestellten Versuchsanordnung werden die Druckdifferenz und der Volumenstrom gemessen und mit FluidLab®-H aufgezeichnet. Dabei zeigt sich, je größer der Volumenstrom wird, um so höher muss die Druckdifferenz sein, um das Regelverhalten zu erreichen.

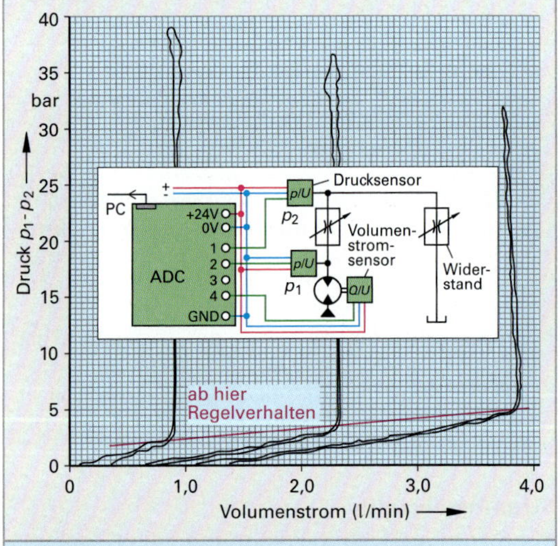

Bild 2: Kennlinie eines Stromregelventils

Zylinder und Motoren lassen sich durch Stromventile nahezu verzögerungsfrei von einer Geschwindigkeit in eine andere umsteuern. Nachteilig wirken sich bei diesen Drosselsteuerungen, die in Primärsteuerungen und Sekundärsteuerungen eingeteilt werden, die Energieverluste aus.

Primärsteuerung. Bei der Primärsteuerung befindet sich das Stromregelventil in der Zulauf- bzw. Vorlaufleitung **(Bild 3)**. Am Zylinder baut sich nur der für die Arbeit notwendige Druck auf. Dadurch werden die Zylinderdichtungen geschont.

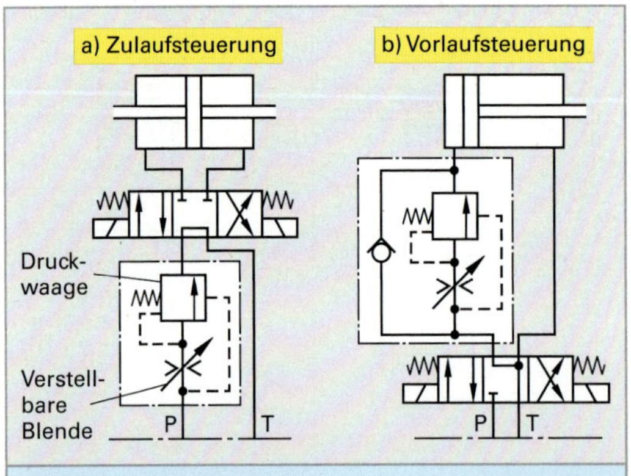

Bild 3: Primärsteuerungen

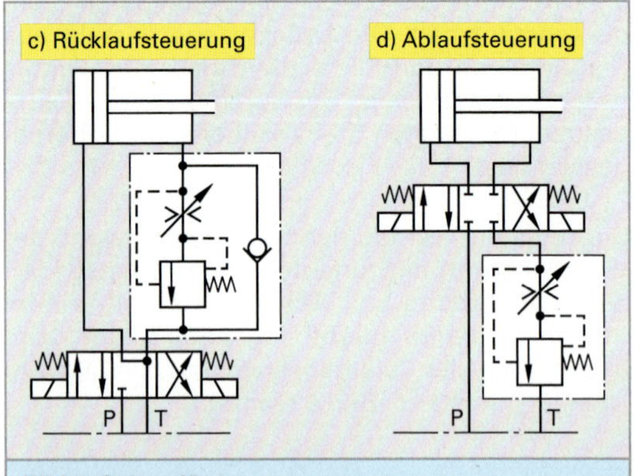

Bild 4: Sekundärsteuerungen

Soll diese Steuerung auch ziehende Kräfte aufnehmen können, so muss ein Gegenhalteventil eingebaut werden.

Sekundärsteuerungen

Das Stromregelventil wird auf der Kolbenstangenseite eingebaut **(Bild 4, Seite 166)**. Diese Schaltung kann ziehende Kolbenkräfte aufnehmen. Der Druck auf der Kolbenstangenseite kann dann allerdings sehr groß werden, weil hier kein Druckbegrenzungsventil wirkt. Auf Grund des hydraulisch eingespannten Kolbens ergibt sich ein ruhiger Lauf. Deshalb wird diese Steuerung häufig für Vorschübe in Werkzeugmaschinen eingesetzt. Außerdem wird das durch das Stromregelventil erwärmte Öl sofort in den Tank geführt und kann dort abkühlen.

Anfahrsprung

Die Druckwaage des Stromregelventils benötigt zum Ausregeln etwas Zeit. Deshalb wird beim Zuschalten des Stromregelventils mehr Öl fließen als der eingestellte Wert es vorsieht **(Bild 2, Seite 168)**. Dies führt zu einem kurzen Geschwindigkeitssprung. Dieser ist bei Sekundärsteuerungen etwas größer als bei Primärsteuerungen.

Höhenverkettung

Um die Verluste zwischen den Bauelementen gering zu halten und die Baugröße der Anlage klein zu halten, werden die Ventile direkt aneinander gebaut.

Die Lochbilder der Ventile sind genormt, sodass viele Kombinationen möglich sind **(Bild 1)**. Es sind drei Ventile zusammengebaut.

Die Höhenverkettung ermöglicht eine kompakte Bauweise mit geringen Druckverlusten.

Beispiel: Vorschubeinheit mit Stromregelventil

Der Schaltplan der hydraulischen Vorschubeinheit ist in Höhenverkettung dargestellt **(Bild 2)**. Die einzelnen Hydraulikkomponenten sind dabei in Blockbauweise ohne Verrohrung aneinandergeflanscht.

Im Wegdiagramm sind der Eilgang (Strichlinie) und der Arbeitshub (Volllinie) wiedergegeben. Das Geschwindigkeits-Zeit(Weg)-Diagramm zeigt den Geschwindigkeitswechsel zwischen Eilgang und Arbeitshub, ausgelöst durch die Signalgeber –BG1 bis –BG3.

Die Steuerung ist als eine Primärsteuerung ausgeführt. Ein Gegenhalteventil in der Tankleitung verhindert bei ziehender Belastung den ruckartigen Vorlauf (Stick-Slip-Effekt). Das Stromregelventil wird durch das elektrisch betätigte 2-Wegeventil 2 zu- und abgeschaltet.

Bild 1: Höhenverkettung

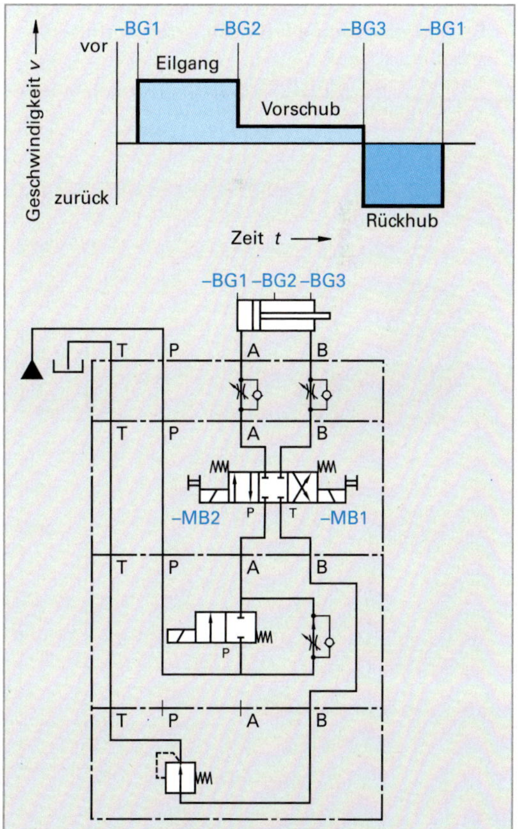

Bild 2: Hydraulische Vorschubeinheit

6.7.6 Ventilaufbauarten

Blockbauweise

Ein Steuerblock **(Bild 1)** beinhaltet die Leitungsverbindung einer Steuerung. Die einzelnen Geräte werden auf dem Block befestigt.

Man unterscheidet drei Bauarten:

1. Nur Leitungsverbindung.
2. Leitungsverbindung und Einschraubventile, hier ist der Steuerblock auch Gehäuse für die Ventile.
3. Neben der Leitungsverbindung ist der Steuerblock auch zugleich das Gehäuse für die Ventilkolben.

Steuerblöcke stellen eine sehr kompakte Steuerung dar, bei welcher vor allem der Montageaufwand erheblich reduziert wird.

Besondere Eigenschaften der Blockbauweise:

- Aufgrund der kurzen Wege ist wenig Öl notwendig,
- sehr steifes Verhalten der Anlage (geringes Ölvolumen und keine Rohrdehnungen), daher hohe Eigenfrequenz des Systems,
- da Rohre fehlen, sind weniger Dichtheitsprobleme,
- Standardisierung der Blöcke durch normierte Anschlussbilder,
- Vormontagen sind möglich,
- vereinfachter Austausch bei Störungen.

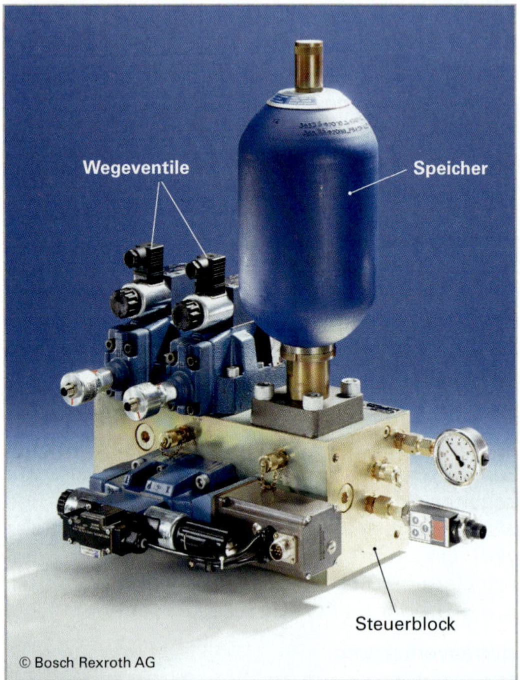

Bild 1: Kompakte Hydrauliksteuerung in Blockbauweise

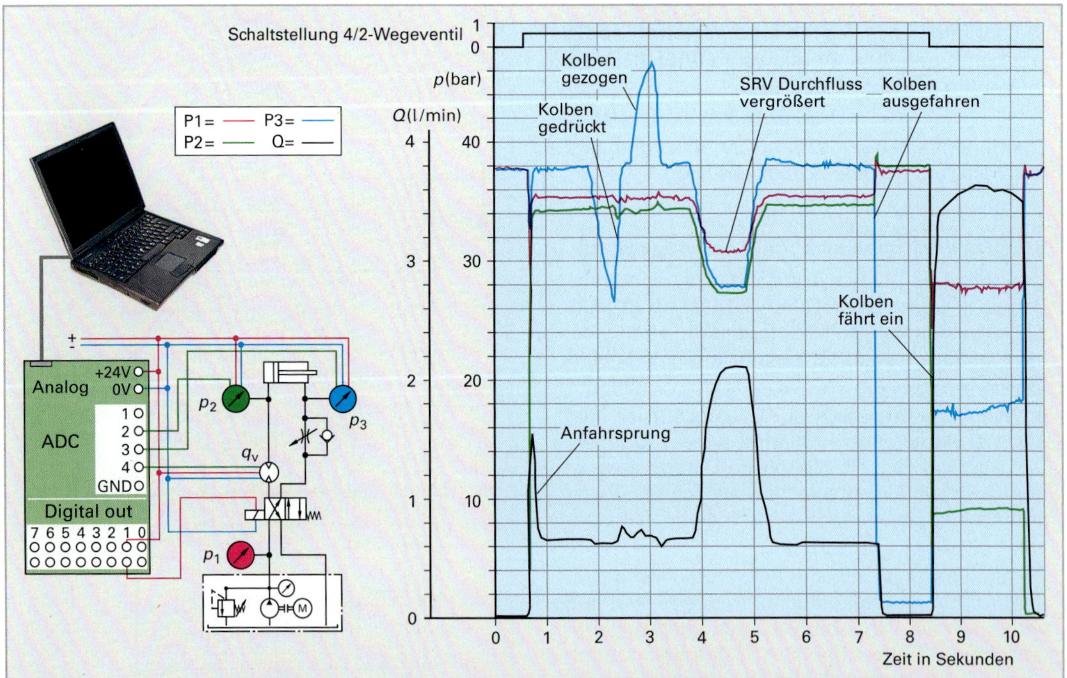

Bild 2: Versuchsdaten für eine Sekundärsteuerung mit FluidLab®-H erstellt

Patronentechnik

Um die Leistungsdichte der Hydraulikkomponenten zu vergrößern sowie das Schaltverhalten und die Geräuschentwicklung zu verbessern, werden die Funktionen von konventionellen Steuergeräten (Wegeventilen, Druckventilen, Stromventilen und Sperrventilen) aufgelöst und die Einzelelemente direkt in die Bohrungen der Steuerblöcke eingebaut. Selbst komplexe Ventilfunktionen werden von einer geringen Anzahl von Grundelementen (2-Wege-Einbauventilen) und aus serienmäßigen Vorsteuerventilen zusammengesetzt **(Bild 1)**.

Diese Technik ist unter den Begriffen *Patronensteuerung, Cartridgesteuerung* oder *Hydrologiksteuerung* bekannt geworden. Die 2-Wege-Einbauventile sowie die Einbauabmessungen der Bauelemente sind in DIN 24342 genormt.

Besondere Merkmale von Steuerungen mit Einbauventilen sind:

- Wirtschaftliche Problemlösungen durch Standardkomponenten und kleinen Montageaufwand,
- kleine Leckströme, weil nur Sitzventile,
- geringe Druckspitzen durch individuell beeinflussbare Öffnungszeiten und Schließzeiten,
- hohe Schaltgeschwindigkeiten durch kleine Massen und fehlenden Überdeckungshub.

Die Patronentechnik ermöglicht eine hohe Leistungsdichte.

Beispiel 1: 2-Wege-Ventil mit Vorsteuerventil

Bild 2 zeigt ein komplettes 2/2-Wegeventil in Grundstellung gesperrt. Die Patrone ist in die Gehäusebohrung eingebaut. Der Deckel führt die Steuerleitungen X und Y durch. Die Zuhaltekraft besteht aus der Kraft der Feder und dem Druck in der Zuleitung A. Schaltet das Vorsteuerventil um, dann wird der Zuhaltedruck über die Steuerleitung Y weggenommen und das Ventil öffnet. Durch unterschiedliche Anordnung der Steuerleitungen können verschiedene Ventilfunktionen erzeugt werden.

Beispiel 2: Zylindersteuerung (Bild 3)

Der Zylinder wird über ein 5/3-Vorsteuerventil auf dem Steuerblock angesteuert. Die Drosselrückschlagventile werden einfach durch eine Hubbegrenzung der Einbauventile, kombiniert mit Feinsteuerkerben, realisiert. Mit vier Einschraubpatronen wird die gesamte Funktionalität erreicht.

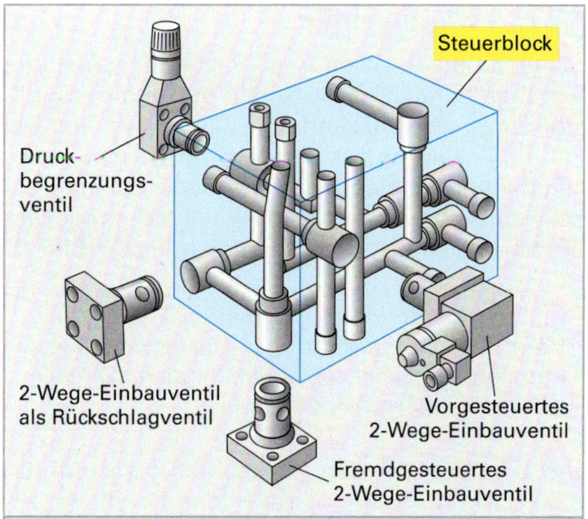

Bild 1: Steuerblock mit 2-Wege-Einbauventilen

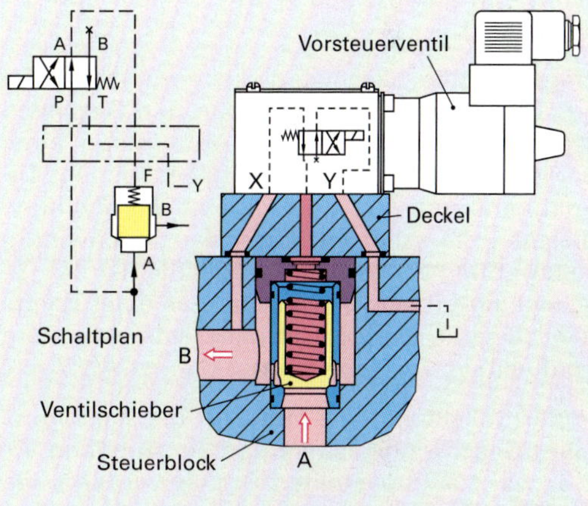

Bild 2: 2-Wege-Einbauventil mit Vorsteuerventil

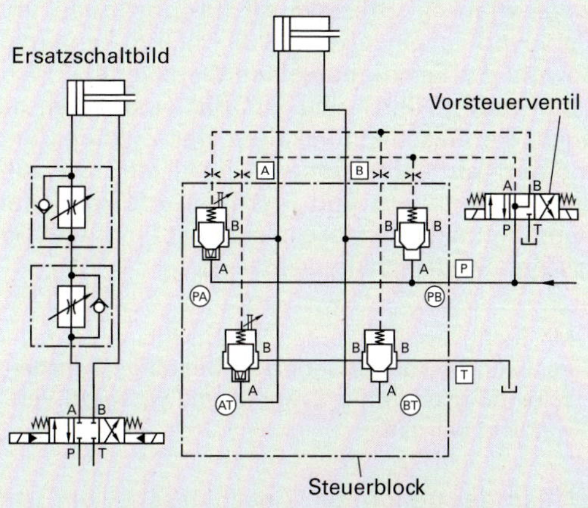

Bild 3: Zylindersteuerung in Patronentechnik

6.7.7 Stetigventile

Schaltventile besitzen zwei oder drei festgelegte Schaltstellungen, die z. B. den Vorlauf, den Stillstand und den Rücklauf eines Zylinders steuern. Für die Dosierung der Ölmenge zur Geschwindigkeitssteuerung des Zylinders benötigt man zusätzlich Stromventile, die über weitere Wegeventile zu- und abgeschaltet werden müssen **(Bild 1)**.

> Die Schalthydraulik (Digitalhydraulik) führt beim Umschalten zu schlagartigen Geschwindigkeitsübergängen (Schaltschlägen), die sich nachteilig auf die Anlage auswirken.

Um z. B. eine schwere Masse sanft anzufahren oder abzubremsen, soll der Hydraulikzylinder zunächst mit der Geschwindigkeit v_1 und v_2 anfahren, die Masse mit konstanter Geschwindigkeit v_3 vorwärtsbewegen und schließlich mit den Geschwindigkeiten v_4 und v_5 wieder sanft abbremsen **(Bild 2)**.

Trägt man die Geschwindigkeiten über der Zeit auf, erhält man einen treppenartigen Geschwindigkeitsanstieg bzw. beim Abbremsen einen entsprechenden Geschwindigkeitsabstieg. Der Volumenstrom und die Trägheit des Zylinders gleichen die scharfen Ecken der Geschwindigkeitstreppen etwas aus. Im Idealfall ist ein Geschwindigkeitsbild erwünscht, das einer Rampe ähnlich sieht. Man spricht daher von einer Rampenfunktion.

In der Schalthydraulik muss für die Ausbildung einer Geschwindigkeitsrampe ein Aufwand von z. B. vier voreingestellten Drosselventilen, vier 2/2-Wegeventilen und einem 4/3-Wegeventil erbracht werden.

Diesen Aufwand kann man stark reduzieren, wenn man ein **Stetigventil** (Proportional- und Servoventile) einsetzt **(Bild 3)**. Mit ihm kann man sowohl die Funktionen eines Wegeventils (Richtungswahl, START und STOPP) ausführen, als auch die Geschwindigkeiten der Zylinder und Motoren stufenlos steuern und regeln. Die zum sanften Anfahren und Bremsen erforderlichen Rampenfunktionen lassen sich mit einer elektronischen Steuerschaltung erzeugen.

> Mit Stetigventilen werden Schaltschläge vermieden und es können jederzeit beliebige Fahrgeschwindigkeiten der Zylinder und Motoren verwirklicht werden.

Wegen der genormten Anschlüsse ist ein Umrüsten der Schalthydraulik auf Stetigventile ohne großen Aufwand möglich.

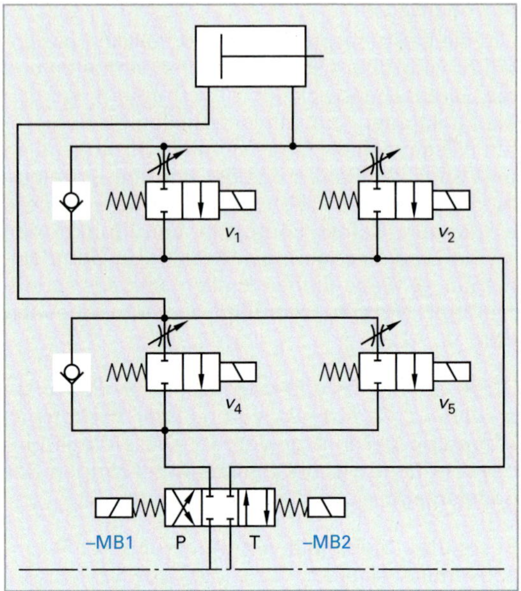

Bild 1: Geschwindigkeitssteuerung mit Schaltventilen

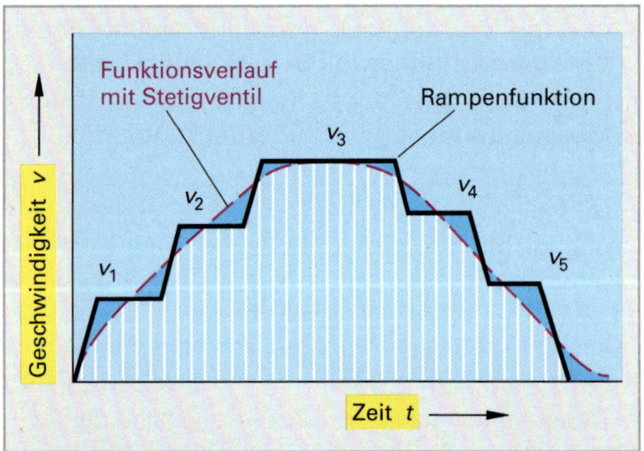

Bild 2: Rampenfunktion

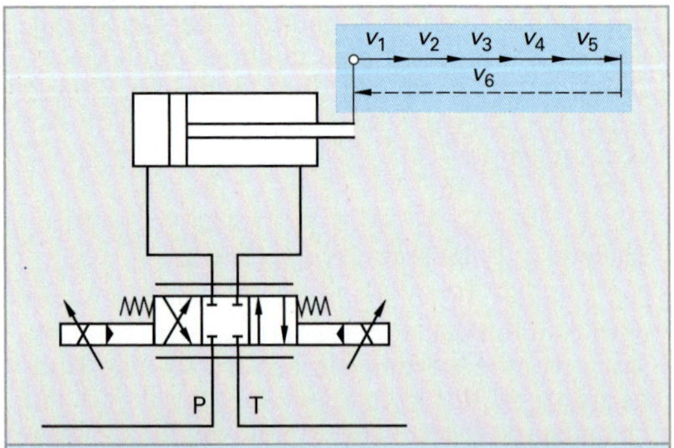

Bild 3: Geschwindigkeitssteuerung mit einem Stetigventil

6.7.8 Proportionalventiltechnik

In der Proportionalventiltechnik wird mit einem elektrischen Steuerstrom I, mit wenigen Milliampere, eine hydraulische oder pneumatische Größe gesteuert **(Bild 1)**.

Gesteuert wird:
- beim **Wegeventil** ein richtungsabhängiger Volumenstrom Q (l/min),
- beim **Druckventil** ein Druck p (bar),
- beim **Stromregelventil** ein Volumenstrom Q (l/min).

Die Proportionalventile gehören zu den Stetigventilen.

Aufgrund der stufenlosen Einstellbarkeit werden immer häufiger Proportionalventile eingesetzt. Hierbei wird die Ansteuerelektronik immer häufiger direkt auf das Ventil montiert. Man nennt dies „On Board Electronic".

Proportionalmagnete

Proportionalmagnete werden mit Gleichstrom betrieben **(Bild 2)**. Sie setzen den Eingangsstrom in eine proportionale Kraft am Stößel des Magneten um.

Die Hub-Kraftkennlinie eines Proportionalmagneten teilt sich in den Arbeitshubbereich und den Leerhubbereich auf **(Bild 3)**. Im Arbeitshubbereich verläuft sie je nach Magnetstrom über einen Bereich annähernd konstant. Damit gelingt es, mithilfe einer Feder einen eindeutig definierten Hub anzusteuern.

Die Proportionalmagnete benötigt man zur direkten Ansteuerung von Ventilen oder zur Vorsteuerung mehrstufiger Ventile. Als Vorsteuerventil verwendet man oft ein Druckbegrenzungsventil.

Der Proportionalmagnet arbeitet:
- als **kraftgesteuerter P-Magnet**, bei dem die Kraftabgabe bei etwa unveränderter Stößellage erfolgt (Hub ≈ 0). Der elektromagnetischen Kraft steht die hydraulische Druckkraft am Drosselspalt entgegen.
- als **hubgesteuerter P-Magnet**, bei dem der Magnetstößel gegen eine Feder wirkt und entsprechend der Magnetkraft mithilfe der Federkennlinie einen Hub erzeugt. Der Hub entspricht z. B. einer Drosselstellung und damit dem Durchfluss Q eines Ventils **(Bild 4)**.

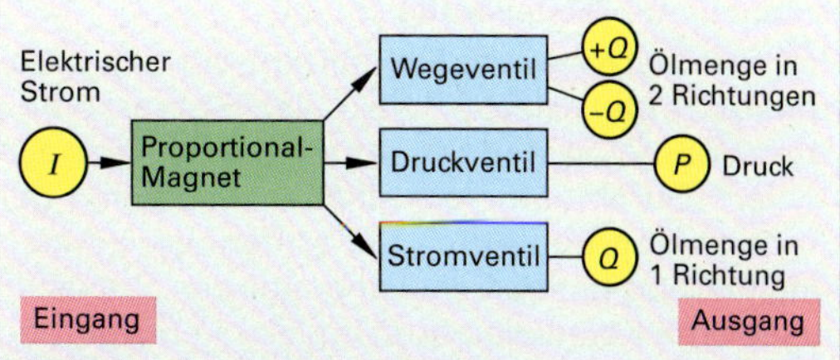

Bild 1: Proportionalventil-Technik

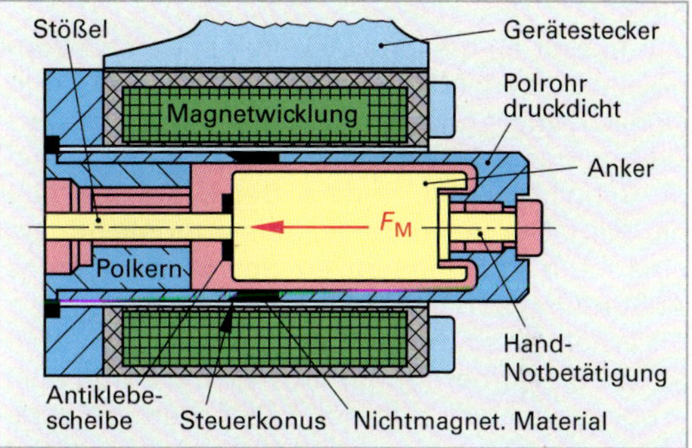

Bild 2: Proportionalmagnet

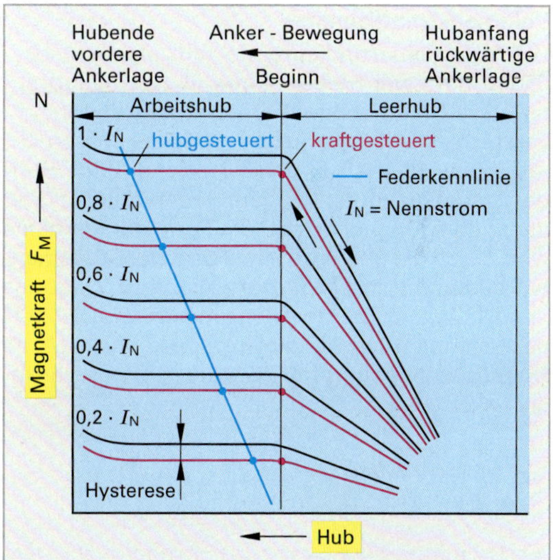

Bild 3: Hub-Kraftkennlinien eines P-Magneten

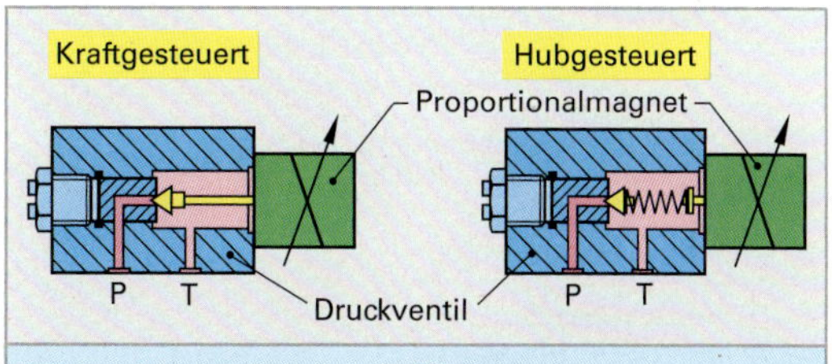

Bild 4: Anwendung von P-Magneten

Proportional-Wegeventile

Proportional-Wegeventile steuern vor allem Volumenströme. Hierbei wird der Steuerkolben proportional zu dem zugeführten Strom positioniert. Durch unterschiedliche Ausbildung der Steuerkanten und durch die stufenlose Verstellung werden unterschiedliche, auf den Praxisfall ausgelegte Kennlinien erreicht. Zur Verringerung des Reibungseinflusses des Steuerkolbens wird die Kolbenposition geregelt und hierzu werden Wegemesssysteme eingebaut **(Bild 2).**

Um besser an die ideale Kennlinie heranzukommen, wird dem Magnetstrom ein Wechselstromsignal, ***Dither***[1] oder *Brumm* genannt, überlagert. Dieses Signal versetzt den Steuerkolben in kleine Schwingungen, sodass die **Hysterese** kleiner wird. Der innere Regelkreis ermöglicht dann eine hohe Stellgenauigkeit des Steuerkolbens. Außerdem kann dadurch die Dynamik des Ventils erhöht werden. Ventile mit großen Volumenströmen erfordern große Kräfte und somit auch große Magneten. In diesen Fällen werden vorgesteuerte Ventile eingesetzt, d. h. ein kleines Hydraulikventil steuert das große Hydraulikventil.

Volumenstromkennlinie

Die Volumenstromkennlinie teilt sich entsprechend der zwei Stellbereiche in zwei Quadranten. Das Sollwertsignal am Eingang des Ventilverstärkers ist bipolar und erstreckt sich von $U =$ –10 V bis +10 V. Über das Vorzeichen (Polarität) der Steuerspannung wird entweder der eine oder der andere Magnet erregt. Die Form der Kennlinie wird durch die geometrische Form der Steuerkanten bestimmt. In der Mittelstellung (0 V) ist das Ventil gesperrt. Die Überdeckung beträgt ca. 20 % des Schieberhubes. Diese Totzone kann durch die Nullpunktanhebung im Verstärker etwas verringert werden.

[1] engl. to dither = bibbern

Bild 1 zeigt eine Versuchsanordnung. Mit einem Digital-Analog-Konverter (DAC) werden Spannungen von –10 V bis +10 V feingestuft an den Verstärker gegeben. Mit einem Volumenstromsensor wird der Volumenstrom gemessen. In einem XY-Diagramm werden die Sollspannung und der Volumenstrom dargestellt.

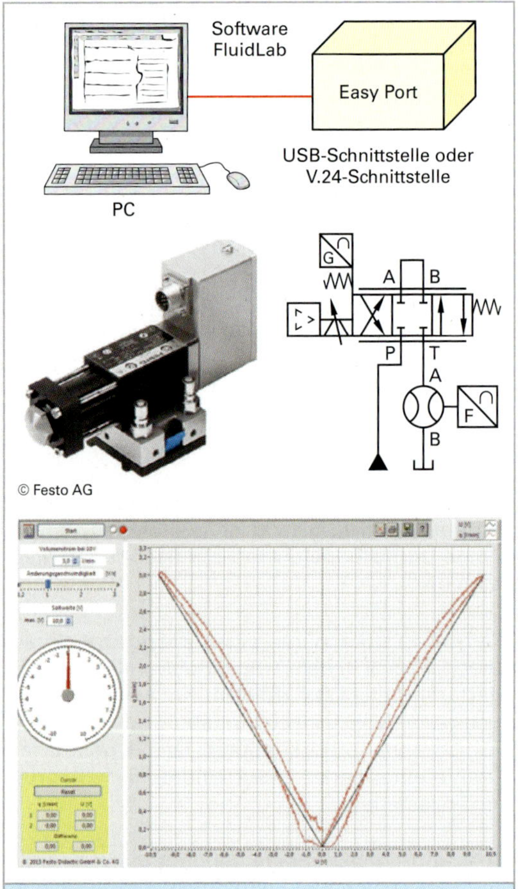

Bild 1: Ventilkennlinien

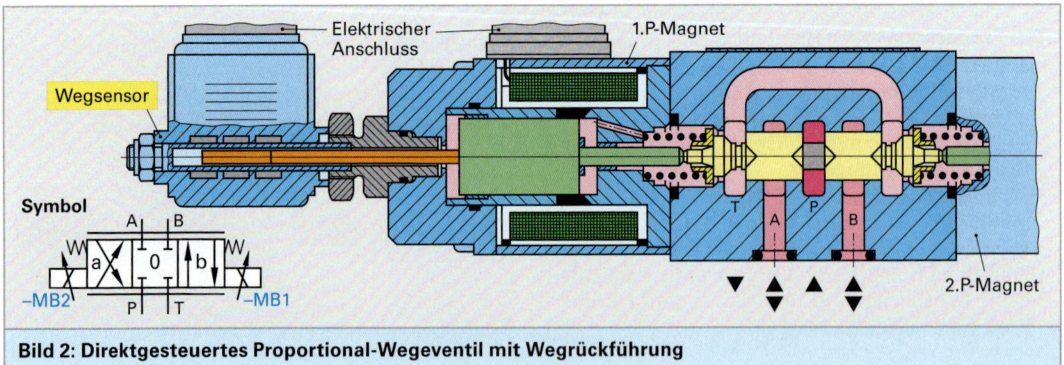

Bild 2: Direktgesteuertes Proportional-Wegeventil mit Wegrückführung

Elektronische Steuerkarte

Proportionalventile werden elektronisch angesteuert. Für die Verstellung ihrer P-Magnete muss z.B. der Eingangsstrom *I* zwischen – 20 mA und + 20 mA variiert werden können. Die elektronischen Bauteile werden meist auf einer Leiterplatte zusammengefasst **(Bild 1)**.

Es sind unterschiedliche Ansteuerschaltungen üblich: a) Beide Spulen sind parallel geschaltet; b) die Spulen sind in Reihe geschaltet; c) die Spulen sind gegeneinandergeschaltet (engl. push – pull = stoßen und ziehen). Im Push-Pull-Betrieb erhält die eine Spule einen größeren Strom, die andere einen entsprechend kleineren Strom.

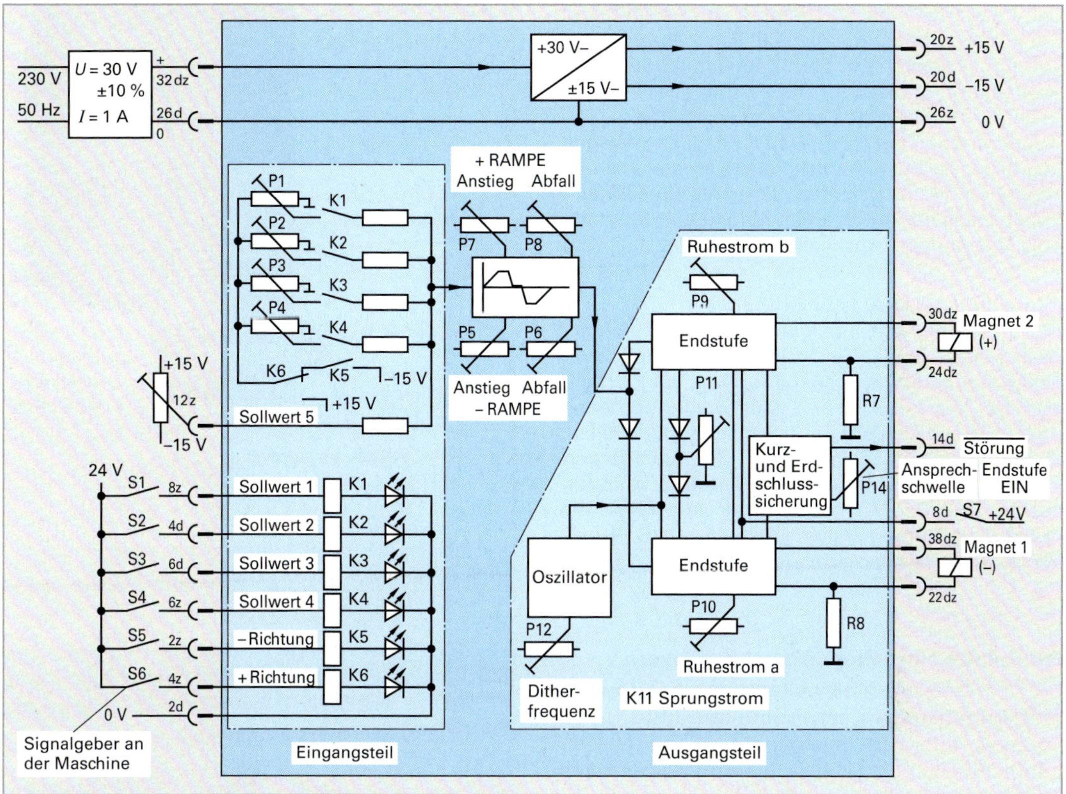

Bild 1: Elektronische Steuerkarte (analog)

Die Stromversorgung

Ein Netzteil von 30 V Gleichspannung versorgt die Endstufen bzw. P-Magnete mit einem geglätteten Gleichstrom. Diese Versorgung soll wegen möglicher Störungen, die z.B. beim Schalten der Relais, Schütze und Motoren auftreten, für die Elektronik separat aufgebaut werden. Einige Bauteile brauchen eine positive und eine negative Versorgungsspannung. Deshalb ist auf der Verstärkerkarte ein internes Netzteil untergebracht.

Sollwertbildung

An den vier Potenziometern P1 bis P4 können die gewünschten Sollwerte mit einem Schraubendreher eingestellt werden. Nach rechts drehend nimmt ihr Wert zu, nach links drehend wird er verkleinert. Diese eingestellten Potenziometer können über die eingebauten Relais K1 bis K4 abgerufen werden. Dies geschieht z.B. über die Grenztaster einer Vorschubeinheit. Mit dem Relais K5 wird die negative Richtung und mit K6 die positive Richtung gefahren (Vor- und Rückfahrt). Über den Eingang 12z kann auch ein zwischen –15 und +15 V einstellbarer Sollwert von außen vorgegeben werden.

Rampenbildung

Sollwertänderungen sollen nicht schlagartig durchgeführt werden. Vielmehr soll sich die Verstellgeschwindigkeit linear ansteigend oder linear fallend ändern, damit die P-Wegeventile weich schalten. Dazu erzeugt die elektronische Verstärkerkarte entsprechende Rampensignale, die über die Potenziometer P5 bis P8 vorgewählt werden können.

Ausgangsteil der Steuerkarte
Im Ausgangsteil wird der Spannungssollwert in einen Magnetstrom umgesetzt. Dabei wird der Strom, nicht die Spannung geregelt, damit ohmsche Widerstandsänderungen der Magnetspule, z. B. bei steigender Temperatur, keinen Einfluss auf die Ventilstellung ausüben. Positive Sollwerte werden dem Magneten b zugeordnet und negative dem Magneten a. Für beide Magnete getrennt kann ein zusätzlicher Ruhestrom vorgegeben werden, der unabhängig vom Sollwert fließt. Er dient zur Anpassung des Wegaufnehmers an die Lage des Wegeventilkolbens. Zur Überwindung der Umkehrspanne eines P-Wegeventils lässt sich über das Potenziometer P11 ein Sprungstrom aufschalten, der vorzeichenabhängig jeweils nur durch einen Magneten fließt und die Totzeit beim Umschalten ausgleicht.

Kurz- und Erdschlusssicherung
Liegt an den Ausgängen ein Kurzschluss vor, so werden die beiden Endstufen von der entsprechenden Überwachungsbaugruppe abgeschaltet. Der Verstärker ist erst dann wieder betriebsbereit, wenn die Versorgungsspannung für 20 bis 30 Sekunden unterbrochen war. Zum Betrieb der Endstufen wird ein Freigabesignal verlangt (Endstufe EIN). Bei NOT-AUS können die Magnete ohne Verzögerung und unabhängig vom Sollwert sofort stromlos gemacht werden.

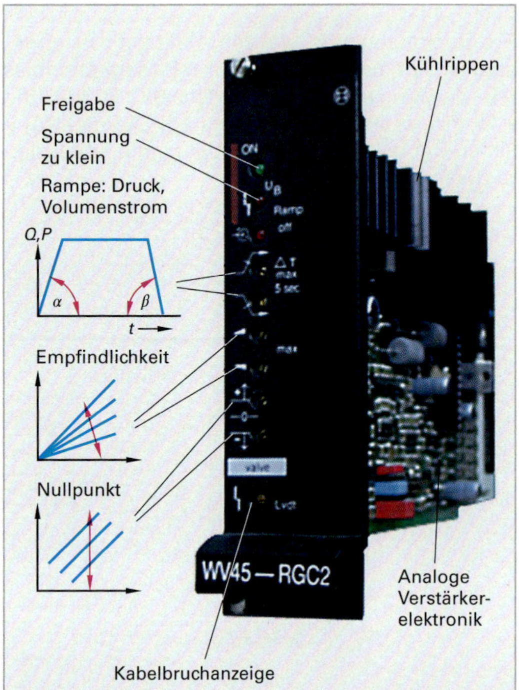

Bild 1: Proportionalverstärker

Frontplatte eines Proportionalverstärkers
Die Verstärker sind als Leiterkarte im Europaformat aufgebaut. An der Frontplatte **(Bild 1)** sind Potenziometer zum Einstellen der Parameter angebracht. Über die Status-LED wird der Betriebszustand angezeigt. Beim Rampensignal kann für jede Signalrichtung eine Verzögerungszeit eingestellt werden. Die Empfindlichkeit (engl. gain), auch Aussteuerbegrenzung genannt, kann von 50...100 % eingestellt werden. Wegen der Ventilüberdeckung gibt es die Möglichkeit, den Nullpunkt (engl. zero) anzuheben. Bei Verstärkerkarten für zwei Magnete können die Empfindlichkeit und die Nullpunktanhebung für jeden Magneten getrennt eingestellt werden. Oft wird zusätzlich ein binäres 24 V-Signal als Freigabesignal für die Ausgabe der Steuerspannungen verwendet.

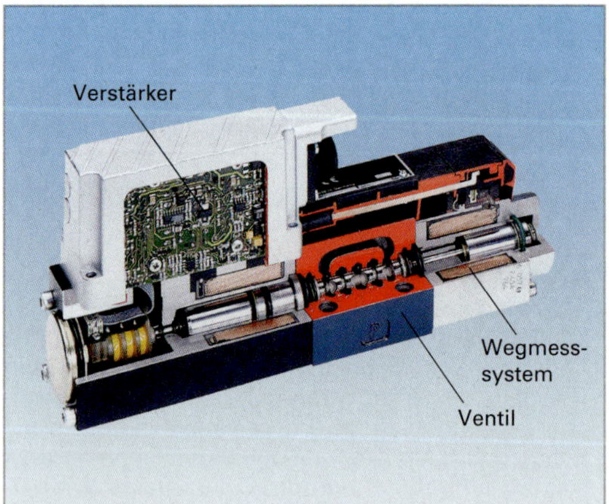

Bild 2: Regelventil mit Verstärker

Regelventile mit integrierter Verstärkerkarte
Regelventile **(Bild 2)** sind gerätetechnisch weiterentwickelte Proportionalventile. Der Ventilschieber hat keine Überdeckung. Der Stellmagnet kann ziehen und drücken und wirkt gegen eine Rückstellfeder. Der Ventilschieber hat ein Wegmesssystem und ist lagegeregelt. Der Verstärker ist fest angeflanscht. Die Parameter sind fest eingestellt. Der Anwender kann hier keine Änderung vornehmen. Je nach Ventilkörper und Ventilschieber können unterschiedliche Kennlinien erzeugt werden.

Einstellen eines Proportional-Druckventils

An den Verstärkerkarten kann in der Regel die *Aussteuerbegrenzung*, die *Nullpunktanhebung* und der *Brumm* (Dither) eingestellt werden **(Bild 1).** Mithilfe der Aussteuerbegrenzung kann die Feinheit der Auflösung verändert werden. In der Pneumatik wird oft die Aussteuerbegrenzung auf 60 % eingestellt. Damit hat man bei 10 V Ansteuerung einen Druck von 60 bar.

Die Nullpunktanhebung gleicht die Überdeckung bzw. die Vorspannung des Ventils aus. Ohne Nullpunktanhebung sind oft 2,5 V bis 3 V notwendig, um das erste Ansprechen des Ventils zu erreichen. Dem Ausgangssignal wird ein Wechselstromsignal (Dithersignal) überlagert. Dadurch wird erreicht, dass der Ventilkolben kleine Schwingungen macht und somit muss der Steuerkolben bei einer Sollwertänderung nicht von der ruhenden Reibung aus starten. Ohne das Dithersignal haben die Proportionalventile eine stark ausgeprägte Hysterese. Das Dithersignal sollte so klein wie möglich gewählt werden. Dies ist notwendig, damit das Öl im Ventil keine Schwingungen nach außen trägt. Das Dithersignal wird oft auch proportional zum Ventilstrom gewählt.

Um Ventile vergleichen zu können, werden die Hysterese, die Ansprechempfindlichkeit und die Umkehrspanne gemessen und in Prozent angegeben **(Bild 2).** Bei der Ansprechempfindlichkeit wird auf den halben Sollwert gefahren, dann ein paar Sekunden gewartet, danach bis zum Sollwert weitergefahren. Bei der Umkehrspanne wird zum halben Sollwert gefahren, dann ein paar Sekunden gewartet und dann wieder zurückgefahren.

Diese Kurven geben Auskunft über die Dynamik des Ventils.

Beispiel: Aufnehmen der Kennlinie eines Proportional-Druckventils (Bild 3)

Mit dem PC werden über eine Interface-Karte die Daten übertragen. Mit dem DAC (Digital-Analog-Converter) wird der Sollwert 0 bis z. B. 5 V langsam steigend und dann wieder fallend an den Verstärker gesendet. Über den Analogeingang (ADC, Analog-Digital-Converter) wird der aktuelle Druck dargestellt. Die Versuchsgeschwindigkeit verändert das Ergebnis, deshalb wird der Versuch sehr langsam gefahren. Der hydraulische Druck wird gemessen und im Diagramm dargestellt. Durch Verändern der Parameter (z. B. Dithersignal, Nullpunktanhebung, Aussteuerbegrenzung) kann das Ventil auf das gewünschte Verhalten eingestellt werden. **Bild 4** zeigt ein gut eingestelltes Ventil. Der Leerlaufdruck ist vom Volumenstrom abhängig.

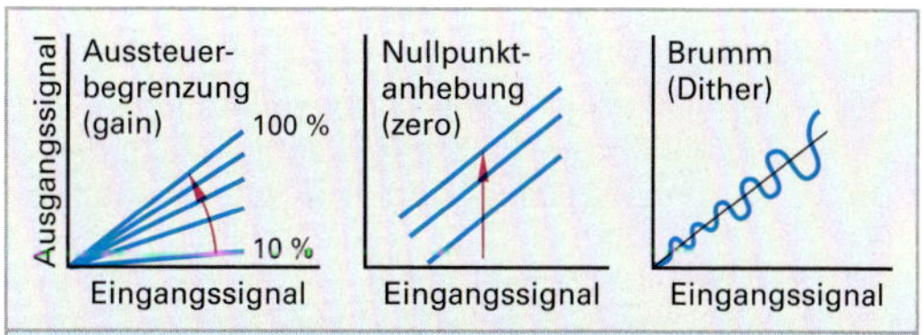

Bild 1: Wirkung der Einstellungen

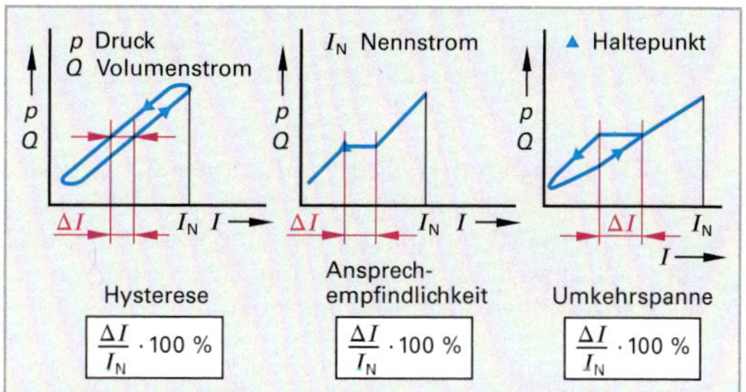

Bild 2: Kenngrößen

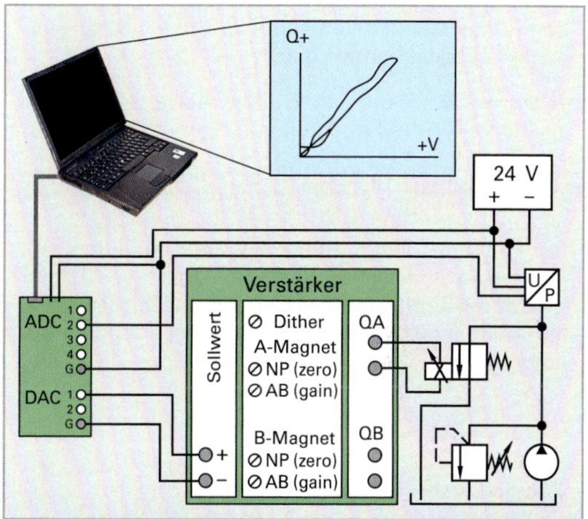

Bild 3: Versuchsaufbau

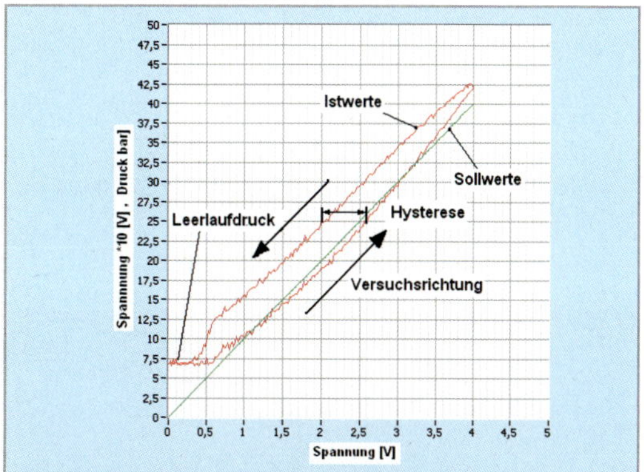

Bild 4: Versuchsaufzeichnung

Beispiel: Hydraulische Eilgang-Vorschub-Einheit

Der Hydraulikzylinder einer Vorschubeinheit wird mit einem 4/3-Proportionalwegeventil angesteuert. Durch Durchbeaufschlagung mit verschiedenen Steuerspannungen werden die verschiedenen Geschwindigkeiten erreicht **(Bild 1)**.

Durch die Einstellung der Grenztaster werden die Wege festgelegt.

Bild 2 zeigt den Hydraulikplan. Die Verwendung der vorgeschalteten Druckwaage (–QN1) ermöglicht, dass die Geschwindigkeit des Kolbens lastunabhängig ist.

Das ODER-Glied (–KH1) sorgt dafür, dass die Druckwaage in beide Richtungen wirken kann. Da die Steuerkanten des Ventils die Wirkung einer Drossel haben, baut sich auf beiden Seiten des Kolbens ein Druck auf, sodass der Kolben eingespannt ist.

Die Ansteuerung des Proportional-Wegeventils erfolgt über einen Proportionalverstärker. Dieser wird über eine Sollwertkarte angesteuert (**Bild 3**, rechts unten). Diese verfügt über drei binär codierte 24-V-Eingänge. Somit können damit acht Sollwertspannungen im Bereich von –10 V ... +10 V an den Verstärker ausgegeben werden.

Ergänzend werden in der Sollwertkarte die Rampen als Zahlenwert mit der Einheit [s/V] mit eingestellt.

Die Steuerung, z. B. eine SPS, benötigt dadurch keine Analogausgänge.

Der Funktionsplan in **Bild 3** zeigt nur die einfachste Steuerung ohne Verriegelungen. Durch diese Art der Steuerung erübrigen sich Stromregelventile. Weil die Einstellung der Geschwindigkeiten am PC vorgenommen werden kann, muss der Werker dies nicht an der Maschine tun. Zudem kann am PC jede Einstellung leicht dokumentiert werden.

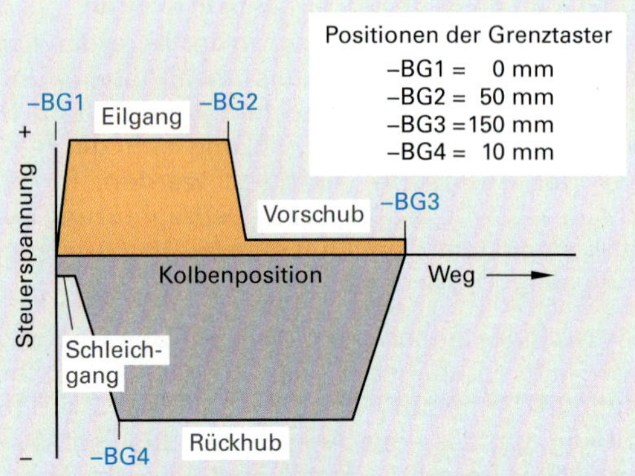

Bild 1: Struktur der Eilgang-Vorschubsteuerung

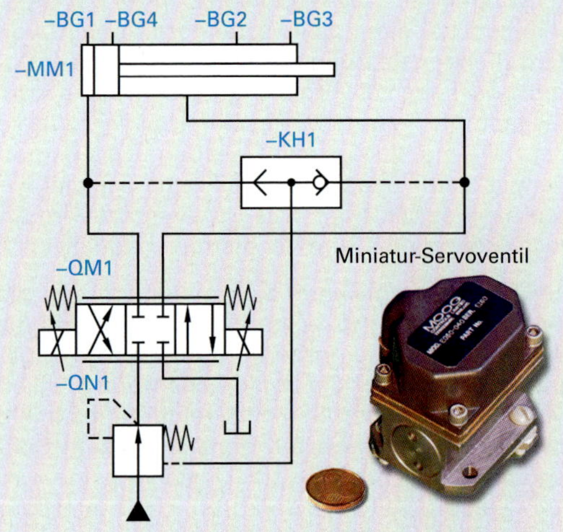

Bild 2: Schaltplan und Miniatur-Servoventil

Zuordnungsbeschaltung

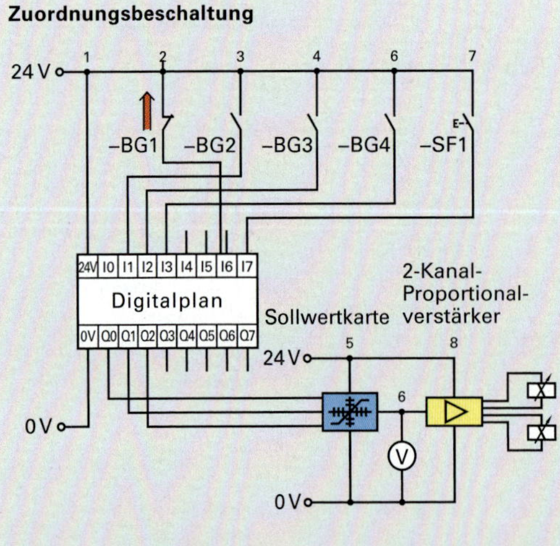

Digitalplan

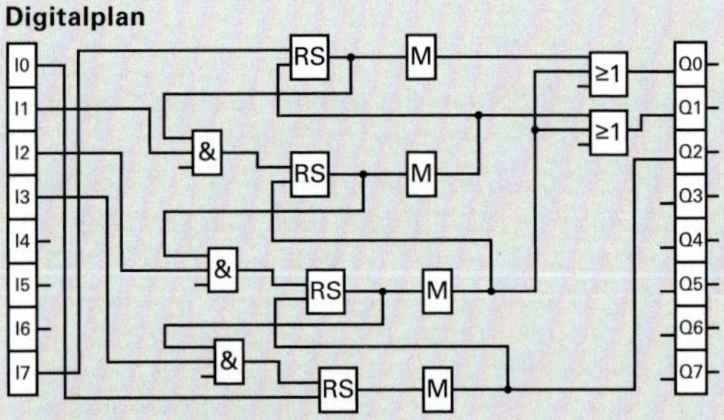

Aufbau Sollwertkarte

Sollwerte			Q2	Q1	Q0
W1	0	(-10 .. 10 V) ☑	0	0	0
W2	9.5	(-10 .. 10 V) ☑	0	0	1
W3	3.5	(-10 .. 10 V) ☑	0	1	0
W4	-6	(-10 .. 10 V) ☑	0	1	1
W5	-2	(-10 .. 10 V) ☑	1	1	1

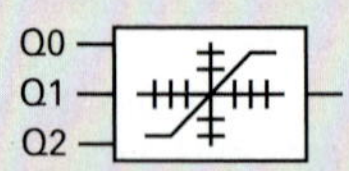

Bild 3: Steuerungslogik

6.7.9 Servoventile

Ein Servoventil besteht z.B. aus zwei Stufen **(Bild 1)**. Die erste Stufe ist ein sehr feinfühlig arbeitender Prallplattenverstärker, der von einem Drehmagneten (Torquemotor) elektrisch verstellt wird. An den Prallplatten befinden sich zwei Düsen, durch die ständig Öl gegen die Flächen der Prallplatte strömt. Dabei entsteht in den Düsenleitungen eine Druckdifferenz, die den Ventilkolben der zweiten Ventilstufe verstellt. Eine mechanische Rückführung stellt die Prallplatte jeweils in die Nullstellung zurück.

Servoventile reagieren schneller und genauer auf Signaländerungen als Proportionalventile. Sie sind aber auch empfindlicher gegen Verschmutzung des Hydrauliköls und teurer.

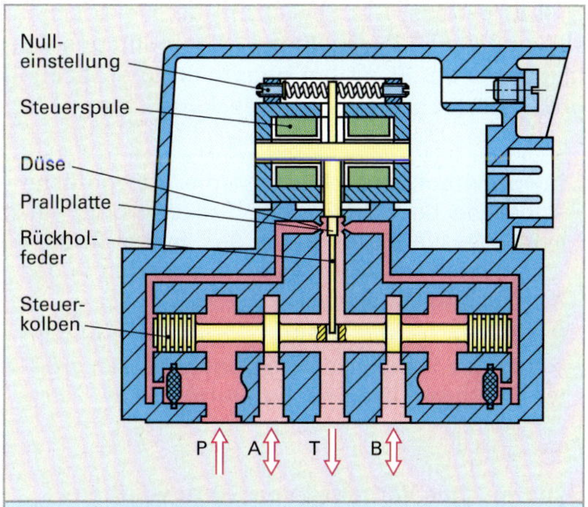

Bild 1: Zweistufiges Servoventil

Kenngrößen von Stetigventilen

Durchflusskennlinie. Das Verhältnis von elektrischem Steuerstrom zum hydraulischen Volumenstrom wird durch die Durchflusskennlinie angegeben **(Bild 2)**. Dabei stellt sich wegen der Magnetisierungsverluste und der Reibung ein Unterschied zwischen steigender und fallender Kennlinie ein (Hysterese). Für Proportionalventile, als Stellglieder in Steuerketten eingesetzt, sollte dieser Unterschied möglichst klein sein, für Servoventile als Regelkreisverstärker spielt die Hysterese eine untergeordnete Rolle, da sie ausgeregelt werden kann.

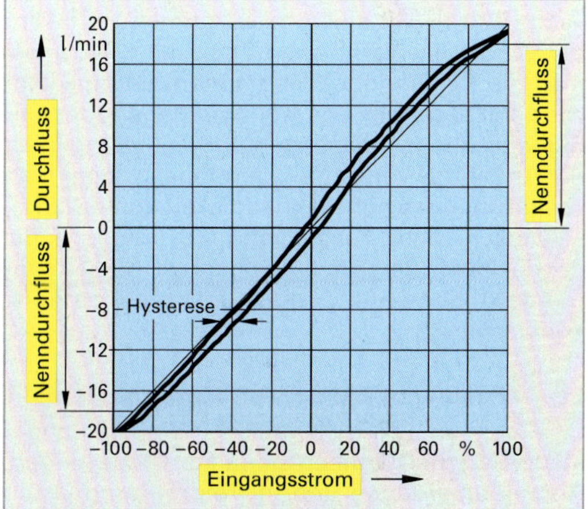

Bild 2: Durchflusskennlinie

Überdeckung der Steuerkanten. Die Überdeckung zwischen Ventilkolben und Anschlussbohrungen hat auf das Verhalten des Stetigventils einen entscheidenden Einfluss **(Bild 3)**:

- **Nullüberdeckung** bedeutet den stufenlosen Übergang von einer Durchflussrichtung zur anderen. Sie ist besonders bei Lageregelkreisen erwünscht und setzt eine genaue Fertigung der Ventile voraus.
- **Negative Überdeckung** wird bei Kraft- und Druckregelungen verwendet und führt zu weichem Schalten.
- **Positive Überdeckung** schließt im Stillstand die Leitungen ab und bewirkt eine sichere Sperrstellung. Dadurch kann z.B. in der Nullstellung des Stetigventils der Druck der Zuleitung erhalten bleiben und als Steuerdruck für andere Schaltzwecke verwendet werden.

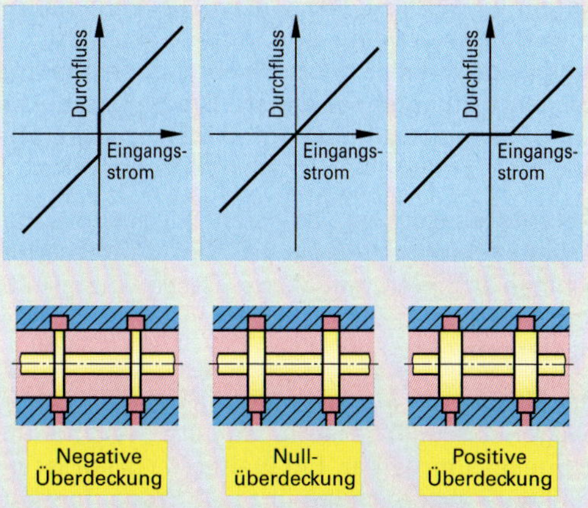

Bild 3: Überdeckung der Steuerkanten

Durch die Form der Ventilkolben, z.B. Einkerbung oder Abflachung der Mantelfläche des Kolbens, kann zusätzlich die Kennlinie verändert werden. So ergeben sich geknickte oder parabolische Kennlinien, die dem Verwendungszweck angepasst sind.

Nulldurchfluss. Der Leckstrom bei elektrischem Nullsignal gibt die Qualität der Dichtung des Ventilkolbens an. Er ist bei negativer Überdeckung groß und bei positiver Überdeckung klein.

Ansprechempfindlichkeit ist die erforderliche Änderung des elektrischen Steuerstroms, um eine messbare Änderung des hydraulischen Volumenstroms zu erzeugen. Sie wird in % des Nennstroms angegeben.

Hysterese ist die größte prozentuale Abweichung des Steuerstroms bezogen auf den größten Stromwert bei gleichem Durchfluss *Q*.

Dynamisches Verhalten von Stetigventilen

Um das dynamische Verhalten zu prüfen, wird das Ventil mit einem sinusförmigen Wechselstrom angesteuert, dessen Frequenz verändert werden kann **(Bild 1)**. Mit einem massearmen Prüfzylinder, der an das Ventil angeschlossen wird, misst man die Kolbenhübe (Amplituden) und die zeitliche Verzögerung des Kolbens gegenüber der Signalfrequenz (Phasengang). Die Abhängigkeit der Amplitude von der Signalfrequenz nennt man **Amplitudengang**, die Abhängigkeit von der Phasenverschiebung **Phasengang**. Die Frequenz, bei der der Abfall der Amplitude beginnt, heißt **Kennfrequenz**. Gute Stetigventile besitzen eine hohe Kennfrequenz.

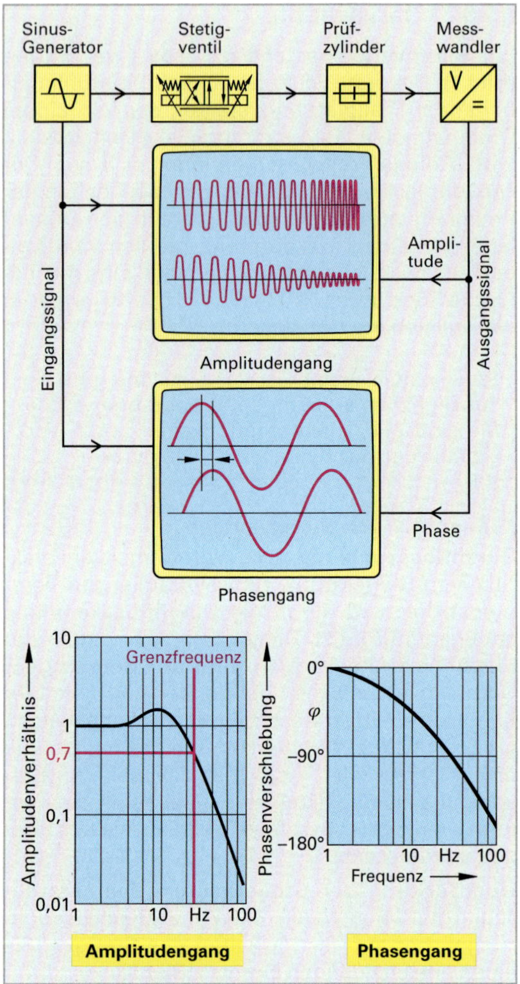

Bild 1: Dynamisches Verhalten von Stetigventilen

Einsatz und Verwendung von Stetigventilen

Da Stetigventile mit elektrischen Signalen angesteuert werden, können sie in Fernsteuerungen, Ablaufsteuerungen und in freiprogrammierten Steuerungen mit Regelkreisen eingesetzt werden **(Bild 2)**.

Fernsteuerungen. Bei großen Anlagen oder bei Gefahr für den Bediener, wie z. B. bei Ladegeräten oder Baufahrzeugen, sind lange elektrische Leitungen gegenüber hydraulischen oder pneumatischen Leitungen vorteilhaft. Die Signalübertragung ist anpassungsfähig, erfolgt trägheitsfrei und ohne Einfluss von Druck und Temperatur.

Ablaufsteuerungen. Bei sich wiederholenden Arbeitsabläufen, wie sie z. B. bei Werkzeugmaschinen auftreten, sind Wege, Geschwindigkeiten und Kräfte für die verschiedenen Arbeitsschritte zu steuern.

Der Einsatz von Stetigventilen ist dabei einfacher, billiger, besser in der Arbeitsqualität, leichter und schneller umrüstbar. Ein weiterer Vorteil ist die Funktionsüberwachung über die Wegaufnehmer der Stetigventile. Dabei kann jederzeit angezeigt werden, ob der Ventilkolben richtig arbeitet.

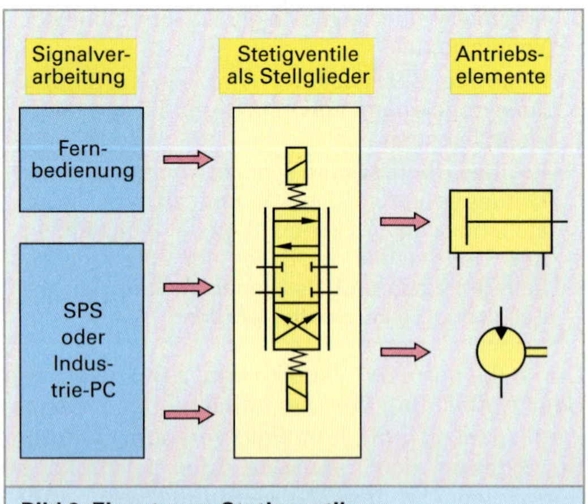

Bild 2: Einsatz von Stetigventilen

7 Regelungstechnik

7.1 Grundbegriffe

Aufgabe der Regelungstechnik ist die Einhaltung oder das Erreichen von gewünschten Werten oder Wertefolgen.

> Die Regelung ist ein Vorgang, bei dem eine Größe, die zu regelnde Größe (Regelgröße) fortlaufend erfasst, mit einer anderen Größe, der Führungsgröße, verglichen und im Sinne einer Angleichung an die Führungsgröße beeinflusst wird (nach DIN IEC 60050-3511).

Bei einer Dusche ist erwünscht, dass die Wassertemperatur konstant bleibt **(Bild 1)**. Die zu regelnde Größe, die **Regelgröße**, ist also die Wassertemperatur. Ihr Wert wird sensorisch fortlaufend erfasst und durch Verstellen des Mischers beeinflusst. Dabei wird angestrebt, dass die erreichte Wassertemperatur, der **Istwert** (Regelgröße), möglichst der Wunschtemperatur, dem **Sollwert** (Führungsgröße), entspricht. Die gesamte Einrichtung Bild 1 bildet einen **Regelkreis**.

> Bei einer Regelung ist stets eine Kreisstruktur mit Rückführung der Regelgröße vorhanden.

Wird der Regelkreis gestört, z. B. durch die Entnahme von Kaltwasser im Nebenraum, so entsteht wieder eine Differenz **(Regeldifferenz)** zwischen der Wunschtemperatur (Führungsgröße) und der tatsächlichen Temperatur (Regelgröße). Das Stellventil muss erneut betätigt werden. Verstellt man es aber zu hastig, so wird das Wasser wechselweise zu kalt oder zu heiß werden. *Der Regelkreis schwingt*. Erst durch Erfahrung, nämlich der Kenntnis, wie lange es etwa dauert, bis sich die veränderte Temperatur am Brausekopf einstellt und wie empfindlich das Stellventil reagiert, gelingt es, zügig die Brausetemperatur ohne wesentliches Schwingen einzustellen.

In einem technischen Regelkreis wird die Regelgröße x mit einem Sensor erfasst und mit der Führungsgröße w durch Subtraktion verglichen **(Bild 2)**. Die Regeldifferenz $e = w - r$ wird durch den Regler in die Reglerausgangsgröße m zur Steuerung der Regelstrecke durch den Steller umgewandelt. Dessen Ausgangsgröße ist die Stellgröße y. Die Stellgröße y ist auch das Eingangssignal der Regelstrecke. Ihr Ausgangssignal ist die Regelgröße x.

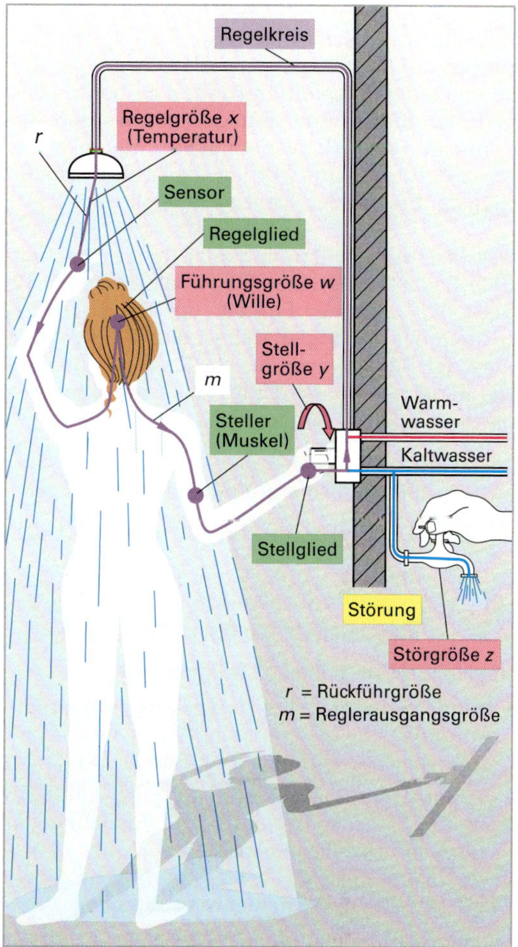

Bild 1: Manuelle Regelung der Wassertemperatur

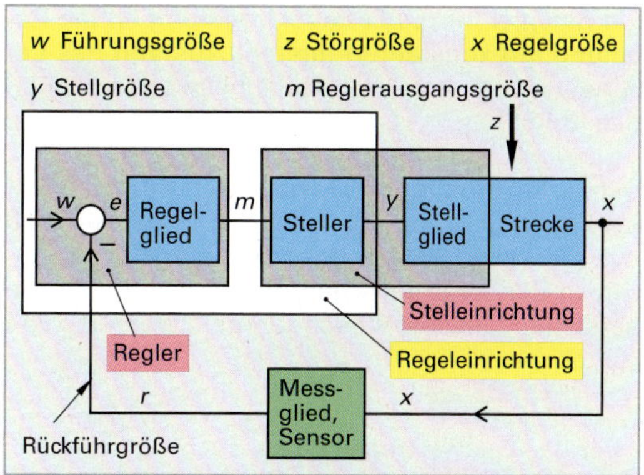

Bild 2: Wirkungsplan eines Regelkreises

[1] Die frühere Norm für Regelungstechnik DIN 19 226 ist seit Juni 2009 zurückgezogen und durch die Norm: DIN IEC 60050-351 „Internationales Elektrotechnisches Wörterbuch – Teil 351: Leittechnik" ersetzt. Die neue Norm ist im Kapitel Regelungstechnik berücksichtigt.

Im Beharrungszustand eines Regelkreises ist die Regeldifferenz sehr klein oder Null. Treten Störungen auf oder ändert sich die Führungsgröße, so entstehen Regeldifferenzen, die über die veränderten Stellgrößen *y* ausgeregelt werden. Zur Vermeidung des Schwingens eines Regelkreises muss dafür gesorgt werden, dass die Veränderung der Stellgröße nicht zu schnell erfolgt.

Der vereinfachte Wirkungsplan einer Regelung **(Bild 1)** fasst Steller, Stellglied und Strecke (Bild 2, Seite 179) zu einer Einheit, der **Regelstrecke**, zusammen. Der **Regler** steuert direkt die Verstellung der Regelstrecke durch das Stellsignal *m*. Die Regelgröße *x* wird zur Rückführgröße $r = x$ und somit gilt: $e = w - x$

Ein Regelkreis besteht aus Regler und Regelstrecke.

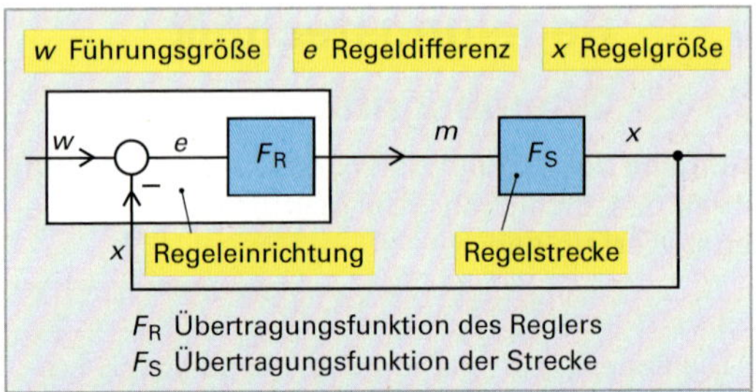

Bild 1: Vereinfachter Wirkungsplan einer Regelung

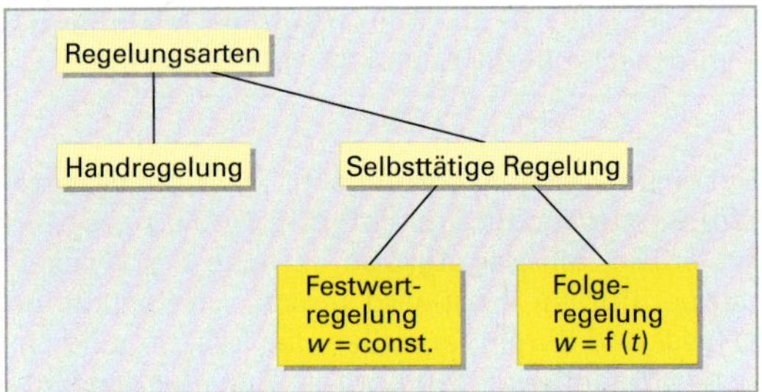

Bild 2: Regelungsarten

7.2 Regelungsarten

Regelungen werden eingeteilt in:

- **Handregelungen,** bei denen mindestens die Aufgabe eines Regelkreisgliedes vom Menschen wahrgenommen wird **(Bild 2)** und
- **Selbsttätige Regelungen**, die ganz ohne Zutun des Menschen ablaufen, mit Ausnahme der Vorgabe von Führungsgrößen.

Des Weiteren unterscheidet man zwischen

- **Festwertregelung** und
- **Folgeregelung** (Bild 2).

Ein Beispiel für die **Festwertregelung** ist die Regelung auf konstanten (festen) Abstand des Laserwerkzeugs zum Werkstück beim Laserschneiden **(Bild 3)**.

Damit der Brennpunkt des Laserstrahls stets auf der Werkstückoberfläche bleibt, wird der Abstand *d* zur Werkzeugdüse fortlaufend über einen kapazitiven Sensor erfasst und über die hydraulische Verstelleinheit sofort nachgeregelt, wenn d_{ist} von d_{soll} abweicht.

Bei der Festwertregelung versucht der Regler stets den Istwert mit dem Sollwert in Übereinstimmung zu bringen.

Störungen auf die Regelstrecke bewirken nur vermindert oder nur vorübergehend eine Abweichung des Istwertes vom Sollwert.

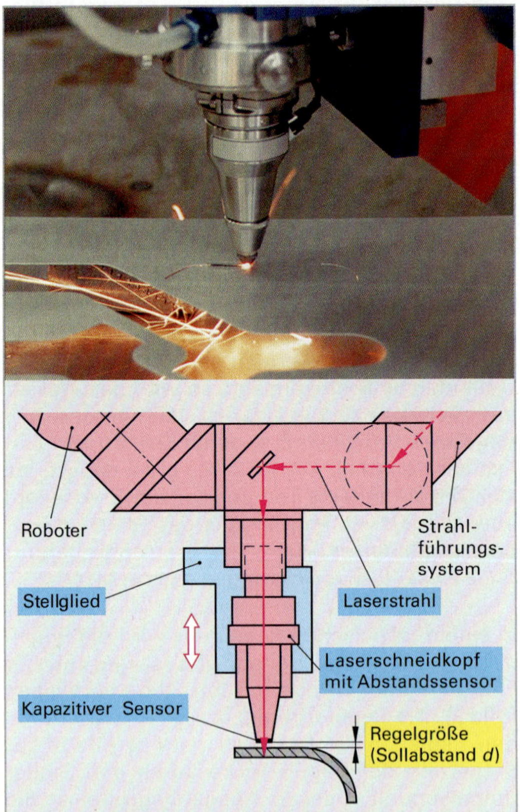

Bild 3: Abstandsregelung für ein Laserschneidwerkzeug

Ein Beispiel für die **Folgeregelung** ist die Lageregelung (Positionsregelung) für den Maschinenschlitten einer Drehmaschine **(Bild 1** und **Bild 2)**. Das Werkzeug muss der Lageführungsgröße x_{soll}, welche für die Werkstückbearbeitung von der numerischen Steuerung fortlaufend berechnet wird, möglichst schnell und genau folgen. Der Lageregler berechnet hierzu fortlaufend die Regeldifferenz $\Delta x = x_{soll} - x_{ist}$ und gibt für den Vorschubantrieb in der X-Achse ein Stellsignal (Geschwindigkeitssignal) $v_x = K_{vx} \cdot \Delta x$ aus **(Bild 3)**. Der Vorschubantrieb verstellt nun den Maschinenschlitten der X-Achse mit dem Werkzeug so lange, bis Δx zu null geworden ist. Der Faktor K_{vx} heißt Geschwindigkeitsverstärkung.

Je größer die Geschwindigkeitsverstärkung K_{vx} gewählt wird, umso empfindlicher reagiert die Lageregelung. Bei $K_{vx} = 50 \frac{mm}{s}/mm$ fährt der Maschinentisch bei $\Delta x = 1$ mm mit der Geschwindigkeit $v_x = 50$ mm/s und bei $\Delta x = 0{,}1$ mm mit 5 mm/s auf den Sollpunkt zu. Wählt man die Geschwindigkeitsverstärkung zu hoch, so schießt der Maschinentisch über den Zielpunkt hinaus. Die Regeldifferenz kehrt sich um. Der Maschinentisch fährt in Gegenrichtung wieder über den Zielpunkt hinaus, und man erkennt, dass die Lageregelung schwingt. Man sagt, der Regelkreis ist instabil.

Für die Z-Achse der Drehmaschine benötigt man wie für die X-Achse die gleiche Lageregelung

Bei einer Folgeregelung bewirkt der Regler, dass die Regelgröße dem vorgegebenen Führungsgrößenverlauf folgt.

Bei Änderungen der Führungsgröße gibt es meist nur vorübergehend Abweichungen zwischen Führungsgröße und Regelgröße.

Die Aufgabe des Regelungstechnikers ist es, die optimale Wahl und die Einstellung der Regler zu finden. Bei der Reglerauswahl und für die Reglereinstellung muss man daher die **Dynamik**, d. h. das **Reaktionsvermögen** und die **Verstärkung** der Signale durch die einzelnen Regelkreisglieder berücksichtigen. Die Dynamik wird durch die Zeitkonstanten oder deren Kehrwerte, die Kennkreisfrequenzen, beschrieben. Die Dynamik, also die Beweglichkeit bzw. die Reaktionsfähigkeit eines Systems ist umso besser, je kleiner die Zeitkonstanten sind bzw. je höher die Kennkreisfrequenzen sind. Die Verstärkung der Signale wird durch die Proportionalbeiwerte K bzw. durch die Steigungen der Kennlinien bestimmt.

Zum Aufbau und Einstellen eines Regelkreises müssen die Eigenschaften der Regelkreisglieder bekannt sein.

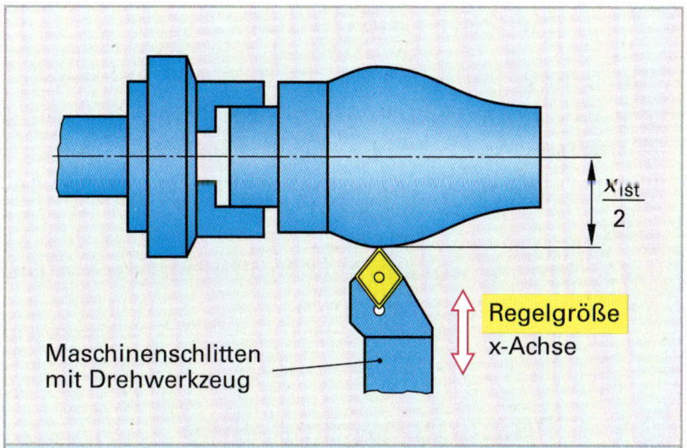

Bild 1: Folgeregelung für die *x*-Achse bei der Drehbearbeitung

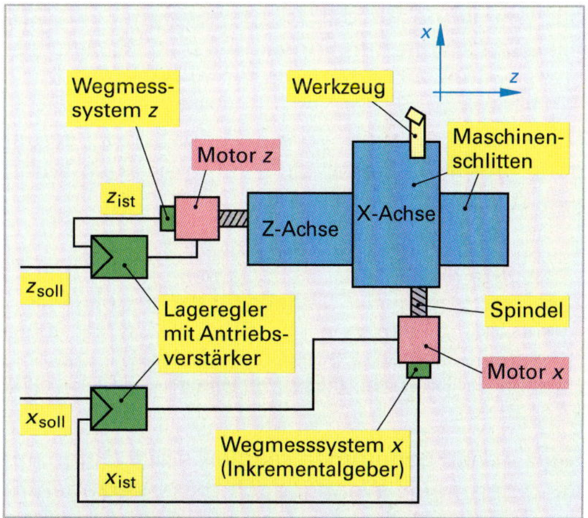

Bild 2: Lageregelung eines Maschinenschlittens mit Drehwerkzeug

$$v_x = K_{vx} \cdot \Delta x$$

v_x Geschwindigkeit in x-Richtung
K_{vx} Geschwindigkeitsverstärkung
Δ_x Lageregeldifferenz

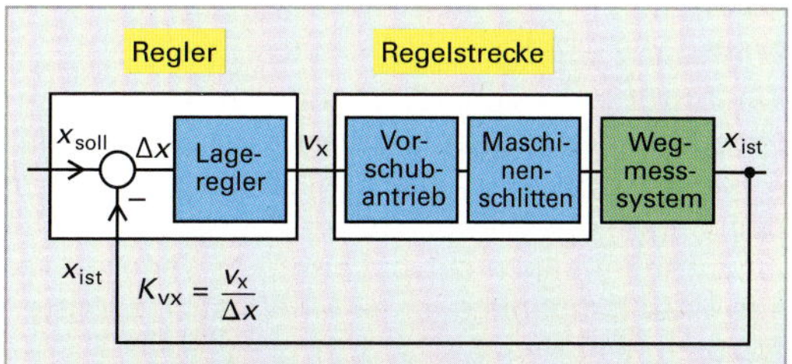

x_{soll} Lagesollwert der x-Achse
x_{ist} Lageistwert der x-Achse

Bild 3: Blockschaltbild der Lageregelung eines Maschinenschlittens in der X-Achse

7.3 Regelkreisglieder

Regelkreisglieder werden gekennzeichnet durch:

- die Sprungantwort (Ausgangssignal) auf eine Sprungfunktion am Eingang oder
- die Reaktion auf sinusförmige Eingangssignale oder
- das Bode-Diagramm (Amplitudenverhältnis und Phasenverschiebung).

7.3.1 Proportionalglied ohne Verzögerung (P-Glied)

P-Glieder erzeugen ein Ausgangssignal *v*, das proportional zum Eingangssignal *u* ist **(Bild 1)**. In der Gleichung für das Ausgangssignal *v* in Abhängigkeit vom Eingangssignal *u* ist K_p der Proportionalbeiwert oder auch Verstärkungsfaktor.

Man nennt *K* auch Verstärkungsfaktor, selbst dann, wenn *K* kleiner als 1 ist, also auch wenn eine Abschwächung vorliegt.

Beispiele für P-Glieder sind: Getriebe für die Drehzahlverstärkung oder Getriebe für die Drehmomentverstärkung, elektronische Signalverstärker, die meisten Sensoren, z. B. ein Tachogenerator zum Erfassen der Drehzahl **(Bild 2** und **Bild 3)**.

Ganz genau genommen reagieren alle Dinge mit Verzögerungen. Wenn jedoch diese Verzögerungen klein sind gegenüber denjenigen der anderen Regelkreisglieder, z. B. die Signalverzögerung im Drehzahlsensor im Vergleich zur Trägheit des Motors, so bezeichnet man diese Regelkreisglieder als verzögerungsfrei.

P-Glieder antworten auf ein sprungförmiges Eingangssignal ebenfalls mit einer Sprungfunktion. Im Wirkungsplan kennzeichnet man Regelkreisglieder durch die **Sprungantwort** (Bild 1).

Ermittlung von K_p

Zur Ermittlung von K_p benötigt man den mathematischen Zusammenhang zwischen der Ausgangsgröße *v* und der Eingangsgröße *u* des Regelkreisgliedes. Ist der mathematische Zusammenhang nicht bekannt, so kann dieser aus einer Kennlinie oder einem Versuch ermittelt werden.

Die Signale *v* und *u* sind normierte Größen, also Zahlengrößen ohne physikalische Einheiten. Man erhält diese durch Division mit einer Bezugsgröße (Normierungsgröße).

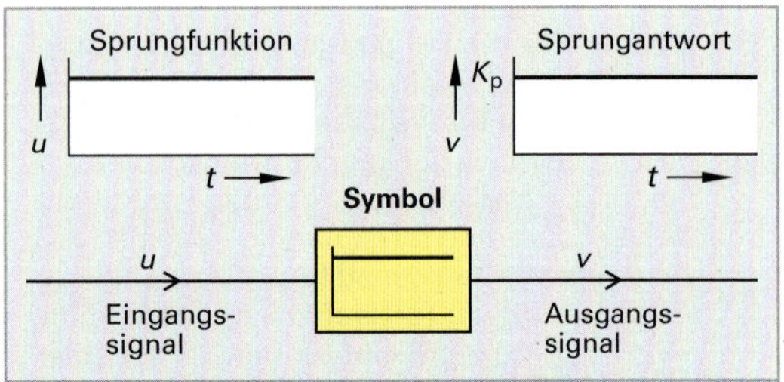

Bild 1: Sprungantwort und Symbol des P-Gliedes

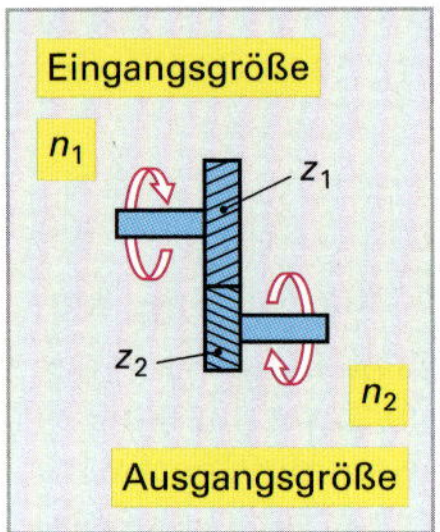

Bild 2: Getriebe

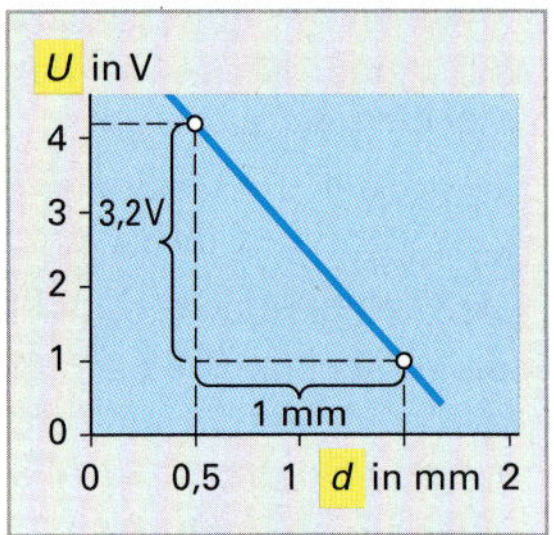

Bild 3: Sensorkennlinie

Beispiel 1:
Ein einstufiges Zahnradgetriebe hat eingangsseitig ein Ritzel mit $z_1 = 200$ Zähnen und ausgangsseitig ein Ritzel mit $z_2 = 100$ Zähnen **(Bild 2)**. Das Getriebe ist für eine maximale Drehzahl $n_0 = 1000\ \text{min}^{-1}$ vorgesehen. Berechnen Sie den Proportionalbeiwert K_p!

Lösung:
Übersetzungsverhältnis: $i = \frac{n_2}{n_1} = \frac{z_1}{z_2}$ — Normierungsgröße: n_0

$$\Rightarrow \quad n_2 = \frac{z_1}{z_2} \cdot n_1$$

$$\frac{n_2}{n_0} = \frac{z_1}{z_2} \cdot \frac{n_1}{n_0} \quad \Rightarrow \quad \boxed{v = K_p \cdot u}$$

$$\frac{n_2}{n_0} \triangleq v, \ \frac{n_1}{n_0} \triangleq u \qquad K_p \triangleq \frac{z_1}{z_2} = \frac{200}{100} = 2$$

Beispiel 2:
Ein Abstandssensor liefert mit zunehmendem Abstand *d* ein kleiner werdendes Signal *u*. Bei einer Abstandszunahme von 1 mm nimmt die Sensorspannung um 3,2 V ab **(Bild 3)**. Ermitteln Sie anhand der Kennlinie im Bild 3 den Proportionalbeiwert K_p. Normieren Sie den Abstand d auf $d_0 = 10$ mm und die Spannung u_2 auf $u_0 = 5$ V.

Lösung:

$$\frac{\Delta u}{\Delta d} = -\frac{3{,}2\ \text{V}}{1\ \text{mm}} \Rightarrow u = -\frac{3{,}2\ \text{V}}{1\ \text{mm}} \cdot d$$

Normierungsgröße: n_0, d_0

$$\frac{u}{u_0} = -\frac{3{,}2\ \text{V}}{1\ \text{mm}} \cdot \frac{d_0}{u_0} \cdot \frac{d}{d_0} \quad \Rightarrow \quad \boxed{v = K_p \cdot u}$$

$$\frac{u}{u_0} \triangleq v, \ \frac{d}{d_0} \triangleq u \qquad K_p = \frac{3{,}2\ \text{V}}{1\ \text{mm}} \cdot \frac{10\ \text{mm}}{5\ \text{V}} = -6{,}2$$

7.3.2 Proportionalglied mit Verzögerung 1. Ordnung (P-T_1-Glied)

P-T_1-Glieder erzeugen ein Ausgangssignal, das erst nach einiger Zeit, nämlich mit Verzögerung, dem Eingangssignal proportional ist **(Bild 1)**. Kennzeichnend für ein P-T_1-Glied sind der Proportionalbeiwert (Verstärkungsfaktor) K_p und die Verzögerungszeitkonstante T. Die Sprungantwort v auf ein sprungförmiges Eingangssignal u ist eine Exponentialfunktion, nämlich $v = K_p\,[1 - e^{-t/T}]$. Die e-Funktion $e^{-t/T}$ ist nach der Zeit $t \approx 3\,T$ abgeklungen. Die Ausgangsgröße ist dann K_p-mal größer als die Eingangsgröße.

Beispiele für P-T_1-Glieder sind alle Geräte, bei denen durch die Eingangsgröße ein Energiespeicher aufgeladen wird, z.B. der Kondensator bei einem RC-Tiefpass oder die kinetische Energie der Schwungmasse bei einem Gleichstrommotor bei Änderung der Ankerspannung.

Proportionalglieder mit Verzögerung 1. Ordnung sind gekennzeichnet durch *einen* Energiespeicher und *eine* Zeitkonstante.

Beispiel 1:
Wird ein Druckbehälter über ein Ventil durch einen Gasstrom gefüllt, erreicht der Druck p_2 im Behälter allmählich (Signalverzögerung) den Druck des Gasstroms **(Bild 2)**.

Die Sprungantwort dieser Anordnung zeigt, dass der Druck p_2 asymptotisch einem Beharrungswert (p_1) zustrebt. Die an dieser Kurve gelegte Anfangstangente schneidet auf dem Beharrungswert ein Zeitstück, die Zeitkonstante T, ab. Eine große Zeitkonstante (flacher Kurvenverlauf) hat eine große Signalverzögerung zur Folge, was durch konstruktive Maßnahmen (Vermeiden von Trägheitsmassen oder anderen Energiespeichern) verhindert werden kann.

Bei Einspeichersystemen erreicht die Ausgangsgröße nach der Zeit $t = T$ etwa 63 % des Endwertes und nach der Zeit $t = 3 \cdot T$ etwa 95 % des Endwertes.

Beispiel 2:
Wird ein Wasserbehälter über einen (schwachen) Tauchsieder erwärmt (ohne dass es zum Kochen kommt), so strebt die Temperatur nach anfänglich starkem Anstieg einem Beharrungswert ϑ_0 zu **(Bild 3)**. Im Beharrungszustand ist die zugeführte Energie gleich der abgestrahlten Energie. Das Signalverhalten entspricht einem Verzögerungsglied 1. Ordnung (P-T_1-Glied). Die Zeitkonstante T ermittelt man durch Anlegen der Tangente an den Kurvenverlauf. Sie ist umso größer, je größer der Wasserbehälter ist. Die Stärke des Tauchsieders hat nur einen Einfluss auf die Endtemperatur, nicht aber auf die Zeitkonstante.

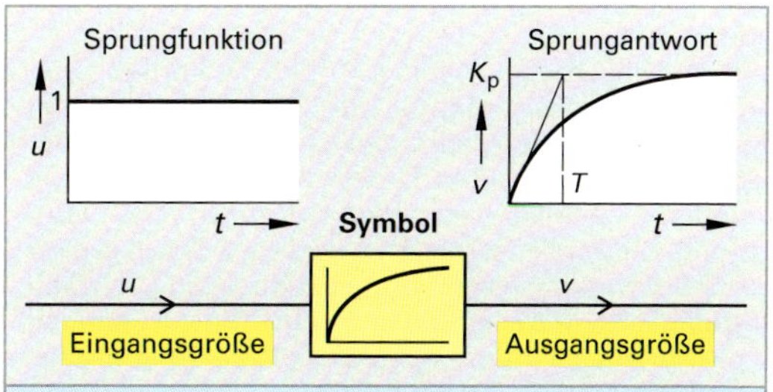

Bild 1: Sprungantwort und Symbol des P-T_1-Gliedes

Sprungantwort:

$\exp(-t/T) = e^{-t/T}$

$$v = K_p \cdot [1 - e^{-t/T}]$$

v Ausgangsgröße
K_p Proportionalbeiwert
t Zeit
T Zeitkonstante

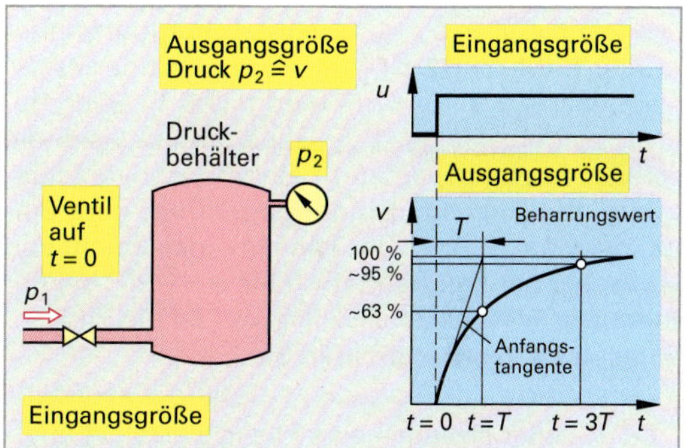

Bild 2: Druckbehälter wirkt wie ein P-T_1-Glied

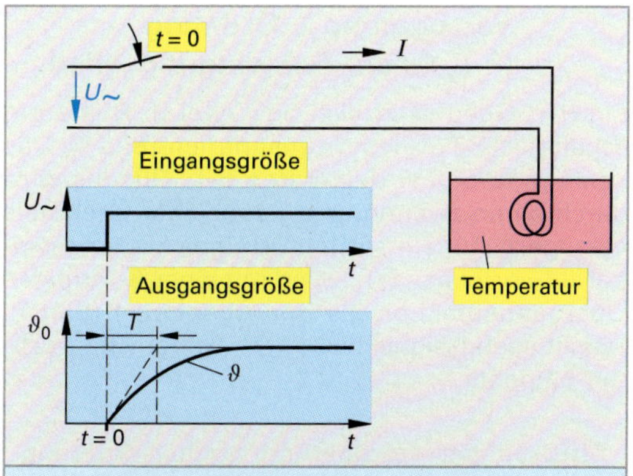

Bild 3: Erwärmung eines Wasserbehälters hat P-T_1-Verhalten

Beispiel 3:
Beim Einschalten eines Antriebs mit erheblicher Schwungmasse nimmt die Drehzahl zunächst schnell zu, strebt dann aber allmählich einem Beharrungswert zu **(Bild 1)**. Der Antrieb verhält sich entsprechend zu einem Verzögerungsglied 1. Ordnung. Die Zeitkonstante T ist umso größer, je größer die Schwungmasse ist und je kleiner die Drehzahlsteifigkeit $\Delta M/\Delta n$ ist. Die angelegte Motorspannung hat nur einen Einfluss auf die erreichte Enddrehzahl, nicht aber auf die Zeitkonstante.

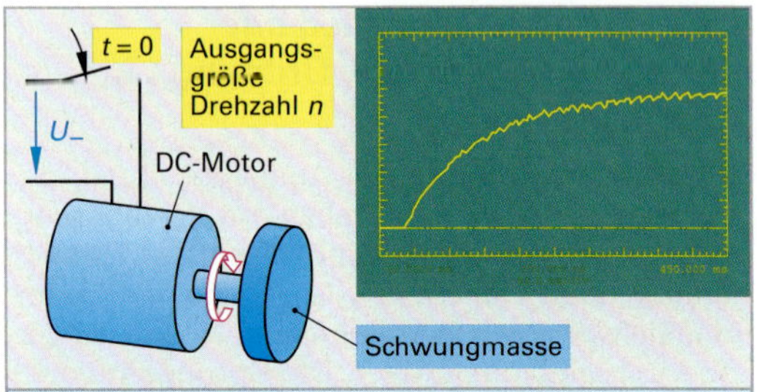

Bild 1: Drehzahlverlauf eines Gleichstrommotors bei einem Spannungssprung

Auf ein sinusförmiges Eingangssignal antwortet das P-T_1-Glied ebenfalls mit einem sinusförmigen Ausgangssignal **(Bild 2)**. Bei hohen Frequenzen wird die Ausgangsamplitude sehr klein (Bild 2), da die Ladung und Entladung des Energiespeichers dem schnellen Wechsel nicht folgen können.

P-T_1-Glieder glätten schnell wechselnde Signale.

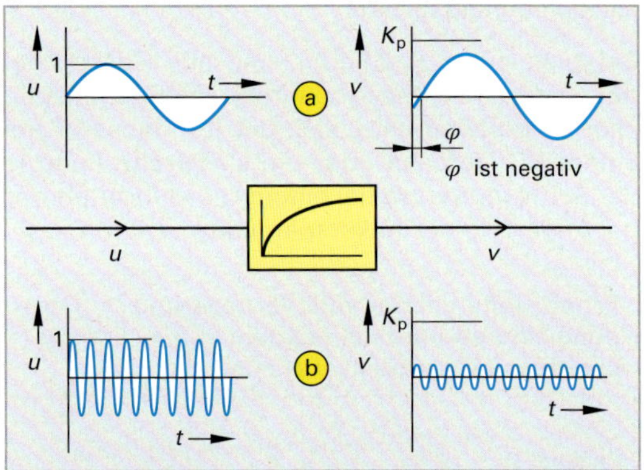

Bild 2: Verhalten des P-T_1-Gliedes bei sinusförmigem Eingangssignal

Man nennt P-T_1-Glieder deshalb auch *Tiefpassfilter* 1. Ordnung, da sie tiefe Frequenzen passieren lassen, hohe Frequenzen dagegen unterdrücken **(Bild 3)**. Bei hohen Frequenzen ist $\omega/\omega_0 > 1$, d. h. $\omega = 2\,\pi\,f > \omega_0 = 2\,\pi\,f_0$, bei tiefen Frequenzen ist $\omega/\omega_0 < 1$, d. h. $\omega = 2\,\pi\,f < \omega_0 = 2\,\pi\,f_0$. Mit der Kreisfrequenz $\omega_0 = 2\,\pi\,f_0 = 1/T$ wird das P-T_1-Glied gekennzeichnet. Da das P-T_1-Glied Eingangssignale zeitlich verzögert, entsteht eine Phasenverschiebung vom Ausgangssignal gegenüber dem Eingangssignal (Bild 3). Der Phasenwinkel reicht von $\varphi = 0°$ bei der Frequenz $\omega = 0$ bis $\varphi = -90°$ bei der Frequenz $\omega \rightarrow \infty$. Für $\omega = 2\,\pi\,f_0 = \omega_0$ ist die Phasenverschiebung $\varphi = -45°$ (Bild 3).

P-T_1-Glieder erzeugen eine Phasenverschiebung zwischen Eingangssignal und Ausgangssignal.

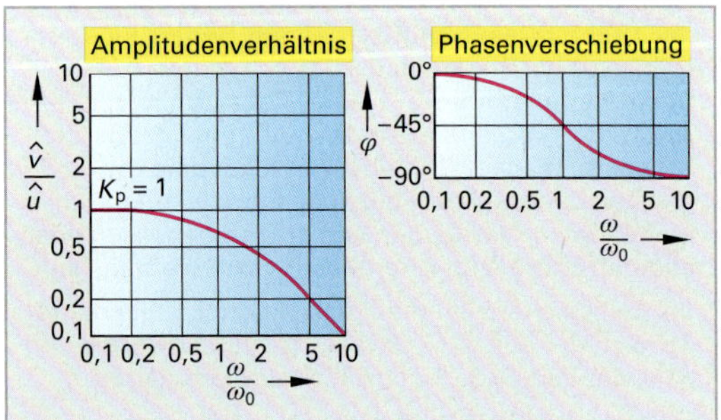

Bild 3: Bode-Diagramm[1] des P-T_1-Gliedes

7.3.3 Proportionalglied mit Verzögerung 2. Ordnung (P-T_2-Glied), Schwingungsglied

Ein P-T_2-Glied setzt sich aus zwei in Reihe geschalteten P-T_1-Gliedern zusammen **(Bild 4)**. Das verzögerte Signal des ersten P-T_1-Gliedes wird durch einen zweiten Energiespeicher nochmals verzögert. Auf ein sprungförmiges Eingangssignal antwortet das P-T_2-Glied mit einer *S-förmigen* Übergangsfunktion als Sprungantwort (Bild 4). Das Ausgangssignal beginnt mit einer waagrechten Tangente.

Strecken mit Verzögerung zweiter Ordnung haben mindestens zwei in Reihe geschaltete Energiespeicher.

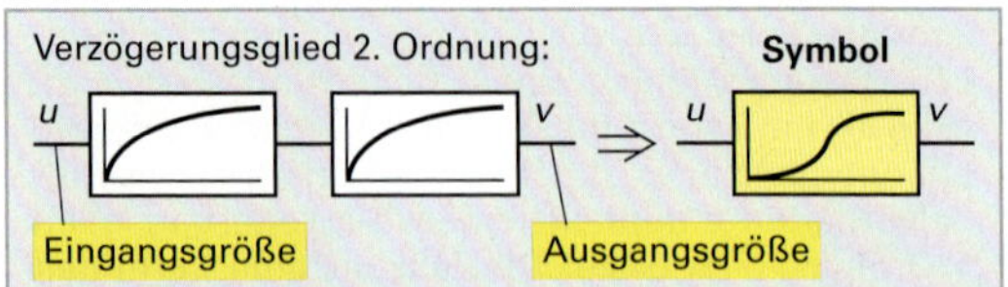

Bild 4: P-T_2-Glied

[1] *H. W. Bode*, amerik. Wissenschaftler, entwickelte um 1940 diese Darstellung

Beispiel 1:
Der Druckbehälter 1 wird durch den Fülldruck p_1 zuerst gefüllt und leitet den ansteigenden Druck p_2 allmählich in den Behälter 2 weiter **(Bild 2)**. Der Druck p_3 steigt also noch langsamer an als p_2. Die Sprungantwort dieser Regelstrecke beginnt zur Zeit $t = 0$ mit einer waagerechten Tangente und hat einen Wendepunkt. Durch die im Wendepunkt an dieser Kurve gezeichnete Tangente (Wendetangente) erhält man die Zeitstücke T_e (Verzugszeit) und T_b (Ausgleichszeit).

Ein **Schwingungsglied** hat ebenfalls zwei Energiespeicher, die wechselweise aufgeladen und entladen werden. Da meist dabei auch Energie in Wärme umgesetzt wird, verläuft das Ausgangssignal als gedämpfte Schwingung **(Bild 3)**.

Beispiel 2:
Wird der Maschinentisch stark beschleunigt oder verzögert, wirken das Lager und die Spindel wie eine Feder **(Bild 4)**. Der Maschinentisch wird im Ersatzbild mit der Masse m dargestellt. Der Schmierfilm zwischen Maschinentisch und Gleitbahn stellt das Dämpfungsglied mit dem Dämpfungsgrad ϑ dar. Die Amplituden der Schwingungen dieses Systems betragen einige Hundertstel Millimeter, was beim exakten Positionieren (Genauigkeit 1 µm) berücksichtigt werden muss.

Betrachtet man bei diesem System den Drehwinkel der Spindel und den Weg des Maschinentisches, erkennt man eine Strecke mit Ausgleich, denn bei Drehung der Spindel um einen bestimmten Winkel nimmt der Maschinentisch eine dieser Drehung entsprechende und von der Spindelsteigung abhängige neue Position ein.

Bezüglich der Drehzahl n und der Vorschubgeschwindigkeit v ist das System ebenfalls eine Strecke mit Ausgleich, denn bei einer Änderung der Drehzahl stellt sich die Vorschubgeschwindigkeit auf einen neuen festen Wert ein.

Kennzeichen des Schwingungsgliedes sind die Kennkreisfrequenz $\omega_0 = 2\,\pi\, f_0$ und der Dämpfungsgrad ϑ **(Bild 1, Seite 186)**. Bei $\vartheta = 0$ liegt eine ungedämpfte Schwingung vor. Bei Werten zwischen $\vartheta = 0$ und $\vartheta = 1$ ist der Schwingungsverlauf gedämpft. Für $\vartheta > 1$ hat das Schwingungsglied die Eigenschaften des P-T_2-Gliedes.

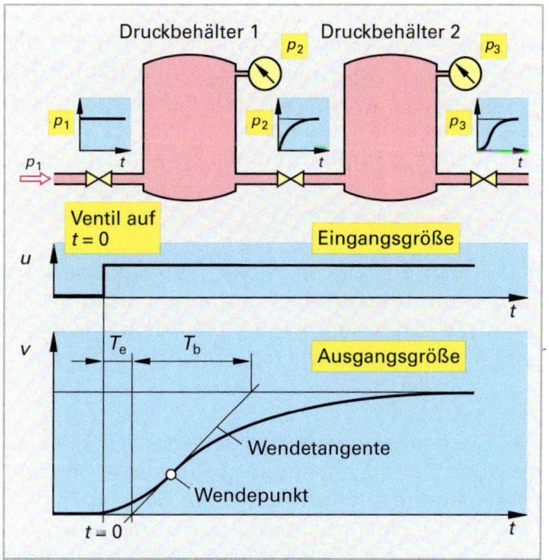

Bild 1: Strecken mit Verzögerung zweiter Ordnung und Übergangsfunktion

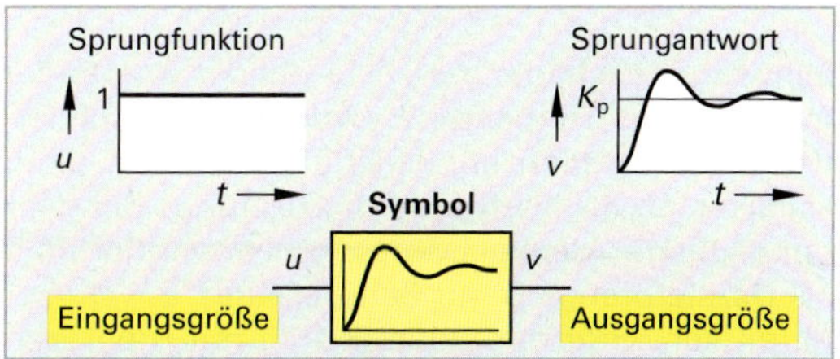

Bild 2: Schwingungsglied

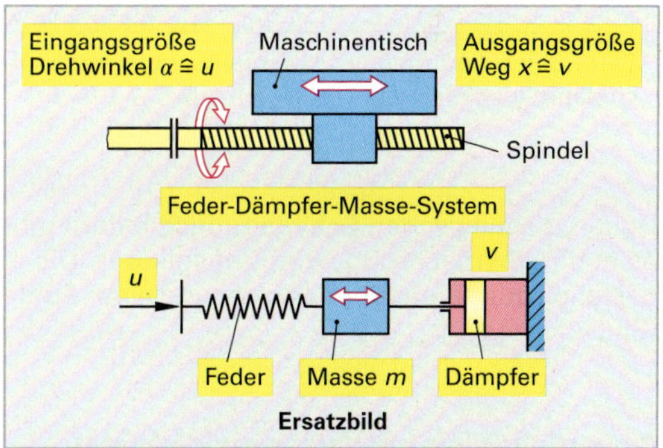

Bild 3: Strecke mit Verzögerung zweiter Ordnung mit schwingendem Verhalten

Sprungantwort:

$$v = K\left((1- \frac{e^{-\vartheta\omega_0 t}}{\sqrt{1-\vartheta^2}} \sin \sqrt{1-\vartheta^2}\cdot \omega_0 t - \varphi)\right)$$

$$\omega_0 = \frac{1}{T_0} \qquad \varphi = \arctan \sqrt{\frac{1-\vartheta}{\vartheta}}$$

v Ausgangsgröße
K Proportionalbeiwert
ϑ Dämpfungsgrad
φ Phasenverschiebungswinkel
t Zeit
T_0 Zeitkonstante
ω_0 Kennkreisfrequenz

Bei sinusförmigem Eingangssignal reagieren P-T_2-Glied und Schwingungsglied ebenfalls mit einem sinusförmigen Ausgangssignal **(Bild 2)**. Bei $\omega \ll \omega_0 = 2\,\pi\, f_0$ ist die Amplitude des Ausgangssignals K-fach erhöht (Bild 2). Für $\omega \ll q_0 = 2\,\pi\, f_0$ wird die Ausgangsamplitude sehr klein, da $\hat{v} \sim 1/\omega^2$ (Bild 2).

Bei $\omega = \omega_0 = 2\,\pi\, f_0$ ist die Ausgangsamplitude stark vom Dämpfungsgrad ϑ abhängig **(Bild 3)**. Da $\hat{v} = K/(2\vartheta)$ ist, ist bei $\vartheta = 0{,}5$ die Ausgangsamplitude K-mal so groß wie die Eingangsamplitude.

Das Ausgangssignal hat sowohl beim P-T_2-Glied als auch beim Schwingungsglied eine Phasenverschiebung φ gegenüber dem Eingangssignal (Bild 3). Ihr Wert reicht von $\varphi = 0°$ bei $\omega = 0$ bis $\varphi = -180°$ bei $\omega \to \infty$. Bei $\omega = \omega_0 = 2\,\pi\, f_0$ ist die Phasenverschiebung $\varphi = -90°$. Außerdem ist φ vom Dämpfungsgrad φ abhängig.

Schwingungsglieder bzw. P-T_2-Glieder verwendet man auch als Tiefpässe (2. Ordnung). Sie schneiden Signalfrequenzen, welche höher als f_0 sind, schärfer ab als Tiefpässe 1. Ordnung. Schwingungsglieder kleiner Dämpfung verwendet man als Oszillatoren, z. B. zur Zeitmessung. Bei Quarzuhren schwingt der Quarzkristall mit mehreren MHz.

Beim Schwingungsglied tauschen zwei Energiespeicher wechselweise Energien aus.

Neben mechanischen Schwingungsgliedern gibt es auch elektrische Schwingungsglieder. Diese bestehen aus einem Kondensator und einer Spule **(Bild 4)**.

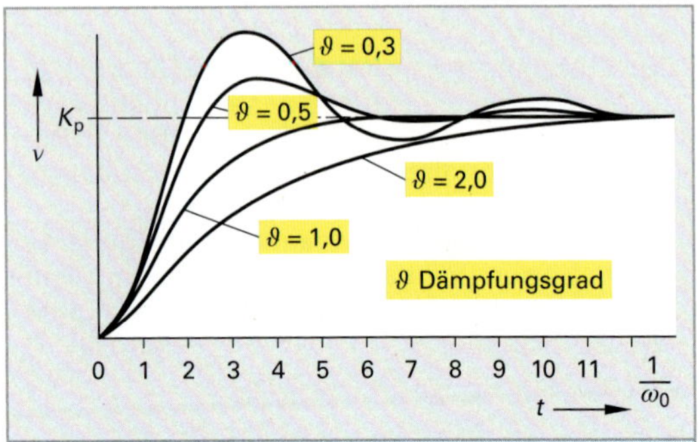

Bild 1: Sprungantworten des Schwingungsgliedes

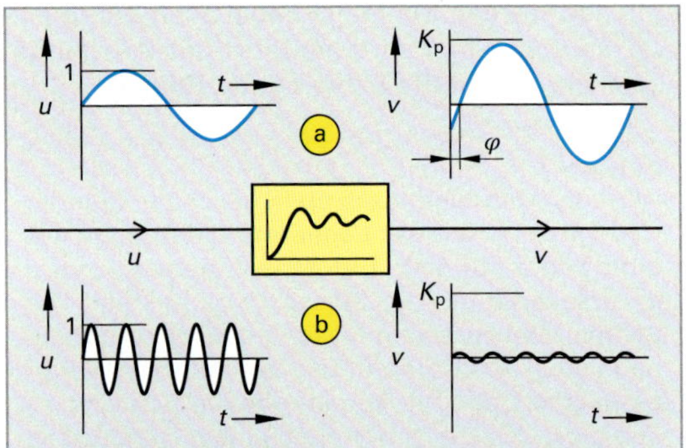

Bild 2: Verhalten von P-T_2-Glied und Schwingungsglied bei sinusförmigem Eingangssignal

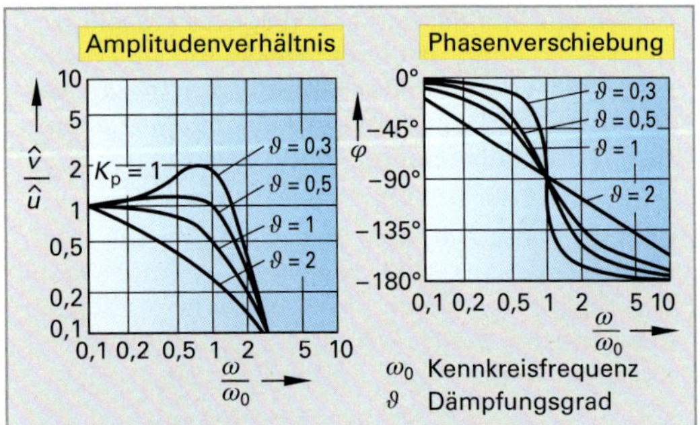

Bild 3: Bode-Diagramm des Schwingungsgliedes und P-T_2-Gliedes

Proportionalglied mit Verzögerung höherer Ordnung

In Regelstrecken wirken oft viele Verzögerungsglieder nacheinander. Summarisch beschreiben kann man dieses Streckenverhalten oftmals durch die Sprungantwort mit den Kenngrößen Verzugszeit T_e und Ausgleichszeit T_b **(Bild 5)**. Die Verzugszeit hat eine gewisse Verwandtschaft mit einer Totzeit $T_e \approx T_t$ (siehe Seite 187). In der Ausgleichszeit T_b bildet sich vor allem das dominierende P-T_1-Glied ab, d. h. dasjenige mit der größten Zeitkonstante in der Regelstrecke.

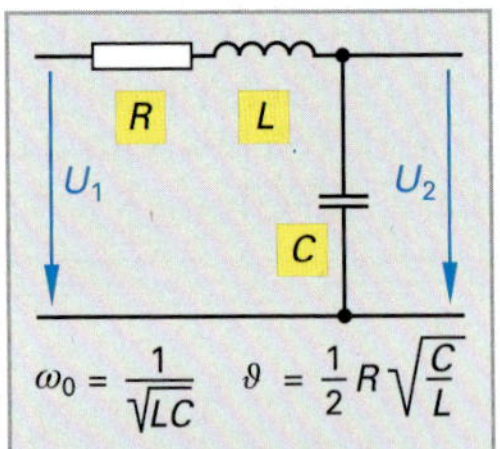

Bild 4: Elektrischer Reihenschwingungskreis

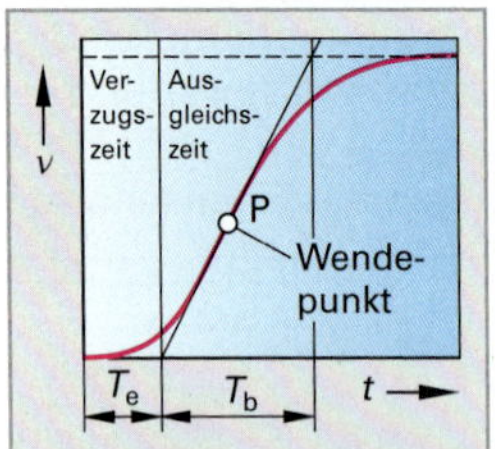

Bild 5: Sprungantwort mit Verzugszeit und Ausgleichszeit

7.3.4 Integralglied (I-Glied)

I-Glieder erzeugen ein Ausgangssignal, das dem *Integral* des Eingangssignales entspricht **(Bild 1)**. Darunter versteht man die laufende Aufsummierung des Eingangssignales. Die Integrationszeitkonstante T_I gibt dabei die Zeit an, die vergeht, bis die Ausgangsgröße den Wert 1 hat, wenn die Eingangsgröße mit dem Wert 1 vorgegeben ist (Bild 1). Der Kehrwert der Integrationszeitkonstante T_I heißt Integrationsbeiwert K_I. Es gilt $K_I = 1/T_I$.

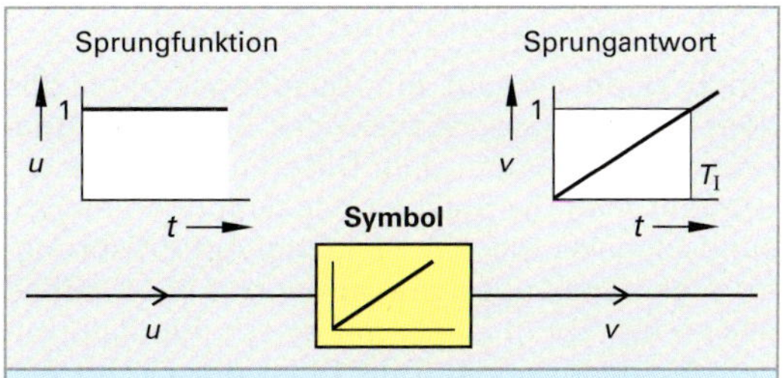

Bild 1: Sprungantwort und Symbol des I-Gliedes

Sprungantwort:

$$v = \frac{1}{T_I} \cdot t = K_I \cdot t$$

v Ausgangsgröße
T_I Integrationszeitkonstante
K_I Integrationsbeiwert
t Zeit

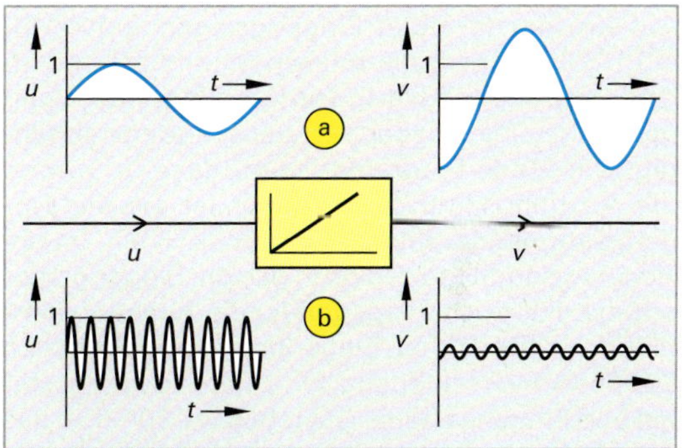

Bild 2: Verhalten des I-Gliedes bei sinusförmigem Eingangssignal

Auf ein sinusförmiges Eingangssignal antworten I-Glieder ebenfalls sinusförmig **(Bild 2)**. Bei kleinen Signalfrequenzen, also bei $\omega \ll \omega_0 = 1/T_I$, ist das Ausgangssignal sehr viel größer als bei großen Signalfrequenzen, also bei $\omega \ll \omega_0 = 1/T_I$, dagegen sehr viel kleiner als das Eingangssignal (Bild 2). Das Bode-Diagramm zeigt auch, dass bei $\omega = \omega_0$ die Ausgangsamplitude und die Eingangsamplitude gleich sind **(Bild 3)**. Die Phasenverschiebung ist beim I-Glied stets $\varphi = -90°$, d.h. das Ausgangssignal eilt dem Eingangssignal nach.

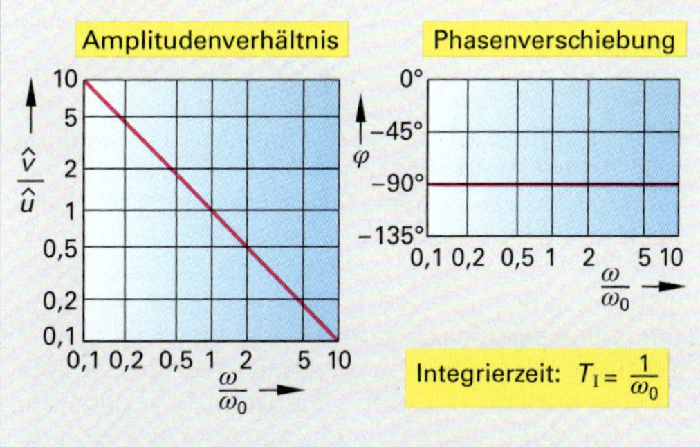

Bild 3: Bode-Diagramm des I-Gliedes

Integralglieder entstehen beim Übergang von:
- Geschwindigkeit auf Weg,
- Beschleunigung auf Geschwindigkeit,
- Drehzahl auf Drehwinkel,
- Durchfluss auf Speichervolumen,
- von el. Strom auf gespeicherte el. Ladung,
- Impulsfrequenzen auf Impulszählerstände.

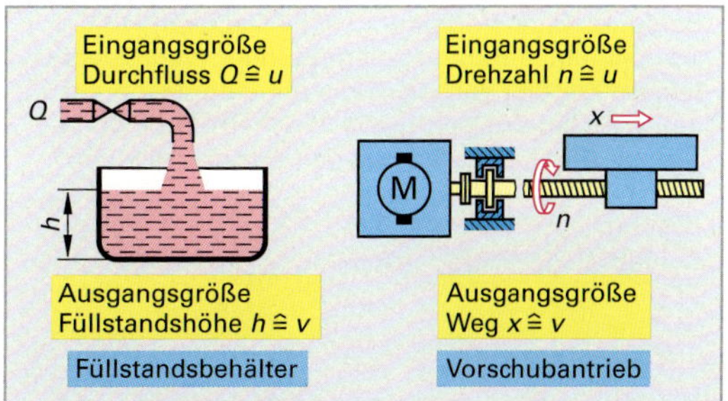

Bild 4: Integralglieder

Somit ist ein Vorschubantrieb mit der Drehzahl als Eingangsgröße und dem Drehwinkel der Spindel bzw. dem Weg des Maschinentisches als Ausgangsgröße ein Integralglied, ebenso ein elektronischer Zähler mit der Impulsfrequenz als Eingangsgröße und dem Zählerstand als Ausgangsgröße oder ein Behälter mit der Ausgangsgröße Füllstandshöhe und der Eingangsgröße Durchfluss **(Bild 4)**.

7.3.5 Differenzierglied (D-Glied)

Ein D-Glied erzeugt ein Ausgangssignal, das dem *Differenzialquotienten* des Eingangssignales entspricht. Unter dem Differenzialquotienten versteht man die Steilheit des Graphen des Eingangssignales, also die Steigung. Auf ein sprungförmiges Eingangssignal antwortet das D-Glied nur an der Sprungstelle mit einem impulsförmigen Ausgangssignal **(Bild 1)**. Ist der Graph des Eingangssignales linear ansteigend, so ist das Ausgangssignal konstant.

Auf ein sinusförmiges Eingangssignal antwortet ein D-Glied ebenfalls mit einem sinusförmigen Ausgangssignal (Bild 1). Die Amplitude des Ausgangssignales ist aber von der Frequenz abhängig. Das Bode-Diagramm zeigt, dass für $\omega < \omega_0$ die Ausgangsamplitude kleiner ist als die Eingangsamplitude **(Bild 2)**. Für $\omega = \omega_0 = 1/T_D$ ist die Ausgangsamplitude so groß wie die Eingangsamplitude. Für $\omega > \omega_0$ dagegen ist die Ausgangsamplitude größer als die Eingangsamplitude (Bild 2). Die Phasenverschiebung zwischen Ausgangssignal und Eingangssignal ist stets $\varphi = +90°$, d.h. das Ausgangssignal eilt dem Eingangssignal voraus.

Differenzierglieder verstärken hochfrequente Signale.

Bei der digitalen Differenzierung entsteht zugleich eine Zeitverschiebung um dt bzw. Δt, was sich als Totzeit auswirkt (vgl. folgenden Abschnitt) und eine nacheilende Phasenverschiebung zur Folge hat. So sollte die Zeitspanne Δt möglichst kurz gewählt werden, z.B. nur wenige Millisekunden. Für eine brauchbare Berechnung muss aber gleichzeitig eine deutliche Wegänderung Δx zustande kommen. Das ist aber bei kleinen Geschwindigkeiten nur dann der Fall, wenn die Wegauflösung extrem hoch ist, z.B. im Nanometerbereich liegt.

Beispiel: Eine Vorschubgeschwindigkeit von v = 1 mm/s (600 mm/min) soll mit einem Wegmesssystem im Zeittakt von Δt = 1 ms mit einer Genauigkeit von 1 % (100 Wegschritte in 1 ms) ermittelt werden. Welche Auflösung benötigt das Wegmesssystem?

Lösung:

$$v = \frac{100\text{ Wegschritte}}{0{,}001\text{ s}} = 1\,\frac{\text{mm}}{\text{s}} = 0{,}001\,\frac{\text{m}}{\text{s}} \rightarrow$$

$$1\text{ Wegschritt} = 0{,}001\,\frac{\text{m}}{\text{s}} \cdot \frac{0{,}001}{100} = 10 \cdot 10^{-9}\text{ m} = \mathbf{10\text{ nm}}$$

Die Wegauflösung muss mindestens 10 nm betragen.

7.3.6 Totzeitglied (T_t-Glied)

Totzeitglieder haben bei sprungförmiger Änderung des Eingangssignals ebenfalls eine sprungförmige Änderung des Ausgangssignals zur Folge, aber erst nach einer gewissen Zeit, der Totzeit T_t. Das Ausgangssignal ist also um die Totzeit gegenüber dem Eingangssignal zeitlich verschoben **(Bild 3)**.

Totzeitglieder treten immer bei Signalverarbeitungen mit dem Computer auf.

Da die Eingangssignale vom Computer nur taktweise eingelesen und verarbeitet werden, entsteht eine Verschiebung des Verarbeitungsvorganges am Computerausgang um die Taktzeit. D-Glieder kommen z.B. bei Operationsverstärkern zum Differenzieren des Sensorsignales vor. Ist dies z.B. ein Signal für den Weg x, so liefert das D-Glied das zugehörige Geschwindigkeitssignal $v_x = \mathrm{d}x/\mathrm{d}t$. Das Verhältnis d$x$/d$t$ ist der Differenzialquotient.

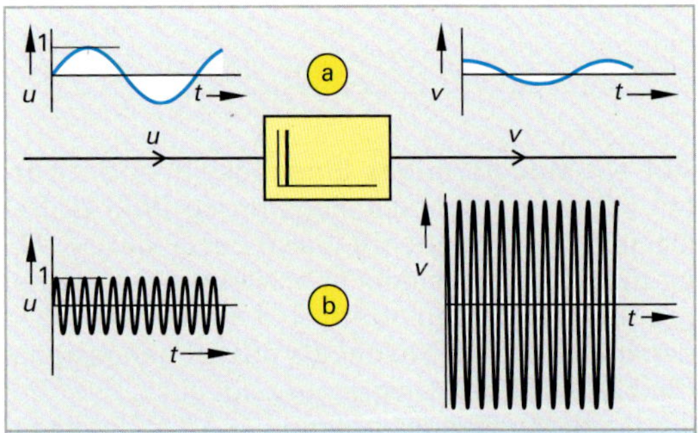

Bild 1: Verhalten des D-Gliedes auf sinusförmige Eingangssignale

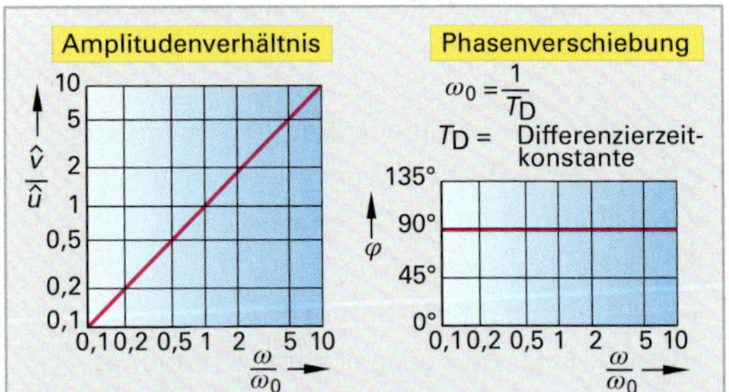

Bild 2: Bode-Diagramm des D-Gliedes

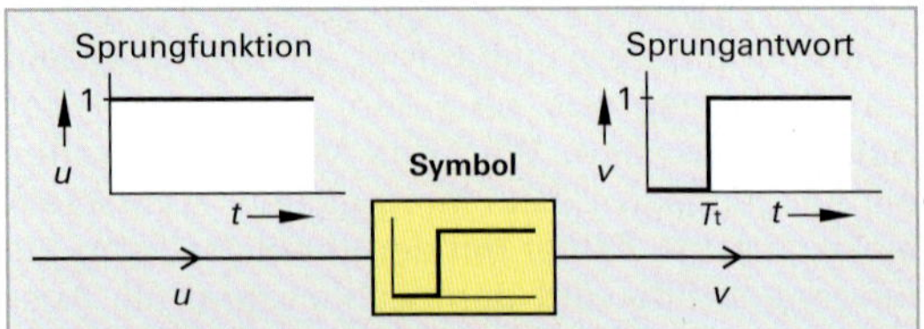

Bild 3: Sprungantwort und Symbol des Totzeitgliedes

Weitere Beispiele für Totzeitglieder sind alle Systeme mit Laufzeiten zwischen der Eingangsgröße und der Ausgangsgröße.

Laufzeiten entstehen z. B. bei der Dickenmessung von Walzgut oder beim Mischen von strömenden Flüssigkeiten **(Bild 1)**.

Auf ein sinusförmiges Eingangssignal antwortet ein Totzeitglied ebenfalls mit einem sinusförmigen Ausgangssignal. Es ist aber gegenüber dem Eingangssignal phasenverschoben. Die Phasenverschiebung beträgt $\varphi = -360°$, wenn die Totzeit gleich groß ist wie die Periodendauer des sinusförmigen Eingangssignals. Dies entspricht gerade einer Schwingungsperiode. Für $\omega_0 = 2\,\pi\,f_0 = 1/T_t$ wird die Phasenverschiebung $\varphi = -360°/2\,\pi = -57{,}3°$ **(Bild 2)**.

Beispiel 1:
Ein Messgerät mit Mikrocomputer benötigt zur laufenden Messwertberechnung 1 ms. Welche Phasenverschiebung erzeugt dieses Messgerät in einer Regelstrecke bei einer Frequenz von $f = 200\,\text{Hz}$?

Lösung:

$$\varphi = \frac{2\,\pi\,f}{\omega_0} \cdot \frac{180°}{\pi} \qquad \omega_0 = \frac{1}{T_t} = \frac{1}{0{,}001\,\text{s}} = 1000\,\frac{1}{\text{s}}$$

$$\varphi = \frac{2 \cdot 200\,\text{s}^{-1} \cdot 180°}{1000\,\text{s}^{-1}} = \mathbf{-72°}$$

Beispiel 2:
Zwischen den verstellbaren Walzen bei einem Walzwerk und der Dickenmesseinrichtung für die Dickenregelung ist ein Abstand l von 0,5 m. Das Walzgut wird mit einer Geschwindigkeit von v = 2 m/s produziert. Welche Totzeit liegt bei dieser Messung vor?

Lösung:

$$T_t = \frac{l}{v} = \frac{0{,}5\,\text{m}}{2\,\text{m/s}} = \mathbf{250\,ms}$$

Beispiel 3:
Bei einer Abstandsregelung mit Ultraschall-Abstandssensoren wird ein Objekt mit 10 m Abstand erfasst. Ermitteln Sie die Totzeit und die Frequenz, bei welcher eine Phasenverschiebung von – 30° auftritt?

Lösung:

$$T_t = \frac{2 \cdot 10\,\text{m}}{330\,\text{m/s}} = 60\,\text{ms},$$ doppelter Weg für Signal Hin- und Rücklauf; Schallgeschw. = 330 m/s.

$$f = \frac{-\varphi \cdot \omega_0}{2\pi} = \frac{30°}{2\pi} \cdot \frac{1}{0{,}06\,\text{s}} = \mathbf{79{,}7\,Hz}$$

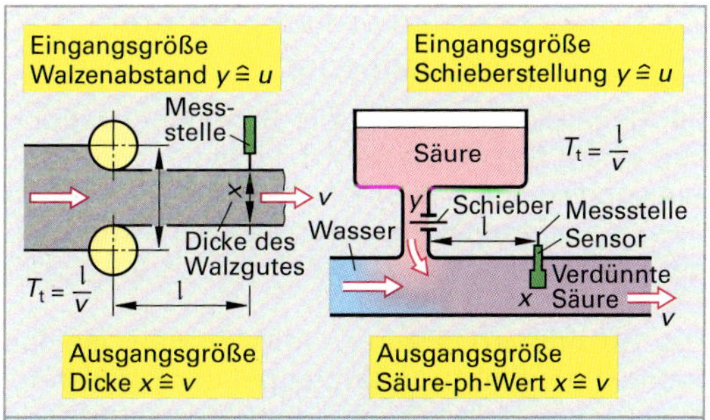

Bild 1: Regelkreisglieder mit Totzeit

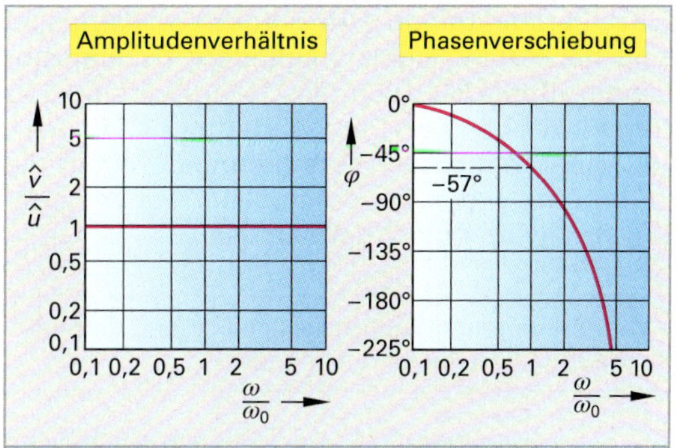

Bild 2: Bode-Diagramm des Totzeitgliedes

$$T_t = \frac{l}{v}$$

T_t Totzeit, Laufzeit
l Weglänge für die Laufzeit
v Geschwindigkeit des Signalträgers

$$\varphi = -\frac{\omega}{\omega_0} = \frac{2\pi\,f}{\omega_0} \quad \text{(im Bogenmaß)}$$

$$\varphi = -\frac{\omega}{\omega_0} \cdot \frac{180°}{\pi} \quad \text{(im Gradmaß)}$$

$$\omega_0 = \frac{1}{T_t},\; f_0 = \frac{\omega_0}{2\pi},\; f = \frac{\omega}{2\pi},\; \omega = 2\pi\,f$$

φ Phasenverschiebungswinkel
T_t Totzeit
ω_0 Kennkreisfrequenz
f_0 Kennfrequenz
ω Kreisfrequenz
f Frequenz

7.3.7 Zusammenwirken mehrerer Regelkreisglieder

Bei Regelkreisen erfolgt die Signalübertragung von einem Regelkreisglied auf das folgende. Das Ausgangssignal des einen Regelkreisgliedes ist das Eingangssignal des nächsten Regelkreisgliedes usw. **(Bild 1)**.

Die Gesamtverstärkung eines Signals ist das Produkt der Einzelverstärkungen der Regelkreisglieder. Verstärkt z. B. das erste Regelkreisglied um den Faktor $\hat{v}_1/\hat{u}_1 = 2$ und das zweite Regelkreisglied um den Faktor $\hat{v}_1/\hat{u}_1 = 1{,}2$, so ist die Gesamtverstärkung $\hat{v}_{ges}/\hat{u}_{ges} = 2 \cdot 1{,}2 = 2{,}4$. Die Einzelverstärkungen (Amplitudenverhältnisse) sind bei vielen Regelkreisgliedern frequenzabhängig. Somit ist auch die Gesamtverstärkung frequenzabhängig. Dies bedeutet, dass man zur Multiplikation der Verstärkungen immer die Teilverstärkungen bei derselben Frequenz oder Kreisfrequenz multiplizieren muss.

> Verstärkungen multiplizieren sich bei der Reihenschaltung von Regelkreisgliedern.

Die Phasenverschiebung eines jeden Regelkreisgliedes verursacht eine weitere Phasenverschiebung des Eingangssignals. Somit addieren sich alle Phasenverschiebungswinkel der in Reihe geschalteten Regelkreisglieder bei der jeweils betrachteten Frequenz bzw. Kreisfrequenz.

> Phasenverschiebungswinkel addieren sich bei der Reihenschaltung von Regelkreisgliedern.

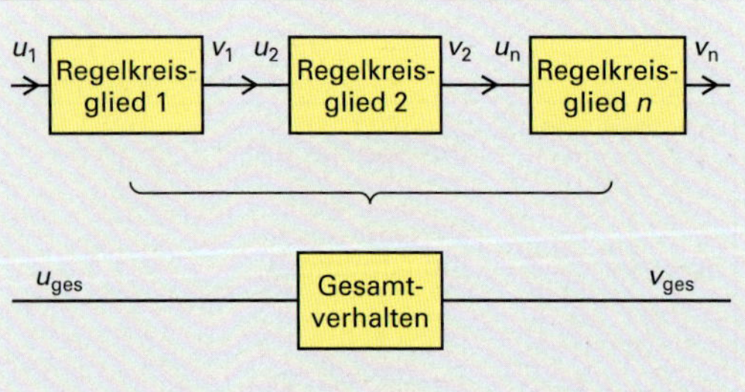

$$\frac{\hat{v}_{ges}}{\hat{u}_{ges}} = \frac{\hat{v}_1}{\hat{u}_1} \cdot \frac{\hat{v}_2}{\hat{u}_2} \cdots \frac{\hat{v}_n}{\hat{u}_n}$$

$$\varphi_{ges} = \varphi_1 + \varphi_2 + \cdots \varphi_n$$

Bild 1: Ermittlung der Gesamtverstärkung und der Gesamtphasenverschiebung

Übung:

Eine Regelstrecke besteht aus den Regelkreisgliedern: Antrieb mit Verstärker als P-T_1-Glied, Vorschubspindel mit Maschinentisch als I-Glied und einem Wegmesssystem mit digitaler Signalübertragung als T_t-Glied **(Bild 2)**.

Die Kenngrößen sind: $K_P = 2$, $T_1 = 0{,}01$ s, $T_I = 0{,}02$ s, $T_t = 0{,}008$ s. Ermitteln Sie die Gesamtverstärkung und die Gesamtphasenverschiebung für $f = 10$ Hz.

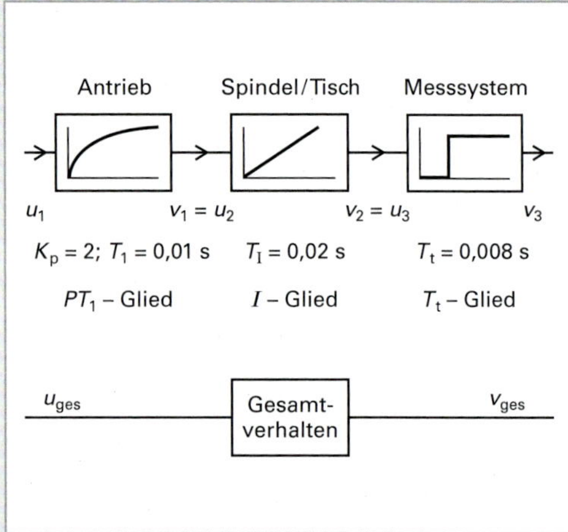

Bild 2: Zusammenwirken von drei Regelkreisgliedern

Lösung:

Man ermittelt für $\omega = 2\,\pi\,f = 2\,\pi \cdot 10\ \text{Hz} \approx 62\ \frac{1}{s}$ die Einzelverstärkungen.

Für das P-T_1-Glied gilt:
$\omega_0 = \frac{1}{T_1} = 100\ \frac{1}{s} \Rightarrow \omega/\omega_0 \approx 0{,}6$. Aus Diagramm Seite 184 folgt: $\hat{v}_1/\hat{u}_1 = 0{,}85$ Kp $= 1{,}7$, $\varphi_1 \approx -35°$.

Für das I-Glied gilt:
$\omega_0 = \frac{1}{T_I} = 50\ \frac{1}{s} \Rightarrow \omega/\omega_0 \approx 1{,}2$. Aus Diagramm Seite 187 folgt: $\hat{v}_{22}/\hat{u}_{12} = 0{,}83$, $\varphi_2 = -90°$.

Für das T_t-Glied gilt:
$\omega_0 = \frac{1}{T_t} = 125\ \frac{1}{s} \Rightarrow \omega/\omega_0 \approx 0{,}5$. Aus Diagramm Seite 189 folgt: $\varphi_3 = -28°$.

Gesamtverstärkung bei $f = 10$ Hz:
$\frac{\hat{v}_{ges}}{\hat{u}_{ges}} = 1{,}7 \cdot 0{,}83 \cdot 1 = \mathbf{1{,}41}$

Gesamtphasenverschiebung:
$\varphi_{ges} = -35° - 90° - 28° = \mathbf{-153°}$

7.4 Regler und Regelkreise

Schaltende Regler verändern die Stellgröße unstetig durch Schalten in zwei oder mehreren Stufen. Sie bestehen aus Schaltkontakten oder elektronischen Kippschaltungen.

Analoge Regler verändern das Stellglied stetig. Sie bestehen meist aus Operationsverstärkern.

Digitale Regler verändern die Stellgröße in sehr feinen Stufen, sodass die Stufung in der Regelgröße nicht mehr merkbar ist. Sie bestehen meist aus Mikrocontrollerschaltungen.

7.4.1 Schaltende Regler

Zweipunktregler haben zwei eindeutige Schaltstellungen **(Bild 1)**. Man verwendet sie z.B. in Temperaturregelkreisen. Bei einem Bimetallregler bilden Sensor, Vergleichsstelle und Schaltglied eine Einheit **(Bild 2)**. Steigt die Temperatur über den Sollwert, so biegt sich die von der Heizung (Isttemperatur) erwärmte Bimetallfeder und schaltet die Heizung ab. Unterschreitet die Temperatur den unteren Grenzwert, so schaltet die Bimetallfeder die Heizung wieder ein. Damit beim Einschalten und Ausschalten keine Funkenbildung durch schwache Kontaktbildung bzw. Kontaktunterbrechung möglich wird, wird über einen Dauermagneten eine schlagartige Verbindung oder Unterbrechung hergestellt. Durch diesen Dauermagneten entsteht eine Schaltdifferenz zwischen Ausschalttemperatur und Einschalttemperatur **(Bild 3)**.

Schaltende Regelungen werden außer bei der Temperaturregelung häufig auch bei Druckregelungen und Füllstandsregelungen verwirklicht. Fällt bei einer Kompressoranlage der Druck im Druckspeicher unter den zulässigen unteren Grenzwert, so wird über den Drucksensor der Kompressormotor eingeschaltet. Ist der obere Grenzwert erreicht, so wird der Kompressormotor ausgeschaltet.

> Je größer die Schaltdifferenz ist, desto größer ist die Schwankung der Regelgröße um den Sollwert.

Dreipunktregler haben drei eindeutige Schaltstellungen **(Bild 4)**. Sie werden ebenfalls oft bei Temperaturregelungen benutzt. So können z.B. bei einer Klimaanlage die drei Schaltstellungen den Funktionen Heizung EIN, Heizung/Kühlung AUS und Kühlung EIN zugeordnet sein.

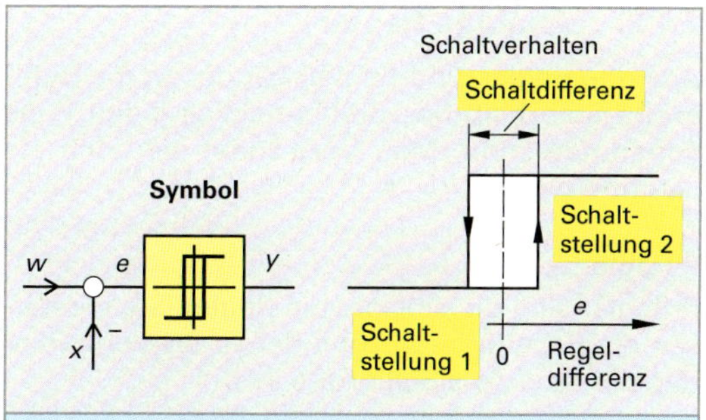

Bild 1: Zweipunktregler

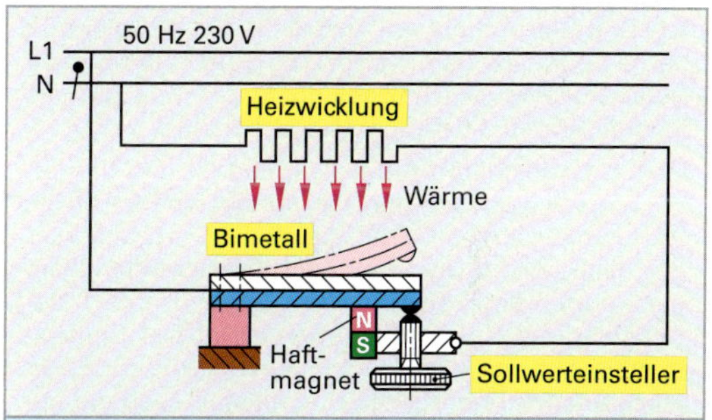

Bild 2: Bimetallregler

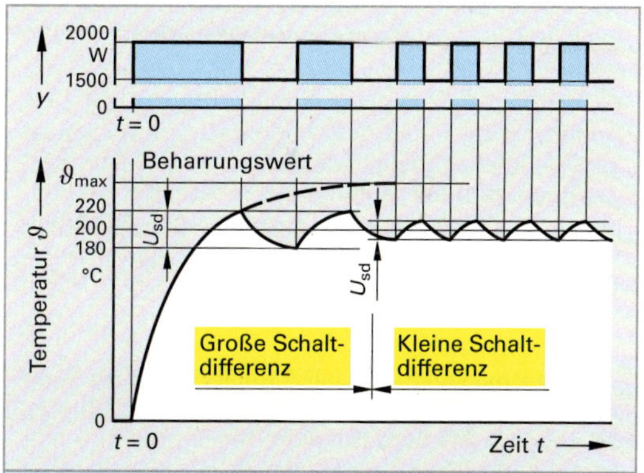

Bild 3: Temperaturregelung mit Zweipunktregler

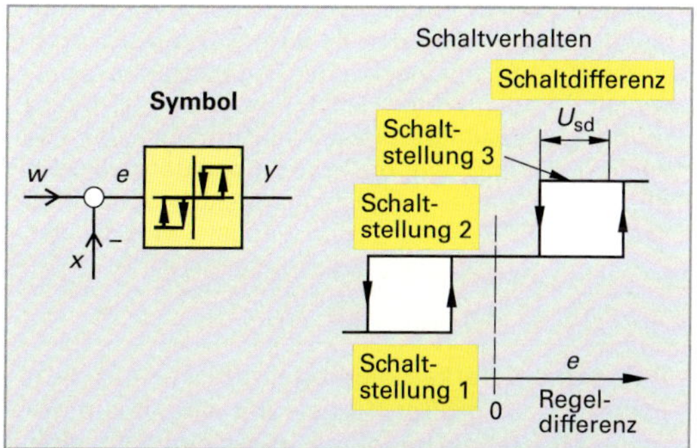

Bild 4: Dreipunktregler

7.4.2 Analoge Regler

Analoge Regler sind Regler, bei denen die Stellgröße innerhalb des Stellbereiches jeden Wert annehmen kann. Man bezeichnet sie auch als *stetige Regler*.

P-Regler

P-Regler sind die einfachsten Regler. Sie verstärken die Regeldifferenz und geben die verstärkte Regeldifferenz als Stellgröße aus.

Ein Beispiel für einen Regelkreis mit analogem mechanischem Regler ist die Drehzahlregelung einer Dampfmaschine mit einem Fliehkraftregler von *James Watt* aus dem Jahre 1784 (**Bild 1** und **Bild 2**). Regelgröße ist die Drehzahl, deren Sollwert über die Einstellschraube verändert werden kann.

In der dargestellten Anfahrstellung ist das Dampfventil ganz geöffnet; die Dampfmaschine treibt die Arbeitsmaschine an. Erhöht sich die Drehzahl, werden die Gewichte durch die Zentrifugalkraft langsam nach außen bewegt, bis bei zu hoher Drehzahl der Anschlag die Hülse nach oben zieht. Der Einlassquerschnitt des Ventils wird verkleinert, die Energiezufuhr wird gedrosselt und es stellt sich die gewünschte Drehzahl an der Arbeitsmaschine ein.

Wird die Arbeitsmaschine belastet, d.h. unterschreitet die Drehzahl den Sollwert, gehen die Gewichte nach unten, das Dampfventil wird geöffnet, die Drehzahl steigt.

Es handelt sich hier um einen P-Regler, da eine Änderung der Regelgröße eine dazu proportionale Verstellung des Stellgliedes zur Folge hat. Der Wert der Regelgröße wird durch das Messsystem (Fliehgewichte, Hülse, Feder) erfasst und über die Hebelübersetzung *a* : *b* verstärkt auf das Stellglied übertragen.

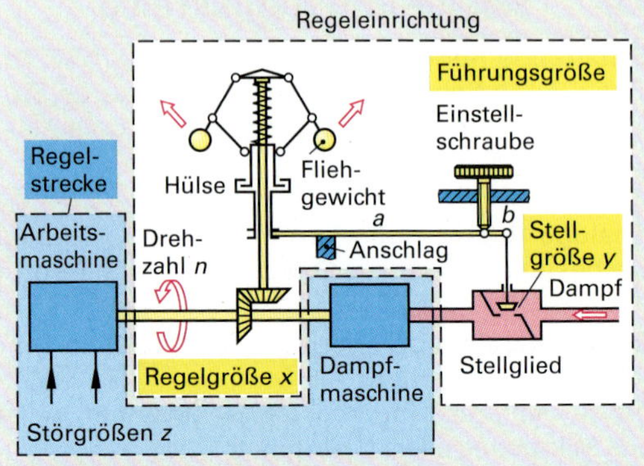

Bild 1: Historische Fliehkraftregelung

Bild 2: Historischer Fliehkraftregler

Ein einfacher elektronischer P-Regler ist ein als Summierer geschalteter Operationsverstärker **(Bild 3)**. An R_{e2} liegt die dem Sollwert der Regelgröße entsprechende Spannung U_w, an R_{e1} die dem Istwert entsprechende Spannung U_x. Die Ausgangsspannung ist der Summe dieser Spannungen proportional, wobei U_w und U_x verschiedene Vorzeichen haben müssen. Dadurch bildet der Operationsverstärker eine Spannung, die der Regeldifferenz *e* entspricht. Mit den Widerständen lässt sich der Regler für die gewünschten Erfordernisse bemessen. Die Reglergleichung zeigt die Proportionalität zwischen Ausgangsspannung und Eingangsspannung. Das Verhältnis R_k/R_e ist der Proportionalbeiwert K_{PR} des P-Reglers.

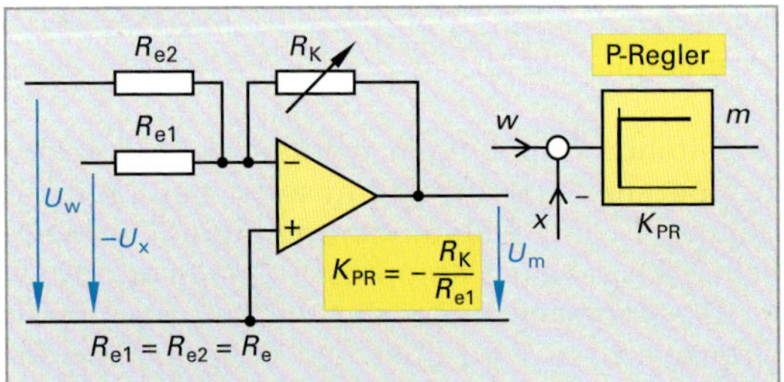

Bild 3: Elektronischer P-Regler

Reglergleichung beim P-Regler:

$$U_m = -K_{PR} \cdot U_e$$

$$U_e = U_w - U_x \qquad K_{PR} = \frac{R_k}{R_e}$$

U_m Ausgangsspannung
U_e Regeldifferenzspannung
U_w Sollwertspannung
U_x Istwertspannung
K_{PR} Proportionalbeiwert
R_k Rückkopplungswiderstand
R_e Eingangswiderstand

P-Regler verstärken die Regeldifferenz mit dem Faktor K_{PR}. Je größer K_{PR} gewählt wird, desto genauer arbeitet die Regelung, aber neigt auch eher zum Schwingen.

PI-Regler

PI-Regler haben eine Stellgröße aus zwei Anteilen. Ein Anteil der Sprungantwort ist proportional zur Regeldifferenz (P-Anteil), der andere (I-Anteil) = $1/T_i$) ist zur Regeldifferenz und zur Zeit proportional.

Ein elektronischer PI-Regler **(Bild 1)** besteht aus der Kombination von P-Regler und I-Regler. PI-Regler werden häufig für Drehzahlregelkreise angewendet, weil sie wegen des I-Anteils die Regeldifferenz vollständig ausregeln.

> PI-Regler verstärken und integrieren die Regeldifferenz. Dadurch wird das Stellglied so lange verstellt, bis keine Regeldifferenz mehr vorliegt.

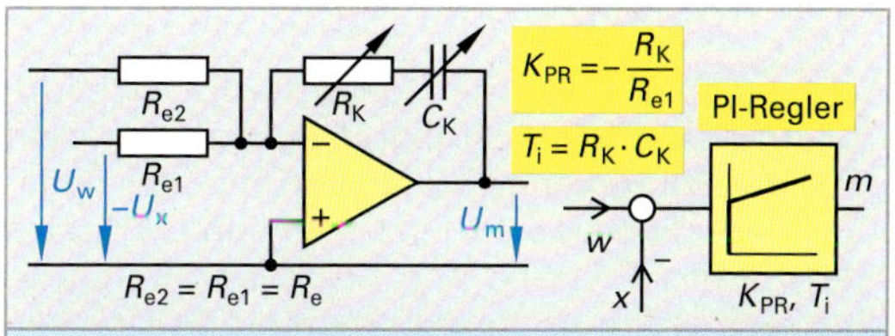

Bild 1: Elektronischer PI-Regler

Reglergleichung beim PI-Regler:

$K_{PR} = -R_K/R_e$
$T_i = R_K C_K$

$$U_m = K_{PR}\left(U_e + \frac{1}{T_i}\int U_e\,dt\right)$$

PID-Regler

Der universellste Regler ist der *PID-Regler* **(Bild 2)**. Das Stellsignal wird aus der Regeldifferenz durch proportionale Verstärkung (P-Anteil), Integration der Regeldifferenz (I-Anteil) und Differenziation der Regeldifferenz (D-Anteil) gebildet. Dabei liefert der P-Anteil bei Auftreten einer Regeldifferenz sofort ein Stellsignal. Durch den I-Anteil = $1/T_i$ wird das Stellsignal so lange verändert, bis keine Regeldifferenz mehr vorhanden ist. Der D-Anteil tritt nur in Aktion, wenn sich die Regeldifferenz ändert. Bei konstanter Regeldifferenz reagiert der D-Anteil nicht.

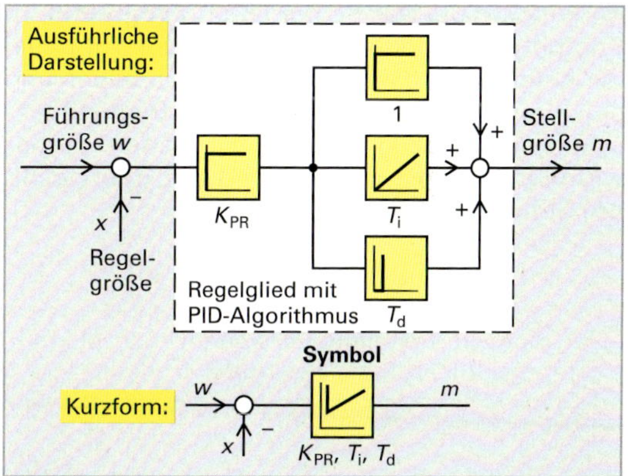

Bild 2: PID-Regler

PID-Regler werden z. B. aus Operationsverstärkern gebildet **(Bild 3)**. Dabei bildet der Eingangs-Operationsverstärker die Regeldifferenz, die drei parallelen Operationsverstärker bilden den P-Anteil, I-Anteil und D-Anteil und der nachgeschaltete Operationsverstärker summiert die drei Teilsignale (Bild 3).

Nachteilig ist beim PID-Regler, dass für eine optimale Reglereinstellung drei Parameter einzustellen sind, nämlich K_{PR}, T_i und T_d. Dies ist sehr mühsam, wenn man bedenkt, dass z. B. zur Erprobung eines jeden Parameters mit 10 verschiedenen Werten insgesamt 10 x 10 x 10 = 1000 Erprobungen nötig sind.

Daher werden in vielen Fällen P-Regler oder PI-Regler eingesetzt. Dies ist auch abhängig von den Eigenschaften der Regelstrecke. Der Regelkreis muss stabiles Verhalten zeigen.

> PID-Regler verstärken, integrieren und differenzieren die Regeldifferenz. Die sind universell einsetzbar.

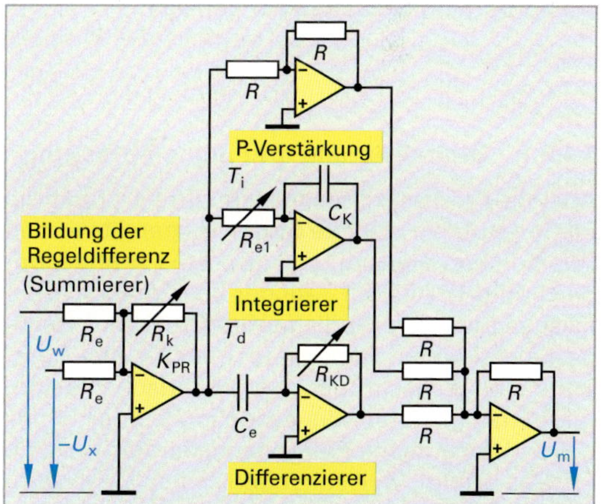

Bild 3: PID-Regler mit Operationsverstärker

Reglergleichung beim PID-Regler:

$$U_m = K_{PR}\left(U_e + \frac{1}{T_i}\int U_e\,dt + T_d\frac{dU_e}{dt}\right)$$

$K_{PR} = -R_K/R_e$; $T_i = C_K \cdot R_{el}$; $T_d = C_e \cdot R_{KD}$; $U_e = U_w - U_x$

7.4.3 Digitale Regler (Software-Regler)

Anlagen sind meist mit Computern, Mikrocontrollern oder Mikroprozessoren ausgerüstet. Aufgabe der Computer ist die Steuerung oder Regelung dieser Systeme. Im Einzelnen handelt es sich hier um das Erfassen von Prozessgrößen, z. B. von Temperaturen, Verfahrwegen und Drücken sowie dem Vergleichen dieser Prozessgrößen mit Grenzwerten, dem Errechnen von Führungsgrößen und dem Errechnen von Stellsignalen.

Die Stellsignale, z. B. die Motorspannungen, wirken auf den Prozess und verändern wieder die Prozessgrößen. Somit gibt es geschlossene Wirkungswege. Der **Regler** ist als **Programm** im Computer verwirklicht. Der Computer hat dabei die Aufgaben, die Regeldifferenzen zu bilden und entsprechend den programmierten Reglereigenschaften die Stellgrößen zu berechnen. Ferner werden meist die Regeldifferenzen überwacht, um Gefahrenzustände zu erkennen.

Zur digitalen Regelung verwendet man Mikrocomputer und SPS-Zusatzkarten.

Bei **selbstoptimierenden Systemen** werden die Reglereigenschaften dem Prozess durch das Rechenprogramm selbsttätig angepasst.

7.4.3.1 Digitalisierung und Signalabtastung

Analoge Prozessgrößen müssen zur Verarbeitung im Computer in diskrete Stufen aufgeteilt werden (**Wertdiskretisierung**, lat. discretus = abgesondert) **(Bild 1)**. Aus der Zahl der Positionierschritte lässt sich die erforderliche Wortbreite des Rechners bestimmen. Dabei setzt man für den Computer eine Wegschrittlänge (rechnerische Positioniergenauigkeit) an, die erheblich kleiner ist als die wirkliche Positioniergenauigkeit der Maschine. Das erfolgt, weil sonst bei kleinen Geschwindigkeiten eine große Abtastperiodendauer mit den dann auftretenden Fehlern erforderlich wäre.

Der Computer kann nicht kontinuierlich die Prozesssignale verarbeiten, sondern wegen des Programmablaufs nur zu bestimmten Zeitpunkten, z. B. alle 10 ms. Man spricht von **Zeitdiskretisierung**.

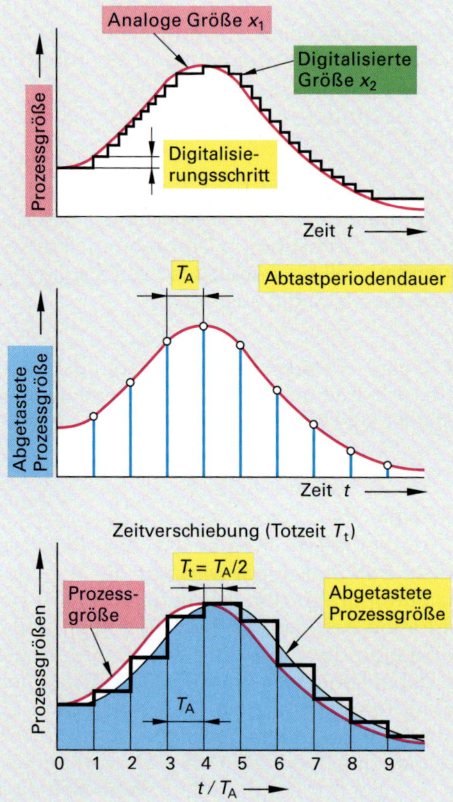

Bild 1: Digitalisierung und Abtastung eines analogen Prozesssignals

Übung:

Der Arbeitsraum eines Roboters hat einen Durchmesser von 2 m. a) Mit wie vielen Winkelschritten muss die Drehwinkelerfassung in der Grundachse erfolgen, wenn eine Wegschrittlänge von 0,1 mm auch noch am Rand des Arbeitsraumes erreicht werden soll? b) Wie viele Bits muss der AD-Umsetzer haben und mit welcher Wortbreite müssen die Führungsgrößen für die Achsbewegungen im Rechner berechnet werden?

Lösung:

Umfang des Arbeitsraumes:

$U = \pi \cdot D = \pi \cdot 2\text{ m} = 6283{,}2\text{ mm}$

a) Anzahl der Winkelschritte z zu 0,1 mm:
$z = 6283{,}2\text{ mm}/0{,}1\text{ mm} = \mathbf{62832}$

b) Wortbreite b:
$z = 2^b \Rightarrow b = \text{lb } 62832 \leqq 16 \Rightarrow \mathbf{16\text{ bit}}$

Die digitale Regelung arbeitet mit wertdiskreten und zeitdiskreten Größen.

Das zeitkontinuierliche und wertkontinuierliche Prozesssignal wird über AD-Umsetzer, Abtaster und Halteglied digitalisiert. Die Abtastung (Übernahme in den Rechner) dieser digitalisierten Werte erfolgt in bestimmten Zeitabständen T_A (Zeitdiskretisierung) **(Bild 1)**.

Das zeitdiskretisierte und wertdiskretisierte Signal entspricht umso genauer dem zeit- und wertkontinuierlichen Signal, je höher die Abtastfrequenz ist und je größer die Stellenzahl des AD-Umsetzers ist.

Die Abtastfrequenz f_A wird durch die Rechengeschwindigkeit des Computers, die Regelalgorithmen und die sonstigen Rechenaufgaben sowie durch die Anzahl der vom Computer bedienten Regelkreise bestimmt.

Die Abtastung bewirkt zusammen mit der Zwischenspeicherung eine **Zeitverschiebung (Totzeit)** des ursprünglichen Signals, entsprechend der halben Abtastzeit (Bild 1, Seite 194). Die Zeitverschiebung wirkt wie eine Phasenverschiebung und beeinflusst einen Regelkreis bezüglich seines Schwingungsverhaltens ähnlich ungünstig wie z. B. Verzögerungsglieder. Die Phasenverschiebung infolge der Zwischenspeicherung nimmt mit zunehmender Frequenz des Prozesssignals stark zu.

Die Abtastfrequenz muss bei digitaler Regelung möglichst groß gewählt werden.

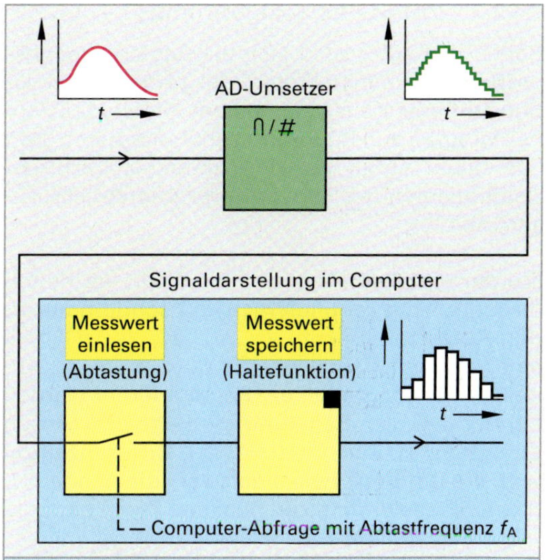

Bild 1: Wirkungsplan für Prozesssignale, welche über einen Rechner verarbeitet werden

$$T_A = \frac{1}{f_A} \qquad T_p = \frac{1}{f}$$

$$T_t = \frac{T_A}{2} \qquad \frac{\varphi}{360°} = -\frac{T_t}{T_p}$$

T_A Abtastzeit (Periodendauer der Abtastung)
f_A Abtastfrequenz
T_p Periodendauer des Prozesssignals
f Frequenz des Prozesssignals
T_t Totzeit
φ Phasenverschiebungswinkel

Übung:

Ein Prozesssignal, das mit $f = 20$ Hz schwingt, wird mit $f_A = 100$ Hz abgetastet.

a) Wie groß ist die Totzeit T_t?

b) Welchen Phasenverschiebungswinkel φ hat die abgetastete Prozessgröße gegenüber dem ursprünglichen Prozesssignal?

Lösung:

a) Totzeit:

$$T_t = \frac{T_A}{2} = \frac{1}{2} \cdot \frac{1}{f_A} = \frac{1}{2 \cdot 100\ \text{Hz}} = \mathbf{0{,}005\ s}$$

b) Phasenverschiebungswinkel der Prozessgröße:

$$T_p = \frac{1}{f} \text{ und } \frac{\varphi}{360°} = -T_t/T_p$$

$$\Rightarrow \varphi = -360° \cdot \frac{T_t}{T_p} = -360° \cdot T_t \cdot f$$

$$= -360° \cdot 0{,}005\ \text{s} \cdot 20\ \text{Hz} = \mathbf{-36°}$$

7.4.3.2 Regelungsalgorithmus

Entsprechend dem PID-Regler in der analogen Regelungstechnik verwendet man in der digitalen Regelungstechnik meist auch den **PID-Algorithmus** zur Berechnung der Reglerausgangsgröße.

Ein Algorithmus ist eine vollständig festgelegte Folge von Anweisungen, nach der Eingabedaten verarbeitet und Ausgabedaten erzeugt werden.

Bei den PID-Regelungsalgorithmen unterscheidet man zwischen dem **Stellungsalgorithmus** und dem **Geschwindigkeitsalgorithmus**.

7.4.3.3 PID-Stellungsalgorithmus

Beim PID-Regler setzt sich die Reglerausgangsgröße m aus einem Anteil, der proportional zur Regeldifferenz e ist, aus einem Anteil, der dem Zeitintegral der Regeldifferenz entspricht, und aus einem Anteil, der dem zeitlichen Differenzialquotienten der Regeldifferenz entspricht, zusammen.

Bei der digitalen Regelung liegt nun die Regeldifferenz nicht kontinuierlich vor, sondern nur zu den Abtastzeitpunkten T_A, $2T_A$, $3T_A$, ..., nT_A, als eine Folge von Zahlenwerten e_1, e_2, e_3, ..., e_n. Anstelle einer Integration der Regeldifferenz werden bei der digitalen Regelung die Regeldifferenzen aufsummiert und anstelle der Differenziation wird die Differenz zwischen zwei aufeinanderfolgenden Regeldifferenzen gebildet. Zum Zeitpunkt nT_A erhält man die Stellgröße m_n.

Bei der digitalen Regelung wird die Integration durch eine Summation ersetzt.

Der PID-Stellungsalgorithmus setzt sich aus einem P-Anteil, einem I-Anteil und einem D-Anteil zusammen.

Reglerausgangsgröße zum Zeitpunkt nT:

P-Anteil:
$$m_{Pn} = K_p \cdot e_n$$

I-Anteil:
$$m_{In} = K_p \cdot T_A/T_i \sum_{i=0}^{n} e_i$$

D-Anteil:
$$m_{Dn} = K_p \cdot \frac{T_d}{T_A} \cdot (e_n - e_{n-1})$$

Übung:

Stellen Sie die Sprungantwort für einen digitalen PID-Regler mit $K_p = 0{,}2$, $T_d = 3T_A$ und $T_i = 4T_A$ als Diagramm für die ersten 11 Abtastintervalle dar.

Lösung:

Man ermittelt zunächst die Werte für den P-Anteil, den I-Anteil sowie den D-Anteil und addiert alle drei Werte **(Bild 1)**. Danach multipliziert man die Summe mit dem Proportionalbeiwert.

Beim PID-Stellungsalgorithmus wird die Reglerausgangsgröße der Regelung digital berechnet.

Gleichung des PID-Reglers:

$$m = K_p \left[e + \frac{1}{T_i} \int e\,dt + T_d \cdot \frac{de}{dt} \right]$$

Gleichung des PID-Stellungsalgorithmus:

$$m_n = K_p \left[e_n + \frac{T_A}{T_i} (e_1 + e_2 + \ldots + e_n) + \frac{T_d}{T_A} (e_n - e_{n-1}) \right]$$

$$m_n = K_p \left[e_n + \frac{T_A}{T_i} \sum_{i=0}^{n} e_i + \frac{T_d}{T_A} (e_n - e_{n-1}) \right]$$

m Stellgröße
e Regeldifferenz
K_P Proportionalbeiwert
m_n Reglerausgangsgröße zum Zeitpunkt nT
e_n Regeldifferenz zum Zeitpunkt nT_A
i Zählvariable
T_i Nachstellzeit
T_d Vorhaltezeit
T_A Abtastzeit

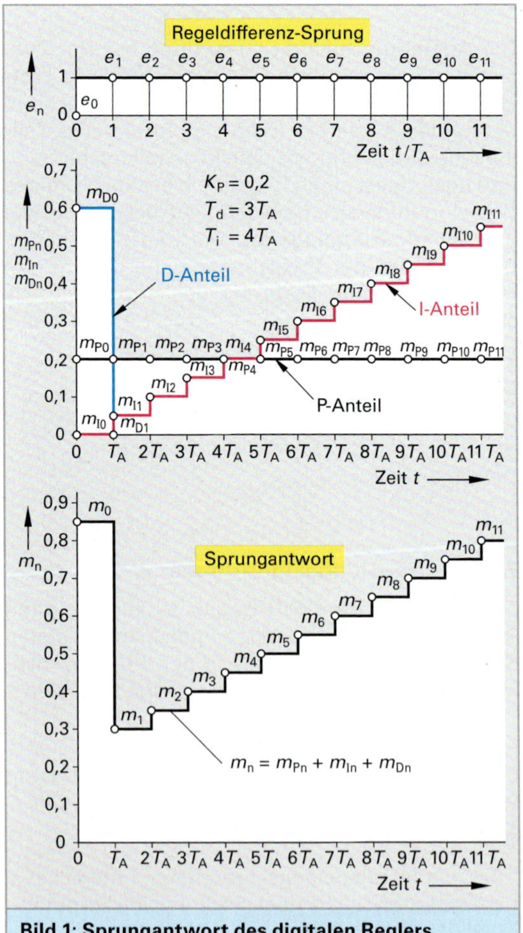

Bild 1: Sprungantwort des digitalen Reglers

7.4.3.4 PID-Geschwindigkeitsalgorithmus

Anstelle der ständigen Berechnung der Stellgröße wird bei der digitalen Regelung oft nur der Zuwachs Δm_n ermittelt und dieser dem Wert der in einem Speicher abgelegten Reglerausgangsgröße hinzuaddiert. Man bezeichnet dies als Geschwindigkeitsalgorithmus.

Gleichung des PID-Geschwindigkeitsalgorithmus:

$$\Delta m_n = K_p \left[e_n + \frac{T_A}{T_i} \sum_{i=0}^{n} e_i + \frac{T_d}{T_A}(e_n - e_{n-1}) \right] - K_p \left[e_{n-1} + \frac{T_A}{T_i} \sum_{i=0}^{n} e_i + \frac{T_d}{T_A}(e_{n-1} - e_{n-2}) \right]$$

$$\Delta m_n = m_n - m_{n-1}$$

$$\Delta m_n = K_p \left[e_n - e_{n-1} + \frac{T_A}{T_i} \cdot e_n + \frac{T_d}{T_A} (e_n - 2e_{n-1} + e_{n-2}) \right]$$

Δm_n Zuwachswert der Reglerausgangsgröße zum Zeitpunkt $n \cdot T_A$
e_n Regelgröße zum Zeitpunkt $n \cdot T_A$
T_A Abtastzeit
K_p Proportionalbeiwert
T_i Nachstellzeit
T_d Vorhaltezeit

Beim PID-Geschwindigkeitsalgorithmus werden die Zuwachswerte der Reglerausgangsgröße digital berechnet.

Übung:
Es soll ein Rechenprogramm für einen PID-Regler nach dem Geschwindigkeitsalgorithmus mit den Parametern $K_p = 0{,}2$, $T_i = 4T_A$, $T_d = 3T_A$ und $T_A = 1$ s erstellt werden. Zeichnen Sie den Programmablaufplan.

Lösung:
Bild 1 (**Bild 2** zeigt ein zugehöriges C-Programm)

Die aktuelle Regeldifferenz e_n wird mit C, die vorhergehende Regeldifferenz e_{n-1} mit B und die vorvorhergehende Regeldifferenz e_{n-2} mit A bezeichnet. Die Stellgröße Y wird mit jedem Rechenzyklus um DM erhöht.

Für die Eingabebefehle und den Ausgabebefehl müssen die aktuellen Adressen der Peripheriegeräte eingesetzt werden, z.B. die Nummern der Eingabekanäle und die Nummer des Ausgabekanals.

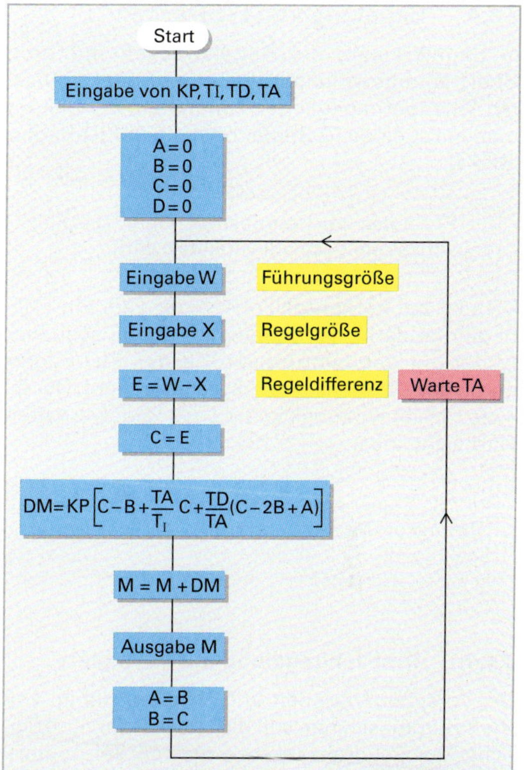

Bild 1: Programmablaufplan

```
// Programm: PID_Regler1.cpp
// Aufgabe: PID-Regler mit dem
// Geschwindigkeitsalgorithmus
#include <iostream>
using namespace std;

int main()
 {float KP,TI,TD,TA;
  float A,B,C,D,DY,E,W,X,Y;
  A=B=C=D=DM=E=W=X=M=0;

  cout <<"\nKP = ";cin >> KP;
  cout <<"TI = ";  cin >> TI;
  cout <<"TD = ";  cin >> TD;
  cout <<"TA = ";  cin >> TA;
  for(;;)
   {cout <<"\nW = "; cin >> W;
    cout <<"X = ";   cin >> X;
    E = W - X;
    C = E;
    DY = KP*(C-B+(TA/TI)*C+TD/TA*(C-2*B+A));
    M = M + DM;
    cout<<"\nW ="<<W<<"  X = "<<X<<"  Y = "<<M;
    A = B; // vorvorhergehende Regeldifferenz
    B = C; // vorhergehende Regeldifferenz
   }
 }
```

Bild 2: C-Programm zu Bild 1

7.4.4 Regelung von P-Strecken

In Regelkreisen, die Regelstrecken mit dem Übertragungsverhalten von einem oder mehreren Verzögerungsgliedern enthalten, verwendet man meist einen PI-Regler oder einen PID-Regler **(Bild 1)**.

> Der PI-Regler wird eingesetzt, wenn die Führungsgröße sehr schnell verändert wird.

Dies ist bei Folgeregelkreisen der Fall. Ein PID-Regler ist dafür nicht geeignet, da bei schneller Änderung der Führungsgröße der PID-Regler durch das Differenzieren übersteuert wird. Der D-Anteil bleibt wirkungslos und das Regelverhalten wird nicht linear.

> Der PID-Regler wird bei Regelung auf konstante Führungsgröße eingesetzt, z. B. bei Temperaturregelungen.

7.4.4.1 Drehzahlregelung mit PI-Regler

Bei Vorschubantrieben und Hauptantrieben von Werkzeugmaschinen soll die Istdrehzahl n_{ist} möglichst der Solldrehzahl n_{soll}, die von der numerischen Steuerung vorgegeben ist, folgen **(Bild 2)**. Der Regelkreis besteht aus einem elektronischen PI-Regler, einem elektronischen Antriebsverstärker, einem Motor mit der Zeitkonstanten T_m und einem Tachogenerator. Der Antriebsverstärker und der Tachogenerator arbeiten näherungsweise verzögerungsfrei, d. h. beides sind P-Glieder (Bild 2). Der Motor kann angenähert als PT_1-Glied dargestellt werden. Bei Änderung der Solldrehzahl um Δn_{soll} wird durch den Regler ein Stellsignal $\Delta U_{mP} \sim K_{PR}\ (n_{soll} - n_{ist})$ erzeugt und an den Antriebsverstärker übertragen. In dem Maße, wie sich n_{ist} auf das neue nsoll zubewegt, wird ΔU_{yP} kleiner. Der I-Anteil des Reglers erzeugt ein Stellsignal ΔU_{mI}, das proportional zum zeitlichen Integral über $(n_{soll} - n_{ist})$ ist. Dies bedeutet, dass ΔU_{mI} wächst, solange eine Differenz $n_{soll} - n_{ist}$ vorhanden ist. Dies bedeutet aber auch, dass der P_I-Regler durch den I-Anteil auf Dauer keine Regeldifferenz zulässt.

> Bei P-Strecken gibt es mit einer PI-Regelung oder PID-Regelung keine bleibende Regeldifferenz.

Schwierig ist es, beim Einstellen des PI-Reglers die optimalen Werte K_{PR} und die Nachstellzeit T_i zu finden. Zu große Werte von K_{PR} und zu kleine Werte für die Nachstellzeit T_i führen zu starken Schwingungen **(Bild 3)**.

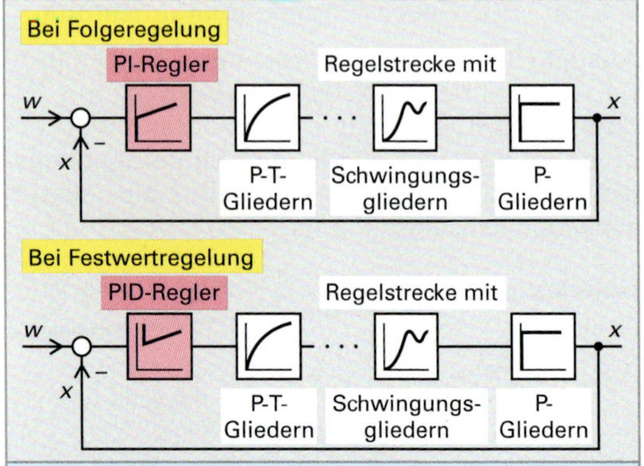

Bild 1: Regelung von P-Strecken

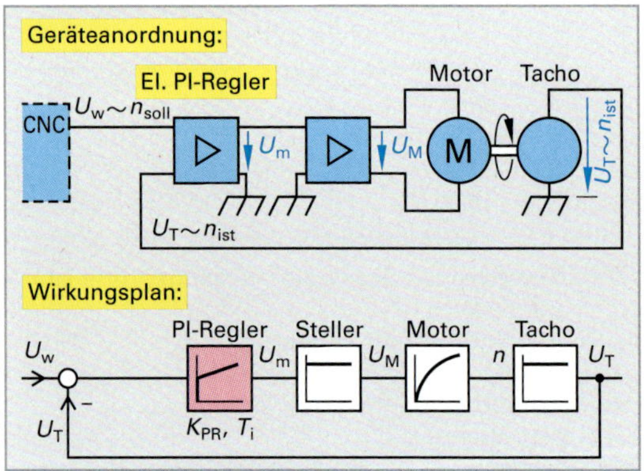

Bild 2: Geräteanordnung und Wirkungsplan einer Drehzahlregelung

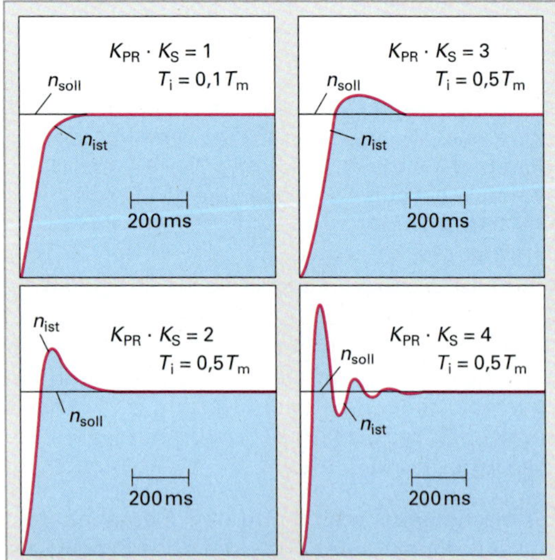

Bild 3: Einschwingvorgänge bei verschiedenen Reglereinstellungen (T_m = 100 ms)

7.4.5 Regelung von I-Strecken

Bei der Regelung von Regelstrecken, die ein I-Glied enthalten, verwendet man bei Folgeregelkreisen meist P-Regler **(Bild 1)**.

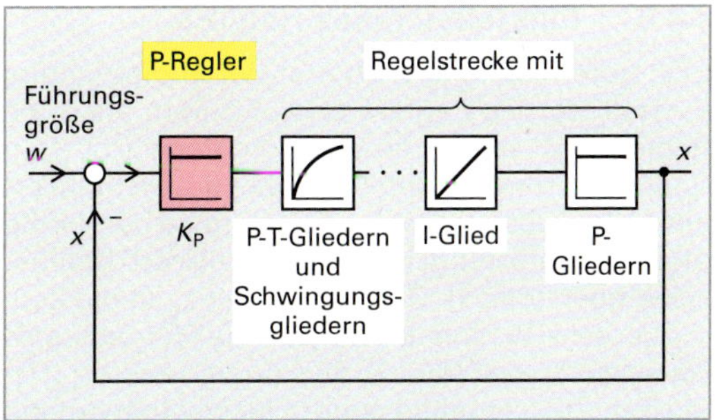

Bild 1: Folgeregelung einer I-Strecke

Lageregelung mit P-Regler

Bei einer Werkzeugmaschine kann die Position des Maschinenschlittens mit einem analogen Wegsensor erfasst und mit einem Operationsverstärker geregelt werden **(Bild 2)**. Die Sollwertvorgabe erfolgt auch analog über einen AD-Umsetzer durch einen Computer oder von Hand über ein Sollwertpotenziometer (Bild 2). Wenn eine Lageregeldifferenz $\Delta x = x_{soll} - x_{ist}$ vorliegt, so wird sie verstärkt und bewirkt eine Drehbewegung des Motors im Sinne einer Verkleinerung der Lageregeldifferenz Δx. Die Vorschubgeschwindigkeit v ist proportional zur Lageregeldifferenz Δx. Sie ist umso größer, je größer der Proportionalbeiwert K_{PR} des Reglers, der Verstärkungsfaktor K_A des Leistungsverstärkers, die Motordrehzahl n_0 bei Nennspannung und die Spindelsteigung P_{Sp} sind. Diese Teilverstärkungen werden, da sie sich gleichartig auf das Regelverhalten auswirken, zu der **Geschwindigkeitsverstärkung K_v** zusammengefasst. Die Geschwindigkeitsverstärkung ist das Verhältnis der Vorschubgeschwindigkeit v zur Lageregeldifferenz Δx, d. h. $K_v = v/\Delta x$.

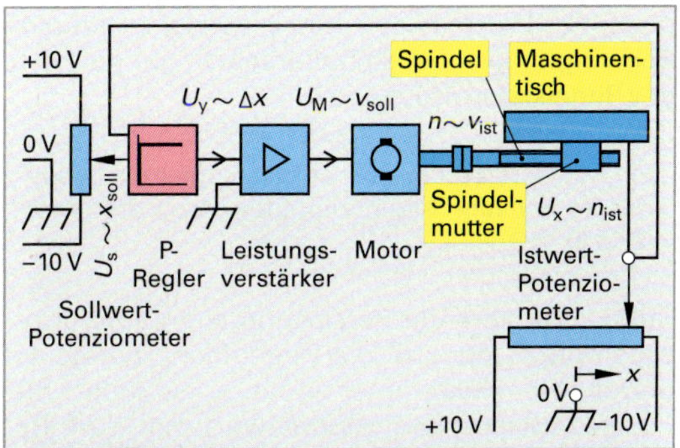

Bild 2: Geräteanordnung einer analogen Lageregelung für einen Werkzeugmaschinenschlitten

Mithilfe der Zusammenfassung der Teilverstärkungen lässt sich ein vereinfachter Blockschaltplan zeichnen, der nur noch drei Glieder enthält **(Bild 3)**. Das erste Glied ist ein Proportionalglied mit der Geschwindigkeitsverstärkung K_v. Das zweite Glied kennzeichnet das dynamische Verhalten des Vorschubantriebes. Es ist ein Verzögerungsglied 1. Ordnung, wenn ein elektrischer Antriebsmotor mit der **Antriebszeitkonstanten T_A** verwendet wird. Das dritte Glied ist ein Integralglied und kennzeichnet den Zusammenhang zwischen Vorschubgeschwindigkeit v und Weg x. Praktisch ausgeführt wird die Umsetzung der Geschwindigkeit in den Weg durch die Drehung der Spindel in der Spindelmutter, die mit dem Maschinentisch verbunden ist (Bild 2).

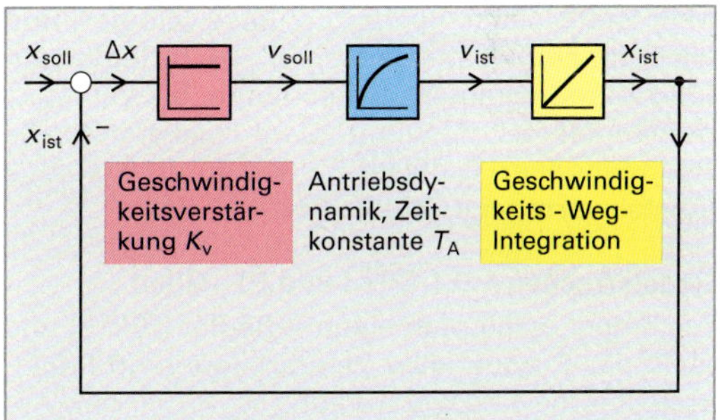

Bild 3: Blockschaltplan der analogen Lageregelung für einen Werkzeugmaschinenschlitten

Übung:

Eine Lageregeldifferenz Δx = 1 mm bewirkt eine Vorschubgeschwindigkeit von v = 600 mm/min. Wie groß ist die Geschwindigkeitsverstärkung K_v?

Lösung:

$$K_v = \frac{v}{\Delta x} = \frac{600\ \text{mm/min}}{1\ \text{mm}} = 600\ \frac{1}{\text{min}} = \mathbf{10\ 1/s}$$

Bei Lageregelung mit P-Regler:

$$K_v = \frac{v}{\Delta x}$$

K_v Geschwindigkeitsverstärkung
v Vorschubgeschwindigkeit
Δx Lageregeldifferenz

7.4.6 Einstellen eines Reglers

Eine gute Regelung wird erst durch die richtige Einstellung des Reglers erreicht. Man stellt die Regler meist so ein, dass sich die Regelgröße bei Sollwertsprüngen schnell auf den neuen Sollwert einstellt. Dabei sollte die Regelgröße nur wenig und nur kurzzeitig über den Sollwert hinausschwingen **(Bild 1)**. Die *Anregelzeit* t_A ist die Zeit, die vergeht, bis zum ersten Mal die Führungsgröße erreicht wird (Bild 1). Die *Ausregelzeit* t_{aus} ist die Zeit, die vergeht, bis der Einschwingvorgang auf $\pm\Delta x$, meist ±10 % abgeklungen ist. Man versucht die Regelparameter (Proportionalbeiwert K_{PR}, Nachstellzeit T_i und Vorhaltezeit T_d) optimal einzustellen. Zu große Werte von K_{PR} und zu klein gewählte Werte für T_i führen stets zu starken Schwingungen oder zu Dauerschwingungen, d.h. der Regelkreis wird instabil.

> Ein Regelkreis ist meist optimal eingestellt, wenn die Regelfläche einen kleinsten Wert annimmt **(Bild 1)**.

Selbstoptimierende Regler enthalten einen Mikrocomputer, der z.B. die Regelfläche berechnet und die Regelparameter so lange verändert, bis die Regelfläche den Minimalwert hat. Zum Berechnen der Regelparameter werden die Regelkreise mit dem PC simuliert und optimiert.

Regelstrecken mit PT_1-Gliedern und Totzeitgliedern

Man stellt beim Verfahren nach Ziegler und Nichols[1] zunächst den Regler als P-Regler ein **(Bild 2)** und verändert K_{PR} so lange, bis bei K_{PRkrit} der Regelkreis schwingt. Dann misst man die Periodendauer T_p dieser Schwingung. Günstige Einstellwerte zeigt **Tabelle 1**.

Regelstrecken mit I-Glied und PT_1-Glied

Als Regler wählt man einen P-Regler **(Bild 3)** und stellt das Produkt aller Verstärkungen im Regelkreis auf die Kreisverstärkung $K_0 = T_1/T_I$ ein. Anschließend variiert man K_{PR}, bis der Regelkreis ein günstiges Verhalten zeigt.

Überprüfen des Regelsinnes

Ein Regelkreis arbeitet nur dann richtig, wenn an der Vergleichsstelle im Regler die Regelgröße von der Führungsgröße subtrahiert und nicht addiert wird **(Bild 4)**. Wenn dies nicht der Fall ist, muss der Sensor umgepolt werden oder bei digitalen Reglern im Regelalgorithmus ein Minuszeichen eingefügt werden.

[1] *J. G. Ziegler* und *N. B. Nichols*, amerik. Wissenschaftler, entwickelten das Verfahren um 1942.

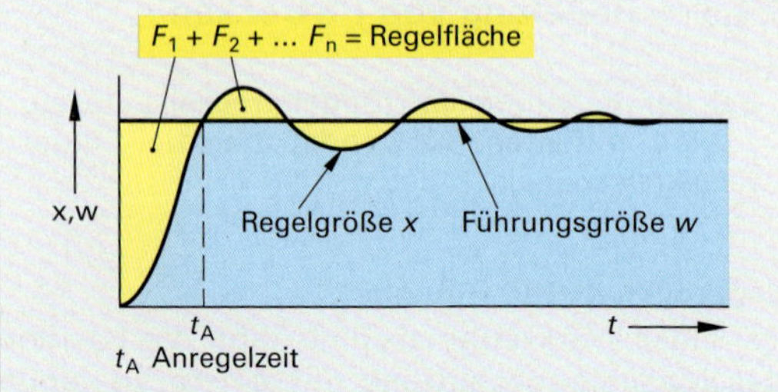

Bild 1: Einschwingvorgang bei einem Führungsgrößensprung

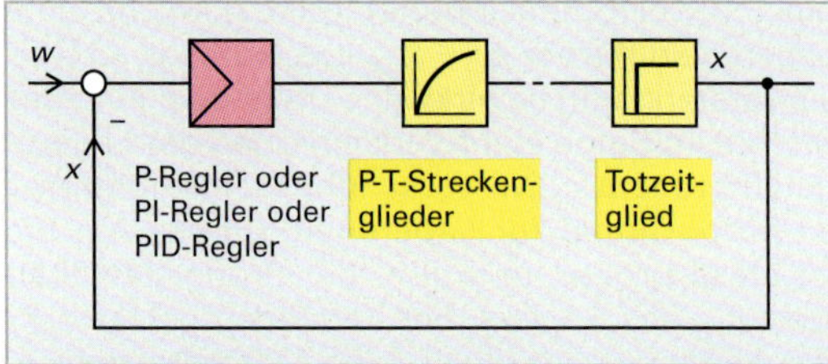

Bild 2: Regelung von PT_1-Strecken

Tabelle 1: Reglereinstellung nach Ziegler und Nichols

P-Regler	$K_{PR} = 0{,}5\ K_{PRkrit}$
PI-Regler	$K_{PR} = 0{,}45\ K_{PRkrit}$, $T_i = 0{,}85\ T_p$
PID-Regler	$K_{PR} = 0{,}6\ K_{PRkrit}$, $T_i = 0{,}5\ T_p$, $T_d = 0{,}12\ T_p$

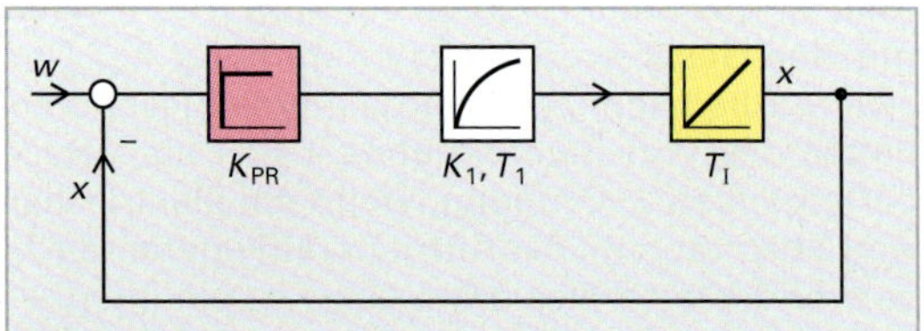

Bild 3: Reglereinstellung bei einer I-Strecke

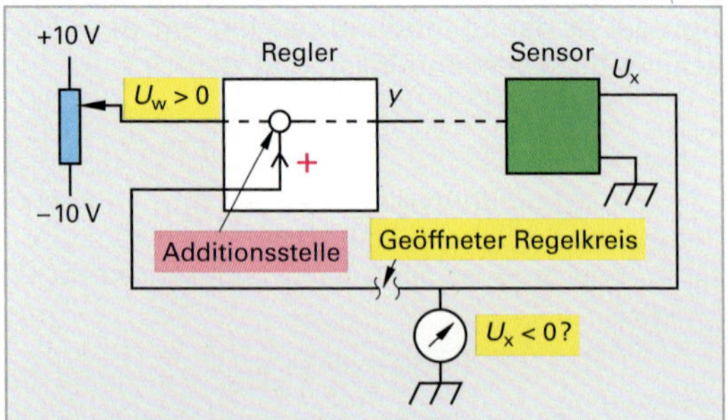

Bild 4: Überprüfen des Regelsinns

7.4.7 Selbstoptimierende Regler

Digitale Regler sind häufig hinreichend mit Software ausgestattet, sodass sie selbsttätig eine optimale Parametrierung (Werteeinstellung) auf der Basis eines PID-Regelalgorithmus vornehmen können. Man unterscheidet dabei die *Kompaktregler* für Regelstrecken mit relativ großen Zeitkonstanten im Bereich von etwa 0,1 s bis mehreren Sekunden und in Steller *integrierte Regler* z. B. für hochdynamische Vorschubantriebe mit Verzugszeiten im Bereich von Millisekunden.

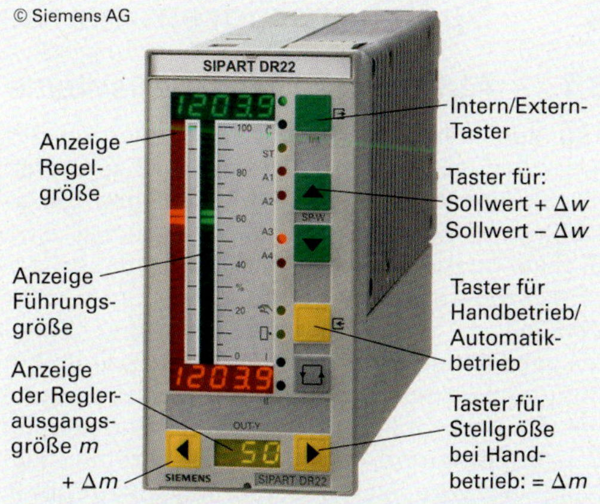

Bild 1: Kompaktregler

Kompaktregler SIPART

Kompaktregler, z. B. SIPART-DRxx werden z. B. im Bereich verfahrenstechnischer Anlagen der Chemieindustrie, bei Kraftwerken und in Kläranlagen eingesetzt **(Bild 1)**. Solche Kompaktregler haben auf der Frontseite sowohl Balkenanzeigen (Analoganzeigen) als auch Digitalanzeigen für die Regelgröße *x*, den Sollwert bzw. die Führungsgröße *w*. Es gibt Taster und Meldeleuchten u. a. zur manuellen Reglereinstellung, zur manuellen Prozessführung, zur Wahl von Betriebsarten und für Grenzwerte. Der Regler kann über einen PC fernbedient und fernkonfiguriert werden **(Bild 2)**. Die Reglerselbstanpassung (AdAP-Funktion) wird über das Frontpanel gestartet und erfolgt durch selbsttätige Analyse der Regelstrecke und der Berechnung der Reglerparameter aufgrund einer Analyse der Sprungantwort der Regelstrecke. Ermittelt werden dabei die Streckenverstärkung, die Verzögerungs-Zeitkonstanten und die Strecken-Totzeit. Die Adaption erfolgt wahlweise für ein Regelverhalten ohne Überschwingen oder mit etwa 10 % Überschwingen, ähnlich einer optimalen, betragslinearen Regelfläche.

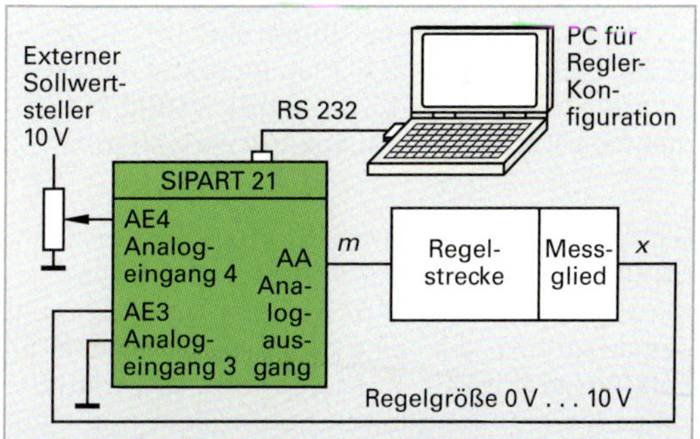

Bild 2: Kompaktregler im Regelkreis

Selbsteinstellende Antriebsregelung

Bei den Stellern für hochdynamische Antriebe erfolgt die Ermittlung der Regelstreckeneigenschaften anhand einer Frequenzanalyse, indem die Regelstrecke selbsttätig durch ein Rauschsignal (enthält alle Frequenzen, **Bild 3**) angeregt wird und die Regelstreckenreaktion hinsichtlich des Amplitudenganges und Phasenganges analysiert wird (FFT-Analyse, von Fast Fourier Transformation-Analyse = schnelle Frequenzanalyse nach Fourier). Daraus wird eine Reglerparametrierung berechnet, welche nacheinander für den Stromregelkreis und den Geschwindigkeitsregelkreis ein optimales Führungsverhalten liefert **(Bild 4)**. Eine Vielzahl ergänzender Kenngrößen kann dabei noch vorgegeben werden, wie z. B. maximale Geschwindigkeit, maximale Beschleunigung und maximaler Ruck.

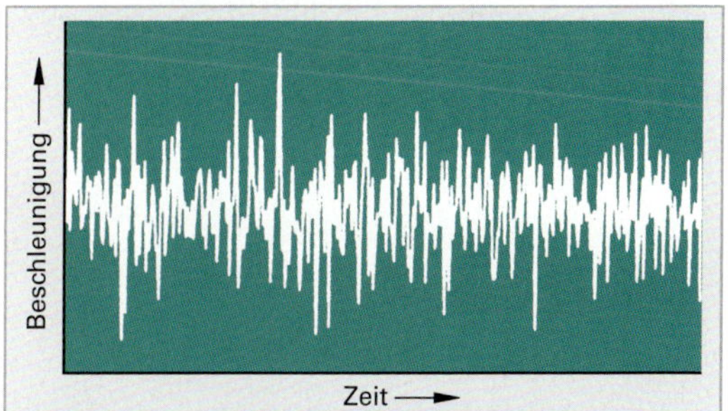

Bild 3: Rauschsignal zur Antriebsbeschleunigung

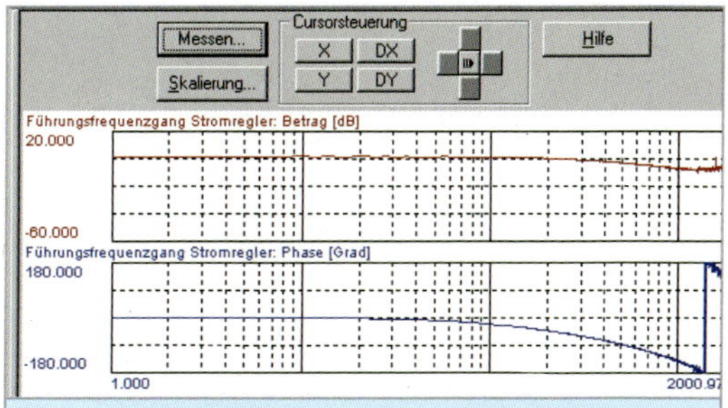

Bild 4: Führungsfrequenzgang der Stromregelung

8 Speicherprogrammierbare Steuerungen (SPS)

8.1 Aufbau und Funktionsweise

Eine speicherprogrammierbare Steuerung SPS ist ein digital arbeitendes elektronisches System für den Einsatz in industrieller Umgebung. Sie besteht im Wesentlichen aus einem Netzteil, einer Signaleingabeeinheit, einer Zentralbaugruppe CPU, Programmspeicher sowie weiteren erforderlichen Funktionseinheiten und einer Signalausgabeeinheit **(Bild 1)**. Im Gegensatz zu verbindungsprogrammierten Steuerungen, bei denen der Steuerungsablauf durch die eingesetzten Bauelemente und deren Leitungsverbindungen festgelegt wird, ist der Steuerungsablauf bei einer SPS als Programm gespeichert.

Kleinste Kompakt-Steuerungen sind oft mit bis zu 24 DI/16 DO[1] und 8 AI/2AO[2] ausgerüstet. Eine modulare erweiterbare Kompakt-SPS **(Bild 2)** kann mehr als 100 Ein- und Ausgänge verwalten.

Die Anwendung moderner Kommunikationstechnik **(Bild 3)** in der Automatisierung hat dazu geführt, dass der Begriff SPS eigentlich nicht mehr das ausdrückt, was eine moderne Steuerung an Leistungsfähigkeit auszeichnet. Automatisierungssysteme beinhalten heute nicht mehr nur das Steuern, Regeln und Visualisieren, sondern auch das Kommunizieren über verschiedene Bussysteme, z. B. Ethernet, PROFIBUS, AS-Interface.

[1] D = Abk. für digital, I engl. Input = Eingang, O engl. Output = Ausgang;
[2] A = Abk. für analog

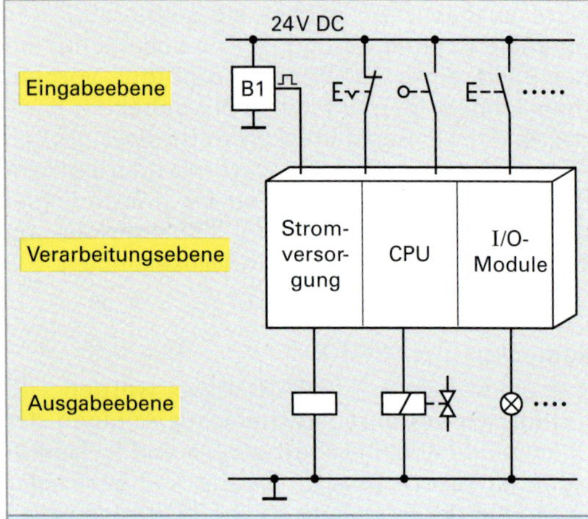

Bild 1: Ebenen einer Steuerung

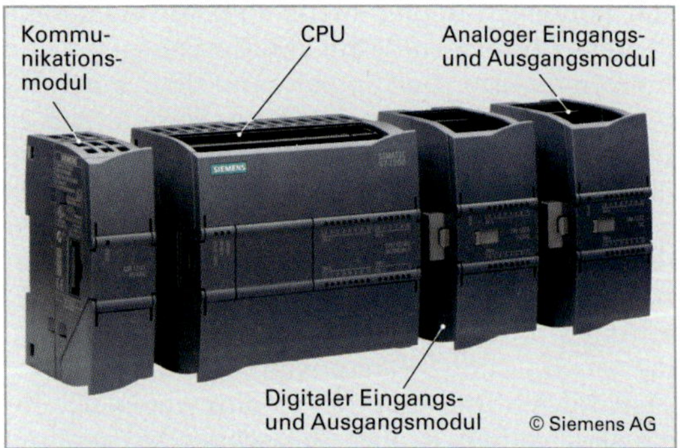

Bild 2: Kompakt-SPS

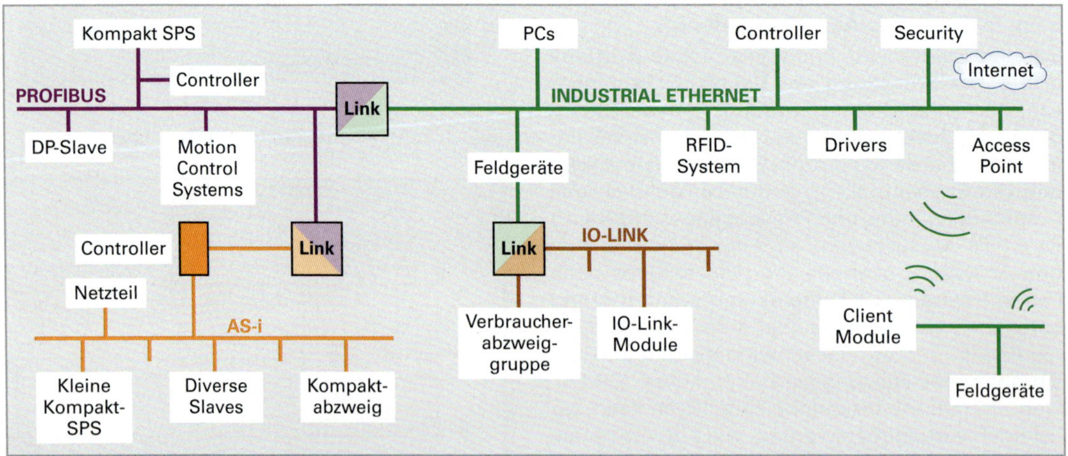

Bild 3: Komplexes Automatisierungssystem

Eine SPS kann auch in andere Mikroprozessorsteuerungen integriert sein, z. B. in eine CNC-Steuerung. Die SPS wird dabei über das CNC-Programm angesprochen. Sind nur wenige SPS Funktionen notwendig, dann werden diese nur softwaremäßig im Betriebsprogramm der CNC-Steuerung verwirklicht. In diesen Fällen wird die SPS auch PLC[1] genannt **(Bild 1)**. Immer häufiger werden auch Industrie-PC als SPS eingesetzt **(Bild 2)**. In diesem Fall übernimmt eine Steckkarte im PC die Funktionen der SPS.

SPS gibt es in den Bauformen kompakt, modular, vernetzt, integriert und als Industrie-PC.

Am häufigsten werden derzeit modulare SPS eingesetzt. Die **Zentralbaugruppe** einer modularen SPS besteht aus einem Netzteil, der CPU[2] und mindestens einer digitalen Eingabe- und einer digitalen Ausgabebaugruppe **(Bild 3)**.

Zum Betrieb muss die CPU an eine Spannungsquelle, meist 24 V DC, angeschlossen sein **(Bild 4)**. Um bei Netzausfall gespeicherte Daten nicht zu verlieren, werden diese auf einer Speicherkarte, z. B. XD-Memorycard, abgespeichert.

Steht der Betriebsartenschalter in STOPP-Position, können Anwenderprogramme in die CPU übertragen werden. Zur Datenübertragung zwischen dem Programmiergerät und der CPU dient meist die mehrpunktfähige Schnittstelle MPI[3]. Die MRES[4]-Position des Betriebsartenschalters dient zum Urlöschen der CPU. Ist die RUN-Einstellung gewählt, wird das Anwenderprogramm abgearbeitet und es sind währenddessen alle PG-Funktionen zugelassen.

Über die PROFIBUS-DP-Schnittstelle kann die Verbindung zu weiteren Baugruppen hergestellt werden die auch als dezentrale Peripherie bezeichnet werden.

Die Status- und Fehleranzeigen geben Auskunft über den jeweiligen Betriebszustand der CPU. Bei einer Fehleranzeige, SF oder BF, können einem Diagnosepuffer genaue Informationen über die Art des Fehlers entnommen werden. Die CPU beinhaltet unter anderem den Mikroprozessor und verschiedene Speicherbereiche, **Lade-, Arbeits- und Systemspeicher**, die über eine Busleitung miteinander verbunden sind.

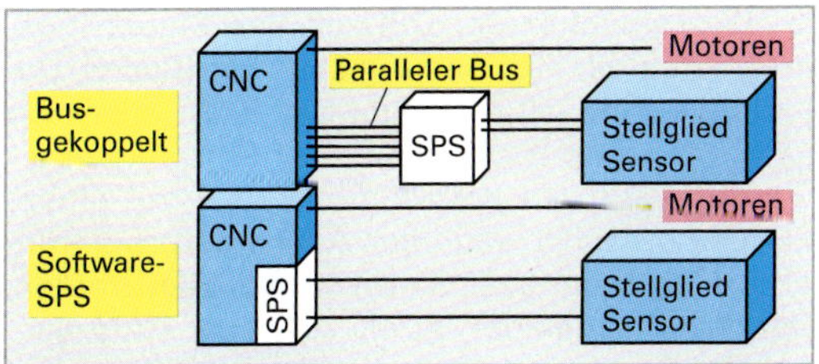

Bild 1: Integrierte SPS

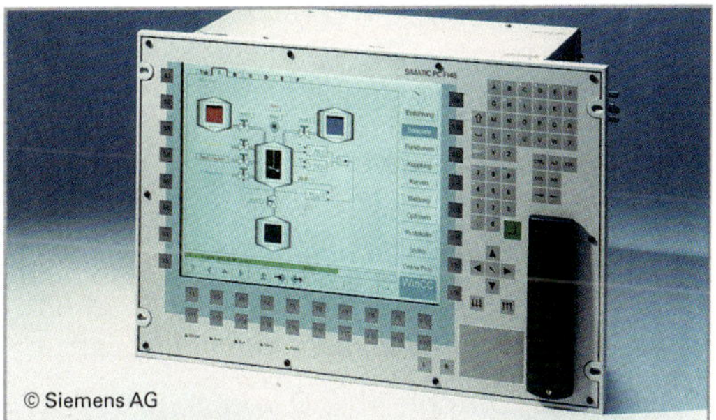

Bild 2: Industrie-PC

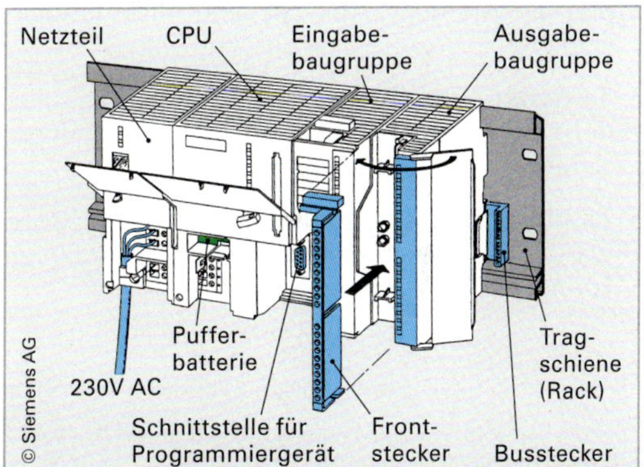

Bild 3: Modulare SPS

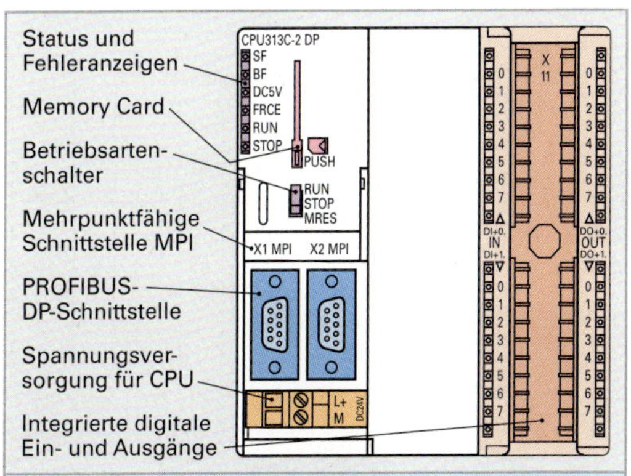

Bild 4: Frontansicht einer CPU

[1] PLC von engl. programmable logic controller = programmierbare logische Steuerung
[2] CPU von engl. central processing unit = zentrale Verarbeitungseinheit
[3] MPI von engl. Multi Point Interface = Mehrpunkt-Schnittstelle
[4] MRES von engl. memory reset = Speicher zurücksetzen

Im **Ladespeicher** der CPU ist das Steuerungsprogramm der Anwendung abgelegt **(Bild 1)**. Der Ladespeicher ist entweder ein RAM[1] oder ein EPROM[2], der mit einer Memory Card[3] erweitert werden kann. Ist die Memory Card mit einem EPROM bestückt, kann das Anwenderprogramm offline[4] spannungsausfallsicher geladen werden. Der **Arbeitsspeicher** ist als schneller RAM ausgelegt. Dorthin werden die für den Ablauf des Anwenderprogramms wichtigen Daten kopiert. Der **Systemspeicher** enthält die Variablen, auch Operanden genannt, die vom Programm aus angesprochen werden. Die Variablen werden zu Bereichen, den Operandenbereichen, zusammengefasst. Die Größe der Bereiche ist abhängig von der eingesetzten CPU.

Operandenbereiche der CPU:

- **Eingänge** (Input; Abk. **I**) sind ein Abbild (Prozessabbild) der Digitaleingabebaugruppen.
- **Ausgänge** (Output; Abk. **Q** von engl. to quit = verlassen) sind ein Abbild (Prozessabbild) der Digitalausgabebaugruppen.
- **Merker** (Memory; Abk. **M**) sind Informationsspeicher.
- **Zeitfunktionen** (Timer; Abk. **T**) stellen Zeitglieder dar, mit denen Warte- und Überwachungszeiten verwirklicht werden.
- **Zählfunktionen** (Counter; Abk. **C**) sind Softwarezähler, die vorwärts und rückwärts zählen können.

[1] RAM von engl. Random Access Memory = Speicher mit wahlfreiem Zugriff;
[2] EPROM von engl. Erasable Programmable Read Only Memory = löschbarer programmierbarer Nur-Lese-Speicher;
[3] Memory Card, engl. = Speicherkarte;
[4] offline, engl. = hier: außerhalb der CPU

Ist der Betriebsartenschalter auf RUN-Position geschaltet, wird das Anwenderprogramm zyklisch abgearbeitet **(Bild 2)**. Zunächst wird aus dem Systemspeicher der momentane Zustand der Eingänge eingelesen, nämlich das **Prozessabbild** der Eingänge. Danach erfolgt die Bearbeitung des Hauptprogramms. Anschließend werden die daraus sich ergebenden Zustände der Ausgänge (Prozessabbild der Ausgänge) in den Systemspeicher übertragen und den Ausgängen zugewiesen. Jetzt wird das Prozessabbild der Eingänge aktualisiert und das Hauptprogramm erneut abgearbeitet. Die Zeit für einen Durchlauf nennt man **Zykluszeit**. Sie ist umso größer, je länger das Hauptprogramm ist. Außerdem ist die Zykluszeit abhängig von der Leistungsfähigkeit der verwendeten SPS. Meistens beträgt die Zykluszeit wenige Millisekunden.

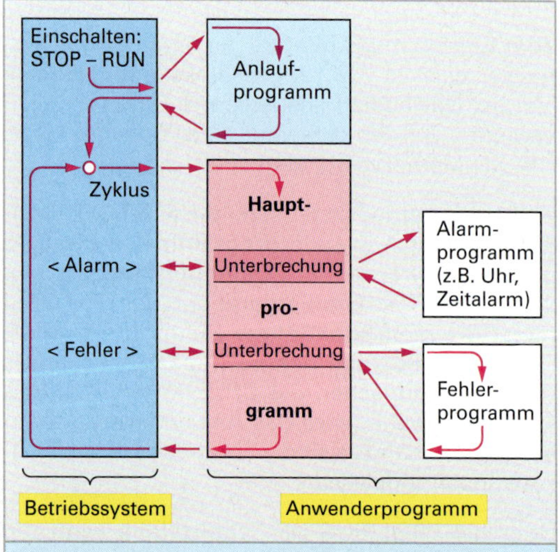

Bild 2: Bearbeitung eines Anwenderprogramms

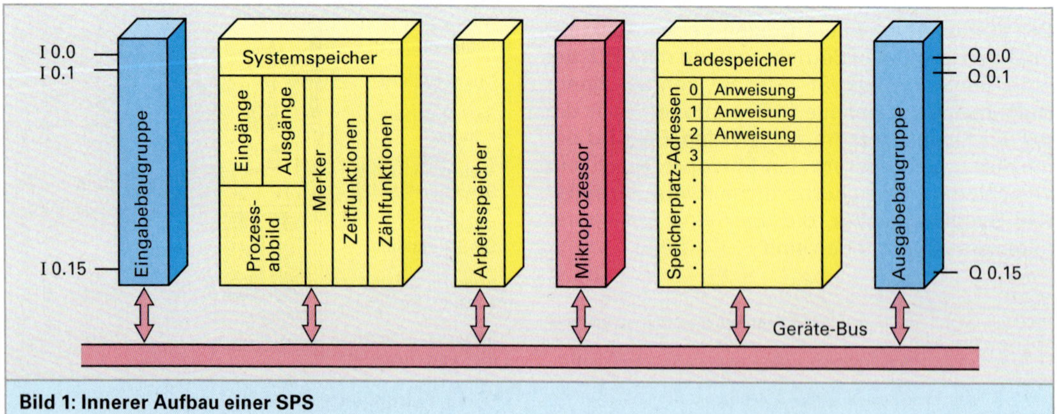

Bild 1: Innerer Aufbau einer SPS

Die **Eingabeeinheit** ist unterteilt in Eingabebaugruppen von meist 8 oder 16 Binäreingängen **(Bild 1)**. Eine Eingabebaugruppe enthält Schaltungen zur Signalanpassung, z. B. einen Spannungsteiler und RC-Filter zur Störungsunterdrückung. Für Gleichspannungssignale ist ferner eine Diode als Verpolungsschutz vorhanden und bei Wechselspannungssignalen eine Gleichrichterbrückenschaltung. Zur Potenzialtrennung wird das entstörte Gleichspannungssignal über einen Optokoppler (Fotodiode als Sender und Fototransistor als Empfänger in einem Bauelement) zugeführt. Eine Leuchtdiode ermöglicht bei der Inbetriebnahme oder Fehlersuche das Erkennen des Schaltzustandes der Eingangssignale. Der Multiplexer (Umschalter) wird über den Adressdecoder geschaltet.

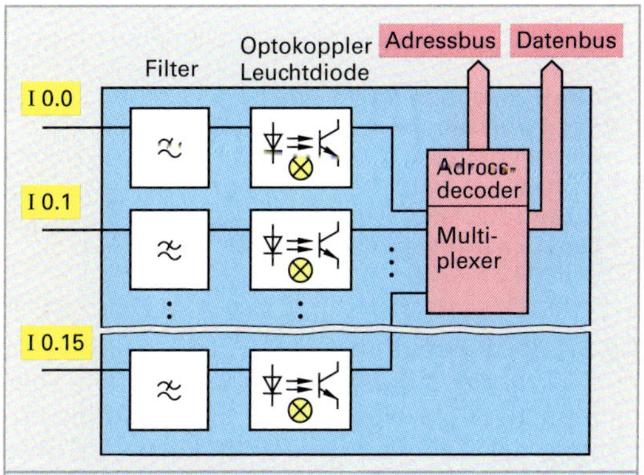

Bild 1: Beschaltung der Eingänge

Die **Ausgabeeinheit** ist ebenfalls in Ausgabebaugruppen von meist 8 oder 16 Binärausgängen unterteilt **(Bild 2)**. Eine Ausgabebaugruppe enthält Leistungsstufen, z. B. Transistoren für binäre Gleichspannungssignale (24 V, 200 mA) oder Triac (elektronischer Wechselstromschalter) zur direkten Ansteuerung von Wechselstromlasten, z. B. 50 Hz, 230 V.

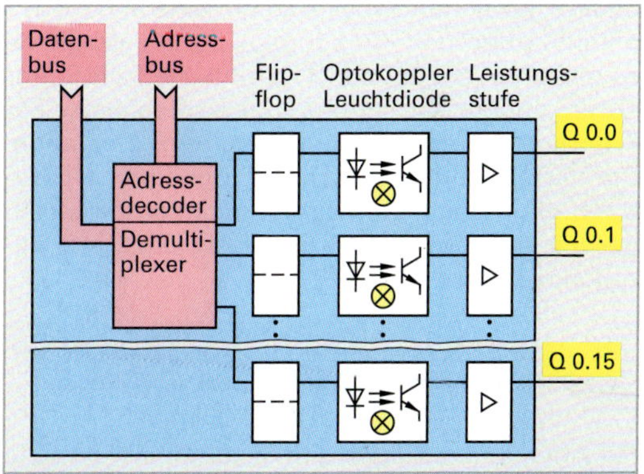

Bild 2: Beschaltung der Ausgänge

Unterbleibt aufgrund irgendeiner Störung der regelmäßige Programmzyklus, dann schalten alle Ausgangsstufen nach Ablauf einer Zykluszeit aus und schalten die angeschlossenen Stellglieder einer Maschine ab. Damit verhindert man gefährliche Betriebszustände.

Die einzelnen Ausgänge werden über ihre Adresse vom Mikroprozessor geschaltet. Im Adressentschlüssler wird die Adresse des im Programm angewählten Ausgangs entschlüsselt und über den Demultiplexer (Umschalter) das Schaltsignal durchgeschaltet.

Tabelle 1: Aufbau der Norm IEC 61131

Teil-Nr.	Benennung	Inhalt
Teil 1	Allgemeine Informationen	– Begriffsbestimmungen, – Funktionsmerkmale der SPS.
Teil 2	Betriebsmittelanforderungen und Prüfungen	– elektrische Anforderungen, – mechanische Anforderungen, – funktionelle Anforderungen, – Typenprüfungen, – Umgebungsbedingungen, – Beanspruchungsklassen der Hardware.
Teil 3	Programmiersprachen	– Softwaremodell, – Programmiersprachen.
Teil 4	Anwenderrichtlinien	– Systemanalyse, – Geräteauswahl, – Wartung.
Teil 5	Kommunikation	– Kommunikation zwischen Geräten unterschiedlicher Hersteller sowie anderen Geräten, – Kommunikation über Netze, – Datenaustausch, – Alarmverarbeitung, – Netzwerkverwaltung.

8.2 Programmierung

8.2.1 Programmiersprachen

Zielsetzung des Standards **IEC 61131 (Tabelle 1)** ist, den Herstellern von SPS einheitliche Richtlinien für die Hard- und Softwareentwicklung zu geben. Eine zu den Vorgaben der IEC 61131-3 konforme Entwicklungsumgebung für Steuerungen ist CoDeSys, Akronym von **Co**ntroller, **De**velopment **Sys**tem. Andere Programmiersysteme sind meist auf eine spezielle Steuerungshardware ausgerichtet.

IEC 61131-3 nennt folgende Implementierungssprachen:
- **Anweisungsliste (AWL)** und
- **Strukturierter Text (ST)** als textuell orientierte Sprachen sowie
- **Kontaktplan (KOP)**,
- **Ablaufsprache (AS)** und
- **Funktionsbausteinsprache (FUP)** als grafisch orientierte Sprachen.

Continuous Function Chart (CFC) ist keine in der IEC 61131-3 definierte Sprache, stellt aber eine gängige Erweiterung der Entwicklungsumgebung dar. **Tabelle 1** gibt einen Überblick über Syntax der Programmiersprachen AWL, FUP und KOP. Bei der Programmierung mit dem frei grafischen Funktionsplan-Editor, Continuous Function Chart **(Bild 1)**, handelt es sich um eine andere Implementation des Funktionsplans. Im Vergleich zu letzterem erlaubt der frei grafische FUP-Editor durchgängige Verbindungen, beispielsweise zur Programmierung von Rückkopplungs-Schleifen. Die Verbindungen zwischen Eingängen, Operatoren und Ausgängen werden nicht automatisch gesetzt, sondern müssen vom Programmierer gezogen werden.

Bei der Programmierung im Kontaktplan (KOP) ist die Darstellung einem Stromlaufplan sehr ähnlich.

Für Ablaufsteuerungen gibt es die Ablaufsprache (AS). Die in einer Ablaufsteuerung sich regelmäßig wiederholenden Elemente der Funktionsbausteinsprache werden in der Ablaufsprache zu neuen, vereinfachten Sprachelementen zusammengefasst.

Die Anweisungsliste (AWL) ist die universellste Programmiersprache. Umfangreiche Programme sind in dieser Programmiersprache unübersichtlich.

Vor der Übertragung eines Anwenderprogramms in die SPS müssen alle Steueranweisungen mit einem Compiler[1] in den Maschinencode der Steuerung übersetzt werden **(Bild 2)**. Eine Steueranweisung enthält einen Operationsteil und einen Operandenteil **(Bild 3)**. Der Operationsteil gibt an, welche Operation mit der Anweisung durchgeführt werden soll. Der Operandenteil wird in den Kennzeichenteil und den Parameterteil gegliedert. Mit den Kennzeichenbits wird festgelegt, ob sich die Anweisung auf einen Eingang (I), einen Ausgang (Q) oder einen anderen Operanden bezieht. Der Parameter bestimmt die Adresse des Operanden. Die erste Zahl ist die Byte-Adresse und die zweite Zahl die Bit-Adresse **(Bild 4)**.

[1] engl. to compile = übersetzen

Tabelle 1: SPS-Funktionen nach IEC 61131-3 (Auswahl)

Benennung	Darstellung		
	AWL	FUP	KOP
UND/AND	U/A	&	─┤├─┤├─
ODER/OR	O	≥1	─┤├─ / ─┤├─ (parallel)
NICHT/NOT (Ausgang)	N	○─	─(/)─
Zuweisung	=	=	─( )─
Setzen/Set	S	– S	─(S)─
Rücksetzen/Reset	R	– R	─(R)─

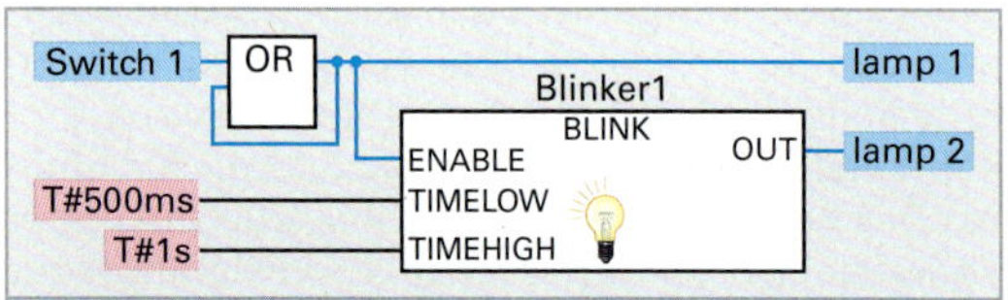

Bild 1: Programmierung mit CFC (Beispiel)

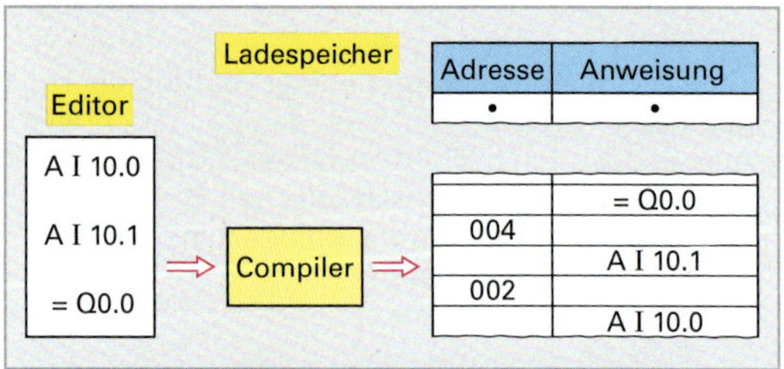

Bild 2: Übertragung von Steueranweisungen

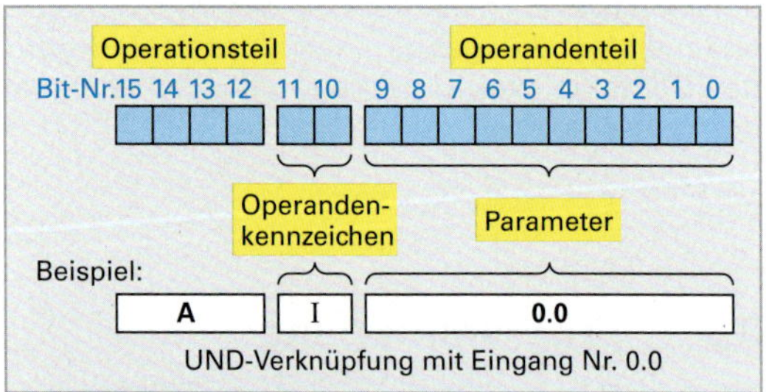

Bild 3: Steueranweisung

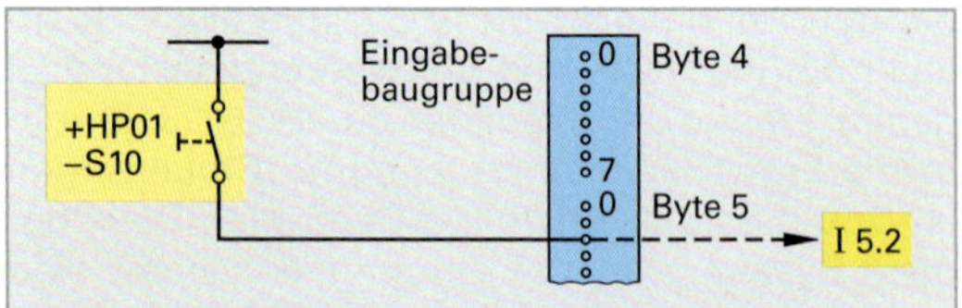

Bild 4: Operandenparameter bei Eingabebaugruppe

Zur Programmierung ihrer Hardware haben sich über 250 namhafte Firmen weltweit für die Entwicklungsumgebung CoDeSys entschieden. Daher folgt eine kurze Einführung in die Realisierung von Projekten mit CoDeSys.

CoDeSys ist eine hardwareunabhängige, IEC 61131-3 konforme Entwicklungsumgebung, die kostenlos bezogen werden kann.

Nach dem Start der Entwicklungsumgebung muss ein neues Projekt angelegt werden. Zunächst wird im Fenster „Geräte" das zu programmierende Gerät angehängt. Für das Beispiel wurde eine Softwaresimulation „CoDeSys Control Win V3" gewählt **(Bild 1)**. Zu der Applikation der SPS-Logik wird eine POU, Akronym von **P**rogram **O**rganisation **U**nit, hinzugefügt. Eine POU, auch Baustein genannt, kann ein Programm, ein Funktionsbaustein oder eine Funktion sein. Bausteine können auch geräteunabhängig erstellt werden. Für jeden Baustein muss eine Programmiersprache festgelegt werden.

Zur Grundkonfiguration des Objektbaums gehört auch das Anlegen einer Taskkonfiguration mit der MainTask, in die der Aufruf des Hauptbausteins PLC_PRG eingetragen werden muss. Um die SoftSPS auf dem PC als Zielsystem mit dem Programmiersystem CoDeSys V3 verbinden zu können, muss der Netzwerkpfad zur Steuerung anlegt werden **(Bild 2)**. Zum Betrieb auf einer Hardware-SPS müsste ein zugehöriges Laufzeitsystem installiert sein und in den Kommunikationseinstellungen ausgewählt werden.

Die im Programm verwendeten Variablen müssen entweder in einer globalen Variablenliste oder im Baustein lokal deklariert werden. Die Programmierung der Applikation erfolgt im Fenster des Programmbausteins, im Beispiel ist dies „PLC_PRG" **(Bild 3)**.

Nach dem vollständigen Ausprogrammieren einer Applikation kann diese mit der Entwicklungsoberfläche simuliert werden **(Bild 4)**. Das Einloggen in die Steuerung erfolgt im Menü „online". Bei diesem Vorgang erzeugt der integrierte Compiler von CoDeSys einen Maschinencode. Im Online-Modus werden die aktuellen Werte aller verwendeten Variablen angezeigt. Wird die heruntergeladene Applikation im Menü „Debug" gestartet, können die Variablenwerte verändert und das Programm kann auf korrekte Funktion getestet werden.

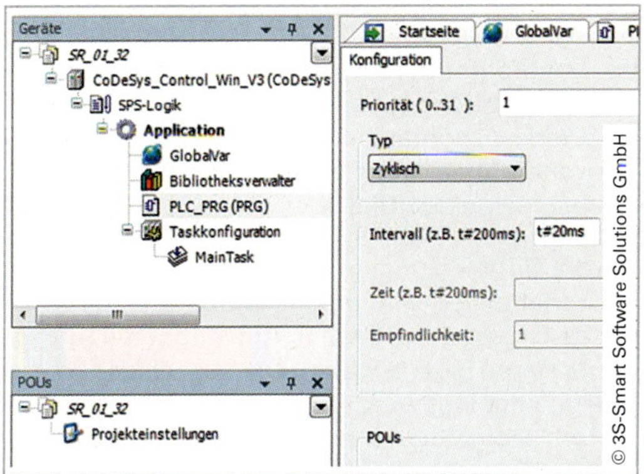

Bild 1: Anlegen eines Projekts in CoDeSys

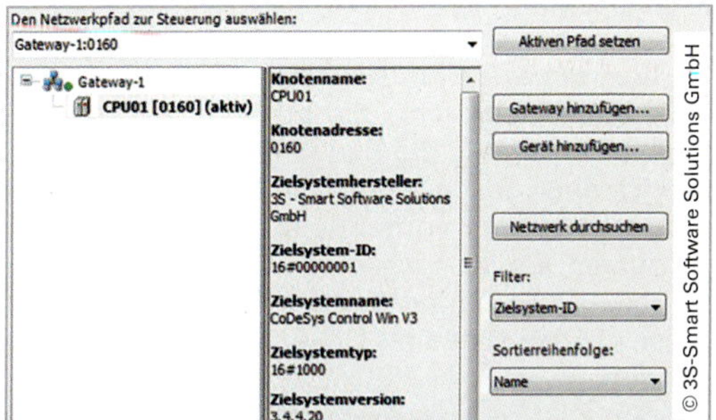

Bild 2: Auswahl der Kommunikationseinstellungen

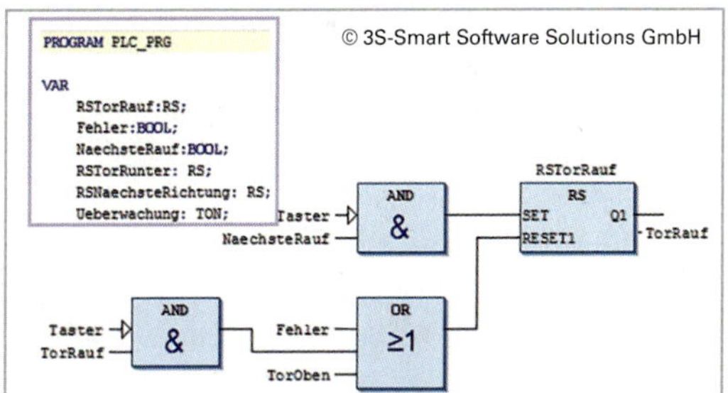

Bild 3: Erstellen eines Programmbausteins

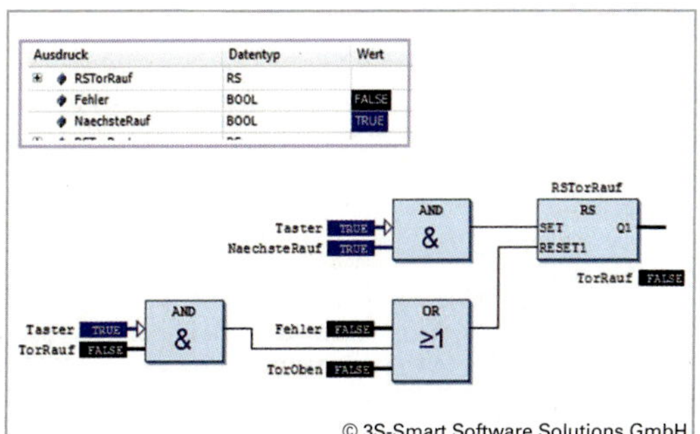

Bild 4: Testen eines Programmbausteins

8.2.2 Programmaufbau

Im Nachfolgenden wird der Programmaufbau hardwareabhängig beschrieben. Nach IEC 61131 wird jede Automatisierungsaufgabe als Projekt verwaltet. Innerhalb eines Projektes ist eine Hierarchie festgelegt **(Bild 1)**.

Da die Entwicklungsoberfläche objektorientiert geschrieben ist, sind die Programmteile des Projektes Objekte, denen der Anwender beim Programmieren Eigenschaften zuweist. Nachdem ein Projekt angelegt wurde, wird mithilfe des Projekteditors festgelegt, welche Vernetzung vorgesehen ist. Danach wird dem Projekt die eingesetzte Hardware zugeordnet **(Bild 2)**. Dazu wird ein Netzteil, eine CPU und die Eingabe- und Ausgabebaugruppe konfiguriert.

Ist die Hardwarekonfiguration abgeschlossen, wird in der Hierarchie die Struktur vervollständigt. Jetzt können die Bausteine des Anwenderprogramms geschrieben werden. Dabei ist es möglich, bereits vorhandene Quellprogramme zu nutzen. Es ist auch möglich, Programme zu schreiben, die keiner Hardware zugeordnet sind. Diese können später als Quellprogramme genutzt werden.

Der Anwender kann anstelle der Absolutadresse einen Namen (Symbol) verwenden. In der Symboltabelle werden **globale Symbole** definiert **(Bild 4)**. Das bedeutet, dass diese Symbole im gesamten Anwenderprogramm bekannt sind und in allen Bausteinen die gleiche Bedeutung haben. In der Spalte „Name" wird der symbolische Namen angegeben. In der Regel wird als 1. Zeichen der Datentyp angegeben, z. B. x = Bool, r = Real, w = WORD, ui = unsigned Integer.

Die **symbolische Adressierung (Bild 3)** bietet den Vorteil, dass der Anwender Fehler in der Zuordnung leichter vermeiden kann. Doppelbelegungen der Adressen sind nahezu ausgeschlossen.

PLC-Variablen

	Name	Variablentabelle	Datentyp	Adresse
1	x_Steuerung_AUS	Standard-Variablen...	Bool	%I0.1
2	x_EinzelSchritt_o_B	Standard-Variablen...	Bool	%I1.1
3	x_MB1_Ausfahren	Standard-Variablen...	Bool	%Q0.1
4	x_MB2_einfahren	Standard-Variablen...	Bool	%Q0.2
5	w_Druck_27648	Standard-Variablen...	Int	%IW96
6	r_aktuellerDruck	Standard-Variablen...	Real	%MD50
7	x_Endlage_eingefahren	Standard-Variablen...	Bool	%I0.3
8	ui_Schritt_Nr	Standard-Variablen...	UInt	%MW2
9	x_App_MB1	Standard-Variablen...	Bool	%M10.1

Bild 4: Erstellen einer Variablentabelle

Die Spalte Adresse enthält die absolute Adresse des Operanden. Daraus leitet das Programm in der Regel den eingesetzten Datentyp ab. In der Spalte Status werden unvollständige oder identische Symbolnamen angezeigt.

Daneben gibt es die Möglichkeit **bausteinlokale Symbole** zu verwenden. Die Namen dafür werden im Deklarationsteil des entsprechenden Bausteins festgelegt. Lokale Symbole sind nur innerhalb eines Bausteins gültig.

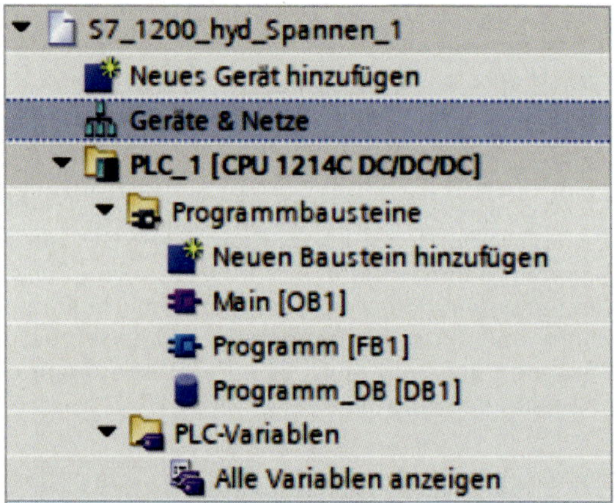

Bild 1: Objekthierarchie, Projektnavigation

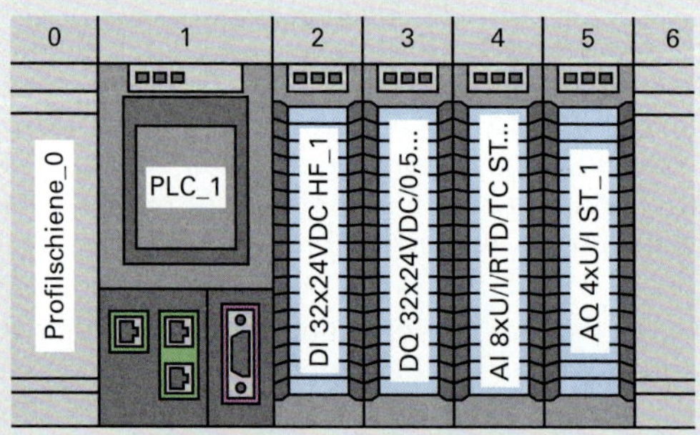

Bild 2: Konfiguration der Hardware

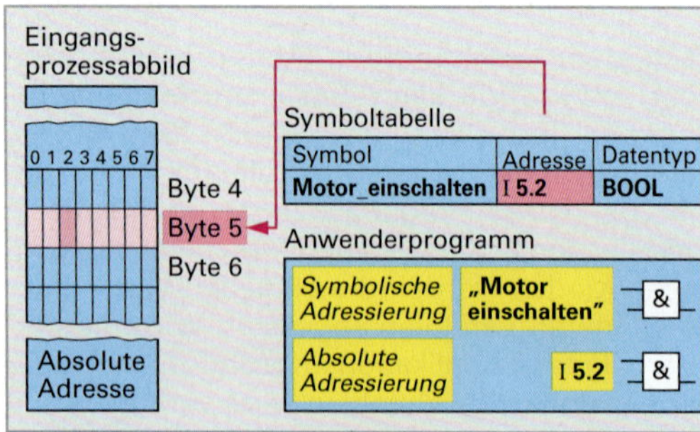

Bild 3: Absolute und symbolische Adressierung

Damit Programme übersichtlich werden, sollten sie bereits in der Entwurfsphase den technologischen und funktionellen Gegebenheiten der Steuerungsaufgabe angepasst werden. Daher bieten Programmiersprachen nach IEC 61131-3 die Möglichkeit der **Strukturierung** (Aufteilung, **Bild 1**). Der Anwender teilt zweckmäßigerweise sein Programm in kleine, gut überschaubare Einheiten (Bausteine) auf **(Tabelle 1)**.

Organisationsbausteine (OB Organization Block), Funktionsbausteine (FB Function Block), und **Funktionen (FC Function call)** enthalten das Anwenderprogramm und werden daher oft auch als Codebausteine bezeichnet.

Die zu den Anwenderprogrammen gehörenden Daten werden in **Datenbausteinen (DB Data Block)** gespeichert. Außerdem verfügen Steuerungen über Systembausteine. Sie sind Bestandteil des Betriebssystems. Systembausteine machen wichtige Systemfunktionen für den Anwender zugänglich, z.B. die Handhabung einer CPU-internen Uhr.

Organisationsbausteine stellen die Schnittstelle zwischen Betriebssystem und Anwenderprogramm dar. Organisationsbausteine können nur durch das Betriebssystem aufgerufen werden.

Der OB1 organisiert das zyklisch abzuarbeitende Hauptprogramm, indem er die in FCs und FBs enthaltenen Unterprogramme aufruft. Andere OBs organisieren den Anlauf der Steuerung, periodische Programmunterbrechungen, wie z.B. Uhrzeitalarme, und ereignisgesteuerte Programmunterbrechungen, wie z.B. Fehlermeldungen. Jedem OB ist eine Prioritätsklasse zugeordnet.

> Der OB1 hat die niedrigste Prioritätsklasse 1 und kann daher von allen anderen OBs unterbrochen werden. Die höchste Prioritätsklasse 28 haben z.B. CPU-Fehleralarme.

Funktionsbausteine enthalten Unterprogramme, die möglichst parametrierbar (mit Bibliotheksfähigkeit, **Bild 2**), geschrieben sein sollten. Dazu dürfen bei der Programmierung ausschließlich Lokaldaten verwendet werden. Diese FBs können dann in beliebigen anderen Programmen wieder verwendet werden. Zu jedem FB gehört immer ein **Instanz-Datenbaustein** (Gedächtnis) zur Speicherung von zugeordneten Daten. FBs können daher bei jedem Aufruf mit unterschiedlichen Daten versorgt werden.

Systemfunktionsbausteine (SFB) sind herstellerspezifische Funktionsbausteine, z.B. für die Alarmbearbeitung.

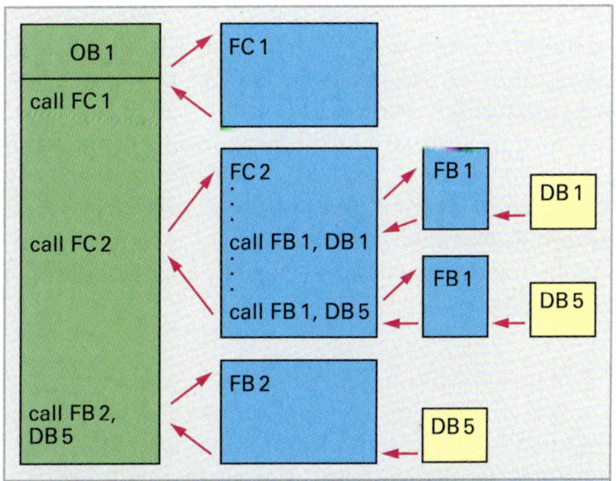

Bild 1: Strukturierung eines Programms

Tabelle 1: Bausteine eines Programms

Programm Code-Bausteine	**Daten** Daten-Bausteine	
Organisationsbaustein OB		
Funktionsbaustein FB, SFB ← zugeordnet	Instanz-Datenbaustein DB	Global-Datenbaustein DB
Funktion FC, SFC		

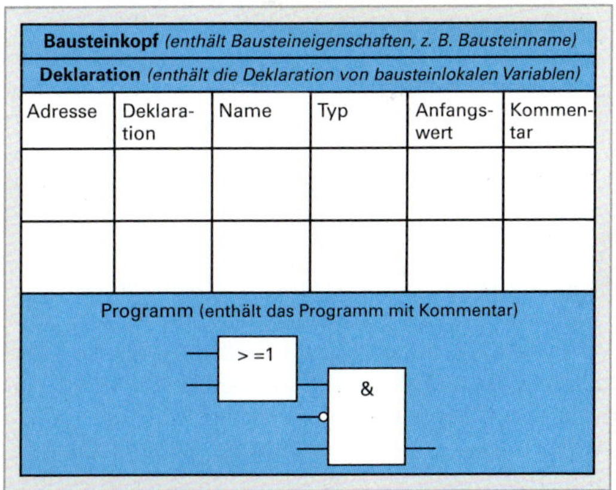

Bild 2: Bausteinstruktur für FUP

Funktionen enthalten logische Verknüpfungen und andere mathematische Funktionen. Jeder FC ermittelt einen Funktionswert. Der die Funktion aufrufende **Code-Baustein** erhält diesen Wert als Antwort auf seinen Aufruf. Funktionen können keine Informationen speichern. Funktionen sind parametrierbar und können dadurch in anderen Programmen wieder verwendet werden (Bibliotheksfähigkeit).

Datenbausteine enthalten die festen und die variablen Daten des Programms, z.B. den Messwert eines Drucksensors. *Global-Datenbausteine* sind keinem *Code-Baustein* zugeordnet. Auf die in den Global-Datenbausteinen enthaltenen Daten kann daher von jedem Code-Baustein aus zugegriffen werden. Ein *Instanz-Datenbaustein* ist einem Funktionsbaustein fest zugeordnet. In ihm ist ein Teil der *Lokaldaten* des Funktionsbausteins gespeichert.

Zur Strukturierung wird ein Programm in Bausteine gegliedert. Der Anwender kann dafür Organisationsbausteine, Funktionsbausteine und Funktionen verwenden. Ein Organisationsbaustein stellt die Schnittstelle zum Betriebssystem dar und muss in jedem Programm vorhanden sein. Datenbausteine enthalten die festen und variablen Daten eines Programms.

Bibliotheken dienen zur Ablage wiederverwendbarer Programmkomponenten. Um Code-Bausteine in Programmen beliebig oft verwenden zu können, müssen sie mit Bausteinparametern ausgestattet werden. Bei der Programmierung von Funktionen und Funktionsbausteinen müssen die verwendeten Bausteinparameter in der zugehörigen Deklarationstabelle deklariert werden. Dabei erhalten die Bausteinparameter symbolische Namen, die auch als Formalparameter bezeichnet werden. Diese können als Eingangsparameter *(in)*, Ausgangsparameter *(out)* und Durchgangsparameter *(in_out)* deklariert werden. Außerdem ist es möglich, Variable als temporäre Lokaldaten *(temp)* und bei Funktionsbausteinen zusätzlich statische Lokaldaten *(stat)* zu deklarieren **(Tabelle 1)**. Die Vergabe der Parameteradressen organisiert das System selbsttätig.

Beim Aufruf eines Bausteins müssen dessen *Formalparameter* mit Konstanten, Operanden oder Variablen versorgt werden **(Bild 1)**. Diese werden als *Aktualparameter* bezeichnet. Wird der Baustein öfter aufgerufen, so können bei jedem Aufruf andere Aktualparameter verwendet werden. Der Datentyp des Aktualparameters muss mit dem des Formalparameters übereinstimmen **(Bild 2)**. Werden keine Aktualparameter zugeordnet, arbeitet der Baustein mit Defaultwerten[1].

Die Speicherung von Daten aus technischen Anlagen erfolgt bei der Programmierung durch **Variable**. Eine Variable ist ein Speicherplatz, der mit einem Namen versehen wird und somit im Anwenderprogramm als Platzhalter für Daten dient. Eine Variable besteht aus dem Operanden und dem Datentyp. Der Operand besteht aus einem Operandenkennzeichen und einer Operandenadresse. Durch die Festlegung auf einen bestimmten Datentyp erhält die Variable eine passende Größe für die Daten.

Tabelle 1: Deklarationstabelle eines Funktionsbausteins (Beispiel)

Adresse	Deklaration	Name	Typ	Anfangswert	Kommentar
0.0	in	Start	BOOL	false	Band einschalten
0.1	in	Stopp	BOOL	true	Band ausschalten
2.0	in	Geschw_SOLL	INT	0	Sollgeschwindigkeit Förderband
4.0	out	Foerderband_EIN	BOOL	false	Motorsignal
6.0	in_out	NOT_AUS	BOOL	false	
8.0	stat	Geschw_IST	INT	0	Istgeschwindigkeit Förderband
0.0	temp	Zwischenergebnis	INT	...	Anfangswert nicht möglich

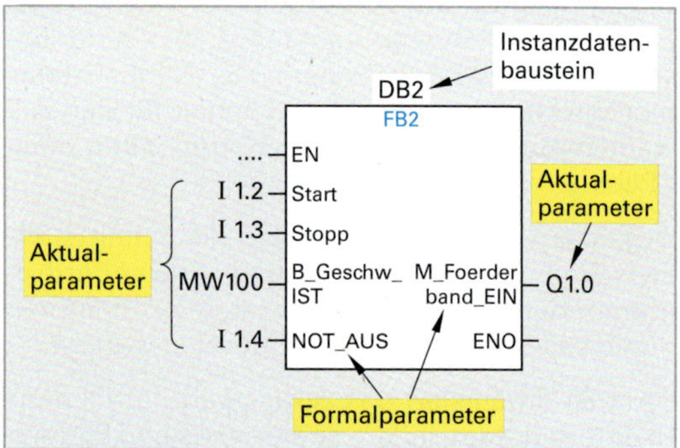

Bild 1: Aufruf eines parametrierten Funktionsbausteines in FUP

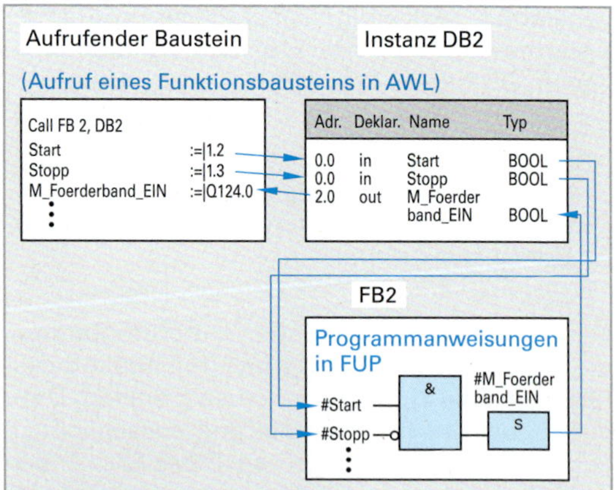

Bild 2: Parameterübergabe bei Aufruf eines Funktionsbausteines

[1] engl. default value = Standardwert

Zur Programmierung verwendet man die in der EDV üblichen Datentypen. Es werden elementare, zusammengesetzte und anwenderdefinierte Datentypen sowie Parameter-Datentypen unterschieden. Zur Programmierung einer SPS müssen die wichtigsten elementaren Datentypen bekannt sein **(Tabelle 1)**.

Eine Variable vom Datentyp BOOL stellt einen Bitwert dar, z. B. den Eingang `I 5.2`, den Ausgang `Q 0.2` oder den Merker `M 100.0`. Variablen mit den Datentypen `BYTE`, `WORD` und `DWORD` sind Bitfolgen, nämlich Worte aus 8, 16 bzw. 32 Bits. Für Berechnungen werden die Datentypen `INT` und `REAL` verwendet. Die einzelnen Bits werden nicht bewertet. Sonderformen sind die BCD-Zahlen (Binär Codierte Dezimalzahl) und der Datentyp `CHAR` (character), der ein Zeichen in ASCII-Codierung darstellt.

Die binär-codierte Darstellung (BCD) stellt eine Dezimalzahl durch Gruppen von Binärziffern (Bits) dar. Eine Gruppe von 4 Bits stellt eine Ziffer einer Dezimalzahl oder das Vorzeichen der Dezimalzahl dar. Die Gruppen von 4 Bits bilden ein Wort oder Doppelwort **(Bild 1)**.

Zur Ausführung digitaler Operationen sind oft ganze und reelle Zahlen erforderlich. Eine Ganzzahl-Variable vom Datentyp INT (Integer) belegt 16 Bits. Die Signalzustände der Bits 0 bis 14 stehen für den Stellenwert der Zahl. Das Bit 15 stellt das Vorzeichen dar. Somit geht der Zahlenbereich von –32768 bis +32767. Größere Zahlen als +32767 und kleinere als –32768 werden als `DINT`-Variable (Double Integer) gespeichert. Diese Variablen belegen 32 Bits, also ein Doppelwort. Da das Bit 31 für das Vorzeichen verwendet wird, ist der Zahlenbereich von –2147483648 bis +2147483647 darstellbar. Eine Gleitpunktzahl-Variable mit dem Datentyp `REAL` belegt 32 Bit und stellt Zahlen mit Nachkommaanteil dar, der anstelle des Kommas mit einem Punkt getrennt wird. Der Wertebereich einer Gleitpunktzahl liegt zwischen den Grenzen $-3{,}402823 \cdot 10^{+38}$ bis $-1{,}175495 \cdot 10^{-38}$ / ±0 / $+1{,}175495 \cdot 10^{-38}$ bis $+3{,}402823 \cdot 10^{+38}$ **(Tabelle 2)**.

Zusammengesetzte Datentypen definieren Datengruppen, die größer sind als 32 Bits bzw. Datengruppen, die sich aus anderen Datentypen zusammensetzen:

- DATE_AND_TIME
- STRING
- ARRAY (Feld)
- STRUCT (Struktur)
- UDT (Anwenderdefinierter Datentyp)
- FB und SFB

Beispiel: Der Datentyp STRING definiert eine von maximal 254 Zeichen vom Datentyp CHAR. Der Standardbereich, der für eine Zeichenkette reserviert ist, besteht aus 256 Bytes. Dies ist der Platz, der benötigt wird, um 254 Zeichen und einen Kopf von 2 Bytes zu speichern.

Tabelle 1: Elementare Datentypen

Datentyp	Breite	Beschreibung	Beispiele zur Schreibweise
BOOL	1 Bit	Bit	True (1); False (0)
BYTE	8 Bits	8-Bit-Hexzahl	(B#)16#00...FF
Word	16 Bits	16-Bit-Hexzahl	(W#)16#0000...FFFF
		16-Bit-Binärzahl	2#0000_0000_0000_0000... 1111_1111_1111_1111
		3 Dekaden BCD	C#000...999
DWORD	32 Bits	32-Bit-Hexzahl	(W#)16#0000_0000...FFFF_FFFF
CHAR	8 Bits	ASCII-Zeichen	'A'
INT	16 Bits	Festpunktzahl	–32768...+32767
DINT	32 Bits	Festpunktzahl	L#_2147483648 bis L#+2147483647
REAL	32 Bits	Gleitpunktzahl	Dezimaldarstellung 3456.0 oder Exponenzialdarstellung 3.456E+03
S5TIME	16 Bits	Zeitwert im S5-Format	S5T#0ms bis 9990s
TIME	32 Bits	Zeitwert im IEC-Format	T# –24d20h31m23s647ms bis T#24d20h31m23s647ms
TIME OF DATE	32 Bits	Tageszeit	TOD#23:59:59.999
DATE	16 Bits	Datum	D#2005-06-23

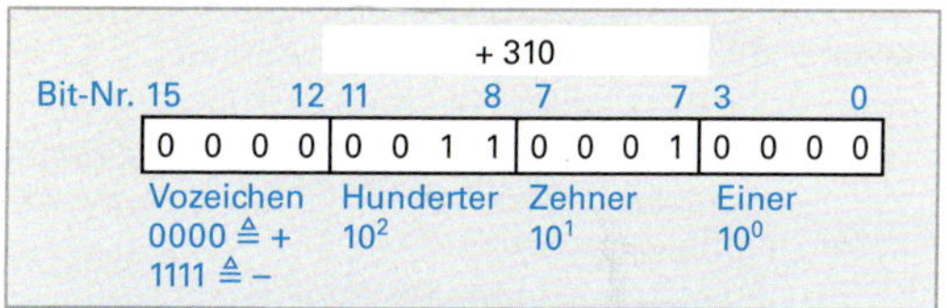

Bild 1: Dreistellige BCD-Zahl mit Vorzeichen

Tabelle 2: Festpunktzahlen und Gleitpunktzahlen

Art	Erklärung
Festpunktzahl **INT** Beispiel: +312	0000 0001 0011 1000 256 + 32 + 16 + 8 = 312
Festpunktzahl **INT** Beispiel: –312	1111 1110 1100 1000 256 + 32 + 16 + 4 +2 +1 = 311 311 + 1 = 312 Negative Zahlen werden als Zweierkomplement der positiven Ganzzahl dargestellt.
Gleitpunktzahl **REAL** Beispiel: 10.0	Vorzeichen Exponent 8 Bit 0 1000 0010 Mantisse 23 Bit 010 0000 0000 0000 0000 0000 $2^7 + 2^1 = 130$ $2^{-2} = 0{,}25$ $10.0 = 1.25 \cdot 2^{130-127}$ Der ganzzahlige Anteil der Mantisse ist immer 1.

8.3 Funktionen und Operationen

8.3.1 Binäre Abfragen und Verknüpfungen

Die Verknüpfung[1] binärer Signalzustände kann durch die Funktionen **UND (AND)** und **ODER (OR)** verwirklicht werden. Möchte man den Signalzustand eines Binäroperanden direkt einem anderen Binäroperanden zuweisen, so verwendet man eine UND-Funktion mit nur einem Funktionseingang **(Bild 1)**.

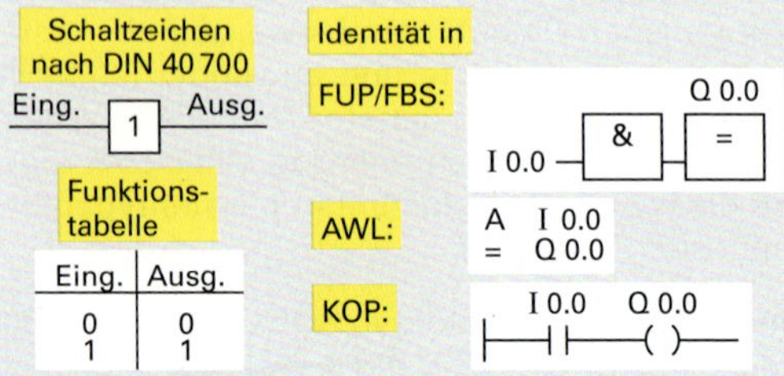

Bild 1: Identität

Die UND-Funktion verknüpft zwei binäre Signalzustände miteinander und liefert ein Verknüpfungsergebnis „1", wenn beide Abfrageergebnisse gleichzeitig „1" sind. Wenn die UND-Funktion mehr als zwei Eingänge hat, müssen die Abfrageergebnisse aller Eingänge „1" sein, damit das gemeinsame Verknüpfungsergebnis „1" ist.

Bild 2 zeigt die Funktionstabelle und das Signalzustandsdiagramm einer UND-Funktion.

Funktionstabelle

Eing. 1	Eing. 2	Ausg.
0	0	0
0	1	0
1	0	0
1	1	1

Signal-Zustandsdiagramm

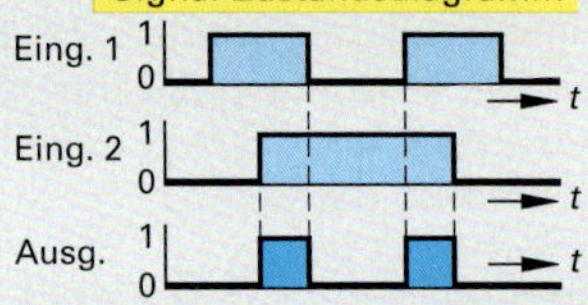

Bild 2: UND-Funktion

Beispiel: Fallmagazin

Ein doppelt wirkender Pneumatikzylinder soll nach Betätigen des Tasters –SF3 ein Teil aus dem Fallmagazin schieben. Dies soll jedoch nur dann geschehen, wenn der Grenztaster –BG2 ein 1-Signal hat und der Kolben sich in Grundstellung (–BG0) befindet.

Wenn der Kolben am Grenztaster –BG1 angekommen ist, soll der Kolben wieder einfahren. Weil das Wegeventil ein Impulsventil ist, handelt es sich um eine reine Verknüpfungssteuerung.

Im Technologieschema **(Bild 3)** wird der Aufbau dargestellt. Der Belegungsplan **(Bild 4)** zeigt die Verdrahtung in der SPS. In **Bild 5** wird die Variablenliste mit Variablennamen, Datentyp und absoluter Adresse der SPS gezeigt. Das Programm wird hier in der Programmiersprache FUP erstellt. Zum Ausfahren des Kolbens ist eine UND-Verknüpfung notwendig, zum Einfahren nur eine Zuweisung.

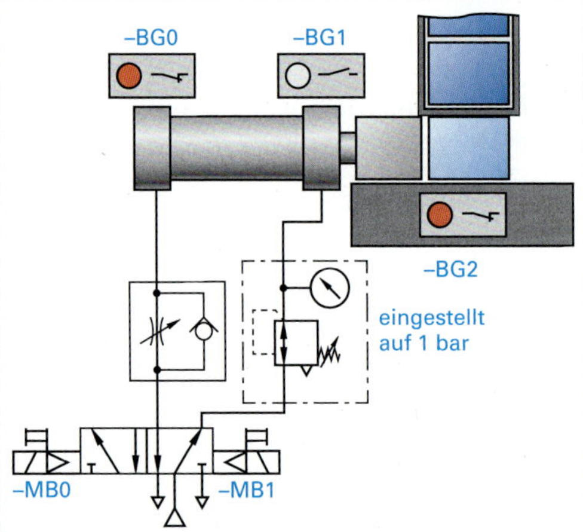

Bild 3: Technologieschema

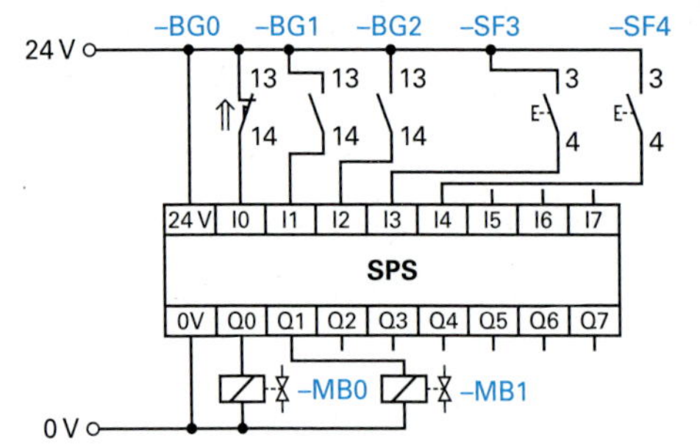

Bild 4: Belegungsplan

PLC-Variablen

	Name	Datentyp	Adresse
1	_BG0	.. Bool	%I0.0
2	_BG1	.. Bool	%I0.1
3	_BG2	.. Bool	%I0.2
4	_SF3	.. Bool	%I0.3
5	_SF4	.. Bool	%I0.4
6	_MB0	.. Bool	%Q0.0
7	-MB1	.. Bool	%Q0.1

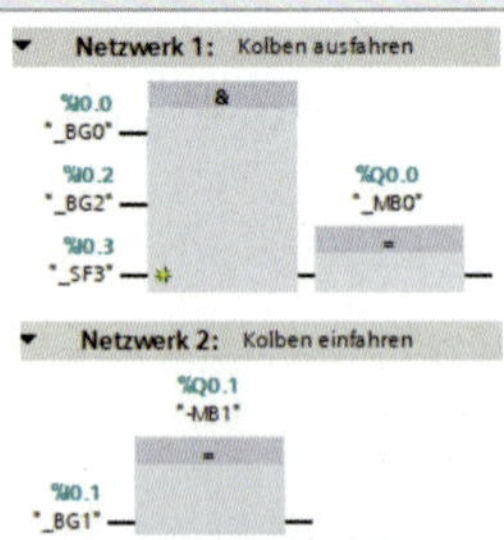

Bild 5: Variablentabelle und Programm im FUP

[1] Die neuen Referenzkennzeichen mit dem Minus-Vorzeichen und den beiden Buchstabensymbolen (z. B. –SF1) können noch nicht in den üblichen SPS-Programmiersystemen verwendet werden. So wird hier hilfsweise ein Unterstrich (_) verwendet.

Die **ODER-Funktion** verknüpft binäre Zustände miteinander und liefert ein Verknüpfungsergebnis 1, wenn mindestens einer der Zustände (Abfrageergebnis) 1 ist **(Bild 1)**.

Beispiel:
Eine Messvorrichtung wird durch einen doppelt wirkenden Zylinder betätigt. Das Signal für die Vorwärtsbewegung des Zylinders soll wahlweise mit der Hand oder mit dem Fuß möglich sein. Nach dem Loslassen des jeweiligen Signalglieds soll der Zylinder wieder seine Ausgangsstellung einnehmen **(Bild 2)**.

Wenn bei der Programmerstellung der Signalzustand eines Sensors abgefragt werden soll, so ist zu berücksichtigen, ob der Sensor ein Schließer oder ein Öffner ist. Die CPU hat keine Möglichkeit festzustellen, ob ein Eingang mit einem Schließer oder einem Öffner belegt ist. Ein Schließer liefert bei Betätigung den Signalzustand 1; er wird direkt abgefragt, wenn die Betätigung des Sensors das Abfrageergebnis 1 liefern soll. Ein Öffnerkontakt liefert bei Betätigung den Signalzustand 0; wenn bei dessen Betätigung das Abfrageergebnis 1 sein soll, muss er negiert **(Negation; Bild 3)** abgefragt werden. Auf diese Weise können auch Eingänge, die bei Signalzustand 0 Aktivitäten ausführen sollen (*nullaktiv* sind), abgefragt werden.

Symbol	Adresse	Datentyp	Kommentar
Fußtaster (S1)	I 0.0	BOOL	
Handtaster (S2)	I 0.1	BOOL	
Zyl. ausfahren (Y1)	Q 0.0	BOOL	

AWL:

```
O  I  0.0
O  I  0.1
=  Q  0.0
```

FUP:

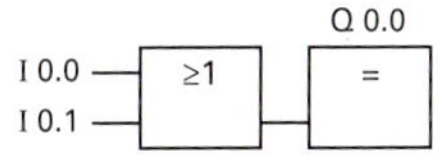

KOP:

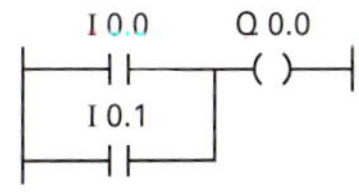

CoDeSys (AWL):

```
VAR
    S1, S2, Y1:BOOL;
END-VAR

LD    S1
OR    S2
ST    Y1
```

CoDeSys (ST):

```
Y1:=S1 or S2;
```

Bild 2: Beispiel Messvorrichtung

Funktionstabelle

Eing. 1	Eing. 2	Ausg.
0	0	0
0	1	1
1	0	1
1	1	1

Signal-Zustandsdiagramm

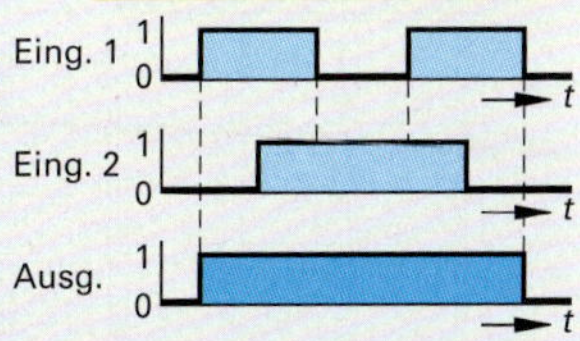

Bild 1: ODER-Funktion

Funktionstabelle

Eing. 1	Ausg.
0	1
1	0

Signal-Zustandsdiagramm

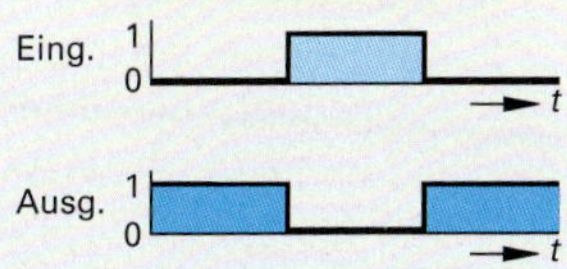

Bild 3: Negation

Beispiel: Fallmagazin – Variante
In dem Fallmagazin (Beispiel Seite 212) soll der Kolben nur ausfahren, wenn der Kolben eingefahren und nicht ausgefahren ist. Es werden beide Grenztaster abgefragt. Der Kolben darf auch ausfahren, wenn nur der ergänzte Taster –SF5 ein 1-Signal hat, unabhängig ob ein Werkstück (–BG2) vorhanden ist oder nicht **(Bild 4)**.

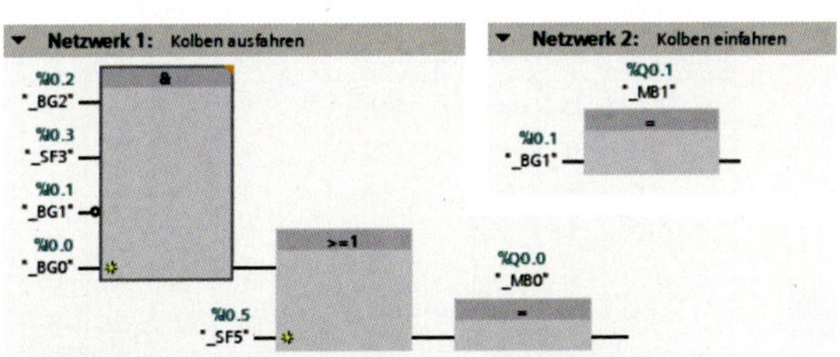

PLC-Variablen

	Name	Datentyp	Adresse	Kommentar
1	_BG0	Bool	%I0.0	Grunddstellung
2	_BG1	Bool	%I0.1	Kolben vorne
3	_BG2	Bool	%I0.2	Teil vorhanden
4	_SF3	Bool	%I0.3	Kolben ausfahren
5	_SF4	Bool	%I0.4	Kolben einfahren
6	_SF5	Bool	%I0.5	Hand ausfahren
7	_MB0	Bool	%Q0.0	Ventil ausf.
8	_MB1	Bool	%Q0.1	Ventil einf.

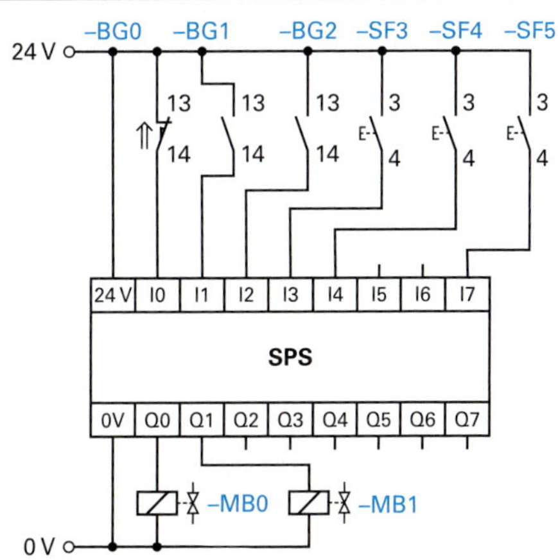

Bild 4: Variablentabelle und Programm in FUP

Übung: Kombinatorische Steuerung

Ein Robotergreifer ist mit 16 taktilen Sensortasten ausgestattet. Diese sind in einer 4 x 4 Matrix angeordnet **(Bild 1)**. Der Roboter soll Kugelzapfen greifen. Beim Greifen schaltet je nach Lage des Berührungspunktes eine der 16 Sensortasten. Im Idealfall ist dies eine der 4 mittleren **(Bild 2)**. Schaltet bei ungünstigem Greifen eine am Rand liegende Sensortaste, soll der Greifvorgang durch ein Steuersignal W wiederholt und der Roboter um ein Sensorfeld nach rechts (R), bzw. nach links (L), bzw. nach oben (O), bzw. nach unten (U) mit den Signalen R = 1 oder L = 1 oder O = 1 oder U = 1 korrigiert werden.

Die 16 taktilen Sensortasten sind so codiert, dass man bei Berühren der oberen zwei Sensorzeilen das Signal a = 1; bei Berühren der linken zwei Sensorspalten das Signal b = 1; bei Berühren der zwei mittleren senkrechten Sensorspalten das Signal c = 1 und bei Berühren der zwei mittleren waagerechten Sensorzeilen das Signal d = 1 erhält (Bild 2).

Aufgaben

a) Stellen Sie die vollständige Funktionstabelle für die Sensorsignale a, b, c und d mit allen Kombinationen auf und ordnen Sie diesen Kombinationen die 16 Sensortasten zu.

b) Ergänzen Sie die Funktionstabelle um die Schaltsignale W, R, L, O und U für alle diejenigen Fälle, in denen eine Korrektur der Greifposition erforderlich ist.

c) Ermitteln Sie mithilfe der UND-Normalform das Schaltsignal W und vereinfachen Sie dieses mithilfe des Karnaugh-Diagramms.

d) Ermitteln Sie mithilfe der ODER-Normalform die Schaltsignale für R, L, O und U und vereinfachen Sie auch diese mithilfe des Karnaugh-Diagramms.

e) Schreiben Sie die Anweisungsliste für eine speicherprogrammierte Steuerung (SPS) zur Erzeugung der Schaltsignale W, R, L, O und U.

Lösung: **Tabelle 1** und **Tabelle 2**.

Tabelle 2: Lösung

Schaltfunktionen	Anweisungsliste	
$\overline{W} = c \land d$	:ON c	:= L
$W = \overline{c} \land \overline{d}$	:ON d	:A a
$R = \overline{b} \land \overline{c}$	:= W	:AN d
$L = b \land \overline{c}$	:AN b	:= O
$O = a \land \overline{d}$	:AN c	:AN a
$U = \overline{a} \land \overline{d}$	:= R	:AN d
	:A b	:= U
	:AN c	:xxx

Bild 1: Robotergreifer mit taktilen Sensoren in 4 x 4 Matrix

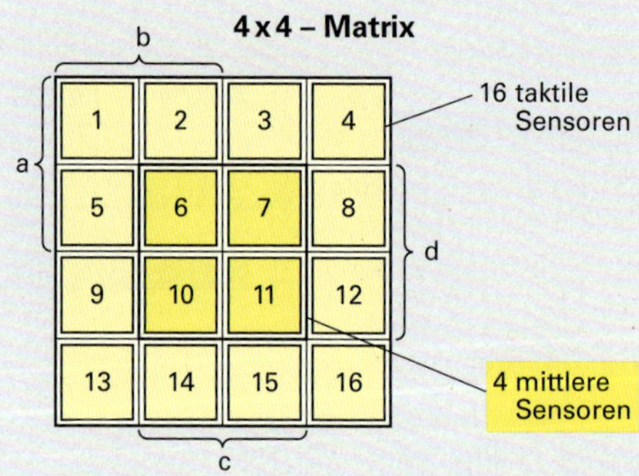

Bild 2: Anordnung der taktilen Sensoren

Tabelle 1: Lösung

a	b	c	d	Sensor Nr.	W	R	L	O	U
0	0	0	0	16	1	1	0	0	1
0	0	0	1	12	1	1	0	0	0
0	0	1	0	15	1	0	0	0	1
0	0	1	1	11	0	0	0	0	0
0	1	0	0	13	1	0	1	0	1
0	1	0	1	9	1	0	1	0	0
0	1	1	0	14	1	0	0	0	1
0	1	1	1	10	0	0	0	0	0
1	0	0	0	4	1	1	0	1	0
1	0	0	1	8	1	1	0	0	0
1	0	1	0	3	1	0	0	1	0
1	0	1	1	7	0	0	0	0	0
1	1	0	0	1	1	0	1	1	0
1	1	0	1	5	1	0	1	0	0
1	1	1	0	2	1	0	0	1	0
1	1	1	1	6	0	0	0	0	0

Beispiel: ODER-vor-UND-Verknüpfung

Bei der Messvorrichtung **(Bild 1)** soll der Kolben nur ausfahren und dann ausgefahren bleiben, wenn der Sensor –BG0 meldet, dass ein Werkstück eingelegt ist. Zusätzlich müssen entweder der Handtaster –SF3 oder der Fußtaster –SF4 oder beide ein 1-Signal haben. Wenn die Bedingung nicht erfüllt ist, wird der Kolben aufgrund des federrückgestellten Ventils wieder einfahren **(Bild 2)**.

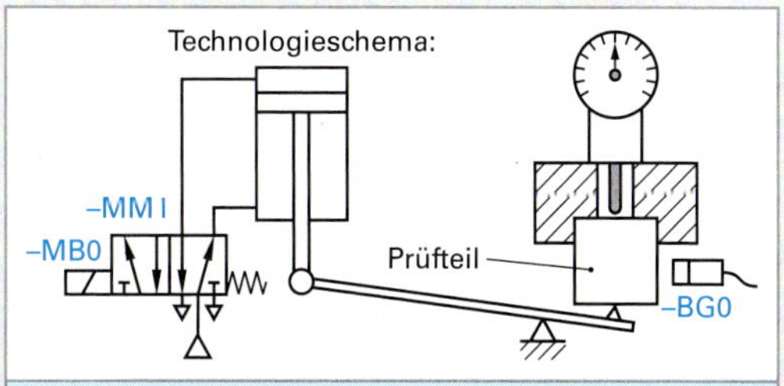

Bild 1: Messvorrichtung

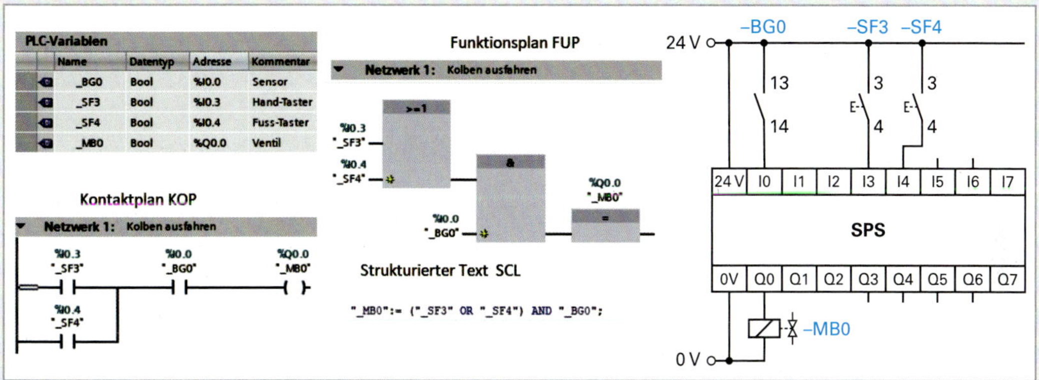

Bild 2: Variablentabelle, Programm in FUP, KOP, SCL und Schaltung

Bei der Kombination verschiedener binärer Verknüpfungen ist auf die Rechenregeln zu achten. Es gilt *UND vor ODER*, ähnlich der Regel *Punkt vor Strich* in der Algebra. Bei einer ODER-vor-UND-Verknüpfung müssen daher bei Programmierung in AWL Klammern gesetzt werden **(Bild 1)**.

8.3.2 SR/RS-Speicherfunktionen

Merker sind Operanden für die Speicherung von Zwischenergebnissen. Sie haben über die Bausteingrenzen hinaus Gültigkeit, da Merker feste Speicheradressen in der SPS haben **(Bild 3)**.

Nach DIN EN 61131-3 sollten bei der Programmierung innerhalb der Codebausteine FC und FB keine SPS-Operanden wie Eingänge, Ausgänge und Merker verwendet werden.

Zwischenergebnisse können alternativ als Lokaldaten innerhalb eines Bausteins gespeichert werden. Diese Daten sind dann zwar nur innerhalb dieses Bausteins verfügbar, aber der Baustein wird dadurch bibliotheksfähig. Ein Teil der Merker kann remanent[1] voreingestellt werden. Diese Merker behalten dann ihren Signalzustand auch im spannungslosen Zustand der SPS bei. Das Speicherverhalten einer Signalspeicherung kann mit binären Grundverknüpfungen verwirklicht werden **(Bild 4)**.

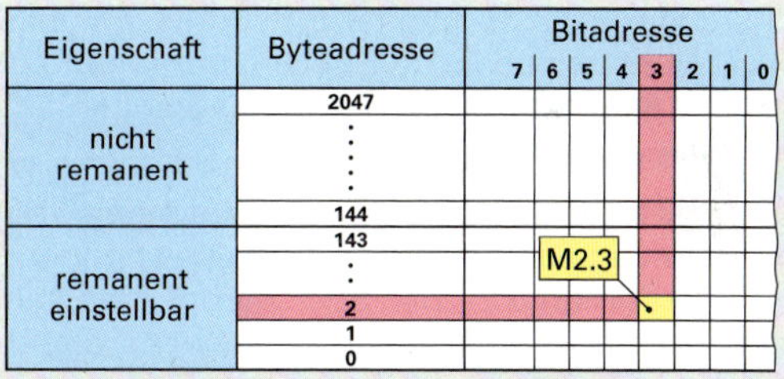

Bild 3: Merker

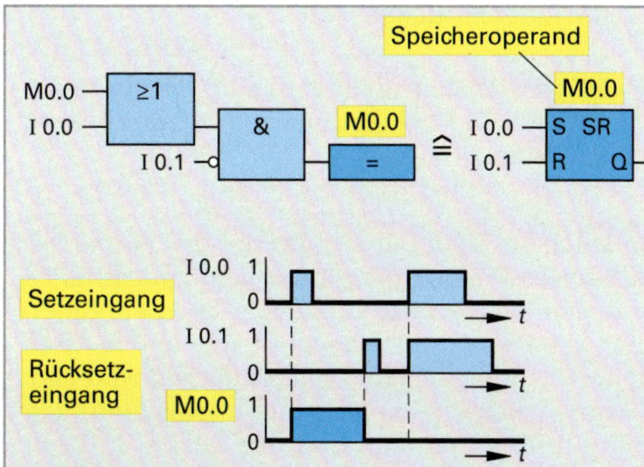

Bild 4: SR-Speicher

[1] lat. remanere = zurückbleiben, haften bleiben

Fast die gleiche Speicherfunktion zeigt der **RS-Speicher (Bild 1)**. Ein Unterschied besteht dann, wenn am Setz- und am Rücksetzeingang gleichzeitig ein 1-Signal ansteht. Bedingt durch die sequenzielle (fortlaufende) Bearbeitung der Anweisungen setzt die CPU mit dem zuerst bearbeiteten Setzeingang beim **SR-Speicher** den Speicheroperanden, setzt ihn jedoch anschließend beim Bearbeiten des Rücksetzeingangs wieder zurück **(Bild 2)**. Für den Rest der Programmbearbeitung bleibt der Speicheroperand zurückgesetzt. Man sagt, der SR-Speicher sei *rücksetzdominant*[1]. Ist der Speicheroperand ein Ausgang (Q), findet dieses kurzzeitige Setzen nur im Prozessabbild der Ausgänge statt, der Ausgang auf der dazugehörigen Ausgabebaugruppe wird nicht beeinflusst.

Wenn dagegen beim RS-Speicher am Setz- und Rücksetzeingang gleichzeitig ein 1-Signal ansteht, setzt die CPU mit dem zuerst bearbeiteten Rücksetzeingang den Speicheroperanden zurück, setzt ihn jedoch anschließend beim Bearbeiten des Setzeingangs wieder. Für den Rest der Programmbearbeitung bleibt der Speicheroperand gesetzt. Man sagt, der RS-Speicher sei *setzdominant*[1]. Ist der Speicheroperand ein Ausgang, gilt gleiches wie beim RS-Speicher. Soll sichergestellt sein, dass der Speicheroperand nach abgeschalteter Spannung ein 0-Signal hat, sollte ein Merker verwendet werden, der nicht remanent einstellbar ist (z. B. Merker-Byteadresse > 143). Dieses unterschiedliche Speicherverhalten verwendet man, wenn z. B. bei Fehlbedienung eine Funktion unterbleiben soll.

Speicherfunktionen können mithilfe einer UND-Verknüpfung am Setzeingang gegenseitig verriegelt werden (Bild 2). Der Speicheroperand kann nur gesetzt werden, wenn der jeweils andere Speicheroperand ein 0-Signal hat. Beim Verriegeln über den Rücksetzeingang wird der Speicheroperand zwar gesetzt, aber anschließend sofort wieder zurückgesetzt.

Wichtige Speicherfunktionen sind die rücksetzdominante SR-Funktion und die setzdominante RS-Funktion.

Beispiel: Bei einer Bügelsäge wird das Werkstück mit einem Pneumatikzylinder gespannt **(Bild 3)**. In diesem vereinfachten Beispiel wird ein federrückgestelltes 5/2-Wegeventil mit einem doppelt wirkenden Zylinder verwendet. Es wird zum Spannen sicherheitshalber ein Impulsventil verwendet. Das Spannen und das Lösen darf nur ausgelöst werden, wenn sich die Bügelsäge am Sensor -BG2 befindet.

[1] lat. dominari = herrschen, vorherrschen

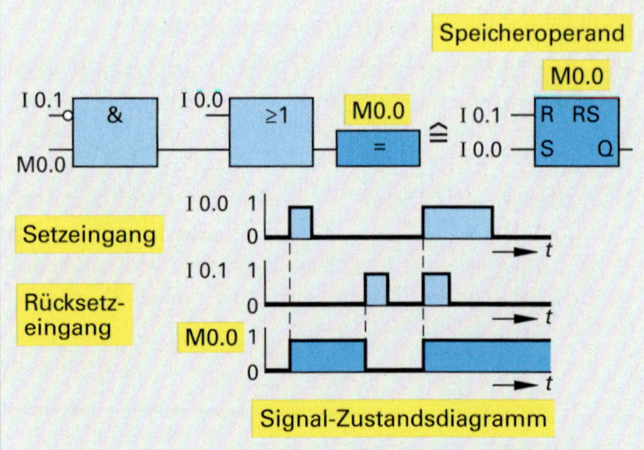

Bild 1: RS-Speicher

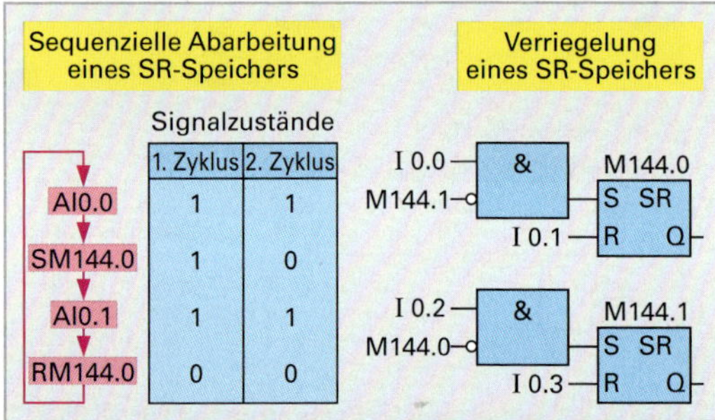

Bild 2: Sequenzielle Bearbeitung und Verriegelung von Speichern

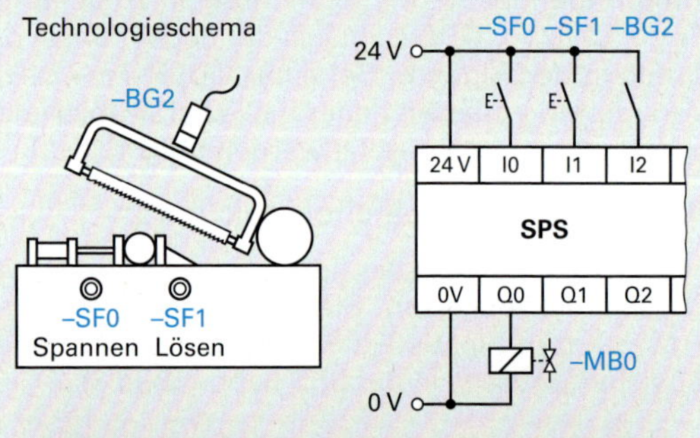

PLC-Variablen

	Name	...	Datentyp	Adresse	Rema...	Kommentar
1	_SF0	...	Bool	%I0.0		Spannen
2	_SF1	...	Bool	%I0.1		Lösen
3	_MB0	...	Bool	%Q0.0		Kolben ausf.
4	_BG2	...	Bool	%I0.2		Grundstellung

Programm in FUP

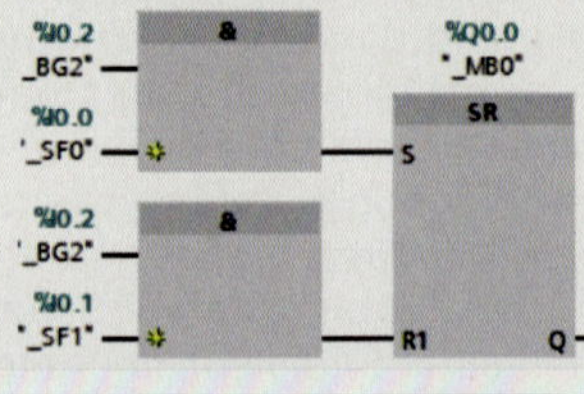

Bild 3: Beispiel für einen SR-Speicher

8.3.3 Flankenauswertung

Mit einer Flankenauswertung erfasst man die Änderung eines Signalzustands, eine Signalflanke. Eine positive (steigende) Flanke liegt vor, wenn das Signal von Zustand „0" nach Zustand „1" wechselt. Im umgekehrten Fall spricht man von einer negativen (fallenden) Flanke **(Bild 1).** Mithilfe eines Dauersignals wird ein Impuls gebildet, der während der Programmabarbeitung in einer SPS einen Zyklus lang den Signalwert „1" hat. Da während eines jeden Programmzyklus der Signalzustand eines binären Verknüpfungsergebnisses mit dem Signalzustand des vorherigen Verknüpfungsergebnisses verglichen wird, können Änderungen festgestellt werden. In einem Flankenoperand wird deshalb das Verknüpfungsergebnis des vorangegangenen Zustands gespeichert.

In **Bild 2** sind zwei Möglichkeiten für eine positive Flankenauswertung dargestellt. Der Signalzustand zwischen der UND-Funktion und der SR-Speicherfunktion wird mithilfe der Konnektorfunktion in einem Impulsoperand gespeichert. Dieser kann an anderer Stelle im Programm wieder abgefragt werden.

Wie bei der positiven Flankenauswertung ist auch bei der negativen Flankenauswertung ein Vergleich des vorangegangenen und des aktuellen Zustands eines Signals erforderlich. Hat der Flankenoperand den Signalwert „1" und das auszuwertende Signal den Zustand „0", liegt eine negative Flanke vor. In **Bild 3** sind zwei Möglichkeiten für eine negative Flankenauswertung dargestellt.

Meistens ist im Operationsvorrat einer SPS bereits eine positive und eine negative Flankenauswertung vorhanden **(Bild 4).** Der Impulsoperand kann an anderen Stellen im Programm wieder abgefragt werden. Am Beispiel des Operators zur Auswertung einer negativen Signalflanke wird dargestellt, dass eine Flankenauswertung auch ohne Impulsoperand möglich ist. Hier wird mit dem Verknüpfungsergebnis der Flankenauswertung direkt ein Ausgang mit einer SR-Speicherfunktion gesetzt.

Zur Programmierung eines Anwenderprogramms können die binären Verknüpfungen UND und ODER und die Negation eingesetzt werden. Für verschiedene Verhalten bei der Signalspeicherung stehen die SR-Funktion und RS-Funktion zur Verfügung. Die Änderung eines Signalzustands kann mit einer Flankenauswertung erfasst werden.

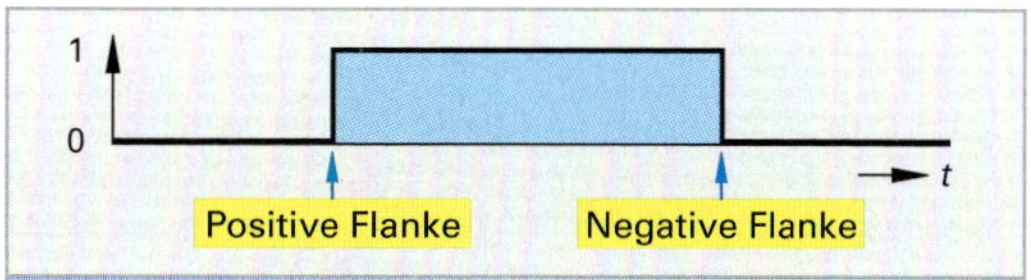

Bild 1: Signalflanken

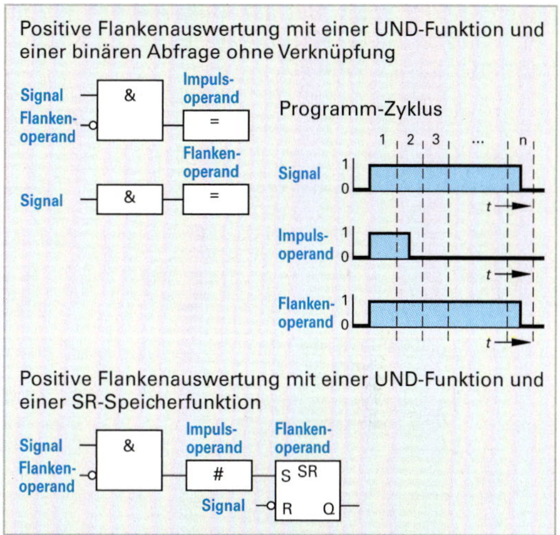

Bild 2: Positive Signalflankenauswertung

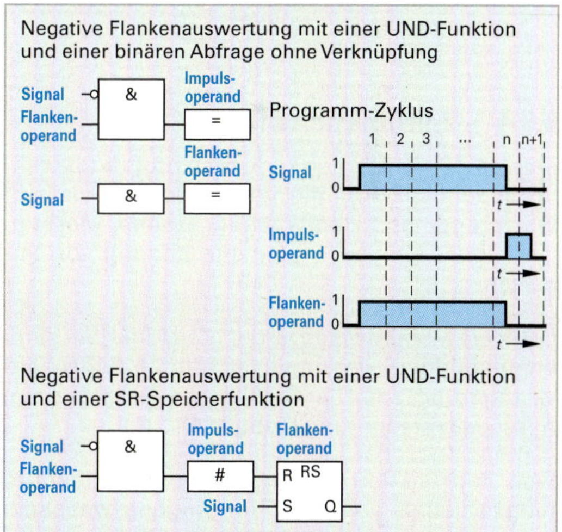

Bild 3: Negative Signalflankenauswertung

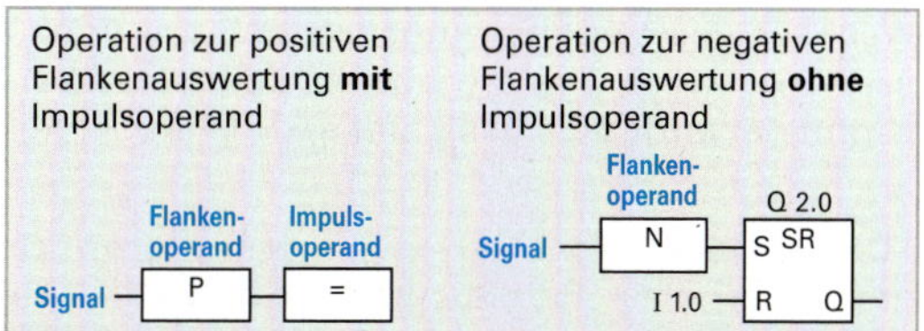

Bild 4: Operatoren zur Signalflankenauswertung

Beispiel: Drehrichtungserkennung

Bei einer Arbeitsspindel **(Bild 1)** soll die Drehrichtung mit je einer Lampe -PF1 und -PF2 angezeigt werden. An der Welle ist ein Nocken für zwei Sensoren -BG1 und -BG2 angeordnet. Der Nocken ist so lang, dass beide Sensoren 1-Signal bekommen können. Rechtsdrehung ist, wenn -BG2=1 und danach -BG1=1 folgt. Bei der Linksdrehung ist die Reihenfolge umgekehrt. Die Freigabe der Anzeige erfolgt mit -SF0 **(Bild 2)**.

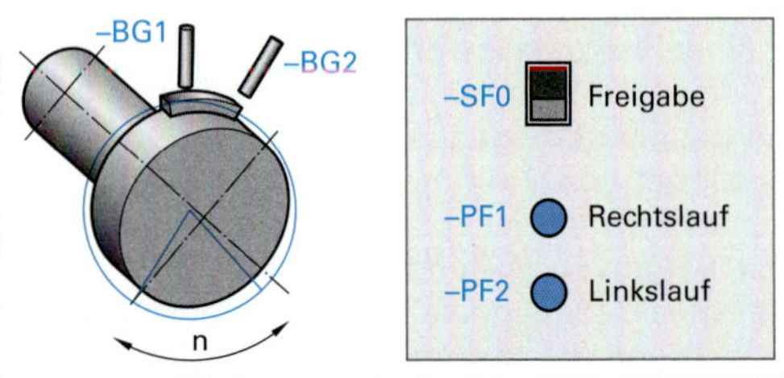

Bild 1: Technologieschema

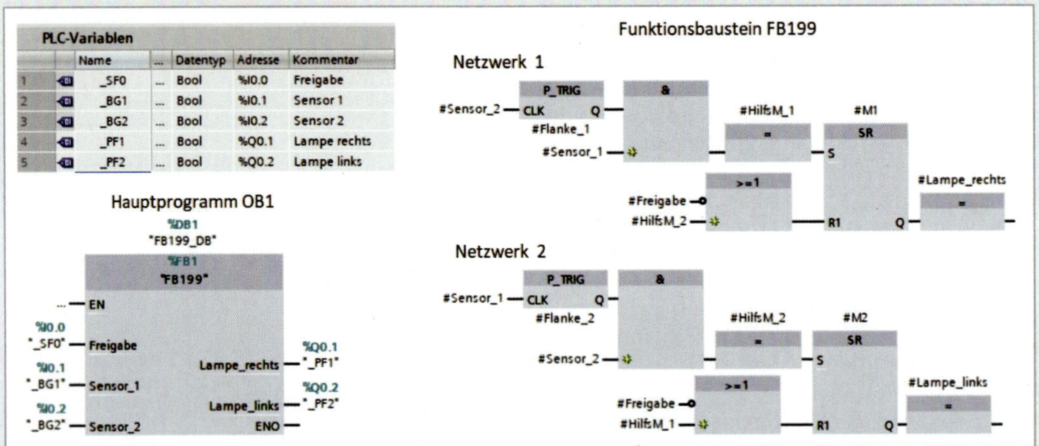

Bild 2: Programm mit FUP

8.3.4 Zeitfunktionen

Mit den Zeitfunktionen kann man programmtechnisch zeitliche Abläufe verwirklichen, wie z. B. Wartezeiten und Überwachungszeiten, Messungen einer Zeitspanne oder die Bildung von Impulsen.

Die Verhaltensweisen einer Zeitfunktion sind: Impulsbildung, verlängerter Impuls, Einschaltverzögerung, speichernde Einschaltverzögerung, Ausschaltverzögerung **(Tabelle 1)**.

Eine Zeitfunktion startet, wenn das Verknüpfungsergebnis vor dem Starteingang wechselt. Bei einer Ausschaltverzögerung (SF) muss das Verknüpfungsergebnis von 1 nach 0 wechseln, alle anderen Zeitfunktionen werden mit einem Wechsel des Verknüpfungsergebnisses von 0 nach 1 gestartet. Die Vorgabe der Zeitdauer übernimmt der am TV-Eingang stehende Wert.

Tabelle 1: Zeitfunktionen

Starten der Zeit als	Startsignal	FBS/FUP	AWL
Impuls		<Operand> SP <Zeitwert> TV	L <Zeitwert> SP <Operand>
Verlängerter Impuls		<Operand> SE <Zeitwert> TV	L <Zeitwert> SE <Operand>
Einschaltverzögerung		<Operand> SD <Zeitwert> TV	L <Zeitwert> SD <Operand>
Speichernde Einschaltverzögerung		<Operand> SS <Zeitwert> TV	L <Zeitwert> SS <Operand>
Ausschaltverzögerung		<Operand> SF <Zeitwert> TV	L <Zeitwert> SF <Operand>

Das Eingabeformat ist herstellerspezifisch. Bei einer S7-SPS wird die Zeitdauer als `S5T#..h..m..s..ms` angegeben (z. B. `S5T#5s` für eine Zeitdauer von 5 Sekunden).

Der Zeitstatus steht am Ausgang Q an. Der Zeitstatus kann auch mit einem binären Funktionseingang abgefragt werden. Der Ausgang Q muss nicht beschaltet werden.

Zeitfunktionen nach IEC 61131-3 (Bild 1) sind die Einschaltverzögerung, die Ausschaltverzögerung und die Impulszeit. Die **Einschaltverzögerung TON** verzögert eine steigende Flanke um die Zeit PT. Eine steigende Flanke am Eingang IN hat nach Ablauf der Zeitdauer PT eine steigende Flanke am Ausgang Q zur Folge. Q bleibt dann so lange gesetzt, bis der Eingang IN nach 0 wechselt. Falls der Eingang IN nach 0 wechselt, bevor die Zeit PT abgelaufen ist, bleibt der Ausgang Q auf 0. Der Ausgang ET liefert die Zeit, die seit der letzten steigenden Flanke am Eingang IN vergangen ist, jedoch höchstens bis zum Wert des Eingangs PT. ET wird zurückgesetzt, wenn der Eingang IN nach 0 wechselt.

Die **Ausschaltverzögerung TOF** verzögert eine fallende Flanke um die Zeit PT. Eine steigende Flanke am Eingang IN bewirkt eine steigende Flanke am Ausgang Q. Die **Impulszeit TP** erzeugt einen Impuls der Länge PT. Eine steigende Flanke am Eingang IN bewirkt den Start des Impulses.

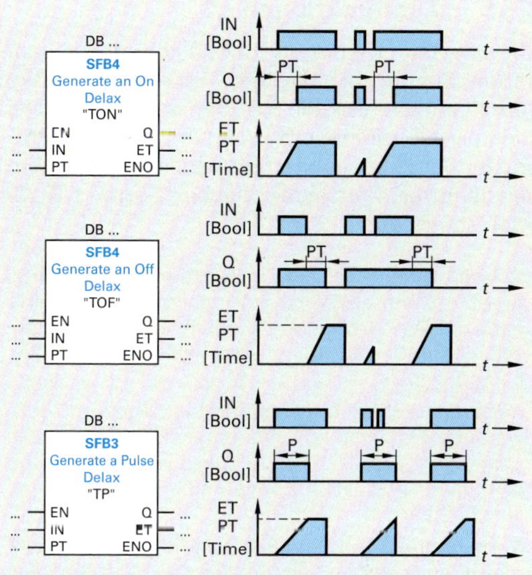

Bild 1: Zeitfunktionen nach IEC 61131-3

Beispiel: Zeitgesteuerter Kolbenhub (Bild 2, Bild 3)

Aus Sicherheitsgründen muss der Start-Taster –SF0 mindestes 3 Sekunden betätigt werden, bevor der Kolben ausfährt. Wird er z. B. nur 2 Sekunden betätigt, dann muss bei erneuter Betätigung –SF0 wieder mindestens 3 Sekunden betätigt werden.

Zusätzlich muss der Kolben in Grundstellung –BG3 sein. Hier wird eine Einschaltverzögerung (TON) verwendet. Nachdem der Kolben den Grenztaster –BG4 erreicht hat, startet die zweite Einschaltverzögerung. Nach 5 Sekunden wird der SR-Speicher zurückgesetzt und der Kolben fährt ein **(Bild 4)**.

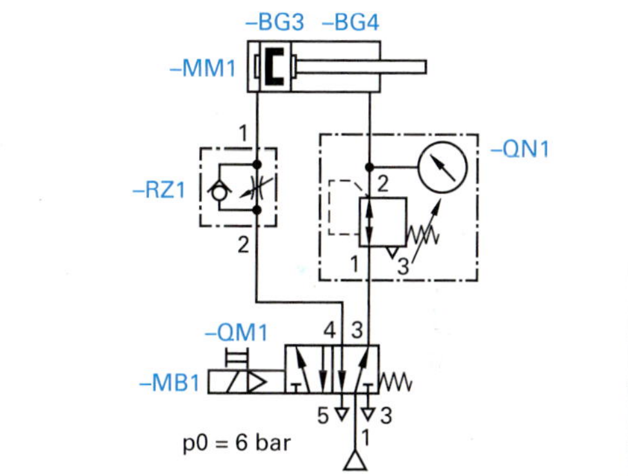

Bild 2: Pneumatikplan

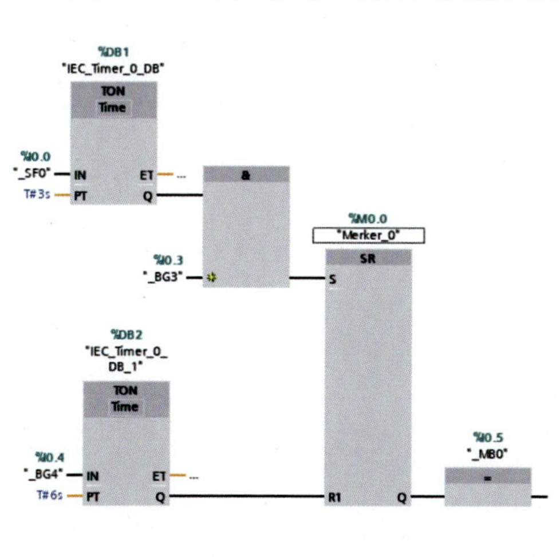

Bild 4: Programm in FUP

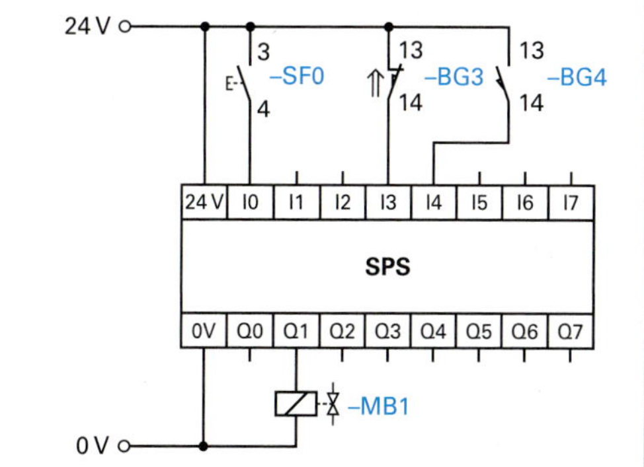

Bild 3: Zuordnungsbeschaltung

8.3.5 Zählfunktionen

Mit den Zahlfunktionen **(Bild 1)** können Zählaufgaben ausgeführt werden. Eine Zählfunktion enthält in einer Box die zusammenhängende Darstellung aller Zähloperationen in Form von Funktionsein- und ausgängen **(Bild 2)**. Adressiert wird in absoluter oder symbolischer Form, z.B. `C4` oder `Stückzahl 1`.

Vorwärtszählen CU[1]. Die Zählfunktion wird vorwärts gezählt, wenn das Verknüpfungsergebnis am Eingang CU von „0" nach „1" (positive Flanke) wechselt. Jeder Wechsel erhöht den Zählerwert um eine Einheit.

Rückwärtszählen CD[1]. Die Zählfunktion wird rückwärts gezählt, wenn das Verknüpfungsergebnis am Eingang CD von „0" nach „1" (positive Flanke) wechselt. Jeder Wechsel verringert den Zählerwert um eine Einheit.

Vorgabe des Zählwerts PV. Die Zählfunktion übernimmt beim Setzen den am Eingang PV stehenden Wert als Zählwert. Die Vorgabe des Zählwerts kann als Konstante erfolgen, z.B. C#50 für Zählwert 50.

Zähler setzen S. Ein Zähler wird gesetzt, wenn das Verknüpfungsergebnis vor dem Setzeingang S von „0" nach „1" (positive Flanke) wechselt. Zähler setzen heißt, die Zählfunktion wird auf einen Anfangswert gesetzt **(Bild 3)**.

Zähler rücksetzen R. Eine Zählfunktion wird rückgesetzt, wenn am Rücksetzeingang R der Signalzustand „1" ansteht. Das Rücksetzen der Zählfunktion setzt den Zählwert auf „Null".

Zählwert abfragen CV/CV_BCD. Der Ausgang CV stellt den aktuellen Zählwert dual codiert und der Ausgang CV_BCD stellt den aktuellen Zählwert BCD-codiert zur Verfügung **(Bild 4)**.

Zählerstatus abfragen Q. Der Ausgang Q führt Signalzustand „1" wenn der aktuelle Zählwert größer als null ist.

Zählfunktionen nach IEC 61131-3 Der Zähler **CTU (Bild 5)** kann vorwärtszählen. Er wird bei einer steigenden Flanke am Eingang CU um 1 erhöht. Erreicht der Zählwert die obere Grenze +32767 wird er nicht mehr erhöht. Jede weitere steigende Flanke am Eingang CU bleibt dann ohne Wirkung.

[1] engl. to count = zählen; engl. up = nach oben; engl. down = nach unten

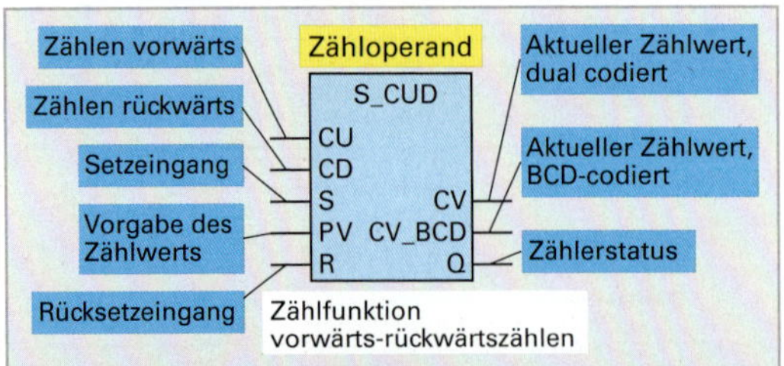

Bild 1: Zählfunktion vollständig

Der Pegel 1 am Eingang R bewirkt das Rücksetzen de Zählers auf den Wert 0 unabhängig davon, welcher Wert am Eingang CU anliegt.

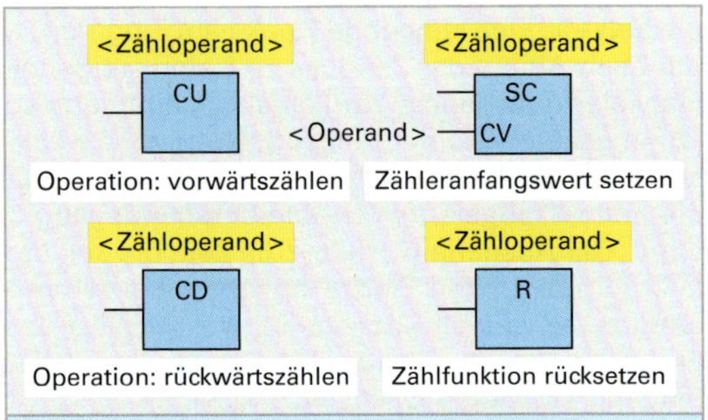

Bild 2: Einzelelemente von Zählfunktionen

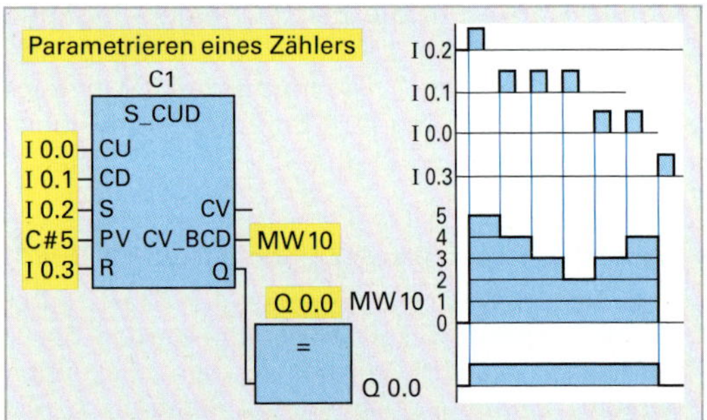

Bild 3: Signalverlauf eines Zählers

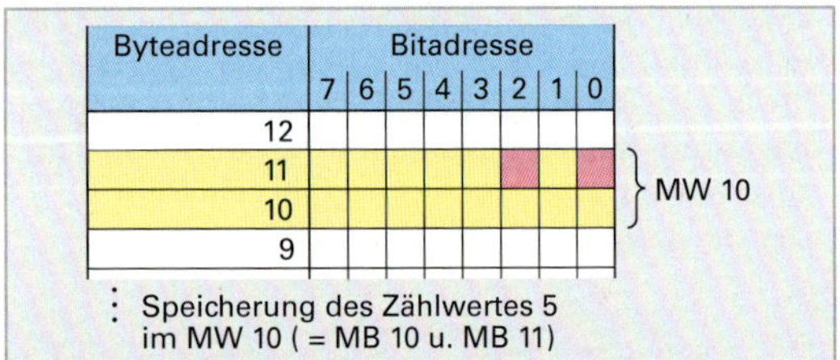

Bild 4: Speicherung eines Zählwerts

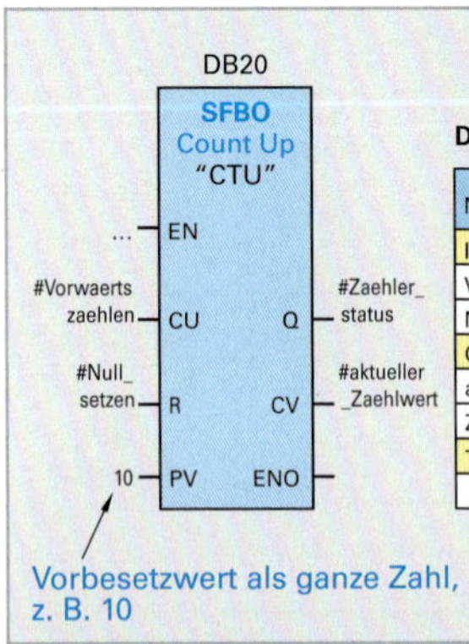

Deklarationen

Name	Datentyp	Adresse
IN		
Vorwaertszaehlen	Bool	0.0
Null_setzen	Bool	0.1
OUT		
aktueller_Zaehlwert	Int	2.0
Zaehler_status	Bool	4.0
TEMP		

Bild 5: Vorwärtszähler nach IEC 61131-3

Der Zähler **CTD (Bild 1)** kann rückwärtszählen. Der Zähler wird bei einer steigenden Flanke am Eingang CD um 1 erniedrigt. Erreicht der Zählwert die untere Grenze – 2768, so wird er nicht mehr erniedrigt. Jede weitere steigende Flanke am Eingang CD bleibt dann ohne Wirkung.

Der Zähler **CTUD (Bild 2)** kann vorwärts- und rückwärtszählen. Der Zähler wird bei einer steigenden Flanke am Eingang CU um 1 erhöht, CD um 1 erniedrigt. Die Zählwertgrenzen sind wie bei CTD und CTU – 32768 und 32767. Falls in einem Zyklus sowohl am Eingang CU als auch am Eingang CD eine steigende Flanke vorliegt, behält der Zähler seinen aktuellen Wert.

Der Pegel 1 am Eingang LOAD bewirkt, dass der Zähler auf den Vorbesetzwert PV voreingestellt wird. Dies geschieht unabhängig davon, welche Werte an den Eingängen CU und CD anliegen. Der Pegel 1 am Eingang R bewirkt das Rücksetzen des Zählers auf den Wert 0 unabhängig davon, welche Werte an den Eingängen CU, CD und LOAD anliegen.

Beispiel: Transportband mit Weiche (Bild 3)
Es werden Teile nach Metall und Nichtmetall sortiert. Alle Teile werden gezählt. Wird ein Teil auf das Band gelegt, erkennt der optische Sensor –BG1 dies und das Band wird mit der Ausschaltverzögerung TOF für 8 Sekunden eingeschaltet. Der Zähler wird um 1 erhöht. Nach dem Erreichen von 10 Teilen wird dies durch die Lampe –PF7 angezeigt. Ergänzend wird die Teilezahl auf die Variable „Anzahl" geschrieben. Mit dem Taster –SF6 wird der Zähler zurückgesetzt. Ist es ein Metallteil, so erkennt dies der induktive Sensor –BG0. Es wird die Weiche –MB0 mithilfe der Ausschaltverzögerung TOF für 3 Sekunden umgeschaltet und das Metallteil auf eine Rutsche gelenkt.

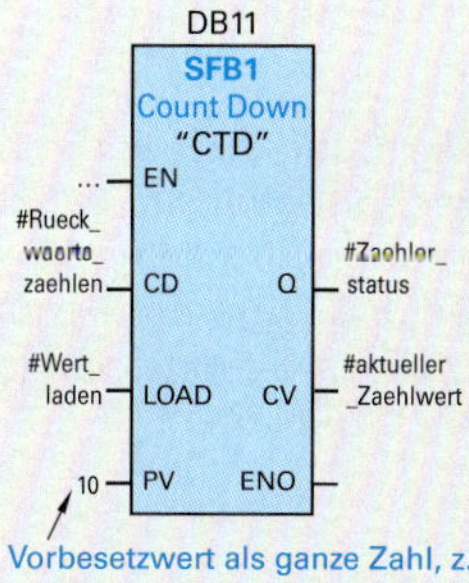

Deklarationen

Name	Datentyp	Adresse
IN		
Rueck_waerts_zaehlen	Bool	0.0
Wert_laden	Bool	0.1
OUT		
aktueller_Zaehlwert	Int	2.0
Zaehler_status	Bool	4.0
TEMP		

Bild 1: Rückwärtszähler nach IEC 61131-3

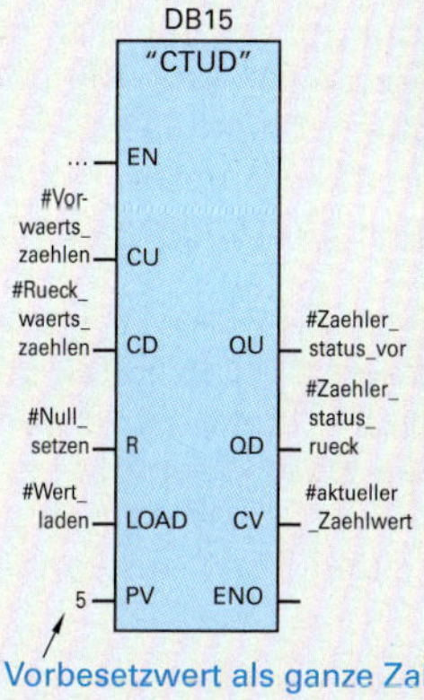

Deklarationen

Name	Datentyp	Adresse
IN		
Vorwaerts_zaehlen	Bool	0.0
Rueck_waerts_zaehlen	Bool	0.1
Null_setzen	Bool	0.2
Wert_laden	Bool	0.3
OUT		
aktueller_Zaehlwert	Int	2.0
Zaehler_status_vor	Bool	4.0
Zaehler_status_rueck	Bool	4.1
TEMP		

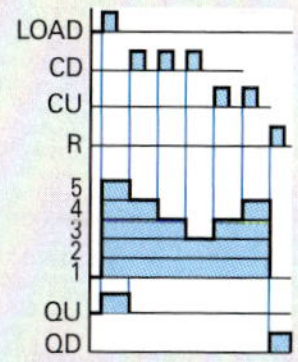

Bild 2: Vorwärts- und Rückwärtszähler nach IEC 61131-3

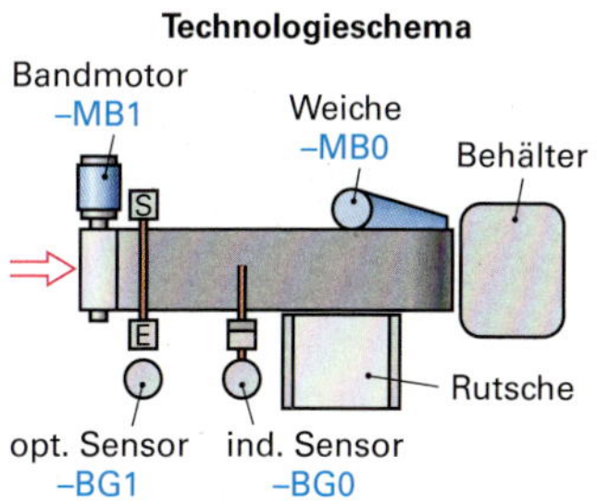

PLC-Variablen

	Name	Datentyp	Adresse ▲	Kommentar
1	_BG0	Bool	%I0.0	ind. Sensor
2	_BG1	Bool	%I0.1	opt. Sensor
3	_SF6	Bool	%I0.6	Band EIN
4	_PF7	Bool	%Q0.7	Anzahl Teile
5	_MB0	Bool	%Q0.0	Weiche
6	_MB1	Bool	%Q0.1	Bandmotor
7	_Anzahl	UInt	%MW0	akt. Anzahl

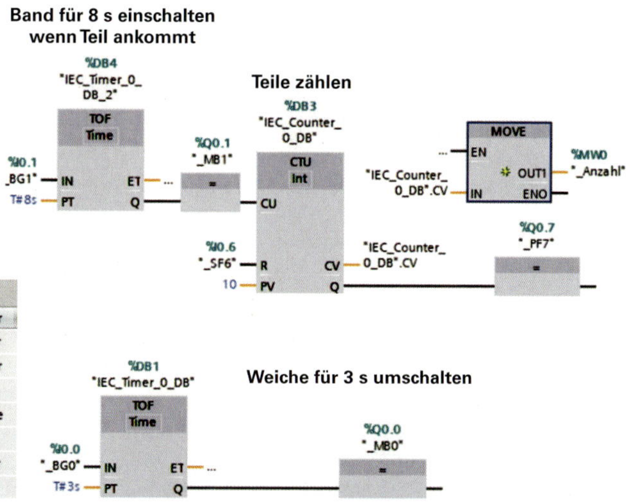

Bild 3: Steuerung Transportband

8.3.6 Arithmetische und numerische Funktionen

Die meisten Steuerungen verfügen über arithmetische Funktionen (Grundrechnungsarten, **Tabelle 1**) und numerische Funktionen (Winkelfunktionen, Potenzieren, Radizieren und Logarithmieren, **Tabelle 2**). Bei dem Einsatz dieser Funktionen ist auf die möglichen Datentypen zu achten.

8.3.7 Übertragungfunktionen und Programmsteuerungsfunktionen

Lade- und Transferfunktionen

Die Lade- und Transferfunktionen gehören zu den **Übertragungsfunktionen** einer SPS. Mit den Lade- und Transferfunktionen können Daten von einer Datenquelle in den Akkumulator (Akku) einer SPS geladen und zu einem Datenziel übertragen werden.

Der Akkumulator (Arbeitsregister) ist ein Teil der CPU, der als Zwischenspeicher dient. Für Datenquelle und Datenziel können Operanden der Länge Byte, Wort und Doppelwort, bzw. Variablen in den Formaten INT, DINT und REAL verwendet werden.

In der Programmiersprache AWL besteht die Ladefunktion aus der Operation L und einem digitalen Operanden **(Tabelle 3)**. Damit werden die Informationen der Datenquelle in den Akku übertragen. Die Transferfunktion besteht aus der Operation T und einem digitalen Operanden. Mit dieser Operation werden die Informationen aus dem Akku zu einem Datenziel gebracht.

In der Funktionsbausteinsprache FUP wird die Lade- und Transferfunktion mit einer MOVE-Box dargestellt **(Bild 1)**. Diese enthält sowohl das Laden als auch das Transferieren. Die am IN-Eingang anstehenden Daten werden in den Akku geladen und anschließend gleich zum Operanden am Ausgang OUT transferiert. Der Eingang EN und der Ausgang ENO müssen nicht beschaltet werden.

Programmsteuerungsfunktionen

Viele Steuerungsaufgaben sind mit sequenziell arbeitenden Programmen nicht lösbar. Daher ist bei den meisten Steuerungen der Funktionsvorrat durch **Programmsteuerungsfunktionen** erweitert. Häufig benötigt werden Sprungfunktionen, mit denen Programmverzweigungen realisiert werden können. Es werden unbedingte und bedingte Sprünge unterschieden.

Tabelle 1: Arithmetische Funktionen

Funktion	Darstellung	Beschreibung
Addition	ADD_I ... — EN #RechenW_1 — IN1 OUT — #Ergebnis #RechenW_2 — IN2 ENO —	Addition zweier Variablen vom Datentyp INT in FBS/FUP
Multiplikation	MUL_DI ... — EN #RechenW_1 — IN1 OUT — #Ergebnis #RechenW_2 — IN2 ENO —	Multiplikation zweier Variablen vom Datentyp DINT in FBS/FUP
Division mit Quotient als Ergebnis	L #RechenW_1 L #RechenW_2 /R T #Ergenis	Division zweier Variablen vom Datentyp REAL in AWL

Tabelle 2: Numerische Funktionen

Funktion	Darstellung	Beschreibung
Quadratbildung	SQR ... — EN OUT — #Ergebnis #RechenW_1 — IN ENO —	Bilden des Quadrats einer Variablen vom Datentyp REAL in FBS/FUP
sin	L #PHI SIN L #Strom *R L #Spannung *R L #B_Leistung	Berechnung des Sinus der Variablen PHI (Winkel) vom Datentyp REAL in AWL. Der Winkel muss im Bogenmaß vorgegeben werden.
Exponentialfunktion zur Basis e	EXP ... — EN OUT — #Ergebnis #Hochzahl — IN ENO —	Berechnung der Potenz aus e und der Hochzahl vom Datentyp REAL in FBS/FUP

Tabelle 3: Beispiele für Ladebefehle und Transferbefehle in AWL

Anweisung	Bemerkung
Ladebefehle	
Anweisung	**Bemerkung**
L IB 10	Lade Eingangsbyte 10
L QW 124	Lade Ausgangswort 124
L PIW 128	Lade Peripherieeingangswort 128
L -27648	Lade Integer-Zahl -27648 (Konstante)
L DB20.DBW2	Lade aus Datenbaustein 20 das Datenwort 2
Transferbefehle	
Anweisung	**Bemerkung**
T QB 124	Transferiere zu Ausgangsbyte 124
T PQW 130	Transferiere zu Peripherieausgangswort 130
T MW 100	Transferiere zu Merkerwort 100
T DB10.DBD40	Transferiere zu Datenbaustein 10 Daten-Doppelwort 40

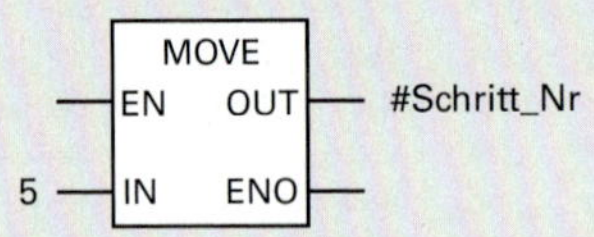

Beispiel: Zur Anzeige des aktuellen Schritts wird mithilfe der MOVE-Box die jeweilige Schrittnummer als Konstante im Format Integer in einem Lokaldatenspeicher abgelegt.

Bild 1: Lade- und Transferbefehl in FUP

Eine Auswahl an häufig verwendeten Programmsteuerfunktionen ist in **Tabelle 1** dargestellt.

Beispiel 1: Bedingter Sprung bei hardwareabhängiger Programmierung

```
        U E1.0
        U E1.2
        SPB DELE //    Springe, wenn VKE=1,
                       zur Sprungmarke DELE
        .....
DELE    L 0
        T MB10
```

Beispiel 2: Bedingter Sprung bei Programmierung in CoDeSys

```
1  AND      TRUE     //Lade TRUE in Akkumulator
   ANDN     bVar1    // UND NICHT bVAR1
   JMPC     m1       //Wenn TRUE in Akkumulator
                     //springe zu Marke „m1"
   LDN      bVar2    //speichere negierte bVar2
   ST       bRes     // in bRes
2           m1:
   LD       bVar2    // speichere bVar2
   ST       bRes     // in bRes
```

8.3.8 Digitale Operationen

Die Digitalfunktionen verarbeiten digitale Werte vorwiegend mit den Datentypen INT, DINT und REAL und erweitern so die Funktionalität einer SPS.

Vergleichsfunktionen

Mit Vergleichsfunktionen werden die Werte zweier Operanden des gleichen Datentyps verglichen **(Tabelle 2)**. Das Ergebnis eines Vergleichs ist wahr oder nicht wahr und steht daher als boolescher Wert zur Verfügung. Es ist der Vergleich auf größer als, größer oder gleich, gleich, ungleich, kleiner oder gleich und kleiner als möglich. Als Operanden können Variable im Format `INT`, `DINT` oder `REAL` verwendet werden.

Tabelle 1: Beispiele für Programmsteuerfunktionen in AWL

Bei hardwareabhängiger Programmierung		
Operation	**Operand**	**Bedeutung**
SPA	<Sprungmarke>	Springe unbedingt
SPB	<Sprungmarke>	Springe bedingt bei VKE = „1"
SPBN	<Sprungmarke>	Spinge bedingt bei VKE = „0"
Bei Programmierung mit CoDeSys		
Operation	**Operand**	**Bedeutung**
JMP	<Sprungmarke>	Springe unbedingt
JMPC	<Sprungmarke>	Springe bedingt, wenn das Ergebnis des vorhergehenden Ausdrucks TRUE ist
JMPNC	<Sprungmarke>	Springe bedingt, wenn das Ergebnis des vorhergehenden Ausdrucks FALSE ist

Tabelle 2: Vergleichsfunktionen

GT (greater than)	>	größer
GE (greater or equal)	>=	größer oder gleich
EQ (equal)	==	gleich
NE (not equal)	<>	ungleich
LE (less or equal)	<=	kleiner oder gleich
LT (less than)	<	kleiner

Beispiel 1: Montagearbeitsplatz (Bild 1)

An einem Montagearbeitsplatz müssen Werkstücke eingespannt werden, bevor die erforderlichen Arbeitsgänge ausgeführt werden. Einige Werkstücke dürfen nur mit geringeren Drücken eingespannt werden als andere, um Beschädigungen zu vermeiden. Daher wird mit einem Analogdrucksensor der aktuelle Spanndruck erfasst und mit einem Vorgabewert verglichen.

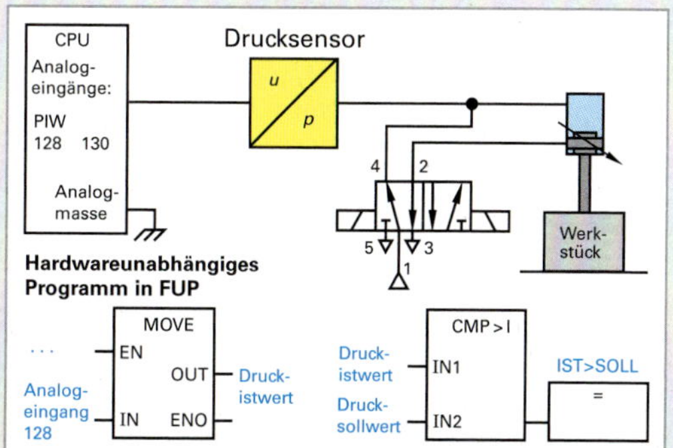

Bild 1: Montagearbeitsplatz

Schiebefunktionen

Schiebefunktionen **(Bild 1)** dienen dazu, das Bitmuster einer Variablen um eine bestimmte Anzahl von Stellen nach rechts oder links zu verschieben. Die dabei frei werdenden Bitpositionen werden mit Nullen aufgefüllt. Die Operation *16 Bit links schieben* wird durch den Signalzustand „1" am Freigabeeingang `EN` aktiviert und schiebt die Bits 0 bis 15 vom Eingang `IN` bitweise nach links **(Bild 2)**.

Eingang `N` gibt an, um wie viele Bits geschoben wird. Ist `N` größer als 16, schreibt der Befehl in Ausgang `OUT` eine 0. Die rechts frei werdenden Bitpositionen werden mit Nullen aufgefüllt. Das Ergebnis der Schiebeoperation kann am Ausgangsparameter `OUT` abgefragt werden.

Die Schiebefunktionen nach links oder nach rechts könnten auch durch eine Multiplikation oder Division mit Zweierpotenzen verwirklicht werden.

So kann die Schiebefunktion *zwei Stellen nach links schieben* eine Multiplikation mit 4 ersetzen. Die Schiebefunktion *vier Stellen nach rechts schieben* kann durch eine Division mit 16 ersetzt werden.

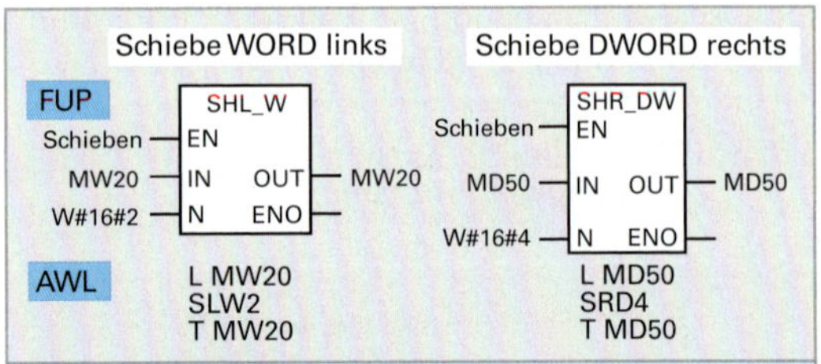

Bild 1: Schiebefunktionen

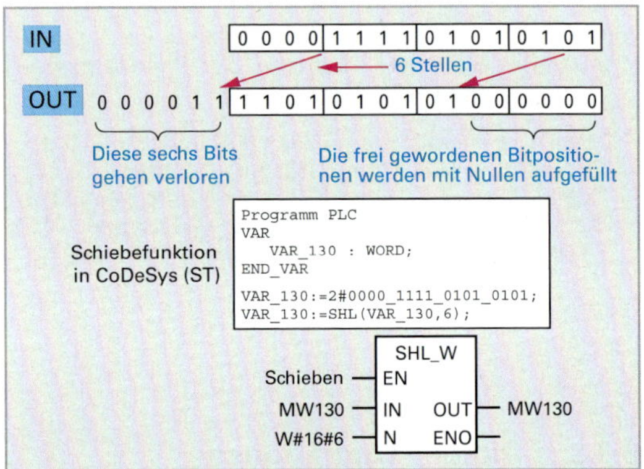

Bild 2: Schiebe Wort nach links

Beispiel: Rundtakttisch

Ein Rundtakttisch **(Bild 3)** ist Teil einer Fertigungsanlage. Bei der Position Übergabe werden vorgebohrte Werkstücke von einer Bearbeitungseinrichtung weitergereicht. Im 1. Takt dreht der Tisch zur Prüfvorrichtung, die kontrolliert, ob das Werkstück für die nachfolgende Bearbeitung *Reiben* korrekt vorgebohrt wurde. War dies der Fall, so wird dies im Bit 0 des `MW100` mit dem Wert 0 gespeichert. Wurde nicht ausreichend vorgebohrt, so wird der Wert 1 im Bit 0 des `MW100` gespeichert. Bei dem nachfolgenden Takt dreht der Tisch das Werkstück zum Bearbeitungsschritt Reiben. Gleichzeitig wird mit der Schiebefunktion `SHL` (Schiebe Bit um eine Stelle nach links) der Inhalt des Merkerbit 100.0 nach Merkerbit 100.1 übertragen. Die Bearbeitung ‚Reiben' wird nicht ausgeführt, wenn im Merkerbit 100.1 der Wert 1 gespeichert ist. Im 3. Takt dreht der Tisch zur Position Weitergabe.

Gleichzeitig wird mit der Schiebefunktion `SHL` der Inhalt des Merkerbit 100.1 nach Merkerbit 100.2 übertragen. Nur wenn dort der Wert 0 gespeichert ist, wird von dieser Position aus das Werkstück zur nachfolgenden Station der Fertigungsanlage weitergereicht. Im anderen Fall wird am Bedientableau ein fehlerhaftes Werkstück gemeldet. Dieses muss dann entnommen werden und erst nach dem Quittieren taktet der Tisch weiter.

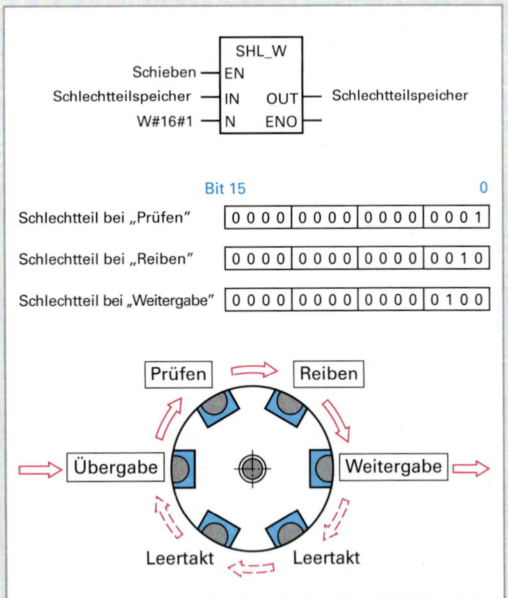

Bild 3: Rundtakttisch

8.4 Ablaufsteuerungen

8.4.1 Gliederung und Darstellung

Damit Programme übersichtlich werden und nicht nur vom Ersteller des Programms gelesen und verstanden werden können, soll strukturiert programmiert werden **(Tabelle 1)**. Dafür teilt man Programme in einzelne Netzwerke ein, die jeweils nur einen zusammenhängenden Verknüpfungsbaum enthalten. Mehrere Netzwerke, die inhaltlich zusammengehören, können dann in Funktionen (FC) oder Funktionsblocks zusammengefasst werden. In welcher Reihenfolge diese aufgerufen werden, wird im Organisationsbaustein OB1 festgelegt. Die Funktionen werden mit fortlaufender Nummer unterschieden. Für besondere komplexe Funktionsabläufe bieten die Steuerungshersteller auch fertige Programmbausteine, Funktionen (FC) und Funktionsbausteine (FB), die nur noch zu parametrieren sind. Um komplette Programme oder Programmteile testen zu können, liefern die Steuerungshersteller meist eine Software-SPS mit. Diese ist Bestandteil der Programmiersoftware, arbeitet jedoch wie eine reale SPS. Damit ist es möglich, das Programm online zu beobachten, bevor die Steuerung aufgebaut wird.

Steuerungen verfügen meist über die Betriebsarten Automatikbetrieb und Handbetrieb. Auch dafür wird ein gesonderter Baustein programmiert. Im Handbetrieb werden die einzelnen Steuerfunktionen schrittweise auf Tastendruck ausgeführt. Der **Baustein für die Ablaufkette** enthält für jeden Steuerungszustand einen sogenannten Schrittmerker und die Schaltfunktion mit den Weiterschaltbedingungen zum Setzen des nachfolgenden Schrittes. Diese Weiterschaltbedingung nennt man auch Transitionen[1]. Der **Baustein Befehlsausgabe** enthält die Ausgabebefehle, die von den einzelnen Schritten und von den Betriebsarten abhängen. Mit diesem Baustein werden die Stellglieder angesteuert. Im **Baustein für die Meldung/Diagnose** werden Schaltfunktionen definiert, die irreguläre Zustände und Störungen melden.

Die grafische Darstellung einer Ablaufsteuerung erfolgt mit einem Programmablaufplan nach DIN EN 60848 oder IEC 61131-3. DIN EN 60848 wird als GRAFCET bezeichnet, eine Abkürzung aus dem französischen **GRA**phe **F**onctionnel de **C**ommande **E**tape **T**ransition. Die Schritte werden mithilfe von Quadraten symbolisiert **(Bild 1)**.

[1] Transition von lat. transitus = Übergang

Tabelle 1: Strukturierte Programmierung

Gliederung	Aufgaben
Organisationsbaustein OB 1	
Bausteinaufruf BA: FC 1 Netzwerk 1 Netzwerk 2 : Netzwerk xx ⇓ Bausteinende BE:	Betriebsarten Start, Stopp Automatik Handbetrieb
Bausteinaufruf BA: FC 2 Netzwerk 1 Netzwerk 2 : Netzwerk xx ⇓ Bausteinende BE:	Ablaufkette Weiterschaltbedingungen
Bausteinaufruf BA: FC 3 Netzwerk 1 Netzwerk 2 : Netzwerk xx ⇓ Bausteinende BE:	Befehlsausgabe Steuerungsbefehle
Bausteinaufruf BA: FC 4 Netzwerk 1 Netzwerk 2 : Netzwerk xx ⇓ Bausteinende BE:	Meldungen Diagnose

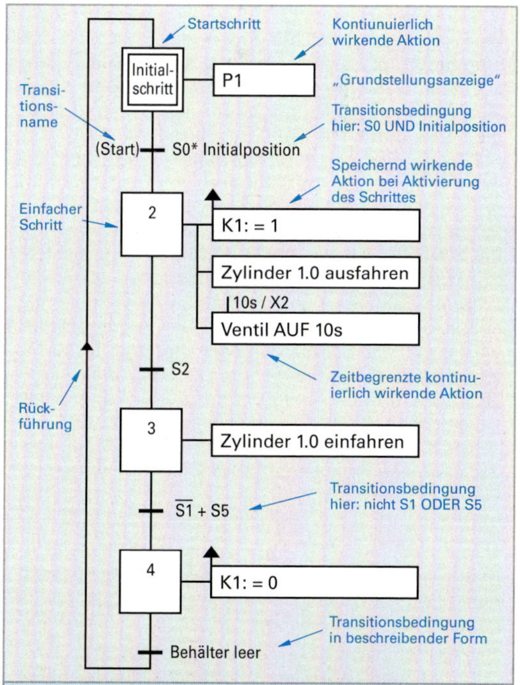

Bild 1: Darstellung einer sequenziellen Ablaufsteuerung nach DIN EN 60848

Wirklinien verbinden die einzelnen Schritte. Die Übergänge (Transitionen) werden mit einem Querstrich auf der Wirklinie dargestellt. Neben jedem Schrittsymbol werden in einem rechteckigen Feld die Aktionen/Befehle gezeigt.

Jeder Schritt *n* enthält als zentrales Funktionselement einen Schrittmerker, der mit einer SR-Speicherfunktion gesetzt wird **(Bild 1)**.

Der Schrittmerker kann nur gesetzt werden, wenn der vorhergehende Schritt *n*-1 gesetzt ist UND die Weiterschaltbedingungen erfüllt sind.

Die Weiterschaltbedingungen leiten sich einerseits aus dem Prozess ab, z.B. Füllstand erreicht, und andererseits auch aus der Betriebsartensteuerung. In der Betriebsart „Automatik" folgt ein Schritt nach dem anderen, wenn die prozessabhängigen Weiterschaltbedingungen erfüllt sind. In der Betriebsart „Einzelschritt" darf erst weitergeschaltet werden, wenn der nächste Schritt über Tastendruck ausgelöst wird. Der Schrittmerker wird zurückgesetzt, wenn der Schrittmerker *n*+1 des Folgeschritts gesetzt wird, ODER wenn der Programmbetrieb ausgeschaltet wird und zur Grundstellung oder einem anderen Schritt gesprungen werden soll.

8.4.2 Beispiel für eine Ablaufsteuerung

Ein Farbrührwerk soll mit ungemischter Farbe durch eine Elektropumpe M1 gefüllt werden **(Bild 2)**. Anschließend soll für T1 = 10 s die Farbe durch den Rührwerksantrieb M2 umgerührt werden, und dann die Farbe durch ein Ventil abgelassen werden. Das Füllen der Farbe in den Rührbehälter wird über einen Füllstandssensor S3 überwacht. Dieser spricht mit einer Schließerfunktion an. Das Ablassen der Farbe meldet ein Drucksensor S4 (Öffnerfunktion bei leerem Behälter). Der Automatikbetrieb für das Rührwerk wird über einen Tastschalter S1 eingeschaltet (Schließer) und über einen Tastschalter S2 ausgeschaltet (Öffnerfunktion). Der Pumpenmotor wird durch das Schütz Q1 geschaltet und der Rührwerksmotor durch das Schütz Q2. Das Ablassventil ist im nicht betätigten Zustand durch Federdruck geschlossen und wird zum Öffnen von der SPS geschaltet. Bei Störung soll jederzeit der Ablauf ausgeschaltet und mit einem Taster S5 der Behälter entleert werden können.

Zum Entwurf der Schaltung wurde der Programmablauf nach IEC 61131-3 gezeichnet **(Bild 3)**. Der Programmablaufplan beginnt mit dem Anfangsschritt, der die Ausgangslage darstellt. In der Ausgangslage muss der Behälter leer sein.

Dem Anfangsschritt folgen die Schritte „Pumpen", „Rühren" und „Ablassen". Befindet sich die Anlage nicht im Anfangsschritt, so muss der Anfangsschritt von Hand hergestellt werden können (S5).

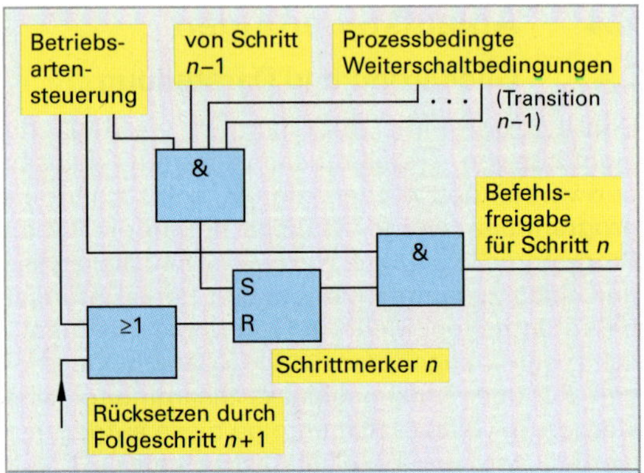

Bild 1: Struktur eines Schrittes

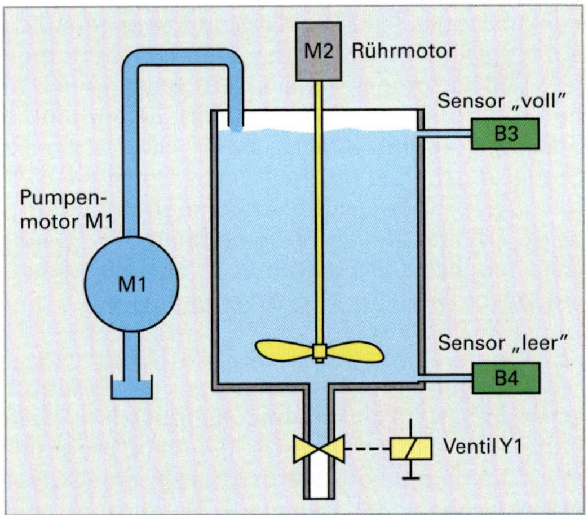

Bild 2: Farbrührwerk

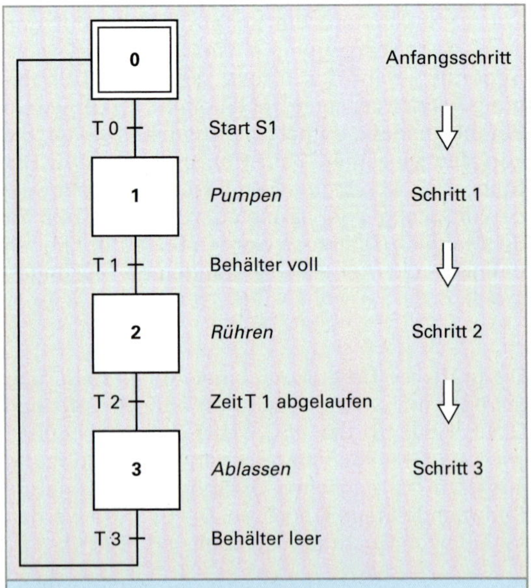

Bild 3: Programmablauf nach IEC 61131-3

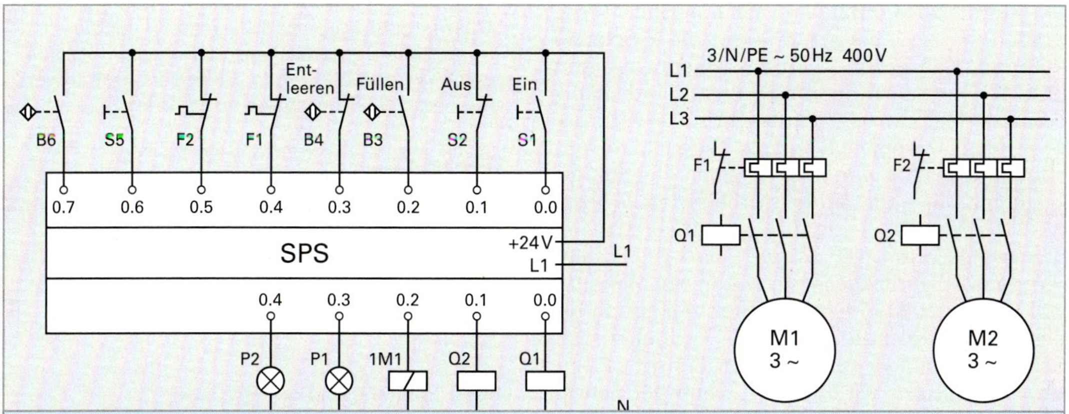

Bild 1: Schaltplan des Farbrührwerks

Nach dem Erstellen des Programmablaufplans wird ein Schaltplan gezeichnet **(Bild 1)**. Man ordnet den Schaltern und Sensoren die Eingänge und den Aktoren, im Beispiel sind das Motoren, sowie ein Ventil und eine Meldeleuchte, die Ausgänge zu **(Tabelle 1)**.

Es ist zu beachten, dass das Ausschalten einer Anlage, auch bei Störungen, stets durch einen Öffner erfolgt. Nur so ist gewährleistet, dass im Falle eines Drahtbruchs die Anlage selbsttätig ausschaltet.

Zur vereinfachten Realisierung der Ablaufsteuerung werden im OB1 die Programmbausteine Betriebsarten (FB1), Schrittkette (FB2), Befehlsausgabe (FB3) und Meldungen (FB4) erstellt. Da solche Programmteile sehr häufig erforderlich sind, wird in den Kapiteln 2.8.7.5, 2.8.7.6 und 2.8.7.7 dafür eine standardisierte Lösungsstruktur aufgezeigt. Zur Übergabe der Signale zwischen den einzelnen Programmbausteinen wird ein globaler Datenbaustein **(Tabelle 2)** angelegt. Außerdem wurden in allen Programmteilen nur bausteinlokale Variablen verwendet. Damit ist das Programm unabhängig von festen Speicheradressen einer Steuerung.

Im **Betriebsartenbaustein (FB1)** werden der Automatikbetrieb und das Ablassen der Farbe programmiert **(Bild 2)**. Dabei erfolgt das Setzen des Übergabesignals „`Automatik`" mit einer SR-Speicherfunktion durch den EIN-Taster `S1`, das Löschen durch den Öffner des AUS-Tasters `S2`. Damit dieser beim Öffnen dieser wirksam wird, muss der R-Eingang über ein negiertes Signal geschaltet werden.Da auch durch die thermischen Auslöser `F1` und `F2` die Anlage stillgesetzt werden soll, müssen diese Öffner mit dem des Austasters ODER-verknüpft werden. Dadurch liegt am Ausgang des ODER-Elements der Wert `1` an, sobald ein oder mehrere Öffner betätigt werden.

Im Falle einer Unterbrechung des Rührzyklus wird über die Betätigung des Tasters `S5` die Betriebsart „`Farbe ablassen`" eingeschaltet. Sie bleibt so lange aktiviert, bis der Behälter leer ist, d. h. bis der Druckwächter den Schalter `B4` öffnet.

Tabelle 1: Symboltabelle, Farbrührwerk

Symbol	Adresse	Datentyp	Kommentar
Datenübergabe	DB 10	DB 10	
EIN (S1)	I 0.0	BOOL	Schließer
Aus (S2)	I 0.1	BOOL	Öffner
Behälter_voll (B3)	I 0.2	BOOL	Schließer
Behälter_leer (B4)	I 0.3	BOOL	Öffner
M1_Motorüber_last (F1)	I 0.4	BOOL	Öffner
M2_Motorüber_last (F2)	I 0.5	BOOL	Öffner
Behälter leeren (S5)	I 0.6	BOOL	Schließer
Ventil geschl (B6)	I 0.7	BOOL	Schließer
M1_PumpenM (Q1)	Q 0.0	BOOL	
M2_RuehrM (Q2)	Q 0.1	BOOL	
Farbe ablassen (1M1)	Q 0.2	BOOL	Ventil
Störung (P1)	Q 0.3	BOOL	Warnmelder
Störung (P2)	Q 0.4	BOOL	
TON	SFB 4	SFB 4	Generate an on Delay

Tabelle 2: Globaler Datenbaustein, Farbrührwerk

Adresse	Name	Typ	Anfangswert
0.0		STRUCT	
+ 0.0	Auto_Ein	BOOL	FALSE
+ 0.1	Farbe_Ablassen	BOOL	FALSE
+ 0.2	Schritt_2	BOOL	FALSE
+ 0.3	Schritt_3	BOOL	FALSE
+ 0.4	Schritt_4	BOOL	FALSE
= 2.0		END_STRUCT	

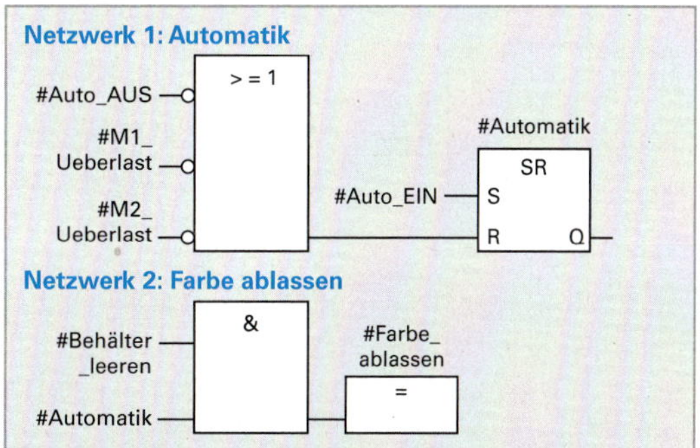

Bild 2: Programmteil Betriebsarten

Die **Schrittkette (FB2)** wird mit den Schrittoperanden #S_OP_1 bis #S_OP_4 für die 3 Schritte Pumpen, Rühren und Farbe ablassen gebildet **(Bild 1)**. Der Schrittoperand #S_OP_1 speichert den Grundschritt oder Initialschritt. Er wird gesetzt, wenn mit einem Reset die Kette in den Initialzustand gesetzt wird oder nachdem die Schrittkette einmal vollständig durchlaufen wurde. #S_OP_2 für das "„Pumpen" wird gesetzt, wenn der Grundschritt UND „Start" ein 1-Signal führen. Er wird zurückgesetzte, wenn der Behälter voll ist. Damit ist die Weiterschaltbedingung für den Schritt „Rühren" mit #S_OP_3 gegeben. Der Schrittoperand #S_OP_4 für den Schritt „Farbe ablassen" wird gesetzt, wenn der Schritt „Rühren" gesetzt ist UND die Einschaltverzögerung „TON" abgelaufen ist. Der Eingang PT von „TON" wird bei Aufruf im OB1 mit dem Zeitwert T#=10s belegt.

Der Programmteil **Befehlsausgabe (FB3)** ist in diesem Beispiel sehr einfach strukturiert **(Bild 2)**. Die Ansteuersignale für das Einschalten der Pumpe (Q1) und des Rührwerkmotors (Q2) werden ohne zusätzliche Verknüpfung den Ausgängen zugewiesen. Das Einschalten des Ablassventils durch Q 0.2 erfolgt durch den Schrittmerker #S_OP_4 ODER die Betriebsart „Behälter_leeren".

Der Programmteil **Meldungen (FB4)** ist erforderlich, um eine Motorüberlast mithilfe der Meldeleuchten P1 und P2 anzuzeigen **(Bild 3)**.

Alle Programmteile werden in festgelegter Reihenfolge im **Hauptprogramm, Organisationsbaustein OB 1**, aufgerufen **(Bild 4)**, der die Schnittstelle zum Betriebssystem der SPS bildet.

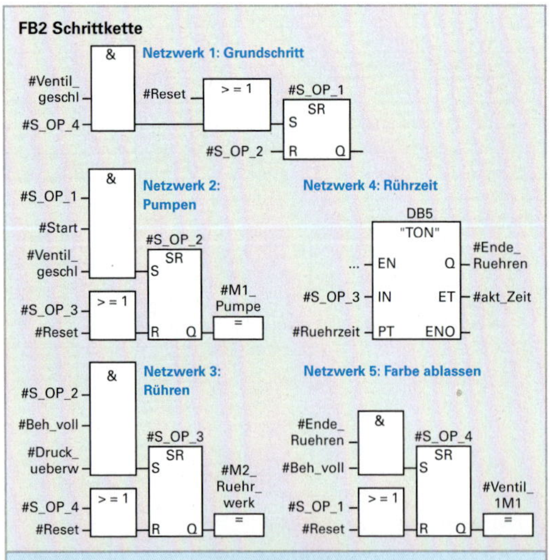

Bild 1: Programmteil Ablaufkette

Ablaufsteuerungen werden meist in die Programmteile Betriebsarten, Schrittkette, Befehlsausgabe und Meldungen gegliedert. Damit werden derartige Programme strukturiert.

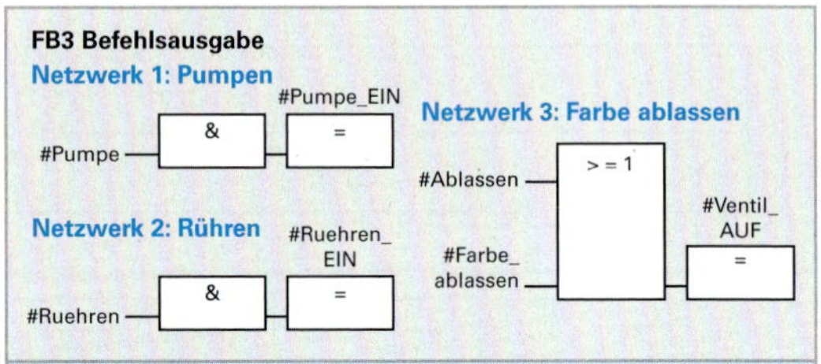

Bild 2: Programmteil Befehlsausgabe

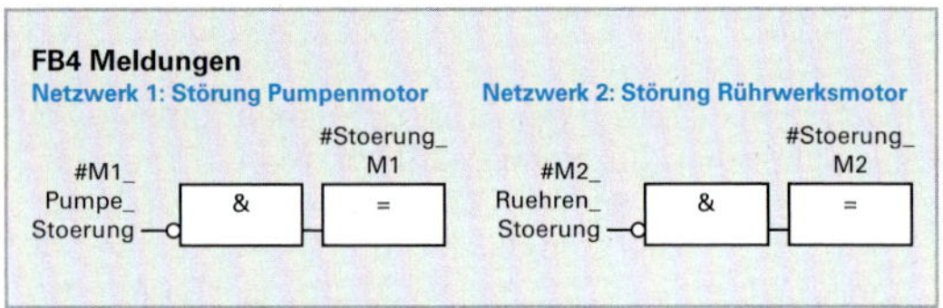

Bild 3: Programmteil Meldungen

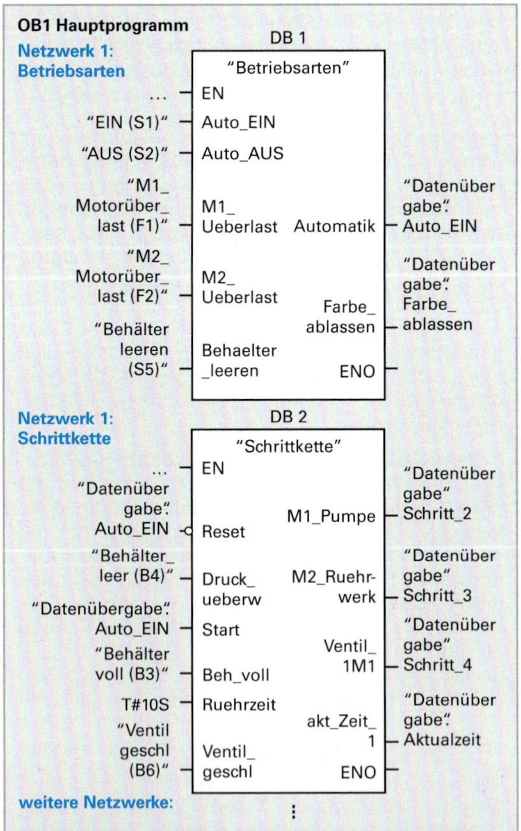

Bild 4: Hauptprogramm (ohne Befehlsausgabe und Meldungen)

8.4.3 Programmierung in Ablaufsprache

Das Programm in Ablaufsprache ist sehr ähnlich der Darstellung eines Programmplans nach EN 60848 (GRAFCET) **(Bild 1)**. Jeder Schritt löst eine oder mehrere Aktionen aus. Der Übergang von einem Schritt zum nächsten wird durch eine Weiterschaltbedingung (Transition) bestimmt. Am Beispiel des Farbrührwerks wird die Programmierung in Ablaufsprache veranschaulicht.

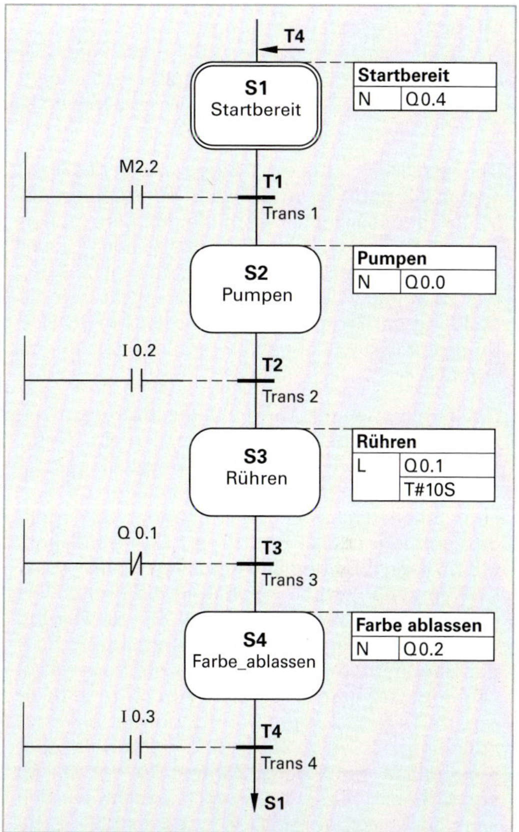

Bild 1: Farbrührwerk Steuerprogramm in Ablaufsprache

Ist der Anfangsschritt S1 aktiv, so ist die Ablaufkette startbereit, was durch die Meldeleuchte H2 (`Q0.4`) angezeigt wird. Sobald der Merker `M2.2` (Grundschritt) ein 1-Signal hat, ist die Transition T1 erfüllt und der Schritt S2 wird aktiv. Meldet der Füllstandssensor S3, dass das Rührwerk gefüllt ist, so gibt die Transition T2 den Schritt S3 frei. Der Schritt S3 soll für 10 Sekunden den Rührwerkmotor einschalten. Diese Vorgabe wird mit der Befehlsart L erreicht (L von engl. limited = begrenzt; hier: zeitlich). Nach dem Abschalten des Rührwerkantriebs ist die Transition T3 erfüllt und die Farbe wird abgelassen. Sobald der Behälter entleert ist, gibt die Transition T4 (Druckwächter S4 0-Signal) den Rücksprung zum Anfangsschritt S1 frei.

Damit die Steuerung für das Farbrührwerk in Ablaufsprache nach IEC 61131-3 programmiert werden kann, sind gegenüber der Programmierung in FBS/FUP-Sprache einige Änderungen im Organisationsbaustein OB 1 und der Symboltabelle erforderlich. Die Programmteile Ablaufkette (FC 2) und Befehlsausgabe (FC 3) sind in der Ablaufkette nach Ablaufsprache zusammengefasst. Damit werden alle Schrittmerker überflüssig **(Tabelle 1)**. Der Programmteil Meldungen (FC 4) wurde in den Organisationsbaustein integriert. Die Ablaufkette wird von einem **Funktionsbaustein (FB 1)** mit einem zugehörigen **Instanz-Datenbaustein (DB 1)** gesteuert **(Bild 1, Seite 230)**.

Die Steuerung der Betriebsarten übernimmt der Funktionsbaustein, weshalb auch der Programmteil Betriebsarten (FC 1) nicht mehr erforderlich ist. Die Systemfunktion SFC 64 übernimmt die Zeittaktsteuerung des FB. Der Instanz-Datenbaustein enthält alle Daten, die für den Ablauf der Schrittkette erforderlich sind. Der Funktionsbaustein FB1 ist Bestandteil der Programmiersoftware und muss vom Anwender nur noch parametriert werden.

Am FB-Symbol sind links alle Eingänge und rechts alle Ausgänge aufgeführt, die genutzt werden können. Es müssen jedoch nicht alle Ein- und Ausgänge belegt werden.

Tabelle 1: Symboltabelle Farbrührwerk für Programm in Ablaufsprache

Symbol	Adresse	Datentyp	Kommentar
Schrittzähler	C 0	COUNTER	
Farbe 1	DB 1	FB 1	
Farbe 1	FB 1	FB 1	Kettenbaustein
EIN-Taster (S1)	I 0.0	BOOL	Schließer
AUS-Taster (S2)	I 0.1	BOOL	Öffner
Füllstandssensor (S3)	I 0.2	BOOL	Schließer
Druckwächter (S4)	I 0.3	BOOL	Öffner
Motorüberlast M1 (F1)	I 0.4	BOOL	Öffner
Motorüberlast M2 (F2)	I 0.5	BOOL	Öffner
Automatik EIN (S5)	I1.0r	BOOL	Schließer
Handbetrieb (S6)	I 1.1	BOOL	
Step ON (S7)	I 1.2	BOOL	
Step OFF (S8)	I 1.3	BOOL	
Schritt VOR (S9)	I 1.4	BOOL	
Schritt ZURÜCK (S10)	L 1.5	BOOL	
Anlage betriebsbereit	M0.1L	BOOL	
Kette ausschalten	M 0.2	BOOL	
Anfangsschritt	M 2.2	BOOL	
Schritt-Nr.	MW 10	NT	
Motorschütz für M1 (K1)	Q 0.0	BOOL	
Motorschütz für M2 (K2)	Q 0.1	BOOL	
Farbe ablassen (1M1)	Q 0.2	BOOL	Ventil
Störung (H1)	Q 0.3	BOOL	Warnlampe
Anlage bereit (H2)	Q 0.4	BOOL	
TIME TCK	SFC64	SFC 64	Time Tick

Mit dem EIN-Taster S1 wird der Merker `M0.1` in Netzwerk 1 gesetzt, der den FB 1 einschaltet (EN von engl. enable = befähigen). Außerdem initialisiert der Taster S1 den FB 1, d. h. er versetzt ihn in Grundstellung. Der Anfangsschritt ist dann aktiv.

Der Merker `M0.2` hat ein 1-Signal, wenn der AUS-Taster S2 betätigt wird ODER mindestens ein Motorüberlastschalter anspricht. Mit dem Merker `M0.2` (1-Signal) wird die Ablaufkette ausgeschaltet, da das Merkersignal am Eingang `OFF_SQ` des FB 1 negiert wird. Der Grundschritt und die Meldung der Motorüberlast werden in FBS/FUP programmiert wie ohne Verwendung der Ablaufsprache.

Der Funktionsbaustein stellt die Betriebsarten Automatik, Tippen und Handbetrieb zur Verfügung, die vom Anwender wahlweise eingesetzt werden können. Die Betriebsarten sind von dem Funktionsbaustein so gegeneinander verriegelt, dass immer nur eine Betriebsart aktiv sein kann. Mit S5 kann über den Bausteineingang `SW_AUTO` (SW von engl. switch = Schalter) die Betriebsart Automatik eingeschaltet werden. Bei Betätigung von S6 wird über den Bausteineingang `SW_MAN` der Handbetrieb (manueller Betrieb) angewählt. Um in dieser Betriebsart eine Aktion zu aktivieren, muss zunächst die Schrittnummer am Bausteineingang `S_SEL` angewählt werden. Dies ist verwirklicht mithilfe des Zählers C0, der mit S9 vorwärts und mit S10 rückwärts gezählt werden kann. Im Merkerwort MW 10 ist der aktuelle Zählwert, also die Schrittnummer, gespeichert. Mit S7 kann der angewählte Schritt aktiviert und mit S8 deaktiviert werden.

Die Betriebsart Tippen ist in diesem Beispiel nicht verwirklicht. Sie könnte über Bausteineingang `SW_TAP` eingeschaltet werden. Bei jeder Betätigung des Eingangs `T_PUSH` würde dann jeweils ein Schritt der Ablaufkette selbsttätig ausgeführt.

Über die Ausgänge des FB könnte man z. B. Meldeleuchten für die jeweils aktive Betriebsart ansteuern, `AUTO_ON`, `TAP_ON` und `MAN_ON`. Der Ausgang `ERR_FLT` dient der Anzeige einer Störung.

Beim Programmieren in der Ablaufsprache muss im Organisationsbaustein ein Funktionsbaustein mit zugehörigem Datenbaustein aufgerufen werden.

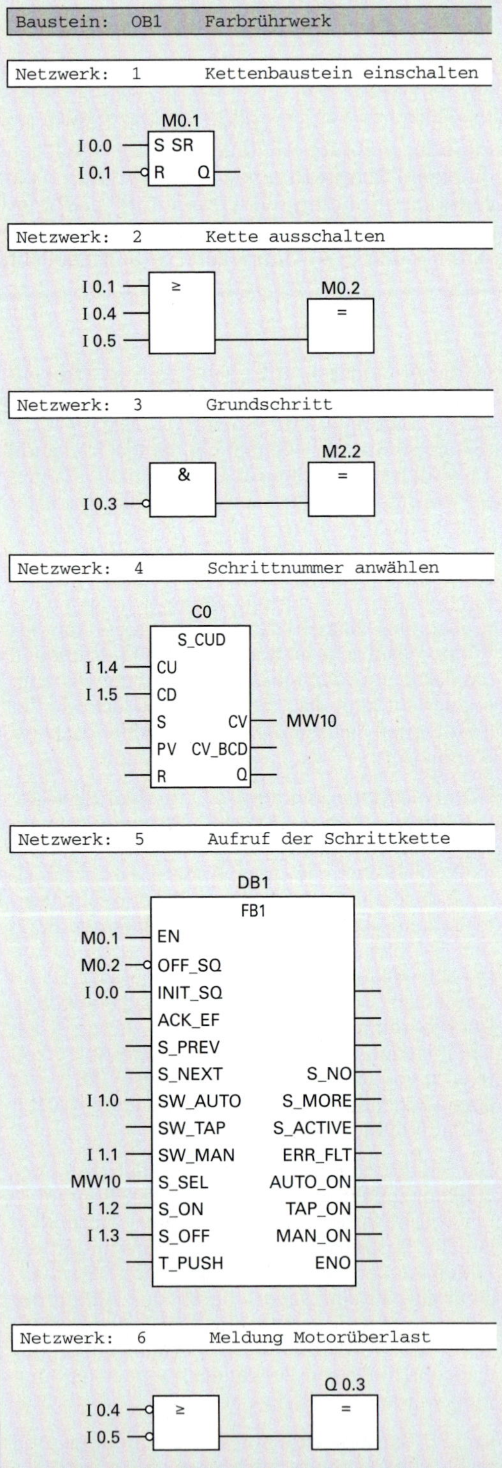

Bild 1: Steuerung Farbrührwerk OB 1 mit Ablaufsprache

Die Darstellung von Ablauf-Funktionsplänen kann auf zwei verschiedenen Normen beruhen:

- DIN EN 60848 GRAFCET, Spezifikationssprache für Funktionspläne der Ablaufsteuerungen.
- DIN EN 61131-3, Programmiersprachen, hierin Elemente der Ablaufsprache (AS).

8.4.4 Betriebsartensignale

Mithilfe von Betriebsartensignalen wird es möglich, eine Ablaufsteuerung während fast aller Betriebssituationen zu kontrollieren. Damit eine Ablaufsteuerung bei der Inbetriebnahme über eine eindeutige Ausgangsposition verfügt, muss die Ablaufkette **initialisiert** werden. Dazu müssen alle Schrittmerker mit Ausnahme desjenigen von *Schritt 1* zurückgesetzt werden. Wird die Ablaufkette mit SR-Speichern programmiert, so muss ein Signal *Reset* auf den Setzeingang des *Schritt 1* (Initialschritt) wirken und gleichzeitig muss dieses Signal bei allen anderen Schrittmerkern über eine ODER-Verknüpfung (neben anderen Signalen) auf den Rücksetzeingang gegeben werden **(Bild 1)**. Außerdem wird das Signal *Reset* auch zum Zurücksetzen von gespeicherten Ausgangssignalen verwendet.

Zum Weiterschalten einer Schrittkette wird der Schrittmerker des *Schritt n* gesetzt, wenn sichergestellt ist, dass der Schrittmerker von *Schritt n-2* den Signalwert „0" hat und der Schrittmerker von *Schritt n-1* ein Betriebsartensignal mit dem Signalwert „1" hat **(Bild 2)**.

Wurde das Betriebsartensignal **Weiterschalten mit Bedingung** (W_m_B) gewählt, so wirkt in einer UND-Verknüpfung die Weiterschaltbedingung mit dem Signal W_m_B. Das Weiterschaltsignal W_m_B wird meistens zur Freigabe der Betriebsart *Automatik* verwendet.

Dies bedeutet ein automatisches Weiterschalten der Schrittkette, nachdem die jeweilige Weiterschaltbedingung erfüllt wurde. Außerdem kann das Signal W_m_B im Meldeteil einer Ablaufsteuerung zur Anzeige der Betriebsart *Automatik* verwendet werden.

Bei der Inbetriebnahme oder bei einer Betriebsstörung einer Anlage ist es manchmal notwendig, einen bestimmten Schritt einer Ablaufkette auszuführen, ohne dass die erforderliche Weiterschaltbedingung erfüllt ist. Dazu soll das Betriebsartensignal **Weiterschalten ohne Bedingung** (W_o_B) dienen.

Die Betriebsart W_o_B kann auch als *manuelle Betriebsart* bezeichnet werden, da der Bediener mit ihr handgeführt, d.h. ohne sensorische Weiterschaltbedingung in den Steuerungsablauf eingreift. Das Signal W_o_B muss grundsätzlich ein Impulssignal sein, da es als gespeichertes Signal einen unkontrollierten Ablauf der Schrittkette auslösen könnte.

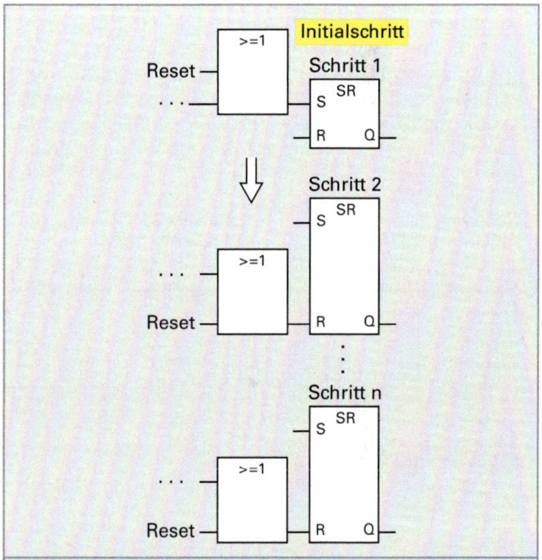

Bild 1: Schrittkette Initialisieren

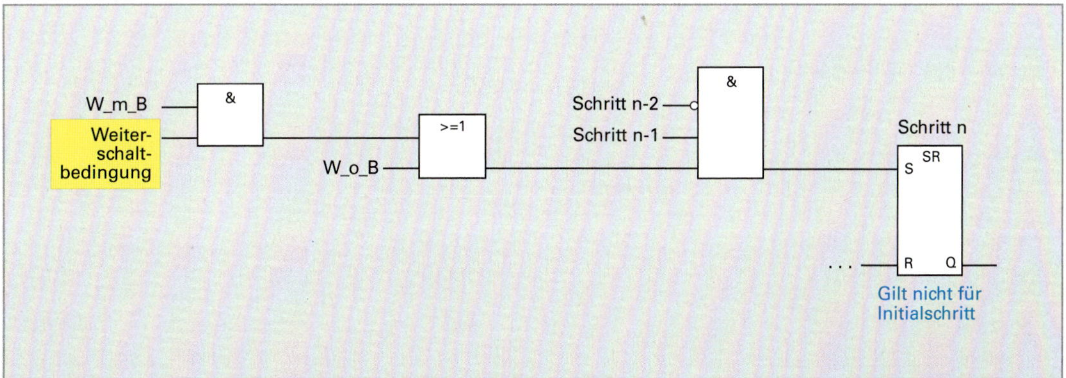

Bild 2: Weiterschalten mit Bedingung oder ohne Bedingung

8.4.5 Funktionsbaustein für Betriebsarten

Der Betriebsartenteil eines Programms für Ablaufsteuerungen stellt die Verbindung zwischen dem Bedienpanel und der Schrittkette dar. Da fast alle Ablaufsteuerungen über Betriebsarten verfügen, ist es sinnvoll, dafür einen *bibliotheksfähigen Funktionsbaustein* zu erstellen **(Bild 1)**.

Meistens ist im Betriebsartenteil ein *SR-Speicher* für das Ein- und Ausschalten der Steuerung programmiert. Außerdem wird mithilfe eines Eingangssignals die Betriebsart *Automatik* (1-Signal) oder *Manuell* (0-Signal) vorgewählt. Das Startsignal wird dazu verwendet, um den Automatikbetrieb oder eine Aktion im manuellen Betrieb auszulösen. Mit dem Stoppsignal wird der Automatikbetrieb beendet, d.h. der Ablauf wird angehalten, wenn die Anlage ihre Grundstellung (Initialposition) erreicht hat.

Mit einem weiteren Eingangssignal (`W_Bed_Man`) wird die manuelle Weiterschaltbedingung `W_m_B` (0-Signal) oder `W_o_B` (1-Signal) vorgewählt. Bei Vorwahl des Betriebsartensignals `W_o_B` muss jede Aktion zusätzlich freigegeben werden (Freigabe-Aktion). Die Grundstellung der Anlage wird meistens im OB1 beschrieben und als Eingangssignal an den Betriebsartenbaustein weitergegeben. Die Schrittnummer wird vom Schrittkettenbaustein übergeben. **Bild 2** zeigt den Programmaufruf eines Funktionsbausteins für Betriebsarten.

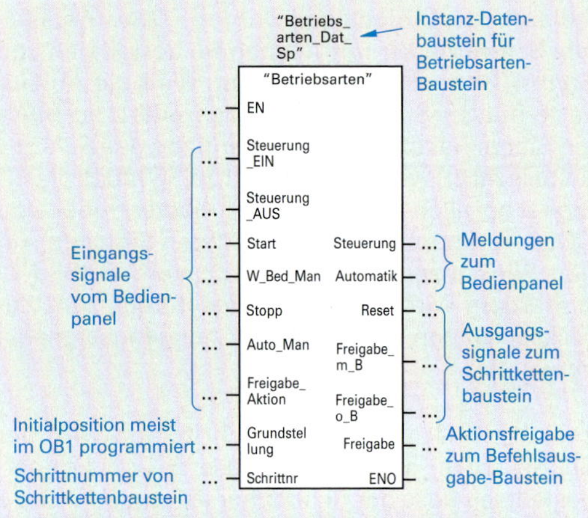

Bild 2: Funktionsbaustein für Betriebsarten

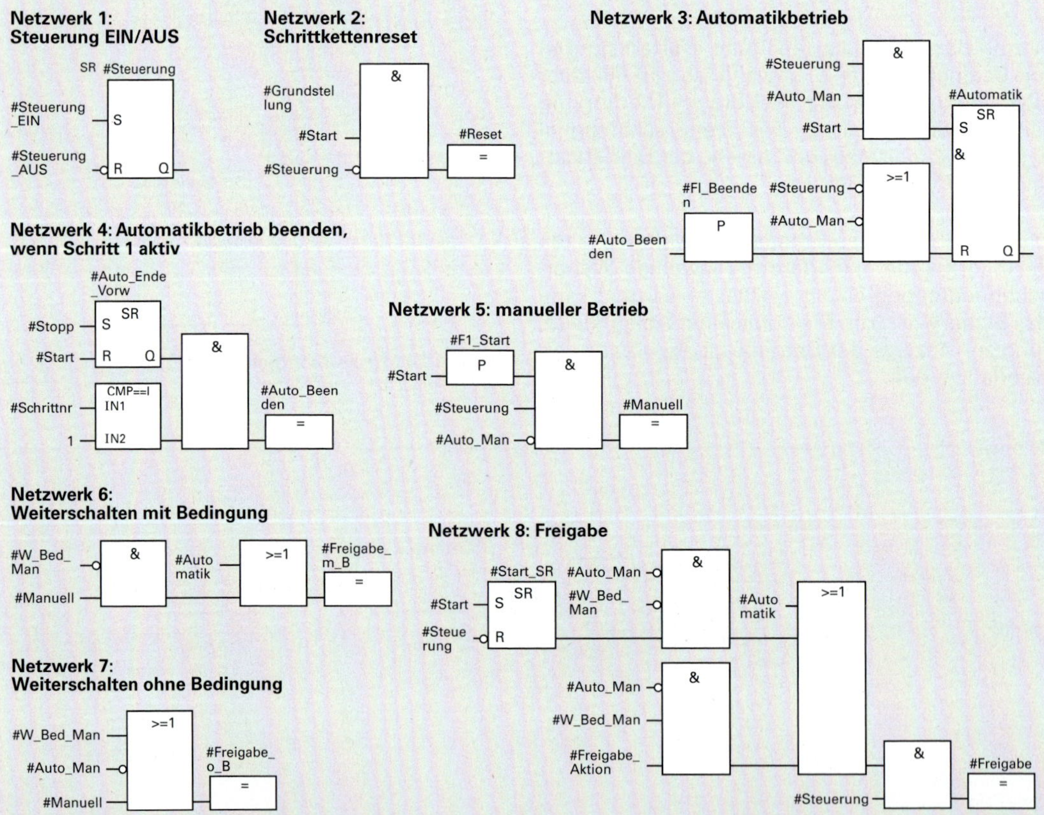

Bild 1: Programmteil für die Betriebsarten

8.4.6 Funktionsbaustein für Schrittketten

Zum Programmieren eines *bibliotheksfähigen Funktionsbausteins* für Ablaufsteuerungen muss auf anlagengebundene Operanden verzichtet werden. Es dürfen nur *Formalparameter* (Lokaldaten) verwendet werden. Da eine solche Lösung möglichst universell einsetzbar sein sollte, ist die Verwendung von Betriebsartensignalen sinnvoll.

In **Tabelle 1** ist die Deklarationstabelle eines Funktionsbausteins für eine Schrittkette mit 10 Schritten dargestellt.

Bild 1 zeigt den Initialschritt und die nachfolgenden Schritte. Sie haben alle die gleiche Struktur. Die Anfangswerte der Eingangsparameter werden mit *false* belegt. Ausgenommen sind die der *Transition* Trans_2 bis Trans_10. Diese haben den Anfangswert true, damit nicht benötigte Schritte offen bleiben können und die Kette dennoch weitergeschaltet wird.

Dagegen wird der Anfangswert des Schrittoperanden S_OP_1 mit *true* belegt. Für die Anfangswerte der weiteren Schrittoperanden S_OP_2 bis S_OP_10 wurde *false* gewählt, damit die Schrittkette beim Einschalten der Anlage in den Grundzustand gesetzt wird. Im Ausgangsparameter-Schritt wird nach Freigabe durch den jeweiligen Schrittoperanden die aktuelle Schrittnummer als Ganzzahl gespeichert.

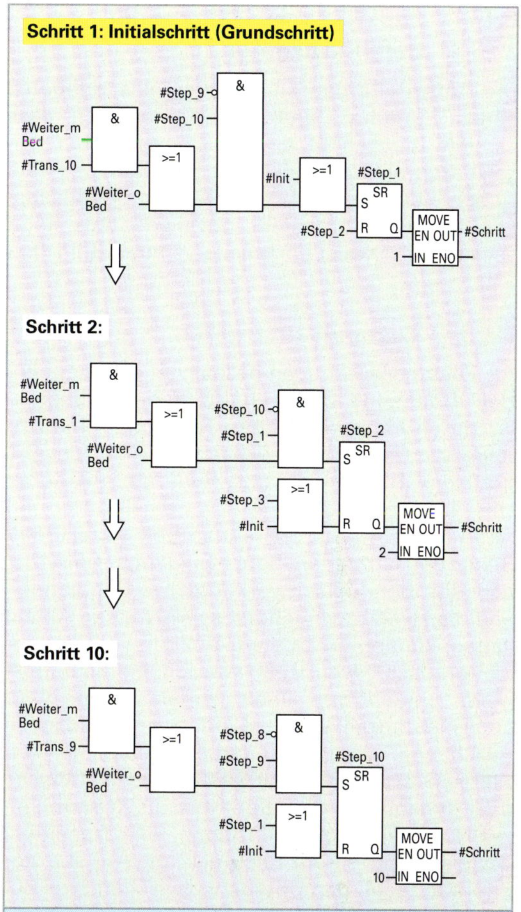

Bild 1: Programmteil eines Schrittkettenbausteins

Tabelle 1: Deklarationstabelle eines Schrittkettenbausteins			
Eingangsvariable			
Parametername	Datentyp	Anfangswert	Kommentar
Init	BOOL	false	Mit Reset Schrittkette in Grundstellung versetzen (initialisieren)
Weiter_m_Bed	BOOL	false	
Weiter_o_Bed	BOOL	false	
Trans_1	BOOL	false	Weiterschaltbedingung (Transition)
Trans_2 bis Trans_10	BOOL	true	Nicht benötigte Transitionen werden aufgrund des Anfangswerts true weitergeschaltet
Ausgangsvariable			
Parametername	Datentyp	Anfangswert	Kommentar
Schritt	INT	0	Nummer des aktiven Schrittes
Statische Variable			
Parametername	Datentyp	Anfangswert	Kommentar
S_OP_1	BOOL	true	Initialschritt wird beim Einschalten der Steuerung gesetzt
S_OP_2 bis S_OP_10	BOOL	false	

8.4.7 Funktionsbaustein für die Befehlsausgabe

Die Anforderungen an den *Befehlsausgabeteil* eines Programms sind so unterschiedlich, dass es nicht möglich ist, einen einzigen, immer einsetzbaren bibliotheksfähigen Funktionsbaustein zu schreiben. Es wird daher nur ein Befehlsausgabebaustein dargestellt, der weder Ausgänge speichernd zuweist noch Zeiten steuert **(Bild 1)**.

8.4.8 Zustandsautomaten

Als Zustandsautomaten bezeichnet man sequenziell arbeitende Logikschaltungen, die gesteuert durch ein periodisches Taktsignal eine Abfolge von Zuständen zyklisch durchlaufen. Die grafische Darstellung der Zustände mit deren Übergangsbedingungen, den Transitionen und Aktionen, wird als Zustandsgraph bezeichnet. Steuerungsaufgaben, deren Eingangs- und Ausgangsgrößen logisch verknüpft werden können und die keinen zwingenden schrittweisen Ablauf haben, können durch die Definition von Zuständen grafisch beschrieben werden. Ein Zustandsgraph besteht aus einem Initialzustand, einer endlichen Anzahl von Zuständen, einer endlichen Anzahl von Transitionen und einer endlichen Anzahl von Aktionen. Jeder Zustand, eine statische oder dynamische Situation, wird als Kreis mit einer Nummer dargestellt **(Bild 2)**. Eine Transition, dargestellt in einem Rechteck mit Angabe der Priorität, regelt den Übergang zwischen zwei Zuständen. Jeder Transition sind Bedingungen zugeordnet, die das Weiterschalten von einem Zustand zum nächsten steuern **(Bild 3)**. Es kommt zu einem Zustandswechsel, wenn alle Bedingungen einer Transition erfüllt sind. Von einem Zustand können mehrere Transitionen ausgehen. Es schaltet die Transition mit der höchsten Priorität.

Zustandsautomaten, auch endliche Automaten, engl. state maschine genannt, werden zur Realisierung von zyklischen Funktionsabläufen eingesetzt.

Für die Realisierung von Zustandsautomaten werden spezielle Programmiersysteme, wie z. B. S7-HiGraph, angeboten. Die Umsetzung eines Zustandsautomaten in ein Programm, hier mit grundlegenden Programmieroberflächen gezeigt, erfolgt in der gleichen Weise wie bei Ablaufplänen. Es wird jedem Zustand ein SR-Speicher zugeordnet. Alle Transitionen, die in den Zustand führen, erscheinen am Setzeingang und alle Transitionen, die aus dem Zustand herausführen, erscheinen am Rücksetzeingang **(Bild 4)**.

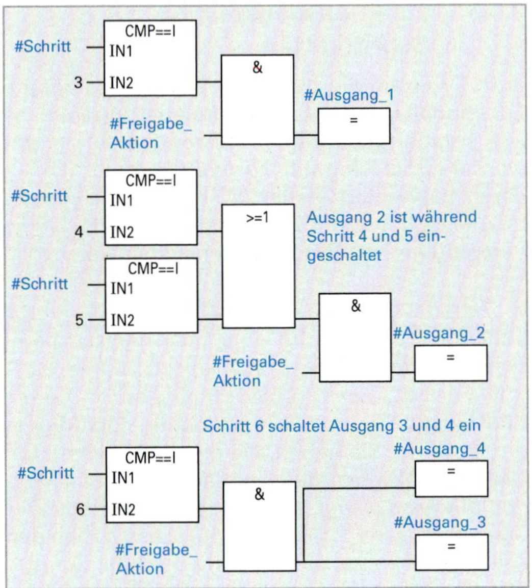

Bild 1: Programmteil für Befehlsausgabe

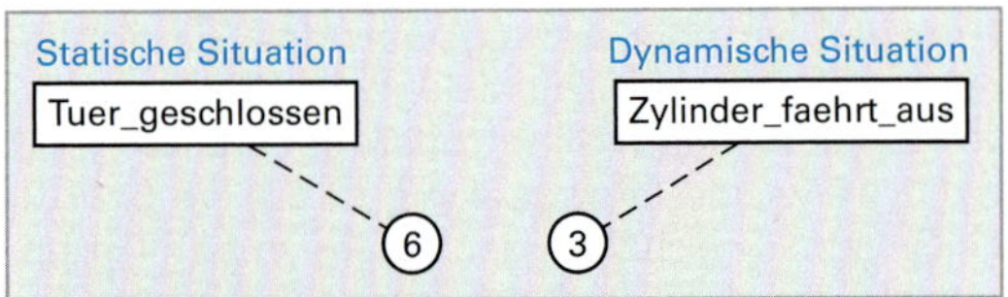

Bild 2: Darstellung von Zuständen

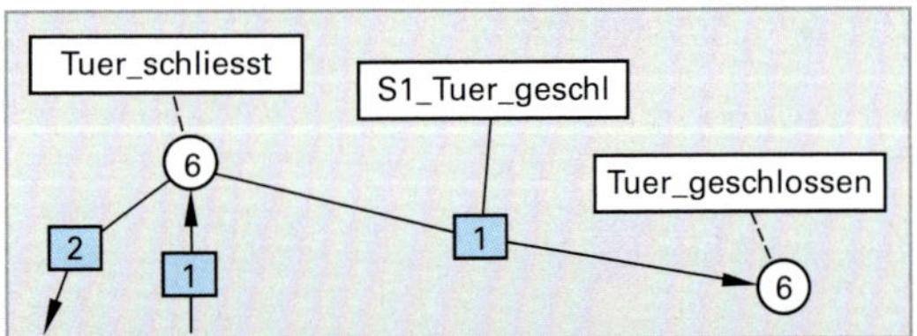

Bild 3: Darstellung von Transitionen

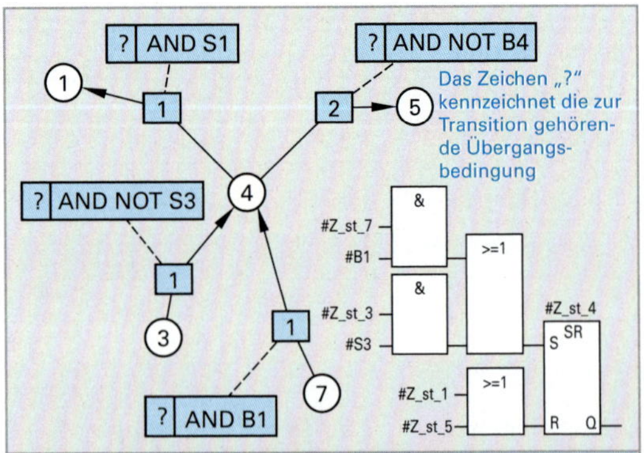

Bild 4: Umsetzung von Zuständen und Transitionen in einem Programm

Beispiel: Steuerung einer Fahrgasttür

Die Fahrgasttüren einer Stadtbahn **(Bild 1)** sind in ihrer Grundposition geschlossen. Gibt der Stadtbahnführer das Freigabesignal, so kann ein Fahrgast durch Betätigung des Tasters „Tür_auf" die Fahrgasttür öffnen. Diese schließt automatisch nach einer Wartezeit von drei Sekunden. Zum Schutz der Fahrgäste wird der automatische Schließvorgang unterbrochen, wenn die Lichtschranke in der Tür unterbrochen wurde oder wenn der Druckwellenschalter **(Bild 2)** in der Gummierung an der vorderen Türkante einen Widerstand erfasst.

Die Aufgabenstellung wird zunächst in einem Zustandsgraph **(Bild 3)**, mit allen statischen und dynamischen Situationen dargestellt. Die Steuerung kann man als Zustandsautomat z. B. in der Programmiersprache SCL realisieren.

Außer der Deklaration von Eingangsvariablen, Ausgangsvariablen und von lokalen Variablen müssen etliche Sprungmarken, engl. label = Marke, vereinbart werden. Zu Beginn des Programms wird geprüft, welcher Zustand aktuell ist. Wenn beim Start des Programms noch keine Freigabe für die Öffnung der Tür erteilt ist, wird der Zustand „Tür schließt" aktiviert, bis der Sensor „Tür geschlossen" ein 1-Signal liefert. Danach ist der Zustand „Tür geschlossen" aktiv. Falls „Freigabe Tür" ein 1-Signal weitergibt, kann mit „E Taster Tür auf" die Tür geöffnet werden, die nach einer Verweilzeit von 3 s automatisch schließt. Diese kann man z. B. als IEC-Einschaltverzögerung TON mit dem dazugehörigen Instanz-Datenbaustein DB30 realisieren.

Anmerkung: Die Codierung in SCL finden Sie auf der CD unter Bild 201-4.

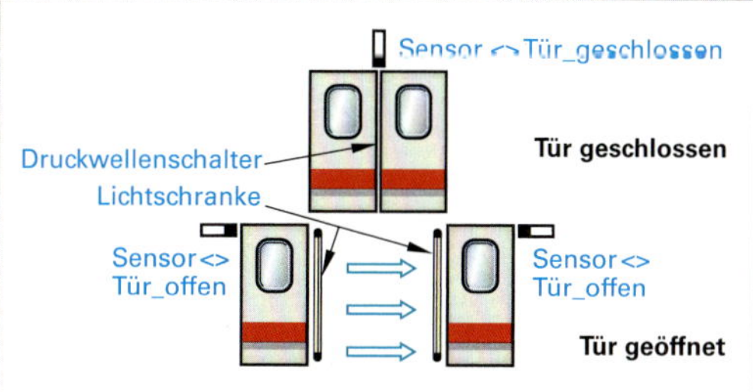

Bild 1: Fahrgasttür einer Stadtbahn

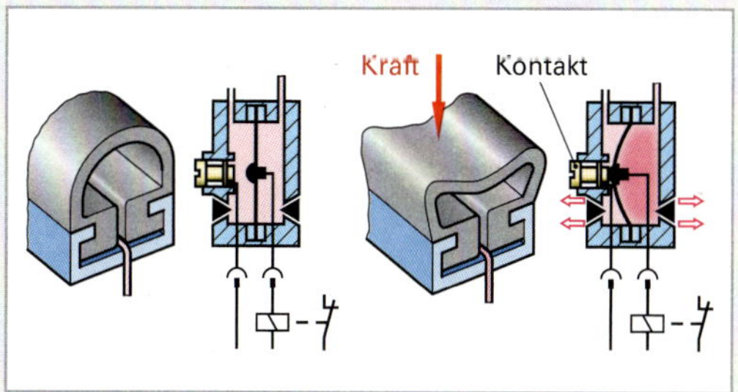

Bild 2: Druckwellenschalter

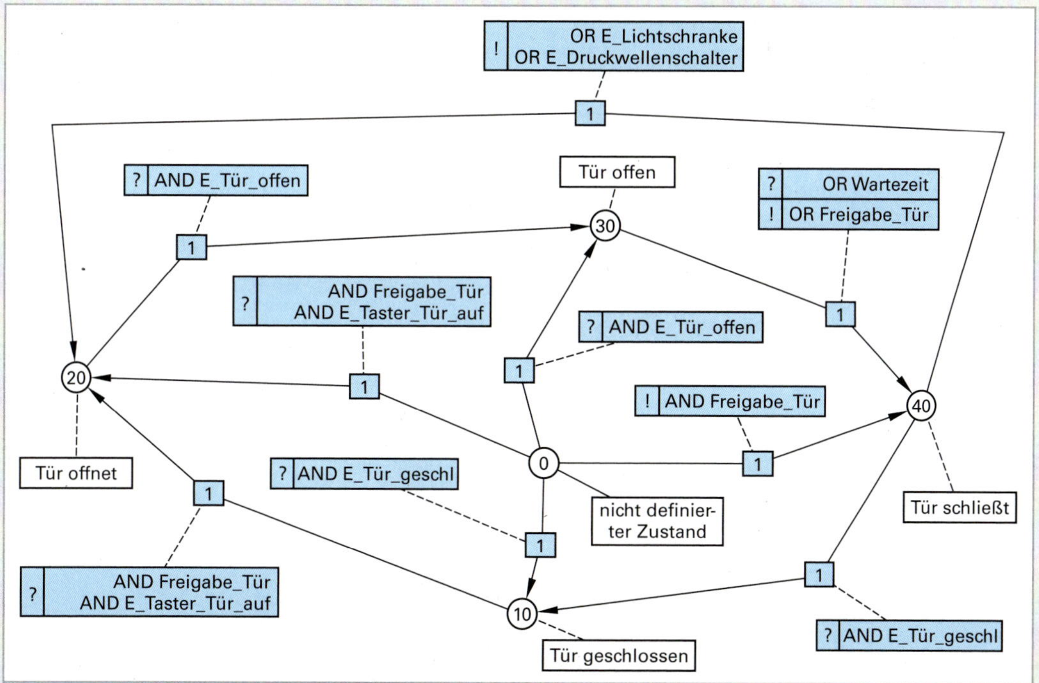

Bild 3: Zustandsgraph für die Betätigung einer Stadtbahntür

Beispiel: Steuerung einer Fahrgasttür (Forts.)

Ein 1-Signal von der Lichtschranke oder dem Druckwellenschalter unterbricht sofort den Schließvorgang der Tür und öffnet diese erneut. In **Bild 1** ist das Hauptprogramm für die Steuerung einer Fahrgasttür dargestellt. Das Programm ist mithilfe eines Funktionsbausteins realisiert. Der Datenbaustein DB20 ist der zugehörige Instanz-Datenbaustein. Die Ausgänge „`Zustand_Tür`" und „`Verzoegerung`" dienen lediglich für Anzeigen, sind für die Funktion aber ohne Bedeutung.

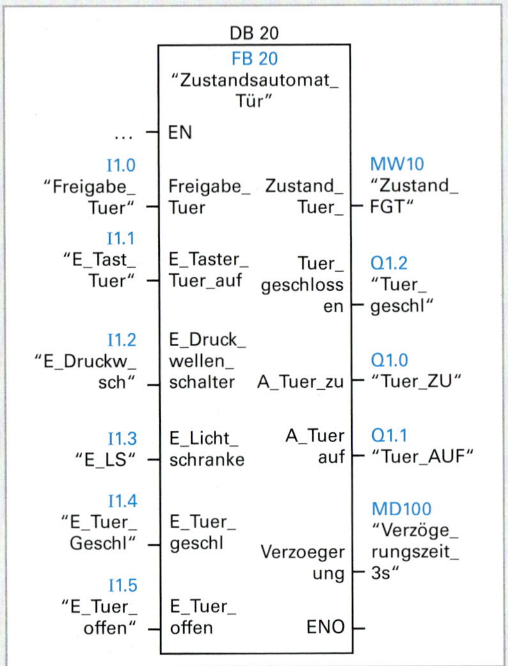

Bild 1: Hauptprogramm OB1 der Steuerung einer Fahrgasttür

8.5 Analogwertverarbeitung

Speicherprogrammierbare Steuerungen verarbeiten nur digitale Informationen. Sind jedoch Analogeingabebaugruppen und Analogausgabeeinheiten, z. B. als modulare Baugruppen vorhanden, so kann die Steuerung auch analoge Prozesssignale aufnehmen und ausgeben.

In einer Analogeingabebaugruppe (AI) setzt ein *Analog-Digital-Umsetzer ADU* bzw. *Analog-Digital-Converter ADC* ein analoges Prozesssignal in einen Digitalwert um.

In der Analogausgabeeinheit (AO) erzeugt ein *Digital-Analog-Umsetzer DAU* bzw. *Digital-Analog-Converter DAC* aus dem digitalen Ausgabesignal der CPU einen Analogwert **(Bild 2)**.

Sollen physikalische Größen, z. B. Druck, Drehzahl, Temperatur aus einem Prozess erfasst werden, so müssen sie mithilfe eines Sensors erfasst und in ein elektrisches Signal, meist in eine Spannung oder in einen Strom, umgesetzt werden. Häufig verwendete Signalparameter sind z. B. 0...10 V und ±10 V oder 0...20 mA und 4...20 mA.

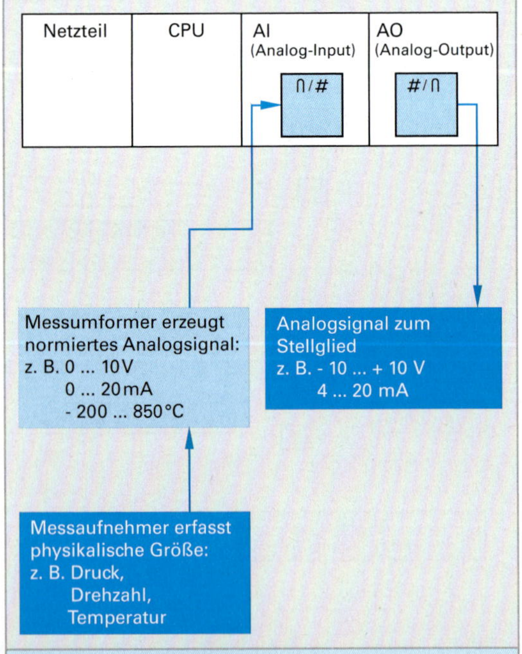

Bild 2: Analogwertverarbeitung

Analogbaugruppen können sich in der Auflösung und im Messbereich unterscheiden. Unter der Auflösung eines Analogwertes versteht man die Anzahl der Bits, mit denen das Prozesssignal in einen proportionalen Digitalwert gewandelt wird.

Bei einer 8-Bit-Auflösung eines von 0...10 V-Signales ergibt sich

$$\frac{10\ \text{V}}{2^8} = \frac{10\ \text{V}}{256} = 0{,}03906\ \text{V} = 39{,}06\ \text{mV}$$

als kleinste Stufe zwischen zwei Digitalwerten. Ein Spannungssignal von 3,4 V entspricht dann einem Digitalwert von

$$\frac{3{,}4\ \text{V}}{10\ \text{V}}\,256 = 87.$$

In der Automatisierungstechnik werden meist Auflösungen zwischen 8 und 16 Bit angewendet. Bei 16 Bit wird ein Bit für das Vorzeichen verwendet und mit 15 Bit wird das Prozesssignal aufgelöst.

Bei Analogeingabebaugruppen kann meist zwischen den Messarten *Spannung*, *Strom*, *Widerstand* und *Temperatur* gewählt werden. Innerhalb der unterschiedlichen Messarten können verschiedene Messbereiche eingestellt werden. Ausgabebaugruppen liefern Spannungs- oder Stromsignale, für die unterschiedliche Ausgabebereiche gewählt werden können **(Tabelle 1)**.

Beispiel: Linearachse

Die Position einer Linearachse wird mithilfe eines Linearpotenziometers erfasst. Es hat einen Messbereich von 0 mm bis 225 mm und liefert ein proportionales Messsignal von 0 V bis 10 V. Befindet sich die Linearachse bei 100 mm, so liefert das Linearpotenziometer eine Spannung von 4,44 V und der ADC erzeugt daraus bei einer 16-Bit-Auflösung den Digitalwert +12288. Für die weitere Verarbeitung des Analogsignals ist es oft notwendig, den Eingangs-Nennbereich zu skalieren. Dafür werden in den Bibliotheken der Programmiersoftware meist Funktionen zum Skalieren zur Verfügung gestellt **(Bild 1)**.

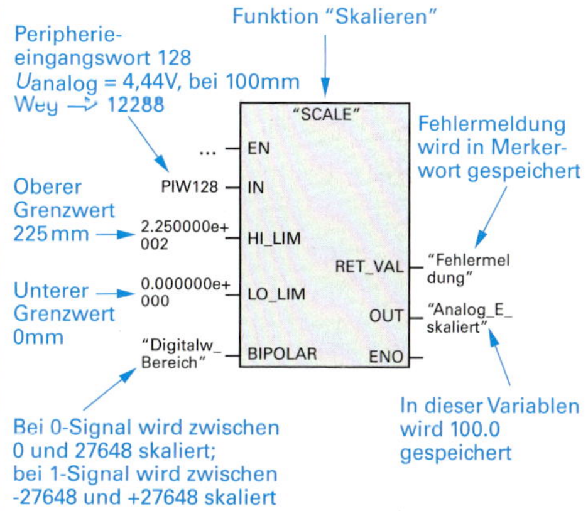

Bild 1: Analogwerte einlesen und skalieren

Tabelle 1: Beispiele für Messbereiche und für Ausgabebereiche

	Messbereiche für Spannung und Strom				**Ausgabebereiche für Spannung und Strom**		
	±10 V	**Digital-wert**	**0...20 mA**	**Digital-wert**	**±10 V**	**±20 mA**	**Digital-wert**
Überlauf	>11,7589	+32767	>23,515	32767	0	0	>32511
Übersteuerungs-Bereich	11,7589 ... 10,0004	+32511 ... +27649	23,515 ... 20,0007	32511 ... 27649	11,7589 ... 10,0004	23,515 ... 20,007	32511 ... 27649
Bemessungs-Bereich	10,00 ... –10,00	+27648 ... –27648	20,00 ... 0,00	27648 ... 0	10,00 ... –10,00	20,000 ... –20,000	27648 ... –27648
Untersteuerungs-Bereich	–10,0004 ... –11,759	–27649 ... –32512	0,0007 ... -3,5185	–1 ... –4864	–10,0004 ... –11,7589	–20,007 ... –23,515	–27649 ... –32512
Unterlauf	<–11,759	–32768	<–3,5185	–32768	0	0	<–32512

Beispiel: Pneumatische Prägepresse

Bei der Presse wird der Prägedruck mit einem Proportional-Druckregelventil eingestellt. Dieses wird mit 0 V...10 V angesteuert und erzeugt einen Druck von 0 bar...6 bar.

Es wird eine S7 1200 Steuerung verwendet. Das Programm wird mit TIA 16 erstellt. Es werden nur bibliotheksfähige Bausteine verwendet. Diese werden in der Sprache *Strukturierter Text* erstellt.

Bild 1 zeigt den Pneumatikplan und die Variablentabelle. Die Funktion zum Einlesen des Kolbendruckes liefert den Druck in bar **(Bild 2)**. Das Eingangssignal 0 V...10 V kommt als Integer 0...27648 an und wird in der Funktion umgerechnet und als Gleitkommazahl (Real) zurückgeliefert.

Die Schrittkette **(Bild 3)**, ein Funktionsbaustein, wird als einfache Kette ohne Betriebsarten ausgeführt. Sie liefert den aktuellen Schritt zurück.

Bild 4 zeigt den Aufbau des Ausgabebausteins. Hier wird die Ausgabe für den jeweiligen Schritt erstellt.

Das Hauptprogramm **(Bild 5)** ruft die Bausteine zur Abarbeitung zyklisch auf.

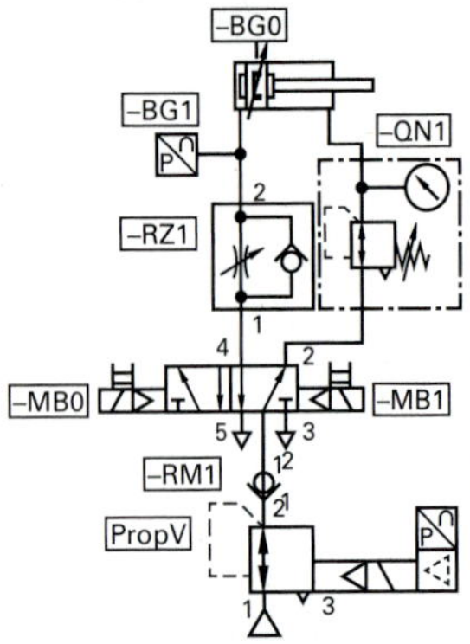

Name	Datentyp	Adresse
x_Start	Bool	%I0.7
x_Kolben_eingef	Bool	%I0.0
x_MB0	Bool	%Q0.0
x_MB1	Bool	%Q0.1
i_Druck_Eingang	Word	%IW96
i_Prop_Ausgang	Word	%QW96
r_Ist_Druck	Real	%MD10
r_Soll_Druck	Real	%MD14
i_Schritt_Nr	Int	%MW0
x_Stopp_Oeffner	Bool	%I0.6

Bild 1: Pneumatikplan und Variablentabelle

Druck_einlesen

	Name	Datentyp	Defaultwert	Kommentar
1	▾ Input			
2	Sensor	Int		
3	Faktor	Real		
4	Offset	Real		
5	▾ Output			
6	Druck_phys	Real		

IF... CASE... OF... FOR... TO DO... WHILE... DO... (*...*) REGION

```
//Umrechnen INT 0..27648 in Real 0...10.0, dann phys. Wert berechnen
#Druck_phys := INT_TO_REAL(#Sensor) / 2764.8 * #Faktor + #Offset;
IF #Druck_phys < 0 THEN #Druck_phys := 0;END_IF;
```

Bild 2: Funktion (FC) Druck einlesen

Ablaufkette

	Name	Datentyp	Defaultwert	Remanenz	Erreichbar
1	▾ Input				
2	Weiter_0_1	Bool	false	Nicht rema...	☑
3	Weiter_1_2	Bool	false	Nicht rema...	☑
4	Weiter_2_3	Bool	false	Nicht rema...	☑
5	Weiter_3_0	Bool	false	Nicht rema...	☑
6	Reset	Bool	false	Nicht rema...	☑
7	▾ Output				
8	Schritt_Nr	Int	0	Nicht re...	☑

IF... CASE... OF... FOR... TO DO... WHILE... DO... (*...*) REGION

```
IF #Reset THEN                                   #Schritt_Nr := 0; END_IF;
IF (#Schritt_Nr=0) AND #Weiter_0_1 THEN          #Schritt_Nr := 1; END_IF;
IF (#Schritt_Nr=1) AND #Weiter_1_2 THEN          #Schritt_Nr := 2; END_IF;
IF (#Schritt_Nr=2) AND #Weiter_2_3 THEN          #Schritt_Nr := 3; END_IF;
IF (#Schritt_Nr=3) AND #Weiter_3_0 THEN          #Schritt_Nr := 0; END_IF;
```

Bild 3: Schrittkettenbaustein

Ausgabe

	Name	Datentyp	Defaultwert	Remanenz
1	▾ Input			
2	i_Schritt	Int	0	Nicht re...
3	r_Solldruck	Real	0.0	Nicht rema...
4	▾ Output			
5	x_Ventil_Praegen	Bool	false	Nicht rema...
6	x_Ventil_loesen	Bool	false	Nicht rema...

IF... CASE... OF... FOR... TO DO... WHILE... DO... (*...*) REGION

```
IF #i_Schritt=1 THEN
    #x_Ventil_Praegen := 1; END_IF;
IF #i_Schritt = 3 THEN
    #x_Ventil_loesen := 1;
    #x_Ventil_Praegen := 0;  END_IF;
IF #i_Schritt > 0 THEN
    #i_Prop_Spannung := REAL_TO_INT(#r_Solldruck * 1.7*2764.8);
END_IF;
IF #i_Schritt = 0 THEN
    #i_Prop_Spannung := 0;
    #x_Ventil_loesen := 0;
    #x_Ventil_Praegen := 0; END_IF;
```

Bild 4: Ausgabefunktionsbaustein

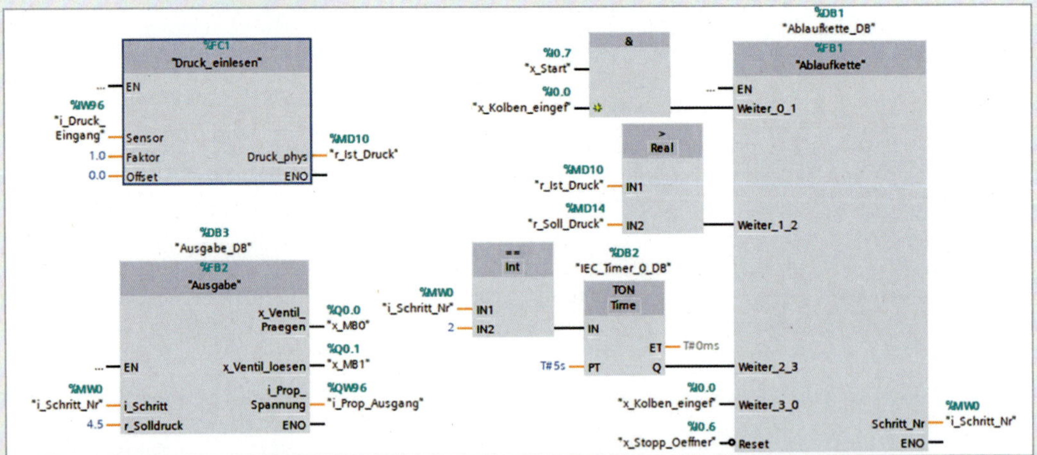

Bild 5: Hauptprogramm, Aufruf der bibliotheksfähigen Funktionen

8.6 Programmieren mit strukturiertem Text (ST)

8.6.1 Digitale Reglung

Ein Automatisierungssystem, das über Analogeingabe- und Analogausgabebaugruppen verfügt, kann für Regelungsaufgaben[1] eingesetzt werden **(Bild 1)**. Die Reglerfunktion wird, im Unterschied zu einem Analogregler, durch einen mathematischen Algorithmus dargestellt, der zyklisch aufgerufen wird und aus dem aktuellen Wert der Regeldifferenz *e* den neuen Wert der Reglerausgangsgröße bzw. der Stellgröße *y* bildet. Ein digitaler Regler kann nicht kontinuierlich arbeiten. Ein wesentliches Merkmal ist daher die Abtastzeit, mit der auf die Veränderung der Regelgröße reagiert werden kann. Bei einer SPS ist im Prinzip die kleinstmögliche Abtastzeit die Zykluszeit. Meistens kann die Abtastzeit so gewählt werden, dass eine Stufung der Regelgröße nicht mehr erkennbar ist.

Für schaltende und kontinuierliche Regler bietet die *Standard-Bibliothek* der Programmiersoftware für Automatisierungsgeräte oft umfangreiche Regler-Funktionsbausteine an. Mit dem Entwurf selbstgeschriebener Regler-Bausteine soll jedoch das Verständnis für die Anwendung von Regelungsprogrammen gefördert werden. Diese Programme enthalten meist Berechnungen sowie Sprung-, Auswahl- und Wiederholungsanweisungen. Für die Umsetzung in ein Programm sind die Textsprachen **Anweisungsliste AWL** und **Strukturierter Text ST** (SCL Structured Control Language) besser geeignet als die grafischen Sprachen FUP, KOP und AS.

Jede Anweisung in AWL entspricht genau einer Steueranweisung der SPS in Maschinensprache. Programme in AWL sind daher sehr schnell, aber weniger übersichtlich. ST ist eine Programmiersprache, die an den Merkmalen von Hochsprachen wie PASCAL und C angelehnt ist. Vorteile von ST sind relativ kurze Programme und ein übersichtlicher Programmaufbau. Auch die Verwaltung großer Datenmengen und die Bearbeitung komplexer mathematischer Aufgaben ist mit ST gut zu lösen. Ein ST-Programm wird in einer Textdatei als Quellprogramm ohne Syntaxprüfung editiert. Dieses muss anschließend kompiliert, d.h. in Maschinensprache übersetzt werden. Damit wird ein ablauffähiges Programm erzeugt und es werden gleichzeitig Fehler und Warnungen angezeigt. Einige Anweisungen von ST sind in **Tabelle 1** dargestellt. **Tabelle 2** zeigt einige Operationen von ST.

[1] Die Grundlagen der Regelungstechnik finden Sie ab Seite 179

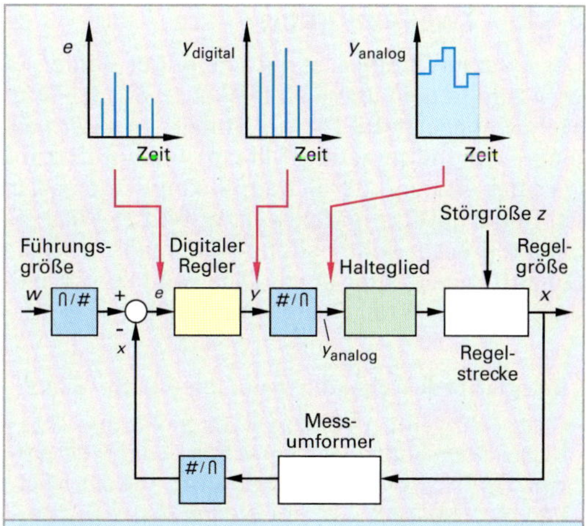

Bild 1: Digitaler Regelkreis

Tabelle 1: Sprachelemente von ST (Auswahl)

Syntax	Beispiel	Beschreibung
IF *Bedingung* THEN *Anweisung 1* ELSE *Anweisung 2* END_IF	**IF** a = 100 **THEN** b:=false; c:=20 **ELSE** c:=50; y:=x **END_IF;**	Hat die Bedingung den Wert TRUE, werden die Anweisungen nach THEN ausgeführt. Bei FALSE werden die Anweisungen nach ELSE ausgeführt.
CASE *Auswahlausdruck* OF WERT1: *Anweisung 1* WERT2: *Anweisung 2* WERT3: *Anweisung 3* ELSE: *Anweisung 4* END_CASE;	**CASE** TW **OF** 1: DISPLAY: = Temp; 2: DISPLAY: = Drehzahl; 11,13: DISPLAY: =99; **ELSE:** DISPLAY: = 0; **END_CASE**	Bei TW=1 wird die Anweisung nach 1: ausgeführt. Bei TW=2 wird die Anweisung nach 2: ausgeführt. Bei TW=11 oder 13 wird die Anweisung nach 11, 13: ausgeführt. Bei anderen Werten von TW wird die Anweisung nach ELSE ausgeführt.
FOR *Laufvariable* = *Startwert* TO *Endwert* BY *Schrittweite* DO *Anweisung* END_FOR	**FOR** I: =1 **TO** 10 **BY** 2 **DO** MW(I+3): =IW(I); **END_FOR;**	Die Eingangsworte 1 bis 10 werden in den Merkerworten 4 bis 13 zugewiesen.

Tabelle 2: Operationen von ST (Auswahl)

Operator	Operation	Beispiel
:=	Zuweisung	x: =6;
(...)	Klammerung	3 * 4 / 2 – (7+3) / (-5) Wert: 8
**	Potenzierung	2**3 Wert: 8
NOT	Komplement	Not True Wert: = False
&, AND	Boolesches UND	False & True Wert: = FALSE
<, >, >=, <=	Vergleich	10 < 8 Wert: = False
MOD	Modulo	12 MOD 10 Wert: 2 Rest bei Integer-division

8.6.2 Zweipunktregler

Der Zweipunktregler ist ein unstetiger Regler. Er wird zum Regeln von PT-Strecken, z. B. PT-1-Strecken, eingesetzt **(Bild 1)**. Als Stellgröße *y* wird ein binäres Signal erzeugt. Mit der Schaltdifferenz wird der Abstand der Schaltpunkte festgelegt. In der Regel mittig zum Sollwert *w* **(Bild 2)**. Wird die Schaltdifferenz sehr klein gewählt, dann wird die Schaltfrequenz sehr hoch. Dies kann zu vorzeitigem Verschleiß der Stellglieder führen.

Beispiel: Druckregelung in der Pneumatik (Bild 2)

Das Schaltventil –QM1 dient als Stellgröße. Das Rückschlagventil –RM1 verhindert bei –MB0 = 0 das Zurückströmen der Druckluft. Die Drossel und der Druckluftspeicher stellen die PT-1-Strecke dar. Die Drossel –RN1 ist die Störgröße.

Im Programm wird der Zweipunktregler als bibliotheksfähiger Funktionsbaustein in der Sprache SCL erstellt. Mit der Variable „Freigabe" wird die Regelung ein- bzw. ausgeschaltet. Im Hauptprogramm wird der Drucksensor eingelesen und auf den physikalischen Druckwert umgerechnet. Beim Aufruf des Reglers werden die Hardwareadressen übergeben. Der „Sollwert", MD18, kann entweder direkt im TIA-Portal eingegeben werden oder über Bediensysteme.

Zweipunktregler eignen sich nur zur Regelung von PT-Strecken. Einsatzgebiete sind Heizungen, Kühlanlagen, Regelung von Füllständen in der Prozesstechnik.

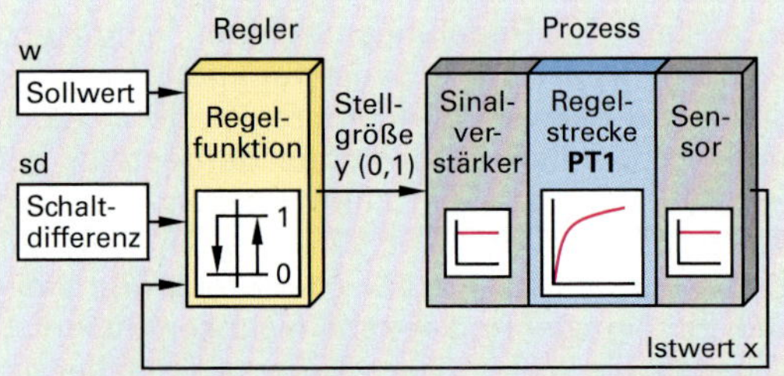

Bild 1: Prinzip eines Regelkreises mit Zweipunktregler

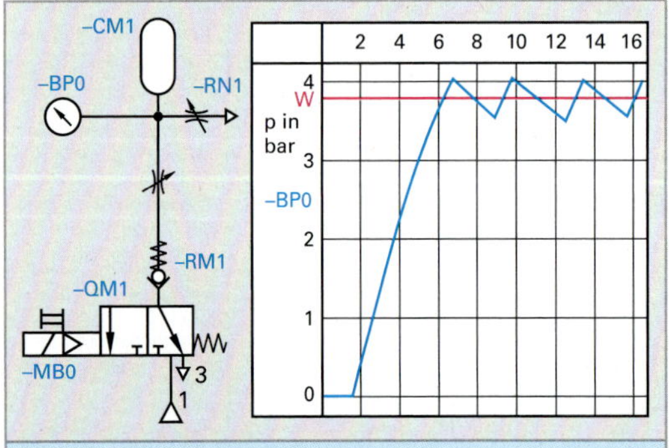

Bild 2: Pneumatischer Schaltplan

ZWPK_Regler

		Name	Datentyp
1		▼ Input	
2		Freigabe	Bool
3		x	Real
4		w	Real
5		Schaltdiff	Real
7		▼ Output	
8		Stellgr	Bool

```
IF #Freigabe THEN
    IF #x < #w - #Schaltdiff / 2 THEN
        #Stellgr := 1;
    END_IF;
    IF #x > #w + #Schaltdiff / 2 THEN
        #Stellgr := 0;
    END_IF;
ELSE
    #Stellgr := 0;
END_IF;
```

Bild 3: Zweipunktregler in SCL

Umrechnung des Druckes

PLC-Variablen

	Name	Datentyp	Adresse
1	Freigabe	Bool	%I0.0
2	_MB1	Bool	%Q0.1
3	Analogeingang	Word	%IW64
4	Puffer1	Real	%MD10
5	Istdruck	Real	%MD14
6	Solldruck	Real	%MD18

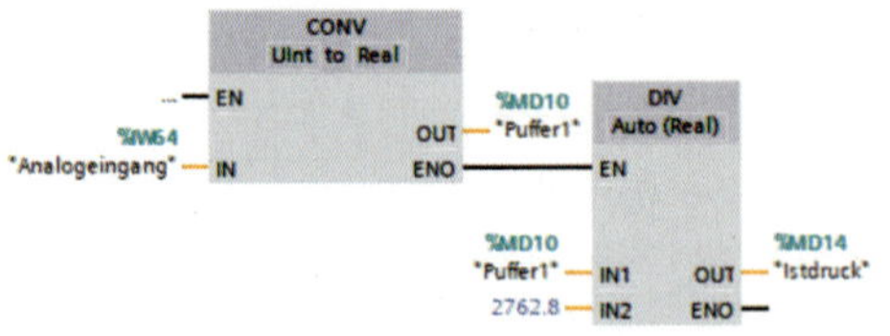

Aufruf Zweipunktregler

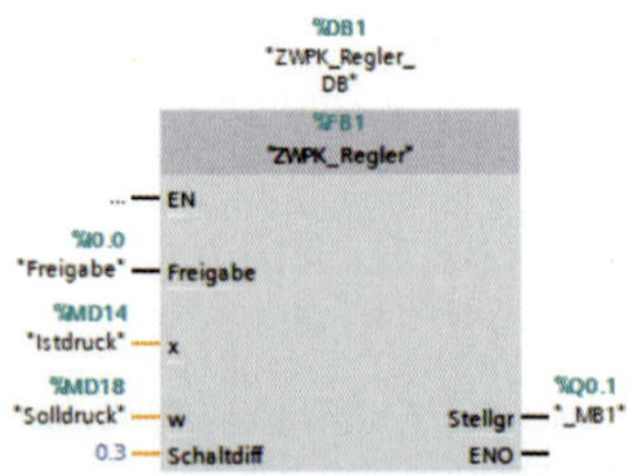

Bild 4: Hauptprogramm OP1

8.6.3 PID-Reglerbaustein

Für kontinuierliche Regelungen werden meist PID-Regler **(Bild 1)** eingesetzt. Da die PID-Regelfunktion über Speichereigenschaften verfügt, muss ein Funktionsbaustein verwendet werden **(Bild 2)**. Damit können verschiedene Reglerfunktionen wie P-, PI-, PD- oder PID ausgeführt werden. Nach der Initialisierung ist der Regler unmittelbar einsatzbereit, da die Parameter K_p, T_d und T_i jeweils mit dem Wert 1.0 vorbelegt sind.

Die Abtastzeit $\boldsymbol{T_a}$ bestimmt die Stichprobenhäufigkeit und ist somit ein wichtiger Parameter eines digitalen Reglers. Sie stellt die Zeitspanne dar, die zwischen zwei Bearbeitungen des Regelungsprogramms liegt. Die Abtastzeit sollte möglichst klein sein und wurde daher mit 0.1s vorbelegt. Mithilfe der Parametereingänge `P_SEL`, `I_SEL` und `D_SEL` lässt sich der P-, I- bzw. D-Anteil einzeln zu- und abschalten. Die Stellgröße variiert im Gleitpunktzahlenbereich 0.0... ±100.0.

Der digitale Regler erfordert eine Bereitstellung der zu verarbeitenden Informationen in digitaler Form, d.h. als Zahlen- oder Zeichenfolge. Die digitale Regelung hat das gleiche Funktionsprinzip wie die analoge Regelung, daher haben die Zusammenhänge in der Regelungstechnik für beide Reglerarten die gleiche Gültigkeit. Digitale Regler können einzeln als PID-Festwertregler oder auch in mehrschleifigen Regelungen eingesetzt werden.

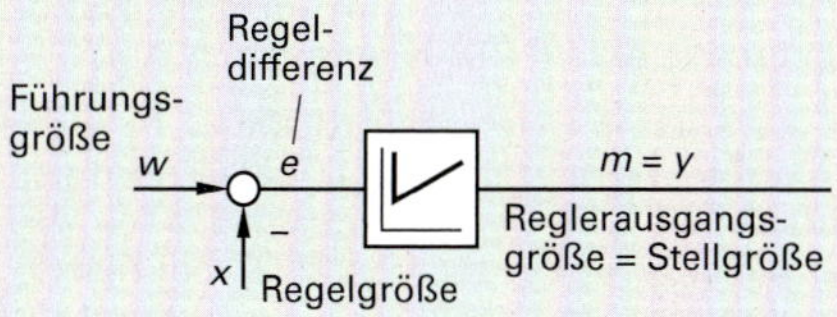

$$y = K_P\left(e + \frac{1}{T_d}\int e\,dt + T_i \cdot \frac{de}{dt}\right)$$

Bild 1: PID-Regler

```
Function_Block FB10
Var_Input
    Freigabe   : Bool;
    Istwert    : Real;
    Sollwert   : Real;
    Kp         : REAL:=1.0;  //Proportionalbeiwert
    Ti         : REAL:=1.0;  //Nachstellzeit
    Td         : REAL:=1.0;  //Vorhaltezeit
    Ta         : REAL:=0.1;  //Abtastzeit
    P_SEL      : BOOL;       //P-Anteil ab-/zuschalten
    I_SEL      : BOOL;       //I-Anteil ab-/zuschalten
    D_SEL      : BOOL;       //D-Anteil ab-/zuschalten
End_Var

VAR
    E_Kp_t0    : REAL;       //Regeldifferenz des vorhe
                             gehenden Abtastzeitpunktes t0
                             multipliziert mit Kp
    E_Summe    : REAL;       //Summe aller Regeldifferenzen,
                             die Kp multipliziert sind
END_VAR

VAR_TEMP
    E_Kp_t1    : REAL;       //Regeldifferenz multipliziert
                             mit Kp
    Stellgr_I  : REAL;       //I-Anteil der Stellgröße
    Stellgr_D  : REAL;       //D-Anteil der Stellgröße
END_VAR

VAR_OUTPUT
    Stellgr    : REAL;       //Stellgröße
END_VAR

IF Freigabe = false THEN
    Stellgr    : = 0.0;
    E_Kp_t0    : = 0.0;
    E_Summe    : = 0.0;
    RETURN;
END_IF;

Stellgr    : = 0.0;
E_Kp_t1    : = Kp*(Sollwert – Istwert)        //Berechnung des
                                              P-Anteils
E_Summe    : = E_Summe + E_Kp_t1;
Stellgr_I  : = E_Summe*Ta/Ti;                 //Berechnung des
                                              I-Anteils
Stellgr_D  : =Td*(E_Kp_t1 – E_Kp_t0)/Ta;      //Berechnung des
                                              D-Anteils
E_Kp_t0    : = E_Kp_t1;

IF P_SEL = true THEN
    Stellgr   : = E_Kp_t1;                    //Addition des P-
                                              Anteils zur Stellgröße
END_IF;

IF I_SEL = true THEN
    Stellgr   : = Stellgr_I;                  //Addition des I-
                                              Anteils zur Stellgröße
END_IF;

IF D_SEL = true THEN
    Stellgr   : = Stellgr_D;                  //Addition des D-
                                              Anteils zur Stellgröße

END_IF;

IF Stellgr < 0.0 THEN
    Stellgr   : = 0.0;
      ELSIF Stellgr > 100.0 THEN Stellgr : = 100.0;
END_IF;

END_FUNCTION_BLOCK
```

Bild 2: Funktionsbaustein für PID-Regler in ST

Beispiel: Drehzahlregelung

Die Drehzahl eines Motors **(Bild 1)** soll kontinuierlich geregelt werden. Dazu wird ein Funktionsbaustein FB41 für kontinuierliches Regeln aus der Standard-Bibliothek der Programmiersoftware für Automatisierungsgeräte verwendet. Der FB41 stellt sämtliche Funktionen zur Verfügung, die für eine kontinuierliche Regelung erforderlich sein können. Über die Parametrierung ist es möglich, Teilfunktionen des PID-Reglers zu- oder abzuschalten und damit diesen an die Regelstrecke anzupassen. Zur Initialisierung bei Anlauf der SPS wird der FB41 im Organisationsbaustein für den Anlauf OB100 aufgerufen.

Der Parameter COM_RST (COMPLETE RESTART) wird auf *true* gesetzt, um eine Initialisierungsroutine zu starten **(Bild 2)**. Die CPU führt z. B. nach NETZ EIN oder nach dem Schalten von STOP auf RUN-P einen Anlauf durch. Die Berechnung der Werte in dem Regelungsbaustein erfolgt nur dann korrekt, wenn er in regelmäßigen Abständen aufgerufen wird. Diese Aufgabe übernimmt der Weckalarm-Organisationsbaustein OB35 (cyclic interrupt). Der Parameter COM_RST muss bei diesem Aufruf auf *false* gesetzt werden, damit die Initialisierungsroutine nicht erneut gestartet wird. Die Abtastzeit von 100 ms wird am Parameter CYCLE vorgegeben **(Bild 3)**.

Dem Funktionsbaustein PID-Regler müssen zur Drehzahlregelung weitere Parameter übergeben werden:

Der Eingang MAN_ON wird mit einem Nullmerker belegt und damit die manuelle Übergabe des Istwertes unterbrochen. Mit dem gleichen Nullmerker wird durch Negation bei PVPER_ON die Übernahme des Istwertes am Eingang PV_PER eingeschaltet.

Der Sollwert wird bei SP_INT als Variable im Gleitpunktformat (REAL), skaliert im Bereich –100.0...100.0, übergeben.

Mit einer weiteren Variablen im gleichen Format wird die Reglerverstärkung am Eingang GAIN vorgegeben. Der Stellgrößenausgang ist LMN_PER. An den weiteren Eingängen können z. B. Werte für verschiedene Offsetgrößen, Anpassungsfaktoren oder eine Totzonenbreite vorgegeben werden. Als weitere Ausgangsparameter sind z. B. die Regeldifferenz, der P-, I-, D-Anteil und die Stellgröße im Gleitpunktformat verwendbar.

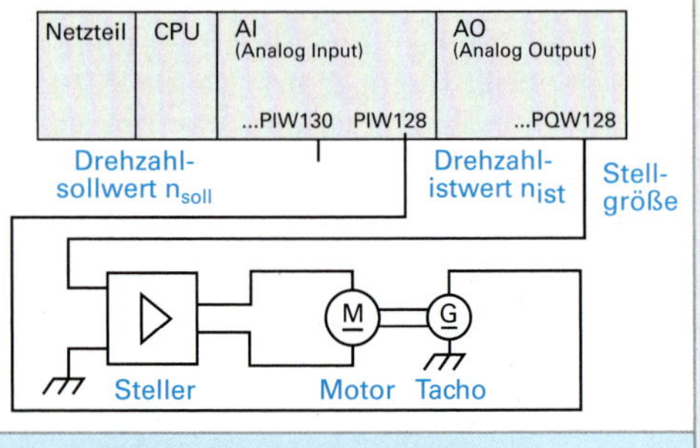

Bild 1: Regelung einer Linearachse

OB 100 in AWL

```
CALL  FB 41
      Com_Rst:=TRUE
      cycle:=    T#100MS
      BE
```

Bild 2: Aufruf des Anlauf-Organisationsbausteins

OB 35 in AWL

```
CALL  FB 41
      Com_Rst:=FALSE
      cycle:=    T#100MS
      BE
```

Bild 3: Aufruf des Weckalarm-Organisationsbausteins

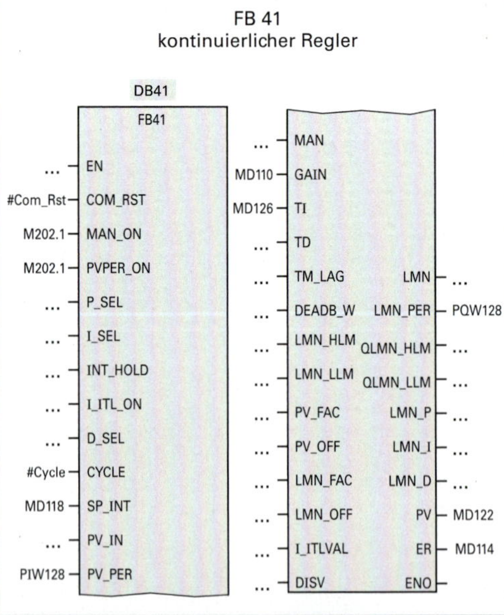

Bild 4: Parametrieren des Reglerbausteins

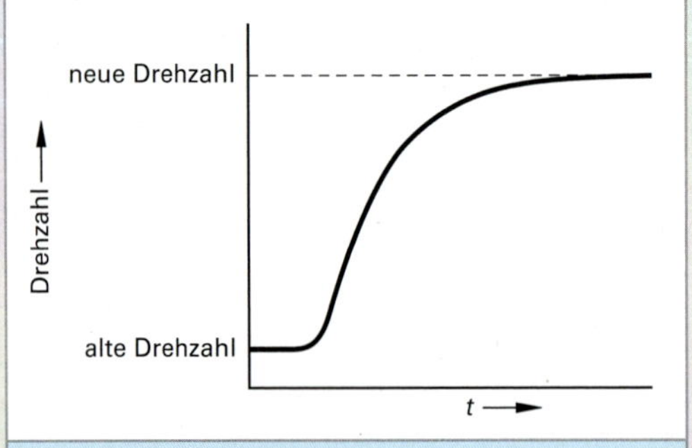

Bild 5: Drehzahländerung

8.7 Bedienen und Beobachten von Produktionsprozessen

Prozesse werden immer vielschichtiger und die Ansprüche an die Funktionalitat von Maschinen und Anlagen steigen, daher benötigt der Bediener ein Höchstmaß an Transparenz. Diese Transparenz bietet ein Human Machine Interface (HMI). Ein HMI-System stellt die Schnittstelle zwischen dem Menschen, d.h. dem Bediener, und dem Prozess, d.h. der Maschine oder Anlage, dar. Die eigentliche Kontrolle über den Prozess hat die Steuerung. Ein HMI-System übernimmt folgende Aufgaben:

- **Prozess darstellen:** Der Prozess wird am Bediengerät abgebildet **(Bild 1)**.
- **Prozess bedienen:** Der Bediener kann den Prozess über die grafische Bedienoberfläche bedienen.
- **Meldungen ausgeben:** Wenn im Prozess kritische Prozesszustände auftreten, wird automatisch eine Meldung ausgelöst.
- **Prozesswerte und Meldungen archivieren:** Auf diese Weise kann der Prozessverlauf dokumentiert werden und es kann auch auf ältere Produktionsdaten zugegriffen werden.
- **Prozesswerte und Meldungen dokumentieren:** Meldungen und Prozesswerte können vom HMI-System als Protokoll ausgegeben werden.
- **Prozessparameter und Maschinenparameter verwalten:** Parameter für Prozesse und Maschinen können vom HMI-System in Rezepturen gespeichert werden.

Zur Realisierung eines HMI-Systems muss eine Projektierungssoftware installiert werden. Beim Anlegen eines HMI-Projektes wird zuerst ein geeignetes Bediengerät ausgewählt, um die nutzbare Fläche optimal zu gestalten. Im Projekt werden die **Verbindungseinstellungen** zwischen dem Bediengerät und der Steuerung festgelegt und alle zum Überwachen und Bedienen der Anlage erforderlichen Objekte erstellt. Dazu gehören **Bilder**, um die Anlage abzubilden **(Bild 2)** und zu bedienen, **Variablen**, um Daten zwischen Bediengerät und Anlage zu übertragen **(Bild 3)** und **Meldungen**, um Betriebszustände der Anlage am Bediengerät anzuzeigen **(Bild 4)**.

Für Anlagen der Verfahrenstechnik können in **Rezepturen** zusammengehörige Produktionsdaten wie z.B. Mischungsverhältnisse zusammengefasst werden.

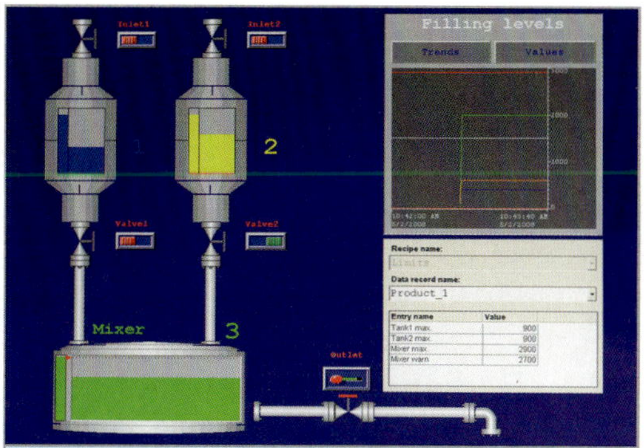

Bild 1: Beispiel für ein Visualisierungsgerät

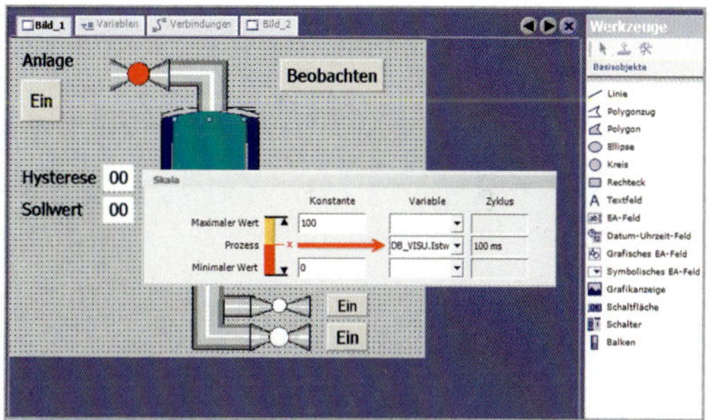

Bild 2: Projektieren von Anlagebildern

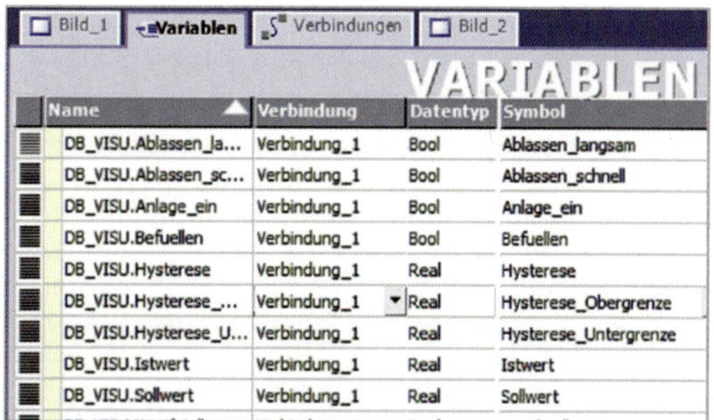

Bild 3: Konfigurieren von Variablen

Bild 4: Konfigurieren von Meldungen

Beispiel Tankfüllstand:
In einer Tankanlage soll der Füllstand eines Tanks mit einem Zweipunktregler geregelt werden. **Bild 1** zeigt den Tank mit den Bedienmöglichkeiten Anlage EIN/AUS, schnelles Ablassen EIN/AUS und langsames Ablassen EIN/AUS. Mit der Schaltfläche Beobachten ist der Wechsel zu **Bild 2** möglich.

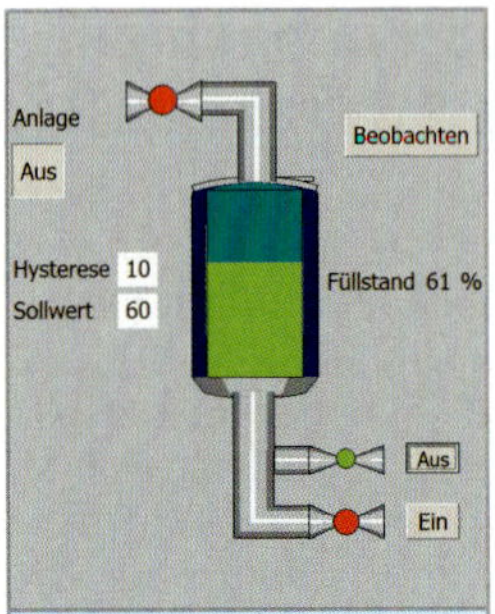

Bild 1: Tankfüllstand Bild 1 „Bedienen"

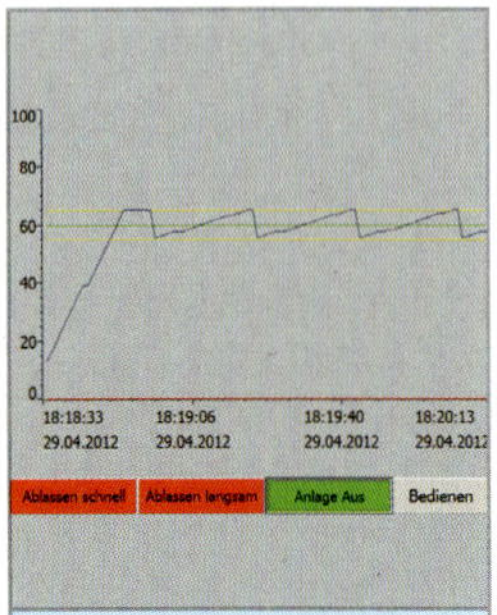

Bild 2: Tankfüllstand Bild 2 „Beobachten"

8.8 Bedienen und Beobachten mit mobilen Endgeräten

In dem Programm für S7-Steuerungen wird die PUT/GET–Kommunikation freigeschaltet. Dann kann mit OPC-Servern, z. B. OPC-DA (Deltalogic) auf die Daten der SPS zugegriffen werden. In **Bild 3** wird dies dargestellt. Die SPS wird über Ethernet mit einem WLAN-Router verbunden, ebenso der PC/Laptop mit dem WLAN. Alle IP-Adressen müssen im selben Netz sein, so z. B. 192.168.1.xxx. Im Beispiel unten:

SPS = 192.168.1.50, PC = 192-168.1.106 und WLAN-Router = 192.168.1.249. Der OPC-Server wird dann konfiguriert **(Bild 4)** und danach gestartet.

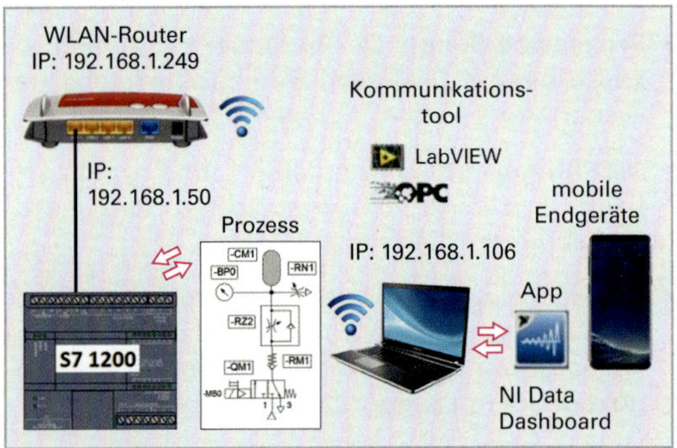

Bild 3: Übersicht Kommunikationswege

Folgende Einstellungen werden vorgenommen:
Gerät=0, AGNr.=2, Verbindung= S7-TCP/IP, IP-Adresse=192.168.1.50, Gerät=S7 1200/1500

Auf der SPS läuft das Beispiel eines Zweipunktreglers mit angeschlossenem Prozess. Das Kommunikationstool **(Bild 1, Seite 245)** greift über den OPC-Server auf die Adressen der SPS zu. Dazu müssen Datei-Settings des Kommunikationstools auf die Adressen der SPS eingestellt werden (Bild 4). Dies betrifft die binären E/A-Adressen (hier jeweils Byte = 0) und die Analogen (REAL) Adressen für Istdruck MD14, Solldruck MD18 und Schaltdifferenz MD22.

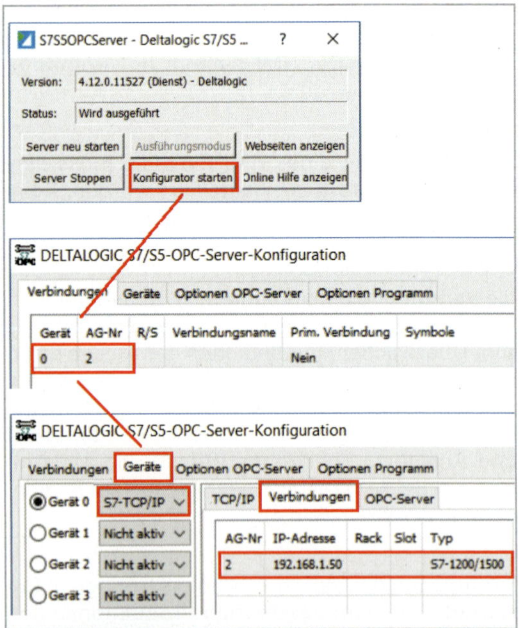

Bild 4: Einstellungen am OPC-Server

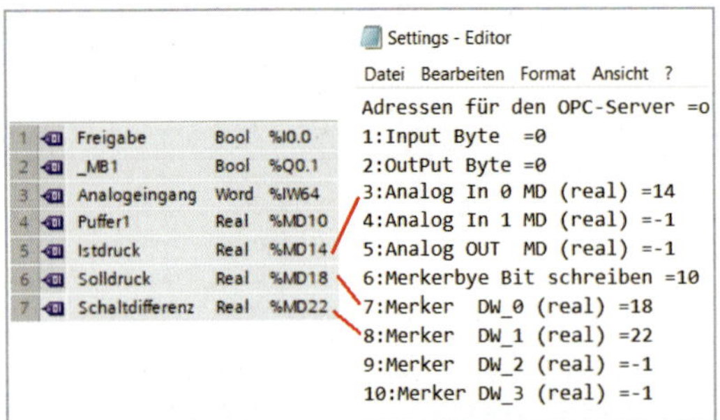

Bild 5: WLAN-Adresse des Laptops

Auf dem Laptop/PC müssen zu der Ausnahmeliste der Firewall folgende Dateien hinzugefügt werden:

...\Programme(86)\National\Instruments\Shared\Tagger\tagsrv.exe

und **C:\Windows\SysWOW64\lkads.exe.**

Alternativ kann zum Test auch die Firewall ausgeschaltet werden. Sobald auf dem Laptop/PC der OPC-Server läuft, wird das Kommunikationstool S7_OPC_WLAN.Exe geladen und mit dem Button gestartet **(Bild 1).**

Auf ein mobiles Endgerät (Smartphone, Tablet, beide haben das Betriebssystem Android, iPad hat das Betriebssystem iOS) wird nun die kostenlose App „NI Data Dashboard" geladen und konfiguriert. Es können Anzeigeinstrumente (Indicators), Bedienelemente (Controls), Texte und Bilder und Fotos direkt hinzugefügt werden **(Bild 2)**. Das Kommunikationstool stellt über das Objekt „S7_OPC_WLAN" Variablen zur Verfügung **(Bild 3)**. Die einzelnen Variablen werden mit der IP-Adresse des Laptops verbunden. Alle Adressen der SPS können gelesen und in der App dargestellt werden. Das Schreiben in die SPS erfolgt über Merker bzw. MW oder MD. Es werden keine Ausgänge direkt beschrieben.

Beispiel: Eingabe des Sollwerts

Der Sollwert steht in der SPS im MD 18 als REAL Zahl. Diese wird im Control „Numeric" **(Nr. 1 Bild 4)** eingetragen. Das Schreiben des Wertes in die SPS erfolgt mit dem Control „Switch", welcher mit der Variablen „MD_0_switch_to_write" verbunden ist.

In Nr. 2, Bild 4 wird mit dem Indikator „Gauge" der aktuelle Druck angezeigt. Dieser Indikator wird mit der Variablen „AIn_0_MD_read" verbunden. In den Settings **(Bild 5, Seite 244)** ist die Zuweisung auf MD14.

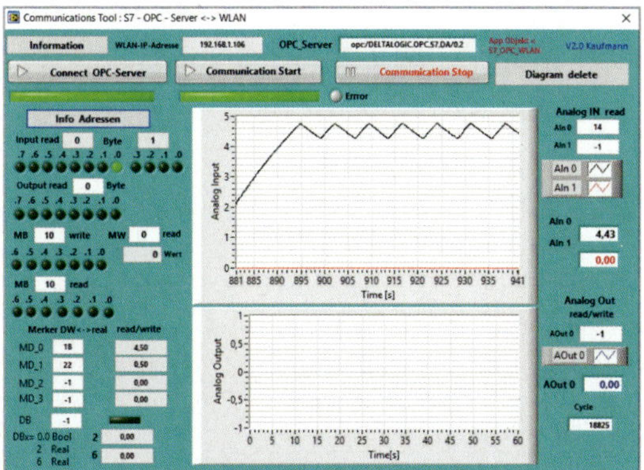

Bild 1: Kommunikationstool

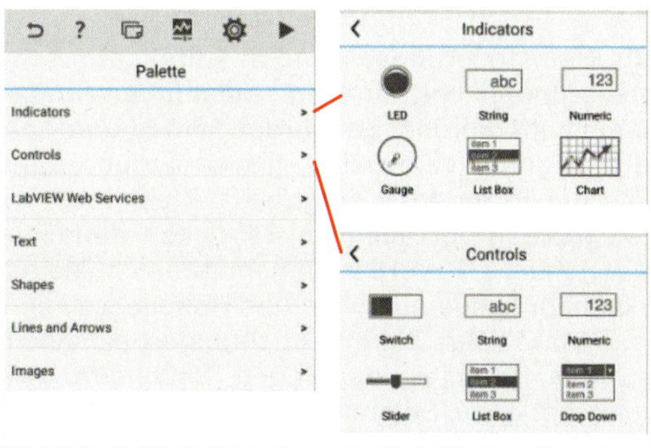

Bild 2: Auswahl an Objekten

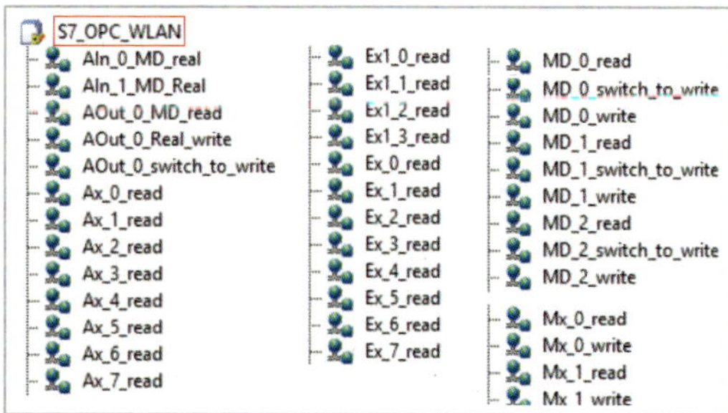

Bild 3: Auszug aus Umgebungsvariable

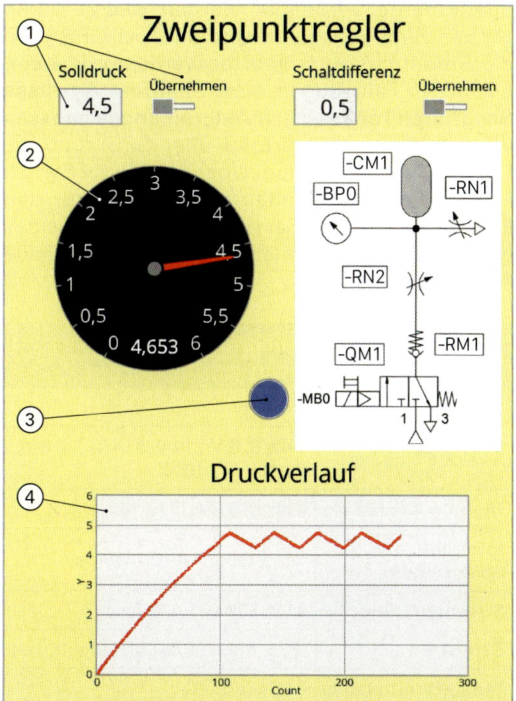

Bild 4: Aufbau einer App

8.9 Kleinsteuerung *LOGO!*

Mit Kleinsteuerungen können kombinatorische Steuerungen und einfache Ablaufsteuerungen hergestellt werden. Es werden binäre und analoge Signale verarbeitet. Diese Steuerungen sind i. d. R. modular aufgebaut. Kleinsteuerungen werden vor allem in Bereichen einfacher Maschinen, z.B. Verpackungsmaschinen, kleiner Handhabungsgeräte, Säge-und Hobelmaschinen, Textilmaschinen, Zuführeinrichtungen, Lichtsteuerungen, Heizungssteuerungen, Torsteuerungen, Pumpstationen, Solaranlagen u.a. eingesetzt.

Bild 1 zeigt die Kleinsteuerung *Siemens LOGO!* in der Grundversion. Die Eingangssignale können je nach Betriebsart digital (24 V DC) oder analog (0...10 V, 4...20 mA) sein **(Tabelle 1)**. Die Ausgänge werden als Transistor-Ausgänge oder als Relais-Ausgänge ausgeführt. Über das LCD-Anzeigefeld können Daten angezeigt werden und über das Tastenbedienfeld können Programme erstellt werden. Standardmäßig ist eine Ethernet-Schnittstelle (mit Auto Crossover) integriert. Über eine Mini-SD-Karte können Daten als *.CSV-Datei mitgeschrieben werden, sodass diese z.B. mit Excel ausgewertet werden können.

Die Steuerung *LOGO!* kann mit einem CMR-Modul (Abk. für Communication Module Radio) über Ethernet verbunden werden **(Bild 2)**. Damit können SMS versendet werden. Über GPS kann die Steuerung auch geortet werden, z.B. beim Einsatz in Fahrzeugen oder Schiffen. An diese Baugruppe können auch Aktoren angeschlossen werden. Außerdem erfolgt über GPS auch die Uhrzeit-Synchronisation. Über das Modul Switch können PCs angebunden werden, z.B. für den Einsatz eines Web-Servers zum Aufbau eines Netzes mit LOGO-Steuerungen für eine verteilte Anwendung **(Bild 3)**.

Tabelle 1: Typische Kenngrößen der Kleinsteuerung	
Digitale Eingänge	8 bis 16
Analoge Eingänge	4 bis 8, 0 V...10 V, 4 mA...20 mA, PT 100 /PT 1000
Digitale Ausgänge	4 bis 8, 0,3 A, 5 A, 10 A
Ethernet-Schnittstelle	Vernetzbar, 10/100 Mbit/s
Spannung, Strom	24 V, 230 V, 1 A, 8 A
Schutzart	IP20, max. 95 % Luftfeuchtigkeit
Temperaturbereich	0 °C bis 55 °C
Funkentstörung	EN 55011, Klasse B

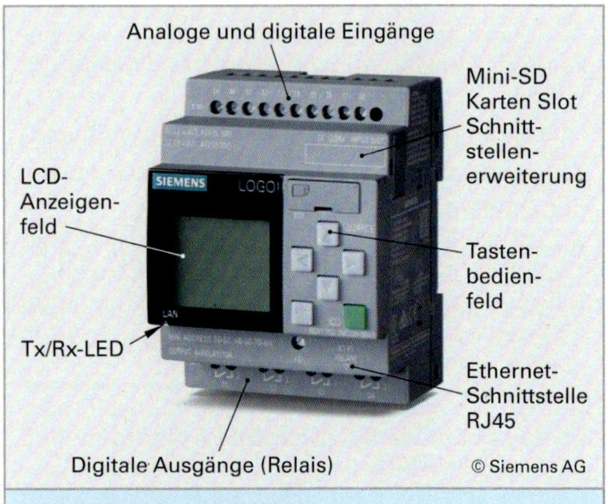

Bild 1: Grundgerät *LOGO!*

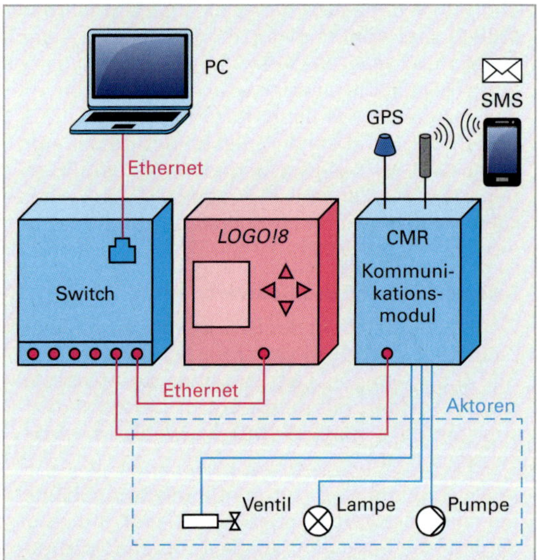

Bild 2: Geräteanordnung

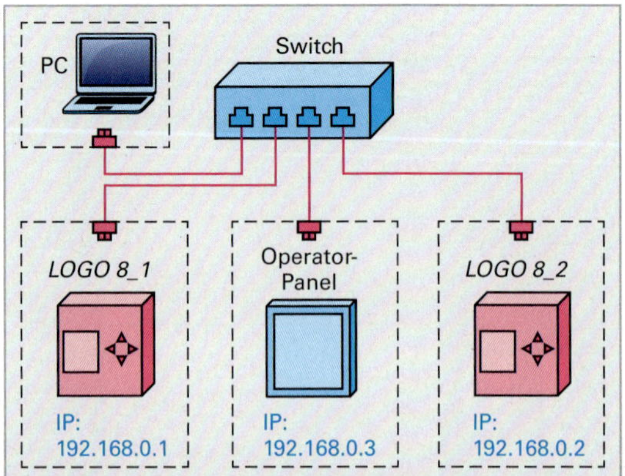

Bild 3: Vernetzung der *LOGO!*-Steuerungen

Programmieren

Zum Programmieren wird *LOGO! Soft Comfort* (Siemens) verwendet. Die Verbindung zur Steuerung *LOGO!* wird über Ethernet hergestellt. Dies kann über einen Switch oder direkt vom PC zur Steuerung über ein Ethernet-Kabel erfolgen **(Bild 1)**. Die Steuerüng *LOGO!* wird über eine IP-Adresse angesprochen. Standardmäßig gilt die Adresse: 192.168.0.1. Mit einem Test der Software kann die Adresse festgestellt werden **(Bild 2)**.

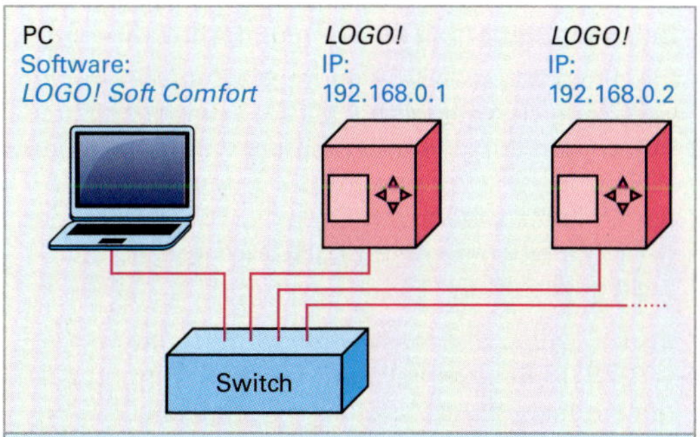

Bild 1: Programmieranordnung *LOGO!*

Die Programme werden z. B. über das Tastenfeld an der Steuerung eingegeben. Wesentlich einfacher ist es jedoch, wenn man die Software *LOGO! Soft Comfort* verwendet. **Bild 3** zeigt den Aufbau des Hauptbildschirms.

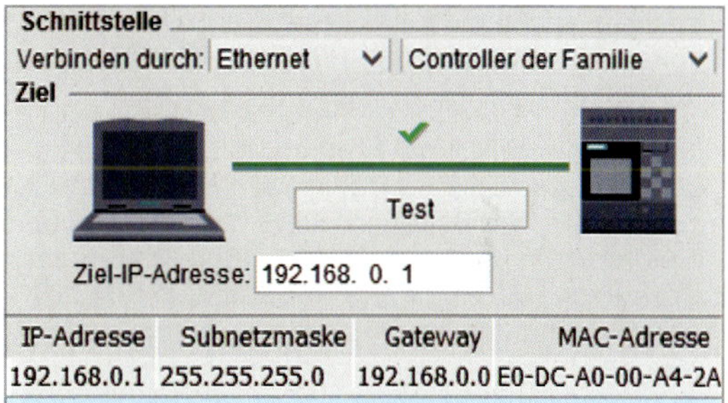

Bild 2: Softwarefenster für Ethernet-Verbindung

Im gerasterten Eingabefeld wird das Programm als Logikplan erstellt. In der linken Auswahlleiste können die Bausteine ausgewählt werden. Das in dieser Form erstellte Programm kann mit der Software direkt simuliert werden. Über ein Button wird das Programm an die *LOGO!*-Steuerung übertragen und danach gestartet.

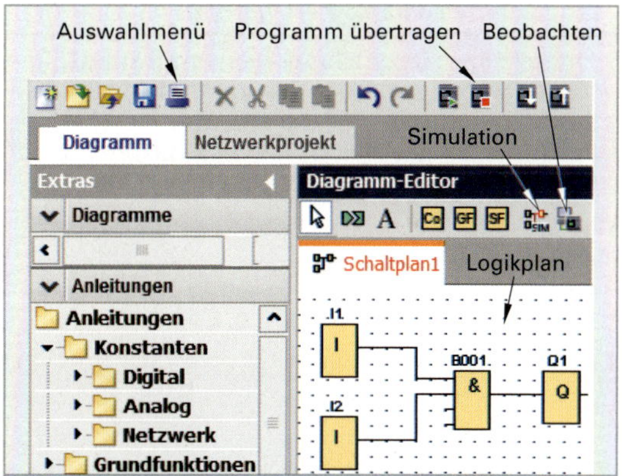

Bild 3: Programmiersoftware: *LOGO! Soft Comfort*

Es steht eine Vielzahl Programm-Bausteine zur Verfügung. Neben den digitalen Funktionen gibt es auch analoge Funktionen **(Bild 4)**. Die Analogeingänge liefern eine *Ganzzahl* (Word) von 0...1000 bei einer Eingangsspannung von z. B. 0...10 V. Ob ein Eingang ein binäres oder ein analoges Signal verarbeitet wird in der Konfiguration eingestellt. Ergänzend zu den Grundfunktionen stehen Timer, Schalter, Zähler, Vergleicher und Meldebausteine zur Verfügung **(Bild 5)**.

Bild 5: Erweiterte Funktionen

Bild 4: Grundfunktionen

Beispiel: Steuerung eines Pneumatik-Zylinders

Ein einfach wirkender Pneumatik-Zylinder mit einem federrückgestellten 3/2-Wegeventil soll ausfahren und ausgefahren bleiben, wenn die Taster –SF1 und –SF2 kurz betätigt werden. Er soll wieder einfahren, wenn der Taster –SF3 kurz betätigt wird. Mit einem Schalter –SF8 wird der Meldetext dazu geschaltet.

Bild 1 zeigt die Beschaltung der Steuerung *LOGO!*. In diesem Fall sind alle Eingänge auf *Binär* eingestellt. Als Ausgänge werden *Relais-Ausgänge* verwendet. **Bild 2** zeigt das Programm als Funktions-Block-Diagramm (FBD). Die UND-Verknüpfung (B001) hat hier 4 Eingänge. Diese müssen jedoch nicht alle belegt sein. Das Selbsthalterelais (RS-Speicher, B002) ist vorrangig zurücksetzend.

In diesem Programm wird ein Meldetext ausgegeben. Das Anzeigen wird mit dem Schalter – SF8 ausgelöst. Der Baustein B003 beinhaltet den Meldetext. In der Konfiguration **(Bild 3)** wird der Grundtext z. B. *Ventil* und der Zustandstext z. B. *OFF, ON* eingetragen. Hier wird auch angegeben, wo der Meldetext erscheinen soll: Entweder auf dem Display der Steuerung oder auf einem Panel oder zusätzlich auf dem Webserver. Ergänzend zu einem Text kann auch für analoge Werte ein Balkendiagramm parametriert werden.

Anstelle der Darstellung des Programms im Modus *Funktions-Block-Diagramm* kann in der Software auch auf die Darstellung als *Ladder-Diagramm* umgeschaltet werden **(Bild 4)**.

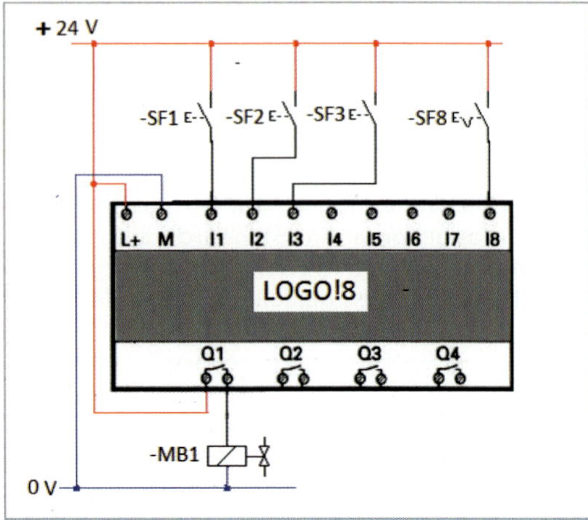

Bild 1: Beschaltung einer *LOGO!*, Beispiel

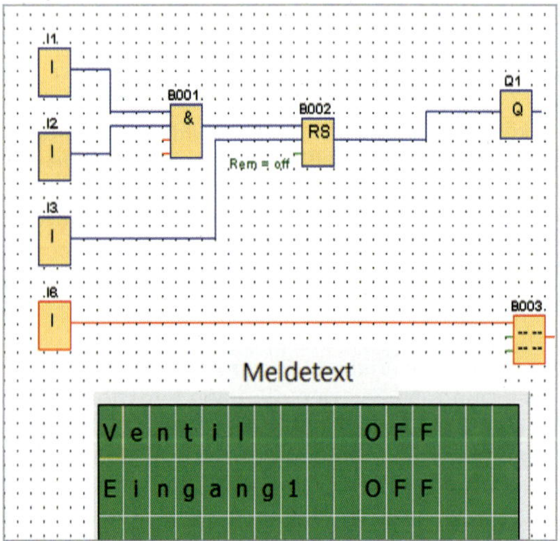

Bild 2: Programm als *Funktions-Block-Diagramm*

Bild 4: Programm als Ladder-Diagramm

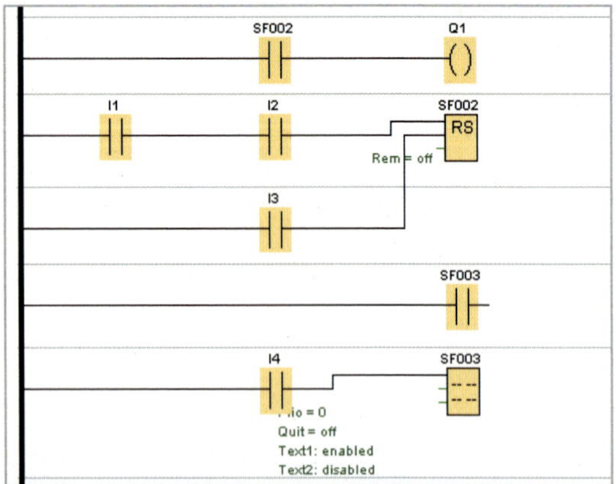

Bild 3: Einstellmenü für Meldetext

Beispiel 1: Pumpensteuerung

Der Ausgang Q1 (Pumpe) soll nach kurzem Eingangssignal I1 auf Q1 = 1 gehen. Der Eingang I2 ist als Öffner geschaltet. Wenn das Signal I2 = 0 wird, soll der Ausgang noch 5 Sekunden auf Q1 = 1 bleiben, danach auf Q1 = 0 gehen.

Lösung: Die Eingänge **(Bild 1)** gehen auf das Speicherglied B001. Nach dem Speicherglied wird die Ausschaltverzögerung B002 eingefügt. Der Parameter wird auf 5,00 Sekunden eingestellt. Der Ausgang wird mit dem Schaltrelais Q1 verbunden.

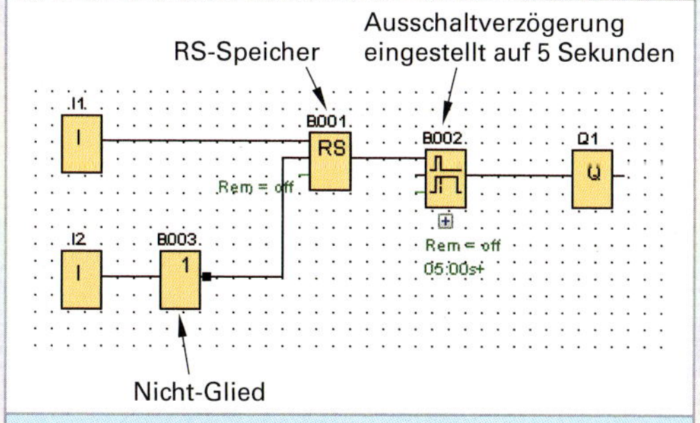

Bild 1: Beispiel Pumpen-Nachlauf

Analogwerte verarbeiten

Um Analogwerte einzulesen wird im Menü Einstellungen die notwendige Anzahl der Eingänge angegeben. Wenn 4 Analog-Eingänge benötigt werden, stehen in der Grundausführung nur noch 4 binäre Eingänge zur Verfügung **(Bild 2)**. Analoge Eingänge werden mit einer Gleichspannung von 0 V bis 10 V oder einem Strom 4 mA bis 20 mA beaufschlagt. Die Steuerung stellt die Werte als Ganzzahlvariable (Word, 16 Bit) 0 bis 1000 dar.

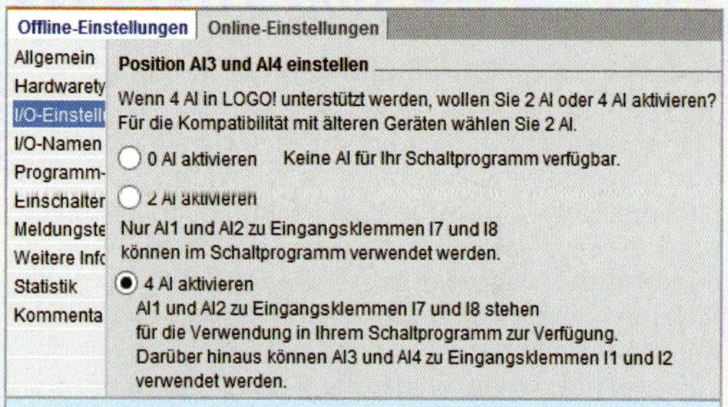

Bild 2: Einstellen der Analogeingänge

Beispiel 2 : Werkstück prägen

Ein Werkstück soll mit einem eingestellten Druck geprägt werden **(Bild 3)**. Der Kolben soll ausfahren wenn der Starttaster (I1) und der Kolben in Grundstellung (I2) ist. Wenn der Spanndruck, z.B. 3,5 bar hat soll er wieder einfahren.

Das Einschaltsignal (I1 AND I2) wird mit dem RS-Speicher gehalten. Mit dem Baustein AI1 wird der Druck -BP1 eingelesen. Der Schwellwertschalter B003 ist auf EIN = 350, AUS = 1000 eingestellt. Wenn der Wert 350 erreicht ist setzt der Schwellwertschalter den SR-Speicher zurück.

In das Meldefenster B004 werden die Daten eingetragen **(Bild 4)**. Das Meldefenster wird mit M25 auf weißen Hintergrund geschaltet.

Die Steuerung *LOGO* wird mit einem Ethernetkabel mit einem WLAN-Router verbunden. Dieser muss im gleichen Netz wie die *LOGO* sein, z.B. 192.168.1.x

In der *LOGO* muss der Webserver freigeschaltet werden. Nun wird über einen Browser eines mobilen Endgerätes (Smartphone, Tablet, iPAd) die Adresse der *LOGO* z.B. 192.168.1.10 aufgerufen. Es erscheint dann das Bild wie in Bild 4 dargestellt. Hier kann auch der Solldruck eingestellt werden.

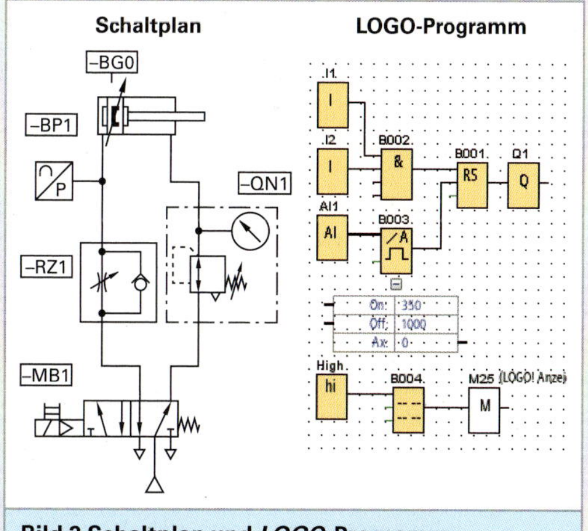

Bild 3 Schaltplan und *LOGO*-Programm

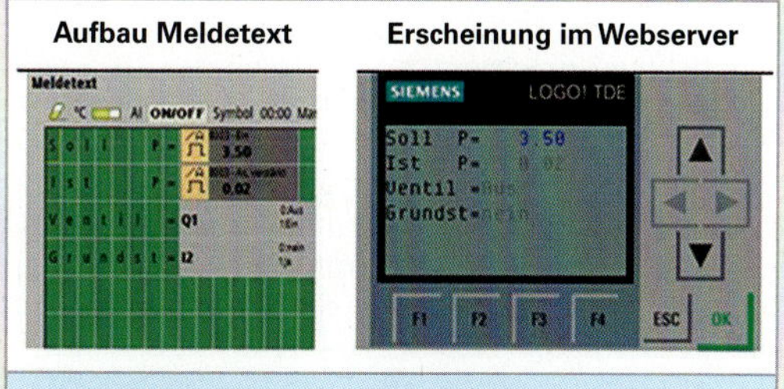

Bild 4: Meldetext und Webserver

9 Elektrische Antriebe und Aktoren

9.1 Einführung

Die wichtigsten elektrischen **Antriebe** sind Drehstrommotoren, Gleichstrommotoren und Schrittmotoren. **Aktoren**, auch Aktuatoren genannt, sind Antriebselemente zur Verstellung physikalischer Größen, z. B. Durchflüsse, Drücke, Positionen. Die Ausgangsgröße eines Aktors ist meist ein Weg oder ein Drehwinkel.

Elektromotoren beruhen auf dem physikalischen Effekt, dass auf einen stromdurchflossenen Leiter in einem Magnetfeld eine Kraft ausgeübt wird. Das Magnetfeld wird durch Elektromagnete oder durch Dauermagnete (Permanentmagnete) erzeugt.

Die Permanentmagnetwerkstoffe haben in den letzten Jahren eine sehr starke Entwicklung erfahren und die Elektromotoren dahingehend beeinflusst, dass diese die Elektromagnete (Feldwicklung) in den Motoren weitgehend verdrängt haben und die Motoren leistungsfähiger und leichter werden ließen. Kennzeichnend für die Leistungsfähigkeit der Permanentmagnete ist das maximale Produkt BH_{max} gebildet aus der Flussdichte B und der Feldstärke H **(Bild 1)**. Je größer die Flussdichte B ist, umso stärker ist der Magnet und je größer dabei die Feldstärke H ist, umso geringer ist die Gefahr, dass der Magnet geschwächt bzw. entmagnetisiert werden kann **(Bild 2)**.

Das maximale Flussdichte-Feldstärke-Produkt BH_{max} kennzeichnet die Leistungsfähigkeit der Permanentmagnete.

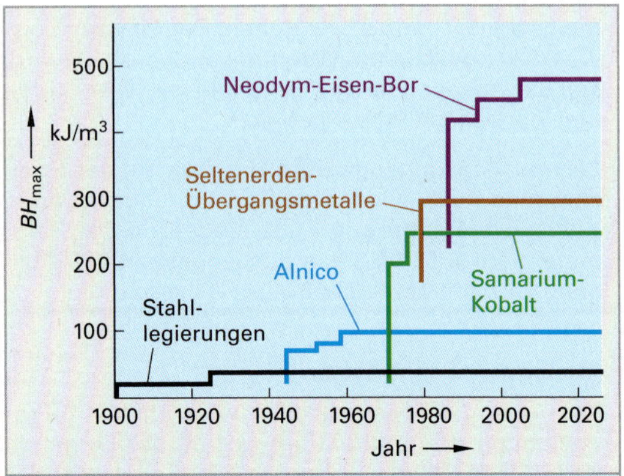

Bild 1: Entwicklung der Magnetwerkstoffe

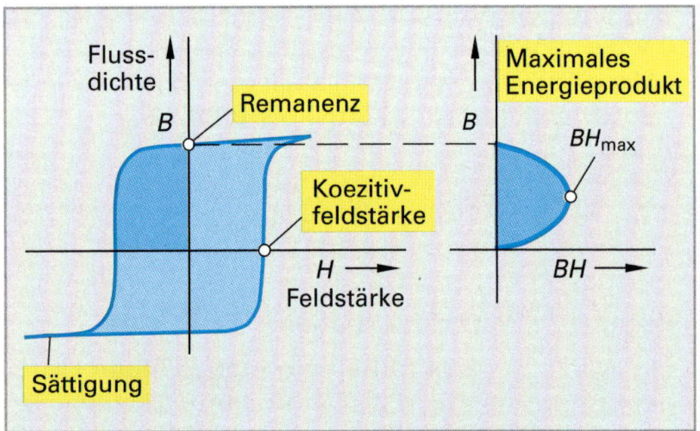

Bild 2: Die Hysterese-Kennlinie und die *BH*-Funktion bei einem Permanentmagnet

E. Werner von Siemens, geb. 13. Dezember 1816 bei Hannover; gest. 6. Dezember 1892 in Berlin. Er entdeckte (nach anderen) 1866 das dynamoelektrische Prinzip: *Bewegt man eine Spule im Magnetfeld, dann entsteht elektrischer Strom.* Er baute als erster nach diesem Prinzip eine technisch brauchbare Dynamomaschine. Mit ihr konnte man mechanische Bewegungsenergie in elektrische Energie umwandeln (Generator-Prinzip) und umgekehrt aus elektrischer Energie wieder mechanische Energie erzeugen (Motor-Prinzip).

Michail von Dolivo-Dobrowolsky; geb. am 3. Januar 1862 bei Sankt Petersburg; gest. am 15. November 1919 in Heidelberg, studierte an der TH Darmstadt Elektrotechnik und war Chefkonstrukteur der AEG. Er konstruierte 1889 den ersten praktisch verwendbaren Drehstrom-Asynchronmotor und Drehstromgenerator und ermöglichte so 1891 die erste Drehstrom-Hochspannungs-Übertragung von Lauffen a. Neckar nach Frankfurt a. Main mit einer Distanz von 175 km.

Das elektrodynamische Prinzip

Auf einen stromdurchflossenen Leiter wird in einem Magnetfeld eine Kraft, die *Lorentz*[1]-Kraft, ausgeübt **(Bild 1)**. Diese Kraft ist proportional zu dem magnetischen Fluss Φ, dem Strom I, der Anzahl der Leiter (Windungen) z und der wirksamen Leiterlänge l. Wichtig ist, dass der Stromfluss senkrecht zum magnetischen Fluss steht.

Elektroantriebe erzeugen in einem stromdurchflossenen Leiter eine umso größere Kraft, je größer der Strom und die magnetische Flussdichte, senkrecht zur Stromrichtung, sind.

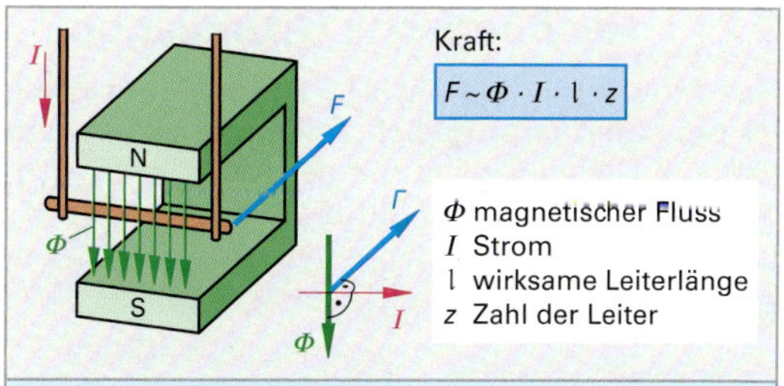

Bild 1: Die Lorentz-Kraft

Elektromagnete und Kupplungen

Aktoren auf der Basis von Elektromagneten bestehen aus einer Spule mit Eisenkern und einem **beweglichen Eisenkern**, dem **Anker**. Von der stromdurchflossenen Magnetspule wird der bewegliche Anker angezogen. Dabei stellt sich der Anker so ein, dass der Widerstand für die magnetischen Flusslinien möglichst klein wird. Man unterscheidet zwischen **Hubmagneten** mit verschiebbarem Anker und **Drehmagneten** mit sich drehendem Anker **(Bild 2)**.

Bewegliche Anker stellen sich so ein, dass der magnetische Widerstand möglichst klein ist[2].

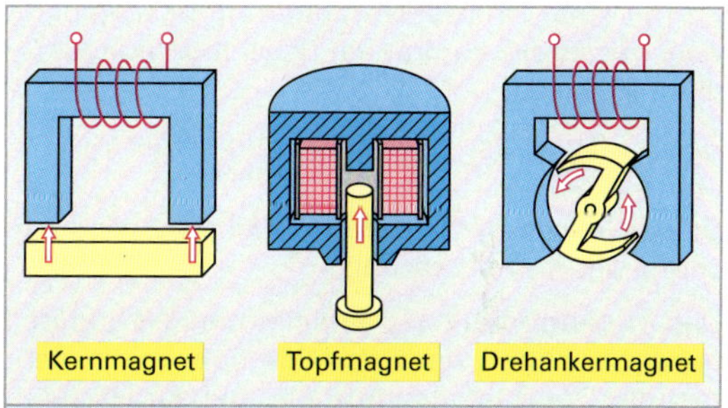

Bild 2: Hubmagnete und Drehmagnete

Elektromagnetkupplungen verwendet man zum fernbetätigten oder selbsttätigen Schalten und Bremsen von Getrieben. Bei den Elektromagnetkupplungen unterscheidet man die Einscheibenkupplung **(Bild 3)**, die Lamellenkupplung sowie die Magnetpulverkupplung und die Zahnkupplung.

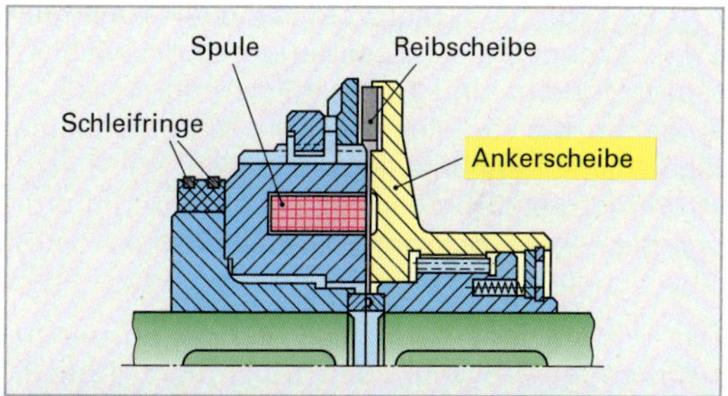

Bild 3: Einscheiben-Elektromagnetkupplung

Bei den Lamellenkupplungen sind mehrere, antriebseitig und abtriebseitig gebundene, dünne Scheiben (Lamellen) im Wechsel angeordnet, die bei magnetischer Betätigung durch Reibschluss das Drehmoment übertragen. Bei den Magnetpulverkupplungen läuft ein abtriebseitiger Anker in einem antriebseitigen Gehäuse, das Eisenpulver enthält. Durch Magnetisierung frittet das Pulver zusammen und stellt so eine mechanische Verbindung dar.

Elektromagnete verwendet man häufig als Spannelemente zur Werkstückspannung und als **Greifsysteme**, z.B. bei der Handhabung von Schrott und von Stangenmaterial aus Stahl **(Bild 4)**.

Bild 4: Verladen von Stählen mit Magnetgreifer

[1] Benannt nach dem niederländischen Mathematiker und Physiker *Hendrik Antoon Lorentz*, 1853 bis 1928

[2] Mit *Reluktanz* bezeichnet man die Kraft aufgrund des kleineren magnetischen Widerstands (lat. reluctor = widersetzen). Die Reluktanzkraft, auch Maxwellkraft genannt, wird z.B. auch bei Reluktanzmotoren genutzt.

9.2 Rechnerische Grundlagen

Das Motordrehmoment M_m an der Motorwelle ist bei stationärer (gleichbleibender) Belastung stets im Gleichgewicht mit dem zu überwindenden Widerstandsmoment bzw. Lastmoment M_w **(Bild 1)**.

Bei stationärer Belastung gilt:

$$M_m = M_w$$

M_m Motordrehmoment (Antriebsmoment)
M_w Widerstandsmoment (Lastmoment)

Bei dynamischer Belastung, wenn also der Motor mit einer Drehzahlveränderung beschleunigt oder verzögert, kommt ein Beschleunigungsmoment M_a hinzu:

$$M_m = M_w + M_a$$

M_a Beschleunigungsmoment

Diese Gleichung bezeichnet man als Grundgleichung der Antriebstechnik.

Das Motormoment M_m eines Motors ist dadurch gekennzeichnet, dass es allgemein mit zunehmender Drehzahl abnimmt und bei der Leerlaufdrehzahl n_0 den Wert null ($M_w = 0$) erreicht **(Bild 2)**.

Dementsprechend ist bei geringer Drehzahl das Drehmoment groß und erreicht bei (gewaltsamer Belastung) im Motorstillstand ein Maximum (M_{st}). Wenn dieser Zusammenhang zwischen Motormoment und Drehzahl geradlinig ist, so sprechen wir von einer linearen Motorkennlinie. Eine solche Kennlinie liegt prinzipiell bei Gleichstrommotoren (fremderregter Gleichstrommotor) vor. Bei den Asynchronmotoren gibt es davon oft Abweichungen.

Das Widerstandsmoment M_w ist häufig mit zunehmender Drehzahl auch zunehmend **(Bild 3)**. Allgemein einsichtig ist: *je schneller man arbeitet umso größer ist der Stress.*

Der lineare, d.h. proportionale Zusammenhang zwischen M_w und der Drehzahl n ist nur in seltenen Fällen gegeben, z.B. beim Antrieb von fluidtechnischen Anlagen, z.B. bei Vorschubantrieben mit hydrostatischer Lagerung.

Ist trockene Reibung vorliegend, dann ist das Widerstandsmoment weitgehend drehzahlunabhängig konstant. Liegt Rollreibung vor, dann ist das Widerstandsmoment zunehmend bei relativ geringem Anfangsmoment. Wird die Belastung durch Gleitlager oder Gleitführungen verursacht, so gibt es ein großes Losreißmoment bei der Drehzahl $n = 0$ infolge fehlenden Schmierfilms. Das Lastmoment nimmt steil ab, um dann wieder anzusteigen. Beim Antrieb von Propellern nimmt das Widerstandsmoment mit zunehmender Drehzahl überproportional zu.

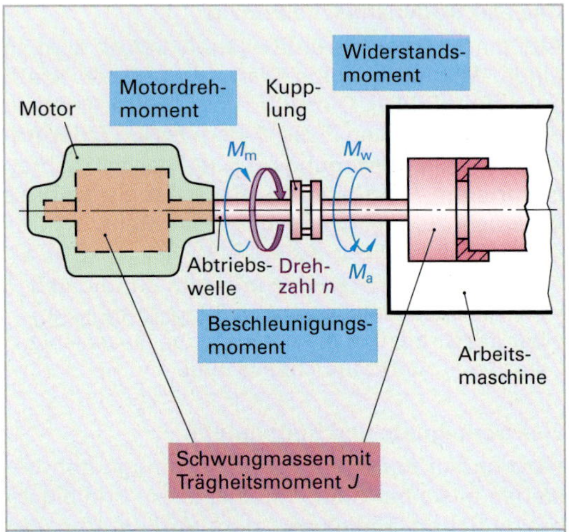

Bild 1: Drehmomente an der Motorwelle

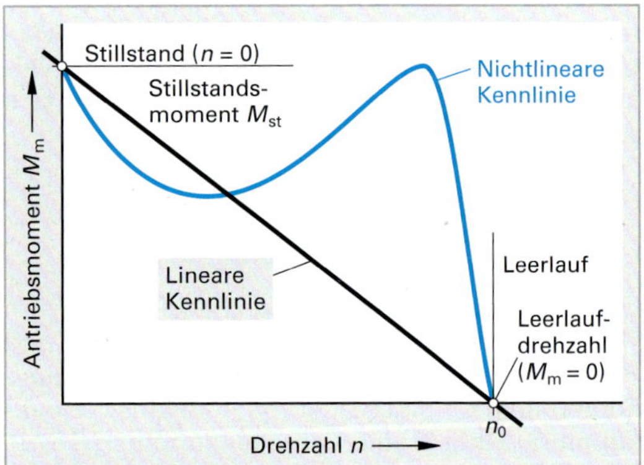

Bild 2: Kennlinien für das Antriebsdrehmoment

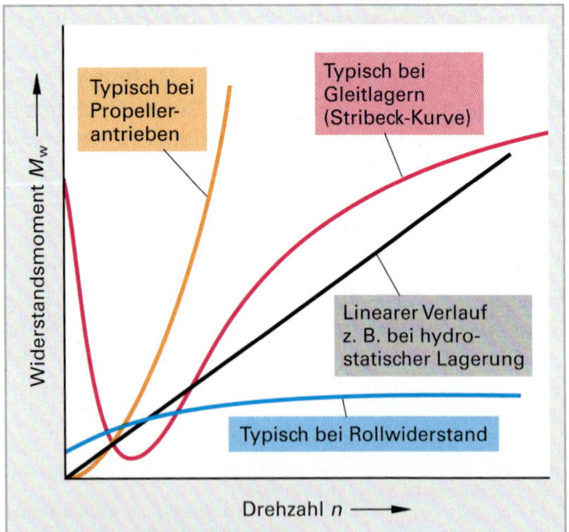

Bild 3: Widerstandsmomente

Der Betriebspunkt im stationären Betrieb

Es gilt $M_m = M_w$ ($M_a = 0$) und man ermittelt bei nichtlinearen Kennlinien den Betriebspunkt (Arbeitspunkt) grafisch, indem man die Kennlinie des Motormoments und die Kennlinie des Widerstandsmoments in ein Diagramm zeichnet. Der Schnittpunkt beider Kennlinien ist der stationäre Betriebspunkt mit dem Betriebsdrehmoment M_b und der Betriebsdrehzahl n_b **(Bild 1)**.

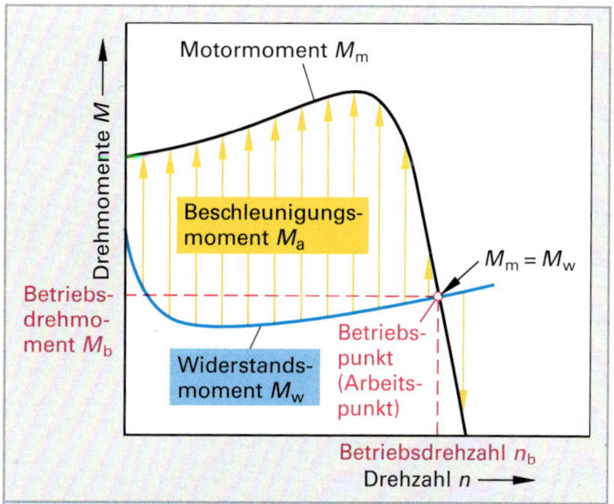

Bild 1: Der Betriebspunkt

Im stationären Dauerbetrieb darf ein Motor nur bis zu diesem Betriebsdrehmoment belastet werden. Das Bemessungsmoment (früher: Nennmoment) M_n, das den Motor kennzeichnet, muss kleiner gleich dem Betriebsdrehmoment sein.

Im stationären Betrieb:

$$M_b \leqq M_n$$

M_b Betriebsdrehmoment
M_n Bemessungsmoment (Nennmoment)

Bei elektrischen Motoren ist das Bemessungsmoment durch die maximal zulässige Betriebstemperatur und durch den maximal möglichen oder zulässigen Strom begrenzt. Da die maximal zulässige Betriebstemperatur erst nach etlichen Minuten bis hin zu 30 Minuten erreicht wird, ist ein kurzzeitiges Überschreiten des Bemessungsmoments meist erlaubt und möglich.

Dynamischer Betrieb

Bei Drehzahländerungen, z.B. beim Anlauf eines Motors, kommt ein Beschleunigungsmoment M_a belastend hinzu. Dieses Beschleunigungsmoment ist umso größer, je größer die Drehzahländerung pro Zeit ist und je größer die zu beschleunigenden Schwungmassen sind. Die Drehzahländerung pro Zeit wird durch die Winkelbeschleunigung ausgedrückt und die Schwungmasse durch das Trägheitsmoment J.

$$M_a = J \cdot \alpha = J \cdot \frac{d\omega}{dt} = J \cdot 2\pi \frac{\Delta n}{\Delta t}$$

J Trägheitsmoment
α Winkelbeschleunigung
ω Winkelgeschwindigkeit

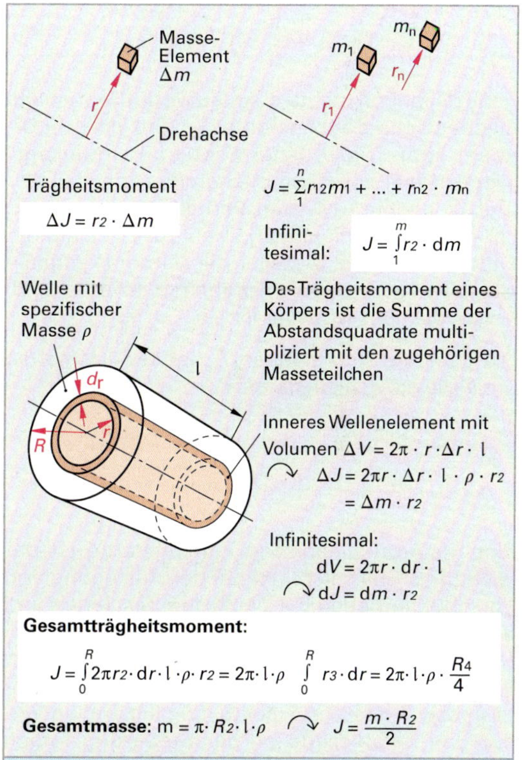

Bild 2: Das Trägheitsmoment J

Beim Trägheitsmoment zählen Massen quadratisch stärker, je weiter diese von dem Drehpunkt entfernt sind **(Bild 2)**. Da bei Wellen die Masse mit dem Quadrat des Radius zunimmt und die Trägheitsmomente sich mit dem Radiusquadrat erhöhen, ist das Wellen-Trägheitsmoment zu der 4. Potenz der Wellenradien proportional.

Eine Welle (aus gleichem Werkstoff und gleicher Länge) hat bei *doppeltem* Radius (bzw. Durchmesser) 2^4-faches = 16-faches Trägheitsmoment, d.h. zur Beschleunigung dieser Welle wird im Vergleich 16-faches Beschleunigungsmoment benötigt.

Bei Wellen und Vollzylindern wächst das Trägheitsmoment mit der 4. Potenz der Durchmesser, bzw. der Radien.

Der Anlaufvorgang

Es gilt (bei linearem Motormoment):

$$M_m = M_w + M_a$$

M_m Motormoment
M_w Widerstandsmoment
M_a Beschleunigungsmoment

Und für den Anlauf ohne Last ($M_w = 0$) gilt:

$$M_m = M_a = J \cdot 2\pi \frac{dn}{dt}$$

J Trägheitsmoment
n Drehzahl
t Zeit

Lösung **(Bild 1)**:

$$n = n_o\,(1 - e^{-t}/T_m)$$

Mit der mechanischen Zeitkonstante:

$$T_m = J \cdot \frac{2\pi n_o}{M_{st}} = J \cdot 2\pi \cdot \frac{\Delta n}{\Delta M}$$

Kennzeichnend für das Anlaufverhalten ist die mechanische Zeitkonstante T_m. Sie ist proportional zum Trägheitsmoment und umgekehrt proportional zur Kennliniensteigerung der Antriebskennlinie bzw. zum Verhältnis von verfügbarem Beschleunigungsmoment zur erreichbaren Enddrehzahl. D. h. je steiler die Antriebskennlinie ist und je geringer die Trägheitsmomente sind, umso reaktionsschneller ist ein Antrieb.

Die gesamte Anlaufdauer T_{an} ist ca. dreimal so groß wie die Zeitkonstante T_m.

Gesamte Anlaufzeit:

$$T_{an} \approx 3\,T_m$$

T_{an} Anlaufzeit
T_m mechanische Zeitkonstante

Eine kleine mechanische Zeitkonstante ist der wichtigste Gesichtspunkt bei der Auslegung von Vorschubantrieben bei Werkzeugmaschinen und bei Antrieben für Roboter. Die Werte liegen bei NC-Maschinen und Robotern meist im Bereich von etwa 10 ms. Der angetriebene Maschinentisch bzw. Roboterarm sollte möglichst ohne Verzug den Befehlssignalen der Steuerung folgen können.

Wie man aus der Anlauflinie ersieht, nähert sich die Drehzahl asymptotisch nach einer e-Funktion der Enddrehzahl. Bei einem Anlauf ohne Last ist die Enddrehzahl die Leerlaufdrehzahl.

Bei einem mit konstantem Lastmoment (M_w = konst.) belasteten Antrieb ist der Anlaufvorgang prinzipiell gleich. Die Enddrehzahl ist allerdings nur so groß wie es das Drehmomentgleichgewicht, entsprechend des Betriebspunktes, zulässt **(Bild 2)**.

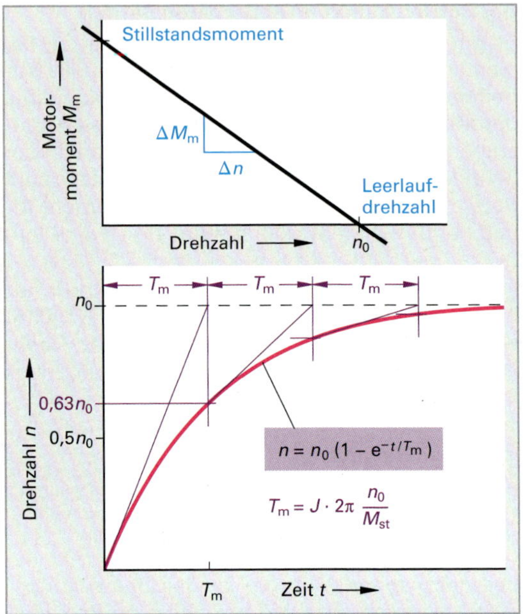

Bild 1: Leeranlauf

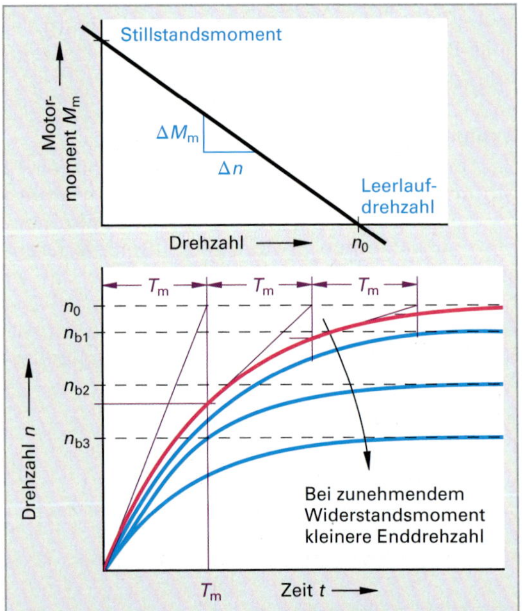

Bild 2: Anlauf unter Last

Die mechanische Zeitkonstante bleibt unbeeinflusst, da weder das Trägheitsmoment noch die Steigung der Antriebslinie sich verändert.

Der Anlaufvorgang unter Belastung dauert nicht länger als der Leeranlauf!

9.3 Gleichstrommotoren (DC-Motoren)

Das Drehmoment wird wie bei einer Leiterschleife durch die *Lorentz*-Kraft erzeugt **(Bild 1)**. Damit nach einer 90°-Drehung der Leiterschleife weiterhin ein Drehmoment entsteht, muss diese von einem Strom so durchflossen werden, dass die Kraftrichtung sich wendet, d. h. dass stets der Strom in der linken Hälfte der Zeichnungsebene in die Leiter hineinfließt und bei den Leitern in der rechten Hälfte der Zeichnungsebene herausfließt. Man benötigt also einen Mechanismus zur Stromwendung. Diese Stromwendung steuert der Motor selbst, indem man mit einer Bürstenanordnung den Strom an den blank gemachten Leiterschleifen (Kollektorlamellen[1]) zuführt **(Bild 2)**. Diesen Bürstenapparat nennt man *Stromwender* oder *Kommutator*[2].

Die Leiterschleifen sind als Wicklungen in die Nuten des Läufers eingelegt. Damit vervielfachen sich die zum Drehmoment wirksamen Leiterschleifen. Je mehr Leiterschleifen es sind, umso weniger Strom benötigt man. Allerdings erfordern mehr Leiterschleifen eine proportional höhere Spannung und so ist die Zahl der Leiterschleifen unerheblich für die Motorleistung. Motoren für niedere Spannungen haben relativ dicke Wicklungsdrähte in geringerer Zahl und Motoren für hohe Spannungen dünne Drähte in größerer Zahl. Das Kupfergewicht ist bei gleicher Leistung praktisch gleich. Der Läufer (Anker) besteht aus einem gut magnetisierbaren Eisenblechpaket. Das Eisen ist erforderlich, damit der magnetische Widerstand für den magnetischen Fluss möglichst gering ist. Die Blechung ist erforderlich, damit der bei Drehung sich ändernde Fluss im Läufer keinen Strom (Wirbelstrom) induziert und so das Drehmoment mindert. Das Blechpaket hat für den magnetischen Fluss eine hohe Leitfähigkeit, für den elektrischen Strom aber einen hohen Widerstand.

Zur Erzeugung des magnetischen Flusses wird im Motorständer entweder eine Magnetwicklung, die **Feldwicklung (Bild 3)** eingebaut **oder** es werden **Permanentmagnete** verwendet. Die Feldwicklung (Erregerwicklung) kann dabei in Reihe zu der Läuferwicklung geschaltet sein (Reihenschlussmotor) oder aber im Nebenschluss parallel dazu (Nebenschlussmotor). Wird die Feldwicklung von einer fremden Gleichstromquelle gespeist, spricht man vom *fremderregten* Motor. Bei Motoren bis etwa 10 kW verwendet man bevorzugt Permanentmagnete **(Bild 4)**.

Der Nebenschlussmotor, der fremderregte Motor und der permanenterregte Motor haben gleiches Betriebsverhalten: Mit zunehmender Ankerspannung nehmen Drehzahl und Drehmoment zu.

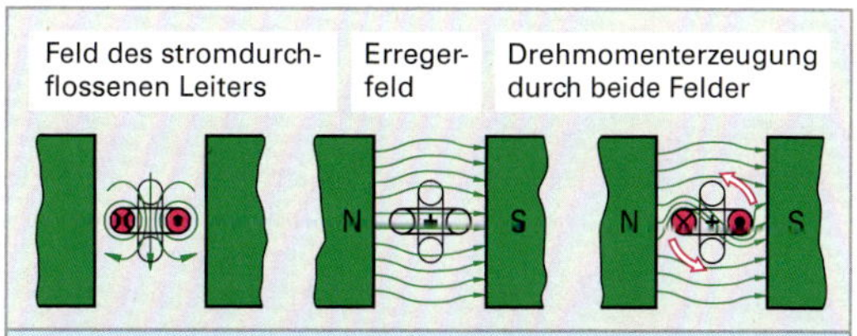

Bild 1: Drehmomente bei einer Leiterschleife

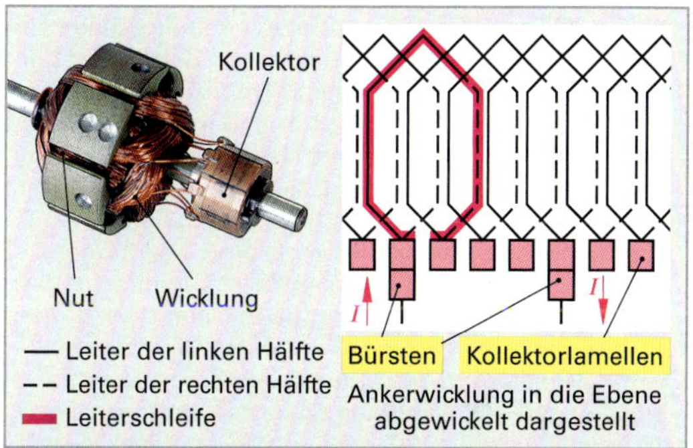

Bild 2: Läufer mit Stromwender

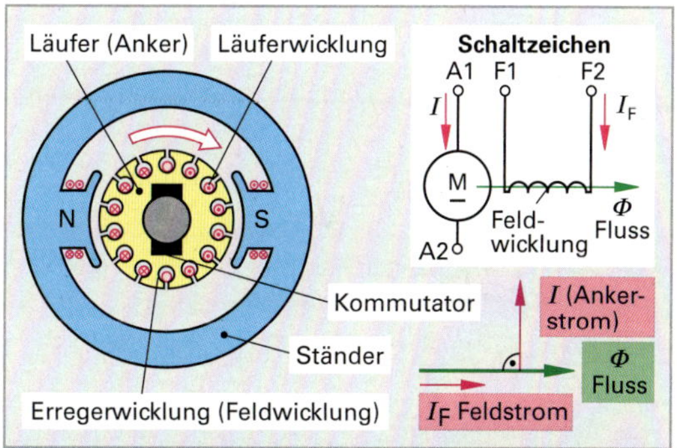

Bild 3: Fremderregter Gleichstrommotor

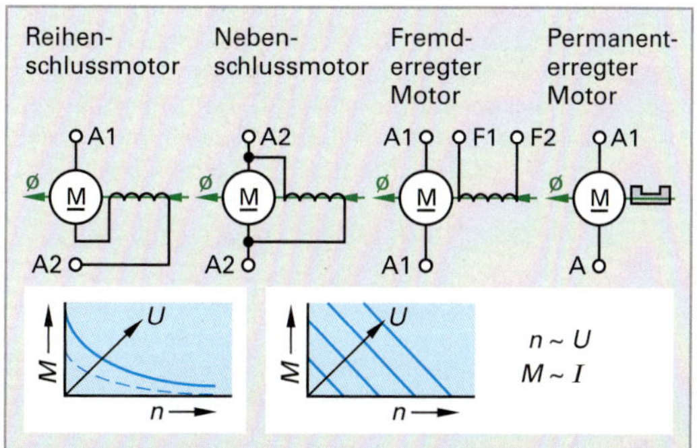

Bild 4: Erregungsarten

[1] Kollektor, von lat. colligere = sammeln
[2] Kommutator, von lat. commutare = umbewegen

Fremderregte Gleichstrommaschine[1]

Stationäres Betriebsverhalten. Die Motordrehzahl steigt proportional mit der Motorspannung (Ankerspannung, **Bild 1**). Unbelastet ($M = 0$) gilt:

$$n \sim U \rightarrow \frac{n}{n_0} = \frac{U}{U_N}$$

n Drehzahl
n_0 Leerlaufdrehzahl
U Motorspannung
U_N Motorbemessungsspannung

Die Läuferdrehung verursacht in der Läuferwicklung eine induzierte Spannung U_E, da die Läuferwicklung die Feldlinien des Erregerfeldes schneidet. Diese induzierte Läuferspannung wird auch als Generatorspannung bezeichnet. Der Gleichstrommotor funktioniert als Generator, sobald er durch ein äußeres Moment nicht belastet, sondern angetrieben wird. Im Motorbetrieb nimmt mit zunehmender Drehzahl die induzierte Läuferspannung zu und reduziert in gleichem Maße die für die Läuferwicklung wirksame Spannung. Der Motorstrom wird dadurch ebenfalls gemindert und so auch das Antriebsmoment **(Bild 2)**. Damit erhält man eine linear fallende Kennlinie für das Drehmoment $M = f(n)$. Bezieht man das Motordrehmoment auf das bei Motorstillstand vorhandene größte Drehmoment M_{st} und die Drehzahl auf die bei Leerlauf größte Drehzahl n_0, so ergibt sich nach der Achsenabschnittsgleichung eine einfache Beziehung:

$$\frac{M}{M_{st}} = 1 - \frac{n}{n_0} \qquad (1)$$

n_0 Leerlaufdrehzahl
M Antriebsmoment
M_{st} Stillstandsmoment

und mit der Proportionalität des Stroms zum Drehmoment wird:

$$\frac{M}{M_{st}} = \frac{I}{I_{st}} \qquad (2)$$

I Motorstrom (Ankerstrom)
I_{st} Stillstandsstrom (Anlaufstrom)

Bei Belastung durch ein Lastmoment M_w ergibt sich aus (1) die Betriebsdrehzahl n_b zu:

$$\frac{n_b}{n_0} = 1 - \frac{M_w}{M_{st}} \rightarrow n_b = n_0\left(1 - \frac{M_w}{M_{st}}\right)$$

n_b Betriebsdrehzahl M_w Lastmoment

Dynamisches Betriebsverhalten. Unter dem dynamischen Betriebsverhalten versteht man das Reaktionsverhalten des Motors auf eine Änderung der Motorspannung. Man beobachtet hierzu mithilfe eines Tachogenerators die Drehzahl bei sprungförmiger Änderung der Motorspannung, z. B. beim Einschalten des nichtbelasteten Motors **(Bild 3)**. Der Motor läuft zunächst rasch an, um dann allmählich seine Enddrehzahl zu erreichen. Der sich ergebende Funktionsverlauf ist:

$$\frac{n}{n_0} = 1 - \left(e^{-\frac{t}{T_m}}\right) \qquad (3)$$

T_m Mech. Zeitkonstante

Charakteristisch für dieses dynamische Motorverhalten ist die Zeitspanne T_m des Tangentenabschnitts. Diese Zeit bezeichnet man als mechanische Zeitkonstante. Bei üblichen Motoren ohne Fremdträgheitsmoment ist $T_m \approx 100$ ms.

Bei **Servomotoren** in Robotern oder Werkzeugmaschinen sowie bei Kleinmotoren ist $T_m \approx 10$ ms und weniger. Durch ein zusätzliches Trägheitsmoment J_{zusatz}, z. B. eine Getriebespindel, erhöht sich T_m proportional dazu.

$$T_m \sim J_{Mot} + J_{zusatz}$$

J_{Mot} Motorträgheitsmoment
J_{zusatz} angetriebene (zusätzl.) Trägheitsmomente

Ein Motor erreicht nach etwa der 3-fachen mechanischen Zeitkonstante die stationäre Drehzahl. Die Zeitkonstante ist nicht abhängig von einer etwaigen Motorbelastung durch ein Lastmoment. Dieses reduziert lediglich die stationäre Drehzahl.

Gleichung (3) eingesetzt in (1) und (2) ergibt:

$$\frac{M}{M_{st}} = \frac{I}{I_{st}} = e^{-\frac{t}{T_m}}$$

Der Motorstrom hat beim Einschalten den Höchstwert (Anlaufstrom) und verringert sich nach einer e-Funktion mit der Zeitkonstante T_m.

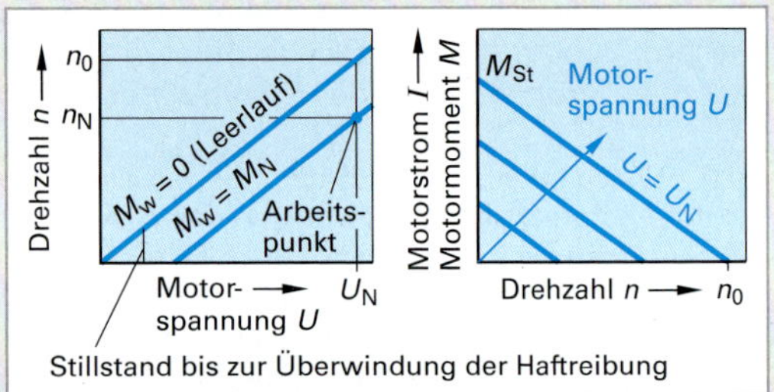

Bild 1: Stationäres Betriebsverhalten

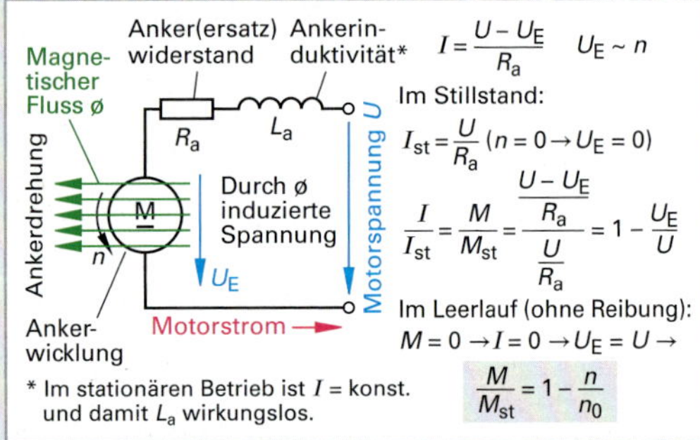

Bild 2: Stationärer Betrieb

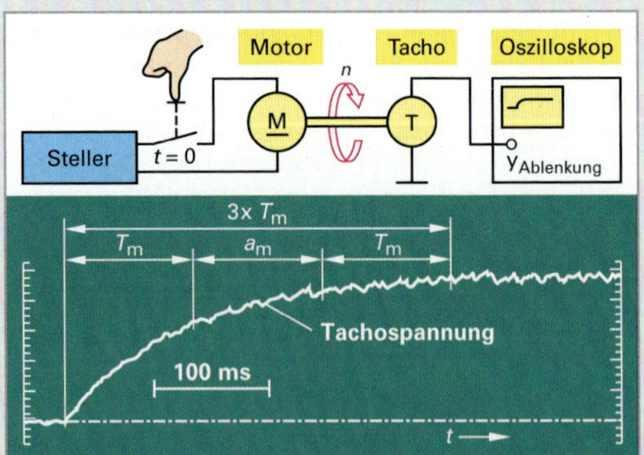

Bild 3: Dynamisches Betriebsverhalten

[1] Gilt auch für permanent erregte Gleichstrommaschine

9.4 Drehstromasynchronmotor

Der in technischen Anlagen meist verwendete Elektromotor ist der Drehstromasynchronmotor (Asynchronmaschine, Kurzform ASM, **Bild 1**). Er ist einfacher aufgebaut und leichter als der Gleichstrommotor und kann gegen Umwelteinflüsse besser geschützt werden. Der Drehstromasynchronmotor läuft *asynchron* d.h. nicht synchron mit der vom Drehstrom erzeugten Drehfelddrehzahl. Er liefert bei geringer Lastabhängigkeit eine bauartbedingte Betriebsdrehzahl.

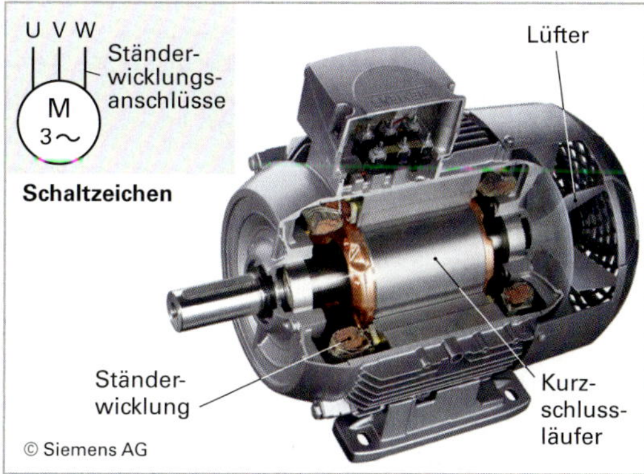

Bild 1: Drehstromasynchronmotor

9.4.1 Aufbau des Kurzschlussläufers

Der Motorläufer **(Bild 2)** besteht aus einem Eisenblech-Paket **(Bild 4)** mit Nuten. Dieses ist aufgeschrumpft auf die Motorwelle. Die Nuten sind mit Aluminium **(Bild 3)** oder mit Kupfer **(Bild 5)** ausgegossen[1] und auf beiden Stirnseiten zu einem Kurzschlussring zusammengeführt. Dieser trägt häufig noch angegossene Flügel zur Motorkühlung. Eine elektrische Leitungsverbindung zum Motorständer gibt es nicht.

Wirkungsweise. Die Aluminium- bzw. Kupferfüllung bildet eine geschlossene Leiterschleife (Läuferkreis) und wird von dem magnetischen Wechselfluss der Ständerwicklung im Sinne eines Transformators durchflutet. Dabei entsteht in diesem Läuferkreis durch Induktion (wie bei einem Transformator) eine Spannung, die Läuferspannung. Man spricht deshalb auch von *Induktionsmotoren*. Da der Läuferkreis geschlossen ist, was für die Läuferspannung einen Kurzschluss bedeutet (man spricht auch von *Kurzschlussläufermotoren*), kann in den ausgegossenen Nuten ein großer Läuferstrom fließen. Dieser bewirkt wegen stets vorhandenen Ständermagnetfeldes eine Kraft (*Lorentz*-Kraft) und verursacht ein Drehmoment.

Da im Aluminium bzw. Kupfer in den Läufernuten bei Betrieb ein sehr starker Wechselstrom fließt, wird der metallische Läufer von einem starken magnetischen Wechselfeld durchflutet. Um entstehende induzierte Ströme und eine damit verbundene Erwärmung mit hohen Verlusten zu verhindern, erfolgt die Aufnahme dieser Aluminiumleiter bzw. Kupferleiter in einem Blechpaket mit einer Blechanordnung quer zur Stromausbildung. Die Bleche sind durch eine Oxidschicht gegeneinander isoliert. Sie sind schlecht stromleitend aber sehr gut magnetisierbar (wie auch die Bleche der Transformatoren). Die Motorausführung mit Kupfer verringert gegenüber Aluminium wegen des geringeren ohmschen Widerstandes deutlich die elektrischen Verluste.

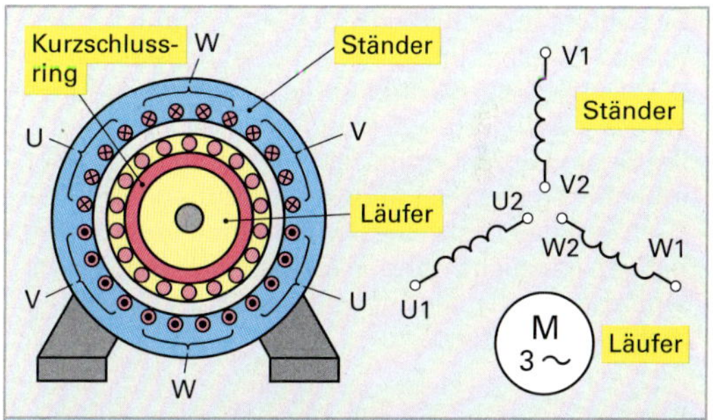

Bild 2: Drehstromasynchronmotor

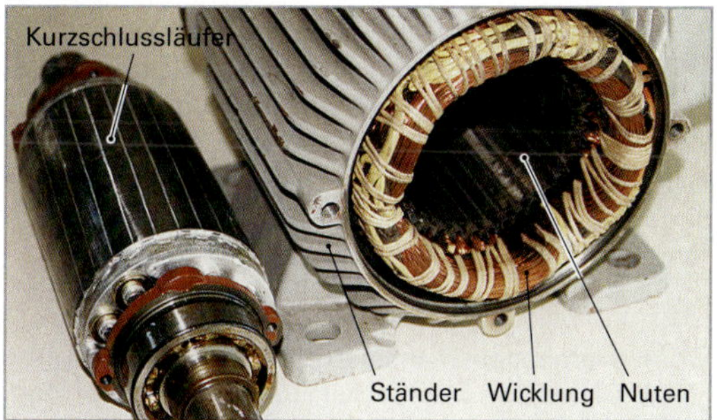

Bild 3: Kurzschlussläufer und Motorständer

Bild 4: Läuferblechpaket

Bild 5: Kupferläufer

[1] Die Herstellung mit Kupfer gelang früher nur durch Einlegen von Kupferstäben in die Läufernuten oder durch Einbringen einer Wicklung. Das Ausgießen mit Aluminium im Druckgießverfahren hat die Kupferläufer verdrängt. Erst in jüngster Zeit ist es gelungen, auch Kupfer (mit der wesentlich höheren Schmelztemperatur von ca. 1200 °C, statt 560 °C bei Al) im Druckgießverfahren zu verwenden.

9.4.2 Das Drehfeld

Mit dem Dreiphasenwechselstrom, auch Drehstrom genannt, kann man sehr einfach ein magnetisches Drehfeld erzeugen.

Schließt man die 3-teilige Ständerwicklung an das Drehstromnetz an, so wechselt nacheinander periodisch mit der Netzfrequenz das Magnetfeld an jeder Wicklung seine Richtung, also 50-mal pro Sekunde beim 50-Hz-Drehstromnetz. Da die 3 Wicklungen U, V, W um 120° versetzt angeordnet sind und durch den Drehstromanschluss mit den Strömen I_U, I_V, I_W in den Wicklungen das Magnetfeld wechselnd reihum die Richtung ändert, entsteht im Innern des Ständers ein sich drehendes Magnetfeld (Drehfeld) **(Bild 1)**.

Es besteht aus einem am Ständerumfang umlaufenden Nordpol und Südpol (2-polige Maschine). Dieses Drehfeld bewirkt (induziert) in den Läuferstäben oder Läuferwicklungen einen Strom und damit ein Läufermagnetfeld, wodurch der Läufer in Richtung des Drehfeldes mitgezogen wird. Die Drehzahl des Drehfeldes wird jedoch vom Läufer nie ganz erreicht, sondern ist, je nach Belastung, einige Prozente niedriger (asynchron, griech. = nicht gleichlaufend).

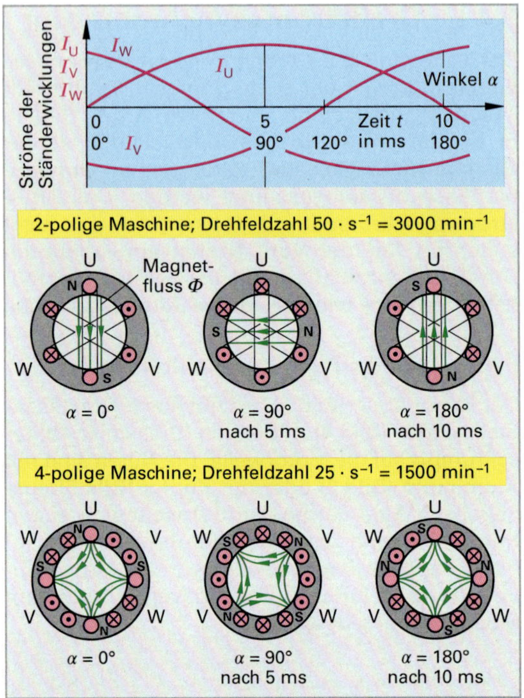

Bild 1: Entstehung des Drehfeldes

Das Drehfeld läuft, bei einer Wicklungsanordnung nach **Bild 1** und bei Betrieb am 50-Hz-Netz, 50-mal in der Sekunde, 3000-mal in der Minute oder 1-mal in 20 ms um. Teilt man jede der 3 Wicklungen in 2 Wicklungsstränge und ordnet die ersten drei in der oberen Ständerhälfte und die zweiten drei Wicklungsstränge in der unteren Hälfte an, so erhält man zwei Drehfelder (4-polige Maschine). Jedes durchläuft in 20 ms den halben Ständerumfang. Die Drehfelddrehzahl ist 1500 min^{-1}.

Der Dreiphasenwechselstrom erzeugt an 3, um 120° versetzten Ständerwicklungen ein rotierendes Magnetfeld.

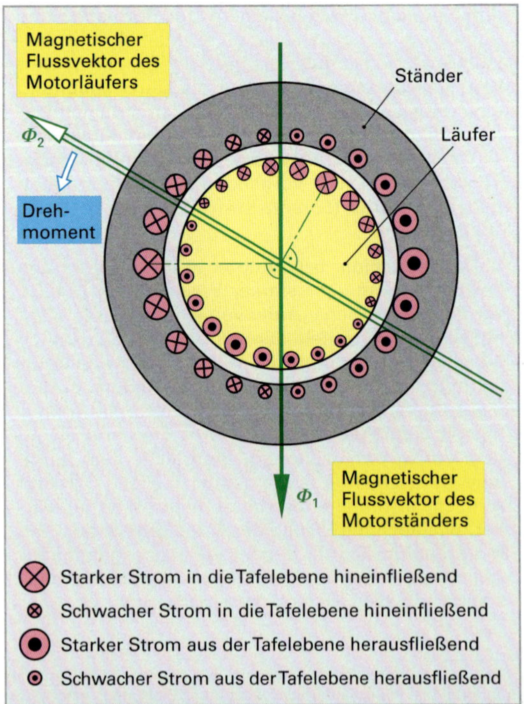

Bild 2: Magnetischer Fluss im Motorständer und im Motorläufer

Die 3-teilige Drehstromwicklung kann mehrfach aufgeteilt längs des Ständerumfangs angebracht werden. So entstehen unterschiedliche Drehfelddrehzahlen und dementsprechend unterschiedliche Motordrehzahlen **(Tabelle 1)**.

Tabelle 1: Drehfelddrehzahlen beim 50-Hz-Netz

Polzahl	2	4	6	8	10	12	24
Zahl der Wicklungen	3	6	9	12	15	18	36
Drehfelddrehzahl (min^{-1})	3000	1500	1000	750	600	500	250

9.4.3 Funktionsweise

Bei zunächst stillstehendem Läufer und eingeschaltetem Motor dreht sich das magnetische Drehfeld relativ zur Läuferwicklung sehr schnell und verursacht in der Läuferwicklung eine hohe induzierte Läuferspannung U_2. Die magnetische Durchflutung der Läuferwicklung ändert sich stark ($\Delta\Phi/\Delta t$ ist groß). Da die Läuferwicklung kurzgeschlossen ist, fließt in der Läuferwicklung ein großer Strom I_2 und erzeugt den magnetischen Fluss Φ_2 **(Bild 2, Seite 258)**. Auf einen stromdurchflossenen Leiter in einem Magnetfeld wird aber eine Kraft ausgeübt und so entsteht im Läufer ein Drehmoment und der Läufer beginnt sich zu drehen.

Mit zunehmender Drehzahl nimmt die im Läufer induzierte Spannung U_2 und somit auch der Strom I_2 ab. Hat der Läufer fast die Drehfelddrehzahl n_s erreicht, dann ist die Flussänderung in der Läuferwicklung gering. Es gibt nur noch eine sehr kleine Läuferspannung U_2 und einen sehr kleinen Läuferstrom I_2. Das Drehmoment reicht jetzt gerade noch aus, um die Lagerreibung und Luftreibung auszugleichen. Der Motor läuft fast so schnell, aber nicht ganz so schnell, wie das Drehfeld. Der Motor läuft nicht synchron, sondern **asynchron** zum Drehfeld und zwar immer etwas langsamer.

Das Drehmoment beim Asynchronmotor ist nicht genau proportional zum Läuferstrom I_2 bzw. dem der Ständerwicklung zugeführten Strom I, da die Phasenverschiebung zwischen der speisenden Ständerspannung und dem aufgenommenen Ständerstrom sehr stark von der Drehzahl abhängt **(Bild 1)**. Nur der jeweilige Wirkstrom leistet einen Beitrag zum Drehmoment. So erhält man, wie in **Bild 2** dargestellt, nicht im Stillstand bei dem größten Motorstrom das größte Moment, sondern etwa bei 2/3 der Synchrondrehzahl (Drehfelddrehzahl). Dieses größte Moment heißt Kippmoment M_k. Belastet man einen zunächst leerlaufenden Motor mit immer stärkerem Widerstandsmoment, so nimmt die Drehzahl bis etwa um 20 % ab. Erreicht die Belastung das Kippmoment M_k, dann *kippt* der Motor in den Stillstand.

Das Nennmoment M_n ist etwa 1/3 des Kippmoments M_k. Die Nenndrehzahl liegt etwa 5% unterhalb der Synchrondrehzahl (Drehfelddrehzahl). Man bezeichnet die relative prozentuale Abweichung der Drehzahl auch als Schlupf s.

[1] Die *Nenn*größen heißen auch *Bemessungs*größen, z.B. Bemessungsmoment = Nennmoment

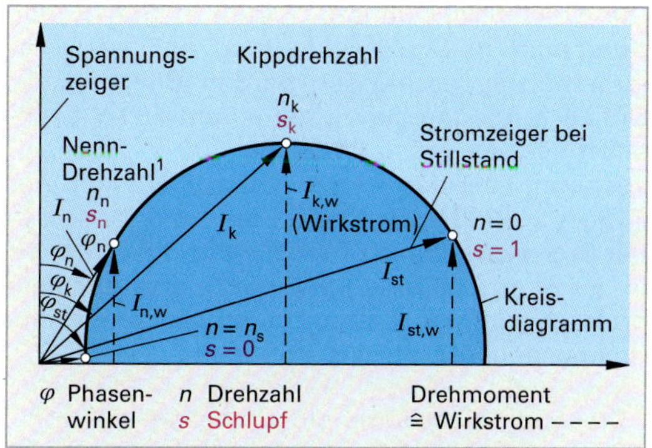

Bild 1: Stromzeiger und Spannungszeiger in Abhängigkeit von der Motordrehzahl

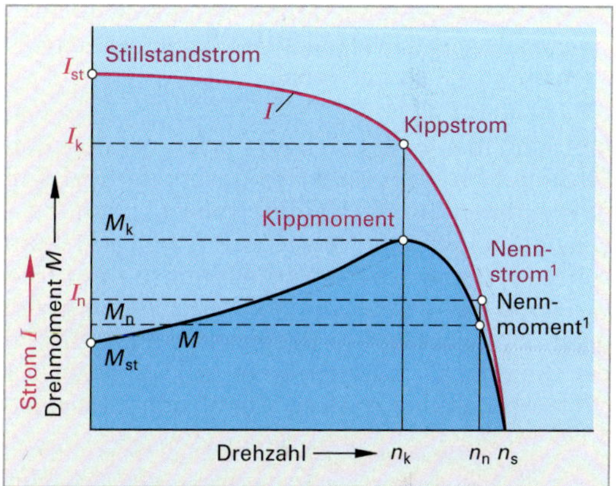

Bild 2: Strom und Drehmoment in Abhängigkeit von der Drehzahl

Typische Kenngrößen		*Kleiner Motor*	*großer Motor*
Nennleistung[1]	P_n	1,1 kW	110 kW
Synchrondrehzahl	n_s	3000 min^{-1}	3000 min^{-1}
Nenndrehzahl	n_n	2850 min^{-1}	2980 min^{-1}
Nennschlupf[1]	s_n	5%	0,6%
Kippschlupf	s_k	ca. 20%	ca. 10%
Wirkungsgrad	η_n	77%	95%
Nennmoment[1]	M_n	3,7 Nm	353 Nm
Kippmoment	M_k	2,3 · M_n	2,8 · M_n
Trägheitsmoment	J	0,001 kgm^2	1,3 kgm^2
Gewicht (Masse)	m	9,9 kg	790 kg

Für die Drehzahl/Drehmoment-Kennlinie gilt folgende Gleichung:

M Drehmoment
M_k Kippmoment
n Drehzahl
n_k Kippdrehzahl
s Schlupf
s_k Kippschlupf

$$\frac{M}{M_k} \approx \frac{2}{\frac{s}{s_k} + \frac{s_k}{s}}$$

$$s = 1 - \frac{n}{n_s};\ s_k = 1 - \frac{n_k}{n_s}$$

Die Ständerwicklungen können in *Sternschaltung* oder in *Dreieckschaltung* an das Drehstromnetz angeschlossen werden **(Bild 1)**. In der Dreieckschaltung liegen bei einem 400-V-Drehstromnetz an jeder Wicklung 400 V Wechselspannung, bei der Sternschaltung dagegen nur $400\ V/\sqrt{3} = 230\ V$. Ein Drehstrommotor nimmt in der Dreieckschaltung dreimal mehr Strom auf als in der Sternschaltung und liefert daher auch ein dreimal größeres Drehmoment und damit eine dreimal höhere Leistung.

Drehstromasynchronmotoren werden meist in Dreieckschaltung betrieben.

9.4.4 Anlasssteuerungen

Drehstromasynchronmotoren nehmen beim direkten Einschalten einen 3-fach bis 6-fach höheren Strom auf als bei Nennbetrieb.

Motoren über 4 kW Leistung dürfen bei üblichen Stromnetzen nicht direkt eingeschaltet werden, da die hohen Ströme zu übergroßen Spannungsschwankungen im Netz führen würden. Man schaltet daher Drehstromasynchronmotoren von 4 kW bis 12 kW zuerst in Sternschaltung und nach dem Hochlauf in Dreieckschaltung um. In der Sternschaltung nimmt ein 12-kW-Motor (für Dreieckschaltung) etwa so viel Strom auf wie ein 4-kW-Motor (12 kW : 3 = 4 kW).

Stern-Dreieck-Anlassschaltung. Die Stern-Dreieck-Umschaltung geschieht meist durch eine Schützschaltung **(Bild 2)**. Für die Sternschaltung (Y) werden mit dem Schütz Q1 die 3 Wicklungsenden U1, V1, W1 an das Netz angeschlossen und die 3 anderen Enden U2, V2, W2 zum Sternpunkt durch das Schütz Q2 kurzgeschlossen. Dies geschieht durch Betätigung des Tasters S1. Ebenfalls mit dem Schütz Q1 wird durch S1 und den Selbsthaltekontakt Q1 auch das Zeitrelais K1 an Spannung gelegt. Nach einer einstellbaren Verzögerungszeit, wenn der Motor angelaufen ist, schaltet K1 und damit Q2 ab und Q3 an. Mit dem Schütz Q3 werden die Wicklungsenden U1-U2, V1-V2, W1-W2 miteinander verknüpft, also die Dreieckschaltung (D) hergestellt. Das Motorschutzrelais F1 mit thermischem Auslöser schützt den Motor vor Überlastung. Sein Öffner schaltet die Schütze aus.

Die Stern-Dreieck-Anlassschaltung vermindert den Anlassstrom und das Einschaltmoment auf ein Drittel.

Anlasssteuerung mit reduzierter Spannung. Durch Absenken der Drehstromspannung wird die Stromaufnahme beim Anlassen vermindert. Das Absenken der Spannung erfolgt U/f-Steuerungen (Kapitel 8.7.4.2).

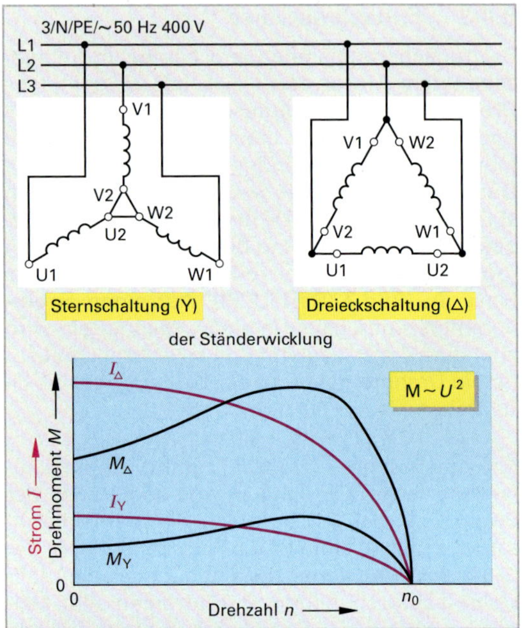

Bild 1: Sternschaltung und Dreieckschaltung

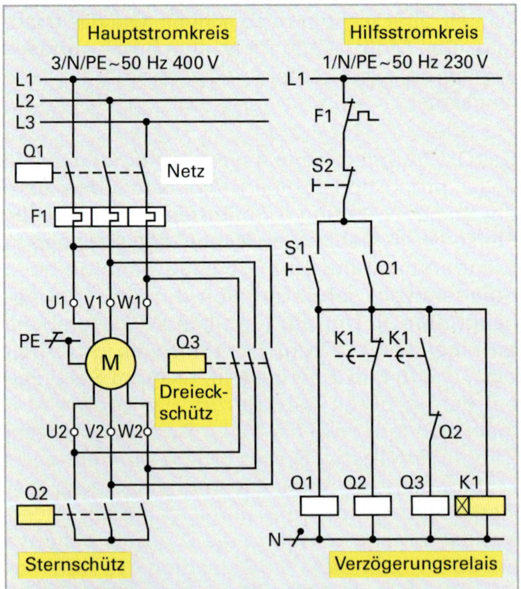

Bild 2: Schützschaltung für einen Stern-Dreieck-Anlauf

Sanftanlauf. Bei vielen Anwendungen, z. B. bei Textilmaschinen, will man einen sanften Anlauf. Auch dies erreicht man mit einer reduzierten Drehstromspannung mittels U/f-Steuerung. In einfachen Fällen wird nur eine der drei Drehstromphasen in der Spannung reduziert (früher machte man das mit einem Widerstand).

9.4.5 Drehrichtungsumkehr

Durch Vertauschen von zwei der drei Anschlussleitungen kehrt sich die Drehrichtung des Drehfeldes und damit die Läuferdrehrichtung um.

Das Vertauschen zweier Leiteranschlüsse erfolgt mit der **Wendeschützsteuerung (Bild 1)**. Das Schütz Q1 schaltet den Motor für Rechtslauf und das Schütz Q2 schaltet den Motor für Linkslauf. Beide Schütze sind gegenseitig sowohl durch die Taster S2, S3 als auch durch die Öffner Q1, Q2 verriegelt. Wenn der Motor sich im Stillstand befindet, wird durch Betätigen der Taster S2 bzw. S3 der Rechtslauf bzw. Linkslauf unmittelbar eingeleitet. Ist der Motor hingegen in Betrieb, wird beim Betätigen des Tasters für die gegensinnige Drehrichtung zunächst der Stromweg des eingeschalteten Zweiges durch einen Öffner unterbrochen. Erst wenn das zugehörige Stromschütz abgefallen ist, wird der Stromweg für die neue Drehrichtung wirksam.

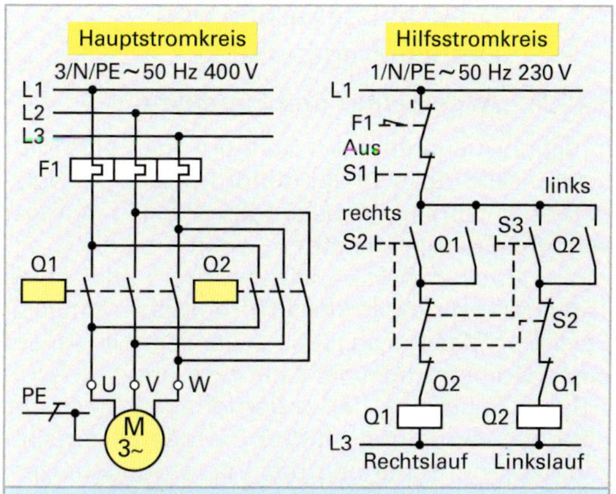

Bild 1: Wendeschützsteuerung zur Drehrichtungsumkehr

9.4.6 Betriebsarten und Fahrprofile

Wird ein Motor anders als im Dauerbetrieb (S1, gleichbleibende Last und Drehzahl) genutzt, z. B. nur kurzzeitig, so kann man diesem Motor eine höhere Leistung abverlangen, da er sich in der kurzen Betriebszeit nicht bis zu seiner zulässigen Grenztemperatur ϑ_{zul} erwärmt.

Nach DIN EN 60034 unterscheidet man insgesamt 10 Betriebsarten: S1 bis S10 **(Tabelle 1)**.

Beim **Dauerbetrieb S1** verbleibt der Motor eine lange Zeit im eingeschalteten Zustand. Ein thermischer Beharrungszustand wird erreicht. Bei Nennbelastung bleibt die Motortemperatur $< \vartheta_{zul}$.

Beim **Kurzzeitbetrieb S2** ist die Einschaltdauer kurz im Vergleich zur Pausendauer, sodass der Motor wieder auf Umgebungstemperatur abkühlen kann. Man darf ihn daher höher belasten als in der Betriebsart S1.

Beim **Aussetzbetrieb S3** ist die Pausendauer relativ kurz. Ein Temperatureinfluss aufgrund der Beschleunigung träger Massen ist noch vernachlässigbar. Man bezieht zur Motorgrößenermittlung die Einschaltdauer auf die Spieldauer und unterscheidet die Fälle 15 %, 25 %, 40 % und 60 %.

Beim **Aussetzbetrieb S4** sowie der weiteren Betriebsarten ist der Beschleunigungsvorgang miteinzubeziehen und das erfordert die Berechnung der effektiven Motorbelastung. Notwendig ist dies bei den Servoantrieben.

Tabelle 1: Motorbetriebsarten

Leistungsverlauf Temperaturverlauf	Bemerkung
Dauerbetrieb S1 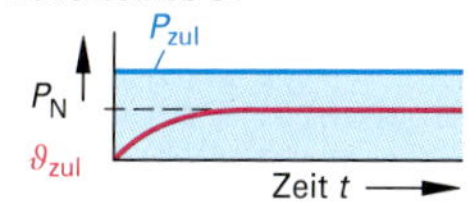	Der Motor wird mit der Bemessungsleistung P_N betrieben. Die zulässige Grenztemperatur wird nach einiger Zeit erreicht.
Kurzzeitbetrieb S2 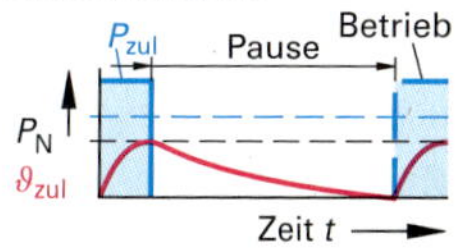	Der Motor wird kurzzeitig mit $P_{zul} > P_N$ betrieben. Ein erneuter Betrieb erfolgt erst nach Abkühlung.
Periodischer Aussetzbetrieb S3, S4[1], S5[2] 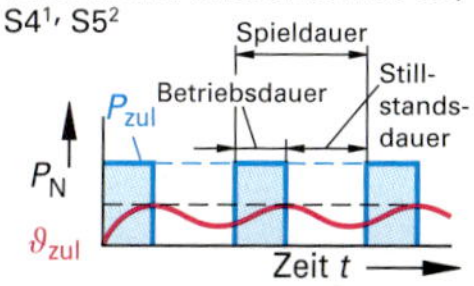	Der Motor wird kurzzeitig belastet, kühlt sich in der kurzen Pause nicht mehr ganz ab. $P_{zul} \approx P_N$ oder $< P_N$.
Unterbrochener periodischer Betrieb S6, S7[3], S8[4] 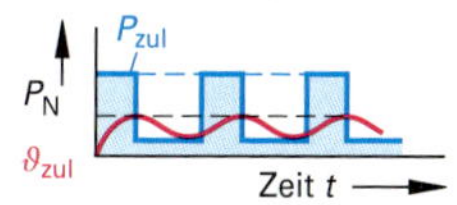	Der Motor läuft durch und kühlt in der Belastungspause besser ab als beim Aussetzbetrieb, da er belüftet wird. $P_{zul} > P_N$, auch $\approx P_N$, auch $< P_N$.
Betrieb mit nicht periodischer Last- und Drehzahländerung S9 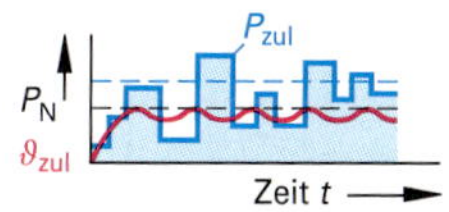	Der Motor wird nach einer bestimmten Gesetzmäßigkeit betrieben. Er ist so zu bemessen, dass seine durchschnittliche Verlustleistung kleiner als bei S1 bleibt.

[1] S4 Betriebsart wie bei S3, nur mit Beachtung der erhöhten Verlustleistung beim Anlauf. [2] S5 Betriebsart wie bei S4, nur mit Beachtung der Verlustleistung beim Bremsen. [3] S7 Betriebsart wie bei S6, nur mit Beachtung der erhöhten Verlustleistung beim Bremsen. [4] S8 Betriebsart wie bei S6. Die Verlustleistung muss für eine Spieldauer ermittelt werden und darf die Verlustleistung bei Nennbetrieb nicht überschreiten, S10 Betrieb mit einzelnen konstanten Belastungen.

9.4.7 Drehzahlsteuerung und Drehzahlregelung

9.4.7.1 Allgemeines und Einteilung

In vielen Anwendungen benötigt man eine Motordrehzahl, die nicht der Motordrehzahl bei Netzbetrieb entspricht, insbesondere kann man meist sehr viel Energie einsparen, wenn man die Drehzahl, z. B. einer Pumpe, eines Lüfters oder eines Transportbandes an die Erfordernisse anpasst. Bei vielen Maschinen ist auch der schnelle Anlauf eines Drehstromasynchromotors unerwünscht, z. B. zur Schonung der angetriebenen Mechanik oder zur Vermeidung hoher Einschaltstromspitzen, also zur Schonung des Versorgungsnetzes. Abhängig vom Prozess ist also ein bestimmtes Fahrprofil einzuhalten **(Bild 2)**.

Ein solches Fahrprofil ist meist gekennzeichnet

- durch eine Anfahrrampe, der Phase konstanter Beschleunigung,
- einer Bewegungsphase mit konstanten Drehzahlen bzw. konstanter Geschwindigkeiten und
- einer Abbremsphase mit z. B. konstanter Verzögerung.

Sodann kann sich ein Fahrprofil mit umgekehrter Richtung, d. h. umgekehrtem Vorzeichen anschließen. In manchen Fällen soll der Anlauf sehr sanft erfolgen, d. h. mit einer Ruckbegrenzung. Dies erreicht man durch einen S-förmigen Übergang von einer Drehzahl zu einer anderen.

Auch wird häufig eine weit über die Nenndrehzahl hinausgehende Drehzahl (bei vermindertem Drehmoment) gefordert. Dies ist möglich durch eine Reduzierung des Magnetisierungsstroms (Feldschwächung) und einem Motorbetrieb mit einer weit erhöhten Stromfrequenz.

Die frühere Art der Drehzahlbeeinflussung über ohmsche Widerstände, z. B. Läuferwiderstände, ist sehr aufwändig und sehr unwirtschaftlich. Widerstände im Energiebereich bedeuten stets hohe Verlustwärme und zusätzliche Verlustenergie zum Abführen der Verlustwärme.

Zur Drehzahlveränderung verwendet man Umrichter mit Leistungstransistoren, sogenannten IGBTs (Insulated Gate Bipolar Transistor, = Bipolartransistor mit isolierter Steuerelektrode).

Zunächst wird Wechselstrom gleichgerichtet und dann mit IGBTs in Dreiphasendrehstrom veränderbarer Frequenz und veränderbarer Spannung umgerichtet **(Bild 2)**.

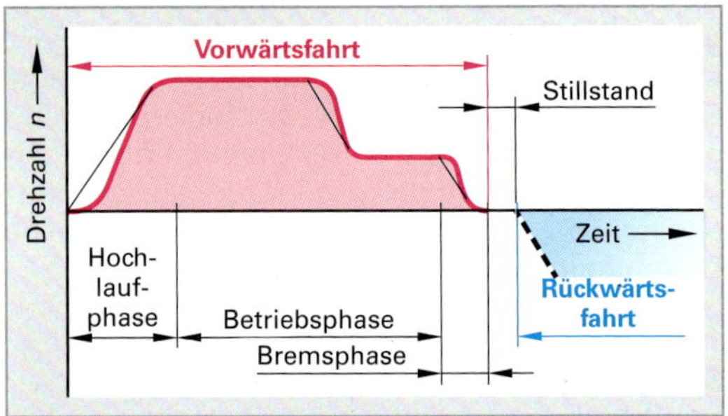

Bild 1: Fahrdiagramm

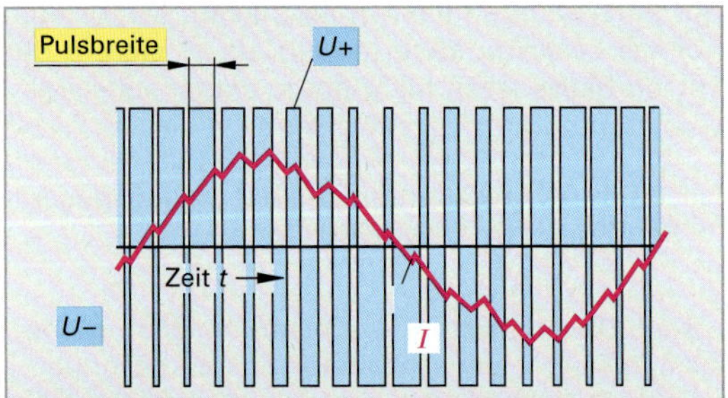

Bild 3: Pulsweitenmodulation (PWM)

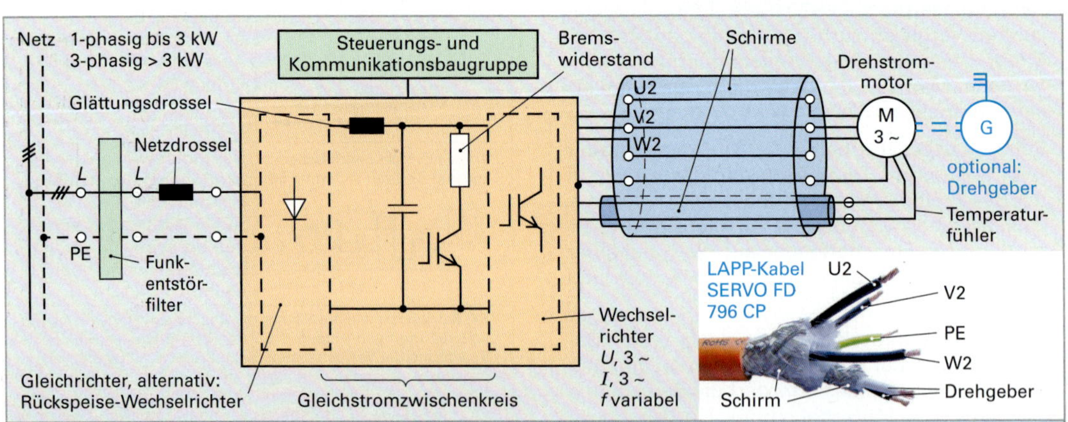

Bild 2: Struktur und Anschlüsse eines Frequenzumrichters

Bei kleinen Leistungen bis etwa 3 kW verwendet man die Netzwechselspannung (230 V AC). Bei großen Leistungen und in Industrieanlagen wird der Umrichter an das 400-V-Drehstromnetz angeschlossen. Die Niederspannungs-Umrichter gibt es für Leistungen von 0,5 kW bis über 250 kW. Beim elektrischen Abbremsen entsteht Bremsenergie. Diese kann teilweise im Gleichstromkreis des Umrichters zwischengespeichert werden. Überschussenergie wird in Wärme an einem Widerstand umgewandelt oder vermehrt als Drehstromenergie ins Drehstromnetz zurückgeführt.

Zur Drehzahlveränderung von Drehstrom**asynchron**motoren unterscheidet man:

- **Drehzahlsteuerung** durch Spannungs-Frequenzsteuerung (*U*/*f*-Steuerung),
- **Drehzahlregelung** durch Vektorregelung der Motorströme **ohne Geber**,
- **Drehzahlregelung** durch *U*/*f*-Steuerung mit Geber und
- **Drehzahlregelung** durch Vektorregelung der Motorströme mit Geber **(Bild 1)**.

Bei manchen Anwendungen ist nicht die Drehzahl nach einem gewissen Fahrprofil zu steuern, sondern das Drehmoment. Auch dies ist möglich durch eine **Drehmomentregelung** bzw. Stromstärkeregelung. Dabei stellt sich die Drehzahl so ein, dass ein gewünschter Drehmomentverlauf eingehalten wird.

In praktisch allen Fällen ist der Umrichter mit einer Mikroprozessorsteuerung ausgestattet und besitzt eine Kommunikationsschnittstelle zur Parametrierung und zur Steuerung über ein Bussystem sowie den Direktanschluss eines Drehgebers. Die Parametrierung ist notwendig zur Anpassung des Umrichters an den zu betreibenden Motor, zur Einstellung von Grenzwerten, von Fahrprofilen und von Sicherheitsfunktionen. Die Kommunikation über ein Bussystem, z. B. über PROFIBUS oder PROFINET ermöglicht die Antriebssteuerung im Verbund mit anderen Aggregaten und die Überwachung mit Diagnosefunktionen über ein Leitportal. Die erforderlichen Leistungsdaten des Motors, wie z. B. Motorbemessungsstrom, Motorbemessungsspannung, Stern- oder Dreieckschaltung, cos φ werden dem Motortypenschild entnommen.

9.4.7.2 *U*/*f*-Steuerung

Die einfachste Art der Drehzahlbeeinflussung ist die Spannungs-Frequenzsteuerung (*U*/*f*-Steuerung). Je höher die Frequenz des Motorstroms gewählt wird, desto höher wird die Spannung gemacht **(Bild 2)**. Mit zunehmender Frequenz erhöht sich der induktive Strangwiderstand des Motors. Damit der drehmomentbildende Motorstrom konstant bleibt, muss auch die Spannung erhöht werden. Das Verhältnis *U*/*f* bleibt im Drehzahlbereich bis zur Bemessungsdrehzahl n_N des Motors konstant. Von $n = 0{,}1\ n_N$ bis n_N kann man den Motor mit M_N belasten und auch kurzzeitig überlasten bzw. im Aussetzbetrieb mit Lastspitzen betreiben. Für höhere Drehzahlen $n > n_N$ bzw. $f > f_N$ wird die Spannung nicht weiter erhöht (Feldschwächebereich). Das verfügbare Motormoment (Grenzdrehmoment) reduziert sich. Den Drehzahlbereich durch Feldschwächung kann man bis über die 3-fache bis 4-fache Motorbemessungsdrehzahl ausweiten. Die Stromfrequenz liegt dann für 50-Hz-Drehstromasynchronmotoren über 200 Hz.

Im Bereich des konstanten Drehmoments kann kurzzeitig über das Bemessungsdrehmoment belastet werden. Das ist wichtig für Beschleunigungsvorgänge oder bei Aussetzbetrieb.

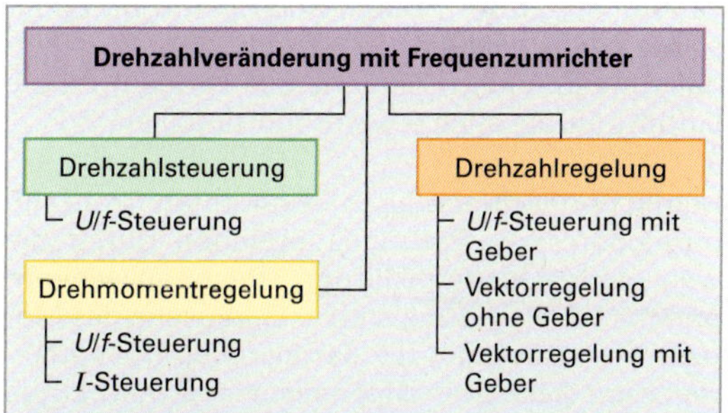

Bild 1: Varianten zum Steuern und Regeln eines Drehstromasynchronmotors

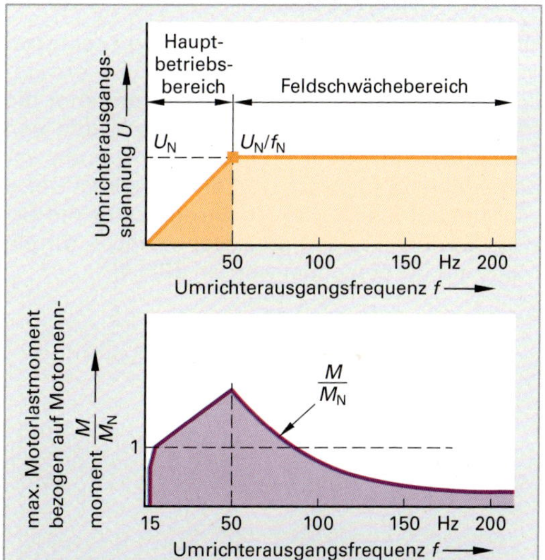

Bild 2: Spannungs-Frequenzkennlinie und Drehmoment-Frequenzkennlinie

Bei sehr kleinen Drehzahlen und entsprechend kleiner Frequenz und Spannung macht sich der ohmsche Wicklungswiderstand bemerkbar und führt zu einer Drehmomentabsenkung. Dies kann man mit einer Spannungsanhebung im unteren Drehzahlbereich (I x R-Kompensation) kompensieren **(Bild 1, oben)**. Zur Verbesserung des Anlauf- und Abbremsverhaltens kann man auch die Motorspannung im gesamten Hauptbetriebsbereich anheben **(Bild 1, unten)**. Sind die Belastungen bekannt, so kann für einen einzelnen Lastfall, z. B. M_2 in **Bild 2**, die Kennlinie um den zu erwartenden Schlupf bzw. Drehzahlabfall Δn nach rechts verschoben werden. Man bezeichnet dies als *Schlupfkompensation*.

Die Mikroprozessorsteuerung des Umrichters erlaubt bei beliebigen Frequenzen die U/f-Kennlinie durch Stützpunktvorgaben zu verändern. So kann man z. B. dem typisch parabolischen Momentenverlauf bei Lüftern **Bild 3** auch einen parabolischen U/f-Kennlinienverlauf zuordnen. So steigt mit zunehmender Frequenz des Umrichters die Lüfterdrehzahl auch etwa proportional an.

Häufig beobachtet man in bestimmten Drehzahlbereichen bzw. Frequenzbereichen durch die wechselnde Magnetisierung Resonanzschwingungen in Verbindung starker Geräusche des Motors. Man kann nun die Kennlinie so manipulieren, dass diese Drehzahlen nicht im Dauerbetrieb eingestellt werden können.

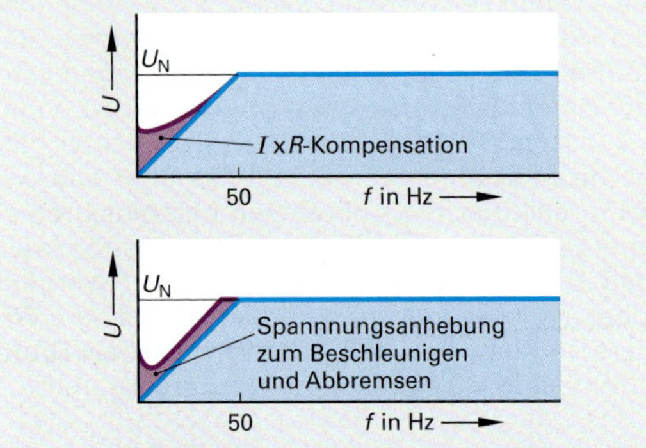

Bild 1: IxR-Kompensation und Spannungsanhebung

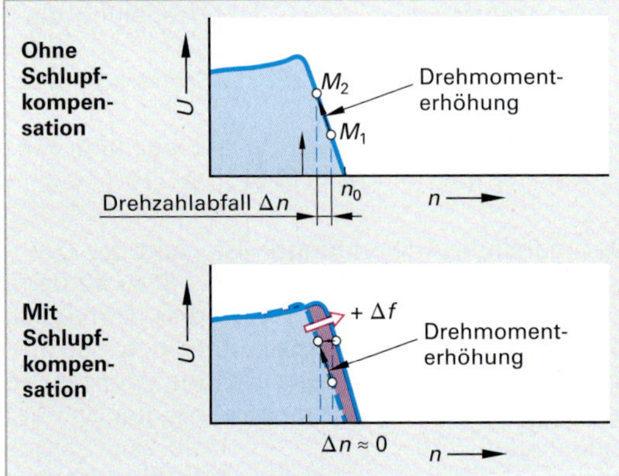

Bild 2: Schlupfkompensation

9.4.7.3 Vektorregelung

Umrichter mit vektorieller Regelung (Vektorregelung) der Dreiphasenwechselströme ermöglichen bei einem Drehstromasynchronmotor die getrennte Regelung von Wirkstrom i_d und von Blindstrom (Magnetisierungsstrom) i_q und zwar dadurch, dass für einen, mit der gewollten Drehzahl umlaufenden, fiktiven Stromvektor die fiktiven Stromvektorkomponenten i_a und i_b für ein Motormodell berechnet werden **(Bild 4)**.

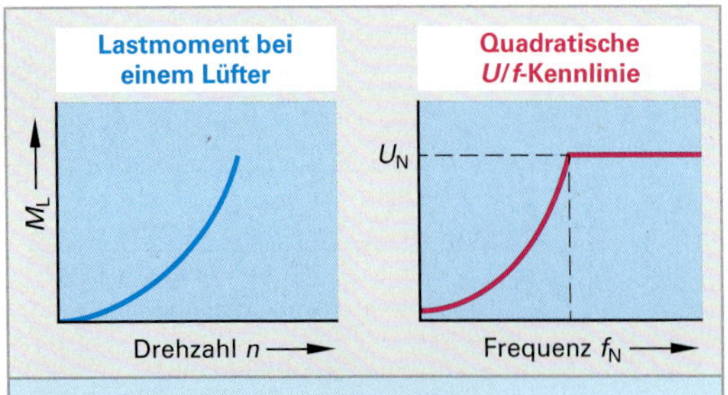

Bild 3: Quadratische *U*/*f*-Kennlinie

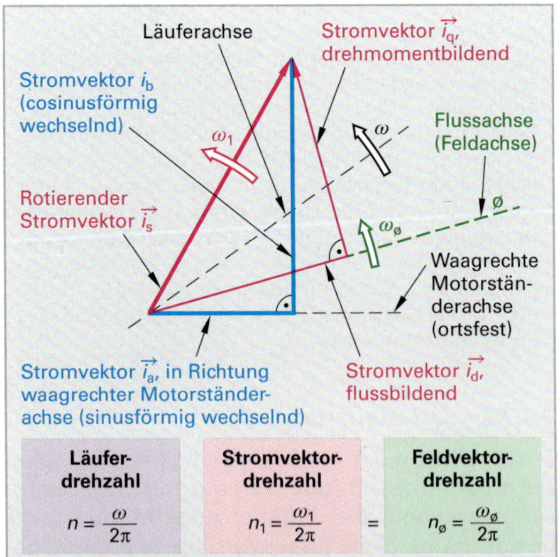

Bild 4: Vektoren für Ströme und Magnetisierung in einem Antriebsmodell

Diese Stromvektorkomponenten i_a und i_b werden mit Software-Reglern geregelt **(Bild 1)** und zwar laufend in Abhängigkeit des momentanen tatsächlichen Läuferdrehwinkels (Vektorregelung mit Geber) oder in Abhängigkeit des gewollten Drehwinkels (Vektorregelung ohne Geber).

Diese nur rechnerisch vorliegenden Ströme i_a und i_b werden in zu verwirklichende 3-Phasen-Wechselströme umgerechnet (Koordinatentransformation) und zwar in Kenntnis der wirklichen physikalischen elektrischen Motoreigenschaften, gegeben durch Induktivitäten, magnetische Kopplungen und ohmsche Widerstände. So setzt die Vektorregelung ein genaues Motorersatzschaltbild **(Bild 2)** mit dessen Parameter voraus. Die Ersatzschaltbildparameter sind entweder durch den Motorlieferanten bekannt und können als Parameter dem Umrichter eingegeben werden oder sie werden durch den „intelligenten" Umrichter in einer ca. 20-minütigen Testprozedur automatisch bei blockiertem und kaltem Läufer ermittelt. Das Motordrehmoment entspricht dem Produkt aus Wirkstrom i_b und Magnetisierungsstrom i_q ($M \sim i_b \cdot i_q$). Da sowohl i_b als auch i_q voneinander unabhängig geregelt werden können, sind neben dem Normalbetrieb auch ein „Feldschwächebetrieb" möglich und damit Überdrehzahlen bis zum 5-Fachen der Nenndrehzahl.

Gegenüber der U/f-Steuerung hat die Vektorregelung erhebliche Vorteile: kurze Reaktionszeiten bei Drehzahl-Sollwertänderungen und Drehzahlstabilität auch bei Laständerungen. Beschleunigen und Bremsen sind mit wählbarem Maximaldrehmoment möglich. Das Drehmoment kann unabhängig von der Drehzahl geregelt werden (Drehmomentregelung). Bei der Drehzahl null ist Nennmoment möglich.

Der interne programmtechnische Aufwand der Vektorregelung ist erheblich, bezüglich der Kosten aber unerheblich, da die erforderliche Software ohnehin meist integriert ist.

Die Vektorregelung mit Drehgeber

An einen Umrichter für Vektorregelung kann stets auch ein Drehgeber angeschlossen werden, da alle wesentlichen Komponenten ohnehin vorhanden sind. Der Drehgeber und dessen Anbau an den Motor und dessen Verkabelung sind ein zusätzlicher Aufwand. Der Drehgeber **(Bild 3)** liefert winkelgenau die Motordrehlage und korrigiert so den rechnerisch ermittelten Drehwinkel.

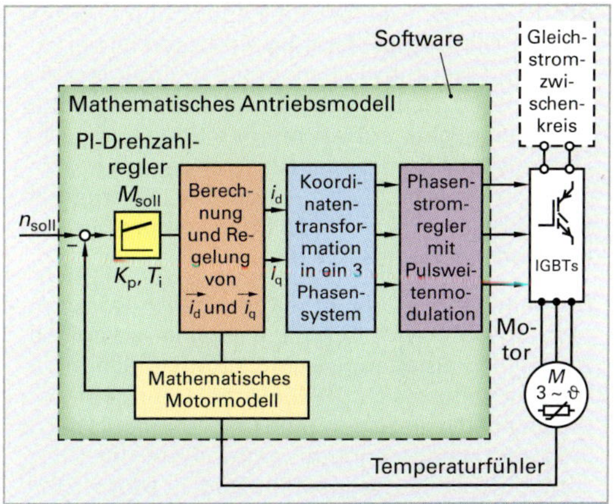

Bild 1: Blockschaltbild der Wirkstromregelung und der Magnetisierungsstromregelung

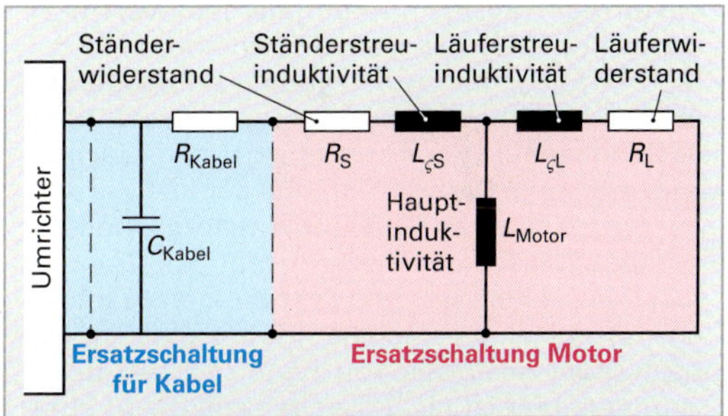

Bild 2: Motorersatzschaltbild und erforderliche Motorkenngrößen

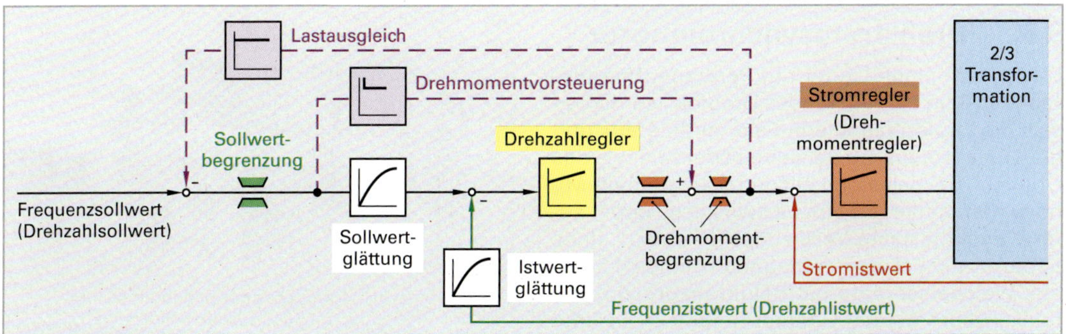

Bild 3: Blockschaltbild der Regelung

Damit wird ein genaueres, insbesondere gleichmäßigeres Drehen des Motors bei kleinen Drehzahlen erreicht. Selbst das ruhige Halten einer Last ist bei Stillstand möglich.

Ohne Drehgeber sind die Reglerparameter manuell nach Erfahrung einzugeben oder mithilfe von Einstellregeln, z. B. nach Ziegler-Nichols. Die Vorsteuerung zum Drehmomentregler stellt das zu erwartende Drehmoment sofort durch, bis dann der PI-Drehzahlregler die Feinregelung wahrnimmt. Die Tiefpassfilter im Drehzahlsollwertzugang und im Drehzahlistwertzugang mindern die Regelkreisdynamik, machen aber die Regelung unempfindlicher auf vibrierende Störungen oder Digitalisierungssprünge. Als Drehgeber verwendet man optische oder magnetische inkrementelle Drehgeber, z. B. mit 1024 Impulsen pro Umdrehung oder auch Drehmelder.

Bei mechanisch gekoppelten Mehrmotorenantrieben, z. B. bei Motoren, die an einer gemeinsamen Welle arbeiten, ist ein **Lastausgleich** erforderlich, sodass sich die Motorbelastungen etwa gleich auf die einzelnen Motoren verteilen. Hierzu wird mit zunehmendem Lastmoment der Drehzahlsollwert herabgesetzt **(Bild 1, Seite 265)**. Damit verschiebt sich die Last auf die anderen Antriebe.

Ausgangsgröße des Drehzahlreglers ist bei der Vektorregelung der Drehmomentsollwert bzw. der Sollwert für die Wirkstromkomponente des Motorstroms. So enthält jede Vektorregelung auch eine **Drehmomentregelung**. Diese kann auch abhängig vom Anwendungsfall für sich allein, d. h. ohne Drehzahlvorgabe genutzt werden, oder auch zu einer Drehmomentstörgrößenaufschaltung, wenn ein Messglied für das Drehmoment vorhanden ist. Eine Drehmomentregelung ist z. B. für einen Haspelantrieb praktisch, um beim Drahtziehen eine konstante Ziehkraft zu bekommen. Hier ist nicht die Drehzahl die zu steuernde Größe, sondern das Drehmoment bzw. die Zugkraft.

9.5 Drehstromsynchronmotor

Bringt man einen Läufer mit **Permanentmagneten (Bild 1)** in ein rotierendes Drehfeld, so richten sich die Läufermagnete in Feldrichtung aus und der Läufer rotiert mit derselben Drehzahl wie das Drehfeld. Bei Belastung mit dem Lastmoment M_W hängt der Läufer um den Lastwinkel α_w dem Läuferfeldvektor nach. Verwendet man statt eines Läufers mit Permanentmagneten einen Läufer aus **Weicheisenmaterial (Reluktanzprinzip)** mit feldkonzentrierender Geometrie **(Bild 2)**, so folgt auch ein solcher Läufer synchron dem Ständerdrehfeld.

In beiden Fällen muss sichergestellt werden, dass der Lastwinkel α_w nicht zu groß wird, d. h. dass er bei der 2-poligen Maschine geringer als 90° und bei der 4-poligen Maschine geringer als 45° bleibt. Man erreicht dies durch eine *Lastwinkelregelung* als Bestandteil der *Drehzahlregelung*, d. h. das Ständerdrehfeld darf sich nur in dem Maße in der Drehgeschwindigkeit ändern wie der Läufer folgen kann.

9.5.1 Servoantriebe

Servoantriebe realisiert man mit permanenterregten Drehstrom**synchron**motoren **(Bild 3)**. Sie dienen der hochgenauen und schnellen Positionierung von Maschinentischen und Werkzeugen sowie der hochgenauen Ausführung von Lagesollwertfolgen zur Bahnerzeugung, meist im gekoppelten Verbund mit anderen Maschinenachsen.

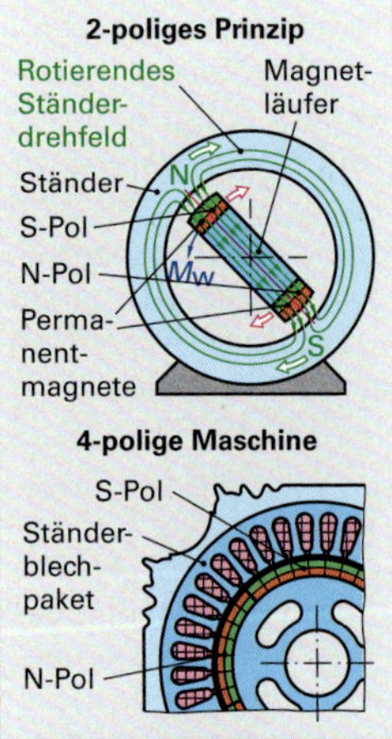

Bild 1: Permanentmagnetläufer

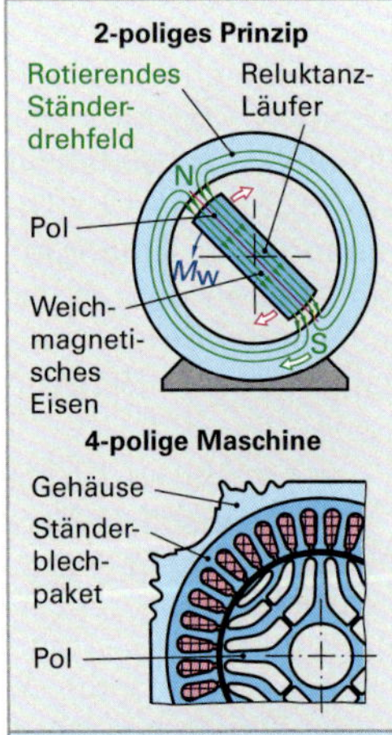

Bild 2: Reluktanzläufer

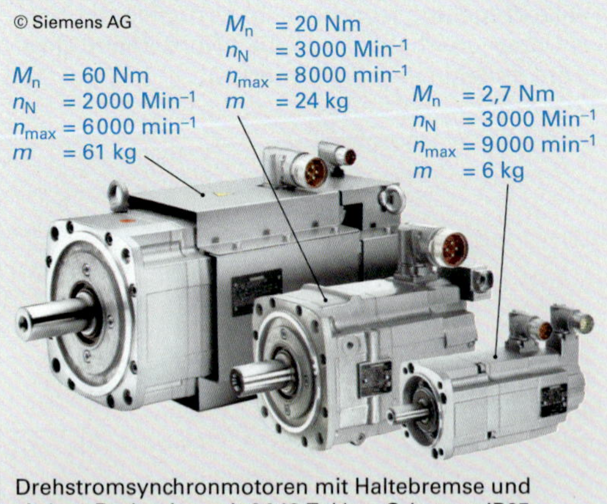

Drehstromsynchronmotoren mit Haltebremse und sin/cos-Drehgeber mit 2048 Zyklen, Schutzart IP65

Bild 3: Drehstromsynchronmotoren (Beispiele)

In einer solchen Zusammengehörigkeit bestimmt die dynamisch trägste Maschinenachse die Gesamtdynamik. Bestimmend ist dabei diejenige Maschinenachse mit den größten Massenträgheitsmomenten bzw. der niedrigsten mechanischen Eigenfrequenz. Die Massenträgheitsmomente hängen ab von der Maschinenkonstruktion. Wesentlich sind sie abhängig von den zu bewegenden Massen in Verbindung mit den Getrieben. Getriebeuntersetzungen reduzieren im Quadrat die Massenträgheitsmomente. Für die Antriebsmotoren ist es wichtig, dass diese, sofern sie bis zu hohen Drehzahlen genutzt werden, sehr kleine Trägheitsmomente haben.

Die **Servo-Normalmotoren** sind meist 4-polig **(Bild 1)** bis 8-polig. Die Motorläufer sind z. T. hohl und damit trägheitsarm. Der Drehzahlbereich liegt für die Bemessungsdrehzahl etwa bei $n_N = 3000 \text{ min}^{-1}$ und kann genutzt werden bis über $n_{max} = 9000 \text{ min}^{-1}$. Typische Kenngrößen ersieht man aus **Tabelle 1, Seite 268**.

Servoantriebe haben auch im Stillstand ein Haltemoment **(Bild 1, Seite 268)**. Für Beschleunigungen kann der Motor etwa 4-fach erhöhtes Drehmoment abgeben.

Für Vorschubantriebe bei NC-Maschinen und Robotern werden die Servomotoren stets mit hochauflösenden Drehgebern verwendet, meist sind es optische sin/cos-Drehgeber mit bis 10000-facher Interpolation, sodass die Drehwinkelauflösung als Wegmesseinheit in den Bereich von Nanometern kommt. Damit kann man dann sehr kleine ruckfreie Geschwindigkeiten erzielen. Das ist für die Maschinengenauigkeit wichtig, wenn z.B. bei der Herstellung einer flachen Schräge 1:1000 die langsame Maschinenachse sich 1000 mal langsamer bewegen muss als die vorschubbestimmende Achse.

Die Geschwindigkeit berechnet sich aus der Impulszahl pro Zeiteinheit. Da man zur hochdynamischen Regelung etwa alle 10 µs einen Geschwindigkeitsistwert benötigt und dieser etwa 1 % genau sein sollte, ist die kleinste gut geregelte Verfahrgeschwindigkeit 100 Wegeinheiten/10 µs.

Bei 10 nm als Wegeinheit erhält man 1000 nm/10 µs $\rightarrow 10^{-12}$ m/10^{-6} s $\rightarrow 10^{-6}$ m/s $\rightarrow$ 1 µm/s.

Antriebsprinzip. Aus dem Gleichstrom des Gleichstromzwischenkreises wird durch Pulsweitenmodulation (PWM) ein frequenzvariabler Drehstrom gebildet. Dieser erzeugt im Motorständer einen magnetischen Drehfeldvektor, welcher in weitem Rotationsgeschwindigkeitsbereich vorwärts und rückwärts gedreht werden kann **(Bild 2)**. Der Permanentmagnetläufer stellt sich in Richtung des Drehfeldvektors ein.

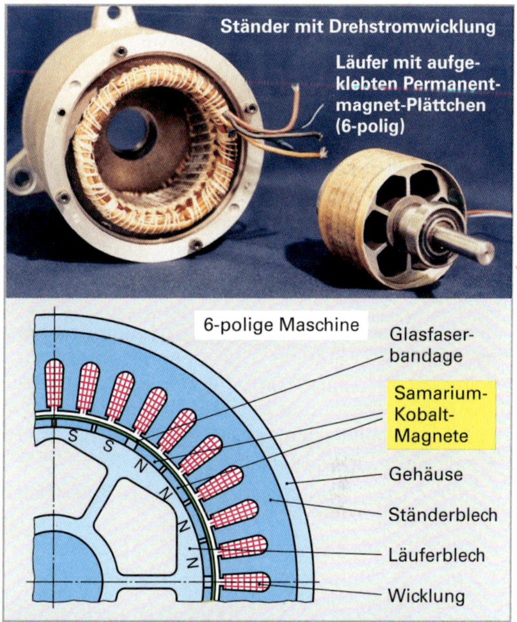

Bild 1: Drehstromsynchronmotor (Beispiel)

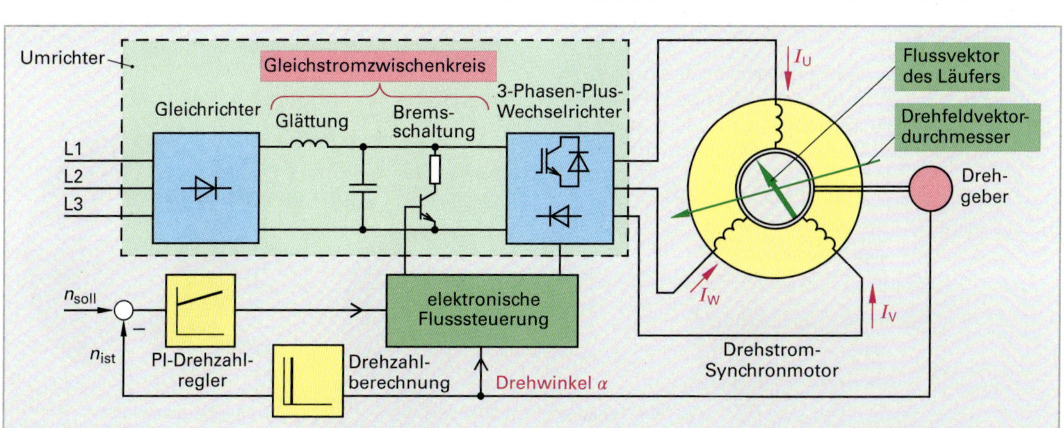

Bild 2: Drehlagenabhängige Drehfeldsteuerung

Die Motoren können *selbstgekühlt, fremdgekühlt* oder auch *wassergekühlt* sein. Bei Fremdkühlung und bei Wasserkühlung vergrößert sich der zulässige Überlastbereich bzw. Leistungsbereich bis um den Faktor 2,5 bzw. man kann bei Wasserkühlung kleinere Motoren verwenden.

Bei der Selbstkühlung wird die entstehende Verlustwärme über die Oberfläche abgeleitet. Die Motorwicklung kann bis 100 K Übertemperatur haben. Hierbei kann die Motoroberflächentemperatur gut 140 °C erreichen (Achtung, beim Berühren kann man sich verbrennen). Die Wicklungstemperatur wird laufend erfasst und zwar meist mit einem Kaltleiter KTY84-110 oder Platinwiderstand PT1000.

9.5.2 Direktantriebe

9.5.2.1 Torque-Motoren

Als **Direktantriebe**, d.h. ohne Getriebe, direkt zum Antrieb von Rundtischen, Werkzeugspindeln und auch Vorschubspindeln gibt es sogenannte **Torque-Motoren** (engl. torque = Drehmoment **Bild 2**). Diese Motoren haben eine hohe Polzahl, z. B. 98 und sie haben dementsprechend eine niedrige Bemessungsdrehzahl, z.B. $n_N = 100\ \text{min}^{-1}$.

Meist verwendet man **Einbau-Torquemotoren**, bestehend aus Ständer (Stator) und Hohlwellenläufer (Rotor). Diese Komponenten können platzsparend direkt in eine Maschine eingebaut werden. Sie zeichnen sich aus durch:

- sehr hohe Leistungsdichte,
- hohes Drehmoment bei kompakter Bauweise und geringem Bauvolumen,
- hohe 1,6- bis 2,2-fache Überlastfähigkeit,
- hohe Verfügbarkeit, da verschleißbehaftete Getriebebauteile entfallen,
- eine Wasserkühlung **(Bild 3)** dient der Erhöhung der Bemessungsleistung und verbessert das thermische Verhalten der Maschinenkonstruktion.

Der Umrichter ist häufig baugleich zu einem *U*/*f*-Umrichter. Er bekommt nur eine andere Parametrierung. So ist der Schaltungsaufbau ähnlich zu den Antrieben mit Drehstromasychnronmotoren.

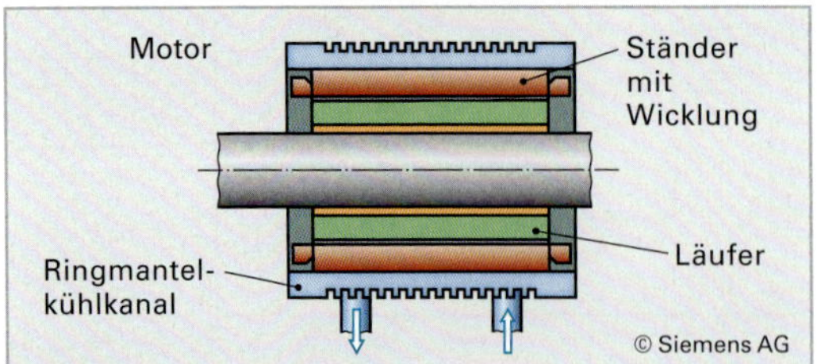

Bild 3: Wasserkühlung

Tabelle 1: Kenngrößen (Beispiele)

Kenngrößen		kleiner Motor	großer Motor
Bemessungsmoment	M_n	2,2 Nm	55 Nm
Impulsmoment	M_I	10 Nm	200 Nm
Bemessungsdrehzahl	n_N	3000 min^{-1}	1200 min^{-1}
Mech. Zeitkonst.	T_m	4 ms	2 ms
elektr. Zeitkonst.	T_{el}	4 ms	22 ms
Strangstrom bei M_n und $U = 210$ V	I_{Str}	5 A	50 A
Beschleunigung	W_{max}	3500 Umdr/s²	1100 Umdr/s²
Gewicht (Masse)	m	5 kg	51 kg
Trägheitsmoment	J	$0{,}5 \cdot 10^{-3}$ kgm²	$29 \cdot 10^{-3}$ kgm²
Strangstrom bei M_n und $U = 600$ V	I_{Str}	2,1 A	21 A
Leistung	P	0,69 kW	6,9 kW

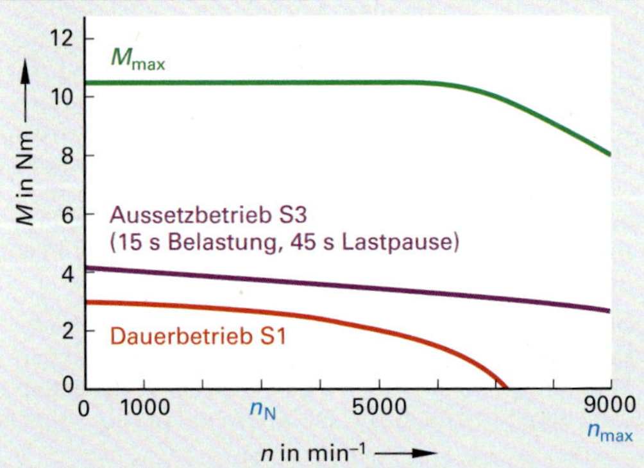

Bild 1: Motor-Grenzkennlinien

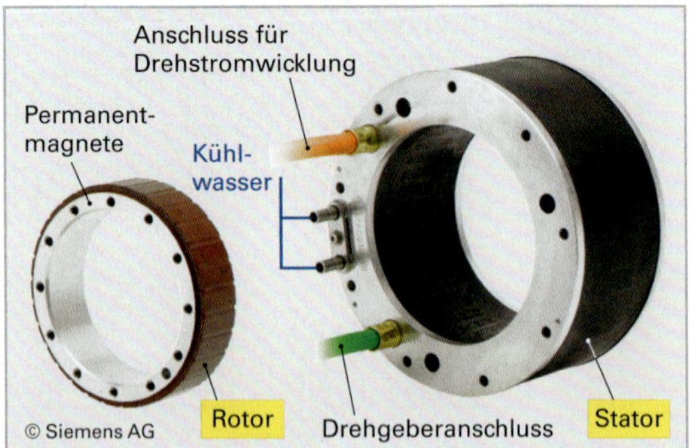

Bild 2: Einbau-Torque-Motor

9.5.2.2 Linearmotoren

Linearmotoren lassen sich grundsätzlich nach den *gleichen Prinzipien wie Gleichstrommotoren, Drehstromsynchronmotoren* und auch *Drehstromasynchronmotoren* verwirklichen. Man „*wickelt*" dabei den Ständer und Läufer auf die Ebene ab (**Bild 1** und **Bild 2**).

Beim Asynchron-Prinzip trägt der bewegliche Schlitten eine 3-phasige „Ständerwicklung" und das Maschinenbett hat ein Kurzschlussgitter aus Aluminiumstäben, die in ein Stahlbett eingelegt sind, ähnlich wie der Kurzschlusskäfig bei einem drehenden Motor gemacht ist.

Beim meist verwendeten Synchron-Prinzip sind anstelle des Kurzschlussgitters Permanentmagnetstäbe in das Maschinenbett eingelegt (Bild 2). Die Kommutierung, d. h. die Stromsteuerung für die Wicklungen erfolgt über einen Magnetfeldsensor, der an der Stirnseite des beweglichen Läufers angebracht ist und die Feldrichtung der Dauermagnete abtastet.

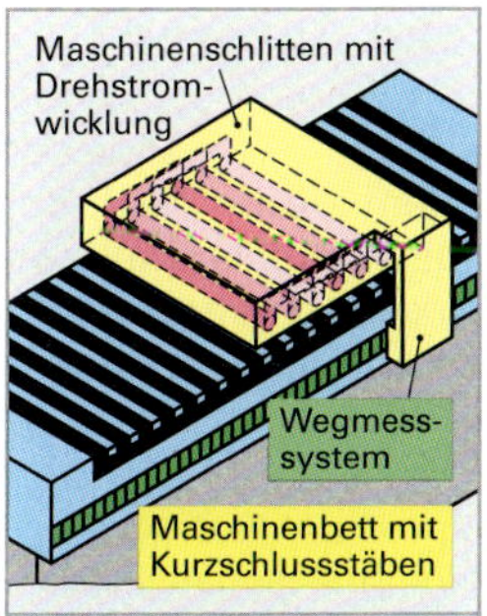

Bild 1: Asynchron-Prinzip

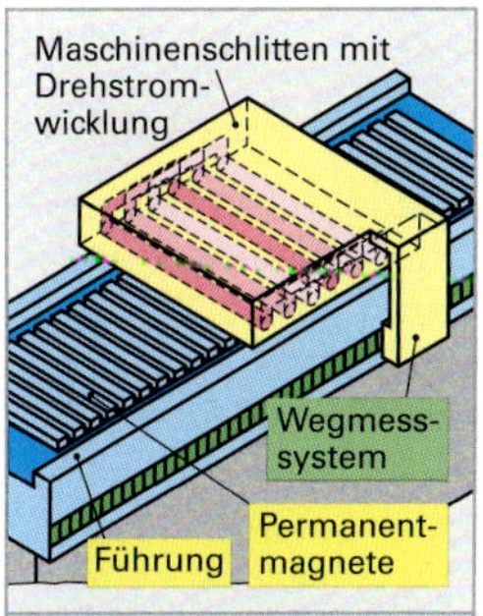

Bild 2: Synchron-Prinzip

9.5.3 Schrittmotoren

Der Schrittmotor dreht sich mit jedem Ansteuerimpuls um einen kleinen *Winkelschritt*.

Wirkungsweise. Werden die Spulen des Schrittmotors in der Reihenfolge 1, 2, 3, 1, 2... nacheinander von einem Strom durchflossen, stellt sich der Läufer mit seinen beiden Zähnen nacheinander in Richtung des magnetischen Feldes jeder Magnetspule (**Bild 3**). Er dreht sich bei 3 Schritten um 180° bzw. bei 6 Schritten um eine ganze Umdrehung. Erregt man die Spulen in der Reihenfolge 1, 1+2, 2, 2+3, 3 usw., dann nimmt bei Doppelerregung von je 2 Spulen der Läufer eine Mittelstellung zwischen 2 Polen ein. Es sind jetzt für 1 Umdrehung 2 · 6 = 12 Schritte erforderlich. Erfolgt die Spulenerregung in der Reihenfolge 1, 1 + 3, 3, 3 + 2, 2 usw., erfolgt eine Läuferdrehung in entgegengesetzter Richtung.

Aufbau. Beim Schrittmotor in **Bild 4** hat der Ständer 8 Wicklungen, die, jeweils gegenüberliegend erregt, 4 Phasen ergeben. Die Polschuhe sind wie der Läufer gezahnt. Der Läufer hat 50 Zähne am Umfang. Die Zahnung der Polschuhe ist von Polschuh zu Polschuh um 7,2° verdreht. Erregt man die Polschuhe durch schrittweise Ansteuerung der Wicklungen nacheinander, so dreht der Motor in 7,2°-Schritten bzw. mit 50 Schritten je Umdrehung. Durch die Zweiteilung der Polschuhe mit einem Versatz der Zähne um eine Zahnbreite (3,6°) erhält man eine Verdoppelung der Schrittzahl. Bei zusätzlicher Anwendung der Doppelerregung (Halbschrittverfahren) erhält man 200 Schritte je Umdrehung.

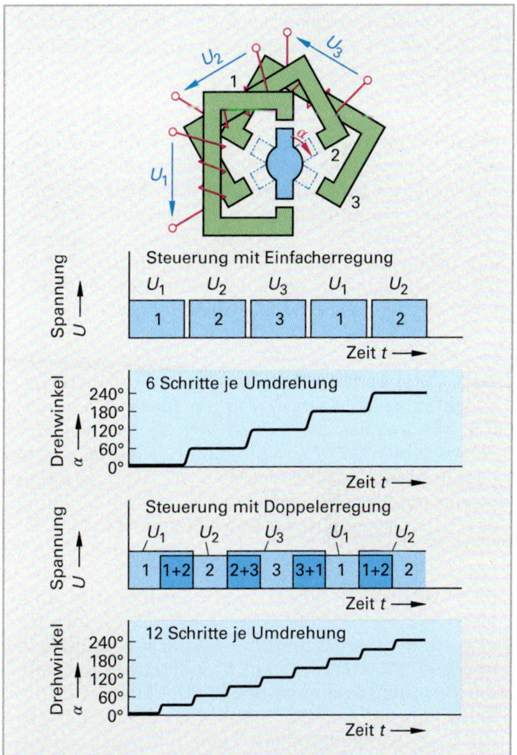

Bild 3: Prinzip des elektrischen Schrittmotors

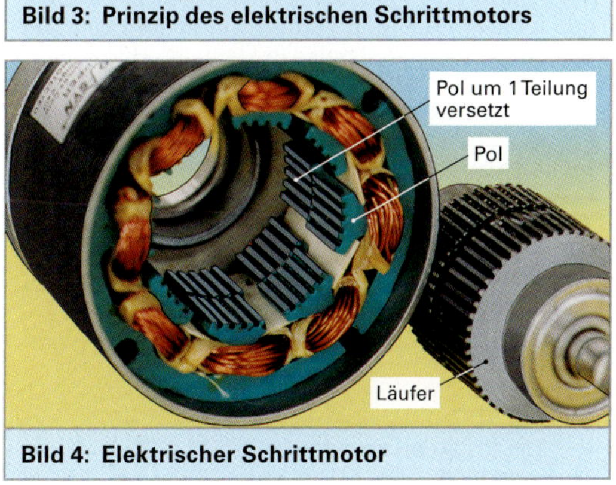

Bild 4: Elektrischer Schrittmotor

9.6 Mechatronische Aktoren

9.6.1 Piezoaktoren

Piezoaktoren basieren auf dem Piezoeffekt[1]. Bei Quarzkristallen und speziellen polykristallinen Keramiken, z.B. PZT (Blei-Zirkonat-Titanat), beobachtet man eine Kristallverformung *S*, wenn ein elektrisches Feld *E* wirkt **(Bild 1)**.

Man unterscheidet, abhängig von der Feldrichtung (Polarisationsrichtung) und der Kristallorientierung Verformungen nach dem Longitudinaleffekt, dem Transversaleffekt und dem Schereffekt **(Bild 2)**. Die Verformungen sind umso stärker, je höher die elektrische Feldstärke bzw. angelegte Spannung ist und je größer die Kristallabmessungen sind. Für starke Wirkungen setzt man mehrere Aktoren als Stapel zusammen.

Stapel-Aktoren sind die am bekanntesten Piezo-Aktoren. Sie erzeugen bei hoher Eigensteifigkeit hohe Stellkräfte bei Stellhüben bis 0,5 mm. Sie sind meist durch ein Metallgehäuse geschützt und mit einer vorgespannten Feder versehen, um Zugbelastungen auszuschließen. Durch eine äußere Mechanik, z.B. mit Hebelgelenken, können Arbeitskräfte oder Aktorarbeitsbereiche (Bild 1) vergrößert werden.

Biege-Aktoren (Bild 3) erreichen relativ weite Bewegungsräume bei geringen Kräften. Sie sind bimorph, d.h. in Kombination PZT/PZT in entgegengesetzter Polarisation oder in Kombination PZT/Metall aufgebaut (unterschiedliche Metalle und PZT) oder multimorph mit weiteren Schichten. Durch die Längung des PZT verbiegen sich die Streifen.

Beim **Ultraschall-Linearmotor[2] (Bild 4)** wird eine piezoelektrische Platte mit einem Stoßdorn zu einer unsymmetrischen mechanischen Stehwelle mit über 100 kHz angeregt (Dauerschwingung bei der Resonanzfrequenz, Bild 4). Dabei erzeugt die Schwingbewegung des Stoßdorns neben einer Anpresskraftkomponente auch eine reibungsbedingte Vorschubkraft an der Vorschubstange. Beim Rückhub ist keine Reibung vorhanden, sodass sich die Vorschubstange stoßweise in kleinsten Hüben vorwärts bewegt. Durch Umschalten des Oszillators auf die andere Elektrode erhält die unsymmetrische stehende Welle die spiegelbildliche Form und die Vorschubbewegung kehrt sich um. Technische Daten[3] sind z.B.: Haltekraft bis 15 N, Haltemomente bis 0,3 Nm, Geschwindigkeit bis 500 mm/s, Positionierauflösung bis 2 nm. Auflösung des Wegmesssystems 1 nm. Einen rotatorischen Ultraschall-Antrieb erhält man, wenn die Vorschubstange durch eine kreisrunde Scheibe oder einen kreisrunden Ring ersetzt wird.

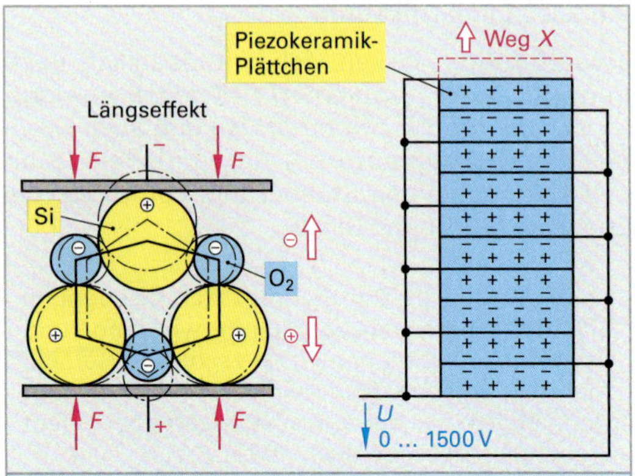

Bild 1: Piezoprinzip und Aufbau eines Stapelaktors

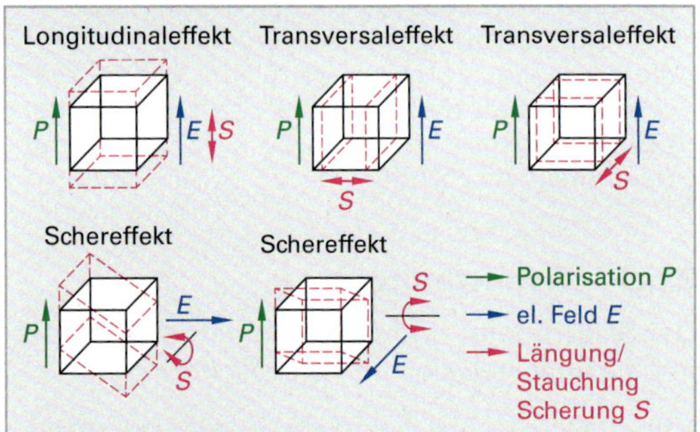

Bild 2: Die Piezoeffekte

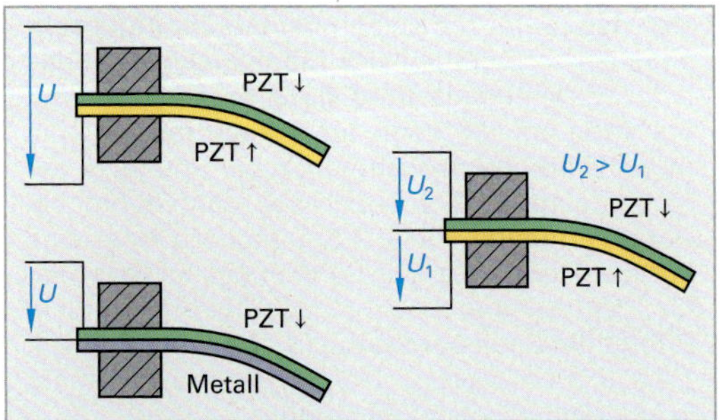

Bild 3: Biegeaktoren

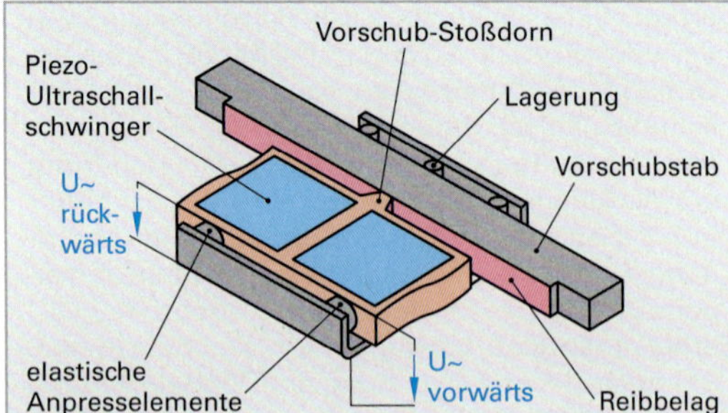

Bild 4: Ultraschall-Linearmotor (Prinzip)

[1] von griech. piezein = drücken
[2] vgl. Patent EP 1 747 594 B1
[3] vgl. Mototype PILine®, Physik Instrumente GmbH & Co. KG, Karlsruhe

9.6.2 Tauchspulen-Linearaktoren

Beim Tauchspulenaktor taucht eine stromdurchflossene Spule, auf leichtem Spulenkörper, in den Luftspalt eines Permanentmagneten oder eines Elektromagneten **(Bild 1)** ein. Auf die Windungen einer Spule in einem Magnetfeld wirkt die Lorentzkraft *F*. Diese ist proportional zur Stromstärke *I*, der wirksamen Leiterlänge *l* der Wicklung und zur magnetischen Flussdichte *B* im Luftspalt.

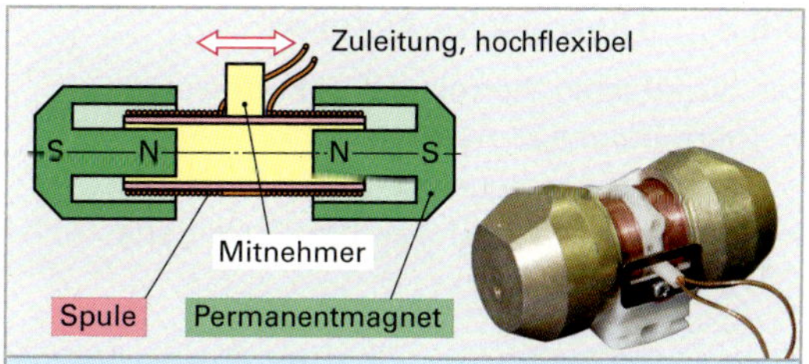

Bild 1: Tauchspulenaktor

Die Doppel-Anordnung in Bild 1 wird meist im Push-Pull-Betrieb eingesetzt, d.h. die beiden Spulen wirken gegeneinander. Die eine zieht, die andere schiebt. In Mittelstellung ist die resultierende Kraft gleich null und sie nimmt nahezu linear mit dem Weg x zu. Der Tauchspulenantrieb ist hochdynamisch, da seine Masse relativ gering ist. Man verwendet Tauchspulenantriebe z.B. bei optischen Geräten zur schnellen Verschlusssteuerung oder Spiegelverstellung, oft in Verbindung mit einer Positionsregelung. Es sind die üblichen Aktoren bei Servoventilen.

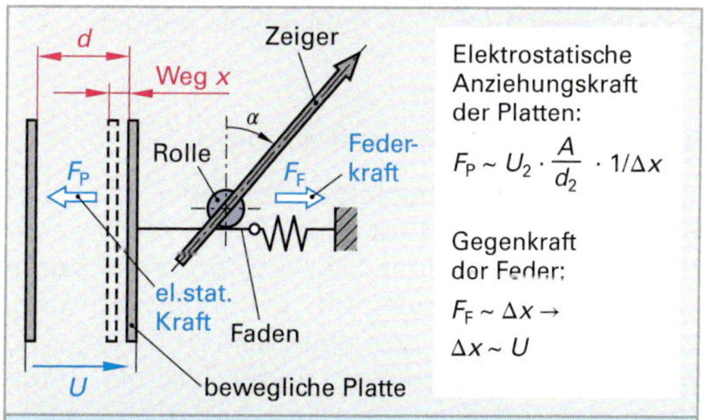

Bild 2: Elektrometer

9.6.3 Kapazitive Mikroaktoren

Das physikalische Prinzip beruht auf der Anziehungskraft ungleicher elektronischer Ladungen, bekannt als culombsches[1] Gesetz. Bei Punktladungen ist die Kraft *F* proportional zur Ladung *Q* und umgekehrt proportional zum Quadrat des Abstands *d*. Die Ladung eines Kondensators ist proportional der Spannung und der Kondensatorplattenfläche. Bekannt für die Nutzung elektrostatischer Kräfte und Antriebe sind die Elektrometer aus der Frühzeit der Elektrotechnik **(Bild 2)**.

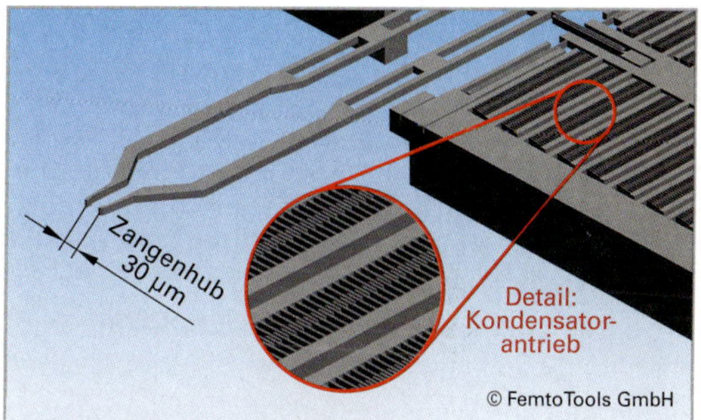

Bild 3: MEMS-Mikrozange

Elektrostatische MEMS-Aktoren haben kammartige Strukturen. Dadurch wird durch die Kondensatorplattenfläche stark erhöht. Gleichzeitig werden zur Erzielung relativ großer Kräfte die Plattenabstände sehr klein gehalten. Man unterscheidet die serielle Kaskadierung zur Erweiterung des Bewegungsbereichs und die parallele Kaskadierung zur Erhöhung der Kraft. Derartige Mikrostruktursysteme können nach außen Kräfte im makroskopischen Bereich erzeugen, z.B. bei einer **Mikrogreifzange (Bild 3)**.

Das **Digital Micromirror Device (DMD)** ist ein flächiger Lichtmodulator, z.B. in der Verwendung bei **DLP[3]-Projektoren (Bild 4)** und bei 3D-Druckern. Es besteht aus einem Chip mit matrixförmig angeordneten Mikrospiegel-Aktoren, z.B. mit 4096 x 1920 = 7 864 320 Spiegeln. Die Spiegel können in schneller Folge einzeln gekippt werden. Damit wird ein Lichtpixel zur Projektion verwendet oder unterdrückt. Die Schaltfrequenz beträgt etwa 5 kHz.

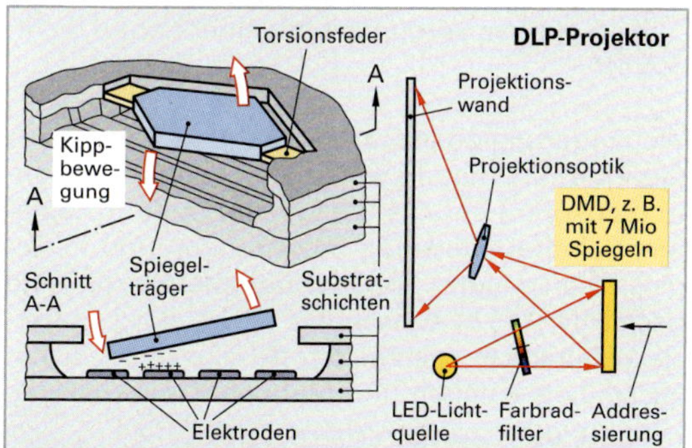

Bild 4: DMD-Mikro-Spiegelelement

[1] Das coulombsche Gesetz ist benannt nach seinem Entdecker *Charles Augustin de Coulomb*, franz. Physiker, 1736 bis 1806

[2] MEMS von Micro Electro Mechanical System

[3] DLP™, Digital Light Processing, eingetragene Marke von Texas Instruments

9.6.4 Thermische Aktoren

Die wichtigsten thermischen Aktoren sind:

- Thermobimetall-Aktoren,
- Dehnstoff-Aktoren und
- Memory-Metall-Aktoren (mit Formgedächtnislegierungen).

Thermische Aktoren wandeln thermische Energie in mechanische Energie um. Sie sind häufig für Temperaturregelungen in der Verwendung, da sie sowohl Steller als auch Sensor sein können.

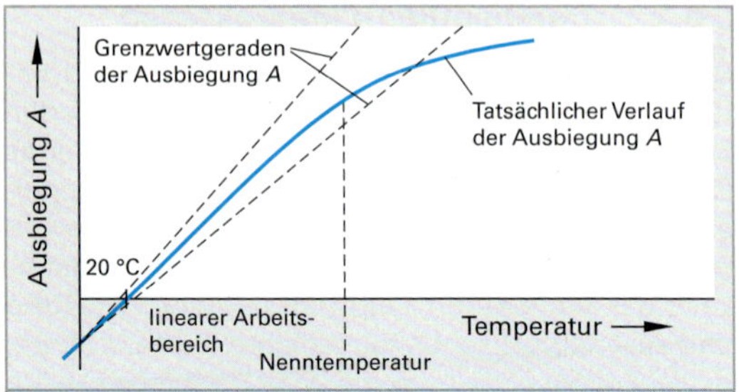

Bild 1: Ausbiegungskennlinie

9.6.4.1 Thermobimetall-Aktoren

Thermobimetalle bestehen aus zwei oder drei Schichten mit unterschiedlichen Wärmeausdehnungskoeffizienten. Sie werden meist durch Walzplattieren hergestellt. Durch Erwärmung, z.B. *direkt* durch einen elektrischen Strom, wie bei Motorschutzschaltern, oder *indirekt* durch Wärmeleitung oder Wärmestrahlung verursacht die unterschiedliche Ausdehnung eine Verkrümmung des Thermobimetalls. Die Thermobimetalle haben meist Dicken zwischen 0,08 mm bis 2 mm.

Die Thermobimetall-Aktoren können Schnappelemente sein oder eine kontinuierliche Ausbiegung haben **(Bild 1)**. Die Bimetalle haben meist Dicken zwischen 0,08 mm bis 2 mm. Die Bauformen **(Tabelle 1)** sind:

- Gerade oder U-förmige Streifen für nahezu geradlinige Bewegungen.
- Spiralen und Wendeln für Kreisbewegungen,
- Formstanzteile und Sprungelemente,
- Kreisförmige Scheiben für kleine geradlinige Bewegungen verbunden mit einer hohen Richtkraft.

Wegänderung oder Kraftwirkung am freien Ende des Thermobimetalls werden als Auslöseelemente (Sensoren) und als Stellglieder in Thermostaten, Schaltern sowie in Steuerungen und in Regelkreisen genutzt. Die Thermobimetallarten sind nach DIN 1715 bzw. nach ASTM Standard spezifiziert **(Tabelle 2)**. Die Werkstoffe sind meist Eisen-Nickel-Legierungen und Mangan-Kupfer-Nickel-Legierungen.

Thermobimetall-Sprungelemente erreichen bei einer Grenzverformung einen instabilen Spannungszustand und springen in eine entgegengesetzt gewölbte Form. Bei Abkühlung springt das Sprungelement mit deutlicher Hysterese in die Ausgangslage zurück.

Tabelle 1: Ausführungsarten von Thermobimetall-Aktoren

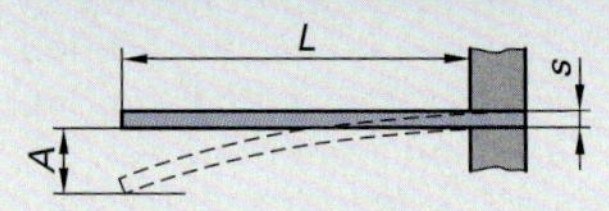	**Einseitig eingespannter Streifen** Ausbiegung: $A = \alpha \cdot \Delta T \cdot L^2/s$
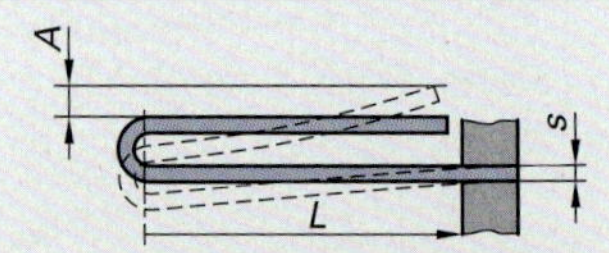	**U-förmiger Streifen** Ausbiegung: $A = \alpha \cdot \Delta T \cdot L^2/2s$
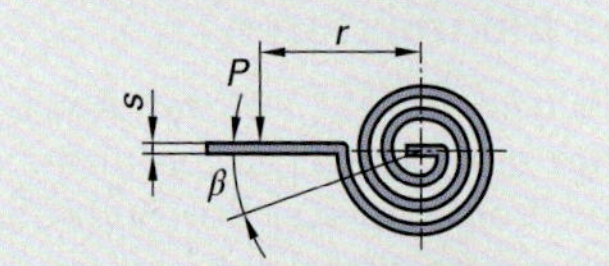	**Spirale** Drehwinkel β: $\beta = \frac{360/\pi}{s} \cdot \alpha \cdot \Delta T \cdot L$
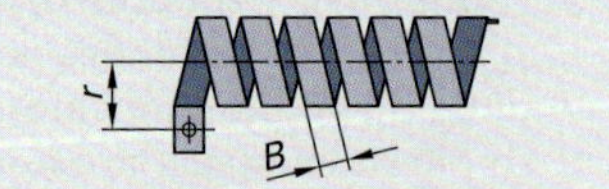 Dicke s	**Wendel** Drehwinkel β: $\beta = \frac{360/\pi}{s} \cdot \alpha \cdot \Delta T \cdot L$
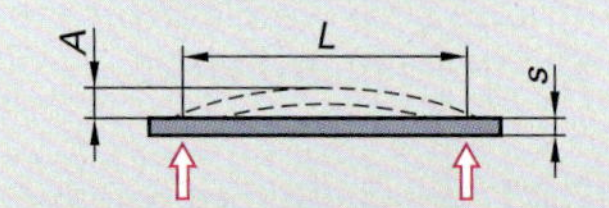	**Beidseitig gelagerter Streifen** Ausbiegung A: $A = \alpha \cdot \Delta T \cdot L^2/4s$
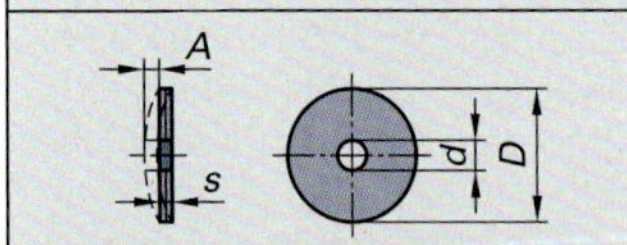	**Schnappscheibe** $A = \alpha \cdot \Delta T \cdot (D^2 - d^2)/5s$

A: Ausbiegung in mm, β: Drehwinkel in Grad, ΔT: Temperaturdifferenz in K, α: spez. thermische Ausbiegung in 10^{-6}/K, s: Dicke in mm, L: freibewegliche Länge in mm

Tabelle 2: Werkstoffkennwerte, Beispiele

Thermobimetall	spez. Ausbiegung A in 10^{-6}/K	Anwendungsbereich in °C	Temperatur Grenze in °C	Widerstand μ in Ω/m
TB 20110	21,1	–70 bis +260	350	1,12
TB 1577	15,5	–70 bis +370	450	0,78
TB 1303	13,1	–70 bis +350	350	0,05
TB 1555	15	–70 bis +260	450	0,55

9.6.4.2 Dehnstoff-Aktoren

Ein Kolben in einem mit Dehnstoff gefüllten Behälter wird durch die thermische Volumendehnung des Dehnstoffes ausgetrieben. Die Rückstellung erfolgt durch Federkraft. Als Dehnstoffe kommen z.B. Wachse, Silikonöle oder Aceton infrage. Üblich sind Dehnstoff-Aktoren bei Thermostatventilen an Heizkörpern **(Bild 1)**, bei Thermostat-Brausearmaturen und Fensterhebern bei Kleingewächshäusern.

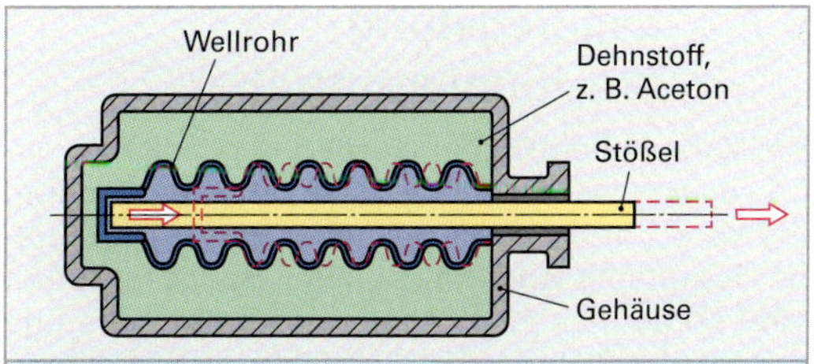

Bild 1: Dehnstoff-Aktor bei einem Heizkörperthermostat

Zur sicheren Abdichtung von Dehnstoffbehälter und Kolben wird bei **Heizkörperthermostatventilen** der Kolben mittelbar über ein hermetisch abdichtendes Wellrohr betätigt (Bild 1). Kraftwirksam ist die Innen-Querschnittsfläche des Wellrohrs. Beim **Fensterheber (Bild 2)** nimmt mit zunehmender Außentemperatur das Wachsvolumen im Rippenzylinder des Aktors zu und treibt den Kolben aus. Das Fenster wird automatisch geöffnet. Kraftwirksam ist der Querschnitt der Kolbenstange.

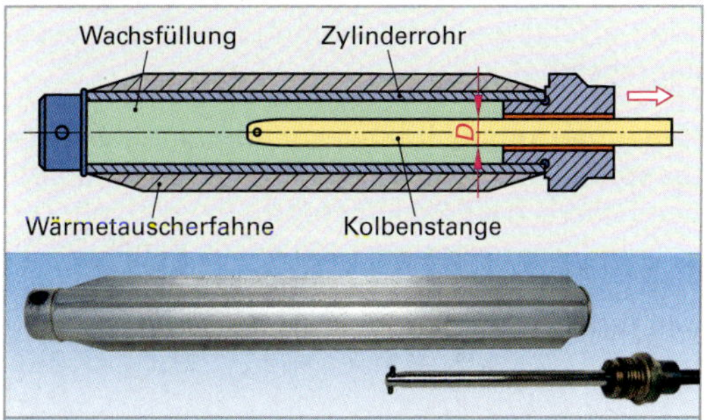

Bild 2: Dehnstoff-Aktor bei einem Fensterheber

9.6.4.3 Memory-Metall-Aktoren

Memory[1]-Metall-Aktoren **(Bild 3)** nutzen den Memory-Effekt (Formgedächtnis-Effekt) der Formgedächtnislegierungen (FGL, engl. shape memory alloy, SMA). Es sind Metalllegierungen, die in unterschiedlichen Kristallstrukturen und dadurch mit unterschiedlichen Eigenschaften, z.B. mit unterschiedlichen E-Moduln existieren können. Der Formgedächtnis-Effekt ist bis etwa $20 \cdot 10^6$ Zyklen stabil.

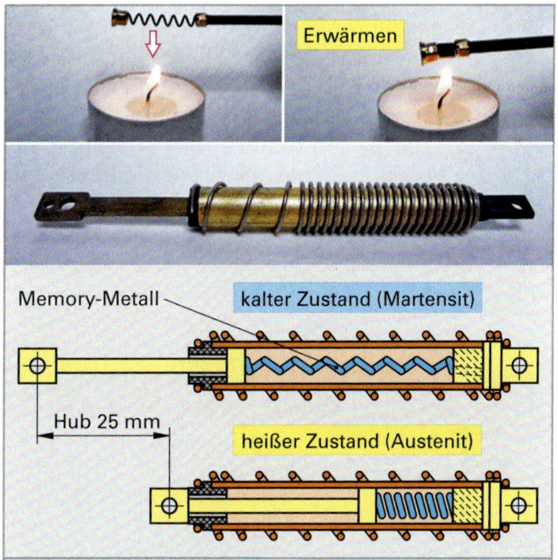

Bild 3: Memory-Metall-Aktor

Das Memory-Metall Cu-Zn-Al ändert in einem sehr engen Temperaturbereich das Gefüge und damit Länge und Elastizität. Bei dem Memory-Metall-Aktor in **Bild 4** wechselt zwischen 70 °C und 90 °C das Martensitgefüge in ein Austenitgefüge (Bild 4, links). **Die Memory-Metalle haben im Austenit-Zustand eine hohe Steifigkeit und im Martensit-Zustand eine hohe Nachgiebigkeit** (Bild 4, rechts). Die Erwärmung erzielt man z.B. unmittelbar über einen elektrischen Gleich- oder Wechselstrom im Memory-Metall-Draht. Bei Erwärmung über 70 °C wird der Aktor um ca. 25 mm kürzer und erzeugt dabei eine Kraft von etwa 5 N. Sein Eigengewicht beträgt nur 10 g.

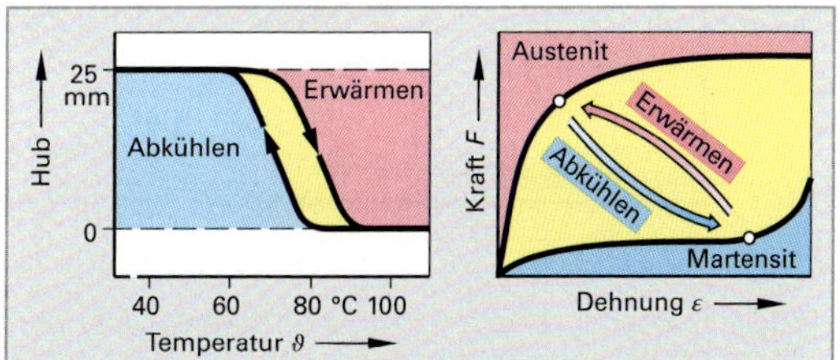

Bild 4: Weg-Temperatur-Kennlinie und Spannungs-Dehnungs-Diagramm

Mit diesen Aktorelementen kann man bei sehr kleinem Eigengewicht relativ hohe Kräfte erzeugen. Sie arbeiten allerdings relativ langsam (ca. 1 Hub/s). Anwendung finden diese Aktoren zum Antrieb von Stellklappen, Ventilen, Kupplungen und versuchsweise bei Robotergreifern.

[1] engl. memory = Gedächtnis. Memory-Metalle haben u.a. die Eigenschaft, auch nach einer plastischen Verformung in die Ursprungsform zurückzukehren: sie können sich scheinbar an „früher erinnern".

9.7 Lageregelung (Positionierantriebe)

Bei Vorschubantrieben werden durch die Vorgabe von Lagesollwerten mithilfe der Lageregelung die Vorschubbewegung erzeugt und vorgegebene Positionen angefahren. Bei Hauptantrieben verwendet man Lageregelkreise als sogenannte C-Achse, z. B. zur vorschubsynchronen Drehbewegung von Werkstücken beim Gewindedrehen oder zur exakten Drehlagenpositionierung von Spannfuttern in Drehmaschinen. Ganz überwiegend erfolgt die Lageregelung mit einer **Kaskadenregelung**[1].

Neben der robusten Kaskadenregelung werden für spezielle Aufgaben, wie z. B. *einer mitlaufenden Schere,* die Positionierantriebe mit einer **Geschwindigkeitsvorsteuerung** ausgestattet. Damit wird die Lageregeldifferenz bei stationärer Bewegung zu null (siehe Seite 275).

9.7.1 Kaskadenregelung

Bei der Kaskadenregelung **(Bild 1)** wird mit einem P-Regler als Lageregler der Geschwindigkeitssollwert v_{soll} erzeugt. Die Verstärkung des Lagereglers K_v stellt also das Verhältnis v_{soll}: Δx dar, wobei Δx die Lageregeldifferenz, nämlich die Differenz zwischen Lagesollwert und Lageistwert ist. Diese Lageregeldifferenz wird auch **Schleppabstand** genannt. Der Maschinentisch läuft um diesen Schleppabstand hinter dem Lagesollwert her.

Der Geschwindigkeitssollwert v_{soll} entspricht bei Antrieben mit Motoren einem Drehzahlsollwert n_{soll}. Dieser wird über den unterlagerten Drehzahlregelkreis von einem PI-Regler geregelt. Der PI-Drehzahlregler liefert ein Stellsignal für das notwendige Antriebsdrehmoment, wobei das Antriebsdrehmoment bei Gleichstrommotoren unmittelbar dem Strom entspricht. Der Strom wird nun mit einem weiteren unterlagerten PI-Regler geregelt. (Bei Drehstromantrieben wirkt der Stromregler nicht nur auf die Stromstärke, sondern auch auf die Phasenlage bzw. Stromfrequenz). Den Drehzahlistwert liefert ein Tacho oder aber er wird durch Wegdifferenzbildung (alle 10 µs) aus dem Wegsignal errechnet.

Verändert man bei einem zunächst stillstehenden Antrieb den Lagesollwert, so wird durch die Lageregeldifferenz Δx ein Drehzahlsollwert n_{soll} erzeugt. Die Drehzahlregeldifferenz Δn sorgt, verstärkt mit zunehmender Zeit (durch den I-Anteil), für einen anwachsenden Stromsollwert I_{soll} und die Regeldifferenz ΔI sorgt schließlich für die Ansteuerung des Stellers bzw. Umrichters. Sobald der Motor sich bewegt, vermindert sich die Lageregeldifferenz und die Drehzahlregeldifferenz. Ist die Sollposition erreicht, wird Δx und n_{soll} zu null. Die Ausgangsgröße des Drehzahlreglers (I_{soll}) bleibt durch die Integration im PI-Drehzahlregler auf einem Stromwert stehen, der dem Lastmoment des Motors entspricht.

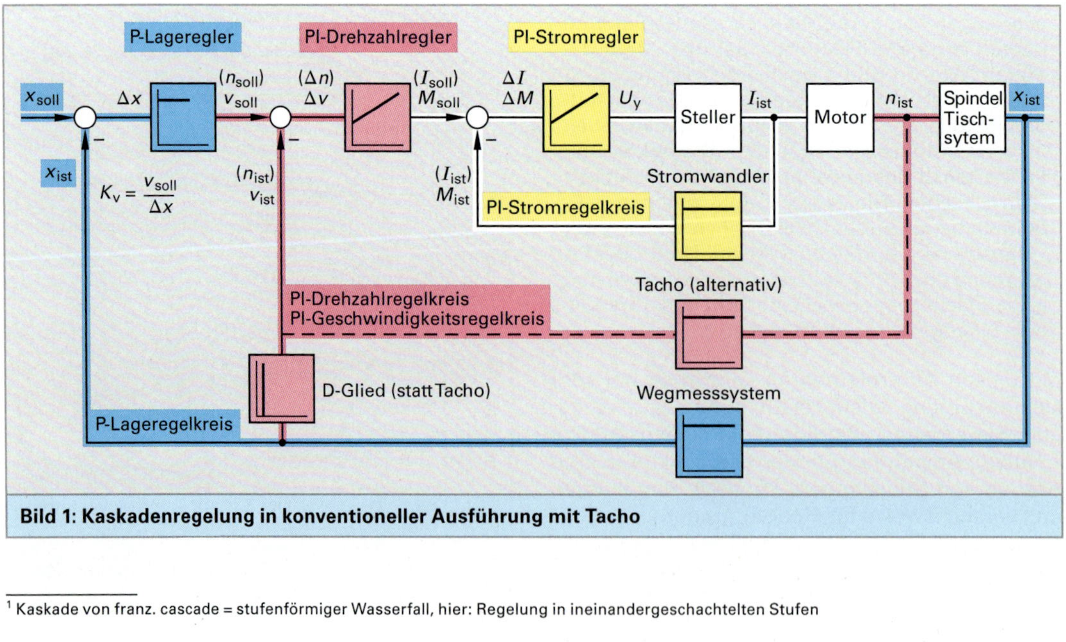

Bild 1: Kaskadenregelung in konventioneller Ausführung mit Tacho

[1] Kaskade von franz. cascade = stufenförmiger Wasserfall, hier: Regelung in ineinandergeschachtelten Stufen

Je größer die Geschwindigkeitsverstärkung K_v gewählt wird, umso reaktionsschneller ist der Antrieb. Die Lageregeldifferenz ist dann klein ($\Delta x = v_{soll}/K_v$).

Mit zunehmender Geschwindigkeitsverstärkung Kv neigen die Lageregelkreise zum Schwingen und zwar umso mehr, je schlechter die Reaktionsfähigkeit (Dynamik) des Drehzahlregelkreises ist **(Bild 1)**.

Die Dynamik des Drehzahlregelkreises hängt in erster Linie von den Trägheitsmomenten des Antriebs und von dessen maximalem Antriebsmoment ab. Ziel ist es, die Trägheitsmomente so gering wie möglich zu halten und die Überlastfähigkeit des Motors so groß wie möglich zu machen.

Bei der Kaskadenregelung wird zuerst:

- der Stromregelkreis eingestellt und zwar mit möglichst großer P-Verstärkung, dann wird
- der Drehzahlregelkreis eingestellt (K_{PR} und T_n sind zu optimieren), und dann wird
- der Lageregelkreis optimiert, in der Weise, dass bei kleinen Sollwertsprüngen (0,1 mm) ein schnelles Positionieren mit geringem Überschwingen erfolgt.

Man justiert und optimiert die Kaskadenregelung von innen nach außen bei jeweils abgeschaltetem äußeren Regelkreis.

9.7.2 Geschwindigkeitsvorsteuerung

Den Nachteil der Kaskadenregelung, nämlich dass erst die Regeldifferenz des jeweils übergeordneten Regelkreises zu einer Wirkung im unterlagerten Regelkreis führt, kann man dadurch umgehen, dass die unterlagerten Regelkreise vorgesteuert werden. Man ermittelt aus dem Lagesollwertverlauf die Sollgeschwindigkeit v_{soll} und gibt diese direkt auf den Geschwindigkeitsregelkreis (Drehzahlregelkreis) **(Bild 2)**.

Dadurch steuert der Geschwindigkeitsregler sofort den Stromregler an. Diese Technik der Regelung führt aber bei schnellen Änderungen im Lagesollwertverlauf zu starken Schwingungen, da der Lageregler mit zunehmender Lageregeldifferenz zusätzlich noch ein Geschwindigkeitssignal auf den Geschwindigkeitsregler überträgt. Nach Abklingen der Einschwingvorgänge stimmt bei der Anstiegsantwort der Lageistwertverlauf mit dem Lagesollwertverlauf exakt überein **(Bild 3)**.

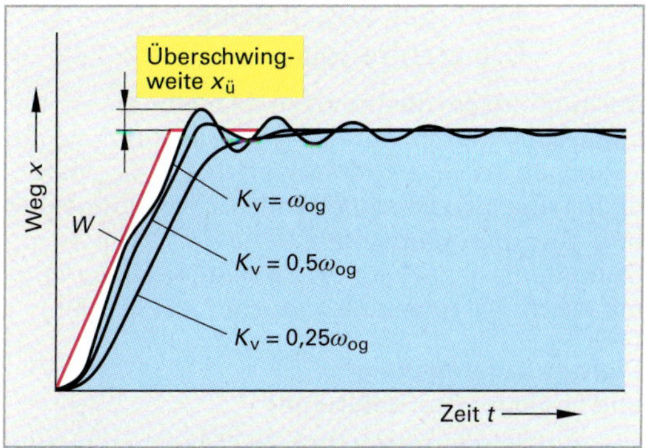

Bild 1: Anstiegsantwort des Lageregelkreises mit P-Regler bei verschiedenen K_v-Faktoren

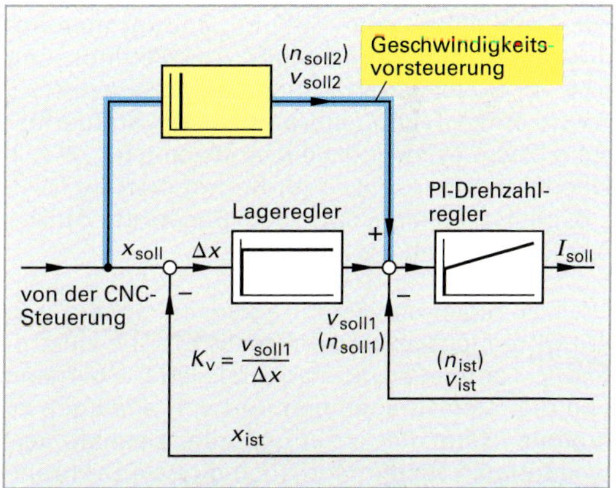

Bild 2: Geschwindigkeitsvorsteuerung

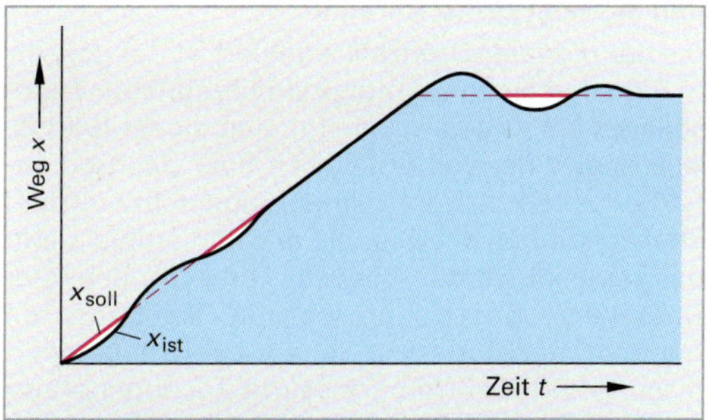

Bild 3: Anstiegsantwort bei P-Lageregelung mit Geschwindigkeitsvorsteuerung

Es gibt im stationären Bereich einen verkleinerten oder keinen Schleppabstand.

Durch Geschwindigkeitsvorsteuerung erzielt man bei der Lageregelung eine verbesserte Dynamik und kleinere Schleppabstände.

9.7.3 Analoger und digitaler Drehzahlregelkreis

Bei numerisch gesteuerten Maschinen ist der Lageregler durch numerische Subtraktion von Lagesollwert und Lageistwert ($x_{soll} - x_{ist}$) stets digital. Die sich anschließende Drehzahlregelung und Stromregelung kann *analog* mithilfe von Operationsverstärkern erfolgen oder auch *digital* mit einem Mikroprozessor ausgeführt werden.

Digitale Lageregelung und analoger Drehzahlregler

Die Antriebsmotoren bei NC-Maschinen sind meist Drehstromservoantriebe mit digitaler Feldvektorerzeugung bzw. elektronisch gesteuerter Kommutierung.

Für die digitale Lageregelung benötigt man immer einen digitalen Sensor zur Wegmessung bzw. zur Drehlagenerfassung der Motorwelle ($\varphi_{ist} \triangleq x_{ist}$), einen Tachogenerator zur Drehzahlerfassung bzw. Geschwindigkeitserfassung ($u_{ist} \triangleq v_{ist}$), einen Drehlagensensor zur Kommutierung (φ_{ist}), z. B. mit Hallsonden, und einen Sensor zur Stromistwerterfassung (i_{ist}) **(Bild 1)**.

Drehzahlregler und Stromregler sind *analog*, z. B. mit Operationsverstärkern realisiert. Die elektronische Kommutierung ist digital. Jeder Übergang von digitalen zu analogen und von analogen zu digitalen Signalen ist aufwändig. Deshalb verwendet man zunehmend auch digitale Drehzahlregler.

Digitale Lageregelung und digitaler Drehzahlregler

Bei der *digitalen* Drehzahlregelung ist der gesamte Signalweg von dem digital berechneten Lagesollwert bis zu den Stromsignalen digital **(Bild 2)**. Alle Regler-Parameter können über das Bedienfeld oder fernbedient digital eingestellt werden. Ebenso können alle Signale am Bedienfeld sichtbar gemacht werden oder zur Ferndiagnose über Datennetze übertragen werden. An Sensoren benötigt man nur einen Sensor zur Drehlagenerfassung und zur Stromerfassung. Tachogenerator und Hall-Sonden entfallen.

> Zur digitalen Drehzahlberechnung muss das Drehwinkelsignal bzw. der Lageistwert eine extrem hohe Auflösung haben, damit auch bei kleinen Geschwindigkeiten unterscheidbare Zahlenwerte vorliegen.

Die Dynamik der ineinandergeschachtelten Regelkreise (Kaskadenregelung) **nimmt von außen nach innen zu, die erforderliche Genauigkeit ab.**

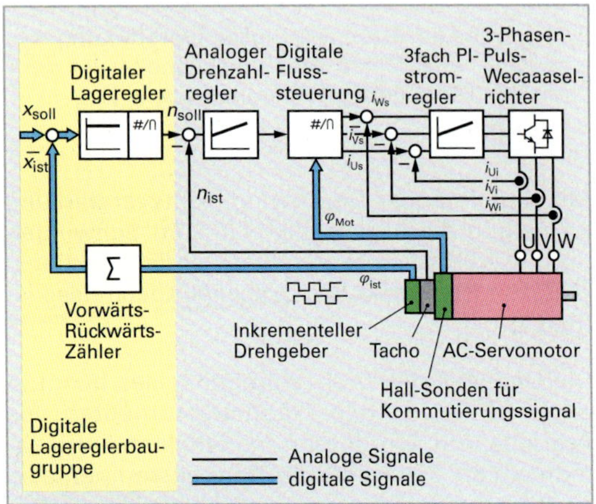

Bild 1: Digitale Lageregelung mit analoger Drehzahlregelung

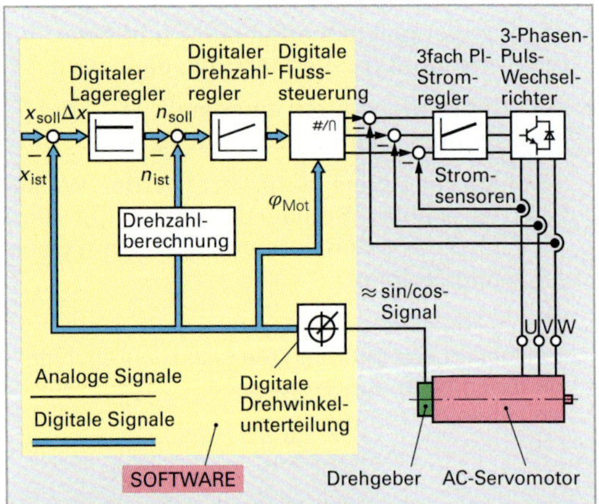

Bild 2: Digitale Lageregelung mit digitaler Drehzahlregelung

D. h. die digitalen Signale und die digitale Signalverarbeitung im Lageregler sind von hoher Genauigkeit, z. B. 32 bit bei Abtastzeiten von etwa 4 ms. Die digitalen Signale der Geschwindigkeitsregelung haben z. B. eine Wortbreite von nur noch 16 bit bei Abtastzeiten von etwa 10 µs. Für die Signale für die Stromregelung genügen einige Bits bei Abtastzeiten von einigen µs. In einfachen Fällen wird die Stromerzeugung sogar mit Blockströmen gemacht, sodass nur Ein-/Aus-Signale für die Leistungstransistoren erzeugt werden.

> Digitale Lageregelkreise mit digitaler Drehzahlregelung benötigen nur einen Sensor zur Drehlagenerfassung.

10 Computergesteuerte Maschinen

In der industriellen Fertigung werden z. B. für die Drehbearbeitung, Fräsbearbeitung und die Laserbearbeitung sowie beim Erodieren und Wasserstrahlschneiden fast ausschließlich CNC-gesteuerte Maschinen[1] verwendet **(Bild 1)**. Dabei wird die Geometrie des Werkstücks durch Zahlen, also numerisch beschrieben und über die Steuerung der NC-Achsen in Werkzeug- oder Werkstückbewegungen umgesetzt. Auch Roboter und Messmaschinen sind numerisch gesteuert.

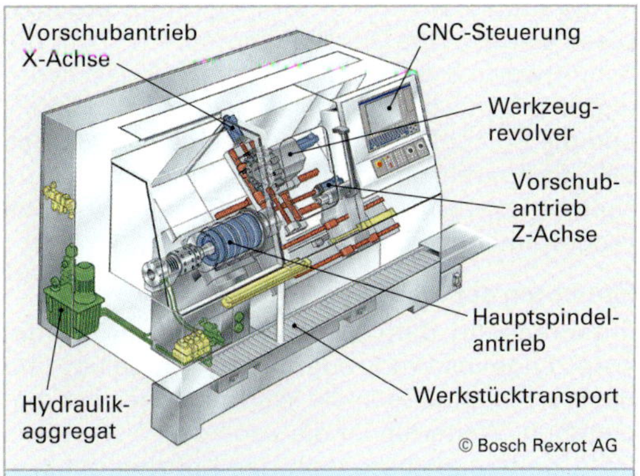

Bild 1: CNC-Drehmaschine

10.1 CNC-Werkzeugmaschinen

10.1.1 Der Produktionsprozess

Geometrische und technologische Daten

Die Informationen für die Werkstückherstellung werden eingeteilt: in *geometrische* Informationen und in *technologische* Informationen. Die geometrischen Informationen sind die Maßangaben und die Toleranzangaben **(Bild 2)**. Die technologischen Informationen sind die Angaben zum Werkstoff und zur Qualität der Werkstückoberfläche.

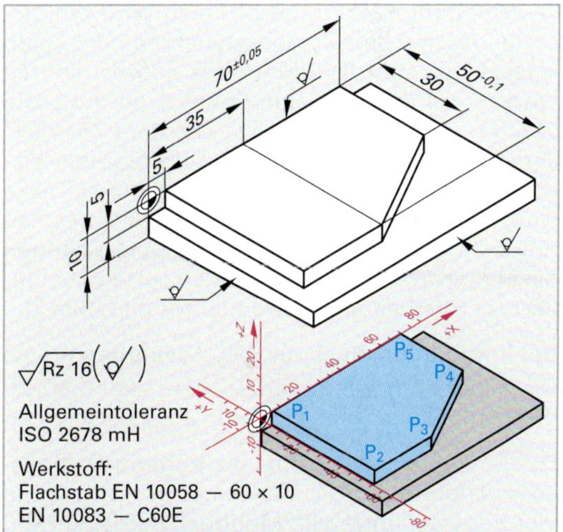

Bild 2: Werkstückzeichnung und Einpassung in ein Koordinatensystem

Fertigungsplanung

Gesamtbedarf, Fertigungslosgröße und der Wert des Werkstücks bestimmen den weiteren Fertigungsablauf. Liegt das Herstellungsverfahren fest, wählt man die geeignete Maschine, die Werkzeuge, die Vorrichtungen und die Prüfmittel aus. Die Reihenfolge der erforderlichen Bearbeitungsschritte wird festgelegt und mit den Schnittdaten (Schnittgeschwindigkeit, Vorschub und Zustellung) im Arbeitsplan dokumentiert.

Programmierung

Die *Geometrie* der Fertigkontur wird nun in eine numerische Darstellung übertragen.

Schritt 1: Dem Werkstück wird ein rechtwinkliges Koordinatensystem zugeordnet, damit jeder Punkt der Kontur mit den Koordinatenwerten (X... Y... Z...) beschrieben werden kann (Bild 2).

Schritt 2: Die Koordinatenwerte werden nun um die Wegbefehle wie z. B. G00 (Fahre im Eilgang) oder G01 (Fahre im Vorschub) ergänzt **(Tabelle 1)**.

Tabelle 1: CNC-Programm (Beispiel)

%		*(öffne Speicher)*
N214		*(Programmnummer)*
N10	G17	*(Ebenenwahl, Werkzeuglänge in Z-Richtung)*
N20	G55	*(Nullpunktspeicher)*
N30	G90	*(Absolutbemaßung)*
N40	T01 M06	*(Werkzeug 1 einwechseln)*
N50	D01 S1200 F200 M03	*(Technologie)*
N60	G00 X-20 Y20 Z100	*(Fahre im Eilgang)*
N70	G00 Z-5	
N80	G42	*(berücksichtige Fräserradius)*
N90	G01 X5 Y20 M08	*(Fahre im Vorschub nach P1)*
N100	G01 X5 Y-49. 950	*(P2; Toleranzmitte)*
N110	G01 X35 Y-49. 950	*(P3)*
N120	G01 X70 Y-30	*(P4)*
N130	G01 X70 Y1 M09	*(P5)*
N140	G40	*(abwählen des Fräserradius)*
N150	G00 Z100	
N160	T00 M06	*(Werkzeug zurückwechseln)*
N170	M30	*(Hauptprogrammende)*

[1] CNC Kunstwort für engl. Computerized Numerical Control = mit Computer numerisch gesteuert.

Die *Technologiedaten* für die Bearbeitung werden nach einem, der Maschine entsprechenden, Code (Programmieranleitung) im Programm ergänzt. Diese sind z. B. die Werkzeugnummern (T01), die Schnittwerte F und S (F200 = Vorschubgeschwindigkeit 200 mm/min, S1200 = Drehzahl 1200 min^{-1}) und die Spindeldrehrichtung (rechts = M03). Das CNC-Programm ist um den Programmanfang, die Nullpunktverschiebung (siehe Rüsten) und das Programmende noch zu ergänzen.

Einrichten der Maschine (Rüsten)

Entsprechend dem *Werkzeugplan* werden die Werkzeuge ins Werkzeugmagazin eingelegt und die Werkzeugmaße in die Werkzeugspeicher eingegeben. Weiterhin ist die Lage des Werkstücks im Arbeitsraum bezüglich des Koordinatensystems der Maschine **(Maschinennullpunkt)** zu ermitteln und in die Speicher für die Nullpunktverschiebung einzutragen. Hierzu wird ein 3D-Taster durch manuelle Achssteuerung oder einen Messzyklus zum Nullpunkt des aufgespannten Werkstücks **(Werkstücknullpunkt)** geführt. Die gezeigten Koordinatenwerte auf dem *Display*[1] der Maschine entsprechen der Differenz von Maschinennullpunkt zum Werkstücknullpunkt. Diese wird als Nullpunktverschiebung bezeichnet. Berücksichtigt die Steuerung diese Werte, können die obigen Werkstückkoordinatenwerte unverändert zur Bearbeitung verwendet werden **(Bild 1)**.

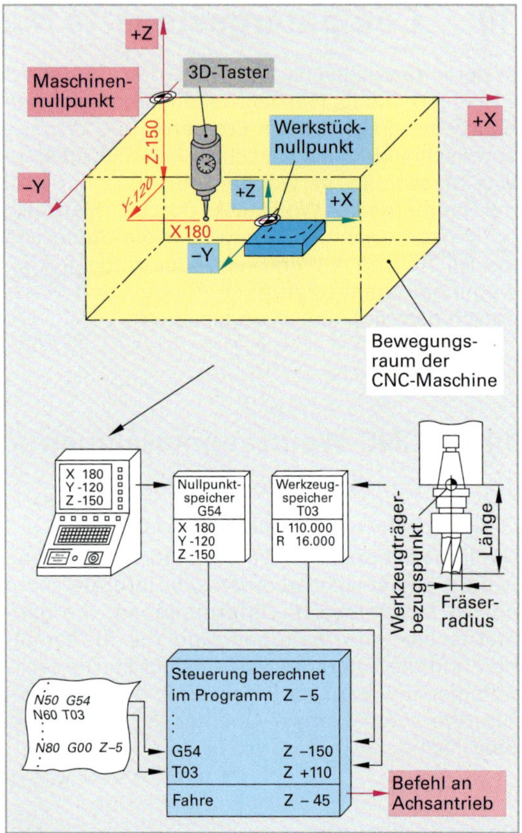

Bild 1: Rüsten der CNC-Maschine

Der Informationsfluss zur CNC-Steuerung

Die Programmzeilen werden über die Tastatur des Bedienfeldes eingegeben.

Das **Bedienfeld (MMC[2])** ist die Kommunikationsschnittstelle zur CNC-Maschine. Es ist meist in vier Bereiche unterteilt: Monitor[3], Betriebsartenwahl, Maschinenfunktionen und Tastatur **(Bild 2)**.

- **Der Monitor** visualisiert[4] die Positionen der Achsen und die Daten im Speicher, wie z. B. das Programm, die Werkzeugdaten und die Nullpunktverschiebung. Während der Bearbeitung erhält der Bediener die Prozessdaten und Fehlermeldungen angezeigt.
- **Die Wahl der Betriebsart**

  Dateneingabe, *von Hand od. über Datenleitung.*

  Manuell[5], *Maschinenfunktionen werden von Hand eingestellt.*

  Teach-In, *Lernprogrammierung, Punkt für Punkt wird manuell angefahren und anschließend im Programm jeweils ergänzt.*

  Automatik, *Programmgesteuerter Bearbeitungsprozess. Hierbei kann auch zum Einfahren des Programmes Einzelsatz angewählt werden, d. h. jede Programmzeile wird durch Tastendruck einzeln freigegeben.*

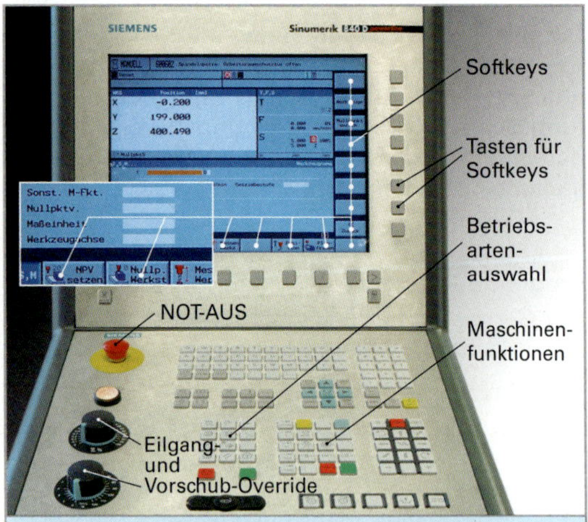

Bild 2: Bedieneinheit einer CNC-Maschine

[1] engl. display = Anzeige;
[2] MMC von engl. Man Machine Communication = Mensch-Maschinen-Kommunikation;
[3] engl. monitor = Anzeigefenster;
[4] von engl. to visualize = veranschaulichen;
[5] manuell von lat. manus = Hand

- **Maschinenfunktionen**
  Verfahren der Achsen mit Vorschubtasten oder Handrad oder in Inkrementen (z. B. 1/1000 mm) beim Einrichten. Manueller Werkzeugwechsel von Hand z. B. bei großen Werkzeugen oder nach einer Störung des automatischen Werkzeugwechslers. Drehschalter für den Feed-override[1], um den Eilgang bzw. den programmierten Vorschub beim Programmtest zu reduzieren oder beim Bearbeitungsprozess ohne Programmänderung die Technologiewerte zu optimieren.
- **Tastatur** für die Programmierung und zum Ausführen weiterer Funktionen wie den Datenverkehr mit externen Rechnern.

Steuerungsinterner Informationsfluss

Beim Start des Programms werden die Programmdaten aus dem Speicher gelesen und der Rechnereinheit **NCK** (Numerical Control Kernel = NC-Kern) sowie der SPS-Anpasssteuerung[2] weitergegeben **(Bild 1)**.

Die NCK übernimmt unter Berücksichtigung, z. B. der Nullpunktverschiebung, Werkzeugkorrekturen sowie die Berechnung der Steuersignale für die CNC-Achsen. Diese werden an die Lageregelung des Antriebsmoduls weitergegeben und im Leistungsteil in Starkstromsignale für die NC-Achsen umgewandelt. Die *Messwerterfassung* der NC-Achsen meldet die Positionen der NCK und des Antriebsmoduls zurück. Durch einen SOLL-IST-Vergleich werden neue Steuerdaten berechnet. Diese Positionsdaten werden von der NCK aus auf dem Display sichtbar.

Die SPS-Anpasssteuerung übernimmt die Übersetzung der Steuerbefehle auf die weiteren Maschinenkomponenten und stellt sicher, dass alle notwendigen Bedingungen zur Ausführung erteilt sind, z. B. die Abfrage: *ist das Werkzeug in der Spindel?* oder *ist die Kabinentür verriegelt?*

Externe Kommunikation

Um ein teures Einfahren von Programmen und die damit verbundenen Materialkosten zu verhindern, werden NC-Teileprogramme unter realen Bedingungen simuliert. Dazu stehen virtuelle NCK zur Verfügung, mit deren Hilfe eine exakte Simulation mit voller Steuerungs-Funktionalität möglich ist. So entstehen keine Maschinenkosten.

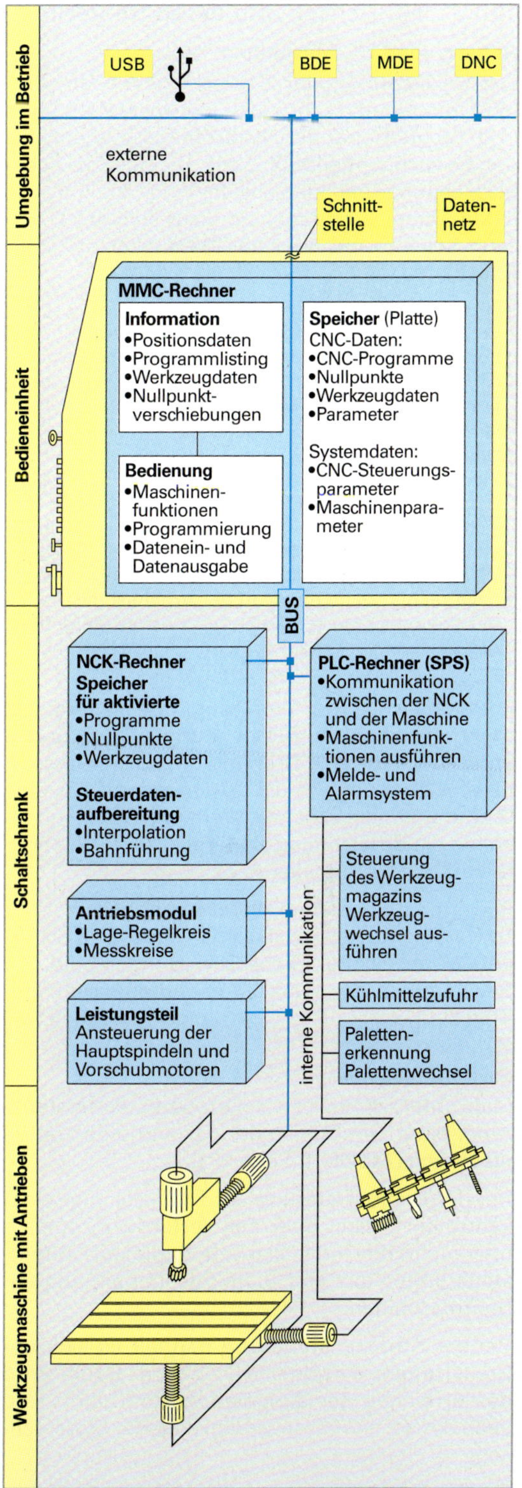

Bild 1: Interner Informationsfluss der CNC-Steuerung

[1] engl. feed = Vorschub (Futter, Material), engl. to override = sich hinwegsetzen über (den progr. Wert);

[2] SPS Abk. für Speicherprogrammierte Steuerung, auch PLC genannt, von engl. Programmable Logic Controller = programmierbare Steuerung

10.1.2 NC-Achsen und deren Steuerung

Achsen von CNC-Maschinen

Zur Bezeichnung der Bewegungsachsen geht man von einem rechtwinkligen, rechtshändigen und rechtsdrehenden Koordinatensystem mit den Bezeichnungen X, Y, Z aus. Die positive Achsbezeichnung kann man aus der Fingerstellung ableiten. Dabei nimmt man an, dass sich das Werkzeug bewegt und dass das Werkstück stillsteht **(Bild 1)**.

> Die Z-Achse (Mittelfinger) liegt in Richtung der Arbeitsspindel. Die positive Richtung der Z-Achse verläuft vom Werkstück zum Werkzeug. Das Werkzeug bewegt sich vom Werkstück bei wachsenden (positiven) Z-Werten weg.
>
> Die X-Achse (Daumen) ist die Hauptachse. Sie liegt horizontal und parallel zum Maschinentisch. Bei Senkrechtfräsmaschinen verläuft die positive X-Achse nach rechts, wenn man vor der Maschine steht und auf das Werkzeug schaut (Bild 1). Bei der Waagrechtfräsmaschine zeigt die positive X-Achse nach rechts, wenn man von der Arbeitsspindel auf das Werkstück blickt **(Bild 2)**. Die Y-Achse (Zeigefinger) ist durch die Lage der X- und Z-Achse bestimmt.

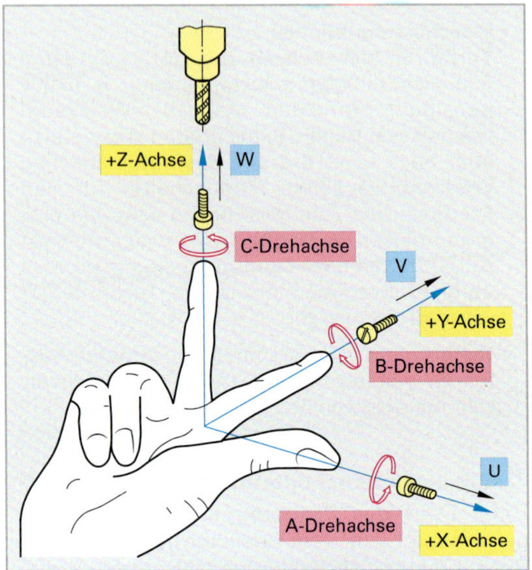

Bild 1: Rechtshändiges, rechtwinkliges und rechtsdrehendes Koordinatensystem bei einer Senkrechtfräsmaschine

Rotationsachsen zur Werkzeug- oder Werkstückdrehung haben die Bezeichnungen A, B und C und zwar A für eine Drehung um die X-Achse, B für eine Drehung um die Y-Achse und C für eine Drehung um die Z-Achse. Weitere NC-Achsen erhalten die Bezeichnung U (parallel zu X), V (parallel zu Y) und W (parallel zu Z).

Bewegt man statt dem Werkzeug das Werkstück, so werden die Achsen mit X', Y', Z', A', B', C', U', V' und W' bezeichnet. Diese Bewegungen sind den Bewegungen des Werkzeugs entgegengerichtet **(Bild 3)**.

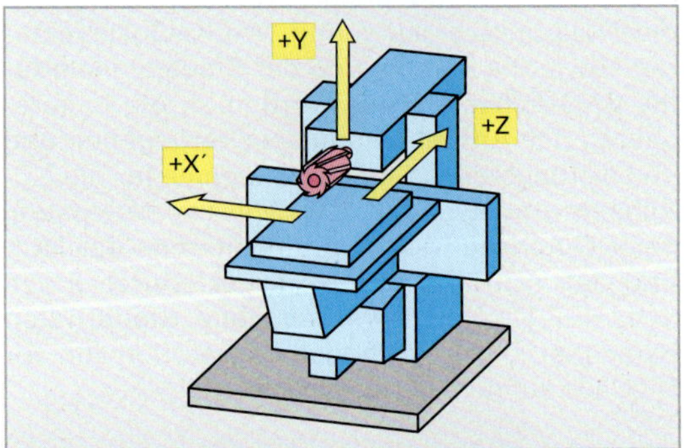

Bild 2: Achsbezeichnung bei Waagrechtfräsmaschine

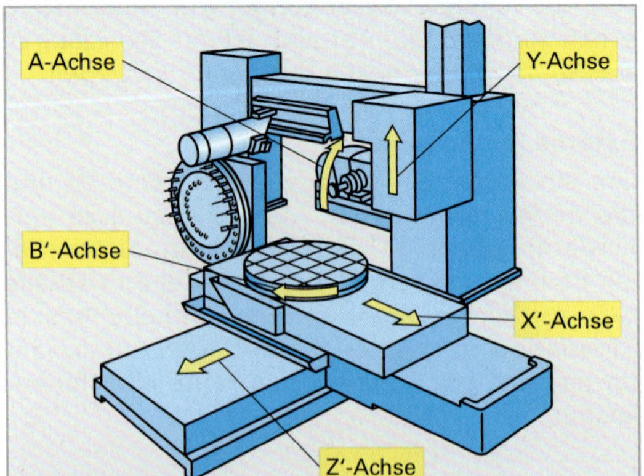

Bild 3: Achsbezeichnungen bei 5-Achsen-Bearbeitungszentrum

Steuerungsarten

Man unterscheidet zwischen einer *Punktsteuerung*, einer *Streckensteuerung* und einer *Bahnsteuerung* **(Tabelle 1, Seite 281)**.

Bei der **Punktsteuerung** wird nur der Zielpunkt kontrolliert, nicht aber der Verfahrweg dorthin und nicht die Verfahrgeschwindigkeit. Punktsteuerungen gibt es z. B. im Zusammenhang mit Bohrmaschinen.

Bei der **Streckensteuerung** handelt es sich um Steuerungen einzelner NC-Achsen. Dabei wird das Erreichen der Zielposition kontrolliert und auch die Verfahrgeschwindigkeit jeder Einzelachse.

Bei der **Bahnsteuerung** werden Zielpunkt, Bahnverlauf und Bahngeschwindigkeit numerisch gesteuert.

Tabelle 1: Einteilung numerischer Steuerungen

Steuerungsart	Bahnführung	Anwendung
Punktsteuerung 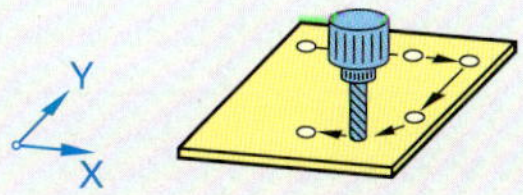	– Verfahrweg nur im Eilgang – Kein Funktionszusammenhang zwischen den NC-Achsen – Bearbeitung nur im Zielpunkt möglich	– Punkteschweißen – Bohren – Montageanlagen
Streckensteuerung 	– Verfahrweg im Eilgang und im Vorschub – nur Geraden parallel zu den NC-Maschinenachsen – Bearbeitung während des Verfahrwegs möglich	– Nachrüstung für manuelle Maschinen – Brennschneiden – Montageanlagen
Bahnsteuerung	**Funktionszusammenhang zwischen zwei oder mehreren CNC-Maschinenachsen**	
2 D 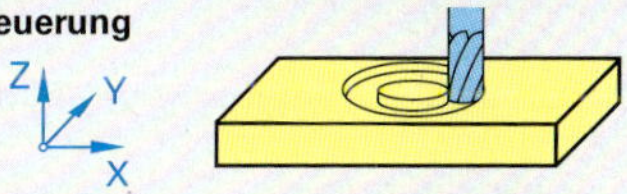	– beliebig ebene Bahn durch gleichzeitiges Verfahren von zwei CNC-Achsen	– Drehen – Laserschneiden – Nibbeln
21/2 D 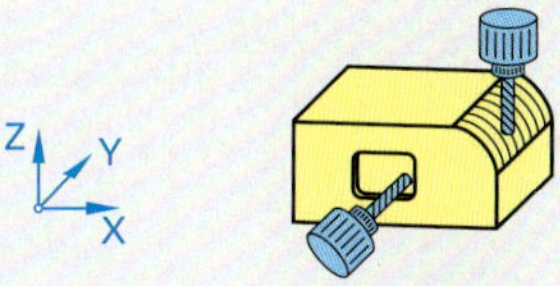	– Wahlmöglichkeit, welche zwei CNC-Achsen gemeinsam verfahren (X und Y oder X und Z oder Y und Z)	– einfache Fräsmaschinen
3 D 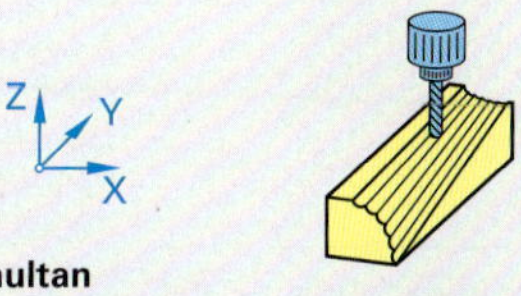	– räumliche Bahn, durch gleichzeitiges Verfahren von drei CNC-Achsen	– Fräsen von Gesenken und Spritzgussformen
5 D-Simultan 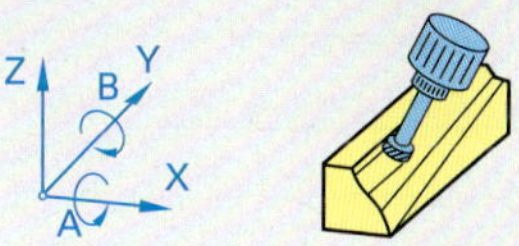	– räumliche Bahn und gleichzeitiges Ausführen einer Dreh- und Schwenkbewegung	– Freiformflächen wie z. B. Propeller oder Turbinenschaufeln – Gesenke

Die 5-Achsenbahnsteuerung **(Bild 1)** gestattet die gleichzeitige, aufeinander abgestimmte Bewegung in 5 NC-Maschinenachsen, nämlich in den 3 linearen Maschinenachsen X′, Y′ und Z für die räumliche Bahn und in den 2 rotatorischen Achsen A und C′ für einen Drehtisch und für die Schwenkbewegung des Werkzeuges.

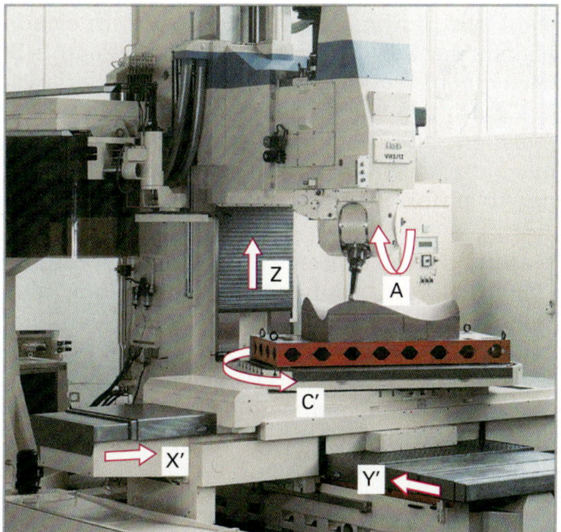

Bild 1: 5-Achsen-Fräsmaschine

Bezugspunkte

Die Lage des **Maschinennullpunkts** wird durch den Maschinenhersteller festgelegt. Die Länge der Verfahrwege ergibt den Arbeitsraum.

Oft haben die Achsen eine inkrementale Wegmessung, sodass nach dem Einschalten der Maschine ein Bezugspunkt zum Nullsetzen des Messsystems überfahren werden muss. Dieser *Bezugspunkt* heißt **Maschinenreferenzpunkt**. Das Anfahren des Referenzpunktes nennt man Referenzieren.

10.1.3 CNC-Programmierung

10.1.3.1 DIN-Programmierung

Die Norm DIN 66025 legt die wichtigsten Grundfunktionen fest. Die CNC-Steuerungshersteller können diese mit ihren eigenen Funktionen ergänzen. Dadurch ergeben sich bei der Programmierung von CNC-Steuerungen verschiedener Steuerungshersteller im Detail Unterschiede.

Programmaufbau

Die Codierung erfolgt durch alphanumerische **Zeichen**, also Buchstaben, Ziffern und Sonderzeichen. Nach dem Programmstart werden diese Zeichen entschlüsselt (interpretiert), um die CNC-Maschine zu steuern. Das Programm besteht aus *Programmeröffnungszeichen*, z. B. % oder MPF[1], aus *Programmnamen*, z. B. NUTPLATTE_1 und aus *Programmsätzen* mit dem Satzendezeichen. Jeder Satz **(Bild 1)** besteht aus Wörtern und jedes Wort aus einem Adressbuchstaben mit nachfolgenden Ziffern. Programmworte werden innerhalb eines Programmsatzes in einer bestimmten Reihenfolge angeordnet **(Bild 2)**.

Die Satzendezeichen ermöglichen eine zeilenweise Darstellung der Programmsätze. Als Satzendezeichen werden die Steuerzeichen LF (LINE FEED, ASCII-Code 10 = Zeilenvorschub) und CR (CARRIAGE RETURN, ASCII-Code 13 = Wagenrücklauf) verwendet.

Im Programm werden die Sätze numeriert. Die Satznummer besteht aus dem Adressbuchstaben N und einer fortlaufenden Zahl. Die Satznummer dient zum Auffinden eines Satzes im Speicher. Mithilfe der Satznummer ist ein Neubeginn, z. B. nach einem Werkzeugbruch, möglich oder auch das Auffinden von Fehlern bei der Programmsimulation. Die Satznummern dienen der Bestimmung der Reihenfolge beim Programmablauf und der Ablauffolge.

Maschinenfunktionen. Maschinenfunktionen **(Tabelle 1)** werden entweder am Satzanfang oder, wenn alle anderen Befehle im Satz abgearbeitet sind, am Satzende ausgeführt. Man unterscheidet zwischen *gespeichert wirksamen* Funktionen (modal, selbsthaltend) und *satzweise wirksamen* Funktionen. Gespeichert wirksam heißt, nach dem Aufruf im Programm bleibt diese Funktion erhalten, bis eine Gegenfunktion oder Aufhebung programmiert wird.

[1] MPF Main Program File (Siemens)

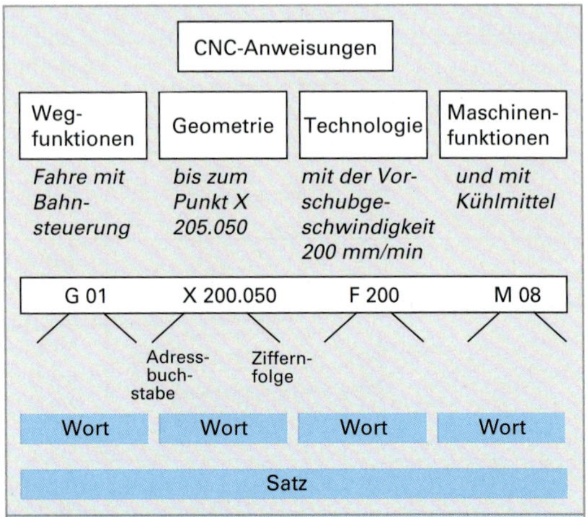

Bild 1: Aufbau eines CNC-Satzes (Programmzeile)

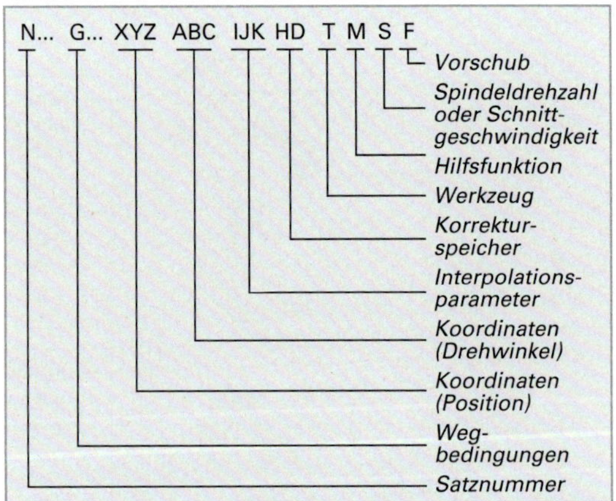

Bild 2: Anordnung von Programmworten in einem Programmsatz

Tabelle 1: Maschinenfunktionen (Auszug aus DIN 66025)

Wort			Maschinenfunktion	Wirksamkeit
M00		•	Programmierter Halt *z. B. zum Umspannen des Werkstückes*	am Satzende
M03	*		Spindel im Uhrzeigersinn	am Satzanfang
M04	*		Spindel im Gegenuhrzeigersinn	am Satzanfang
M05	*	•	Spindel halt	am Satzende
M06			Werkzeugwechsel	–
M07	*		Kühl(schmier)mittel Nr. 1 ein, *z. B. Hochdruck 6 bar*	am Satzanfang
M08	*		Kühl(schmier)mittel, *z. B. Niederdruck 1,5 bar*	am Satzanfang
M09	*	•	Kühl(schmier)mittel aus	am Satzende
M30			Programmende mit Rücksetzen	am Satzende
M40-45	*		Getriebeschaltung	am Satzanfang

• Einschaltzustand
* gespeichert wirksam (modal), andernfalls satzweise wirksam

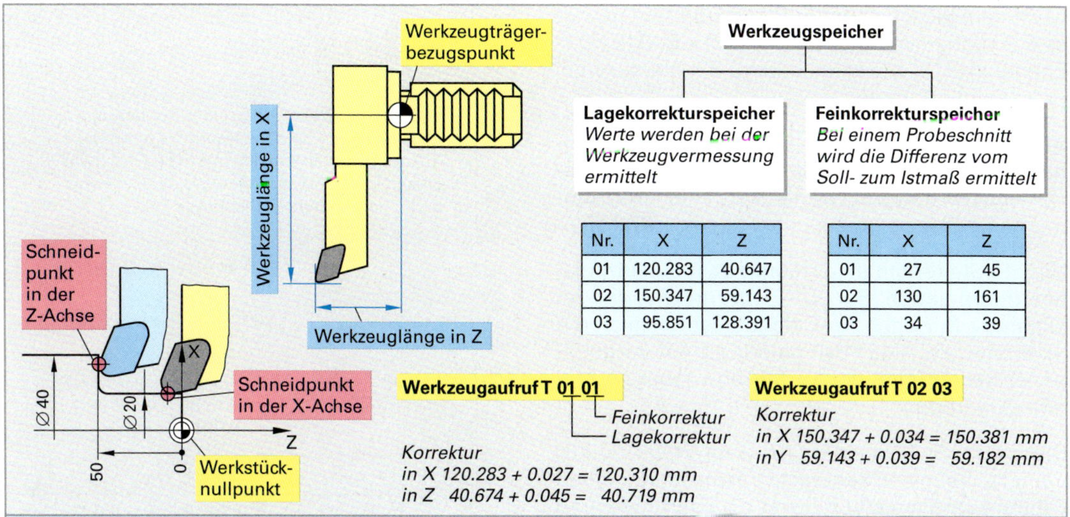

Bild 1: Werkzeugkorrektur beim Drehen

Technologiefunktionen (F, S, V, T). Mit dem Buchstabensymbol **S** und einem Zahlenwert wird die Drehzahl der Arbeitsspindel in Umdrehungen pro Minute (G97 Einschaltzustand) programmiert. Damit der Programmierer die Drehzahl aufgrund der Schnittgeschwindigkeit und dem Durchmesser (beim Fräsen der Fräserdurchmesser bzw. beim Drehen der jeweilig bearbeitete Werkstückdurchmesser) nicht berechnen muss, kann mit G97 und dem Buchstaben **V** die Schnittgeschwindigkeit und mit **X** der Durchmesser programmiert werden. Der Vorschub **F** kann mit G94 als Vorschubgeschwindigkeit in mm/min bzw. mit G95 als Vorschub in mm programmiert werden. Haben die CNC-Maschinen Rotationsachsen, z. B. Achse A und Achse B, so kann die Vorschubgeschwindigkeit dafür auch in Grad pro Minute angegeben werden.

Bei automatischem Werkzeugwechsel beinhaltet das **T**-Wort die Werkzeugnummer. Der Werkzeugwechselvorgang wird z. B. durch M06 automatisch ausgelöst. Für übergroße Werkzeuge wird z. B. mit M66 ein manueller Werkzeugwechsel programmiert. Der Speicher mit den Werkzeugabmessungen wird mit D codiert oder direkt durch das T-Wort benannt. Bei Drehmaschinen wird dem Werkzeugspeicher meist noch ein Feinkorrekturspeicher beigeordnet, z. B. für Verschleißausgleich **(Bild 1)**.

Geometriefunktion (X, Y) und Wegfunktionen (G). Die Wegfunktionen **(Tabelle 1)** dienen der Bahnführung unter Berücksichtigung von Korrekturdaten (Werkzeugabmessungen und Bezugspunktverschiebungen) und von Bemaßungsarten.

Tabelle 1: Wegfunktionen nach DIN 66025

Wort			Wegfunktion
G00 G01 G02 G03	 • 	* * * *	Positionieren im Eilgang Fahre Gerade mit progr. Vorschub Fahre Kreis im Uhrzeigersinn Fahre Kreis im Gegenuhrzeigersinn
G04			Verweilzeit
G17 G18 G18	• 	* * *	Ebenenauswahl X Y Ebenenauswahl X Z Ebenenauswahl Y Z
G40 G41 G42	• 	* * *	Abwahl der Werkzeugkorrektur Werkzeugbahnkorrektur, links Werkzeugbahnkorrektur, rechts
G53 G54 - G57 G58 G59	 • 	 * * * *	Abwählen der gesp. Nullpunktversch. Anwahl der gespeicherten Nullpunkt-verschiebung Inkremental programmierbare Nullpunktverschiebung Programmierbare Nullpunktverschiebung
G60 G64	•	* *	Genauhalt bei Richtungsänderungen Ohne Genauhalt bei Richtungsänderungen
G80 G81 - G89	•	* * *	Abwahl des angewählten Zyklus Bohrzyklen
G90 G91	•	* *	Absolutmaßprogrammierung Zuwachsmaßprogrammierung
G94 G95 G96 G97	• •	* * * *	Vorschubgeschwindigkeit (mm/min) Vorschub (mm) Konstante Schnittgeschwindigkeit Konstante Drehzahl
Weitere Funktionen können frei belegt werden.			

• Einschaltzustand; * gesp. wirksam (modal), sonst satzweise wirksam

Nach dem Einschalten der Steuerung sind gewisse Funktionen voreingestellt. So ist z. B. G17 (X/Y-Ebene) aktiv, wenn keine andere Ebenenauswahl programmiert wird.

Bahnführung (G00, G01, G02 und G03). Im Eilgang (G00) wird das Werkzeug meist mit der maximalen Verfahrgeschwindigkeit aller programmierten Achsen zum Zielpunkt bewegt **(Bild 1)**.

Neuere Steuerungen verfahren aber auch mit Linearinterpolation. Bei 3D[1]-Steuerungen kann im Eilgang, z. B. wegen der Gefahr einer Kollision mit Spannmitteln, eine Positionierlogik mit vorgegebener Reihenfolge der Verfahrbewegungen hinterlegt werden.

Diese löst z. B. bei einem CNC-Satz *N150 G00 X20 Y40 Z10*, bei einer Senkrechtfräsmaschine, beim Fahren zum Werkstück zuerst die Fahrbewegung in X-Richtung und in Y-Richtung aus und anschließend in Z-Richtung.

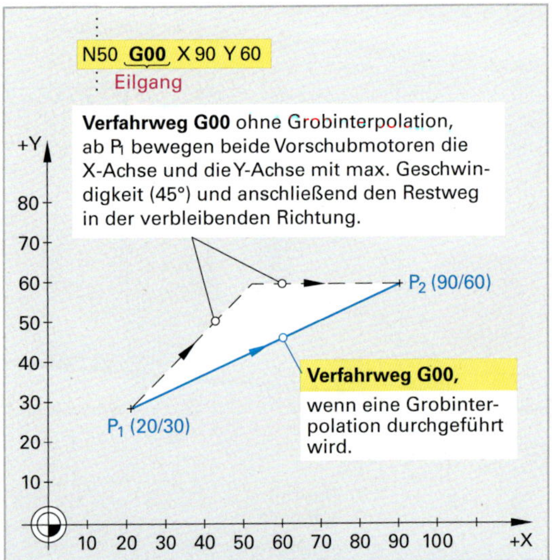

Bild 1: Fahrbewegung im Eilgang

Tabelle 1: Programmierung einer Kreisbahn

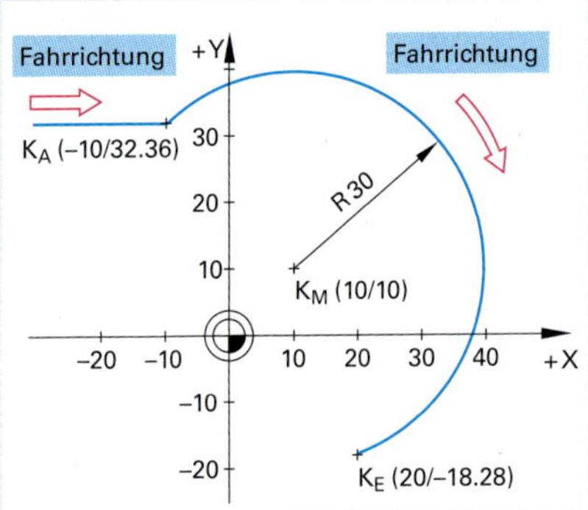

K_A = Kreisanfangspunkt
K_E = Kreisendpunkt
K_M = Kreismittelpunkt

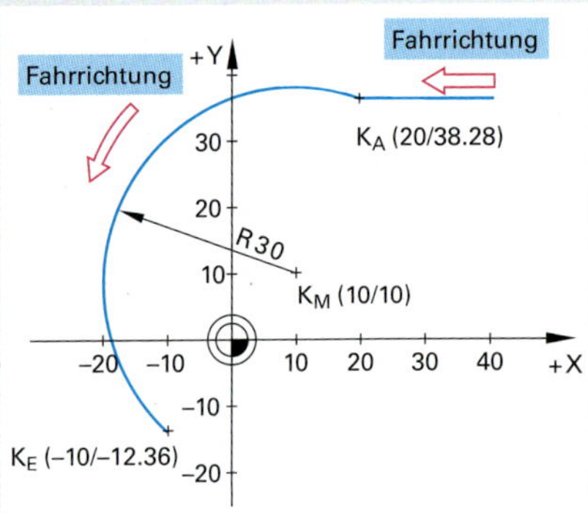

Kreisprogrammierung mit Kreismittelpunkt (I und J) inkremental auf den Kreisanfangspunkt (K_A) bezogen	
N110 G01 X-10 Y32.36 (K_A)	N110 G01 X 20 Y 38.28 (K_A)
N120 G02 X 20 Y-18.28 (K_E) I 20 J -22.36 (K_M)	N120 G03 X-10 Y-12.36 (K_E) I -10 J -28.28 (K_M)
Kreisprogrammierung mit Kreismittelpunkt (I und J) absolut auf den Werkstücksnullpunkt bezogen [1]	
N110 G01 X-10 Y32.36 (K_A)	N110 G01 X-20 Y38.28 (K_A)
N120 G02 X 20 Y-18.28 (K_E) I 10 J 10 (K_M)	N120 G03 X-10 Y-12.36 (K_E) I 10 J 10 (K_M)
Kreisprogrammierung mit der Angabe des Kreisradius R	
nicht möglich, da Kreis größer als 180°	N120 G03 X-10 Y-12.36 R30

[1] 3D von dreidimensional: die Werkzeugspitze bewegt sich auf einer räumlichen Bahn, im Unterschied zur Bahn in einer Ebene bei 2D.

Linearinterpolation G01. Die Programmierung von G01 bewirkt, dass das Werkzeug sich vom jeweiligen Standpunkt auf einer ständig kontrollierten geraden Linie, mit dem programmierten Vorschub, zum nächsten programmierten Punkt bewegt.

Zirkularinterpolation G02/G03. Bei der Wegbedingung G02 bewegt sich das Werkzeug auf einem *Kreisbogen im Uhrzeigersinn* und bei *G03 im Gegenuhrzeigersinn*. Zur Beschreibung eines Kreises sind neben dem Anfangspunkt und dem Endpunkt noch der Kreismittelpunkt oder der Radius nötig **(Tabelle 1, Seite 284)**. Die Programmierung mit Radius ist nur zulässig bei Kreisen mit einem Öffnungswinkel gleich oder kleiner 180° (Manche Steuerungen ermöglichen die Programmierung für Kreisbögen >180° mit negativen Wertangaben). Wird der Kreismittelpunkt programmiert, so werden für dessen Koordinaten die Interpolationsparameter I, J und K verwendet. Der Interpolationsparameter I ist der X-Achse, der Interpolationsparameter J ist der Y-Achse und der Interpolationsparameter K ist der Z-Achse zugeordnet. Die Koordinaten der Interpolationsparameter werden je nach Steuerung auf den Kreisanfangspunkt (nach DIN) oder auf den Werkstücknullpunkt bezogen.

Bemaßung. Es wird zwischen der *Bezugsbemaßung* und der *Zuwachsbemaßung*, auch Kettenbemaßung genannt, unterschieden und zwar mit der Wegbedingung G90 für die Bezugsbemaßung und mit G91 für die Kettenbemaßung **(Bild 1)**.

Für das Verfahren mit Zuwachsbemaßung können auch einzelne Koordinaten absolut programmiert werden. Für die Bezugsbemaßung verwendet man die Buchstabensymbole X, Y und Z und für die Zuwachsbemaßung z.B. XI, YI und ZI. Dies hat den Vorteil, dass innerhalb eines Satzes sowohl Bezugsmaße als auch Zuwachsmaße verwendet werden können. Beim Drehen wird mit X der Drehdurchmesser programmiert. Der notwendige Verfahrweg ist jedoch der Drehradius, den die Steuerung durch Halbieren des X-Wertes selbst errechnet **(Bild 2)**.

Manche Steuerungen verwenden für die inkrementelle Angabe unter G90, z.B. für einen Verfahrweg von 20 mm in X, die Angabe X=IC(20)[1] oder L IX20[2]. Für die inkrementelle Bemaßung unter G91 werden für die X- und die Z-Adresse jeweils die tatsächlich zurückgelegten Wege angegeben. Dann ist es auch möglich bei der eingestellten inkrementellen Maßangabe einzelne Koordinaten mit z.B. XA und ZA absolut anzugeben.

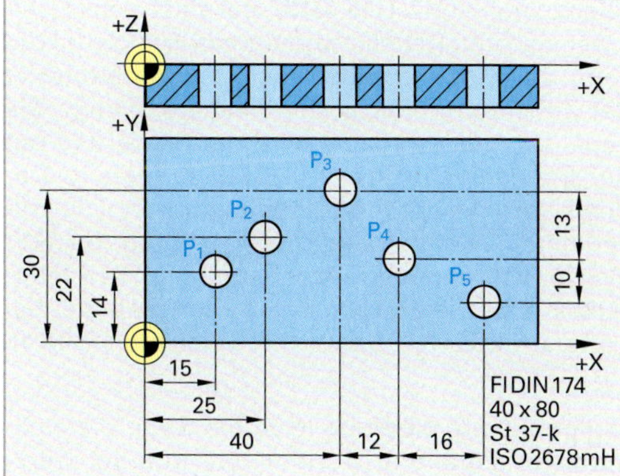


```
  :
N170 G90 G00 X15 Y14     (P1)  ⎫ Da G90 wie G00
  : Bohren                     ⎪ modal wirksam
N210 G90 G00 X25 Y22     (P2)  ⎬ sind, würde die
  : Bohren                     ⎪ Programmierung
N250 G90 G00 X40 Y30     (P3)  ⎭ bei P1 genügen.
  : Bohren
N290 G91 G00 X12 Y-13    (P4)
  : Bohren
N330 G91 G00 X16 Y-10    (P5)
  : Bohren
N370 G90
  :
```

Bild 1: Zeichnungsmaße programmieren – Fräsmaschine –

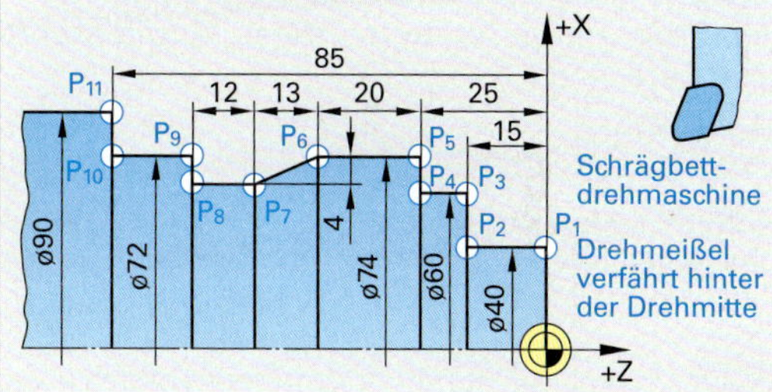


```
  :
N210 G01 X40   Z0                          (P1)
N220 G01 X40   Z-15      oder N220 Z-15    (P2)
N230 G01 X60   Z-15      oder N230 X60     (P3)
N240 G01 X60   Z-25      oder N240 Z-25    (P4)
N250 G01 X74   Z-25      oder N250 X74     (P5)
N260 G01 X74   Z=IC(-20) oder N260 Z=IC(-20) (P6)
N270 G01 X=IC(-4) Z=IC(-13)                (P7)
N280 G01 X=IC(0) Z=IC(-12)                 (P8)
N290 G01 X72   Z=IC(0)                     (P9)
N300 G01 X72   Z-85      oder N300 Z-85    (P10)
  :
```

Bild 2: Zeichnungsmaße programmieren – Drehmaschine –

Die Bezugsbemaßung nennt man auch *absolute Bemaßung* und die Zuwachsbemaßung *inkrementelle*[3] *Bemaßung*.

[1] Steuerung: Siemens 840D; [2] Steuerung: Heidenhain iTNC530
[3] inkrementell (gleichbedeutend zu inkremental) von lat. incrementum = Wachstum, Zunahme

Ebenenwahl (G17 G18 G19). Bei einer Senkrecht-Fräsmaschine mit schwenkbarem Werkzeugkopf kann die Arbeitsspindel bei der Bearbeitung in der Z-Richtung oder in der Y-Richtung sein. Die Lage der Arbeitsspindel wird der Steuerung mit der Ebenenwahl G17, G18, G19 mitgeteilt. Dadurch wird bei der Programmausführung die Fräserlänge, jeweils in der Zustellrichtung, bei G17 also in Richtung der Z-Achse, und der Werkzeugradius in der jeweiligen Bearbeitungsebene, bei G17 also in der X/Y-Ebene, berücksichtigt **(Bild 1)**.

Nullpunktverschiebung (G54 bis G59). Die Nullpunktverschiebung bezieht das gültige Werkstückkoordinatensystem (Maße im Programm) auf das Maschinenkoordinatensystem. Man unterscheidet zwischen der gespeicherten *Nullpunktverschiebung* und der *programmierbaren Nullpunktverschiebung.*

Bei der gespeicherten Nullpunktverschiebung werden die Koordinatenwerte in den Nullpunktspeichern, die mit G54, G55, G56 und G57 bezeichnet werden, eingetragen. Ein Nullpunktspeicher wird mit seiner jeweiligen Bezeichnung im Programm aktiviert. Die gespeicherten Nullpunktverschiebungen werden für die auszumessenden Nullpunktverschiebungen beim Einrichten der Maschine verwendet. Die programmierbaren Nullpunktverschiebungen ergeben sich aus der gewählten Bemaßung auf der Zeichnung. Die Koordinatenwerte der programmierbaren Nullpunktverschiebungen (G58 und G59) beziehen sich immer additiv auf die jeweilig aktivierte gespeicherte Nullpunktverschiebung. Wobei G59 als absolut programmierbare Nullpunktverschiebung nach dem Aufruf den jeweiligen Wert überschreibt und G58 als inkremental programmierbare Nullpunktverschiebung den Wert jeweils zum vorher geltenden Nullpunkt addiert **(Bild 2)**.

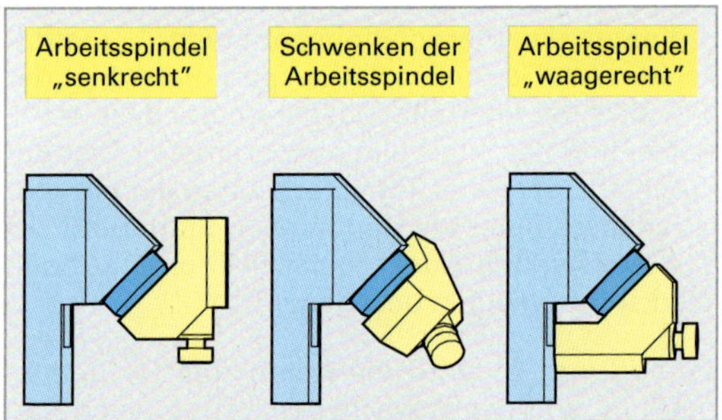

Bild 1: Funktion der Ebenenwahl

Fräserbahnkorrektur (FBK)

Beim Bearbeiten muss die Fräsermitte von der Werkstückkontur den Abstand des Fräserradius haben. Die Fräsermittelpunktbahn ist also um den Fräserradius gegenüber der Werkstückkontur versetzt. Sie ist zur Werkstückkontur äquidistant[1]. Der Programmierer muss diese Äquidistante nicht berechnen.

[1] äquidistant = gleicher Abstand

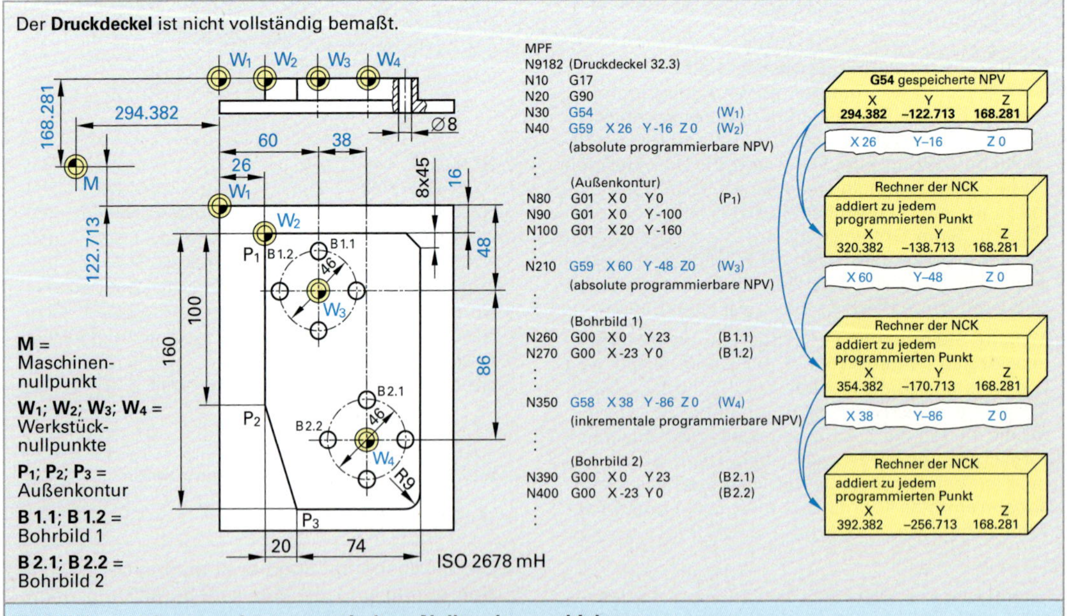

Bild 2: Gespeicherte und programmierbare Nullpunktverschiebung

Mit den Wegfunktionen G41 und G42 wird die FBK aufgerufen und mit G40 abgewählt. G41 wird verwendet, wenn die Fräsermittelpunktsbahn bei Blick in Verfahrrichtung links von der Werkstückkontur verläuft. G42 ergibt die Fräsermittelpunktsbahn rechts von der Kontur. Der Verfahrweg und der programmierte Weg sind nicht identisch **(Bild 1)**. Um Kollisionen, z. B. mit dem Spannmittel, zu vermeiden, sollte der Aufbau der FBK über kurze Wege und nahe am Werkstück erfolgen.

Anfahrtstrategien. Beim Anfahren und beim Verlassen der Konturbearbeitung möchte man Schneidmarken vermeiden, deshalb strebt man tangentiales Anfahren oder Anfahren im Viertelkreis an. CNC-Steuerungen bieten dies mit weiteren G-Funktionen **(Bild 2)**. Weiches Anfahren im Viertelkreis kann man auch ohne Rechenaufwand für den Kreisanfangspunkt und den Kreisendpunkt mit einem *3 Punkte-Konturzug* programmieren.

Schneidenradiuskorrektur beim Drehen. Drehwerkzeuge haben keine absolut scharfe Schneidenspitze, sondern je nach Anwendungsfall einen unterschiedlich großen Schneidenradius. Bei der Bearbeitung von nicht achsparallelen Konturen, wie z. B. Radien und Schrägen, wandert der tatsächliche Schneidpunkt zwischen den Schneidpunkten der X-Achse und der Z-Achse. Es kommt zu Konturverzerrungen **(Bild 3)**. Die Schneidenradiuskorrektur wird auch mit G41/G42 aufgerufen und mit G40 abgewählt. Zusätzlich benötigt die CNC die Lage der Werkzeugschneide in der X/Z-Ebene (Bild 3). Die Werkzeugdatei enthält neben der Lagekorrektur in X und Z den Schneidenradius und eine Codezahl für die Lage der Werkzeugschneide.

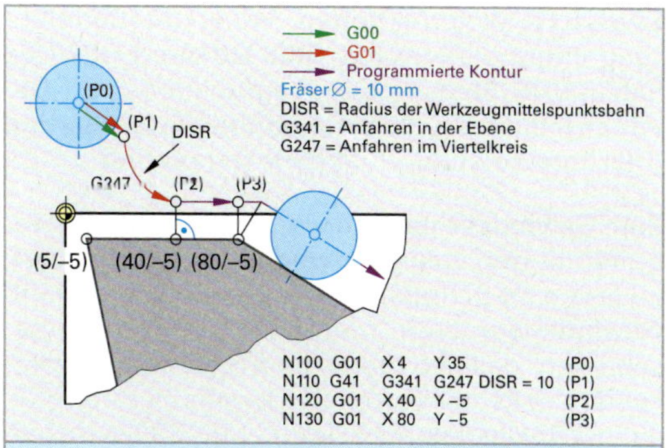

Bild 2: Aufbau FBK mit G43 und G41

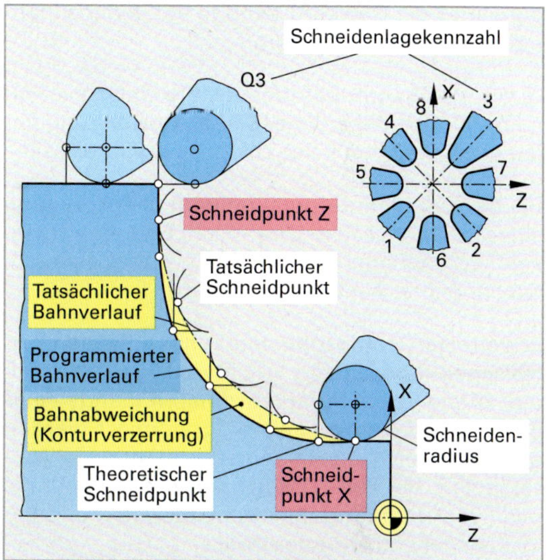

Bild 3: Konturverzerrung beim Drehen

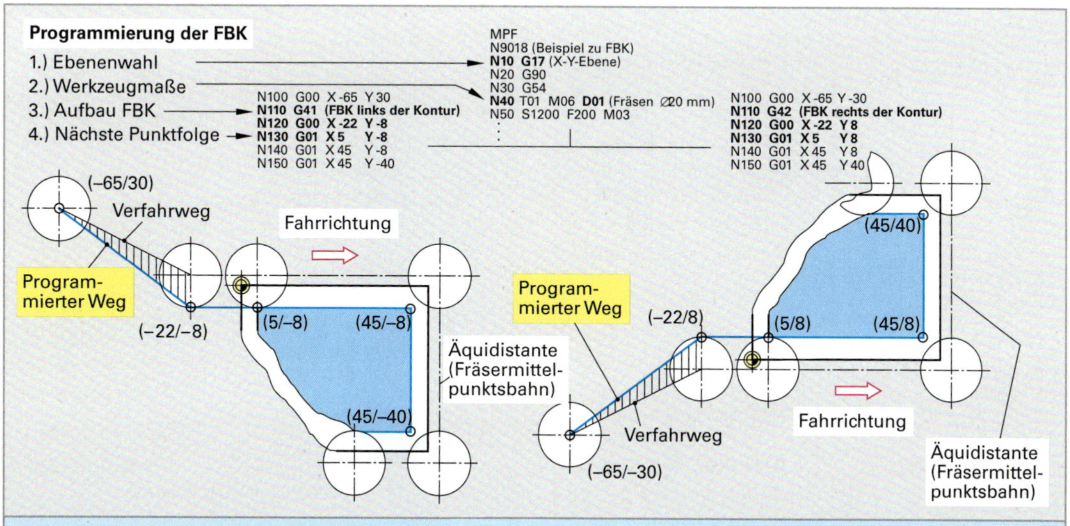

Bild 1: Aufbau der Fräserbahnkorrektur (FBK)

Erweiterte Wegfunktionen. Neben der Bahnführung (Interpolation) mit G00, G01 und G02/G03 haben CNC-Steuerungen Wegfunktionen für **Gewindeschneiden, Schraubenlinieninterpolation** (Helixinterpolation), **Zylinderinterpolation.**

Zum **Gewindeschneiden** wird die Vorschubbewegung mit der Spindelbewegung synchronisiert, sodass eine Schraubenlinie (Gewinde) entsteht. Gewinde werden in mehreren Durchläufen geschnitten, deshalb muss die Steuerung gewährleisten, dass der Anschnitt jeweils bei der gleichen Winkelstellung erfolgt. Mit G33 wird ein Gewinde mit konstanter Steigung **(Bild 1)**, mit G34 ein Gewinde mit linear abnehmender Steigung und mit G35 ein Gewinde mit linear zunehmender Steigung programmiert.

Durch die **Schraubenlinieninterpolation** erhält man eine Schraubenlinie **(Bild 2)**. Anwendung findet diese Funktion beim Zirkular-Gewindefräsen.

Bei der Zylinderinterpolation wird die Bewegung einer Rotationsachse (Drehtisch) und einer Linearachse überlagert. Anwendung findet dies z. B. bei der Schneckenfertigung **(Bild 3)**.

Erweiterte Geometrieumsetzungen. Neben kartesischen[1] Koordinaten (rechtwinklige Koordinaten) können auch **Polarkoordinaten** (Länge einer Strecke und Drehwinkel) programmiert werden oder ein X/Y-Wertepaar (kartesisch) und ein Winkel (polar). Bei den Winkelangaben entspricht die positive X-Richtung der Null-Grad-Linie und davon ausgehend wird der Winkel im Gegenuhrzeigersinn positiv gezählt **(Bild 4)**.

[1] Benannt nach *René Descartes* (Renatus Cartesius), franz. Philosoph und Mathematiker (1596–1650).

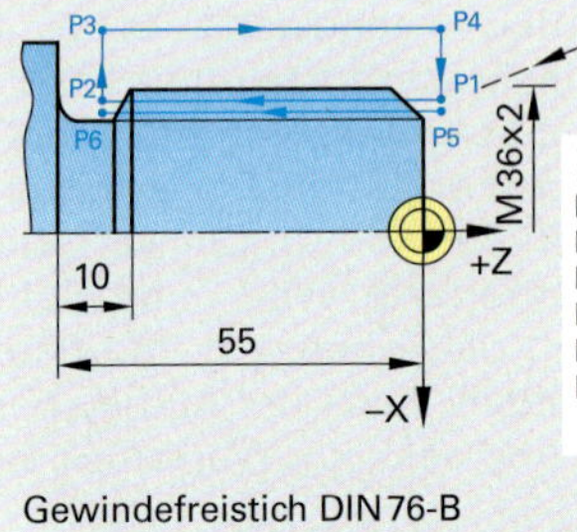

Feingewinde M36x2

⋮
N200 G00 X34.7 Z3 (P1)
N210 **G33** X34.7 Z-50 (P2)
N220 G00 X38 Z-50 (P3)
N230 G00 X38 Z3 (P4)
N240 G00 X33.55 Z3 (P5)
N250 **G33** X33.55 Z-50 (P6)
⋮

Bild 1: Gewindeschneiden G33

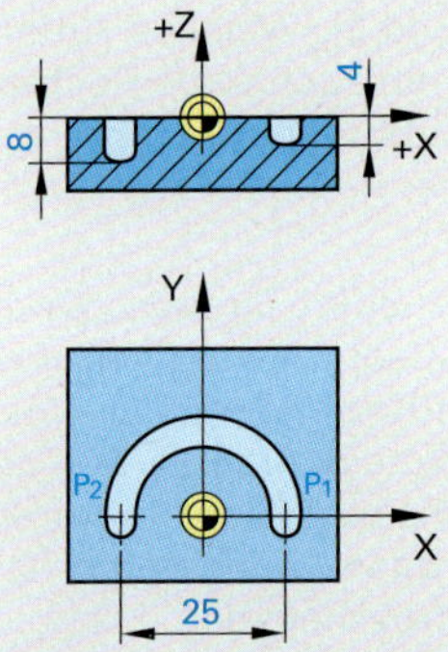

⋮
N100 G00 X 12.5 Y 0
N110 G00 Z 1
N120 G01 Z -4 (P_1)
N130 G03 X -12.5 Y 0 Z -8 I -12.5 J 0 (P_2)

Schraubenlinie
(I und J inkremental vom Kreisanfangspunkt P_1)
⋮

Bild 2: Schraubenlinieninterpolation

Förderschnecke

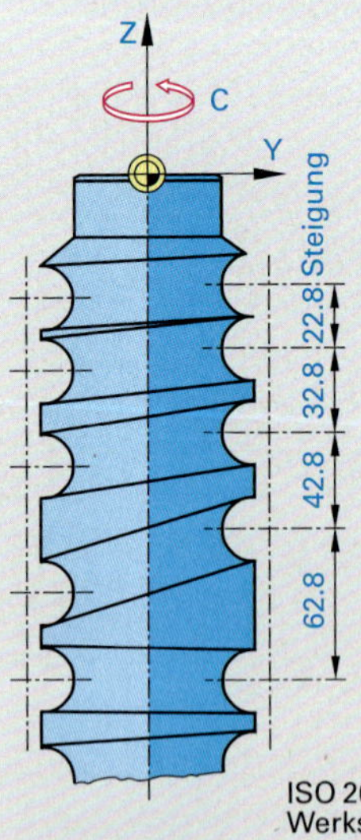

⋮
N50 T05 M06
N60 F200 S1200 M03
N70 G00 Y 50
N80 G01 Y 42
N90 F360 R 42 (Vorschub in Grad/min. da zusätzlich R im Satz)
N100 G91 (inkrementale Maße)
N110 G01 Z -22.8 C 360 (Fahre gleichzeitig die Z-Achse und C-Drehachse)
N120 G01 Z -32.8 C 360
N130 G01 Z -42.8 C 360
N140 G01 Z -62.8 C 360
⋮

ISO 2678 mH
Werkstoff POM (Delrin)

Bild 3: Zylinderinterpolation auf Fräsmaschine

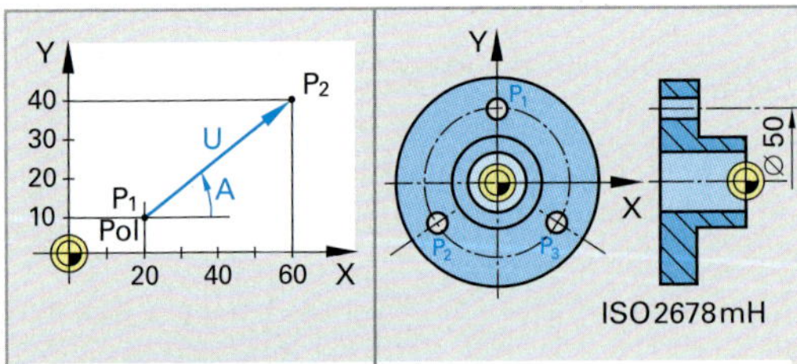

P_1 = Pol des Polarkoordinatensystems
P_2 = Endpunkt
A = Drehwinkel
U = Länge
G01 X 20 Y 10
G91
G01 U 50 A 36.87

⋮
N50 G90
N60 G00 U 25 A 90 (P_1)
⋮
N80 G00 U 25 A 210 (P_2)
⋮
N100 G00 U 25 A 330 (P_3)
⋮

Bild 4: Programmierung mit Polarkoordinaten

Konturzugprogrammierung. Durch die Konturzugprogrammierung ist es möglich Winkel und die Übergangselemente Radien oder Fasen direkt einzugeben. Bei den Übergangselementen wird die theoretische Ecke **(Bild 1)** und das Übergangselementsymbol, z.B. R8 = Radius 8 mm, im Programm eingegeben.

Die Theoretische Ecke entsteht aus dem Schnittpunkt der beiden Geraden, für die der Übergang, entweder ein Radius oder eine Fase, erstellt werden soll. Ein Radius kann nur tangential an die beiden Geraden angelegt werden. Für nicht tangentiale Übergänge muss eine Kreisinterpolation programmiert werden. Es ist zwingend notwendig, dass (nach dem mit dem Übergangselement programmierten Satz) ein weiterer Verfahrweg angegeben wird. Es ist möglich einen **3-Punkte-Konturzug** zu programmieren, wenn zwischen 2 Geraden der Schnittpunkt nicht bemaßt ist, jedoch für beide Geraden die Winkel sowie der Anfangspunkt der ersten Gerade und der Endpunkt der zweiten Geraden bemaßt sind **(Bild 2)**.

Geometriepakete. Bei CNC-Steuerungen gibt es Geometriepakete zur Berechnung von Schnittpunkten und zwar zwischen Gerade und Kreisbogen (tangential oder nicht tangential), Kreisbogen und Gerade, Kreisbogen und Kreisbogen **(Bild 3)**. Damit lassen sich nicht bemaßte Teilkonturen programmieren, ohne die einzelnen fehlenden Punkte berechnen zu müssen. Moderne Steuerungen bieten diese Funktion in grafischer Form an. Aus dieser Grafik werden dann die NC-Wegbefehle automatisch generiert.

In einigen Bundesländern werden in den schriftlichen Abschlussprüfungen zu Metallberufen die CNC-Aufgaben durch die PAL[1] erstellt. Die PAL hat dazu eigene an die DIN angelehnte Programmierzyklen entwickelt.
Literatur: Tabellenbuch, Verlag Europa-Lehrmittel, Haan-Gruiten.

[1] PAL Kunstwort für Prüfungsaufgaben- und Lehrmittelentwicklungsstelle

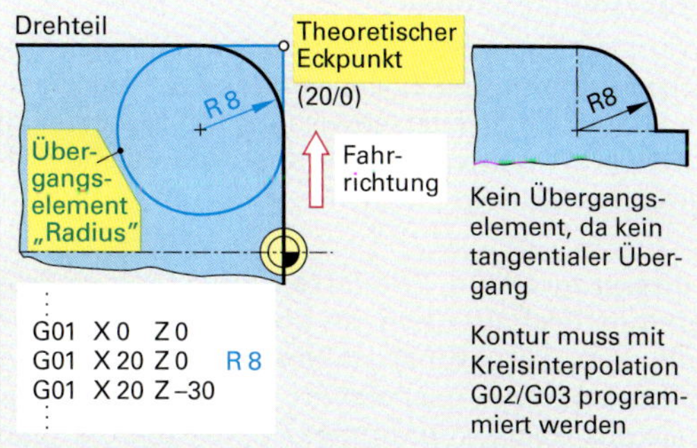

Bild 1: Programmierung bei Übergangselementen

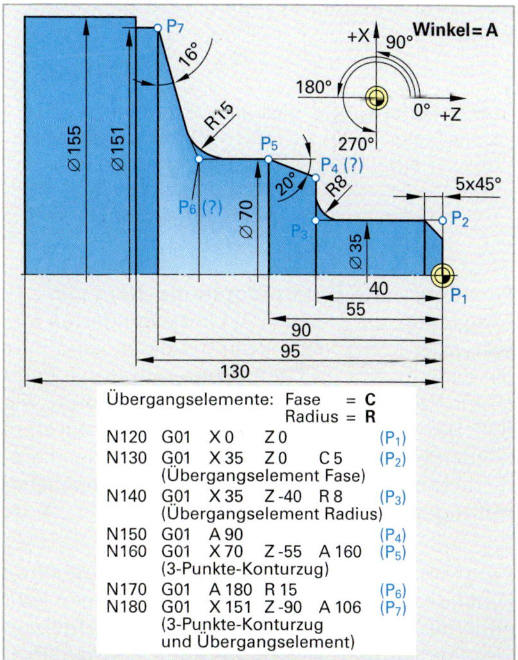

Bild 2: Programmierung bei Konturzügen

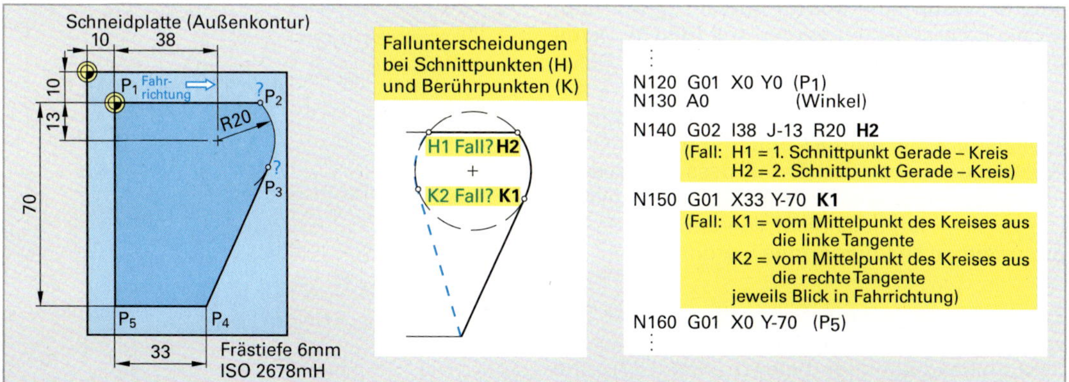

Bild 3: Schnittpunktberechnungen

Programmstrukturen

Werden neben den Hauptprogrammen auch Unterprogramme und Zyklen verwendet, sind kürzere Programmierzeiten sowie übersichtliche, leicht nachvollziehbare und änderungsfreundliche Programmstrukturen möglich.

Unterprogramme. Wiederkehrende gleiche Programmabschnitte können als *Unterprogramme* mit dem Adressbuchstaben L und einer Programmnummer gespeichert werden und innerhalb des Hauptprogrammes wieder mit der gleichen Programmnummer aufgerufen werden. Für die Anzahl der Programmdurchläufe kann hinter der Programmnummer noch eine Zahl ergänzt werden.

Im Beispiel sind 4 gleiche Längsnuten in eine Unterlagsschiene zu fräsen **(Bild 1)**. Hier bietet es sich an, die Nut als Unterprogramm zu programmieren. Im Hauptprogramm kann dann das Unterprogramm beliebig oft aufgerufen werden.

Parametrisierte Unterprogramme. Kommen z. B. Längsnuten der gleichen Art mit veränderten Maßen im Produktionsprogramm vor, so kann man die Zahlenwerte im Unterprogramm durch Parameter bzw. Symbole (Variable, Platzhalter) wie R30, R31... ersetzen **(Bild 2)**. Im Hauptprogramm werden vor dem Unterprogrammaufruf den Parameterspeichern jeweils die Maße der nächsten Nut zugewiesen.

Programmteilwiederholungen. Die gleichen Funktionen wie mit den Unterprogrammen können mit *Programmwiederholungen* aufgebaut werden. Über die Satznummer können Programmteile zwischen benannten Satznummern wiederholt werden. Eine typische Anwendung ist z. B., wenn eine Kontur sowohl geschruppt als auch geschlichtet werden soll **(Bild 3)**. Damit die Geometrie der Fertigkontur in beiden Fällen unverändert verwendet werden kann, wird der Durchmesser des Schruppfräsers im Werkzeugspeicher um das Aufmaß erhöht. Programmwiederholungen haben den Vorteil, dass nicht zusätzlich Unterprogramme verwaltet werden müssen. Der Nachteil ist, dass nicht von anderen Hauptprogrammen aus zugegriffen werden kann.

Zyklen. Für typische Arbeitsabläufe in der Zerspantechnik, wie z. B. für Bohren (L81), oder für Schruppbearbeitungen beim Drehen (L77), sind in der DIN 66025 parametrisierte Unterprogramme festgelegt.

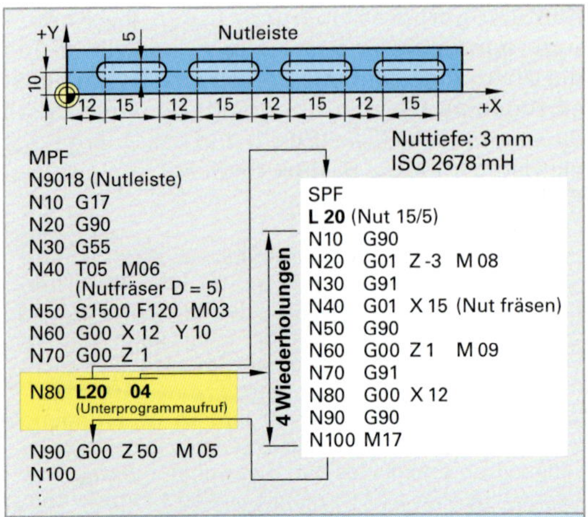

Bild 1: Festes Unterprogramm

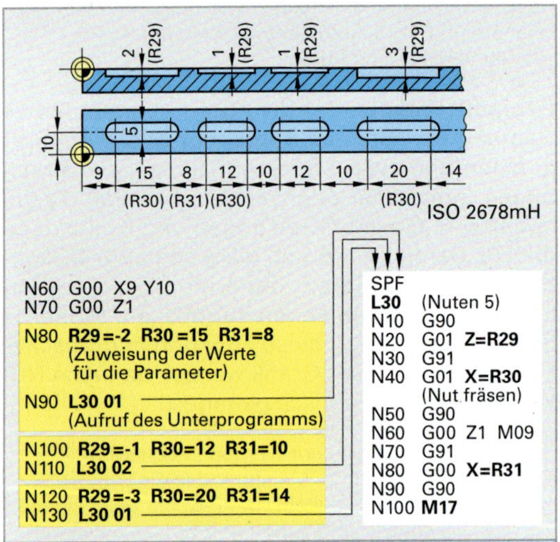

Bild 2: Parametrisierte Unterprogramme

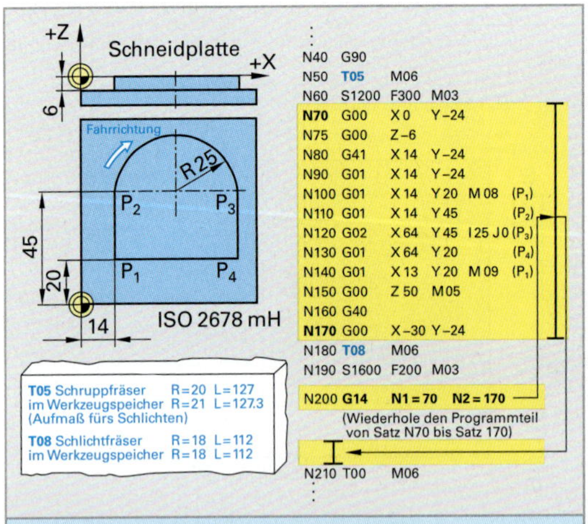

Bild 3: Programmwiederholung G14

Diese Zyklen werden von den Maschinenherstellern individuell festgelegt und können im Hauptprogramm aufgerufen werden **(Bild 1)**. Voraussetzung ist, dass der Programmierer sich über die vereinbarten Parameterbezeichnungen informiert und vor dem Aufruf entsprechende Zahlenwerte zuweist. Die Zyklen, wie z. B. der Tieflochbohrzyklus (L83), enthalten Berechnungen für die Anzahl der Entspanungen und Verzweigungen.

Programmierregeln. Neben dem eigentlichen Programm (Syntax-Vereinbarungen[1]) ist es sinnvoll Programmierregeln **(Tabelle 1)** zu vereinbaren um Flüchtigkeitsfehler vorzubeugen und um dann Rückfragen zu vermeiden. Auch sollte die Archivierung[2] der vom Maschinenbediener optimierten Programme nicht vergessen werden. Wird bei der Werkstückbearbeitung der Override benutzt, sollten die Overrideeinstellungen protokolliert werden.

Joblisten. Bei modernen CNC-Maschinen ist ein PC mit Festplatte integriert. Damit ist eine übersichtliche Programmverwaltung möglich.

Mit Joblisten[3] (Ladeanweisung) können vollständige Arbeitsaufträge für eine Werkstückbearbeitung bestehend aus:

- Hauptprogrammen MPF *(Main Program File)*
- Unterprogrammen SPF *(Sub Program File)*
- Programmparameter RPA *(R-Parameter Active)*
- Nullpunktverschieb. ZOA *(Zero Offset Active)*
- Werkzeugkorrekturen TOA *(Tool Offset Active)*

an die CNC-Steuerung übergeben und von ihr gesteuert werden.

Eine Jobliste **(Tabelle 2)** besteht aus **Löschanweisungen** (CLEAR..), **Ladeanweisungen** (LOAD..) und der **Startvorbereitung** (SELECT..).

Maschinenparameter. Die Maschinendynamik, das Steuerungsverhalten und der Maschinenstatus können über Maschinenparameter, also über die Systemsoftware, beeinflusst werden. Der überwiegende Teil, wie z. B. der K_v-Faktor, wird bei der Inbetriebnahme eingestellt. Daneben gibt es Maschinenparameter, die vom Bediener oder über Programme verändert werden können. Beispiele hierfür sind Schnittstellenkonfiguration für die Datenübertragung, Drehzahlbegrenzungen, z. B. beim Plandrehen, und die Fehlerfenster (grob und fein) für Genauhalt **(Bild 2)**.

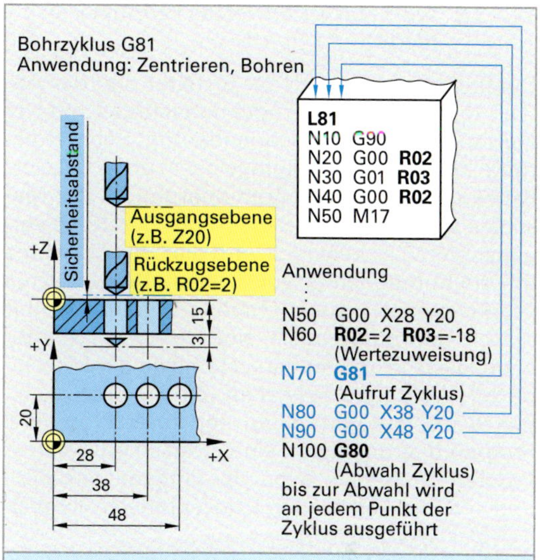

Bild 1: Bohrzyklus G81

Tabelle 1: Allgemeine Programmierregeln

• Kommentare
N 40 T01 (Fräser R=20) N 90 L0101 (Bohrbild 1)
• Programmabschnitte visualisieren
N150 G00 Z5 N1000 (Innenkontur schruppen) N1010 G59 X20 Y-20
• kurze CNC-Sätze
N50 F300 S1200 M03 N60 G90 N70 G01 X50 Y100
• am Ende von Haupt- und Unterprogrammen Einschaltzustand programmieren
z. B. G17/G54/G90
• vermeiden von 3D-Bewegungen im Eilgang
• Zeichnungsmaße programmieren
(G90/G91)

Tabelle 2: Jobliste

CLEAR
(Alle Teilprogramme im NCK-Speicher werden gelöscht)
LOAD LOCAL/W-BO MPF 0815
Lädt das Hauptprogramm MPF 0815 vom Hauptpfad „LOCAL" und vom Unterpfad „W-BO" des MMC-Speichers
LOAD LOCAL/W-BO SPF [3,5]
Lädt die Unterprogramme 3 bis 5 vom Hauptpfad „LOCAL" und Unterpfad „W-BO"
SELEKT MPF 0815 CH = 1
Anwahl des Hauptprogrammes 0815 im Kanal 1

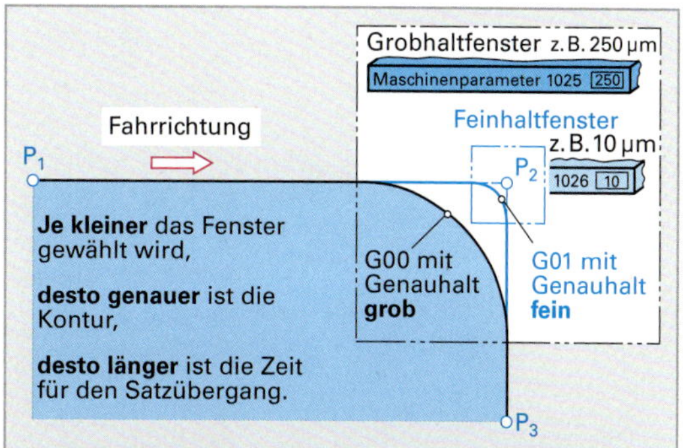

Bild 2: Maschinenparameter für Genauhaltfenster (G00, G01)

[1] lat.-griech. syntaxis = Zusammenstellung, Satzbau bei Sprachen
[2] griech. archeion = Amtsgebäude für die Aufbewahrung von Urkunden, archivieren = aufbewahren von Dokumenten, z. B. von Programmen
[3] engl. job = vorübergehende Beschäftigung, hier: Arbeitsaufgabe

10.1.3.2 Werkstattorientiertes Produzieren (WOP)

Durch die Änderungen der Struktur und der Ablauforganisation der Produktionsstätten mit der Zielsetzung wie Prozessorientierung, Segmentierung[1], autonome[2] Fertigungsinseln und fraktaler[3] Fabrik gewinnt die Programmierung an der Maschine zunehmend an Bedeutung. Durch die vorgenannten Zielsetzungen wird die CNC-Maschine um die Komponenten zum werkstattorientierten Produzieren erweitert **(Tabelle 1)**. Wird an der Maschine programmiert, sind dem Facharbeiter angepasste Programmiersysteme an der Maschine zur Verfügung zu stellen. Ein Gesichtspunkt hierzu ist: das Vermeiden der abstrakten DIN-Programmierung durch eine grafisch interaktive[4] Programmierung, d.h. bei der Eingabe wird dem Bediener die Auswirkung sofort grafisch sichtbar.

Programmaufbau: Das Programm besteht aus 3 Teilen: Programmkopf, Programmsätze und Programmende **(Bild 1)**. Diese Teile bilden den Arbeitsplan. Die Grundlage für die Programmierung ist die Programmiergrafik **(Bild 2)**.

[1] lat. segmentum = Abschnitt, Teil
[2] griech. autonomos = selbstständig
[3] fraktal = abgeteilt, von lat. fragmentum = Bruchstück
[4] interaktiv = zwischendurch handelnd

Tabelle 1: Werkstattorientiertes Produzieren

Direkt an der CNC-Maschine

Funktionen zur Programmierung	Funktionen zur Fertigungssteuerung
• grafisch interaktive Programmerstellung	• Auftragsverwaltung
• Übernahme der CAD-Geometrie (DXF, IGES)	• Werkzeugverwaltung (Maße, Standzeiten)
• Technologieprozessoren (Schnittwerte)	• Spannmittelverwaltung
• Programmsimulation (Geometrie, Kollision)	• Qualitätssteuerung

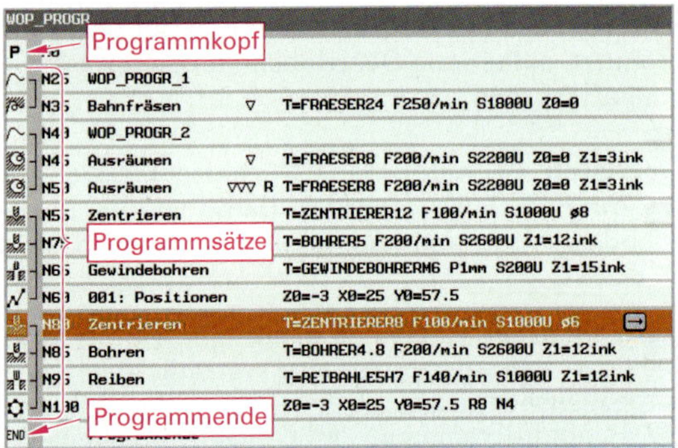

Bild 1: Arbeitsplan

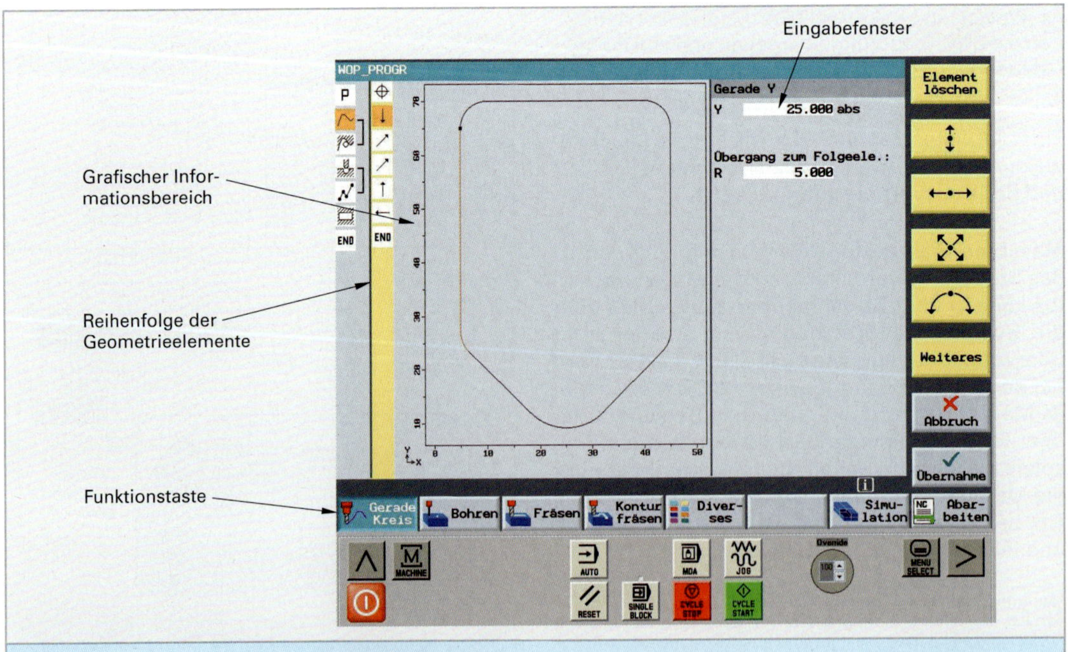

Bild 2: Grafisch-interaktive Eingabe der Geometrie

Programmierung

1. **Programmkopf.** Ein neues Programm wird im Programm-Manager angelegt und erhält dort einen Programmnamen. Im Programmkopf **(Bild 1)** werden Parameter, die über das gesamte Programm wirken, eingegeben. Sie werden z. B. für die Simulation verwendet.
2. **Geometrie.** Für die einzelnen Bearbeitungsschritte zeichnet der Programmierer die Geometrie mithilfe der Geometrie-Elemente (Kreis, Punkt, Gerade) über die Eingabemaske interaktiv nach (Bild 2, Seite 292). Im Gegensatz zu CAD-Anlagen, die eine ungerichtete Geometrie nutzen, wird hier eine gerichtete Geometrie verwendet. Die Elemente müssen in ihrer Reihenfolge eingegeben werden. Selbst erstellte Geometrien werden unter einem frei wählbaren Namen abgespeichert, für vorgefertigte Geometrieelemente, wie z. B. Lochkreis, gibt das Programm den Namen vor.
3. **Bearbeitung.** Nachdem die Geometrie vorliegt, erfolgt nun die Programmerstellung für die Bearbeitung. Dazu steht ein Parametereingabefenster mit der erstellten Programmiergrafik zur Verfügung **(Bild 2)**. Alternativ kann anstelle der Programmiergrafik auch ein Hilfebild angezeigt werden. Das Werkzeug **(Bild 3)** wird im Parametereingabefenster des jeweiligen Bearbeitungsschrittes ausgewählt und parametriert.
4. **Arbeitsplan.** Durch die Steuerung werden die Technologiesätze automatisch mit den Positionssätzen (Geometrie) verkettet **(Bild 4)**. Das Programm wird ohne weitere Umwandlung auf der Maschine abgearbeitet.
5. **Simulation.** Die Simulation **(Bild 5)** zeigt neben den Verfahrwegen auch mögliche Kollisionen. Weiterhin ist eine Beurteilung nach wirtschaftlichen Kriterien gegeben: dadurch kann das Programm durch den Facharbeiter vor Beginn der Fertigung optimiert werden.

Die Programmierung an der Maschine hat insbesondere bei einfachen Programmen oder in der Einzelteilfertigung Vorteile.

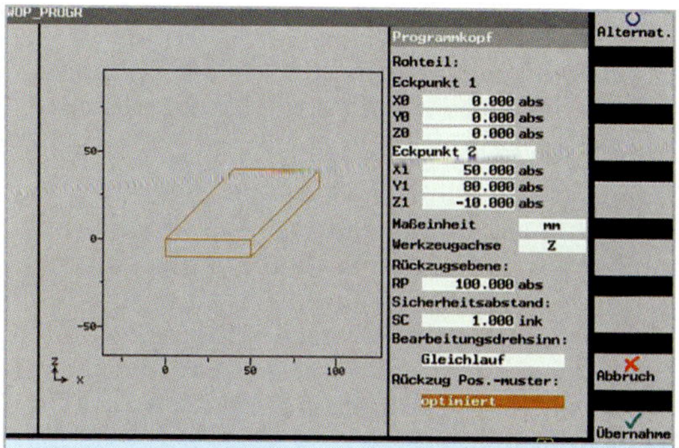

Bild 1: Programmkopf

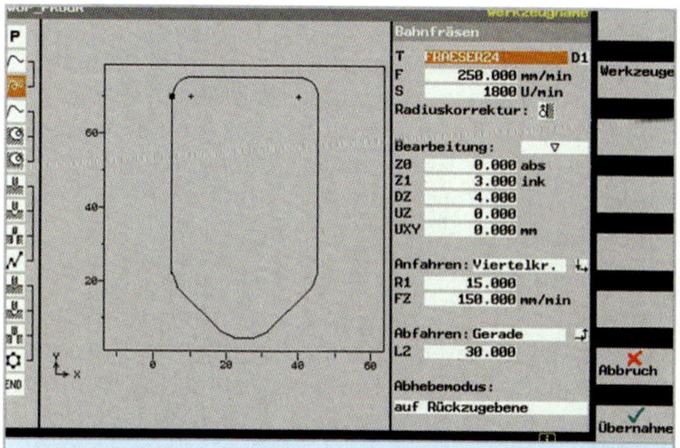

Bild 2: Parametereingabe

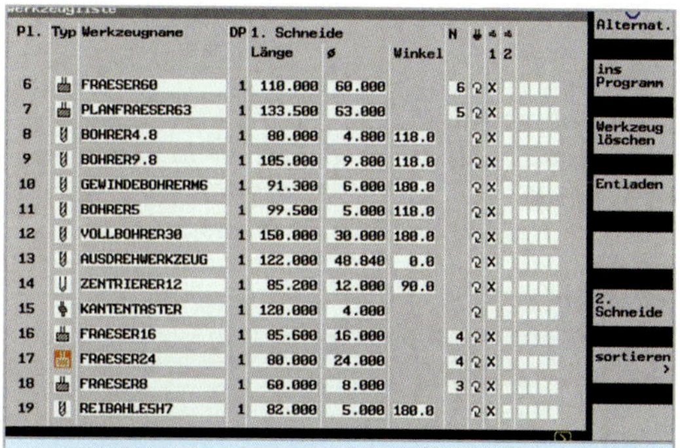

Bild 3: Werkzeugspeicher

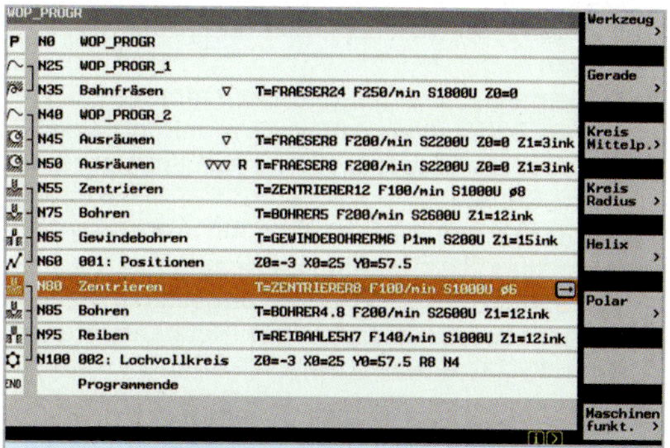

Bild 4: Arbeitsplan

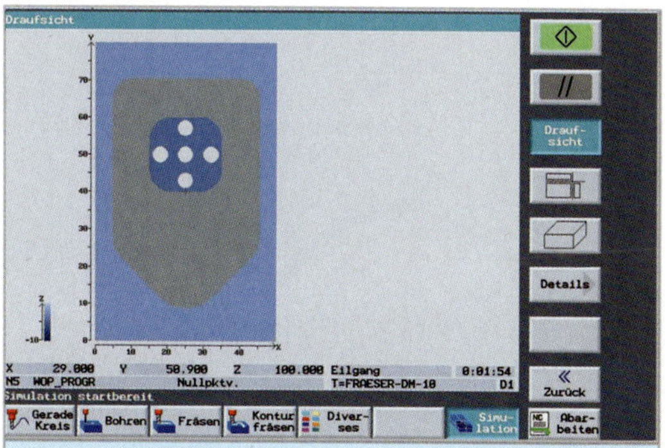

Bild 5: Simulation

10.1.4 Interpolation

Durch Interpolation[1] ermittelt die CNC-Steuerung eine dichte Folge von Bahnstützpunkten **(Bild 1)**.

Analytisch bestimmte Geometrie

Analytisch bestimmte Geometrien sind solche, die sich aus *Geradenstücken*, *Kreisbögen*, *Ellipsenabschnitten* und *Parabelbögen* zusammensetzen. Sie können exakt, d.h. analytisch durch eine mathematische Formel beschrieben werden. Wichtigste Interpolationsarten sind die **Linearinterpolation** (Geradeninterpolation) und die **Kreisinterpolation**.

Linearinterpolation

Die Interpolationszeit *T* wird in gleiche Zeitabschnitte (Interpolationstakt), z.B. hier gewählt in 10 Abschnitte, aufgeteilt **(Tabelle 1)**. Entsprechend wird jeweils die Wegstrecke in der X-Achse und in der Y-Achse in die gleiche Anzahl Wegabschnitte zerlegt (Einheit in 1/1000 mm):

in X-Richtung 8 – 1 = 7 7 : 10 = 0,7

in Y-Richtung 6 – 2 = 4 4 : 10 = 0,4

Eine Vorschubbewegung erfolgt nur, wenn nach einem Rechenschritt die Addition der Wegabschnitte mindestens 1 Inkrement (1/1000 mm) ergibt. Die Messfeinheit der Wegmesssysteme ermöglicht Inkremente von 0,001 mm Länge. Dies bedeutet, dass die Wegabschnitte hiervon Teile sein müssen. Im Beispiel sind dies bei der X-Achse 0,0007 mm.

Freie Geometrie

Ausgehend von Messpunkten, z.B. bei Karosserieteilen, soll die *Freiformfläche* gefertigt werden. Hierbei ist aus den Messpunkten im *1. Schritt* eine *Sollfläche* zu bestimmen und diese ist in einem *2. Schritt* in *Bearbeitungsbahnen* zu übersetzen. Den Bahnverlauf nähert man durch einen **Polygonzug**[2] an.

Polygonzüge

Die Bahnkurve wird in kleine Geradenstücke zerlegt, d.h. mit G01 Wegbedingungen abgearbeitet **(Bild 2)**. Damit sind folgende Probleme verbunden:

- An kantigen Übergängen der Geradenstücke gibt es Bahnfehler. Zu ihrer Umgehung erzeugen manche Steuerungen anstatt der Geraden kleine Kreise.
- Werden Genauigkeiten von 1/100 mm erwartet, muss man die Geradenstücke sehr klein wählen. Damit kommen auch leistungsstarke Steuerungen an die Grenze ihrer Rechenleistung (Blockzykluszeit).

[1] Interpolation = Berechnung von Zwischenwerten aus lat. interpolatio = Umgestaltung

[2] Polygon = Vieleck, aus griech. poly = viel und gonia = Ecke

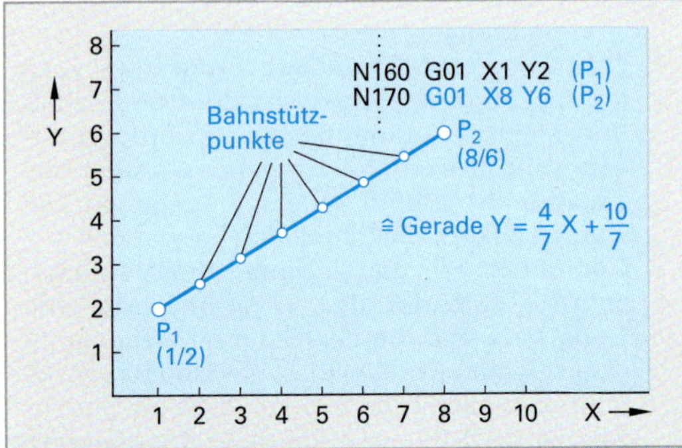

Bild 1: Linearinterpolation

Tabelle 1: Linearinterpolation

Rechenschritte	X-Achse		Y-Achse	
	Summe	Inkremente	Summe	Inkremente
1	0.7	–	0.4	–
2	1.4	1	0.8	–
3	1.1	1	1.2	1
4	0.8	–	0.6	–
5	1.5	1	1.0	1
6	1.2	1	0.4	–
7	0.9	–	0.8	–
8	1.6	1	1.2	1
9	1.3	1	0.6	–
10	1.0	1	1.0	1

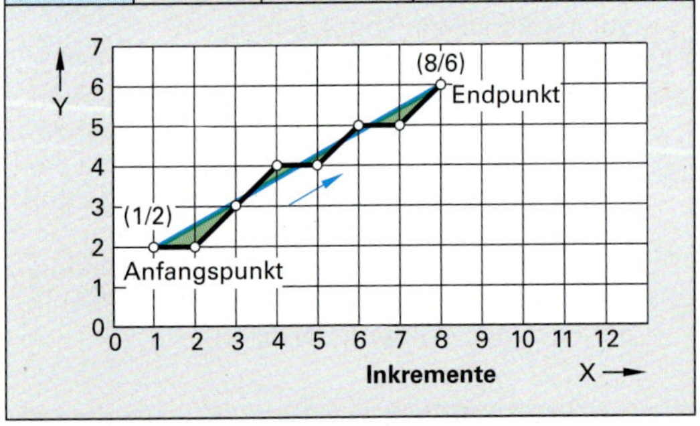

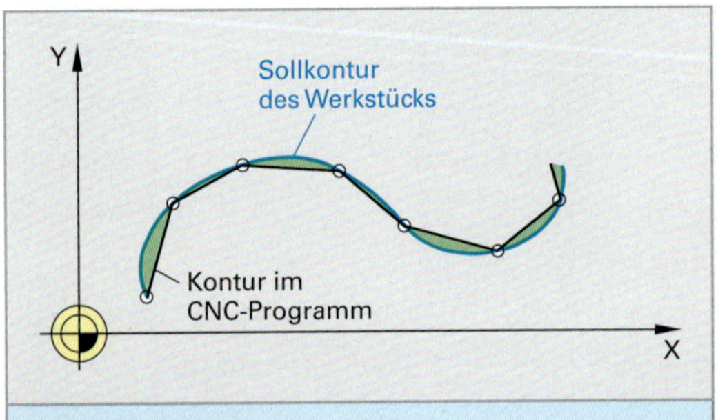

Bild 2: Polygonzug

Spline-Interpolation. Ein Spline[1] ist eine glatte Kurve (keine Kanten), deren Krümmungsradien sich stetig ändern. Durch Polynome[2], z. B. 3. Grades, lassen sich Kurvensegmente mit unterschiedlichem Krümmungsverhalten und unterschiedlicher Steigung durch weiche Übergänge verbinden.

Spline-Arten. Der **A-Spline** (Akima-Spline[3]), ist in den Stützpunkten tangentenstetig. Man denkt sich, dass die Stützstellen Ösen darstellen, durch die mit minimaler Biegeenergie ein dünner elastischer Draht gezogen wird. Der A-Spline ist geeignet, wenige Messpunkte durch einen glatten Kurvenverlauf zu verbinden **(Bild 1)**.

Beim **B-Spline** (Basic Spline oder Bézier-Bernstein-Spline[4]) geht im Gegensatz zu dem A-Spline die Kurve nur annähernd durch die Stützpunkte. Die Annäherung wird durch eine interne Gewichtung der Stützpunkte gesteuert. Diese Form ist geeignet für digitalisierte Freiformflächen mit vielen Messpunkten. Die Anwendung hat den Vorteil einer wesentlichen Datenreduktion **(Bild 2)**. Der B-Spline kann andere Splinearten und auch Kreis, Ellipse und Parabel nachbilden.

Umsetzung der Spline-Interpolation:
Schritt 1: Ermitteln der Sollkurve
Neben den Messpunkten müssen zur Bestimmung der Spline-Ketten die Achskonfiguration und die Werkzeugabmessungen und der Werkzeugtyp bekannt sein. Um die Sollkurve wird nach einem Toleranzwert ein Toleranzschlauch gelegt. Wird bei der Berechnung des Splines der Toleranzwert überschritten, wird automatisch der nächste Splinesatz erzeugt **(Bild 3)**. Damit kann eine wesentliche Datenreduktion erreicht werden.

Schritt 2: Steuerungsinterne Bahnführung
Nachdem die Sollkurve als Kette aus Splines berechnet ist, werden die Splinesätze mit der entsprechenden Wegfunktion für die Spline-Interpolation, z. B. G06, übernommen. Die steuerungsintern verwendeten Splines sind z. B. sogenannte **NURBS** (Nicht Uniforme Rationale B-Splines). Neben der Datenreduktion lässt sich durch die NURBS auch der Werkzeugvektor bei der 3D-Bearbeitung direkt an die Steuerung übergeben. Die Bearbeitungsqualität sowie die Produktivität (höherer Vorschub und Schnittgeschwindigkeit) lassen sich verbessern. Durch die NURBS bezieht sich die Regelung auf eine größere Länge der Werkzeugbahn. Die NURBS sind stetig, sodass insgesamt eine harmonische, d. h. weitgehend ruckfreie Bewegung der Maschine erreicht wird.

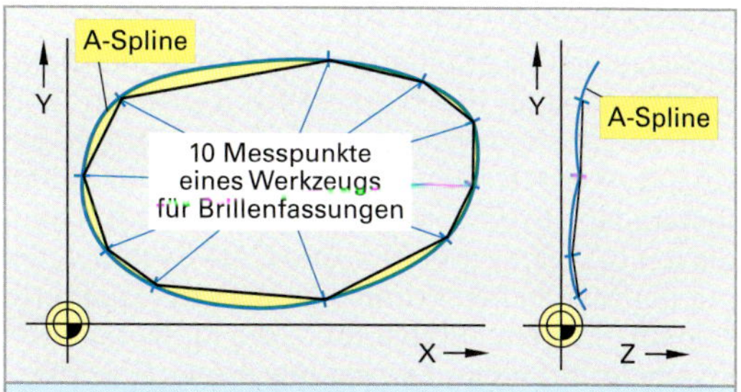

Bild 1: Spline-Interpolation

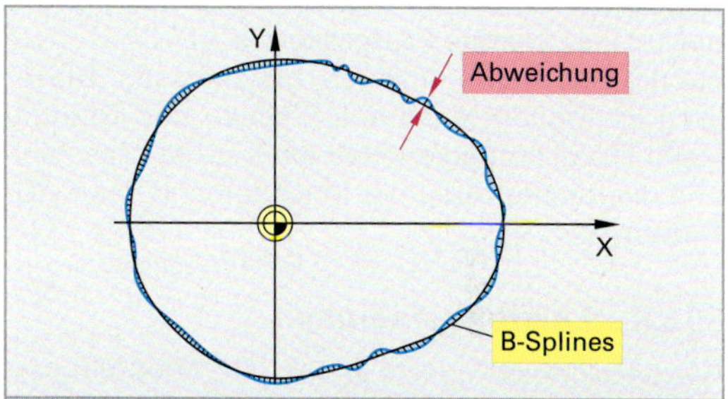

Bild 2: B-Spline-Interpolation für eine Nockenkontur

Tabelle 1: CNC-Sätze für Nocken (Bild 2)

Polygon-Interpolation 360 CNC-Sätze	Spline-Interpolation 18 CNC-Sätze
N01 B94.0 Y38.494	N1 G6 X38.420 B98.000 I4.001
N02 B95.0 Y38.492	K7479172 K-24872128 K13544407
N03 B96.0 Y38.495	K138283 K-494686 K-268164648
N04 B97.0 Y38.460	N2 G6 X38.009 B115.00 I17.011
N05 B98.0 Y38.420	K-1092658 K-1255846 K18516670
N06 B99.0 Y38.375	K-13440 K-174386 K-267781410
N07 B110.0 Y38.325	N3 G6 X37.745 B118.000 I3.607
N08 B111.0 Y38.269	K1982335983 K-2245320190 K239699980
N09 B112.0 Y38.209	K-151548408 K309309875 K-300711934
N10 B113.0 Y38.144	N4 G6 X31.034 B167.000 I51.515
N11 B114.0 Y38.075	K-168507 K3586647 K25742689
N12 B115.0 Y38.009	K584696 K-14891629 K-207929854
N13 B116.0 Y37.092	N5 G06
⋮	⋮

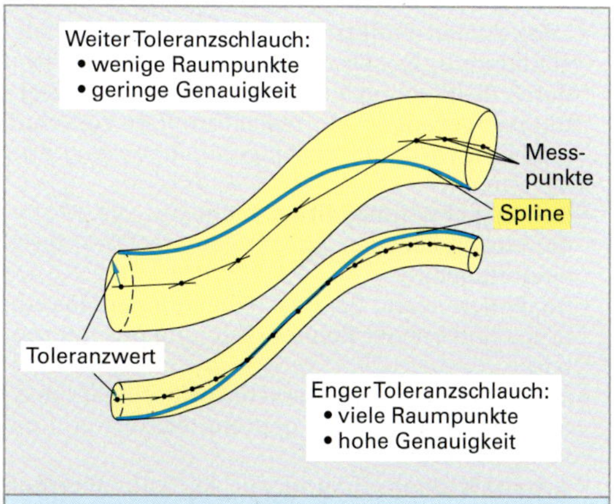

Bild 3: Spline-Interpolation mit Toleranzschlauch

[1] engl. spline = ein dünner Stab, um gleichmäßige Kurven, z. B. im Schiffsbau, zu erhalten
[2] Polynom = vielgliederiger math. Ausdruck; hier eine Gleichung höheren als 2. Grades, z. B. $y = a + ax + ax^2 + ax^3$, aus griech. poly = viel und nomos = Gesetz
[3] *J. H. Akima*, amerik. Mathematiker
[4] *P. Bézier*, franz. Wissenschaftler, *Bernstein*, dt. Mathematiker

Interpolationsart und CAD

Besitzt eine CNC-Steuerung die Spline-Interpolation, dann kann die Prozesskette zwischen CAD und CNC in enger Weise geschlossen werden. Bei CAD-Systemen lassen sich zwei Produktlinien feststellen: CAD-Systeme für Freiformflächen, die mit B-Splines arbeiten, und CAD-Systeme, die mit geometrischen Primitiven, also mit Quadern, Kugeln, Kegeln, Ellipsoiden die gewünschten Körper, mit der Durchdringung dieser Grundkörper, erzeugen. Durch NURBS lassen sich beide Linien auf eine einheitliche Datenbasis bringen. Baut die CNC-Steuerung ebenfalls auf NURBS auf, ist die gesamte Prozesskette CAD-CAM-CNC, auf die Geometrie bezogen, geschlossen. Dieser Weg ermöglicht auch das Messen und Digitalisieren von komplexen Flächen mit der Maschine und die Rückführung der Messdaten in das CAD-System.

Tabelle 1: Leistungsmerkmale

Leistungsmerkmale

- **Technische Leistung**
  - kurze Auftragszeit
    - Leistung
    - Bahngeschwindigkeit
    - Werkzeugwechselzeit
    - Rüstzeit
  - hohe Qualität
    - Bahnführung
    - Zuverlässigkeit
  - bei geringen fixen und variablen Kosten
- **Bedienkomfort**
  - Programmierung
    - Hilfe als Text und Grafik
    - Dialogprogrammierung
    - Simulation
  - Bearbeitungsprozessvisualisierung für Optimierung der Einflussparameter
  - Diagnose und Fehlerbeseitigung im Dialog
  - Ergonomie Einrichten, Spannen, Service
- **Technologische Anpassung**
  - Bearbeitungszyklen
  - Technologieprozessoren und Schnittwerkdateien
  - Sensorik
    - Schnittkräfte
    - Spannung
  - Messzyklen
  - Digitalisierung
- **Integration in die Produktionsstruktur**
  - Materialfluss Handhabung und Transport
    - Werkstücke
    - Werkzeuge
    - Spannmittel
    - Prüfmittel
  - Informationsfluss Integration in
    - DNC
    - MDE
    - BDE
    - Netze

10.1.5 Leistungsfähigkeit

Die Leistungsfähigkeit einer CNC-Maschine ist maßgeblich von der Steuerung (NCK, PLC), den Antrieben und der Bedienschnittstelle (MMC) abhängig **(Tabelle 1)**.

Leistungsmerkmale

Die Leistungsmerkmale beziehen sich auf die Bewegungsführung, auf die Achsfunktionen und auf die Antriebe neben den mechanischen Maschinenkenngrößen, wie z.B. Verfahrwege und Spindelleistung.

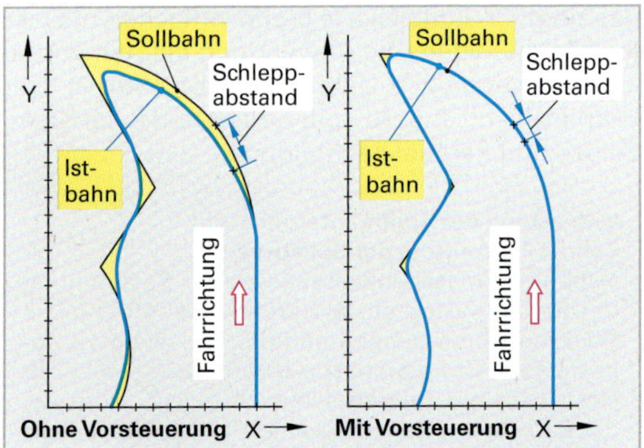

Bild 1: Bahnabweichungen bei Lageregelung mit und ohne Vorsteuerung

[1] engl. to look ahead = vorausschauen;
[2] engl. frame = der Rahmen, hier Koordinatensystem

Bewegungsführung

- **Spline-Interpolation,** z.B. NURBS.
- **Transformation,** z.B. 5D-Werkzeugkorrektur in Maß und Lage.
- **Look-Ahead-Funktion**[1]. Dies ist eine vorausschauende Geschwindigkeitsführung, damit durch die Blockzykluszeit und bei geringen Richtungsänderungen ein gleichförmiger Vorschub realisiert wird und Beschleunigungen begrenzt bleiben.
- **Bahngeschwindigkeiten,** nicht auf die Mittelpunktbahn bezogen, sondern auf den Werkzeugeingriffspunkt.
- **Ruckbegrenzung** bei Beschleunigungen des Antriebs und bei der Bahnberechnung des Interpolators.
- **Framesystem**[2]. Das Werkstück-Koordinatensystem kann verschoben, gedreht, skaliert und gespiegelt werden.
- **Arbeitsfeldbegrenzung** zur Kollisionsvermeidung.
- **Kompensationen** für den Schleppabstand durch Vorsteuerung **(Bild 1)**, Kompensation von Temperatureinflüssen, Kompensation der Bahnabweichungen durch Reibung (Quadrantenfehler bei Kreisen), durch Umkehrspannen und durch Steigungsfehler der Vorschubspindel.

Achsfunktionen und Antrieb

- **Erweiterung um Synchronachsen** innerhalb der NCK und um Positionierachsen innerhalb der PLC.
- **Kanalstruktur.** Ein Kanal ist eine vollständige Regelung von mindestens 5 Achsen, einschließlich der Programmcodierung und Interpolation. Eine NCK besitzt mehrere Kanäle, um bei Mehrschlittenmaschinen und bei Mehrspindelmaschinen simultane oder auch asynchrone Bearbeitungen auszuführen.
- **Digitale Antriebskonzepte.** Die Regelung erfolgt über Software und ist damit einfach zu verändern und es gibt keine Driftprobleme.

Bedienkomfort

Eine übersichtliche Gestaltung der Bildschirmmasken (Window) signalisiert ständig den *Maschinenstatus*, die *Verfahrpositionen* und den *Programmablauf*.

Bei der Programmierung und Programmoptimierung gewährleisten *Helpfunktionen*, *Dialogfunktionen* und *Grafiken* bis hin zur Bearbeitungssimulation eine optimale Unterstützung.

Eine Fehlerermittlung (Diagnose) ist im Dialog möglich.

Bearbeitungsprozessvisualisierung

Bei der Fertigung mit konventionellen[1] Werkzeugmaschinen sind die Wirkkräfte, Bearbeitungsgeräusche und Vibrationen am Werkstück, am Werkzeug und an der Maschine direkt erfahrbar.

Durch die Verkapselung der CNC-Maschinen übernehmen Sensoren, z. B. für Körperschall und für die Temperatur, diese Rückmeldungen an den Facharbeiter. Die Drehmomente und deren Verlauf werden am Bildschirm grafisch dargestellt und damit wird der Verschleiß beurteilbar **(Bild 1)**.

Die Maße der Werkstücke werden protokolliert und ermöglichen frühzeitig Maßnahmen zur Qualitätssicherung.

Werkzeugverschleißüberwachung

Zur Werkzeugverschleißüberwachung werden die Schnittkräfte über Sensoren erfasst (oder stellvertretend die Ströme bzw. Drehmomente der jeweils relevanten Antriebe) und kontinuierlich mit dem *Referenzwert* der gleichen Bearbeitung mit einem neuen Werkzeug verglichen (Bild 2). Hierzu wird eine *gleitende Hüllkurve* erzeugt. Beim Erreichen der Hüllkurve wird mit dem nächsten Werkzeugaufruf ein Ersatzwerkzeug eingewechselt.

Integration

Zur Einbindung in den Informationsfluss haben CNC-Maschinen genormte oder zumindest bekannt gemachte Hardwareschnittstellen und Softwareschnittstellen. Realisiert werden DNC, MDE und BDE über Netzwerke (LAN[2]). Am häufigsten wird das Ethernet-Netz verwendet.

MDE und BDE sind heute nicht nur auf Datenrückmeldungen beschränkt, sondern führen ständig einen Datenaustausch zwischen Fertigungsebene und Leitebene aus.

[1] lat. conventionalis = herkömmlich, hier Werkzeugmaschine ohne elektronische Steuerung
[2] LAN engl. Local Area Network = lokales Datennetz

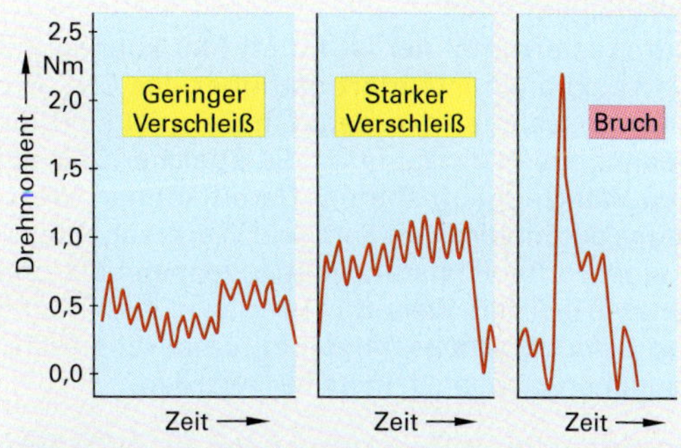

Bild 1: Drehmomente visualisieren

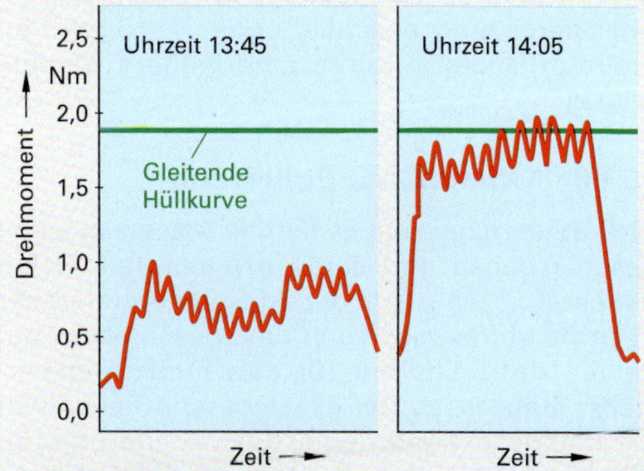

Bild 2: Verschleißüberwachung

DNC (engl. Direkt Numerical Control = direkte numerische Steuerung)
- CNC-Programm, Werkzeugdaten und Nullpunktverschiebungen können zur Maschine und optimiert zurück zum Rechner (Leitrechner) übertragen werden.
- Automatisches Nachladen von Programmen, die länger sind als es der Teilespeicher an der Maschine aufnehmen kann.
- Datenübertragung während der Bearbeitung.
- Hohe Übertragungsgeschwindigkeiten.

MDE (Maschinendatenerfassung)
- Rückmeldung und Protokollierung des Bearbeitungsablaufes wie z. B.
  - Hauptnutzung, Nebennutzung, Rüsten,
  - Störung *technisch* (Werkzeug-Bruch, Späne, Kollision) oder *organisatorisch* (Programm, Material, Werkzeug fehlt),
  - Wartungshinweise.

BDE (Betriebsdatenerfassung)
- Auftragsübersicht (Warteschlange), Interpolation
- Rückstandsliste, Materialflussdaten
- An- und Abmelden des Auftrags
- gefertigte Stückzahl, Ausschuss.

Zusatzfunktionen

Durch Interrupts[1] der NCK und PLC können Zusatzfunktionen integriert und über das CNC-Programm gesteuert werden. Ein Beispiel sind die Schreib- und Leseköpfe für die Speicher-Chips in den Werkzeugaufnahmen. Damit können Werkzeuge automatisch erkannt und Werkzeugabmessungen oder Reststandzeiten gespeichert und gelesen werden. Weiterhin können in Verbindung mit Schnittkraftmessungen automatische Werkzeugüberwachungen installiert werden.

Durch modulare Zusatzbausteine zur NCK kann die CNC-Maschine als Messmaschine arbeiten. Die Messzyklen **(Bild 1)** können programmiert oder von Hand ausgeführt werden. Digitalisieren und anschließendes Fertigen von Freiformflächenkonturen sind weitere Module **(Bild 2)**.

10.1.6 Offene CNC-Steuerung

CNC-Steuerungen haben für den Anwender einen geschlossenen und einen offenen Teil. Offen bedeutet, dass auch der Maschinenhersteller Eingriffe vornehmen kann, und geschlossen bedeutet, dass dies nur für den Steuerungshersteller möglich ist. Der geschlossene Teil enthält die Hauptfunktionen einer CNC-Steuerung. Im offenen Teil werden den Maschinenherstellern (OEM[2]) standardisierte Schnittstellen und Entwicklungsumgebungen zur Verfügung gestellt, um schnelle und wirtschaftliche Anpassungen zu realisieren.

Die Komponenten MMC, Antriebsmodule und die Steuerungsteile PLC und NCK sind aufgrund der modularen Aufbauweise und der klaren Schnittstellen beliebig kombinierbar, auch zwischen unterschiedlichen Herstellern. CNC-Steuerungen mit dieser Aufbaukonzeption werden als **„offene Steuerungen"** bezeichnet **(Bild 3)**.

Offenheit bei der MMC. Die Gestaltung des Bildschirms kann z. B. mit X-Windows beliebig geändert werden.

Offenheit bei der PLC. Mit Entwicklungsumgebungen der SPS-Technik, wie z. B. die Sprachen Step 7, High Graf oder C++ können Zusatzfunktionen bzw. Änderungen erreicht werden.

Offenheit bei der NCK. Mit der Programmiersprache C++ und einer CNC-Hochsprache können compilierte Zyklen zusätzlich in die NCK eingebracht werden.

[1] engl. interrupt = Unterbrechung

[2] OEM von engl. Original Equipment Manufacturer = Originalausstatter

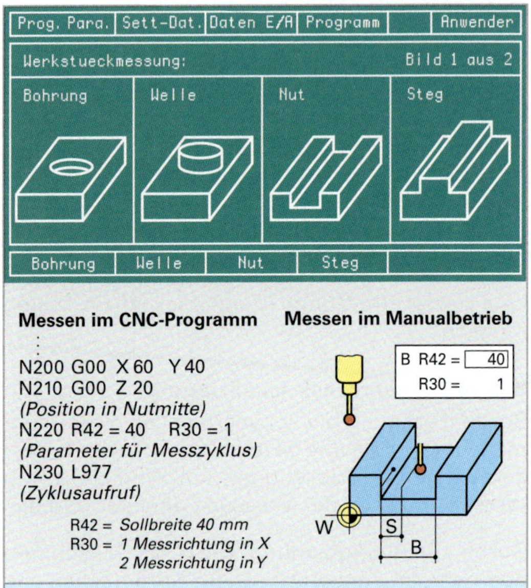

Bild 1: Messen mit der CNC-Maschine

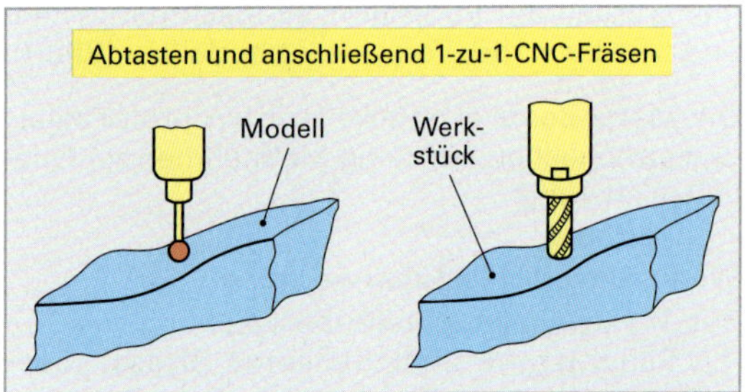

Bild 2: Digitalisieren und Fräsen von Freiformflächen

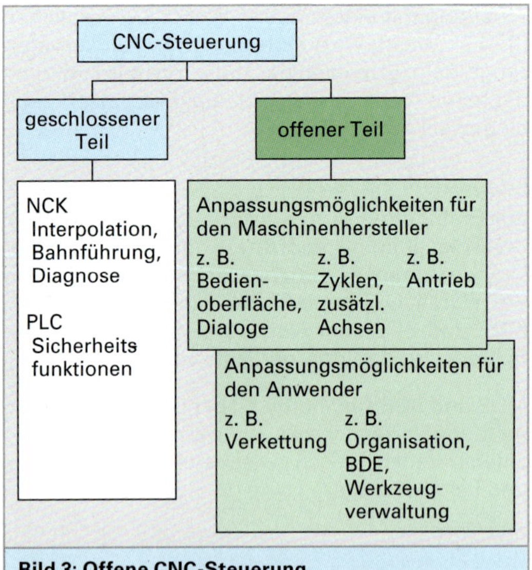

Bild 3: Offene CNC-Steuerung

10.2 3D-Druck – Additive Fertigungsverfahren

10.2.1 Allgemeines

Bei der Additiven Fertigung, engl. *Additive Manufacturing* **(AM)** werden körperliche Objekte dadurch erzeugt, dass in kleinsten Einheiten Volumenelemente, meist in Form dünner Schichten[1] aufeinandergesetzt werden. Ausgangswerkstoffe sind Flüssigkeiten, Pulver, Laminate oder Fäden/Drähte aus unterschiedlichen Materialien **(Bild 1)**. Die Materialien werden durch Energieeintrag über Strahlung (Laserstrahlung, UV-Licht, Elek-tronenstrahlung) oder durch Polymerisation oder durch Verkleben verfestigt. Der Aufbauprozess erfolgt vollständig computergesteuert, z. T. in Anlehnung an Printer (Drucker). Abhängig vom Verfahren und der Objektgröße kosten die AM-Geräte zwischen einigen 100 € **(Bild 2)** und über 100 000 € **(Bild 3)**.

Die Nutzung wird eingeteilt in die Kategorien:

- **Rapid Prototyping (RP)** zur Herstellung von Modellen, z.B. Designmodelle, Ergonomie-Modelle, Funktionsmodelle, Gießmodelle
- **Rapid Manufacturing (RM)** zur Herstellung von Endprodukten, häufig Einzelprodukte, z. B: Zahnprothesen, Hüftimplantate, Gehörkapseln, künstlerische Objekte, archäologische Repliken
- **Rapid Tooling (RT)** zur Herstellung von Produktionswerkzeugen, z.B. von Gießformen und Stempeln.

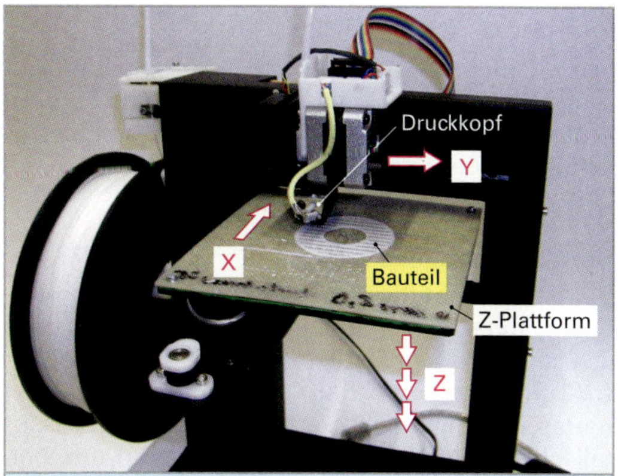

Bild 2: Personal 3D-Printer (Beispiel)

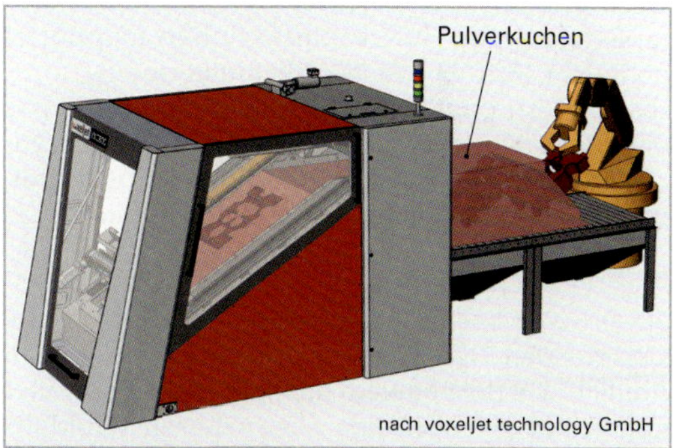

Bild 3: Großer 3D-Printer (Fabrikat voxeljet)

[1] Die erste Patentanmeldung, Erfinder *Charles W. Hull*, zu dieser Technologie hat die Bezeichnung „APPARATUS FOR PRODUCTION OF THREE-DIMENSIONAL OBJECTS BY STEREOLITHOGRAPHY" U.S. Patent 4,575,330, Mar. 11, 1986.

Werkstoffe	Polymere	Metalle, Polymere, Minerale	Polymere, Papiere, Metalle	Polymere, Metalle
Ausgangszustand	Flüssigkeiten	Pulver	Laminate	Fäden, Drähte
Ablauf und Prozess	• in Linie oder • zeilenweise oder • flächig durch • Laserstrahl • Belichtung • Wärmestrahlung	• in Linie • zeilenweise • flächig durch • Stromschmelzen • Sintern • Drucken	• flächig durch • Verkleben • Verbacken	• in 2D-Linie • in 3D-Linie durch • Verschweißen • Verbacken
Verfahren	• Stereolithography **SL** • Micro Light Switching **MLS** • Digital Light Processing **DLP** • Multi Jet Modeling **MJM** • Poly Jet Modeling **PJM**	• Selective Laser Melting **SLM** • Mask Sintering **MS** • Laser-Sintering **SLS** • 3D-Printing **3DP**	• Layer Laminated Manufacturing **LLM**	• Fused Layer Modeling **FLM**

Bild 1: Übersicht über AM-Prozesse

10.2.2 AM-Verfahren

Die wichtigsten Verfahren[1] sind das selektive Verfestigen von Flüssigkeiten (Harze) und Pulvern mittels Laserstrahlung, das Drucken von Flüssigkeiten und das Schmelzen von Fäden (Bild 1, Seite 299).

Stereolithographie (SL)

Bei der Stereolithographie verwendet man photosensitives Harz (Polymer) und verfestigt dieses schichtweise mithilfe eines numerisch lenkbaren UV-Laserstrahls an der Oberfläche eines Harzbades **(Bild 1)**. Nach der Verfestigung der Bauteilschicht wird der Bauteilträgerboden um eine Schichtstärke abgesenkt und es erfolgt die Verfestigung der darauf aufbauenden Objektschicht. Für überhängende Objekteile und der Objektunterseite werden Stützkonstruktionen (supports) generiert **(Bild 2)**. Nach Abschluss des Bauprozesses wird das Objekt gereinigt, die Supports mit den Sollbruchstellen werden abgebröselt, zur „Nachvernetzung" wird mit UV-Licht bestrahlt, ggf. geglättet und koloriert (s. Detail in Bild 2).

3D-Printing (3DP)

3D-Drucker basieren auf einer Technologie, die sich aus den Tintenstrahldruckern entwickelt hat. Ähnlich wie dort bewegt sich ein Druckkopf: Hier über einer schichtweise absenkbaren Bauplattform **(Bild 3)**. Man unterscheidet:

- Direktdruckverfahren und
- Pulververarbeitende Systeme.

Bei den **Direktdruckern** wird entweder erwärmtes flüssiges Wachs (3DWax Printing) verdruckt oder UV-sensitives Polymer (Poly-Jet-Modeling, PJM oder Multi Jet Modeling MJM). Im ersten Fall entsteht beim Abkühlen der Wachströpfchen ein Wachsmodell hoher Genauigkeit. Es kann z.B. direkt als Urmodell im Feinguss verwendet werden (Wachsausschmelzverfahren). Im zweiten Fall entsteht während der gleichzeitigen UV-Belichtung ein Kunststoffmodell. Die Stützstrukturen werden automatisiert erzeugt **(Bild 4)**.

Bei den **pulververarbeitenden Systemen** wird in ein Pulverbett eine pulververklebende Binderflüssigkeit verdruckt. So können Objekte aus fast allen festen Pulvermaterialien (Metalle, Minerale, Polymere) hergestellt werden. In einem Postprozess kann das Bauteil zur Erhöhung der Festigkeit gesintert und infiltriert werden. Stützstrukturen sind nicht erforderlich, das Objekt liegt im Pulverbett. Man produziert damit z.B. Gießformen **(Bild 5)**.

[1] Eine ausführliche Darstellung aller gängigen Verfahren findet man in „3D-Druck-Additive Fertigungsverfahren-Rapid Prototyping, Rapid Tooling, Rapid Manufacturing", Verlag Europa-Lehrmittel, Haan.

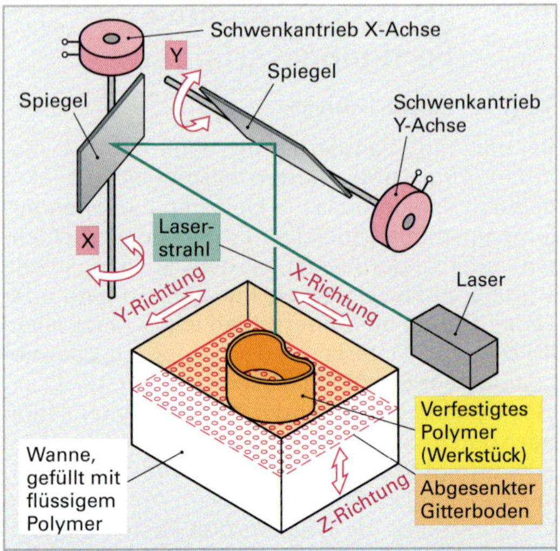

Bild 1: SL-Prozess

Bild 2: Stereolithographie einer Replik des Löwenmenschen (um 30000 v. Chr.)

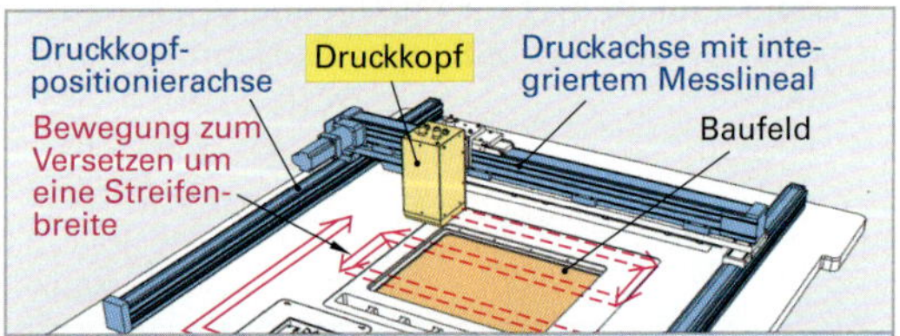

Bild 3: SLS-Prozess und SLM-Prozess

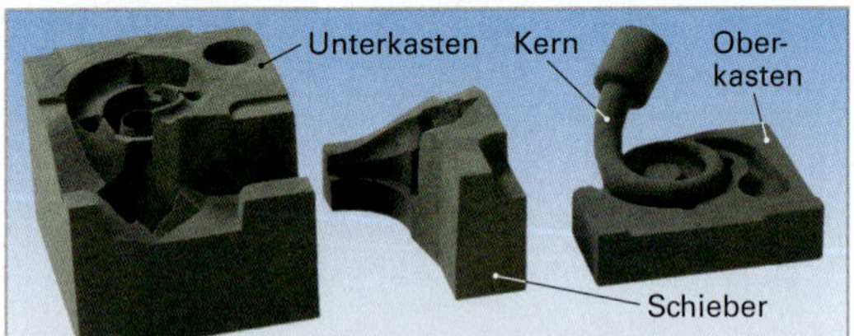

Bild 4: SLM-Bauteil (Realizer GmbH)

Bild 5: PJM-Gliederkette, Direktdruck

Selective Laser Sintering (SLS) und Selective Laser Melting (SLM)

Ausgangswerkstoff ist feines Kunststoffpulver, z. B. Nylon oder niedrig schmelzendes feines Metallpulver oder Formsande. Mithilfe eines CO_2-Lasers, der über einen Spiegel mit zwei NC-Achsen gesteuert wird, entsteht im Auftreffpunkt des Laserstrahls eine Schmelze. Die Kunststoffpulverteile oder die Metallpulverteile oder die Sandkörner verbacken miteinander und so wird das Werkstück Schicht um Schicht aufgebaut **(Bild 1)**. Entsprechend dem Zuwachs in Z-Richtung wird Pulver nachgeschüttet und der Werkstückboden abgesenkt. Von Vorteil bei diesem Verfahren ist, dass auch metallische Werkstücke hergestellt werden können sowie Formwerkstücke zum Gießen. Die Schichtdicke liegt bei etwa 0,1 mm. Die Beweglichkeit des Laserstrahls bei etwa 1 m/s.

Selective Mask Sintering (SMS)

Beim selektiven Maskensintern werden wiederholt aufgetragene Schichten aus Kunststoffpulver selektiv verschmolzen. Die verschmolzenen Schichtbereiche bilden das Bauteil. Das nicht verschmolzene Pulver stützt das Bauteil. Es kann nach dem Fertigungsprozess abgeschüttelt werden. Die Erwärmung erfolgt durch eine starke Infrarotstrahlung. Die Bauteilschichten werden nacheinander als Negativbilder, ähnlich einem Scherenschnitt, aus einem hitzebeständigen reflektierenden Tonerpulver (Aluminiumoxid) auf eine Glasplatte übertragen und dort elektrostatisch fixiert. Das geschieht ähnlich wie der Tonerauftrag auf einer Kopierwalze nach dem Prinzip der Xerographie. Nach dem Erhitzen wird die Maskenscheibe entladen und der Toner wird abgestreift. Es beginnt der Zyklus von Neuem mit der Belichtung der Glasplatte für die nächste Schicht und dem Tonerauftrag. Die Bauplattform wird um eine Schichtdicke abgesenkt und Kunststoffpulver aufgezogen.

Die Kunststoffpulver sind Thermoplaste, z. B. Polyamide, Polyethylene, Poycarbonate. Auch Wachspulver kommen infrage. Dies führt dann zu Wachsmodellen, welche dann z. B. beim Gießen im Wachsausschmelzverfahren Verwendung finden. Zur verbesserten Wärmeabsorption können sie schwarz eingefärbt sein, z. B. mit Rußstäben.

Fused Deposition Modeling (FDM)

Bei diesem Verfahren wird Wachs oder Nylon (Thermoplast) über eine feine 2-achsig numerisch gesteuerte Düse unter Wärme und Druck extrudiert (ausgedrückt) und zwar entlang der Werkstückkonturlinie **(Bild 3)**. Ähnlich dem Auftragsschweißen wird eine Lage über die andere gesetzt. Das frisch extrudierte Material verschmilzt dabei mit dem bereits aufgebrachten Material. Die Schichtdicken betragen etwa 0,1 mm. Die Auftragsgeschwindigkeit liegt bei ca. 250 mm/s.

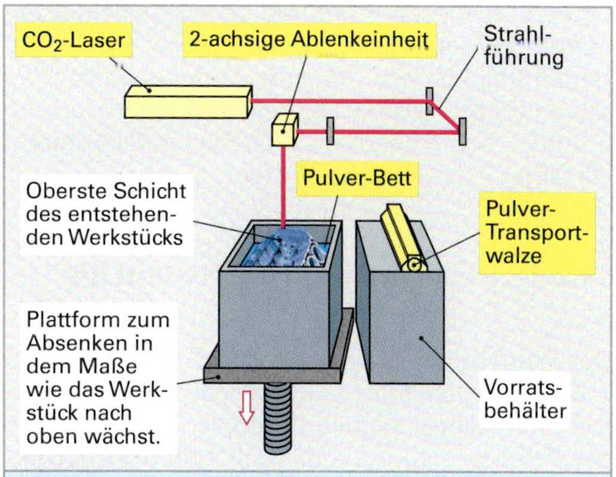

Bild 1: Laser-Sintern

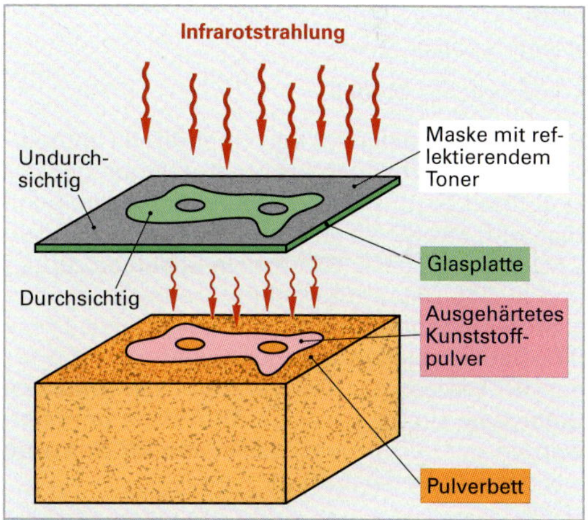

Bild 2: Selektives Maskensintern

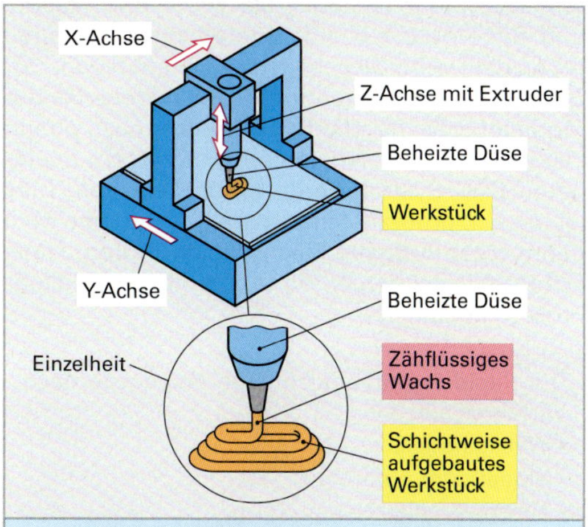

Bild 3: FDM-Verfahren

Laser Laminated Manufacturing (LLM)

Bei diesem Verfahren werden mittels eines Laserstrahls dünne Laminate oder auch beschichtete Papiere ausgeschnitten und schichtweise aufeinander geklebt **(Bild 1)**. Damit die ausgeschnittenen Objektschichten zum Aufeinanderkleben gehandhabt werden können verbleiben dünne Stege zu einem quadratischen Raster. So entsteht ein Objekt, das in einer Würfelumgebung liegt.

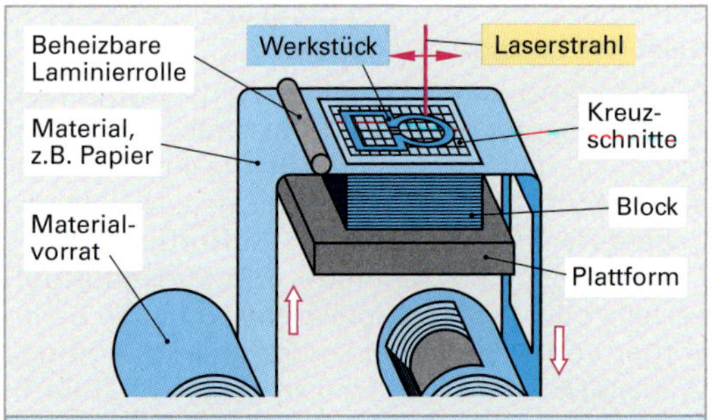

Bild 1: LLM-Prozess

10.2.3 Die Informationskette und die Prozesskette

Der Werdeprozess von der *Bauteil-Idee* bis zum *fertigen Bauteil* wird von einer mitlaufenden Informationskette begleitet **(Bild 2)**. Gestartet wird der Prozess als Idee und stellt sich im menschlichen Gehirn dar. Die Art der Daten sind noch nicht erforscht. Nun verzweigt sich die Prozesskette in zwei alternative Pfade:

- CAD-Modell;
- körperliches Modell.

Beim **CAD-Modell** folgt nach mehreren Optimiervorgängen und Variantenkonstruktionen der Slicing-Prozess (to slice = in Scheiben schneiden). Hier wird das 3D-Volumenmodell vom jeweiligen CAD-System „gesliced", d.h. in Scheiben zerlegt und in STL-Daten (Stereolithography Language = Stereolithographiesprache) umgesetzt. Diese STL-Dateien stellen die Eingabeinformation für den RP-Prozess dar. Die *verfahrensspezifischen* Daten, wie sie die jeweilige RP-Anlage benötigt, werden mit der *firmenspezifischen RP-Software* aus den STL-Daten erzeugt.

Der Weg über das **körperliche Modell** geht so, dass entsprechend der Idee mit einfachen Mitteln z.B. Modellschaum als Werkstoff, Raspel und Säge oder z.B. mit Knetwachs ein Modell hergestellt wird. Dieses tastet man mit einem *3D-Scanner* ab und bekommt eine *Punktewolke* der Modelloberfläche. Die Punktewolke muss nun in Flächen bzw. Flächenelemente mit einem geeigneten CAD-System umgewandelt werden. Dies ist mit z. T. großem Zeitaufwand verbunden. Man nennt diese Aufgabe Flächenrückführung. Nach erfolgter *Flächenrückführung* kann der Slicing-Prozess beginnen.

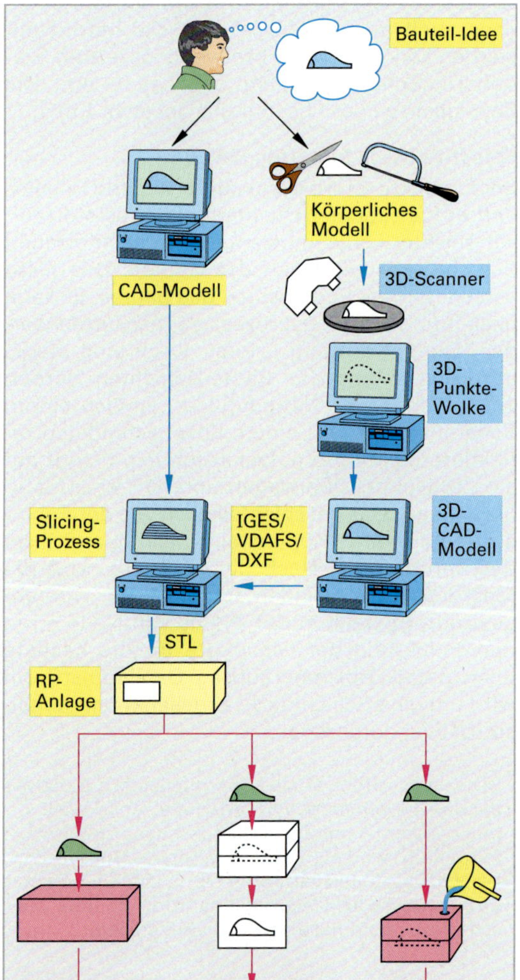

Bild 2: Informationskette und Prozesskette

Die Rapid-Prototyping-Anlage erzeugt je nach Verfahren ein:

- Wachsmodell;
- Modell zum Abformen;
- eine gießfähige Negativform;
- ein fertiges Werkstück.

10.3 Robotertechnik

Den Begriff „Roboter" prägte der tschechische Schriftsteller *Karel Čapek*. Das war im Jahre 1920. Capek beschrieb für das Theaterstück R.U.R. (Rossums Universal Robots) als Vision einer Zukunftsgesellschaft menschenähnliche Maschinen, die er Roboter nannte (tschech. robota = Schwerarbeit leisten). Sie haben die Aufgabe, Fronarbeit, also schwere Arbeit zu leisten.

Aus der Anschauung der Produktionsverhältnisse jener Zeit entstand die Vision der Robotergesellschaft. Die 1920er-Jahre stehen für eine Zeit mit breit einsetzender Massenproduktion. Arbeitsteilige Fertigung wird bis heute in konsequenter Weise betrieben. Arbeitsinhalte reduzieren sich häufig auf flinke monotone Handlungen, welche an den Takt der Maschine oder an das Fließband gebunden sind. Kennzeichen dieser „Fließbandgesellschaft" sind die Arbeitsbelastungen durch:

- Monotonie in der Arbeit,
- Stress, Lärm, Staub, Hitze,
- physische Schwere der Arbeit.

Roboter sind überwiegend als „Gelenkroboter" mit „Schultergelenk", „Armgelenk" und „Handgelenk" aufgebaut **(Bild 1)**. Der Arbeitsraum entspricht bei Geräten mittlerer Größe etwa dem eines stehenden Werkers. Das Handhabungsgewicht liegt meist bei etwa 300 N. Es gibt aber auch Roboter für mehr als 3000 N. Die Arbeitsgeschwindigkeiten sind meist deutlich höher als bei manueller Arbeit und betragen etwa 1 m/s.

Damit das Zusammenspiel der einzelnen Gelenkbewegungen zu einer zielgerichteten, z.B. geradlinigen, Roboterhandbewegung führt, sind sehr schnell rechnende Mehrprozessorsteuerungen notwendig, wobei mehrere Millionen Rechenschritte pro Sekunde auszuführen sind **(Bild 2)**.

10.3.1 Einteilung

Handhabungsgeräte sehen sich äußerlich häufig sehr ähnlich, unterscheiden sich aber bezüglich der Steuerung, der Programmierung und der Anwendung. Man unterscheidet zwischen den **Manipulatoren**[1], den **Pick-and-Place-Geräten**[2] den **Servicerobotern** und den **Industrierobotern (Bild 3)**.

Roboter sind universell einsetzbare Bewegungsautomaten mit mehreren Achsen.

[1] lat. manus = die Hand
[2] engl. to pick = aufnehmen; engl. to place = ablegen

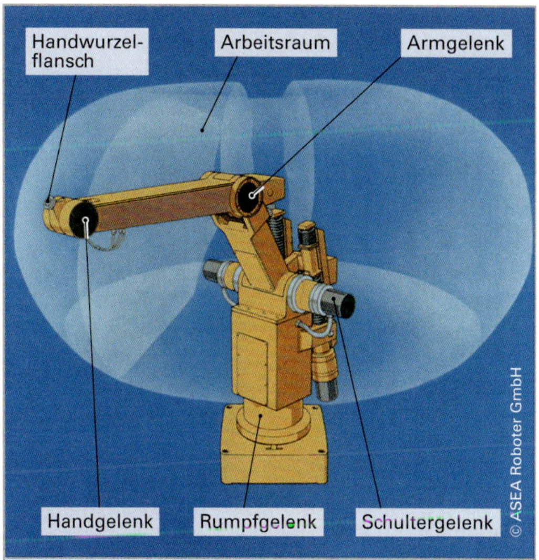

Bild 1: Industrieroboter

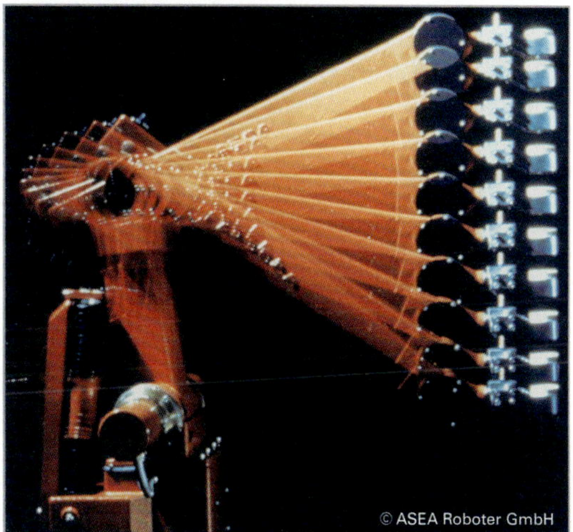

Bild 2: Zusammenspiel mehrerer Bewegungsachsen zum Erzeugen einer geraden Linie

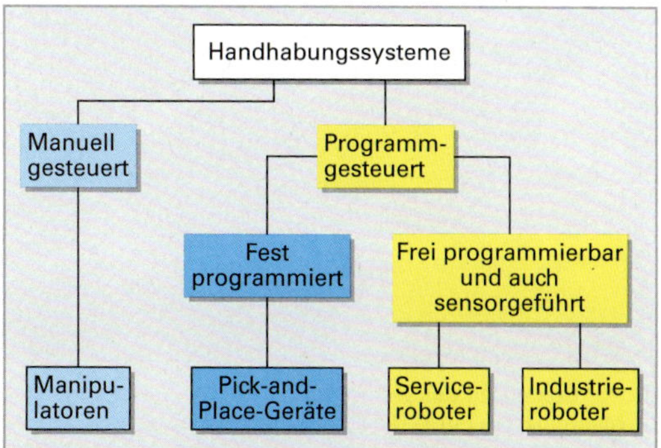

Bild 3: Einteilung der Handhabungssysteme

Die Bewegungen sind hinsichtlich der Bewegungsfolge und der Bewegungsbahnen **frei programmierbar.** Ein mechanischer Eingriff, z. B. ein Verstellen von Grenzschaltern ist nicht notwendig. Darüber hinaus können die Bewegungsbahnen und die Bewegungsfolgen über Sensoren gesteuert werden.

Serviceroboter sind meist selbstfahrende Automaten für Transportaufgaben oder Arbeitsaufgaben.

Beispiele sind fahrerlose Transportfahrzeuge in Krankenhäusern zur Essensausgabe oder Kletterroboter zur Fassadenreinigung und zur Inspektion **(Bild 1).**

Festprogrammierte Handhabungsautomaten verwendet man für immer gleichbleibende Bewegungsvorgänge, z. B. zum Beschicken einer Presse oder zur Montage von Serienfabrikaten.

Die Geräte sind meist mit pneumatisch betriebenen Hub- und Drehzylindern ausgerüstet. Geräte dieser Art bezeichnet man auch als Pick-and-Place-Geräte, da sie zum Aufnehmen und Ablegen von Werkstücken in gleichbleibender Reihenfolge Verwendung finden.

Manipulatoren sind Bewegungsgeräte, die **von Hand unter Sichtkontrolle gesteuert** werden.

Beispiele sind Handhabungsgeräte zum Bewegen schwerer Schmiedewerkstücke an Schmiedepressen **(Bild 2)** oder großer Meißel bei Abbrucharbeiten. Bei fernbedienten Manipulatoren, den **Teleoperatoren,** wird der Bewegungsvorgang über Bildschirme kontrolliert **(Bild 3).** Teleoperatoren verwendet man z. B. in radioaktiven Räumen, in der Medizin (Bild 3) und bei Weltraumexperimenten. Mit **Mikromanipulatoren** können Arbeiten an kleinsten Bauelementen, z. B. an Mikroprozessoren, ausgeführt werden. Die Bewegungen werden über Mikroskope kontrolliert.

Bild 1: Kletterroboter mit Vakuum-Saugnäpfen an einer Fassade

Bild 2: Schmiedemanipulator für 250 000 kg

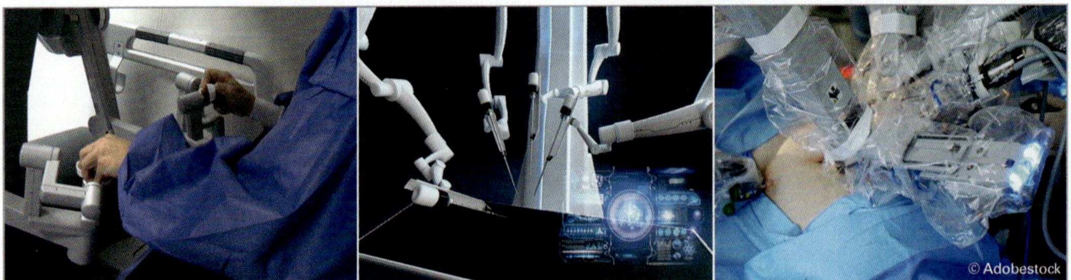

Steuerung des vierarmigen Manipulators durch die Operateurin | Der vierarmige OP-Manipulator | Minimalinvasive Operation mit vierarmigem Manipulator

Bild 3: Operation mit dem mehrarmigen Telemanipulatorsystem *da Vinci*

10.3.2 Der kinematische Aufbau

Art, Anordnung und Zahl der Bewegungseinheiten (Achsen) bestimmen bei einem Roboter die äußere Gestalt, den Arbeitsraum, die Verwendbarkeit und den steuerungstechnischen Aufwand. Die Bewegungseinheiten sind Drehgelenke (rotatorische Achsen, **R**-Achsen) oder geradlinige Führungen (translatorische Achsen, **T**-Achsen).

Um verschiedene Punkte im Raum erreichen zu können, sind drei Achsen erforderlich. Diese Achsen nennt man **Hauptachsen.** Sie bilden den **Roboterarm.** Zur Einstellung eines Greifers oder Werkzeugs in beliebiger räumlicher Richtung (Orientierung) sind weitere drei Achsen erforderlich **(Bild 1).** Diese nennt man **Handachsen.** Handachsen sind stets rotatorische Achsen.

Zur Einstellung des Roboters auf eine Position im Roboterarbeitsraum sind insgesamt 6 Achsen, entsprechend den 6 Freiheitsgraden der Bewegung eines Körpers im Raum, erforderlich.

Man unterscheidet 3 Freiheitsgrade für die Position, z.B. mit den Koordinaten X, Y, Z, und 3 Freiheitsgrade für die Orientierung mit den Drehachsen D für die **Rollbewegung,** E für die **Nickbewegung** und P für die **Gierbewegung (Bild 2).**

Die Roboter werden nach ihrer **Kinematik**[1], d.h. nach der Art ihrer Bewegungen, unterteilt.

Bei der **TTT-Kinematik** folgen, beginnend bei der Roboteraufstellfläche, drei translatorische Hauptachsen aufeinander **(Bild 3).** Diese Art von Robotern verwendet man z.B. als **Portalgeräte** zum Beladen und Entladen von Paletten und zur Montage. Ihr Arbeitsraum ist quaderförmig; die Kantenlängen entsprechen den Längen der X-, Y- und Z-Achse. Für geradlinige Bewegungen im Arbeitsraum müssen die einzelnen Achsen mit unterschiedlichen, aber konstanten Achsengeschwindigkeiten verfahren werden. Die Steuerung ist der einer NC-Fräsmaschine ähnlich. Steuert man im Handbetrieb die Achsen einzeln an, ergeben sich geradlinige Teilbewegungen in einem **kartesischen Koordinatensystem.**

Portalroboter ermöglichen sehr große Arbeitsräume.

[1] griech. kinema = das Bewegte, Kinematik = Beweglichkeitslehre, Bewegungsart

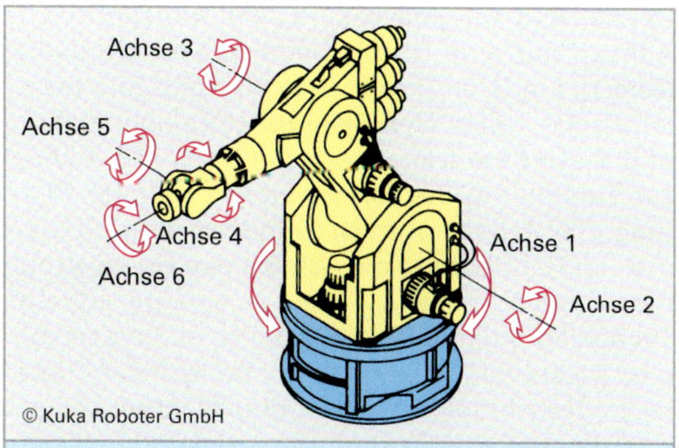

Bild 1: Die 6 Achsen eines Roboters zur Einstellung der Position und zur Orientierung

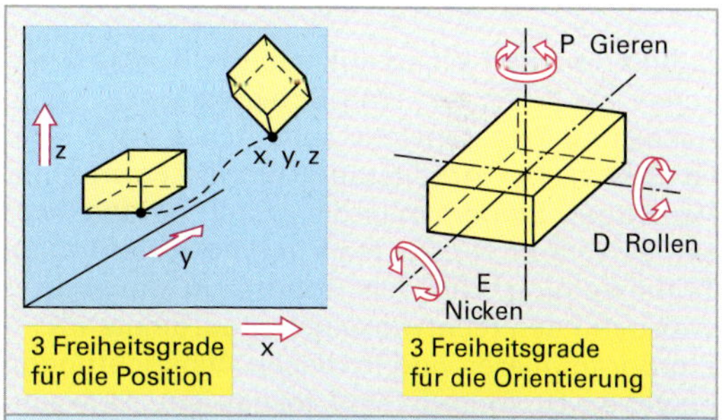

Bild 2: Die 6 Freiheitsgrade der Bewegung

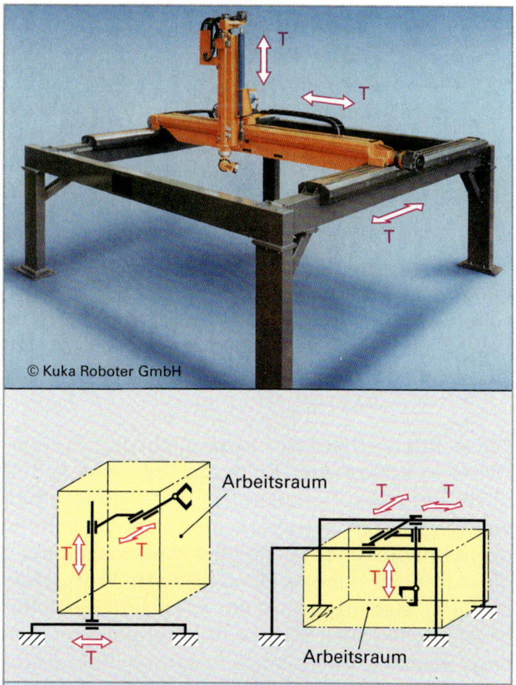

Bild 3: Roboter mit TTT-Kinematik

Bei der **RTT-Kinematik** sind zwei translatorische Achsen auf eine rotatorische Achse aufgesetzt **(Bild 1).** Ein Drehturm (1. Achse) trägt eine translatorische Achse (2. Achse) zur Höheneinstellung und diese eine translatorische Achse (3. Achse) zur Einstellung der Reichweite in radialer Richtung. Der Arbeitsraum ist zylinderförmig. Steuert man im Handbetrieb die Achsen einzeln an, erhält man für die 2. und 3. Achse je eine geradlinige Teilbewegung und für die 1. Achse einen Kreisbogen. Dieser liegt in der X/Y-Ebene. Um den Roboter in gewohnter Weise mit den rechtwinkeligen Koordinaten X, Y, Z programmieren und in diesen Achsrichtungen bewegen zu können, sind in der Robotersteuerung fortlaufend Umrechnungen von kartesischen Koordinaten in **Polarkoordinaten** (Maschinenkoordinaten) vorzunehmen.

Roboter mit **RRT-Kinematik** haben z. B. eine Drehachse als 1. Achse, eine Schwenkachse als 2. Achse und eine translatorische Achse als 3. Achse **(Bild 2).** Der Arbeitsraum hat die Form einer Halbkugel. Steuert man die ersten beiden Achsen einzeln an, erhält man je eine kreisförmige Teilbewegung. Um den Roboter in gewohnter Weise mit den rechtwinkeligen Koordinaten X, Y, Z programmieren und in diesen Achsrichtungen bewegen zu können, sind fortlaufend Umrechnungen vom kartesischen Koordinatensystem in ein **Kugelkoordinatensystem,** das Roboterkoordinatensystem, vorzunehmen.

Auch der Roboter in der Bauform nach **Bild 3** hat als translatorische Achse keine Linearführung, sondern Gelenke nach einem Parallelogramm. Der Roboter dieser Bauform erreicht große Auskraglängen mit dünnem Arm und ist besonders für das Punktschweißen von Karosserien mithilfe einer Schweißzange geeignet.

Eine häufige Achsenanordnung, insbesondere für Roboter zur Montage ist die **RRT-Kinematik mit waagrechtem Arm.** Aufbauend auf zwei rotatorischen Achsen für einen in waagrechter Richtung beweglichen Arm folgt eine translatorische Achse für eine senkrechte Hubbewegung **(Bild 4).** Der Arbeitsraum ist zylinderförmig.

Diese Roboterbauform ermöglicht hohe Fügekräfte in senkrechter Richtung, da diese Kräfte nicht über die Gelenkantriebe aufgenommen werden müssen. In waagrechter Richtung können diese Roboter aber nachgiebig sein. Meist haben diese Roboter nur eine Handachse zur Werkstückdrehung, also insgesamt nur 4 Achsen. Diese Roboter werden auch SCARA-Roboter genannt (von engl. Selective Compliance Assembly Robot Arm = Montageroboterarm mit ausgewählter Nachgiebigkeit).

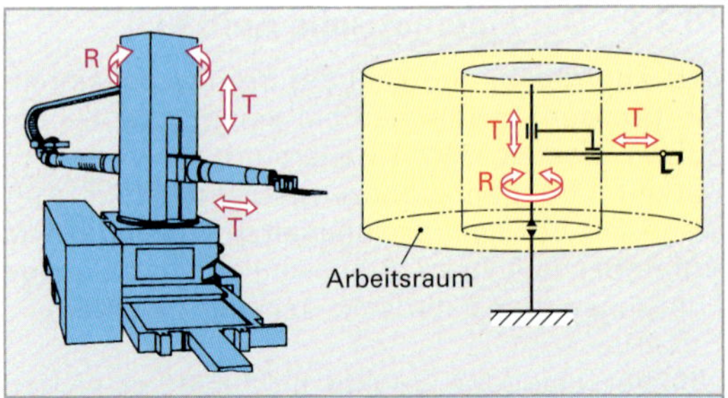

Bild 1: Roboter mit RTT-Kinematik

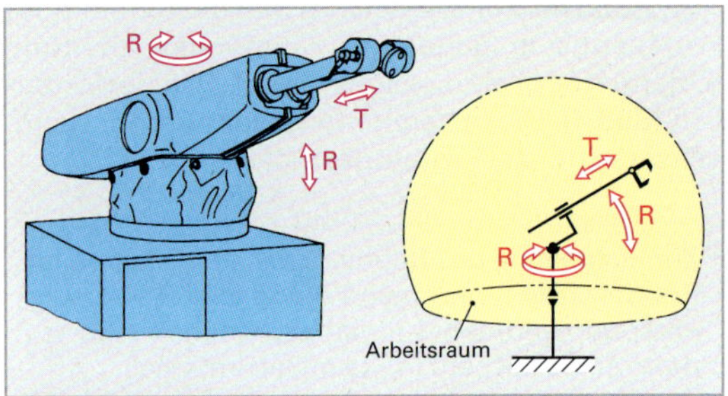

Bild 2: Roboter mit RRT-Kinematik

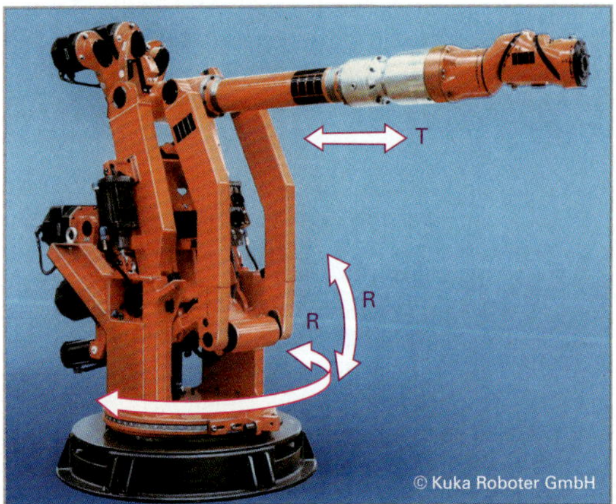

Bild 3: Beispiel für einen Roboter in RRT-Kinematik mit Parallelogrammgelenk

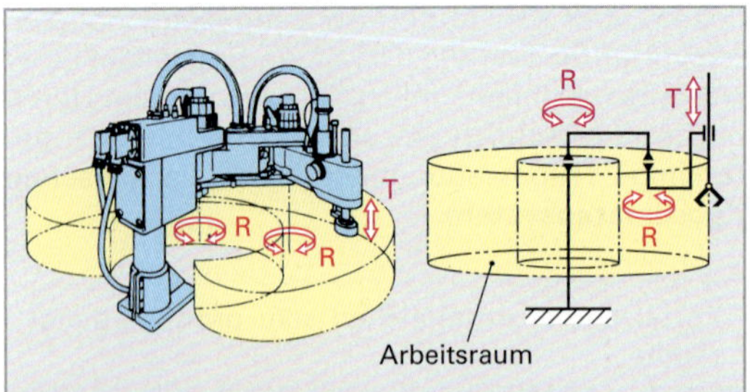

Bild 4: Roboter mit RRT-Kinematik und waagrechtem Arm (SCARA)

Bei der **RRR-Kinematik** werden alle Bewegungen über Drehgelenke ausgeführt. Man spricht hier auch von **Gelenkrobotern (Bild 1)**. Gelenkroboter haben bezüglich ihres Arbeitsraums den geringsten Platzbedarf und brauchen für schnelle Bewegungen die kleinsten Beschleunigungskräfte. Sie werden bei gleichen Beschleunigungsmassen bzw. Trägheitskräften steifer und robuster gebaut als Roboter anderer Kinematik.

Die Mehrzahl der Roboter haben einen Aufbau entsprechend der RRR-Kinematik.

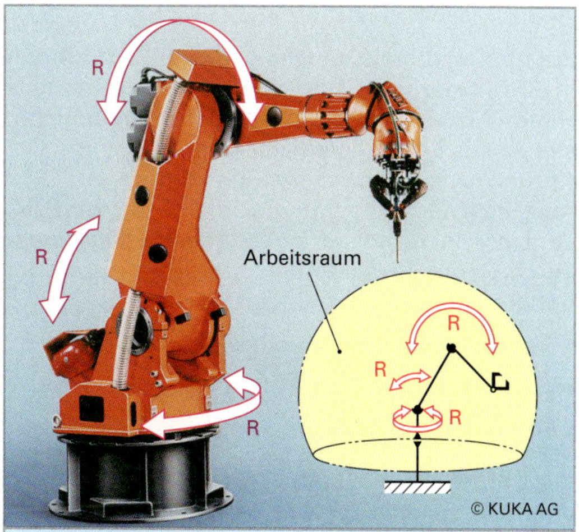

Bild 1: RRR-Kinematik des Gelenkarm-Roboters

Parallelkinematik

Bei einer Roboter-Parallelkinematik sind die Roboterachsen zur Bewegungserzeugung nebeneinander angeordnet (und nicht aufeinanderfolgend = serielle Kinematik). Ähnlich wie bei einem Fotostativ kann durch unterschiedliche Beinlängen der Roboterendeffektor sowohl in der Höhe als auch in der seitlichen Auskragung verstellt werden. Mit insgesamt sechs Beinen (Hexapod = Sechsfüßler) kann der Roboterendeffektor in seinen sechs Freiheitsgraden (in eingeschränktem Posenbereich) ausgerichtet werden **(Bild 2)** oder mit drei Parallelogramm-Beinen und einem mittleren Führungsstab in drei Raumachsen bei gleichbleibender Orientierung **(Bild 3)**.

Der große Vorteil der Parallelkinematik ist die sehr trägheitsarme und gleichwohl steife Bauweise, da die Achsantriebsmotoren ortsfest bleiben können. Daraus resultieren hohe Beschleunigungen. So verwendet man Roboter mit einer Parallelkinematik vor allem zum Handhaben kleiner Massen, z. B. zum Verpacken von Keksen.

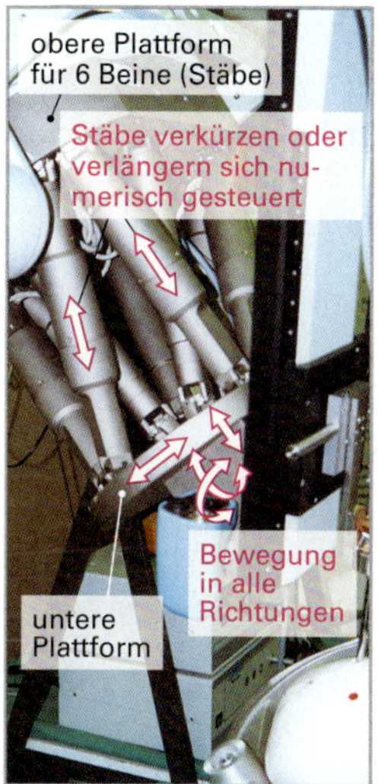

Bild 2: Hexapod

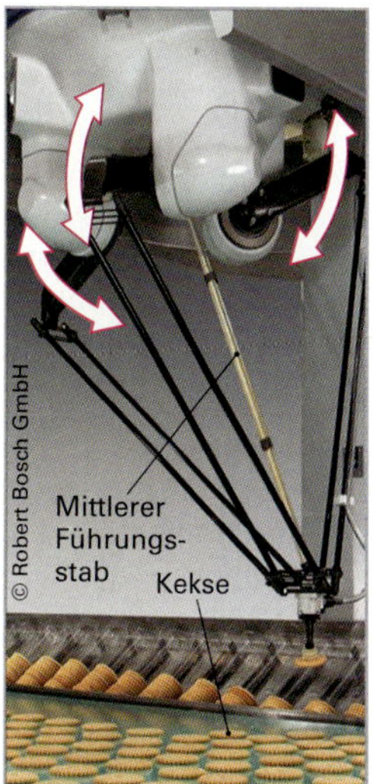

Bild 3: Tripod

Achserweiterungen

Häufig wird den 6 Roboterachsen noch eine **7. Achse** zur Arbeitsraumerweiterung hinzugefügt, indem man den Roboter auf eine Schiene setzt oder an eine Schiene hängt.

Die Erweiterung mit einem Dreh-Kipptisch, also mit einer **7. Achse und 8. Achse (Bild 4)** ermöglicht eine besonders günstige Zuordnung vom Bearbeitungswerkstück zu dem vom Roboter bewegten Bearbeitungswerkzeug. Alle 7 oder 8 Achsen können gleichzeitig in Bewegung sein, z. B. in der Weise, dass beim Schweißen von räumlich gewundenen Werkstücken stets ein waagerecht liegendes Schmelzbad vorhanden ist.

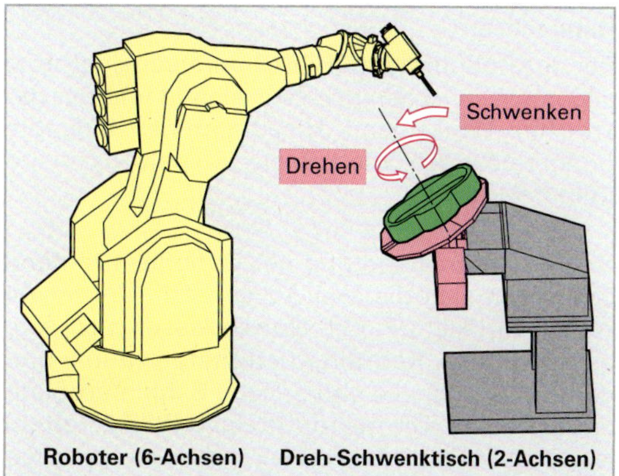

Bild 4: Roboter mit Dreh-Schwenktisch

10.3.2.1 Die RRR-Kinematik

Roboter sind meist 6-achsige Gelenkarmroboter in RRR-Kinematik **(Bild 1)**. Die Strukturbauteile Hand, Arme, Schwinge und Grundgestell bestehen aus Leichtmetallguss oder Eisenguss. Der Antrieb erfolgt durch AC-Servomotoren. Zum Ausgleich der Lastmomente um Achse 2 wird diese hydropneumatisch oder federelastisch oder durch Gegengewichte entlastet. So besteht der Roboter aus den Hauptbaugruppen:

- Hand mit Handgelenken (Achsen 4, 5, 6),
- Arm (Unterarm, Achse 3),
- Schwinge (Oberarm, Achse 2),
- Karussell (Drehgestell, Achse 1),
- Grundgestell mit Fundamentfixierung,
- Ggf. Gewichtsausgleich für Achse 3 und Achse 2 (Bild 1),
- Elektro-Installation.

Für die Gestaltung der Roboterkomponenten ist vor allem mechanische Stabilität, Steifigkeit, Spielfreiheit und eine hohe Kraft bei 100 % Einschaltdauer der Antriebe der Hauptgesichtspunkt. Der Antriebsstrang enthält stets Untersetzungsgetriebe.

Die Achsgeschwindigkeiten der Hauptachsen liegen z. B. bei 60 °/s = 3600 °/min = 10 min^{-1} und die der Handachsen um 120 °/s = 20 min^{-1} **(Tabelle 1)**. Die Drehzahl der Motoren liegt typisch bei etwa 6000 min^{-1}. Die Drehzahlreduktion von etwa 6000: 10 bis 20 → i = 600 bis 300 erfolgt mit Planetengetrieben, Harmonic-Drive-Getrieben oder Zykloidgetrieben **(siehe Seite 19)**.

Handachsen

Bei der Roboterhand **(Bild 2)** unterscheidet man allgemein zwischen der Zentralhand und der gekröpften Winkelhand. Hinzu kommen elegante Sonderlösungen, wie z. B. die Doppelwinkelhand **(Bild 2, Mitte)**.

Bei der Zentralhand und der Doppelwinkelhand schneiden sich die drei Achsen A6, A5 und A4 zentral in einem Punkt. Nur so lassen sich eine geschlossene Koordinatentransformation und damit eine schnelle und genaue Bahninterpolation realisieren. Die gekröpfte Hand **(Bild 2, unten)** ist konstruktiv einfacher, wird aber bei Bearbeitungsrobotern nicht verwendet, da die Koordinatentransformation nur iterativ möglich ist.

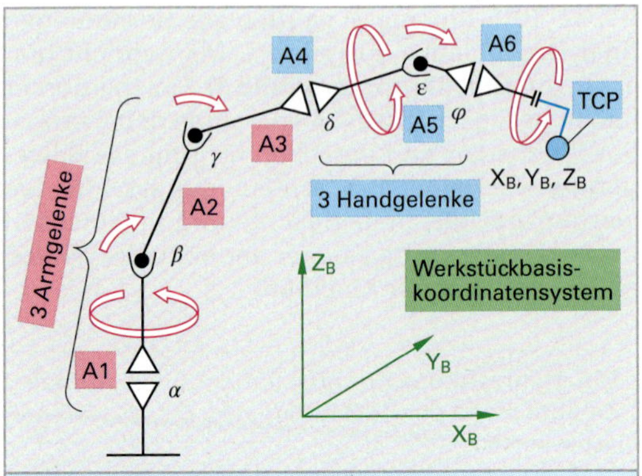

Bild 1: Die 6 Achsen des RRR-Roboters

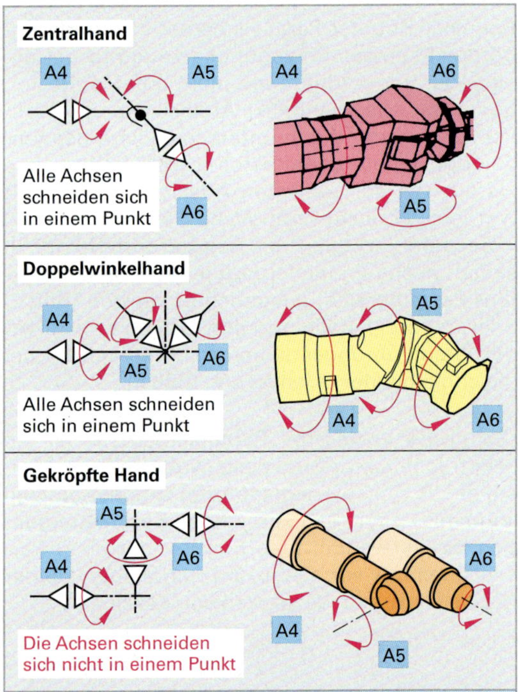

Bild 2: Kinematikvarianten der Handachsen

Tabelle 1: RRR-Roboter, Nenndaten (Beispiel)

Achse	Max. Achsgeschwindigkeit	Arbeitsbereich
Achse A1	42 °/s	185° bis –185°
Achse A2	42 °/s	20° bis –130°
Achse A3	42 °/s	150° bis –94°
Achse A4	76 °/s	350° bis –350°
Achse A5	74 °/s	118 bis –118°
Achse A6	123 °/s	350° bis –350°

Nenntraglast: 500 kg; Robotergewicht: 2400 kg; Pose-Wiederholgenauigkeit ± 0,08 mm

10.3.2.2 Der Gewichtsausgleich

An einem RRR-Roboter sind für die Gewichte F_{3G}, F_{2G} der Achsen 3 und 2 Ausgleichskräfte F_{3A}, F_{2A} notwendig, damit die Antriebe für die beiden Achsen im Wesentlichen nur die Bewegungsarbeit verrichten und die durch Gravitation bedingten Drehmomente bzw. Kräfte nur in geringem Umfang kompensieren müssen.

Gewichtsausgleich für Achse 3
Die Achse 3 ist im ungefähren Gleichgewicht, nämlich dann, wenn die Motoren der Handachsen rückseitig an der 3. Achse angebracht werden **(Bild 1)**. In den Fällen, in denen aber die Motoren der Handachsen in der Nähe der Hand installiert sind, werden Ausgleichsmaßnahmen notwendig, z. B. zentrumsnah im unteren Roboterbereich und zwar mit kleinem Radius R zu den Drehachsen. Damit werden die Trägheitsmomente J und somit die erforderlichen Beschleunigungsmomente M_a nur mäßig anwachsen ($M_a \sim J \sim R^2$). Das wird oft mit einer Parallelogramm-Mechanik für die Halterung des Gegengewichts gemacht **(Bild 2)**.

Die Nachteile der Gegengewichte sind:
- Starke Erhöhung der trägen Massen,
- Verschlechterung aller dynamischen Roboterparameter, z. B. Schwingungsneigung, niedere Kennfrequenzen,
- Verschlechterung der Energieeffizienz durch zusätzlich motorisch erforderliche Beschleunigungs- und Brems-Drehmomente.

Gewichtsausgleich für Achse 2
Mit einem **hydropneumatischen Gewichtsausgleich (Bild 3)** können die Gewichtskräfte günstig kompensiert werden. Der Hydraulikzylinder ist mit auszugshemmender Wirkung an einem Exzenter der Achse 2 des Roboterunterarms (Schwinge) angeordnet und besteht aus einem Hydraulikzylinder, der mit einem Gasdruckspeicher verbunden ist. Im Druckspeicher befindet sich eine, unter hohem Druck vorgespannte Gasblase, die auf das Ölpolster des Zylinders drückt. Die Zugkraft ist nahezu über den gesamten Auszugsweg konstant. Der wirksame Hebelarm nimmt durch die exzentrische Anbindung mit zunehmendem Schwenkwinkel zu. So nimmt mit zunehmendem Schwenkwinkel das Gegenmoment zu. Das Bauvolumen des hydraulischen Gewichtsausgleichs-Systems ist relativ klein.

Mechanische Federn verwendet man auch häufig zum Gewichtsausgleich der 2. Achse, z. B. angebracht an einem Exzenter der 2. Achse (Bild 2). Zur Verkürzung der Baugröße und Erhöhung der Energiedichte werden mehrere Schraubenfedern zentrisch ineinander verbaut. Vorteilhaft ist der geringe Wartungsaufwand. Nachteilig sind die größere Baugröße als bei hydropneumatischem Ausgleich und das größere Gewicht.

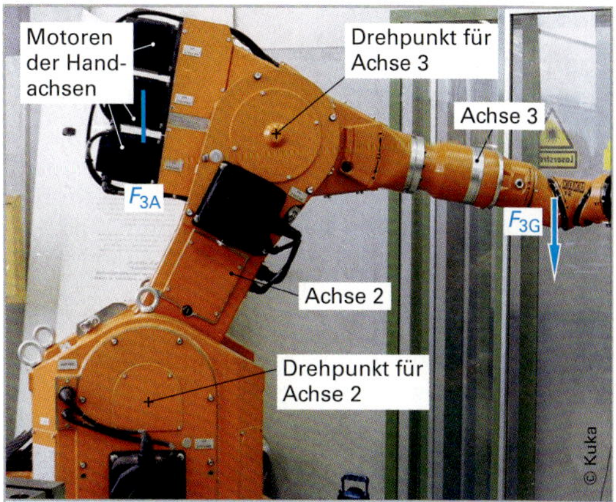

Bild 1: Achse 3 mit Gewichtsausgleich durch Motorengewichte

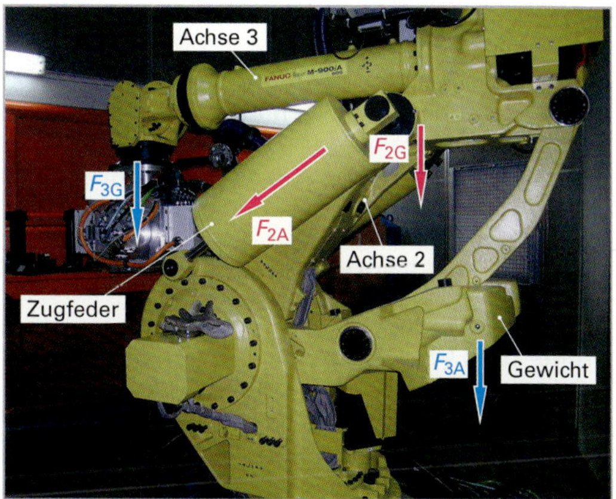

Bild 2: Achse 3 mit Gewichtsausgleich mit Gegengewicht und Achse 2 mit Zugfeder

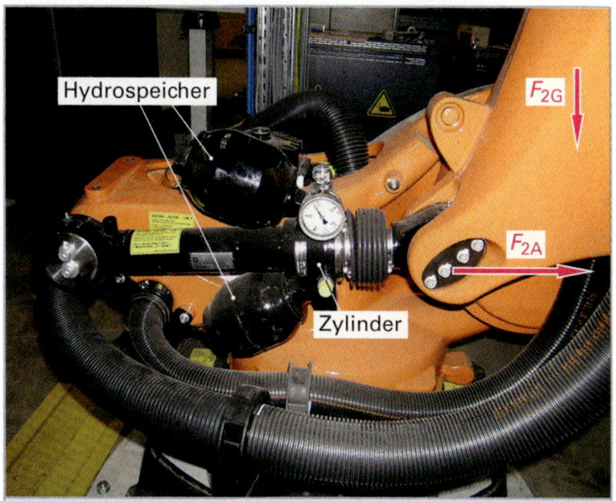

Bild 3: Hydraulischer Gewichtsausgleich für Achse 2

10.3.3 Greifer

Roboter für Handhabungsaufgaben sind mit Greifern ausgestattet.

Die Greifer sind meist pneumatisch betätigte **Zangengreifer,** die über ein Kniehebelgetriebe große Greifkräfte aufbringen können **(Bild 1).** Zangengreifer mit Kulissenantrieb können sich besonders weit öffnen **(Bild 2).**

Die Greifbacken werden häufig im Rahmen des üblichen Werkzeugbaus der Handhabungsaufgabe speziell angepasst **(Bild 3).** Zylindrische Werkstücke werden oft auch mit 3-Fingergreifern gehandhabt.

Zur Handhabung von Textilien gibt es Greifer, die mit Nadeln ausgestattete Greifbacken haben. Für universelle Greifaufgaben gibt es, in Anlehnung an die menschliche Hand, auch Mehrfingergreifsysteme.

Zum Handhaben von glatten und ebenen Werkstücken, wie z. B. von Glasplatten und von Kunststoffteilen, verwendet man **Sauggreifer (Bild 4).** Das dazu erforderliche Vakuum wird über eine Vakuumpumpe mit Pufferspeicher erzeugt oder aber durch Druckluft mit einem Ejektor[1]. Das ist eine kleine Venturi-Düse, unmittelbar am Saugnapf.

Greifer- und Werkzeugwechselsysteme

Zum Handhaben sehr unterschiedlicher Werkstücke und Werkzeuge werden die Greifer bzw. Werkzeuge über einen **Wechselflansch** am Roboterarm befestigt. Es gibt mechanisch betätigte Wechselsysteme, aber auch solche mit pneumatischem oder elektrischem Kupplungsantrieb. Die Wechselsysteme ermöglichen die Übertragung elektrischer und pneumatischer Energie.

[1] lat. eiaculare = hinausschleudern

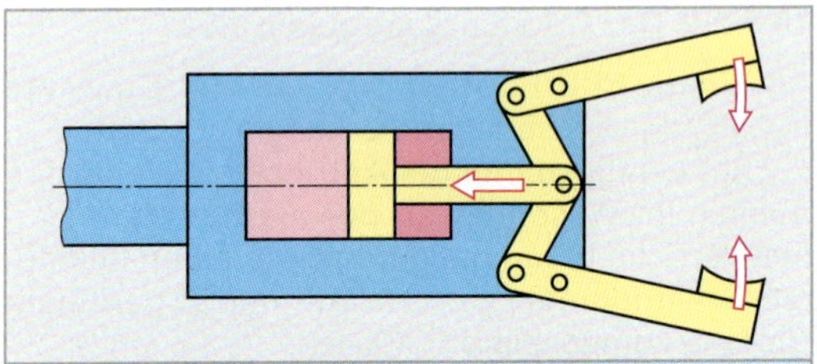

Bild 1: Kniehebelantrieb für Zangengreifer

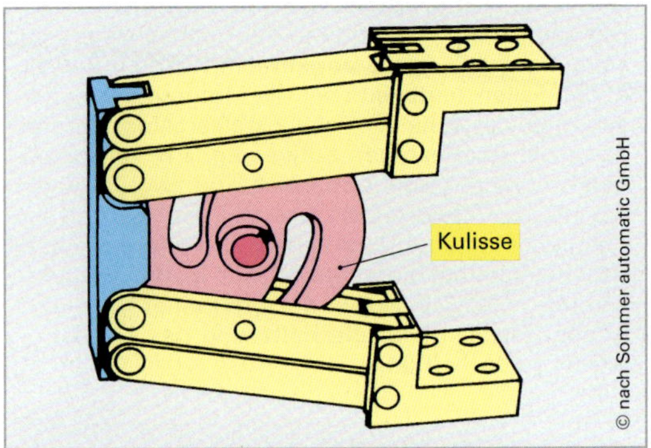

Bild 2: Kulissenantrieb für Zangengreifer

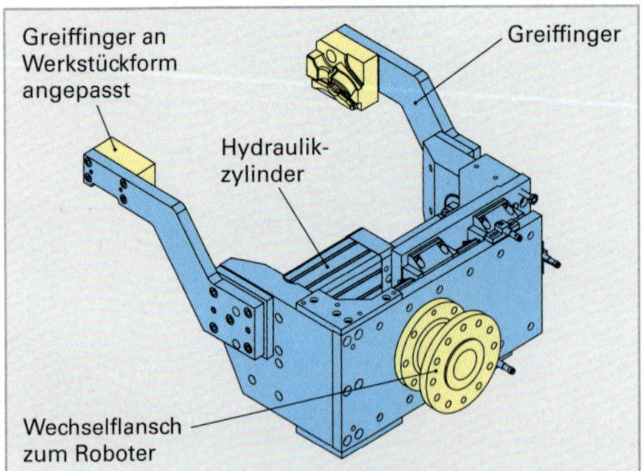

Bild 3: Hydraulischer Zangengreifer

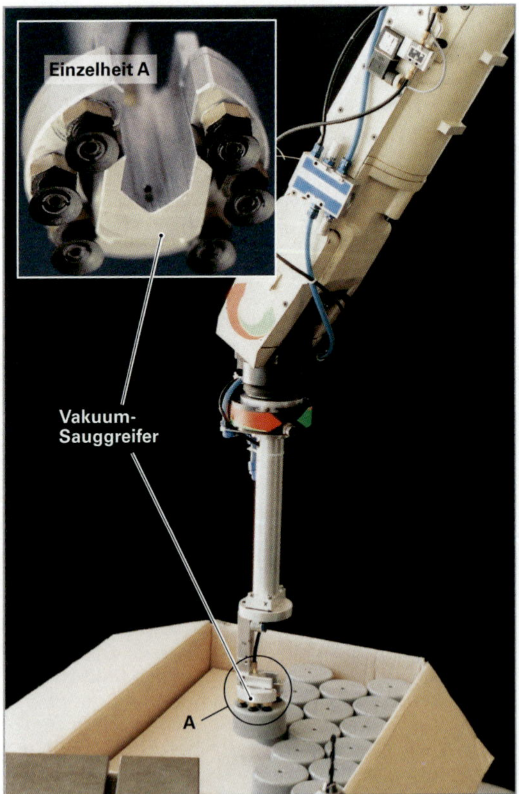

Bild 4: Roboter mit Sauggreifer

10.3.4 Roboterprogrammierung

Die Programmierung von Robotern ist im Vergleich zur Programmierung von NC-Maschinen wesentlich schwieriger, da neben Positionspunkten auch Werkzeugorientierungen zu programmieren sind. Werkzeugorientierungen, z.B. die Orientierung eines Schweißbrenners beim Bahnschweißen gekrümmter Fahrwerksteile, können wegen Störkanten oft nicht aus Werkstückzeichnungen abgeleitet werden. Auch ist die „Erfahrung", die ein Schweißer besitzt, oft nicht bei den Programmierern vorhanden. Die Roboterprogrammierung erfolgt meist mit firmenspezifischen Befehlen. Normungsbestrebungen haben sich bisher nicht durchgesetzt.

Die Programmiertechniken sind **(Bild 1)**:
- Play-Back-Programmierung,
- Teach-In-Programmierung,
- Offline Programmierung mit Kopplung an CAD,
- Realistic Robot Simulation (RRS).

Positionen und Orientierungen werden durch Handsteuern Punkt für Punkt eingelernt. Die übrigen Anweisungen werden am Roboter oder mit einem PC programmiert.

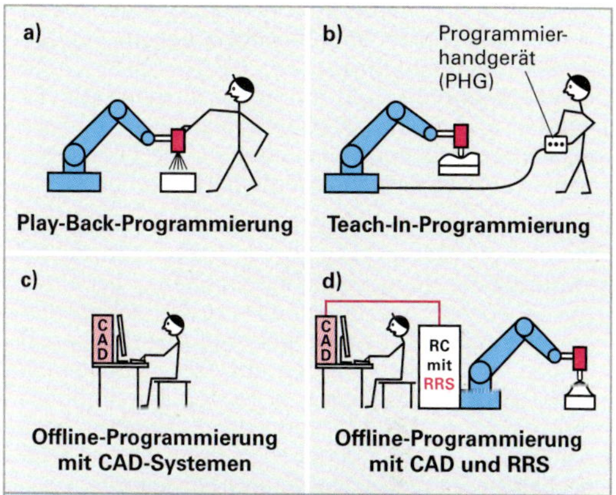

Bild 1: Play-Back-Programmierung

Play-Back-Programmierung. Die Play-Back-Programmierung findet man z.B. bei Robotern für Lackierungsaufgaben. Die Arbeitsbewegung wird direkt manuell vorgemacht, indem man die Roboterhand in der vorgesehenen Bahn und Orientierung von Hand führt. Die Steuerung speichert währenddessen etwa alle 20 ms die Positionswerte der einzelnen Roboterachsen. Im nachfolgenden Programmablauf wird die von Hand geführte Bahn wiederholt. Die gespeicherten Positionswerte dienen als Sollwerte. Man spricht von der Play-Back-Programmierung (to play back = wiederabspielen). Diese Programmiertechnik ist weniger genau als die Teach-In-Programmierung, da der Roboterarm beim Programmieren durch die Handführung ganz anders belastet wird als im automatischen Arbeitsablauf. Nachteilig ist auch, dass sich der Programmierer gemeinsam mit dem Roboter im Roboterarbeitsraum bewegen muss. Dies ist häufig aufgrund räumlicher Enge, z.B. beim Innenbeschichten von Karosserien, schwierig und belastend.

Bild 2: Teach-In-Programmierung

Teach-In-Programmierung. Bei der Teach-In-Programmierung (to teach in = einlernen) wird der Roboter durch den Bediener mithilfe der Bedientasten **(Bild 2)** oder mit einem Steuerknüppel (joy stick = Steuerknüppel, **Bild 3**) des Programmierhandgeräts (PHG) zu den Zielposen bewegt. Dabei wird auch die gewünschte Orientierung eingestellt und abgespeichert. Im Automatikbetrieb werden dann diese Posen mit der programmierten Geschwindigkeit abgefahren.

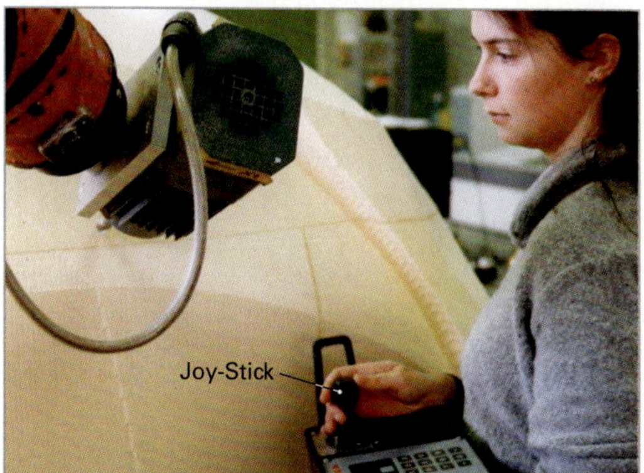

Bild 3: Programmierhandgerät mit Steuerknüppel

Unterstützung mit Makros und Unterprogrammen. Zur schnelleren und einfacheren Programmierung werden durch die Roboterhersteller oder in Eigenregie *Makros und /oder Unterprogramme* definiert, z. B. für das Schweißen **(Bild 1)**:

Mit dem *Makrobefehl* **SCHWEISSEN S1** werden die für diesen Schweißtypus S1 vorgeplanten Parameter hinsichtlich Bahngeschwindigkeit, Pendelamplitude, Pendelfrequenz, Schweißstrom und Schweißnahtvorschub automatisch generiert. Es werden also sowohl Bewegungsanweisungen als auch Ein-/Ausgabeanweisungen für die Peripherie, nämlich für die Schweißstromquelle, erzeugt.

Mit dem zugehörigen *Makrobefehl* **LICHTBOGEN EIN** werden die Gasvorströmzeit und die Zündzeit als Wartezeiten erzeugt sowie das Gasventil über einen Ausgabebefehl geöffnet und kurze Zeit danach der Zündvorgang über einen weiteren Ausgabebefehl eingeleitet. Ebenso werden mit dem *Makrobefehl* **LICHTBOGEN AUS** passende Wartezeiten im Roboterprogramm erzeugt, damit der Schweißprozess richtig mit entsprechender Nachbrennzeit und Gasnachströmzeit abgeschlossen werden kann.

Mithilfe solcher Makrobefehle erhält man dann ein sehr einfaches Roboterprogramm (Bild 1).

Die Roboterprogrammierung mit *Makrobefehlen* ist *werkstattgerecht*, da sie auf die Aufgabe zielt. Die Prozessparameter, wie Schweißstrom und Pendelamplitude, sind in einer Tabelle eingetragen und können vom Werker verändert und damit optimiert werden.

Offline-Programmiersysteme, gekoppelt mit CAD-Systemen. Die Roboterzelle erscheint visualisiert am Bildschirm **(Bild 2)**. Der Roboter kann virtuell bewegt werden. Das „Teach-In“ erfolgt gewissermaßen am Bildschirm. Prozessparameter können auch als *Makros* oder als Unterprogramme aus einer Bibliothek eingefügt werden, z. B. für das Schweißen. Hierbei werden grafisch-interaktiv neben den Programmablaufanweisungen und den Bewegungsanweisungen auch die Positions- und Orientierungsdaten am Programmierarbeitsplatz erzeugt. Zur Bewegungssteuerung des „Bildschirmroboters“ verwendet man entweder dieselben Befehle wie für den realen Roboter oder eine steuerungsneutrale Sprache, z. B. die Simulationssprache TDL des Simulationssystems.

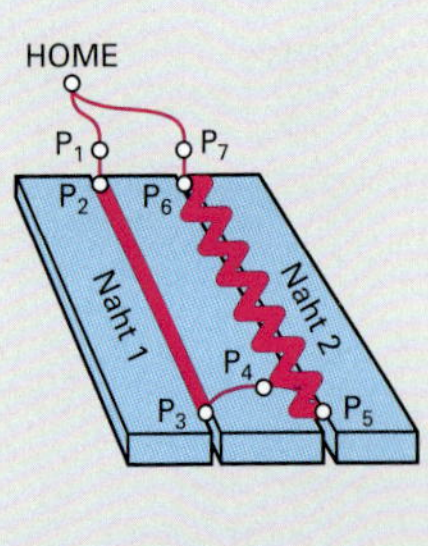


```
001 LICHTBOGEN INITIALISIEREN
023 PTP HOME
024 PTP P1 C PTP
025 LIN P2
026 LICHTBOGEN EIN (START 1,
    SCHWEISSEN S1); NAHT 1
029 LIN P3
030 LICHTBOGEN AUS (END 1); NAHT 1
033 CIRC P4, P5
034 LICHTBOGEN EIN (START 1,
    SCHWEISSEN S2); NAHT 2
039 LIN P6
040 LICHTBOGEN AUS (END 1); NAHT 2
044 LIN P7
045 PTP HOME
046 END
```

Bild 1: Programmieren mit Makros

Realistic Robot Simulation (RRS). In Verbindung mit einer grafischen 3D-Animation der Roboterkinematik inklusive der räumlichen Darstellung des Roboters gibt es die Möglichkeit, das Roboterprogramm zu erstellen und dann virtuell zu testen **(Bild 3)**. Das Zusammenwirken mit dem Werkstück sowie der gesamten Roboterumgebung wird nun simuliert. Insbesondere können mögliche Kollisionen nicht nur an dem Roboterarbeitspunkt, sondern von allen Maschinenteilen mit der Umgebung grafisch hervorgehoben werden und die Programme optimiert werden.

Digitaler Zwilling. Bei RRS enthält die Software Teile der realen Steuerung, z. B. dieselbe Koordinatentransformation, dieselben Bewegungsbefehle und dieselbe Robotersteuerungsstruktur. Daraus resultiert ein weitestgehend identisches Verhalten des virtuellen Roboters mit dem realen Roboter. Man spricht vom „digitalen Zwilling“.

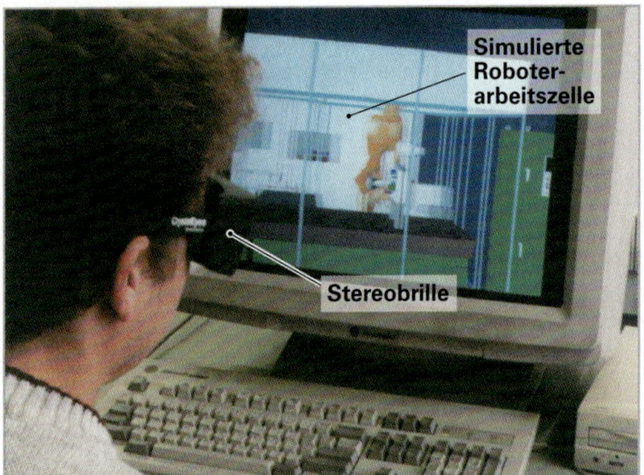

Bild 2: Graphisch-interaktive Programmierung am Stereobildschirm

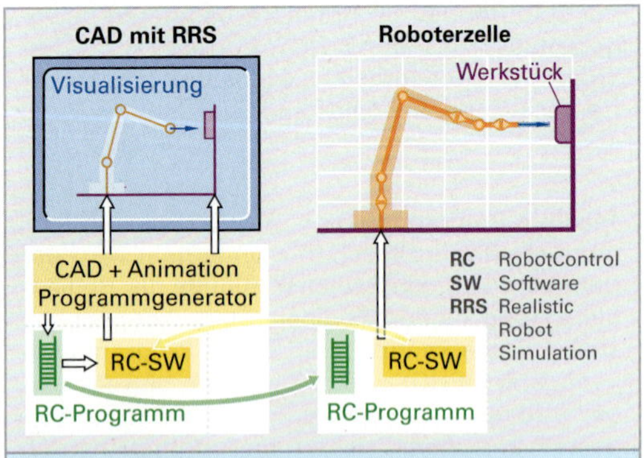

Bild 3: Der digitale Zwilling (Realistic Robot Simulation, RRS)

10.3.5 Die Bewegungserzeugung

10.3.5.1 Koordinatensysteme

Zur Bewegungssteuerung eines Roboters ist eine exakte Beschreibung des Roboters in seinem Arbeitsraum und in Bezug zu den Werkstücken, die vom Roboter bearbeitet oder gehandhabt werden, erforderlich. Man beschreibt die Zuordnung des Roboters zu seiner Umgebung und zu den Werkstücken mit rechtwinkligen, d.h. kartesischen[1] Koordinatensystemen[2] **(Bild 1).** Die Koordinatensysteme, die dem Anwender zur Bewegungssteuerung und zur Programmierung der Roboter zur Verfügung gestellt werden, nennt man **Programmierkoordinatensysteme** oder **Anwenderkoordinatensysteme.**

Das Weltkoordinatensystem

Das Weltkoordinatensystem ist das Ursprungskoordinatensystem. Es ist fest zugeordnet zum Betriebsbereich des Roboters. Bei nichtortsbeweglichen Robotern beschreibt das Weltkoordinatensystem die Roboterarbeitszelle mit den Koordinatenachsen X_{WE}, Y_{WE}, Z_{WE}. Dabei zeigt die Z-Achse senkrecht nach oben. Dieses Koordinatensystem bleibt, einmal festgelegt, unverändert.

Das Roboterbasiskoordinatensystem

Das Roboterbasiskoordinatensystem ist ein Koordinatensystem, das sich auf den Roboter bezieht und meist so definiert ist, dass die Aufstellfläche in der X_{RB}- Y_{RB}-Ebene liegt und die Z_{RB}-Achse sich in der Robotermitte befindet.

Wird der Roboter auf einer ebenen Fläche aufgestellt und waagerecht bzw. senkrecht ausgerichtet, dann besteht zwischen dem Weltkoordinatensystem und dem Roboterbasiskoordinatensystem nur eine Verschiebung und um die Z-Richtung eine Verdrehung. Das Roboterbasiskoordinatensystem ist bei manchen Robotern in allen 6 Freiheitsgraden durch Maschinendatum änderbar, sodass man auch bei schiefaufgestelltem Roboter eine lotgerechte ZRB-Achse bekommen kann.

Ein besonderes Problem ist häufig die korrekte Ausrichtung des Roboterbasiskoordinatensystems, da im Unterschied zur Werkzeugmaschine oft keine Anlageflächen für das Anlegen einer Wasserwaage vorhanden sind und auch die Robotermitte mit Messmitteln nicht zugänglich ist.

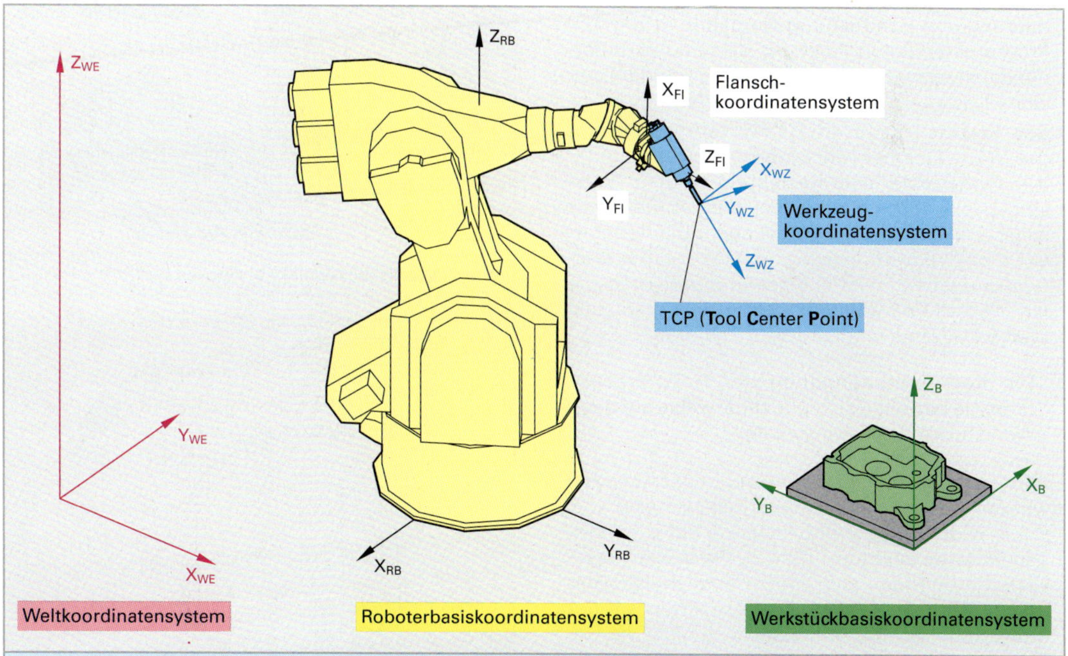

Bild 1: Koordinatensysteme in einer Roboterarbeitszelle

[1] *René Descartes* (Renatus Cartesius), franz. Philosoph (1596 bis 1650)

[2] lat. ordinare = ordnen. Mit Koordinaten werden Punkte im Raum festgelegt.

Das **Flanschkoordinatensystem** bezieht sich auf die letzte Roboterachse mit den Koordinatenachsen X_{Fl}, Y_{Fl} und Z_{Fl}. Bezüglich dieses Koordinatensystems werden Werkzeuge und Greifer ausgerichtet. Durch das Bohrbild des Flansches ist die Lage der X_{Fl}-Achse und Y_{Fl}-Achse festgelegt. Die Z_{Fl}-Achse liegt zentrisch im Flansch und in Richtung der 6. Roboterachse. Das Flanschkoordinatensystem wird durch Maschinendaten bei der Roboterinbetriebnahme festgelegt. Dabei werden etwaige Roboterarmverlängerungen berücksichtigt.

Das **Werkzeugkoordinatensystem** kreuzt sich im Werkzeugbezugspunkt (engl. Tool Center Point ⇒ **TCP**). Es bezieht sich bezüglich seiner räumlichen Ausrichtung auf das Flanschkoordinatensystem **(Bild 1)**. Der Wegverlauf des TCP wird als Roboterbewegungsbahn und die räumliche Ausrichtung des Werkzeugkoordinatensystems wird als Roboterorientierung bezeichnet. Die Geschwindigkeit des TCP ist die Roboterbahngeschwindigkeit. Die Roboterkoordinatenwerte X, Y, Z mit den Orientierungswinkeln A, B, C sind die Koordinaten, bezogen auf ein Basiskoordinatensystem, z. B. des Roboterbasiskoordinatensystems oder des Werkstückbasiskoordinatensystems.

Das **Werkstückbasiskoordinatensystem** definiert die Lage eines Werkstücks **(Bild 2)**. Es hat eine feste Beziehung gegenüber dem Weltkoordinatensystem. Bei der Roboter-Off-Line-Programmierung von Handhabungsaufgaben erfolgt die Programmerstellung meist in diesem Basiskoordinatensystem. Es kennzeichnet häufig die Lage eines Tisches oder einer Spannplatte.

Das **Werkstückkoordinatensystem** beschreibt das Werkstück bezüglich der Werkstückgeometrie. Es hat eine feste Beziehung zu dem Werkstückbasiskoordinatensystem und ist meist nur achsparallel zu diesem verschoben. Die Roboter-Off-Line-Programmierung erfolgt für Bearbeitungsaufgaben meist in diesem Koordinatensystem. Dieses Koordinatensystem nennt man auch Werkstückframe (engl. frame = Rahmen).

Die Koordinatenangaben der Roboterprogramme beziehen sich günstigerweise auf das Werkstückkoordinatensystem.

Robotergelenkwinkel. Zur Bewegungserzeugung werden die einzelnen Robotergelenkwinkel α, β, γ, δ, ε, φ durch die Drehbewegung der zugehörigen Motoren verändert **(Bild 3)**. Die Winkelmesssysteme befinden sich hierzu aber meist nicht in den Robotergelenken, sondern sitzen auf der Motorwelle. So werden tatsächlich nicht die Gelenkwinkel gesteuert bzw. geregelt, sondern die Motordrehwinkel α', β', γ', δ'. Für die Achsen α, β, γ, δ besteht zu den Motordrehwinkeln meist ein proportionaler Zusammenhang, z. B. 100 Motorumdrehungen entsprechen einer Roboterachsdrehung ($100 \cdot \alpha' = \alpha$). Bei den Handachsen ε, φ liegt meist eine mechanische Verkopplung vor, d. h. diese Achsen sind gegenseitig voneinander abhängig: $\varepsilon = f(\varepsilon', \varphi')$ und $\varphi = f(\varepsilon', \varphi')$. Diese Verkopplungsfunktionen werden mechanisch unterschiedlich gelöst und müssen in der Koordinatentransformation berücksichtigt werden.

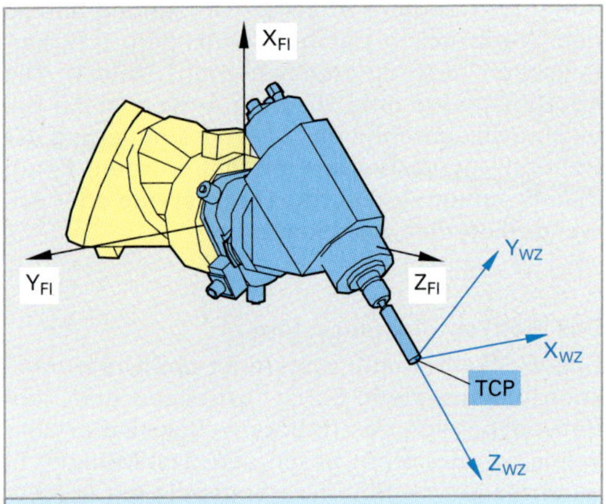

Bild 1: Werkzeugkoordinatensystem mit TCP

Bild 2: Werkstückbasiskoordinatensystem

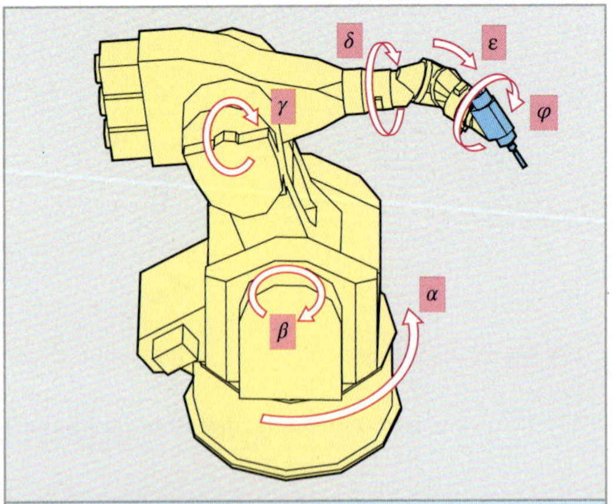

Bild 3: Robotergelenkwinkel

10.3.5.2 Robotersteuerung

Die Erzeugung der Roboterbewegung erfolgt wie bei einer NC-Maschine durch Interpolation zwischen einem Anfangspunkt der Bewegung und dem Endpunkt einer Bewegung. Anfangs- und Endpunkt verbinden bei der *Linearinterpolation* einen Geradenabschnitt im Raum. Bei der *Kreisinterpolation* ist ein Hilfspunkt im mittleren Bereich erforderlich. Durch die Interpolation **(Bild 1)** werden fortlaufend, etwa alle 10 ms bis 20 ms, Bahnzwischenpunkte berechnet. Im Unterschied zur NC-Maschine können diese Bahnzwischenpunkte aber noch nicht direkt als Sollwerte an die Lageregelkreise ausgegeben werden.

Bei Robotern ist wegen der rotatorischen Achsen eine Koordinatentransformation von der rechnerischen Bewegung in einem rechtwinkligen Koordinatensystem (Weltkoordinaten) **(Bild 2)** in das bewegungserzeugende Roboterkoordinatensystem notwendig **(Bild 3)**.

Die Berechnung der Roboterbewegung bezieht sich auf den Tool-Center-Point (TCP) (Bild 2). Der TCP ist der Werkzeugbezugspunkt des Roboterwerkzeugs, z. B. die Drahtspitze des Schweißbrenners oder der Berührpunkt der Fräserschneide bei Fräsbearbeitungen mit einem Roboter. Die **Position und Orientierung** des TCP heißt **Pose.** Diese ist abhängig von den Gelenkwinkeln $\alpha, \beta, \gamma, \delta, \varepsilon, \varphi$ und den jeweiligen Roboterarmlängen sowie von der Geometrie des Werkzeugs. Will man den TCP, z. B. unter Beihaltung der Orientierung geradlinig verschieben, so sind im Allgemeinen alle 6 Roboterachsen simultan, d. h. gleichzeitig mit sich ändernden Drehgeschwindigkeiten zu bewegen.

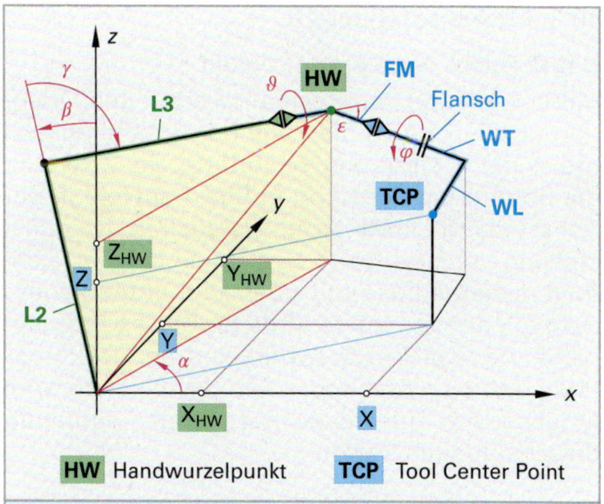

Bild 2: Kartesisches Koordinatensystem

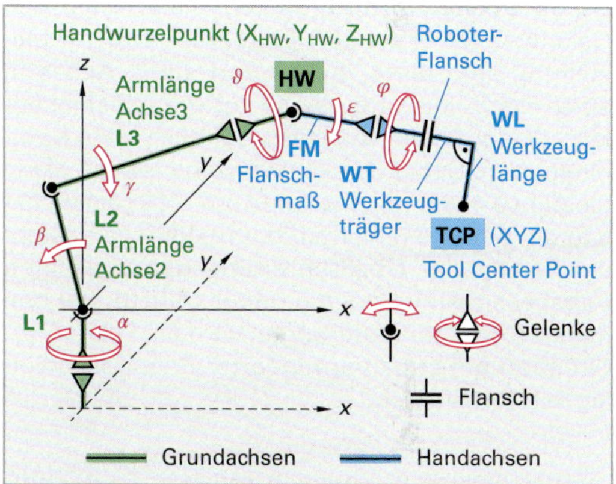

Bild 3: Kinematik des 6-achsigen Gelenkroboters

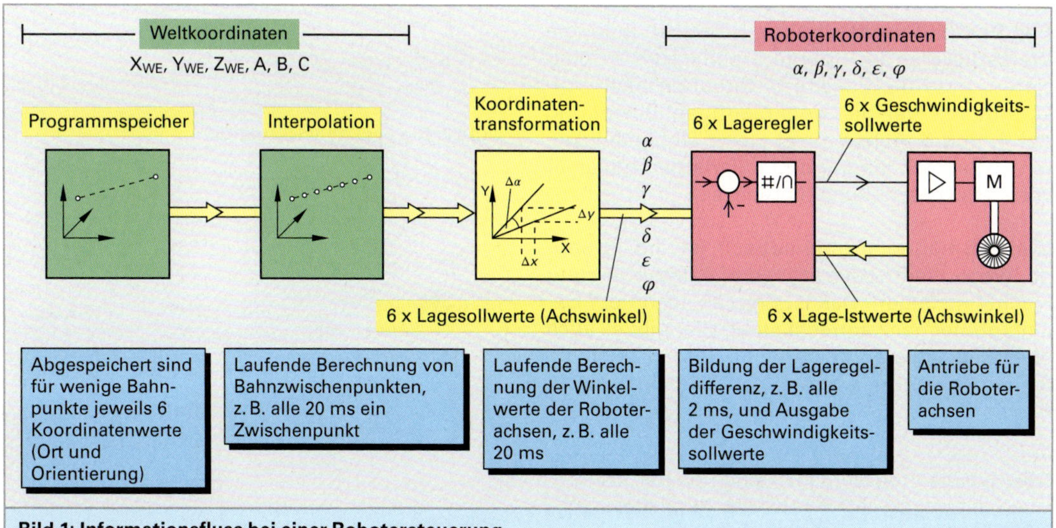

Bild 1: Informationsfluss bei einer Robotersteuerung

10.3.5.3 Achsstellungen

Das Problem der Mehrdeutigkeit

Mit der Angabe von Positionswerten und Orientierungswinkeln ist die Lage der Roboterachsen meist nicht eindeutig bestimmt. So wird z.B. die Roboterhandposition in **Bild 1** sowohl in der Achsstellung „linker Arm" als auch in der Achsstellung „rechter Arm" erreicht. Ebenso erreicht man dieselbe Pose mit oben und unten liegendem Ellenbogengelenk **(Bild 2)**. Dieses Problem ist eine besondere Schwierigkeit bei der Robotersteuerung. Diese muss nämlich bei mehreren Möglichkeiten für die Achsstellungen eindeutig Entscheidungen treffen.

> Für *eine* Roboterpose gibt es meist 4 verschiedene Gelenkstellungen.

Bei der **Epsilon-0°-Situation** hat die 5. Achse den Gelenkwinkel 0° ($\varepsilon = 0°$) **(Bild 2)**. In dieser Achsstellung sind die 4. Achse und die 6. Achse in einer Fluchtlinie und es gibt für die Achseinstellung dieser beiden Achsen unendlich viele Kombinationen. Dabei wäre es wünschenswert, wenn die Achse 4 unendlich schnell um +180° schwenkt und die Achse 6 gleichzeitig um –180°. Es besteht die Gefahr der Überschreitung der zulässigen Achsbeschleunigungen $\ddot{\delta}$ und $\ddot{\varphi}$ **(Bild 3)**. Bei den meisten Robotersteuerungen wird die Epsilon-0°-Situation mit stark verminderter Bahngeschwindigkeit durchlaufen.

> In der Epsilon-0°-Situation rotieren die 4. und 6. Roboterachse gegenläufig.

Bei Bearbeitungsaufgaben versucht man die Werkstücke so im Roboterarbeitsraum zu platzieren, dass die Epsilon-0°-Situation nicht vorkommt, da bei der gegenläufigen Bewegung der 4. und 6. Achse meist kleine Ungenauigkeiten vorhanden sind und Markierungen bei einer Werkstückbearbeitung hinterlassen.

Gleichermaßen problematisch ist die Situation, wenn die Roboterachsen α, δ und φ in einer Fluchtlinie liegen. Das ist der Fall, wenn ein Gelenkroboter ganz aufrecht steht. Hier gibt es auch unendlich viele Kombinationen der Achsstellung für die Achsen α, δ und φ zum Erreichen dieser Position.

> Bei Bearbeitungsaufgaben sind Roboterpositionen mit waagrecht oder senkrecht gestrecktem Arm (Epsilon 0°) zu vermeiden.

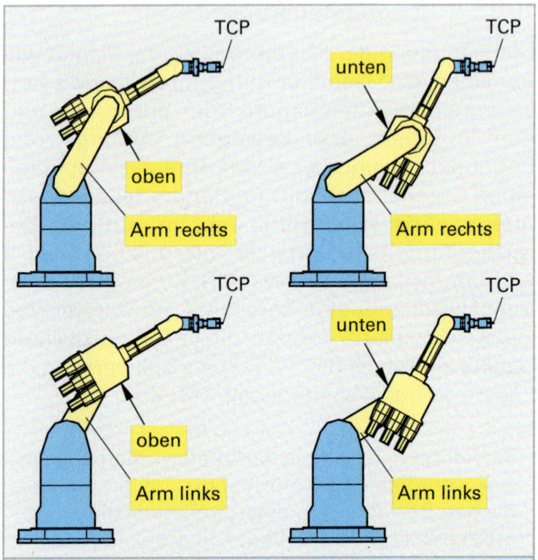

Bild 1: Mehrdeutigkeiten beim Gelenkarmroboter

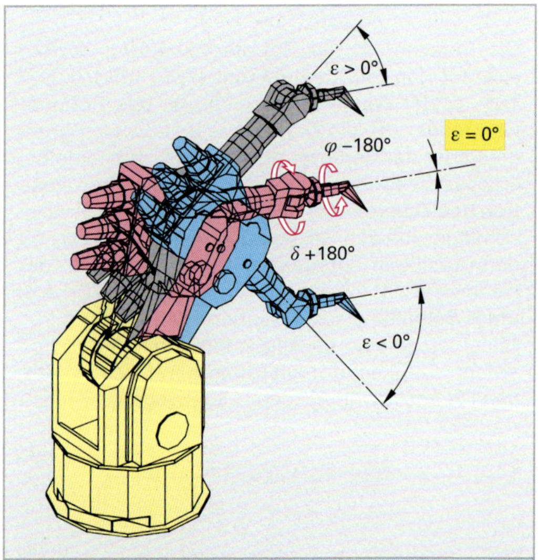

Bild 2: Die Epsilon-0°-Situation

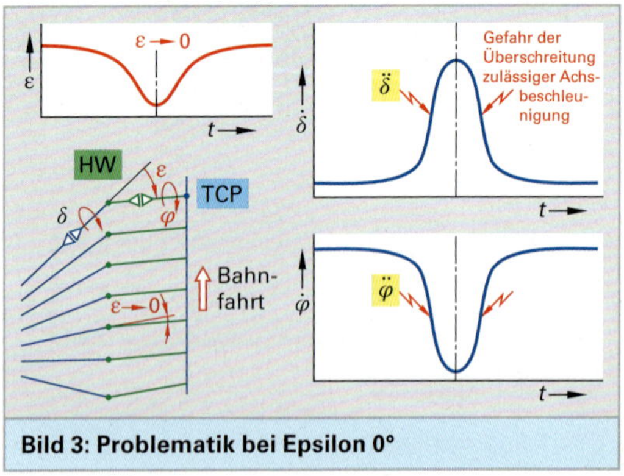

Bild 3: Problematik bei Epsilon 0°

Point-To-Point[1] (PTP)

Im PTP-Betrieb verfährt der Roboter zum Zielpunkt in der Weise, dass alle Achsen gleichzeitig mit der Bewegung beginnen und stoppen.

Die programmierte Geschwindigkeit bezieht sich auf die Achse mit der größten Weg- bzw. Winkeldistanz. Es findet in der Steuerung eine Linearinterpolation[2] bezogen auf die Roboterachsen statt. Im Falle einer TTT-Kinematik ergeben sich geradlinige Bewegungsbahnen, sonst komplizierte Raumkurven, da keine Koordinatentransformation für die Bahnzwischenpunkte erfolgt **(Bild 1)**. Der PTP-Betrieb ermöglicht die kürzesten Verfahrzeiten zwischen zwei programmierten Punkten.

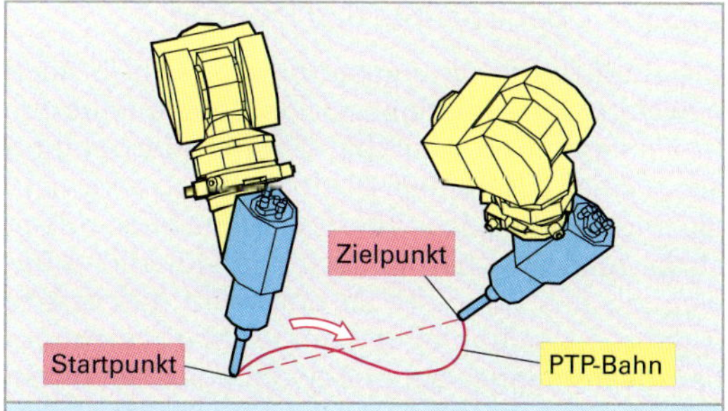

Bild 1: PTP-Bewegung

Continuous Path[3] (CP)

Die CP-Interpolation erfolgt in einem rechtwinkligen Koordinatensystem, meist im Weltkoordinatensystem oder im Basiskoordinatensystem.

Im CP-Betrieb werden Zwischenpunkte so berechnet, dass der TCP auf einer geraden Linie **(Linearinterpolation)** oder einer Kreisbahn **(Zirkularinterpolation[4])** liegt **(Bild 2)**.

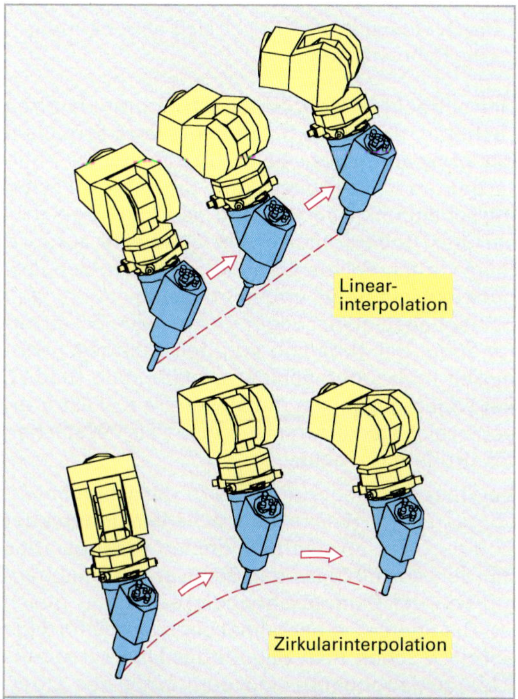

Bild 2: Linearinterpolation und Zirkularinterpolation mit konstanter Orientierung

Im Unterschied zur Interpolation bei NC-Maschinen kann der Kreisbogen auch schief im kartesischen Koordinatensystem liegen. Die Projektion auf die X/Y-Ebene ist dann ein elliptischer Kurvenabschnitt.

Die universellste Interpolationsart für ruckfreie Roboterbewegungen ist die **Spline-Interpolation[5]**. Hier werden die programmierten Bahnstützpunkte durch eine Bahn, entsprechend der Biegelinie eines Stahldrahtes, verbunden.

In die Interpolation wird nicht nur die Bahn des **Werkzeugbezugspunktes (TCP),** sondern auch die **Werkzeugorientierung** eingeschlossen. Die Werkzeugorientierung ist die räumliche Ausrichtung des Werkzeugs. Die Werkzeugorientierung kann dabei konstant gehalten oder kontinuierlich von einer Anfangsorientierung in eine Endorientierung überführt werden **(Bild 3).**

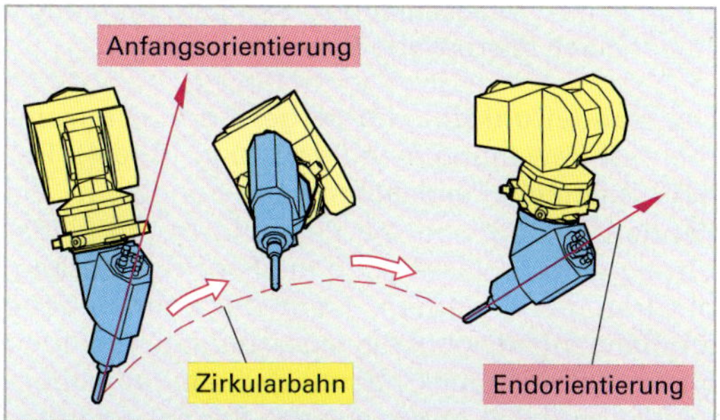

Bild 3: Zirkularinterpolation mit zusätzlicher Orientierungsinterpolation

Es gibt z.B. Roboterbewegungen, bei denen die Werkzeugposition bezüglich des TCP konstant bleibt und nur die Orientierungswinkel verändert werden. Man kann dabei z.B. nur eine **Nickbewegung** ausführen oder eine **Gierbewegung** und eine **Rollbewegung.** Diese Bewegungskombination nennt man **Quirlen.**

[1] engl. point to point = Punkt zu Punkt; [2] linear = geradlinig, Interpolation = Berechnung von Zwischenwerten; [3] engl. continuous path = stetige Bahn (lat. continuus = zusammenhängend); [4] lat. circularis = kreisförmig; [5] engl. spline = Straklatte, Kurvenlineal

10.3.5.4 Überschleifen und Pendeln

Die Roboterbewegungsbahn setzt sich je nach gewählter Interpolationsart aus Geradenstücken, Kreissegmenten oder bei Spline-Interpolation aus Splines zusammen. Die Bahnstützpunkte sind die Endpunkte dieser interpolierten Linien. Meist strebt man eine harmonisch kontinuierliche Bewegung des Roboters an und nicht das exakte Anfahren der Bahnstützpunkte. Man verrundet bei zusammengesetzten Bewegungsabschnitten die Roboterbahn in den programmierten Stützpunkten und spricht vom „Überschleifen" **(Bild 1)**.

> Durch Überschleifen ergibt sich eine harmonische Roboterbewegung.

Die einfachste Überschleifart kommt dadurch zustande, dass man unabhängig vom Erreichen der programmierten Bahnstützpunkte die Bahn fortlaufend interpoliert und die interpolierten Zwischenpunkte fortlaufend den Lageregelkreisen der Roboterachsen als Sollwerte zuführt. Beim Umfahren von Ecken (ohne Halt in den Eckpunkten) entsteht, unbeeinflussbar, durch den Schleppabstand der Lageregelung eine Eckenverrundung, die abhängig von der Bahngeschwindigkeit mehr oder weniger groß ausfällt **(Bild 2)**. Bei Lageregelkreisen mit kleinerem K_v-Faktor ergeben sich stärkere Verrundungen als bei solchen mit großem K_v-Faktor.

Bei neueren Steuerungen wird der Überschleifvorgang durch eine rechnerische Verrundung der Roboterbahn an den Eckpunkten erzeugt. Dies hat den Vorteil, dass der Bahnverlauf unabhängig von der Bahngeschwindigkeit immer gleich ist. Die Steuerung berechnet eine parabelförmige Bahn zwischen dem Beginn des Überschleifens (Überschleifpunkt 1) und dem Ende des Überschleifens (Überschleifpunkt 2) **(Bild 3)**.

> Das Überschleifen in den Eckpunkten erfolgt durch das Nachschleppen der Lageregelung oder durch interpolierte Bahnverrundungen.

Die **Pendelfunktion** überlagert der programmierten Bewegung eine Pendelung **(Bild 4)**. Dabei können die Pendelebene, der Pendelhub, die Pendelfrequenz und die Pendelform, ob sinusförmig oder dreieckförmig oder rechteckförmig, programmiert werden. Liegt die Pendelebene am Bahnanfangspunkt in einer anderen Richtung als im Bahnendpunkt, dann wird die Pendelebene während des Abfahrens des Bahnabschnittes kontinuierlich gedreht.

> Die Pendelfunktion ist vor allem beim Bahnschweißen vorteilhaft einsetzbar.

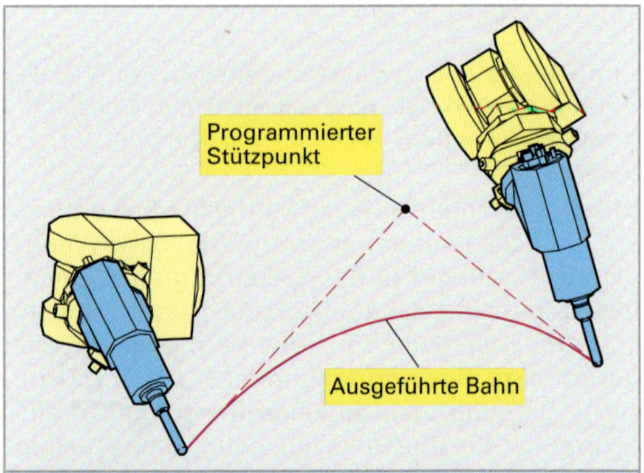

Bild 1: Bahnüberschleifen

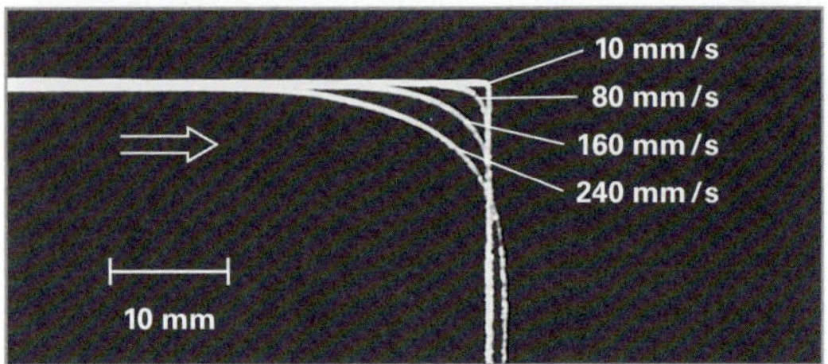

Bild 2: Eckenverrunden durch Lageregelung bei unterschiedlichen Bahngeschwindigkeiten

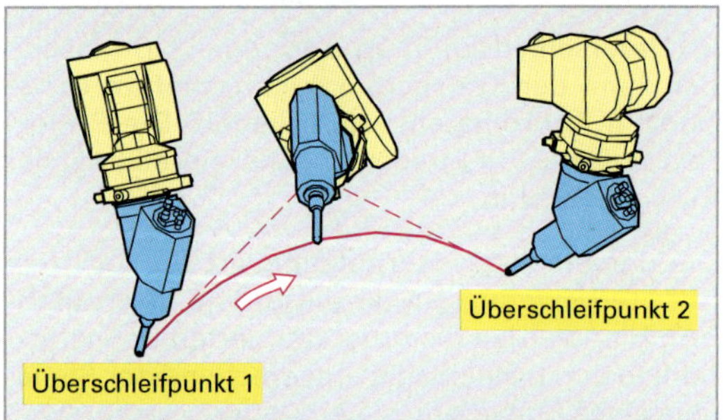

Bild 3: Die Werkzeugorientierung im Überschleifbereich

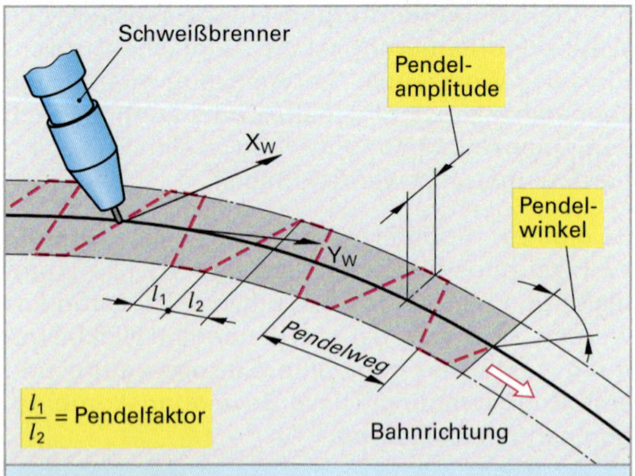

Bild 4: Pendelbewegung

10.3.5.5 Robotersensorführung

Seit Beginn der Robotertechnik besteht der Wunsch, Roboter nicht nur einen starren Bewegungsablauf ausführen zu lassen, sondern sie mit Eigenschaften auszustatten, die ein selbsttätiges Anpassen an äußere Gegebenheiten erlauben.

Die **Robotersensorik** dient:
- der Erhöhung der Sicherheit,
- der Qualitätssicherung,
- der Leistungssteigerung,
- dem Ausgleich von Posenungenauigkeiten,
- der Vereinfachung der Programmerstellung.

Die **Sensorsignale** wirken auf die Programmablauffolge, oder die Bewegungsgeschwindigkeit oder die programmierten Posen des Roboters. Die **Sensorsysteme** sind unterschiedlich verortet, entweder:
- **im Werkzeug**, z. B. Kraftsensoren im Greifer oder
- **dem Werkzeug vorlaufend**, z. B. als optischer Scanner vor dem Schweißbrenner oder
- **ortsfest in der Roboterzelle**, z. B. als 3D-Kamera für den Griff in die Kiste.

Dadurch ergeben sich unterschiedliche Aufgaben zur Sensordatenbearbeitung.

Beispiele zur Sensoranwendung

Mit **Leistungssensoren** kann die Bearbeitungsgeschwindigkeit dem Bearbeitungswerkzeug angepasst und so eine minimale Bearbeitungszeit erreicht werden. Hier dient die Sensorik der Produktivitätssteigerung. Erfasst wird dabei die Leistung des Bearbeitungswerkzeugs. Die Vorteile dieses Verfahrens sind die geringe Störempfindlichkeit des Sensors und dass der Sensor relativ weit vom Bearbeitungswerkzeug entfernt installiert werden kann.

Beispiel: Entgraten. Beim Entgraten verändern sich Gratstärke, Gratbreite, Werkstoffhärte und Werkzeugzustand sehr häufig. Ein Indiz für „schwerer gehende Bearbeitung" ist das Ansteigen der **elektrischen Antriebsleistung.** Bei einer elektrisch angetriebenen Schleifscheibe wird dann die elektrische Leistung durch Strom-Spannungs-Multiplikation (Leis-tungssensor) ermittelt und bei zunehmender Entgratleistung die Roboterbahngeschwindigkeit so reduziert, dass die aufgenommene Leistung etwa konstant bleibt **(Bild 1).** Auf diese Weise können Teile mit geringer Gratausprägung schneller bearbeitet werden als Werkstücke mit starker Gratausprägung und zugleich wird das Werkzeug vor Überlastung geschützt.

Beispiel: Ausgleich von Lagetoleranzen mit induktivem Näherungssensor. Das Palettieren und auch das Entpalettieren von Werkstücken organisiert man sehr flexibel mit sensorgeführtem Suchen. Durch Einlernen einer Fahrstrecke mit Anfangspunkt und Endpunkt wird eine Suchstrecke im Roboterprogramm definiert. Mit dem Eintreffen eines Sensorsignals wird, relativ zur momentanen Position, eine neue Bewegung, z. B. eine Werkstückgreifbewegung, ausgeführt. Auf diese Weise gelingt die Aufnahme von Werkstücken, die in einer Linie aufgereiht sind, ohne dass deren Position innerhalb der Linie im Programm fixiert ist **(Bild 2).**

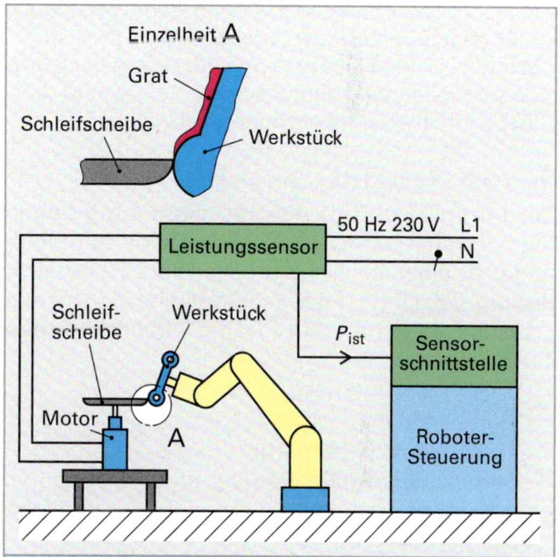

Bild 1: Anpassen der Bearbeitungsgeschwindigkeit mit Leistungssensor

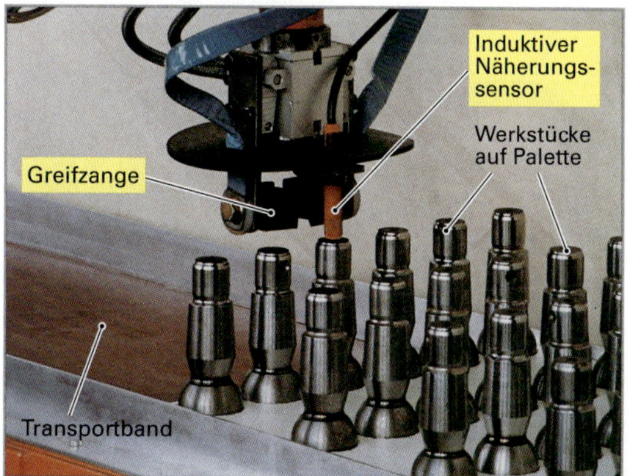

Bild 2: Ausgleich von Lagetoleranzen durch eine Suchbewegung mit induktivem Sensor

Beispiel:
Bestimmung der Werkstücklage durch Bildverarbeitung. Eine besondere Schwierigkeit bereitet das geordnete Zuführen von Werkstücken. Das auf hellem Untergrund liegende Werkstück wird durch eine Videokamera aufgenommen und als Binärbild im Computer gespeichert. Der Computer ermittelt die Konturlinien des Werkstücks und seinen Flächenschwerpunkt **(Bild 1)**. Sodann wird um den Flächenschwerpunkt ein Kreis gelegt und die Schnittpunkte des Kreises werden mit der Konturlinie bestimmt. Die Drehwinkel zwischen diesen Schnittpunkten und dem Schwerpunkt charakterisieren die Drehlage des Werkstücks. Der Schwerpunkt bestimmt die Werkstückposition.

Bei Verwendung von Bildsensoren sind das Herstellen guter Kontraste zwischen dem Werkstück und seinem Hintergrund, das Beleuchten mit konstanten Lichtverhältnissen und das Vermeiden von Schattenbildungen und von Spiegelungen auf der Werkstückoberfläche besonders schwierig.

Der Griff in die Kiste – Bin Picking[1]

Zur Montage und zur Kommissionierung liegen die zu greifenden Objekte oft wahllos durcheinander in einer Kiste. Eine besondere Herausforderung hinsichtlich der Problemlösung für einen „Griff in die Kiste" (Bin Picking[1]) besteht in den Teilaufgaben:

- Objekt-Identifizierung,
- Objektauswahl,
- Objekt-Lagebestimmung,
- Greifstrategie unter Beachtung von etwaigen Kollisionen mit der Kistenwandung und den Nachbarobjekten,
- Greifer-Gestaltung,
- Roboterbahnplanung zur Objektentnahme.

[1] engl. bin = Behälter, engl. picking = pflücken, greifen

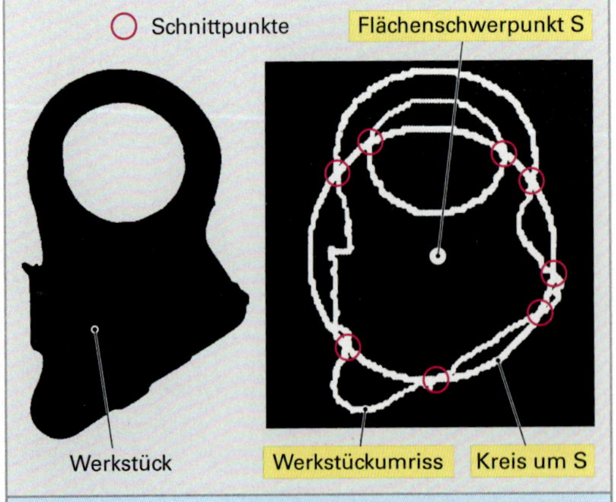

Bild 1: Bestimmung der Werkstücklage

Nimmt man die menschlichen Hand-Auge-Fähigkeiten als Ziel eines Robotergriffs in die Kiste, so ist man immer noch weit von diesem Ziel entfernt.

Der „Griff in die Kiste" gelingt einigermaßen für gleiche oder artgleiche, ungeordnet liegende Bauteile. Das Greifen mit Universalgreifern, der menschlichen Hand ähnlich, gibt es wohl. Da man die Greifstrategie ohnehin spezifisch an die Greifobjekte und die Behältersituation anpassen muss, werden meist Sauggreifer, Magnetgreifer oder 2-Finger-Greifer verwendet **(Bild 2)**. An die Bildverarbeitung (BV) werden sehr hohe Anforderungen gestellt. Es wird zur räumlichen Posenbestimmung der zu greifenden Teile Tiefeninformation benötigt, d. h. die Teile müssen hinsichtlich ihrer 3D-Gestalt erfasst werden, z. B. mittels Projektion von Streifenmustern (multiple Lichtschnitte). Der Prozessablauf ist komplex und es müssen viele Fallentscheidungen getroffen werden, um z. B. mithilfe von Kraftsensoren starke Kollisionen zu vermeiden **(Bild 3)**.

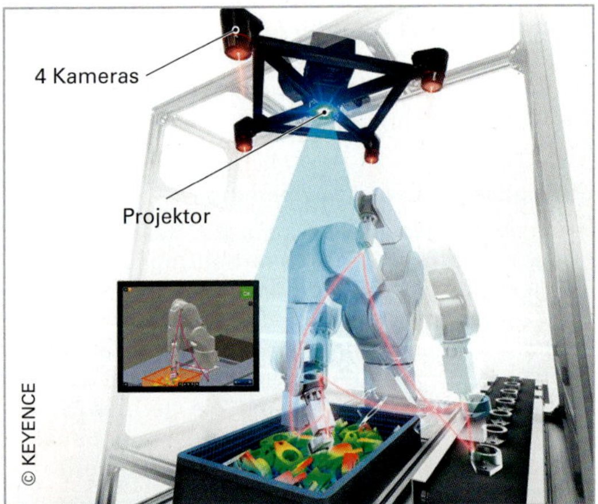

Bild 2: „Griff in die Kiste" – Bin Picking

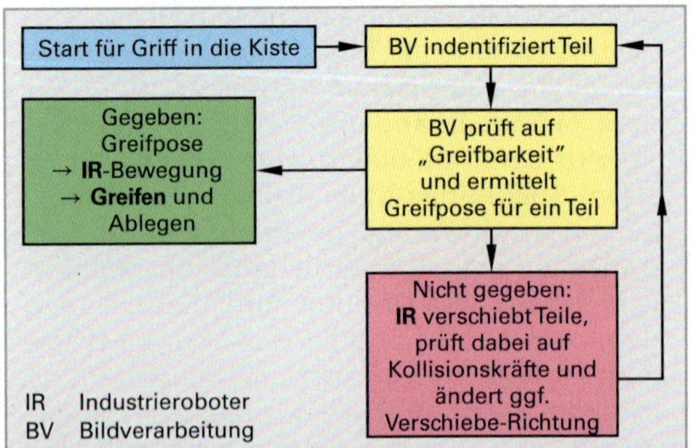

Bild 3: Prozessablauf zu Bin Picking (vereinfacht)

10.3.6 Kollaborierende Roboter

Kollaborierende Roboter (Cobot[1]) arbeiten im Regelfall ohne mechanische Schutzzäune gemeinsam mit den Werkern „Hand in Hand" **(Bild 1)**.

Die Roboter verfügen über mehrere redundant wirkende Sensor-Sicherheitssysteme, z. B. in jeder Achse eine Drehmoment-Sensorik. Schon bei geringster Krafteinwirkung wird die Bewegungsgeschwindigkeit reduziert, sodass keine Verletzungen entstehen. Andererseits gibt es am Roboter Servo-Berührbereiche, mit deren Hilfe der Roboter vom Menschen leicht bewegt (und ggf. dabei auch programmiert) werden kann. Zur Kommunikation mit dem Roboter verwendet man neben der direkten Roboterarmberührung auch Tastenfelder, Touchpad mit Hand-Gestik, Spracheingaben und die Eingaben durch Körper-Gestik (z. B. mit *Kinect*, Microsoft). Die Sicherheit für kollaborierende Roboter wird durch die Normen ISO 10218 -1, -2 definiert.

Leichtbauroboter
Kollaborierende Roboter sind als *Leichtbauroboter* ausgeführt. Ein Leichtbauroboter ist gekennzeichnet durch geringes Eigengewicht und damit auch durch eine vergleichsweise geringe kinetische Energie. Je geringer die kinetische Energie bei einer Kollision ist, umso geringer ist eine Gefährdung oder Schädigung. Die Relation von Robotereigengewicht zu seinem Handhabungsgewicht liegt bei etwa 2 kg.

Eine Achsgestaltung mit runden Übergängen von einer Achse zur nächsten vermindert ein Einklemmen und/oder „Hängenbleiben". Meist hat ein Roboterarm eine Sieben-Achsen-Kinematik. Sie ermöglicht Tätigkeiten in engen Montagesituationen und führt darüber hinaus zu harmonischen kraftsparenden und zeitsparenden Bewegungen.

Zweiarmige Roboter
Dem Menschen und seinen haptischen Fähigkeiten kommen zweiarmige Roboter schon sehr nahe **(Bild 2)**. Ihr Einsatz ist vor allem in der Serienmontage für kleine Teile und im Zusammenspiel mit dem Menschen geeignet. Die Zweiarmigkeit ermöglicht eine schnelle „Inhandmontage" (wie das der Mensch auch macht): Die eine Hand hält, die andere fügt.

Kollaboration mit Industrieroboter
Auch die Kollaboration mit herkömmlichen Industrierobotern ist möglich. Der Roboter kann durch geringe Berührkraft mehrachsig bewegt werden und führt auf diese Weise handgeführte Fügeoperationen mit schweren Werkstücken und mit großer Kraft an einer Verschraubstation **(Bild 3)** aus.

[1] Cobot, von engl. collaborative robot

Bild 1: Fügen von Kegelradgetrieben für Achsgetriebe

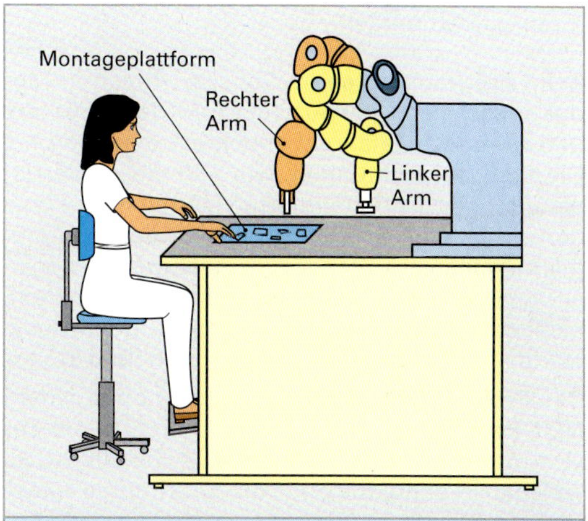

Bild 2: Zweiarmiger kollaborierender Roboter zur Kleinteilemontage

Bild 3: Handgeführtes Fügen mit Industrieroboter

10.3.7 Schutzmaßnahmen

Der Roboterarbeitsplatz ist wegen der schnellen Armbewegungen grundsätzlich ein Gefahrenbereich und muss vom allgemeinen innerbetrieblichen Verkehrsbereich und von menschlichen Arbeitsbereichen durch Schutzmaßnahmen gesichert werden. Die sicherste Abtrennung ermöglicht eine **Umzäunung** mit starkem Metallgitter **(Bild 1)**, sodass auch bei schneller Roboterbewegung Werkstücke, die bei Störungen im Robotergreifer weggeschleudert werden könnten, keine Gefahr darstellen. Häufig muss der Roboterarbeitsplatz manuell mit Werkstücken versorgt werden. Dies geschieht vorteilhaft über einen **Drehtisch** (Bild 1).

- Vor Beginn und während der gefahrbringenden Roboterbewegung muss die Schutzeinrichtung zwangsläufig wirksam sein.
- Beim Entfernen oder bei Störung der Schutzeinrichtung muss der Roboter zwangsweise stillgesetzt werden.

Beim Programmieren im üblichen Teach-in-Modus muss meist der Arbeitsraum des Roboters und damit der Gefahrenbereich betreten werden. Die Schutzeinrichtungen, wie z. B. die Türverriegelung oder die Schaltmatten sind in ihrer Funktion aufgehoben. In diesem Fall darf der Programmierer nur solche Standorte einnehmen, in denen er vom Roboter, auch bei dessen Fehlverhalten, nicht eingeklemmt werden kann, d. h. ein Rückwärtsausweichen muss möglich sein **(Bild 2)**.

Das Programmierhandgerät muss neben einem **NOT-Halt-Taster noch** einen dreistufigen **Zustimmungsschalter** enthalten (AUS-EIN-AUS), welcher in den Griff oder die Greifmulde integriert ist **(Bild 3)**. Die Mittelstellung (Stufe 2) bedeutet Zustimmung. Wird „im Schreck" der Griff festgehalten (Stufe 3) oder losgelassen (Stufe 1), so erfolgt ein Stillsetzen des Roboters. Bei der Rücksetzung von Stufe 3 auf Stufe 1 muss konstruktionsbedingt Stufe 2 übersprungen werden.

Das Programmierhandgerät muss einen
- **NOT-Halt-Schalter** haben und sollte einen
- **Zustimmungsschalter** besitzen.

Bei **verketteten Anlagen** mit vielen Robotern gibt es den **Konturtreuen NOT-Halt**. Hierbei wird ein Verlassen der programmierten Bahn des Roboters vermieden. Die Interpolatoren bremsen die Roboter mit maximaler Bremsverzögerung ab. Erst im Stillstand werden die Antriebe (also etwas verzögert) abgeschaltet. Man erspart sich teure Folgeschäden und kann die Anlage erleichtert wieder hochfahren.

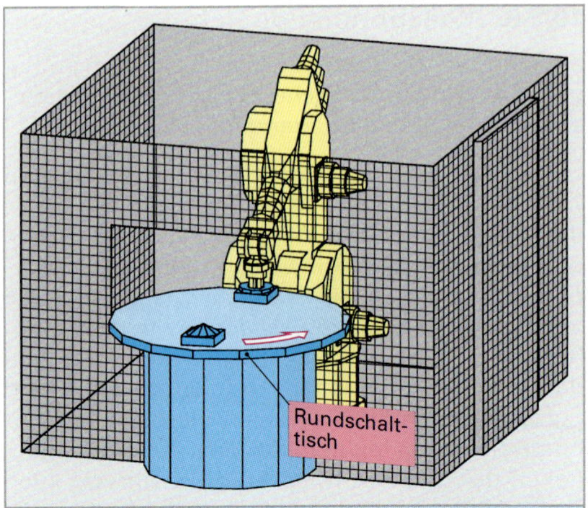

Bild 1: Abtrennung des Gefahrenbereichs durch einen Schutzraum und Werkstückübergabe mit Drehtisch

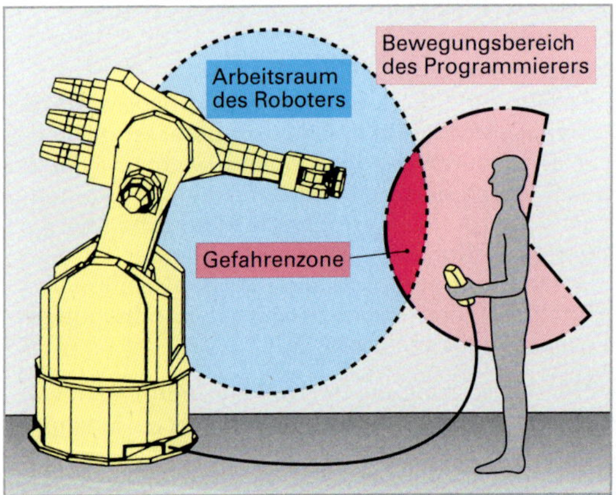

Bild 2: Standortwahl beim Programmieren

Bild 3: NOT-Halt-Schalter und Zustimmungsschalter am Programmierhandgerät

Schutzsystem mit Kamera-Überwachung

Ein Drei-Kamerasystem dient zur sicheren Raumüberwachung und zur Absicherung von Schutzräumen **(Bild 1)**.

Der zu sichernde Schutzraum wird dabei dreidimensional abgebildet, d.h. das System hat wie ein 3D-Scanner die Geometrie der im Sichtbereich liegenden Objekte laufend als 3D-Gebilde zur Kollisionsprüfung zur Verfügung. So kann das Eindringen von Personen oder von weiteren Objekten in virtuell abgesicherte Warnräumen und in Schutzräumen erkannt werden.

Die virtuellen Warnräume (im Bild orange) und die virtuellen Schutzräume (im Bild rot) können frei programmiert werden. Bei Eindringen von Personen oder Objekten werden unterschiedliche Maßnahmen ausgelöst, z.B. Warnmeldung, Langsamfahrt, Not-Halt, u.a. Dabei werden prozessabhängig diese Warn- und Schutzräume dynamisch freigeschaltet oder zugeschaltet, z.B. wenn die Maschine in Stand-by-Zustand ist oder wenn raumübergreifend mehrere Roboter sich bewegen. Der reale Überwachungsbereich wirkt völlig offen.

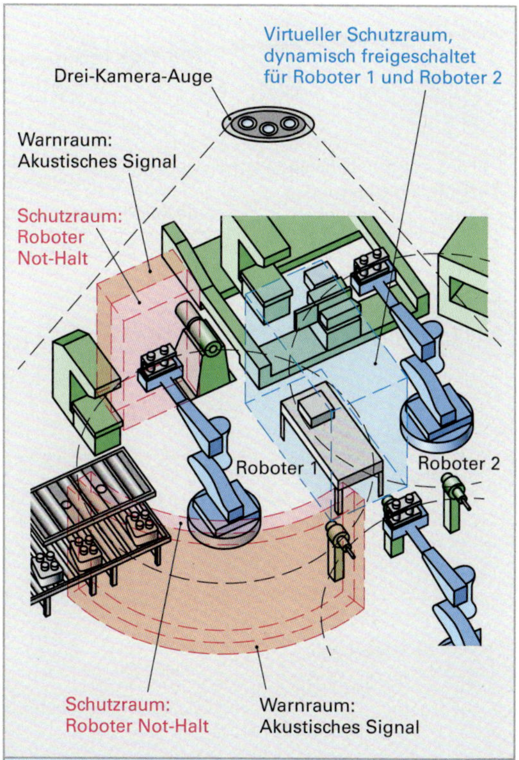

Bild 1: Drei-Kamera-Überwachung

Besondere Sicherheitsmaßnahmen bei kollaborierenden Robotern

Kollaborierende Roboter (Cobot) arbeiten im Regelfall ohne mechanische Schutzzäune gemeinsam mit den Werkern „Hand in Hand".

Die Roboter verfügen über mehrere redundant wirkende Sensor-Sicherheitssysteme, z.B. in jeder Achse eine Drehmoment-Sensorik. Schon bei geringster Krafteinwirkung wird die Bewegungsgeschwindigkeit reduziert, sodass keine Verletzungen entstehen.
Andererseits gibt es am Roboter Servo-Berührbereiche, mit deren Hilfe der Roboter vom Menschen leicht bewegt (und ggf. dabei auch programmiert) werden kann. Die Sicherheit für kollaborierende Roboter wird durch die Normen DIN EN ISO 10218-1, -2 definiert.

- **Kollaborierende Roboter** müssen visuell anzeigen, wenn sie sich im kollaborierenden Betrieb befinden.
- Der Roboter hält an, wenn sich eine Person im Kollaborationsraum befindet.
- Der Roboter arbeitet mit einer aktiven sicherheitsbewerteten Funktion zur Überwachung der Geschwindigkeit aufgrund der Risikobeurteilung.
- Der Roboter hält eine festgelegte Grenzgeschwindigkeit und einen festgelegten Abstand ein.
- Der Roboter begrenzt die dynamische Leistungsabgabe, die statische Kraft und die Geschwindigkeit oder Energie.
- Die biomechanischen Grenzwerte bei einem Kontakt zwischen Roboter und Mensch dürfen nicht überschritten werden (ISO TS 15066). Besonders gefährdete Bereiche sind Hände und Arme **(Bild 2)**.

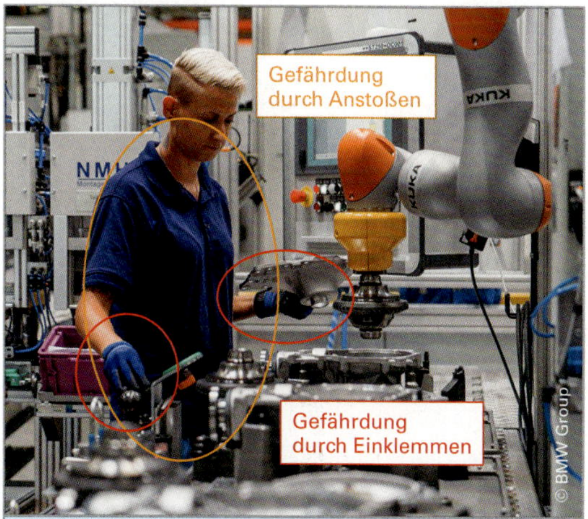

Bild 2: Meistgefährdete Körperzonen

11 Materialflussautomatisierung

Der Materialfluss beginnt beim Wareneingang und endet beim Warenausgang. Materialfluss-Systeme verbinden die Bereiche Fertigung, Montage, Verpackung. Hinzukommen ggf. Wareneingangslager, Zwischenlager und Warenausgangslager.

Der Materialfluss in der automatisierten Fabrik gliedert sich in die Teilaufgaben:
- Fördern,
- Verketten,
- Kommissionieren,
- Sortieren,
- Puffern,
- Bunkern,
- Magazinieren und
- Lagern **(Bild 2)**.

Zur Qualitätssicherung kommt hinzu das *Prüfen* und *Dokumentieren*. Die innerbetriebliche Fördertechnik orientiert sich hauptsächlich am Produkt. Zum außerbetrieblichen Transport müssen die Standards der Transportlogistik eingehalten werden, wie z. B. genormte Boxen, Paletten und Container.

11.1 Fördersysteme

Die Fördersysteme bringen auf Anforderung Produkte zum jeweiligen Produktionsprozess. Sie haben Kommunikations-Schnittstellen zu den vorgelagerten Systemen, z. B. zur Teileproduktion und zu nachgelagerten Systemen z. B. zur Montage **(Bild 1)**. Zur Vermeidung von Störungen werden Teile gepuffert (zwischengespeichert). Diese Funktion übernehmen außer speziellen Puffern auch die Fördersysteme.

Fördersysteme übernehmen häufig zusätzlich auch Prozessaufgaben, wie z. B. Kühlen, Erwärmen, Befeuchten, Mischen, Sortieren.

Man unterscheidet **Stetigförderer** und **Unstetigförderer (Bild 3)**. Die Stetigförderer transportieren kontinuierlich Stückgüter und Schüttgüter auf einer eingerichteten Förderlinie. Die Unstetigförderer transportieren Stückgüter auf Anforderung, z. B. als Kräne, Roboter, Fahrerlose Transportsysteme (FTS) auf programmierten oder vorgeplanten Wegen.

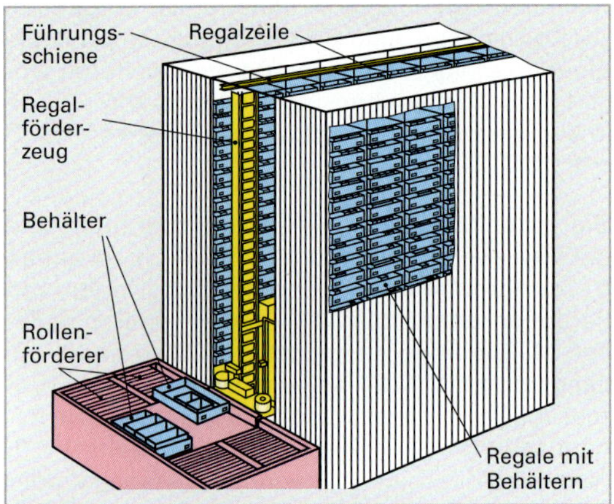

Bild 2: Automatisches Regalzeilenlager

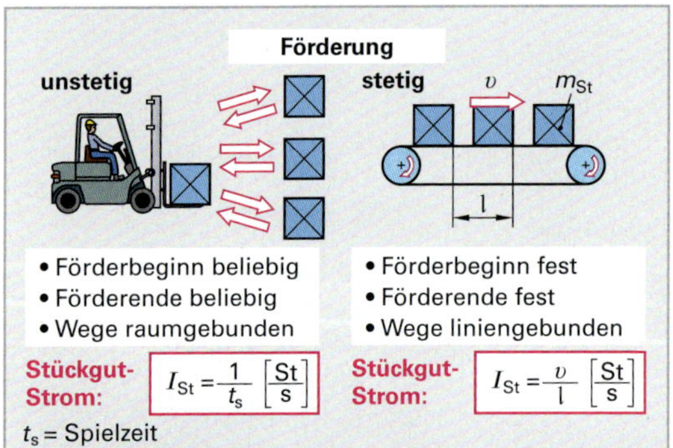

Bild 3: Stetiges und unstetiges Fördern

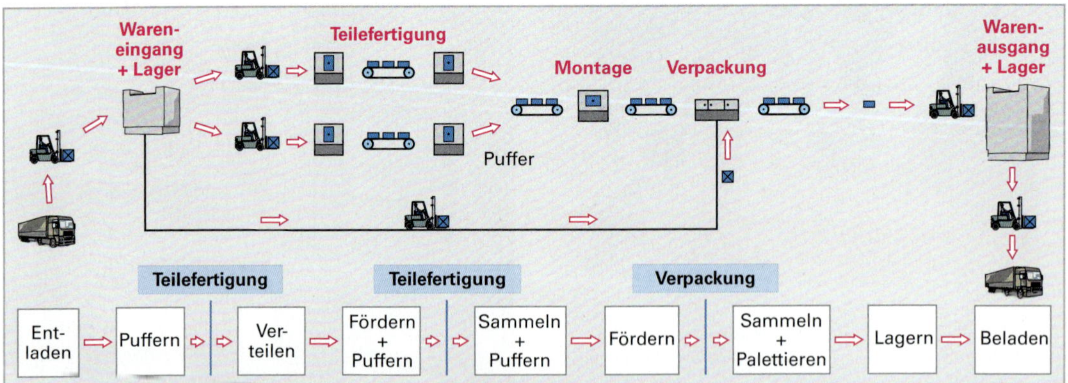

Bild 1: Modell eines innerbetrieblichen Materialflusssystems

Bandförderer

Mit Bandförderern können Stückgüter oder auch Schüttgüter in waagrechter oder in geneigter Linie gefördert werden. Die Bänder sind zugleich Tragorgan und Zugmittel. Sie sind meist aus gummierten Textilgeweben hergestellt, können für heiße Fördergüter aus Stahlgewirken, Stahlgliederketten oder als Drahtgurte realisiert sein. Der Förderbereich reicht von kleinsten Teilen im Bereich von wenigen Gramm bis zu Paketen und Behältern von etwa 50 kg.

Bandförderer gibt es ortsfest, fahrbar, klappbar oder verschiebbar. In besonderer Konstruktion gibt es Bandförderer auch kurvengängig. Häufig sind Bandförderer als Doppelgurtförderer ausgestaltet, z.B. zur Förderung von Paletten in Montagelinien. Beim **Doppelgurtförderer (Bild 1)** ist die Mitte frei und kann z.B. mit Hubelementen versehen werden, um Paletten anzuheben und auszuschleusen oder mit Sensoren, um Teile zu kontrollieren.

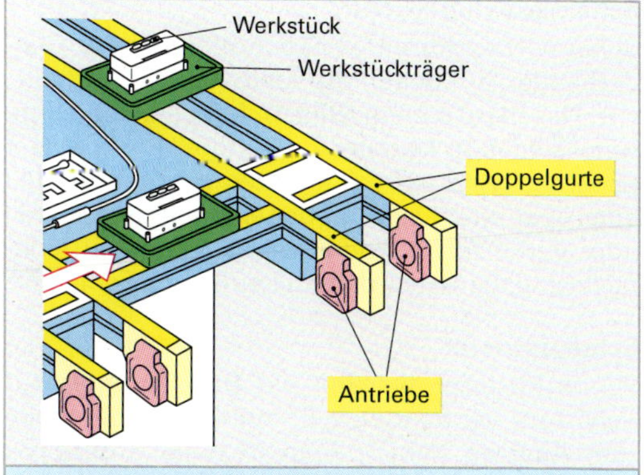

Bild 1: Doppelgurtförderer

Rollenförderer

Rollenförderer sind Stückgutförderer. Das Stückgut wird über sich drehenden Rollen oder auch Scheiben bewegt **(Bild 2)**. Bei geneigten Rollenbahnen kann durch Schwerkraft gefördert werden. Üblich sind angetriebene Rollen, oft mehrere Rollen über einen Kettentrieb oder Riementrieb. Es gibt aber auch Rollen mit Einzelantrieb je Rolle. Bei Stau wird der Rollenantrieb abgeschaltet oder durch eine Rutschkupplung **Bild 2 unten** angehalten.

Rollenförderer können mit quer oder schräg zur Förderrichtung liegenden Rollen Fördergut ausschleusen oder auch zusammenführen. Rollenförderer eignen sich als robuste Fördereinrichtung zur Förderung grober Stückgüter, z.B. von Gussteilen, Brammen und Walzgut. Durch V-förmige Anordnung der Rollen werden die Stückgüter zur Mitte hin zentriert.

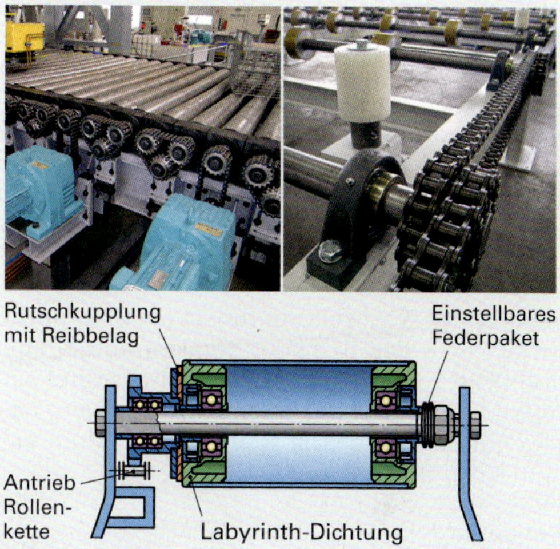

Bild 2: Rollenförderer

Rutschen

Rutschen sind Stetigförderer, bei denen sich das Fördergut durch die Schwerkraft bewegt **(Bild 3)**. Rutschen gibt es in vielfältigen Ausführungsformen: gerade, gekrümmt, gewendelt als Einwegrutschen oder mit Weichen als Mehrwegrutschen. Die Rutschen haben an den Abnahmestellen meist einen sich verringernden Ablaufwinkel, um die Aufprallgeschwindigkeit zu drosseln.

Bei **Wendelrutschen** entstehen Fliehkräfte oft in Verbindung mit einer Verminderung des Reibungskoeffizienten zwischen Fördergut und Unterlage, sodass hohe Fördergeschwindigkeiten entstehen. Rutschen werden z.B. im Bereich der automatisierten Paketverteilung verwendet.

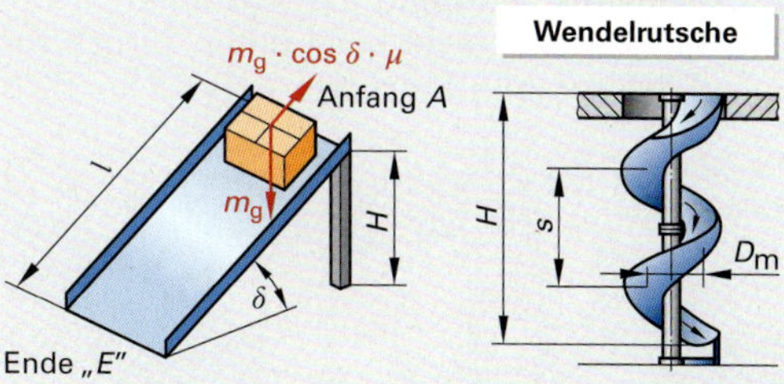

Energiebilanz

$m \cdot g \cdot H = m \cdot g \cdot \cos\delta \cdot \mu \cdot l + \frac{m}{2} \cdot v_E^2$

Endgeschwindigkeit

$v_E = \sqrt{2 \cdot g \cdot H \cdot (1 - \mu \cdot \cos\delta)}$

μ Gleitreibungszahl $\mu = 0{,}2$ Belag mit Kunststoff

m Masse des Fördergutes in kg

Bild 3: Gerade Rutsche und Wendelrutsche

Scharnierbandförderer

Scharnierbandförderer haben meist breite Gliederbänder, auf denen die Teile, häufig Rundteile, z.B. Flaschen, stehen **(Bild 1)**. Mit seitlichen Führungsschienen können die Rundteile von einem Scharnierband auf ein anderes geleitet werden oder über einen angetriebenen Teller umgelenkt oder vereinzelt werden. Im Nahrungsmittelbereich sind die Gliederketten häufig aus Edelstahl.

Schrägförderer

Schrägförderer werden als Bandförderer für Schüttgut verwendet, z.B. mit Rippen versehen zum Austrag von Spänen in einen Container **(Bild 2)**.

Vibrationsförderer

Vibrationsförderer gibt es als Linearförderer und als Wendelförderer. Die Förderbahn wird von schräg aufwärts gerichteten Blattfedern getragen. Sie werden über einen Schwingantrieb in Vibration versetzt **(Bild 2 rechts)**. Der Schwingung wohnt eine schräg aufwärtsgerichtete Komponente inne. Diese führt zu einem Wurfeffekt auf das Stückgut oder Schüttgut und befördert diese.

Elevatoren

Der Elevator (Vertikalförderer) ist ein Stetigförderer, bei dem das Stückgut getaktet aufgegeben wird **(Bild 3 links)**. Die Zug- und Tragmittel sind Ketten. Der Einlauf ist auf der gleichen Seite oder gegenüberliegend. Die Plattformen falten sich beim Nach-unten-Fahren.

Wendelförderer

Wendelförderer befördern Stückgut in höhere oder tiefere Etagen. Sie bestehen aus einer kurvengängigen Rollenkette mit Rollen die in Führungen laufen. Am Ende des Auslaufs wird die Kette wieder senkrecht nach unten zurück zum Einlauf geführt **(Bild 3 rechts)**.

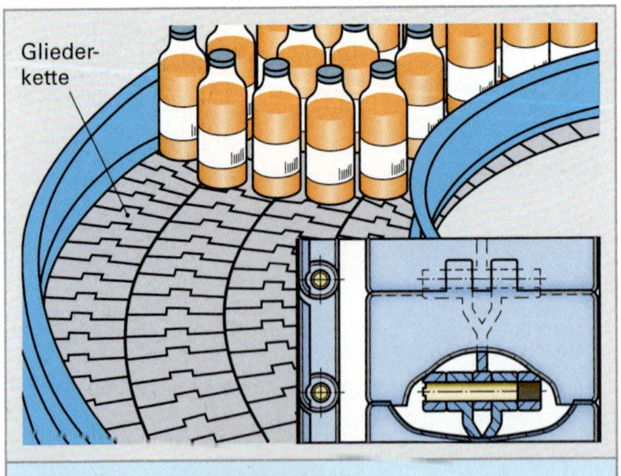

Bild 1: Scharnierbandförderer

Hängeförderer

Hängeförderer sind flurfreie Förderer. Sie gibt es mit Kettenantrieben, Seilantrieben (ähnlich Skilift) und mit Laufschienen, in denen bei etwa 3 % Gefälle Laufkatzen mit einer Werkstückhängevorrichtung rollen **(Bild 4)**. Man verwendet sie häufig in der Karosseriemontage. Sie dienen in dieser Form auch als Puffer.

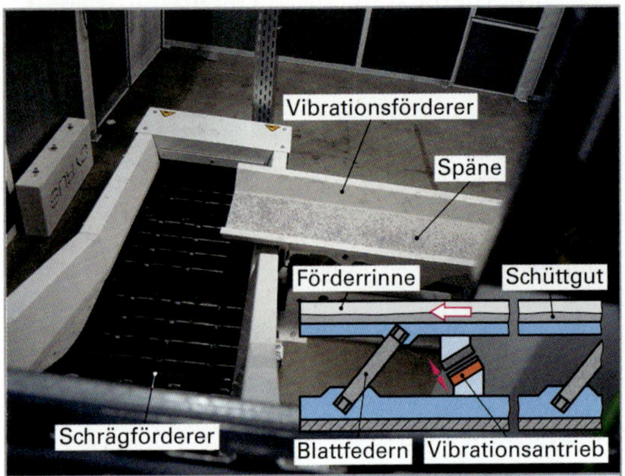

Bild 2: Schrägförderer und Vibrationsförderer

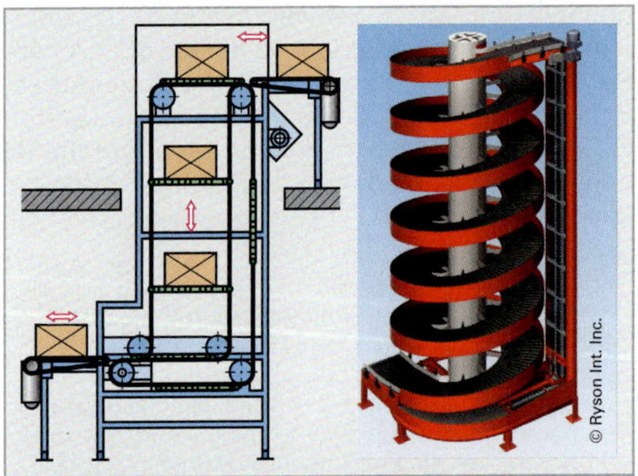

Bild 3: Elevator und Wendelförderer

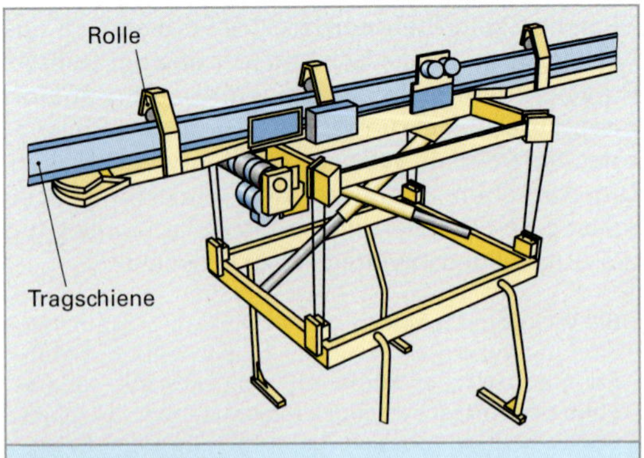

Bild 4: Hängeförderer

11.2 Fahrerlos Transportieren

Fahrerlose Transportsysteme FTS **(Bild 1)** sind Fahrzeuge, meist mit Elektroantrieb, die Werkstücke und Werkzeuge auf Paletten oder Fahrzeugkarosserien automatisch aufnehmen und an vorbestimmte Abgabestellen, z. B. Montageplätze oder Läger abgeben **(Bild 2)**. Der Zielort wird über induktive Transponder, über Infrarotsender oder durch Funk übertragen.

Die Fahrzeugnavigation erfolgt entweder über Leitdrähte, welche im Flurboden der Fertigungshallen verlegt sind oder über Funknavigationssysteme, ähnlich der Satellitennavigationstechnik bei Kraftfahrzeugen (GPS) oder abschnittsweise über eine Kreiselsteuerung und Referenzierung durch optische oder magnetische Markierungen längs der Wege. Mit Ultraschallsensoren, welche rund um das Fahrzeug angebracht sind (ähnlich den PKW-Parkhilfen) erkennen die FTS etwaige Hindernisse. Schließlich sind in Fahrtrichtung vorwärts und rückwärts Stoßleisten mit Schaltkontakten angebracht, welche bei Berührung das FTS stoppen.

Die Lastaufnahme muss der Transportaufgabe angepasst werden. Häufig gibt es eine Aufnahmeplattform, die individuell höhenverstellbar **(Bild 3)** sowie drehbar ist und/oder die horizontal zu verschieben ist, z. B. quer zur Fahrtrichtung, sodass das Ab- und Aufladen seitlich erfolgt.

Die Vorteile von FTS für die Montage sind:

- Größtmögliche Verkettungsflexibilität in einem Montagewerk. Alle Teile können automatisiert an jeden Standort gebracht werden.
- Kein Taktzwang. Die Abfolge der Fahrziele ist beliebig individualisierbar. Wenn die Montage fertig ist, wird das FTS weggeschickt.
- Fördert die Bildung von Montageinseln.
- Ermöglicht die Montage im Typenmix.
- Kann bei Verfügbarkeit von zusätzlichen Flächen/Hallen beliebig erweitert werden.

Bei der Montage mit FTS als Transportmittel sind folgende Aufgaben zu lösen:

1. **Fahrzeugoperationen:** Fahrkurs mit Fahrzeiten, Ausweichstrategien, Zeiten für Andockvorgänge, Lastaufnahme, Lastabgabe, Batterieaufladen, FTS-Inspektion/Wartung (Bild 3).
2. **Einsatzorganisation:** Zielvorgabe, Zuordnung von Transportaufgaben zu frei werdenden oder freien Fahrzeugen, Zielvorgabe für leere Fahrzeuge.

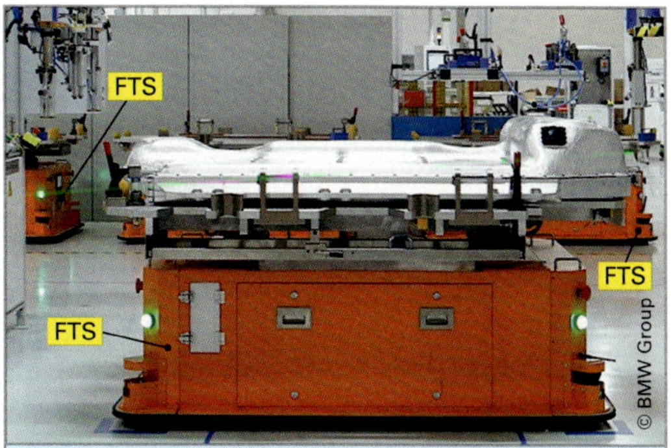

Bild 1: FTS in der Fahrzeugmontage

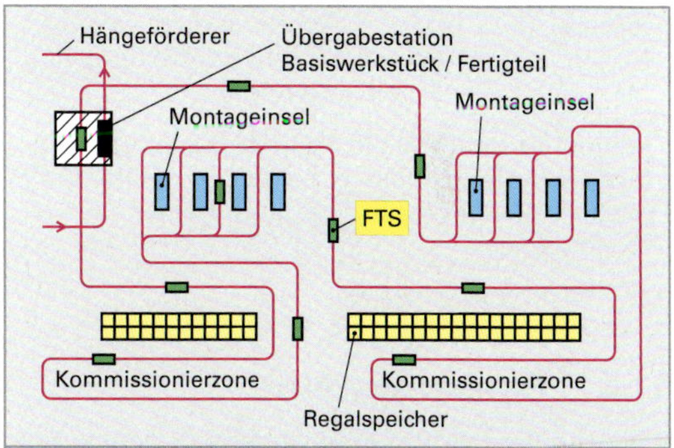

Bild 2: Flexible Montageverkettung mit FTS

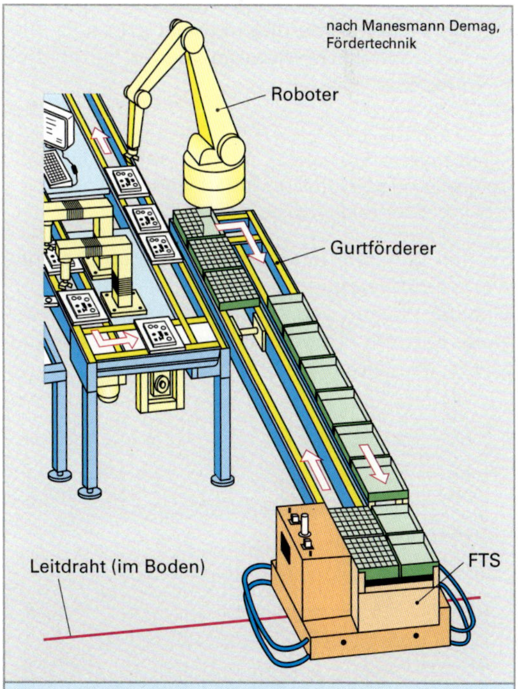

Bild 3: Materialfluss mit FTS

11.3 Puffersysteme

Durch **Puffern** entkoppelt man die einzelnen Produktionsstationen vom Arbeitstakt. Es ermöglicht einen kontinuierlichen Produktionsfluss auch bei Schwankungen im Arbeitstakt in den einzelnen vorgelagerten oder nachgelagerten Prozessen. Puffern ist für eine robuste, d.h. wenig störanfällige Produktion notwendig.

Beim Puffern ändert sich die Reihenfolge und die Ordnung der Stückgüter nicht.

Staurollenförderer als Puffer. Der Staurollenförderer **(Bild 1)** fördert kontinuierlich zwischen Maschine 1 (Quelle, z.B. Teileproduktion) und Maschine 2 (Senke, z.B. Montage).

Wendelförderer (Bild 3, Seite 326) können ebenfalls als Puffer eingesetzt werden, vorteilhaft mit je einer Wendel für aufwärts und einer Wendel für abwärts.

11.4 Bunkersysteme

Beim Bunkern nimmt man keine Rücksicht auf die räumliche Lage der Werkstücke. Man speichert sie als Schüttgut, z.B. Schrauben und Montagekleinteile oder Gussteile. Bei einer automatisierten Montage hat man dann meist große Probleme das gebunkerte Material wieder handhaben zu können.

Gebunkerte Stückgüter müssen aufwändig vereinzelt und geordnet orientiert werden.

Bei den Bunkern unterscheidet man solche ohne Werkstückbewegung, z.B. Behälter, Gitterboxen, (Schäfer-)Kästen und solche mit Werkstückbewegung. Letztere ermöglichen häufig auch das Entwirren, das Vereinzeln und das Ordnen.

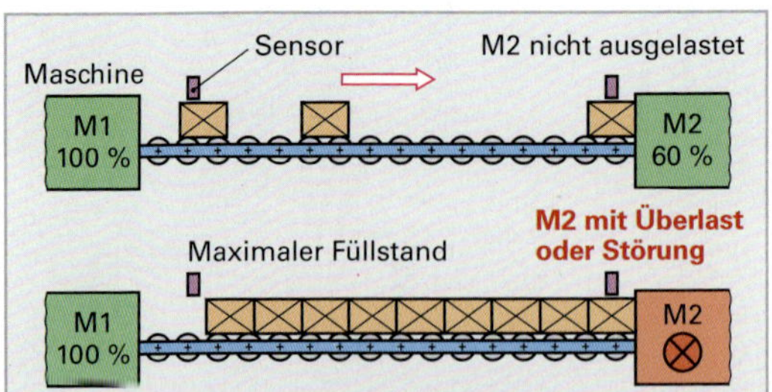

Bild 1: Staurollenförderer als Puffer

Man unterscheidet:

- Trichterbunker,
- Schaukelbunker,
- Schöpfbunker,
- Kettenaustragsbunker,
- Nachfüllbunker und
- Behälter **(Bild 2)**.

Der Vorteil des Bunkerns ist die einfache und kostengünstige Einspeicherung. Der Nachteil ist, dass die automatisierte Teileentnahme oft sehr schwierig ist. Der sogenannte „Griff in die Kiste" mit Robotern ist nur in wenigen Fällen gelöst (siehe Seite 320).

Schüttgut, insbesondere Kleinteile aus Metallen und Kunststoffen, kann vorteilhaft in Trichterbunkern mit **Vibrationsaustrag** gebunkert und **geordnet entnommen** werden. Durch eine geeignete Schwingbewegung des Trichters bewegen sich die gebunkerten Kleinteile so, dass sie allmählich die wendelförmige Trichterinnenbahn hinauf, wandern. Mithilfe von Schikanen oder durch Bildverarbeitung werden am Ende der Bahn falsch positionierte Teile in den Behälter zurückgeworfen bzw. abgeblasen.

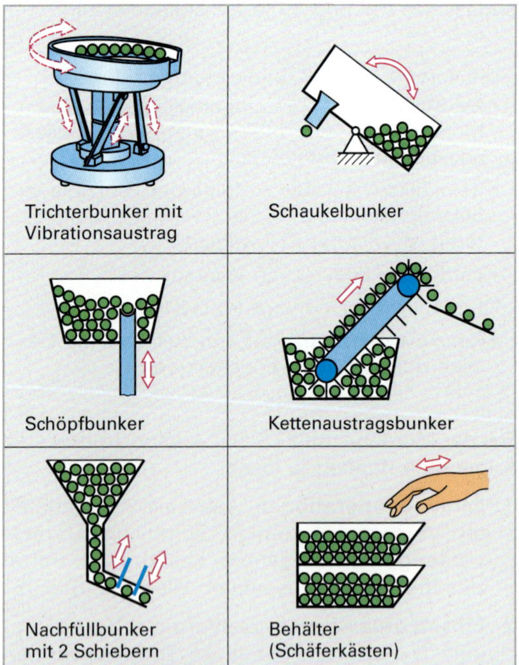

Bild 2: Bunkersysteme

11.5 Magazinsysteme

Magazine[1] sind Speicher für die *geordnete* Zwischenaufnahme von Werkstücken, z. B. auf einer Palette **(Bild 1)**. Man benötigt Magazine **(Bild 2)** sowohl bei manueller Montage als auch bei maschineller Montage, vor allem, wenn der Montageprozess räumlich auseinandergerissen ist. Wir unterscheiden:

- Trichtermagazine,
- Schachtmagazine,
- Stufenmagazine,
- Rollbahnmagazine,
- Gleitbahnmagazine,
- Kanalmagazine,
- Förderbandmagazine,
- Hubmagazine,
- Kettenmagazine,
- Revolvermagazine,
- Trommelmagazine,
- Palettenmagazine.

Günstig ist es, wenn sich in die Transportaufgabe bzw. in die Magazinier- bzw. Pufferaufgabe ein Teilprozess der Fertigung einbeziehen lässt, z. B. ein Trocknungsprozess oder ein Abkühlprozess. Die Pufferstrecke bzw. Pufferzeit wird dann häufig auf diesen Prozess abgestimmt, sodass dieser nach der Durchlaufzeit sicher abgeschlossen ist. Beispiele sind Montageprozesse von Gussteilen und Schmiedeteilen.

Häufig müssen zur Montage unterschiedliche Teile aus mehreren Magazinen zusammengeführt werden. **Bild 3** zeigt die Zusammenführung von zwei verschiedenen Rundteilen (blau und grün) aus zwei Kaskadenmagazinen. Das Zellenrad mit einem Aufnahmeprofil für die Montageteile wird synchron zur Transportkette angetrieben. So liefert die Transportkette im Wechsel beide Teile.

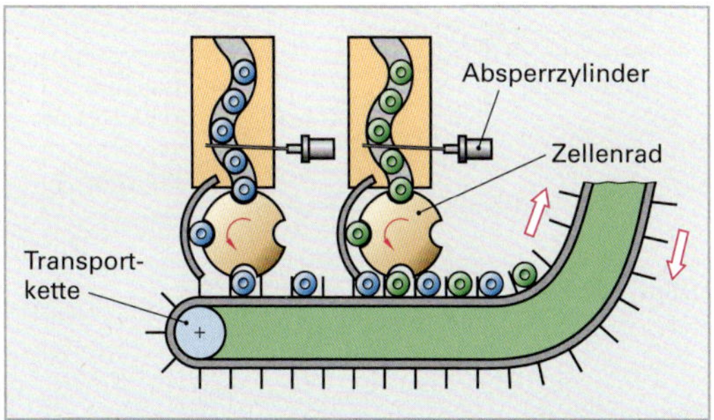

Bild 3: Kaskadenmagazine mit Teilezusammenführung

[1] Das Wort Magazin entstammt dem Arabischen *al mahzan* und bedeutet Kammer. Im militärischen Sprachgebrauch hat es einerseits die Bedeutung einer allgemeinen Lagervorratshaltung und andererseits bezeichnet man damit die schussbereite Vorratshaltung von Munition in Schusswaffen. Hierbei wurden viele Magazinarten entwickelt, wie sie ähnlich in der Montagetechnik genutzt werden. Am bekanntesten ist das Revolvermagazin (Trommelmagazin), das dem *(Trommel-)Revolver* den Namen gab. Weitere Magazinarten in der Waffentechnik sind: Stangenmagazin, Kurvenmagazin, Trapezmagazin, Tellermagazin, Röhrenmagazin, Schneckenmagazin.

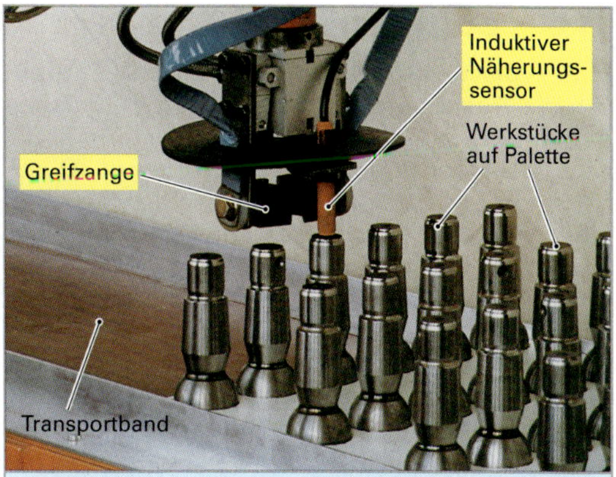

Bild 1: Palettenmagazin auf einem Förderband

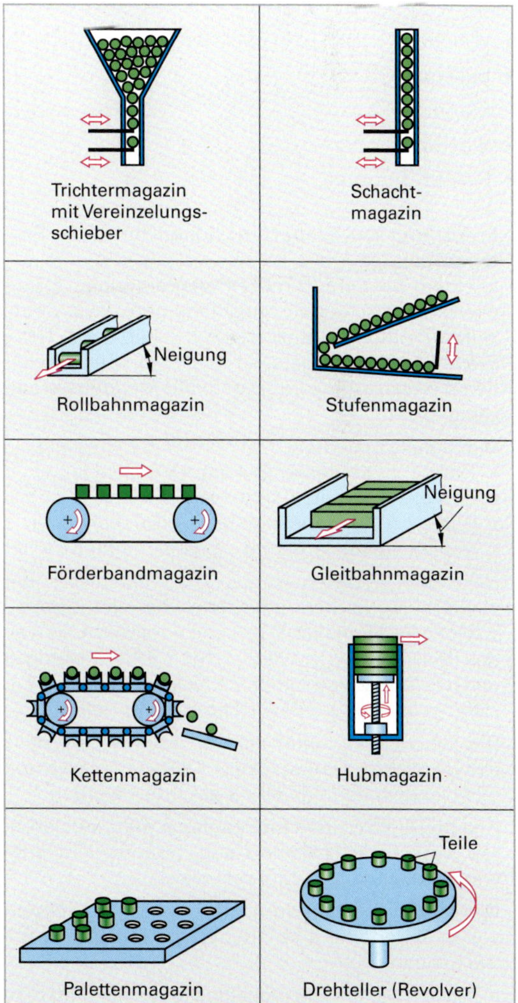

Bild 2: Magazinbauarten

11.6 Sortieranlagen

Eine typische Sortieraufgabe ist innerbetrieblich die Trennung von Produkten nach Qualitätsmerkmalen, z. B. Größe. Im einfachsten Fall ist es eine Binärsortierung für **„in Ordnung" IO** und für **„nicht in Ordnung" NIO**. Hierzu benötigt man eine Prüfstation zum Erkennen von **IO** und **NIO**, eine Förderstrecke und eine Weiche **(Bild 1)**. Im Versandwesen müssen Pakete nach Verteilzentren sortiert werden und in diesen nach Unterverteilzentren bis hin zum Einzelempfänger, z. B. bei Paket- und Briefverteilanlagen. Auf Flughäfen werden die Koffer automatisiert sortiert und zu den einzelnen Terminals bzw. den Flugzeugen befördert.

Zum Trennen verwendet man **Ausschleuser** in den Förderanlagen **(Tabelle 1)**. Dazu nutzt man

- Weichen,
- Puscher,
- Klappen,
- Blasdüsen oder
- Pick-up-Roboter.

Tabelle 1: Sortieren und Ausschleusen

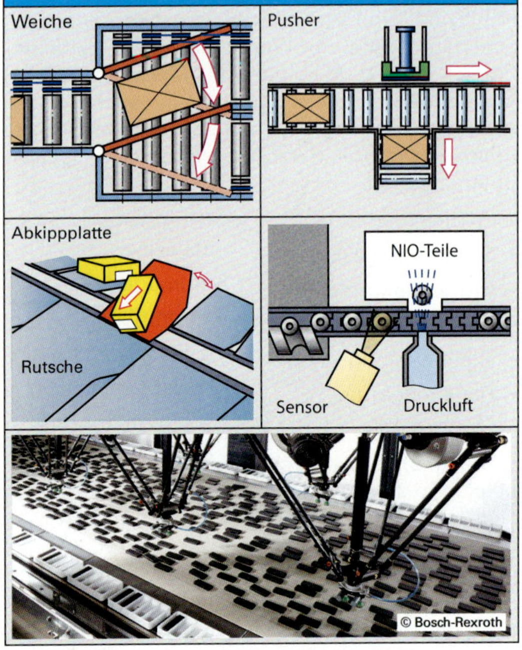

Ermittlung der Steuerfunktionen für einen Sortierautomaten.

In einem **Sortierautomaten** werden quaderförmige Werkstücke gegen Anschläge gefördert. Dabei werden mit den Grenztastern t, b und h die Tiefe, Breite und Höhe abgetastet. Mit einem Sensor werden die Werkstücke außerdem auf Magnetisierbarkeit geprüft.

Die Signale bedeuten:

- Tiefe: $t = 1$ Kantenlänge lang, $t = 0$ nicht lang,
- Breite: $b = 1$ Kantenlänge lang, $b = 0$ nicht lang,
- Höhe: $h = 1$ Kantenlänge lang, $h = 0$ nicht lang,
- $m = 1$ magnetisierbar, $m = 0$ nicht magnetisierbar

Nach dem Abtasten können die Werkstücke über eine Einfachweiche x und dann über eine Doppelweiche y in 4 Behälter 1, 2, 3 und 4 transportiert werden (Bild 1). Jede der Weichen hat 2 Schaltstellungen und ist elektrisch schaltbar. Im nicht geschalteten Zustand ($x = 0$ bzw. $y = 0$) wird nach rechts gefördert.

Die Werkstücke sollen so sortiert werden, dass alle **länglichen Werkstücke** (1 Kante lang, 2 Kanten nicht lang) in den Behälter 1 gefördert werden.

Alle **plattenförmigen und zugleich magnetisierbaren Werkstücke** (2 Kanten lang, 1 Kante nicht lang) sollen in Behälter 2 gefördert werden.

Werkstücke mit anderen Merkmalkombinationen sollen in Behälter 4 gelangen, und Behälter 3 soll frei bleiben.

a) Stellen Sie die Funktionstabelle für alle Merkmalkombinationen auf, und schreiben Sie die Weichensignale sowie die Behälternummern an.

b) Vereinfachen Sie mithilfe von Karnaugh-Diagrammen die Schaltfunktionen für die Weichensignale.

c) Zeichnen Sie den Funktionsplan für die Weichensignale x und y.

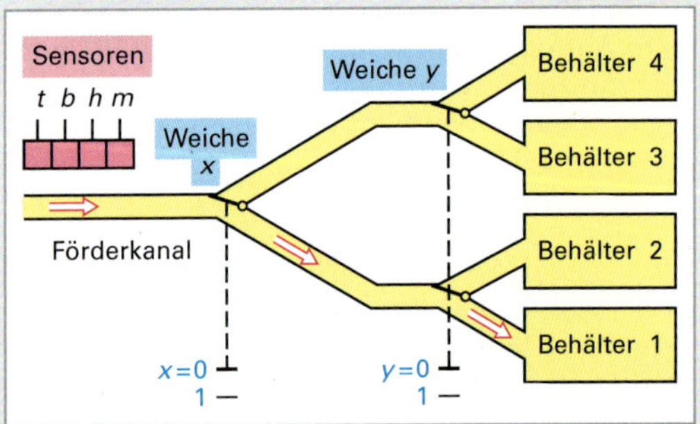

Bild 1: Schema einer Sortieranlage

Lösung:

Stellen Sie die vollständige Funktionstabelle für die 4 Variablen t, b, h, m auf und schreiben Sie die Behälternummern dazu. Vereinfachen Sie mithilfe von Karnaugh-Diagrammen die Schaltfunktionen in der ODER-Normalform. Sie erhalten:

$$x = (t \wedge b \wedge \overline{m}) \vee (b \wedge h \wedge \overline{m}) \vee (b \wedge t \wedge h) \vee (t \wedge h \wedge \overline{m}) \vee (\overline{b} \wedge \overline{t} \wedge \overline{h})$$

$$\overline{y} = (t \wedge \overline{b} \wedge \overline{h}) \vee (\overline{t} \wedge \overline{b} \wedge h) \vee (\overline{t} \wedge b \wedge \overline{h})$$

$$y = (\overline{t} \wedge b \wedge h) \vee (t \wedge b \wedge \overline{h}) \vee (t \wedge \overline{b} \wedge h)$$

11.7 Verkettungssysteme

Durch **starre Verkettung** von Einzelmaschinen für jeweils unterschiedliche Arbeitsprozesse, z. B. Fräsen, Bohren, Entgraten, Reiben... entsteht eine **Gesamtmaschine hoher Ausbringung**. Die Werkstücke werden von Maschine zu Maschine *durchgetaktet*. Wichtig ist, dass die Bearbeitungszeiten bei jedem Teilprozess etwa gleich sind. Die Einzelmaschinen können im Kreis angeordnet sein. Das Weitergeben der Teile erfolgt über einen Drehteller. Man spricht von **Rundtaktmaschinen (Bild 1)**. Sind die Maschinen in Reihe angeordnet, spricht man von **Transferstraßen.**

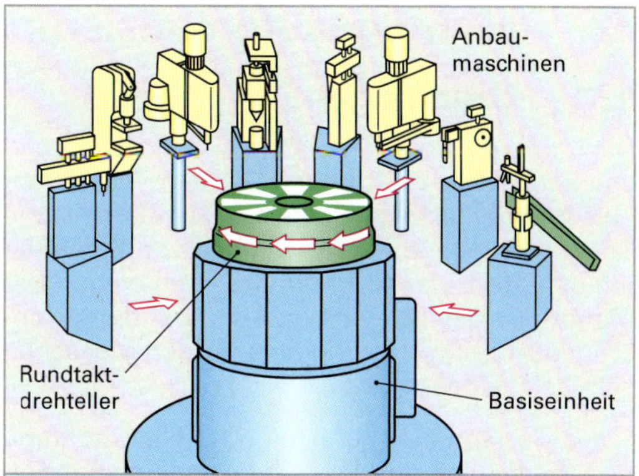

Bild 1: Starre Verkettung mit Rundtaktmaschine

Bei günstiger Planung sind die Arbeitszyklen an jeder Station etwa gleich lang, sodass während eines Zeittaktes alle Stationen ausgelastet sind.

Flexibles Fertigungssystem FFS. Eine erhöhte Flexibilität erhält man durch **flexible Verkettung** der Arbeitsmaschinen.

Beim **FFS** wird der Materialfluss für jedes Teil dorthin gelenkt, wo gerade eine geeignete und freie Maschine verfügbar ist. Damit wird eine optimale Maschinennutzung erreicht sowie eine hohe Flexibilität hinsichtlich Produktvarianten und Kundennachfrage.

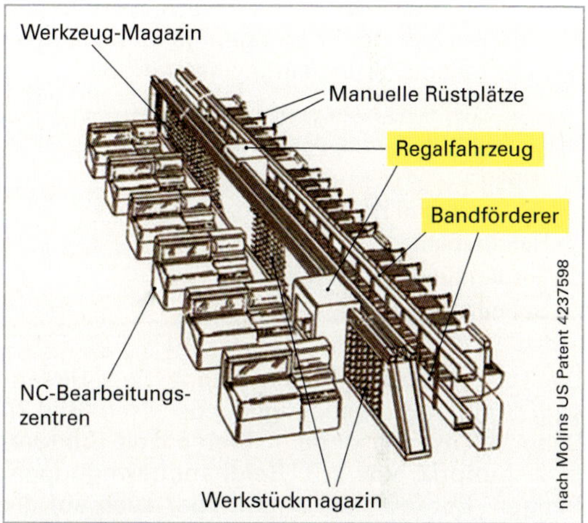

Bild 2: Flexibles Fertigungssystem, *Molins System 24*, um 1960

Der historische Vorläufer zur Industrie 4.0
Ende der 60er-Jahre des vorigen Jahrhunderts war *Molins System 24* die bestechende Idee für die Fabrik der Zukunft: 24 Stunden Produktionszeit pro Tag, vollautomatisiert mit verketteten NC-Bearbeitungszentren, vorzugsweise für Aluminium-Werkstücke im Bereich der Flugzeugindustrie **(Bild 2)**. Die Verkettung erfolgte mit einem Bandförderer und einem Regalfahrzeug.

Die Bearbeitungsstationen sind bei flexiblen Fertigungssystemen von

- **ersetzender Art,** z. B. mehrere gleichartige Bearbeitungszentren und von
- **ergänzender Art**, also mehrere Einzweckmaschinen, z. B. Messmaschine, Waschmaschine, Fräsmaschine **(Bild 3)**.

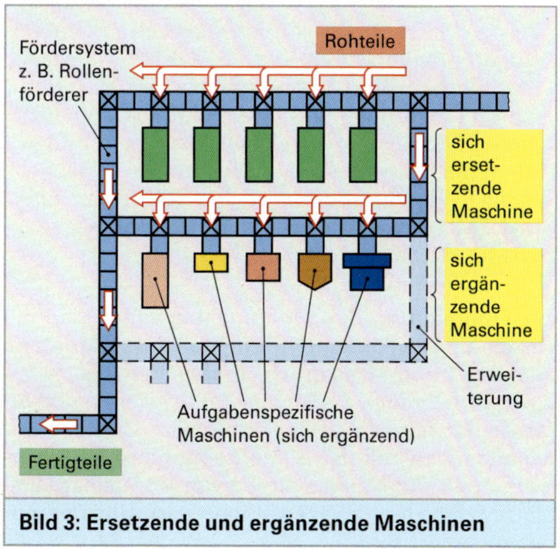

Bild 3: Ersetzende und ergänzende Maschinen

Mit ersetzenden Maschinen (parallele Verkettung) erweitert man die Ausbringung und erhöht die Produktionssicherheit, da bei Ausfall einer Maschine die anderen Maschinen weiterarbeiten können.
Mit ergänzenden Maschinen (serielle Verkettung) erhöht man die Fertigungstiefe.

12 Montageautomatisierung

12.1 Grundlagen

Die Montage[1] von Bauteilen zu Baugruppen und von Baugruppen zu fertigen Geräten, Maschinen und Anlagen erfolgt vielfach in Handarbeit. Die Serienmontage, d.h. die Montage von Serienteilen erfordert *„flinke Hände"* und ist wegen der Monotonie der Tätigkeit und der ständig gleichartigen Arbeitsbelastung eine für den Menschen sehr belastende Arbeit.

Diese Serienmontage erfolgt als Fließmontage und wird zunehmend mit Robotern und speziellen Montagemaschinen automatisiert ausgeführt (**Bild 1**). Sofern eine nicht automatisierbare Montagearbeit übrig bleibt, ist darauf zu achten, dass die Montage-Restarbeitsplätze nicht in den Maschinentakt der Montagelinie ohne hinreichende Teilepufferung eingeplant werden.

Die Hauptfunktionen der Montage sind:
- Fügen;
- Justieren und Prüfen;
- Handhaben;
- Fördern und
- Sondertätigkeiten.

Die Tätigkeiten der Handmontage sind: Hinlangen, Greifen, Bringen, Fügen, Loslassen **(Bild 2)**. Dabei legt man besonderen Wert auf die erforderliche Motorik, wie z.B. Beidhandbewegungen, Beugen, Bücken, Aufrichten, aber auch auf die Augenbewegungen und auf die erforderlichen Kräfte. Aufgrund dieser Teiltätigkeiten kann man den Montageplatz ergonomisch günstig gestalten (siehe auch Kap. 14.3).

Zum Vorbestimmen von Montagezeiten gibt es eingeführte Verfahren, wie z.B. das MTM-Verfahren (Method-Time-Measurement), das MTA-Verfahren (Motion Time Analysis) oder das WF-Verfahren (Work-Factor). In Deutschland kommt vor allem die REFA-Methodenlehre[2] zur Anwendung. Beim MTM-Verfahren wird die Zeit in der Einheit TMU (Time Measurement Unit) gemessen: 1 TMU = 0,036 s → 100000 TMU = 1 h.

Zur Optimierung des Montageablaufs werden die einzelnen Tätigkeiten einer bestehenden Montage analysiert und zwar durch: Beobachten (auch mit Videoaufnahmen), Zählen der Teiltätigkeiten und Erfassen der Teilzeiten. Dabei erhält man Hinweise auf besonders zeitintensive und damit teure Einzelverrichtungen. Zur Neugestaltung von Montagearbeitsplätzen nutzt man zweckmäßigerweise eine Computersimulation **(Bild 3)**.

Mit Simulationssystemen visualisiert man Greifräume und Blickfelder der Werker. Dabei wird der Bewegungsfreiraum erkennbar und man kann die Arbeitsplätze den Körpergrößen anpassen. Die Projektierungssoftware verfügt über fertige Modelle für Frauen und Männer in unterschiedlichen Größen und Standardhaltungen (gehen, stehen, sitzen). Alle weiteren Körperhaltungen können programmiert und animiert werden.

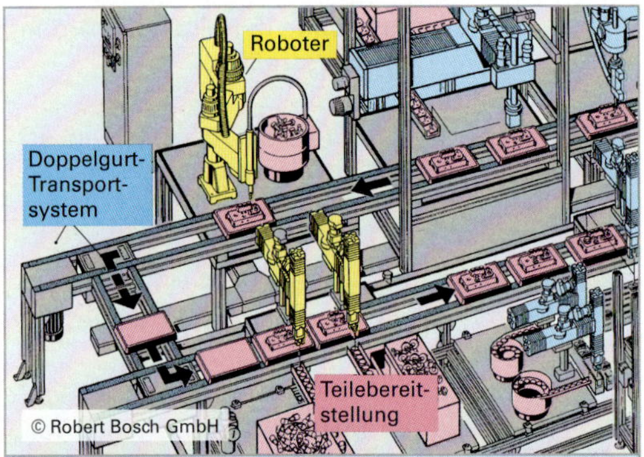

Bild 1: Serienmontage mit Robotern

Bild 2: Handmontage

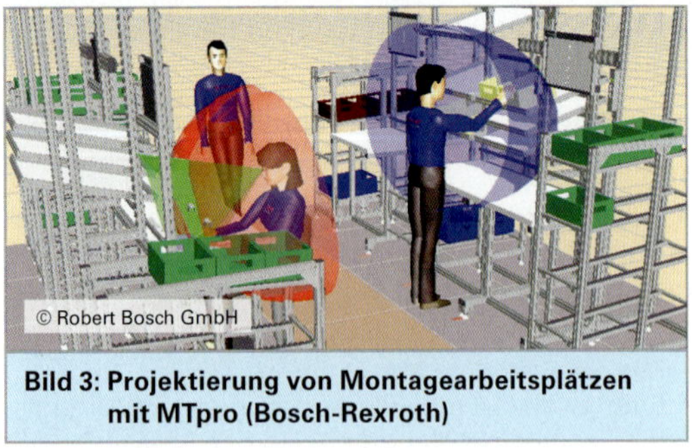

Bild 3: Projektierung von Montagearbeitsplätzen mit MTpro (Bosch-Rexroth)

[1] franz. le montage = der Aufbau, das Zusammensetzen

[2] Der gemeinnützige REFA-Verband entwickelt, abgestimmt mit Arbeitgeber- und Arbeitnehmerorganisationen, Verfahren zur Arbeitsgestaltung, Betriebsorganisation und Unternehmensentwicklung: REFA-Methodenlehre. Diese umfasst Datenerfassungsmethoden mit Zeitstudien, Multimomentaufnahmen, Selbstaufschreibungen.

Montagegerechte Produkte

Der Montageaufwand und die Montagequalität besonders bei Serienfabrikaten sind entscheidend für die Kosten und die Qualität des fertigen Fabrikats und somit entscheidend für den Erfolg eines verkaufsfähigen Produkts.

Die Kosten eines Produkts werden zu etwa 75 % im Rahmen der Konstruktion festgelegt und dabei wird auch festgelegt, wie hoch der Montageaufwand ist.

Demontage

Demontageaufgaben gibt es bei Wartungs- und Reparaturarbeiten und zunehmend zum Recycling von Wertstoffen oder bei Austauschteilen.

Die Kosten der Demontage schlagen sich erst im weiteren Produktlebenszyklus nieder und werden beim Kauf eines Produkts oft nicht beachtet. Produkte mit leichter Demontage ermöglichen:

- Kostengünstigen Austausch von Bauteilen und Baugruppen,
- Wiederverwendung gebrauchter Bauteile und Baugruppen,
- Einfache Fehlersuche durch Bauteiltausch,
- Recycling wertvoller Werkstoffe,
- Trennung von Schadstoffen.

Basiswerkstück

Mit dem Basiswerkstück wird das Produkt bzw. Gerät „geboren". Es ist häufig eine Platte, z. B. das Motherboard bei einem PC oder eine Bodenplatte, z. B. die Bodenplatte bei einem Kraftfahrzeug **(Bild 1)**. Dieses Basiswerkstück erhält dann eine Fertigungskennzahl, z. B. eine Seriennummer und je nach Art des Produkts eine Zuordnung zu einem Kunden bzw. zu einer Auftragsnummer. Das Basiswerkstück wird nun im Laufe der Montage *von einem* Montageplatz *zum nächsten* weitertransportiert. Bei Produkten mit kleinen Abmessungen wird das Basiswerkstück häufig auf einem Werkstückträger fixiert **(Bild 2)**.

Bild 1: Bodenplatte bei einem Kfz als Aufbauplattform

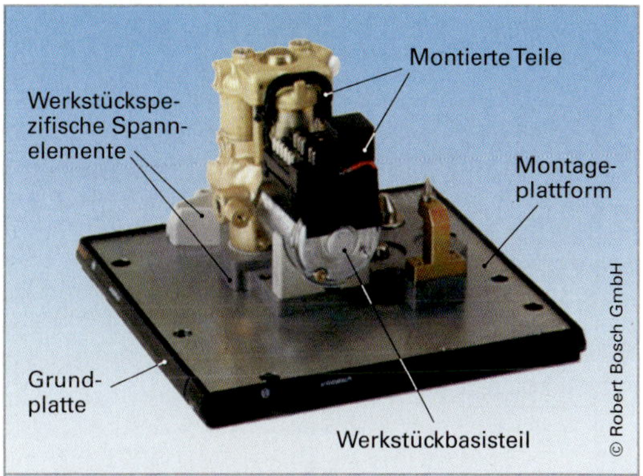

Bild 2: Werkstückträger, WT

Grundregeln montage- und demontagegerechter Produktgestaltung:

- Ein Produkt sollte aus möglichst **wenigen Teilen** zusammengesetzt werden; also je weniger Teile um so günstiger ist i. A. die Montage. Die Produktkomplexität wird meist durch die Zahl der Bauteile bestimmt.
- Komplexe Produkte wie z. B. Fahrzeuge müssen in **Baugruppen** (Fahrwerk, Motor, Lenkung usw.) aufgegliedert werden und diese Baugruppen wiederum in Unterbaugruppen, die vormontiert werden können, bevor sie getestet und geprüft werden.
- Jede Unterbaugruppe sollte möglichst **wenige weitere Verbindungen** zu anderen Unterbaugruppen haben.
- **Produktvarianten** sollten sich in den Unterbaugruppen **unterscheiden** und nicht in der produktneutralen Baugruppenmontage.
- Soweit wie möglich sollten die Unterbaugruppenmontagen der Produktvarianten etwa **gleich viele Arbeitsschritte** enthalten.
- Die Bauteile sollten **möglichst symmetrisch** sein.
- Wenn die Bauteile unsymmetrisch sind, so sollten sie sich **deutlich unsymmetrisch** zeigen.
- Die **Zuführbarkeit** der Bauteile sollte einfach **automatisierbar** sein. Biegeschlaffe Teile sollten vermieden werden, also möglichst keine Teile aus Textilien u. Ä.
- Die Montagerichtungen bzw. **Fügerichtungen** sollten **möglichst einheitlich** und minimal sein, z. B. nur senkrechtes Fügen.
- **Verbundwerkstoffe** vermeiden, damit Werkstoffe sortenrein rückgewonnen werden können.

Eine Montageplattform mit wohldefinierten und gleichbleibenden, nämlich produktunabhängigen Abmessungen kann leicht gehandhabt, fixiert und mit einem Datenspeicher zur Produkt- und Arbeitsidentifikation ausgestattet werden. Große Werkstücke, z.B. Bodenplattformen bei einem Kfz werden ohne Werkstückträger gehandhabt. Solche Basiswerkstücke müssen Kanten und Bohrungen aufweisen, welche eine leichte „Zentrierung" ermöglichen. Das Basiswerkstück muss sich möglichst durch eine einzige Spannbewegung fixieren lassen.

Tabelle 1 und **Tabelle 2** zeigen die wichtigsten Operationen in Symboldarstellung.

Tabelle 2: Bildelemente für Fertigungsschritte

Formgeben	Formändern	Behandeln	Fügen
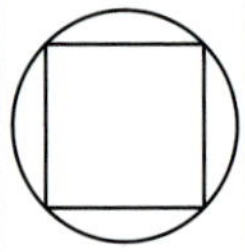	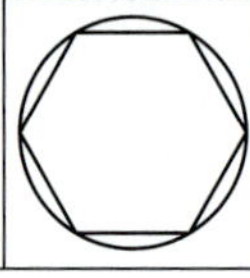	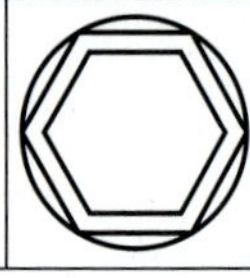	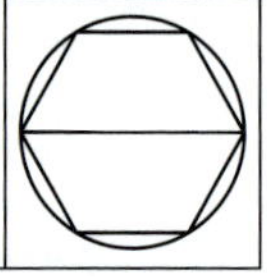

Tabelle 1: Bildelemente für Montage- und Handhabungsfunktionen

 geordnete Speicherung	 Zusammenführen	 Führen	 Verfügbarkeit prüfen
 teilweise geordnete Speicherung	 Sortieren	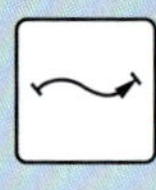 Befördern	 Identität prüfen
 ungeordnete Speicherung	 Drehen	 Hängen	 Form prüfen
 Trennen	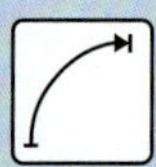 Wenden	 Anhalten	 Abmessung prüfen
 Verbinden	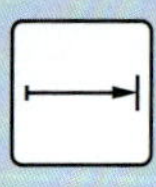 Verschieben	 Freigeben	 Farbe prüfen
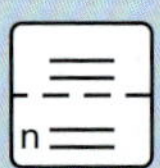 Aufteilen	 Ausrichten	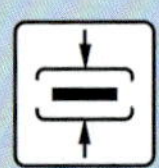 Festhalten	 Gewicht prüfen
 Anordnen	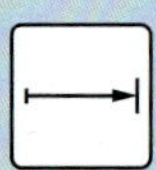 Positionieren	 Loslassen	 Position prüfen
 Verzweigen	 in Reihe bringen	 Prüfen, Messen	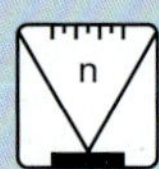 Zählen

Beispiel:

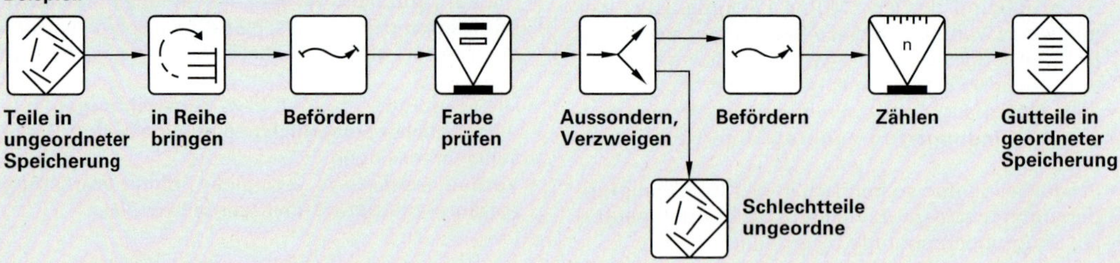

12.2 Fügeverfahren in der Montage

Die gewählten Fügeverfahren entscheiden wesentlich über die Montagekosten. Man versucht immer die Fügetechnik zu automatisieren, z. B. im Karosserie-Rohbau durch Schweißen, z. B. in der Motorenmontage durch automatisches Schrauben. Es verbleibt aber stets Vieles, das durch Handmontage zu realisieren ist, z. B. die Montagearbeiten für die Kfz-Innenraumausstattung.

Beim Schweißen, Löten und Kleben gibt es Einschränkungen durch die Werkstoffpaarung der Fügepartner. So können nur bedingt Metalle mit Keramik oder Polymeren *stoffschlüssig* verbunden werden.

Durch die Gerätekonstruktion sind die möglichen Fügeverfahren und ihre Automatisierbarkeit festgelegt. Stets wird ein senkrechter Fügevorgang von oben nach unten angestrebt.

Die Fügeprozesse sind gegliedert nach DIN 8593 **(Bild 1)** in: Zusammensetzen, Füllen, Umformen, Schweißen, Anpressen und Einpressen, Löten, Kleben, Urformen, Textiles Fügen. Die Fügepartner können lösbar oder unlösbar verbunden werden.

Häufig hat man eine **Schachtelbauweise** mit Basisteil und Deckel **(Bild 2)**. Hierbei werden die Teile meist verwechslungssicher durch eine Formpaarung zusammengebracht. Fehlt die Deckelfunktion, so liegt eine **Nestbauweise (Bild 3)** oder **Schichtbauweise** vor **(Bild 4)**.

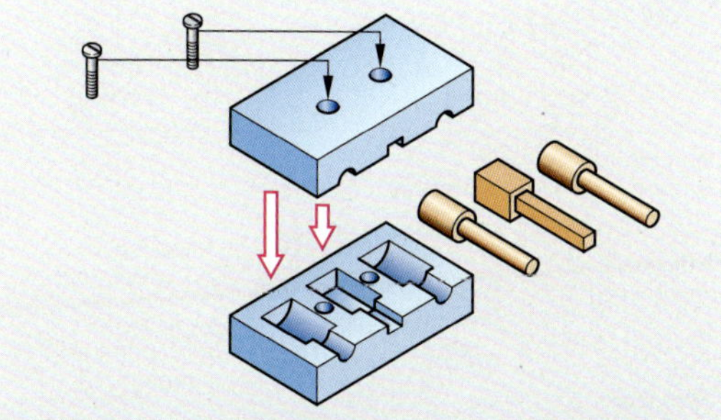

Bild 2: Schachtelbauweise

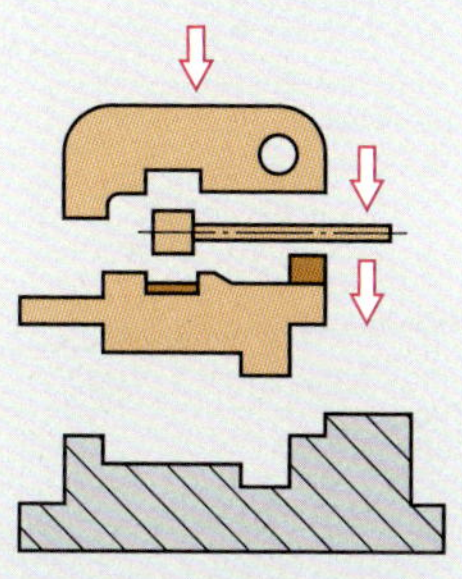

Bild 3: Nestbauweise

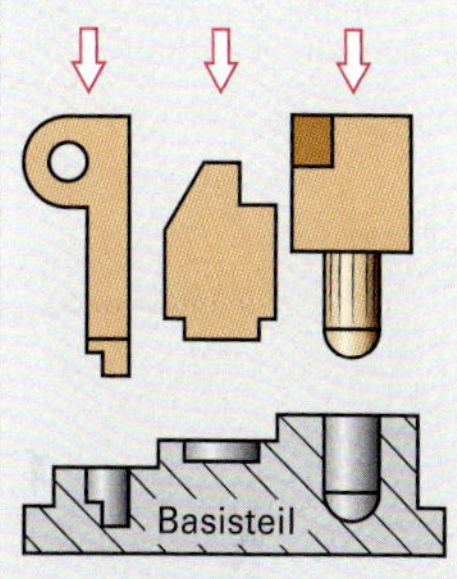

Bild 4: Schichtbauweise

Fügen, DIN 8593-0:2003

Verfahren	Abschnitt	Beispiele
Zusammensetzen DIN 8593-1:2003	3.2.2	Auflegen, Aufsetzen, Schichten, Einlegen, Ineinanderschieben, Einführen, Einhängen, Einrenken, Einspreizen
Füllen DIN 8593-2:2003	3.3.3	Einfüllen von Stoffen in Hohlkörper
Anpressen, Einpressen DIN 8593-3:2003	3.2.1	Verschrauben, Verstiften, Nageln, Nieten, Schrumpfen, Dehnen, Verspannen, Klemmen, Verkeilen
Urformen DIN 8593-4:2003	3.3.2	Ausgießen, Vergießen, Einvulkanisieren, Eingalvanisieren, Einkitten
Umformen DIN 8593-5:2003	3.3.1	Falzen, Verlappen, Clinchen, Nieten, Kerben, Weiten, Engen, Spreizen, Einhalsen
Schweißen DIN 8593-6:2003	3.4.1	Widerstandspressschweißen, Reibschweißen, Lichtbogenpressschweißen, Gasschmelzschweißen, Lichtbogenschmelzschweißen, Elektronenstrahlschweißen
Löten DIN 8593-7:2003	3.4.2	Weichlöten, Hartlöten, Hochtemperaturlöten
Kleben DIN 8593-8:2003	3.4.3	Nasskleben, Kontaktkleben, Aktivierungskleben, Reaktionskleben, Haftkleben
Textiles Fügen	3.5	Nähen, Weben, Binden, Stricken, Häkeln

Bild 1: Gliederung der Fügeprozesse nach DIN 8593

12.2.1 Zusammensetzen, Anpressen und Einpressen

12.2.1.1 Zusammensetzen

Beim Fügen durch Zusammensetzen wird der Zusammenhalt der Fügeteile durch Schwerkraft oder Formschluss oder Federkraft bewirkt **(Bild 1)**. Die Fügevorgänge erfolgen durch: Auflegen, Aufsetzen, Schichten, Einlegen, Einsetzen, Ineinanderschieben, Einhängen, Einrenken (Bajonett), federnd Einspreizen, und Verklipsen.

12.2.1.2 Anpressen und Einpressen

Durch Anpressen und Einpressen werden beim Fügen die Fügeteile sowie etwaige Hilfsfügeteile elastisch verformt. Die Fügeverbindungen sind auch wiederholt lösbar. Die Fügehilfsmittel, z. B. Stifte sollten nicht wiederverwendet werden. Zu den Verfahren zählen das: Schrauben, Klammern, Einpressen, Verstiften, Schrumpfen, Dehnen, Verkeilen und Verspannen **(Bild 2)**.

Das **Schrumpfen und Dehnen** nutzt man beim **Querpresssitz** zum Fügen von Wellen und Naben. Dabei wird die Nabe so weit erwärmt oder die Welle so stark abgekühlt, dass sich die Teile ohne Zwang fügen lassen.

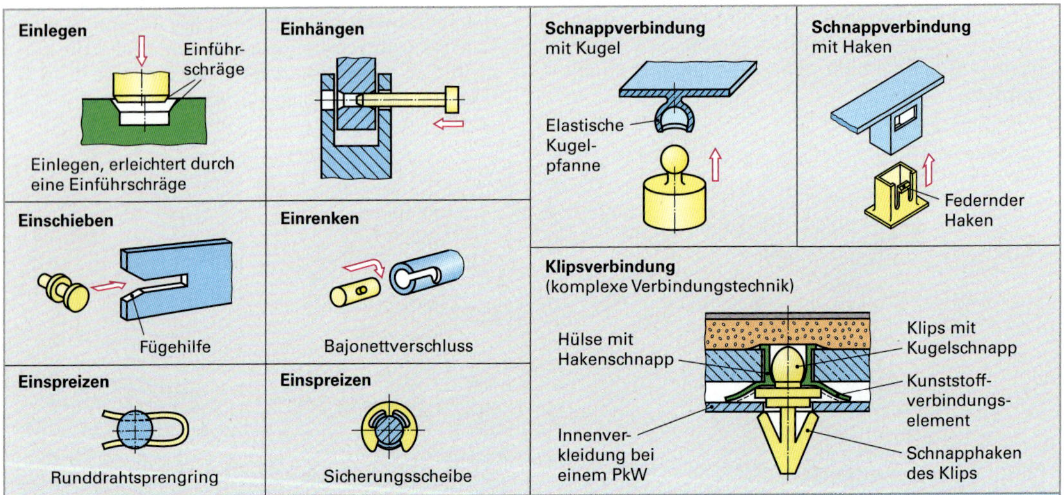

Bild 1: Zusammenlegen formstabiler Elemente

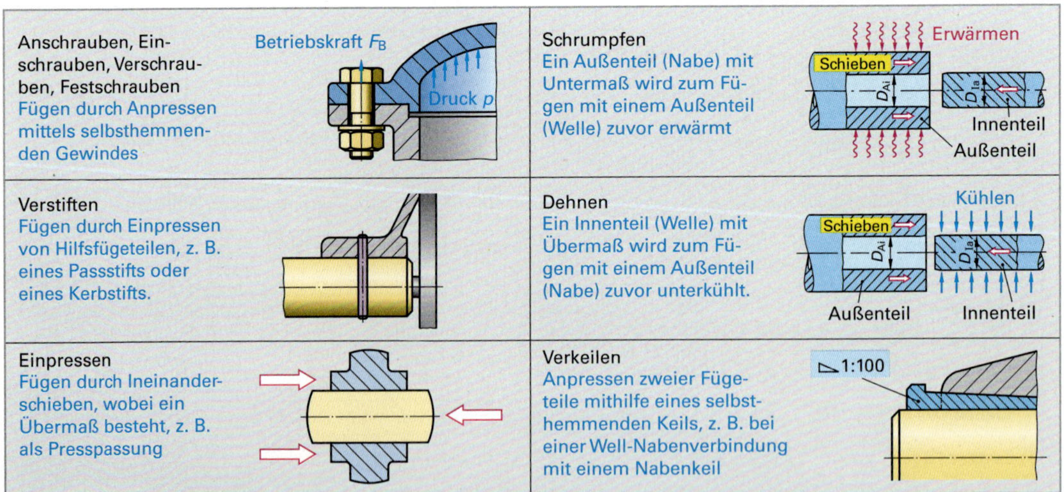

Bild 2: Anpressen und Einpressen

12.2.1.3 Verschrauben

Schraubverbindungen sind die wichtigsten lösbaren Verbindungen. Es gibt sie in einer großen Form- und Artenvielfalt bezüglich der Kopfform und des dafür erforderlichen Schraubendrehwerkzeugs (Schlitzschraube, Kreuzschlitzschraube, Innen/Außensechskantschraube) mit und ohne Verdrehsicherung.

Zum Fügen von Blechen gibt es spezielle Blechschrauben, meist Bohrschrauben, die beim Fügevorgang die Bohroperation mit übernehmen.

Eine sichere Schraubverbindung kommt dann zustande, wenn beim Anziehen der Schraube auch eine Schraubenvorspannung entsteht **(Bild 1)**. Das Anziehmoment wird jedoch hauptsächlich durch das Reibmoment zwischen Schraubenkopf und Unterlage bestimmt und ist damit stark von der Oberflächenbeschaffenheit der zu fügenden Bauteile abhängig.

Achtung: Handgeführte Schrauber, insbesondere Schlagschrauber, belasten die Armgelenke durch Vibrationen und Kraftimpulse und sind bei langer Beschäftigungsdauer gesundheitsbelastend.

Zum automatisierten Schrauben werden die Schrauber mit Zuführungen für die Schrauben ausgestattet **(Bild 2)**. Die Schraube wird seitlich zum Schraubendreher zugeführt. Sodann wird der Schraubendreher zugestellt und in Rotation versetzt.

Für ein sicheres automatisiertes Schrauben müssen alle Schrauben geprüft werden (100 %-Prüfung), in kleine Verpackungseinheiten nach der Prüfung verpackt werden und diese Päckchen müssen versiegelt werden. Erst am Schraubautomaten erfolgt das Entpacken.

Schraubenarten

Schrauben sind meist Normteile. Man unterscheidet Blechschrauben, Maschinenschrauben und Holzschrauben.

Die häufigsten Maschinenschrauben sind:

- Sechskantschrauben,
- Passschrauben,
- Zylinderschrauben mit Innensechskant,
- Torx®-Schrauben,
- Stiftschrauben,
- Dehnschrauben,
- Gewindestifte **(Bild 3)**.

Sie unterscheiden sich vor allem in der Länge, im Nenndurchmesser, in der Kopfform und im Schaft.

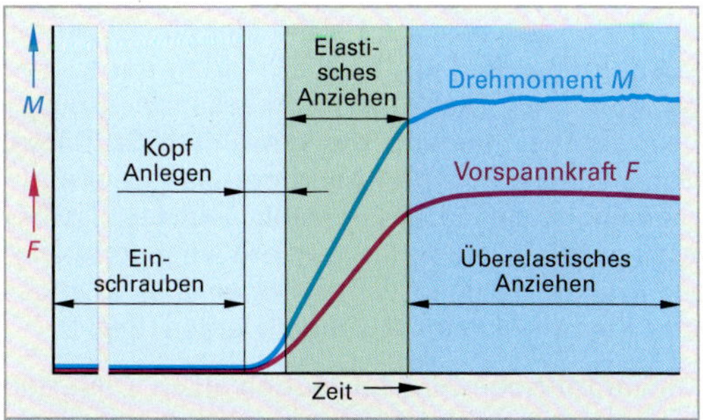

Bild 1: Phasen beim Schrauben

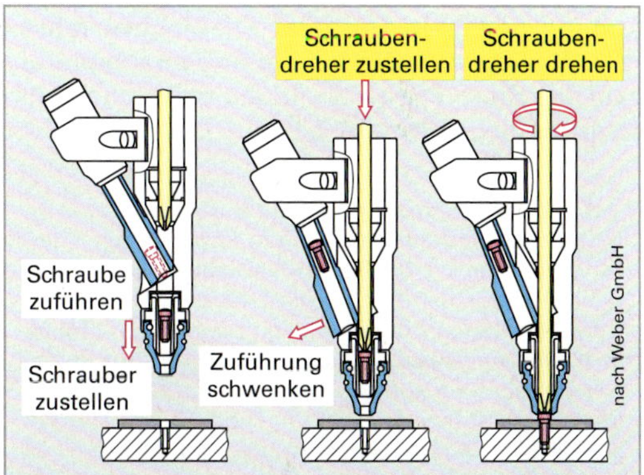

Bild 2: Automatisiertes Schrauben

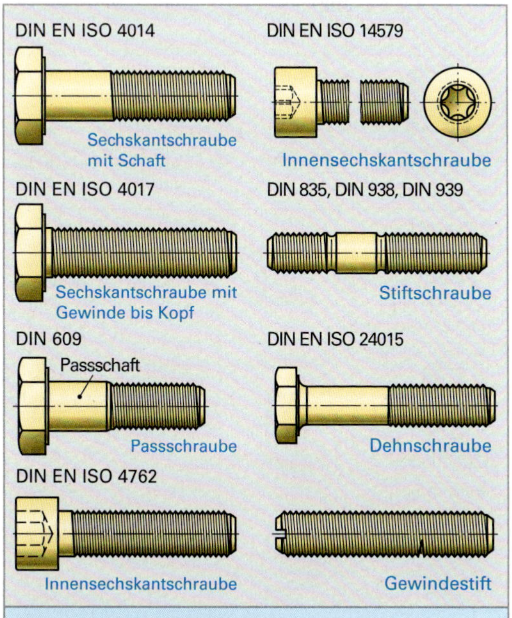

Bild 3: Maschinenschrauben

Verschrauben von Blechen

Das Verschrauben zweier Bleche erfolgt z. B. mit Blechschrauben nach DIN EN ISO 1478. Die Blechschrauben gibt es mit Spitze (Suchspitze) und spezieller, scharfer und schneidender Gewindeausformung **(Bild 1)**. Die Blechdicken der zu verschraubenden Bleche müssen zusammen dicker sein als die Steigung der gewählten Schraube. Sonst kann kein hinreichend großes Anziehdrehmoment entstehen. Die Schraube läuft leer. Ist dies nicht gegeben, muss das Kernloch aufgedornt oder als Kragen gezogen werden oder aber es muss eine Klemm-Mutter verwendet werden (Bild 1).

Gewindefurchende Schrauben nach DIN 7500 furchen beim Eindrehen spanlos ein Gewinde **(Bild 2)** durch plastische Verformung. Dieses Verfahren ist besonders für Leichtmetalle und Buntmetalle geeignet. Bei dem **Fließlochverfahren** (z. B. Flowform®) wird bei hoher Schraubendrehzahl das Blech erwärmt und ein metrisches Muttergewinde geformt **(Bild 3)**.

Vor allem im Karosseriebau sind über Schraubverbindungen Bauteile an Blechen anzubringen. Hierzu werden entweder **Gewindebolzen** an die Bleche oder **Muttern** durch Schweißen, Kleben, Einpressen, Stanzen, Nieten oder Verhaken angebracht **(Tabelle 1)**. Die Verfahren sind unterschiedlich gut geeignet hinsichtlich der Automatisierbarkeit und der Blechwerkstoffe. Bei Stahlblechen ist das Bolzenschweißen und das Anschweißen von Muttern mit Schweißbuckeln weit verbreitet.

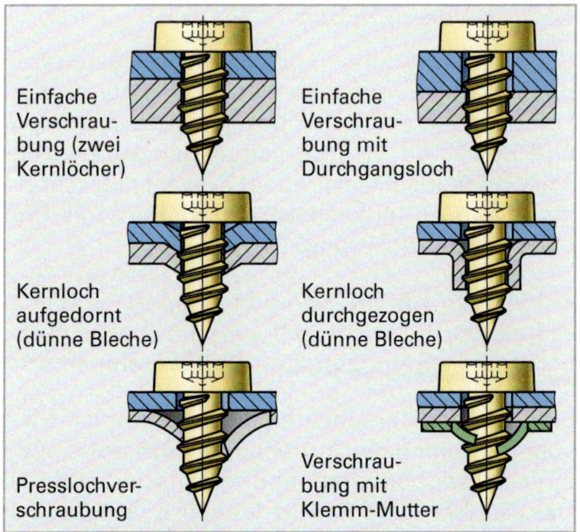

Bild 1: Verschraubung von Blechen

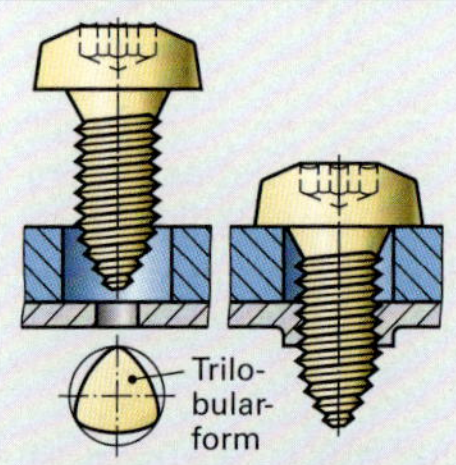

Bild 2: Gewindefurchende Verschraubung

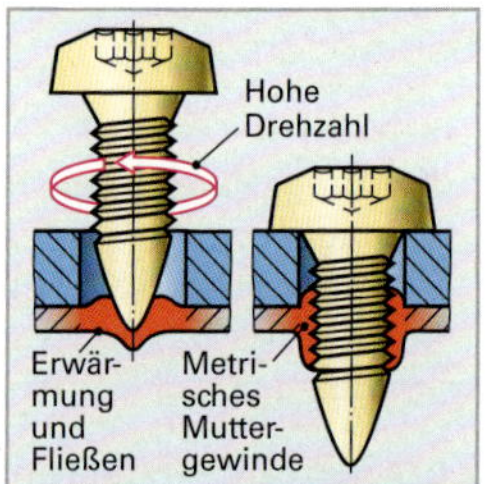

Bild 3: Fließlochverschraubung

Tabelle 1: Blechverschraubungen

Mit Bolzen		Mit Muttern	
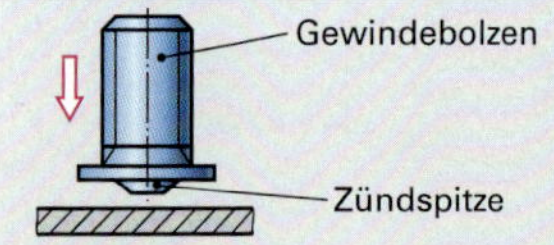 Bolzenschweißen	Der Gewindebolzen wird automatisiert zugeführt. Er ist mit einer Zündspitze für das Punktschweißen versehen. Zugänglichkeit ist nur von der Bolzenseite aus erforderlich.	 Anschweißmutter	An der Unterseite der Anschweißmutter befinden sich z. B. 3 Schweißnippel für das elektrische Punktschweißen.
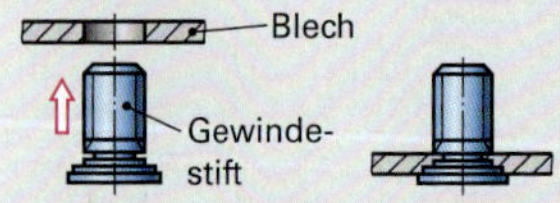 Einpressgewindestift	Anwendung bei Blechen aus Stahl, Messing, Kupfer, Aluminium und bei Kunststoffplatten. Gewindestifte mit Durchmesser: 2,5 mm bis 10 mm.	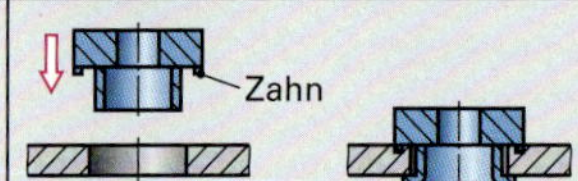 Bördelmutter	Bördelmuttern verwendet man bevorzugt bei sehr dünnen Blechen. Das Umbördeln erfolgt mit Schlag- oder Presswerkzeugen.
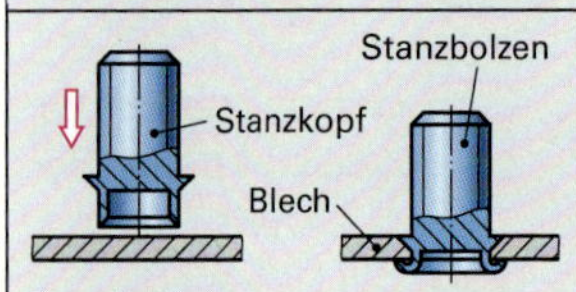 Stanzbolzen	Die Bolzen haben einen Stanzkopf, welcher nach dem Ausstanzen des Loches umgebördelt wird. Das Blech muss beidseitig zugänglich sein. Bolzendurchmesser: 5 mm bis 12 mm; Blechstärken: 2 mm bis 6 mm	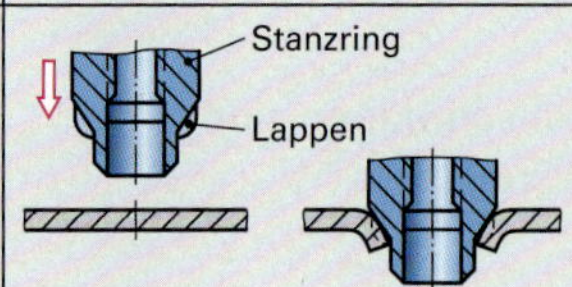 Stanzmutter	Die Mutter hat einen Stanzring. Zur Verdrehsicherung dienen seitlich angeprägte Lappen. Für Blechstärken bis ca. 2 mm.
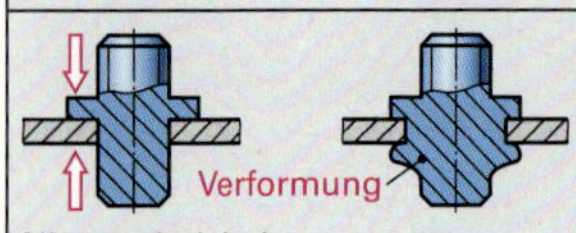 Nietgewindebolzen	Die Niete ist einseitig als Bolzen bzw. Gewindebolzen ausgeprägt.	 Blechdurchzugsgewinde	Mit einem schnell rotierenden Fließformwerkzeug wird das Blech bis zum Fließen erwärmt und dann wird das Gewinde eingedrückt.

Schraubverbindungen sind sichere und im Reparaturfalle wieder ohne Zerstörung lösbare Verbindungen.

Schraubfälle

Eine wichtige Eigenschaft der Schraubenverbindung ist die „Härte". Es gibt weiche, mittlere, und harte Schraubfälle **(Bild 1)**. Die Härte ist abhängig von der Schraubenlänge und den zu verbindenden Materialien. Zahlenmäßig wird dies in Drehwinkeln angegeben. Bei **harten Schraubfällen** sind die Drehwinkel kleiner als 90°, gemessen ab dem Schwellmoment (Kopfauflage). Sind dann die Drehwinkel größer als 720° so spricht man von weichen Schraubfällen. **Weiche Schraubfälle** sind z. B. Verbindungen von Kunststoff, weichen Metallen, Holz oder wenn weiche Dichtungen zwischen den zu verbindenden Teilen sind. Harte Schraubfälle liegen dann vor, wenn Stahl oder andere harte Stoffe verbunden werden. Lange Schraubenschäfte oder Verbindungen mit weichen Dichtungen ergeben weichere Verbindungen. Die verschiedenen Schraubfälle weisen beim Anziehprozess unterschiedliches Verhalten auf.

Schraubprozess

Schrauben werden in der Regel mit elektromotorisch angetriebenen Werkzeugen nach ISO 5393 angezogen. Dort ist festgelegt wie jede Schraubeinrichtung zu prüfen ist: Die Grundreibung muss kleiner als 5 % des Prüfdrehmoments sein. Beim harten Schraubfall muss der Drehmomentanstieg von 10 % bis 100 % innerhalb eines Drehwinkels von 27° erfolgen. Der weiche Schraubfall hat einen Drehmomentanstieg von 10 % bis 100 % bei einem Drehwinkel von mindestens 650°. Die Steuerung der Schrauber muss für jeden Schraubfall eingestellt werden. Hierzu dienen Einstellmenüs **(Bild 2)**. So sind die Sollwinkel, die Solldrehmomente und die Schwellwerte einzustellen. Während der Verschraubung werden der Drehwinkel und das Drehmoment gemessen und aufgezeichnet. Beim Erreichen des Sollwerts (Steuergröße: Drehmoment oder Drehwinkel) wird abgeschaltet. Sind beide Werte innerhalb der Toleranz, wird die Verschraubung von der Steuerung als „IO" (in Ordnung) gewertet **(Bild 3)**.

Fehlerquellen bei Verschraubungen

Beschädigte Gewinde: Das Anziehmoment allein bietet keine sichere Aussage dafür, dass die gewünschte Klemmkraft erreicht wurde. So erhöht z. B. ein beschädigtes Gewinde die Reibung und die gewünschte Klemmkraft wird nicht erreicht.

Fehlende Verbindungsteile: Wenn eine Dichtung oder eine Unterlagscheibe vergessen wird, führt dies zu einem anderen Schraubverhalten. Moderne Schraubersteuerungen erkennen den Fehler anhand der Drehmoment-/Drehwinkelauswertung.

Setzerscheinungen: Setzerscheinungen und damit ein Absinken der Klemmkraft beginnen schon nach weniger als 30 Millisekunden. In der Regel lässt sich dies durch ein zweistufiges Anziehen erkennen und beheben.

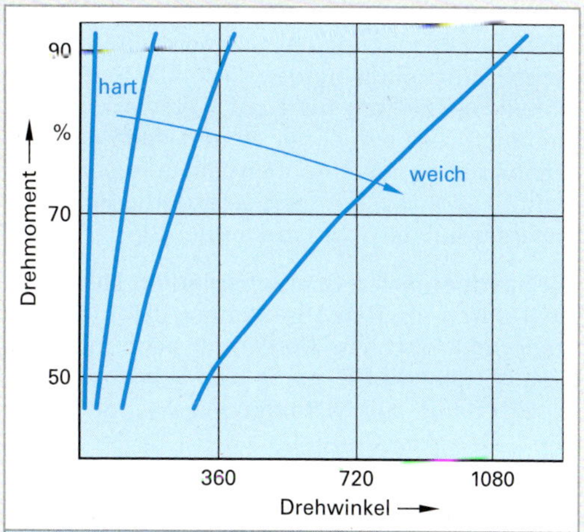

Bild 1: Schraubfälle

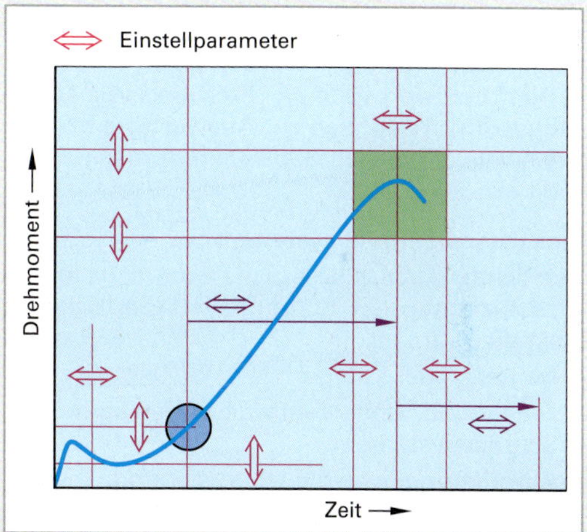

Bild 2: Einstellen der Schraubersteuerung

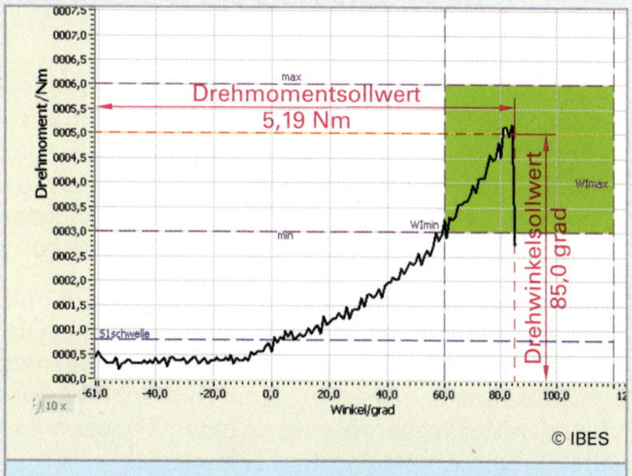

Bild 3: Datenaufnahme einer Verschraubung

Schraubmontagestationen

Bei einer sicheren Verschraubung darf keine fehlerhafte Schraubverbindung unentdeckt bleiben. Die Schraubtechnik muss in das betriebliche Produktionsleit- und Qualitätssicherungssystem eingebunden sein. Alle Schrauber stehen mit diesem über ein Netzwerk in Verbindung. Der Leitrechner sendet nach dem Erkennen der zu verschraubenden Teile durch ein Identifikationssystem den erforderlichen Parametersatz an die Schraubersteuerung.

Bei handgeführten Schraubspindeln kann dies auch durch ein Barcode-System erfolgen. Die Steuerung führt den Werker, oft auch mit visuellen Mitteln **(Bild 1)**, durch den Schraubzyklus. Er wird damit zum richtigen Werkzeugsatz geführt. Das Anziehergebnis wird optisch dem Werker zurückgemeldet. Das System erkennt auch, ob eine Schraube vergessen wurde oder ob eine Schraube z.B. zweimal angezogen wurde. Sind alle Verschraubungen korrekt ausgeführt worden gibt die Schraubersteuerung ein Gesamt-IO, z.B. durch eine grüne Anzeige. Die Verschraubungsdaten werden dann im Datenserver archiviert **(Bild 2)**. Über eine Visualisierungssoftware können zur Auswertung und als Nachweis die Verschraubungen grafisch angezeigt werden (Bild 2).

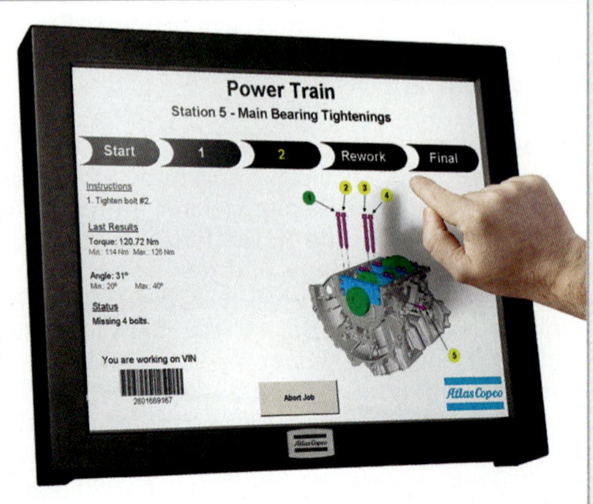

© Atlas Copco Gruppe

Bild 1: Bildschirmführung

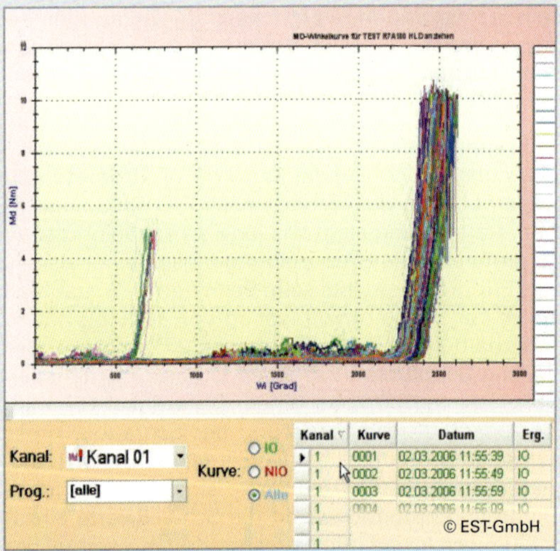

© EST-GmbH

Bild 2: Visualisierung durchgeführter Verschraubungen

Einsatz von Schraubsystemen

Die Richtlinie VDI 2862 legt die Grundlage für die Klassifizierung der Schraubsysteme. Sie umfasst die Themen:

- Definition der Kategorien,
- Technische Mindestanforderungen an Schraubsystemen,
- Anforderungen an die Überwachung,
- Anforderungen an die IO bzw. NIO Aussagen.

Schraubfallklassen bei Fahrzeugen:

Kategorie A („Gefahr für Leib und Leben“)
Eine Schraubverbindung wird in diese Klasse eingestuft, wenn das Versagen dieser Schraubverbindung mit hoher Wahrscheinlichkeit zum sicherheitstechnischen Versagen bzw. zur Zerstörung des Gesamtfahrzeugs führen kann und damit eine Gefahr für Leib und Leben gegeben ist.

Hier ist es notwendig, dass das Drehmoment und der Drehwinkel sicher überwacht werden. Die Anziehresultate müssen dokumentiert werden und abrufbar sein. Ferner ist ein redundanter Aufbau der Messsensorik zum direkten Erfassen der Steuer- und Kontrollgrößen erforderlich.

Kategorie B („Liegenbleiber“): Eine Schraubverbindung wird in diese Klasse eingestuft, wenn das Versagen der Schraubverbindung zu einer Funktionsstörung des Fahrzeugs führt, die ein selbständiges Erreichen der nächstgelegen Servicewerkstatt nicht erlaubt. Hier sind eine direkt oder indirekt gemessene Steuergröße und eine Kontrollgröße erforderlich.

Kategorie C („Unkritisch“): Es wird vom Schraubsystem oder vom Schraubwerkzeug zumindest eine direkt oder indirekt gemessene oder wirkende Steuergröße verlangt. Bei manuellem Anziehen wird auch darauf verzichtet. Es gibt in dieser Klasse keine Mindestanforderung an die Bewertung IO. bzw. NIO.

Schraubmontage mit WLAN und RFID

Wenn ein Werkstück in den Arbeitsbereich der Montage einfährt, werden über RFID[1] die Montagedaten (Werkzeugdaten, Schrauberparameter) gelesen und über WLAN an den Leitrechner gesendet. Über das Hallennetz wird die Schraubersteuerung parametriert, sodass die Schraubspindeln mit den für diese Verschraubung notwendigen Parametern versorgt werden. Umgekehrt meldet die Schraubersteuerung die Montagedaten der durchgeführten Verschraubung an den Leitrechner **(Bild 1)**.

Prüfung der Schraubwerkzeuge

Die Maschinenfähigkeit von Schraubwerkzeugen muss regelmäßig auf rückführbar kalibrierten Messeinrichtungen überprüft werden. Es wird nach festgelegten und anerkannten Prüfverfahren (z.B. VDI/VDE 2646) geprüft. Eine DKD-Kalibrierung (DKD, Deutscher Kalibrierdienst) erfolgt nach definierten Standards mittels validierter Messverfahren, die nur DKD-akkreditierte Unternehmen durchführen dürfen. Jedes geprüfte Gerät erhält einen Prüfschein und eine Prüfplakette.

Einbindung von Schraubstationen in die Montage

Schraubstationen **(Tabelle 1)** müssen komplett in die Fertigung und in die Datenbank einer Firma integriert sein. Das Angebotspaket derartiger Montagestationen muss von der mechanischen Konstruktion bis zum Datenaustausch mit den im Werk vorhandenen Datennetzen reichen. Die Verschraubungs-Solldaten und die Verschraubungs-Istdaten müssen wegen Garantieansprüchen und der Rückverfolgbarkeit teilegenau archiviert werden können.

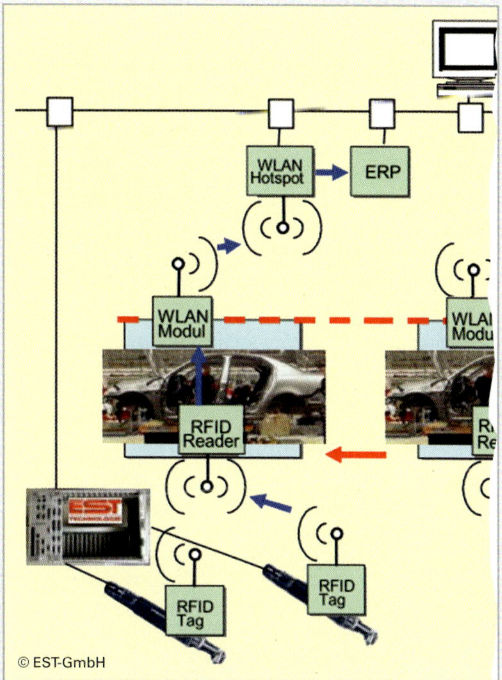

Bild 1: Montage mit automatischer Erkennung

[1] Kunstwort für Radio Frequency Identification = Identifikation mit elektromagnetischen Wellen

Tabelle 1: Einbindung der Schraubstationen

Ablauf	1	2	3	4
Konstruktive Umsetzung	Konzeptarbeit und Erstellung der Gesamtstruktur	Mechanische Konstruktion	Auslegung der Steuerung	Software-Einbindung in betriebliche Steuerung
Fertigung	Terminplan	Beschaffung und Bearbeitung der Komponenten	mechanische Montage	Vorabnahme Transport ins Kundenwerk
Installation, Montage beim Kunden	Aufbau der Mechanik	elektrische Installation	Software Installation	Aufnahme und betriebsbereite Übergabe (BÜ)
Einweisung und Schulung	Einweisung während der Inbetriebnahme	Schulung der beim Kunden Verantwortlichen	Übergabe der Schulungsunterlagen	
After-Sales-Service	Bildung eines Stützpunktes vor Ort	Ferndiagnose über Modem und Internet	Übertragen von Updates	

12.2.2 Fügen durch Umformen

Durch Umformen können Montageteile fest zusammengefügt werden **(Tabelle 1)**. Formschluss verhindert das ungewollte Lösen der Verbindungen. Die Fügeverfahren durch Umformen können meist mit relativ einfachen Werkzeugen vorgenommen werden – auch durch Handhabung mit Robotern. Mehrmaliges Lösen der Fügeverbindungen ist meist problematisch, da sich an der Wirkstelle das Material verfestigt und beim wiederholten Fügen sich leicht Risse bilden.

Die wichtigsten umformenden Fügeverfahren sind:
- Körnen,
- Engen,
- Falzen,
- Nieten,
- Aufweiten,
- Ummanteln,
- Bördeln,
- Verlappen und
- Spreizen

Fügen von Drähten
Hierzu gehört: Das Fügen von Drähten durch gegenseitiges **Umschlingen** oder **Verdrillen** einzelner Drähte oder wie bei Elektrokabeln mehrerer parallel angeordneter Drähte. Ferner das Fügen durch schraubenförmiges Verdrillen zweier oder mehrerer Drähte, das **Spleißen** und das **Verknoten** von Drähten sowie das **Wickeln** (Wirewrap), das Weben in unterschiedlichen Arten und das **Heften** mit Heftklammern und Klammern, z. B. mit Büroklammern.

Fügen bei Blech-, Rohr- und Profilteilen
Beim Fügen durch **Körnen** oder beim **Kerben** wird das Ende eines eingelegten Teils in das Gegenstück punkt- oder linienförmig eingedrückt und dabei kraftschlüssig verformt.

Beim **Ummanteln** durch Ziehen zweier ineinandergeschobener rohrförmiger Teile entsteht eine kraftschlüssige Verbindung.

Durch **Weiten** kann ein hohles Innenteil durch Umformen so gebaucht (z. B. beim **Knickbauchen**) werden, dass es kraft- oder formschlüssig mit dem Außenteil verbunden bleibt.

Beim Fügen durch **Engen** wird ein hohles Außenteil derart verengt, eingehalst, geknetet oder eingesickt, dass es kraftschlüssig oder formschlüssig mit dem Innenteil verbunden bleibt.

Beim Fügen durch **Bördeln** wird das Ende eines rohrförmigen Werkstückes mit dem zu fügenden Werkstück formschlüssig verbunden.

Durch **Falzen** werden Blechteile ineinandergelegt oder ineinandergeschoben und durch Umlegen der Ränder formschlüssig gefügt. Das **Umwickeln**, ähnlich dem Drahtwickeln, eines Innenteils mit Blechband ermöglicht ein Verbinden der Teile.

Mit **Biegeverlappen** oder mit **Drehverlappen** werden häufig Blechgehäuse befestigt, indem überstehende Lappen gebogen oder verdreht werden. Das **Einspreizen** ist ein Fügen durch Einpressen oder Einwalzen eines Werkstücks in einen Hohlraum des Gegenstücks.

Tabelle 1: Umformendes Fügen

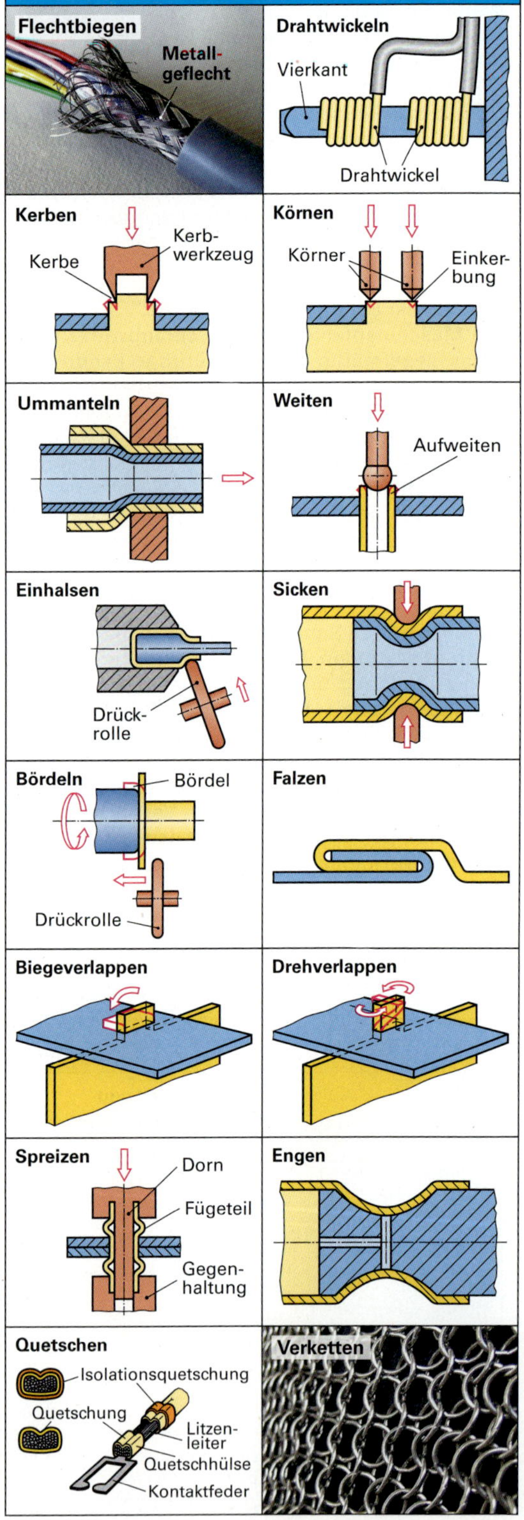

Durchsetzfügen bzw. **Clinchen (Bild 1**) gehört zu den wichtigsten Fügeverfahren für Bleche, z. B. im Karosseriebau und Stanzpakettieren **(Bild 2)** von Elektroblechen. Der Vorgang erfolgt durch gemeinsames Durchsetzen in Verbindung mit Einschneiden und nachfolgendem Stauchen.

Fügen durch Nieten

Durch Stauchen eines Bolzens, eines Hohlzapfens oder einer Hülse werden Teile zusammengefügt. Man nennt diese Technik *Nieten* **(Tabelle 1)** und das verwendete Hilfsmittel **Niet** mit der Unterscheidung:

- Vollniet,
- Hohlniet,
- Zapfenniet,
- Hohlzapfenniet,
- Zwischenzapfenniet,
- Blindniet,
- Stanzniet und
- Halbhohl-Stanzniet.

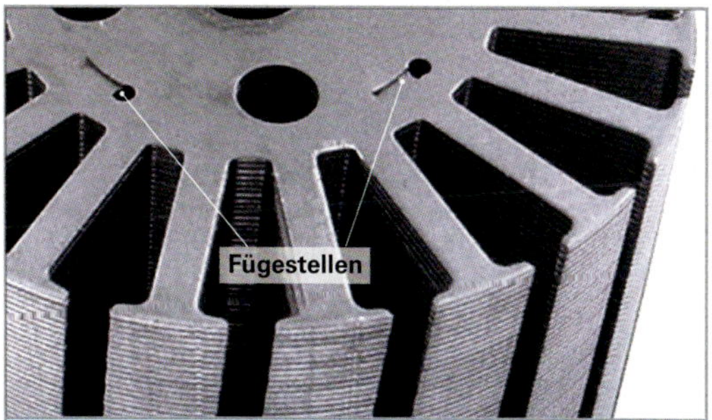

Bild 2: Pakettieren durch Durchsetzfügen von Motorblechen (Clinchen)

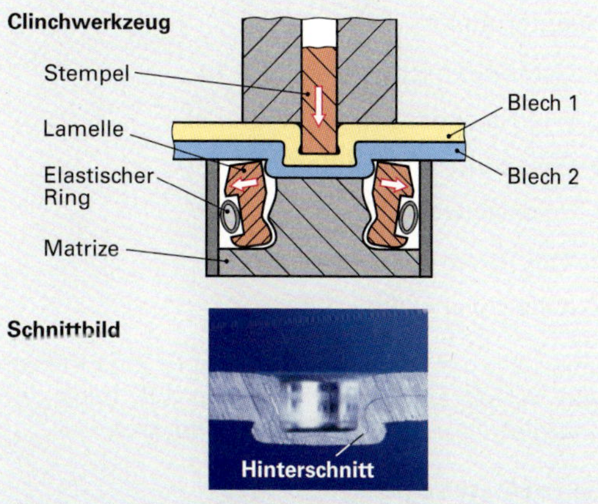

Bild 1: Durchsetzfügen (Clinchen)

Tabelle 1: Nietarten

Vollniet Das Fügen erfolgt durch Stauchen des überstehenden Schafts eines bolzenförmigen Hilfsfügeteils, dem Niet.	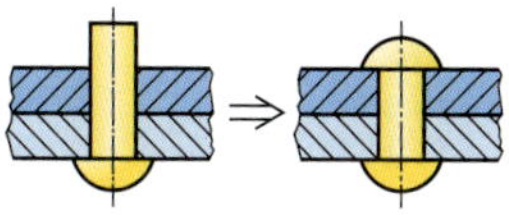	**Zwischenzapfenniet** Das Fügen erfolgt durch Stauchen eines Zwischenzapfens an einem der beiden Fügeteile.	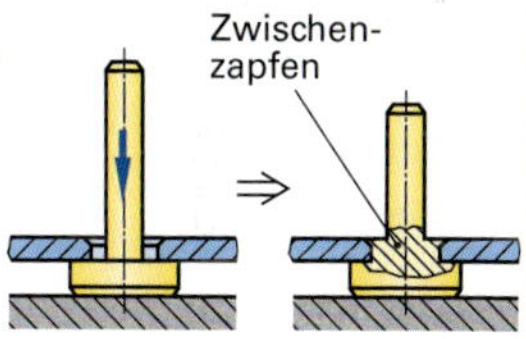
Hohlniet Das Fügen erfolgt durch Umlegen des überstehenden hohlen Hohlnietschafts.	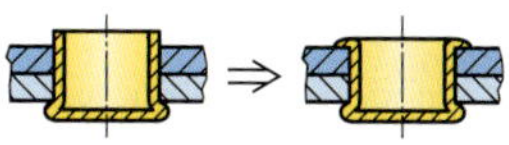	**Blindniet** Niete wird mit Nietdorn geliefert. Dieser wird gegen den Niet abgezogen und bricht an Sollbruchstelle.	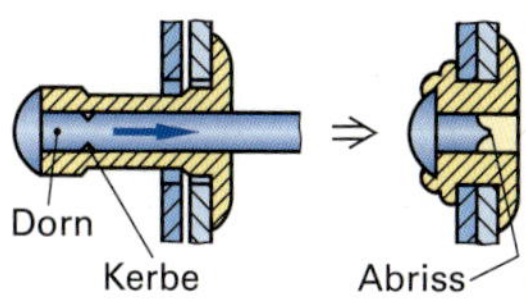
Zapfenniet Das Fügen erfolgt durch Stauchen des zapfenförmigen Überstandes eines Bolzens.	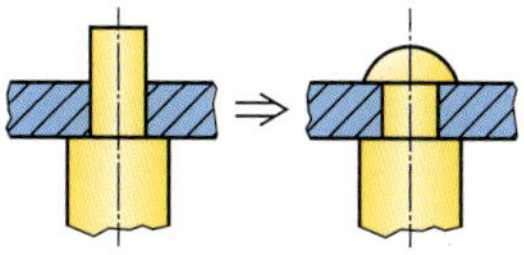	**Voll-Stanzniet** Fügen durch Stanzen mit einem Voll-Stanzniet.	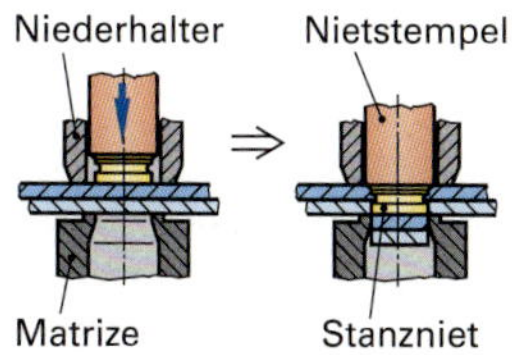
Hohlzapfenniet Das Fügen erfolgt durch Umlegen der überstehenden zapfenförmigen hohlen Nietenden.	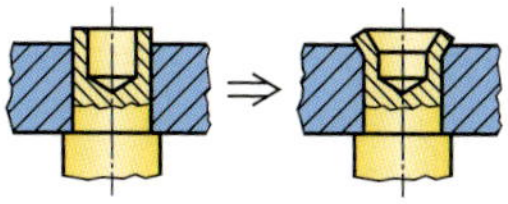	**Halbhohl-Stanzniet** Fügen durch Stanzen mit einem Halbhohl-Stanzniet.	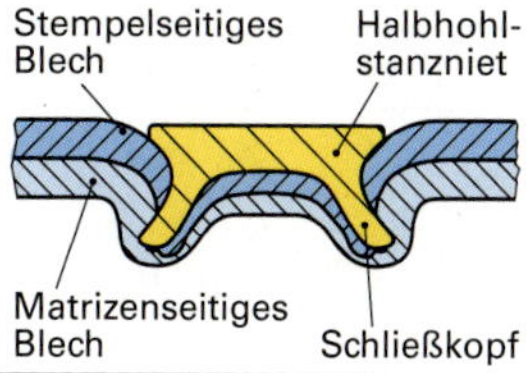

12.2.3 Fügen durch Schweißen

Das Fügen durch Schweißen ist ein sehr häufiges Verfahren in der Montage, z. B. im Karosseriebau. Es schafft **unlösbare Verbindungen** unter Anwendung von Wärme und/oder Presskräften, mit oder ohne Verwendung von Schweißzusatzwerkstoffen.

Man unterscheidet nach DIN EN ISO 4063 die Hauptgruppen:

1 Lichtbogenschweißen **(Bild 1)**,

2 Widerstandsschweißen **(Bild 2)**,

3 Gasschmelzschweißen,

4 Pressschweißen,

5 Strahlschweißen und

7 andere Schweißverfahren.

Innerhalb der Hauptgruppen gibt es eine Vielzahl von Verfahren. Diese kann man z. B. nach dem Energieträger (DIN EN 14610) gliedern.

Schweißstoß und Nahtformen

Bleche werden meist mit gerader Kante aneinandergefügt. **Tabelle 1** zeigt die gängigsten Stoßarten und Nahtformen.

Bild 1: Fügen von Edelstahlgittern durch Wolfram-Inert-Gasschweißen (WIG)

Bild 2: Punktschweißen im Karosseriebau

Tabelle 1: Stoßarten und Nahtarten

Stoßarten

Stumpfstoß Die Teile berühren sich stirnseitig	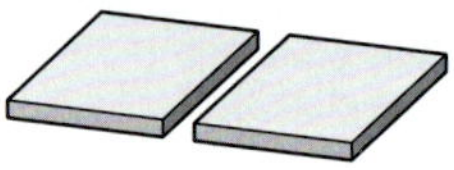	**Schrägstoß** Ein Teil stößt schräg auf ein Basisteil	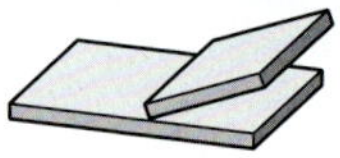
Überlappstoß Die Teile liegen überlappend flächig aufeinander	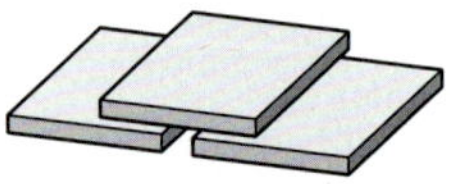	**Kreuzstoß** Zwei Teile stoßen mit der Stirnseite gegen ein querstehendes drittes Teil	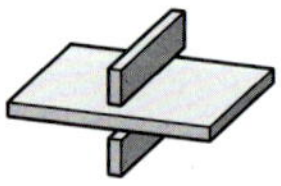
Parallelstoß Die Teile liegen aufeinander	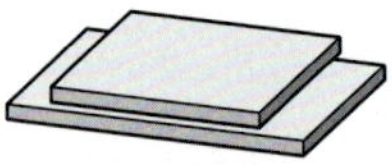	**Eckstoß** Zwei Teile stoßen winklig mit den Kanten aneinander	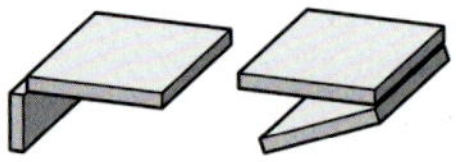
T-Stoß Ein Teil steht senkrecht stirnseitig auf einem flachen Teil	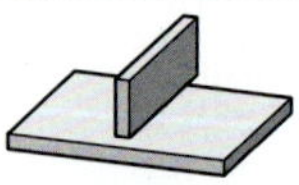	**Mehrfachstoß** Mehrere Teile stoßen stirnseitig aneinander	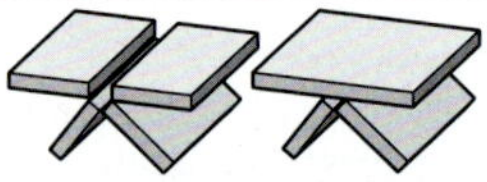

Nahtarten

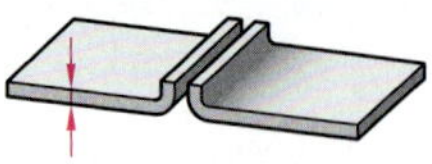 1 ... 1,5 mm **Bördelnaht**	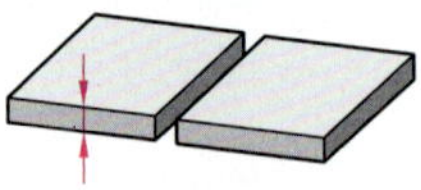 1 ... 3 mm **I-Naht**	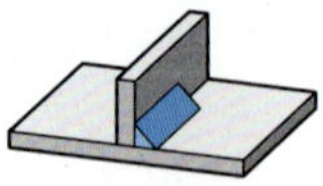 **Glatte Kehlnaht**	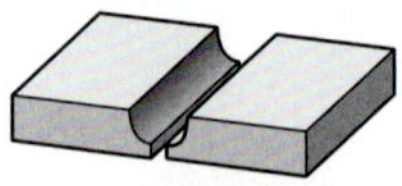 **U- oder Kelchnaht**
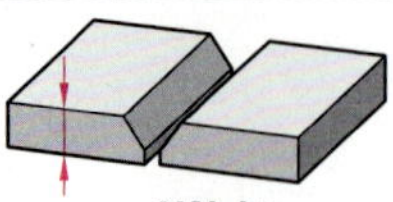 bis 15 mm **Y-Naht**	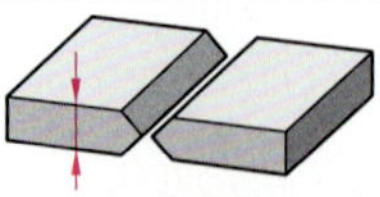 über 15 mm **X-Naht**	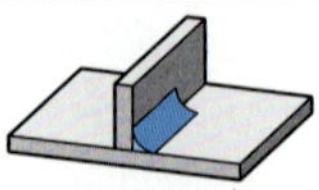 **Hohlkehlnaht**	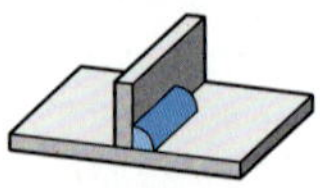 **Vollkehlnaht**

Lichtbogenschweißen (1)

Die **Lichtbogenschweißverfahren (Tabelle 1)** sind Schmelzschweißprozesse. Der Energieträger ist die elektrische Gasentladung in Form eines Lichtbogens.

Durch den Lichtbogen fließt ein elektrischer Strom, weswegen der Lichtbogen von einem rotationssymmetrischen Magnetfeld (magnetisches Eigenfeld) umschlossen ist. Dieses Feld übt auf den Lichtbogen senkrecht zu den Feldlinien des Eigenfeldes stehende, nach innen gerichtete, Kräfte mit kontrahierender (zusammenziehender) Wirkung aus (Pincheffekt). Diese Kräfte tragen auch für die Abschnürung eines Schmelztropfens bei.

Beim **Metall-Lichtbogenschweißen ohne Gasschutz (11)** schmilzt die Metallelektrode ab. Meist wird das Lichtbogenschweißen in schützender Atmosphäre ausgeführt, z. B. mit umhüllter Stabelektrode.

Beim **Unterpulverschweißen (12)** wird Pulver der Schweißnaht zugeführt. Durch Bildung einer Schlacke schützt es vor Sauerstoff und verbessert die Leitfähigkeit der Lichtbogenstrecke.

Man unterscheidet Unterpulverschweißen mit Drahtelektroden oder mit Bandelektroden. Der Lichtbogen wird von der geschmolzenen Schlacke des Schweißpulvers eingehüllt.

Bei den **Metall-Schutzgasschweißverfahren (13)** werden der Lichtbogen und das Schmelzbad durch einen Mantel aus zugeführtem Gas geschützt. Hierzu gehören:

- **Metall-Inertgasschweißverfahren MIG**. Zum Schutz wird ein inertes Gas, z. B. Argon oder Helium von außen zugeführt. Die Drahtelektrode ist massiv oder mit Metallpulver gefüllt.
- **Metall-Aktivgasschweißen MAG**. Dies ist ein Metall-Schutzgasschweißen, wobei der Schutz durch chemisch aktive Gaskomponenten bewirkt wird. Die Drahtelektrode ist massiv oder mit Metallpulver gefüllt.

Das **Plasmaschweißen (15)** ist ein Lichtbogenschweißen, wobei das Plasma eines eingeschnürten Lichtbogens genutzt wird. Die Schutzwirkung kann durch ein zusätzliches Gas unterstützt werden, auch kann Schweißzusatz verwendet werden.

Der Zünd-Lichtbogen ionisiert und führt zum Zünden des Hauptlichtbogens. Das elektrisch leitende Plasma hält den Stromfluss stabil. Die Temperatur erreicht durch Widerstandserwärmung höhere Werte als der übliche Lichtbogen. Zusätzlich wird bei der Rekombination des nach dem Düsendurchtritt abkühlenden ionisierten Gases Energie frei.

Tabelle 1: Lichtbogenschweißen (1)

Metall-Lichtbogenschweißen ohne Gasschutz (11)

Lichtbogenhandschweißen mit umhüllter abschmelzender Elektrode

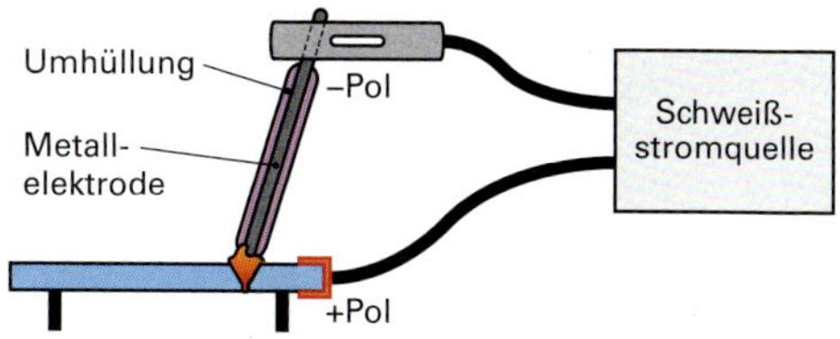

Unterpulverschweißen (12)

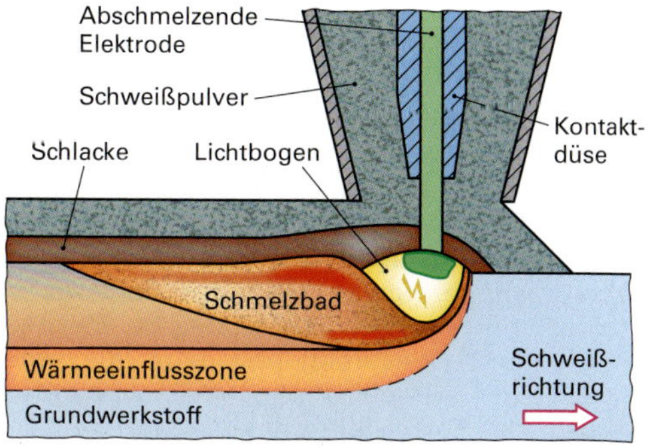

Metall-Schutzgasschweißen (13)

Metall-Inertgasschweißen mit Massivdrahtelektrode

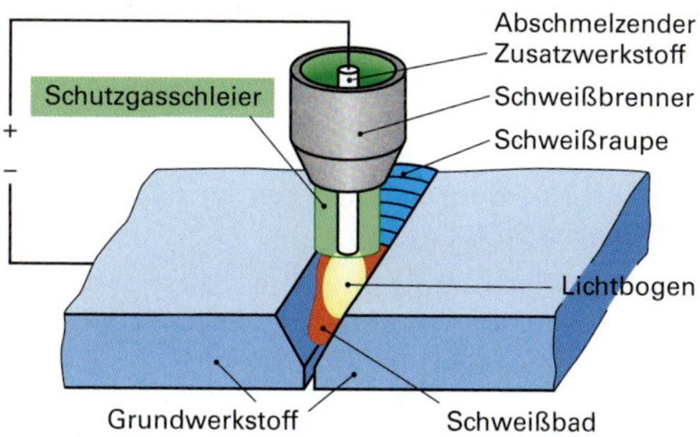

Plasmaschweißen (15) mit übertragenem Lichtbogen

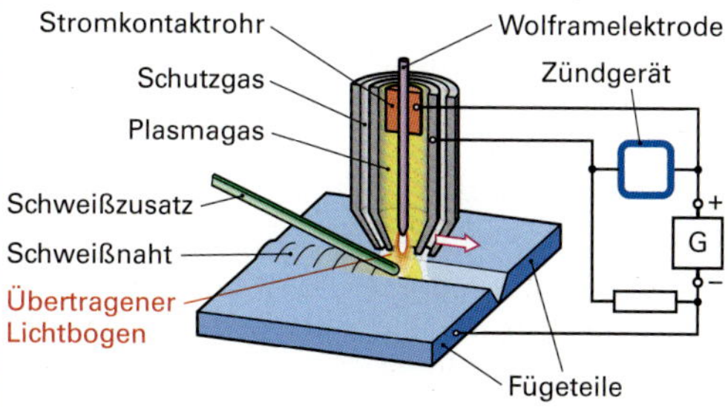

Fügen durch Widerstandsschweißen (2)

Das **Widerstandsschweißen** ist ein Verbindungsschweißen mithilfe der Stromwärme beim Durchfließen der Verbindungsstelle. Man unterscheidet eine Vielzahl von Verfahren **(Tabelle 1)**.

Bei den **Widerstandspunktschweißverfahren (21)** entstehen etwa punktförmig Schweißverbindungen mithilfe von pneumatisch oder hydraulisch oder elektromotorisch kraftbetätigten Punktschweißelektroden.

Man unterscheidet

- zweiseitiges Punktschweißen mit einer **Punktschweißzange (Bild 2, Seite 344)** und
- einseitiges Punktschweißen, indem die Schweißelektrode gegen die beiden Fügeteile gedrückt wird.

Das **Rollennahtschweißen (22)** ist ein Widerstandsschweißen, wobei Rollen entlang der Schweißnaht laufen und dabei die Presskraft und den zur Erwärmung nötigen Strom kontinuierlich oder gepulst übertragen. Mit **Quetschnahtschweißen** bezeichnet man das Rollennahtschweißen, wenn die Überlappung bei Blechen die Nahtbreite bestimmt und damit die Teile ähnlich einer Stumpfnaht ohne Wulst verbunden werden. Das **Folien-Stumpfnahtschweißen** verwendet man zum Fügen von Blechen mit I-Stoß ohne Luftspalt, wobei eine Metall-Folie mittig zugeführt wird und beide Teile überbrückt. Beim **Folien-Überlapp-Rollennahtschweißen** wird der Strom über eine Kontaktfolie übertragen.

Beim **Buckelschweißen (23)** wird die Kraft und der Strom durch einen oder mehrere Buckel konzentriert übertragen. Die Buckel werden während des Schweißens eingeebnet. Man unterscheidet **Beidseitiges Buckelschweißen** und **Einseitiges Buckelschweißen**.

Das **Abbrennstumpfschweißen (24)** eignet sich für große Querschnitte. Die Erwärmung geschieht durch fortschreitendes und wiederholtes Annähern der Fügeteile. An den Stellen des Stromübergangs schmilzt und brennt das Metall. Die Fügeverbindung entsteht durch schnelles Stauchen der Teile.

Zum **Pressstumpfschweißen (25)** werden die Fügeteile stumpf aneinandergedrückt. Der Strom erwärmt die Fügestelle bis zum Schmelzen. Es bildet sich eine Stauchwulst. Die Strom- und Kraftübertragung erfolgt mit Spannbacken.

Das **Widerstandsbolzenschweißen (26)** ist eine spezielle Art des Buckelschweißens.

Beim **Widerstandspressschweißen mit Hochfrequenz (27)** wird Wechselstrom > 10 kHz verwendet. Dabei konzentriert sich die Erwärmung durch den Skineffekt an den Berührflächen.

Tabelle 1: Widerstandsschweißen (2)

Widerstandspunktschweißen (21

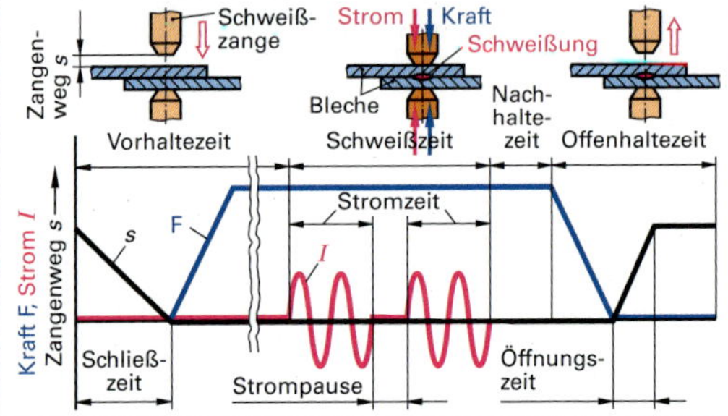

Rollennahtschweißen (22)

Rollennahtschweißen

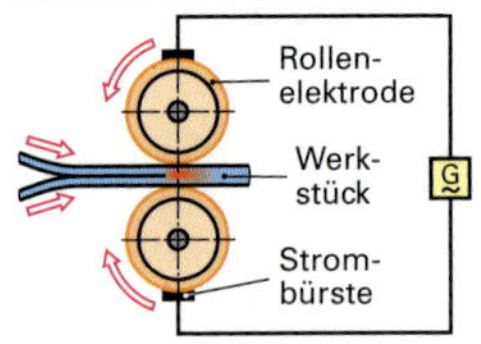

Quetschnahtschweißen

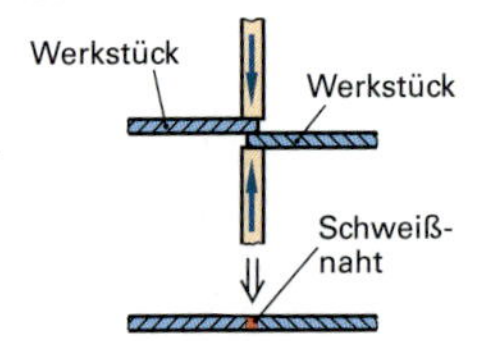

Folien-Stumpfnahtschweißen

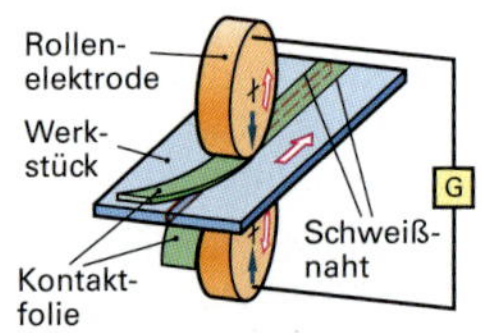

Folien-Überlappnahtschweißen

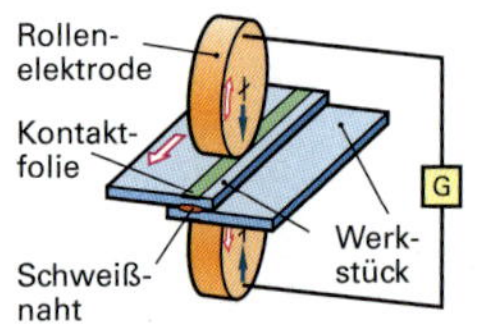

Buckelschweißen (23)

Einseitiges Buckelschweißen

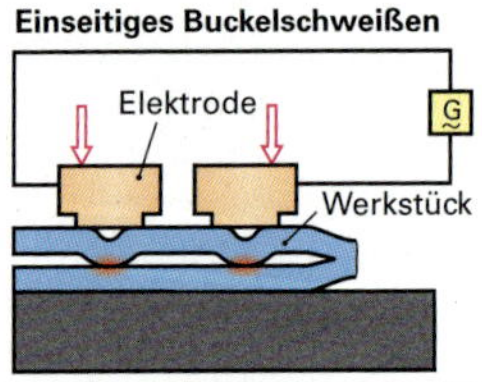

Zweiseitiges Buckelschweißen

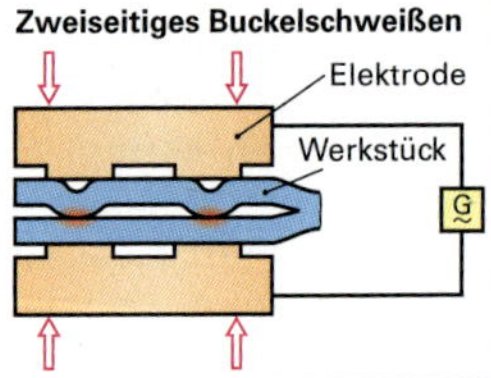

Abbrennstumpfschweißen (24)

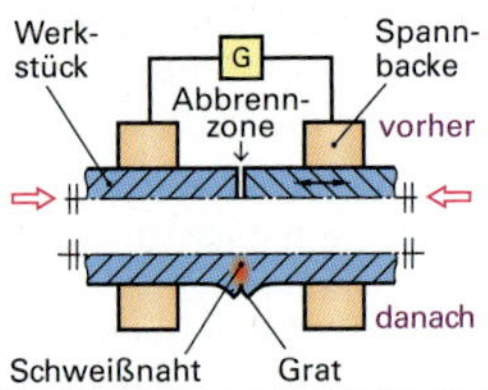

Pressstumpfschweißen (25)

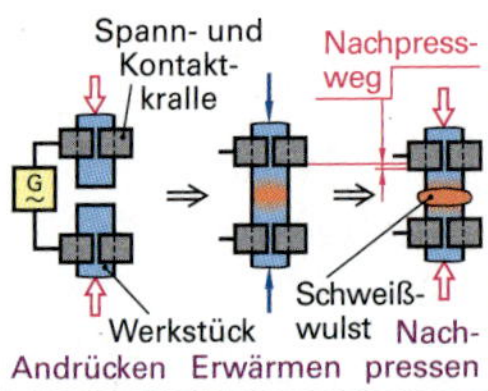

Widerstandsbolzenschweißen (26)

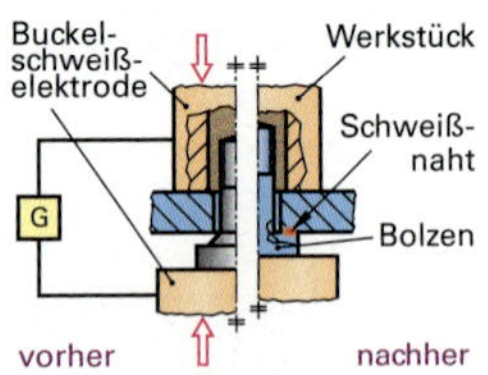

Widerstandspressschweißen mit Hochfrequenz (27)

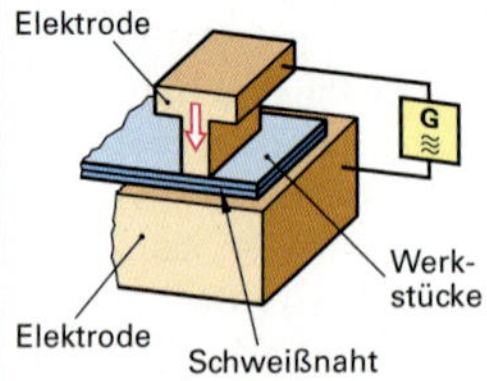

Gasschmelzschweißen (3)

Die Wärme wird durch ein Brenngas, dem Sauerstoff zugemischt ist, erzeugt. Man unterscheidet Gasschmelzschweißen

- mit Sauerstoff-Acetylen-Flamme,
- mit Sauerstoff-Propan-Flamme und
- mit Sauerstoff-Wasserstoff-Flamme.

Durch die Verbrennungswärme wird der Grundwerkstoff angeschmolzen und der drahtförmig angebotene Zusatzwerkstoff aufgeschmolzen. Das Schweißen ist meist handgeführt **(Bild 1)**.

Pressschweißen (4)

Die Pressschweißverfahren zeichnen sich durch äußere Krafteinwirkung während des Schweißprozesses aus. Die Schweißnähte werden hierbei meist ohne Zusatzwerkstoffe erzeugt.

Beim **Ultraschallschweißen (41)** werden einer statischen Presskraft mechanische Schwingungen hoher Frequenz und geringer Amplitude überlagert. Die Erwärmung entsteht durch Reibung **(Bild 2)**.

Beim **Reibschweißen (42)** entsteht die Erwärmung durch Reibung zwischen den sich berührenden und meist relativ zueinander rotierenden Werkstücken (Rotationsreibschweißen). Die Schweißnaht kommt durch Stauchen der Fügeteile zustande **(Bild 3a)**.

Beim **Rührreibschweißen (43)** wird die Reibenergie durch Rotation eines Werkzeugs erzeugt **(Bild 3b)**.

Beim **induktiven Stumpfpressschweißen** von Rohren erwärmt ein umschließender HF-Induktor das geschlitzte und vorgebogene Rohr. Der im Rohr induzierte hochfrequente Strom fließt über die sich berührenden Rohrkanten und erzeugt an dem Berührpunkt die höchste Temperatur **(Bild 4)**.

Beim **Bolzenschweißen (78)** mit Kondensatorentladung entsteht ein Lichtbogen bei Berührung der Bolzenspitze mit dem Grundmaterial. Verwendung findet das Bolzenschweißen vor allem im Karosseriebau **(Bild 5)**. Man unterscheidet Bolzenschweißen mit Hubzündung, mit Spitzenzündung und mit Ringzündung.

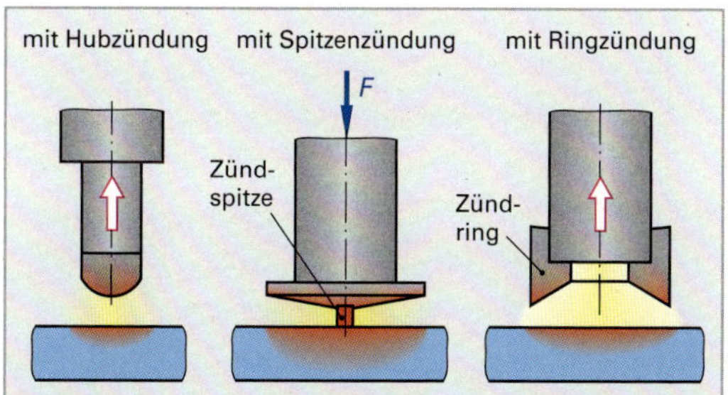

Bild 5: Bolzenschweißen (78)

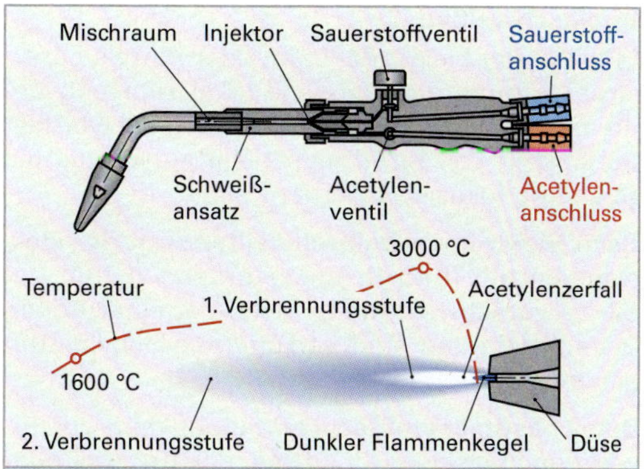

Bild 1: Manuelles Gasschmelzschweißen

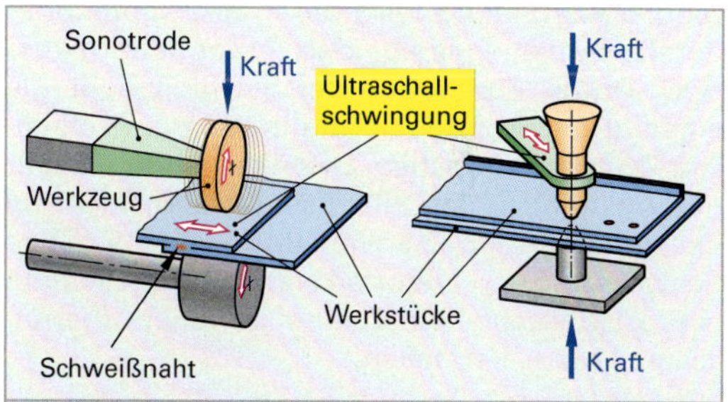

Bild 2: Ultraschallschweißen (41)

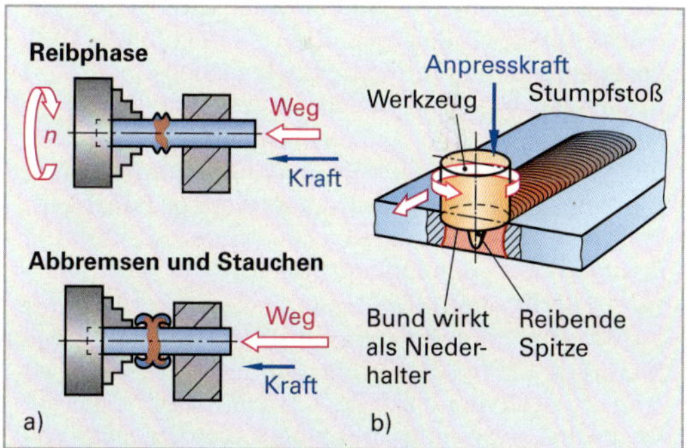

Bild 3: a) Reibschweißen (42) und b) Rührreibschweißen (42)

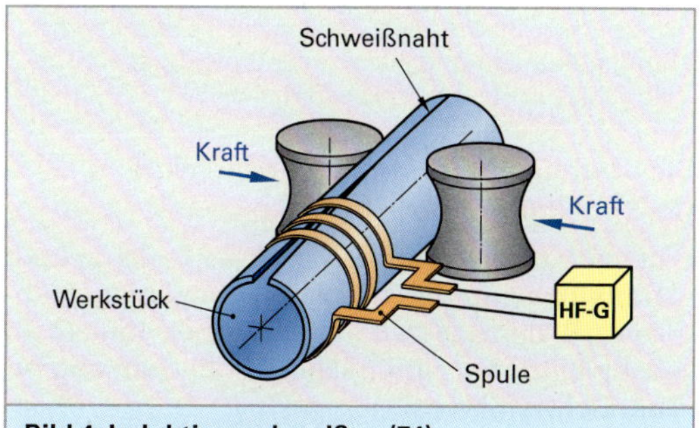

Bild 4: Induktionsschweißen (74)

Strahlschweißen (5)

Mithilfe von Elektronenstahl oder mittels Laserstrahl können die Fügeteile lokal sehr eng begrenzt auf Schweißtemperatur erhitzt werden. Bei beiden Verfahren muss sehr aufwändig die Strahlung fokussiert werden.

Beim **Elektronenstrahlschweißen** trifft der Elektronenstrahl **(Bild 1)**, meist unter Vakuum auf die zu verschweißenden Teile. Bei einer hohen Schmelzleistung sind verzugsfreie Schweißungen möglich.

Beim **Laserschweißen** verwendet man zur Erwärmung Gaslaser (CO_2-Laser, l = 10,6 µm) oder Festkörperlaser, z. B. Nd:YAG-Laser, l = 1,03 µm bzw. Diodenlaser, l = 0,8 µm bis 1,06 µm. Die Laserstrahlung wird durch eine Optik oder durch Hohlspiegel auf den Brennfleck fokussiert. Durch Absorption der Strahlungsenergie entsteht die Schmelzwärme mit extrem schnellem Temperaturanstieg. Die Absorption ist sehr unterschiedlich für die Laserstrahlarten und die zu schmelzenden Werkstoffe **(Bild 2)**. Ohne Schweißzusatzwerkstoffe kann man sehr schmale Präzisonsschweißnähte bei geringem thermischem Verzug herstellen.

Der **CO_2-Laser** hat als laseraktives Medium eine Mischung aus CO_2, N_2 und He **(Bild 3)**. Die Anregung geschieht durch hochfrequenten Wechselstrom. Dieser wird über Kondensatorplatten eingekoppelt. CO_2-Laser sind für den fertigungstechnischen Einsatz mit Strahlleistungen bis über 15 kW gebräuchlich.

Nd:YAG-Laser. Das laseraktive Medium ist ein Kristall (Neodymdotierter Yttrium-Aluminium-Granat). Die Anregung erfolgt mit Laserdioden. Zur Erzeugung von Laserleistungen > 500 W, werden mehrere Einheiten hintereinander gruppiert.

Der **Yb:YAG-Scheibenlaser** (Ytterbiumdotierter YAG-Kristall) nutzt den besseren Wirkungsgrad des Materials Yb:YAG aus. Das laseraktive Medium ist eine etwa 200 µm dicke YAG-Kristallscheibe, auf der Rückseite verspiegelt, mit einem Durchmesser von etwa 10 mm. Es werden etwa 70 % der eingespeisten Pumplichtenergie in Laserlicht umgewandelt.

Diodenlaser. Der Laserstrahl entsteht in der Halbleiterschicht einer Diode. Die sehr schmalen und gut kühlbaren Einzeldioden werden zur Leistungserhöhung gebündelt und bilden eine Bündel-Laserstrahlung mit schwieriger Fokussierbarkeit.

Die Strahlführung zum Bearbeitungsort

Die Strahlführung erfolgt

- beim CO_2Laser (Infrarotlaser) als Freistrahl mit Umlenkungen durch Spiegel. Kippspiegel lenken z. B. den Laserstrahl blitzschnell von einem Schweißpunkt zum nächsten oder entlang einer Schweißlinie.
- bei Festkörperlaser mit Lichtleitkabel.

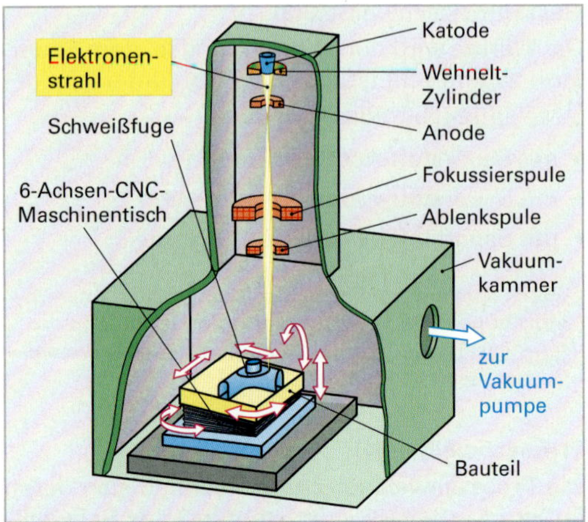

Bild 1: Elektronenstrahlschweißen

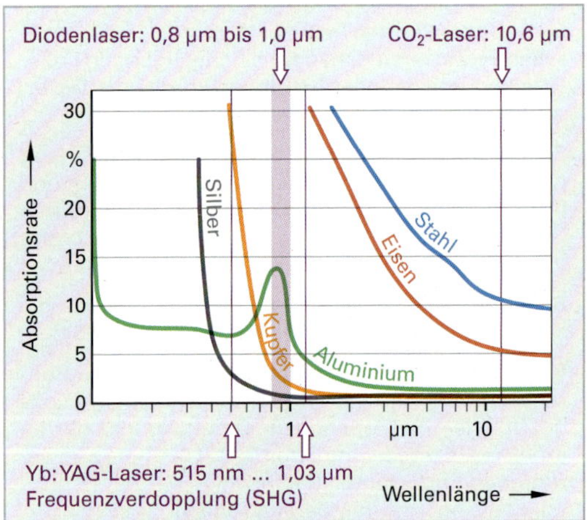

Bild 2: Laserwellenlängen und Absorptionsverhalten der Werkstoffe

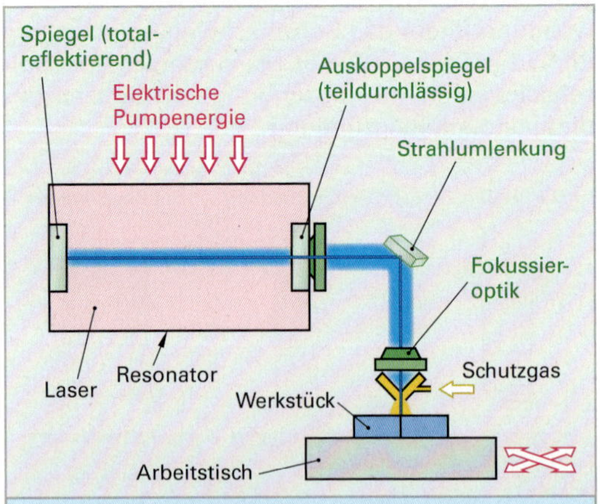

Bild 3: CO_2-Laser, Prinzip

12.2.4 Fügen durch Löten

Beim Fügen durch Löten wird ein geschmolzenes Lot verwendet. Das geschmolzene Lot benetzt die Oberflächen der Fügeteile.

Bei flächigen Fügeteilen wird das flüssige Lot in einen engen Fügespalt hineingezogen oder ist vorab in fester Phase darin eingelegt. Die Lotwerkstoffe sind Zusatzwerkstoffe die als Draht, Einlage, Pulver oder Pasten vorliegen. Sie haben stets eine Liquidustemperatur, die tiefer ist als die Solidustemperatur der Fügeteile und besitzen eine andere chemische Zusammensetzung als die zu verbindenden Teile.

Man unterscheidet **(Bild 1)**

- **Weichlöten**, mit Loten, deren Arbeitstemperatur bei 450 °C oder darunter liegt und
- **Hartlöten** mit Loten deren Arbeitstemperatur oberhalb 450 °C liegt auf.
- **Hochtemperaturlöten** mit Arbeitstemperaturen über 900 °C.

Das Weichlöten wird zum Verbinden von mechanisch nicht hoch belasteten Verbindungen bei gleichzeitiger Funktion der elektrischen Leitung **(Bild 2, links)** oder des Abdichtens eingesetzt. Das Hartlöten dient der Verbindung auch bei hoher Belastung, z. B. von Keramik-Schneidplatten **(Bild 2, Mitte)** auf Werkzeugen. Das Hochtemperaturlöten wird angewendet, wenn sowohl hohe Temperaturen als auch Belastungen vorliegen, z. B. bei Triebwerksturbinen.

Blei-Zinn-Lote, früher meist übliche Weichlote dürfen nach RICHTLINIE 2011/65/EU allgemein nicht mehr verwendet werden. Hartlote müssen cadmiumfrei sein. Gängige Lote und die zugehörigen Arbeitstemperaturen sind in **Tabelle 1** zusammengestellt.

Flussmittel verwendet man beim Löten zur besseren Benetzung des Werkstücks mit Lot, z. B. Kolophonium bei Zinn-Loten **(Bild 2, rechts)**. Sie setzen die Grenzflächenspannungen der Lote herab und sie reagieren mit Oxiden an den Fügeoberflächen bzw. mit prozessbedingt entstehenden Oxiden. Flussmittelfreies Löten erfolgt unter reduzierendem Gas, in Vakuum oder Inertgas.

Tabelle 1: Weichlote und Hartlote (Auswahl)

Benennung	Löt-temp.	Anwendungs-beispiele
Hartlote		
B-Ag56CuZnSn-620/655	650 °C	Stähle, Cu, Ni, Cu- und Ni-Legierungen, Temperguss.
B-Cu36ZnAgSn-665/755	740 °C	
B-Cu100(p)-1085	1100 °C	Stähle
B-Al92Si-575/615	610 °C	Al-Legierungen
Weichlote		
S-Sn42Bi58	138 °C	Niedertemperaturlöten
S-Sn96Ag4	221 °C	Elektronik, Feinwerktechnik
S-Sn97Cu3	250 °C	Feinmechanik, Kältetechnik
S-Au80Sn20	280 °C	Bonden bei Chips

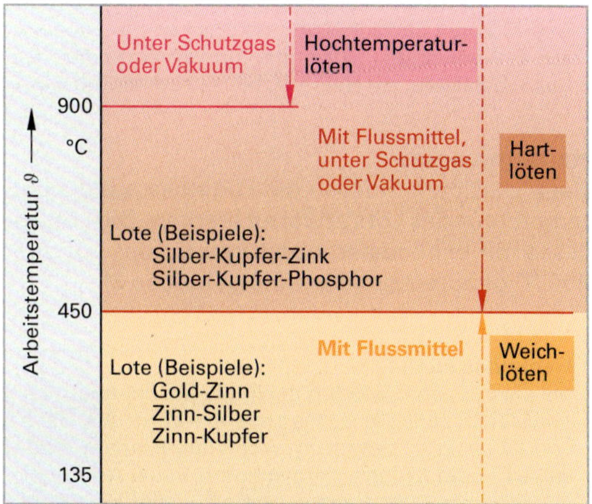

Bild 1: Löttemperaturbereich

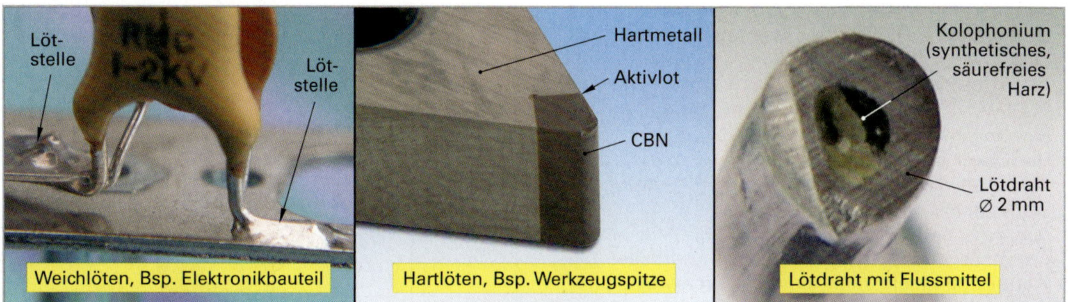

Bild 2: Löten, Beispiele

Weichlötprozesse

Beim Weichlöten müssen die Fügeteile auf die Löttemperatur des Lots erwärmt werden. Die Lötprozesse mit Liquidustemperaturen für das Lot bis 450 °C nennt man Weichlöten **(Tabelle 1)**.

Weichlöten mit Lötkolben oder Lötpistole
Das Erwärmen der Lötstelle und das Abschmelzen des Lots erfolgt mit einem von Hand geführten Lötkolben (mit elektr. Heizpatrone und Lötspitze) oder mit Lötpistole (stromdurchflossene Lötspitze). Damit das Lot gut fließt müssen die Wärmekapazität und die Kolbenspitze der Lötstelle angepasst sein. Die Fügeteile und das Lot werden unter Zuhilfenahme eines Flussmittels auf Löttemperatur gebracht.

Lötbadweichlöten
Die mit Flussmittel benetzten Fügeteile werden in ein Lötbad getaucht. Alternativ zu der Flussmittelverwendung kann man durch Ultraschall die Fügeteile im Lötbad von Oxidschichten säubern.

Reflow-Löten elektronischer Schaltkreise
Das Reflow-Löten (reflow soldering) ist ein „Wiederaufschmelzlöten" und wird meist zum Löten von SMD-Bauteilen angewendet. Hierbei wird das Weichlot in Form von Lötpaste vor der Bestückung auf die Leiterplatte aufgetragen, z. B. durch Siebdruck (Schablonendruck).
Man fixiert die oberflächenmontierbaren Schaltkreise (SMD, von Surface Mounted Device) mit Lötpaste aus Zinnpulver und Flussmittel und erwärmt die Platinenoberfläche mit Heißluft, bis das Lot fließt.

Tabelle 1: Weichlötprozesse (Auswahl)

Löten mit Lötkolben oder Lötpistole

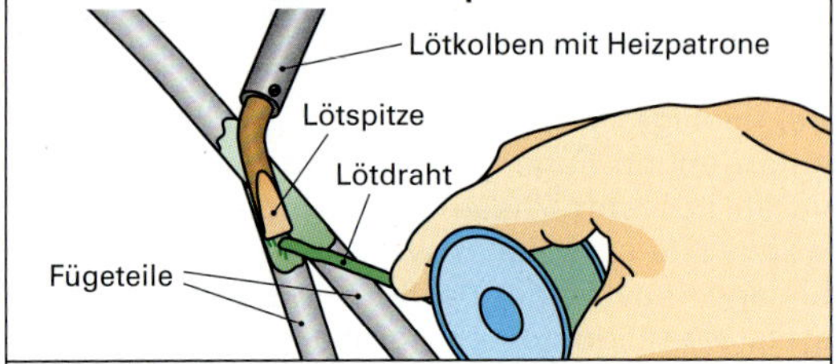

Lötbadweichlöten

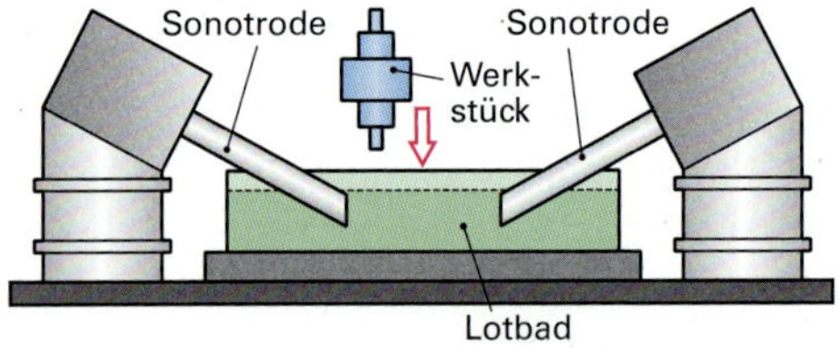

Doppel-Wellenlöten bei Elektronikplatinen

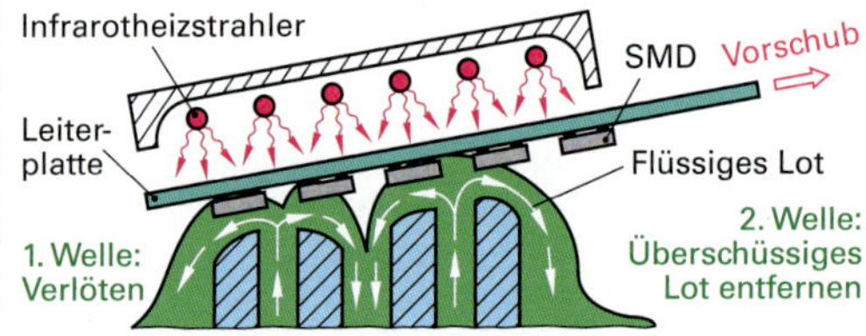

Hartlötprozesse

Beim Hartlöten müssen die Fügeteile auf die Löttemperatur des Lots erwärmt werden. Die Lötprozesse mit Liquidustemperaturen für das Lot über 450 °C gehören zum Hartlöten **(Tabelle 2)**.

Flammhartlöten
Mit Gasbrennern werden die Fügeteile mit neutraler oder leicht reduzierter Flamme erwärmt. Als Gase verwendet man bevorzugt Acetylen, Propan, Wasserstoff oder Erdgas, gemischt mit Sauerstoff oder angesaugter Luft. Beim automatisierten Hartlöten wird meist das Bauteil durch die Flammzone geführt.

Lichtbogenhartlöten
Ähnlich dem Metall-Lichtbogenschweißen ist das Lichtbogenlöten. Die Lote werden zugeführt wie Zusatzwerkstoffe. Allerdings sind ihre Schmelztemperaturen niedriger als die der Grundwerkstoffe der Fügeteile. Meist benötigt man keine Flussmittel.

Elektronenstrahlhartlöten
Das Erwärmen erfolgt im Fokus eines Elektronenstrahls im Vakuum.

Induktionshartlöten
Durch magnetische Induktion werden die Fügeteile erwärmt. Es wird meist mit Flussmittel gearbeitet. Die Wärmeeintragtiefe kann über die Stromwechselfrequenz (1 kHz bis einige MHz) gesteuert werden. Mit zunehmender Frequenz nimmt die Eintragtiefe ab.

Tabelle 2: Hartlötprozesse

Flammhartlöten

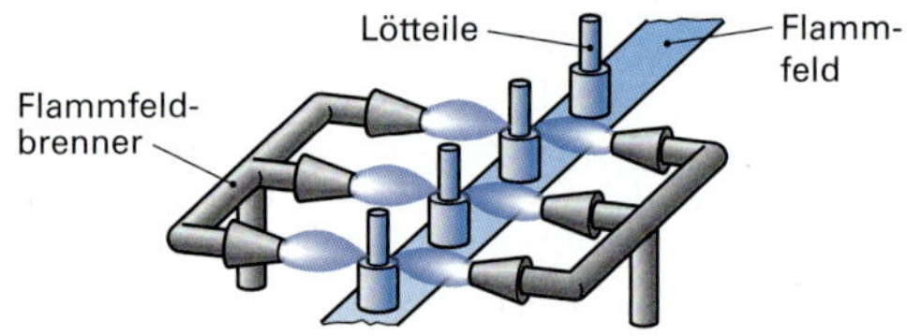

Lichtbogenhartlöten

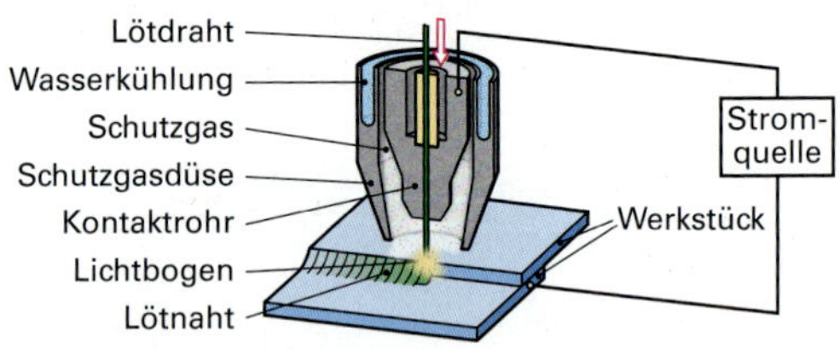

Induktionshartlöten

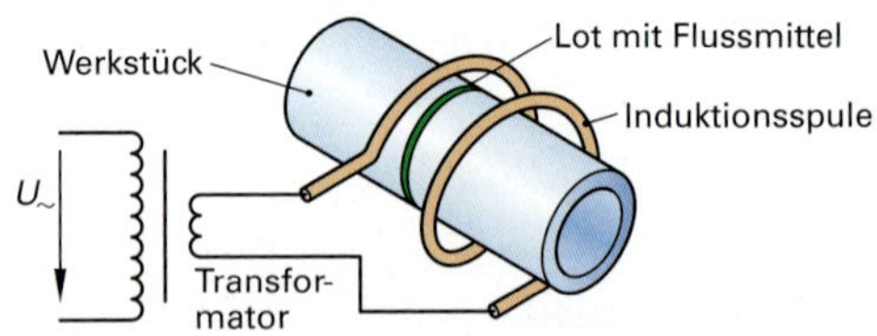

12.2.5 Fügen durch Kleben

Durch Kleben werden Fügeteile auch aus unterschiedlichen Werkstoffen miteinander stoffschlüssig verbunden. Mit den heutigen Klebstoffen ist die Klebetechnik in fast allen Produktionsbereichen vertreten **(Bild 1)**. So sind z. B. im Bereich der automobilen Oberklasse über 100 m geklebte Nähte an einem Fahrzeug vorhanden.

Im Bereich der industriellen Montage spielt das Kleben und Abdichten eine Schlüsselrolle, z. B. im Karosseriebau das Verkleben der Scheiben **(Bild 2)**, im Leichtbau die Herstellung metallischer Waben **(Bild 3)** und in der Elektronik das Kontaktkleben **(Bild 4)**.

Die **Vorteile** des Klebens sind:
- großflächige Verbindungen,
- Schwingungsdämpfung durch Klebfugen,
- Fügemöglichkeit für sehr dünne und kleine Bauteile,
- Dichtende Verbindungen,
- Verbinden unterschiedlicher Werkstoffe,
- keine Korrosion,
- meist kein Zurichten der Werkstücke erforderlich,
- keine Erwärmung der Werkstücke,
- kein Wärmeverzug bzw. Wärmespannungen.

Beim *nicht anlösenden* Kleben, z. B. dem Metallkleben entsteht die Verbindung durch einen härtenden oder trocknenden Klebstoff und beruht auf der **Oberflächenhaftung (Adhäsion)** und der inneren Festigkeit des Klebstoffes selbst (Kohäsion). Das Gefüge und die Eigenschaften der Fügeteile werden nicht wesentlich beeinflusst.

Beim *anlösenden* Kleben entsteht die Verbindung aufgrund von Anlösen der Fügeteile durch Lösungsmittel oder Lösungsmittelgemische. Die ursprüngliche Trennfuge zwischen den Fügeteilen wird beseitigt.

Grundsätzlich sind alle formfesten metallischen und nicht metallischen Werkstoffe klebbar **(Tabelle 1)**. Im Haftvermögen der Klebstoffe auf den verschiedenen Werkstoffen bestehen jedoch Unterschiede. Tabelle 1 zeigt Beispiele klebbarer Werkstoffe.

Tabelle 1: Klebbare Werkstoffe (Beispiele)

Stähle Grauguss	Leichtmetalle Buntmetalle	Schwermetalle Edelmetalle
Duroplaste Thermoplaste Elastomere	Papier Holz Textilien	Keramik Glas

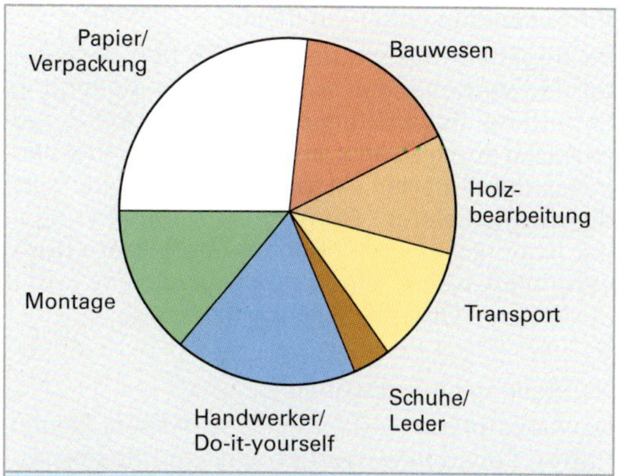

Bild 1: Klebstoffanwendungen

Bild 2: Kleberauftrag zur Scheibenmontage

Bild 3: Klebestellen bei Aluminiumwaben

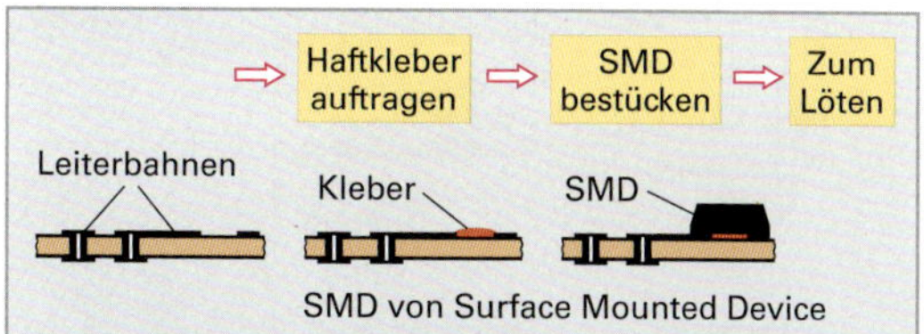

Bild 4: Haftkleber, zum Anheften von Elektronikbauteilen vor dem Löten

Vorbehandlung der Klebefläche

Im Regelfall müssen die Fügeflächen vorbereitet und vorbehandelt werden durch: Reinigung, Entfettung, Behandlung der Oberfläche, z. B. mechanisch durch Sandstrahlen, Schleifen oder chemisch durch Beizen, Ätzen oder elektrochemisch durch Anodisieren. Günstig sind Behandlungen der Fügeflächen mit sogenannten Primern (Haftvermittler), welche einen verlässlichen und reproduzierbaren Oberflächenzustand erzeugen.

Herstellung einer Klebung

Die Klebstoffe in Form von Flüssigkeiten, Pasten, Pulver, Folien usw. werden passend dosiert auf die Kontaktflächen aufgebracht. Dafür ist ein geeignetes Auftragsverfahren zu wählen **(Bild 1)**:

- Pinseln,
- Legen,
- Tropfen,
- Spritzen,
- Tauchen,
- Streuen,
- Streichen,
- Schmelzen,
- Walzen.

> Die Herstellung einer Klebeverbindung erfordert große Sorgfalt. Klebeverbindungen können nur schwierig zerstörungsfrei geprüft werden.

Gestaltung der Klebeverbindungen

Für Klebeverbindungen gelten ähnliche Gestaltungsregeln wie für Lötverbindungen **(Tabelle 1)**. Die Beanspruch sollte vorzugsweise auf Schub oder Druck erfolgen. Zug-, Biege- und Schälkräfte sind zu vermeiden.

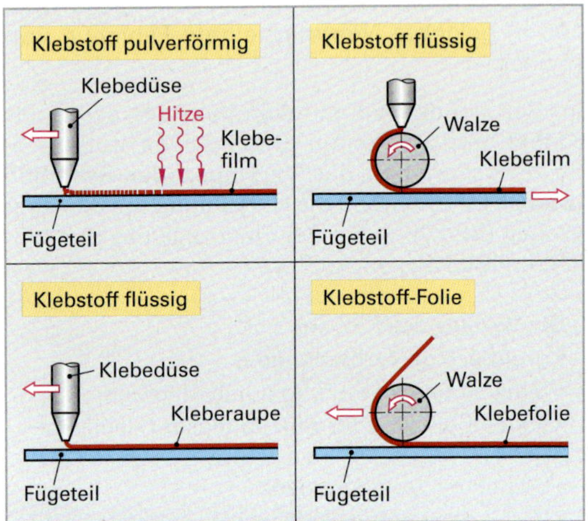

Bild 1: Kleberauftragsverfahren (Auswahl

Tabelle 1: Gestaltung von Klebeverbindungen

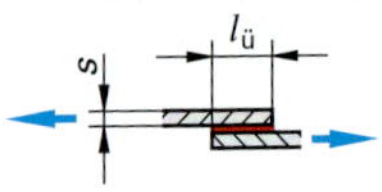

Überlappung $l_ü = (10 \ldots 20) \cdot s$

Es sind ausreichende Klebeflächen und Überlappungen vorzusehen.

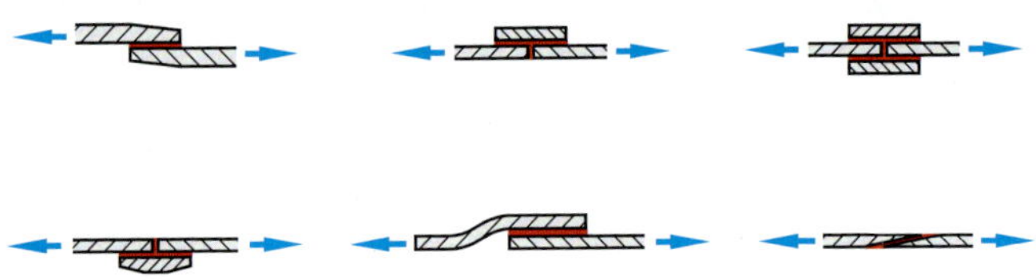

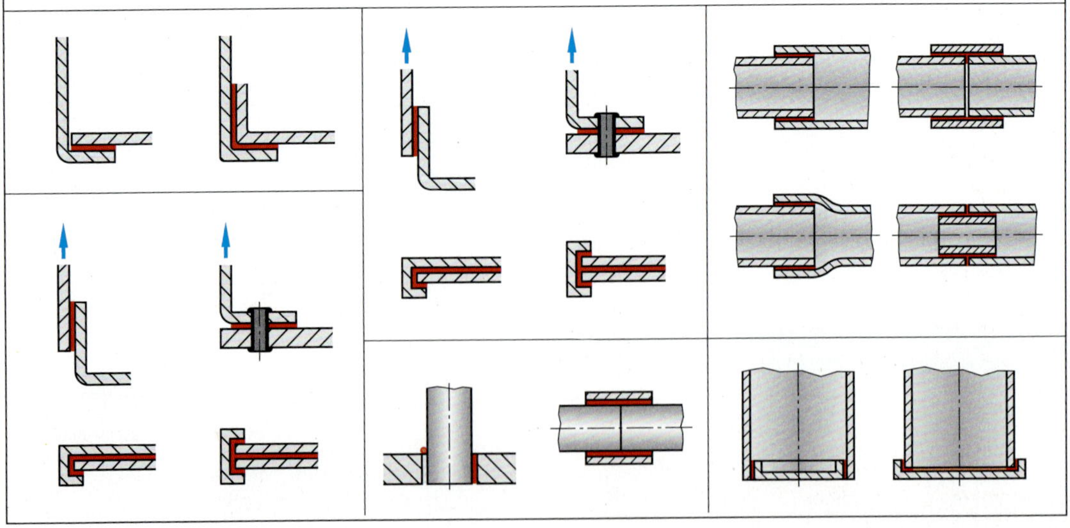

12.3 Montageautomaten

Zur automatisierten Montage von Aggregaten und Geräten sind solche Anordnungen zu treffen, dass der Teilezusammenbau vorzugsweise in senkrechter oder in waagerechter Fügerichtung erfolgt.

Bei einer solchen Montage bietet sich eine Lösung gemäß **Bild 1** an. Die **Montagebasisplatte** wird über ein Transportsystem zugeführt. Die Aufbauteile werden in *Vibrationsbunkern* oder Magazinen um einen **Roboter** herum platziert und stehen diesem *vereinzelt*, *geordnet* und *lagerichtig positioniert* zur Handhabung zur Verfügung. Einfache Kleinstteile, wie Blechwinkel, Drahtfedern u. Ä. werden gegebenenfalls erst an der Montagestation hergestellt. So entfällt eine aufwändige Zuführ- und Ordnungseinrichtung.

Nachteilig bei einer Montagestation mit Roboter ist, dass nur an einer Stelle, nämlich da wo die Roboterhand gerade ist, gearbeitet wird.

Rundtaktmontagemaschinen (Bild 2) sind taktgesteuerte Maschinen mit mehreren Stationen für unterschiedliche Montageprozesse. Sie haben eine hohe Ausbringung. Man nutzt sie in der Serienmontage.

Rundtaktmontagemaschinen drehen mit jedem Takt das Montageteil um eine Station weiter. Jede Montagestation „arbeitet" bei jedem Takt. Entsprechend den Montagearbeiten werden die Montagewerkzeuge an den Ständer des Rundtaktdrehtellers angeflanscht. Es sind Rundtaktmontagemaschinen mit 8, 12, 16 und 24 Stationen üblich. Als Speicher verwendet man oft Bunker mit Vibrationsaustrag.

Arbeitsteilung und Verkettung. Häufig sind Montagen sehr arbeitsteilig und automatisierte Montagen müssen durch Handmontagen ergänzt werden **(Bild 3)**. Hier ist darauf zu achten, dass die Handarbeitsplätze mit Puffern von den Montagemaschinen entkoppelt sind, damit die Menschen nicht taktgebunden tätig sein müssen.

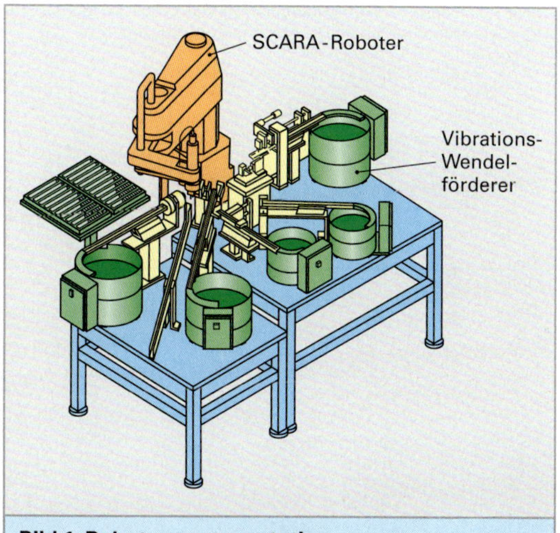

Bild 1: Robotermontagestation

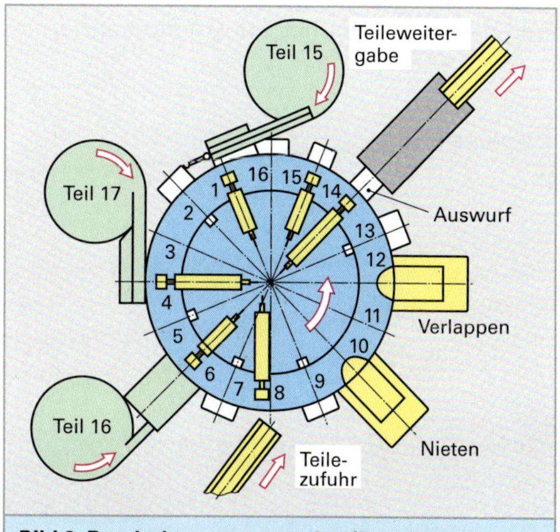

Bild 2: Rundtaktmontagestation (Draufsicht)

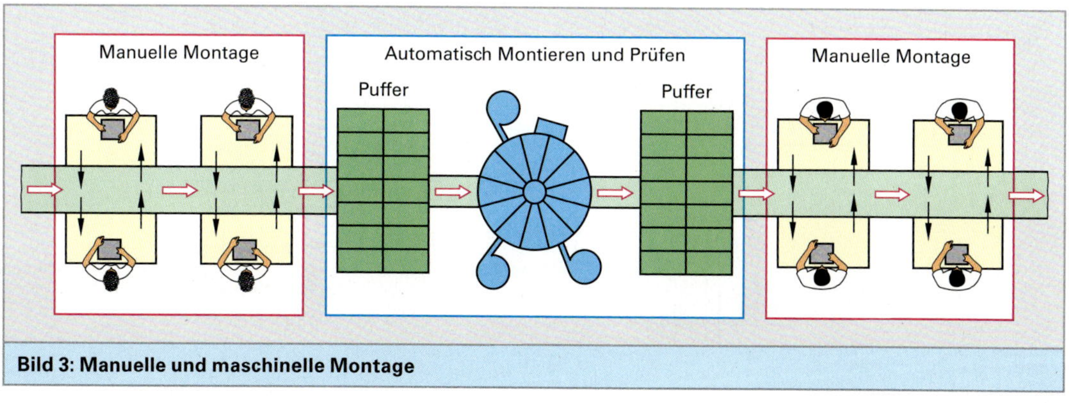

Bild 3: Manuelle und maschinelle Montage

12.4 Montagefolge und Erzeugnisgliederung

Produkte werden bereits bei der Konstruktion in Baugruppen gegliedert, z. B. damit mehrere Konstrukteure ein Produkt parallel laufend konstruieren können. Fertige Konstruktionen werden zu ihrer Herstellung und vor allem zur Montage wiederum nach Baugruppen, Bauteilen und Stoffen, gegliedert, jetzt aber nach ihrem konsekutiven Aufbau oder Abbau, also nach der Reihenfolge, wie sich die Einzelteile „tragen", z. B. das Unterste zuerst und dann das Nächstfolgende. Das ist dann auch oft die Reihenfolge in der Montage. Man spricht von der **Erzeugnisgliederung**[1].

Eine Produktgliederung in Baugruppen mit exakten Schnittstellen zu den anderen Baugruppen ermöglicht neben der Verteilung der Konstruktionsaufgaben auf mehrere Konstrukteure oder Konstruktionsbüros auch die Verteilung auf mehrere Fertigungslinien/Fertigungsinseln und Montagelinien/Montageinseln/Montagegruppen. Die Produktgliederung erleichtert die Aufteilung der Fremdvergaben bis hin zur Fremdfinanzierung und die Abspaltung von Gewährleistungen. Eine Baugruppengliederung erbringt Vorteile im Einkauf, in der Lagerhaltung und in der Kalkulation, falls Einzelbaugruppen in mehreren Produkten sich wiederholen.

Eine gewisse Strukturierung ergibt sich bereits beim Anlegen der Stücklisten.

Der Erzeugnisbaum **(Bild 1)** orientiert sich an den Montageebenen und zwar in der Reihenfolge der Demontage: Das End-Erzeugnis ist in der obersten Ebene, der *Ebene 0*. Darunter befindet sich die *Ebene 1* mit den Hauptbaugruppen, darunter liegt die Ebene der Unterbaugruppen, ergänzt, gegebenenfalls mit Einzelteilen und so fort. Die unterste Ebene in einem Ast des Erzeugnisbaums enthält nur noch Einzelteile.

[1] DIN 6789-1990-09: Dokumentationssystematik; Aufbau Technischer Produktdokumentationen (Die Norm ist zurückgezogen)

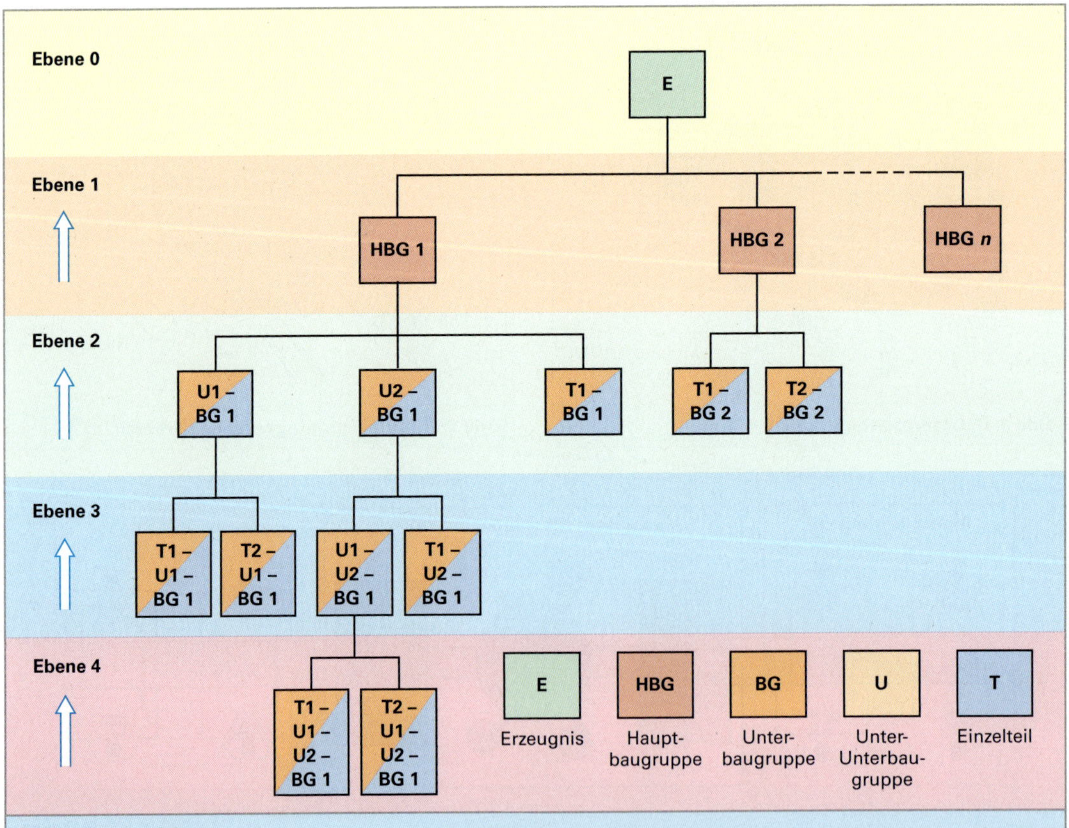

Bild 1: Erzeugnisbaum

Beispiel für eine Erzeugnisgliederung

Für ein einfaches Produkt, einen handelsüblichen Schukostecker, soll die Erzeugnisgliederung erstellt werden.

Man zerlegt das Produkt in alle Einzelteile T **(Bild 1)**. Es besteht aus acht unterschiedlichen Teilen (T1) ... (T8). Man legt die Teile aus und zwar in der Reihenfolge wie sie verbaut werden müssen. Die Montagefolge kann mit gerichteten Pfeilen dargestellt werden. So erhält man ein Pfeildiagramm, auch *Gozintograph*[1] (rot gedruckt) genannt. Die Erzeugnisstruktur stellt man mit den Baustufen 1 ... 5 dar (Bild 1 rechts). Aus dieser Erzeugnisstruktur können die Mengenstückliste, die Strukturstückliste und die Baukastenstückliste abgeleitet werden. Bei den Kontakten wird davon ausgegangen, dass diese aus der Fertigung kommend vorliegen.

Will man die Erzeugnisstruktur und Mengenstückliste für die Halbzeuge erweitern, so ist für das Stanzteil (T3) die erforderliche Blechgröße zu bestimmen und aus der geplanten Produktionsstückzahl der Blechbedarf zu errechnen. Der Kontakt (T1) ist ein Drehteil, gefertigt auf einem Drehautomat. Aus Bauteillänge und der geplanten Stecker-Produktionsstückzahl (x 2) ist der Bedarf an Stangenmaterial zu bestimmen.

[1] Benannt nach einem Fantasiewissenschaftler *Gozinto*, als eine Lautmalerei für „goes into".

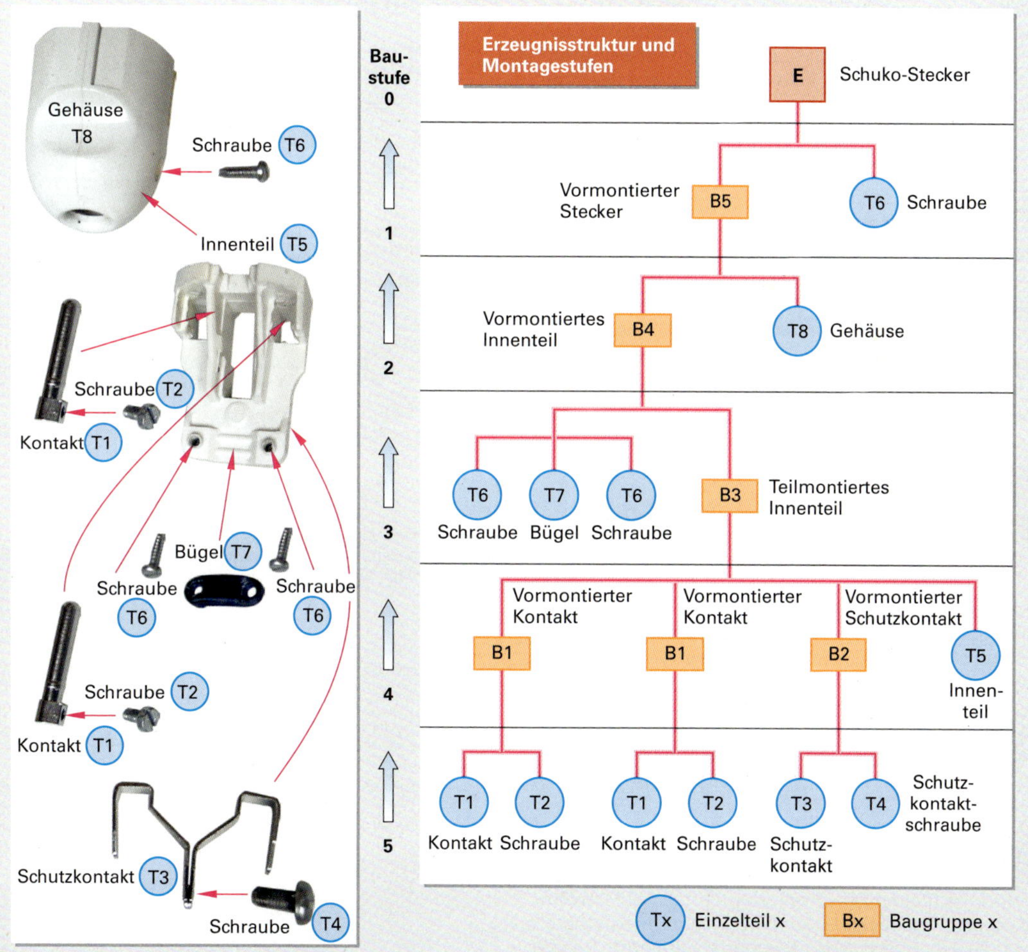

Bild 1: Schuko-Stecker in allen Einzelteilen

12.5 Beispiel Motorenmontage

12.5.1 Logistik und Layout

Montageprinzipien. Bei der Montage unterschiedlicher Motortypen in beliebiger Folge („chaotische Montagefolge") werden verschiedene Motoren, z. B. Vierzylinder, Sechszylinder und diese jeweils in vier verschiedenen Ausführungen in Auftragsreihenfolge auf einem Band montiert. In anderen Systemen wird ein Motorentyp auf einem Band montiert. Die **chaotische Montagefolge** erfordert eine äußerst exakte Organisation und eine **hohe Dynamik der Mitarbeiter**, bringt aber eine bessere Auslastung der Montage.

Anlieferung und Bereitstellung. Nach der Anlieferung an die Produktionsstätte wird die Ware entweder direkt an das Band geliefert oder gelagert. Häufig erfolgt dies in Hochregallagern **(Bild 1)**. Computer berechnen den Lagerplatz so, dass man kürzeste Wege für das Beladungssystem erhält („chaotisches Lager"). Einheiten, die häufig ein- bzw. ausgelagert werden, bekommen die vorderen Plätze, Teile mit geringem Umschlag werden in die entfernteren Plätze gelagert. Bei Kleinteilen erfolgt dies in Behältern als Schüttgut. Größere empfindliche Teile werden in vorgeformten, geschäumten Behältern transportiert und gelagert. Der innerbetriebliche Transport erfolgt meist mit dem Gabelstapler oder mit Flurförderfahrzeugen.

Anordnung am Montageband. Aufgrund der sehr hohen Zahl von Einzelteilen erfolgt die Montage nach einer zeitoptimierten und tätigkeitsoptimierten Reihenfolge. **Bild 2** zeigt beispielhaft eine Motorenmontage.

Nr. 1: Auflegen des Motorblockes; hier bekommt der Werkstückträger einen Namen (Montagecode), mit den gesamten Montagedaten.

Nr. 2: Montage von Teilen.

Nr. 3: Vormontage bestimmter Baugruppen und Puffern bis zur Montage am Motor.

Nr. 4: Vormontage und kleiner Puffer oder kein Puffer (just in time),

Nr. 5: Ausschleusen zum Prüfen,

Nr. 6: Endkontrolle, Montageende.

Struktur der Montagefolge. Um eine möglichst einheitliche Taktzeit am Band zu bekommen müssen die einzelnen Arbeitsstationen daraufhin strukturiert werden **(Bild 3)**. Zur graphischen Darstellung können Vorranggraphen zu den Arbeitseinheiten (AE) erstellt werden. In ihnen werden die Montagevorgänge zeitlich bewertet. Durch Verzweigungen und Untermontagegruppen kann das System so abgestimmt werden, dass keine Leerzeiten entstehen.

Wegeanalyse. Durch die exakte Analyse der Wege **(Bild 4)** an einer Montagestation mit einer zeitlichen und inhaltlichen Beschreibung werden Verschwendungen aufgedeckt. Es können Optimiermaßnahmen eingeleitet werden, so z. B. Material verlagern, Regale anpassen, Sortierung und Verpackungsform in den Behältern ändern.

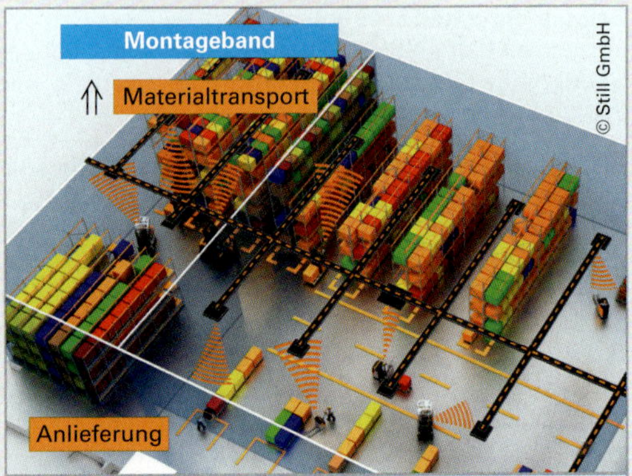

Bild 1: Logistik zum Montageband

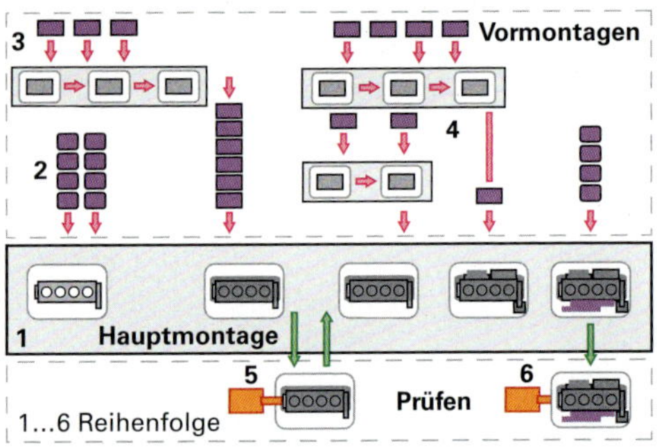

Bild 2: Montagesystem

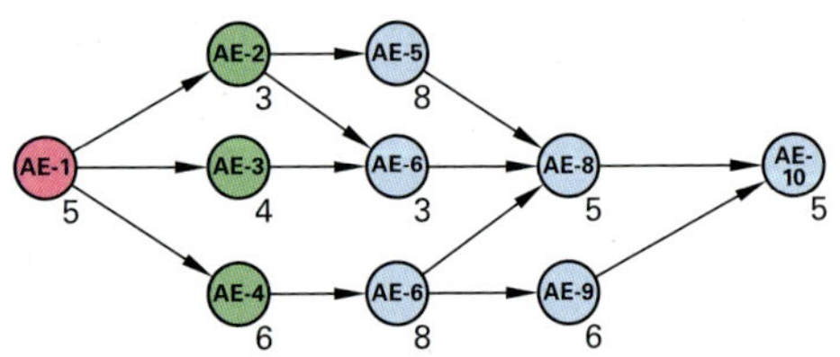

Bild 3: Struktur der Montagefolge

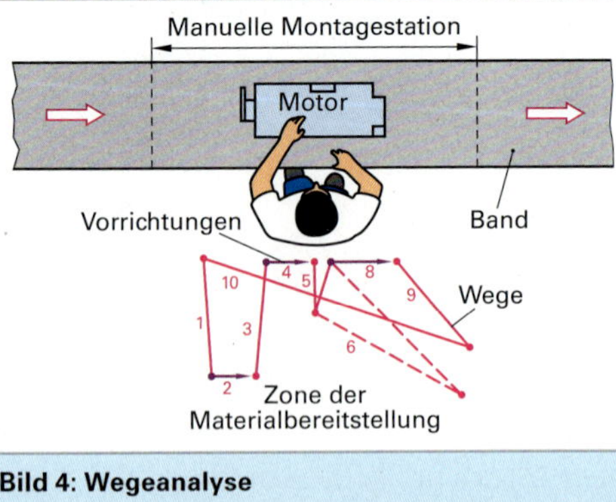

Bild 4: Wegeanalyse

12.5.2 Wareneingang

Wareneingang ohne Kontrolle

Den Wareneingang passieren die noch zu bearbeitenden Rohteile und ferner die einbaufertigen Teile bzw. die Baugruppen. Es gibt den Fall, dass Teile ohne jegliche Eingangsprüfung direkt vom Zulieferer in die Fertigung bzw. Montage gehen. Hier muss der Zulieferer für die Fehlerfreiheit und pünktliche Lieferung der Teile besonders garantieren. Durch das Vertragswerk mit dem Zulieferer erspart sich der Aufwand für die Lagerhaltung und die Eingangsprüfung. Wenn in der laufenden Produktion Zulieferteile geändert werden müssen, ist das relativ einfach möglich, weil kaum bisherige Teile vorhanden sind. Ein Vierzylinder-Dieselmotor besteht aus etwa 400 montagefertigen Einzelteilen **(Bild 1)**.

Wareneingang mit Stichprobenkontrolle

Von den Teilen werden nach genau festgelegtem System Stichproben entnommen und statistisch ausgewertet **(Bild 2)**, so z.B. je nach Art des Produktes durch

- nur optische Kontrolle und Kontrolle auf Vollständigkeit, z.B. Schraubensatz oder durch
- messtechnische Prüfungen, oder durch
- Laboranalysen, z.B. Gussteile oder durch
- Belastungsproben und Zerreißproben, oder durch
- Versuche und Funktionstests bei kompletten Komponenten.

Sollten sich hier Sachverhalte herausstellen, welche außerhalb der Toleranz liegen, so kann sofort reagiert werden und eine Ersatzlieferung eingeleitet werden. In **Tabelle 1** wird ein Beispiel der Wareneingangskontrolle nach ISO 3269 für Schrauben und Muttern dargestellt. Es ist ein Beispiel für einen Stichprobenumfang von 125 Teilen bei unterschiedlichen Qualitätsstufen dargestellt.

Wareneingang mit 100 %-Kontrolle

Bei besonders wichtigen Teilen kann eine 100 %-Kontrolle durchgeführt werden (Bild 2). Hier sind natürlich nur zerstörungsfreie Methoden anwendbar. Oft wird dieses Verfahren auch bei Neueinführung von Teilen durchgeführt und bei geprüfter Qualität wird dann später auf Stichprobenkontrolle übergegangen.

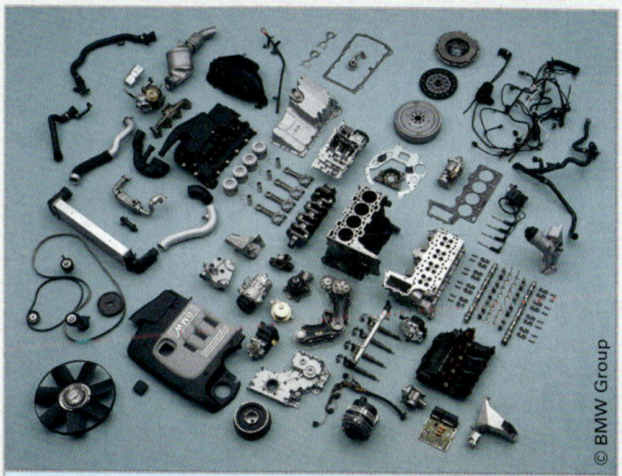

Bild 1: Einzelteile eines Vierzylinder-Dieselmotors

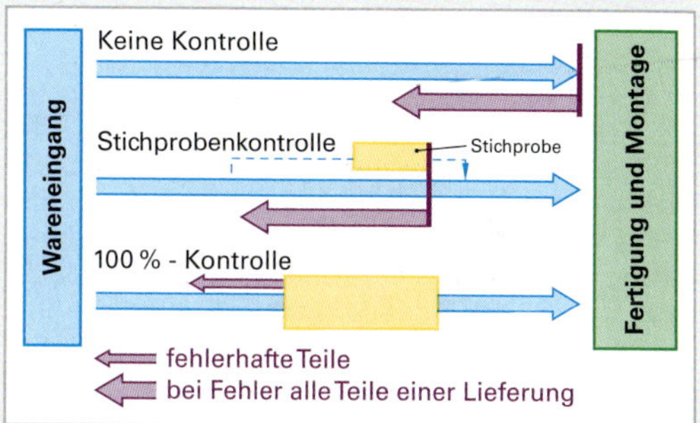

Bild 2: Möglichkeiten der Wareneingangsprüfung

Tabelle 1: Wareneingangskontrolle nach ISO 3269 (Auszug)

Übersicht der üblichen Prüfbescheinigungen für Schrauben, Muttern, Zubehör			
Normbezeichnung des Standards	**2.1**	**2.2**	**3.1/3.2**
Mögliche Bescheinigungen	Werksbescheinigung	Werkszeugnis	Abnahmeprüfzeugnis
Art der Prüfung	Nicht spezifisch	Spezifisch, Prüfung am Los / Charge	
Lieferbedingungen	Nach Anforderung der Bestellung		Nach amtlichen Vorschriften
Bestätigungen der Bescheinigung durch den Hersteller			Unabhängige Abnahmebeauftragte
Annahmeprüfung für „Mechanische Verbindungmittel"			
Stichprobenumfang	**AQL-Wert (annehmbare Qualitätsgrenzlage)**	**Annahmezahl Ac**	**Zulässige fehlerhafte Teile %**
125	1,0	3	2,4
125	2,5	6	4,8
125	4,0	8	6,4

12.5.3 Montage des Basismotors

Der Motorblock wir auf einen Werkstückträger des Montagebandes aufgesetzt. Dieser erhält alle Daten für die Montage (**Bild 1, Station 1**). Danach folgen systematisch die einzelnen Stationen der Montage **(Bild 1, Station 2 ...)**. Nach wichtigen Montageschnitten erfolgt eine umfassende Kontrolle, so z. B. nach der Kurbelwellenmontage.

Nach dem Einsetzen der Kurbelwelle kann in einer Prüfanlage **(Bild 2)** die Lagerung getestet werden. Mit einem Servomotor wird die Kurbelwelle in Drehung versetzt und das Reibmoment gemessen. Der Verlauf des Reibmoments lässt Aussagen darüber zu, ob die Toleranz der Lagerung in Ordnung ist oder ob sich Fremdkörper in einer Lagerschale befinden. **Bild 3** zeigt eine der drei Testphasen. In der Phase 1 geht die Kurbelwelle von der Haftreibung in die Gleitreibung über.

In einer parallelen Vormontage erfolgt der Zusammenbau der Pleuelstange mit den Kolben. Da die Kolbenringe einen größeren Durchmesser wie die Kolbenbohrungen haben, kann bei der Montage der Einheit Kolben-Pleuelstange, z. B. eine kegelige Führungshülse als Montagehilfe verwendet werden **(Bild 4)**. Alternativ werden auch Kolbenringzangen eingesetzt. Kolben haben oft eine asymmetrische Bodenform mit unterschiedlichen Ventiltaschen und dürfen deshalb nur in einer bestimmten Position eingebaut werden. Selbst bei symmetrisch aussehenden Kolben muss die Einbaulage beachtet werden, weil der Kolbenbolzen häufig nicht in der Mitte des Kolbens ist. Man nennt dies Deachsierung. Man erreicht dadurch einen ruhigeren Lauf des Motors und eine geringere Belastung der Bauteile. **Tabelle 1** zeigt beispielhaft die Arten der Kennzeichnung verschiedener Hersteller.

Tabelle 1: Kennzeichnung von Kolben

Symbol	Einbaurichtung im Motor	Beispiele
↑	Steuerseite (gegenüber der Kraftabgabe/ Kupplung)	MB, VW, Opel, BMW
	Schwunggrad (Kraftabgabe/ Kupplung)	Peugeot, Opel
Kerbe	Steuerseite (gegenüber der Kraftabgabe/ Kupplung)	Perkins, Opel
↑ AV	Steuerseite (gegenüber der Kraftabgabe/ Kupplung), „AV" steht für franz. avant = vorne	Citröen, Renault
↑ AR	Schwunggrad (Kraftabgabe/Kupplung), „AR" steht für franz. arriere = hinten	Citröen, Renault
↑ V	Schwunggrad (Kraftabgabe/Kupplung), „V" steht für franz. volant = Schwungscheibe	Renault, Peugeot
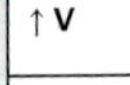	Schwunggrad (Kraftabgabe/ Kupplung)	Renault, Peugeot, Citröen
FRONT	Steuerseite (gegenüber der Kraftabgabe/ Kupplung)	GM, Perkins
vorn	Steuerseite (gegenüber der Kraftabgabe/ Kupplung)	Hatz, Liebherr
Abluft	Abluftseite bei einigen luftgekühlten Motoren	Deutz, MWM

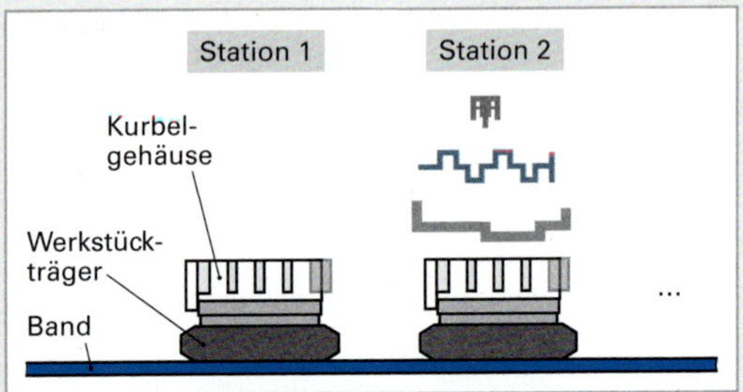

Bild 1: Montage des Basismotors

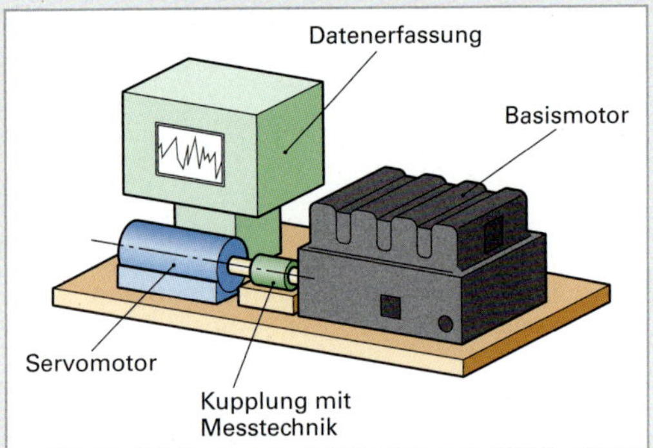

Bild 2: Prüfanlage zum Messen des Schleppmoments der Kurbelwelle

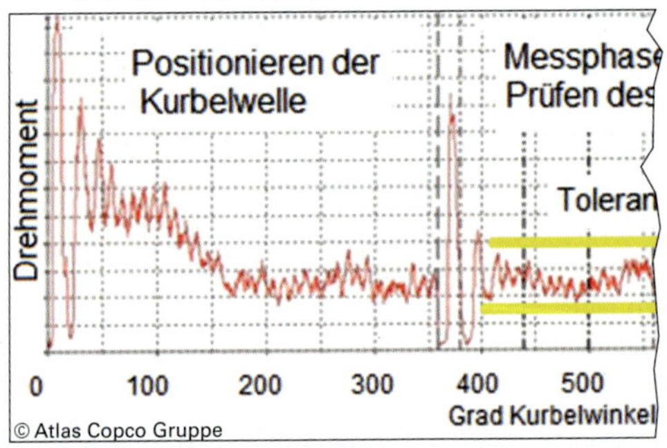

Bild 3: Schleppmoment der Kurbelwelle (Phase 1)

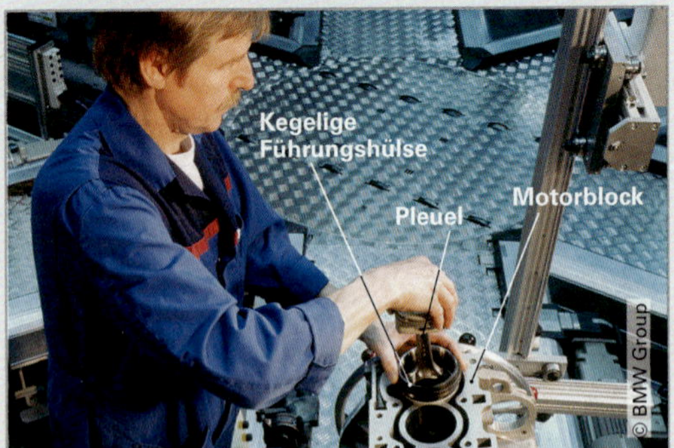

Bild 4: Handmontage der Kolben

13 Qualitätsmanagement

Unter Qualitätsmanagement versteht man die Gesamtheit der qualitätsbezogenen Tätigkeiten und Zielsetzungen.

Bis zum Jahr 1993 war die Benennung für diesen Oberbegriff im ganzen deutschen Sprachraum „Qualitätssicherung". Um eine Anpassung an den internationalen Sprachgebrauch zu erreichen, wurde dieser Überbegriff in der DIN 55350 in „Qualitätsmanagement" umbenannt.

Die sich verstärkende Präsenz asiatischer Unternehmen auf dem Weltmarkt, die Öffnung osteuropäischer Märkte und die Einführung des EU-Binnenmarktes führten die europäischen Unternehmen in eine verschärfte Wettbewerbssituation. Neben den Preisen wird dabei die **Qualität von Produkten** und **Dienstleistungen** zu einem immer wichtiger werdenden strategischen Wettbewerbsfaktor. Die Festlegung qualitätsbezogener Tätigkeiten in sämtlichen Unternehmensbereichen sind zu einer der wichtigsten Managementaufgaben geworden.

13.1 Qualität

Qualität[1] ist die Beschaffenheit einer Einheit bezüglich ihrer Eignung, die Qualitätsforderung zu erfüllen (DIN 55350/ISO 8402).

Unter **Einheiten** versteht man Waren und Dienstleistungen. Die **Qualitätsanforderungen** werden vom Kunden oder der Gesellschaft in Form von Erwartungen und Wünschen an den Hersteller festgelegt.

Der Kunde erwartet zum Beispiel eine optimale Funktion, hohe Sicherheit und Zuverlässigkeit, eine gute Beratung und Betreuung und wünscht ein gutes Aussehen des Produkts. Eng damit verbunden ist auch eine **maximale Preisvorstellung** und ein akzeptabler **Liefertermin.** Auf der Seite des Lieferanten verursachen die Qualitätsanforderungen Kosten, die nicht immer mit der Preisvorstellung des Kunden in Einklang zu bringen sind.

Die **Beschaffenheit** eines Produkts wird durch die Gesamtheit aller **Qualitätsmerkmale** bestimmt **(Bild 1)**.

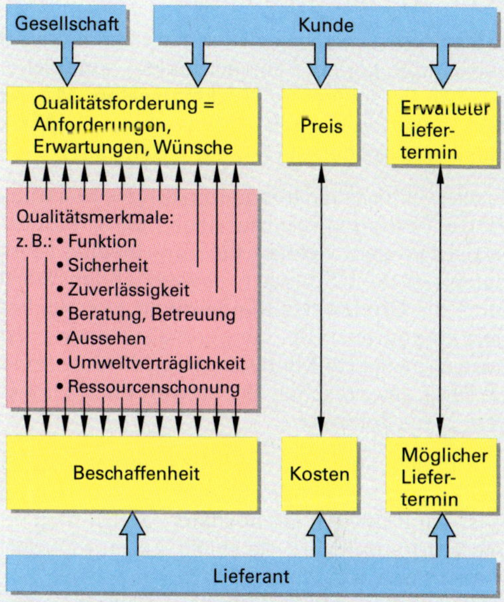

Bild 1: Zusammenhänge zwischen Qualitätsforderung und Beschaffenheit

Tabelle 1: Qualitätsmerkmale

Merkmalsart		Kennzeichen	Beispiel
quantitativ	kontinuierliches Merkmal	messbarer, stetiger Merkmalswert	Durchmesser eines Bolzens **Merkmalswert:** z. B. 20,05 mm, 20,1 mm oder 20,02 mm
	diskretes Merkmal	zählbar (0, 1, 2, ...)	Schweißpunkte: **Merkmalswert:** z. B. 23, 24 oder 20 Schweißpunkte
qualitativ	Ordinalmerkmal	Beurteilung mit Ordnungsbeziehung	Aussehen einer Oberfläche: **Merkmalswert:** z. B. sehr gut, gut, geeignet, schlecht oder sehr schlecht
	Nominalmerkmal	Beurteilung ohne Ordnungsbeziehung	Rillenrichtung einer geschliffenen Fläche **Merkmalswert:** gekreuzt, quer oder längs zum Werkstück

[1] Nach EN ISO 9000: 2015 gilt folgende Definition:
Qualität. Grad, in dem ein Satz inhärenter **Merkmale Anforderungen** erfüllt.
Anmerkung 1. Die Benennung „Qualität" kann zusammen mit Adjektiven wie schlecht, gut oder ausgezeichnet verwendet werden.
Anmerkung 2. „inhärent" bedeutet im Gegensatz zu „zugeordnet" „einer Einheit innewohnend", insbesondere als ständiges Merkmal.

13.1.1 Qualitätsmerkmale

Da Merkmale unterschiedliche Charakteristiken aufweisen (z. B. Länge, Schweißpunkte), unterscheidet man verschiedene **Merkmalsarten**. Mit den Merkmalsarten werden auch die Arten der **Merkmalswerte** festgelegt **(Tabelle 1, Seite 359)**.

Da die quantitativen (mengenmäßigen) Merkmale bei der Fertigung erfahrungsgemäß eine Streuung aufweisen, werden die vom idealen Merkmalswert, dem Sollwert, abweichenden Werte durch die Grenzwerte **Mindestwert** und **Höchstwert** eingegrenzt. Bei Längenmaßen nennt man diese Grenzwerte Mindestmaß und Höchstmaß. Die Differenz zwischen Höchstwert und Mindestwert ist die **Toleranz**.

Bewegt sich ein Merkmalswert innerhalb der Toleranz, so ist er geeignet. Erreicht er den Sollwert, so ist seine Qualität am höchsten. In Richtung der Toleranzgrenzen wird die Qualität zwar reduziert, ist aber noch akzeptabel **(Bild 1)**.

Betrachtet man die Auswirkung bei fortschreitendem Fertigungsverlauf, so kann man feststellen, dass bei Merkmalswerten, die immer weiter vom Sollwert entfernt liegen, mehr Probleme auftauchen als bei Merkmalswerten am Sollwert. Das Fügen zweier Werkstücke kann z. B. in der Montage nur durch Nacharbeit oder Einsatz von speziellen Werkzeugen durchgeführt werden. Die Folge sind zusätzliche Kosten und damit Verluste. Dieser Zusammenhang wird durch die **Verlust-Funktion** nach *Taguchi* [1] **(Bild 2)** deutlich.

13.1.2 Fehler

Wird eine Qualitätsforderung nicht erfüllt, so liegt ein Fehler vor. Dies kann sein, wenn ein Merkmalswert außerhalb des Toleranzbereichs liegt oder eine geforderte Eigenschaft nicht vorhanden ist.

Die genaue Abgrenzung zwischen „kritischen" Folgen, „erheblich beeinträchtigenden" Folgen und „nicht wesentlichen" Folgen müssen im speziellen Fall festgelegt werden.

Fehler werden nach ihren Folgen in Fehlerklassen eingeteilt:

1. Kritische Fehler (Fehler mit kritischen Folgen). Dieser Fehler hat eine Gefahr für die Personen, die das Produkt benutzen, instandhalten oder auf das Produkt angewiesen sind zur Folge. Ein kritischer Fehler kann auch ein Fehler sein, der zum Ausfall einer größeren wichtigen Anlage führt. Dies kann der Fall sein, wenn z. B. ein Schiffsantrieb ausfällt, eine Rechenanlage still steht oder ein Nachrichtensatellit nicht mehr funktioniert.

2. Hauptfehler (Fehler mit erheblich beeinträchtigenden Folgen). Dies ist ein nicht kritischer Fehler, der eine vollständige Beeinträchtigung der Brauchbarkeit (Ausfall oder Verlust) eines Produkts zur Folge hat (Hauptfehler A) oder die Brauchbarkeit für den vorgesehenen Verwendungszweck wesentlich herabsetzt (Hauptfehler B).

3. Nebenfehler (Fehler mit nicht wesentlichen Folgen). Dies ist ein Fehler, der die Brauchbarkeit eines Produkts für den vorgesehenen Verwendungszweck nicht wesentlich herabsetzt oder ein Fehler, der den Gebrauch oder den Betrieb der Einheit nur geringfügig beeinflusst (Nebenfehler A) oder die Brauchbarkeit nicht beeinflusst (Nebenfehler B).

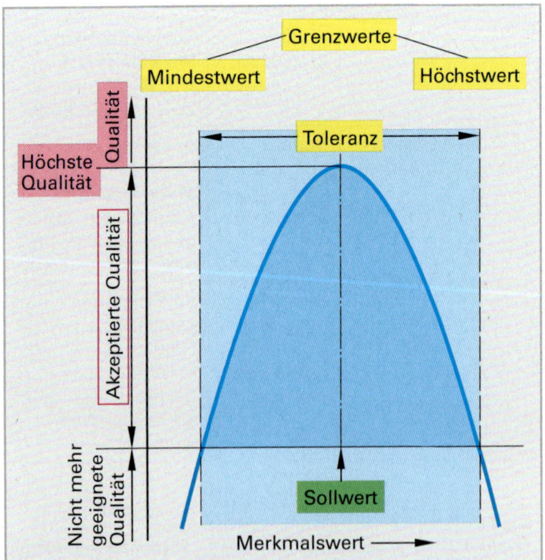

Bild 1: Qualitätsverlauf eines Merkmalswerts

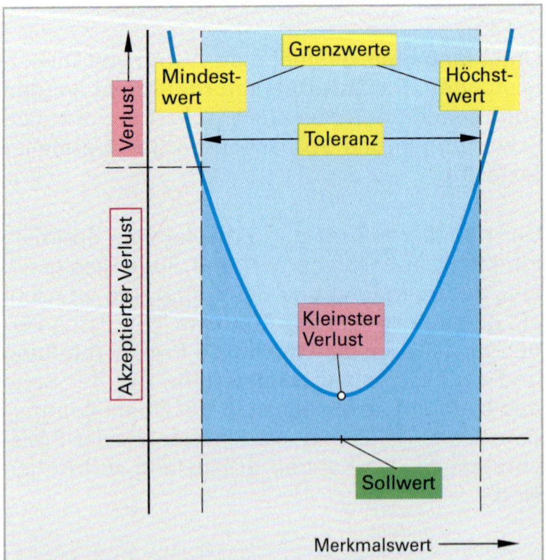

Bild 2: Verlust-Funktion nach *Taguchi*

[1] *Genichi Taguchi* (sprich: tagudschi), japanischer Wissenschaftler

13.2 Ziele des Qualitätsmanagements

Kaufen wir ein Produkt, so erwarten wir, dass es zuverlässig unsere gestellten Anforderungen erfüllt. Erfüllt es eine oder mehrere Anforderungen nicht, so sind wir verärgert. Treten Folgeschäden an Menschen oder Sachen auf, machen wir die Herstellerfirma haftbar. Wir werden das Produkt in Zukunft meiden und unsere Erfahrung anderen mitteilen. Die Folge ist ein Umsatzrückgang und Kosten für Haftung und Schadensersatz bei der Herstellerfirma. Ihre Kapazitätsauslastung und ihr Gewinn sinken, Arbeitsplätze müssen reduziert werden.

Oberstes Ziel des Qualitätsmanagements muss also sein, die Kundenanforderungen optimal zu erfüllen. Jeder Mitarbeiter des Unternehmens muss hierzu seinen Beitrag leisten.

Eine Qualitätsverbesserung des Produktes und des Herstellungsprozesses führt zu einer Produktivitätsverbesserung. Die Maßnahmen hierfür haben oft kurzfristig eine Kostensteigerung zur Folge, führen aber bei sinnvollem Einsatz langfristig zu einer Kostenreduzierung und damit zu der Möglichkeit, die Preise zu reduzieren. Der Marktanteil wird sich erhöhen, die Position des Unternehmens und die Arbeitsplätze werden gesichert (**Bild 1** und **Bild 2**).

13.3 TQM – Total Quality Management

Mit der konsequenten Qualitätsverbesserung beschäftigt sich die TQM-Führungsmethode.

TQM ist eine Führungsmethode einer Organisation, bei welcher Qualität in den Mittelpunkt gestellt wird, welche auf der Mitwirkung aller ihrer Mitglieder beruht und welche auf langfristigen Erfolg durch Zufriedenstellung der Abnehmer und auf den Nutzen für die Mitglieder der Organisation und für die Gesellschaft zielt (DIN ISO 8402).

Die wichtigsten Bausteine eines TQM sind:

1. Zielklarheit in der Unternehmensführung
2. Kundenorientierung des gesamten Unternehmens, z. B.
   - Eingehen auf Kundenwünsche,
   - Freundlichkeit bei Telefongesprächen mit dem Kunden,
   - klare Gebrauchsanweisungen,
   - genügende und verständnisvolle Beratung.

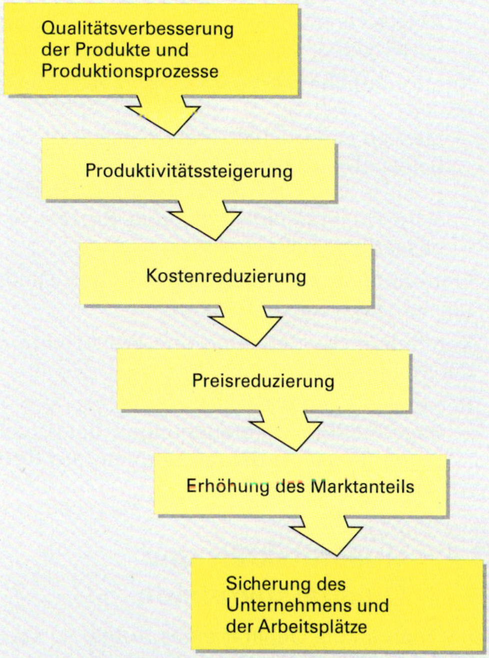

Bild 1: Die Kette von der Qualitätsverbesserung bis zum Geschäftserfolg

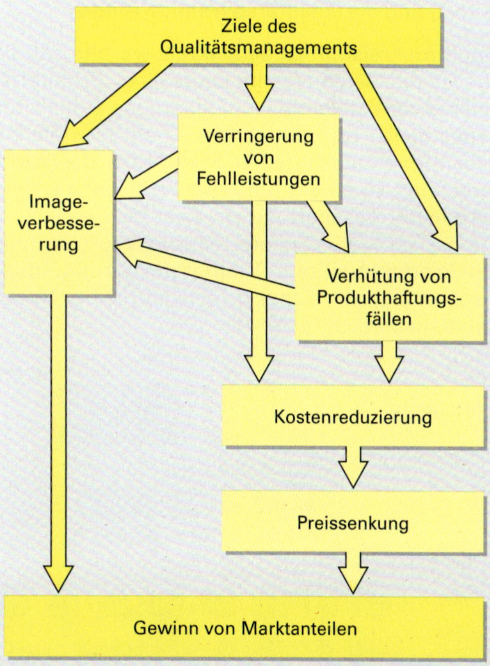

Bild 2: Die wichtigsten Ziele des Qualitätsmanagements

3. Null-Fehler-Programme
   - Analyse und Vermeidung von Fehlern in der Entwicklung, Konstruktion, Fertigung usw.
4. Kontinuierliche Verbesserungen mit Messgrößen
   - Messen von Qualitätsmerkmalen statt Gut-Schlecht-Beurteilung mit Lehren,
   - Analyse von Messwerten (siehe „Statistische Qualitätslenkung") und Prozessverbesserungsmaßnahmen.
5. Einbeziehung aller Mitarbeiter in den Qualitätsverbesserungsprozess.
6. Kontinuierliche Schulung und Weiterbildung der Mitarbeiter.
7. Regelmäßige Audits[1]
   - Regelmäßige Untersuchungen der Qualitätsverbesserungsmaßnahmen auf ihre Wirksamkeit.

13.4 Qualitätskreis und Qualitätspyramide

Denkt man an die Qualität eines Autos, so stellt man fest, dass sich die Gesamtqualität aus einer Menge an Einzelelementen zusammensetzt. Eine Gliederung dieser Einzelelemente und ihre Zusammenhänge verdeutlichen zwei Denkmodelle des Qualitätsmanagements: Der **Qualitätskreis (Bild 1)** und die **Qualitätspyramide (Bild 2).**

Qualitätskreis. Im Qualitätskreis werden sämtliche Qualitätselemente im Laufe eines Produktzyklusses von der Idee bis zur Entsorgung aufgelistet. Jedes dieser Elemente bildet einen Baustein zur gesamten Produktqualität. Kommt z. B. die Marktforschung zu einem fehlerhaften Ergebnis oder wird in der Beschaffung ein zwar billigeres, aber minderwertigeres Zulieferteil eingekauft, so sinkt die Produktqualität. Qualitätsförderung muss also ein Ziel sämtlicher organisatorischer Unternehmensbereiche sein.

Durch die ständige Weiterentwicklung der Produkte beginnt der Qualitätskreis immer wieder von Neuem.

Qualitätspyramide. Die Gesamtqualität einer Anlage setzt sich aus der Beschaffenheit der einzelnen Baugruppen zusammen. Deren Qualitäten hängen wiederum von den Merkmalswerten der Einzelteile und deren Materialien ab. Umgekehrt kann man folgern, dass bei der Erwartung eines bestimmten Qualitätsstandards einer Anlage von den Baugruppen, deren Einzelteilen und ihrer Materialien ganz bestimmte Forderungen erfüllt sein müssen.

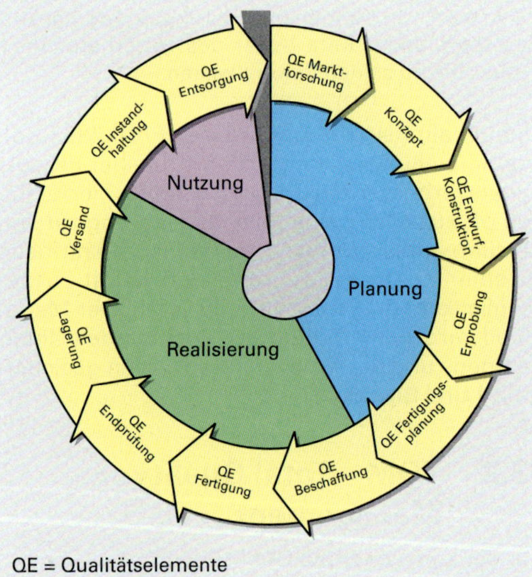

Bild 1: Qualitätskreis nach DIN 55350

[1] Audit, *der* oder *das*, von engl. audit = (unverhofft durchgeführte) Überprüfung; lat. audire = hören

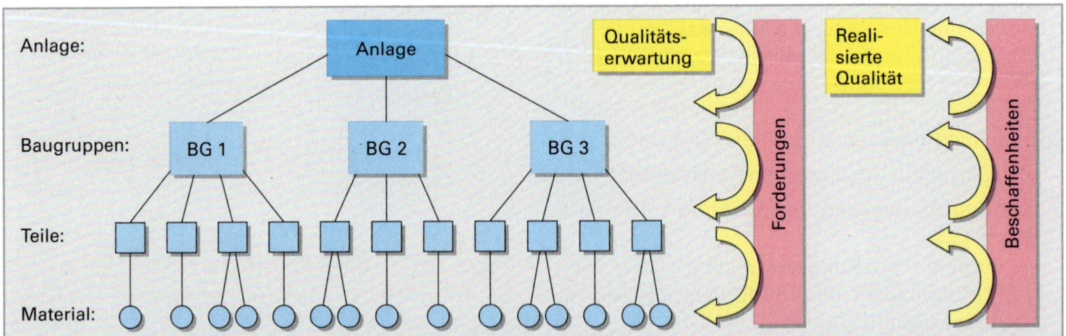

Bild 2: Qualitätspyramide

13.5 Aufbau und Elemente eines Qualitätsmanagementsystems

Wie im Qualitätskreis dargestellt, trägt eine Vielzahl von einzelnen Qualitätselementen zur Qualität eines Produkts bei. Die wichtigste Aufgabe im Unternehmen ist daher, alle qualitätsfördernden Tätigkeiten sinnvoll zu planen und zu koordinieren. Der Aufbau des Qualitätswesens (Aufbauorganisation) und der zeitliche und folgerichtige Ablauf von qualitätswirksamen Maßnahmen (Ablauforganisation) während dem Produktlebenszyklus müssen festgelegt, dokumentiert, organisiert und überwacht werden.

13.5.1 Aufbauorganisation

Das wichtigste Ziel einer Aufbauorganisation ist die Aufgliederung der Gesamtaufgabe eines Betriebes in einzelne Teilaufgaben, die in den einzelnen Abteilungen so kombiniert werden, dass eine sinnvolle arbeitsteilige Gliederung und Ordnung der Betriebsprozesse entsteht.

Da alle Abteilungen von qualitätsfördernden Maßnahmen betroffen sind, ist es wichtig, dass die Kompetenzen und Verantwortlichkeiten eindeutig und widerspruchsfrei festgelegt werden.

Es hat sich als zweckmäßig erwiesen, die Koordination und Überwachung der Maßnahmen nicht den einzelnen Betriebsabteilungen, sondern einer Abteilung „Qualitätswesen" zuzuordnen, die direkt der Unternehmensleitung bzw. der Geschäftsleitung unterstellt ist. Zielkonflikte mit den leistungserbringenden Bereichen (z. B. beim Stoppen eines Fertigungsprozesses aus Qualitätsgründen oder Forderung nach Änderung einer Konstruktion) werden so vermieden. In Organigrammen, Stellenbeschreibungen und Aufgaben-Verantwortungs-Matrizen wird die Aufbauorganisation dokumentiert **(Bild 1** und **Bild 2)**.

Qualitätselement Entwurf		Betroffene Abteilungen								
Nr.	Qualitätsrelevante Tätigkeit	Geschäftsleitung	Entwicklung	Konstruktion	Fertigungsplanung	Fertigung	Vertrieb	Kundendienst	...	Qualitätswesen
1	Festlegung der Anforderungen an den Entwurf	M	Ⓥ	M	M	M	M	M	...	M
2	Schaffung notwendiger Schnittstellen zu vor- und nachgelagerten Bereichen	Z	M	M	M	M	M	M	...	Ⓥ
3	Weitergabe von Entwicklungsergebnissen	I	Ⓥ	M	I	I	I	I	...	M
4	Festlegung von Kriterien zur Prüfung der Entwicklungsschritte	Z	Ⓥ	M	I	I	I	I	...	M
5	Freigabe des Entwurf	Z	Ⓥ	M	I	I	I	I	...	M

Ⓥ = Verantwortlich für die Durchführung
M = Mitwirkung erforderlich
Z = Zustimmung erforderlich
I = muss informiert werden

Bild 1: Aufgaben-Verantwortungs-Matrix

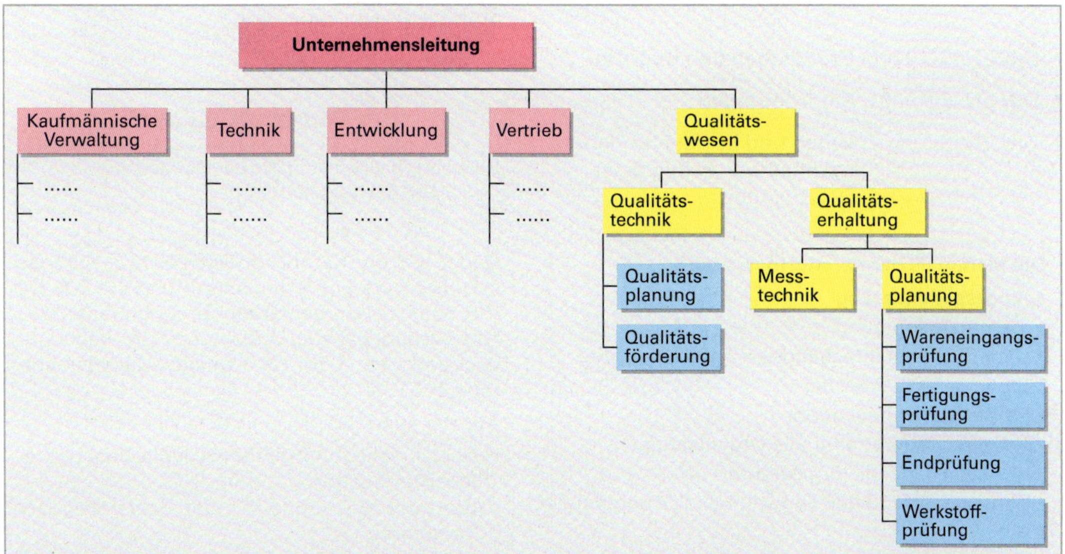

Bild 2: Aufbauorganisation eines Betriebs mit mittlerer Betriebsgröße für den Bereich „Qualitätswesen"

13.5.2 Ablauforganisation

Qualitätsfördernde Maßnahmen sind meist in eine Vielzahl von Einzelschritten aufgegliedert. Während die Aufbauorganisation vor allem Kompetenzen und Verantwortlichkeiten regelt, werden in der Ablauforganisation die einzelnen qualitätsfördernden Maßnahmen in sachlogischer Folge in die häufig schon bestehenden Betriebsabläufe sinnvoll und unter wirtschaftlichen Gesichtspunkten eingegliedert. Als Hilfsmittel zur Planung und Darstellung bieten sich Ablaufdiagramme, Phasenpläne oder ähnliche grafische Darstellungen an **(Bild 1)**.

13.5.3 DIN EN ISO 9000

Im Jahr 1987 wurde mit der Normenreihe DIN ISO 9000–9004 eine Norm entwickelt, in der Kriterien zum Aufbau, Nachweis und zur Dokumentation eines funktionierenden Qualitätsmanagementsystems festgelegt wurden. Diese Norm legte 20 Funktionsbereiche fest und in einem Qualitätsmanagementhandbuch hatte ein Unternehmen zu beschreiben, welche *qualitätssichernden* und *qualitätsfördernden* Maßnahmen das Unternehmen anwendet. Externe Audits, die von akkreditierten Zertifizierungsunternehmen durchgeführt wurden, führten zur Zertifizierung der Unternehmen. Meist wurde diese **Zertifizierung** von den Kunden gefordert oder das Unternehmen wollte sich mit diesem Zertifikat nach außen als sehr qualitätsbewusst darstellen. In den Jahren 2000, 2005, 2008 und 2015 wurde die Normenreihe grundlegend überarbeitet. Sie ist nun gegliedert in:

- DIN EN ISO 9000: Grundlagen und Begriffe
- DIN EN ISO 9001: Anforderungen
- DIN EN ISO 9004: Leiten und Lenken für den nachhaltigen Erfolg einer Organisation

Die Merkmale der Kernnormen sind:

- Prozessorientierung
- Kundenorientierung
- Gliederung entsprechend der Lieferantenkette
- Ständige Verbesserung
- Vorbeugung (Prävention)
- Nur eine Kernnorm für alle Organisationen
- ISO 9004 bildet die Brücke zum TQM
- Kompatibilität zu den Umweltmanagementnormen
- Stärkung der internen Audits und Selbstbewertung

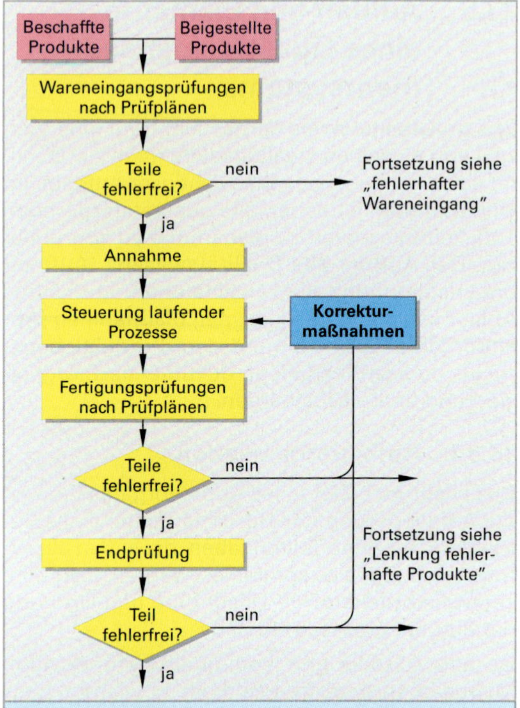

Bild 1: Ablaufplan für ein QM-Element „Prozesslenkung in Produktion und Montage"

Bild 2: Aufbauende Inhalte der Normen DIN EN ISO 9000

Dabei gilt die Kernnorm DIN EN ISO 9001 als zertifizierbare Forderungsnorm und die DIN EN ISO 9004 als ein Leitfaden für ein umfassendes QM-System, das sich in Richtung TQM weiterentwickeln kann, (TQM-Total Quality Management) **(Bild 2)**.

Aus der alten QM-Norm sind geblieben:

- Der jährliche Auditrhythmus durch einen akkreditierten Auditor.
- Die internen Audits mit der Bewertung der Ergebnisse.
- Die Messung des Erfüllungsgrades der Qualitätsziele.

Gliederung und Hauptkapitel. Schwerpunkte der Normen sind die **Kundenorientierung** und die **Prozessorientierung.** Die Prozessstruktur beginnt beim Kunden. Nach drei einleitenden Kapiteln schließen sich in der Norm fünf Hauptkapitel (Kapitel 4 bis 8) an:

1. Anwendungsbereiche,
2. Normative Verweisung,
3. Begriffe,
4. **Qualitätsmanagementsystem,**
5. **Management von Ressourcen,**
6. **Verantwortung der Leitung,**
7. **Produktrealisierung,**
8. **Messung, Analyse und Verbesserung.**

Jede Tätigkeit, die eine Eingabe in ein Ergebnis umwandelt, wird als Prozess angesehen **(Bild 1).** Es entsteht dabei ein Modell einer Organisation, das zwischen Kundenforderungen und Kundenzufriedenheit Prozesse festlegt **(Bilder 2 und 3).**

Qualitätsmanagementhandbuch

Jede Organisation muss ein Qualitätsmanagementhandbuch erstellen und aufrechterhalten. In diesem Handbuch werden die Hauptprozesse beschrieben, in Einzelprozesse aufgegliedert und deren Wechselwirkung aufgezeigt.

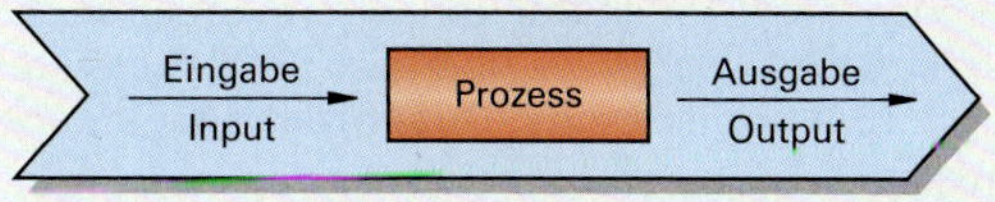

Bild 1: Prozessstruktur

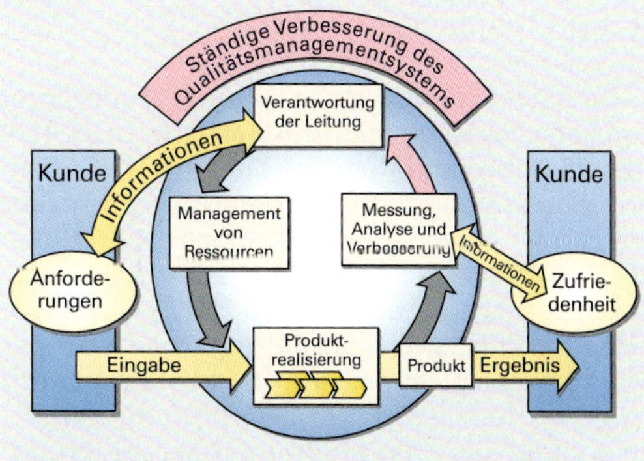

Bild 2: Modell eines professionellen Qualitätsmanagementsystems nach DIN ISO 9001

Bild 3: Prozesse eines Unternehmens

13.5.4 Zertifizierung

Immer mehr Abnehmer verlangen von ihren Zulieferern den Nachweis über ein gut aufgebautes und funktionierendes Qualitätsmanagementsystem.

Während Großabnehmer (z.B. Automobilhersteller) selbst bei Lieferern durch Audits die Qualität und Wirksamkeit von deren QM-Systemen überprüfen und beurteilen, lassen andere Lieferanten ihr QM-System durch neutrale Stellen untersuchen und zertifizieren.

In Deutschland wird diese **externe Auditierung** von verschiedenen **Institutionen** (z.B. DQS, TÜV, DEKRA) durchgeführt. Erfüllt ein QM-System die schwerpunktmäßig in der Norm formulierten Erwartungen, so stellen diese Institutionen ein **Zertifikat** aus. **Bild 1** zeigt den Ablauf eines Zertifizierungsverfahrens und **Bild 2** ein Muster eines Zertifikats. Die Forderungen an eine Zertifizierungsinstitution sind in der Europanorm EN 45012 festgelegt. Die Überprüfung und Anerkennung der Institutionen (Akkreditierung[1]) erfolgt in Deutschland durch die TGA (Trägergemeinschaft Akkreditierung).

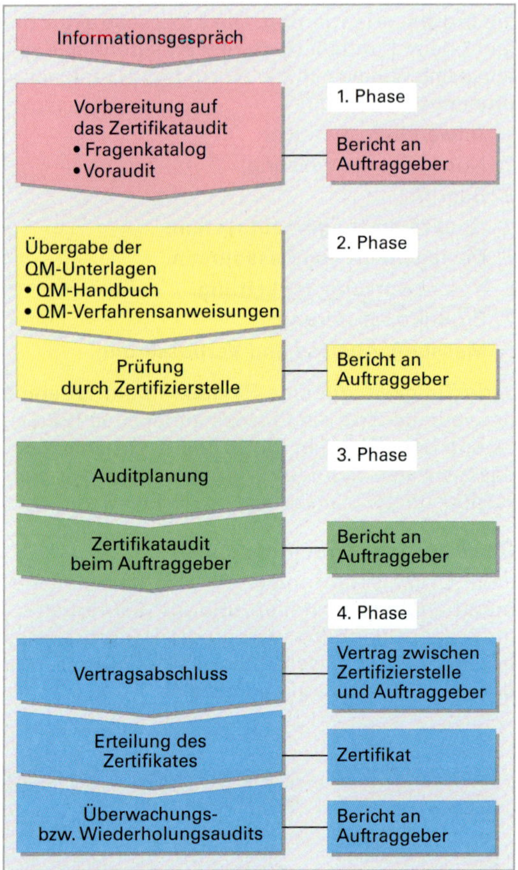

Bild 1: Ablauf eines Zertifizierungsverfahrens

13.6 Statistische Qualitätslenkung

In der heutigen Fertigung werden zur Überwachung und Lenkung von Fertigungsprozessen meist statistische Methoden eingesetzt. Während die Prüfung mit Lehren nur eine Beurteilung der Produkte nach „gut" oder „schlecht" zulässt, geben statistische Methoden Aufschluss über die Charakteristik der Streuung der Merkmale. Eine darauf aufbauende Erforschung der Einflussfaktoren führt bei Verbesserungsmaßnahmen zu einer Einengung der Streuung und damit zur Produktverbesserung.

Mit den Elementen der Prozesslenkung wird weiterhin fortlaufend der Ist- und Sollzustand eines Prozesses überwacht, um mit großer Wahrscheinlichkeit und möglichst wenig Prüfaufwand rechtzeitig in den Prozess korrigierend einzugreifen. Große Prozessschwankungen oder der Trend in Richtung „Ausschuss" werden dabei rechtzeitig ermittelt und Korrekturmaßnahmen verhindern eine fehlerhafte Produktion.

Bild 2: QM-Zertifikat (Muster)

[1] Akkreditierung = Beglaubigung

Soll ein Fertigungsprozess mit statistischen Methoden überwacht werden, so muss zunächst in einer **Prozessanalyse** erforscht werden, welche Charakteristik die Streuung der Merkmalswerte hat und ob sie sich mit einem mathematischen Modell (z. B. der Gauß'schen[1] Normalverteilung) beschreiben lässt. Über **Fähigkeitskennzahlen** kann festgestellt und dokumentiert werden, ob die Streuung der Merkmalswerte in Bezug auf die geforderte Toleranz in einem akzeptablen Bereich liegt. Lässt sich die Streuung der Merkmalswerte des Prozesses mit einem mathematischen Modell hinreichend beschreiben und ist der Prozess in Bezug auf die Toleranzgrenzen fähig, so kann dieser über **Regelkarten** überwacht und gesteuert werden.

13.6.1 Prozessanalyse

Um die Charakteristik einer Merkmalsstreuung genügend zu erfassen, wird zu Beginn des Prozesses mit einem Umfang von mindestens 125 Messwerten eine Prozessanalyse vorgenommen. In der Regel werden diese Messwerte mit 25 Stichproben vom Umfang $n = 5$ in regelmäßigen Abständen aufgenommen. Der Abstand der Stichproben und damit die aufgenommene Prozesslänge muss so gewählt werden, dass alle Einflussgrößen, die auf die Merkmalsausprägung wirken (Mensch, Maschine, Methode, Material und Umwelt), durch die Prozessaufnahme erfasst werden.

Die in eine **Urliste** (**Bild 1** zeigt ein Beispiel) aufgenommenen Messwerte werden nun in **Klassen (Bild 2)** geordnet. Im Histogramm **(Bild 3)** werden die **Häufigkeiten** in den einzelnen Klassen grafisch dargestellt. Das Histogramm in Bild 3 zeigt eine Normalverteilung. Damit kann die Streuung der Merkmalswerte auch mit der Funktion der Gauß'schen Normalverteilung mathematisch beschrieben werden.

Durch die Anwendung der Normalverteilung nach Gauß kann die Charakteristik der Verteilung mit zwei Parametern festgelegt werden:

1. **Mittelwert $\hat{\mu}$** als Parameter für die Lage der Verteilung. Das Kurzzeichen μ wird verwendet, wenn der Mittelwert der Grundgesamtheit angegeben wird. Wird der Mittelwert einer Stichprobe angegeben, so wird als Kurzzeichen $\bar{x}$ (x-quer) verwendet.
2. **Standardabweichung $\hat{\sigma}$** als Parameter für die Streuung des Prozesses. Auch hier wird σ nur bei der Grundgesamtheit verwendet. Bei der Stichprobe verwendet man das Kurzzeichen s.

[1] *Karl Friedrich Gauß*, Mathematiker und Astronom (1777 bis 1855)

Merkmal:	**Länge**		**26 + 0,1 mm**		
	Höchstwert		26,00 mm		
	Mindestwert		26,01 mm		
1	26,04	26,06	26,05	26,06	26,05
2	26,07	26,09	26,05	26,04	26,08
3	26,07	26,05	26,07	26,07	26,06
4	26,05	26,02	26,03	26,08	26,06
5	26,08	26,05	26,08	26,10	26,07
1	26,04	26,06	26,06	26,05	26,03
2	26,06	26,08	26,04	26,07	26,04
3	26,06	26,10	26,07	26,06	26,07
4	26,05	26,06	26,06	26,08	26,05
5	26,08	26,07	26,09	26,08	26,07
1	26,04	26,06	26,06	26,05	26,03
2	26,06	26,08	26,04	26,07	26,09
3	26,06	26,06	26,09	26,06	26,07
4	26,05	26,06	26,06	26,08	26,05
5	26,08	26,07	26,09	26,08	26,07
1	26,04	26,06	26,05	26,06	26,05
2	26,07	26,09	26,05	26,04	26,08
3	26,07	26,01	26,07	26,07	26,06
4	26,05	26,02	26,03	26,08	26,00
5	26,08	26,05	26,08	26,06	26,07
1	26,05	26,06	26,06	26,08	26,05
2	26,06	26,07	26,09	26,08	26,04
3	26,04	26,06	26,06	26,05	26,03
4	26,06	26,07	26,04	26,07	26,07
5	26,06	26,10	26,09	26,06	26,07

Stichprobenumfang *n*:	125
größter Wert *x* max:	26,10
kleinster Wert *x* min:	26,01
(Range) = Spannweite *Rx* max – *x* min:	0,09

Bild 1: Urliste

Klasse Nr.	Klassenweite von	bis	Strichliste	Häufigkeit pro Klasse
1	25,995	26,005		0
2	26,005	26,015	I	1
3	26,015	26,025	II	2
4	26,025	26,035	IIIII	5
5	26,035	26,045	IIIIIIIIIIII	12
6	26,045	26,055	IIIIIIIIIIIIIIIIIIII	20
7	26,055	26,065	IIIIIIIIIIIIIIIIIIIIIIIIIIIIIIII	32
8	26,065	26,075	IIIIIIIIIIIIIIIIIIIIIIII	24
9	26,075	26,085	IIIIIIIIIIIIIIIIII	18
10	26,085	26,095	IIIIIIII	8
11	26,095	26,105	III	3
12	26,105	26,115		0

Bild 2: Klassifizierte Messwerte mit Strichliste

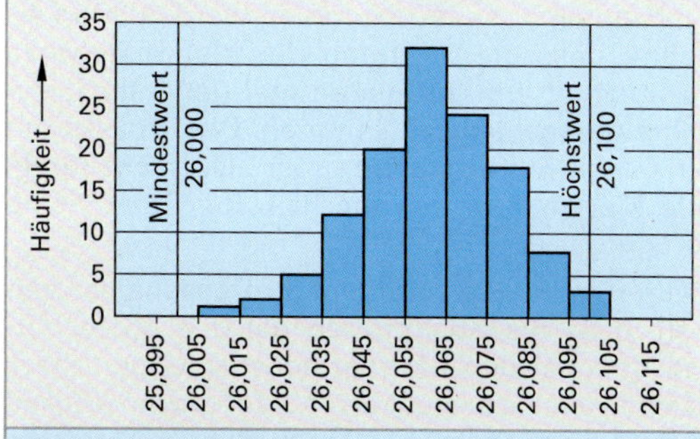

Bild 3: Histogramm

Die beiden Werte werden nach folgenden Formeln aus den Einzelmesswerten berechnet:

$$\bar{x} = \frac{\Sigma x_i}{n} = \frac{x_1 + x_2 + \dots x_n}{n}$$

$$s = \sqrt{\frac{\Sigma(x_i - \bar{x})^2}{n-1}}$$

$x_i = x_1, x_2 \dots x_n$ (einzelne Merkmalswerte)

Mit den Messwerten ergeben sich folgende Werte für $\bar{x}$ und s:

Mittelwert $\bar{x}$:	26,06192 mm
Standardabweichung s:	0,01754 mm

Bild 1 zeigt die Funktion der Normalverteilung nach Gauß mit den errechneten Parametern $\bar{x}$ und s. Die Funktion geht zwar von $-\infty$ bis $+\infty$, der für die Prozessanalyse interessante Bereich liegt aber zwischen $\bar{x}$ **– 3s** und $\bar{x}$ **+ 3s**: In ihm liegen **99,73 %** der Messwerte und es kann in der Realität angenommen werden, dass außerhalb dieses Bereichs wohl kaum Werte auftauchen werden. Hierbei ist auch zu bedenken, dass man sich jetzt in einem mathematischen Modell befindet, das nicht unbedingt vollständig die realen Prozessergebnisse beschreibt.

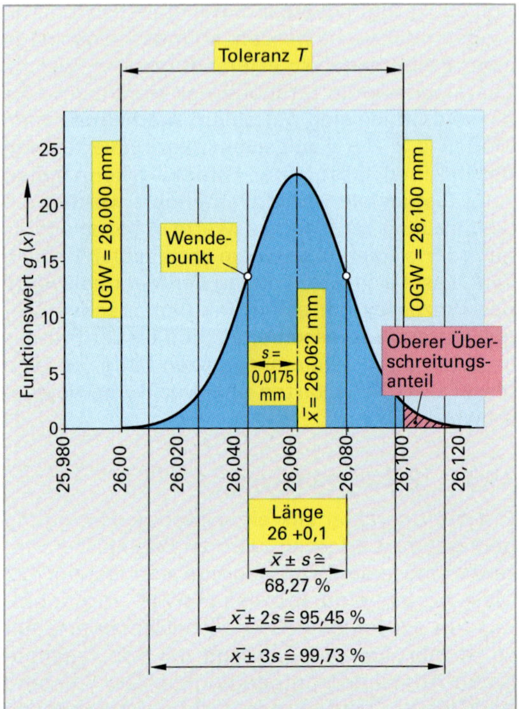

Bild 1: Normalverteilung, berechnet aus $\bar{x}$ und s

Aus dem Schaubild kann man auch erkennen, dass in dem Beispiel eine hohe Wahrscheinlichkeit für Messwerte außerhalb des oberen Grenzwerts besteht, obwohl die Werte der aufgenommenen Stichprobe alle in der Toleranz liegen. Es kann also angenommen werden, dass bei der Fertigung auch Messwerte auftauchen, die außerhalb der Toleranz liegen. Diesen Anteil nennt man den oberen **Überschreitungsanteil.** Er lässt sich in %-Anteilen genau bestimmen. Weiterhin ist aus dem Schaubild noch herauszulesen, dass der Mittelwert nicht in der Mitte der Toleranz liegt. Durch genaue Einstellung der Maschine könnte hier noch korrigiert werden. Allerdings muss bei einer Verschiebung der Verteilungskurve nach unten ein größer werdender unterer Überschreitungsanteil in Kauf genommen werden. Man erkennt, dass die Streuung der Merkmalswerte zu hoch ist, um auf gegen null gehende Überschreitungsanteile zu kommen. Der Prozess mit all seinen Einflussfaktoren ist also **nicht fähig,** alle Merkmalswerte innerhalb der Toleranz zu fertigen.

Weiterhin könnte auch eine Prozessanalyse zeigen, dass die Stichproben bei den Mittelwerten und bei den Standardabweichungen stark schwanken. Es besteht also keine Regelmäßigkeit mehr. Solche Prozesse werden **nicht beherrschte Prozesse** genannt **(Bild 2).**

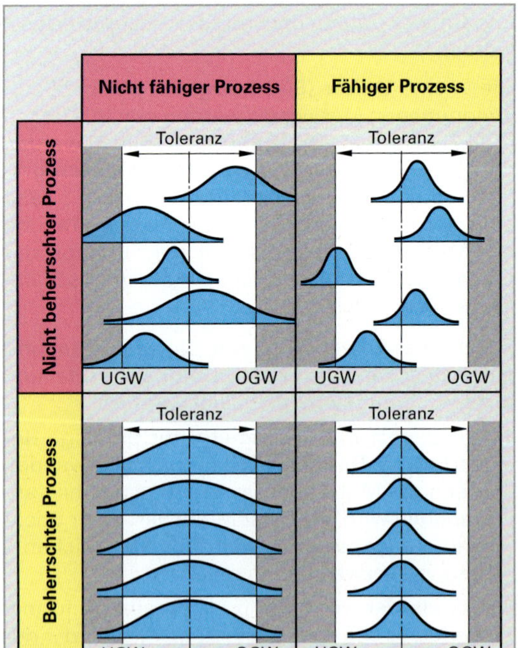

Bild 2: Prozessfähigkeit und Prozessbeherrschung

13.6.2 Qualitätsregelkarten

Mit Qualitätsregelkarten werden die Parameter für die Verteilung der Merkmalswerte laufend überwacht. Dabei werden in regelmäßigen Abständen Stichproben dem Prozess entnommen, ausgewertet und in die Qualitätsregelkarte eingetragen. **Bild 1** zeigt den Aufbau einer solchen Karte am Beispiel einer **Mittelwertkarte.**

Neben dem Mittelwert wird auch noch ein Kennwert der Streuung mit einer Regelkarte überwacht. Dies kann die Standardabweichung *s* oder die Spannweite *R* sein. Die Spannweite hat den Vorteil, dass sie sich einfach durch Differenz von größtem Messwert x_{max} und kleinstem Messwert x_{min} errechnen lässt. Das ist besonders praktikabel bei handgeführten Qualitätsregelkarten. Außerdem kann man sich die Streuung durch diesen Wert besser vorstellen.

Um frühzeitig auf Änderungen des Prozesses zu reagieren, setzt man den Prozesskennwerten Grenzen. Erreichen die Kennwerte die **Warngrenzen (OWG und UWG)**, so ist die Gefahr, dass ein Merkmalswert außerhalb der erwarteten Qualität liegt, noch sehr gering. Eine schärfere Beobachtung wird erforderlich. Wird eine **Eingriffsgrenze (OEG oder UEG)** erreicht, so muss der Prozess angehalten, die Ursachen erforscht und Korrekturen vorgenommen werden.

Mit den Regelkarten ist damit ein Regelkreis aufgebaut, der es ermöglicht, Veränderungen in der Fertigung rechtzeitig zu erkennen und vorbeugend in den Fertigungsprozess einzugreifen **(Bild 2).**

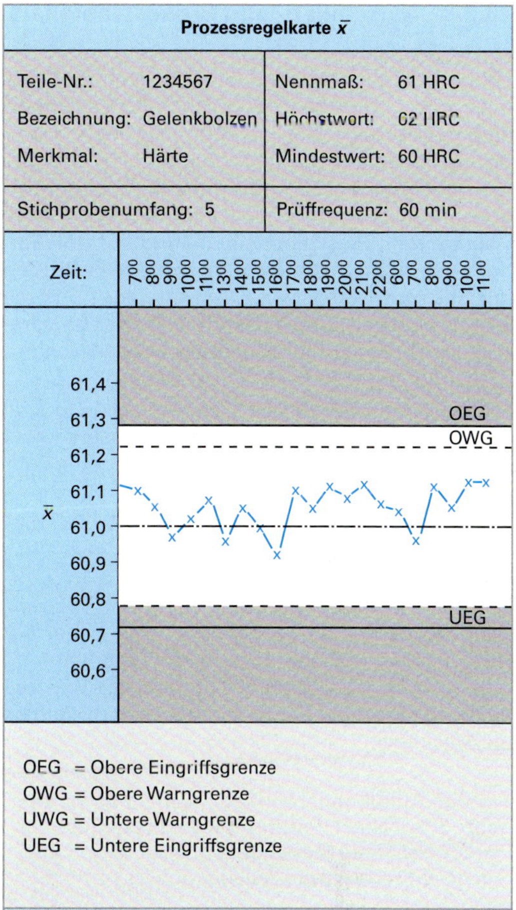

Bild 1: Mittelwertregelkarte ($\bar{x}$ Karte)

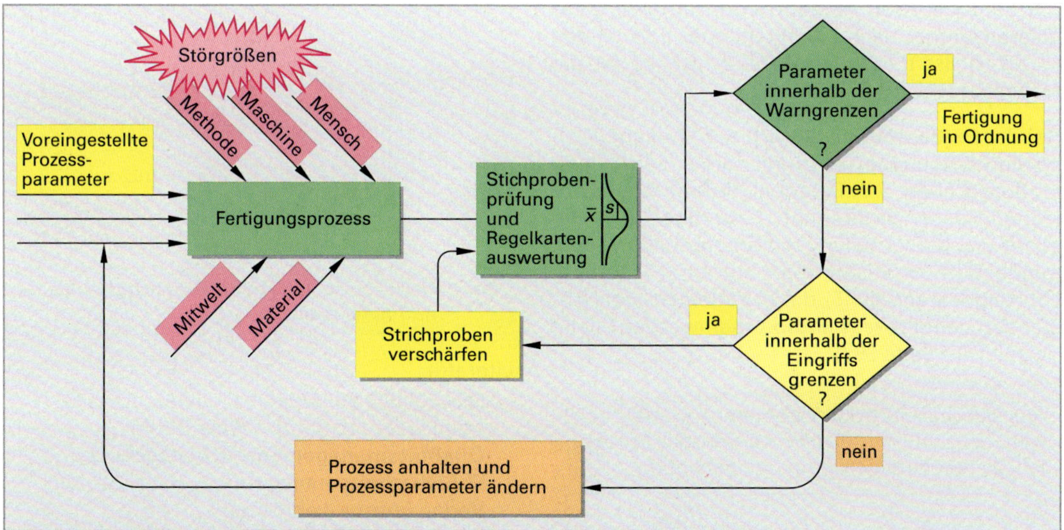

Bild 2: Qualitätsregelkreis in der Fertigung

13.6.3 Maschinen- und Prozessfähigkeit

Unter **Maschinenfähigkeit** versteht man die Fähigkeit einer Maschine, die Werte eines Merkmals mit genügender Wahrscheinlichkeit innerhalb der vorgegebenen Merkmalsgrenzwerte zu fertigen. Hierzu wird eine fortlaufende Stichprobe vom Umfang $n \geqq 50$ entnommen. Alle Einflussgrößen, z. B. Prüfmittel, Bedienungspersonal, Rohmaterial, Maschineneinstellung auf den Fertigungsprozess, bleiben während der Fertigung der Stichprobe konstant. Der Mittelwert und die Standardabweichung dieser Stichprobe charakterisieren die Fertigungsgenauigkeit der Maschine.

Aus den Kennwerten der Stichprobe werden die beiden Kennzahlen c_m und c_{mk} nach folgenden Formeln gebildet:

$$c_m = \frac{T}{6 \cdot \hat{\sigma}} \qquad c_{mk} = \frac{|\Delta_{krit}|}{3 \cdot \hat{\sigma}}$$

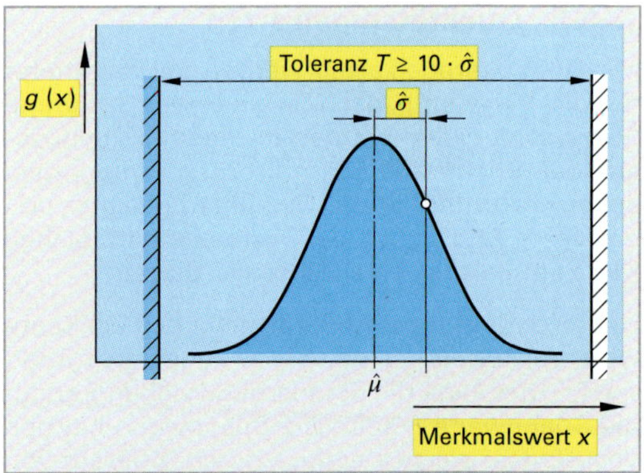

Bild 1: Normalverteilung einer Maschinenfähigkeitsuntersuchung im geforderten Toleranzfeld

Die Maschine gilt als fähig, wenn die Toleranz mindestens den 10-fachen Wert von $\hat{\sigma}$ beträgt **(Bild 1)**. Die Maschinenfähigkeitskennzahl c_m nimmt dann einen Wert gleich oder größer 1,67 an. Dieser Wert gilt für geringe Anforderungen an die Maschine.

In der Automobilproduktion geht man häufig dazu über, einen Wert für $\hat{\sigma} \leq 0{,}083$ der Toleranz zu fordern. Eine Maschine ist demzufolge fähig, wenn ein c_m-Wert von 2,0 oder größer vorliegt.

Da der c_m-Wert nichts über die Lage der Verteilung innerhalb der Toleranz aussagt, bildet man mit dem kleinsten Abstand vom Mittelwert zur Toleranzgrenze nach obenstehender Formel den c_{mk}-Wert. Ist diese Kennzahl $\geqq 1{,}67$, so ist die Maschine fähig **(Bild 2)**.

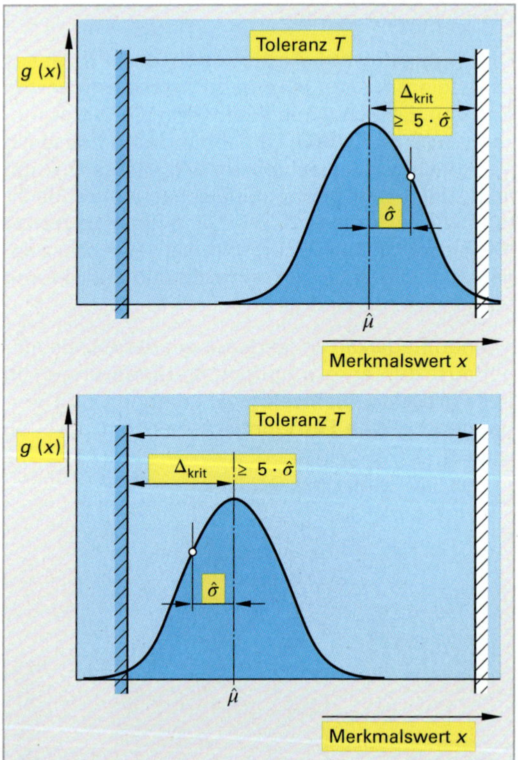

Bild 2: Normalverteilung mit außermittiger Lage im Toleranzfeld

Bei der **Prozessfähigkeit** wird auf ähnliche Weise ein Fertigungsprozess mit seinen sämtlichen Einflussgrößen, z. B. Personal, Rohmaterial, Umwelteinflüsse, untersucht. Grundlage der Bestimmung der Verteilungsparameter bilden dabei mindestens 25 Stichproben mit einem Umfang von mindestens $n = 5$, die in regelmäßigen Abständen dem Prozess entnommen werden (siehe Beispiel auf Seite 367).

Aus den geschätzten Parametern Standardabweichung und Mittelwert werden die Prozessfähigkeitskennzahlen c_p und c_{pk} gebildet:

$$c_p = \frac{T}{6 \cdot \hat{\sigma}} \qquad c_{pk} = \frac{|\Delta_{krit}|}{3 \cdot \hat{\sigma}}$$

Literatur:

- **DIN EN ISO 9000/9004**, Qualitätsmanagementsysteme, Beuth Verlag Berlin
- **Qualitätsmanagement, Arbeitsschutz und IT-Sicherheitsmanagement**, Haan-Gruiten, Verlag Europa-Lehrmittel
- **Produktion – Technologie und Management**, Haan-Gruiten, Verlag Europa-Lehrmittel

14 Instandhaltung und Energieeffizienz

14.1 Instandhaltung

14.1.1 Begriffe

Für die Instandhaltung gibt es Richtlinien und Empfehlungen. Jedoch zeigt die Erfahrung, dass der Betreiber von Anlagen nur so viel investieren will, wie unbedingt notwendig ist. Um sich klar verständigen zu können, wurden in der Norm DIN 31051 „Instandhaltung – Begriffe und Maßnahmen" einige Begriffe definiert. Es wird aufgezeigt, dass Instandhaltung nicht nur eine manuelle Tätigkeit ist, sondern vorausschauend eine hohe Funktionsfähigkeit eines Systems gewährleisten soll. In DIN 31051 wird Instandhaltung wie folgt definiert:

> Instandhaltung:
> Maßnahmen zur Bewahrung und Wiederherstellung des Sollzustands sowie zur Festlegung und Beurteilung des Istzustandes von technischen Mitteln eines Systems.

Die Maßnahmen beinhalten die *Wartung*, die *Inspektion* und die *Instandsetzung*. Sie schließen ein die Abstimmung der Instandhaltungsziele mit den Unternehmenszielen und die Festlegung entsprechender Instandhaltungsstrategien **(Bild 1)**.

Die Instandhaltung wird meist nach den Herstellerangaben umgesetzt. Ein wichtiges Kriterium sind die sicherheitstechnischen Anforderungen (z.B. nach UVV bzw. nach TÜV). In der **Tabelle 1** wird die Instandhaltung am Beispiel einer hydraulischen Anlage aufgezeigt.

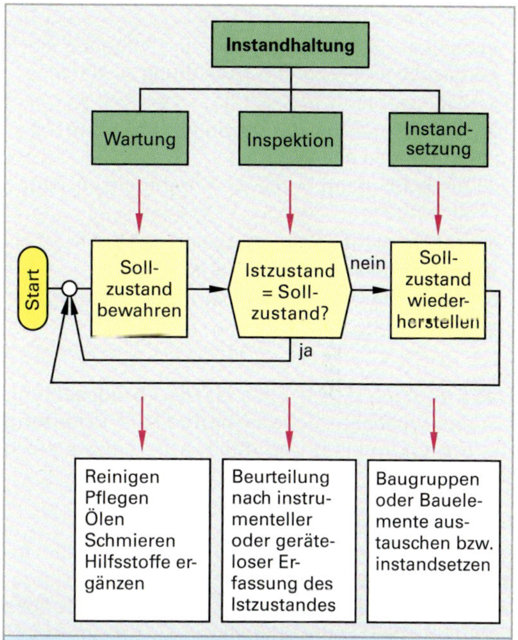

Bild 1: Aufgaben und Ablauf der Instandhaltung

Tabelle 1: Instandhaltung hydraulischer Anlagen

Betrieb	**Großbetriebe, z.B.:** • Autoindustrie • Kraftwerke • Großchemie	**Mittelständische Betriebe, z.B.:** • Maschinenbau • Möbelindustrie	**Kleinbetriebe, z.B.:** • Baubetriebe • Fu • Lagerwirtschaft
Organisationsformen der Instandhaltung in diesen Betrieben	• Ein Ingenieur oder eine Abteilung ist speziell für die Instandhaltung verantwortlich. • Es bestehen eigene Vorschriften des Unternehmens für die Instandhaltung.	• Beschränkt sich meist auf die Empfehlungen des Herstellers des Systems, der Anlage oder des Elementes. • In der Regel wird durch die Geschäftsleitung eine Kontrolle darüber organisiert.	Eine planmäßige Instandhaltung ist in der Regel nicht organisiert. Bei auftretenden Störungen werden entsprechende Maßnahmen eingeleitet.
Instandhaltung durch das eigene Unternehmen	Führt in der Regel alle mit der Instandhaltung in Verbindung stehenden Arbeiten selbst aus. Ausnahmen: • Garantiezeitraum, • Generalreparaturen. Das Personal wird planmäßig geschult.	• Gewisse grundsätzliche Arbeiten, wie z.B. Filterwechsel- und Ölwechsel, werden in der Regel planmäßig durchgeführt. • Störungen werden möglichst selbst behoben.	• Empfehlungen des Herstellers werden nur bedingt beachtet, meist erst bei Störungen. • Das allgemeine technische Personal führt Arbeiten selbst aus.
Instandhaltung durch Personal des System- oder Anlagenherstellers	meist nur im Garantiezeitraum	• im Garantiezeitraum • wenn eine Instandsetzung selbst nicht möglich war	• im Garantiezeitraum • wenn eine Instandsetzung selbst nicht möglich war

Ziele der Instandhaltung

Die Instandhaltung hat, wie jedes Arbeitssystem ein wirtschaftliches und ein humanes Ziel **(Tabelle 1)**. Das wirtschaftliche Ziel besteht in der Sicherstellung der Produktionsfähigkeit bzw. Verfügbarkeit der technischen Anlage.

Vonseiten des Managements sind folgende sieben Sachverhalte zur Instandhaltung zu klären:

1. Ziele setzen.
2. Aufgaben exakt abgrenzen (Gesetze und Verordnungen einhalten).
3. Instandhaltung in die Unternehmensstruktur einbinden.
4. Den gerechtfertigten Aufwand festlegen.
5. Selbsterledigung oder Fremdvergabe?
6. Rationelle Organisation der Instandhaltung.
7. Welche Mitarbeiter werden benötigt?

Das Erreichen dieser Ziele ist die Voraussetzung für das wirtschaftliche Arbeiten, die Erhaltung der Produktqualität und das fristgemäße Liefern der Produkte.

Instandhaltungsstrategien

Mit den steigenden Anforderungen an die Instandhaltung wurden zentrale Instandhaltungswerkstätten mit Spezialisten eingerichtet. Dies bedurfte aber für den jeweiligen Einsatz eines hohen Organisations- und Abstimmungsaufwands. Neben dieser zentralen Organisationsstruktur entstanden dezentrale Strukturen, welche die Instandhaltung direkt den Abteilungen unterstellen. Häufig wird auch die Instandhaltung direkt in den Fertigungsprozess integriert **(Bild 1)**. Das Fertigungsteam übernimmt die notwendige Instandhaltung ihrer Anlagen.

Die Frage zu welchem Zeitpunkt eine Instandhaltung erfolgen soll wird sehr unterschiedlich beantwortet. Während man früher eher vorbeugende Wartungsarbeiten durchführte ist dies heute eher selten. Die Instandhaltung erst im Störfall (Feuerwehrmethode, Fahren mit vollem Risiko bis zum Bruch) durchzuführen, kann nicht kalkulierbare Kosten nach sich ziehen. In **Tabelle 2** wird eine Gegenüberstellung gezeigt.

Eine besondere Bedeutung hat die *vorbeugende* Instandhaltung.
Sie dient vor allem dazu, Schäden zu vermeiden. Durch die periodische Inspektion ist die Beseitigung der direkten Ursache von Schwachstellen möglich. Fehler, die nicht technischer Natur sind, können jedoch nur mithilfe des *Null-Fehler-Managements* aufgespürt werden.

Tabelle 1: Ziele der Instandhaltung

Instandhaltungsziele

Wirtschaftliche Ziele	Humane und ökologische Ziele
Hohe Anlagenverfügbarkeit	Verhinderung von Unfallrisiken
Vermeidung von Produktionsstörungen	Erhöhung der Arbeits- und Anlagensicherheit
Verhinderung von Produktionsausfällen	Vermeidung von Umweltbelastungen oder Umweltschäden
Verlängerung der Lebensdauer der Betrachtungseinheiten	Einhaltung gesetzlicher Vorschriften
Frühes Erkennen von sich anbahnenden Schäden zur Verhinderung von größeren Folgeschäden	
Schwachstellenerkennung und Beseitigung	

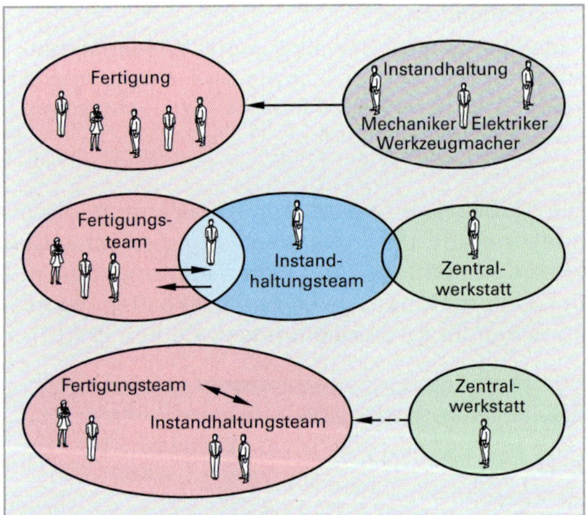

Bild 1: Instandhaltungsorganisation

Tabelle 2: Instandhaltungs-Strategien

Strategie	Vorteile	Nachteile
Vorbeugende Instandhaltung (periodisch, vorbeugend)	– Hohe Zuverlässigkeit – Verschleißhemmung – Ersatzteilhaltung nur zu bestimmten Zeiten – Planbarkeit der Maßnahme	– Nicht optimale Nutzung der Bauelement-Lebensdauer – Instandhaltungskosten hoch – Planungsaufwand hoch
Zustandsabhängige Instandhaltung (vorbeugend)	– Hohe u. termingerechte Verfügbarkeit – Nutzung der Bauelement-Lebensdauer – Planbarkeit der Maßnahme	– Zusätzliches Inspektionspersonal – Erhöhter Planungsaufwand
Ausfallbedingte Instandhaltung	– Volle Nutzung d. Bauelement-Lebensdauer – Geringe Planung – Geringer Personalbedarf	– Volles Ausfallrisiko – u.U. hohe Schadenskosten u. Schadensfolgekosten – Keine Planbarkeit

Instandhaltungsmanagement

Instandhaltung dient im Wesentlichen dazu die *Funktionen* der Anlage zu erhalten. Es geht also nicht um die Erhaltung der Anlage, sondern nur darum, deren *Funktion* zu erhalten. Deshalb ist es notwendig, die genaue Funktion und Leistungsnorm der Anlage zu kennen.

Beispiel 1

Eine Pumpe hat eine Nominalkapazität von 400 l/min **(Bild 1)**. Sie pumpt Wasser in einen Tank, aus welchem max. 300 l/min entnommen werden. In diesem Fall ist die Primärfunktion der Pumpe: Wasser in den Tank zu füllen mit minimal 300 l/min.

Das Instandhaltungsprogramm muss sicherstellen, dass die Leistung nicht unter diesen Wert sinkt. Es ist also nicht notwendig, dass die Pumpe 400 l/min liefert. Wenn die Pumpe jedoch an einem anderen Tank 350 l/min liefern muss, dann muss sich auch das Instandhaltungsprogramm ändern.

Wenn das Auswechseln der Wälzlager z. B. 4 Stunden dauert, kann man vor dem Tausch den Tank füllen, dann bleiben 4 Stunden Zeit zum Tauschen. Als zustandsbedingte Maßnahme genügt die Überwachung des Schwingverhaltens mit einem Messgerät.

Unterschiedliche Störungsfolgen erfordern unterschiedliche Instandhaltungsstrategien.

Beispiel 2

Wenn Pumpe A ausfällt, so tritt eine Störung des Betriebs auf, also sind vorbeugende Maßnahmen erforderlich **(Tabelle 1)**. Wenn Pumpe B ausfällt, dann kann sofort auf Pumpe C umgeschaltet werden. Hier kann gefahren werden, bis eine Störung auftritt. Es ist allerdings notwendig regelmäßig die Pumpe C auf Funktion zu prüfen.

Technische Geräte sind heute viel komplexer als früher. Dies führt zu veränderten Mustern von Anlagestörungen.

Die Kurven in **Bild 2** zeigen eine zustandsbedingte Wahrscheinlichkeit einer Störung, aufgetragen über der Betriebszeit für eine breite Auswahl mechanischer und elektrischer Teile.

Interessant sind die %-Zahlen der Häufigkeit:

A: Dies ist die bekannte „Badewannenkurve“: am Anfang viele Ausfälle und am Schluss wieder viele Ausfälle. Dieses Verhalten trat aber nur in vier Prozent der Fälle auf.

B: Klassische Denkweise, mit zunehmendem Alter nehmen die Störungen zu.

C: Nahezu konstantes, aber ansteigendes Störverhalten.

D: Am Anfang eine hohe Zuverlässigkeit, dann eine konstante Ausfallrate.

E: konstante Zuverlässigkeit.

F: Die Ausfallrate sinkt mit zunehmendem Alter (68 % der Fälle).

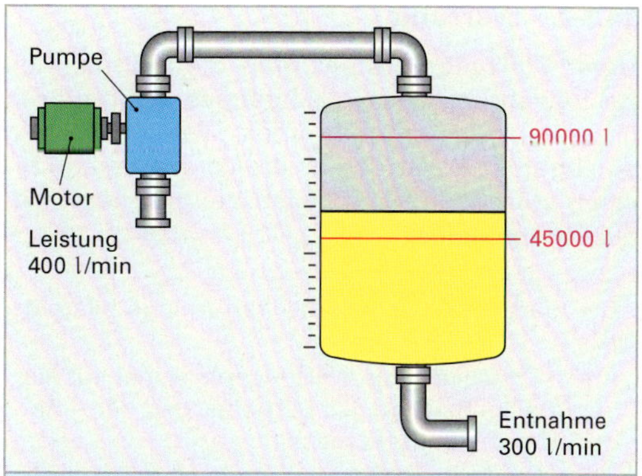

Bild 1: Tankanlage

Tabelle 1: Pumpensysteme

Stand-alone-Arbeitspumpe	Arbeitspumpe	Stand-by
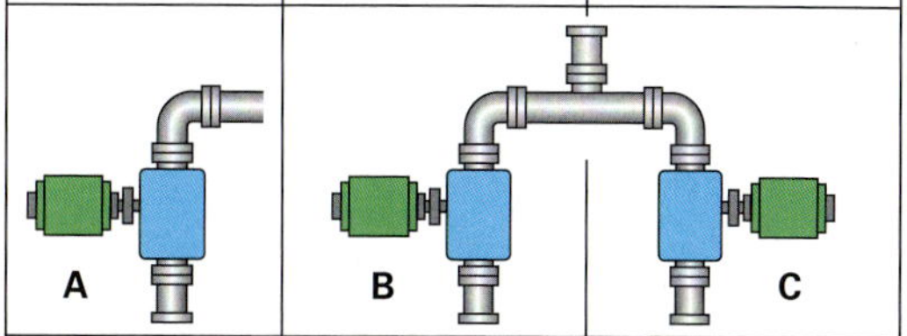		
Störung betrifft Produktion	Wenn B ausfällt, umschalten auf C	Störung nicht offensichtlich, solange B noch arbeitet
Störung vorhersehen oder vorbeugen	Warten bis Störung auftritt	Funktionsprüfung

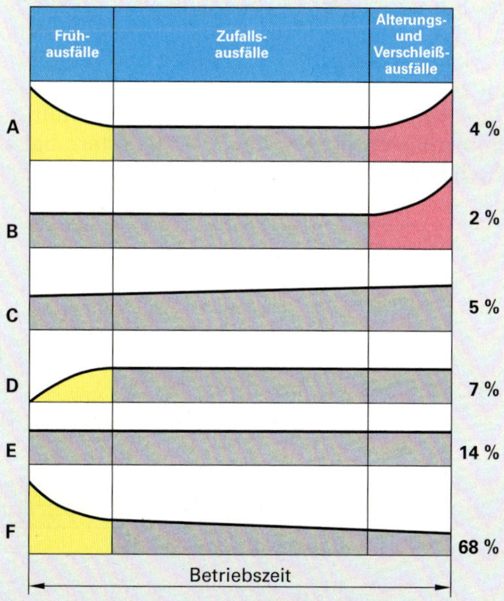

Bild 2: Muster des Ausfallverhaltens durch Störungen

14.1.2 Wartung

Unter Wartung versteht man die Maßnahmen zur Bewahrung des Sollzustandes während der gesamten Nutzungszeit eines Systems. Richtig durchgeführte Wartung ist die Voraussetzung für einen störungsfreien Betrieb bei gleichem Produktionsergebnis.

Die Wartung einer technischen Anlage besteht aus:
- dem Erstellen eines Wartungsplans, der auf die speziellen Belange des Betriebes und der Anlage abgestimmt sein muss,
- der Vorbereitung der Maßnahmen,
- der Durchführung und
- der Rückmeldung.

Die Wartung wird regelmäßig oder je nach Zustand der Einrichtung durchgeführt. Bei der Erstellung des Wartungsplanes sind verschiedene Kriterien zu prüfen **(Bild 1)**. Wartung ist immer *vorbeugend* und verlängert die Nutzungsdauer der Systeme.

Die systematische Durchführung der Wartung erfordert bei größeren Anlagen drei Ebenen **(Bild 2)**. In der *Planungsebene* wird der eigentliche Wartungsplan erstellt. Hier werden betriebswirtschaftliche Überlegungen mit einbezogen. Außerdem werden die Empfehlungen der Anlagenhersteller berücksichtigt. Diese Generalplanung übergibt die Daten in die *Steuerungsebene*. Sie werden als Arbeitsanweisungen meist in Tabellenform erstellt. Hieraus erhält dann der Werker bzw. das Wartungsteam die Wartungsaufträge. Im Anschluss an die Arbeiten in der *Durchführungsebene* muss die Durchführung protokolliert werden. Dies ist besonders bei sicherheitsrelevanten Arbeiten notwendig.

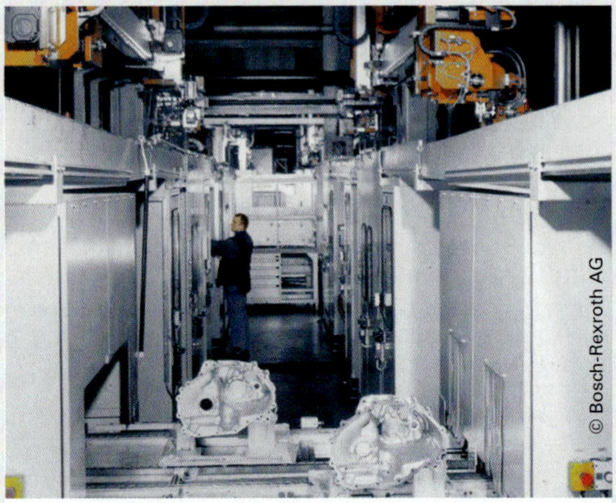

Schmieren, Ergänzen, Auswechseln, Nachstellen, Reinigen, Konservieren

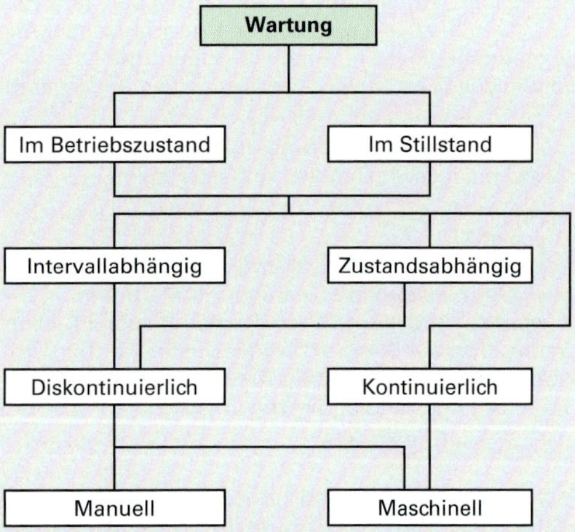

Bild 1: Wartung

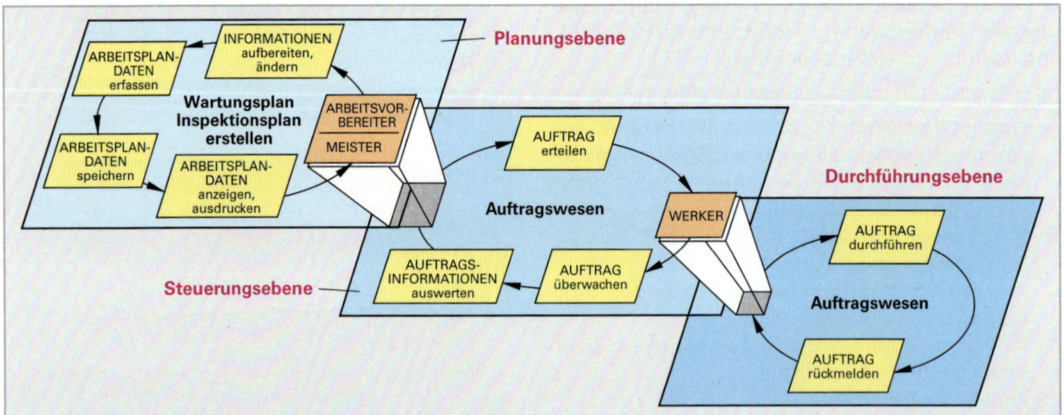

Bild 2: Ebenenzuordnung der Wartung

Für eine konsequente Wartung ist es notwendig, dass auf exakte Arbeitsanweisungen zurückgegriffen werden kann. Es spielen hier Zeitsysteme und damit folgende Fragen eine große Rolle:

- Bis wann kann mit der vollen Funktionsfähigkeit eines Elements bzw. einer Anlage gerechnet werden?
- Welche planmäßige Stillsetzung des Systems ist notwendig?
- Mit welcher zeitlichen Sicherheit können die Wartungsarbeiten durchgeführt werden?
- Welche Ausweichmöglichkeiten bei unvorhergesehenen Ereignissen bestehen?
- Wie werden die Arbeiten dokumentiert?

Beispiel 1:
Wartung einer hydraulischen Anlage (Bild 1)
Die regelmäßige Wartung ist Voraussetzung für einen störungsfreien Betrieb ohne Ausfallzeiten und mit langer Lebensdauer. Die Intervalle der Wartungsarbeiten hängen vom betrieblichen Einsatz ab.

Einsatzklasse A (gelegentliche Nutzung):	alle 2 Jahre
Einsatzklasse B (regelmäßige Nutzung):	jährlich
Einsatzklasse C (Dauerbetrieb):	max. 5000 Betriebsstunden

Die Wartungsliste eines Hydraulikaggregates **(Tabelle 1)** zeigt eine vereinfachte Darstellung. Es muss noch ein Abnahmeprotokoll festgelegt werden.

Beispiel 2:
Wartung einer pneumatischen Versorgungsstation
Bei der Erzeugung von Druckluft fällt Kondenswasser an **(Bild 2)**. Dieses wird in mehreren Stufen entfernt. Nach dem Verdichter folgt ein *Kondensatabscheider*. Beim *Druckluftkessel* muss regelmäßig das Kondenswasser abgelassen werden. Das *Rohrleitungsnetz* wird mit Gefälle verlegt. An der tiefsten Stelle befindet sich ebenfalls ein Entwässerungsventil. Bevor die Luft zum Verbraucher gelangt wird diese durch eine Wartungseinheit geführt. Diese besteht aus einem Druckluftfilter. Dieser muss regelmäßig gereinigt werden. Es kann der Druck reguliert werden. Am Ende wird die Luft mit Öl angereichert, um die nachfolgenden Geräte zu schmieren. Hier muss ggf. der Ölstand kontrolliert werden und das passende Öl nachgefüllt werden.

Beispiel 3:
Für das Warten des Proportionalventils (**Bild 3**) ist eine entsprechende Versuchseinrichtung notwendig. Es müssen Spannungen und Ströme gemessen und die Grenzwerte eingestellt werden.

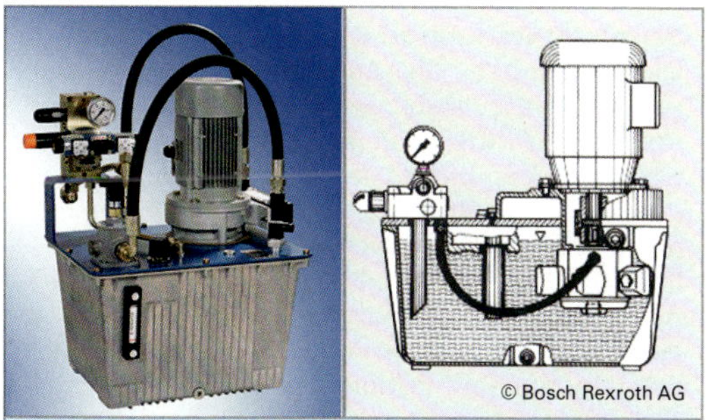

Bild 1: Hydraulische Anlage

Tabelle 1: Wartungsliste

Nr.	Arbeiten	Ergebnis
1.0	Istzustand	
1.1	äusserer Zustand	gut
1.2	Geräusche	96 dB(A)
1.3	Drücke	130 bar
1.4	Füllstände	i.O.
2.0	Arbeiten	
2.1	alle Baugruppen reinigen	erledigt
2.2	Öl prüfen / erneuern	erneuert
2.3	Ölfilterzustand prüfen / erneuern	geprüft
2.4	Luftfilterzustand prüfen / erneuern	geprüft
3.0	Wiederinbetriebnahme	
3.1	Leckölstrom	gering
3.2	Druck mit Prüfmanometer	130 bar
Maschn. Nr. 4711/03	Datum 1.7.2003	Werker: Maier Unterschrift: Maier

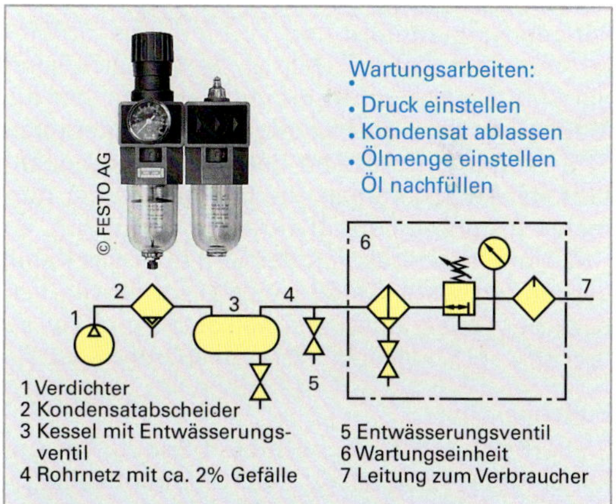

Bild 2: Wartung an pneumatischen Anlagen

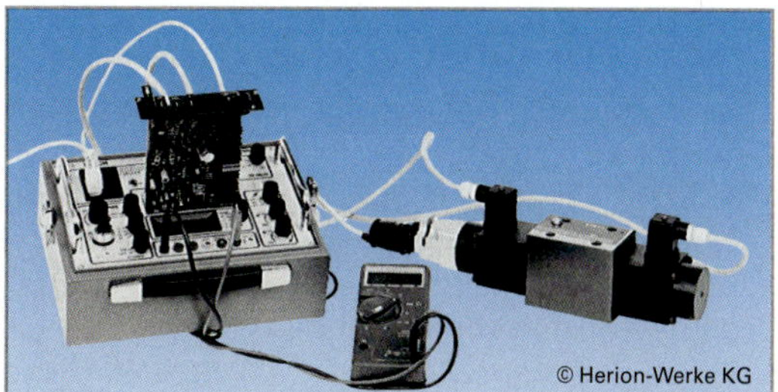

Bild 3: Wartungseinrichtung für Proportionalventil

Beispiel 4: Wartung an Werkzeugmaschinen
Die Führungen, die Kühlschmierstoffanlagen und die Hydraulikanlagen bedürfen einer regelmäßigen Wartung. Für diese Wartungsarbeiten werden in den Betriebsanleitungen Pläne angegeben. Zur leichten Verständlichkeit werden einheitliche Symbole verwendet **(Tabelle 1).** Intervallzeiten werden mit Uhrensymbol in Stunden angegeben. Die Positionsnummern sind in den Funktionszeichnungen angegeben, sodass eine eindeutige Zuordnung möglich ist. Zu den Tätigkeitsbeschreibungen gibt es ebenfalls festgelegte Symbole.

Ferndiagnose und Fernwartung

Immer häufiger werden Maschinen und Anlagen an Orten betrieben, die weit von der Erstellung entfernt sind. Im Fehlerfall müssen schnelle Serviceleistungen sichergestellt werden. Es gibt verschiedene Möglichkeiten, CNC-Steuerungen bzw. SPS-Steuerungen mit Ferndiagnose und Fernwartung zu betreiben. Die Steuerungen können über ein Industriemodem mit dem öffentlichen Telefonnetz verbunden werden.

Oft wird noch eine Funkstrecke dazwischengeschaltet **(Bild 1).** Das TeleService-Gerät eignet sich zusätzlich zum Versenden von SMS (Short Message-Service). Mit Projektierungssoftware können Rufnummern und Verbindungsparameter verwaltet werden **(Bild 2).** TeleService kann die SMS auch an einen Provider senden, der die Meldungen dann als Fax oder E-Mail weiterleitet. SPS-Programme können beobachtet und geändert werden. Es stehen alle Funktionen der normalen Programmiersoftware zur Verfügung, so wie wenn man direkt mit der SPS über das Kabel verbunden wäre. TeleService trägt wesentlich dazu bei, Reise- und Personalkosten und vor allem Zeit bei Serviceeinsätzen zu sparen.

Zugangsschutz

Sicherheitsvorkehrungen bieten Schutz vor unberechtigtem Zugriff auf die Produktionsanlage. Das Konzept ist mehrstufig. Zusätzlich zum Passwortschutz der ersten Stufe steht die „Call Back“-Funktion zur Verfügung. Ist diese Funktion aktiviert, ruft die Anlage eine festgelegte Nummer zurück.

Weitere Möglichkeiten ergeben sich bei einer Fernkoppelung mit dauernder Fernverbindung:

- Vom PC aus werden Daten, z.B. Parameter an eine entfernte Anlage übertragen.
- Die Anlage sendet Statusmeldungen, Prozessdaten an einen entfernten PC.
- Fernkoppelung zwischen zwei Anlagen: Diese tauschen ihre Prozessdaten aus und können so aufeinander abgestimmt arbeiten.

Tabelle 1: Qualitätsmerkmale

Zeit (Std.)	Pos	Eingriffstelle	Tätigkeit, s. Kap. 5 bzw. 9	Symbol
50	①	Kühlschmierstoffbehälter	Füllstand kontrollieren, nachfüllen (möglichst voll halten)	
250	①	Kühlschmierstoffbehälter	Bei Bedarf entleeren, reinigen, neu füllen (250 l)	
	②	Hydraulikaggregat	Füllstand kontrollieren, nachfüllen	
	③	Schmieraggregat, Öl-Luftschmierung	Füllstand kontrollieren, nachfüllen ca. 2,7 l	
500	⑤	Zentralschmieraggregat,	Füllstand kontrollieren, nachfüllen (1,8 l)	
2000	⑥	Kühlaggregat (Option)	Entleeren, reinigen, neu füllen (ca. 15 l)	
4000	②	Hydraulikaggregat	Entleeren, reinigen, neu füllen (ca. 2,5 l). Sieb reinigen	

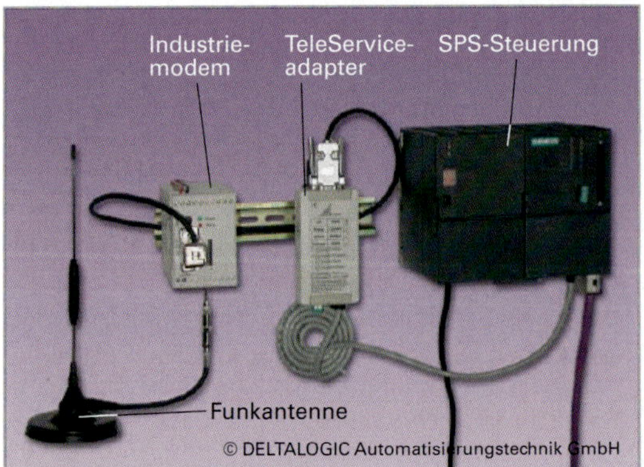

Bild 1: Technischer Aufbau einer Fernwartung

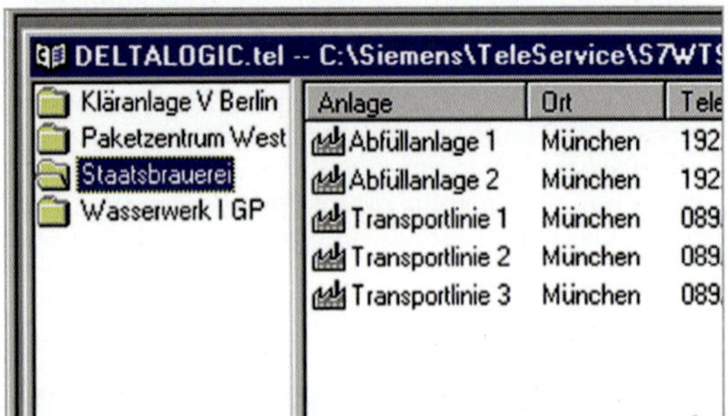

Bild 2: Bildschirmdarstellung einer Projektierungssoftware

Die Fernwartung erfolgt oft über einen Ethernet-Anschluss. Über einen zusätzlichen Dienst kann den dynamischen IP-Adressen ein fester Name vergeben werden. Da mehrere Steuerungen angesprochen werden, erfolgt eine Unterscheidung über Port-Nummern. Der auf dem PC installierte TeleService stellt nun die Verbindung über die IP-Router her **(Bild 1)**. Diese einfache Verbindung ist jedoch eine unsichere Verbindung. Eine erhöhte Sicherheit bringt ein VPN-Portal (Virtual Private-Network), da hier nur autorisierte Nutzer Zugang haben.

Auf dem PC werden mithilfe einer Projektierungssoftware **(Bild 2)** die einzelnen Steuerungen angesprochen und die Adressen bzw. Klartextmeldungen ausgegeben. Es ist mit VPN ein Vollzugriff auf eine SPS möglich.

Voraussetzungen für eine sichere Fernwartung:

- Keine durchgängige Verbindung von außen, keine Öffnung der Firewall,
- Keine Netzkoppelung, Zugriff nur auf das Fernwartungsobjekt,
- Vollständige Kontrolle des Fernwartungszugriffs durch Aufzeichnen und Live-View,
- Kontrolle der Datenübertragung,
- Umfassendes Rollenkonzept aller Beteiligten.

In **Bild 3** wird eine sichere Fernwartung gezeigt. Der Kunde muss die Fernwartung per Telefon anfordern, dann wird über den Kommunikationsserver und die Kommunikationsbox der Zugang freigeschaltet. Nun kann der Hersteller die Verbindung zur Maschine herstellen. Die Firewall muss nicht ausgeschaltet werden. Die gesamte Kommunikation wird aufgezeichnet.

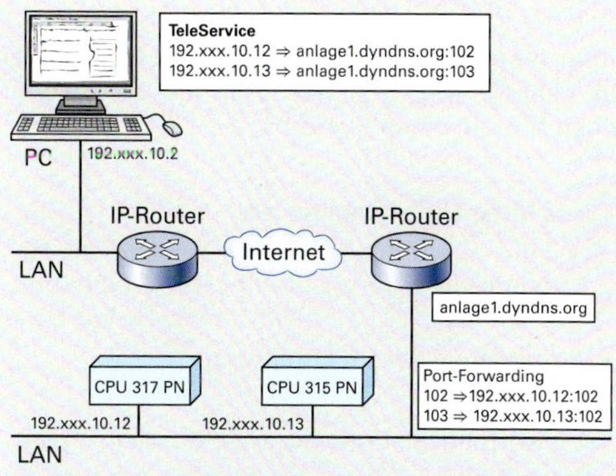

Bild 1: Fernwartung mit Internet

Nr.	Fehlertext
20	Vorklärbecken 2 Mindestpegel unterschritten
21	Vorklärbecken 2 Mindestpegel erreicht
22	Vorklärbecken 2 Maximalpegel erreicht
23	Vorklärbecken 2 Maximalpegel überschritten
31	Feststoffanteil in Vorklärbecken zu hoch
32	Vorklärbecken überlastet
33	Vorklärbecken auf manuellen Betrieb umgeschaltet
34	Vorklärbecken auf automatischen Betrieb umgeschaltet

Nr.	Operand	Vergleichsart	Fehler-Nr.	Fehlertext
1	E 1.2	gesetzt 0->1	31	Feststoffanteil in Vorklärbecken
2	E 0.2	gesetzt 0->1	33	Vorklärbecken auf manuellen B
3	E 1.3	gesetzt 0->1	22	Vorklärbecken 2 Maximalpegel
4	E 0.3	gesetzt 0->1	23	Vorklärbecken 2 Maximalpegel

Bild 2: Projektierungssoftware

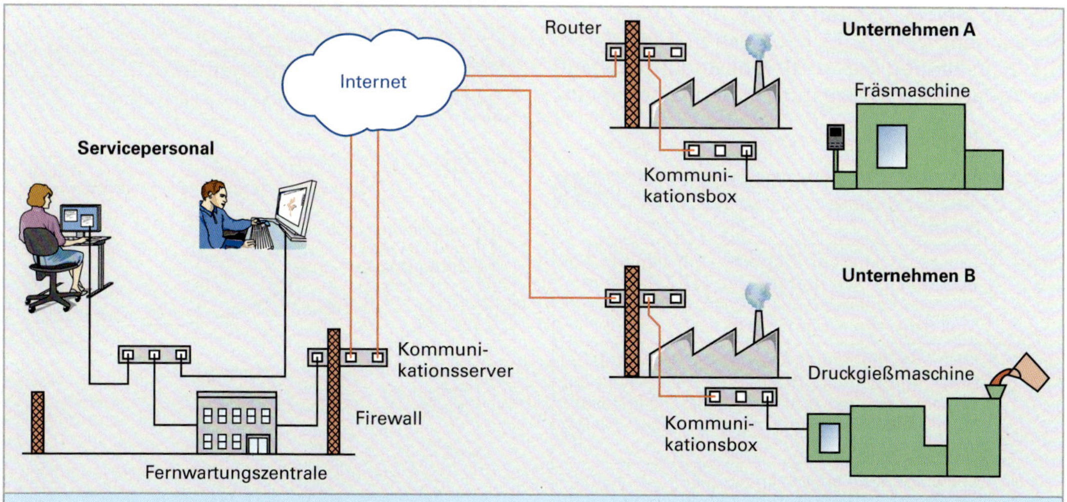

Bild 3: Beispiel für Telewartung über Internet

14.1.3 Inspektion

Unter Inspektion versteht man die Maßnahmen zur Feststellung des Istzustandes von technischen Mitteln eines Systems.

Diese Maßnahmen beinhalten:

- Erstellen eines Planes zur Feststellung des Istzustandes (Ort, Termin, Methoden, Geräte und Maßnahmen),
- Vorbereitung der Durchführung,
- Durchführung,
- Auswertung der Ergebnisse zur Beurteilung des Istzustandes,
- Dokumentation
- Ableitung der notwendigen Konsequenzen aufgrund der Beurteilung.

Zur Erstellung derartiger Pläne gibt es Richtlinien, mit deren Hilfe leichter eine Systematik möglich ist **(Bild 1)**. Neben den Erfahrungen im eigenen Betrieb werden hierzu vor allem die Empfehlungen der jeweiligen Maschinenhersteller mit einbezogen. Für die praktische Umsetzung und zur Dokumentation werden Karteikarten geführt oder es wird entsprechende Software eingesetzt **(Bild 2)**. Diese ermöglichen das Erstellen von Statistiken über den Lebenszyklus der Maschinen. Neben den großen Inspektionen sind vor allem tägliche Kurzinspektionen durch den Werker wichtig. Diese sind zu Beginn und während der Maschinentätigkeit als dauernder Prozess notwendig. Sie beschränken sich im Wesentlichen auf „Sehen", „Hören" und „Fühlen" **(Tabelle 1).**

Inspektion verursacht *Kosten*. Diese resultieren aus der Inspektion sowie den Kosten der Produktionsverluste. Es gilt diese zu minimieren. Die Inspektionen sollten sich nach dem Zustand der Anlage richten (zustandsorientierte Inspektion).

Tabelle 1: Einfache Inspektionsmöglichkeiten

Art	Fehlerart
Hören	Laufgeräusche von Motoren, bei Lagern, bei Spindeln, Abwälzgeräusche bei Zahnrädern, Kavitation bei Hydraulikanlagen, außergewöhnliche Schwingungsgeräusche.
Sehen	Flüssigkeitsstände, Anzeigen aller Art (z.B. Druck, Temperatur), Risse an Bauteilen, Riemen, Verschmutzungen, defekte elektrische Installationen, Leckverluste unter den Maschinen, Riefen in Führungen.
Fühlen	Schwingungen an Maschinenteilen z.B. bei Lagerschaden, Temperaturen, Kavitation in hydraulischen Systemen.

Die Kurven in **Bild 3** zeigen, dass eine zeitorientierte Inspektion bzw. Instandhaltung nur zufällig den optimalen wirtschaftlichen Zeitpunkt treffen kann.

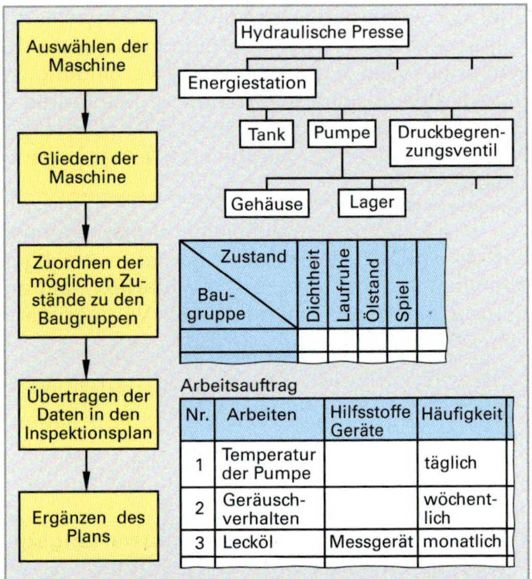

Bild 1: Erstellung eines Inspektionsplanes

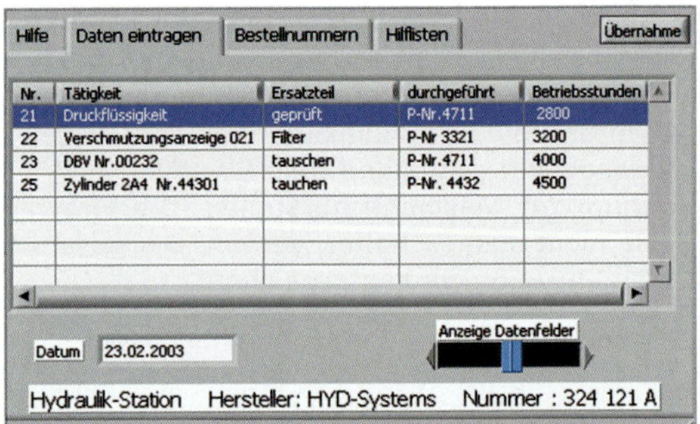

Bild 2: Software zur Inspektionsverwaltung

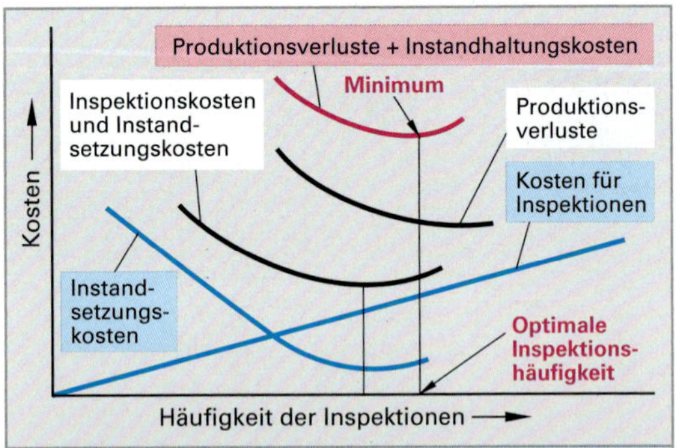

Bild 3: Kosten für Inspektionen

Zustandsorientierte Inspektion von Maschinen

Lagerschäden führen z. B. häufig zu Maschinenstillstand und unerwartetem Produktionsausfall. Mögliche Schäden können jedoch schon im Frühstadium diagnostiziert werden **(Bild 1)**. Durch regelmäßige Inspektion kann die Veränderung verfolgt werden. Notwendige Wartungsarbeiten kann man somit langfristig einplanen.

Mit Sensoren werden die Schwingungen der Maschine aufgenommen und ausgewertet. Das integrierte Diagnosesystem erkennt typische Muster von Maschinenschäden im Schwingungssignal. Schäden eines Wälzlagers, z. B. Pittings (Gefügeveränderung mit Abblätterung der Oberfläche) auf den Laufbahnen erzeugen beim Überrollen eine periodische Folge von Einzelstößen. Diese ergeben kleine Resonanzen bei den umgebenden Maschinengehäusen. Je nach Schadensort (Außenring, Innenring, Wälzkörper) ergeben sich unterschiedliche Impulsfolgefrequenzen und ermöglichen eine genaue Diagnose anhand einer Schwingungsanalyse **(Bild 2)**. Hier werden die aufgenommenen Schwingungen bzw. Körperschallgeräusche in ihre Frequenzbestandteile zerlegt und grafisch dargestellt.

Bild 1: Schadensdiagnose mit PC

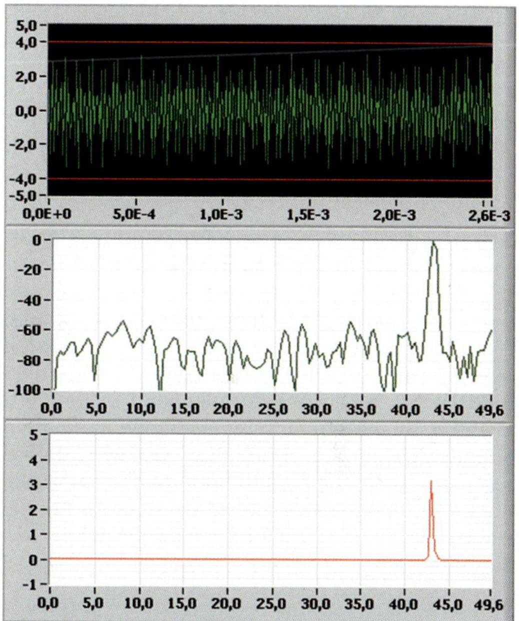

Bild 2: Signalanalyse

Fehlermöglichkeiten – Einflussanalyse (FMEA[1])

Die Maschinenstörungsliste kann als Grundlage für eine systematische Analyse dienen. Ziel der FMEA ist es, aufgrund einer Bewertung aus der Summe der Fehler diejenigen herauszufiltern, welche besonders häufig auftreten bzw. die besonders schwerwiegend sind. Die Fehler werden jeweils mit einer Kennzahl von 1...10 bewertet (10 = sehr häufig bzw. sehr schwerwiegend). Die Multiplikation der Fehler ergibt eine Risikoprioritätszahl (RPZ). Fehler mit der höchsten Zahl sollten vorrangig behandelt werden **(Tabelle 1)**.

[1] FMEA Abk. für **F**ehler-**M**öglichkeits- und **E**influss-**A**nalyse

Tabelle 1: Maschinenstörungsliste (Beispiel)

Masch. Nr.	Datum Uhrzeit	Störung	Ursache	Fehler-Index*	behoben durch	Maßnahme
17	10.12.03	Werkstück	Spanndruck fehlt		Kaiser	Hydraulikschlauch gewechselt
↓	↓	↓	↓	↓	↓	

FMEA

Lfd. Nr.	Fehler	Folge	Ursache	Vermeidung	Entdeckung	Häufigkeit	Bedeutung	Entdeckung	RPZ	Maßnahmen
1	Spanndruck fällt ab	unsichere Werkstückspannung	Qualität der Schlauchverbindung mangelhaft	bessere Kennzeichnung	Werker	2	8	9	144	bessere Qualität verwenden
2										

14.1.4 Instandsetzung

Die Aufgabe der Instandsetzung ist es, Maßnahmen zur Wiederherstellung des Sollzustandes von technischen Mitteln eines Systems einzuleiten und durchzuführen.

Die Ursache der Verschlechterung von Systemen können sein:
- Verschleiß,
- Korrosion,
- Materialermüdung, Alterung
- Überlastung der Bauteile.

Es hat sich hier der Begriff des *Abnutzungsvorrates* eingebürgert. Das Abnutzungsdiagramm (**Bild 1**) zeigt einen möglichen Zustand eines Bauteils oder einer Baugruppe im Laufe der Betriebszeit. Die neue Maschine hat einen Abnutzungsvorrat von 100 %. Zu den Zeitpunkten T1 und T2 werden durch Inspektionen die Ist-Zustände festgestellt. Bleibt die Maschine weiterhin im Einsatz, dann wird der gesamte Abnutzungsvorrat verbraucht und es kommt zum Ausfall der Maschine.

Durch Reparatur wird der Sollzustand wieder erreicht und der Prozess kann von Neuem beginnen. Ist das Ersatzteil technisch besser, so kann jetzt der Abnutzungsvorrat über 100 % liegen. Aus Kostengründen wird schon vor dem Ausfall eine vorbeugende Instandsetzung durchgeführt **(Bild 2)**. Der optimale Zeitpunkt einer Instandsetzungsmaßnahme ist immer dann, wenn sich ein Schaden bemerkbar zu machen beginnt. So wird die *Lebenszeit der Bauteile* optimal genutzt. Bei hohen Sicherheitsanforderungen (z. B. Kernkraftwerke oder Flugzeuge) wird allerdings schon früher getauscht.

In der Instandsetzung wird zwischen *geplanter* Instandsetzung und einer Instandsetzung *nach einer Störung* unterschieden. In **Bild 3** ist der systematische Ablauf einer Instandsetzung als Regelkreis dargestellt. Grundvoraussetzung hierfür ist die genaue Kenntnis des technischen Systems. Nur dann kann eine gezielte Instandsetzung durchgeführt werden.

Ist ein Fehler gefunden, so sollte der Fehler dokumentiert werden und die mögliche Ursache gefunden werden. Die Dokumentation (Maschinenstörungsliste) gibt Aufschluss über die Stabilität der Maschine. Längerfristig ist es wertvoll über die Fehler eine FMEA (Fehler-Möglichkeiten-Einfluss-Analyse) durchzuführen **(Tabelle 1)**. Ziel der FMEA ist es, aufgrund einer Bewertung aus der Summe der Fehler diejenigen herauszufinden, welche besonders häufig oder schwerwiegend sind.

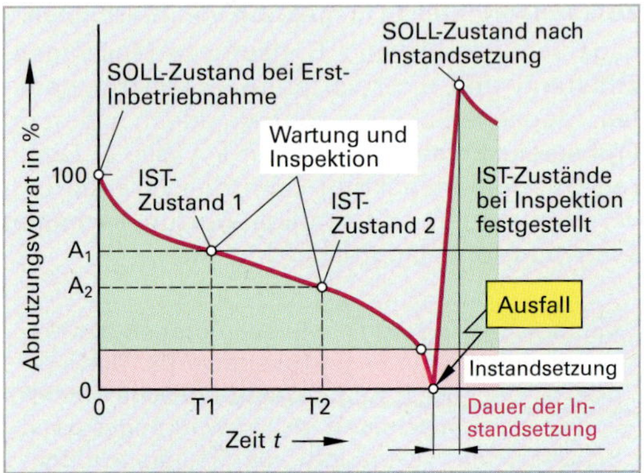

Bild 1: Abnutzungsdiagramm

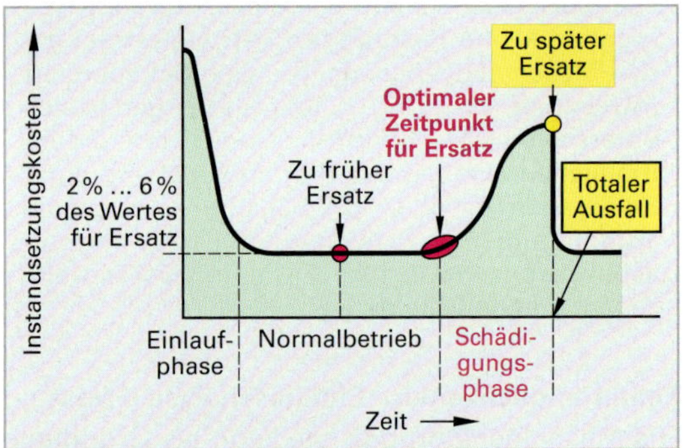

Bild 2: Instandsetzungskosten

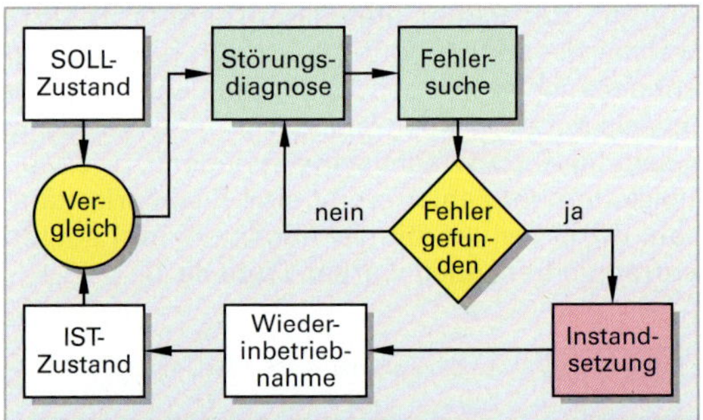

Bild 3: Systematische Instandsetzung

Tabelle 1: Fehlerdokumentation

Maschinenstörungsliste: Maschine Nr. 4711/03

Nr.	Datum	Störung	Ursache	Behoben durch	Maßnahme
1					
2					
3					

FMEA

Nr.	Fehler	Folge	Ursache	Vermeidung	Häufigkeit	Bedeutung	Bewertung
1							
2							

14.1.5 Inbetriebnahme

Das Ziel der Inbetriebnahme ist:

- die Funktionsfähigkeit des Systems herzustellen,
- das System so abzugleichen, dass die geforderten Kennwerte und Toleranzen erreicht werden,
- den Anwender mit dem System und der Dokumentation vertraut zu machen,
- den Anwender in die Wartung einzuweisen.

Beispiel 1:
Inbetriebnahme eines Proportionalventils
In einer Steuerkette **(Bild 1)** gibt es ein Proportionalventil. Es sind folgende Schritte durchzuführen:

1. Kontrolle der hydraulischen und elektrischen Verbindungen,
2. Vornehmen der Grundeinstellungen am Verstärker (Rampe, EIN-AUS),
3. Zuschalten der Versorgungsspannung
4. Zuschalten der Hydraulik,
5. Einstellen von kleinen Sollwerten,
6. Zuschalten des Freigabesignals,
7. Einstellen der max. Sollwerte,
8. Abgleich der Kennlinien (Testgerät),
9. Abgleich der Rampen,
10. Feststellen und Dokumentation der Leistungsdaten, Parameter, Einstelllisten,
11. Übergabe der Anlage.

Beispiel 2:
Inbetriebnahme einer PROFIBUS-DP-Anlage
Der PROFIBUS-DP hat sich als ein zuverlässiges robustes Netzwerk erwiesen. Die hohe Zuverlässigkeit wird jedoch nur erreicht, wenn wichtige Parameter bei der Inbetriebnahme nachgemessen werden. Die Erfahrung zeigt, dass ca. 70 % aller Fehler auf unsachgemäße Inbetriebnahme zurückzuführen sind.
Verkabelung
Es soll ein PROFIBUS-Kabel vom Typ A verwendet werden. Die max. Ausdehnung des Netzes ist von der verwendeten Bitrate abhängig **(Bild 2)**.

Bitrate in kbit/s	max. Länge eines Segmentes in m
187,5	1000
1500	200
3000, 6000, 12000	100

Wenn das Netz aus mehr als 32 Teilnehmern besteht, so sind zusätzliche Repeater (Signalverstärker) erforderlich. Beim Netzaufbau sind Stichleitungen zu vermeiden, weil diese zu Reflexionen auf dem Kabel führen. Jedes PROFIBUS-Segment muss am Anfang und am Ende mit einem Abschluss versehen werden. Dieser besteht aus einer Widerstandskombination, welche in den PROFIBUS-Steckern aktiviert werden muss. Bei Wartungsarbeiten sind oft nicht alle Teilnehmer in Betrieb. Für jeden nicht in Betrieb befindlichen Teilnehmer muss man einen externen Netzabschluss vorsehen.

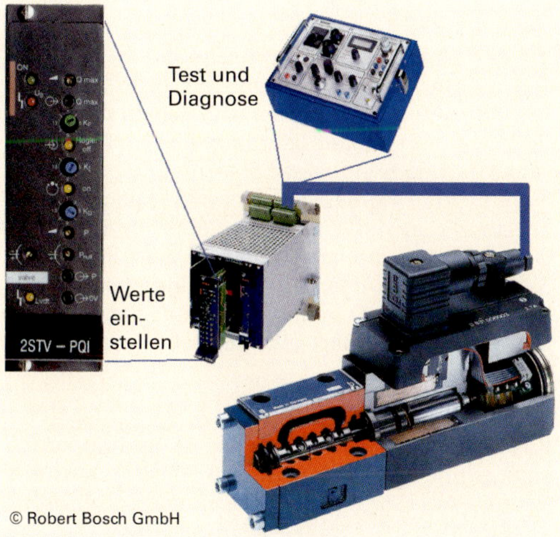

Bild 1: Inbetriebnahme eine Proportionalventils

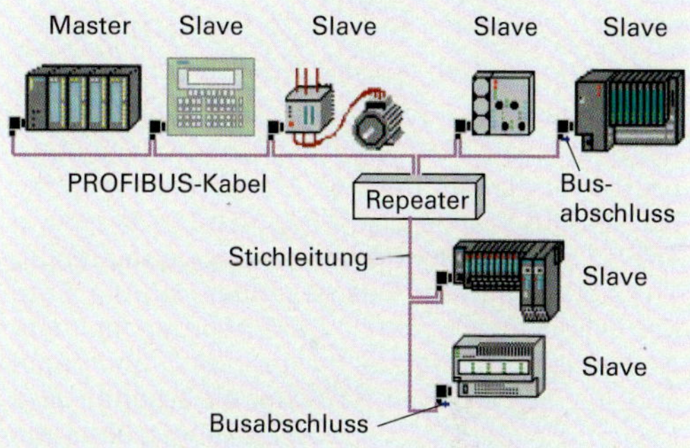

Bild 2: PROFIBUS-Netzwerk

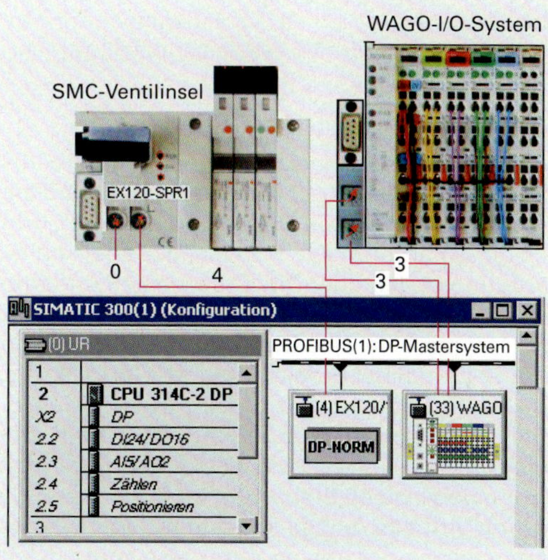

Bild 3: PROFIBUS-Inbetriebnahme

Adressierung

Bei der Inbetriebnahme müssen die PROFIBUS-Teilnehmer adressiert werden **(Bild 3, Seite 381)**. Die Adressen müssen mit denen der Software auf dem Master übereinstimmen. Doppelte Adressierung bringt eine Fehlermeldung. Die neu eingestellten Adressen werden erst nach einem erneuten Aus- und Einschalten übernommen. Die Unkenntnis davon hat schon bei vielen Inbetriebnahmen zu unnötigen Verzögerungen geführt. Manche Bustester haben eine *Lifelistenfunktion.* Mit dieser kann man sehr schnell die aktuellen Adressen lesen.

Schirmung und Erdung

Besonders bei den hohen Bitraten und dem Einsatz im industriellen Umfeld kommt es auf die richtige Ausführung der Schirmung und Erdung an **(Bild 1)**.

Regel 1: Schirm an beiden Seiten des Kabels auflegen.

Regel 2: Jeden Anschlusspunkt mit einer gut leitenden Verbindung an Schutzerde anschließen.

Installation prüfen und dokumentieren

Zum Abschluss empfiehlt es sich, die Verkabelung mit einem Prüf- und Diagnosegerät zu überprüfen. In dialoggeführten Messzyklen wird die Installation systematisch geprüft. Die Messung erfolgt dynamisch, das heißt, es werden ständig Prüfsignale auf den Bus gesendet und die Güte des Echosignals beurteilt. Dabei werden fehlende Abschlusswiderstände, zu geringe Signalpegel und unzulässig hohe Reflexionen erkannt. Das Messprotokoll gibt genaue Auskunft über die Fehlerart und den Fehlerort.

Zum Erreichen einer hohen Anlagenverfügbarkeit empfiehlt es sich turnusgemäß Kontrollmessungen im PROFIBUS-Netz durchzuführen und die Protokolle zu vergleichen. Bei Veränderungen können schon im Vorfeld Schwachstellen ermittelt werden.

Inbetriebnahme mit virtuellen Anlagen

Kürzere Inbetriebnahmezeiten und geringere Kosten sind wichtige Ziele. Moderne Engineeringkonzepte wie „Simulation Based Engineering" bringen diese Forderungen in Einklang. Dabei können Fertigungszellen oder Prozesse virtuell und dreidimensional am Computer entworfen, simuliert und optimiert werden. Die Ablaufsteuerung einer SPS ist z.B. dabei bereits integriert **(Bild 2)**. Dies funktioniert auf der Basis einer integrierten digitalen Entwicklungsumgebung. Es erfolgt eine automatische Generierung des SPS-Programms. Über eine virtuelle Steuerung (PLCSIM) kann die gesamt virtuelle Anlage angesteuert werden. Bei Fertigstellung der Anlage kann diese somit in kürzester Zeit in Betrieb genommen werden.

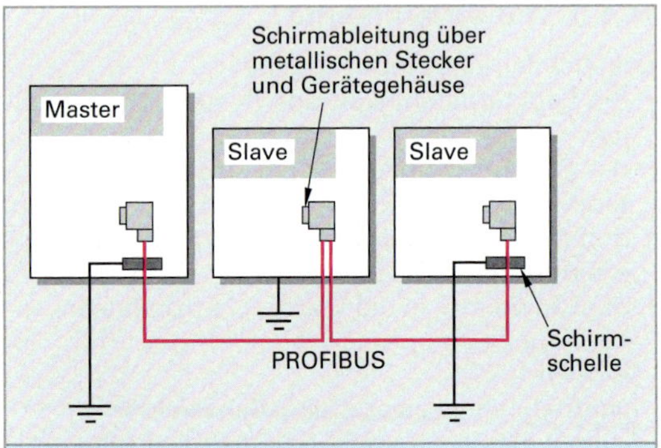

Bild 1: Erdung und Schirmung

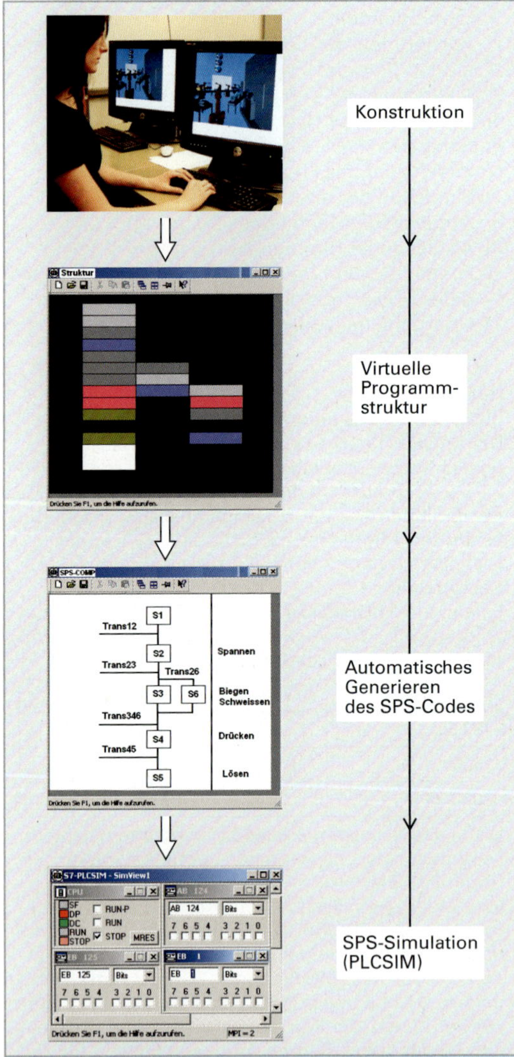

Bild 2: Programmentwicklung und Test einer virtueller Anlage

Beispiel einer Anlagensimulation

Auf dem PC wird eine virtuelle Anlage gestartet (z. B. ProMod-Pro, Fa. DELTALOGIC). Die virtuellen Anlagen können z. B. mit der Engineeringplattform SIMIT erstellt werden. Alle Komponenten können dabei mit Parametern versehen werden, welche in ihrem Verhalten den realen Bauteilen entsprechen. Die virtuellen Anlagen verhalten sich wie reale Anlagen. Auf demselben PC wird das SPS-Programm entwickelt. Danach wird auf dem PC eine virtuelle SPS (z. B. PLCSIM) gestartet und das Programm übertragen. Diese virtuelle SPS kommuniziert nun mit der virtuellen Anlage. Das Gesamtsystem verhält sich somit wie eine reale Anlage **(Bild 1)**.

Programmfehler können beseitigt werden. Regelkreisparameter können voreingestellt werden. Es werden Zykluszeiten von 20ms erreicht.

Alternativ könnte das SPS-Programm auch auf eine reale SPS übertragen werden. Dann kommuniziert die virtuelle Anlage mit der SPS z. B. über die MPI-Schnittstelle oder über den PROFIBUS.

Anlagen und Maschinen sollten an allen wichtigen Stellen Mess- und Kalibriermöglichkeiten bieten, sodass Mess- und Prüfmittel angebracht werden können.

14.1.6 Fehlersuche

Universalrezepte für das Suchen der Ursachen von Störungen und das Erkennen von Fehlern gibt es nicht. Es müssen grundsätzlich folgende Fähigkeiten des Fehlersuchenden vorhanden sein:

- Er muss den technischen Aufbau und die gesamte Funktion der Anlage kennen,
- Er muss Schaltpläne lesen und nachvollziehen können,
- Er muss logische Überlegungen anstellen können.

Hilfreich ist ein *Maschinenbuch*, in dem bisherige Fehler dokumentiert sind und eventuell Hinweise auf weitere Fehler oder Schwachstellen eingetragen sind. Für die systematische Fehlersuche kann nach dem Diagramm **Bild 2** vorgegangen werden. Ist der Fehler gefunden, so ist zu entscheiden wie weiter verfahren wird **(Bild 3)**. Liegt eine Schwachstelle vor, so ist zu prüfen, wie diese beseitigt werden kann. Ebenfalls ist zu prüfen, inwieweit eine Reparatur möglich ist oder Baugruppen komplett getauscht werden müssen.

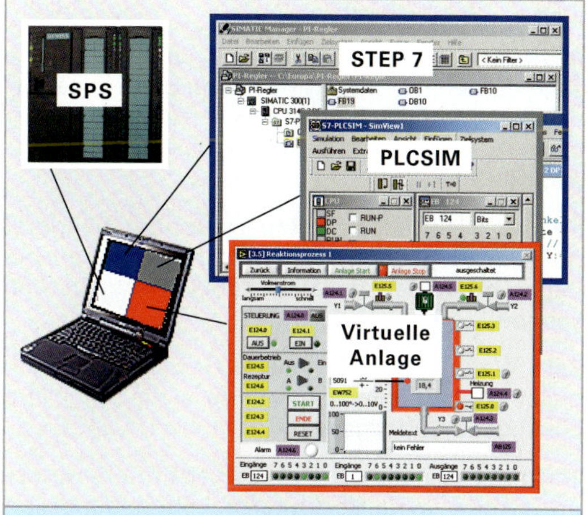

Bild 1: Test einer virtuellen Anlage

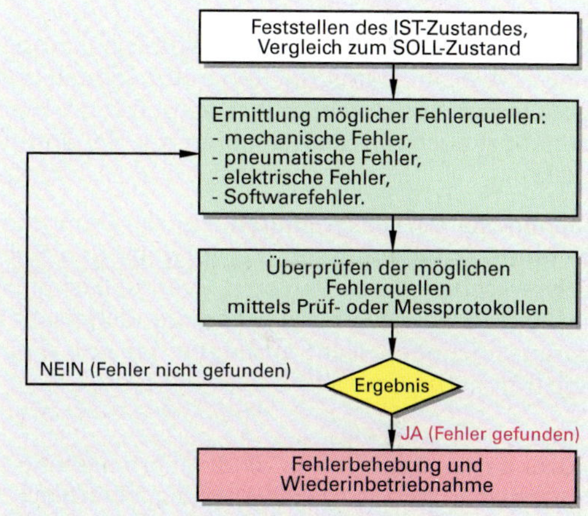

Bild 2: Systematische Fehlersuche

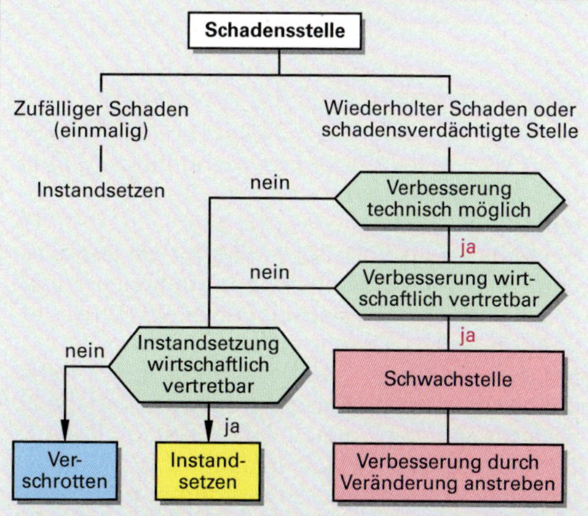

Bild 3: Schadensbeurteilung

14.1.7 Reparatur

In vielen Fällen sind in Baugruppen nur manche Teile defekt. Die Baugruppe kann dann repariert werden. Die Entscheidung einer Reparatur oder eines Austausches wird durch viele Faktoren bestimmt **(Bild 1)**:

Kosten. Die Kosten für Reparatur oder Neugerät müssen verglichen werden. Oft entstehen bei Reparatur Kosten, die nicht direkt erfasst werden können.

Zeit. Wenn das ausgefallene Gerät einen Anlagenstillstand zur Folge hat, dann ist die schnellere Lösung die Günstigere.

Technischer Zustand. Hat die gesamte Baugruppe bereits seine konzipierte Lebensdauer erreicht, so wird nicht mehr repariert, sondern die gesamte Baugruppe getauscht.

Fachwissen und Erfahrung. Der Mitarbeiter, die Mitarbeiterin, sollte die notwendige Fachkompetenz aufweisen, damit die Reparatur schnell und technisch richtig durchgeführt werden kann. Hierzu gehört auch die Sauberkeit an der Reparaturstelle.

Technische Voraussetzungen. Für die Demontage und Montage müssen die notwendigen Spezialwerkzeuge vorhanden sein. Eventuell ist auch ein Prüfstand notwendig. Wenn die technischen Voraussetzungen nicht vorliegen, ist von einer Reparatur abzuraten.

Gründe für Reparaturen sind: Überbelastung, mangelnde Wartung, Fehlbedienung, Verschleiß. Es ist zu prüfen ob Neuteile eine bessere Qualität haben oder ob durch Änderung von Betriebsvorschriften Reparaturen vermieden werden können.

Beispiel: Reparatur eines 4/3 Wegeventils

Der Hersteller liefert hierzu eine Explosionszeichnung aller Teile **(Bild 2)**. Ergänzend hierzu gibt es eine Ersatzteilliste mit den Bestellnummern **(Tabelle 1)**. Es ist üblich, dass Normteile wie z.B. O-Ringe direkt als Zubehör am Markt gekauft werden. Teile ohne Ersatzteilnummern können nicht einzeln bezogen werden. Liegt hier ein Fehler vor, dann muss das gesamte Ventil ersetzt werden. Bei den Dichtungen werden oft nur ganze Sätze geliefert und keine Einzeldichtungen (**Tabelle 2**). Ergänzend zu den Ersatzteillisten sind oft Reparaturanleitungen erhältlich, in denen z.B. Montagehinweise und Anzugsdrehmomente angegeben sind. Diesen Anleitungen ist unbedingt Folge zu leisten.

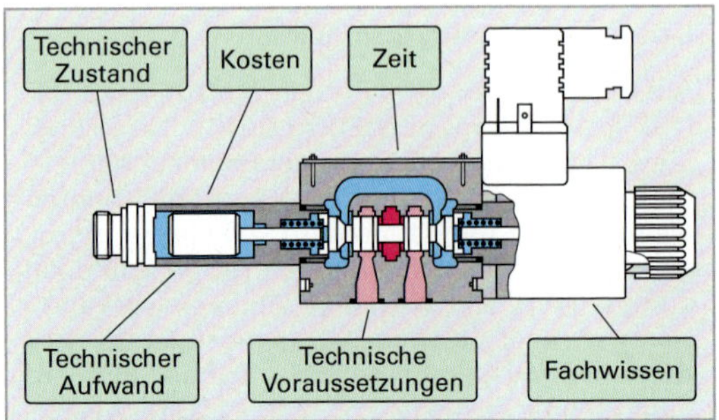

Bild 1: Randbedingungen bei Reparaturen

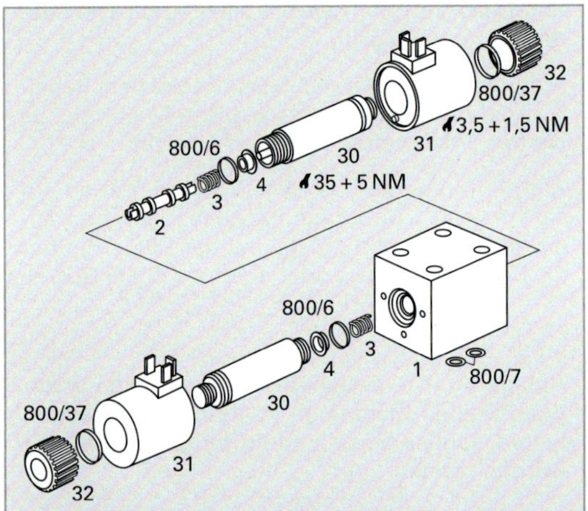

Bild 2: Explosionszeichnung mit Ersatzteilnummern

Tabelle 1: Ersatzteilliste

Erzeugnis: 0 810 091 203 Wegeventil

Position	Bestellnr.	Stück	Benennung	Bemerkung
1		1	Ventilgehäuse	
2		1	Steuerschieber	
3	1 814 617 075	2	Druckfeder	
4		2	Federteller	
30		2	Druckrohr	
31	1 837 001 227	2	Magnetspule	
32	1 833 343 009	2	Überwurfmutter	
800	1 817 010 310	1	Dichtungssatz	
800/6		2	O-Ring	16,56 x 1,78
800/7		4	O-Ring	9,25 x 1,78
800/37		2	O-Ring	22 x 2

Tabelle 2: Zuordnung der Einzelteile

Pos.	Benennung	Fertigungsteil	Normteil	Spezialteil	Teilenummer mit Lieferung	Teilenummer ohne Lieferung nicht möglich
1	Ventilgehäuse	x			x	x
2	Steuerschieber	x				
3	Druckfeder			x	x	
4	Federteller	x				
30	Druckrohr	x				
31	Magnetspule			x	x	
32	Überwurfmutter			x	x	
800	Dichtungssatz		x		x	
800/6	O-Ring 16,56 x 1,78		x		*) Lieferung	
800/7	O-Ring 9,25 x 1,78		x		*) über	
800/37	O-Ring 22 x 2		x		*) Fachandel	

14.2 Condition-Monitoring (Zustandsbedingte Instandhaltung)

Das Konzept des **Condition-Monitoring** basiert auf einer regelmäßigen Erfassung des Maschinenzustandes durch Messung aussagefähiger Größen. Dies wird auch als Zustandsüberwachung bezeichnet. Das Laufzeitende von Bauteilen wird durch eine ausgeklügelte Sensorik so rechtzeitig erfasst, sodass Maschinenstillsetzungen im Voraus geplant werden können. Hierzu sind zuverlässige, sichere und leistungsfähige Messsysteme und Sensoren Voraussetzung. Dieses Konzept bietet ein großes Potenzial an Kosteneinsparungen, weil die Lebensdauer kritischer Maschinenteile voll ausgenutzt werden kann. Die Herausforderung der Zustandsüberwachung sind zu sehen in:

- der Suche nach geeigneten Messstellen und Sensoren,
- dem Finden aussagefähiger Parameter,
- der gezielten Anwendung von Signalanalyse,
- sowie dem Verarbeiten der enormen Datenflut.

Das Condition-Monitoring verfolgt zwei Ziele:

1. Sicherheit der Anlage und der Prozesse

Hierzu müssen mithilfe von Sensoren permanent die Maschinendaten erfasst werden. In der Regel handelt es sich um intelligente, d. h. erkennende Sensoren. Diese sind so eingestellt, dass bei Überschreiten von Grenzwerten z. B. eine Notabschaltung erfolgt.

Beispiel 1: Luftverbrauchdiagnose (Bild 1).
Es wird der aktuelle Luftverbrauch einer Anlage überwacht. Hierzu wird ein Durchflusssensor in die Zuleitung eingebaut. Dieser misst sowohl den aktuellen Verbrauch wie auch die gesamte bisher verbrauchte Luftmenge.

Beispiel 2: Pumpendiagnose (Bild 2).
Eine Pumpe wird mit einem Sensor überwacht. Die Fördercharakteristik der Pumpe wird über Teach-In gelernt, so z. B. der Lufteintrag (ausgasende Flüssigkeiten) im Saugbereich. Eine deutliche Veränderung wird erkannt und an den übergeordneten Steuerungsrechner gemeldet bzw. die Anlage wird abgeschaltet.

2. Maschineneffizienz und Lebensdauerverlängerung

Mit Sensoren wird der Neuzustand von Anlagen bzw. es werden die Kenngrößen eines Prozesses ermittelt und dokumentiert. In festen Zeitabständen wird die Anlage wieder ausgemessen und die Daten mit dem Neuzustand bzw. dem letzten Ausmessen verglichen. Die Veränderung wird bewertet. Es kann dadurch eine Aussage über den Zustand der Anlage und die Restlaufzeit gemacht werden.

Bild 1: Überwachung des Luftverbrauchs

Bild 2: Drucküberwachung einer Pumpe

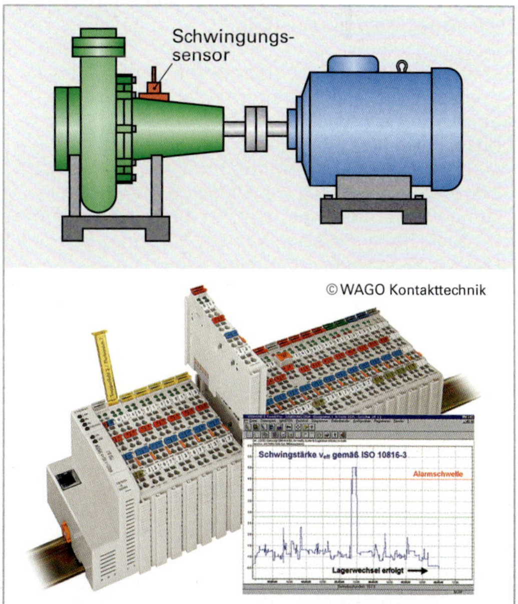

Bild 3: Schwingungsüberwachung im Feldbusknoten

Beispiel 1: Schwingungsüberwachung an einer Pumpe (Bild 3, Seite 385)

Die Messinstrumente liefern im einfachsten Fall einen Zahlenwert, welcher mit einem Tabellenwert verglichen wird, und signalisieren dann „gut" – „geht noch" oder „schlecht".

Ein Bewertungsstandard für Maschinenschwingungen ist z. B. in ISO 10816-3 festgelegt. Als Bewertung für den Maschinenzustand wird der Effektivwert verwendet.

Das Schwingungsverhalten eines Bauteils wird z. B. von dem Sensor mithilfe einer Piezomembran erfasst und direkt in einer WAGO Busklemme ausgewertet. Im ersten Schritt sind zwei Verfahren vorgesehen: Zum einen die Messung der effektiven Schwingstärke (VRMS) als Maß der Laufruhe. Dies ist eine integrale, breitbandige Messung der Maschinenschwingung. Diese Methode beobachtet beliebige Änderungen in der Schwingstärke einer Maschine, unabhängig von der Ursache.

Die Auswertung ist durch die ISO 10816-3 definiert. Die andere Methode nennt sich Schock-Puls-Messung (SPM) und wertet die schockimpulsförmige Anregung der Maschinenstruktur aus. Mit dieser Methode können auch sehr kleine Amplituden gemessen werden. Sie eignet sich daher besonders, um schon sehr früh Lagerschäden zu erkennen. Dies hat sich in sehr vielen Fällen als „Quasi-Standard" etabliert.

Beispiel 2: Testanlage zur Messung in einem Pneumatiksystem

Über die Druckverhältnisse und den Druckluftverbrauch wird der Zustand einer Zylindereinheit überwacht. Hierzu werden die Drucksensoren – BP1, –BP2, –BP3 und ein Durchflusssensor in die Anlage eingebaut **(Bild 1)**. Mithilfe eines Ablaufprogramms wird die Anlage im Neuzustand und nach einer definierten Laufzeit im aktuellen Zustand aufgenommen und jeweils in einem Diagramm dargestellt **(Bild 2)**. Der Durchflusssensor **(Bild 3)** ermittelt die durchströmende Luftmenge auf den Normdruck um.

Damit die Auswirkung von Undichtheiten am Kolben simuliert werden kann, wird in der Testanlage die Drossel –RN3 eingebaut. Mit den Drosseln –RN1 und –RN2 können Undichtheiten in den Leitungen simuliert werden.

Im Beispiel wird im 1. Versuch der Neuzustand aufgenommen und im 2. Versuch ein simulierter undichter Kolben.

Ziffern 1 bis 4 im Bild 3 zeigen den Ventilablauf.

Daten:

Versorgung: 24 V DC
Signal: 2 ... 10 V
Durchfluss: 0 ... 50 N/min

© FESTO AG

Bild 3: Durchflusssensor für Druckluft

Ziffern 5, 6 und 7 zeigen den Verlauf beim Neuzustand und die Ziffern 8, 9 und 10 zeigen den Verlauf bei einem undichten Kolben. Man kann deutlich erkennen, dass während des Schrittes 2 (Kolben in Mittelstellung) der Druck *p*2 abnimmt und der Druck *p*3 zunimmt.

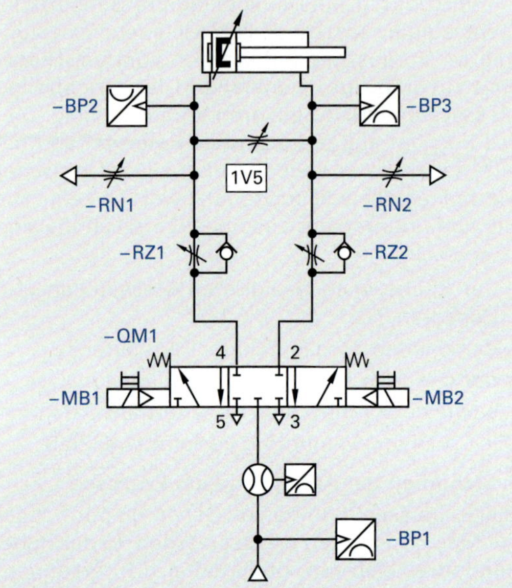

Bild 1: Pneumatikplan einer Testschaltung

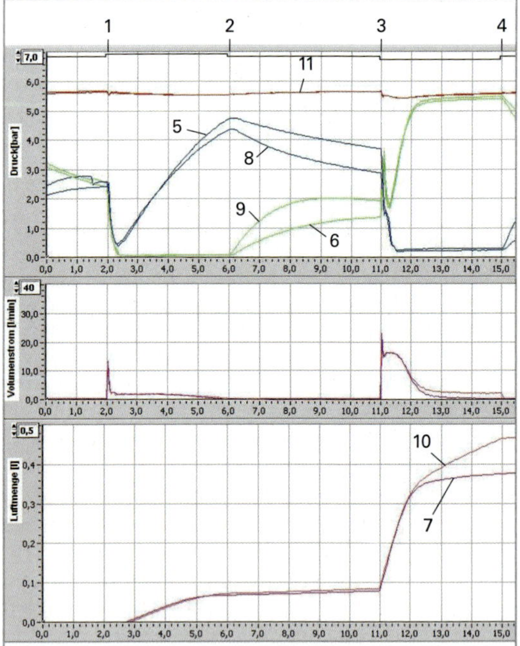

Bild 2: Zustand einer Pneumatikanlage

Beispiel 3: Überwachung eines Wasserspeichers

Ein Wasserspeicher wird über eine Pumpe befüllt. In Zeitabständen erfolgt die Entnahme mit einem Ablassventil. Die Pumpenleistung wird mit einem Durchflusssensor gemessen. Die Bestimmung des Füllstandes erfolgt mit einem Ultraschallsensor. Während des Prozesses werden die Daten aufgezeichnet.

Prozessablauf: Die Pumpe füllt den Behälter mit 2,5 Liter, nach 20 Sekunden wird die Flüssigkeit wieder abgelassen.

Daten des Neuzustandes der Anlage: Kurve A (grün), Förderleistung der Pumpe = 4 l/min, Kurve A (rot), zeigt Füllstand Füllzeit = 40 Sekunden, Ablassventil geschlossen = keine Änderung, Anlage dicht

Daten nach einer Betriebszeit: Kurve B (hell-grün), Förderleistung der Pumpe = 3,5 l/min, Kurve B (violett) zeigt Füllstand Füllzeit = 55 Sekunden, Ablassventil geschlossen = Anlage nicht dicht

Ergebnis: Die Pumpenleistung ist gefallen, die Anlage ist nicht mehr dicht.

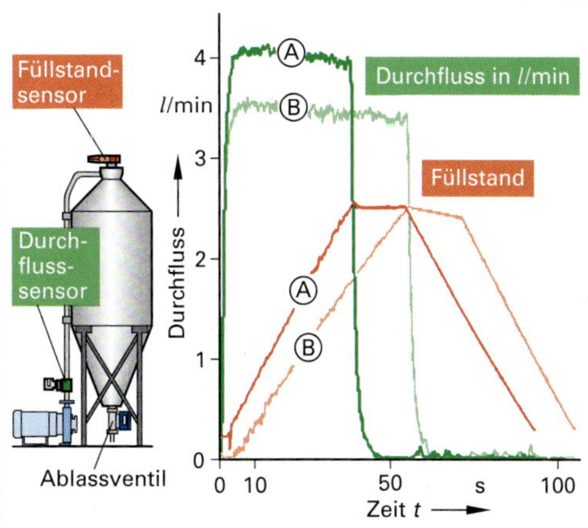

Bild 1: Datenaufzeichnung an einer Füllstation

Kostenanalyse

Der Kostendruck zwingt zur genauen Feststellung der gesamten Kosten des Betriebes (**Bild 2**). Die Analyse zeigt, dass für Wartung und Instandhaltung ein beträchtlicher Aufwand notwendig ist. Durch eine strategisch orientierte Diagnose und durch Condition-Monitoring können diese Kosten beträchtlich gesenkt werden.

Maschinenstillstandszeiten, Qualitätsmängel, Lieferungsunfähigkeit bis hin zum Imageverlust kommen als Nachteil hinzu.

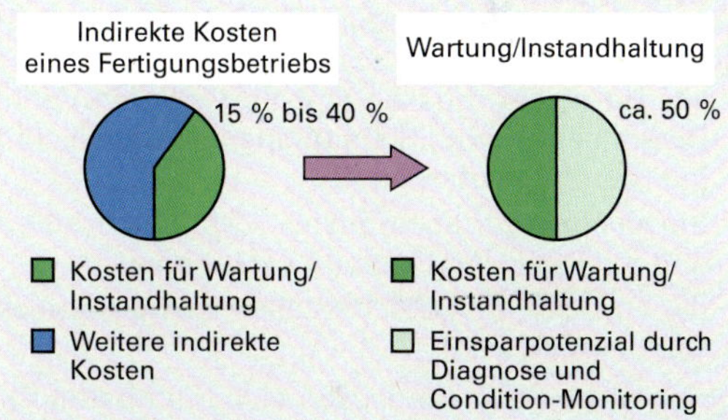

Bild 2: Kostenanalyse

Gesamtkosten

Die Anschaffungskosten **(Bild 3)** steigen zunächst durch die Investition eines Condition-Monitoring-systems und Servicepakete zur strategischen Optimierung von Diagnose, Wartung und Instandhaltung. Neuere Untersuchungen zeigen, dass ca. 35 % aller Schäden im Vorfeld erkannt werden können. Die erweiterten Diagnosesysteme helfen auch bei den restlichen 65 % den Schaden schneller einzugrenzen und Ursachen exakter festzulegen. Mit zunehmender Laufzeit einer Anlage wirkt sich dies als Einsparpotenzial immer mehr aus. Auf die Laufzeit gesehen hat sich der vermehrte Aufwand für Condition-Monitoring nach kurzer Zeit amortisiert.

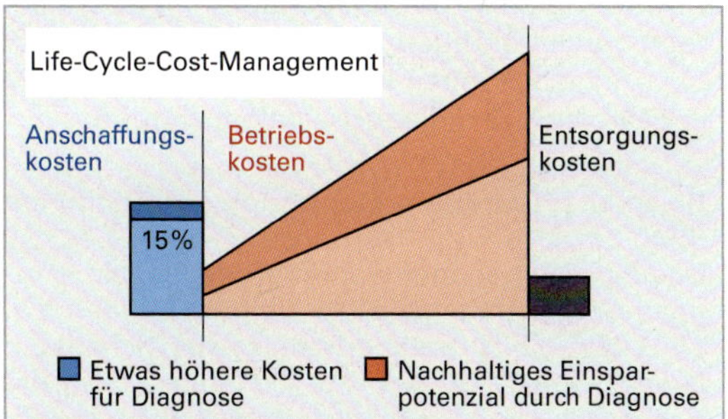

Bild 3: Gesamtkosten einer Anlage

Die Forderung des Marktes und die technischen Weiterentwicklungen bedingen sich gegenseitig **(Bild 4).** Weil die Fertigungsanlagen immer komplexer werden, verlagern die Betreiber vermehrt die Wartung auf die Maschinenhersteller oder mit Wartungsverträgen auch an Dritte. Dies bedingt wartungsarme, intelligente Systeme, welche möglichst exakt Fehler und Wartungsbedarf melden.

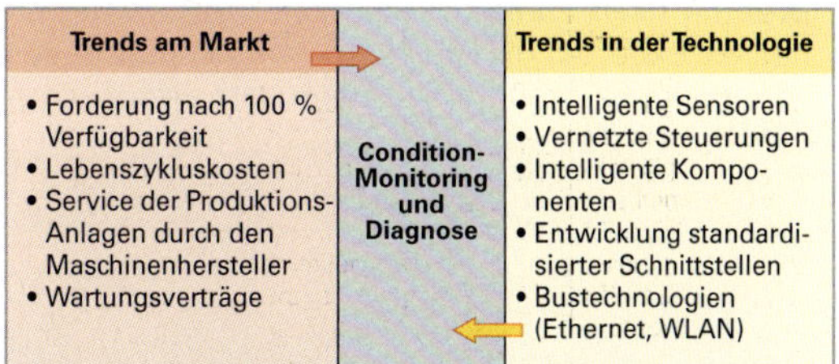

Bild 4: Condition-Monitoring und Diagnose

EPS-Systeme (Electronic Production Services)

Komplexe Fertigungsanlagen werden oft von mehreren Maschinen- und Steuerungsherstellern erstellt. Somit muss im Servicefall mit allen Beteiligten kommuniziert werden.

Ein integratives Instandhaltungs- und Servicekonzept leistet diese Kommunikation **(Bild 1)**. Hier sind drei Unternehmen beteiligt: Das *produzierende Unternehmen*, mit der lokalen Instandhaltung. Dieses ist über das Internet mit einem unabhängigen *Serviceanbieter* (Provider) vernetzt. Dieser ist wiederum vernetzt mit den einzelnen *Maschinenherstellern*. So ist der Betreiber mit allen Anlagenlieferanten verbunden. Somit können Störmeldungen über den Service-Provider direkt zum Maschinenhersteller durchgeleitet werden. Andererseits kann der Maschinenhersteller die Parameter der Produktionsanlagen lesen und wenn notwendig verändern, oder z. B. neue Software-Updates in die Maschinen laden.

Folgende Voraussetzungen für die Funktion müssen vorhanden sein:

- alle Hersteller müssen ihre Serviceleistungen, Diagnosesysteme, Schaltpläne, Ersatzteillisten internetfähig aufarbeiten,
- Serviceleistungen müssen klar beschrieben und mit Preis und Leistung versehen sein,
- die Kooperation zwischen allen Partnern muss klar geregelt sein.

Durch diese Strategie lassen sich die Kosten für den Service beträchtlich senken **(Bild 2)**.

Eine große Einsparung für den Anlagenbetreiber bringt bereits ein gut ausgebauter TeleService. Wenn durch Condition-Monitoring genügend Daten vorliegen, können im Teleservice bis zu 70 % der Fälle duch Ferndiagnose gelöst werden.

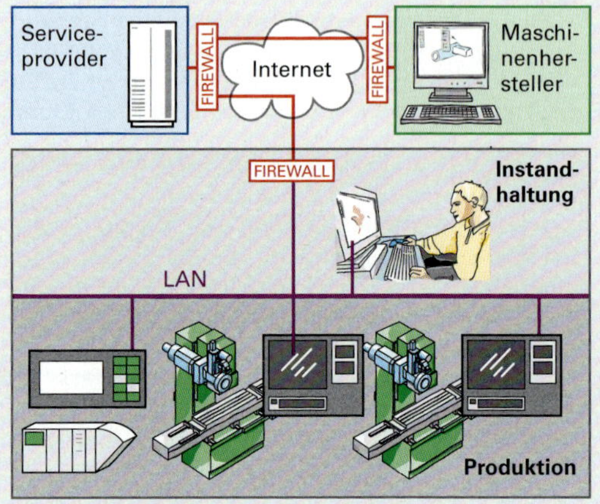

Bild 1: Plattform für firmenübergreifende Zusammenarbeit

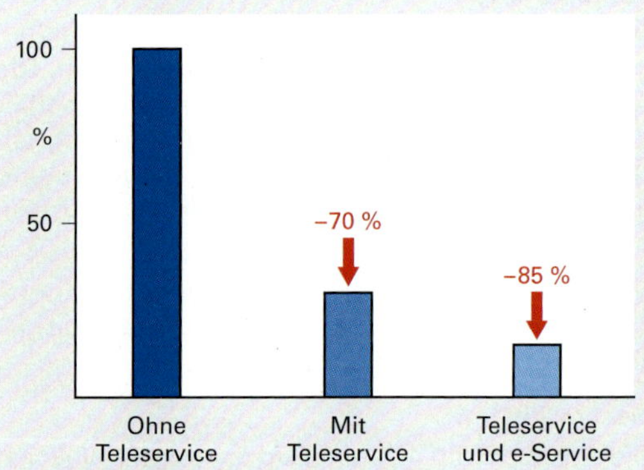

Bild 2: Kosten für Service

Beispiel 1: Condition-Monitoring am Triebwerk (EMC[1]),
Das Flugzeug sendet während des Fluges in regelmäßigen Abständen die Triebwerksdaten (ca. 30 Daten, z. B. Drehzahl, Stellung der Schaufeln, Drücke, Temperaturen, Geschwindigkeit) an die Rechenzentrale in Frankfurt. Immer wenn der Pilot Unregelmäßigkeiten registriert, kann er per Knopfdruck ebenfalls einen Datensatz zur Überprüfung nach Frankfurt schicken. Außerdem haben die Experten die Möglichkeit von Frankfurt aus von jedem Flugzeug einen Datensatz anzufordern **(Bild 3)**.

[1] EMC = Engine Condition Monitoring

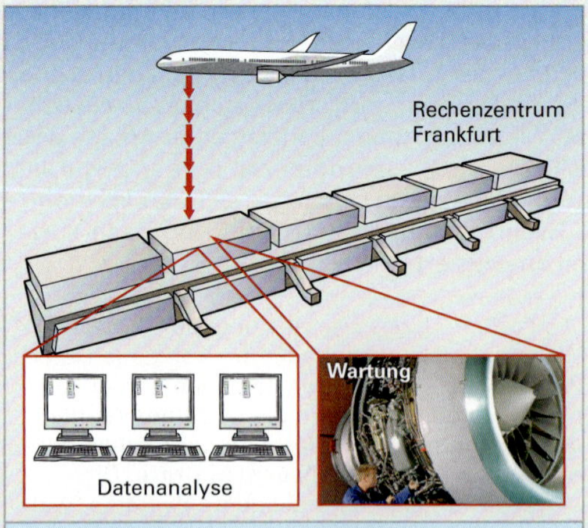

Bild 3: Condition-Monitoring bei einem Flugzeug

14.3 Energieeffizienz

14.3.1 Energie-Monitoring

Produktion und Verwaltung beinhalten eine Vielzahl von Energieverbrauchern. Dabei ist meist nicht bekannt, welche Prozesse zu welcher Zeit wie viel an Energie, insbesondere an Strom, benötigen. Es wird nur der gesamte Verbrauch abgerechnet. Es besteht keine Möglichkeit den Verbrauch den jeweiligen Verursachern zuzuordnen. Eine Lösung für dieses Defizit ist der Einsatz von Energie-Monitoring-Systemen. Es müssen an den jeweiligen Stellen Energie-Messgeräte, z. B. Wattmeter **(Bild 1)**, eingebaut werden und die Daten mitprotokolliert werden. Unter Energieeffizienz wird verstanden, dass ein gewünschter Nutzen mit möglichst wenig Energieeinsatz erreicht wird. Im volkswirtschaftlichen Maßstab können Effizienzsteigerungen jedoch durch den *Rebound-Effekt*[1] neutralisiert werden.

14.3.2 Energiewertstrom

Die Energiewertstrom-Methode umfasst die Phasen *Energiewertstrom-Analyse*, *Energiewertstrom-Design* und *Energie-Management* **(Bild 2)**. Folgende Ziele sollen erreicht werden:

- Feststellung aller Energieverbraucher,
- Schaffung von Transparenz bzgl. des Energieverbrauchs,
- Erfassung und Darstellung des Prozesses,
- Bewertung der Daten und Optimierung,
- Ableitung von Maßnahmen zur Steigerung der Energieeffizienz,
- Kostenersparnis bei gleichzeitigem Erreichen der ökologischen Vorgaben.

Die notwendigen Arbeiten sind in **Bild 3** dargestellt.

[1] vgl. rebound = Abprall, hier: Effizienzsteigerungen führen zu einem höheren Verbrauch, je billiger ein Produkt, desto mehr wird es nachgefragt.

Bild 1: Blathy-Wattmeter, um 1889

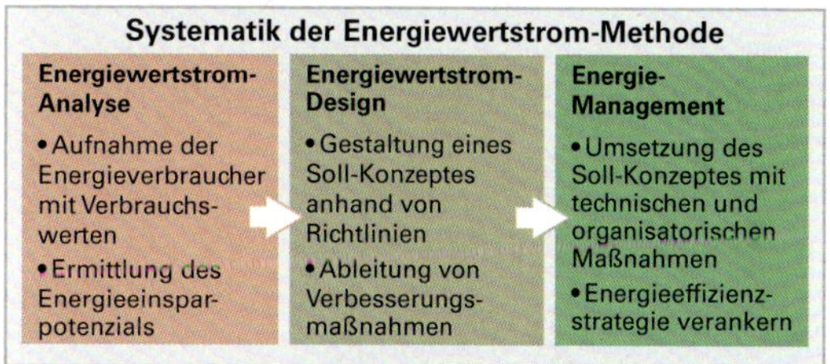

Bild 2: Energiewertstrom-Methode

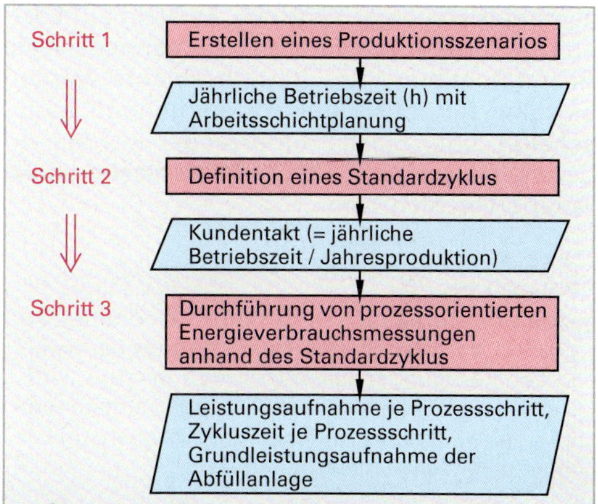

Bild 3: Planung der Arbeitsschritte

Beispiel 1: Datenerfassung bei einem Abfüllprozess (Bild 4)

Mit einer Pumpe wird Wasser in den oberen Behälter gepumpt. Über ein Ventil wird das Wasser in kleine Gläser abgefüllt und mit einem Transportband weitertransportiert. Nach dem Netzgerät wird ein Wattmeter eingebaut. Im Diagramm wird der gesamte Prozess mit dem PC aufgezeichnet. Die Kurven zeigen den elektrischen Energiebedarf der Anlage.

1 = Grundenergieverbrauch (Steuerung, Sensoren ...), ca. 8 W; 2 = Leistung bei Pumpe, nach Einschaltstrom ca. 14 W; 3 = Leistung Ventil, ca. 8 W; 4 = Leistung Förderband, ca. 9 W; 5 = Gesamtenergie in Ws;

Da immer die Gesamtleistung gemessen wird dürfen bei Überlagerungen nur die Differenzen verwendet werden.

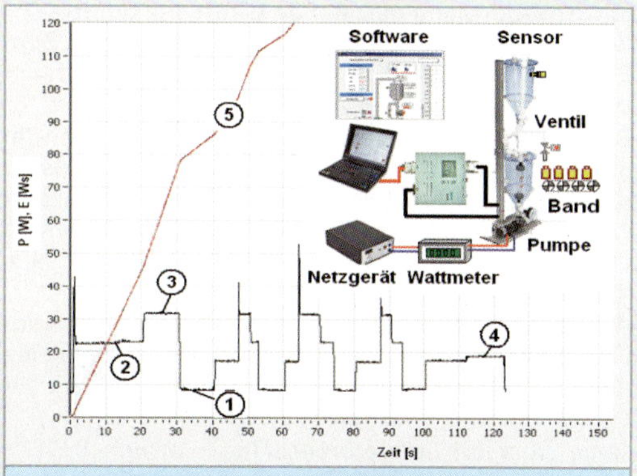

Bild 4: Datenerfassung des Abfüllprozesses

Zur übersichtlichen Darstellung des Energieverbrauchs wird der Prozess in Prozessschritte zerlegt und grafisch dargestellt **(Bild 1)**. Aus dem Diagramm wird dann derjenige Teilprozess ermittelt, welcher am meisten Energie verbraucht (Energietreiber). An diesem ist häufig das größte Einsparpotenzial gegeben.

Eine andere Möglichkeit ist die Darstellung als %-Diagramm **(Bild 2)**. Auch hier zeigen sich die größten Verbrauchsanteile. In diesem Fall ist es am lohnendsten bei den Kompressorverlusten und bei der Kühlung Veränderungen vorzunehmen. So z. B. kann die Verlustleistung bei der Kühlung durch Wärmerückgewinnung kompensiert werden.

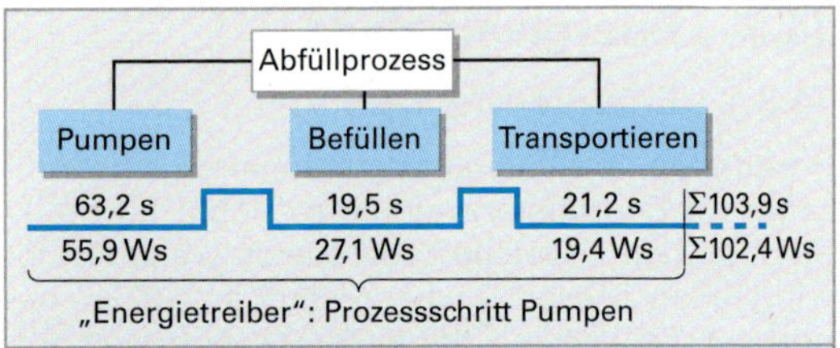

Bild 1: Zeitlinie des Standardzyklus

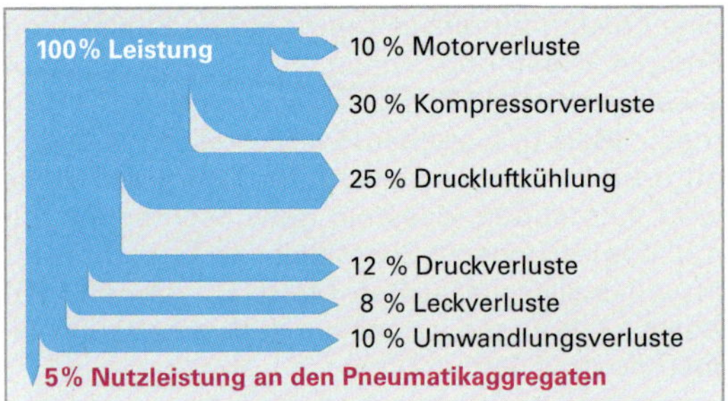

Bild 2: Energiefluss durch eine Druckluftanlage

14.3.3 Lastmanagement

Die Leistungsbereitstellung der Energieversorger und die interne Auslegung der Anlagen ist von der Spitzenlast abhängig **(Bild 3)**. Intelligente Lastmanagementsysteme haben den Strombezug unter ständiger Kontrolle. Es kann auf Lastspitzen präzise reagieren. Ohne nennenswerte Beeinträchtigung des Betriebsablaufs werden einzelne Betriebsmittel vorübergehend abgeschaltet, oder Eigenstromerzeuger werden zugeschaltet, sodass die teure Spitzenlast deutlich reduziert werden kann.

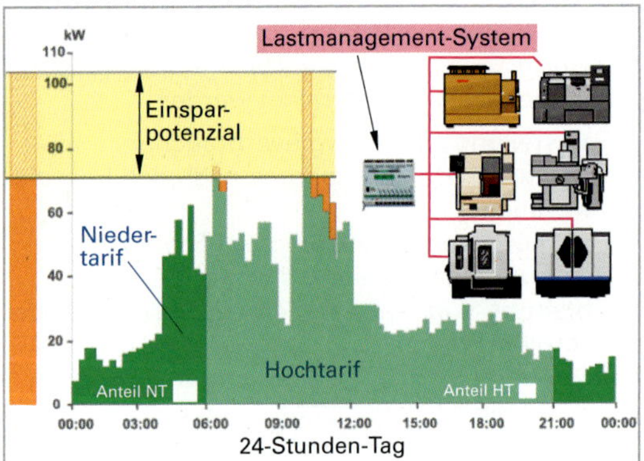

Bild 3: Lastmanagementsystem

Beispiel 1:
Eine Druckluftstation bekommt einen doppelt so großen Vorratsbehälter. Damit genügt es, wenn in den Fertigungspausen Druckluft erzeugt wird. Der Kompressor wird vom Managementsystem so geführt, dass er in der Hochverbrauchsphase nicht eingeschaltet werden muss.

Beispiel 2: Werkstücke schieben (Bild 4)
Werkstücke (m = 14 kg) müssen 10 000-mal täglich auf ein Transportband geschoben werden (Zylinder: D = 40 mm, Hub = 200 mm, 1 m^3 Luft kostet 10 Cent). Zum Erfassen des Luftverbrauchs wird ein Durchflusssensor installiert.

Bisher wird die linke Schaltung (Bild 4) verwendet (Luftverbrauch/Tag= 10 000 · 6 l = 60 m^3/Tag, Kosten = 6,0 Euro). Nach Überprüfung auf Energieeffizienz werden die Drosselventile durch Druckminderventile ersetzt: Ausfahrdruck $p = F/A$, F = 140 N · 0,2 = 28 N, p = 28 N/25 cm^2 = 0,1 bar

Aus Sicherheitsgründen wird das Druckminderventil auf 1 bar eingestellt. Beim Einfahren wirken keine äußeren Kräfte, deshalb wird dieses Ventil auf 0,5 bar eingestellt.

Neue Situation: Luftverbrauch/Tag = 10 000 · 0,75 l = 7,2 m^3/Tag, Kosten = 0,72 Euro. Zusätzliche Einsparungen sind gegeben durch kleinere Leitungen, und eventuell durch eine kleinere Drucklufterzeugerstation. Das bisher verwendete federrückgestellte Ventil, welches während des Ausschiebens Strom verbraucht, wird durch ein Impulsventil ersetzt, welches jeweils nur einen kurzen Stromimpuls zum Umschalten benötigt.

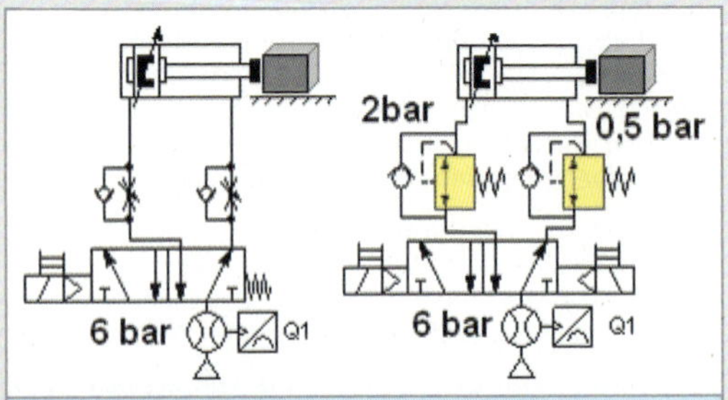

Bild 4: Energieeffizienz in der Pneumatik

14.4 Energieeffiziente Geräte und Anlagen

Eine energieeffiziente Produktion erfordert eine systematische Erfassung aller Verbrauchsdaten. Aufgrund von aussagekräftigen Vergleichen von Prozessen und Anlagen können dann realistische Verbesserungsmaßnahmen definiert werden. In einer Evaluation müssen alle Verbraucher und die Energieströme erfasst werden. Es muss jeder Fall exakt untersucht werden.
Beleuchtungsanlagen müssen mit energiesparenden Leuchtmitteln, z. B. LEDs ausgerüstet werden. Ein Lichtmanagement sorgt für die hinreichende und notwendige Beleuchtung, z. B. an der Fensterseite weniger als in Raummitte. In gleicher Weise müssen die Prozesse und deren Aktoren selbst auf Effizienz überprüft werden **(Bild 1)**.

Es ist stets zu prüfen ob gesteuerte Antriebe durch geregelte Antriebe ersetz werden können.

Beispiel 1: Energieeffizienzklassen für Elektromotoren. IEC 60034-30 beschreibt für Niederspannungsmotoren im Leistungsbereich von 0,75 kW bis 375 kW (Asynchronmotoren) die Effizienzklassen IE1 bis IE4 **(Bild 2)**. Ein höherer Wirkungsgrad wird durch verbesserte Blechqualität, mehr Aktivmaterial (Fe, Cu, Al), kleinere Luftspalte und bessere Lager erreicht. Die Wirkungsklasse und der Wirkungsgrad werden auf dem Typenschild mit angegeben **(Bild 3)**.

Beispiel 2: Energieeffizientes Saugen. In einer Montagezelle **(Bild 4)** werden Glasplatten mit Vakuumsaugern transportiert. Durch Einsetzen von Vakuumsaugdüsen mit Luftsparschaltung können bis zu 70 % Druckluftenergie eingespart werden. Bei der Standardschaltung wird der Ejektor während des gesamten Transportvorganges mit Druckluft beaufschlagt, bei der Luftsparschaltung wird der Unterdruck gemessen und nur wenn dieser abfällt, wird mit dem Ejektor wieder Unterdruck erzeugt.

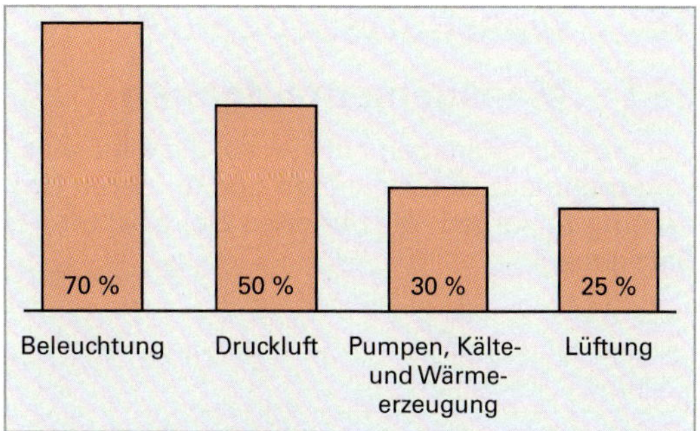

Bild 1: Einsparpotenziale

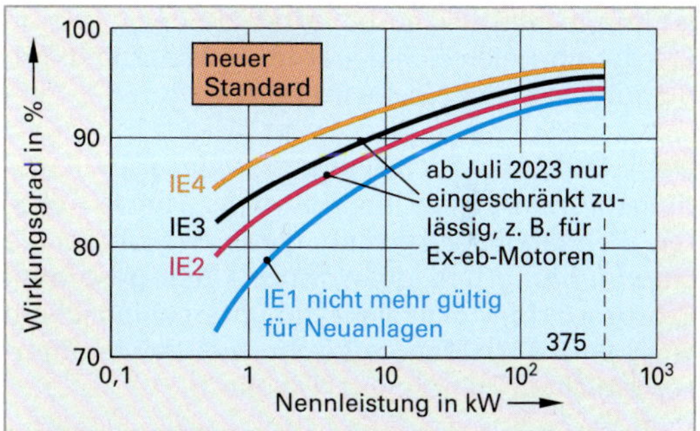

Bild 2: IE-Wirkungsgrade für Drehstromasynchronmotoren

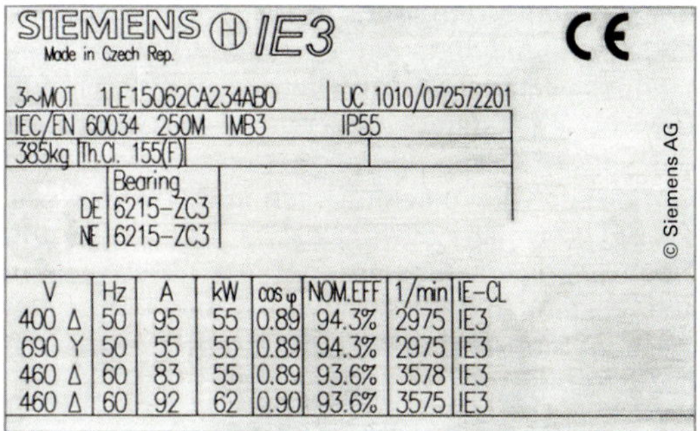

Bild 3: Typenschild eines Elektromotors (Beispiel)

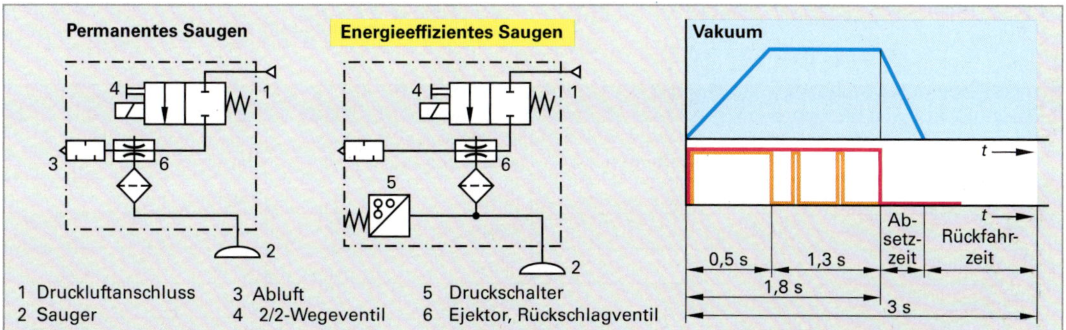

Bild 4: Energieeffizientes Saugen und Transportieren (Beispiel)

15 Geschäftsprozesse

15.1 Managementaufgaben

Aufgabe des Managements ist es, die Ziele eines Unternehmens zu formulieren und für deren Umsetzung zu sorgen. Als oberstes Ziel wird oft der Satz genannt:

> Unser Unternehmen muss in unserem Marktsegment Marktführer werden.

Das gesamte unternehmerische Streben wird unter dieses Ziel gestellt. Die Managementtätigkeit ist immer mit Risiken behaftet, da der geplante Erfolg von vielen sich dauernd verändernden Bedingungen beeinflusst wird **(Bild 1).**

Dem Management obliegt der gesamte Leistungsprozess eines Unternehmens. Hierzu gehören die *Planungsaufgaben,* die *Organisation,* die *Durchführung* und die *Kontrolle* des gesamten Prozesses. Dies geschieht mit unterschiedlichem Grad an Risiko, Planungssicherheit sowie unterschiedlichem Zeitrahmen **(Tabelle 1).**

Die sich ständig ändernden Einflüsse verlangen ein dynamisches, unternehmerisches Handeln an den äußeren Bedingungen der Unternehmensumwelt. Das strategische Management (Top-Management) hat stets dafür zu sorgen, dass diese Einflüsse schnell erkannt werden und durch entsprechende Planungen die Wettbewerbsfähigkeit des Unternehmens garantiert wird. Ausgehend von diesen Oberzielen müssen *Investitionspläne, Produktionspläne* sowie *Beschaffungspläne* und *Absatzpläne* erstellt werden. Diese müssen dann schnellstens in der operativen[1] Ebene umgesetzt werden. Hierbei sind kürzeste Umsetzungszeiten anzustreben. Es gilt folgender Satz:

> Nicht die Großen werden die Kleinen am Markt verdrängen, sondern die Schnellen die Langsamen.

Wenn sich Fehler einschleichen, so entstehen oft sehr hohe Kosten, welche den Betriebserfolg wesentlich beeinträchtigen können. In **Bild 2** wird die *Zehnerregel* der Fehlerkosten dargestellt.

Bild 1: Äußere Einflüsse auf ein Unternehmen

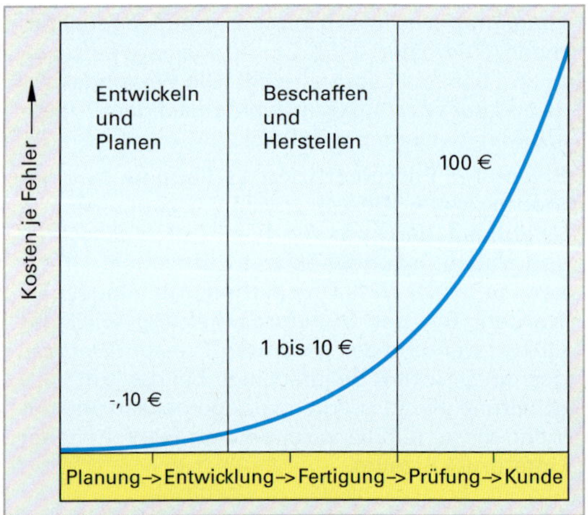

Bild 2: Fehlerkosten (Zehnerregel)

Tabelle 1: Managementebenen

Managementebene	Top-Management Geschäftsführung	Middle-Management Abteilungsleitung	Lower-Management Gruppenleitung
Zielplanung	strategisch	taktisch	operativ
Risikograd	hoch	mittel	niedrig
Detaillierungsgrad	grob	mittel	genau
Zeitrahmen	langfristig	mittelfristig	kurzfristig

[1] lat. operari = arbeiten, operative Ebene = ausführende Ebene

Wenn Änderungen am Markt erkannt werden, so müssen diese hinsichtlich ihrer Auswirkung schnellstmöglich korrigiert werden.

Die Arbeit eines Unternehmens vollzieht sich hinsichtlich ihrer Führungsaufgaben in einem dauernden Kreislauf **(Bild 1)** mit den Managementaufgaben:

- Planung,
- Realisierung,
- Kontrolle,
- Zielsetzung,
- Entscheidung.

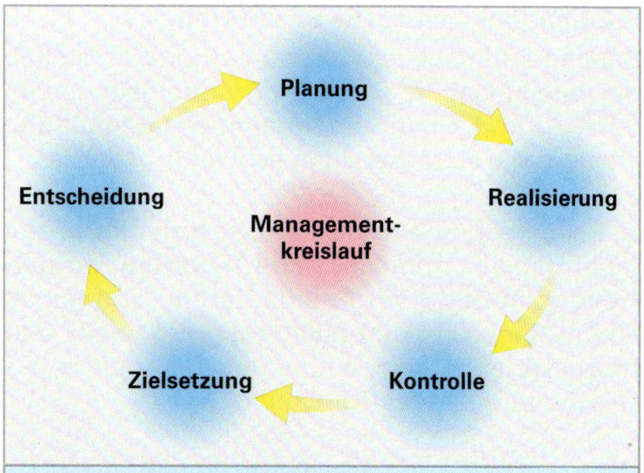

Bild 1: Managementkreislauf

15.2 Prozessmanagement

Die Leistungserstellung im Unternehmen verläuft von der Beschaffung der *Produktionsfaktoren* bis zum Absatz der *Produkte* in Form von Leistungsketten **(Bild 2).** Die Bestandteile einer Leistungskette sind einzelne Teilaufgaben. Derartige Leistungsketten lassen sich für jede Art von Unternehmen bilden.

Bild 2: Leistungsketten in einem Unternehmen

Fasst man die erforderlichen Tätigkeiten einer Leistungskette vollständig und in der richtigen Reihenfolge zusammen, so entstehen Prozessketten bzw. Prozesse. Diese sind an der Wertschöpfungskette eines Unternehmens ausgerichtet. In **Bild 3** wird eine Auftragsabwicklung mit Teilprozessen am Beispiel eines *„Computerverkaufs"* dargestellt.

Die Gesamtheit aller Unternehmensprozesse zur Realisierung der strategischen Ziele wird auch mit *Geschäftsprozess* (engl. Business Process) bezeichnet. Mit dem Begriff Business Process Reengineering (BPR = Geschäfts-Prozess-Reorganisation) ist die Reorganisation der geschäftlichen Abläufe in einem Betrieb gemeint. BPR gestaltet die Organisation eines Betriebes.

Der prozessorientierte Ansatz geht davon aus, dass organisatorisch zusammengehörige Teilaufgaben zu einem Prozess zusammengefasst werden. Die Bearbeitung eines Prozesses erfolgt abteilungsübergreifend. Der Prozess stellt eine ganzheitliche Betrachtungsweise der Abläufe in den Vordergrund. Für die erfolgreiche Durchführung eines Prozesses ist der eingesetzte Mitarbeiter bzw. das Prozessteam verantwortlich. Es entstehen hiermit wirtschaftliche und flexible Unternehmen.

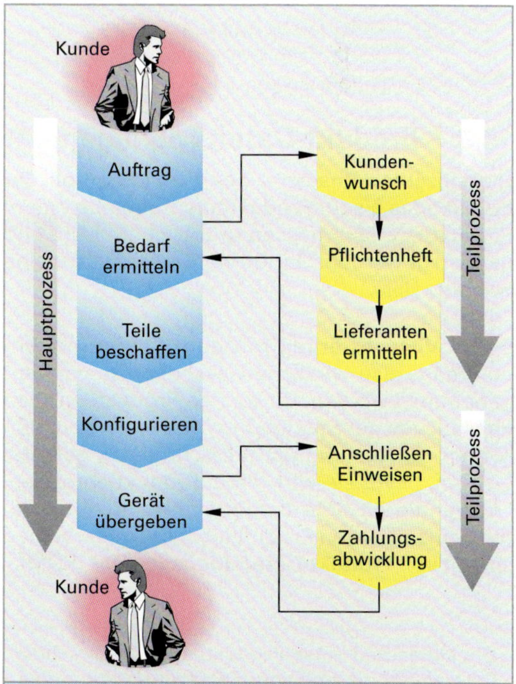

Bild 3: Prozesskette mit Teilprozessen

Zusammenhängende betriebliche Ablaufschritte werden in einer Prozesskette zusammengefasst.

Informationstechnische Strukturen

Bei den traditionellen Softwarestrukturen stehen die abteilungsbezogenen Programmlösungen im Vordergrund. Eine durchgehende Datenhaltung ist hiermit trotz Vernetzung schwer möglich.

Die Umstellung auf eine *prozessorientierte Ablauforganisation* macht neue IT-Strukturen notwendig. In **Bild 1** wird die Lieferung und Installation eines Computersystems dargestellt. Zur Prozessorientierung ist eine genaue Analyse des Geschäftsprozesses notwendig.

Hierbei sind vor allem folgende Fragen zu stellen:

- An welcher Stelle beginnt der Prozess?
- An welcher Stelle endet der Prozess?
- Welche Schnittstellen müssen definiert werden?
- Wer darf welche Daten eingeben/lesen?
- Auf welche Daten muss wer zugreifen können?
- Wie erfolgt die Gesamtdokumentation des Geschäftsprozesses?
- Wie erfolgt die Datensicherung und die Langzeitarchivierung?
- Wie und in welchen Zeitabständen erfolgt eine Aktualisierung?

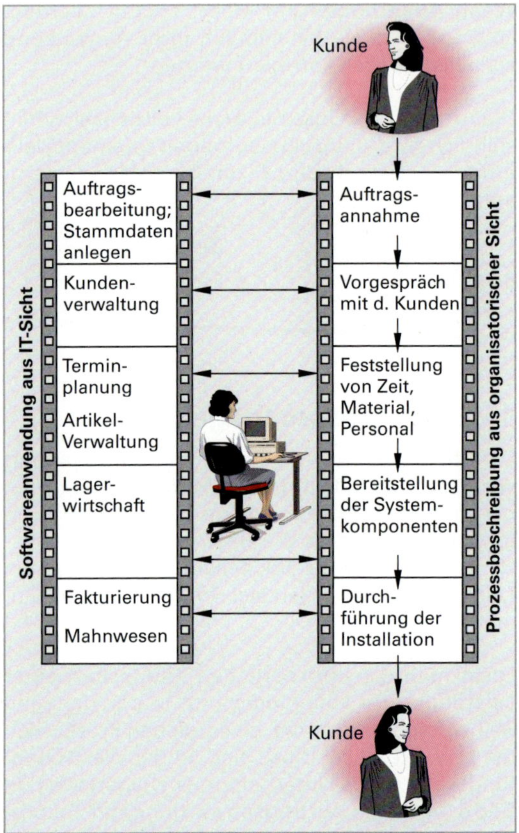

Bild 1: Prozessbeschreibung und Softwarestruktur

15.3 Produkt-Daten-Management

Die einzelnen Phasen eines Produkts, von der Produktidee bis zur Produktentsorgung bzw. dem Produktrecycling müssen gründlich bedacht und gemanagt werden. Der Computer ist hierfür eine wichtige Hilfe.

Durch **Virtualisierung** mit dem Computer können reale, also wirkliche Geschehnisse vorweggenommen werden. So können Produkte in allen Phasen, von der Entstehung über die Produktion bis hin zur Nutzung und Verschrottung getestet werden, bevor sie wirklich in Produktion gehen. Notwendig ist eine datentechnische Aufbereitung eines solchen Produktlebenszyklusses. Man spricht von **Produkt-Daten-Management** (PDM).

Die Lebenszeit eines Produktes wird von seiner Entstehung bis zu seiner Entsorgung durch das PDM begleitet **(Bild 2).**

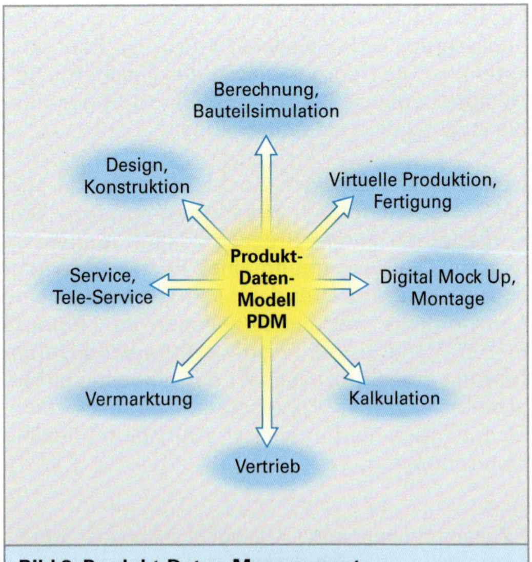

Bild 2: Produkt-Daten-Management

Die Aufgaben des Produkt-Daten-Managements werden so strukturiert, dass der gesamte Produktionslebenszyklus durch die betriebliche Informationstechnik begleitet wird.

Das Produktdatenmodell beschreibt das Produkt durch Dateien für:
- die Geometrie insgesamt und die der Einzelteile **(Bild 1),**
- die Stücklisten,
- die Fertigungsvorgänge mit NC-Daten und Roboterprogramme,
- die Werkstoffe und Prüfprogramme,
- die Montagevorgänge,
- die Produktpräsentation gegenüber Kunden,
- die Kostenrechnung,
- die Vertriebs- und Marketingvorgänge,
- die Wartung und den Service,
- das Recycling.

Das Produkt-Daten-Management (PDM) ermöglicht eine ganzheitliche Darstellung aller produktrelevanten Eigenschaften.

Die **Kommunikationstechnik** vor allem mit dem **Internet** ermöglicht für alle Beteiligten einen *Zugriff* auf diese *Produktdaten,* also auf das Produktmodell, sofern für den Betreffenden eine Berechtigung dafür vorliegt. Diese Daten müssen und sollen nicht an einem einzigen Ort gespeichert sein. Über das Internet können sich weltweit *verteilte* Computer-Systeme und damit auch weltweit verteilte Produktionsstätten als ein Unternehmen darstellen. Man spricht von der *Globalisierung* der Unternehmen und Märkte. Die Automatisierung spielt dabei eine sehr große Rolle.

Die Informations- und Kommunikationstechnik begleitet den Produktlebenszyklus.

- Mithilfe automatisierter Entwurfsverfahren und der Technik des Rapid Prototypings werden Produkte beschleunigt entwickelt.
- Mithilfe automatisierter Fertigungsprozesse werden aus Rohteilen oder Rohstoffen Fertigteile und Produkte.
- Mithilfe automatisierter Qualitätsprüfung wird eine fehlerarme und damit eine wirtschaftliche Produktion sichergestellt.
- Mithilfe der Teleservice-Technik werden Produkte weltweit automatisch oder teilautomatisch gewartet und betreut **(Bild 2).**
- Durch Videokonferenzen über das Internet werden Geschäftsprozesse weltweit getätigt **(Bild 3).**

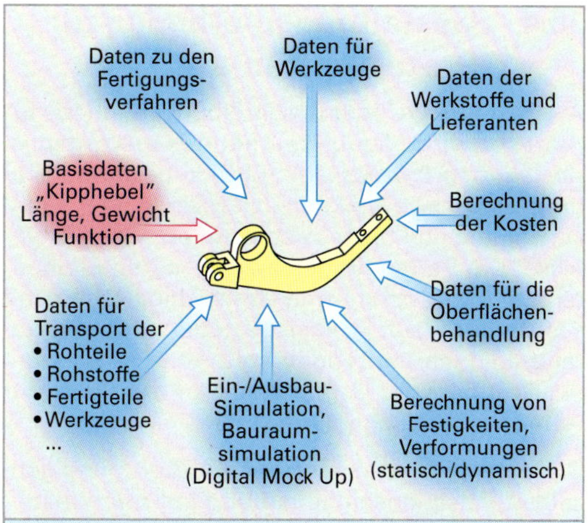

Bild 1: Produktdatenmodell

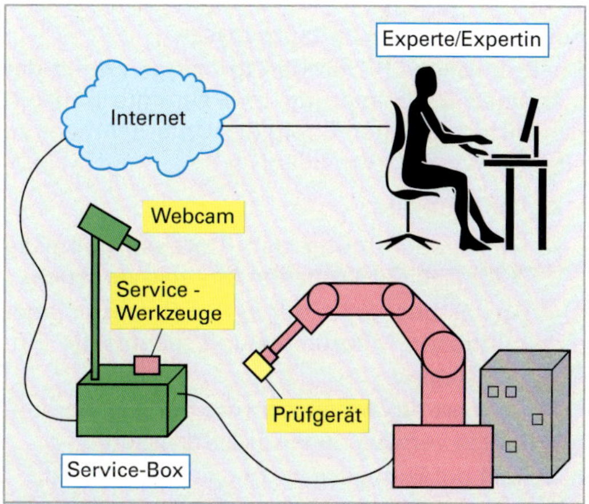

Bild 2: Teleservice

Bild 3: Videokonferenz

15.4 Gestaltungsmethoden für Prozessketten

Als Gestaltungs- oder Beschreibungsmethode für Prozesse wird häufig die Methode der *Ereignisgesteuerten Prozesskette* (EPK) angewandt. Hier lösen Ereignisse Funktionen (Prozesse oder Tätigkeiten) aus und diese wiederum erzeugen Ereignisse. Die Verbindungen zwischen den Elementen **(Bild 1)** symbolisieren den sachlogischen und zeitlichen Ablauf. Ereignisgesteuerte Prozessketten beginnen und enden stets mit Ereignissen. Als Beispiel wird in **Bild 2** eine Prozesskette zur Auftragsabwicklung dargestellt.

Dieses Modell kann auch um die Zuordnung ganzer Organisationseinheiten und Informationsobjekte erweitert werden und wird dann zur *erweiterten ereignisgesteuerten Prozesskette* (eEPK).

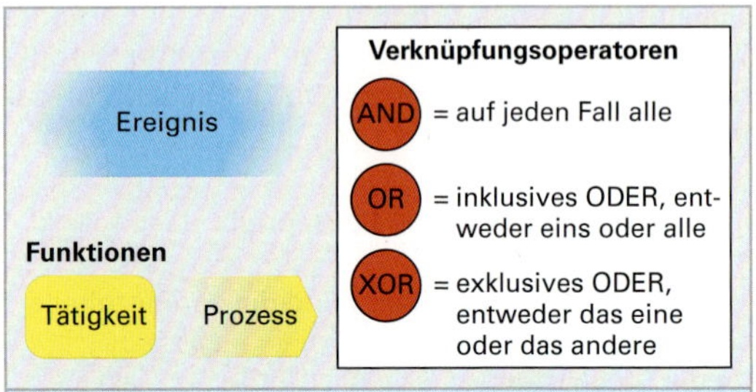

Bild 1: Elemente der ereignisgesteuerten Prozesskette

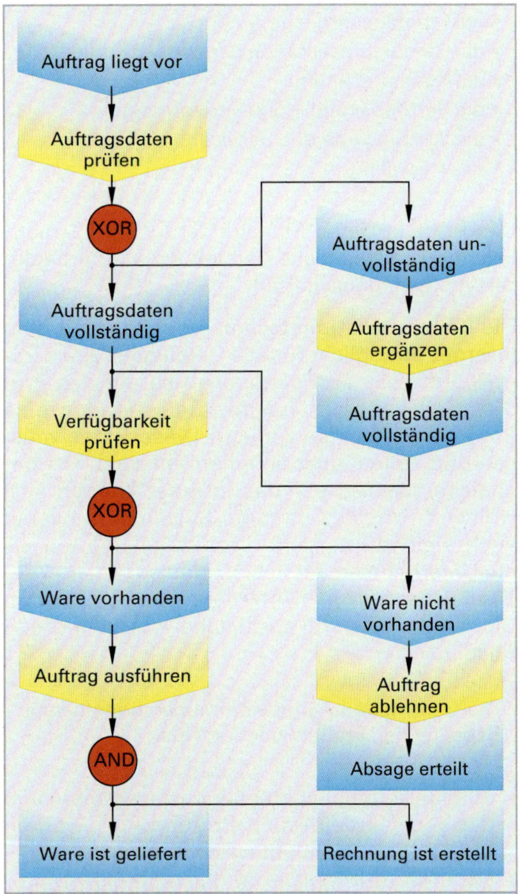

Bild 2: Auftragsabwicklung mit ereignisgesteuerter Prozesskette

Kontrolle von Geschäftsprozessen

Die Kontrolle von Geschäftsprozessen dient der ständigen Verbesserung und Optimierung um den wirtschaftlichen Erfolg des Unternehmens zu sichern. Wir unterscheiden:

- **Ablaufkontrolle**
  - Übereinstimmung der Prozessergebnisse bezüglich der Vorgaben (Soll-Ist-Vergleich),
  - Auslastungsgrad, der in den Prozess eingebundenen Mitarbeiter und technische Einrichtungen,
  - Analyse der Arbeitsschritte mit gleichem Inhalt in verschiedenen Teilprozessen,
  - Test auf Engpässe und Ausnutzungsgrad.
- **Ergebniskontrolle**
  - Qualität des Produktes oder der Dienstleistung,
  - Kosten für das Produkt oder die Dienstleistung,
  - Lieferzeit, Liefertreue,
  - Mehr- und Zusatzleistungen,
  - Zuverlässigkeit und Service.

Um diese Kontrollen zu erreichen und zu bewerten, sind Kontrollverfahren und Messgrößen notwendig. Hierzu zählen unter anderem:

- Ermittlung der Kundenzufriedenheit über Fragebögen oder durch Auswertung von Telefonaten, Erfassen der Kundentreue,
- Nutzwertanalyse,
- Ermittlung der Ausschuss- oder Fehlerquoten,
- Erfassen der Störfälle im Betriebsablauf, z.B. durch Fehlplanungen oder Maschinenausfall,
- Abweichungen von geforderten Qualitätsstandards,
- Erfassen der Durchlaufzeiten für Kundenaufträge,
- Erfassen der Prozesskosten, Arbeiten mit betrieblichen Kennzahlen,
- Benchmarking (Bewertung von Ergebnissen vergleichbarer Prozesse innerhalb des Unternehmens oder mit vergleichbaren Unternehmen).

Zur Ablaufoptimierung und zur ständigen Verbesserung des Geschäftsprozesses sind auch weitergehende Überlegungen notwendig. So gilt es zu untersuchen, inwieweit Prozesse entfernt werden können, welche keinen Beitrag zur Wertschöpfung leisten, weil ihre Ergebnisse kaum oder nicht nachgefragt werden. Bei kritischer Durchsicht kann man oft Teilprozesse zusammenfassen um so Kosten zu sparen. Es ist weiter zu prüfen, inwieweit Prozesse ausgelagert werden können (Outsourcing), um die Prozessleistung effizienter[1] oder kostengünstiger zu machen. So kann oft z.B. das Mahnwesen eines Unternehmens ausgelagert werden. Viele Unternehmen lagern z.B. den Telefonservice an Gesellschaften aus.

Die systematische Analyse der Prozesse liefert auch Daten als Entscheidungsgrundlage für eine eventuelle Automatisierung von Prozessen. Die wesentlichen Vorgänge und Phasen der Prozessoptimierung sind im untenstehenden Schaubild dargestellt **(Bild 1)**.

[1] lat. efficere = hervorbringen, besonders wirtschaftlich zustande bringen

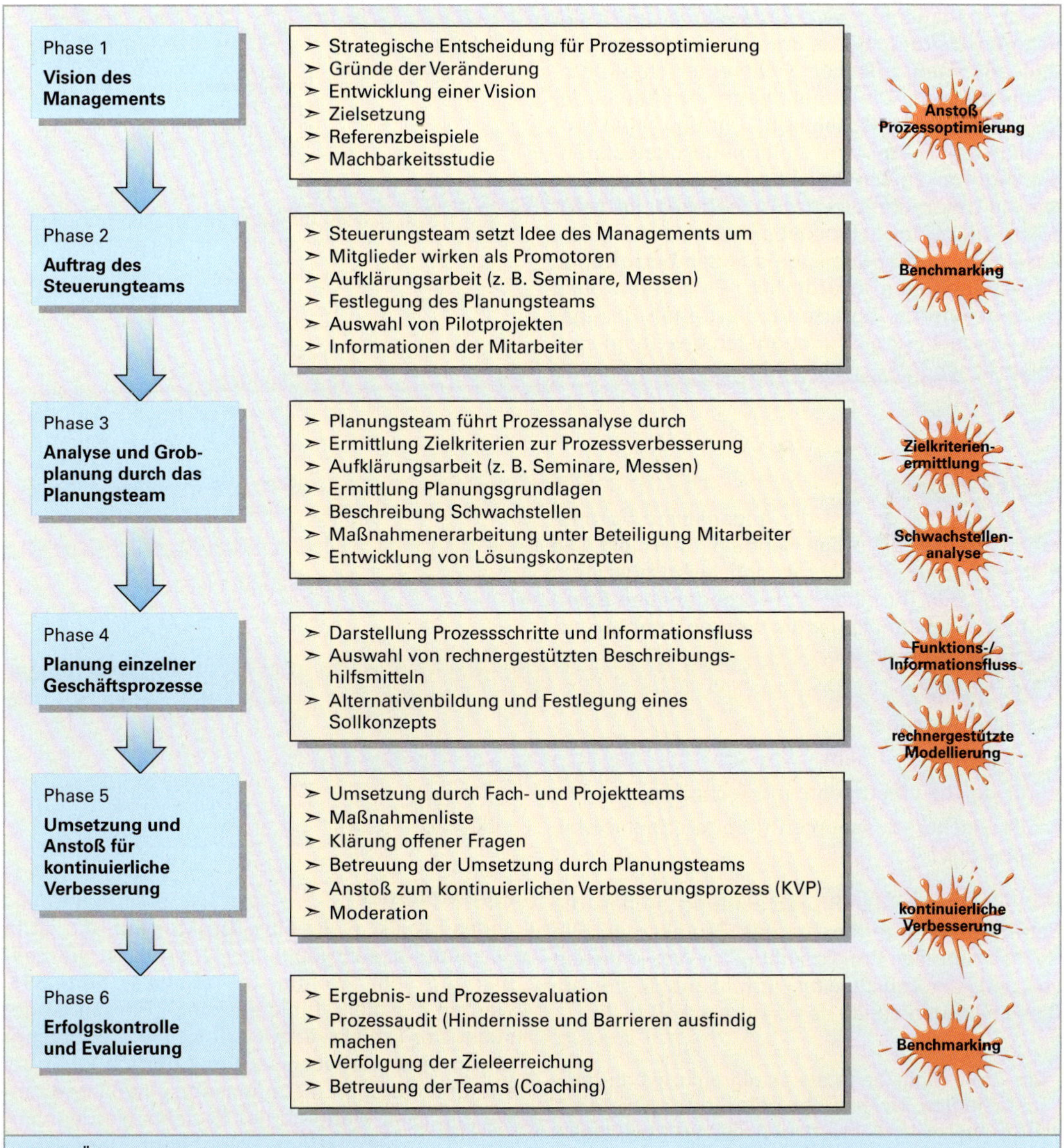

Bild 1: Übersicht zur Prozessoptimierung

15.5 Projektmanagement

Für betriebliche Aktivitäten und Vorhaben, welche relativ neuartig, komplex, bzw. vielschichtig sind, wird häufig das Projektmanagement eingesetzt. Beispiele hierfür sind:

- Platzierung eines neuen Produkts auf dem Absatzmarkt,
- Entwicklung einer neuen Produktlinie,
- Einführung eines Qualitätsmanagements nach DIN ISO 9000,
- Umstellung einer Produktion auf vollautomatische Fertigung.

Projektmanagement ist eine Methode der Unternehmensführung. Sie ist immer prozessorientiert und aus methodischer Sicht eine Problemlösungsstrategie. Die Projektteams erhalten in der Regel von der Unternehmensführung einen Projektauftrag. Dieser wird zielorientiert selbstständig abgewickelt. Ein Projektteam ist in dieser Zeit wie ein Unternehmen im Unternehmen. Im Team sollte jeder Unternehmensbereich vertreten sein. Zusätzlich sind Spezialisten aus den betroffenen Wissensgebieten erforderlich. Es können auch betriebsexterne Experten/Expertinnen dazugeholt werden. Für ein funktionsfähiges Team sind entsprechende Auswahlkriterien zu berücksichtigen **(Bild 1)**.

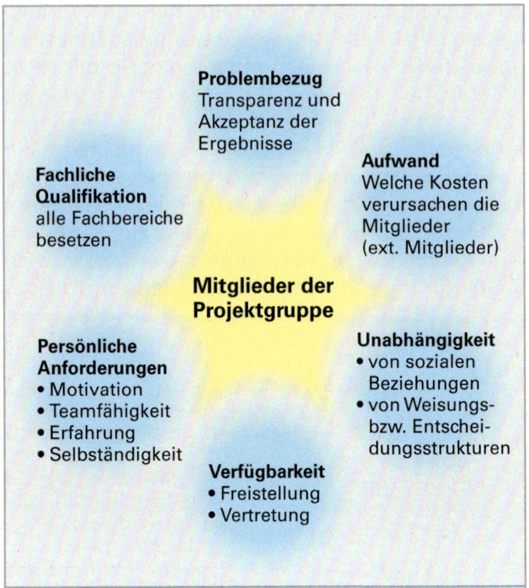

Bild 1: Kriterien zur Bildung einer Projektgruppe

Projektplanung

Die Projektplanung ist die gedankliche Vorausschau auf das zukünftige Handeln im Projekt. Die Planung orientiert sich an den Leistungszielen sowie an den Terminen und vorgegebenen Sachmitteln. So kann folgender Fragenkomplex zugrundegelegt werden:

- wer erledigt,
- welche Aufgaben,
- in welchem Zeitraum,
- mit welchen Methoden und Techniken,
- mit welchen Ressourcen (Kapital, Sachmittel, Software)?

Die Ergebnisse der Projektplanung stellen die Rahmenbedingungen für das Projekt dar. Die Realisierung des Projekts hängt im Wesentlichen von den Faktoren *Qualität, Termin* und *Kosten* ab. Diese Faktoren bilden das Zieldreieck **(Bild 2)**.

Ein Projekt gilt dann als erfolgreich, wenn die festgelegten Ziele in der geforderten Qualität termingerecht realisiert und der vorgesehene Kostenaufwand eingehalten wurde.

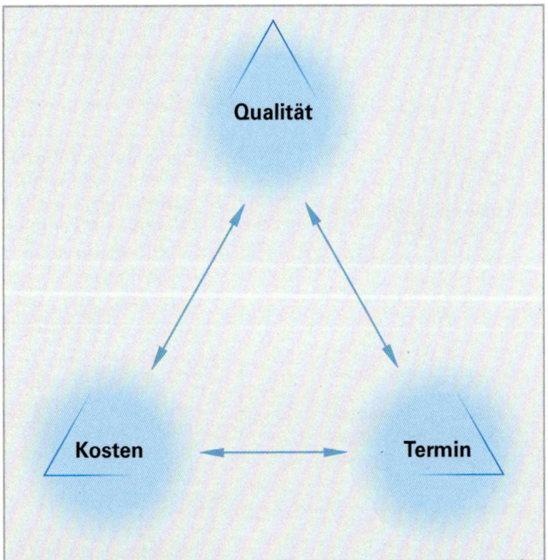

Bild 2: Zieldreieck

Projektphasen

Jedes Projekt weist eine Struktur auf und ist in einzelne Phasen gegliedert. Hierbei ist die Zeitplanung sehr wichtig. In **Tabelle 1, Seite 399,** werden beispielhaft die einzelnen Phasen dargestellt. Der Projektverlauf erfolgt nicht unbedingt bis zu einem Abschluss. Ein Abbruch kann bei entsprechenden Erkenntnissen sinnvoll und notwendig sein. Während des Projekts werden dauernd Kontrollfunktionen eingebaut. Damit kann die Weiterführung gesteuert werden.

Tabelle 1: Projektphasen

Nr.	Phasen	Phaseninhalt (Erläuterung)
1	Anstoß	Projektauftrag, Beschreibung der Situation welche geändert werden soll.
2	Zielsetzung	Projektdefinition, Exakte Beschreibung des Problems, Skizzieren einer Vorstruktur.
3	Planung	Stufe 1: Voruntersuchung in Form einer Ist-Analyse, Beschreibung des aktuellen Zustandes, Zieldefinition, soweit möglich Festlegung der Kriterien. Stufe 2: Anforderungsanalyse mit Zeitumfang und Kostenvolumen. Stufe 3: Projektstruktur (Teilaufgaben, Schwerpunkte) sachlogische Ablaufplanung, Ressourcenplanung (Personal, Finanzen) Stufe 4: Besetzung des Projektteams.
4	Entscheidung	Die Unternehmensleitung legt fest, ob das Projekt durchgeführt wird, bzw. ob Änderungen der Planung notwendig sind.
5	Durchführung	Feinplanung, detailliertes Pflichtenheft, Aufgabenverteilung an das bzw. die Teams mit Zeitplanung, Umsetzung der Pläne, Darstellung der Ergebnisse, Präsentation.
6	Kontrolle	Testen des Projektergebnisses auf Funktionsfähigkeit, Zuverlässigkeit Fehlerfreiheit, Qualitätsprüfung hinsichtlich der Übereinstimmung mit den Vorgaben
7	Dokumentation	Dokumentation umfasst alle Pläne, Darstellung der Arbeitsphasen, Erstellen eines Handbuches, Arbeits- und Wartungsanweisungen.

15.6 Informationsmanagement

Informationen sind eine wichtige Grundlage für die Entscheidungen in einem Unternehmen. Richtige Entscheidungen können nur auf der Grundlage von aktuellem, umfassendem und vollständigem Wissen gefällt werden. Die Verfügbarkeit des **Produktionsfaktors Information** bestimmt wesentlich die Konkurrenzfähigkeit und Existenzsicherung des Unternehmens. Damit Informationen wirklich verwertbar sind, werden folgende Anforderungen an diese gestellt:

- Aktualität (Informationen sind auf dem neusten Stand),
- Quantität (Informationen liegen komplett vor),
- Terminierung (Informationen stehen rechtzeitig bereit),
- Validität (Informationen sind gültig und schlüssig).

Alle betrieblichen Prozesse sind durch Informationsaufnahme, Informationsverarbeitung und Informationsabgabe gekennzeichnet.

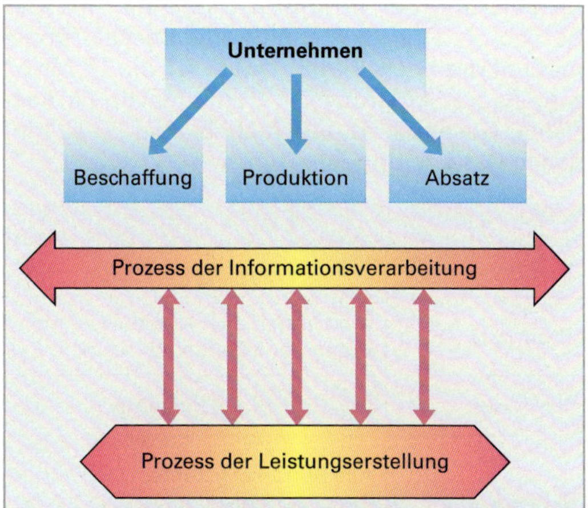

Bild 1: Informationsverarbeitung im Unternehmen

Informationsverarbeitung ist ein immer wichtigerer Teil entlang der Leistungserstellung eines Betriebes. Deshalb muss sie integraler Bestandteil im Fertigungsprozess sein **(Bild 1).**

Die Hauptaufgabe des Informationsmanagements ist die Planung und effiziente Gestaltung des Informationssystems.

Je nach Anforderungsgrad der Tätigkeiten werden Spezialisten benötigt, welche das System betreuen. Unabhängig davon fungieren alle Nutzer (Aktions- und Entscheidungsträger) eines Unternehmens als Informationsmanager.

Die Informatiker richten z.B. eine zentrale Datenbank im Unternehmen ein. Die Sachbearbeiter greifen mit ihren Programmen, z.B. Tabellenkalkulationsprogramme, auf diese Datenbank zu und nutzen sie. Das gesamte Informationssystem besteht aus fünf Komponenten **(Tabelle 1)**.

Um die Informationen aktuell und vollständig zu halten, müssen interne und externe Datenquellen genutzt werden, so z.B.:

- betriebseigene Datenbanken,
- eigene Erhebungen,
- gezielte Fragen an eine bestimmte Zielgruppe, z.B. Lieferer, Kunden (Fragebogen),
- Fachzeitschriften, Literatur, Bibliotheken,
- Messebesuche,
- Recherchieren in Online-Datenbanken,
- Suchen im Internet mit Suchmaschinen.

Zu den Grundfunktionen des Informationsmanagements **(Bild 1)** gehören die Aufgabenanalyse, die Beteiligung an der Entwicklung und Fortschreibung der Unternehmensstrategie, die Realisierung der Informationstechnik und der Betrieb der IT-Systeme, z.B. eine Beschaffungsmaßnahme nach **Bild 2**. Dabei ist die IT Mittel zum Zweck. Aufgrund der Kenntnis von Firmenzielen, Gesellschaft und Technik sind Innovationen in Gang zu bringen.

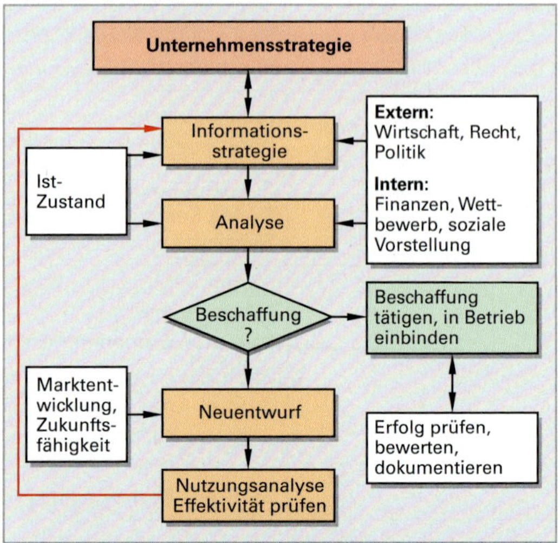

Bild 1: Informationsmanagement

Bild 2: Beschaffungsmaßnahme (Beispiel)

Tabelle 1: Komponenten eines Informationssystems

Komponenten	Erläuterung	Beispiele
Brainware	Gesamtheit aller Kenntnisse und Fähigkeiten der Mitarbeiter in einem System	Bedienen der Computersysteme, Einstell- und Anpassungsarbeiten, Beheben von Störungen.
Hardware	Alle Geräte des Systems	PC, Monitor, Drucker, Netzwerk, Massenspeicher.
Software	Alle Betriebssysteme, Programmierumgebungen und Anwenderprogramme	Windows, C++, LabVIEW, Visual Basic, Textverarbeitungssoftware, Tabellenkalkulationssoftware, Datenbanksoftware.
Orgware	Alle organisatorischen Maßnahmen zum Betrieb des Systems	Regelungen zur Aufbewahrung der Datenträger, Maßnahmen zur Datensicherung.
Kommunikation	Alle Ausstattungen zur Umsetzung der Informationsbeziehungen	Anschlagtafeln, Sitzungsräume, Fax, e-Mail, Videokonferenzen, Internet.

15.7 Planungsinstrumente

Für die effiziente Bearbeitung von Arbeitsaufträgen bzw. von Projekten gibt es mehrere Planungsinstrumente. Diese helfen für eine systematische Durchführung der Projekte und eine übersichtliche Darstellung.

Balkendiagramm

Bild 1 verdeutlicht, wie die einzelnen Vorgänge als Balken in einem logischen Zeitraster dargestellt werden. Termine, Dauer der Vorgänge sowie deren Abhängigkeit sind sofort erkennbar. Das Balkendiagramm dient somit als grundlegendes Übersichtsinstrument. Je nach Bedarf können die Spalten mit ergänzenden Angaben erweitert werden, so z. B. die Namen der Teammitglieder, der Kostenrahmen und markante Zwischenstopps.

Netzplantechnik

Die Netzplantechnik (NPT) ist ein Verfahren, Arbeitsabläufe in Projekten zu planen, zu steuern und zu überwachen. In Anlehnung an DIN 69900 erfolgt eine grafische Darstellung von Ablaufstrukturen in zeitlicher und logischer Abfolge **(Bild 2)**. Neben der *Strukturanalyse* können im Rahmen der *Zeitanalyse* auch kritische Vorgänge, deren Verzögerung zugleich eine Verschiebung des Endtermins herbeiführen, ermittelt werden. Die Vorgangsknoten (Bild 2) und die Pfeilbeziehungen sind in **Bild 3** fett eingezeichnet. Die nicht auf diesem Weg liegenden Vorgänge weisen Zeitreserven auf, sogenannte Puffer. Puffer geben die Zeit an, um die sich ein Vorgang verlängern kann, ohne den Endtermin zu verschieben. Zur Kontrolle des Projektablaufs werden *Meilensteine* gesetzt. Diese werden als kleine Kästchen mit entsprechendem Text dargestellt.

Meilensteine stellen jeweils einen wichtigen *Zwischenschritt* bzw. ein wichtiges Zwischenergebnis einer Projektphase dar. Sie dienen dazu, die angestrebten Ergebnisse zu einem bestimmten Zeitpunkt zu prüfen.

Nr.	Vorgang	Dauer	Anfang	Ende	Vorgänger
1	Besprechung	1 Tag	1.2.01	1.2.01	-
2	Antrag	2 Tage	2.2.01	5.2.01	1
3	Ablaufanalyse	4 Tage	6.2.01	12.2.01	2
4	Datensammlung	2 Tage	8.2.01	9.2.01	3
5	Entscheidung	1 Tag	13.2.01	13.2.01	4
...	...	...	...	...	...

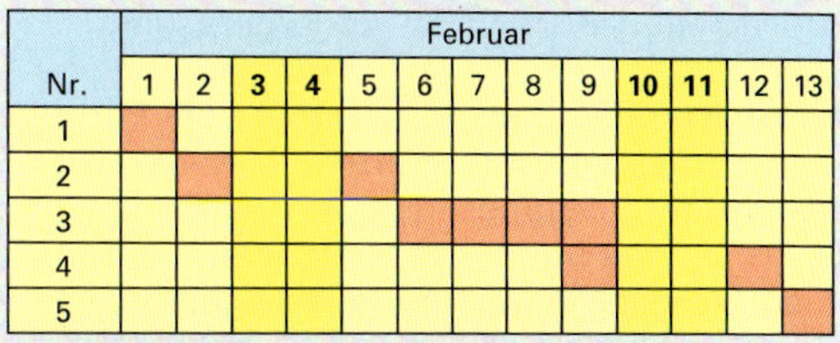

Bild 1: Vorgangsliste und Balkendiagramm

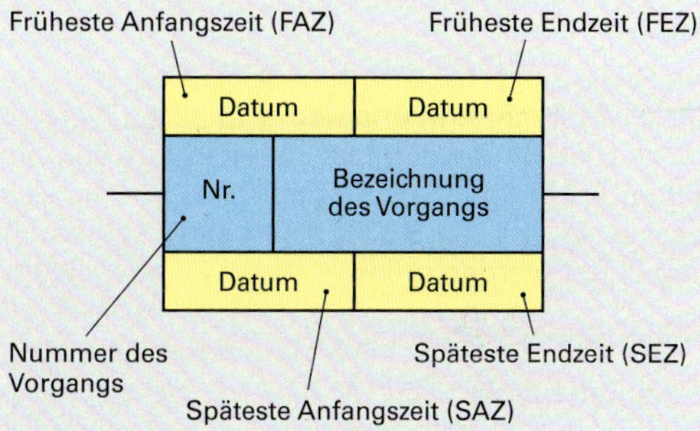

Bild 2: Ausführlicher Aufbau eines Vorgangsknoten

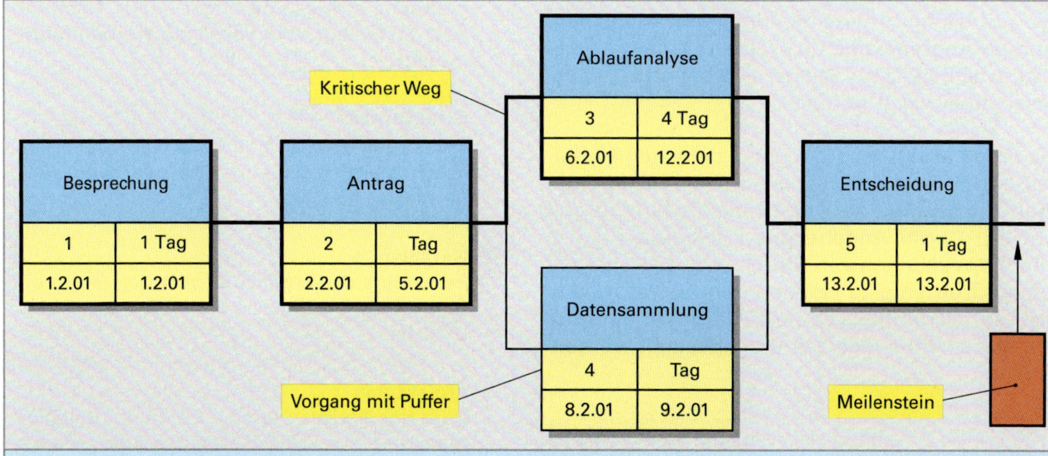

Bild 3: Aufbau eines Netzplans

Zeitrechnung

Bei der Zeitrechnung geht es darum, neben der Dauer der einzelnen Vorgänge und des gesamten Projektes die früheste und späteste zeitliche Lage der einzelnen Vorgänge und die Zeitreserven, die für die einzelnen Vorgänge verfügbar sind zu ermitteln. Dies ermöglicht die Vorwärtsrechnung und Rückwärtsrechnung **(Bild 1).**

Vorwärtsrechnung. Ausgehend vom vorgegebenen (frühesten) Projektstarttermin wird durch Addition der Vorgangsdauer der früheste Projektabschlusstermin errechnet. Bei einem Vorgang, an dem mehrere Wege zusammenlaufen, wird mit dem jeweils größten Wert weitergerechnet.

Rückwärtsrechnung. Ausgehend vom vorgegebenen Projektabschlusstermin wird durch Subtraktion der Vorgangsdauer der spätest zulässige Projektstartzeitpunkt errechnet. Treffen bei einem Vorgang mehrere Pfeile zusammen, dann wird mit dem jeweils kleinsten Wert weitergerechnet.

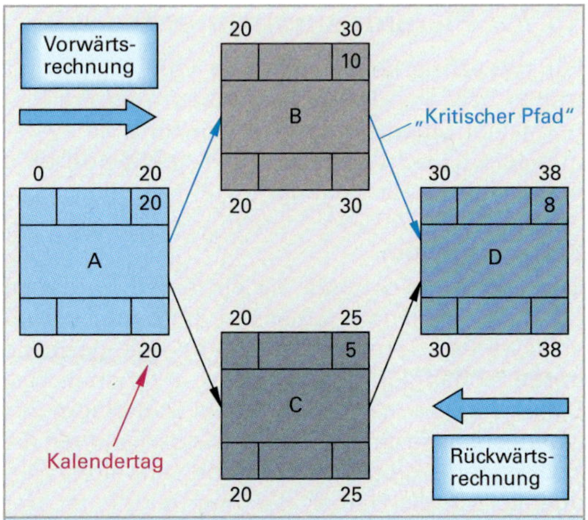

Bild 1: Zeitrechnung

Terminliche, sachliche und personelle Engpässe werden sichtbar und können aufgrund der Transparenz schnell gelöst werden.

Wiederkehrende, vergleichbare Projekte können mit der einmal erstellten Lösung in kurzer Zeit neu geplant werden.

Puffer

Die Differenz zwischen dem spätesten Wert der Rückwärtsrechnung und dem frühesten Wert der Vorwärtsrechnung ergibt, bezogen auf den einzelnen Vorgang, die Pufferzeit. Sie gibt die Zeitreserve an, mit der ein Einzelvorgang spätestens eingeleitet werden muss.

Netzplantechnik

Die Netzplantechnikwird zur Analyse von Projekten und Projektabläufen genutzt.

Mit der Projektanalyse und der damit verbundenen Aufteilung in einzelne Vorgänge werden eindeutige Abgrenzungen einzelner Kompetenzbereiche der beteiligten Stellen sichtbar und können besser überwacht werden.

Die Folge aller Vorgänge ohne zeitlichen Puffer heißt *kritischer Pfad.* Jede Störung in einer solchen Ablauffolge verlängert die Gesamtdurchlaufzeit. Durch Angabe des kritischen Pfades sind die Wirkungen von Störungen und Verzögerungen frühzeitig zu erkennen und leicht in den Griff zu bekommen, da ihre Auswirkungen auf den ganzen Plan jederzeit durchgespielt werden können.

Der kritische Pfad lässt die Wirkung von Störungen frühzeitig erkennen.

Systematik der Netzplantechnik

1. **Projektbeschreibung**
   Es werden alle zu erfüllenden Teilaufgaben exakt aufgelistet.

2. **Vorgangsliste**
   Alle Vorgänge werden in zeitliche Reihenfolge gebracht, sowie „Vorgänger" und „Nachfolger" festgelegt. Alle Vorgänge werden nummeriert.

3. **Strukturplan**
   Alle Vorgänge werden mit Pfeilen verknüpft.
   Es wird geprüft, ob zeitparallel gearbeitet werden kann.

4. **Netzplan**
   Es erfolgt die Ergänzung mit den Bearbeitungszeiten und Eintrag des kritischen Pfades **(Bild 1).**

5. **Projektplan**
   Wird der Netzplan um die Daten der beteiligten Gruppen und Verfahren erweitert, so entsteht der Projektplan.

Brainstorming

Ziel des Brainstorming[1] (Gedankensturm) ist es, innerhalb kurzer Zeit (20 bis 40 Minuten) möglichst viele Ideen zu produzieren. Es handelt sich hier um gemeinsames Nachdenken über ein vorgegebenes Problem. Die Leitung übernimmt ein Moderator. Die Ideen werden zugerufen und auf der Flip-Chart (Blättertafel) festgehalten. Folgende Regeln müssen allen Teilnehmern bekannt sein:

1. Spontaner Zuruf von Beiträgen. Der Inhalt darf nicht auf Logik oder Machbarkeit überprüft werden. Alle Einfälle werden notiert. Die Teilnehmer sollen ihrer Fantasie freien Lauf lassen.
2. Jede Kritik oder Wertung an den geäußerten Ideen wird auf eine gesonderte, nachfolgende Phase verschoben.
3. Ideen anderer Teilnehmer können weiterentwickelt werden („weiterspinnen").
4. Es sollen möglichst viele Ideen in kurzer Zeit produziert werden.

In der Auswertephase werden dann die Ideen untersucht, sortiert und gewichtet. In einer Entscheidungsphase wird festgelegt, welche Idee weiterverfolgt wird.

Brainwriting

Hier handelt es sich ebenfalls um eine Methode der Ideenfindung. Nach Bekanntgabe der Zielsetzung erhält jeder Teilnehmer ein leeres Blatt, auf dem er seinen Beitrag notiert. Anschließend wird dieses auf die Mitte des Tisches gelegt. Danach nimmt jeder Teilnehmer das Blatt eines andern und ergänzt es mit seinen Bemerkungen.

Dies kann mehrfach wiederholt werden. Eine besondere Variante ist die *6.3.5-Methode*. Entsprechend der Bezeichnung schreiben sechs Personen jeweils drei Vorschläge nieder. Nach fünf Minuten werden diese Vorschläge an die anderen Personen weitergeleitet, solange bis jeder Vorschlag fünfmal ergänzt wurde. Auf diese Weise entstehen in 30 Minuten 108 Lösungsansätze.

Mind-Mapping[2]

Bei dieser Methode werden die assoziativen[3] Strukturen unseres Denkens genutzt, um die Vernetzung und Komplexität von Informationen sichtbar zu machen **(Bild 1)**. Das Verfahren wird eingesetzt zur Visualisierung von Projekten.

Die Mindestzeit beträgt 30 Minuten. Mind-Maps sind aber nie fertig, man kann immer weiter strukturieren. Bei der Durchführung wird das Problem in den Mittelpunkt gestellt. Von ihm gehen als Gliederungen die Hauptäste ab, die wiederum in Zweige und Nebenzweige verästelt sind. Jeder Ast und Zweig ist mit einem Schlüsselwort gekennzeichnet. Hier sind auch Symbole erlaubt.

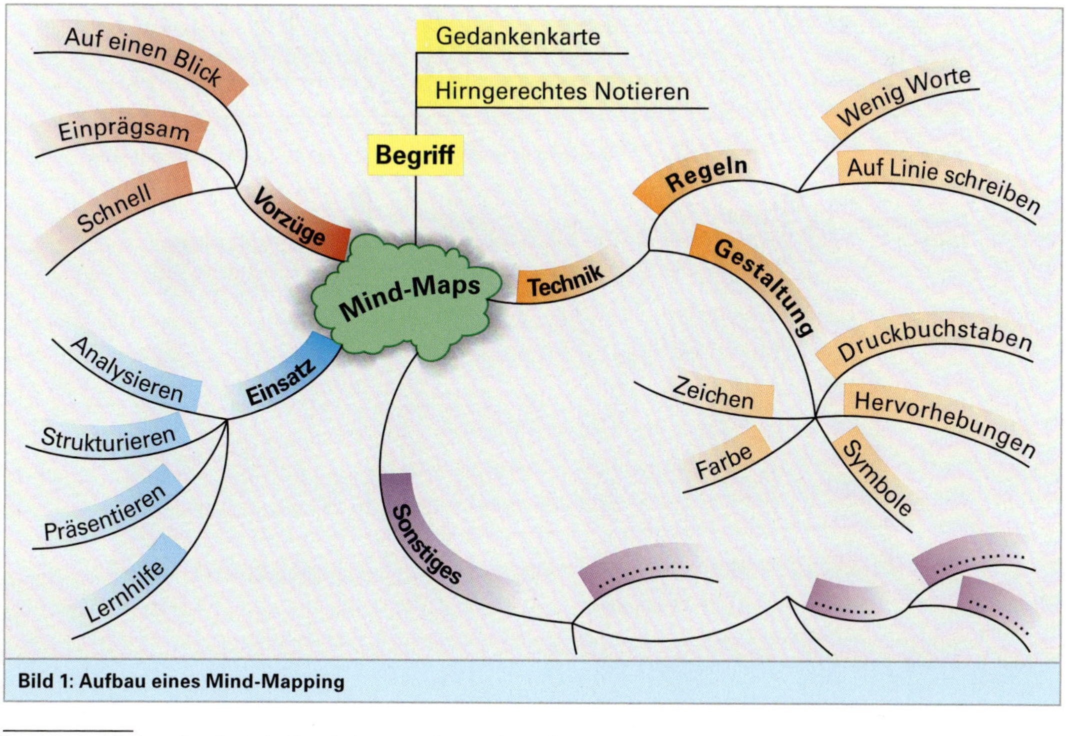

Bild 1: Aufbau eines Mind-Mapping

[1] engl. brain = Gehirn; [2] engl. mind = Sinn, Meinung, engl. map = Karte; [3] lat. associare = hinzugesellen, vereinigen, verbinden

Aufgabe:
Für eine Automatisierungseinheit **(Bild 1)** soll ein Mind-Map erstellt werden.

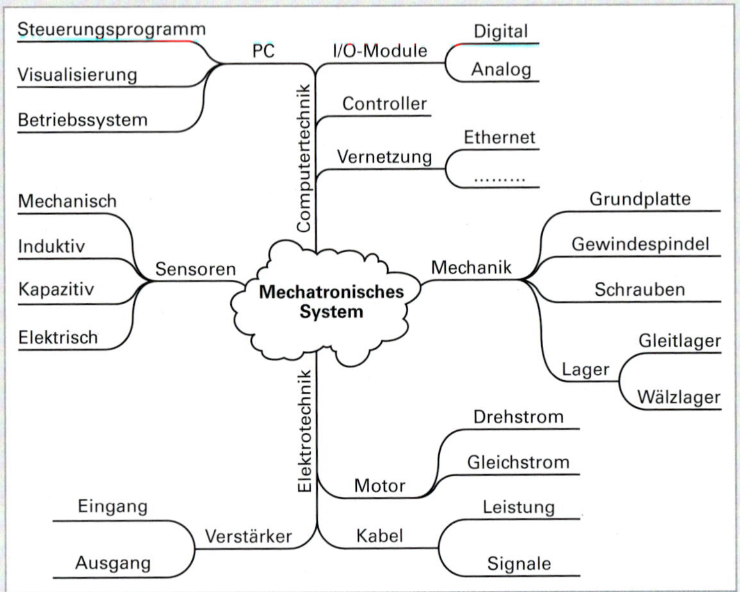

Bild 2: Automatisierungseinheit, mechatronisches System

Lösung: **(Bild 2)**

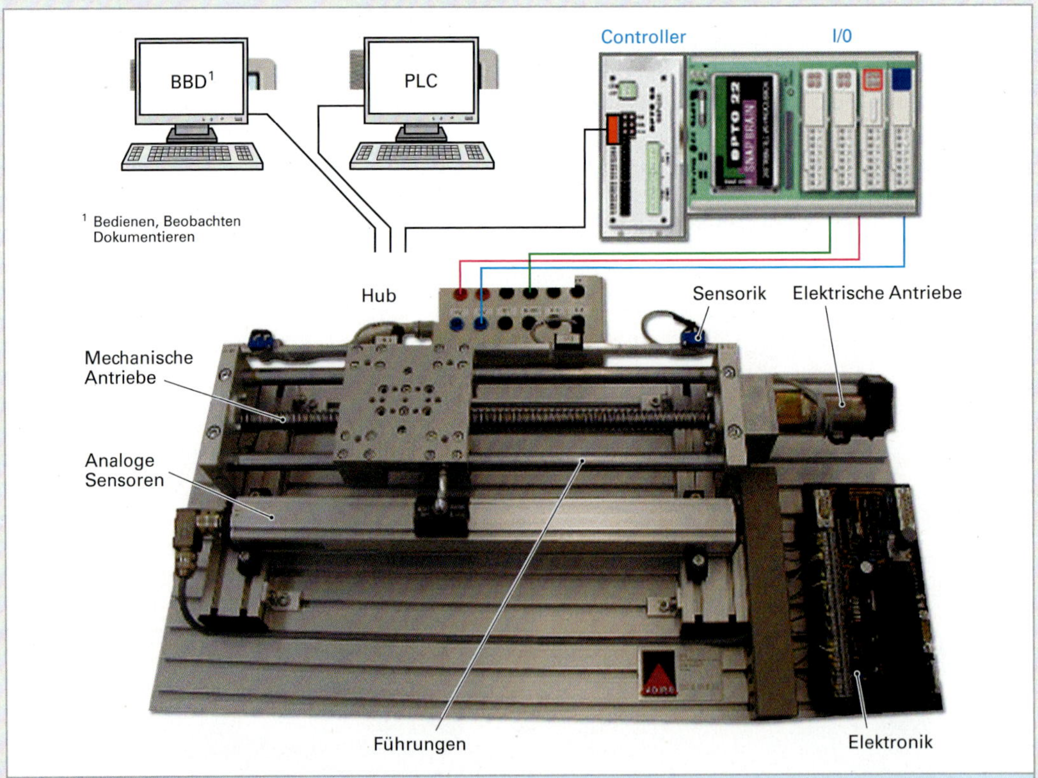

Bild 1: Lösung für eine Automatisierungseinheit

[1] BBD von Bedienen, Beobachten, Dokumentieren

Ursache-Wirkungs-Diagramm

Dieses Diagramm wird auch nach dem Erfinder als Ishikawa-Diagramm[1] oder Fischgräten-Diagramm bezeichnet **(Bild 1)**.

Es wird benutzt, um mögliche Einflüsse (Ursachen) auf ein zu bearbeitendes Projekt zu ermitteln. Meist sind die „7-M-Störgrößen" vorgegeben (Mensch, Maschine, Methode, Material, Messbarkeit, Mitwelt).

Vorgehensweise:

1. Beschreiben Sie detailiert das zu bearbeitende Kriterium.
2. Finden Sie Einflüsse, z.B. mittels Brainstorming oder anhand von Strichlisten.
3. Geben Sie das Kriterium auf der rechten Seite (Wirkung) an und schreiben Sie die ermittelten Einflüsse unter die jeweilig vordefinierten Überbegriffe auf die linke Seite (Ursachen).

Fehlerbaumanalyse

Die Fehlerbaumanalyse kann sowohl für Produkte als auch für Fertigungsvorgänge verwendet werden. Hier kann eine Aussage über das Verhalten eines Systems hinsichtlich eines Fehlers gemacht werden. Der Kern der Methode ist die Aufstellung eines Fehlerbaumes auf der Basis einer Systemanalyse. Es werden alle Störungsmöglichkeiten bzw. Ausfallmöglichkeiten eingetragen. Die Kombinationen werden mit der booleschen Logik verknüpft. Man verwendet ähnliche Symbole wie bei Funktionsplänen **(Bild 2)**.

[1] *Kaoru Ishikawa,* jap. Wirtschaftswissenschaftler, geb. 1915 entwickelte um 1980 diese Darstellung

Zu beachten ist:

- Aufzählung aller Kombinationen, welche einen Ausfall zur Folge haben,
- Bewertung der Eintrittshäufigkeit des unerwünschten Ereignisses,
- Ermittlung der kleinsten Ausfallkombinationen.

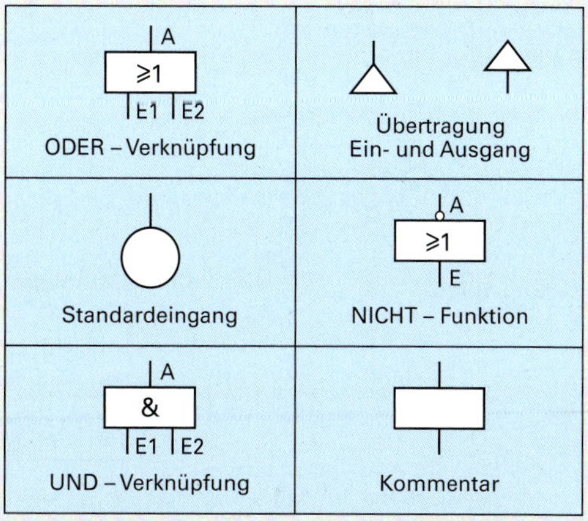

Bild 2: Bildzeichen für die Fehlerbaumanalyse (Auszug)

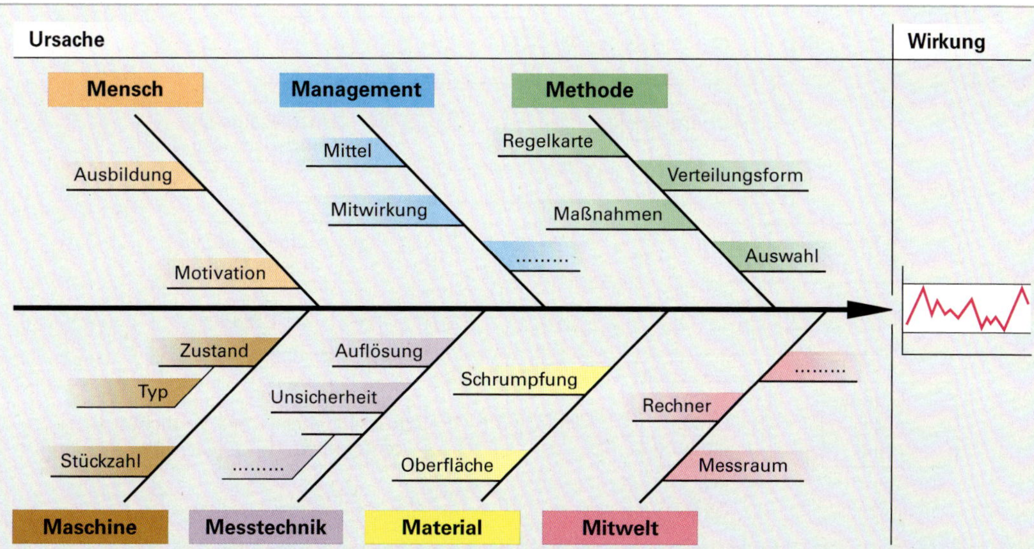

Bild 1: Ursache-Wirkungs-Diagramm für eine Prozessregelung

Aufgabe: Drucklufterzeugung

Für eine Anlage zur Drucklufterzeugung soll ein Fehlerbaum erstellt werden **(Bild 1)**. Es soll das Kriterium „Bersten des Druckbehälters" untersucht werden. Funktion: Mit Taster S2 wird die Anlage eingeschaltet. Die Selbsthaltung erzeugt ein Dauersignal. Wird der max. Druck erreicht, wird die Anlage über den Druckschalter P stillgesetzt.

Lösung: **Bild 2**

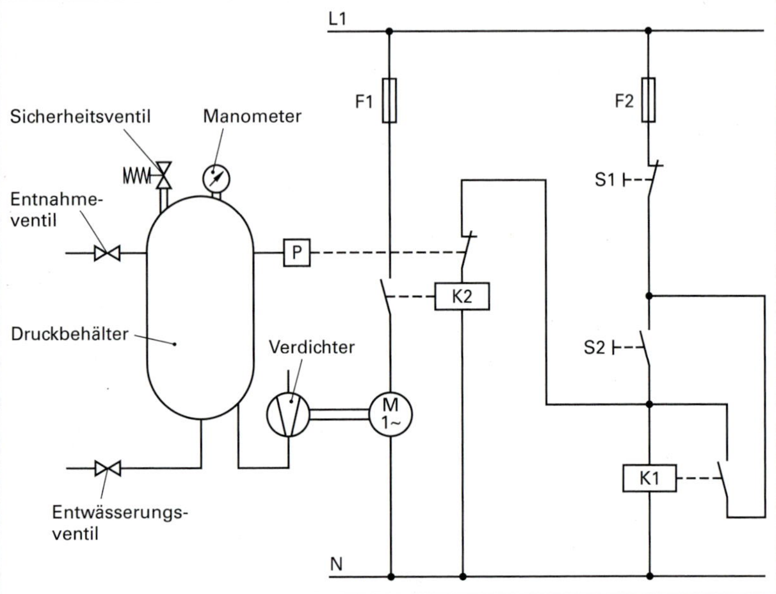

Bild 1: Druckluftanlage

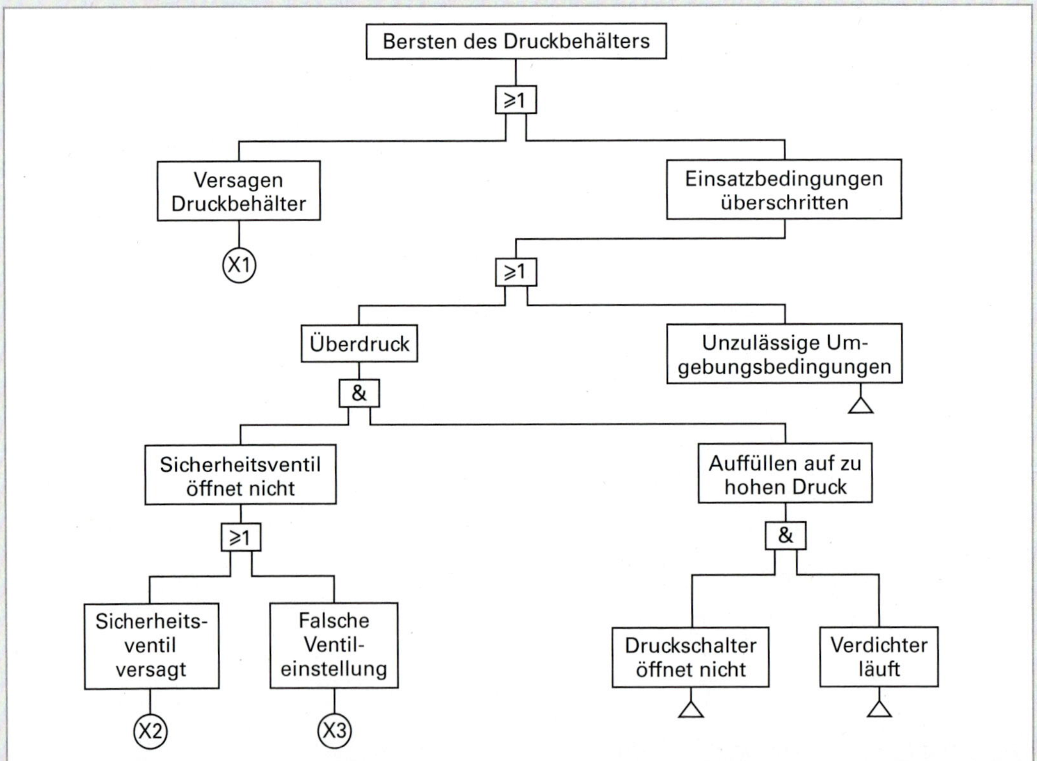

Bild 2: Fehlerbaum

15.8 Moderation

Die Moderation[1] hat die Aufgabe den Gruppenprozess zu steuern und zu begleiten **(Bild 1)**. Der Moderator sorgt dafür, dass die Gruppe arbeitsfähig ist und bleibt. Er koordiniert die Arbeitsverteilung innerhalb der Gruppe. Der Moderator ist nicht für die inhaltliche und fachliche Qualität der einzelnen Beiträge verantwortlich.

Die Verantwortung liegt bei jedem Mitarbeiter. Die Moderatoren leiten die Arbeitsschritte durch präzis formulierte und visualisierte Fragen ein. Sie behalten die Gesamtzielsetzung im Auge. Teilnehmerbeiträge werden von den Moderatoren weder kommentiert noch bewertet. Es wird jedoch auf teamfördernde Verhaltensweisen geachtet, so z. B.:

- jede Meinung wird akzeptiert und diskutiert,
- jedem wird zugehört,
- alle Prozesse und Ergebnisse werden visualisiert,
- Kompromissbereitschaft ist selbstverständlich,
- Hilfsbereitschaft ist geltendes Prinzip.

Als wichtige Hilfsmittel werden meist Moderationswände zur Darstellung der Ergebnisse benutzt **(Bild 2)**.

Phasen der Moderation:

1. Orientierung: Einstieg, Leitfragen, Arbeitsaufträge.
2. Arbeitsphase: Aufträge in Einzel-, Partner- oder Teamarbeit ausführen.
3. Abschluss: Dokumentation, Präsentation, Archivierung.

15.9 Präsentation

Produkte, Arbeitsergebnisse, Projekte, Ideen müssen überzeugend präsentiert[2], d. h. anderen vorgestellt werden. Dabei kommt es darauf an die Aufmerksamkeit der Zuhörer zu gewinnen und die *Kernbotschaft* verständlich und einprägsam zu vermitteln. Eine Präsentation kann man in vier Punkte gliedern:

1. Ziel und Zielgruppe definieren, 2. Inhalt und visuelle Darstellung **(Bild 3)**, 3. Ablauf, 4. Organisation.

Ziel und Thema werden oft verwechselt. Ein richtig formuliertes Ziel erkennt man daran, dass das was erreicht werden soll auch messbar und beobachtbar ist. Hinsichtlich der Zielgruppe müssen folgende Fragen geklärt werden:

- Was erwarten die Teilnehmer?
- Welche Vorkenntnisse haben die Teilnehmer?
- Wie groß ist der Personenkreis?

[1] lat. moderatio = das Mäßigen, die Leitung
[2] franz. présenter = darbieten

Bild 1: Gruppe mit Moderatorin

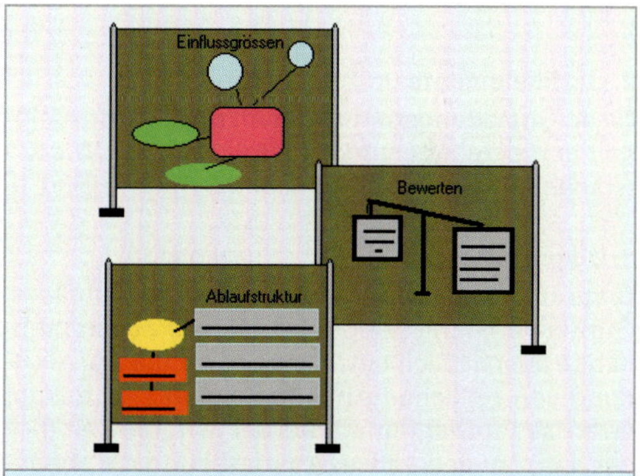

Bild 2: Moderationswände

Bild 3: Visualisierungsmedien

15.9.1 Inhalt und visuelle Darstellung

Die für die Präsentation wichtigen Inhalte müssen ausgewählt werden. Dabei gilt es die Inhalte aussagekräftig darzustellen und sich gleichzeitig auf das Wesentliche zu beschränken. Je nach Art der Information gibt es verschiedene Möglichkeiten der visuellen Darstellung.

1. Textdarstellung

- Druckschrift, Groß- und Kleinbuchstaben verwenden,
- Schriftgröße so wählen, dass der Text von allen Beteiligten gut lesbar ist,
- kurze prägnante Überschriften und Sätze bilden.

2. Grafikelemente und Symbole

Diese Gestaltungsmittel dienen dazu, Informationen hervorzuheben und zu strukturieren. Wir unterscheiden Grafikelemente und Symbole **(Bild 1)**.

3. Diagramme

Diagramme dienen dazu Entwicklungsabläufe, Größenverhältnisse oder technische Zusammenhänge anschaulich aufzuzeigen. Für die Aufzeichnung von zeitlichen Abläufen eignet sich besonders das *y-t*-Diagramm. Hierbei wird die Zeit *(t)* in der horizontalen Achse (Abszisse) und die abhängige Größe *y* in der senkrechten Achse (Ordinate) dargestellt **(Bild 2)**.

Mit dem Balkendiagramm lassen sich vor allem vergleichende Zahlen aus Tabellen gut visualisieren **(Bild 3)**. Das Diagramm darf aber nicht zu viele Balken enthalten, sonst verliert es an Übersichtlichkeit. Farbunterschiede dienen der besseren Lesbarkeit. Häufig ist auch eine Darstellung als Kreis- oder Tortendiagramm sinnvoll. Für die Verarbeitung von Daten und deren grafischer Darstellung gibt es Software, z. B. Excel.

Tipps für die Durchführung der Präsentation:

- Sorgen Sie für eine ansprechende Gestaltung des Raumes.
- Achten Sie auf ein gepflegtes Äußeres.
- Stellen Sie zu den Teilnehmern Blickkontakt her.
- Bilden Sie kurze Sätze „Sprechen Sie in Bildern“.
- Lassen Sie beim Einsatz von grafischen Hilfsmitteln genügend Zeit zur Verinnerlichung.
- Unterstützen Sie Ihre Aussagen durch Mimik und Gestik.
- Fassen Sie am Ende kurz zusammen.
- Bedanken Sie sich bei den Teilnehmern.

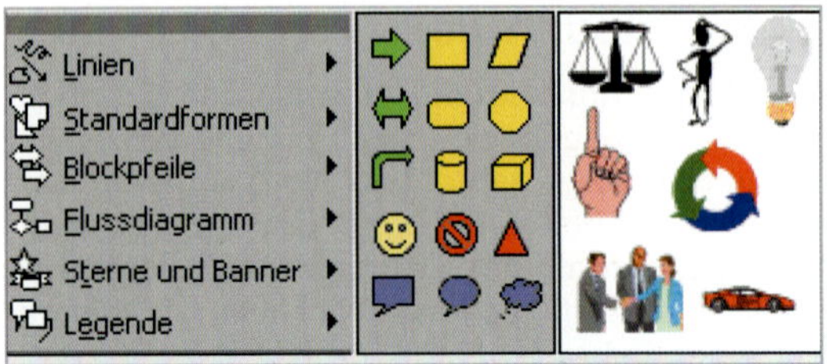

Bild 1: Grafikelemente und Symbole

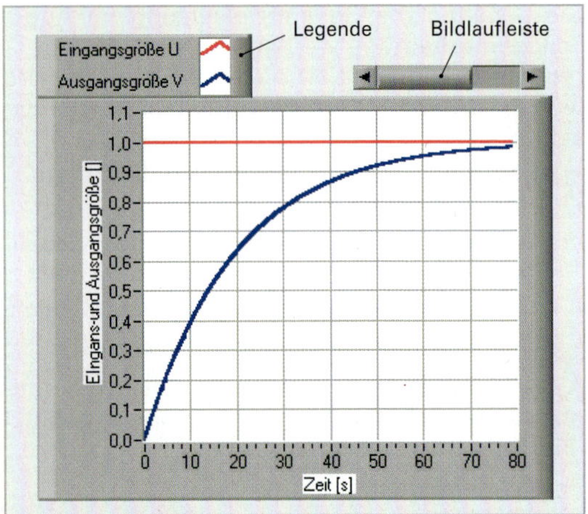

Bild 2: y-t-Diagramm

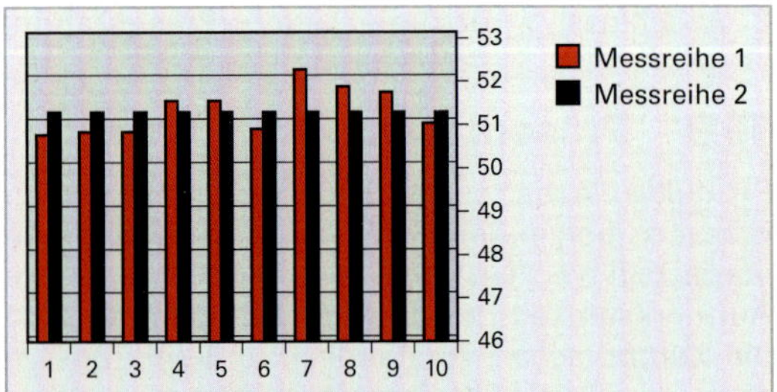

Bild 3: Balkendiagramm

Tipps bei Störungen Ihrer Präsentation:

- Wenn jemand zu spät kommt genügt ein kurzes Nicken mit dem Kopf zur Begrüßung.
- Wenn Sie sich versprechen genügt eine Korrektur ohne große Entschuldigung.
- Wenn Ihnen ein Begriff nicht einfällt umschreiben Sie was Sie sagen wollen.
- Bei einer technischen Panne: auf das Hilfsmittel verzichten oder eine kleine Pause zum Beheben einlegen. Eventuell Grafiken als Kopie verteilen.

15.9.2 Präsentationsgrafik mit PowerPoint

PowerPoint bietet zahlreiche komfortable Funktionen zur Erstellung von Business-Grafiken und von Folien. Neben einfachen statischen Grafiken können auch bewegte Grafiken und Texte erstellt werden. Außerdem können in einfacher Weise Filmsequenzen eingebunden werden.

Zur leichten Erstellung einer Präsentationsgrafik wird ein AutoInhalt-Assistent angeboten, welcher für alle notwendigen Aufgaben einen Dialog anbietet. Dieser erstellt ein Grundgerüst, mit dessen Hilfe die Struktur erzeugt wird **(Bild 1).** Nach Eingabe der notwendigen Daten wird das Weiterschalten angeboten. Für den Aufbau der einzelnen Folien werden bereits Grundmuster angeboten **(Bild 2).**

Für die Erstellung einer Präsentation gelten folgende Regeln:
- Immer gleiches Hintergrundbild verwenden,
- Grundaufbau der Folien immer gleich,
- Firmenlogo immer an der gleichen Stelle,
- Steigerungen immer von links unten nach rechts oben,
- Schriftart und Textgröße gut leserlich gestalten und möglichst nicht wechseln,
- mit grafischen Elementen auf das Wesentliche hinweisen.

Beispiel: Vortragsfolie über den Aufbau eines mechatronischen Systems.

In **Bild 3** wird eine Musterfolie gezeigt. Der Hintergrund zeigt eine gewisse Dynamik. Es wird wenig Text verwendet. Die verwendeten Farben sollten Harmonie ausstrahlen und einen technischen Sinn haben. Nur bunt wirkt störend. Bilder und Zeichnungen sind selbsterklärend. Die Textzeilen können nacheinander eingeblendet werden und haben Nummern. So kann bei einer Diskussion schnell darauf zugegriffen werden.

Bildschirmpräsentation

Mit animierten Objekten erhöht man die Aufmerksamkeit. Dies sollte jedoch sparsam erfolgen, weil sonst dem eigentlichen Inhalt zu wenig Aufmerksamkeit geschenkt wird. Sinnvoll kann es sein, wenn der Text stufenweise in die Folie geschoben wird, sodass analog dem Vortrag sich die Folie aufbaut. Hierzu kann jedes Objekt mit entsprechenden Eigenschaften versehen werden **(Bild 4).**

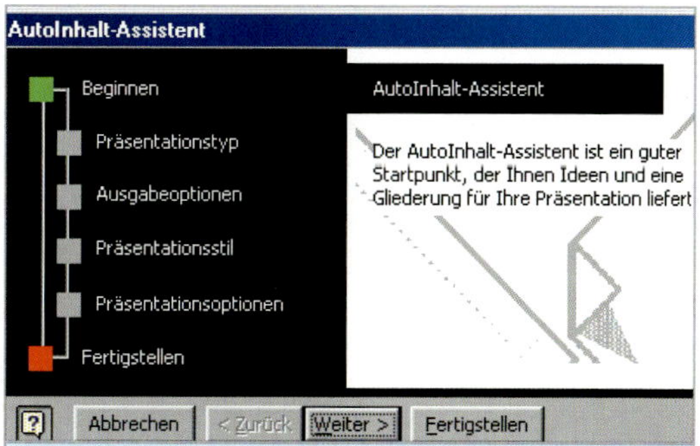

Bild 1: Assistent für die Entwicklung einer Seite

Bild 2: Grundstruktur einer Seite

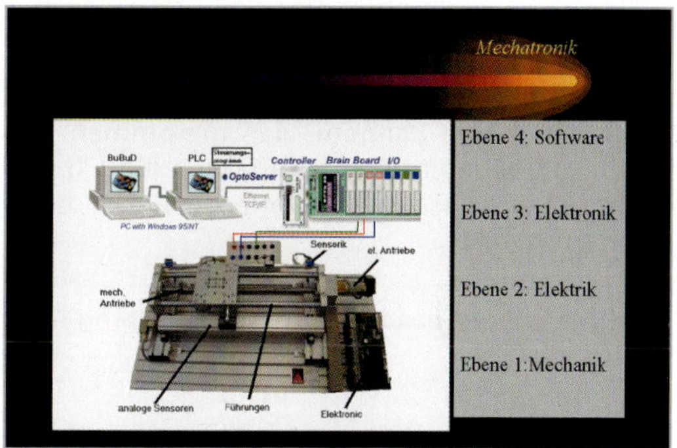

Bild 3: Muster für den Aufbau einer Seite

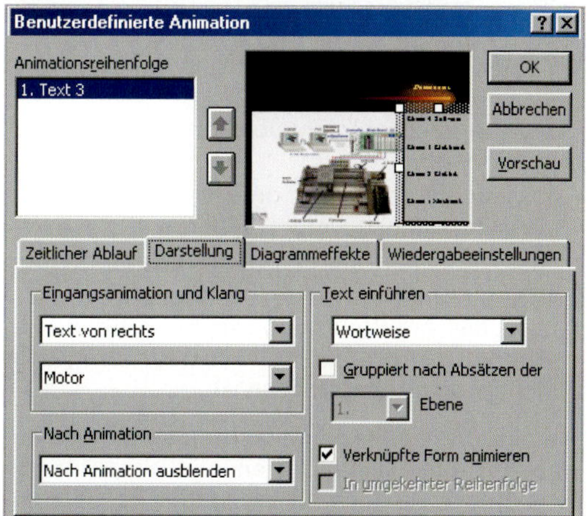

Bild 4: Animation eines Textobjekts

16 Arbeitsgestaltung und Arbeitsschutz

16.1 Der Mensch ist das Maß

Arbeit muss menschengerecht gestaltet werden, d. h. der Mensch mit seinen Fähigkeiten und Bedürfnissen soll das Maß für die Arbeitsgestaltung sein, nämlich so, dass sie

- ausführbar ist,
- erträglich ist,
- zumutbar ist und
- zur Zufriedenheit führt.

Ein zufriedener Mitarbeiter wird immer auch ein motivierter Mitarbeiter sein und im Unterschied zum nicht motivierten Mitarbeiter in seinem Aufgabenbereich weit mehr leisten.

Die Gestaltung der Arbeit betrifft die Arbeitsplätze in Form der Ergonomie und in der Art der Arbeitshandlungen sowie die Arbeitsorganisation.

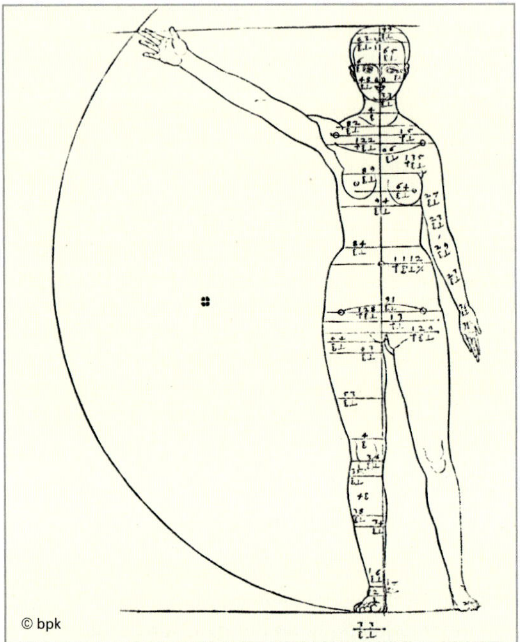

Bild 1: Der Mensch ist das Maß, Skizze von *Albrecht Dürer*[1]

Ergonomie

Unter Ergonomie versteht man die Best-Anpassung der Arbeitsmittel und der Arbeitsumgebung an den Menschen. Am Menschen wird daher schon seit Langem Maß genommen, um seine Umgebung an ihn anzupassen **(Bild 1)**. Die Wissenschaft der „Menschenmesskunde" heißt Anthropometrie[2].

> Der Mensch ist das Maß für die Gestaltung der Arbeitsplätze.

Die Konstruktion von Maschinen, Geräten und Arbeitsumgebungen soll also so sein, dass sie dem Menschen gerecht wird und nicht dass der Mensch sich der Maschine anpassen muss.

Wichtige Kriterien für einen ergonomisch gestalteten Arbeitsplatz sind:

- dass der Mensch nicht überfordert oder unterfordert wird,
- dass die Betriebsmittel unfallfrei und ohne Gefährdung genutzt werden können,
- dass die Arbeit bei natürlicher Körperhaltung ausgeführt werden kann **(Bild 2)** und
- dass die Arbeitsumgebung hinsichtlich Belüftung, Lärm, Hitze, Kälte, Beleuchtung dem Menschen nicht abträglich ist.

Werden diese Kriterien beachtet, so ist dies sowohl für die Beschäftigten wie auch für die Arbeitgeber als auch für die staatliche Gemeinschaft von Vorteil, da dadurch die Gesundheit und die Leistungsfähigkeit gefördert wird.

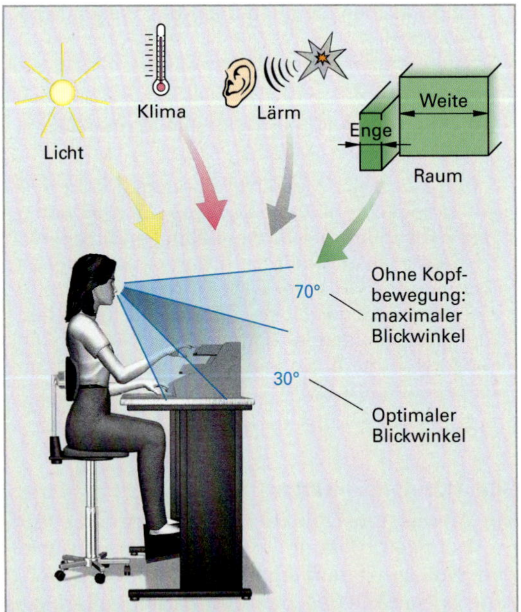

Bild 2: Arbeitsumgebung und Körperhaltung

[1] *Albrecht Dürer,* dt. Künstler (1471–1528)
[2] griech. anthropos = Mensch, und metron = Maß

16.2 Arbeitsplatzgestaltung

Der Arbeitsplatz sollte stets so gestaltet sein, dass er in hinreichender Weise der individuellen Größe des Menschen angepasst werden kann. Dabei ist zu beachten, dass Frauen durchschnittlich etwas kleiner sind als Männer **(Bild 1)** und dementsprechend die Arbeitsflächen, Sitzhöhen und Greifräume unterschiedlich dimensioniert werden müssen **(Tabelle 1)**. Man orientiert sich meist am 95. Perzentil und am 5. Perzentil (Bild 1). So sind die Arbeitsplätze für 90 % der Beschäftigten angepasst bzw. anpassbar.

Die Körperhaltung soll bei der Arbeit gewechselt werden können durch verschiedene Sitzpositionen oder durch ein Wechseln zwischen Sitzen, Stehen und Gehen **(Bild 2)**. Das verbessert die Durchblutung.

Durch das dynamische Sitzen **(Bild 3)** wird eine Verringerung der Belastung der Rückenmuskulatur und des Stützapparates erreicht. Damit steigt die Arbeitsleistung der Mitarbeiter und Mitarbeiterinnen. Sie können konzentriert und motiviert, ohne Verspannungen durcharbeiten. Zudem werden langfristig auch die Krankmeldungen wegen Migräne durch Rücken- oder Nackenverspannungen deutlich zurückgehen.

Die Leistung der Mitarbeiter und Mitarbeiterinnen darf durch schlechte Arbeitsmittel nicht vergeudet werden, sondern sollte über den ganzen Arbeitstag zur Produktion voll genutzt werden.

Tabelle 1: Abmessungen am Arbeitsplatz

Höhe der Arbeitsfläche		
Nur sitzende Tätigkeit	Nur stehende Tätigkeit	Sitzende u. stehende Tätigkeit
Mann: ca. 72 cm Frau: ca. 69 cm	Mann: ca. 105 cm Frau: ca. 95 cm	Gewichtsverteilung 60 % auf Sitzfläche 40 % auf die Füße
Höhe der Fußauflage bei überhohen Maschinen	Höhe des Arbeitsstuhls (DIN 4552)	Größe der Greifräume
Höhe ca. 30 cm Fläche ca. 40 · 40 cm Winkel: 20°	Sitzhöhe: 420 bis 500 mm Sitztiefe: 380 bis 440 mm Sitzbreite: 400 bis 480 mm	Besondere Beachtung der Wirk- und Greifräume des 5. Perzentil – kleine Personen

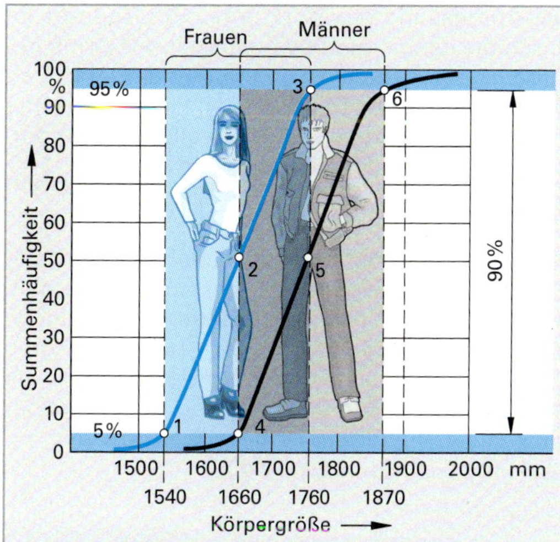

1	1535 mm **kleine Frauen** 5 % sind kleiner	**4**	1650 mm **kleiner Mann** 5 % sind kleiner
2	1625 mm **mittelgroße Frauen**; 50 % sind kleiner bzw. größer	**5**	1750 mm **mittelgroßer Mann**; 50 % sind kleiner bzw. größer
3	1720 mm **große Frauen** 5 % sind größer	**6**	1850 mm **großer Mann** 5 % sind größer

Bild 1: Die Summenhäufigkeit der Körpergrößen

Bild 2: Das Sitz-Stehkonzept

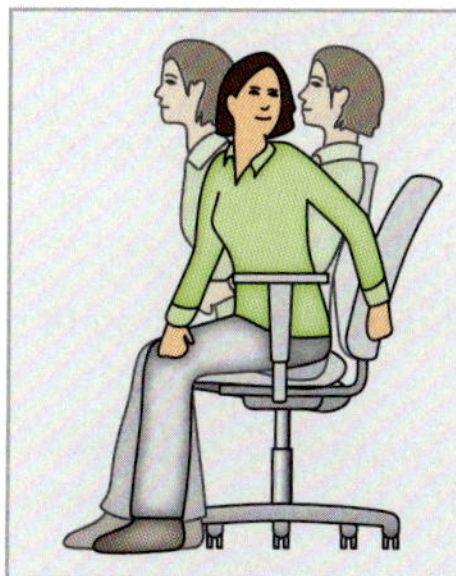

Der Bürostuhl hat eine Synchronmechanik. Sie ist die Basis für dynamisches Sitzen. Beim Zurücklehnen neigt sich die Rückenlehne nach hinten. Gleichzeitig neigt sich auch die Sitzfläche leicht. Der Bürostuhl folgt der natürlichen Bewegung des Körpers.

nach buero-forum.de

Bild 3: Dynamisches Sitzen

Die Abmessung des Wirk- oder Greifraumes ist durch die Länge und Beweglichkeit des Arms gegeben; aber nicht alle Zonen im Raum lassen einen harmonischen Bewegungsfluss zu. Günstige oder weniger günstige Gelenkstellungen schränken den Bewegungsraum ein **(Bild 1)**.

Bei der Gestaltung des Arbeitsplatzes sollen alle Stellteile, Werkzeuge und Werkstücke innerhalb des maximalen Greifraumes angeordnet sein. Ist dies nicht möglich, sollten die selten benötigten Teile oder Stellteile so angeordnet sein, dass sie durch eine einfache Rumpfbewegung erreichbar sind. Bei stehender Arbeitsweise wird der Wirkraum deutlich erweitert **(Bild 2)**.

Greifräume, somit die **Reichweiten** von Händen, Armen und Beinen müssen sicherheitstechnisch überprüft werden. Die Vorschriften über **Sicherheitsabstände** sind nach **DIN EN 294** sehr streng und ausführlichst geregelt.

Die Abstände der Schutzeinrichtung (Gitter, Zaun) von der zu schützenden Konstruktion, z. B. Pressen, drehende Wellen, sind in Form von Tabellen vorgegeben. Dabei sind je nach Risikoabschätzung kleine oder kleinere Abstände anzuwenden. Es ist die Eintrittswahrscheinlichkeit und die voraussichtliche Schwere einer Verletzung zu berücksichtigen. Ein geringes Risiko besteht z. B. bei einer Gefährdung durch Reibung oder Abrieb, ein hohes Risiko z. B. bei einer Gefährdung durch Aufwickeln.

Grundsätze:

- Die Arbeitsposition der Hände sollte nicht über der Herzhöhe liegen.
- Statische Haltearbeit, d. h. dauernde Haltearbeit sollte unbedingt vermieden werden.
- Überkopfarbeit sollte nur selten und nur für kurze Zeit erforderlich sein.
- Körperlich schwere Arbeit sollte durch Arbeitshilfen, z. B. Hebehilfen, Kran vermieden werden.
- Die Arbeit sollte abwechslungsreich und nicht monoton sein.
- Der Arbeitsgegenstand sollte im richtigen Blickwinkel und in der richtigen Sehentfernung liegen.
- Die Beleuchtung muss stimmen **(Tabelle 1)**.

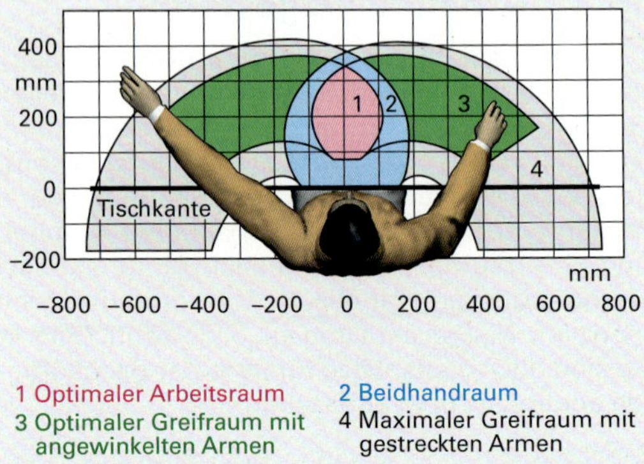

Bild 1: Greifräume

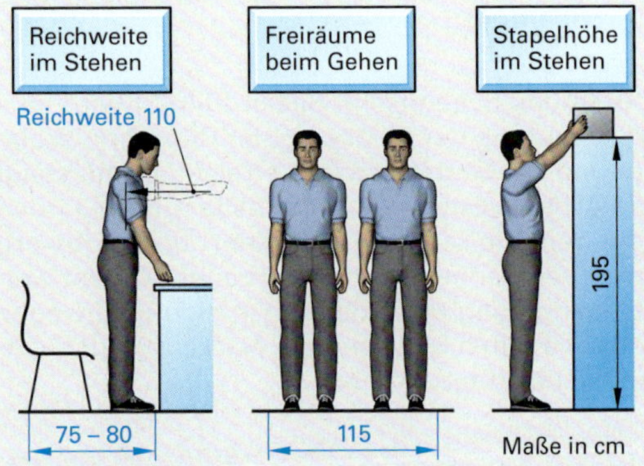

Bild 2: Bewegungsräume des Menschen

Tabelle 1: Beleuchtungsstärken

lx[1]	Art der Arbeit	typische Berufe
250	Arbeiten mit leichten Sehaufgaben, einfache Montagearbeiten	Bäcker Fleischer Buchbinder
500	Laboratorien, Montagearbeiten, Bildschirmarbeitsplätze	Tischler Modellschreiner
750	Kontrollarbeiten mit Farbprüfung, Feinmontage	Metallwerker
1000	Zeichenräume, feinmechanische Arbeiten	Arbeitsplaner Konstrukteur
1500	Montage feinster elektronischer Bauteile, sehr feine Arbeiten der Feinmechanik und Optik,	Elektroniker Optiker Mechatroniker
2000	feinste Arbeiten	Uhrmacher, Goldschmied

[1] Lux, Maßeinheit lx (lat. lux = Licht) = Lichtstrom in lm/ Fläche in m^2

Der PC-Arbeitsplatz

Die Kommunikation zwischen dem Benutzer eines Computers und dem Computer selbst wird als *Mensch-Maschinen-Kommunikation* bezeichnet. Der PC-Arbeitsplatz ist der wichtigste Teil der *Mensch-Maschinen-Kommunikation.* Er muss nach ergonomischen Gesichtspunkten gestaltet sein, d. h., er muss dem Benutzer gerecht werden und zwar so, dass einerseits der Computer effizient benutzt werden kann und andererseits die Arbeitsbelastungen den Benutzer nicht überfordern. Man unterscheidet zwischen der Software-Ergonomie, zu welcher die Benutzeroberfläche gehört, und der Hardware-Ergonomie.

Zur **Hardware-Ergonomie** gehört die körperliche Gestaltung der Arbeitsmittel, z. B. die Tastatur und der Bildschirm, aber auch die Anordnung dieser Arbeitsmittel am Arbeitsplatz und der Arbeitsplatz selbst im Arbeitsraum **(Bild 1)**. Die Bildschirme sollen quer zum Fenster ausgerichtet sein, damit sich die Augen des Benutzers auf die Bildschirmhelligkeit einstellen können und nicht von dem hellen Fensterhintergrund gestört werden. Die Fenster müssen mit Lamellenvorhängen oder Jalousien versehen sein, damit der Lichteinfall der Tageshelligkeit entsprechend geregelt werden kann und damit direkte Sonneneinstrahlung ausgeschlossen wird. So sind bei Raumplanungen Computerarbeitsplätze vorzugsweise auf Nordseiten vorzusehen. Die Deckenbeleuchtung muss mit Blendlamellen versehen und so angeordnet sein, dass Spiegelungen im Bildschirm ausgeschlossen sind. Die Bildschirmarbeitsplatz-Leuchten, auch BAP-Leuchten genannt, ermöglichen durch spiegelnde und parabolisch geformte Lamellen sowie parabolisch geformte Reflektoren die richtige Arbeitsraumbeleuchtung **(Bild 2)**.

Der Bildschirm sollte in der Höhe verstellbar sein, sodass entsprechend der Körpergröße des Benutzers der obere Bildschirmrand etwa in Augenhöhe liegt und bei Betätigung der Tastatur der Ellenbogen einen Winkel von 90° bildet **(Bild 3)**. Vor der Tastatur sollte noch eine Handauflagefläche von etwa 5 cm Breite zur abgerundeten Tischkante sein. Der Stuhl ist so einzustellen, dass zur Tischunterkante eine hinreichend große Beinfreiheit gegeben ist und die Sitzlehne für eine aufrechte Sitzhaltung sorgt.

> Beim PC-Arbeitsplatz ist auf eine blendfreie Bildschirmaufstellung zu achten, wobei der Bildschirm rechtwinklig zur Fensterfront angeordnet sein soll.

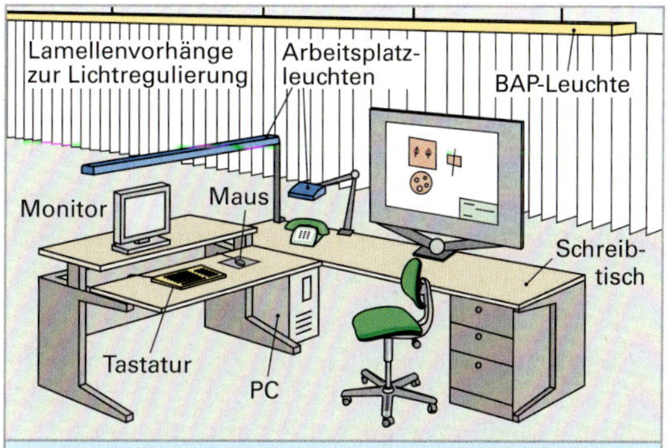

Bild 1: PC-Arbeitsplatz

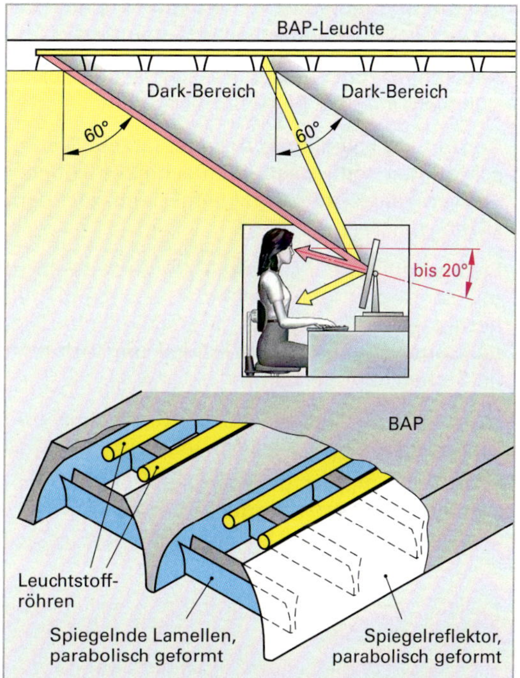

Bild 2: Beleuchtung mit BAP-Leuchten

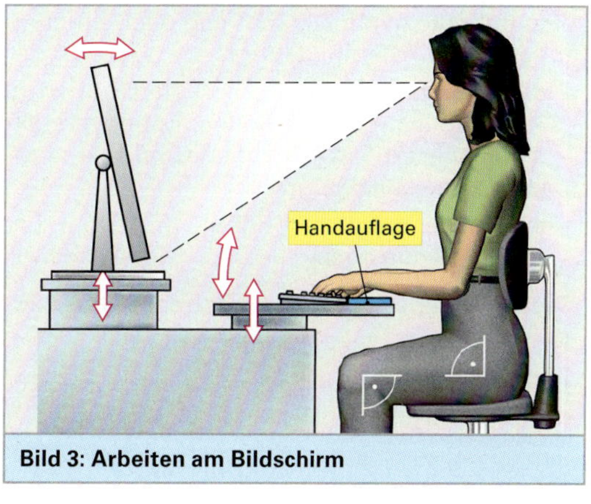

Bild 3: Arbeiten am Bildschirm

Checkliste für einen PC-Arbeitsplatz

Arbeitsflächen. Mindestbreite 1600 mm, Mindesttiefe 800 mm, besser 900 mm/1000 mm. Sehentfernung zum Bildschirm 450 mm bis 800 mm.

Bewegungsraum. Freie Bewegungsfläche mind. 1,5 m^2, mind. 1 m Freiraum hinter dem Arbeitstisch.

Verkehrsraum. Freier Zugang zu Fenstern, Heizkörperthermostat, Außenjalousie-Schalter u. dergl. Verkehrswegebreite mind. 800 mm, bei mehr als 5 Nutzern mind. 1000 mm.

Stauraum. Stauräume für Arbeitsmittel und Lagermöglichkeiten müssen verfügbar sein.

Anordnung zum Fenster. Fensterflächen dürfen sich nicht auf dem Bildschirm spiegeln.

Anordnung zu anderen Arbeitsplätzen. Die Beschäftigten sollten selbst entscheiden können, ob sie mit oder ohne Blickkontakt zum Nachbarn sitzen wollen.

Ergonomie. Die PC- und CAD-Arbeitsplätze müssen nach ergonomischen Gesichtspunkten hergestellt sein und z. B. unterschiedliche Sitzhaltungen (dynamisches Sitzen) und Arbeiten im Stehen ermöglichen.

Durch die Verstellung der Arbeitstische und Stühle sollte es möglich sein, dass

- die Füße mit der ganzen Fußfläche auf dem Boden aufgesetzt werden;
- die Ober- und Unterschenkel einen Winkel von 90° bilden können;
- die Ober- und Unterarme einen Winkel von 90° bilden können;
- die oberste Bildschirmzeile nicht über der Augenhöhe liegt;
- **die Beinraumhöhe** mind. 650 mm, die Beinraumbreite mind. 580 mm und die Beinraumtiefe mind. 600 mm beträgt.
- **der Arbeitsstuhl** ein Büroarbeitsstuhl ist (5 Abstützpunkte bzw. 5 Rollen, höhenverstellbar gepolstert, mit Armauflage und gekrümmter Rückenlehne);
- **der Tisch** möglichst höhenverstellbar ist, sonst 720 mm hoch.

Tastatur. Die Tastatur muss getrennt vom Bildschirm sein.

Bildschirm. Er muss neigbar (5° nach vorne, 20° nach hinten) sein.

Beleuchtung. Die Beleuchtungsstärke sollte 500 Lux betragen und ggf. absenkbar sein, bei Leitständen und Warten. Die Beleuchtung darf nicht blenden, spiegeln oder reflektierend sein. Eine Allgemeinbeleuchtung ist erforderlich, d. h. eine ausschließliche Einzelplatzbeleuchtung darf nicht sein.

Tageslicht. Der Tageslichteinfall muss regulierbar sein, z. B. durch Lamellenstores, Außenjalousien.

Blendung. Leuchten und helle Flächen dürfen durch Wände, Decken, Fußböden oder Möbel nicht direkt oder durch Reflexion blenden.

Bildschirmarbeit. Sie ist so zu organisieren, dass sie nicht eine ausschließliche Tätigkeit ist, sondern mit anderen Arbeiten sich abwechselt.

Akustik. Für Bildschirmarbeiten sollte der Geräuschpegel unter 40 dB(A) liegen, höchstens jedoch bei 55 dB(A).

Geräuschemission und Geräuschminderung. Es sollten nur die leisesten Geräte beschafft werden, Kopierer, Drucker und nicht ständig benötigte Bürogeräte (z. B. Aktenvernichter) sollten in Nebenräumen aufgestellt werden.

Klima. Mindestluftraum pro Beschäftigten: 15 m^3, Temperatur 21 °C bis 22 °C (höchstens 26 °C), Luftfeuchtigkeit 40 % bis 65 %. Luftgeschwindigkeit kleiner 0,15 m/s am Arbeitsplatz.

Bildschirmdialog. Der Bildschirmdialog muss sein:

- aufgabenangemessen, d. h., er darf den Nutzer nicht unnötig mit nicht wichtigen Fragen belasten,
- selbstbeschreibungsfähig, d. h., er muss dem Nutzer Klarheit bei jedem Dialogschritt geben,
- steuerbar, d. h., der Nutzer muss auf den Ablauf Einfluss nehmen können und damit unnötige Schritte umgehen können,
- erwartungskonform, d. h., folgerichtig und übliche Dialogerfahrungen unterstützen,
- fehlerrobust, d. h. auch bei fehlerhaften Eingaben mit wenig Aufwand korrigierbar,
- individualisierbar, d. h. anpassbar an den Nutzer, z. B. mit Abkürzungen für den Experten und mit Zusätzen für den Anfänger,
- lernförderlich, d. h. den Nutzer im Hinzulernen unterstützen.

16.3 Arbeitsbelastungen

16.3.1 Arbeitsbelastung durch die Art der Arbeit

Bei der Arbeitsbelastung unterscheidet man zwischen der physischen (körperlichen) Belastung und der psychischen (seelischen) Belastung.

Die physische Belastung beansprucht vor allem die Muskeln und das Knochengerüst. Mit Arbeitshilfen vermeidet man die Überbeanspruchung. Dabei ist zu beachten, dass man diese Arbeitshilfen auch in Anspruch nimmt. Das Heben von Lasten muss z. B. gesundheitsschonend erfolgen **(Bild 1)**.

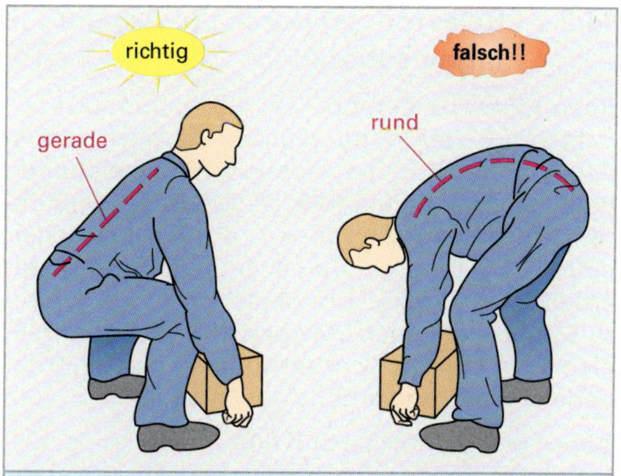

Bild 1: Richtiges und falsches Heben von Lasten

Die psychischen Belastungen werden nach emotionalen (gefühlsmäßigen) und mentalen (verstandesmäßigen) Belastungen eingeteilt. So sind Arbeitsvorgänge mit hoher Verantwortung, mit Zeitdruck und Ärger emotional, d. h. das Gemüt betreffend, stark belastend. Mentale Belastung bedeutet, dass eine geistige Arbeitsleitung, z. B. Vorgänge richtig erfassen und beurteilen, besonders gefordert wird. Überforderungen wirken sich als „Stress" aus und können zu vielfältigen Krankheiten bis hin zum Herzinfarkt führen. Andererseits führt mittlerer Stress ohne Überforderungen zu Spitzenleistungen und zu Wohlbefinden.

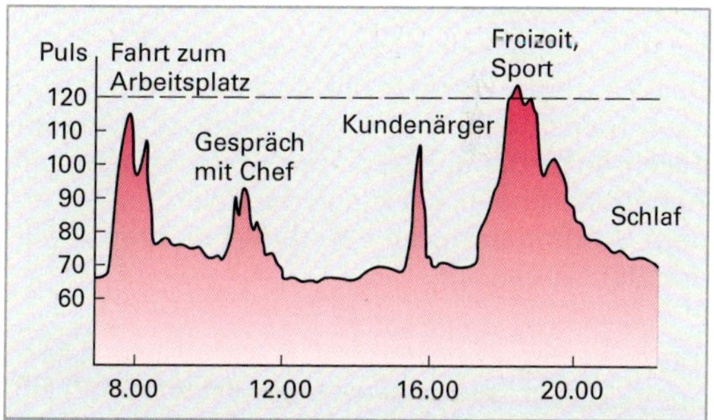

Bild 2: Pulsschlag im Tagesverlauf

Stress wird über das vegetative Nervensystem durch die Hormone Andrenalin[2] und Noradrenalin[3] ausgelöst. Ursache ist eine emotionale (gefühlsmäßige) Erregung oder eine besondere psychische Belastung. Die Hormone verursachen eine nervöse Unruhe, einen erhöhten Blutdruck und eine erhöhte Pulsfrequenz. Das Herz schlägt schneller und die Atmung wird heftiger **(Bild 2)**. Die Muskeln sind angespannt. Der Mensch ist in erhöhter Leistungsbereitschaft und besonders leistungsfähig, solange keine Überforderung vorliegt. Überforderungen durch dauernden oder zu häufig vorkommenden Stress oder durch zu starke psychosoziale Belastungen (z. B. Streit) führen zu Erschöpfung und zu vielfältigen Erkrankungen **(Bild 3)**.

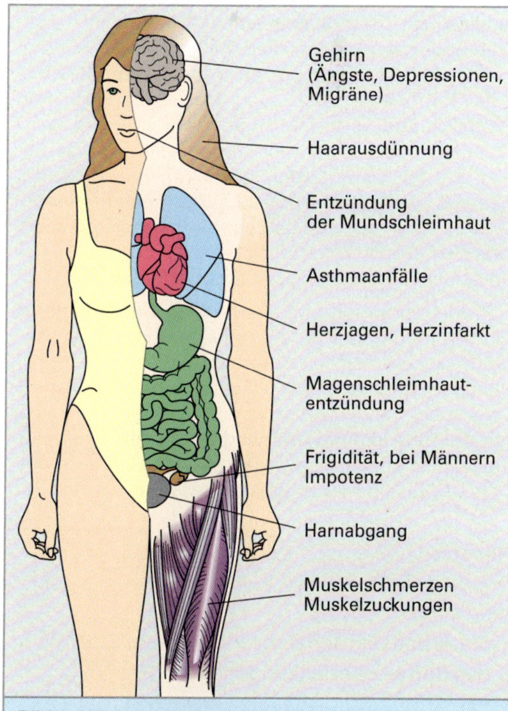

Bild 3: Wirkungen durch Stress

Zur Stressbewältigung muss man
- Probleme mit Gelassenheit angehen,
- Mut aufbringen, um veränderbare Dinge und Situationen zu verändern,
- Wichtiges von weniger Wichtigem unterscheiden können.

[1] engl. stress = Druck, Belastung, Anspannung
[2] Hormon, das im Nebennierenmark gebildet wird, lat. renes = Nieren. Adrenalin steigert Pulsfrequenz und Blutdruck.
[3] Hormon, das im Nebennierenmark und im Nervengewebe gebildet wird. Es wirkt gefäßverengend und krampflösend.

16.3.2 Belastungen durch die Arbeitsorganisation

Besonders belastend ist die Schichtarbeit. Schichtarbeiter/innen müssen nämlich gegen den Verlauf ihrer physiologischen[1] Leistungsbereitschaft arbeiten **(Bild 1)**. Die besonders herauszuhebenden Störungen für die Mitarbeiter/innen sind, dass der Tagschlaf nach der Nachtarbeit meist durch Lärm gestört wird. Es kommt zu Schlafzeitmangel. Dies bewirkt wiederum z. B. eine verminderte Konzentrationsfähigkeit, Minderleistungen und erhöhte Unfallgefahr.

Aber auch die Körperfunktionen des Menschen haben einen periodischen Verlauf mit einer Periodendauer von etwa einem Tag, der durch den Hell-Dunkel-Wechsel von Tag und Nacht gesteuert wird.

Des Weiteren werden die sozialen Kontakte je nach Schichtplan mehr oder weniger stark eingeschränkt. Die auftretenden Erkrankungen wie Appetitstörungen, Kreislaufbeschwerden und andere Störungen treten verstärkt bei älteren Mitarbeitern/innen auf.

In vielen Berufen, vor allem im Dienstleistungsbereich, z. B. in Krankenhäusern, ist die Schichtarbeit unumgänglich. Aber auch im produzierenden Gewerbe wird zur Verlängerung der Maschinenlaufzeiten in zwei Schichten oder in drei Schichten gearbeitet. Es gibt aber auch Arbeiten, die systembedingt „rund um die Uhr" verrichtet werden müssen. So können z. B. Hochöfen, Zementwerke und Kraftwerke nicht „über Nacht" abgeschaltet werden und es muss Bedienpersonal und Wartungspersonal immer vorhanden sein. Die Auswirkungen der Schichtarbeit sind vielfältig **(Tabelle 1)**. Soweit wie möglich sollte Schichtarbeit vermieden werden bzw. auf wenige Beschäftigungen reduziert werden. Durch Automatisierung können viele Produktionsvorgänge ohne Aufsicht erfolgen.

Unternehmen mit global verteilten Büros können in Verbindung mit der heutigen Kommunikationstechnik die Arbeit so organisieren, dass der Erddrehung folgend die Büros „besetzt" sind. So beginnt, wenn bei uns Arbeitsschluss ist, in San Francisco in den USA der Tag und wird fortgesetzt als 3. Tag in Tokio in Japan. Damit wird ein Arbeiten rund um die Uhr fast immer zu Tageszeiten möglich **(Bild 2)**.

Gesetze

Die wichtigsten Regelwerke zur Arbeitsgestaltung sind:

- die Arbeitsstättenverordnung (Arb. Stätt V),
- das Betriebsverfassungsgesetz (Betr.VG),
- das Arbeitsschutzgesetz (ArbSchG),
- die Unfallverhütungsvorschriften (UVV).

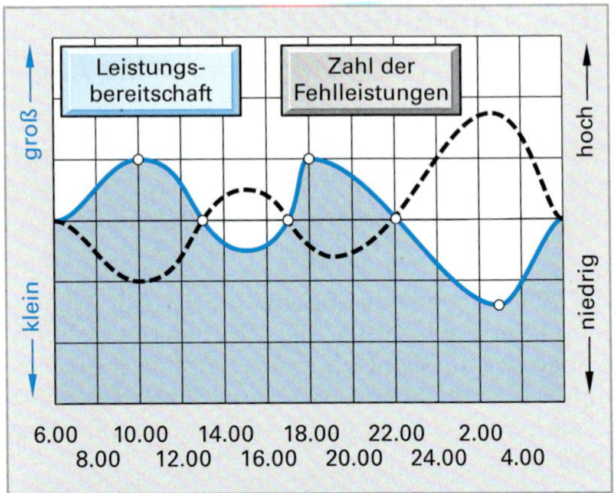

Bild 1: Die Leistungsbereitschaft und die Zahl der Fehlleistungen über den Tagesverlauf

Tabelle 1: Auswirkungen der Schichtarbeit

gesundheitlich	psychosozial
• Schlafstörungen • Appetitstörungen • Magenbeschwerden • Kreislaufbeschwerden • geringere Leistungsfähigkeit • Konzentrationsschwierigkeit	• kein regelmäßiger Sport • Abbruch von Freundschaften • Partnerprobleme • Kulturveranstaltungen werden nicht besucht

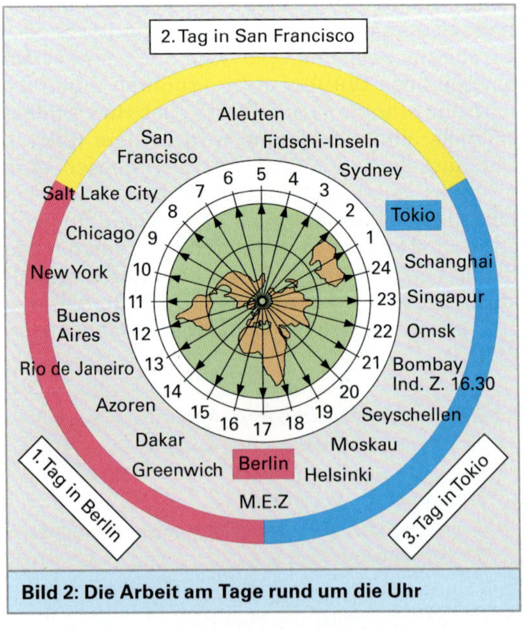

Bild 2: Die Arbeit am Tage rund um die Uhr

[1] von griech. physis = natürliche Beschaffenheit, Physiologie = Naturkunde, Lehre von den normalen Lebensvorgängen, physiologisch = die Lebensvorgänge betreffend

In der **Arbeitsstättenverordnung** werden die Anforderungen an die Arbeitsstätte festgelegt, z. B. das Vorhandensein und die Gestaltung von Pausenräumen, Toilettenräumen, Lüftung, Beleuchtung, Raumtemperaturen **(Bild 1)**.

Im **Betriebsverfassungsgesetz** wird z. B. die rechtzeitige Information und die Mitwirkungsmöglichkeit der Beschäftigten bei Arbeitsplatzänderungen geregelt. Ferner sind die Rechte und Pflichten des Betriebsrates darin festgelegt.

Das **Arbeitsschutzgesetz (ArbSchG)** dient dazu, Sicherheit und Gesundheitsschutz der Beschäftigten bei der Arbeit durch Maßnahmen des Arbeitsschutzes zu sichern und zu verbessern.

Der Arbeitgeber hat dabei von folgenden Grundsätzen (§4) auszugehen:

1. Die Arbeit ist so zu gestalten, dass eine Gefährdung für das Leben sowie die physische und die psychische Gesundheit möglichst vermieden und die verbleibende Gefährdung möglichst gering gehalten wird;
2. Gefahren sind an ihrer Quelle zu bekämpfen;
3. bei den Maßnahmen sind der Stand von Technik, Arbeitsmedizin und Hygiene sowie sonstige gesicherte arbeitswissenschaftliche Erkenntnisse zu berücksichtigen;
4. Maßnahmen sind mit dem Ziel zu planen, Technik, Arbeitsorganisation, sonstige Arbeitsbedingungen, soziale Beziehungen und Einfluss der Umwelt auf den Arbeitsplatz sachgerecht zu verknüpfen;
5. individuelle Schutzmaßnahmen sind nachrangig zu anderen Maßnahmen;
6. spezielle Gefahren für besonders schutzbedürftige Beschäftigtengruppen sind zu berücksichtigen;
7. den Beschäftigten sind geeignete Anweisungen zu erteilen;
8. mittelbar oder unmittelbar geschlechtsspezifisch wirkende Regelungen sind nur zulässig, wenn dies aus biologischen Gründen zwingend geboten ist.

Die **Unfallverhütungsvorschriften** geben detailliert Hinweise für die Maßnahmen zur sicheren Gestaltung von Arbeitsplätzen und von Schutzausrüstungen. Diese Vorschriften werden von den Berufsgenossenschaften erarbeitet. Sie sind also fachspezifisch und werden dem Fortschritt und den neu entstehenden Arbeitsformen laufend angepasst. So gibt es Unfallverhütungsvorschriften zu den Themen: Lärm **(Tabelle 1)**, elektrische Anlagen, Arbeitsmaschinen, Pressen und Stanzen, Flurförderfahrzeuge.

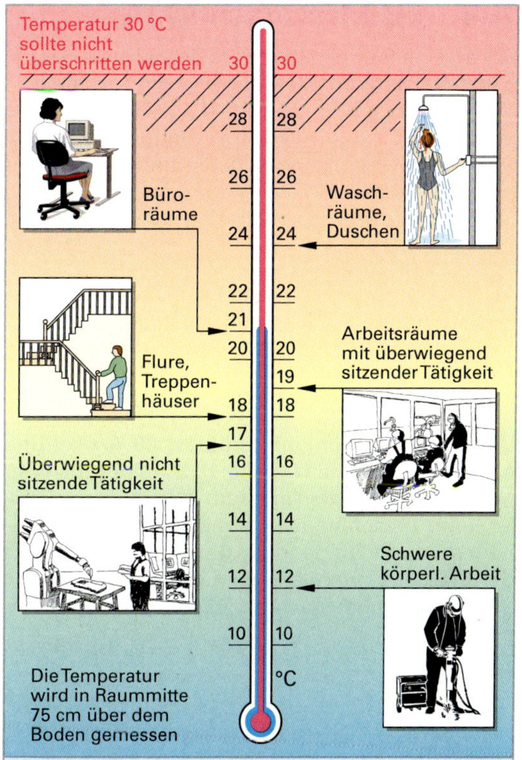

Bild 1: Raumtemperaturen

Tabelle 1: Schalldruckpegel

Art des Schalles	Schall-druck-pegel in dB(A)	
Hörschwelle	0	Sicherer Bereich
Blätterrauschen	20	
Flüstern, Lärmpegel in ruhigen Wohnungen	30	
Normale Unterhaltung	40	
Zimmerlautstärke	50	
Bürolärm	60	Belästigungs-bereich
Mittlerer Verkehrslärm	70	
Lauter Fabriklärm	80	
Großes Sinfonieorchester	100	Schädigungs-bereich
Presslufthammer	125	
Niethammer	135	Schmerz-bereich
Düsentriebwerk	140	

Schalldruck p ist der Effektivwert des durch Schallschwingungen hervorgerufenen Wechseldrucks.
Einheit: Pa (1 Pa = 1 N/m²).

L_p Schalldruckpegel in dB
p Schalldruck
p_0 Bezugsschalldruck
$p_0 = 20\ \mu\text{Pa}$

$$L_p = 20 \lg \frac{p}{p_0}$$

16.4 EU-Maschinenrichtlinie

Die Maschinenrichtlinie[1] der Europäischen Union (2006/42/EG, vom 17. Mai 2006) gilt für alle ihre Mitgliedsstaaten und wurde in Deutschland als Verordnung zum Gerätesicherheitsgesetz erlassen. Sie gilt für alle Maschinen und Maschinenanlagen. Zu den Maschinen zählen auch Sicherheitsbauteile und auswechselbare Ausrüstungen.

Unter einer Maschine versteht man die Gesamtheit von miteinander verbundenen Teilen oder Vorrichtungen, von denen mindestens eines beweglich ist.

Die Maschinenrichtlinie umfasst 29 Artikel und hat zwölf Anhänge **(Tabelle 1)**. Die Vorgaben der Maschinenrichtlinie sind vom Maschinenhersteller, dem Maschinenbetreiber und dem Maschinenbenutzer zwingend einzuhalten. Im Anhang I der Maschinenrichtlinie sind die grundlegenden Sicherheits- und Gesundheitsanforderungen formuliert.

Es gilt:

1. Das Risiko für Gefährdungen zu beseitigen oder zu minimieren.
2. Schutzmaßnahmen gegen nicht zu beseitigende Gefahren zu ergreifen.
3. Nutzende der Maschine über Restgefahren zu unterrichten.

Man muss also möglichst eine gefahrlose Maschine bauen und wenn das nicht geht, Nutzende vor der Gefahr schützen, z. B. durch Kapselung, und wenn das nicht alle Gefahren ausschließt, ihn davon in Kenntnis setzen **(Bild 1)**.

16.4.1 Sicherheit und Gesundheitsschutz

Materialien. Die verwendeten Materialien einer Maschine dürfen nicht zur Gefärdung der Sicherheit und der Gesundheit führen. Sie dürfen also z. B. nicht giftig sein und nicht brüchig werden und dabei eine Gefahr bilden. Man muss also Materialermüdung, Korrosion, Alterung und Verschleiß berücksichtigen und entsprechende Wartung bzw. Instandsetzung vorsehen.

[1] Eine ausführliche Abhandlung zur Maschinenrichtlinie findet man in „Qualitätsmanagement, Arbeitsschutz und Umweltmanagement“, Verlag Europa-Lehrmittel, Haan.

Tabelle 1: Aufbau der Maschinenrichtlinie

Richtlinie 2006/42/EG, vom 17. Mai 2006	
Artikel 1	Anwendungsbereich
Artikel 2	Begriffsbestimmungen
Artikel 3	Spezielle Richtlinien
Artikel 4	Marktaufsicht
Artikel 5	Inverkehrbringen und Inbetriebnahme
Artikel 6	Freier Warenverkehr
Artikel 7	Konformitätsvermutung und harmonisierte Normen (Ist eine Maschine nach einer Norm EN ... hergestellt, so wird unterstellt, dass sie die Sicherheits- und Gesundheitsanforderungen der Maschinenrichtlinie erfüllt.)
Artikel 8	Spezifische Maßnahmen
Artikel 9	Maschinen mit besonderem Gefahrenpotenzial
Artikel 10	Anfechtung einer harmonisierten Norm
Artikel 11	Schutzklauseln
Artikel 12	Konformitätsbewertungsverfahren
Artikel 13	Unvollständige Maschinen
Artikel 14	Stellen für die Konformitätsverfahren
Artikel 15	Installation und Verwendung der Maschinen
Artikel 16	CE-Kennzeichnung
Artikel 17 bis 29	Administrative Vorgaben
Anhang I	Grundlegende Sicherheits- und Gesundheitsanforderungen für Konstruktion und Bau von Maschinen
Anhang II	Erklärung zur EG-Konformität und zur unvollständigen Maschine
Anhang III	CE-Kennzeichnung
Anhang IV	Liste der erfassten Maschinen
Anhang V	Liste der erfassten Sicherheitsbauteile
Anhang VI	Montageanleitung für unvollständige Maschinen
Anhang VII	Technische Unterlagen
Anhang VIII	Interne Fertigungskontrolle
Anhang IX	EG-Baumusterprüfung
Anhang X	Konformität bei umfassender Qualitätssicherung
Anhang XI	Mindestkriterien für Prüfungsstellen zur Konformität
Anhang XII	Querverweisliste zur alten EU-Richtlinie

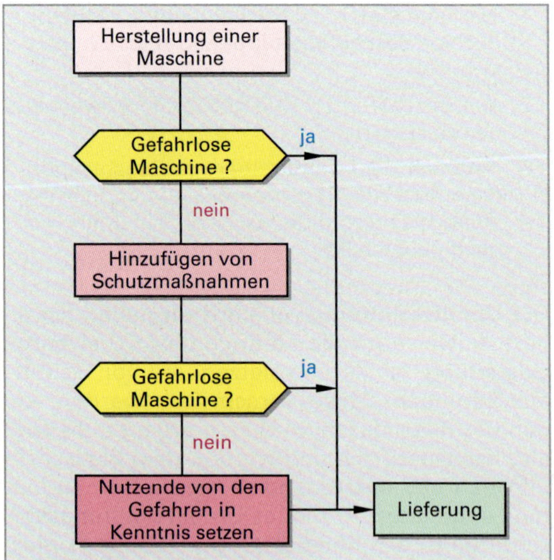

Bild 1: Minimieren der Gefahr

Beleuchtung. Ergänzend zur normalen Raumbeleuchtung sind erforderlichenfalls zusätzlich Lichtquellen einzusetzen.

Handhabung. Eine Maschine muss man gefahrlos handhaben können. Das bedeutet auch, dass sie gefahrlos transportiert und aufgestellt werden kann. Es sind z. B. entsprechende Lastaufnahmeösen anzubringen oder beizustellen **(Bild 1)**.

Steuerungen und Befehlseinrichtungen. Steuerungen und Befehlseinrichtungen müssen sicher und zuverlässig funktionieren. Ein Fehler in der Steuerungslogik darf zu keiner gefährlichen Situation führen.

Stellteile. Bei Stellteilen (z. B. Hebeln, Handrädern und Tastaturen) müssen die Steuerwirkungen unmissverständlich erkennbar sein, z. B. durch Bildzeichen bzw. Anzeigen oder durch eine Kohärenz[1] zwischen Stellbewegung und Wirkung. Eine Kohärenz liegt vor, wenn die Stellbewegung nach links auch die Vorrichtung nach links lenkt. Stellteile sollten möglichst außerhalb des Gefahrenbereichs liegen.

Ingangsetzen. Das Ingangsetzen einer Maschine darf nur durch eine absichtliche Betätigung der dafür vorgesehenen Stelleinrichtungen erfolgen, also z. B. durch Einschalten einer gewählten Betriebsart.

Eine Maschine darf sich keinesfalls selbst Ingangsetzen, nachdem zuvor ein Stillstand eingetreten ist.

Stillsetzen. Jede Maschine muss zum sicheren Stillsetzen mit einer Befehlseinrichtung, z. B. einem NOT-AUS-Taster ausgerüstet sein. Der NOT-AUS-Befehl muss so lange erhalten bleiben, bis er bewusst zurückgenommen wird (z. B. durch Entriegelung des Tasters). Die Freigabe darf aber die Maschine nicht in Gang setzen, sondern dies nur ermöglichen **(Bild 2)**.

Betriebsartenwahl. Die Betriebsartenwahl ist allen anderen Steuerungsfunktionen übergeordnet außer der Notbefehlseinrichtung bzw. dem Ausschalten.

Jeder Stellung des Betriebsartenwahlschalters darf nur einer Betriebsart zugeordnet werden, z. B. der Automatikbetrieb oder der Einrichtbetrieb **(Bild 3)**.

Im Rüstbetrieb oder Wartungsbetrieb können einzelne Schutzfunktionen eingeschränkt sein, z. B. die Türverriegelung ist ausgesetzt. Im Automatikbetrieb müssen alle Schutzfunktionen aktiviert sein.

[1] Kohärenz = Zusammenhang, von lat. cohaerere = zusammenhängen

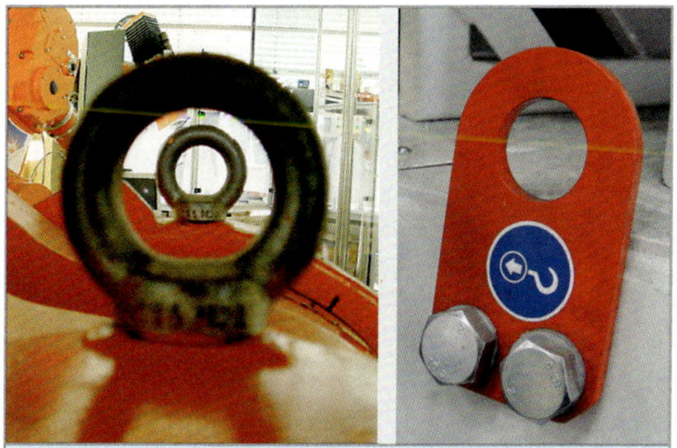

Bild 1: Lastösen zur Handhabung (Beispiel)

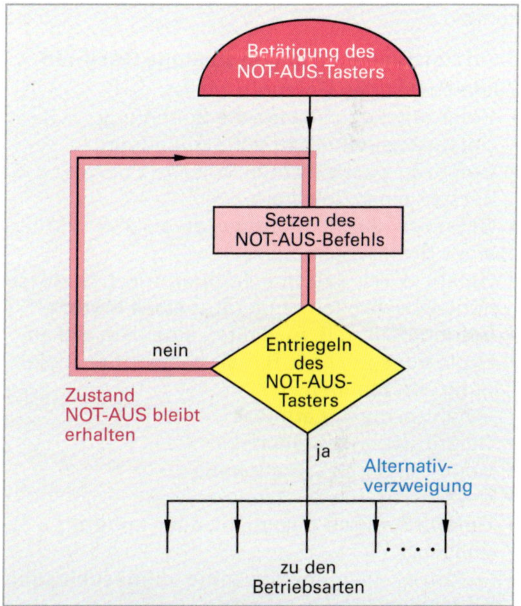

Bild 2: Stillsetzen durch NOT-AUS

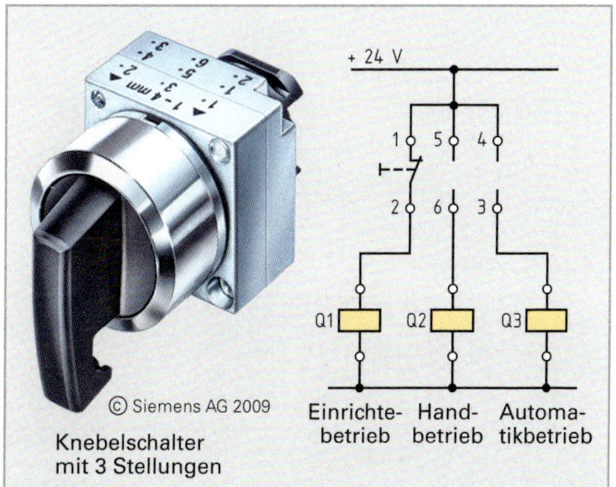

Bild 3: Betriebsartenwahlschalter

Störung der Energieversorgung. Eine Unterbrechung der Energieversorgung (z. B. elektrische, hydraulische, pneumatische, mechanische Energie) darf nicht zu einer gefährlichen Situation führen. Auch die Energiewiederkehr darf keine Gefahr bergen. So sind z. B. Vorkehrungen zu treffen, dass bei Ausbleiben des Hydraulikdruckes bei einem hydraulischen Spannmittel das Werkstück nicht herausgeschleudert wird. Es ist gegebenenfalls ein genügend stabiles Absperrgitter anzubringen.

Stabilität. Maschinen müssen so stabil sein und aufgestellt werden können, dass sie bei bestimmungsgemäßer Nutzung nicht brechen, umstürzen, herabfallen oder sonstwie zur Gefahr werden können.

Schutzmaßnahmen gegen sonstige Gefahren

Zu den sonstigen Gefahren zählen:
- Gefahren durch elektrische Spannung,
- Gefahren durch elektrische Aufladung,
- Gefahren durch nichtelektrische Energie, z. B. Bersten eines Behälters,
- Gefahren durch Montagefehler, z. B. Fehlen eines Sicherungsringes,
- Gefahr durch extreme Temperatur, z. B. durch hohe Oberflächentemperatur eines Motors,
- Brandgefahr, z. B. Auslaufen einer Flüssigkeit,
- Explosionsgefahr, z. B. bei mangelnder Absaugung von Stäuben,
- Gefahren durch Lärm,
- Gefahren durch Stäube,
- Gefahren durch Vibrationen,
- Gefahren durch Strahlung,
- Gefahren durch Laserlicht oder andere Lichtquellen,
- Gefahren in eine Maschine eingeschlossen oder eingeklemmt zu werden,
- Sturzgefahr, z. B. durch Ausrutschen oder Stolpern.

16.4.2 Kennzeichnung und Betriebsanleitung

An jede Maschine muss deutlich lesbar und unverwischbar mindestens folgende Kennzeichnung angebracht sein:
- Name und Anschrift des Herstellers,
- CE-Kennzeichnung[1] **(Bild 1)**
- Bezeichnung der Serie oder des Typs,
- Baujahr **(Bild 2)**.

Darüber hinaus sind sicherheitsrelevante Hinweise anzubringen, wie z. B. Maximalgewichte und dgl (Bild 1).

Jede Maschine muss mit einer Betriebsanleitung versehen werden. Diese enthält neben der Maschinenkennzeichnung
- die bestimmungsgemäße Verwendung,
- Angaben zur Inbetriebnahme, Wartung, Montage, Störungsbeseitigung,
- Angaben für geeignete Werkzeuge oder Werk stoffe.

Auf sachwidrige Verwendungsmöglichkeiten ist auch hinzuweisen. Zur Betriebsanleitung gehören auch Planungsunterlagen für die Wartung oder Reparatur sowie erforderlichenfalls Angaben für einen sicheren Betrieb.

Die Betriebsanleitung muss enthalten:
- den Dauerdruckschallpegel, gemessen in dB(A), sofern dieser über 70 dB(A) liegt,
- den Höchstwert des Schalldrucks, sofern dieser 63 Pa übersteigt,
- den Schallleistungspegel, sofern dieser an den Arbeitsplätzen über 80 dB(A) liegt.

[1] CE von franz. Conformité Européenne = europäische Konformität

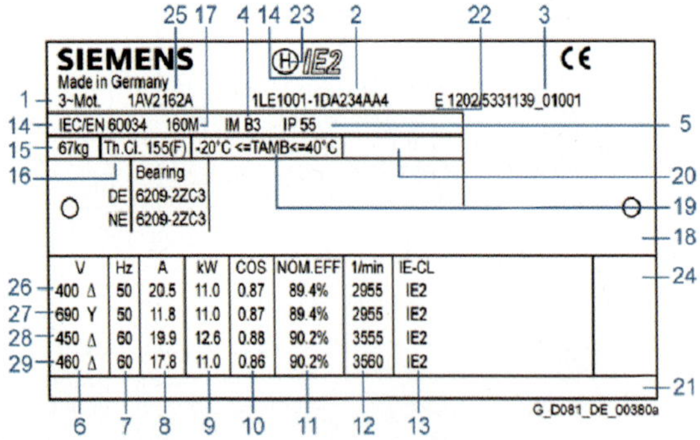

1 Maschinenart: Drehstrom-Niederspannungsmotor
2 Artikel-Nr.
3 Fabriknummer (Ident.-Nr., Seriennummer)
4 Bauform
5 Schutzart
6 Bemessungsspannung [V] und Wicklungsschaltung
7 Frequenz [Hz]
8 Bemessungsstrom [A]
9 Bemesssungsleistung [kW]
10 Leistungsfaktor (cos φ)
11 Wirkungsgrad
12 Bemessungsdrehzahl [min⁻¹]
13 IE-Wirkungsgradklasse
14 Normen und Vorschriften
15 Maschinengewicht [kg]
16 Wärmeklasse
17 Baugröße
18 Zusatzangaben (optional)
19 Einsatztemperaturbereich (nur wenn abweichend von der Norm)
20 Aufstellhöhe (nur wenn größer als 1000 m)
21 Kundendaten (optional)
22 Herstelldatum JJMM
23 Halbkeilwuchtung
24 Code Letter „CL"
25 Motor Type Nummer (MT)
26 IEC-Normreihe Leistung 50 Hz (P50/50 Hz) 400 Δ
27 IEC-Normreihe Leistung 50 Hz (P50/50 Hz) 690 Δ
28 Äquivalente Leistung 60 Hz bei gleicher Ausnutzung wie IEC-Normreihe 50 Hz
29 IEC-Normreihe Leistung 60 Hz (P50/60 Hz)

Bild 1: Maschinenkennzeichnung (Beispiel)

Die Europäischen Sicherheitsnormen sind gegliedert nach:

- A-Normen (Grundnormen),
- B-Normen (Gruppennormen),
- C-Normen (Produktnormen).

Die **A-Normen** enthalten grundlegende Begriffe und Festlegungen. Hierzu gehört DIN EN ISO 12100: *Sicherheit von Maschinen – Allgemeine Gestaltungsleitsätze – Risikobeurteilung und Risikominderung*. Die Norm legt die grundsätzliche Terminologie und Methodologie fest und stellt allgemeine Leitsätze zur Risikobeurteilung und Risikominderung auf, um Konstrukteure dabei zu unterstützen, sichere Maschinen herzustellen.

B-Normen leiten sich aus den A-Normen für verschiedenen Aufgabenbereiche ab. Zu den B-Normen gehört z. B. DIN EN 60204-1 *Elektrische Ausrüstung von Maschinen*.

Die **C-Normen** enthalten Aussagen über Sicherheitsaspekte, z. B. zu Werkzeugmaschinen und Robotern. Die C-Normen sind vielfach noch in Arbeit. Hersteller, Lieferanten und Nutzer von Maschinen müssen daher häufig einstweilen anhand der A-Normen und der B-Normen die geforderte Maschinensicherheit garantieren. Etwa 650 C-Normen sind für Maschinen vorhanden oder vorgesehen.

Risikobeurteilung. Maschinen bergen aufgrund ihres Aufbaus und ihrer Aufgaben Risiken **(Bild 1)**. Die EU-Maschinenrichtlinie verlangt daher eine Risikobeurteilung. Die A-Normen sind Hilfen für die Risikobewertung. Dabei beschreibt DIN EN 292 die zu betrachtenden Risiken und die Gestaltungsgrundsätze zur Risikominderung sowie die Vorgehensweise zur Risikobeurteilung und zur Risikominderung zum Erreichen der Sicherheit. Diese Vorgehensweise ist ein iterativer[1] Prozess mit gegebenenfalls mehreren Schleifen der Wiederholung des Verfahrens **(Bild 2)**.

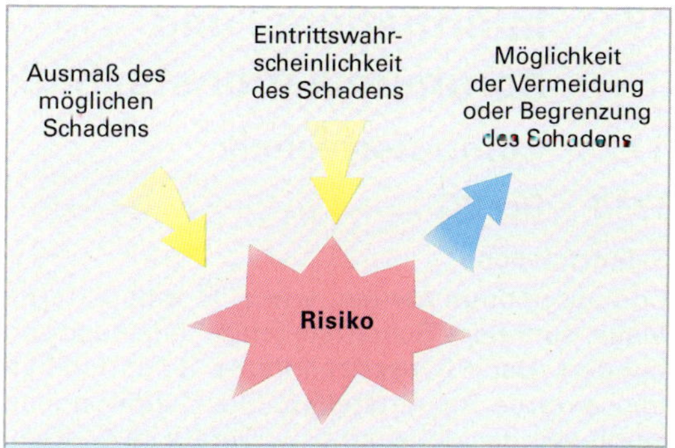

Bild 1: Risiko

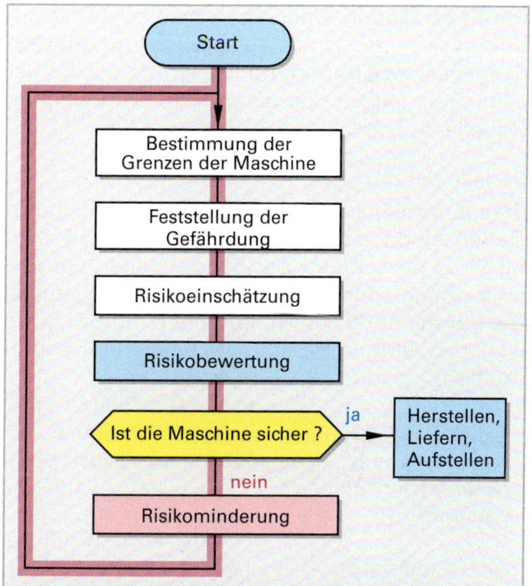

Bild 2: Risikobeurteilung nach DIN EN 12100

[1] lat. iteratio = Wiederholung, schrittweise Annäherung an die ideale Lösung

Die **Risikobeurteilung** umfasst:

1. Informationen zur Risikobeurteilung
2. Festlegung der Grenzen der Maschine
3. Identifizierung der Gefährdungen
4. Risikoeinschätzung
5. Risikobewertung

Zur **Risikominderung** gehören u. a.:

1. Die inhärent sichere Konstruktion
   - Berücksichtigung des allgemeinen technischen Wissens zur Konstruktion von Maschinen
   - Anwenden des Prinzips der mechanisch zwangsläufigen Wirkung
   - Vorkehrungen für die Standsicherheit
   - Vorkehrungen für die Wartungsfreundlichkeit
   - Beachten ergonomischer Grundsätze
   - Beachtung elektrischer, pneumatischer und hydraulischer Gefährdungen
   - Sichere Konstruktion von Steuerungen
   - Minimieren des Ausfalls von Sicherheitsfunktionen
2. Technische Schutzmaßnahmen und ergänzende Schutzmaßnahmen
   - Anforderungen an die Konstruktion von trennenden und nichttrennenden Schutzeinrichtungen
   - Schutzmaßnahmen zur Verringerung von Emissionen
3. Benutzerinformation

17 Informations- und Kommunikationstechnik

17.1 Computertechnik

17.1.1 Der PC

Schnittstellen

Computerkomponenten, wie z. B. eine externe Maus, sind über Schnittstellen miteinander verbunden. Der PC besitzt *interne* Schnittstellen und *externe* Schnittstellen. Die Schnittstellen verbinden die Einheiten bzw. Geräte im System. Schnittstellen haben mechanische, informationstechnische und physikalische Eigenschaften und werden durch ihre Benennung gekennzeichnet. Die Spezifikation einer Schnittstelle enthält Informationen zur Übertragungsart, zur Übertragungsgeschwindigkeit, zur Codierung, zur Art der Leitungen, der Stecker und der Steckerbelegung **(Tabelle 1)**.

Serielle Schnittstelle

Standardmäßig sind meist zwei serielle Schnittstellen eingebaut. Diese werden als V.24 oder RS-232C bezeichnet. Die Schnittstellen werden als 9-polige oder 25-polige Buchsen ausgeführt. Die Bezeichnung zum Ansprechen mit Software ist dann COM1, COM2... (COM bedeutet Kommunikation).

Serielle Schnittstellen müssen voreingestellt werden. Es sind folgende Parameter einzustellen:
Nummer der Schnittstelle = 0 = COM1, 1 = COM2
Baudrate = 300, 600, 1200, 2400, 4800, 9600, 19200
Anzahl der Datenbits = 7 oder 8
Anzahl der Stoppbits = 1 oder 2
Parität = N = keine, E = gerade, O = ungerade
Diese Einstellung geschieht in der Regel über Software oder über die Systemsteuerung des Betriebssystems.

Ethernet-LAN-Schnittstelle

Generell sind RJ-Steckverbindungen von der amerikanischen Federal Communications Commission (FCC) genormte Steckverbindungen für Telekommunikationsverkabelungen.

Diese Standards stellen die Bauformen von Steckern und Buchsen dar, als auch deren Kontaktbelegungen. Eine klassische Ethernet-Schnittstelle mit einer Datenrate von 10 Mbit/s, in Basisband und einer Segmentlänge von 500 m hat somit folgende Bezeichnung: 10BASE-5. Die entsprechende Twisted Pair-Schnittstelle heißt 10BASE-T, mit „T“ für Twisted Pair, und die für Lichtwellenleiter 10BASE-F, mit „F“ für Fiber.

Tabelle 1: Externe PC-Schnittstellen

Bezeichnung, Steckeranschluss	Eigenschaften, Anwendung	Geschwindigkeit, Entfernung
PCI	Bussystem, Messkarten, Laufwerke	bis 500 MB/s, bis 100 m
eSATA	für externe Laufwerke	bis 300 MB/s
V.24/COM	Messen, Steuern, Regeln	bis 19,2 kbit/s
LAN	Ethernet-LAN über Twisted-Pair-Kabel	bis 125 MB/s
USB2 USB3	Serieller Bus	60 MB/s (USB2.0) 800 MB/s (USB3.0)
Firewire	Serieller Bus für Audio und Video	bis 400 MB/s
VGA	Video-Signal	bis 5 Mbit/s
HDMI	Audio und Video-Signal	bis 192 kHz
WLAN	Lokales PC-Netzwerk	bis 600 Mbit/s, bis 100 m
IrDA	Datenübertragung Infrarot-Technik	bis 16 Mbit/s auf Sichtweite
Bluetooth	Punkt zu Punkt oder Netzwerk	2 Mbit/s down 57,6 kbit/s up

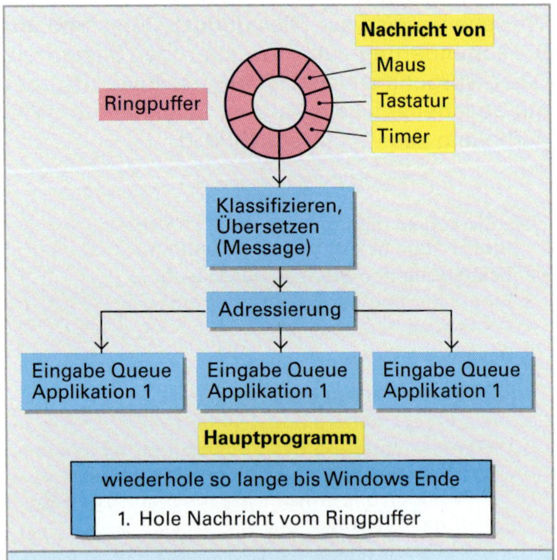

Bild 1: Arbeitsweise von Windows

USB-Schnittstelle

Bei der USB-Schnittstelle handelt es sich um einen seriellen Bus, an welchen bis zu 128 Geräte angeschlossen werden können.

Freie Steckplätze

Der PC verfügt über freie Steckplätze, an welche weitere Geräte angeschlossen werden können.

Je nach Computer gibt es hier verschiedene Möglichkeiten:

- ISA-Bus = Industrial Standard Architecture,
- PCI-Bus = Peripheral Component Interface,
- ExpressCard = Steckplatz bei Notebooks.

PCI-Bus

Der PCI-Bus wurde von der Firma INTEL entwickelt. Die Standardbusbreite ist 64 Bit. Die Maximalfrequenz ist 33 MHz. Nach einem Multiplexverfahren werden die Leitungen abwechselnd als Datenleitungen und als Adressleitungen genutzt. Der Bus ist über einen Controller mit dem Prozessor verbunden. Dadurch ist es möglich, dass der Bus Daten mit der Peripherie austauscht, während der Prozessor schon weiterarbeitet.

Betriebssysteme im PC-Bereich

Meist ist im PC-Bereich das Betriebssystem Windows bzw. Vista der Standard. Sie sind nachrichtenorientiert und können mehrere Programme gleichzeitig bearbeiten. Man nennt dies Multitaskingfähigkeit. In **Bild 1, Seite 422**, ist dargestellt, dass Windows alle Nachrichten in einem Ringpuffer speichert, danach klassifiziert und dann der jeweiligen Anwendung weiterreicht. Das Hauptprogramm ist eigentlich nur eine Dauerschleife, welche diesen Prozess aufrecht erhält.

Das gleichzeitige Abarbeiten mehrerer Programme wird *Multitasking* genannt. Jedes einzelne Programm nennt man Task (Aufgabe). Man kann mit der Tastenkombination Alt+Strg+Entf ein Fenster öffnen und die momentan aktiven Programme einsehen **(Bild 1)**. Mit diesem Fenster könnte man einzelne Tasks beenden. Dies wird besonders dann gemacht, wenn z. B. ein Task nicht mehr ordnungsgemäß arbeitet. Im praktischen Einsatz wird häufig ein Virenschutzprogramm als Task im Hintergrund laufen. In Bild 1 lautet dieser Task „Vshwin32".

In **Bild 2** sieht man die Aufzeichnung der CPU-Auslastung. Durch Anwahl des Registers „Systemleistung" erreicht man diese Darstellung.

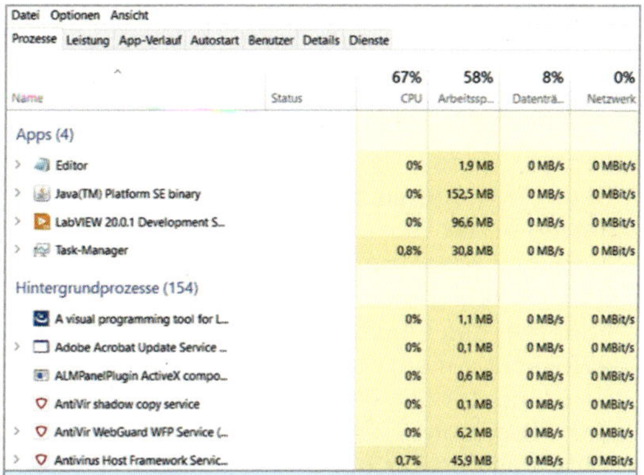

Bild 1: Aktuelle Task, Windows 10

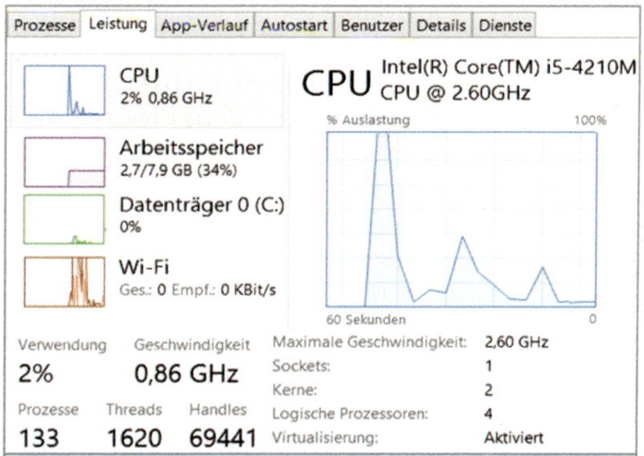

Bild 2: Auslastung der CPU

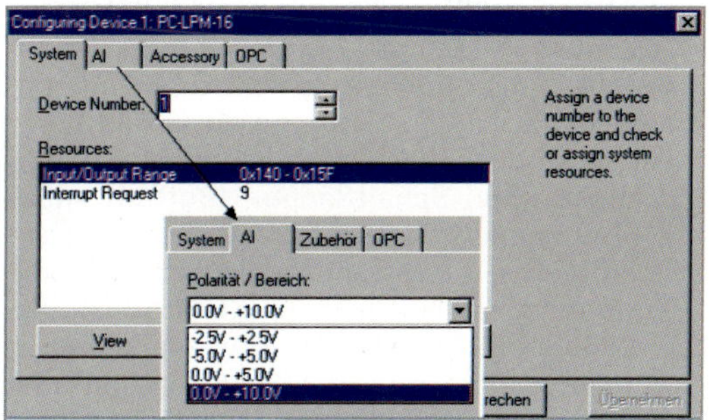

Bild 3: Konfiguration der Multifunktionskarte

Installation von Interfacekarten

Wenn auf den freien Steckplätzen eine weitere Karte eingebaut wird, so erkennt das Betriebssystem das Vorhandensein dieser Karte. Ist diese vom Typ „Plug and Play" (von engl. Einstecken und Spielen), so erfolgt die Installation selbsttätig, Adressen und Interruptnummer werden vergeben. Die Programme hierzu werden von den Herstellern der Interfacekarten mitgeliefert. Meist erfolgt nun die Konfiguration der Interfacekarte. Hierbei kann z. B. der gewünschte Spannungsbereich eingestellt werden **(Bild 3)**.

Benutzerschnittstellen-Objekte

In Windows ist die Unterstützung verschiedener Objekte eingebaut: Fenster, Piktogramme, Dialogboxen, Menüs usw.:

- **Fenster:** Jedes Programm, welches mit dem Benutzer kommuniziert, muss über ein Fenster verfügen, da nur dieses Maus- und Tastatureingaben empfängt oder Programmausgaben anzeigt. Alle anderen Objekte unterstützen die Funktion des Fensters. Das Fenster stellt also eine Sicht auf ein Daten- bzw. Programmobjekt im Computer dar. Ist ein Fenster offen, dann ist das Programm (der Task) gestartet und aktiv. Wird das Fenster geschlossen, dann ist diese Anwendung (Task) beendet. **Bild 1** zeigt den grundsätzlichen Aufbau eines Fensters. Der Rahmen mit Menüleiste, Titelleiste, Symbolfeld, Bildlaufleisten, wird immer von Windows direkt verwaltet. Also auch das Vergrößern und Verkleinern des Bildes. Vom Programmierer wird immer nur der Inhalt des Fensters bestimmt. Das Fenster beinhaltet also die Oberfläche und die Funktionalität eines Programms.
- **Piktogramme:** Ein Piktogramm ist ein Symbol, das eine Erinnerungshilfe für den Benutzer darstellt. Mithilfe eines Piktogramms können Anwenderprogramme aufgerufen werden **(Bild 2)**. Piktogramme können in der Größe durch Umschalten in 2 Größen verändert werden. Jedes Anwenderprogramm erhält ein Piktogramm. Dieses wird mit einem Bildeditor gezeichnet und fest mit der Anwendung verbunden.
- **Dialogboxen:** Dialogboxen stellen eine standardisierte Empfangsmöglichkeit und Eingabemöglichkeit für den Nutzer bereit. In **Bild 3** sind einige Möglichkeiten dargestellt. Man unterscheidet z. B.: Schaltflächen (Button), Möglichkeiten zur Texteingabe bzw. Textausgabe (Memofelder), Auswahlmöglichkeiten (Radio Button) oder Auswahlboxen (ComboBox). Viele Dialogboxen haben häufig wiederkehrende Aufgaben. Dazu gehört z. B. das Laden oder Speichern von Dateien oder das Aufrufen eines Druckers (Bild 3). Diese Dialogboxen sind als Standarddialogboxen Bestandteil der Windows SDK (Software Development Kit) und werden von allen Anwenderprogrammen benützt.

Die Dialogfelder und Meldungsfelder **(Bild 4)** können in zwei unterschiedlichen Arten vorkommen. Zum einen in der modalen oder in der nicht modalen Form. Bei der modalen Form muss das Fenster zuerst abgeschlossen werden, dann können erst weitere Eingaben erfolgen, bei der nicht modalen Form kann z. B. ein Meldefenster offen bleiben und man kann trotzdem weiter machen. In der Regel sind alle Warnmeldungen modal.

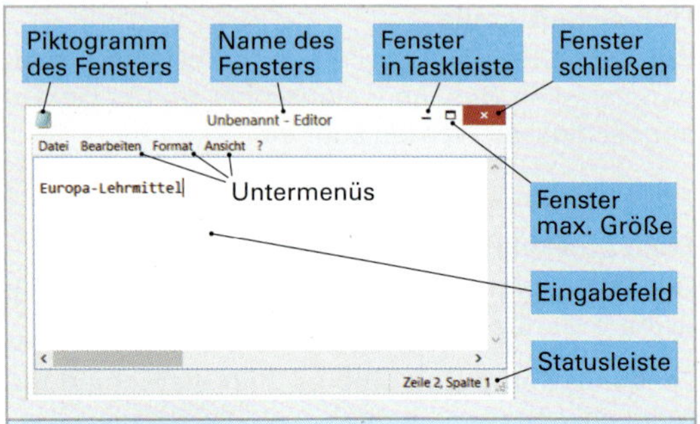

Bild 1: Aufbau eines Fensters

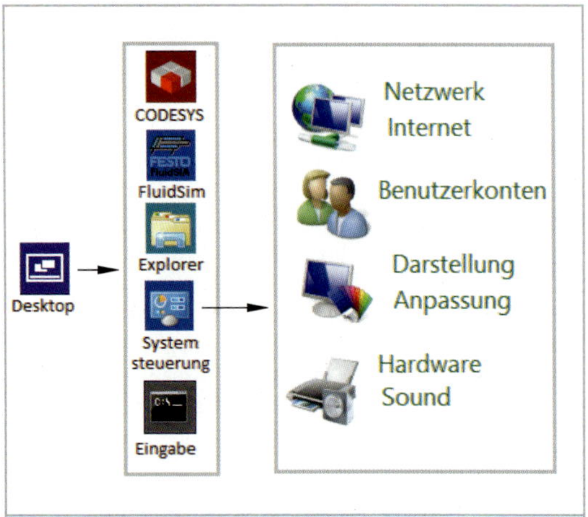

Bild 2: Piktogramme im Fenster „Systemsteuerung"

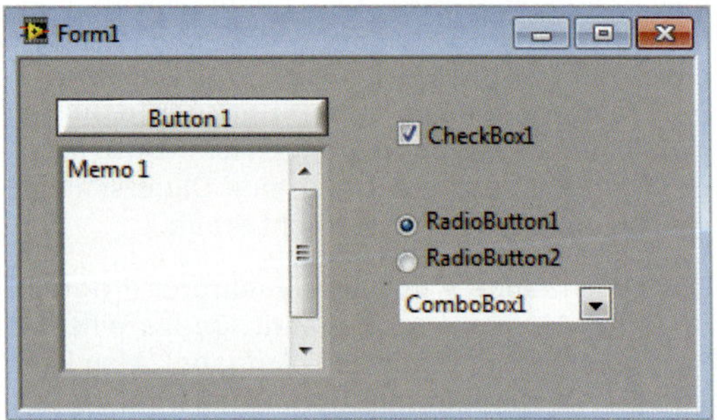

Bild 3: Beispiele für Dialogfelder

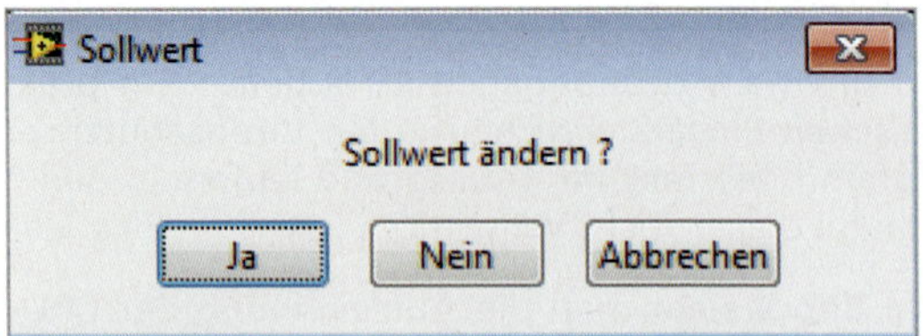

Bild 4: Meldungsfeld

17.1.2 Objektorientierte Software

Datenverarbeitung ist meist objektorientiert. Die Zerlegung eines Prozesses erfolgt dergestalt, dass in jedem Strukturblock, auch Objekt genannt, die Daten und die Funktionalität komplett vorhanden sind.

Einzelne Objekte verkehren über Nachrichten miteinander. Jedes Objekt ist autonom und beinhaltet die Kompetenz des jeweiligen Sachverhaltes.

In **Bild 1** wird als Beispiel die Klimaregelung eines Raumes dargestellt. Die Zentrale kann Daten von der Klimaerfassung abrufen, aber nicht die Daten ändern. Ebenso kann die Zentrale zwar Sollwerte an den Regler senden, aber nicht bestimmen wie geregelt wird. Die Regelung arbeitet aufgrund ihrer eigenen Logik. In der Programmierung werden in einer Klasse die Daten und die Funktionalität festgelegt. In diesem Beispiel ist es die Klasse PID-Regler.

Von dieser Klasse wird eine Instanz erzeugt, welche den Teil PI-Regler erbt und dann selbstständig arbeitet. Dieses wird dann Objekt genannt. Man kann von einer Klasse beliebig viele Objekte erzeugen. In der gesamten Windowsprogrammierung wird dieses Prinzip verwendet.

Bei den Programmierumgebungen unterscheiden wir **teilgrafische** und **vollgrafische** Verfahren. Bei den teilgrafischen Verfahren wird die Anwenderoberfläche grafisch erstellt, d. h., es werden von Bibliotheken einzelne Objekte abgeholt und in einem Fenster platziert. Die Verknüpfung der Objekte und die Funktionalität werden in Textform mit einem Editor erstellt.

Teilgrafische Verfahren sind beispielsweise DELPHI, C-BUILDER, VISUAL C, VISUAL BASIC. Bei den vollgrafischen Systemen wird auch die Funktionalität grafisch erzeugt. Dies erfolgt durch Ziehen von Verbindungsleitungen. Hier gibt es z. B. Softwarepakete wie LabView und DasyLab.

Programmentwicklung mit C-BUILDER

Nach dem Erzeugen eines Fensters werden die einzelnen Objekte grafisch angeordnet und die Eigenschaften auf die Erfordernisse angepasst. In einer Menüleiste können alle Objekte grafisch abgerufen werden. Es erscheint zu jedem Objekt ein Objektinspektor, mit dessen Hilfe die Eigenschaften und Ereignisse des Objekts eingestellt werden können **(Bild 2)**.

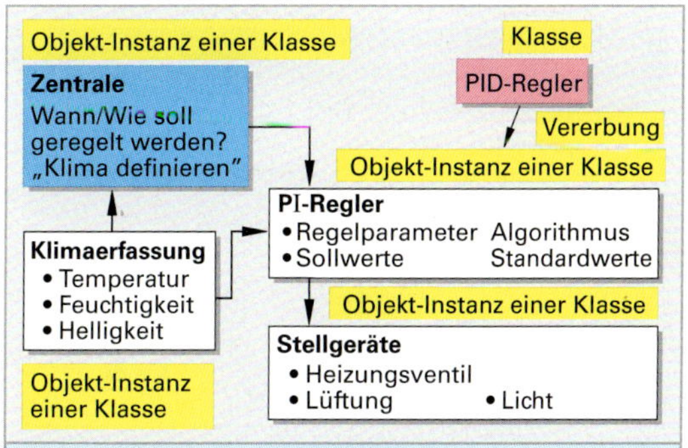

Bild 1: Prinzip der objektorientierten Zerlegung

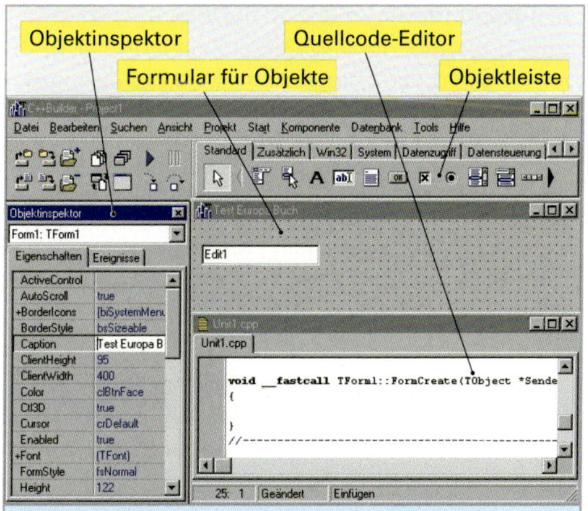

Bild 2: Entwicklungsumgebung C-BUILDER

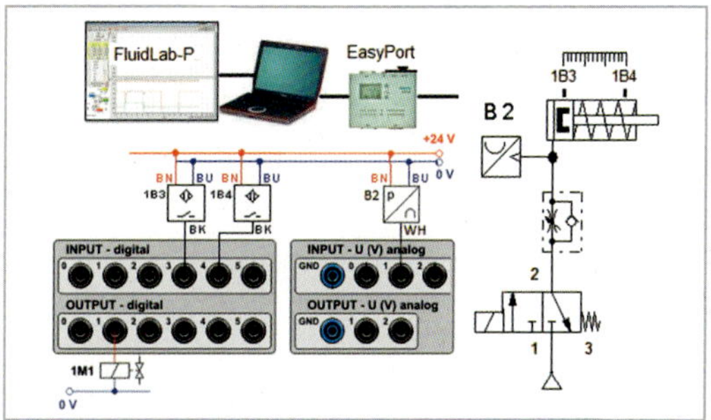

Bild 3: Zuordnungsbeschaltung

Beispiel: Programm zur Messdatenerfassung
Der Druck beim Ausfahren des Kolbens eines einfach wirkenden Zylinders soll grafisch dargestellt werden. **Bild 3** zeigt die Zuordnungsbeschaltung. Der Drucksensor bringt ein lineares Signal von 0 ... 10 V bei einem Druck von 0...10 bar. Die Spannung wird im Interface in ein 12-Bit-Signal (0 ... 4096) umgewandelt. Mit fertigen Funktionen des Herstellers kann diese 12-Bit-Zahl als Spannung, direkt in Voltzahlen umgerechnet, ausgelesen werden **(Tabelle 1, Seite 426)**.

Tabelle 1: Auslesefunktionen

Software	Funktion
C-BUILDER (einfaches Interface)	Kanal Nr. **DRUCK = ADCWert (1);**
LabVIEW (einfaches Interface)	Kanal Nr. 1 – AD-12Bit K ±10 3.0 – Druck DBL
LabVIEW (Plug&Play-Interface)	Device-Nr. 0 Kanal Nr. 0 – AI ONE PT – Druck DBL max. Wert 10,00

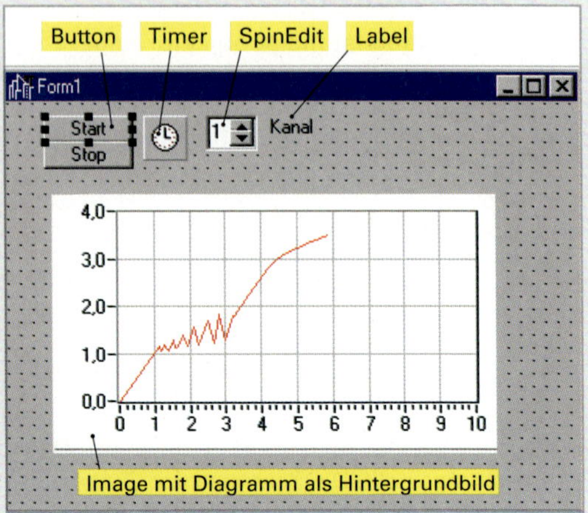

Bild 1: Grafische Programmoberfläche

Die Programmoberfläche wird mit grafischen Objekten erstellt. Die Funktionalität wird als Programmtext geschrieben.

Der Timer taktet mit der eingestellten Zeit. Mit Start bzw. Stopp wird das Bearbeiten gesteuert.

Programmierung mit C-BUILDER

Zuerst werden die einzelnen Objekte in der grafischen Oberfläche platziert und die Eigenschaften voreingestellt, so z. B. der Timer auf eine Zykluszeit von 10 ms. Für die Grafik wird in das Objekt Image ein Hintergrundbild mit den Skalierungen geladen. Jedes Objekt erzeugt sofort einen Quellcoderumpf. Dieser wird nun mit den eigentlichen Programmteilen ergänzt. Jedes Objekt wird mit entsprechendem Code angesprochen. In der **Tabelle 2** wird der Quellcode mit Erläuterungen gezeigt.

Tabelle 2: Quellcode mit Erläuterungen

Erläuterungen derjenigen Zeilen, welche vom Programmierer eingefügt werden müssen	Quellcode
	#include<vcl.h>
	#pragma hdrstop
	#include<Unit1.h>
	#include<math.h>
Laden der Treiber für Interface	#include"c:\Treiber\io_port\NT.win"
	//---
	#pragma package(smart_init)
	#pragm link"cspin"
	#pragma resource "*.dfm"
	Tform1 *Form1;
Variable deklarieren Ganzzahl	int Messen=0, Kanal, i=46;
Gleitkommazahl	float yalt=0;
	//---
	void __fastcall TForm1::Timer1Timer(Tobjekt *Sender)
lokale Variable deklarieren	{float Wert;
wenn Messen>0 dann bearbeiten	if (Messen)
i um 1 erhöhen	{i++;
Wert von Kanal einlesen, Nummer=SpinEdit	Wert=ADCWert(CSpinEdit1->Value);
Zeichenstift wird rot	Zeichnen->Canvas->Pen->Color=clRed;
Startpunkt der Linie festlegen	Zeichnen->Canvas->MoveTo(i,159-yalt*30);
Linie zeichnen	Zeichnen->Canvas->LineTo(i+1,159-int(Wert*30));
alten Messwert merken	yalt=Wert;
	}
	}
	//---
	void __fastcall TForm1::Button1Click(TObjekt *Sender)
Bei betätigen von Start-Button Messen=1	{Messen=1;}
	void __fastcall TForm1::Button2Click(TObjekt *Sender)
Bei betätigen von Stop-Button Messen=0	{Messen=0;}
	//---

Programmierung mit LabView

Beim Start der Entwicklungsumgebung werden zwei Fenster geöffnet.

Aufbau der Anwenderoberfläche

In der Anwenderoberfläche, Panel genannt, werden die Objekte platziert **(Bild 1)**. Das Objekt 1 ist eine Boolesche Variable. Beim Platzieren wird im Diagramm (Quellcode) ein TF-Symbol erzeugt. Mit dem Objekt 2 soll die Nummer des Einlesekanals eingestellt werden. Das Objekt muss deshalb ein numerischer Typ sein. Über die Voreinstellung wird ein ganzzahliger Typ vorgewählt. Im Quellcode entsteht ein blaues Symbol mit der Beschriftung „U16", das bedeutet eine positive 16-Bit-Ganzzahl. Das 3. Objekt ist ein Ausgabeobjekt. Hier wird ein Y-Zeit-Diagramm verwendet. An diesem Diagramm werden einige Eigenschaften verändert. So z. B. Farben, aber vor allem die Skalierungen. Die Y-Skala wird auf max. 5 eingestellt. Bei der X-Skala muss der Abstand der Messpunkte auf die Zykluszeit abgestimmt werden. Bei einer Zykluszeit von 10 ms ist der Abstand dx = 0.01. In **Bild 2** wird das Fenster zum Einstellen dieser Eigenschaft dargestellt.

Erstellung des Quellcodes

Alle Objekte aus der Anwenderoberfläche erzeugen ein Symbol auf der Diagrammseite. Das Objekt 1 kann zwei Zustände einnehmen. An dieses Symbol wird eine Case-Struktur angefügt und in die „True"-Seite werden alle anderen Symbole eingetragen. Aus der Funktionsbibliothek wird die Funktion zum Lesen des Interface geladen. An diese Funktion wird nun die Device-Nr. angefügt und danach die Kanalnummer. Da die Funktion hier einen String und keine Zahl erwartet, muss die Zahl zuerst in einen String umgewandelt werden. Des Weiteren wird der max. zu erwartende Wert, hier 10, eingetragen. Das Ergebnis der Einlesefunktion wird nun mit dem Symbol des Y-Zeit-Diagramms verbunden. Da das Programm eine bestimmte Zykluszeit haben soll, wird aus der Bibliothek die Funktion für Zykluszeit geladen und mit der Konstanten 10 versehen. Das bedeutet, dass der Programmzyklus alle 10 ms gestartet wird.

Starten des Programms

In der Kopfleiste von LabView sind Buttons zur Benutzung der Software angebracht **(Bild 3)**. Wenn der Button für Dauerzyklus eingeschaltet wird, ist das Programm aktiv. Es wird folgende Abarbeitung erfolgen:

1. Abfrage des Button 1 auf „True", wenn „False" dann Rücksprung auf 1.
2. Wenn „True" dann einlesen Kanal, wandeln der Nummer in String, einlesen Device-Nummer, einlesen max. Wert. Funktion holt von Peripherie den Analogwert, Analogwert wird an Y-Zeit-Diagramm gesendet und dort als Linie dargestellt. Taktgeber wartet, bis 10 s seit dem Start vergangen sind.
3. Rücksprung zu 1.

Programm wird beendet, wenn das Stopp-Symbol angeklickt wird.

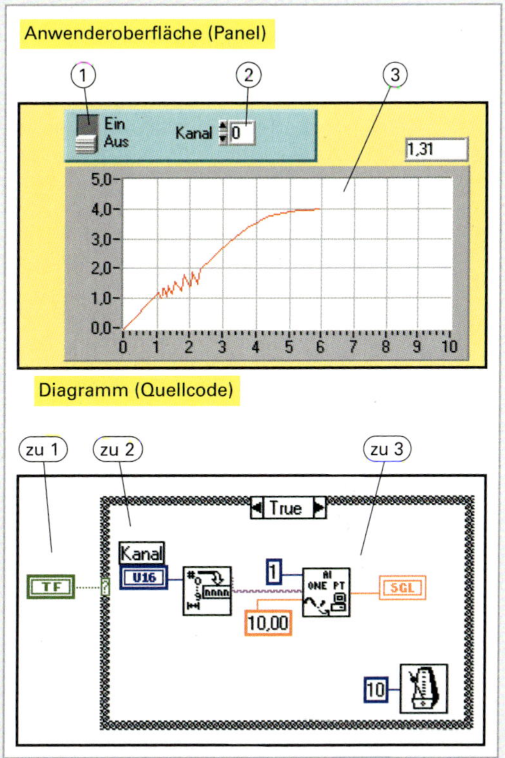

Bild 1: Programmentwicklung mit LabVIEW

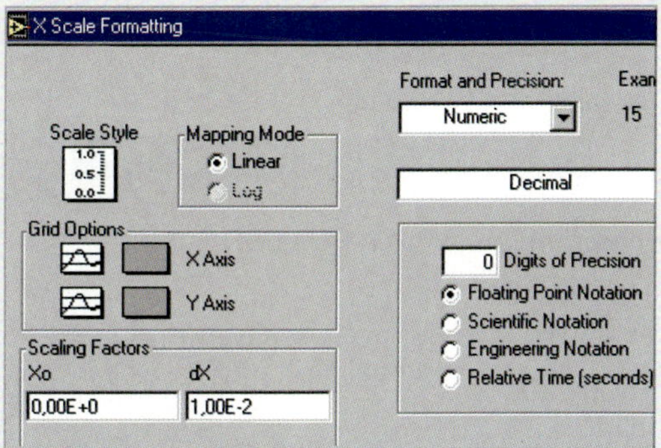

Bild 2: Einstellungen des Objekts: Y-Zeit-Diagramm

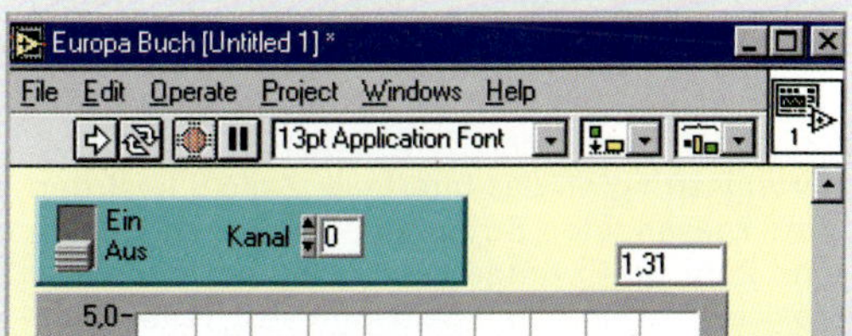

Bild 3: Benutzerelemente bei LabView

17.1.3 Steuern mit PC

Digitale Eingänge und Ausgänge

Der PC benötigt zum Steuern ein Interface. **Bild 1** zeigt ein Interface, welches über das Ethernet angesprochen wird. Bei der Programmierung müssen die IP-Adresse und die Port-Adresse angegeben werden **(Bild 2)**.

Damit das Programm zyklisch läuft, wird es als Timer-Objekt geschrieben. Dort kann die Zykluszeit (z. B. 10 ms) eingetragen werden. Die Datenkommunikation erfolgt über Steuerstrings. Zum Einlesen des Eingangsbytes wird der String „DI" gesendet. Das Interface antwortet mit dem String „DIxxx". In xxx steht der Wert des Eingangsbytes. Um die Ausgänge anzusprechen, wird der String „DOxxx" gesendet. Hierbei ist xxx der Wert des Ausgangsbytes.

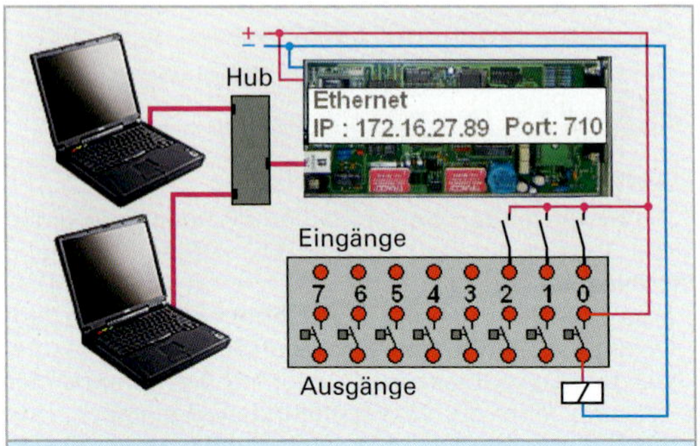

Bild 1: PC mit Interface

Ausmaskieren der Eingangsbits

Mit dem AND-Operator kann der Zustand einzelner Bits ermittelt werden.

Beispiel: Der Wert des 2. Bits soll ermittelt werden.

E2 = Eingangsbyte & 4;

Wenn das Bit = 1 ist, ist das Ergebnis = 4, sonst ist das Ergebnis = 1.

Erstellen des Ausgangsbytes

Zum Erstellen des Ausgangsbytes werden die Zustände der Ausgänge addiert.

Beispiel: A0 = 1, A2 = 1 und A7 = 1

Ausgangsbyte = 1*A0 + 4*A2 + 128*A7

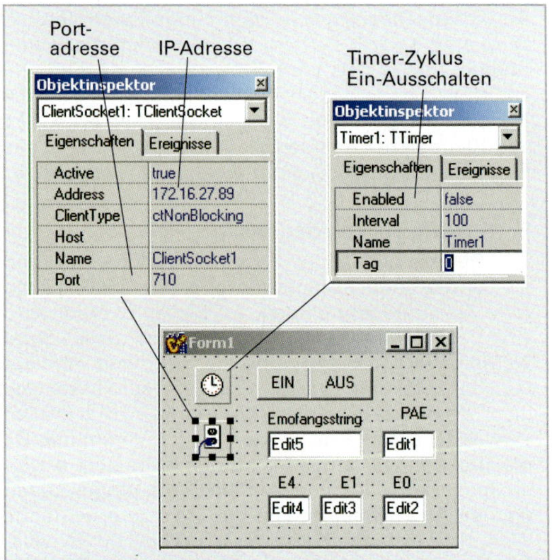

Bild 2: C++–Oberfläche mit Objekten

Programmierung mit C-BUILDER

Aufgabe:

Es sollen E0 bis E2 eingelesen werden. Wenn E0 = 1 und E2 = 1, dann soll nach A0 = 1 ausgegeben werden.

Lösung:

Für die Programmierung werden die Objekte Client Socket zum Einstellen der Adressen und Timer zum Einstellen der Zykluszeit aufgerufen (Bild 2). **Bild 3** stellt das Programm dar. In Zeile 1 wird ein Hintergrundprogramm gestartet, welches Nachrichten vom Netz einliest. Zeile 2 und 3 schalten den Timer. Zeile 5 sendet den Anforderungsstring an das Interface. Zeile 6 liest den zurückgesendeten String ein. Der String wird in eine Zahl (PAE) umgewandelt (Zeile 7). Zeile 9 maskiert die einzelnen Eingänge aus. Zeile 13 berechnet den Ausgabewert. In Zeile 14 wird dieser in den Sendestring formatiert und ausgegeben.

```
        char Empfang[100],Sendestring[50];
        void __fastcall TForm1::ClientSocket1Read(TObject *Sender,
         TCustomWinSocket *Socket)
/*1*/   { strcpy(Empfang,Socket->ReceiveText().c_str());}
        //--------------------------------------------------
        void __fastcall TForm1::Button1Click(TObject *Sender)
/*2*/   {Timer1->Enabled=true;}
        //--------------------------------------------------
        void __fastcall TForm1::Button2Click(TObject *Sender)
/*3*/   {Timer1->Enabled=false; }
        //--------------------------------------------------
        void __fastcall TForm1::Timer1Timer(TObject *Sender)
/*4*/   { int PAE,PAA,E0,E1,E2;
/*5*/   ClientSocket1->Socket->SendText("DI");
/*6*/   Edit5->Text=Empfang;
/*7*/   PAE=atoi(Empfang+2);
/*8*/   Edit1->Text=PAE;
/*9*/   E0=PAE & 1; E1=PAE & 2; E2=PAE & 4;
/*10*/   Edit2->Text=E0;
/*11*/   Edit3->Text=E1;
/*12*/   Edit4->Text=E2;
/*13*/   PAA=E0 && !E1 && E2;
/*14*/   sprintf(Sendestring,"DO%3d",PAA);
/*15*/   ClientSocket1->Socket->SendText(Sendestring);
        }
```

Bild 3: Einlesen und Ausgeben mit C-BUILDER

Beispiel: Ablaufsteuerung

In der industriellen Praxis werden häufig Steuerungen mit Hochsprachen programmiert. Im folgenden Beispiel sollen aus einem Fallmagazin Teile herausgeschoben werden. Der Zustand der Maschine soll mit einem Meldetext am Bildschirm dokumentiert werden **(Bild 1)**. Alle Eingänge und Ausgänge werden mit dem digitalen Interface verdrahtet **(Bild 2)**. Bei der Verdrahtung wurde eine einfache Notausbeschaltung über ein Schütz gewählt. Alle Eingänge, mit Ausnahme des Halt-Tasters, sind Schließer.

Die Programmierung mit C-BUILDER erfolgt entsprechend der Arbeitsweise einer SPS. Der SPS-Zyklus wird mit dem Objekt Timer realisiert. Dieses wird z. B. auf eine Zykluszeit von 10 ms gesetzt, d. h. Windows erhält alle 10 ms die Nachricht, den Inhalt der abgeleiteten Funktion Timer 1 zu bearbeiten. Die Variablen S und E0... E7 werden global deklariert, weil lokale Variable bei jedem Aufruf neu initialisiert werden und deshalb falsche Ergebnisse liefern würden. Das Programm wird in drei Ebenen unterteilt. Im 1. Teil wird die Ablaufstruktur programmiert, im 2. Teil werden den Schritten die Ausgänge zugewiesen. Der 3. Teil übernimmt die Zusammenstellung und die Ausgabe der Meldetexte **(Bild 3)**.

Nach der Programmentwicklung wird eine *.EXE erzeugt. Diese ist auf dem PC direkt ablauffähig.

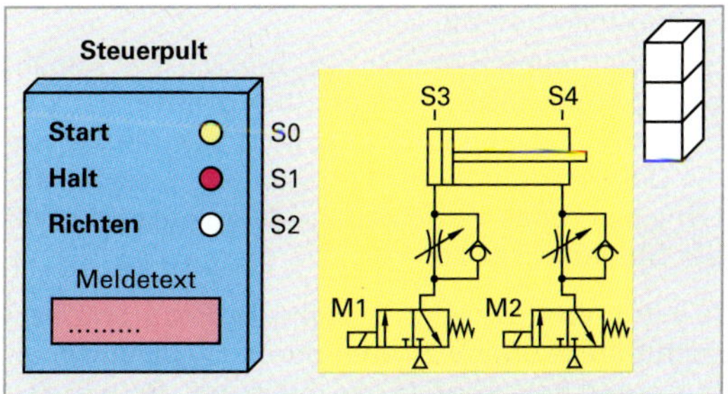

Bild 1: Bedienpult und Pneumatikplan

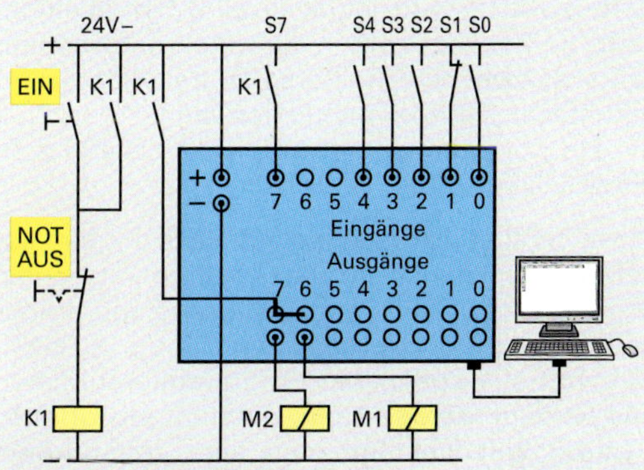

Bild 2: Zuordnungsbeschaltung

Objekt *Timer*: Zykluszeit auf 10 ms eingestellt,
Lokale Variable als **static** deklarieren.
Kommunikation für das Lesen des Eingangsbytes
Ausmaskieren der Eingänge

Grundstellung (GS) ermitteln, Ablaufstruktur bearbeiten

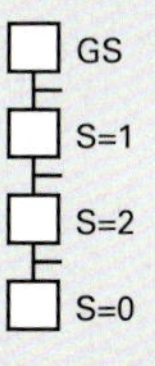

Zum Schritt passend das Ausgangsbyte (PAA) zuweisen.
Ausgabestring erstellen und senden.

Meldetexte zuweisen und Meldung an Objekt *Edit* senden.

```
void __fastcall TForm1::Timer1Timer(TObject *Sender)
{ int static PAE,PAA,E0,E1,E2,E3,E4,E7,GS,S;
ClientSocket1->Socket->SendText("DI");
Edit5->Text=Empfang; PAE=atoi(Empfang+2); Edit1->Text=PAE;
E0=PAE & 1;  E1=PAE & 2; E2=PAE & 4; E3=PAE & 8;
E4=PAE & 16; E7=PAE & 128;
//Teil 1 Ablaufebene
GS = E3 &&  ! E4;
 if ( GS && E0 && (S==0) ) S=1;
 if ( E4 && !E3 && (S==1) ) S=2;
 if ( GS && !E3 && (S==2) ) S=0;
 if ( !E1                 ) S=0;
 if ( !E7                 ) S=0;
 //Teil 2 Ausgabeebene
 if(S==0)      PAA=0;
 if(S==1)      PAA=64;  //Kolben ausfahren
 if(S==2)      PAA=128; //Kolben einfahren
 if(E2 && E1 && !S) PAA=128; //Richten
 sprintf(Sendestring,"DO%3d",PAA);
 ClientSocket1->Socket->SendText(Sendestring);
 //Teil 3 Meldeebene
 if ( E3 && E4 )          strcpy(Meldung,"Alarm, Sensor defekt");
 if ( !E3 && !E4 && !S) strcpy(Meldung,"Kolben nicht in Endlage");
 Edit6->Text=Meldung;
}
```

Bild 3: Lösung mit C-BUILDER

Kommunikation mit SPS

SPS übernehmen primär das Steuern und Regeln von Anlagen **(Bild 1)**. Wenn über grafische Oberflächen die Bedienung und Beobachtung sowie die Dokumentation des Fertigungsprozesses laufen soll, gibt es verschiedene Möglichkeiten, mit der Steuerung zu kommunizieren.

Als Schnittstelle eignet sich die Programmierschnittstelle über V.24 oder durch Zwischenschalten einer Baugruppe, das Ethernet. Es werden auch noch andere Kommunikationswege verwendet, so z. B. der PROFIBUS.

Softwareseitig wird häufig ein OPC-Server eingesetzt. Immer liegt aber in der unteren Kommunikationsschicht eine Treibersoftware. Jeder Überbau macht die Kommunikation langsamer. Eine direkte Kommunikationsmöglichkeit bietet z. B. die AGLINK.DLL der Fa. Deltalogic.

Diese bereitet die Daten so auf, dass mit den gelieferten Funktionen auf alle Eingänge, Ausgänge, Merker, Timer, Zähler der SPS lesend und schreibend zugegriffen werden kann. Da die AGLINK.DLL von allen gängigen Programmiersprachen aus bedient werden kann, entsteht ein offenes System, mit welchen man eine vollständige Kommunikation zwischen PC und SPS herstellen kann. Diese Kommunikation beeinflusst weder die Sicherheit noch die Zykluszeit der SPS.

Beispiel:

Es soll von einer S7-SPS-Steuerung das Eingangsbyte 124 gelesen werden. Außerdem sollen mit Schiebeelementen die Ausgänge beliebig betätigt werden können. Ein Analogwert soll von PEW752 eingelesen werden. Die Kommunikation erfolgt über Ethernet und dem Verbindungsbaustein NetLink.

In der Konfiguration **(Bild 2)** wird der Gerätetreiber „Netlink-IP" angewählt und die IP-Adresse eingegeben. In der Software wird damit *Device = 0* eingestellt.

Es wird mit LabVIEW die im **Bild 3** entworfene Bildschirmoberfläche aufgebaut. Für alle Kommunikationsbefehle liegen fertige Funktionen vor. Es gibt *Makros* zum Auf- und Abbauen der Kommunikation. Das eigentliche Programm ist in **Bild 4** dargestellt. Mit einer *Funktion* werden die Eingangsbytes der SPS gelesen (1), danach wird das Byte in eine 8 Bit-Array umgewandelt und als Lampen angezeigt (2). An der Stelle (3) wird das Ausgangsbyte an die SPS gesendet. Die Analogwerte werden in (4) von einem Merkerwort (MW) übernommen. Danach werden das Low-Byte und High-Byte zusammengefasst, normiert, und danach als Y-t-Diagramm ausgegeben.

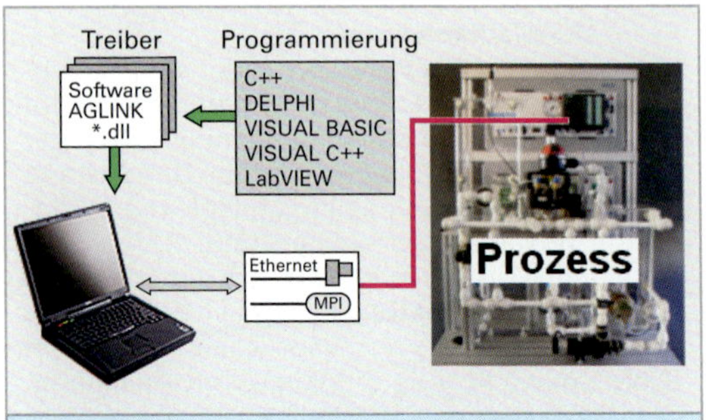

Bild 1: Struktur einer Kommunikation

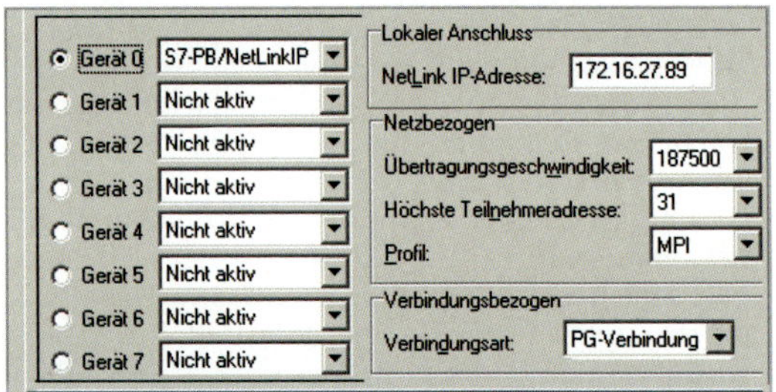

Bild 2: Konfiguration der Schnittstelle

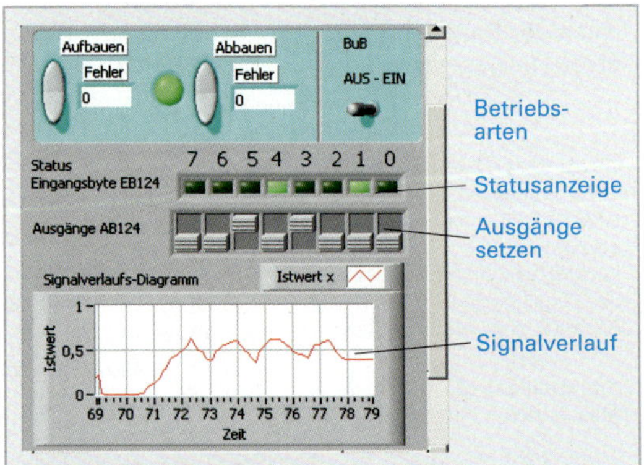

Bild 3: Bildschirmoberfläche

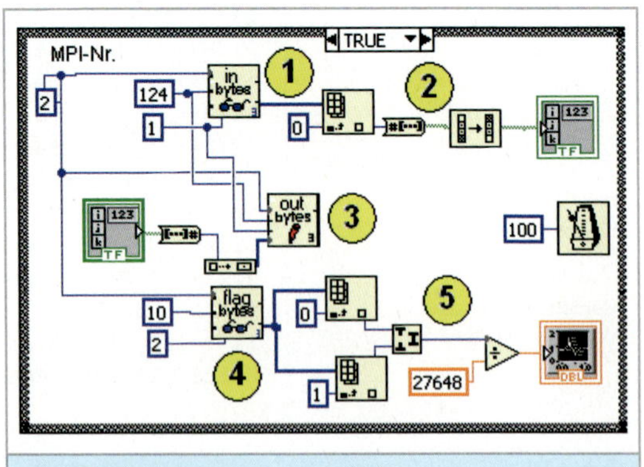

Bild 4: Quellcode

DDE-Schnittstelle

Dynamic Data Exchange (DDE) ist ein Kommunikationsprotokoll, mit dem mehrere Anwendungen auf demselben Computer kommunizieren können. Mit DDE werden gegenseitig Nachrichten unter den aktiven Programmen ausgetauscht. Alle Nachrichten sind im String-Format. Eine DDE-Verbindung besteht aus DDE-Clients. Der Server bildet kontinuierlich Daten im DDE-Speicher ab. Der Client holt sich diese Daten **(Bild 1)**.

Das System ist datenorientiert. Bei der Programmierung werden folgende Daten angegeben:

DDE-Service:	Name des Servers, z. B. „Excel"
DDE-Topic:	Name der Datei, mit welcher kommuniziert wird, z. B. „Mappe1.xlsx"
DDE-Item:	Name der Variable, z. B. in Excel der Zellenname.

In der Automatisierungstechnik gibt es weitere Verfahren des Datenaustausches, z. B. das „Objekt-Verknüpfung und -Einbettung". Hier werden ganze Objekte übertragen. Ebenso bei COM- bzw. DCOM-Schnittstellen (Distributed Component Object Model).

Beispiel für DDE-Kommunikation: Eine Behältersystem **(Bild 2)** wird mit einer Pumpe (3. Bit) angesteuert. In Zelle B6 wird 0 oder 8 eingetragen. Der Füllstand wird mit einem Ultraschallsensor gemessen (Analog INP 0, 0...10 V). Das EasyPort setzt die Signale um. Mit LabVIEW wird die Kommunikation zwischen dem EasyPort und Excel hergestellt.
Programmstruktur:
1. Kommunikation mit Excel und EasyPort öffnen
2. Daten von Easyport zu Excel Zelle B1 senden und Daten von Zelle B6 lesen und zum EasyPort senden
3. Kommunikation schließen.

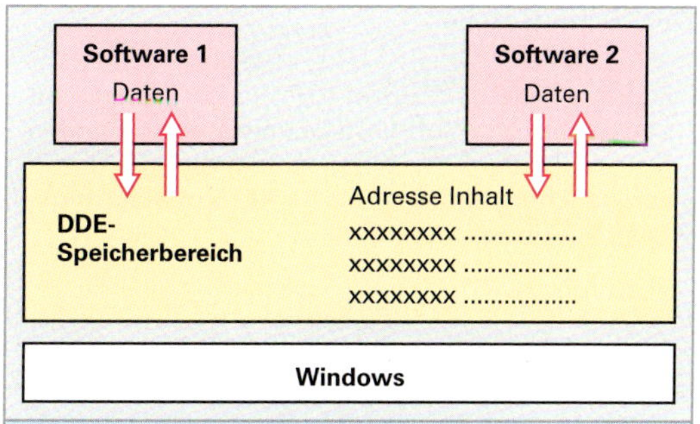

Bild 1: Prinzip der Datenkommunikation

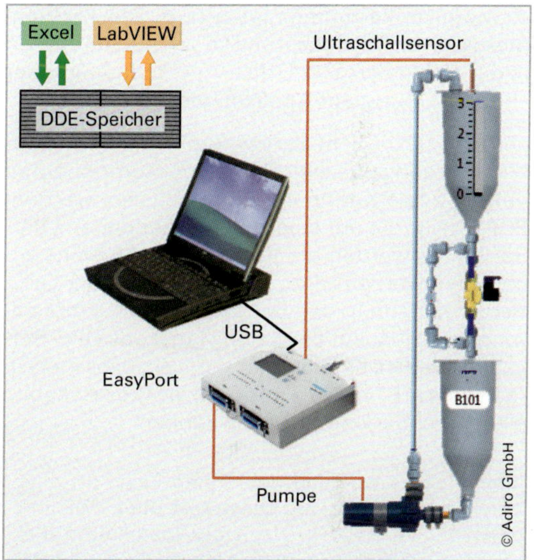

Bild 2: Messen und Steuern über DDE-Kommunikation

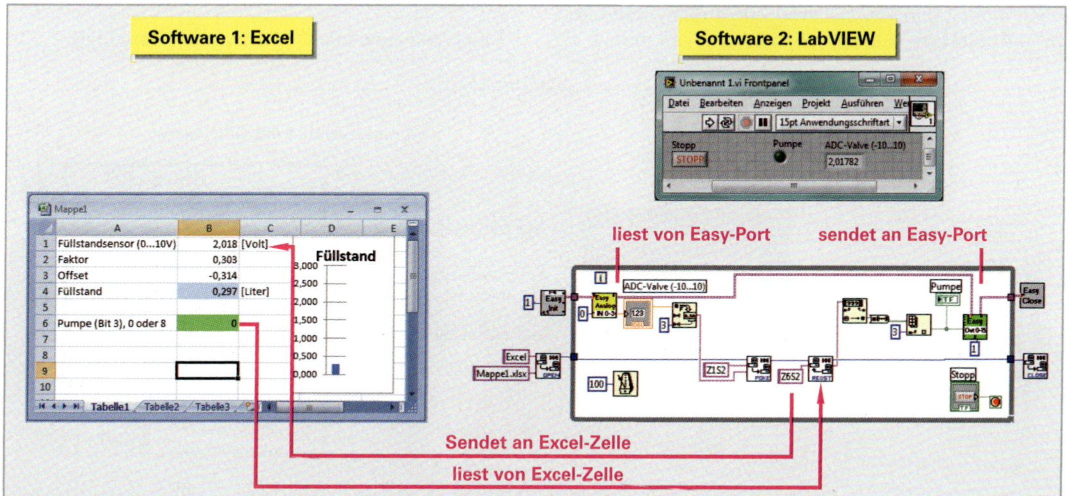

Bild 3: DDE-Kommunikation Excel und LabVIEW

OPC-Schnittstelle

OLE for Process Control (OPC) ist der Name für standardisierte Software-Schnittstellen, die den Datenaustausch zwischen Anwendungen unterschiedlicher Hersteller in der Automatisierungstechnik ermöglichen **(Bild 1)**.

Intern wird hierfür die COM/DCOM (Component Object Model/Distributed COM)-Technologie verwendet. Die in der OPC-Foundation™ organisierten Firmen haben festgelegt, wie Daten von einem OPC-Server durch einen OPC-Client gelesen oder geschrieben werden können. Damit ist es möglich, Fertigungsdaten (z. B. Stückzahlen, Messwerte, Betriebsstunden,...) aufzunehmen und z. B. in Microsoft Office-Anwendungen oder anderen OPC-Client-Applikationen einzubinden.

Für eine OPC-Client-Server-Applikation am Feldbus müssen zunächst die Feldbuskomponenten mittels eines Konfigurators initialisiert werden. **Bild 2** zeigt die auf einem PC vorhandenen OPC-Server. Es werden die Variablen, auf welche zugegriffen werden kann, angezeigt. Wird der OPC-Server sodann in den Betriebszustand gebracht, kann ein Client auf die Daten (Tags) des OPC-Servers zugreifen. Es ist immer möglich, dass mehrere Clients z. B. via Netzwerk auf das Prozessabbild eines OPC-Servers zugreifen können

Beispiel: Es wird mit dem Festo-EasyPort eine Steuerung aufgebaut. Dieses ist über USB mit dem PC verbunden. Nach der Installation des Festo-OPC-Servers zeigt dieser die Variablen und die Aufruf-URL der jeweiligen Variablen an (Bild 2). Nun wird der OPC-Server gestartet. Das LabVIEW-Programm kann nun Daten lesen und schreiben, also visualisieren und steuern **(Bild 3)**. Die Abtastrate in diesem Fall liegt bei 80 ms.

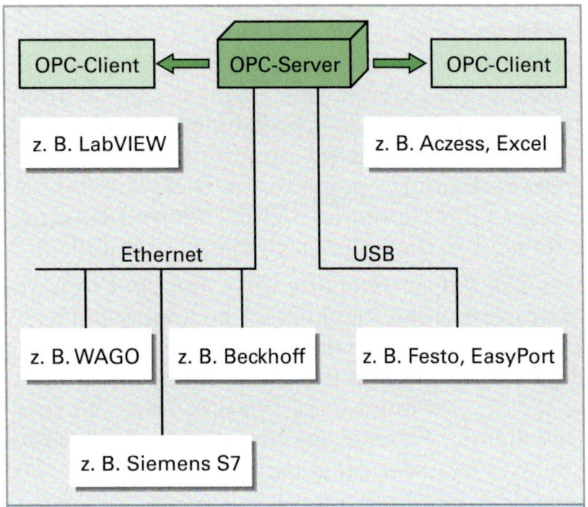

Bild 1: Struktur OPC

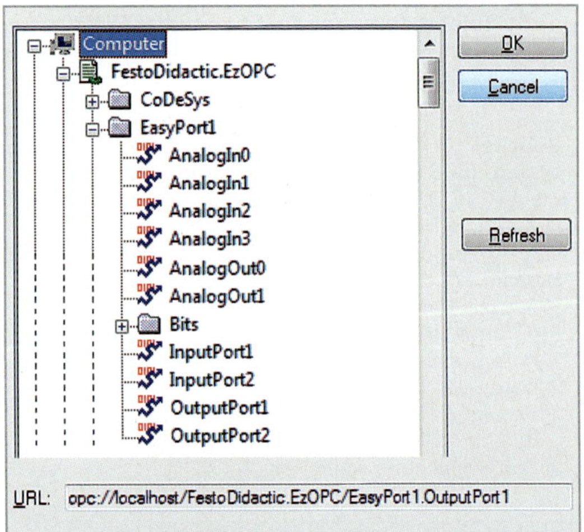

Bild 2: Anzeigen der OPC Server mit Variablen

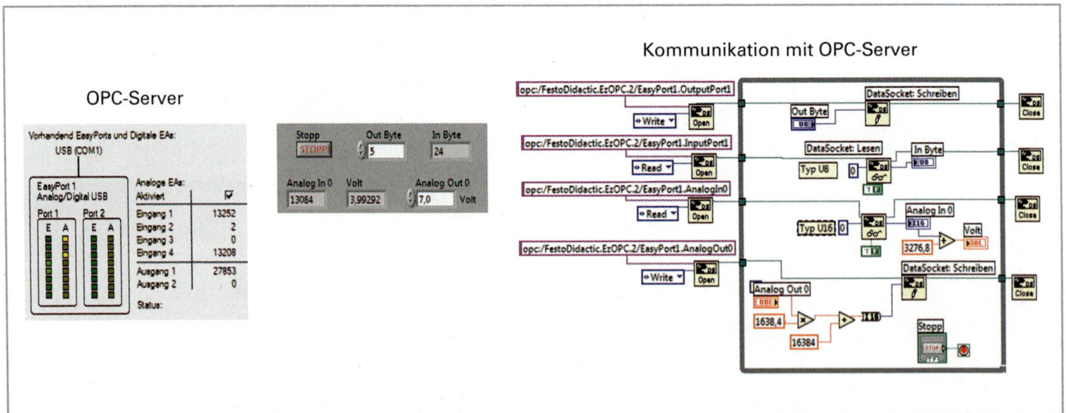

Bild 3: Beispiel Festo-OPC-Server kommuniziert mit LabVIEW

17.1.4 Schaltplanerstellen mit FluidSIM®

Mit der Software FluidSIM® (Festo Didactic SE) werden Schaltpläne der Pneumatik, Hydraulik und Elektrotechnik entworfen. Es stehen umfangreiche Bibliotheken mit allen notwendigen Elementen und Baugruppen zur Verfügung **(Bild 1)**. Der Schaltplan wird mit *Drag and Drop*-Funktionen aus den Bibliotheken zusammengestellt.

Die physikalischen und mathematischen Eigenschaften der Bauelemente werden berechnet. Damit können die Schaltungen simuliert werden. Bei der Simulation bewegen sich die Kolben und die Ventile schalten um. Es können z. B. bei Zylindern Kraft, Kolbengeschwindigkeit und Beschleunigung dargestellt werden. Ebenso werden Drücke aufgezeichnet. Hierzu wird ein Zustandsdiagramm **(Bild 2)** im Menü aufgerufen.

Die Ansteuerung der Aktoren ist in drei Arten möglich:

- **Mit Stromlaufplan (Bild 3)**. Der Stromlaufplan wird entsprechend der Norm aufgebaut. Nach dem Start der Simulation werden mit der Maus die Taster und Schalter bedient. Die Logik wird dann ausgeführt und grafisch dargestellt.
- **Mit Funktionsschaltplan (Bild 4)**. Hier wird ein Digitalschaltkreis (Bild 4) verwendet, welcher an 24 V angeschlossen ist. Die Schaltung wird mit Schaltsymbolen wie UND, ODER, NICHT, RS-Speicher erstellt.
- **Mit GRAFCET-Plan**. Am GRAFCET-Modul **(Bild 5)** werden die Eingänge und Ausgänge belegt. Das GRAFCET-Programm wird außerhalb des Moduls erstellt. Beim Ablauf wird der aktuelle Zustand farbig dargestellt.

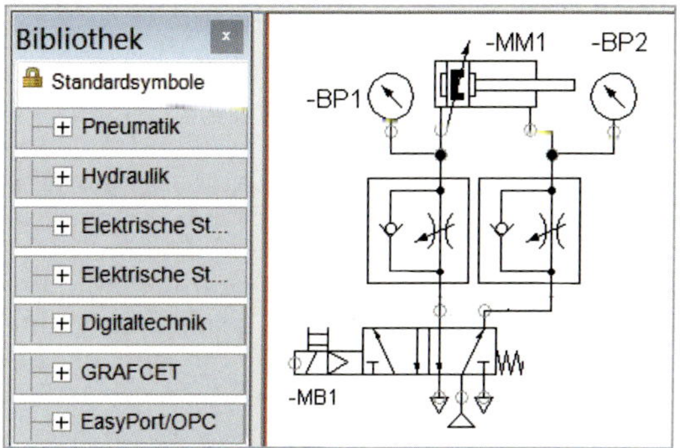

Bild 1: Hauptmenü FluidSIM 5

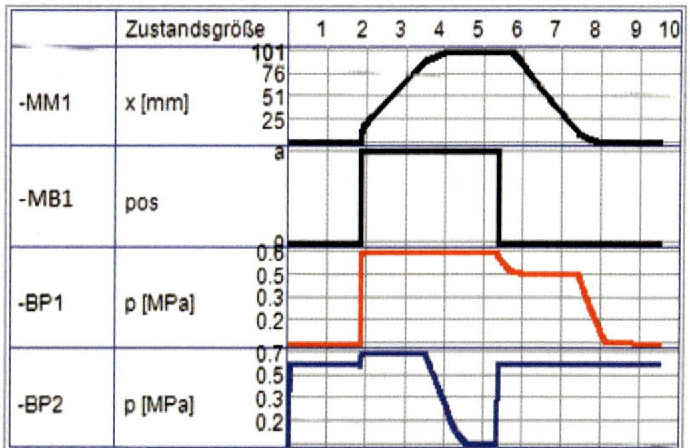

Bild 2: Zustandsdiagramm, Beispiel

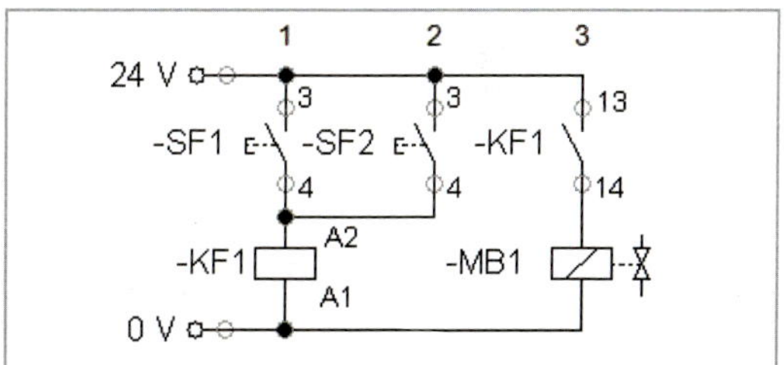

Bild 3: Stromlaufplan, Beispiel

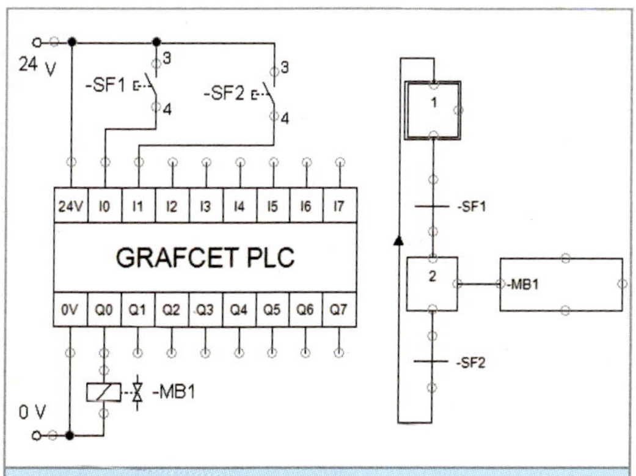

Bild 5: GRAFCET-Plan, Beispiel

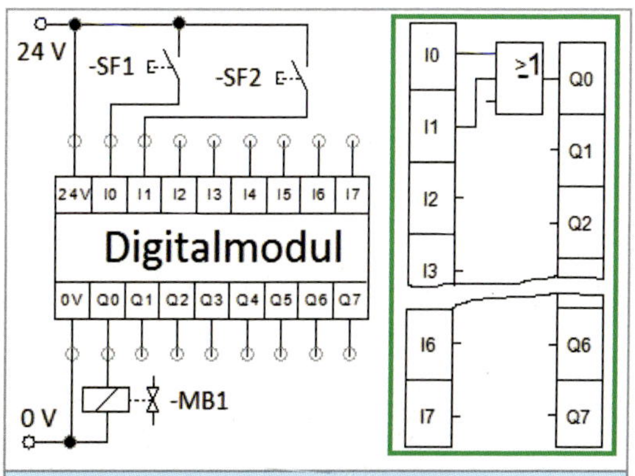

Bild 4: Funktionsschaltplan, Beispiel

17.1.5 Steuern und Regeln mit FluidSIM®

Über den EasyPort mit den zugehörigen Anschlusseinheiten werden digitale und analoge Signale verarbeitet **(Bild 1)**. Der EasyPort wird über USB an den PC angeschlossen. Es bestehen verschiedene Wege der Kommunikation. Standardmäßig wird in FluidSIM die direkte Kommunikation angewählt **(Bild 2)**. Es ist eine Kommunikation über den Festo-OPC-Server möglich. Die DDE-Kommunikation wählt man bei virtuellen Modellen.

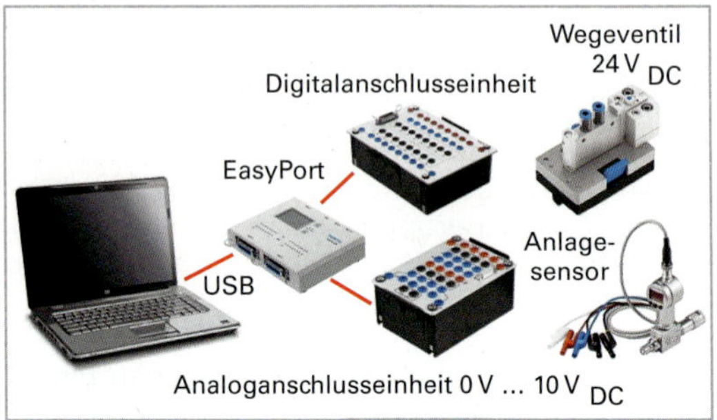

Bild 1: Anordnung der Kompetenzen

In der FluidSIM-Bibliothek stehen Module zum Lesen und Senden an den EasyPort zur Verfügung. In **Bild 3** oben wird mit dem Modul „FluidSIM In" dargestellt, wie die digitalen Eingangssignale gelesen werden und in diesem Fall dem GRAFCET zugeführt werden. Das Modul „Analog In" kann die 4 analogen Eingänge lesen und man kann mit dem Element „Voltmeter" die Spannung anzeigen lassen. Das Modul „FluidSIM Out" schreibt digitale Werte und steuert z. B. Relais und Ventile an. Von FluidSIM aus können analoge Werte nicht direkt zum EasyPort gesendet werden. Man verwendet deshalb eine Software-Sollwertkarte mit drei digitalen Eingängen **(Bild 4)**. Damit kann man acht Sollwerte als Parameter einstellen. Zusätzlich sind auch noch Sollwert-Rampen möglich. Dieser Softwarebaustein „Analog Out" sendet dann z. B. das Analogsignal an einen Verstärker zur Ansteuerung eines Proportionalventils.

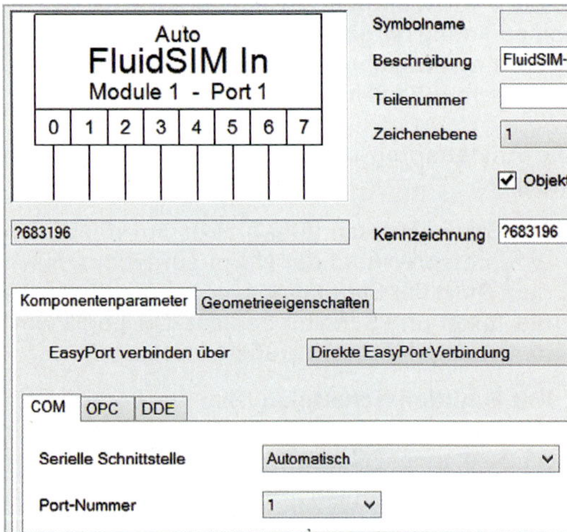

Bild 2: Einstellung zur EasyPort-Kommunikation

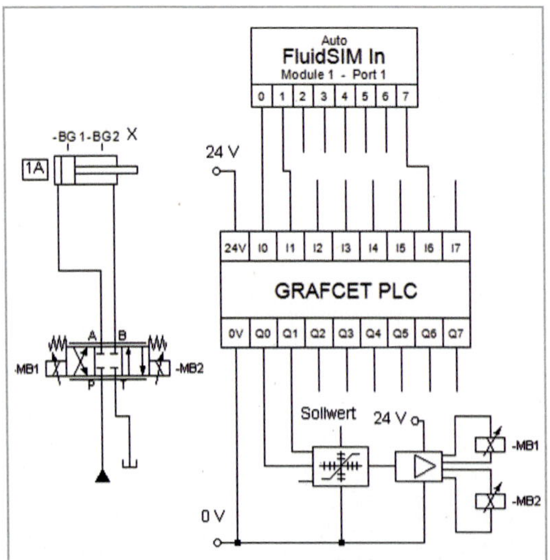

Bild 4: Ansteuerung von Proportionalventilen

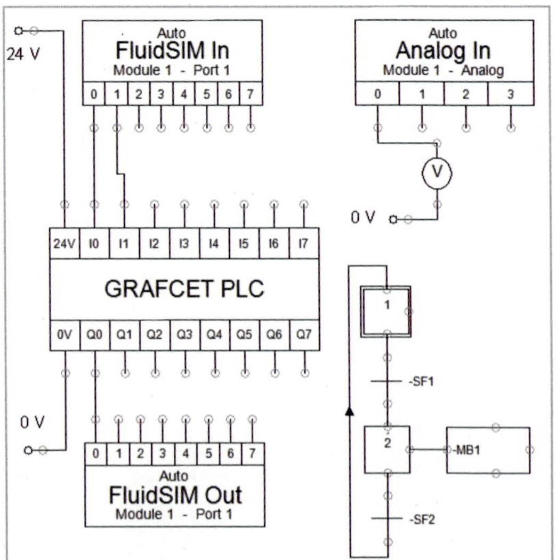

Bild 3: Module zur Kommunikation mit EasyPort

17.2 Kommunikationstechnik

17.2.1 Lokale Kommunikation

Im Bereich innerhalb einer Fabrik bezeichnet man die Kommunikationssysteme mit **LAN** (engl. **Local Area Network** = lokales Netz). Sie werden von den Firmen selbst betrieben und sind je nach Größe einer Fabrik in verschiedene Hierarchiestufen **(Bild 1)** eingeteilt. Der Datenverkehr zwischen den einzelnen Fabriken einer Firma oder den großen Abteilungen einer Firma wird über **Hochgeschwindigkeitsnetze mit Lichtwellenleitern (LWL)** abgewickelt.

Artgleiche LANs werden über **Bridges** (Brücken) oder Router (Wegefinder) aneinandergekoppelt. Bridges übertragen Nachrichten nur, wenn der adressierte Teilnehmer sich nicht im eigenen Netz befindet. **Router** sind wie Bridges. Sie übernehmen aber zusätzlich die Aufgabe, in einem vermaschten Netz den günstigsten Übertragungsweg auszusuchen. **Switches** sind Schalter, die Computer über Leitungsverbindungen zusammenschalten. Bridges, Switches und Router übertragen Nachrichten nur, wenn diese ungestört, also frei von Übertragungsfehlern sind. Dadurch belasten defekte Stationen oder Netze andere Netze nicht. LANs, die sich in ihrer Art unterscheiden, tauschen über **Gateway-Computer** (engl. Gateway = Torweg) Nachrichten aus. Zur Verlängerung der Netzreichweite verwendet man **Repeater** (Wiederholer). Diese lesen die Nachricht und senden sie verstärkt weiter.

Die Beschreibung der Art, wie die Datenübertragung in Kommunikationssystemen erfolgt, heißt **Protokoll**. Kommunikationsprotokolle haben nach ISO (engl. International Standardization Organization = internationale Standardisierungsorganisation) eine Einteilung in 7 Teilbereiche. Jeder Teilbereich wird als **Schicht** (engl. layer) bezeichnet. Protokolle, die offen sind, d. h. für jedermann einsehbar, und die somit auch gemeinsam benutzbar sind für eigene Entwicklungen, werden in Form des **ISO-OSI-7-Schichtmodells (Tabelle 1)** beschrieben (OSI von engl. Open System Interconnection = offene Systemverbindung).

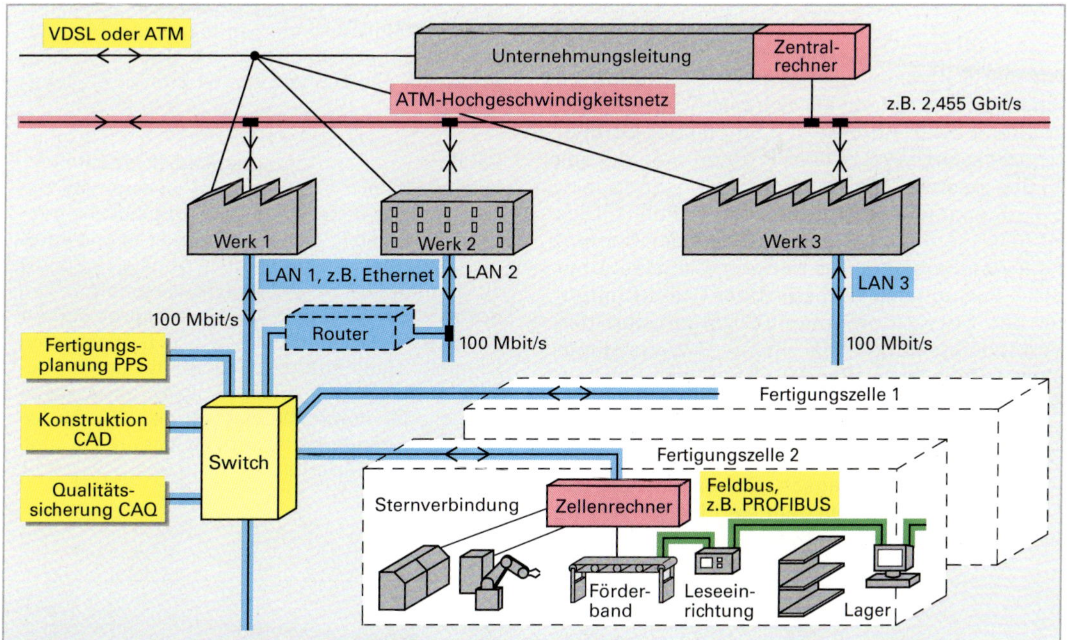

Bild 1: Datennetze

Tabelle 1: ISO-OSI-7-Schichtenmodell

• Schicht Nr. 1: Bitübertragungsschicht	• Schicht Nr. 5: Kommunikationssteuerungsschicht
• Schicht Nr. 2: Sicherungsschicht	• Schicht Nr. 6: Darstellungsschicht
• Schicht Nr. 3: Vermittlungsschicht	• Schicht Nr. 7: Verarbeitungsschicht
• Schicht Nr. 4: Transportschicht	

TCP/IP

Mit TCP/IP (sprich: tisipiaipi) werden im Internet die Daten verschickt. IP (von engl. Internet Protocol = Internet Protokoll) sorgt dafür, dass die Daten in „handliche" Datenpakete eingeteilt werden und zu dem richtigen Empfänger gelangen. TCP (engl. Transmission Control Protocol = Transportsteuerungs-Protokoll) sorgt für den sicheren Transport der Daten.

Eigenschaften des TCP/IP:

- TCP organisiert eine bidirektionale Datenverbindung vom Sender zum Empfänger und zurück.
- Die Datenübertragung erscheint für den Benutzer wie ein kontinuierlicher Datenstrom – auch wenn die Datenpakete auf unterschiedlichen Wegen verschickt werden.
- Die Datenübertragung ist gesichert durch eine Sequenznummer (Folgenummer), Prüfsumme, Quittung mit Zeitüberwachung und Wiederholung von fehlerhaften Segmenten.

Für den Datenaustausch werden Portnummern (engl. port = Hafen) als Adressen verwendet. Während die IP-Adresse den Empfänger-Computer adressiert, wird mit der Portnummer, die aus 16 Bits besteht, ein Kommunikationsendpunkt, ein sogenannter Socket (Stecker) definiert. Dies ist gewissermaßen die Zieladresse der Computeranwendung oder des Netzwerkdienstes. Über diese Portnummer adressiert der Client-Computer den Server-Computer. TCP organisiert den Verbindungsaufbau mit einem „3-Wege-Handshake" **(Bild 1)**. Der Sender „fragt" den Empfänger, ob dieser bereit ist einen Datenstrom „anzunehmen". Der Empfänger „quittiert" dies. Der Sender „bestätigt" die Quittung. Sodann erfolgt der Nachrichtenaustausch. Dabei quittiert der Empfänger gegenüber dem Sender die Anzahl der empfangenen Datenbytes.

IP-Adressen

Die IP-Adresse bezieht sich auf ein einzelnes Gerät oder eine Gruppe von Geräten (Multicast, Broadcast). Umgekehrt können einem Gerät mehrere IP-Adressen zugeordnet sein. Man unterscheidet IPv4 mit 32 Binärzeichen (32-stellige Dualzahl) und IPv6 mit 128 Binärstellen. Damit kann man $2^{128} \approx 3{,}4 \cdot 10^{38}$ Geräte adressieren (etwa 10^{17} Adressen pro Quadratmillimeter Erdoberfläche).

Statt der numerischen Adresse verwendet man alternativ symbolische Adressen. Diese kann man sich leichter merken. Für die einzelnen Länder gibt es Hauptdomainadressen und speziell für die USA noch Adressen aus der Internetanfangszeit, die den Hauptnutzern zugeordnet sind.

IPv4. Die einzelnen Bits werden zur besseren Lesbarkeit meist mit Punkten getrennt als Oktetten (8 Bits = 1 Oktette) aufgeschrieben und durch Punkte getrennt. Dabei hat jede Oktette einen dezimalen Wertebereich von 0 bis 255 (0000 0000 bis 1111 1111). So gehört z. B. der IPv4-Adressenbereich 141.18.0.0 bis 141.18.255.255 zur Hochschule Aalen, mit Provider Landeshochschulnetz Baden-Württemberg (BelWue).

IPv6. Zur besseren Lesbarkeit werden IPv6-Adressen meist hexadezimal (4 Bits) dargestellt. Diese werden zu 8 Blöcken von jeweils 4x4 Bits = 16 Bits zusammengefasst mit dem Wertebereich 0000 bis ffff. Die Blöcke werden durch Doppelpunkte notiert, z. B. 2003:2:2:40:62:153:159:92 für einen Internetserver der Telekom in Frankfurt. Führende Nullen können entfallen. Das IPv6 Adressformat nutzt 48 Bits für das globale Routing, 16 Bits für das Subnetz und 64 Bits für die Interface-ID.

Bei IPv6 könnten Computer, selbst Mobiltelefone eine eigene feste IP-Adresse bekommen. Dadurch könnte dann z. B. eine Suchmaschine oder ein Onlineshop Personen identifizieren und Informationen über sie verknüpfen, ohne sich Zugriff auf fremde Rechnersysteme zu verschaffen. Um das zu verhindern wird vom Serviceprovider der vordere Adressteil dynamisch, d. h. wechselnd zugeteilt. Den hinteren Teil, die Interface-ID, bestimmt der Nutzer selbst. Er kann ihn statisch halten oder durch Aktivierung der *Privacy Extensions* verändern und wird so nicht mehr ohne weiteres identifizierbar.

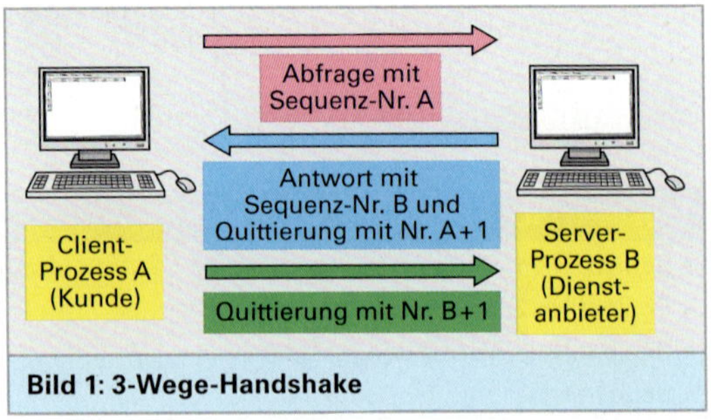

Bild 1: 3-Wege-Handshake

17.2.2 Lokale Netze (LAN)

Die Anordnung der Netzverbindungen und Netzverzweigungen nennt man Netztopologie. Die wichtigsten Netztopologien sind die Busstruktur und die Sternstruktur.

Busstruktur und Sternstruktur

Der Bus ist eine Datensammelleitung, die gemeinsam von allen Teilnehmern benutzt wird **(Bild 1)**. Die Datenübertragung erfolgt direkt vom sendenden Teilnehmer zum Empfänger. Während dieser Datenübertragung können die anderen Teilnehmer keine Daten austauschen. Die Busleitung wird entweder zu allen Teilnehmern durchgeschleift oder bei Verwendung von **Sternkopplern** (**Hub**, engl. hub = Speichenrad) sternförmig sowohl zu den Teilnehmern als auch zu weiteren Sternkopplern verlegt **(Bild 2)**. Aktive Sternkoppler enthalten **Repeater** (engl. to repeat = wiederholen). Repeater empfangen das Datensignal und senden es erneuert an die angeschlossenen Teilnehmer. Passive Hubs teilen die ankommende Signalleistung auf die angeschlossenen Teilnehmer auf.

Bei einem Datenbus kann zum selben Zeitpunkt nur ein Teilnehmer senden.

Mit einem **Switch** (engl. to switch = schalten) wird ähnlich wie bei der Telefonvermittlung die Datenleitung zum jeweiligen Empfänger durchgeschaltet. Über einen Switch können daher gleichzeitig mehrere Teilnehmer Daten austauschen. Am Switch sind die Teilnehmer sowohl mit einer Sendeleitung als auch einer Empfangsleitung angeschlossen.

Bei einer Vernetzung über einen Switch können gleichzeitig mehrere Teilnehmer Daten austauschen.

Der **Netzzugriff**, d. h. der Zugang zur gemeinsamen Datenleitung, muss nach vereinbarten Regeln (Protokoll) erfolgen, damit es im Datenverkehr keine Kollisionen (Störungen) gibt. Die wichtigsten Verfahren sind das Tokenverfahren und CSMA/CD.

Beim **Tokenverfahren** gibt es im Netz ein Sendefreizeichen (eine Bitfolge), nämlich den Token. Dieser wird von Station zu Station weitergereicht, und wer den Token hat, darf senden.

CSMA/CD ist aus dem engl. Carrier Sense Multiple Access with Collision Detection abgeleitet und heißt übersetzt: ein Verfahren mit Abfrage des Signalträgers bei mehrfachem Zugriff mit Kollisionserkennung.

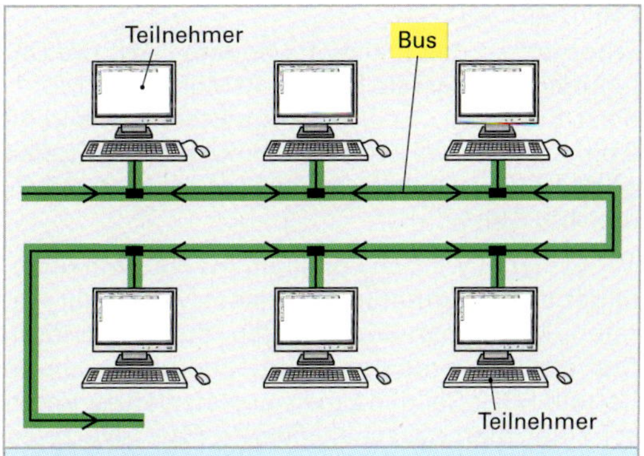

Bild 1: Busstruktur

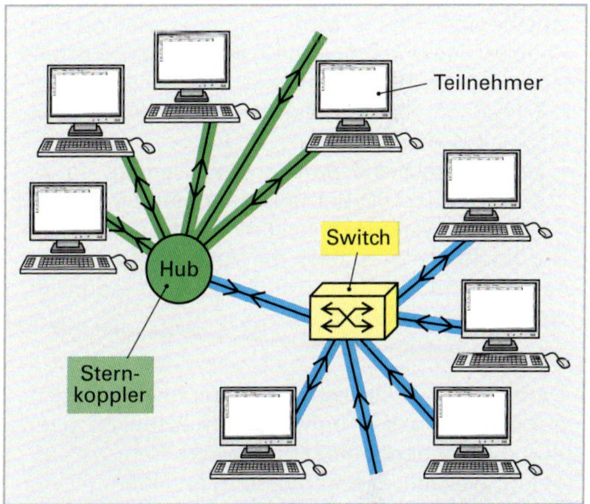

Bild 2: Sternstruktur mit Hub und mit Switch

Das CSMA/CD-Verfahren arbeitet wie folgt:

- Ein sendewilliger **Teilnehmer hört** in das Datennetz hinein, ob gerade ein anderer Teilnehmer sendet, also das Netz belegt ist (engl. Carrier Sense = Abfrage der Leitung).
- Ist das Netz frei, so sendet der Teilnehmer für eine kurze Zeit (einige Mikrosekunden) und überträgt dabei ein Datenpaket an einen vorbestimmten anderen Teilnehmer.
- Ist das **Netz belegt,** so **wird abgewartet** und ständig mitgehört, bis das Netz frei wird und sodann sofort gesendet. Da dies auch andere Teilnehmer tun, ist die Wahrscheinlichkeit groß, dass mehrere Teilnehmer gleichzeitig mit Senden beginnen.
- **Greifen mehrere Teilnehmer** gleichzeitig auf das Netz zu, dann führt dies zu einer **Kollision**. Diese Kollision wird von jeder Station bewertet. Jede Station stoppt das Senden und beginnt mit einem erneuten Sendeversuch nach Ablauf einer, von einem **Zufallsgenerator** bestimmten, Zeit.

Ethernet-LAN

Ethernet[1] ist das meistverwendete LAN. Die Datenübertragungsrate beträgt 10 Mbit/s, 100 Mbit/s (Fast Ethernet), 1 Gbit/s (Giga Ethernet) und 10 Gbit/s. Durch weitere Bündelungen erreicht man noch höhere Übertragungsraten, z. B. 40 GBit/s und 100 Gbit/s.

Mit Ethernet werden vor allem PC-Netzwerke gebildet sowie Kommunikationsnetzwerke mit Geräten, Maschinen und Anlagen, die PCs in ihren Steuerungen enthalten (embedded PC = eingebettete PCs). Bei den Ethernet-Netzwerken unterscheidet man zwischen *Peer-to-Peer*[3]-Netzwerken **(Bild 1)** und Client-Server-Netzwerken **(Bild 2)**.

Peer-to-Peer-Netzwerke sind für die Vernetzung von wenigen PCs (etwa 10) geeignet, also eher im Kleinbetrieb und im privaten Bereich. Die Vorteile eines Peer-to-Peer-Netzwerks sind:

- Einfacher, kostengünstiger und schneller Aufbau und es ist
- keine zusätzliche Software notwendig, da bei den üblichen PC-Betriebssystemen die Peer-to-Peer-Netzwerkfunktionalität bereits enthalten ist.

Die Nachteile sind, dass die Verwaltung von Benutzern und der Zugriff auf Daten an jedem PC vorgenommen werden muss.

Damit unter Windows der gemeinsame Zugriff auf Ressourcen möglich ist, müssen an allen PCs eines Peer-to-Peer-Netzwerks Benutzer angelegt werden. Die Anmeldung an einem PC der Arbeitsgruppe ist nur möglich, wenn der Benutzername und das Kennwort eines, an diesem PC angelegten, Benutzers bekannt sind.

In einem **Client-Server-Netzwerk** stellt der Server den Clients seine Dienste zur Verfügung **(Bild 3)**. Auf dem Server-PC ist ein Server-Betriebssystem installiert, mit dem die besonderen Aufgaben des Servers durchgeführt werden können: Zentrale Verwaltung der Benutzerkonten, der Zugriffsrechte auf Dateien und Drucker sowie der Datensicherung. In größeren Netzwerken werden die Aufgaben auf mehrere Server verteilt: Ein Server übernimmt z. B. die Verwaltung der Benutzerkonten, ein anderer verwaltet die Drucker und ein weiterer stellt die benötigten Daten bereit.

Die zentrale Verwaltung der Netzteilnehmer bedeutet, dass beim Ausfall eines Servers wichtige Funktionen nicht mehr vorhanden sind. Deshalb sind Server mit speziellen Hardware-Komponenten aufgebaut. Beispielsweise darf der Defekt einer Festplatte nicht zum Datenverlust führen. Hierzu sind mehrere Festplatten zu einem sogenannten RAID-System verbunden, das beim Defekt einer Festplatte die dort gespeicherten Daten mithilfe der anderen Festplatten wiederherstellen kann.

Power over Ethernet (PoE)

Mit PoE können netzwerkfähige Geräte, z. B. Überwachungskameras und IP-Telefone ohne sonstigen Kabelanschluss betrieben werden. PoE ist in IEEE 802.3af genormt. Man unterscheidet zwischen den Verbrauchern (Powered Devices, PD) und den Stromquellen bzw. den Energieversorgergeräten (Power Sourcing Equipment, PSE). Die PD-Teilnehmer werden mit 48-V-(DC)-Spannung und bis zu 0,35 A mit Strom versorgt.

Die Funktionseinheiten sind:

- Der mit Energie zu versorgende Teilnehmer (Power Device, PD),
- Die Energieversorgungseinheit (Power Sourcing Equipment, PSE, Bild 3) mit Energieanschlusseinheit (Power Interface, PI).

[1] Ethernet von engl. ether = Himmel und engl. net = Netz

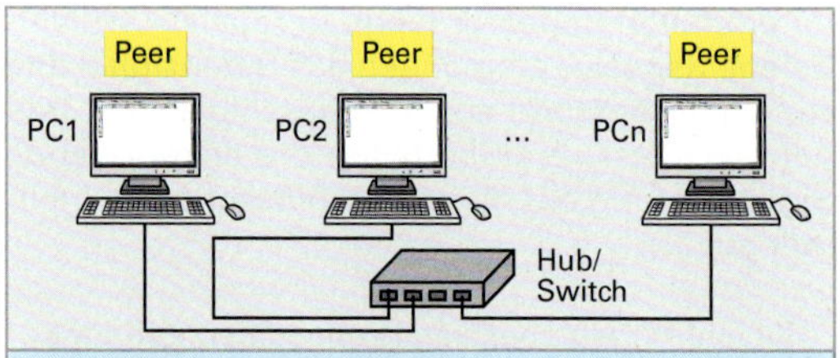

Bild 1: Peer-to-Peer-Netzwerk

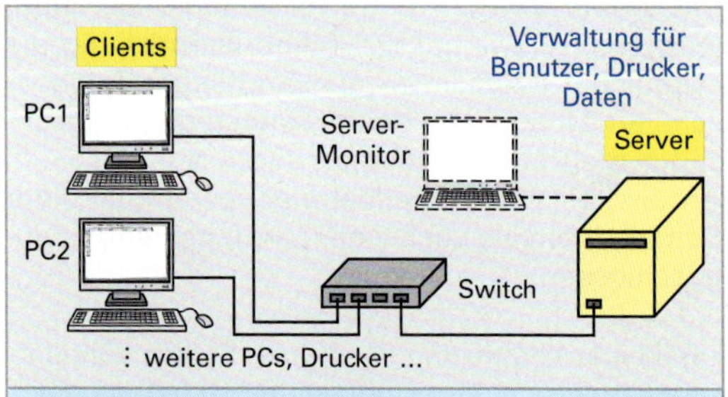

Bild 2: Client-Server-Netzwerk

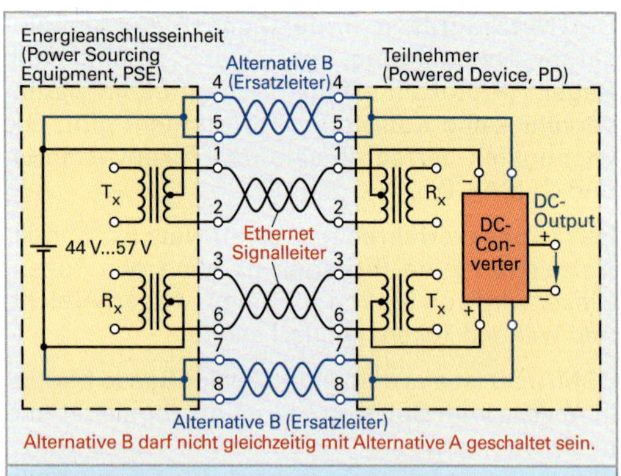

Bild 3: POE-Energieversorgungseinheit

17.2.3 Feldbussysteme

Zur **Vernetzung** von Geräten im Maschinen- oder **Anlagenfeld**, z. B. von Sensoren mit Robotersteuerungen, sind einfache und kostengünstige Bussysteme notwendig. Man verwendet hier meist Leitungen mit verdrillten Aderpaaren als Übertragungsmedium und ein einfacheres Buszugriffsverfahren als bei den LAN.

17.2.3.1 CAN-Bus

Der CAN-Bus[1], ursprünglich für die Steuerungstechnik im Kraftfahrzeug entwickelt, wird stark zunehmend als preisgünstiger und robuster Feldbus im industriellen Bereich eingesetzt.

Beim CAN-Bus sind mehrere Teilnehmer (Stationen) gleichberechtigte Steuereinheiten. Die Adressierung der Daten ist **botschaftsbezogen** (nicht stationsbezogen), d. h. jede Station empfängt alle Daten, speichert aber nur diejenigen Daten ab, die sie betreffen **(Bild 1)**. Die Daten werden also über den kennzeichnenden Identifier (engl. Ausweis), z. B. „Motordrehzahl" von dem Motorsteuergerät, als eine, das Motorsteuergerät betreffende, Botschaft selektiert[2] und angenommen (Bild 1). Die Kenngrößen sind in **Tabelle 1** zusammengestellt.

Bussteuerung

Wenn der Bus frei ist, kann jede Station senden. Beginnen mehrere Stationen gleichzeitig zu senden, dann wird zur Behebung des Buszugriffskonflikts ein „Wired-AND-Verfahren", d. h. eine physikalische Beherrschung des Busses mit der Botschaft der höchsten Priorität durchgesetzt, ohne dass ein Zeitverlust bzw. Bitverlust eintritt. Jeder Sender mit niederwertigerer Botschaft beendet das Senden und wird zum Empfänger. Sobald der Bus frei ist, kann diese Station einen neuen Sendeversuch starten. Das CAN-Protokoll besitzt zur Busvergabe zwei Bitzustände. Der Bitzustand ist entweder „rezessiv", d. h. zurückweichend oder „dominant", d. h. beherrschend. Wird ein dominantes Bit gesendet, dann werden rezessive Bits, die andere Stationen senden, überschrieben.

Akzeptanzprüfung und Datenframe

Ist der Identifier[3] der Botschaft in der Identifierliste der Station vermerkt, so wird diese Nachricht aufgenommen. Der Datenframe besteht aus 7 Kennfeldern **(Bild 2)**. Der Start of Frame (Startzeichen) markiert den Beginn einer Botschaft und synchronisiert alle Stationen. Das Arbitration Field[4] (Buszuteilung) besteht aus dem Identifier der Botschaft.

Der CAN-Bus arbeitet botschaftsbezogen und nicht mit Adressen.

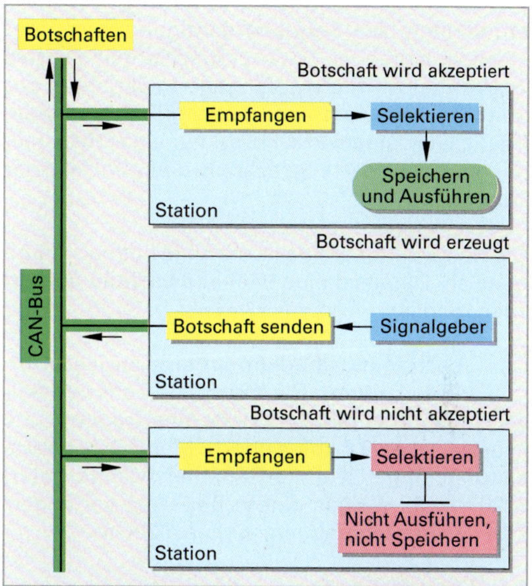

Bild 1: CAN-Bus

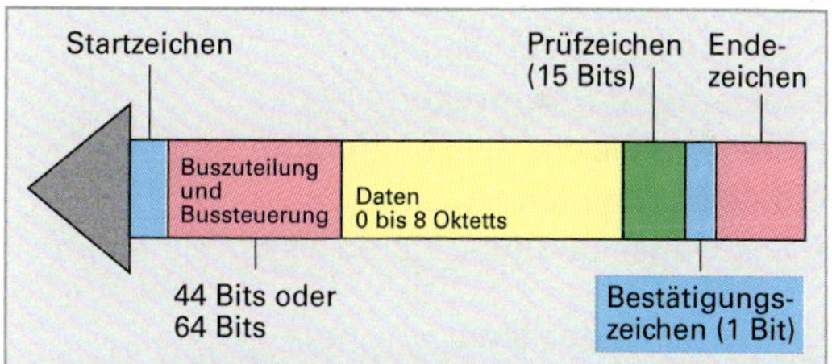

Bild 2: Nachrichtenformat

Tabelle 1: CAN-Bus

Benennung	Benennung
max. Ausdehnung	40 m (1 Mbit/s) 1000 m (50 kbit/s
Übertragungsrate	1 Mbit/s (40 m) 50 kbit/s (1000 m)
Adressierung	botschaftsbezogen, nicht stationsbezogen 2032 Botschaften
Buszuteilung	durch Prioritäten festgelegt 2031 Prioritäten
Anzahl der Stationen	unbegrenzt
Übertragungssicherheit	sehr hoch; Hamming Distanz 6
Übertragungsmedium	Zweidrahtverbindung oder Lichtwellenleiter

[1] CAN von engl. Control Area Network = Feldnetz zur Steuerung
[2] lat. seligere = auswählen
[3] engl. to identify = ausweisen, identifizieren
[4] engl. arbitration = Schiedsspruch, Entscheidung, engl. field = Feld

17.2.3.2 PROFIBUS, PROFIBUS-DP

Der **PROFIBUS**[1] (von engl. Process Field Bus = Prozess-Feld-Bus) ist in DIN 19 245 genormt. Man unterscheidet hier zwischen aktiven und passiven Teilnehmern **(Bild 1)**. Ein aktiver Teilnehmer kann von sich aus, also ohne Aufforderung, Nachrichten senden. Die Sendeberechtigung wird über einen umlaufenden **Token** zyklisch erteilt. Passive Teilnehmer dürfen empfangene Nachrichten nur quittieren oder auf Anforderung Daten senden. Häufig ist in einem PROFIBUS nur ein aktiver Teilnehmer, z. B. der Leitrechner, dann entfällt der Token.

Die Netzwerktopologie ist als Linie oder als Baum möglich. Damit ist eine **flächendeckende Vernetzung** möglich.

Das Übertragungsmedium ist eine abgeschirmte 2-adrige Leitung. Die maximale Zahl der aktiven Teilnehmer beträgt 32, die Übertragungsrate liegt zwischen 9,6 kbit/s und 12 Mbit/s. Die größte Leitungslänge ist ohne Repeater (Wiederholer) 1200 m. Mit jeweils einem Repeater verlängert sich das Bussegment um weitere 1200 m.

Das System erkennt folgende Störungen und Betriebszustände:

- mehrere Token sind im Umlauf,
- kein Token ist vorhanden,
- fehlerhafte Tokenweitergabe,
- mehrere gleiche Teilnehmeradressen,
- defekter Empfänger,
- Zuschalten und Abschalten eines Teilnehmers.

Die Betriebsarten sind:

- Tokenverwaltung,
- zyklischer Sende- und Anforderungsbetrieb,
- Teilnehmerverwaltung.

Die Nachrichten setzen sich aus **UC-Zeichen** zusammen, den sogenannten **U**ART-**C**harakters (UART von engl. Universal Asynchronous Receiver/Transmitter = Universeller asynchroner Empfänger/Übertrager, Character = Zeichen). Ein UC-Zeichen besteht aus 11 Bits **(Bild 2)**.

Es gibt mehrere Frameformate, die der Nachrichtenart angepasst sind. So besteht eine Kurzquittung nur aus einem einzigen UC-Zeichen, während ein Nachrichtenpaket bis zu 261 UC-Zeichen umfassen kann **(Bild 3)**.

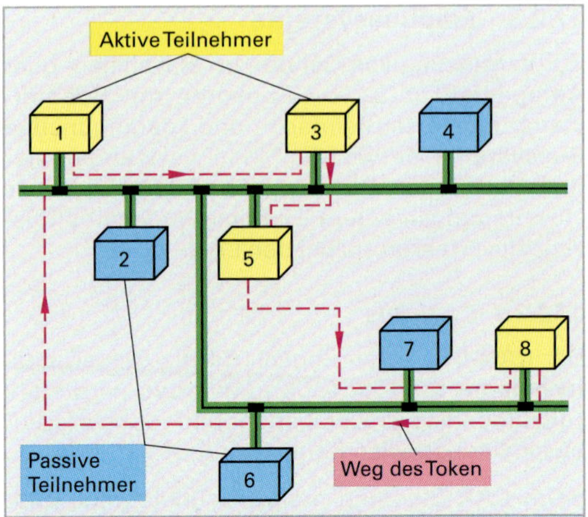

Bild 1: Struktur des PROFIBUS

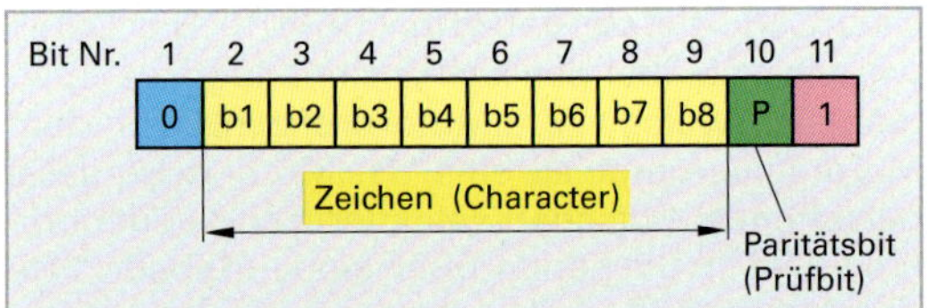

Bild 2: UC-Zeichen

Antworttelegramm:

SYN | SD2 | LE | LEr | SD2 | DA | SA | FC

Daten 4 … 249UC | FCS | ED

SD2	Startbyte 2 (Start Delimiter) ⇒ 01101000
LE	Datenlänge (4…249)
LEr	Wiederholung von LE
DA	Zieladresse (Destination Address)
SA	Quelladresse (Source Address)
FC	Kontrollbyte (Frame Control)
FCS	Prüfbyte (Frame Cheque Sequence)
ED	Endbyte (End Delimiter) ⇒ 00010110
SYN	Synchronisierzeichen (mind. 33-mal das Zeichen 0)

Kurzquittung

SC Einzelzeichen (Single Character) ⇒ 11100101

Bild 3: Frameformat

[1] Andere Bezeichnungen sind Firmennamen, wie z. B. Sinec L 2. Daneben gibt es den PROFIBUS-DP (Dezentrale Peripherie) mit Übertragungsraten bis zu 12 Mbit/s bei etwas eingeschränktem Funktionsumfang. Das Einsatzgebiet ist der schnelle Datenaustausch mit Sensoren und Aktoren.

17.2.3.3 Aktor-Sensor-Interface (AS-i)

AS-i ist ein Feldbus zum Anschluss von Sensoren, wie z. B. Lichtschranken und von Aktoren, wie z. B. Pneumatikzylinder, über eine einfache Zweidrahtleitung **(Bild 1)**. Die Datenübertragung erfolgt über dieselbe Leitung wie die Stromversorgung der Teilnehmer (Sensoren bzw. Aktoren). Die maximale Datenübertragungsrate beträgt 167 kbit/s. Der maximale Teilnehmerabstand ist ca. 100 m und es können 31 Teilnehmer angeschlossen werden. Mithilfe von Repeatern können Abstand und Teilnehmerzahl noch erweitert werden.

Das Aktor-Sensor-Interface ist eine preisgünstige Vernetzung von binären Sensoren und Aktoren.

Die Bussteuerung erfolgt durch einen Master[1]. Er steuert die Teilnehmer, d. h. er fragt die Sensoren der Reihe nach ab bzw. er überträgt an die Aktoren der Reihe nach Signale und wiederholt dies zyklisch (zyklisches Polling[2]). Die Zykluszeit hängt von der Zahl der angeschlossenen Slaves ab und beträgt maximal 5 ms. Eine Nachrichtenübertragung besteht aus einem Masteraufruf mit 14 Bits, einer Masterpause mit 3 bis 10 Bits und einer Teilnehmernachricht mit 7 Bits sowie einer Teilnehmerpause mit einem Bit **(Bild 2)**. Die Synchronisation erfolgt über ein Startbit und ein Stoppbit. Die Nachrichtenübertragung des Masters enthält entweder Daten, Parameter, Kommandos oder Adressen. In den 14 Bits der Masternachricht gibt es 5 Bits für die Adressierung der 31 Teilnehmer (Slaves[3]) und 5 Bits für Informationen an den Teilnehmer. Der Teilnehmer überträgt an den Master 4 Datenbits, z. B. den Schaltzustand des Sensors oder auch eine Fehlermeldung.

Über Kommandos kann der Master einen Teilnehmer in den Grundzustand bringen (Reset), seine Adresse löschen, eine neue Adresse eintragen sowie einen Status lesen oder löschen. Bei der Installation eines AS-i-Feldbusses muss ein Teilnehmer nach dem anderen adressiert werden. Es gibt Mastermodule, die diese Initialisierungsmaßnahme weitgehend automatisch vornehmen. Über den Master, der meist als PC-Karte oder als SPS-Modul realisiert ist, wird auch eine Nachrichtenübertragung zu übergeordneten Systemen, z. B. zu einem Ethernet-LAN, möglich.

Die AS-i-Anschaltung besteht aus einem hochintegrierten Schaltkreis im Sensor bzw. Aktor. Zur Ankopplung sonstiger Teilnehmer gibt es Anwendermodule mit IC, in die die Busleitung nur eingelegt werden muss **(Bild 3)**. Über Kontaktspitzen wird ohne Leitungsunterbrechung der Kontakt hergestellt (Vampir-Kontakte).

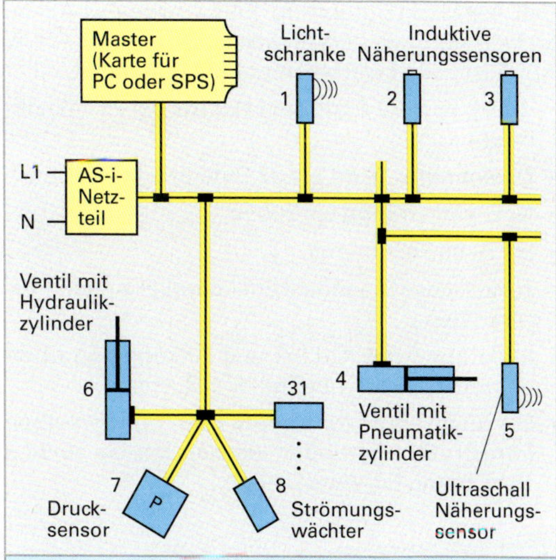

Bild 1: AS-i-Feldbus mit Beispielen von Sensoren und Aktoren

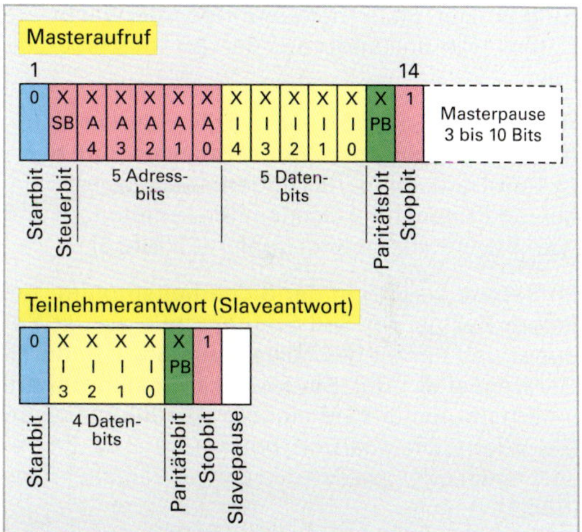

Bild 2: AS-i-Nachrichtenframe

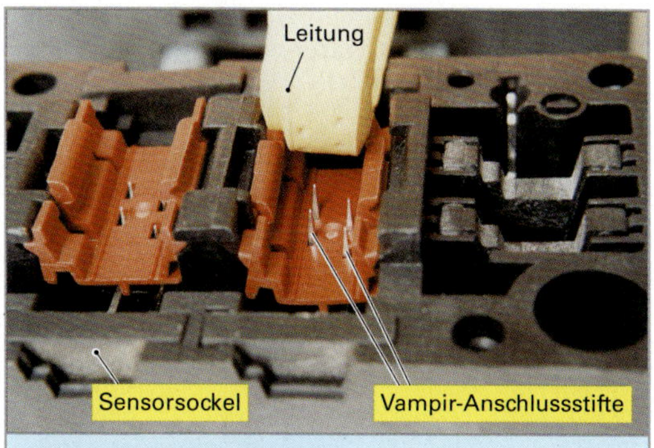

Bild 3: AS-i-Anschluss

[1] engl. master = Meister; [2] engl. to poll = wählen; [3] engl. slave = Sklave

Seit der Markteinführung 1994 wurde das AS-Interface stetig weiterentwickelt. Aktuell ist ASi-5. ASi-5 ist voll abwärtskompatibel und bietet:

- 4-fach kürzere Zykluszeit (1,2 ms bei 24 Teilnehmern),
- Datenbreite: 16 Bit bis 32 Byte pro Teilnehmer,
- Netzwerkstränge bis 200 m,
- bis zu 96 Teilnehmer,
- zusätzlicher Diagnosekanal parallel zu den Prozessdaten,
- Integration mit IO-Link und Ankopplung übergeordneter Ethernet-Feldbus-Systeme.
- Die Integration von *Safety* kann auf derselben Infrastruktur betrieben werden mit bis zu 96 x 16 sicheren Ein-/Ausgängen.

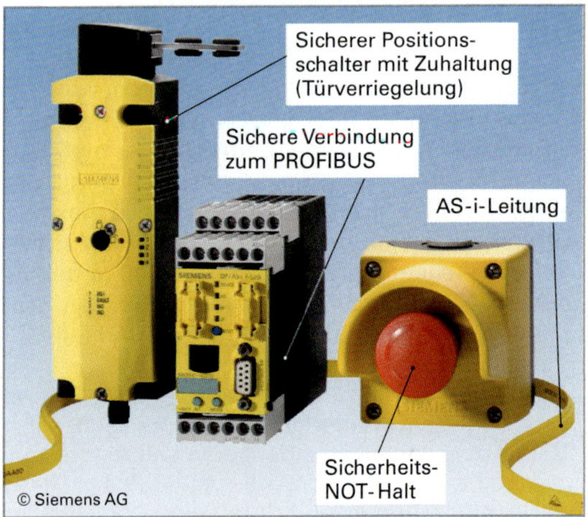

Bild 1: AS-i-Sicherheitskomponenten

AS-i-Sicherheits-Technik

Die Anschaltung eines Sicherheits-Slaves erfolgt z. B. (Siemens) über einen Sicherheitsmonitor **(Bild 2)**. Der Sicherheitsmonitor überwacht die Datenkommunikation auf der AS-Interface-Leitung.

Bei den sicheren Slaves werden dynamische, d. h. sich ändernde Codesequenzen mit einer 8x4-Bit-Datenfolge übertragen. Diese werden bei der Inbetriebnahme in jedem Slave hinterlegt und vom Sicherheitsmonitor „gelernt" **(Bild 3)**.

Im Betrieb vergleicht der Sicherheitsmonitor bei jedem Zyklus die Soll-Sequenz mit der Ist-Sequenz und nimmt bei Abweichungen, z. B. durch Geräteausfall oder Kommunikationsstörungen, innerhalb 40 ms eine sichere Abschaltung vor. Die Wiedereinschaltzeit beträgt 100 ms. Er besitzt einen oder zwei zweikanalige Freigabekreise **(Bild 4)**.

Das System ist einsetzbar bis Kategorie 4 gemäß EN 954-1 bzw. bis SIL 3 nach IEC 61508 [10] und kann für die Stopp-Kategorien 0 und 1, gemäß EN 60204-1, verwendet werden. Die Konfiguration erfolgt meist mit einem PC.

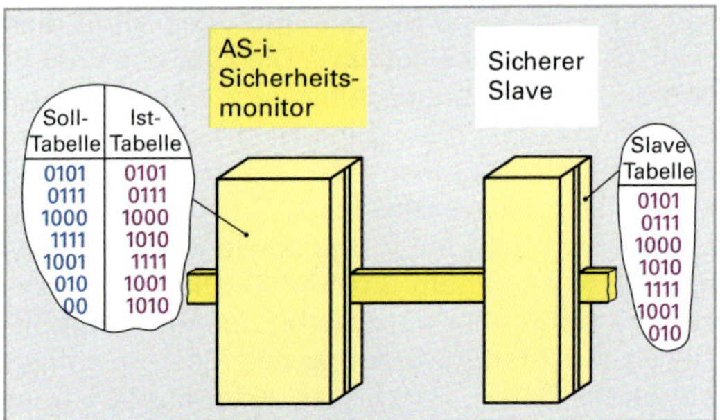

Bild 3: Ist- und Sollsequenzen im Übertragungsprotokoll

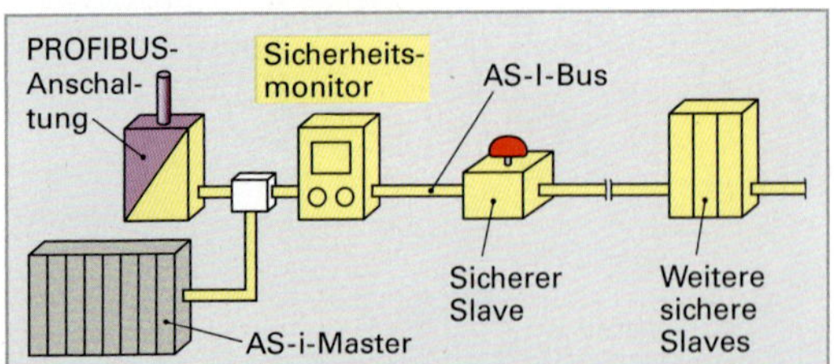

Bild 2: AS-i-Sicherheitsbus

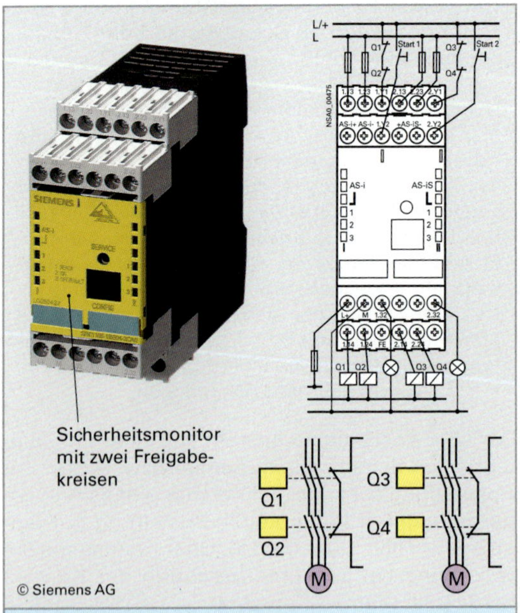

Bild 4: AS-i-Sicherheitsmonitor

17.2.3.4 IO-Link

Der IO-Link dient der Anbindung von Schaltgeräten, Sensoren und RFID-Systemen (IO-Link-Device) an die Steuerungsebene in einer *Punkt-zu-Punkt-Verbindung*. Der IO-Link ermöglicht unterhalb der Feldbusebene die Übertragung von Parametern zu den Geräten und von den Geräten zum Automatisierungssystem. Bei der Inbetriebsetzung bzw. Instandhaltung ermöglicht der IO-Link eine zentrale *Fehlerdiagnose*, *Fehlerortung* und *Fehlerbehebung*. Geräteparameterdaten können direkt aus der Anwendung heraus verändert werden. Über das IO-Link-Protokoll sind z. B. Sensordaten im laufenden Betrieb durch die SPS lesbar.

Der IO-Link ist eine offene Schnittstelle (IEC 611 31-9) und kann in alle gängigen Feldbussysteme und Automatisierungssysteme integriert werden.

Ein IO-Link-Master kann einen oder mehrere IO-Link-Ports haben, an jedem Port können im Sinne einer Punkt-zu-Punkt-Kommunikation ein Sensor oder ein Aktor (SDCI, Single-drop digital communication interface for small sensors and actuators) angeschlossen werden **(Bild 1)**.

Die Verbindung zwischen IO-Link-Master und dem IO-Link-Device erfolgt über eine ungeschirmte 3-adrige Leitung, maximal 20 m lang mit Steckverbindern meist mit M12, 4-polig oder 5-polig **(Bild 2)**. Der Port eines IO-Link-Masters ist in der Lage binäre Signale und analoge Signale zu verarbeiten (z. B. mit 8 Bits, 12 Bits oder 16 Bits zu digitalisieren).

Standardmäßig stehen 2-Byte- bis 32-Byte-Datenpakete pro Übertragungszyklus zur Verfügung. Die Übertragungsraten sind 4,8 kbit/s (COM 1), 38,4 kbit/s (COM 2) und 230,4 kbit/s (COM 3). Der Signalpegel ist 24 V.

Schlagen Übertragungen fehl, so werden die Datenpakete bis zu zweimal wiederholt. Danach erkennt der IO-Link-Master einen Kommunikationsabbruch und meldet diesen an die übergeordnete Steuerung.

Man unterscheidet:

- zyklische Daten (Prozessdaten, Wertstatus) und
- azyklische Daten (Ereignisse, Gerätedaten).

Der Wertstatus (PortQualifier) zeigt an, ob die Prozessdaten gültig sind. Beim Auftreten eines Ereignisses liest der Master die Ereignismeldung, z. B. eine Fehlermeldung oder Warnmeldung. Gerätedaten können Parameter, Identifikationsdaten oder Diagnoseinformationen sein. Bei einem Gerätetausch können die Gerätedaten (IODD, IO Device Description) des Vorgängergeräts aus dem Speicher des IO-Masters verwendet werden.

Die IO Device Description (IODD) enthält:

- Geräteparameter mit Wertebereich und Defaultwert,
- Identifikationdaten, Prozessdaten, Diagnosedaten,
- Gerätedaten,
- Textbeschreibung,
- Bild des Geräts,
- Logo des Herstellers.

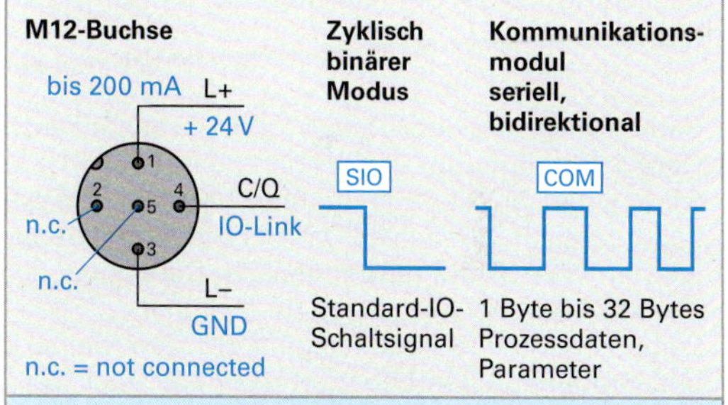

Bild 2: Anschlüsse bei M12-Stecker

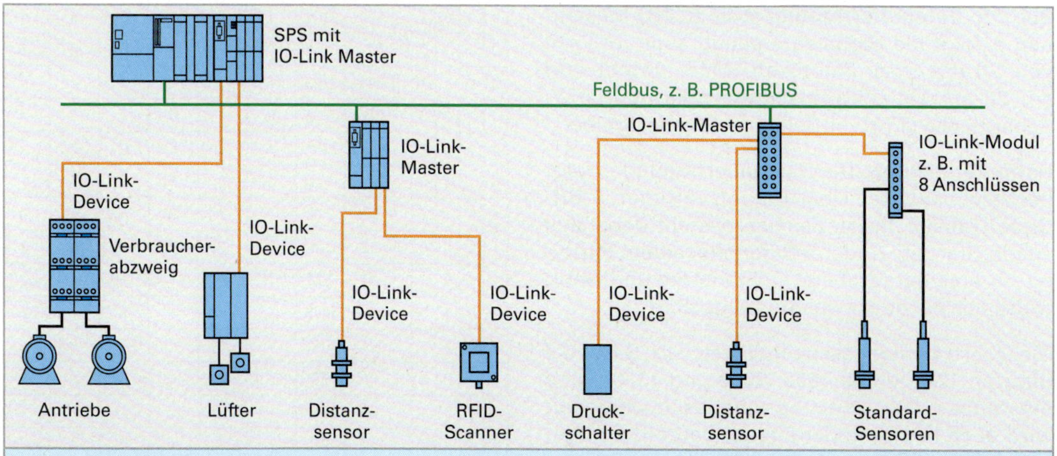

Bild 1: IO-Link Anschlussbeispiel

17.2.4 Serielle Schnittstelle V.24

Eine oft verwendete Schnittstelle ist die **V.24-Schnittstelle** (DIN 66 020), international genormt durch die ITU-T-Empfehlung V.24 und V.28. In den USA hat diese Schnittstelle die Bezeichnung **RS 232C**. In der Norm wird im Wesentlichen die physikalische Schicht beschrieben. Das Zustandekommen einer Datenverbindung, der Verbindungsaufbau, die Blockung und die Quittierung werden oft sehr unterschiedlich gehandhabt.

Als Steckverbindung dient ein 25-poliger oder 9-poliger Stecker. Belegt und genutzt sind meist nur wenige Stifte **(Bild 1)**.

Geräte, die durch die V.24-Schnittstelle verbunden werden, heißen in der Norm Datenendeinrichtungen (DE-E). Die Leitung mit den Steckern heißt Datenübertragungseinrichtung (DÜ-E). Da die Steckerbelegung bezüglich der Signale an beiden Geräten gleich ist, kreuzen sich die Leiter. Über den Ausgang 2 senden z. B. beide Geräte. Der Signalname ist jeweils D1. Bei der Übertragung wechseln nun die Leitungen, und die Daten kommen jeweils als Empfangsdaten über die Signalleitung D2 bei den Geräten am Eingang 3 an (Bild 1).

Sendedaten werden über D1 (TD, Transmitted Data = Sendedaten) übertragen, wenn auf S1.2, S1, M1 und M2 der EIN-Zustand herrscht. Empfangsdaten (RC, Received Data = Empfangsdaten) werden über D2 aufgenommen. Für Datensignale gilt der Pegel +3 V bis +15 V für 0-Signal und der Pegel –3 V bis –15 V für 1-Signal. Bei den Melde- und Steuersignalen bedeutet der Pegel +3 V bis +15 V EIN und der Pegel –3 V bis –15 V AUS.

Bei der Datenübertragung z. B. zu NC-Maschinen erfolgt die Signaldarstellung auch in Form von 20-mA-Stromimpulsen. Man spricht von der **20-mA-Linienstromschnittstelle** oder TTY-Schnittstelle (TTY von Teletype = Fernschreiber).

Datendarstellung. Die Datenübertragung erfolgt bei zeichenweiser Übertragung mit dem **7-Bit-Code (Tabelle 1)**. Ein Zeichen besteht dabei aus einem Startbit, 7 oder 9 Datenbits, einem Paritybit für eine geradzahlige Quersumme und wahlweise aus ein oder zwei Stoppbits **(Bild 2)**.

Die **Übertragungsgeschwindigkeit** ist z. B. auf die Bitraten 1200, 2400, 4800, 9600 und 19200 bit/s einstellbar. Die Übertragungsgeschwindigkeit wird auch häufig in der Einheit Baud (Bd) angegeben (1 Bd ≙ 1 bit/s, 1 kBd ≙ 1 kbit/s) heißt dann Baudrate.

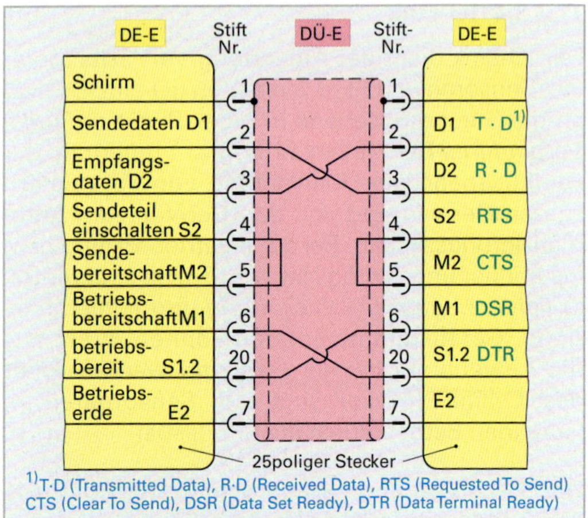

Bild 1: Schnittstellenleitungen

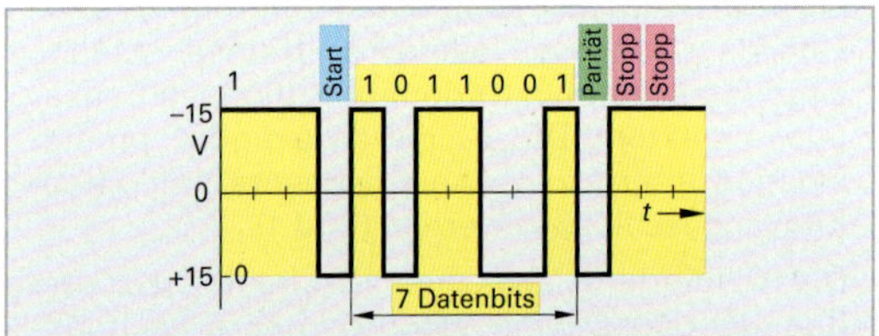

Bild 2: Übertragungssignal für das Zeichen M

Tabelle 1: 7-Bit-Code (ASCII-Code)

Bit-Nr.			7	0	0	0	0	1	1	1	1
			6	0	0	1	1	0	0	1	1
			5	0	1	0	1	0	1	0	1
4	3	2	1	Steuerzeichen		Ziffern, Buchstaben, Sonderzeichen					
0	0	0	0	NUL	DEL	SP	0	@	P	`	p
0	0	0	1	SOH	DC1	!	1	A	Q	a	q
0	0	1	0	STX	DC2	″	2	B	R	b	r
0	0	1	1	ETX	DC3	#	3	C	S	c	s
0	1	0	0	EOT	DC4	$	4	D	T	d	t
0	1	0	1	ENQ	NAK	%	5	E	U	e	u
0	1	1	0	ACK	SYN	&	6	F	V	f	v
0	1	1	1	BEL	ETB	'	7	G	W	g	w
1	0	0	0	BS	CAN	(	8	H	X	h	x
1	0	0	1	HT	EM	)	9	I	Y	i	y
1	0	1	0	LF	SUB	*	:	J	Z	j	z
1	0	1	1	VT	ESC	+	;	K	[	k	{
1	1	0	0	FF	FS	,	<	L	o	l	|
1	1	0	1	CR	GS	-	=	M	]	m	}
1	1	1	0	SO	RS	.	>	N	^	n	—
1	1	1	1	SI	US	/	?	O	_	o	DEL

LWL-Übertragung

Lichtwellenleiter ermöglichen eine sichere Datenübertragung bei gleichzeitig großen Übertragungsstrecken. Die Vorteile sind:

- Unempfindlichkeit gegen elektromagnetische Strahlung;
- keine galvanische Verbindung von Empfänger und Sender,
- dünne, flexible Leitungen,
- hohe Bitrate (auch > 19,2 kbit/s).

Als LWL-Faser wird eine Kunststoff-Stufenindexfaser, Durchmesser 1 mm verwendet. Die Lichtwellenlänge ist 660 nm **(Bild 1).**

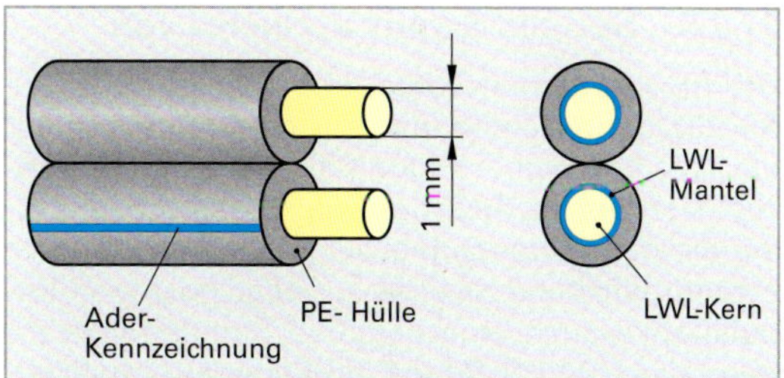

Bild 1: Kunststoff-LWL-Duraplexader

Die Anwendung ist einfach, da die gesamte Elektronik zur Umsetzung der elektrischen Signale in Lichtsignale und umgekehrt in den Steckermodulen enthalten ist **(Bild 2).** Die Leitungen sind mit 25-pol.-Sub-D-Stecker und 25-pol.-Sub-D-Buchse in Standardlängen von 5 m, 10 m, 30 m und 50 m fertig konfektioniert und zwar für eine LWL-Doppelader, also für eine Duplex-Verbindung (Übertragung in beide Richtungen).

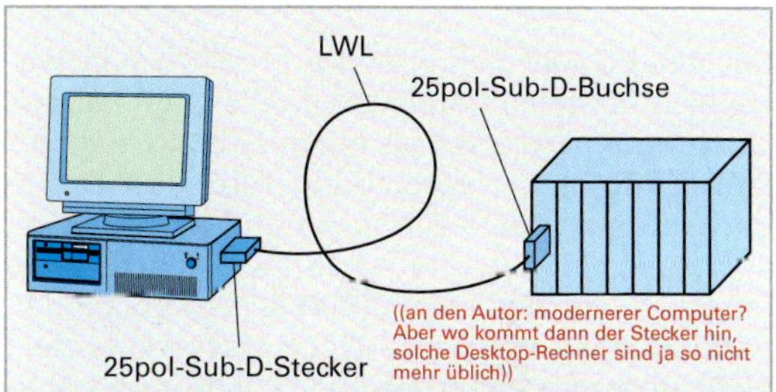

Bild 2: V.24-Verbindung mit LWL

Ablauf das Datenaustausches. Für den Ablauf einer Datenübertragung gibt es sehr unterschiedliche Verfahren. Ein häufig angewandtes Verfahren ist die **LSV-2-Prozedur** (LSV, Abk. für Langsame Störsichere Verbindung). Der Datenaustausch erfolgt in 3 Phasen **(Bild 3).** Er beginnt mit der Aufforderungsphase, es folgt die Datenübermittlungsphase und er endet mit der Abschlussphase (Bild 3). Die sendewillige Station sendet das ASCII-Zeichen **ENQ** (Enquiry = Nachfrage). Die Gegenstation quittiert dies mit den 2 Zeichen **DLE 0** (Data Link Escape = Datenverbindung flüchtig). Kommt dieses Quittungssignal nicht oder gestört an, wird nach Ablauf einer Wartezeit erneut das Zeichen ENQ gesendet. Ist die Empfangsstation nicht in der Lage, Daten zu empfangen, sendet sie das Zeichen **NAK** (Negative Acknowledge = Annahme negativ). Die sendewillige Station beendet dann den Übertragungsversuch mit dem Zeichen **EOT** (End of Transmission = Ende der Übertragung) und bringt dadurch die nicht empfangsbereite Station in den Grundzustand. War die Empfangsstation bereit, Daten zu empfangen, leitet die Sendestation mit dem Zeichen **STX** (Start of Text = Beginn des Textes) die Übergangsphase ein. Das Ende des Textes wird mit dem Zeichen ETX der Empfangsstation übermittelt. Danach erfolgt die Übertragung eines Blockprüfzeichens (BCC Block Check Character = Blockprüfzeichen). Dieses wird beim Sender und Empfänger auf gleiche Weise errechnet, z. B. durch Längsparität über alle Bits einer Stelle **(Bild 4).**

Stimmt das von der Sendestation übertragene Blockprüfzeichen mit dem vom Empfänger errechneten Zeichen überein, quittiert der Empfänger mit dem Zeichen **DLE 1.** Danach zeigt die Sendestation die Abschlussphase mit dem Zeichen EOT an. Bei einer fehlerhaften Übertragung sendet der Empfänger das Zeichen NAK und fordert damit den Sender zu einer nochmaligen Übertragung auf.

Werden die Nutzzeichen in einem anderen Code als dem DIN 7-Bit-Code übertragen, gibt es nach der Aufforderungsphase weitere Vorschriften für die Zeichenfolge.

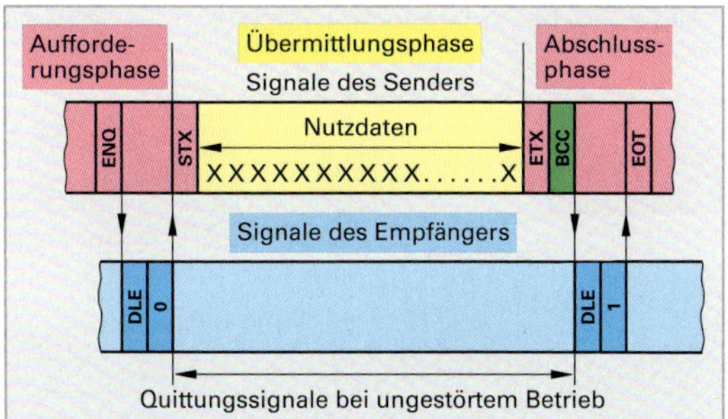

Bild 4: Übertragung des Textes „Robot 87" mit Paritätsbit und Blockprüfung

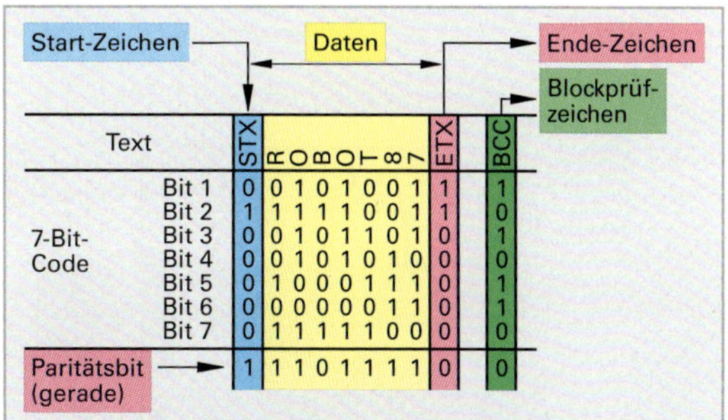

Bild 3: Ablauf des Datenaustausches bei ungestörtem Betrieb

17.2.5 Serielle Schnittstelle RS 485

Die RS-485-Schnittstelle ist aufgebaut wie die RS-232-Schnittstelle, nur mit dem Unterschied, dass die Signalübertragung für jedes Signal *symmetrisch über 2 Adern erfolgt.* Symmetrisch bedeutet, dass jedes Signal auch in negierter Form erzeugt wird und dass so zu jeder positiven Impulsflanke auch eine negative Impulsflanke erzeugt wird **(Bild 1).** Beim Empfänger ausgewertet, wird die Spannungsdifferenz zwischen den beiden Signalen ($U_A - U_B$).

Mit der RS-485-Schnittstelle erreicht man wesentlich *höhere* Bitraten bzw. wesentlich *längere* Übertragungsstrecken als mit der RS-232-Schnittstelle **(Bild 2).** Die Verbindung wird als 2-Draht-Verbindung oder 3-Draht-Verbindung oder als 4-Draht-Verbindung mit verdrillten Adern (Twisted Pair = TP) ausgeführt **(Bild 3).** Um bei langen Verbindungen unterschiedliche Massepotenziale nicht über die elektronische Schaltungen ausgleichen zu müssen, werden oft Optokoppler zur Potenzialtrennung verwendet.

Für die Umsetzung einer V.24-Schnittstelle in eine RS-485-Schnittstelle gibt es kompakte Steckermodule, die nur auf die V.24-Schnittstelle der Endgeräte aufgesteckt werden müssen.

Die RS-485-Schnittstelle arbeitet mit symmetrischen Signalen.

Mit der RS-485-Schnittstelle können Netzwerke mit mehreren Teilnehmern aufgebaut werden **(Bild 4).** Diese Technik wird angewandt im Bereich der Steuerungstechnik unter der Bezeichnung MPI (Mehr-Punkt-Interface).

Die RS-485-Schnittstelle ermöglicht höhere Bitraten und überbrückt größere Entfernungen als die V.24-Schnittstelle.

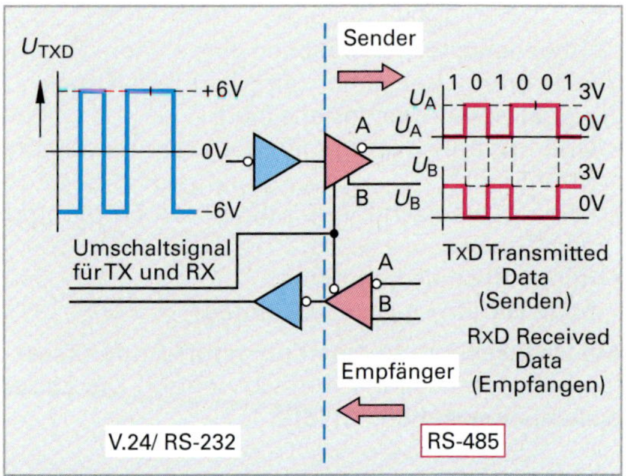

Bild 1: Schnittstellen-Umsetzung bei RS-232/ RS-485

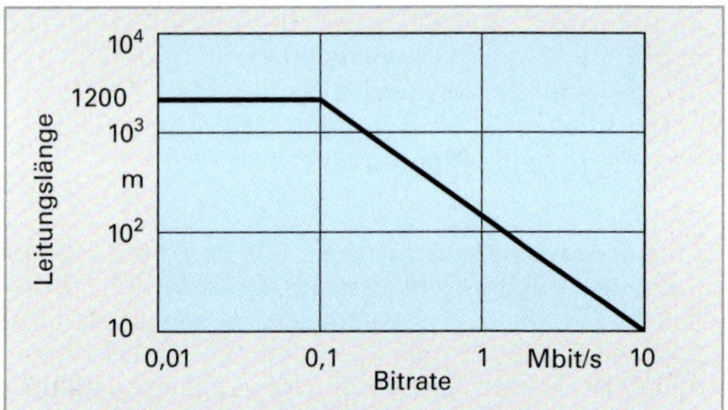

Bild 2: Bitrate der RS-485-Schnittstelle

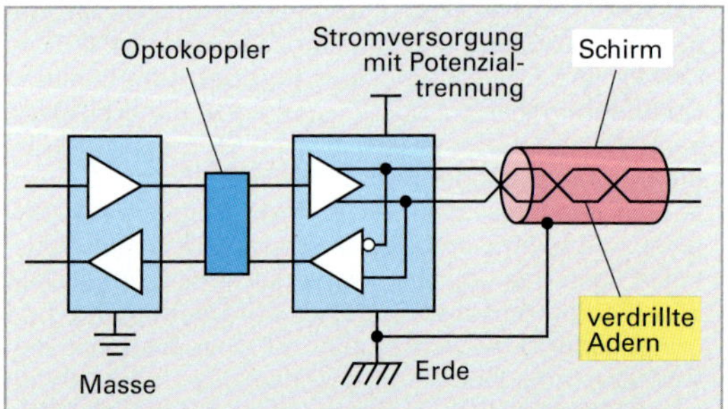

STP Shilded Twisted Pair = geschirmtes, verdrilltes Adernpaar

Bild 3: Zweidraht-Verbindung mit STP

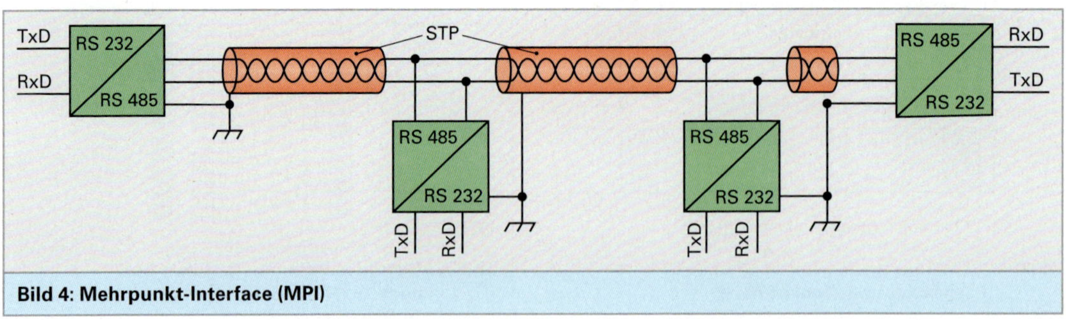

Bild 4: Mehrpunkt-Interface (MPI)

18 Aufgaben und Übungen

18.1 Aufgaben und Übungen zur Pneumatik[1]

Aufgabe 1: Spannzylinder

Ein pneumatischer Spannzylinder wird, wie im Bild gezeigt, angesteuert.

1.1 Welche Aufgabe hat der Druckdifferenzschalter?

1.2 Entwerfen Sie hierfür einen elektrischen Schaltplan. Wenn der Kolben in Position -BG2 ist und die Druckdifferenz P1-P2 größer 5 bar ist, dann soll eine Lampe dies anzeigen.

1.3 Zur Einsparung elektrischer Energie soll das Ventil durch ein elektrisches Impulsventil ersetzt werden. Ändern Sie den Elektroplan und den Pneumatikplan entsprechend ab.

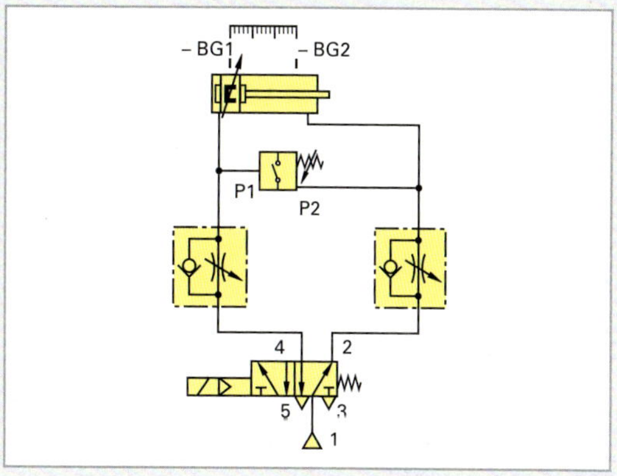

Aufgabe 2: Wirtschaftlich Teile ausschieben

In einer Taktstraße werden je Minute 10 Teile auf ein Förderband geschoben (Masse 14 kg, Reibung $\mu = 0{,}2$, je Tag 20 Std. Arbeitszeit, 340 Tage im Jahr).

Kosten: 0,1 €/m³

Zylinder: 40/16/160

Anlagendruck = 7 bar

Berechnen Sie den Luftverbrauch in m³ und die Druckluftkosten im Jahr.

2.1 Es liegt der Schaltplan 1 zugrunde.

2.2 Es liegt der Schaltplan 2 zugrunde.

Aus den Daten soll der notwendige Druck zum Ausfahren und der notwendige Druck zum Einfahren berechnet werden. Dieser wird an den Druckregelventilen eingestellt.

Berechnen Sie in diesem Fall die Druckluftkosten im Jahr.

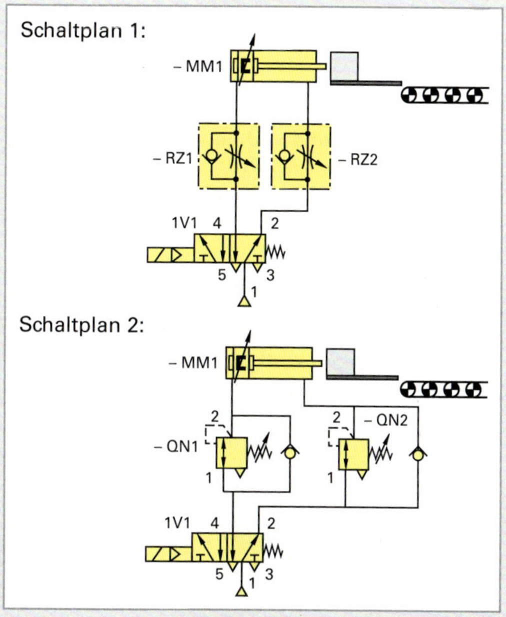

[1] Ein Teil der Aufgaben zur Pneumatik, Hydraulik und GRAFCET kann vorteilhaft auch mithilfe der Software FluidSIM, ab Version 4.2 (www.festo-didactic.com) dargestellt und getestet werden. Lösungen bzw. Vorschläge für Lösungen finden Sie auf der dem Buch beiliegenden CD.

Aufgabe 3: Teile ausschieben mit einfachwirkendem Zylinder (40/16/50)

3.1 Berechnen Sie die Kraft, welche der Kolben beim Ausfahren ab einem Hub von 20 mm aufbringt (2, im Bild).

3.2 Warum steigt während des Ausfahrens der Druck noch etwas an?

3.3 Welche max. Kraft wäre während des Ausfahrens möglich?

3.4 Warum gibt es beim Start einen kurzen Druckanstieg (1, im Bild)?

3.5 Welcher ca. Druck ist notwendig, um die Federkraft zu überwinden?

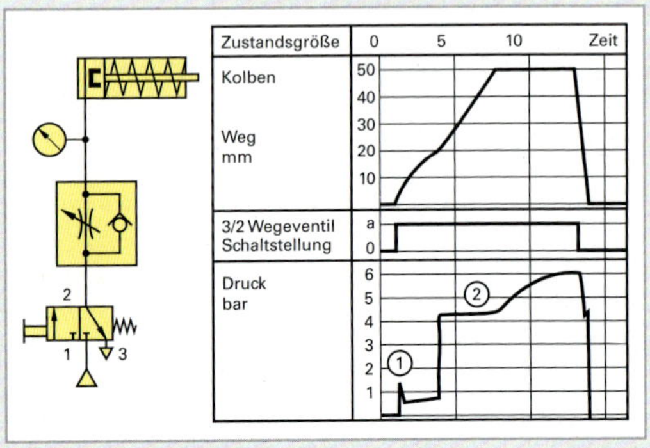

Aufgabe 4: Pneumatische Presse

Eine Presse ist mit einem Schutzgitter ausgestattet (Bild).

Wenn das Schutzgitter geschlossen wird (–BG1, Schließer), dann wird die Presse mit Druckluft versorgt. Nun kann mit einem Taster der Prägevorgang ausgelöst werden. Der Kolben fährt aus, nach einem Prägedruck von 5,5 bar (Druckschalter) soll der Kolben wieder einfahren.

Während des Prozesses soll ein einfachwirkender Zylinder das Schutzgitter verriegeln.

Erstellen Sie den Pneumatikplan und den elektrischen Schaltplan. Ergänzen Sie die notwendigen Grenztaster

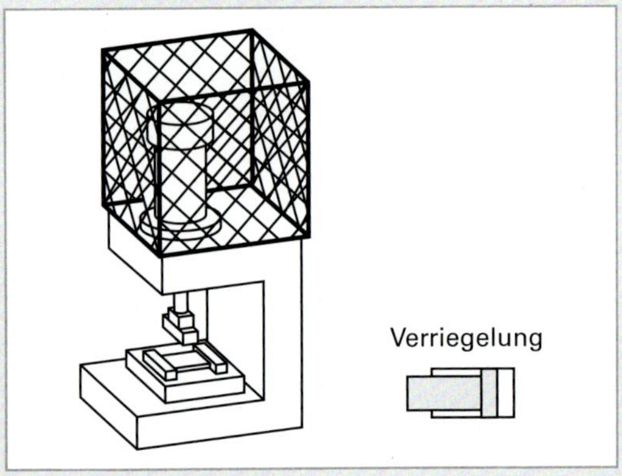

Aufgabe 5: Druck und Kraftverhältnisse am Spann-Zylinder, Zuluftdrosselung

Die Daten für einen Spannvorgang wurden mit dem PC aufgezeichnet.

Die Drücke beim Aus- und Einfahren eines unbelasteten Kolbens wurden aufgezeichnet (unteres Diagramm). Der Kolben läuft nach 90 % Hub auf einen Kraftsensor. Es wird die Kolbenkraft gemessen. Bei der Situation (1) wird der Magnet –QM1 erregt, und bei der Situation (2) wird er wieder stromlos geschaltet.

Ermitteln Sie Werte aus dem Diagramm:

5.1 Bestimmen Sie die Ausfahrzeit und die Zeit, bis die volle Spannkraft erreicht ist.

5.2 Ermitteln Sie die Einfahrzeit.

5.3 Begründen Sie den Verlauf der Druckkurven.

5.4 Bestimmen Sie den Kolbendurchmesser.

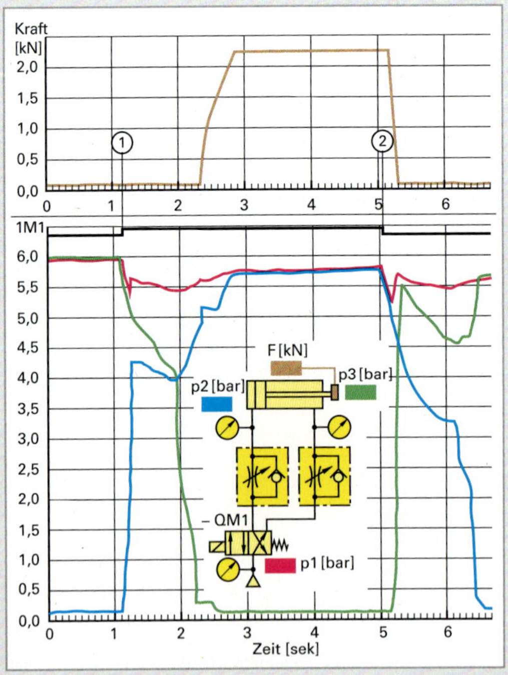

Aufgabe 6: Einfache Zweihandsteuerung

Analysieren Sie die nebenstehende Anlage. In der Grundstellung des Kolbens wird ein Rollenhebelventil (–BG1) betätigt.

Funktion	Zustand der Ventile
–SJ1	
–BG1	
–SJ3	
–SJ4	

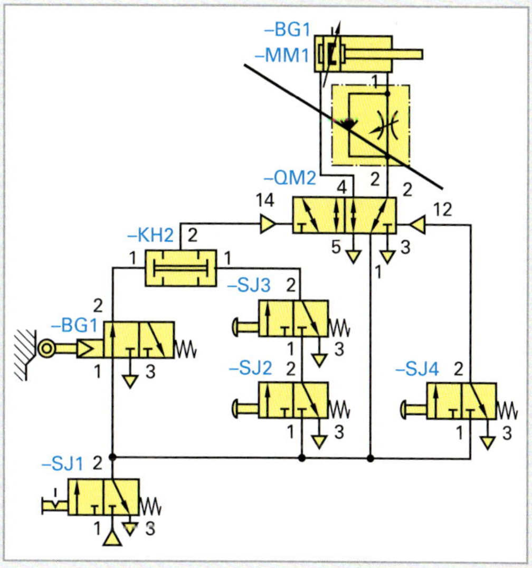

Aufgabe 7: Selbsthaltung

Die elektrische Selbsthaltung kann auf zwei Varianten geschehen (Bild). Welcher wesentliche Unterschied besteht bei den beiden Varianten?

Variante 1	Variante 2

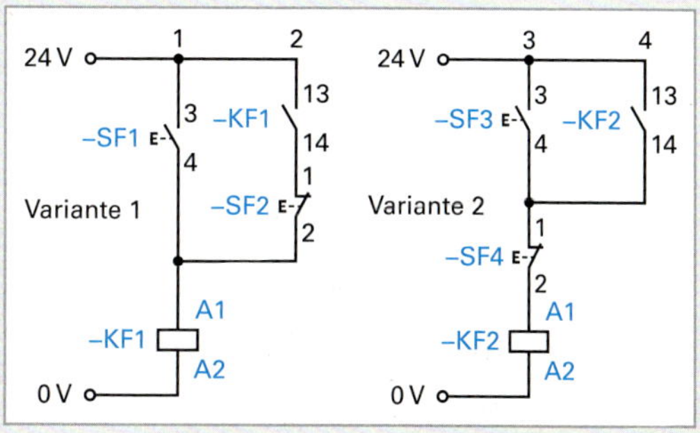

Aufgabe 8: Pneumatische Steuerung einer Bohrstation

Für die Anlage (Bild) ist eine elektrische Steuerung zu entwerfen. –MM1 ist der Spannzylinder, –MM2 ist der Bohrzylinder. Nach dem Betätigen eines Starttasters soll der Prozess selbsttätig ablaufen. Der Prozess ist im Ablaufdiagramm dargestellt.

Ergänzende Fragen:

8.1 Warum wird zum Spannen vorzugsweise ein Impulsventil verwendet?

8.2 Wie könnte verhindert werden, dass bei Ausfall der Druckluft die Spannung abfällt? Ergänzen Sie den Schaltplan.

8.3 Erweitern Sie den Schaltplan so, dass der Bohrvorgang erst gestartet wird, wenn die Druckdifferenz an MM1 min. 5 bar beträgt.

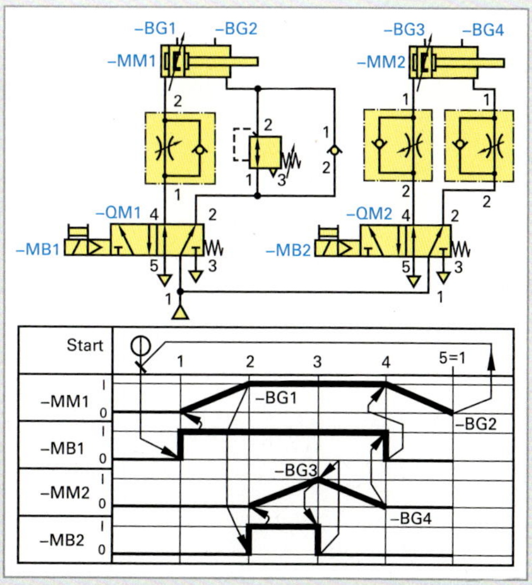

Aufgabe 9: Pneumatische Verknüpfungssteuerung

Analysieren Sie die Steuerung im Bild:

9.1 Welche Aufgabe hat die Einheit –AZ1?

9.2 Beschreiben Sie die Funktion der Steuerung.

9.3 Wie müsste die Steuerung abgeändert werden, damit der Kolben erst ausfährt, wenn –SJ3 und –SJ2 betätigt sind?

9.4 Der Kolben soll ein Teil ausschieben, hierzu ist eine Kraft von 400 N erforderlich. Der nutzbare pneumatische Druck beträgt 6 bar. Berechnen Sie die Größe des Zylinders.

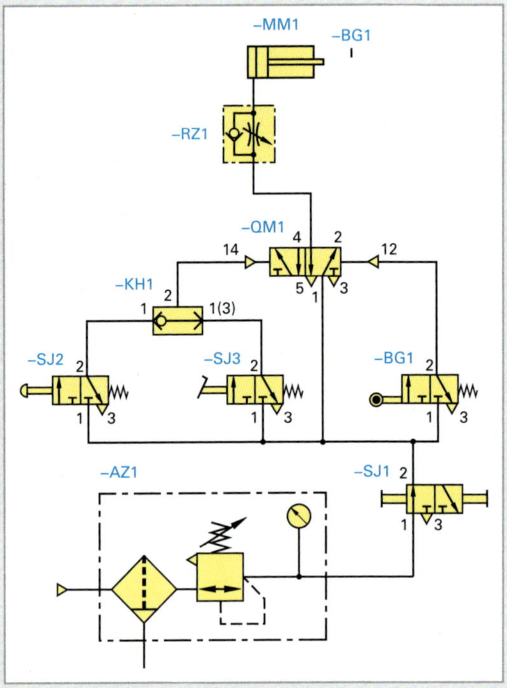

Aufgabe 10: Verknüpfungssteuerung mit pneumatischem Speicher

Analysieren Sie die gezeichnete Steuerung.

10.1 Welche Auswirkung hat ein kurzes Betätigen von –SJ1?

10.2 Welche Aufgabe erfüllt das Ventil –QM3?

10.3 Welche Aufgabe erfüllt das Ventil –QM4?

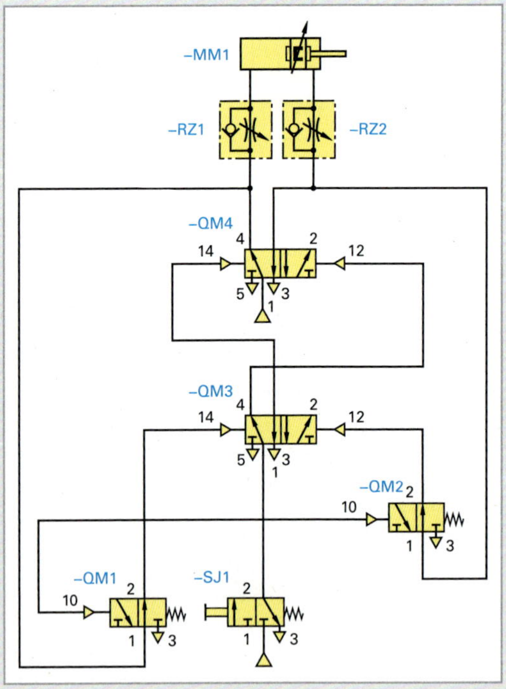

Aufgabe 11: Stanzvorrichtung

Der Pneumatikplan zeigt eine Stanzvorrichtung. Der doppeltwirkende Zylinder ist der Spannzylinder, der einfachwirkende Zylinder ist der Stanzzylinder. Es ist die elektrische Schaltung für folgenden Ablauf zu entwerfen:

Der Spannzylinder wird mit je einem Taster gespannt und gelöst. Der Stanzzylinder darf ausfahren, wenn der Spannzylinder in Position -BG2 ist und der Druck -BP1 mindestens 5 bar beträgt und ein Starttaster betätigt wird.

Wenn der Stanzkolben -BG4 erreicht hat, dann soll der Stanzzylinder wieder einfahren.

Sicherheitshinweis: Der Spannzylinder darf nur gelöst werden, wenn der Stanzkolben in Position -BG3 ist.

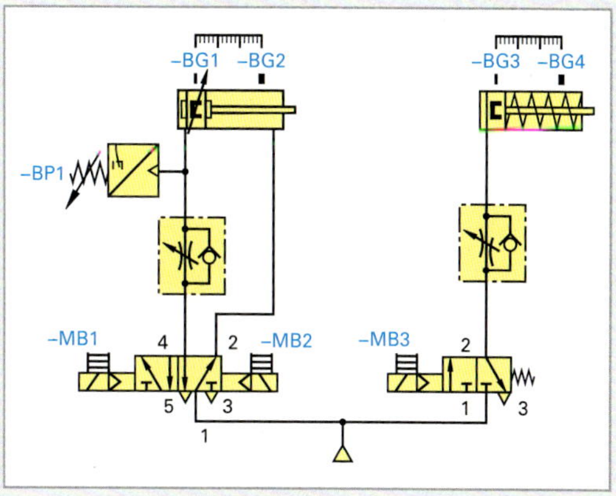

Aufgabe 12: Begrenzungszylinder

Analysieren Sie die Schaltung im Bild.

Das Ventil -AZ1 soll durch ein elektrisch angesteuertes Ventil ersetzt werden. Das Ventil -QM1 darf nur schalten, wenn -AZ1 eingeschaltet ist und ein Druck von min. 6 bar am System anliegt. Aus Sicherheitsgründen muss der Schalter -SF1 durch eine Selbsthaltung ersetzt werden.

Erstellen Sie hierzu einen Pneumatikplan und den Elektroplan.

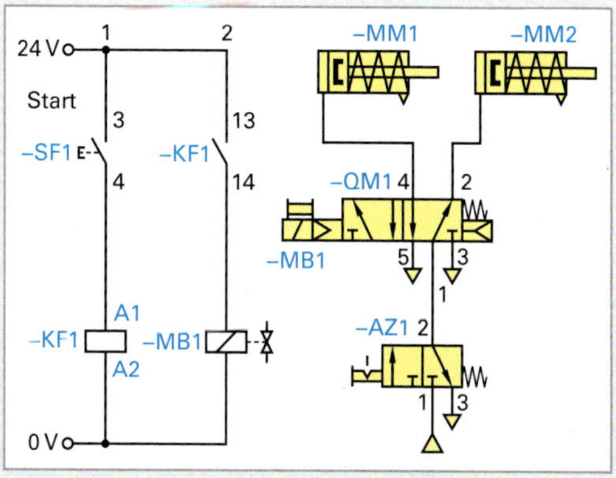

Aufgabe 13: Spannzylinder mit Abluftdrosselung

Die Drücke und die Kolbenkraft wurden während eines Spannvorganges mit dem PC aufgezeichnet. Hierzu wurden Drucksensoren und ein Kraftsensor eingebaut.

Das Wegeventil schaltet zum Zeitpunkt (1) zum Ausfahren und zum Zeitpunkt (2) schaltet es wieder um zurückzufahren.

Analysieren Sie das aufgenommene Diagramm.

13.1 Warum ist der Druck p_2 während des Ausfahrens größer als der Druck p_1?

13.2 Warum fällt während des Ausfahrens der Druck p_1 auf ca. 5,6 bar ab?

13.3 Warum ist während des Einfahrens der Druck p_2 kleiner als der Druck p_1?

13.4 Wie lange dauert es, bis nach erreichter Kolbenposition die Spannkraft aufgebaut ist?

13.5 Durch welche Maßnahme könnte die Zeit von der Spannposition des Kolbens bis zum Kraftaufbau verringert werden?

13.6 Berechnen Sie den Kolbendurchmesser des Zylinders.

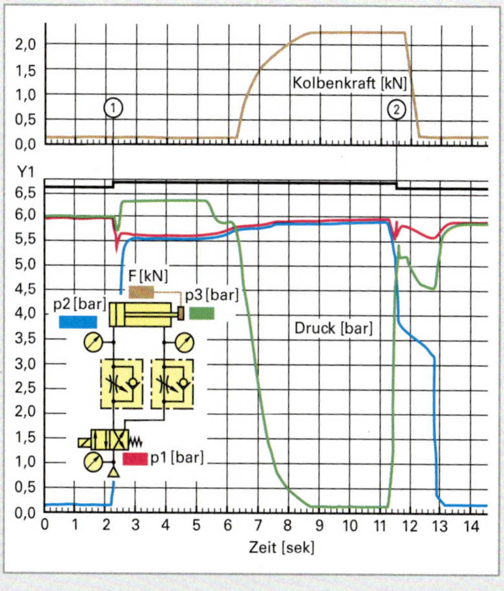

18.2 Aufgaben und Übungen zur Hydraulik

Aufgabe 1: Winde mit Hydraulikmotor

Eine hydraulische Winde kann mit 3 Geschwindigkeiten fahren. Diese werden über Stromregelventile erzeugt und über die 4/2 Wegeventile angesteuert. Im Bild werden die Kennlinie des Druckbegrenzungsventils und der Schaltplan der Anlage gezeigt.

Bestimmen Sie die zur Verfügung stehenden hydraulischen Drücke anhand der Kennlinie des Druckbegrenzungsventils. Die Stromregelventile benötigen eine Druckdifferenz von min. 12 bar.

Daten:

Pumpe	–OP1	q = 10 l/min
Stromregelventil	–RN1	q = 3 l/min
	–RN2	q = 5 l/min

Tabelle für Lösung:

Zustand der Ventile		Druck	max. Druck
–MB1	–MB2	–BP1	an –MM1
0	0	0	
0	1		
1	0		
1	1		

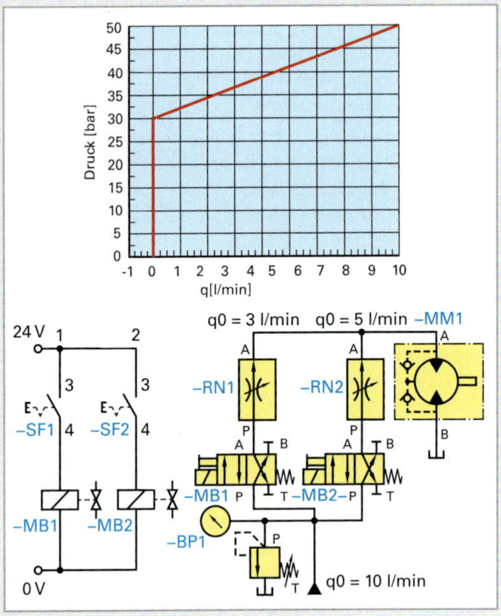

Aufgabe 2: Steuerung für eine Flächenschleifmaschine

Zylinder 50/36/500
Konstantpumpe: Volumenstrom 8 l/min
Druckbegrenzungsventil: eingestellt auf 60 bar, (Berücksichtigen Sie die Kennlinie als Schätzung)
Berechnen Sie die Volumenströme und die Kolbengeschwindigkeiten:

	–BF1 in l/min	–BF2 in l/min	v in mm/min
Ausfahren			
Einfahren			

Berechnen Sie die maximalen Kolbenkräfte:

Ausfahren	
Einfahren	

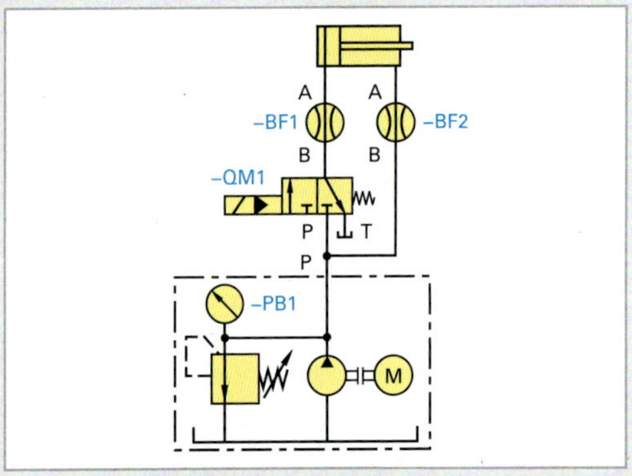

Aufgabe 3: Analyse der Kennlinie eines hydraulischen Proportional-Wegeventils

a) Position (1) stellt die Steuerspannung dar.
b) Welcher Linienteil ist bei steigender Spannung entstanden?
c) Welcher Linienteil ist bei fallender Spannung entstanden?
d) Bei welcher Spannung beginnt der Volumenstrom?
e) Wie kann die Hysterese verkleinert werden?

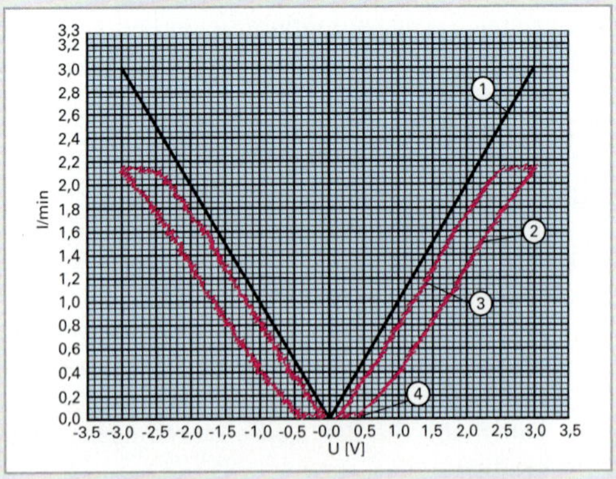

Aufgabe 4: Vorschubsteuerung

In einer Transferstraße wird eine hydraulische Bohreinheit eingesetzt mit Zylinder: 50/36/200.

Bestimmen Sie folgende Daten:

1: Grundstellung, Pumpe EIN

2: Ausfahren ohne Gegenkraft

3: Ausfahren mit max. Gegenkraft

	1	2	3
Druck –BP1			
Druck –BP2			
Druck –BP3			
Volumenstrom –BF1			
hyd. Pumpenleistung			

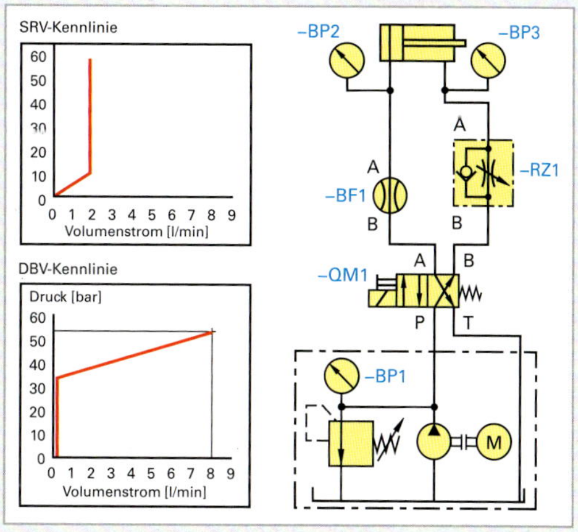

Aufgabe 5: Vorschubsteuerung mit Proportional-Wegeventil

Eine Eilgang-Vorschubsteuerung wird mit einem Proportional-Wegeventil ausgeführt. Die Steuerspannung und die Kolbenbewegung werden aufgezeichnet.

Bestimmen bzw. berechnen Sie aufgrund der Diagramme die Steuerspannung, den Hub und die Kolbengeschwindigkeit.

Daten:

	Steuer-spannung	Hub in l/min	Zeit in s	v in m/min
Eingang vorwärts				
Vorschub				
Eingang rückwärts				

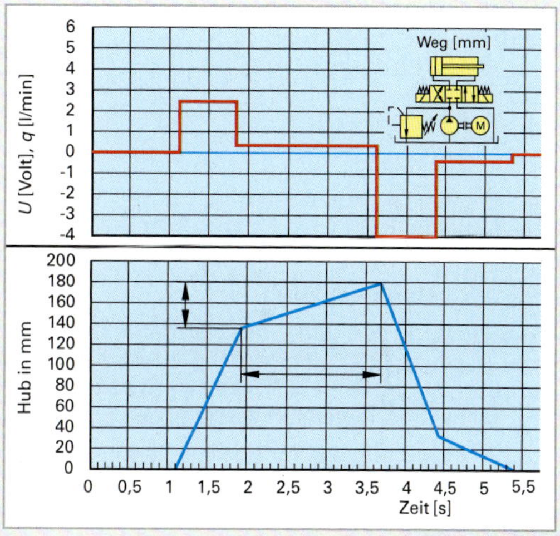

Aufgabe 6: Druckstufen einer Prägeeinheit mit Proportionaldruckventil

Die Prägeeinheit wird nach nebenstehendem Schaltplan aufgebaut. Der Kolben wird mit einem Steuerdruck von 20 bar ausgefahren und eingefahren. Die Prägung soll in den Druckstufen 30 bar und 45 bar erfolgen.

Bestimmen Sie aus der Kennlinie die notwendigen Steuerspannungen.

Funktion	Druck [bar]	Steuerspannung [V]
Ausfahren Einfahren		
Druckstufe 1		
Druckstufe 2		

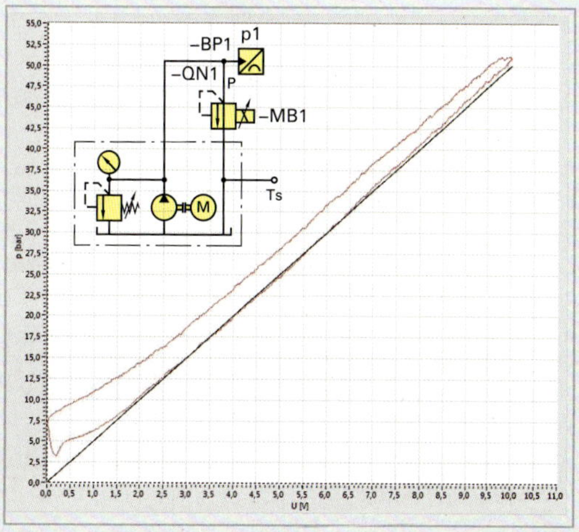

18.3 Aufgaben und Übungen zu GRAFCET

Aufgabe 1: Prägen von Teilen

Ein einfachwirkender Pneumatikzylinder soll nach kurzem Betätigen eines Start-Tasters ausfahren.

In der vorderen Endposition soll er 8 s warten, danach wieder einfahren.

Während er in der vorderen Endposition ist, soll eine Lampe mit 0,5 Hz blinken.

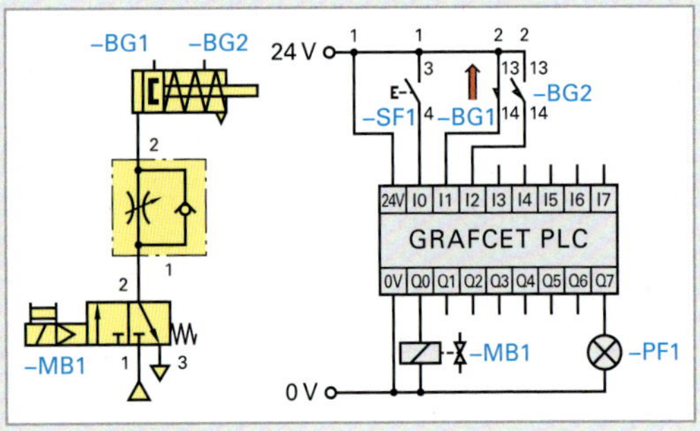

Aufgabe 2: Poliereinheit

Eine pneumatische Poliereinheit mit einem Zylinder mit zweiseitiger Kolbenstange soll nach einem Startimpuls (Taster -SF1) 5 Hübe ausführen. Vor jeder Richtungsumkehr soll 2 s lang gewartet werden.

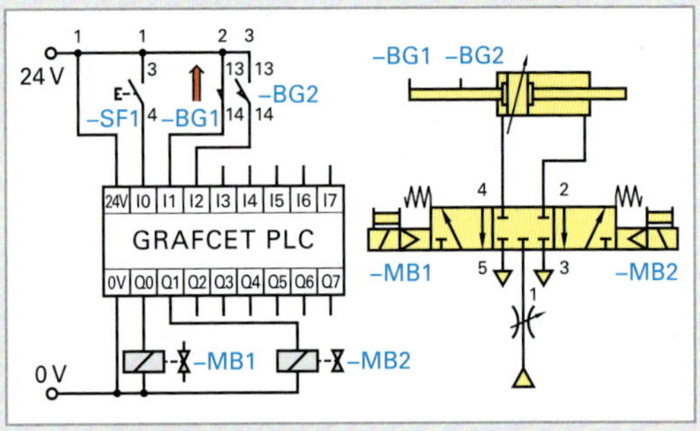

Aufgabe 3: Härteofentüre

Die Bewegung der Türe eines Härteofens wird mit einem Pneumatikzylinder durchgeführt. Nach kurzem Betätigen des „Auf"-Tasters öffnet die Türe, bzw. beim „Zu"-Taster schließt die Türe.

Vor der Bewegung soll für 5 s eine Lampe blinken. Diese soll auch während der Bewegung blinken.

Bei Betätigen des „Halt-Schalters" (Öffner) soll die Anlage sofort stehen bleiben.

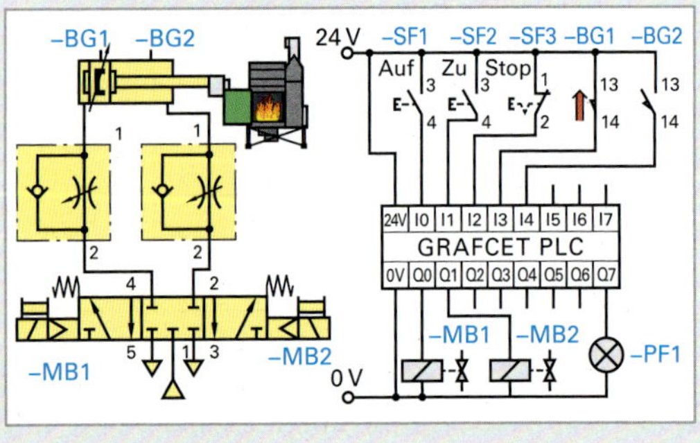

Aufgabe 4: Hydraulische Presse mit Proportional-Druckventil

Mit einer hydraulischen Presse werden Teile gefertigt. Hierzu muss die Presse in verschiedenen Druckstufen gefahren werden.

Die Ansteuerung erfolgt über eine binär codierte Sollwertkarte.

Druckstufe/Ausgang Q2 = 2 Volt, Q3 = 6 Volt, Q2 + Q3 = 9,5 Volt. Kolben einfahren und ausfahren erfolgt mit der Druckstufe Q2. Die Druckstufen werden jeweils 5 Sekunden angesteuert.

-SF1= Start, -SF2 = Stop(Öffner), -SF3 = Einfahren, wenn gestoppt wurde.

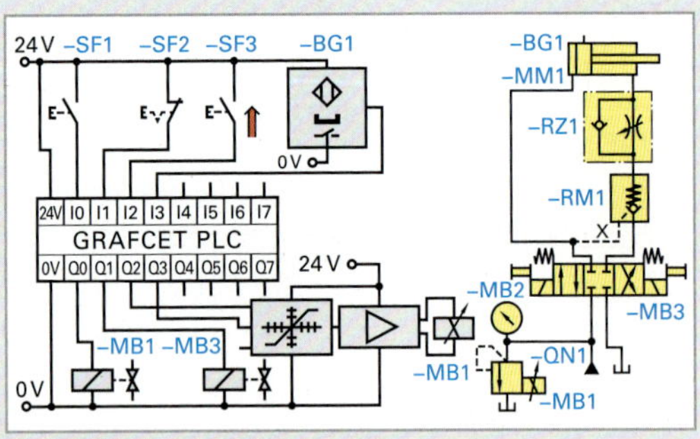

18.4 Aufgaben und Übungen zur SPS

Aufgaben und Übungen zur SPS

Hinweis. Zum Bearbeiten der Aufgaben und zum Nachvollziehen auf dem PC kann folgendermaßen verfahren werden:

Die Programme können z. B. mit **Step7** erstellt werden. Danach werden diese nach **PLCSIM** geladen und dort laufen diese ab. PLCSIM verhält sich wie eine reale SPS. Um die Bedienung zu vereinfachen und zur besseren Veranschaulichung können an die PLCSIM Softwaremodelle angeschlossen werden (www.deltalogic.de).

Diese verhalten sich wie die realen Anlagen. Die Lösungen finden Sie in der EUROPATHEK (siehe vordere Umschlaginnenseite). Sie sind damit erstellt worden.

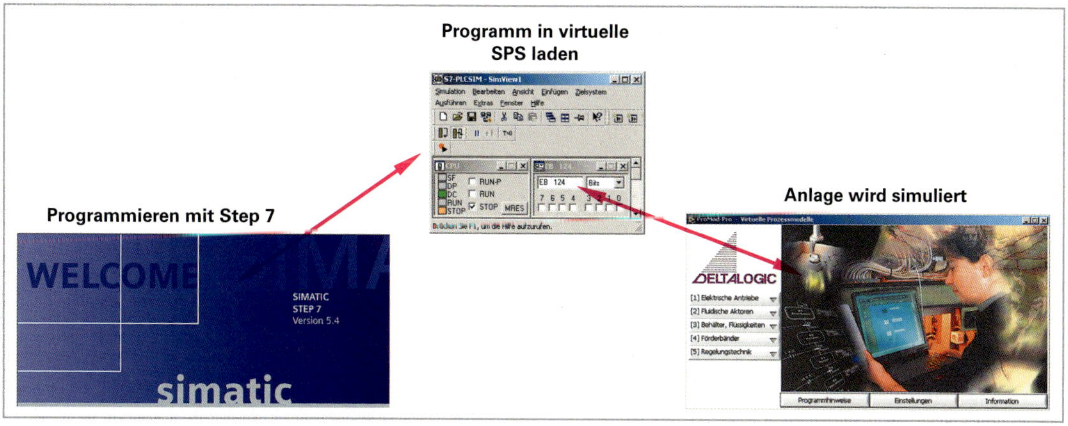

Aufgabe 1: Prägestempel

Teilaufgabe 1.1

Ein Prägestempel (**Bild 1**) soll ein Werkstück prägen, solange der Starttaster gedrückt wird. Es muss ein Werkstück vorhanden sein (1B4).

„Start" ist ein Taster.

Das Werkstück wird mit einem optischen Sensor abgefragt (Schließer).

Funktionstabelle:

E124.4	*E124.2*	*A124.1*
0	*0*	*0*
0	*1*	
1	*0*	
1	*1*	

Teilaufgabe 1.2

Nach kurzem Betätigen des Start-Tasters und für den Fall, dass ein Werkstück vorhanden ist, soll der Kolben ausfahren. Sobald er ausgefahren ist (Grenztaster E125.1), soll der Kolben wieder einfahren.

Der Kolben soll ausfahren und ausgefahren bleiben, wenn ....

....

Teilaufgabe 1.3

Der Kolben soll ausfahren, wenn

a) der Start-Taster kurz betätigt ist,

b) der Kolben eingefahren ist,

c) ein Werkstück vorhanden ist.

Der Kolben soll wieder einfahren, wenn er ausgefahren ist.

Der Kolben soll einfahren, wenn ....

Der Kolben soll ausfahren und ausgefahren bleiben, wenn ....

....

Der Kolben soll einfahren, wenn ....

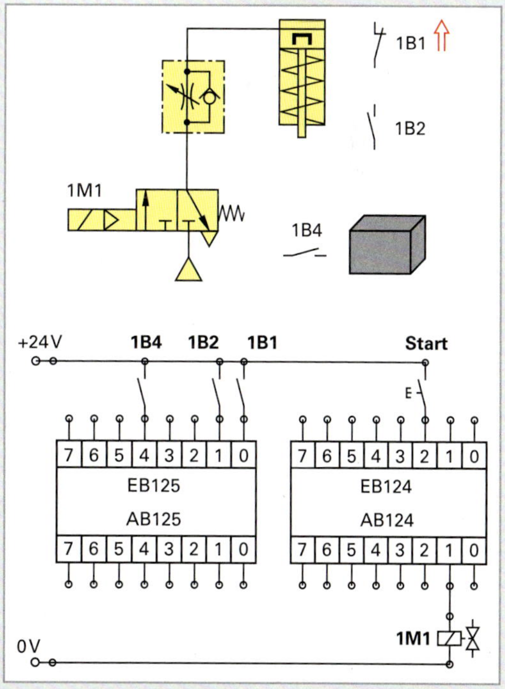

Aufgabe 2: Behälter

Die SPS soll folgendes Verhalten zeigen: Wenn der Behälter leer ist (E125.1=1), dann soll das Ventil 1M1 öffnen. Wenn der Behälter voll ist (E125.0=1), dann soll das Ventil schließen. Das Ablassventil wird von Hand betätigt.

Dies soll nur der Fall sein, wenn die Anlage eingeschaltet ist (Taster „EIN"). Es soll dann außerdem die Lampe A124.0 leuchten. Mit dem Taster „AUS" (Öffner) wird die Anlage ausgeschaltet.

Die Anlage soll „EIN" sein, also die Lampe soll dauernd leuchten, wenn
....
.....

Die Anlage soll „Aus" sein, wenn
....
.....

Ventil 1M1 einschalten, wenn ....

Ventil 1.1 ausschalten, wenn...

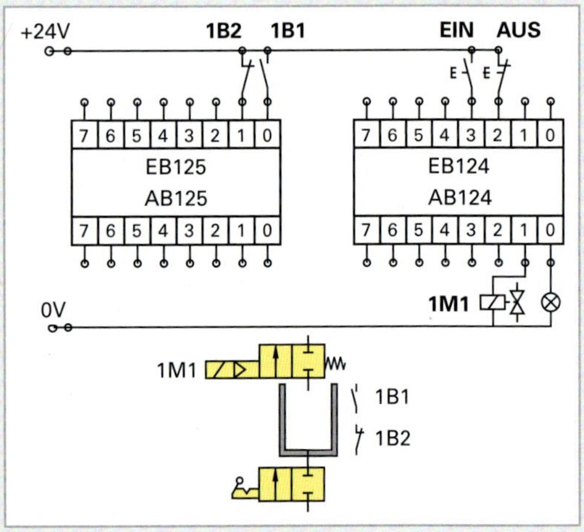

Aufgabe 3: Spannzylinder

Mit den Tastern „Spannen" und „Lösen" soll ein Werkstück pneumatisch gespannt bzw. gelöst werden. Der Differenzdrucksensor P2 gibt 1-Signal, wenn die Druckdifferenz größer als 4 bar ist. Es soll dann die Lampe P1 dies anzeigen.

Wenn beide Taster gedrückt werden, soll kein Stellsignal durchgehen.

Spannen, wenn
....
....

Lösen, wenn
....
....

Freigabelampe, wenn ....

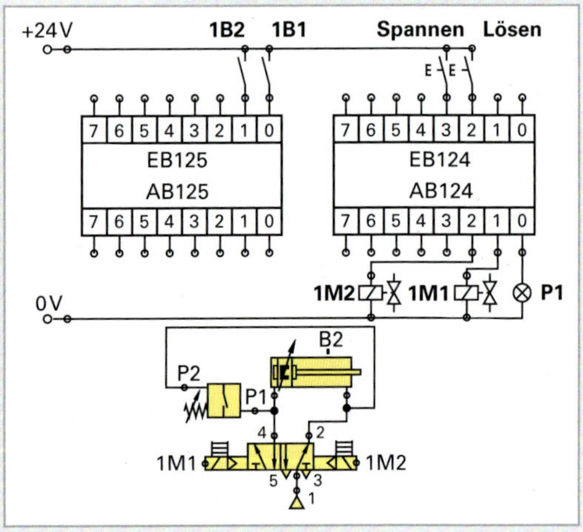

Aufgabe 4: Prägen

Nach kurzem Betätigen des „Start"-Tasters soll ein Werkstück geprägt werden. Die Prägezeit beträgt 5 Sekunden und beginnt, sobald der Kolben in der Prägeposition ist. Es muss sichergestellt sein, dass bei Dauerbetätigung des „Start"-Tasters der Vorgang nicht wiederholt stattfindet.

Bei Betätigen des Stopp-Schalters soll der Kolben sofort einfahren.

Das Startsignal muss in einen Impuls umgewandelt werden. Hierzu steht ein Baustein in Step7 bereit.

Erweiterung:

Die Prägezeit soll in einem Datenbaustein abgelegt werden, sodass Änderungen der Zeit vorgenommen werden können, ohne direkt in die Programmlogik einzugreifen.

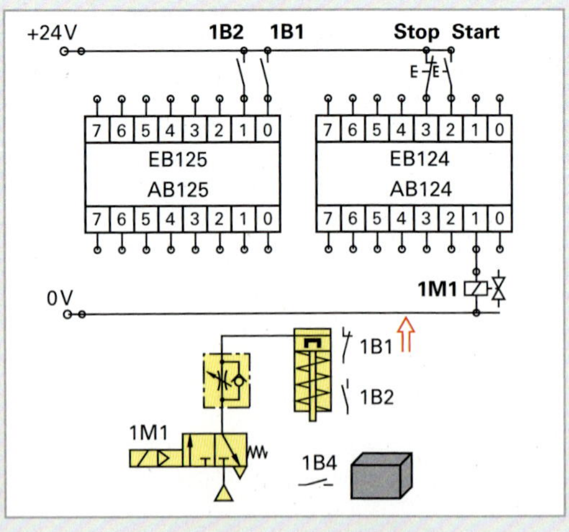

Aufgabe 5: Teile prägen

Weiterführung der Aufgabe 4

Nach kurzem Betätigen des „Start"-Tasters soll ein Werkstück geprägt werden. Die Prägezeit beträgt bei Nichtmetall 4 Sekunden und bei Metall 8 Sekunden.

Erweiterung:

Es ist sinnvoll, die Grenzdrücke in einen Datenbaustein zu schreiben, weil dann bei Änderungen nicht die Programmierlogik aufgerufen werden muss.

Mithilfe der Verschiebefunktion „Move" wird die jeweilige Zeit in ein Merker Word geschrieben.

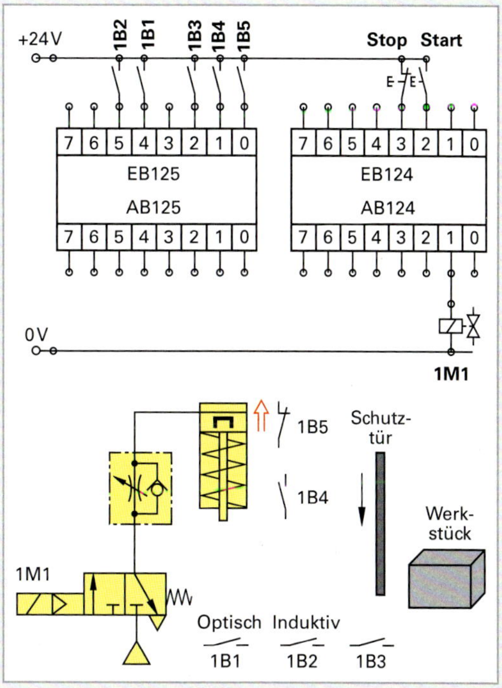

Aufgabe 6: Behälter füllen

Nach kurzem Betätigen des „Start"-Tasters soll die Pumpe den oberen Behälter füllen.

Wenn B2=1 meldet, dann soll die Pumpe stehen bleiben.

Wenn 5 Sekunden nach dem Einschalten der B1 noch nicht 1-Signal meldet, soll die Pumpe abschalten und eine Alarmlampe P1 leuchten. Mit dem erneuten Betätigen des „Start"-Tasters wird die Lampe gelöscht.

Erweiterung:

Wenn 1B2=1 ist und 1B1=0, dann muss der Sensor 1B1 defekt sein.

In diesem Fall soll die Anlage auch stehen bleiben und der Alarm soll ausgelöst werden.

Die Steuerung soll verhindern, dass die Pumpe trocken läuft.

Das Überwachen von Sensoren ist stets sehr wichtig. In diesem Fall kann die Steuerung dahingehend ergänzt werden, dass nach einer bestimmten Zeit die Pumpe ausschaltet, auch wenn 1B2 noch 0-Signal hat.

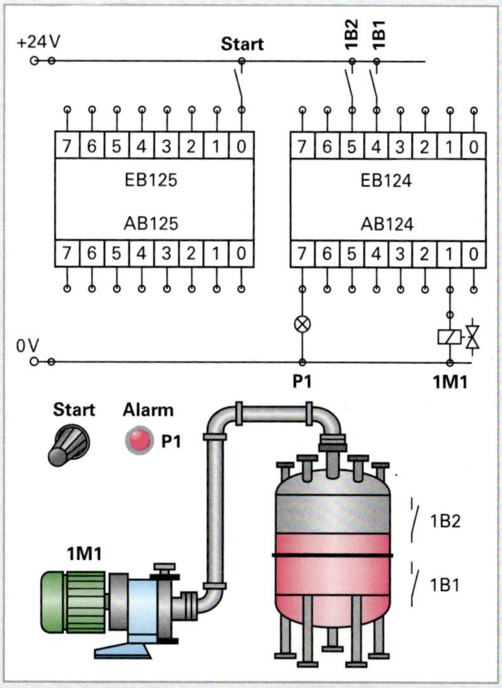

Aufgabe 7: Förderbänder

Nach kurzem Betätigen des „Start"-Tasters soll das rechte Förderband (M2) anlaufen. Nach 4 Sekunden soll das linke Förderband (M1) anlaufen. Nach 2 Sekunden soll das Ventil (M3) am Silo öffnen. Nach dem Betätigen des „Ende"-Tasters soll das Siloventil schließen, nach 3 Sekunden das linke Förderband abschalten, nach weiteren 3 Sekunden soll das rechte Band abschalten. Wenn eine der Überlastsicherungen anspricht sollen beide Bänder stehen bleiben.

Der Anlauf der Motoren muss wegen der Stromaufnahme nacheinander erfolgen. Beim Abschalten müssen die Bänder nacheinander leerlaufen.

Erstellen Sie hierzu eine Schrittkette für das Hochfahren und für das Stilllegen

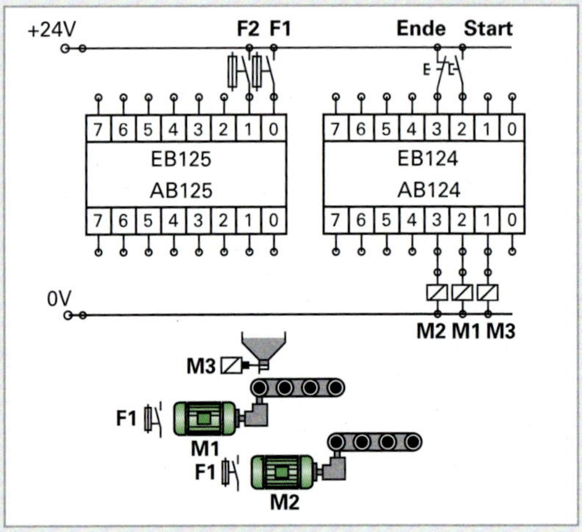

Aufgabe 8: Elektromotor

Anlauf eines Elektromotors über eine Stern-Dreieck-Schaltung.

Nach kurzem Betätigen des Start-Tasters soll der Motor 5s im „Stern" hochlaufen, dann in „Dreieck" umschalten. Ein wiederholtes Einschalten darf keine Wirkung haben.

Durch eine Softwareverriegelung muss sichergestellt sein, dass M2 und M3 nicht gleichzeitig 1-Signal haben.

Dieses Programm kann als Verknüpfungssteuerung mit Verriegelungen oder als einfache Schrittkette programmiert werden.

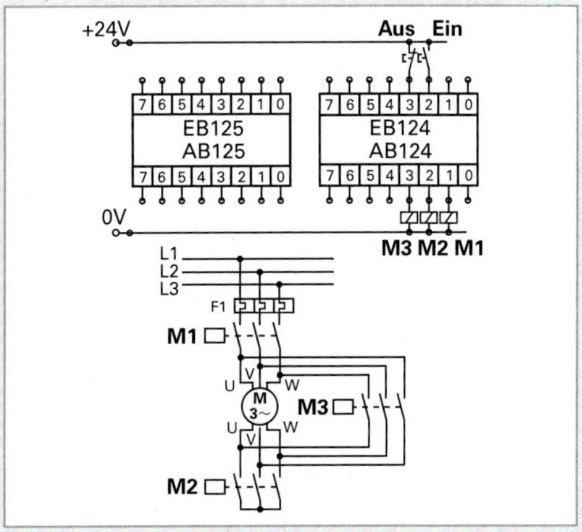

Aufgabe 9: Förderband

Über ein Förderband werden Teile in einen Behälter transportiert. Jedes Teil wird mit einer Lichtschranke gezählt (E124.7). Die maximale Anzahl der Teile kann mit einem BCD-Steller vorgewählt werden (EB126). Mit dem Taster „Nullen" (E124.2) wird der Zähler zurückgesetzt, sobald die Anlage stillsteht.

Es wird ein Vorwärtszähler verwendet. Der Zählerstand wird mit der maximalen Teilezahl verglichen.

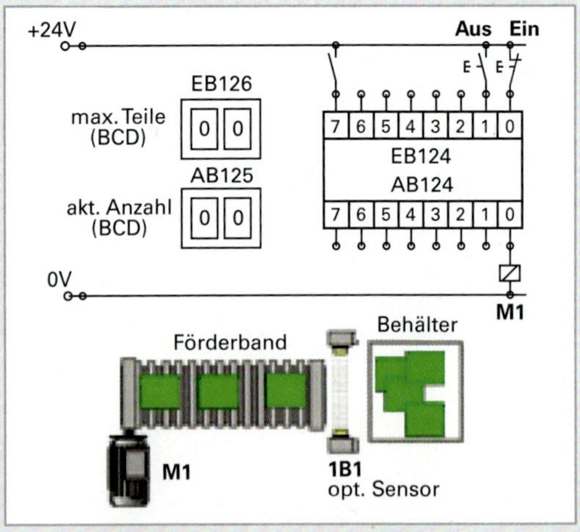

Aufgabe 10: Drehfrequenzmessung

Bei einer Walzstraße soll die Drehfrequenz des Motors angezeigt werden. Je Umdrehung wird von einem Sensor ein Impuls erzeugt. Die Anzeige soll alle 15 Sekunden aktualisiert werden.

Es genügt die Anzeige einer ganzen Zahl.

Mit einem Zähler werden die Impulse gezählt. Alle 15 Sekunden wird der Zählerstand ausgelesen und der Zähler wieder auf 0 gesetzt. Das Ergebnis wird mit 4 multipliziert, damit ist die Anzeige in der Einheit 1/min.

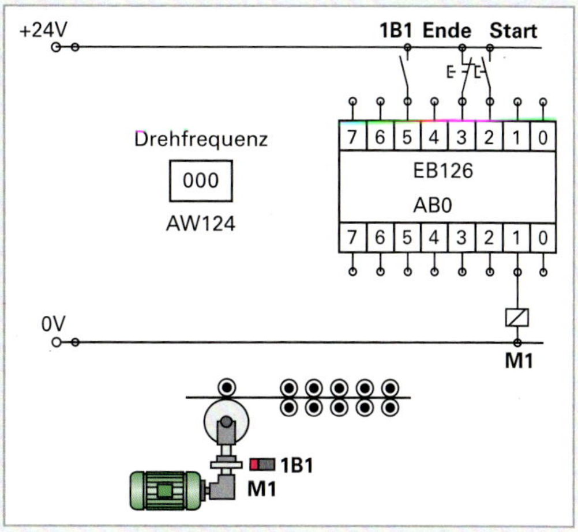

Aufgabe 11: Abfüllen von Flüssigkeiten

Mit einer Pumpe werden Flüssigkeiten dosiert. Die Sollmenge wird mit einem BCD-Steller vorgewählt. Die Menge wird mit dem Sensor 1B1 gemessen. 1 Impuls entspricht 0,1 Liter Flüssigkeit.

Nach Betätigen des Start-Tasters wir die voreingestellte Menge (Einheit Liter) in den Behälter gepumpt.

Die rechte Stelle beim BCD-Code ist als Nachkomma-Stelle zu werten. Da der Sensor je 0,1 Liter einen Impuls liefert, ist zum Vergleich der Sollwert mit 10 zu multiplizieren.

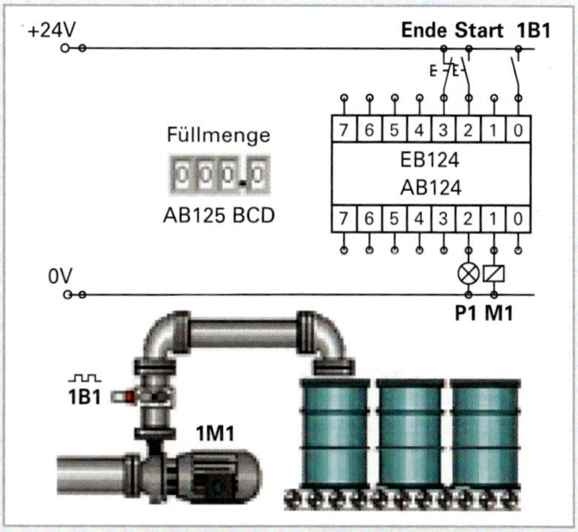

Aufgabe 12: Reaktor

Es sollen 2 Medien in den Reaktor gefüllt werden. Während des Füllens und 10 s lang danach soll gerührt werden. Danach soll das Gemisch abgelassen werden.

Es sollen 2 Rezepturen (A bzw. B) möglich sein. Bei A hat E124.6 0-Signal, bei B1-Signal. Die jeweiligen Mengen werden mit Impuls-Durchflussmessern (1B2,1B3) erfasst. Rezeptur A = linkes Ventil, 10 Impulse, Rechtes Ventil 15 Impulse, Rezeptur B = Linkes Ventil 6 Impulse, rechtes Ventil 12 Impulse.

Dieses Programm sollte als Ablaufsteuerung ausgeführt werden.

Struktur:

FC1 = Betriebsart,

FC2 = Ablaufkette,

FC3 = Ausgabe.

Die Daten für die Rezepturen stehen im Datenbaustein DB5.

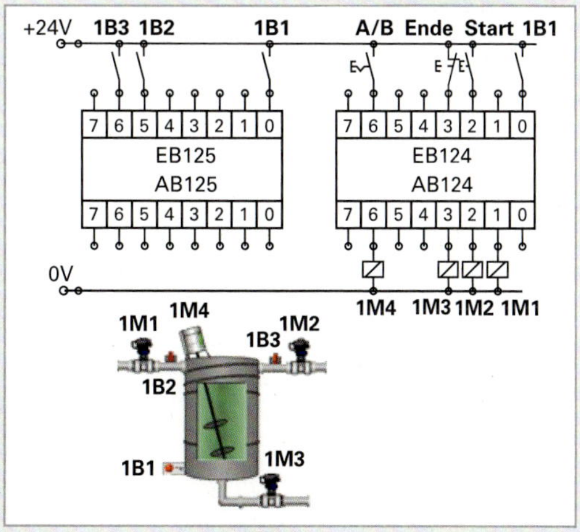

Aufgabe 13: Durchflussmenge messen

Die Durchflussmenge durch Rohre wird mithilfe von Impulsen gemessen.

Mit den Tastern werden die Pumpen eingeschaltet. Mit „Aus“ werden beide Pumpen stillgesetzt.

Im MW 1 wird die Menge der Pumpe A gemessen, im MW 3 die Menge von Pumpe B, Gesamtmenge wird im MW 5 angegeben. Mit dem Taster „Nullen“ werden alle Zähler genullt. Dies soll nur erfolgen können, wenn keine Pumpe läuft. Wenn die Gesamtmenge 30 Liter übersteigt, soll eine Lampe dies anzeigen.

Mit dem Taster „Nullen“ werden alle Zähler genullt.

Die Systemzähler von Step 7 können nur bis 999 zählen.

Entwickeln Sie einen Funktionsbaustein, mit welchem bis 64000 gezählt werden kann.

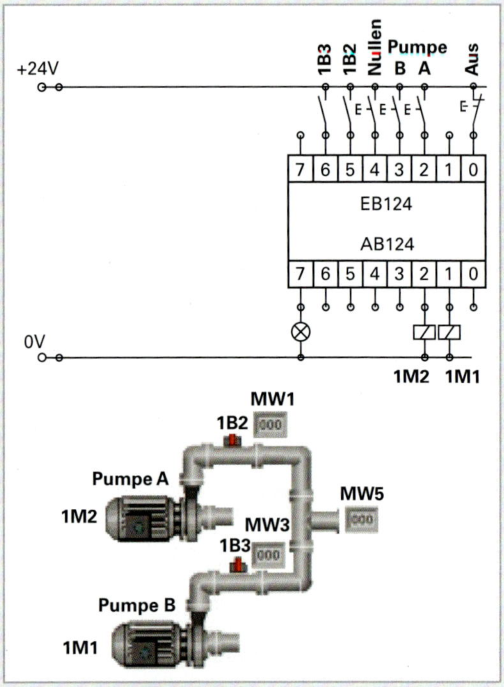

Aufgabe 14: PKW-Zählen

Die PKW in einer Tiefgarage sollen gezählt werden und die freien Plätze sollen angezeigt werden.

Zwei Sensoren ermitteln, wenn ein Fahrzeug einfährt bzw. ausfährt.

Mit dem Taster „Zähler setzen“ wird der Zähler auf 24 gesetzt (Garage leer).

Eine Lampe P1 soll rot leuchten, wenn nur noch zwei Plätze frei sind, ansonsten soll eine Lampe P2 grün leuchten.

Einfahren: Zuerst E124.5, dann zusätzlich E124.4

Ausfahren: Umgekehrte Reihenfolge.

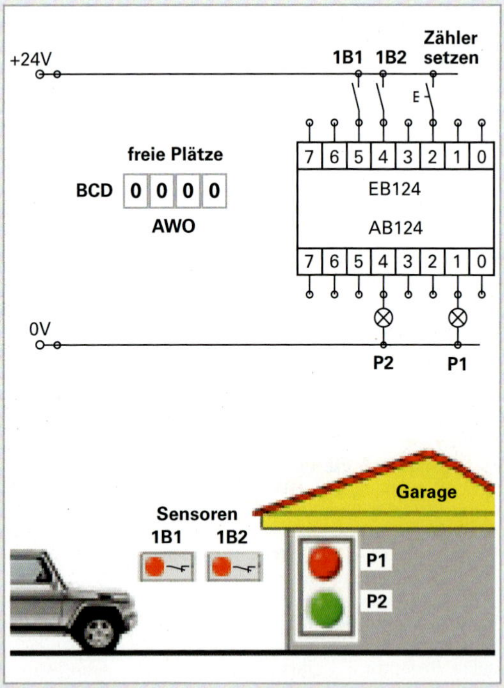

Aufgabe 15:
Teile sortieren

Auf einer Bandanlage sollen Teile sortiert werden. Die kurzen Teile in den grünen Behälter, die langen Teile in den braunen Behälter.

Wenn 12 lange Teile im Behälter sind, soll die Anlage anhalten.

Bei Neustart wird der Zähler genullt.

Am Sensor 1B7 wird das Ventil 1M2 gegebenenfalls angesteuert.

Bei kurzen Teilen bringt nur jeweils ein Sensor von der 3-er Gruppe 1-Signal, bei langen Teilen alle 3 Sensoren der 3er-Gruppe.

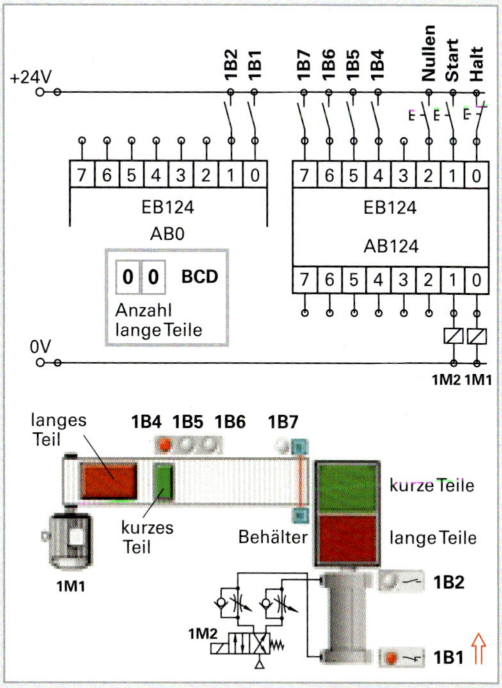

Aufgabe 16:
Störungsanzeige

Die Funktion der Grenztaster soll überwacht werden. Wenn am Kolben mehr als 1 Grenztaster 1-Signal hat, muss eine Störung vorliegen. Der Melder P1 zeigt dies an.

Es soll die Laufzeit des Kolbens überwacht werden.

Wenn der Kolben länger als 3 s zwischen 1B1 und 1B3 unterwegs ist, dann soll eine Fehlermeldung P2 erscheinen.

Die Fehlermeldungen werden mit dem Reset-Taster wieder zurückgesetzt.

Es ist ein Funktionsbaustein zu entwickeln, welcher die 3 Sensorsignale übernimmt und die Fehlermeldung speichernd zurückliefert.

Mit „Reset" soll der Fehler gelöscht werden.

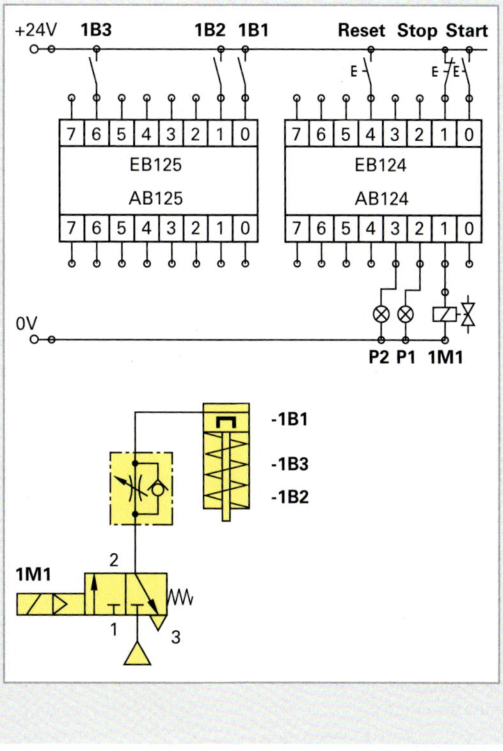

Aufgabe 17: Drucküberwachung

Ein Drucksensor liefert für einen Druckbereich von 0...100 bar eine Spannung von 0..10 V. Diese Spannung wird in der Analogbaugruppe in einen Zahlenwert von 0...32768 umgewandelt und als PEW752 in die SPS geliefert.

Entwickeln Sie eine Funktion, welche den Druck als „Realzahl" mit dem physikalischen Druckwert zurückliefert.

Berechnung:
Druck [bar] = PEWxxx/32768 · 100;

Hinweis:
Der Wert des PEWxxx muss zuerst in DINT und dann in eine „Realzahl" umgewandelt werden.

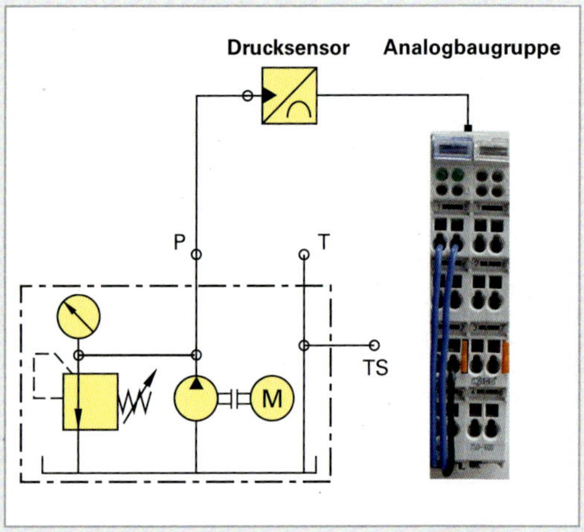

Aufgabe 18: Garagentorsteuerung (Funktionsbaustein)

Ein Garagentor wird mit einem Schlüsselschalter geöffnet und geschlossen.

Erweiterung: Wird während der Torbewegung der Schlüsselschalter wieder betätigt, soll das Tor stehen bleiben. Beim Wiedereinschalten soll es sich in die Gegenrichtung bewegen.

Die Grenztaster sind Öffner.

Es ist sinnvoll diese Logik in der SL-Sprache zu schreiben.

Es ist nur ein FB notwendig. Dieser kann durch zweima-liges Aufrufen beide Tore bedienen.

Ergänzung:
Während sich das Tor bewegt, soll die Lampe mit 1 Hz blinken.

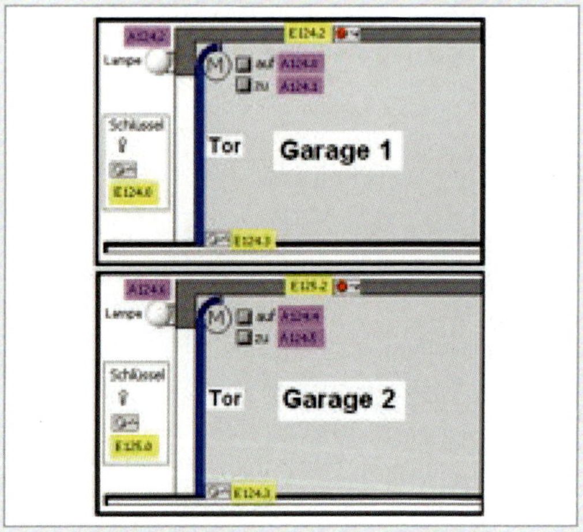

Aufgabe 19: Füllstandsberechnung

Bei einem annähernd zylindrischen Behälter wird der Füllstand mit einem Ultraschallsensor gemessen.

0 V = 0 mm Höhe,
9 V = 180 mm Höhe

Behälterdurchmesser = 12 cm.

Mit einer Funktion soll der Inhalt des Behälters als REAL-Zahl in Liter (3 Nachkommastellen) angegeben werden. Wenn mehr als 9 V gemessen werden, soll ein Alarmbit dies anzeigen.

Zur Vereinfachung wird der Behälter als Zylinder angenommen.

Formel:
Füllhöhe = Sensorspannung · 180/9;
Volumen = d · d · π/4 · Füllhöhe;

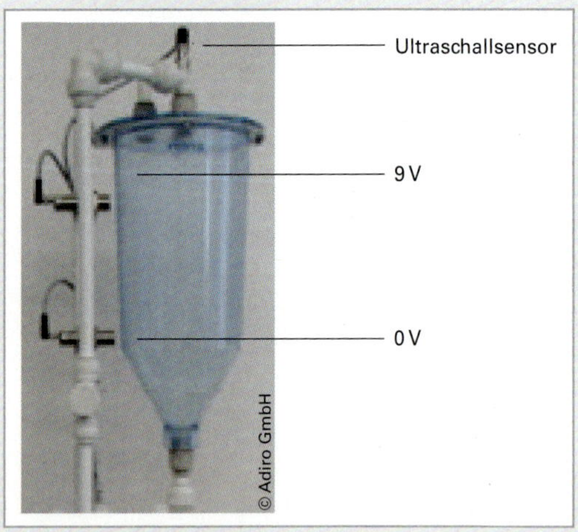

Aufgabe 20:
Teile ausschieben

Nach Betätigen des „Start"-Tasters sollen 5 Teile aus einem Stapelmagazin ausgeschoben werden. Die Teilezahl soll im DB10 stehen. Die Anlage soll bei „Stop" bzw. wenn das Magazin leer ist stehen bleiben. „Magazin leer" wird durch eine Lampe angezeigt.

Erstellen Sie einen elektrischen Beschaltungsplan.

Erweiterung der Aufgabe:

Wenn die Laufzeit des Kolbens länger als z. B. 8 s ist, soll die Anlage stoppen und eine weitere Lampe soll dies anzeigen. Beim erneuten „Start" soll die Lampe ausgehen.

Der Button „Ende" ist ein Öffner

Der Grenztaster für „Magazin leer" ist ein Schließer.

Die Lösung kann als Schrittkette mit zwei Schritten verwirklicht werden.

Als Zähler wird ein Rückwärtszähler verwendet. Wenn während des Betriebs nochmals „Start" gedrückt wird, darf das keine Auswirkung haben.

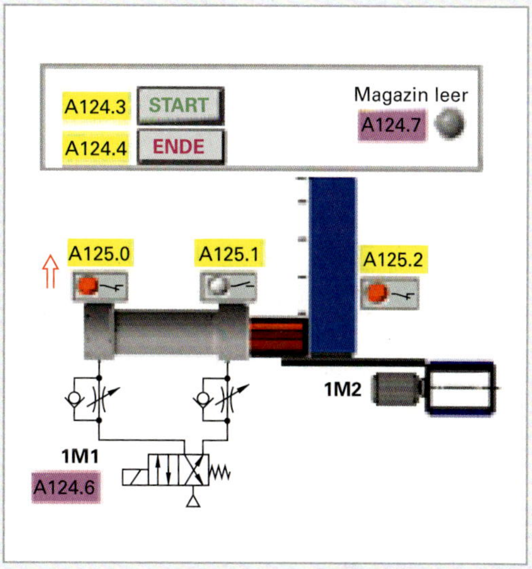

Aufgabe 21: Blinkalarm

Je nach Füllstand eines Behälters soll eine Alarmlampe(A124.1) blinken:

Ab 80 % Füllung (E124.6, Schließer) mit 1 Hz und ab 90 % Füllung (E124.7, Schließer) mit 2 Hz.

Für das Blinken kann der Taktmerker des Systems verwendet werden. Hierzu muss das entsprechende Merkerbyte im SPS-Hardwaresystem eintragen werden. Z. B. MB 100, bei diesem schaltet Bit 5 mit 1 Hz und Bit 7 mit 2 Hz.

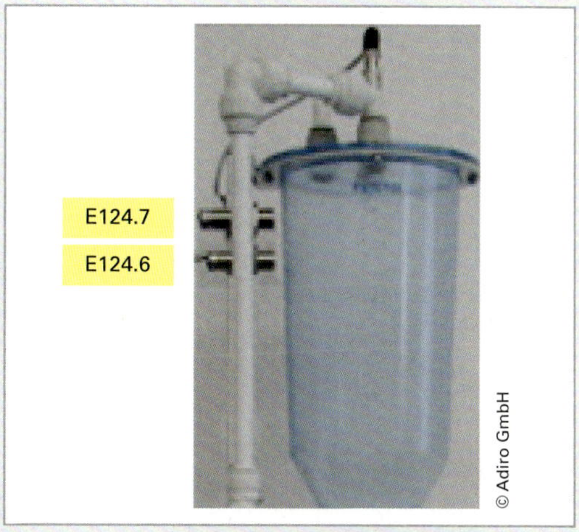

Aufgabe 22:
Spannkraft-überwachung

Die Spannkraft eines Kolbens soll mit Drucksensoren überwacht werden. Wenn die Spannkraft erreicht ist, soll eine Freigabelampe dies anzeigen.

Zum Spannen muss ein Werkstück eingelegt sein. Wenn 5 Sekunden nach dem „Spannen" die Spann-kraft nicht da ist, soll die Störung „Zeitüberlauf" dies melden.

Die Spannkraft ist dann erreicht, wenn die Druckdifferenz P1-P2 größer ist als 5 bar.

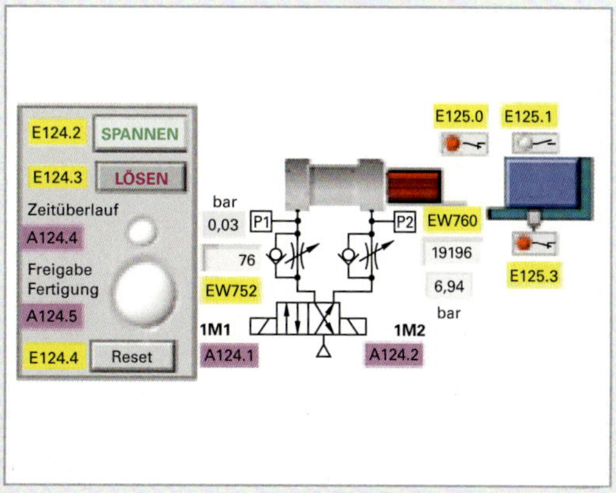

Aufgabe 23: Druckluftverbrauch

Mit einem Volumenstromsensor wird der Druckluftverbrauch gemessen.

Bei einer Spannstation soll der gesamte Druckluftverbrauch gemessen werden. Wenn während des Spannvorgangs mehr als 0,1 Liter/min fließt, soll eine Störmeldung dies anzeigen.

Volumenstrom = Sensorspannung · Faktor + Offset.

Für den gezeigten Sensor gilt:

Faktor = 12,5

Offset = –12,5

Der Druckluftverbrauch wird berechnet durch Addition der strömenden Luft (l/min) alle 100 ms. Dieser Wert wird aufaddiert. Beim Startsignal wird der Wert jeweils genullt.

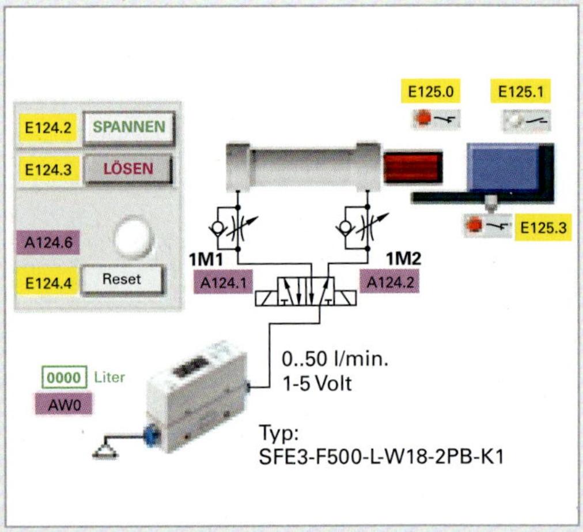

Aufgabe 24: Schlauchprüfanlage

Ein Druckschlauch soll dynamisch mit einem sinusförmigen Druck geprüft werden. Hierzu wird ein Proportional-Druckventil verwendet.

min. Druck = 20 bar,

max. Druck = 40 bar,

Frequenz = 2 Hz.

Versuchsdauer = 60 s

Daten des Prop-Ventils:

0..10 V entsprechen 0...60 bar.

Amplitude = (40 –20)/2

Druck =

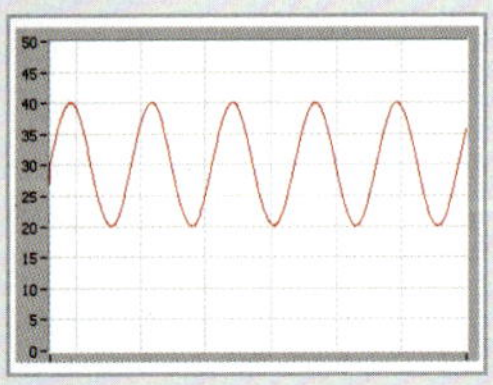

sin (Winkel) x 10 + 30

deltaWinkel =

2 x π x TA [s] x f [1/s]

Stellgröße[V] = Druck · 10/60

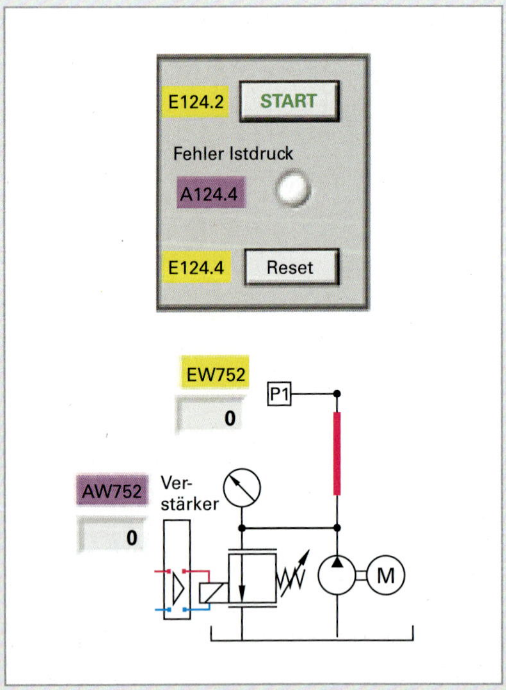

Aufgabe 25:
Zweipunktregler

Der Sollwertbereich ist von 0 bis 1. Der Istwert wird mit einem Ultraschallsensor erfasst. 0...10 V = 0...1 Füllstand.

Wenn der Regler 4 s außerhalb der Regeldifferenz ist, dann soll eine Lampe dies speichernd melden.

Es ist ein Funktionsbaustein (FB) in SCL für den Regler zu entwerfen.

Pumpe = A124.3

Füllstand = PW752

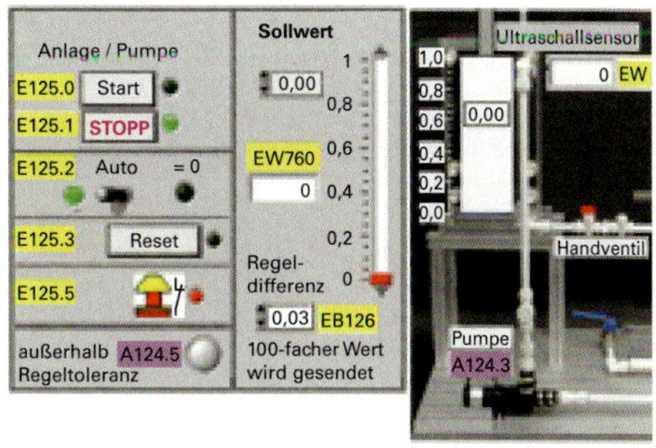

Aufgabe 26:
Füllstandsregelung

Füllstand soll mit einem Schrittregler geregelt werden.

Ein Stellmotor bedient hierbei das Ventil über eine Gewindespindel (I-Glied).

Somit braucht man bei e = 0 keine Stellenergie. Über die Ablassventile kann Wasser entnommen werden.

Es kann ein P-Regler verwendet werden.

Wenn y > 0.1 = Öffnen

y < −0.1 = Schließen

Der Regler ist als FB zu schreiben.

INPUT
Istwert: INT
Sollwert: INT
Kp: INT
OUTPUT
MotorOeffnen: BOOL
MotorSchliessen: BOOL

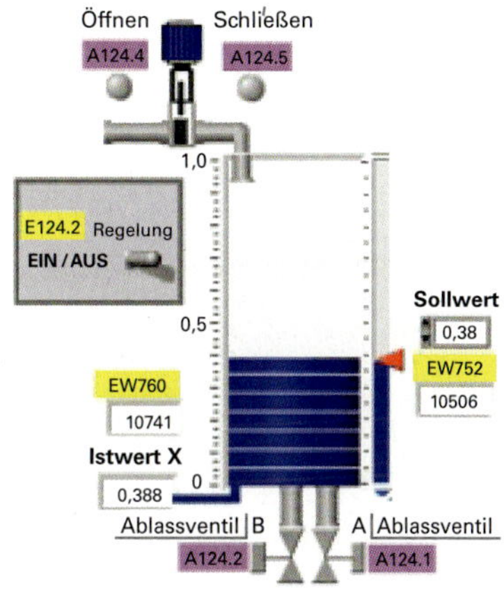

Aufgabe 27:
Füllstandsregelung über Ablauf

Der Füllstand eines Behälters soll über das Abflussventil konstant gehalten werden. Der Zufluss mit Ventil 1 erfolgt über den Button „Füllen".

Den Abfluss (Ventil 2) schaltet der Regler.

Hinweis: Der Regler muss als inverser Regler arbeiten.

Der Zweipunktregler ist als FB 10 zu entwerfen.

Der Füllstandsensor meldet: Leer = 0 V, 100 Liter = 10 Volt.

Wenn der Regler aktiv ist, soll dies die Lampe anzeigen.

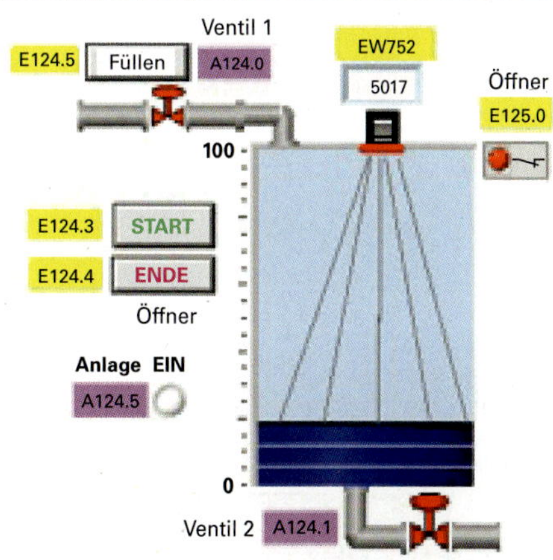

Aufgabe 28: Hydraulische Eilgang-Vorschub-Steuerung

Nach dem Betätigen des „Start"-Buttons, soll der Kolben im Eilgang, dann im Vorschub ausfahren. Zum Freischneiden soll vorne 3 s gewartet, danach im Eilgang wieder eingefahren werden.

Während des Vorschubs und des Rückschubs soll der Fräsmotor laufen.

Es wird eine einfache Schrittkette programmiert. Das Programm kann wie folgt gegliedert werden:

FB2 = Ablauf,
FB3 = Ausgabe
FB4 = Meldungen

Die Schutztüre muss während des Ablaufs verriegelt werden.

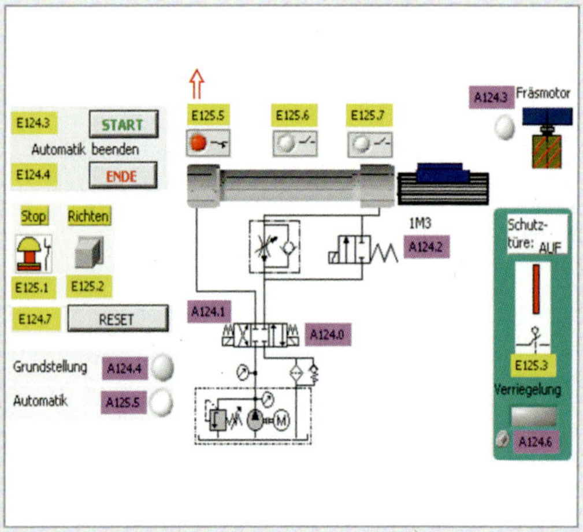

Aufgabe 29: Ketten stempeln

Es soll jedes stehende Kettenglied gestempelt werden. Im Einrichtebetrieb soll der Prozess einmal ablaufen, bei „Automatik" so lange, bis „Automatik-Aus" betätigt wird bzw. keine Kette mehr da (Sensor E0.1).

Die Anzahl der Stempelungen sollen gezählt werden und im BCD-Code ausgegeben werden.

Vorschlag für eine Programmstruktur:

FB1: Betriebsart,
FB2: Ablaufkette
FB3: Ausgabe,
FB4: Meldungen

Prozesssablauf:
Hubkolben vor, Prägekolben senken, 2 s Prägen, Prägekolben heben, Hubkolben zurück.

Für das Zählen ist ein Zähler zu entwerfen, welcher bis 9999 zählt.

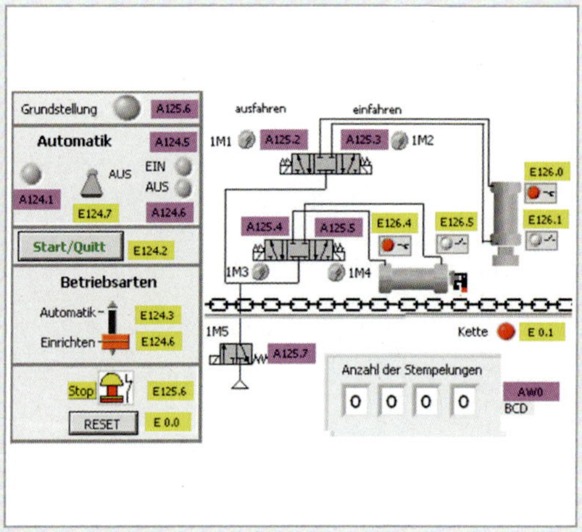

Aufgabe 30: Pneumatische Presse

Es sollen Werkstücke geprägt werden. Für den Druck wird ein pneumatisches Druckregelventil verwendet. Der Kolben soll mit einem Solldruck von 2 bar ausfahren. 3 s nach Start soll die Druckstufe 1 geschaltet werden. Nach der Zeit 1 die Druckstufe 2.

Nach der Zeit 2 soll der Kolben wieder mit einem Solldruck von 2 bar einfahren, bis die Grundstellung erreicht ist.

Die Daten sind aus einem Datenbaustein auszulesen.

Die Drücke und Zeiten stehen in Datenbausteinen.
Prozess1 : DB10
Druck 1 = 3 bar, Zeit 1 = 4 s
Druck 2 = 4 bar, Zeit 2 = 2 s

Prozess2 : DB11
Druck 1 = 4 bar, Zeit 1 = 3 s
Druck 2 = 5 bar, Zeit 2 = 4 s

Für den Ablauf ist eine Schrittkette zu entwerfen.

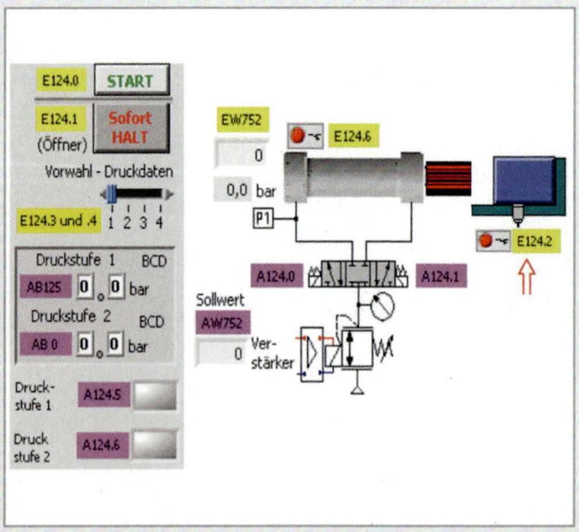

Aufgabe 31: Pumpensteuerung

Vier Pumpen fördern aus einem Vorratsbehälter in einen Hochspeicher. Je nach geforderter Abnahme schalten die Pumpen stufenweise dazu. Damit eine gleichmäßige Auslastung gewährleistet ist, wird immer die Pumpe dazugeschaltet, welche am längsten nicht mehr gelaufen ist. Umgekehrt wird immer die Pumpe zuerst abgeschaltet, welche schon am längsten gelaufen ist. Es soll eine Reaktionszeit abgewartet werden. Wenn nach dem Einschalten der 1. Pumpe nach einer wählbaren Zeit die Untergrenze nicht erreicht wird, muss die nächste Pumpe eingeschaltet werden.

Hinweis: Die Betriebszeit der Pumpen kann mit dem Taktmerker, z. B. mit b 1 Hz erfasst werden. Addiert man die Werte auf, dann erhält man die Betriebszeit in Sekunden.

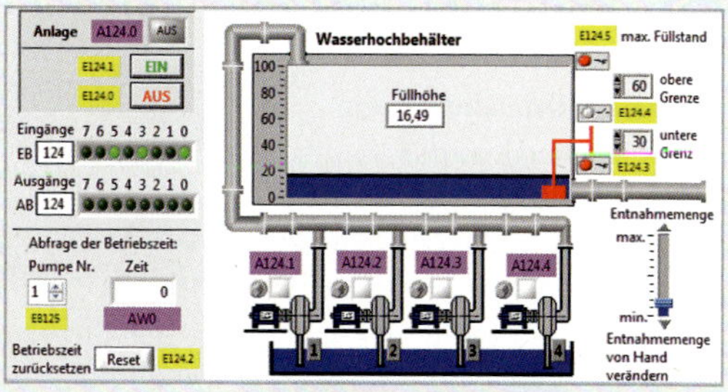

Aufgabe 32: Belüftungsanlage

Ein Raum wird mit zwei Lüftungsgebläsen belüftet. Nach dem Start soll zuerst das Gebläse 1 anlaufen und nach 5 Sekunden das Gebläse 2. Die Warnlampe soll blinken (1 Hz), wenn nur ein Gebläse läuft. Wenn beide Gebläse ausfallen, soll zusätzlich das Horn ertönen. Die Gebläseluft wird mit den Windsensoren erfasst (kein Wind = 0-Signal). Die gelbe Warnlampe P3 soll einen vorgekommenen Fehler anzeigen. Das Löschen erfolgt mit Reset. Mit der „Kontroll"-Taste soll getestet werden können, ob Lampe und Horn i.O. sind.

Hinweis: Die Lampe und das Horn werden erst nach 10 Sekunden aktiv geschaltet, weil sonst beim Start Alarm ausgelöst würde.

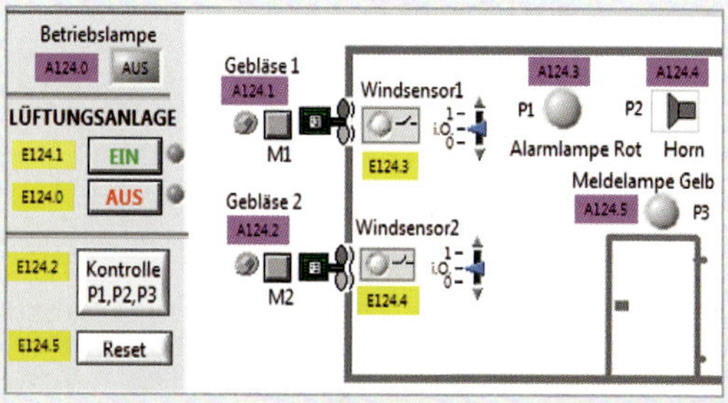

Aufgabe 33: Steuerung für ein Rolltor

Mit den Tastern „Öffnen" und „Schließen" soll das Rolltor betätigt werden können. Für den Betrieb soll die „Freigabe" ein 1-Signal haben. Bei „Stop" sollen die Motoren sofort anhalten, ebenso, wenn beim Schließen des Tores die Lichtschranke 1-Signal gibt. Die Warnlampe soll beim Schließen und Öffnen den Tores blinken (Taktmerker 1 Hz).

Ausbaustufe: Das Tor soll über eine Fernbedienung gesteuert werden können.

Betätigungsfunktionen:

- Wenn Tor geschlossen – 1x betätigen – Rolltor öffnet,
- wenn Tor offen – 1x betätigen – Rolltor schließt,
- wenn sich das Tor gerade bewegt – 1x betätigen – Rolltor hält,
- Bei erneuter Betätigung: das Rolltor fährt in die entgegengesetzte Richtung.

Die beiden Lampen können bei Alarm bzw. bei einer Warnung gesetzt werden.

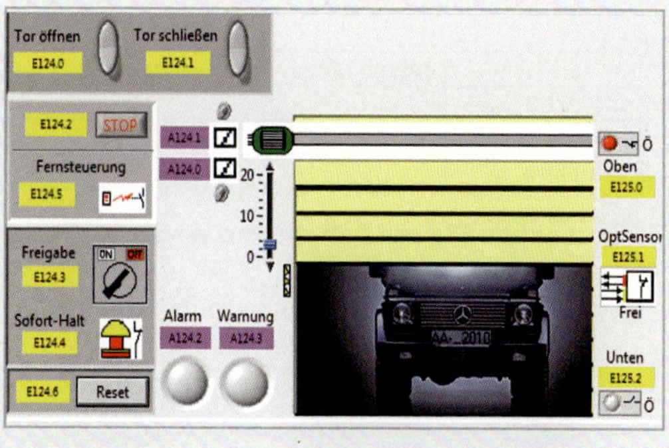

Hinweis: Die Fernbedienung löst nur einen Impuls (1-Signal) aus. Die Alarmlampe muss mit „Reset" gelöscht werden.

18.5 Aufgaben und Übungen zur Regelungstechnik

Aufgabe 1: Druckluftanlage

Durch Umschalten des Ventils (Bild) ist die Druckkurve entstanden.

Um welche Art von Regelstrecke handelt es sich?

Wie groß ist der eingestellte Systemdruck?

1.3 Bestimmen Sie die Zeitkonstante der Strecke (Werte entnehmen Sie aus dem Diagramm)

1.4 Zeichnen Sie die vermutete Kurve, wenn das Ventil wieder zurückschaltet.

1.5 Wie würde sich die Zeitkonstante ändern, wenn der Speicher doppelt so groß gemacht würde?

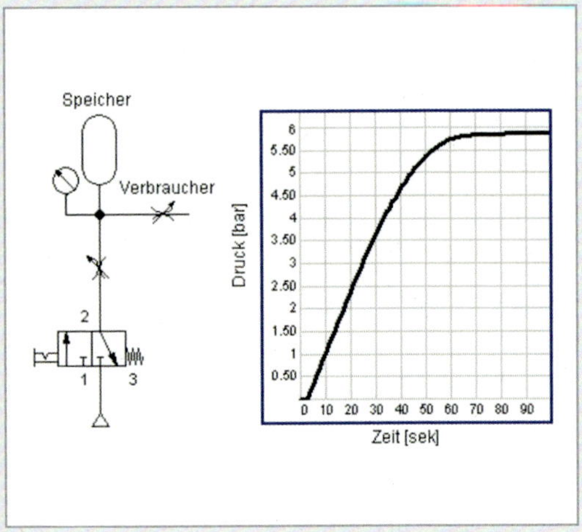

Aufgabe 2: Hydraulikstation

Bei einer Hydraulikstation wird der Druck mit einem Proportional-Druckventil geregelt. Der Sollwert beträgt 4 MPa. Der max. Druck (100 % bzw. 1.0) auf welchen die Anlage abgestimmt ist, beträgt 6 MPa.

2.1 Um welche Art von Regelstrecke handelt es sich hier?

2.2 Welcher Regler wurde hier verwendet?

2.3 Bestimmen Sie folgende Werte aus dem Diagramm:

	physikalisch	normiert
Sollwert		
Istwert		
Stellgröße		

2.4 Berechnen Sie aus den Werten die Verstärkung kp!

2.5 Wie verändert sich die bleibende Regeldifferenz, wenn der Sollwert verkleinert wird?

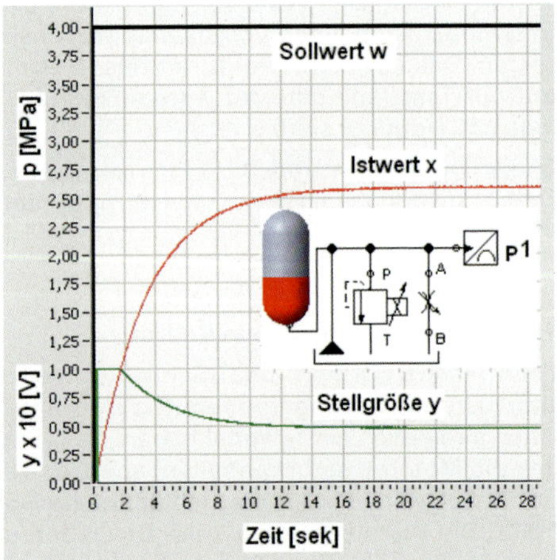

Aufgabe 3: Führungsgrößenregelung

Mit einer Gewindespindel mit Wegmesssystem und einem Gleichstrommotor wird eine Achse gebaut. Das Verhalten wird im Diagramm dargestellt.

3.1 Bestimmen Sie folgende Werte aus dem Diagramm:

Sollwert in mm	
Sollwert Bewegungszeit in s	
Einregelzeit in s	
Schleppabstand in mm	

3.2 Berechnen Sie die Geschwindigkeit der Achse in mm/min.

3.3 Bestimmen Sie die Kreisverstärkung k_V.

3.4 Wie verändert sich der Schleppabstand, wenn die Achsgeschwindigkeit verdoppelt wird?

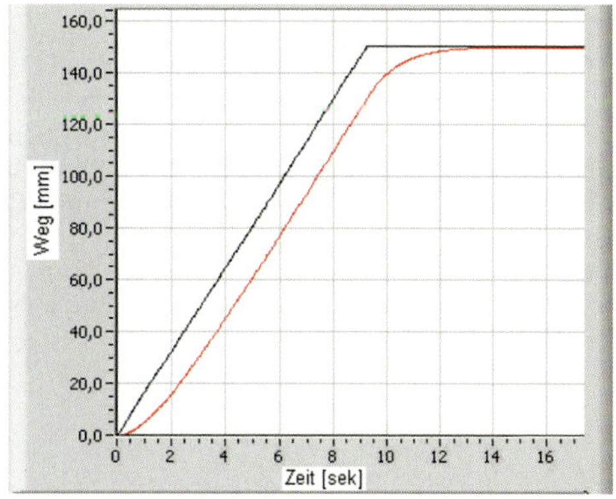

Aufgabe 4: Step 7, Quellcode

Im Bild wird ein Funktionsbaustein dargestellt.

Erläuterungen:

y_Hand = Stellgröße bei Handeinstellung,

TA = Abtastzeit(s),

e_1 = vorherige Regeldifferenz,

dy = delta y,

Auto = Regelbetrieb,

Freigabe = Regler EIN, AUS.

4.1 Um welche Art von Regler handelt es sich hier?

4.2 Erläutern Sie die Bedeutung der Zeilen 7 bis 13.

4.3 Warum muss der Inhalt der Zeile 9 unbedingt nach Zeile 7 und Zeile 8 stehen?

```
(* 1*)FUNCTION_BLOCK FB10
(* 2*)VAR_INPUT
(* 3*)w,x,kp,Tn,TA,yHand:REAL;
(* 4*)Auto,Freigabe:BOOL;     END_VAR
(* 5*)VAR       e,e_1:REAL;   END_VAR
(* 6*)VAR_OUTPUT  y,dy:REAL; END_VAR
(* 7*)e:=w-x;
(* 8*)dy:=kp*((e-e_1)+TA/Tn*e);
(* 9*)e_1:=e;
(*10*)IF AUTO=TRUE THEN y:=y+dy;ELSE y:=yHand;END_IF;
(*11*)IF y>1 THEN y:=1.0;END_IF;
(*12*)IF y<0 THEN y:=0.0;END_IF;
(*13*)IF NOT Freigabe THEN y:=0.0;END_IF;
(*14*)END_FUNCTION_BLOCK
```

Aufgabe 5: P-T-2-Strecke

Im Bild wird eine P-T-2-Strecke dargestellt.

Ermitteln Sie:

5.1 Eingangsgröße *u*

5.2 Verzugszeit T_e

5.3 Ausgleichszeit T_b

5.4 Ist dieser Prozess noch gut regelbar?

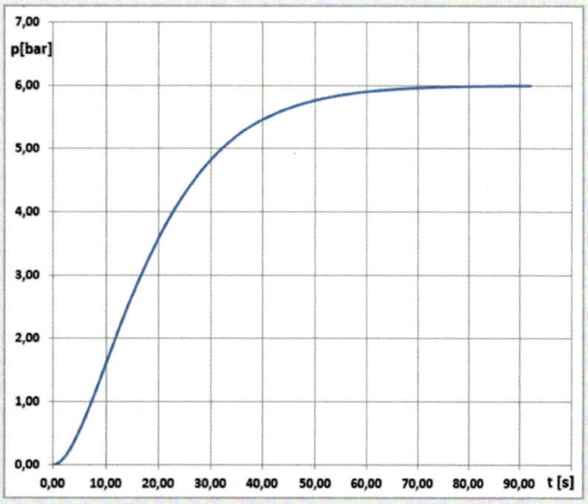

18.6 Aufgaben und Übungen zu elektrischen Antrieben

Aufgabe 1: Drehmoment und Drehzahl

Ein Motor mit linearer Antriebscharakteristik (z. B. Gleichstrommotor mit Permanenterregung) hat eine Bemessungsleistung von $P_N = 1{,}8$ kW bei einer Bemessungsdrehzahl $n_N = 2400$ min^{-1}. Die Leerlaufdrehzahl beträgt $n_0 = 1250$ min^{-1}. Ermitteln Sie das Bemessungsdrehmoment M_N und die Betriebsdrehzahl n_b bei einer Motorbelastung $M_w = 10$ Nm.

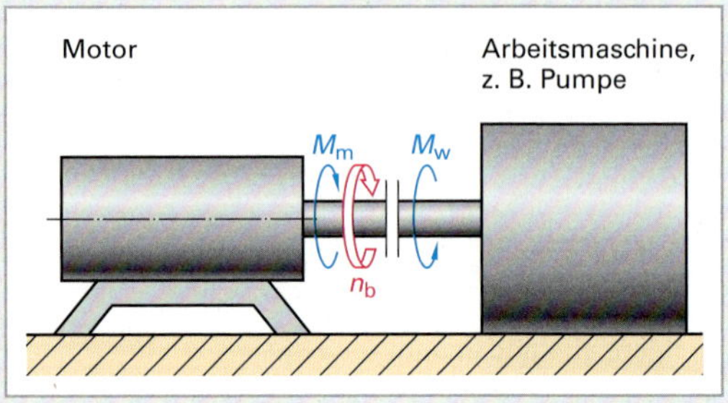

Aufgabe 2:
Hubtisch mit Trapez-Gewindespindel

Ein elektrisch angetriebener Hubtisch mit Trapez-Gewindespindel (Steigung $P = 10$ mm) soll Lasten bis zu 0,8 t heben können.

Das Eigengewicht der Hubplattform beträgt 200 kg.

Die Hubgeschwindigkeit soll $v_N = 0{,}2$ m/s betragen.

Der Getriebewirkungsgrad, einschließlich der Spindelmutter, beträgt $\eta_N = 60$ %.

Der Sicherheitsbetriebskoeffizient ist mit 1,2 anzu-setzen (20 % Sicherheitszuschlag zum sicheren Heben).

Ermitteln Sie die erforderliche Motorbemessungsleistung P_N bei einer vorgesehenen Bemessungsdrehzahl $n_N = 1200$ min^{-1} sowie die Getriebe-übersetzung bzw. die Getriebeuntersetzung *i*.

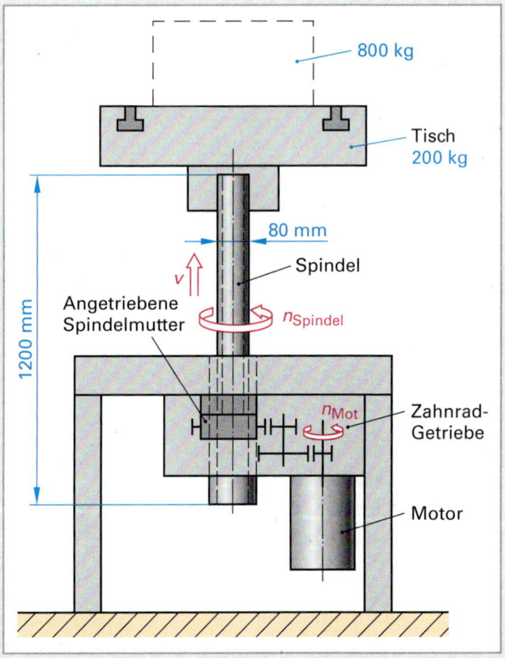

Aufgabe 3:
Hubtisch mit Kugel-Gewindespindel

Ein elektrisch angetriebener Hubtisch mit Kugel-Gewindespindel (Steigung $P = 10$ mm) soll Lasten bis zu $m_{Last} = 0{,}8$ t heben können.

Das Eigengewicht der Hubplattform beträgt $m_{Tisch} = 200$ kg.

Die Hubgeschwindigkeit soll $v_N = 1$ m/s betragen.

Der Getriebewirkungsgrad, einschließlich der Kugelspindelmutter, beträgt $\eta_N = 90$ %.

Der Sicherheitsbetriebskoeffizient ist mit 1, 2 anzusetzen (20 % Sicherheitszuschlag zum sicheren Heben).

a) Ermitteln Sie die erforderliche Motorbemessungsleistung P_N bei einer vorgesehenen Bemessungsdrehzahl $n_N = 1200$ min^{-1}.
Ermitteln Sie die Getriebeübersetzung bzw. die Getriebeuntersetzung *i*.

b) Der Motor, gewählt nach Aufgabe a), hat ein Trägheitsmoment $J_{Mot} = 0{,}03$ kgm^2.
Die Spindel des Hubtisches hat einen Durchmesser von 80 mm und eine Länge von 1,2 m.
Ermitteln Sie die Beschleunigungszeit Δt, wenn während der Beschleunigungsphase der Motor konstant 2-faches Nennmoment abgeben kann. (Die Trägheitsmomente des Zahnriemengetriebes und der Kupplungselemenete dürfen vernachlässigt werden.)

18.7 Aufgaben und Übungen zur CNC-Technik

Aufgabe 1: Drehen

Für das Werkstück (Bild) soll ein CNC-Programm für das Bearbeiten der Außenkontur geschrieben werden. Das Werkstück ist bereits auf beiden Seiten plangedreht und die Kontur vorgedreht. Der Abstand vom Flansch Maschine-Backenfutter zur Werkzeugaufnahme beträgt 100 mm (Bild). Hinweis: Fahren zum Werkzeugwechselpunkt mit G26: zuerst in X-Richtung, dann in Z-Richtung.

Werkzeugmaschine: Schrägbettmaschine, Werkzeuge hinter der Drehachse

Werkstückwerkstoff: 16MnCr5

Werkzeug: Schlichtdrehmeißel r_e = 0,4 mm HM beschichtet; Schnittgeschwindigkeit v_c = 200 m/min; Vorschub f = 0,1 mm

1.1 Tragen Sie an geeigneter Stelle den Werkstücknullpunkt ein.

1.2 Die Kontur soll bis einschließlich der Fase 2 x 45° am Durchmesser 80 mm geschlichtet werden, wobei der Drehmeißel am Ende 1 mm über das Werkstück positioniert werden soll.

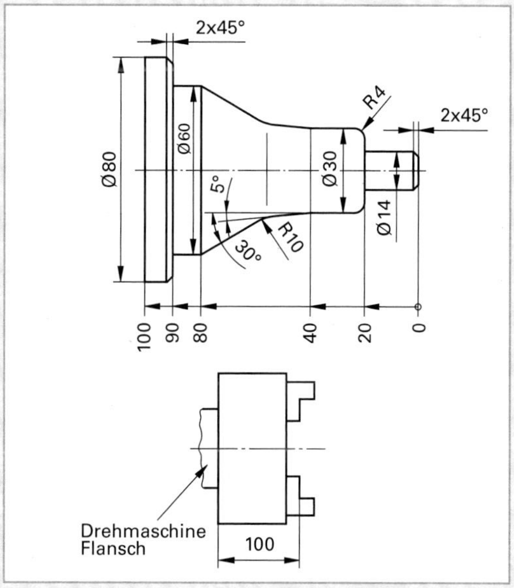

Aufgabe 2: Fräsen

Für das Werkstück (Bild) soll ein CNC-Programm für das Bearbeiten der Außenkontur und das Herstellen der Bohrungen Ø 6 mm geschrieben werden.

Werkstückwerkstoff: E295

Werkzeuge: Fräser Ø 16 mm HM beschichtet; Drehzahl n = 2900 1/min; Vorschubgeschwindigkeit v_f = 700 mm/min

Bohrer Ø 6 mm HM (Spitzenwinkel σ = 118°); Drehzahl n = 3200 1/min; Vorschubgeschwindigkeit v_f = 320 mm/min

2.1 Tragen Sie an geeigneter Stelle den Werkstücknullpunkt ein.

2.2 Die Kontur soll im Uhrzeigersinn (Gleichlauf) geschlichtet werden.

2.3 Erstellen Sie einen vereinfachten Programmteil für die vier Durchgangsbohrungen. Verwenden Sie für immer wiederkehrende Programmteile ein Unterprogramm.

2.4 Ersetzen Sie das Unterprogramm zum Bohren durch einen parametrierten Bohrzyklus G81.

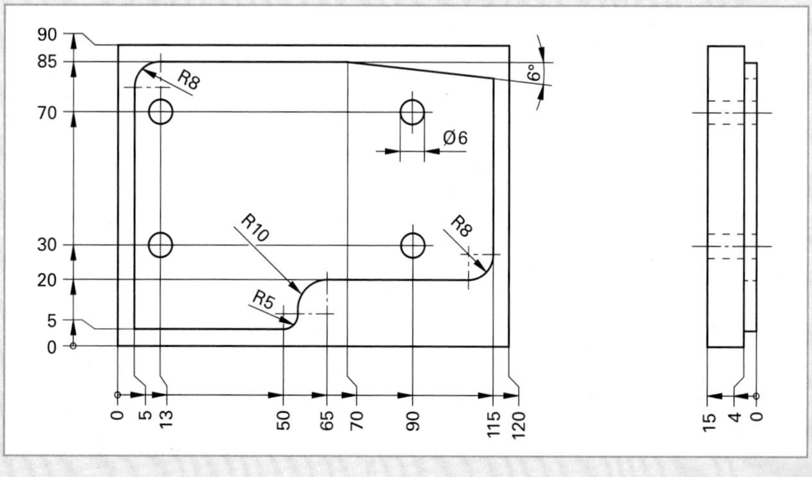

Verzeichnis der Sachworte[1] und der Personen

[1] Die Englischübersetzungen sind kontextabhängig und gelten nur im Zusammenhang mit den angegebenen Seiten.

Quellenverzeichnis

Die nachfolgend aufgeführten Personen, Unternehmen und Institutionen haben die bildliche Ausgestaltung unterstützt, sei es direkt mit der Bereitstellung von Fotos und Zeichnungen oder indirekt von Werkzeugen, Probewerkstücken und Werkstoffproben oder durch die Bereitschaft vor Ort Aufnahmen machen zu dürfen. Die Namen und die Ortsangaben sind konform mit den Ursprungsangaben zum Zeitpunkt der Quellenbereitstellung. Die Autoren danken hierfür allen Beteiligten sehr herzlich.

3S-Smart Software Solutions GmbH, Kempten 207/1/2/3/4

Adiro Automatisierungstechnik GmbH, Esslingen 431/2r, 462/3, 463/2

Adobe Stock, 304/3a © Max Cardinali, 304/3b © Aliaksandr Marko, 304/3c © Vadim

ASEA Roboter GmbH, Friedberg, 303/1/2

Atlas Copco Gruppe, Essen, 340/1, 358/3

Bosch Rexroth AG, Lohr am Main, 155/1, 156/2/4, 158/2, 161/3, 167/1, 168/1, 330/T1u, 374/1o, 375/1l

BMW Group, München, 321/1/3, 323/2, 327/1, 344/2, 351/2. 357/1, 358/4

bpk, Bildarchiv Preußischer Kulturbesitz, Berlin 12/1/2, 119/1, 250/4, 410/1

Comau S. P. A. Grugliasco, I, 333/1

Daimler AG, Stuttgart, 22/2

DANGO & DIENENTHAL Maschinenbau GmbH, Siegen, 304/2

DELTALOGIC Automatisierungstechnik GmbH, Schwäbisch Gmünd, 376/1

Dr. Johannes Heidenhain GmbH, Traunreut, 96/1/4, 97/4, 98/1

EST, Engineering Systems Technologies GmbH & Co. KG, Kaiserslautern, 340/2, 341/1

Femto Tools GmbH, CH Buchs, 271/3

Festo AG & Co. KG, Esslingen, 103/2, 113/1/3, 114/1, 128/1, 172/1, 375/2, 386/3

Festo Didactic GmbH & Co. KG, Denkendorf, 158/3

Fotos der Autoren, 8/4, 12/4, 13/1l, 14/2, 15/3, 19/3l, 20/2/3, 23/1, 24/2l, 25/5r, 26/1/2/3r, 27/1r, 28/1/2, 33/T1, 41/3, 43/2, 46/2l/3, 47/1/2, 48/1/2/3, 49/1r/2/3/4, 58/1/2, 73/2, 77/1/2r, 78/1, 81/3, 82/1, 83/2, 84/2, 85/1, 86/4/5, 87/3, 91/3l, 92/2, 93/3, 94/T1, 98/5, 99/2, 100/1/5, 128/3, 146/3 148/2/3, 176/2, 180/3, 184/1r, 192/2, 201/3, 214/1, 251/4, 255/2l, 256/3u, 257/3/4, 262/2ur, 267/1o, 269/4, 271/1ur, 273/2u/3o, 278/2, 281/1, 292/2, 293/1/2/3/4/5, 299/2, 300/2/4/5, 304/1, 307/2, 309/2/3, 310/4, 311/2/3, 312/2, 318/2, 319/2, 320/1, 322/3, 325/2o, 326/2, 329/1, 342/1T, 343/2, 344/1, 349/2, 351/3, 355/1l, 379/1/2, 382/2, 395/3, 404/1, 409/3, 419/1, 430/1, 441/3, 455/3

GE Fanuc Automation, Echternach (L), 27/4, 31/1,

Herbert Hänchen GmbH, Ostfildern, 147/3

Herion Werke KG, Fellbach, 375/3

Ibes Electronic GmbH, Aalen, 339/3

ifm electronic gmbh, Essen, 385/1/2

Infineon Technologies AG, Neubiberg, 42/1

KEYENCE Deutschland GmbH, L.-Echterdingen, 320/2

KUKA AG, Augsburg, 307/1, 309/1

Kuka Roboter GmbH, Augsburg, 305/1/3o, 306/3

Parker Hannifin, Cleveland USA, 150/1

Robert Bosch GmbH, Stuttgart, 76/1, 101/1, 119/2, 174/1/2, 307/3, 332/1/2/3, 333/2, 381/1

SEW EURODRIVE GmbH &Co KG, Bruchsal, 19/1l

Siemens AG, München, 12/3, 28/4, 29/3, 32/1/3, 82/2, 201/1, 202/2, 203/2/3, 246/1, 250/3, 257/1/5, 266/3, 268/2/3, 391/3, 419/3l, 420/1, 442/1/4

SOMMER Automatic GmbH & Co. KG, Pforzheim, 310/2

SONOTEC Ultraschallsensorik Halle GmbH, Halle (Saale), 109/2

STILL GmbH, Hamburg, 356/1

U.I.Lapp GmbH, Stuttgart, 33/T2

voxeljet technology GmbH, Friedberg, 299/3

WAGO Kontakttechnik GmbH, Minden, 385/3

wikimedia.org, 389/1

ZF Friedrichshafen AG, Friedrichshafen, 11/2

Alle Bilder im Buch ohne Quellenangaben wurden vom Zeichenbüro des Verlags Europa-Lehrmittel, Ostfildern erstellt und bearbeitet.